Nr. 50 1954
S. 11351—11614 15. Dezember

Chemisches Zentralblatt

Vollständiges Repertorium für alle Zweige der reinen und angewandten Chemie

1830 gegründet. 1897—1945 von der Deutschen Chemischen Gesellschaft fortgeführt.
Im Auftrage der Deutschen Akademie der Wissenschaften zu Berlin, der Chemischen Gesellschaft in der Deutschen Demokratischen Republik, der Akademie der Wissenschaften zu Göttingen und der Gesellschaft Deutscher Chemiker

herausgegeben von Prof. Dr. **Maximilian Pflücke**

125. Jahrgang

1954

Chefredakteure: Dr. Eugen Klever und Prof. Dr. Maximilian Pflücke

Akademie-Verlag GmbH., Berlin — Verlag Chemie, GmbH., Weinheim/Bergstr.

Inhalt

Namenregister

CHEMISCHES ZENTRALBLATT

VOLLSTÄNDIGES REPERTORIUM
FÜR ALLE ZWEIGE DER REINEN UND ANGEWANDTEN CHEMIE

GEGRÜNDET 1830

Im Auftrage der Deutschen Akademie der Wissenschaften zu Berlin,
der Chemischen Gesellschaft in der Deutschen Demokratischen Republik,
der Akademie der Wissenschaften zu Göttingen
und der Gesellschaft Deutscher Chemiker

herausgegeben von

Prof. Dr. **Maximilian Pflücke**

125. JAHRGANG

1954

SEITE 9919—11614

Chefredakteure Dr. Eugen Klever und Prof. Dr. Maximilian Pflücke

1954

AKADEMIE-VERLAG GMBH · BERLIN
VERLAG CHEMIE, GMBH, WEINHEIM/BERGSTR.

Heft Nr.	Seitenzahl	Ausgabedatum
44	9919–10162	3. November 1954
45	10163–10398	10. November 1954
46	10399–10630	17. November 1954
47	10631–10866	24. November 1954
48	10867–11102	1. Dezember 1954
49	11103–11350	8. Dezember 1954
50	11351–11614	15. Dezember 1954

Herausgeber und verantwortlich für den Inhalt: Prof. Dr. Maximilian Pflücke, Berlin NW 7, Schiffbauerdamm 19, Fernsprecher: 42 55 71. Redaktion: Chefredakteure Dr. Eugen Klever u. Prof. Dr. Maximilian Pflücke. Verlag: Akademie-Verlag GmbH, Berlin W 8, Mohrenstraße 39 (Fernsprecher 20 03 86, Postscheckkonto Berlin 350 21), u. Verlag Chemie, GmbH., Weinheim/Bergstraße (Postscheckkonto Frankfurt/M. 145314 u. Berlin [West] 7430. Fernsprecher: Weinheim 2017).
Bestell- und Verlags-Nr. 1007/125.
Satz u. Druck: VEB Leipziger Druckhaus, Leipzig, III/18/203. II. 54.
Veröffentlicht unter der Lizenznummer 1212 des Amtes für Literatur u. Verlagswesen der Deutschen Demokratischen Republik.
Printed in Germany.

Chemisches Zentralblatt

1954 Nr. 50 15. Dezember

A. Allgemeine und physikalische Chemie.

A_1. Kernphysik und Kernchemie.

P. J. Price, *Störungstheorie für die eindimensionale Wellengleichung.* Die vom Vf. entwickelte Meth. liefert eine explizite Lösung des Eigenwertproblems in Termen der ungestörten Wellenfunktion für den Grundzustand in jeder beliebigen Ordnung. (Proc. physic. Soc., Sect. A **67.** 383—85. 1/4. 1954. New York, N. Y., Columbia Univ., Watson Labor.) GERHARD SCHMIDT. 80

Charles J. Mullin, *Lösung der Wellengleichung nahe bei einem Extremum des Potentials.* Es wird eine exaktere Lsg. der Wellengleichung nahe einem Potentialextremum gegeben, die über einen ausgedehnteren Bereich des Abstandes vom Potentialextremum gültig ist. (Physic. Rev. [2] **92.** 1323—24. 1/12. 1953. Notre Dame, Ind., Univ.) RUDOLPH. 80

M. Risco, *Darstellung einer Interferenzerscheinung durch Beobachter in relativer Bewegung.* Die Anwendung der theoret. Betrachtungen über die Erhaltung der Energie u. des Impulses bestätigt die nach der Wellentheorie erhaltenen Ergebnisse u. führt zu dem Schluß, daß sich ein Teilchenpaar beim Stoß zweier Quanten in dem Interferenzfeld bildet. (J. Physique Radium **13.** 441—44. Okt. 1952. C. N. R. S.) GERHARD SCHMIDT. 80

J. A. Van Allen und **S. F. Singer,** *Scheinbares Fehlen von Höhenstrahlprimärteilchen niedriger Energie.* Vff. diskutieren die Daten über die Intensität der Höhenstrahlen oberhalb oder nahe der oberen Grenze der Atmosphäre auf großen Breiten. Auf 58° N wurde eine Intensität in senkrechter Richtung an geladenen Teilchen von $0{,}29 \pm 0{,}03$/sec/cm²/Raumwinkel festgestellt, auf 69° N von $0{,}25 \pm 0{,}02$. Unter Berücksichtigung der Absorptionswrkg. der Anordnungen ergibt sich, daß die Intensität von prim. Protonen im Energiebereich 130—560 MeV u. von prim. α-Teilchen im Bereich 520—670 MeV äußerst gering ist. Eine hohe Intensität von Protonen mit weniger als 130 MeV ist unwahrscheinlich. (Nature [London] **170.** 62—63. 12/7. 1952. Iowa City, Io., State Univ. of Iowa; London, US Embassy, Office of Naval Res.) M. WIEDEMANN. 85

M. Teucher, *Über die Höhenabhängigkeit der Sterngrößenverteilung und das Energiespektrum der Nucleonenkomponente bei $\lambda = 50^0$ N.* Sterngrößendiagramme (Häufigkeit gegen N_h = Zahl der schweren Teilchen) wurden in 150, 3774 m u. 15—25 km erhalten, sie zeigen alle einen Knick bei $N_h = 7$. Der Knick kommt jedoch nur bei energiearmen (O_n), nicht aber bei energiereichen ($O_p + 1_n + 1_p$ . . .)-Sternen vor. Besser als die Sterngrößendiagramme geben Schauergrößendiagramme (Häufigkeit gegen N_s) Auskunft über die Energieabhängigkeit der Absorptionslänge. Doch erhält Vf. aus den Schauergrößendiagrammen für das Energiespektr. der sternerzeugenden Strahlung $N(E) = E^{-\alpha}$ mit α zwischen 2,5 u. 3, während sich aus dem Breiteneffekt für das Primärspektr. am Gipfel der Atmosphäre ∼1 ergibt. Diese Diskrepanz könnte mit der Zunahme der mittleren Energie pro Schauerteilchen u. der Inelastizität des Prozesses mit steigender Energie zusammenhängen. (Z. Naturforsch. **8a.** 127—34. Febr./März 1953. Göttingen, Max-Planck-Inst. für Phys.) M. WIEDEMANN. 85

H. Thurn, *Weitere Messungen über die Schauerauslösekurve.* (Vgl. C. **1953.** 1753.) Die Schauerauslösekurve wurde sowohl in Pb als auch in Fe u. Graphit aufgenommen. Die Lage der Maxima ist: 2. Maximum 15—16 cm Pb, 21—23 cm Fe, 95—105 cm C; 3. Maximum 26 cm Pb, 42 cm Fe. Das 4. Maximum ist luftdruckabhängig. Das 3. sowie das 4. Maximum werden durch nichtionisierende Strahlung erzeugt, wie durch Koinzidenzmessungen festgestellt wurde. Ferner wurde bei Pb die Kurve in Abhängigkeit vom Abstand Schauerstrahler–Zählrohre, der im allg. 100 cm betrug, untersucht. (Z. Naturforsch. **8a.** 134—37. Febr./März 1953. Heidelberg, Max-Planck-Inst. für med. Forsch., Inst. für Phys. u. Univ., 1. Physikal. Inst.) M. WIEDEMANN. 85

G. Poiani und **C. Villi,** *Über die Wahrscheinlichkeit der Lokalisierung von Elektronen in ausgedehnten Schauern.* Die radiale Verteilung von Elektronen in Luftschauern wird auf der Grundlage der Kaskadentheorie der photoelektron. Komponente untersucht, die von der „Paduagruppe" entwickelt worden ist. (Nuovo Cimento [9] **9.** 825—33. 1/9. 1952. Trieste, Univ., Ist. di Fis.) FALKENHAGEN. 85

A. J. Dyer, *Die Absorption der harten Komponente der Höhenstrahlung in Wasser.* In Tiefen bis zu 18,3 m W. wurden mittels eines Zählerteleskops, das sich in einem Stahltank befand, das differentielle u. integrale Reichweitespektr. der harten Komponente der Höhenstrahlung, die 10 cm Pb zu durchdringen vermag, bestimmt. Die Kurven werden mit dem Impulsspektr. verglichen. Zur Feststellung der Anomalie bei 2,5 GeV/c Impuls, entsprechend 1060 g/cm^2 Reichweite, reicht die Genauigkeit nicht aus. Die absol. differentielle Intensität in 100 g/cm^2 Luftäquivalent ergab sich zu 6,55/g/sec/Raumwinkel, um 20% höher als bei ROSSI. (Austral. J. Physics **6.** 60—66. März 1953. Melbourne, Univ., Phys. Dep.) M. WIEDEMANN. 85

Osamu Kusumoto, Saburo Miyake, Koichi Suga und **Yuzuru Watase,** *Beispiel einer mehrfachen Mesonenerzeugung, beobachtet mit einer wasserstoffgefüllten Hochdrucknebelkammer.* Mit einer mit 100 at H_2 gefüllten, zählrohrgesteuerten Hockdrucknebelkammer wurde in 2740 m Höhe mit großer Wahrscheinlichkeit eine mehrfache Mesonenerzeugung durch Proton–Proton-Stoß beobachtet. Ein Primärteilchen (Proton) löste im Gasraum 4 Sekundärteilchen aus (alle Bahnen zeigen Minimumionisierung). Es sind entweder 1 Proton u. 3π-Mesonen oder 2 Protonen u. 2 Mesonen. Dazu kommt vermutlich noch ein Neutron, das über einen Sekundäreffekt bei der Auslösung mitwirkt. (Physic. Rev. [2] **90.** 998—99. 1/6. 1953, Osaka, Osaka Univ. u. Osaka City Univ., Dep. of Phys.) POLLERMANN. 85

A. V. Buskirk, L. R. Etter, C. J. Karzmark, R. H. Rediker und **R. W. Thompson,** *Magnetische Nebelkammerbeobachtungen von V-Teilchen.* 1. Mitt. *Apparatur und Auswertung der Versuchsergebnisse.* (Vgl. C. **1954.** 10409.) (Sitzungsbericht.) Der V^0-Zerfall wurde in einer neuen magnet. Nebelkammer beobachtet, die von durchdringenden Schauern ausgelöst wird. Krümmungen u. Winkel wurden auf dem Film mit dem Komparator ausgemessen u. durch Reprojektion korrigiert. Auf 3700 Aufnahmen wurden 25 V^0-Zerfälle gefunden. Bei 12 Zerfällen konnten Impulsbestimmungen durchgeführt werden. (Physic. Rev. [2] **91.** 445—46. 15/7. 1953. Indiana Univ.) POLLERMANN. 85

R. W. Thompson, A. V. Buskirk, L. R. Etter, C. J. Karzmark und **R. H. Rediker,** *Magnetische Nebelkammerbeobachtungen von V-Teilchen.* 2. Mitt. *Neutrale V-Teilchen.* (1. vgl. vorst. Ref.) (Sitzungsbericht.) Der mittlere Impuls der l. c. erwähnten Prozesse ist ziemlich groß. Ordnet man sie in ein Energieschema ein, so häufen sie sich in der Nähe der Kurve $V_1^0 \rightarrow p + \pi + Q$ mit $Q = 37$ MeV in Übereinstimmung mit früheren Beobachtungen. Der Rest verteilt sich auf ein großes Gebiet in der Gegend von $p_T = 200$ MeV/c u. einer M. vom 1000 m_e. (Physic. Rev.[2] **91.** 446. 15/7. 1953.) POLLERMANN. 85

H. Bridge, H. Courant, H. DeStaebler jr. und **B. Rossi,** *Neue experimentelle Ergebnisse über S-Teilchen.* Bei der Durchsicht von Nebelkammeraufnahmen wurden S-Teilchen gefunden, bei denen die Zerfallsteilchen im Gegensatz zu früheren Annahmen nicht dieselbe Reichweite von 66 g cm^{-2} Pb haben, was auf einen Zweikörperprozeß schließen läßt. Ferner wurden 4 Zerfälle beobachtet, bei denen Elektronenkaskaden auftraten. Sie lassen sich als Zerfall eines S-Teilchens in ein geladenes Meson u. in ein Photon deuten. Es ist jedoch unwahrscheinlich, daß solche Photonen ($E > 150$ MeV) immer auftreten. (Physic. Rev. [2] **91.** 1024. 15/8. 1953. Cambridge, Mass., MIT, Phys. Dep. and Labor. for Nucl. Sci.) POLLERMANN. 85

Hermann Robl, *Compton-Streuung im homogenen Magnetfeld.* Vf. untersucht in nichtrelativist. Näherung die Streuung von Lichtquanten an Elektronen im homogenen Magnetfeld, wobei angenommen wird, daß sich die Elektronen vor der Streuung im tiefsten Energiezustand befinden. Es wird gezeigt, daß die Streustrahlung ein Spektralband besitzt, welches sich bei verschwindender magnet. Feldstärke zu einer scharfen Linie zusammenzieht, die der Streuung an freien Elektronen entspricht. (Acta physica austriaca **6.** 45—52. Sept. 1952. Wien, Univ., Inst. für theoret. Phys.) GERHARD SCHMIDT. 90

R. P. Michaelis und **C. E. Violet,** *Das Verhältnis von Sättigung zur minimalen Korndichte für Elektronen.* (Vgl. HUYBRECHTS u. SCHÖNBERG, C. **1953.** 3025.) 200 μ dicke ILFORD G 5-Emulsionen wurden mit Elektronen von 3 u. 300 MeV Energie beschossen. Nach der Entw. wurden aus den Bahnspuren durch Auszählen der Körner unter dem Mikroskop die Korndichten bestimmt. Sie ergaben sich für 3 MeV-Elektronen zu 7,29$\pm$0,06 u. für 300 MeV zu 8,61$\pm$0,05 Körner/32 μ. Das Verhältnis der Korndichten von 1,09$\pm$0,01 ist auch das Verhältnis der Sättigung zum Minimum der Ionisation. (Physic. Rev. [2] **90.** 723—24. 15/5. 1953. Berkeley, Calif., Univ. of California, Dep. of Phys., Radiat. Labor.) HEINSOHN. 90

Martin Deutsch und **Everett Dulit,** *Nahwechselwirkung von Elektronen und die Positroniumfeinstruktur.* Die theoret. geforderte Energiedifferenz zwischen dem niedrigsten gebundenen $^3S_1$-Zustand von Orthopositronium u. dem $^1S_0$-Zustand von Parapositronium ist $E = E_1 + E_2 = 8{,}5 \cdot 10^{-4}$ eV, wobei $E_1 = 4{,}8 \cdot 10^{-4}$ eV die n. Spin–Spin-Wechselwrkg. u. $E_2 = 3{,}7 \cdot 10^{-4}$ eV ein neuer Austauschterm ist. Experimentell finden Vff. $E = 9{,}4 \cdot 10^{-4}$ eV $\pm$ 15%. Gemessen wurde hierzu die relative Wahrscheinlichkeit des 3-Photonenzerfalls zum 2-Photonenzerfall unter Einfl. eines magnet. Feldes. Auf Grund des quadrat. ZEEMAN-Effekts bewirkt das Feld eine Beimischung von S = 0 Parapositronium zum reinen Orthopositronium. Die beiden Zerfallskonstanten sind (ortho, 3-Photonen) $\lambda_o = 7 \cdot 10^6$ sec^{-1} u. (para, 2-Photonen) $\lambda_p = 8 \cdot 10^9$ sec^{-1}. Vff. schließen aus dem Absinken der 3-Photonenzerfallswahrscheinlichkeit bei starken Magnetfeldern auf $^2/_3$ des feldfreien Wertes auf Fehlen von Reorientierung vor der Vernichtung. (Physic. Rev. [2] **84.** 601—02. 1/11. 1951. Cambridge, Mass., MIT, Labor. for Nucl. Sci. and Engng., u. Dep. of Phys.) GANS. 90

Martin Deutsch und **Sanborn C. Brown,** *Zeeman-Effekt und Hyperfeinaufspaltung von Positronium.* (Vgl. vorst. Ref.) Übergänge mit $\Delta F = 1$, die bei 200000 MHz liegen, lassen sich aus experimentellen Gründen nicht direkt messen. Vff. haben jedoch die Linie $(1, \pm 1) \rightarrow (1,0)$ bei H = 9000 Gauß u. ν = 3000 MHz beobachtet. Da (1,1) u. (1, —1) 3-Photonenzerfall zeigen, lassen sich die erzwungenen Übergänge nach (1,0) aus dem relativen Anwachsen des 2-Photonenzerfalls herleiten. Als Positronenquelle diente ^{64}Cu mit Ar bzw. Freon als Füllgas. Das Magnetfeld besaß höchstens $\pm$ 10 Gauß Abweichung. Zur Registrierung stellte sich die Messung des γ-Strahlenscintillationsspektr. als am günstigen heraus. Die benutzten hohen HF-Felder (ca. 1000 V/cm) riefen eine zusätzliche Positroniumbldg. hervor (im Ar bis 100%). Die experimentellen Werte für die Hyperfeinaufspaltung ergeben $2{,}032 \pm 0{,}003$ 10^5 MHz gegenüber dem theoret. Wert 2,044 10^5 MHz. Die Verschiebung von -1200 ± 300 MHz liegt außerhalb der Fehlergrenze. Theoret. Korrekturen von FERRELL (Diss., Princeton, N. J., Princeton Univ., 1951) ergeben nur 15% dieser Verschiebung. (Physic. Rev. [2] **85.** 1047—48. 15/3. 1952.) GANS. 90

Robert Karplus und **Abraham Klein,** *Elektrodynamische Korrekturen zur Feinstruktur von Positronium.* Berechnung des Abstandes im Dublett des Grundzustandes, wobei befriedigende Übereinstimmung mit dem von DEUTSCH u. Mitarbeitern (vgl. vorst. Reff.) beobachteten Wert erzielt wurde. (Physic. Rev. [2] **86.** 257. 15/4. 1952. Cambridge, Mass., Harvard Univ.) KIRSCHSTEIN. 90

R. L. Garwin, *Thermalisierung von Positronen in Metallen.* Dem experimentellen Befund von BELL u. GRAHAM (C. **1954.** 8274) über die Lebensdauer von Positronen in Metallen, wonach $\tau = (1{,}5 \pm 0{,}3) \cdot 10^{-10}$ Sek. beträgt, wird vom Vf. widersprochen u. auf Grund theoret. Überlegungen $\tau \sim 10^{-14}$ Sek. gefordert. Als Ursache für den gefundenen Meßwert ($\tau \sim 10^{-10}$ Sek.) wird die Existenz eines langlebigen Triplettzustandes von Positronium angenommen, der erst durch Austauschstöße mit Elektronen der FERMI-Fläche in den rasch zerfallenden Singulettzustand übergeht. Durch diese Annahme lassen sich die negativen Befunde von MADANSKY u. RASETTI (vgl. C. **1953.** 9056) deuten. (Physic. Rev. [2] **91.** 1571—72. 15/9. 1953. New York, N. Y., Columbia Univ., Watson Sci. Labor.) WEIGEL. 90

L. Koester, H. Maier-Leibnitz und **K. Schmeiser,** *Zur Absorption von Elektronen und Positronen.* Die β^+-Teilchen von ^{64}Cu u. von ^{13}N werden in *Au* u. *Cu* schwächer absorbiert als die β^--Teilchen von ^{64}Cu u. ^{24}Na; in *Al* war kein Unterschied in der Absorption zu bemerken. Hieraus ist zu schließen, daß bei der Diffusion von Elektronen in schweren Elementen die Streuung an Kernen um große Winkel ausschlaggebend ist. (Z. angew. Physik **5.** 9—11. Jan. 1953. Heidelberg, Max-Planck-Inst. für med. Forsch., Inst. für Phys.) KIRSCHSTEIN. 90

Ingvar Carlvik, *Einige Messungen über die Absorption von 75—200 keV-Elektronen in Aluminium.* Die Schwächung von Elektronen von 75, 100, 125, 150, 175 u. 200 kV Beschleunigungsspannung beim Durchgang durch Al-Schichten von 3—70 mg/cm² Massendicke werden gemessen. Die gemessene Energie–Reichweite-Kurve wird mit den sich aus den Formeln von FLAMMERSFELD (C. **1947.** 1160) u. LIBBY (C. **1947.** 485) ergebenden verglichen. Die Meßpunkte liegen zwischen beiden Kurven, aber näher an der von FLAMMERSFELD. (Ark. Fysik **6.** 1—16. 1953.) LENZ. 90

A. Z. Hrynkiewicz, *Über die Absorption in Aluminium von Elektronenpaaren, die in Blei durch ThC''-γ-Strahlen erzeugt werden.* Vf. bestimmt mit einer Koinzidenzanordnung von GEIGER-Zählern die Absorption von Paarelektronen in Al. Die bei verschied. Absorberdicken aufgenommene Absorptionskurve wird mit den Kurven verglichen, die nach den theoret. Energieverteilungen von Paarelektronen (BETHE-

HEITLER, JAEGER u. HULME) berechnet worden sind. Es ergibt sich, daß die experimentelle Kurve besser mit der Kurve übereinstimmt, die auf der Grundlage der Theorie von JAEGER u. HULME berechnet worden ist. (Acta physica polon. **11.** 75—80. 1951. Kraków, Jagiellonian Univ., 2. Physic. Labor.) GERHARD SCHMIDT. 90

E. Corinaldesi, *Über die Streuungstheorie relativistischer Gleichungen.* Ausdehnung der PARZENschen Meth. (C. **1951.** II. 2550) der Berechnung der Phasenverschiebung bei endlichen Energien auf den Fall, bei dem das Potential im Ursprung einen Pol besitzt. (Nuovo Cimento [9] **10.** 1673—80. 1/12. 1953. Ottawa, Can., Nat. Res. Counc., Div. of Phys.) GERHARD SCHMIDT. 90

John DePangher, *Eine Hochdrucknebelkammeruntersuchung von durch 300 MeV-Neutronen gestreuten Protonen.* (Sitzungsbericht.) Die durch 300 MeV-Neutronen gestreuten Protonen werden in einem Magnetfeld untersucht, in dem sich eine mit H_2 (10 at) gefüllte Nebelkammer befindet. Das Energiespektr. wird für Neutronen aufgestellt, die in einem 1,75 in. dicken LiD-Target durch 340 MeV-Cyclotronprotonen erzeugt worden sind. Die Daten der Winkelverteilung aus 2057 Bahnen, deren Neutronenenergien 200 MeV überschreiten, umfassen den Winkelbereich von 10—180° für Neutronen im Schwerpunktssystem. Der Beweis für das Auftreten der Rkk. $n + p \rightarrow \pi^0 + d$, $n + p \rightarrow \pi^+ + 2n$ u. $n + p \rightarrow \gamma + d$ wird erbracht. (Physic. Rev. [2] **92.** 1084. 15/11. 1953. Berkeley, Calif., Univ. of California.) GERHARD SCHMIDT. 90

A. B. Bhatia, *Über die Streuung polarisierter Neutronen durch Protonen.* Für den Fall sphär. symm. Wechselwrkg. läßt sich diese aus dem Polarisations- u. differentiellen Streuquerschnitt bestimmen. Im Falle nichtzentraler Wechselwrkg. hängt die Polarisation auch vom Azimut-⌀ der Streuung ab. Vf. berechnet diese Abhängigkeit für sehr niedrige u. sehr hohe Energien. Die maximalen azimutalen Schwankungen für einfallende Neutronen von 1 u. 100 MeV sind ~1 bzw. 50%. (Proc. physic. Soc., Sect. A **63.** 502—14. 1/5. 1950. Liverpool, Univ., Dep. of Theoret. Phys.) GERHARD SCHMIDT. 90

F. G. Houtermans und **W. Thirring,** *Zur freien Weglänge von Neutrinos.* Der von der Sonne kommende Neutrinostrom ist intensiver als der Neutrinostrom der bisher angewandten Quellen. Pro 28,6 MeV (Bindungsenergie von He) strahlt die Sonne zwei Neutrinos aus, der Neutrinostrom von der Sonne beträgt ca. $6 \cdot 10^{10}$ Neutrinos/cm^2. Vff. diskutieren die Frage, ob die Neutrinos aus der Sonne heraus können. Auf Grund der bisherigen experimentellen Nachweise läßt sich nicht schließen, daß die Neutrinos mit genügender Energie aus der Sonne herauskommen, um selbst im Falle eines hinreichend großen Wechselwirkungsquerschnittes mit Elektronen Atome ionisieren zu können. Die Voraussagen über die freie Weglänge von Neutrinos werden zusammengefaßt, die theoret. aus den bisher bekannten Wechselwirkungen von Neutrinos folgen. Die Unterss. ergeben, daß die experimentellen Daten über die freie Weglänge von Neutrinos noch weit unter den theoret. Erwartungen liegen (~10^{18} g/cm^2 aus dem inversen β-Zerfall, ~10^{23} g/cm^2 aus der Streuung, ~10^{20} g/cm^2 aus dem magnet. Moment). Zum Vgl. werden einige zur Abschätzung der Wahrscheinlichkeit einer Energieabgabe der Neutrinos wichtige astrophysikal. Schichtdickendaten gegeben. (Helv. physica Acta **27.** 81—88. 1/5. 1954. Bern, Univ., Physikal. Inst.) GERHARD SCHMIDT. 90

N. C. Francis und **K. M. Watson,** *Die elastische Streuung von Teilchen durch Atomkerne.* In den Betrachtungen wird der Kern durch eine Potentialmulde ersetzt, um die Wechselwrkg. mit dem einfallenden Teilchen zu beschreiben. Es zeigt sich, daß dieses Verf. selbst für niedrige Energien allg. gültig ist, vorausgesetzt, daß die Potentialmulde so weit verallgemeinert wird, daß sie Spin-Bahn-Kopplungen einschließt. Die Betrachtungen werden auf die Abstreif-Rk. des Deuterons angewandt u. führen zu einer Korrektur an der BUTLERschen Winkelverteilung. (Physic. Rev. [2] **92.** 291—303. 15/10.; Sitzungsbericht: **91.** 454. 15/7. 1953. Bloomington, Ind., Indiana Univ., Dep. of Phys.) GERHARD SCHMIDT. 95

R. Auerbach, *Über den Binnendruck der Atomkerne.* Analog zum Fall der Fll. wird der Binnendruck der Atomkerne als Prod. von Bindungsenergie u. D. zu $6{,}5 \cdot 10^{26}$ at berechnet u. mit diesem Wert die Größe der Konstanten a u. b in der VAN DER WAALSchen Zustandsgleichung abgeschätzt. (Kolloid-Z. **124.** 115—16. Nov. 1951. Neumünster, Holstein.) HENTSCHEL. 95

Ervin C. Woodward jr., *Kernspins von* ^{95}*Mo und* ^{97}*Mo.* (Sitzungsbericht.) Mit Hilfe einer modifizierten SCHÜLER-Hohlkathode, eines PÉROT-FABRY u. eines Spektrographen wurden die Übergänge MoI ($4d^5\,5s^5\,S_2$—$4d^5\,5p^5\,P_{123}$) u. MoI ($4d^4\,5s^2\,{}^5D_0$—$4d^5\,5p^5P_1$) aufgenommen u. analysiert. Die Hyperfeinstruktur des $4d^5\,5s^5\,S_2$-Zustandes ist n., womit für beide Isotope ein negatives kernmagnet. Moment bewiesen wird. Der Kernspin ergibt sich zu 5/2 in Übereinstimmung mit dem aus dem Schalenmodell berechneten Wert, das Verhältnis des kernmagnet. Moments von ^{97}Mo zu dem von ^{95}Mo zu 1,022. (Physic. Rev. [2] **93.** 954. 15/2. **1954.** Berkeley, Calif., Univ. of California, Dep. of Phys.) HEINSOHN. 95

Z. G. Szabó und **B. Lakatos,** *Ein Periodisches System nach der Feinverteilung der Elektronen.* Ebene Anordnung der Elemente mit steigender Ordnungszahl in jeder Zeile, jedoch mit 18 Spalten für die vorkommenden Besetzungen der s-, p- u. d-Plätze. Hierdurch zeigen sich in besonderer Deutlichkeit die von den Außenelektronen abhängigen Beziehungen benachbarter Elemente hinsichtlich der chem. Eigg. (Lage der fließenden Abgrenzung von Halb- u. Nichtmetallen, Richtungen für Zunahme des elektropositiven Charakters, Wertigkeiten bis 7 ohne „8. Gruppe", Zahl der unpaaren Elektronen, Verallgemeinerung des GRIMMschen Hydridverschiebungssatzes u. andere), desgleichen hinsichtlich vieler physikal. u. kristallograph. Eigenschaften. (Research **5.** 590—92. Dez. 1952. Szeged, Univ., Inst. for Inorg. and Analyt. Chem.) G. LOCHMANN. 95.

K. J. Le Couteur, *Die Beziehung zwischen der Größe der Kernzertrümmerungssterne und der mittleren Energie der emittierten Teilchen.* Aus der Verdampfungstheorie des Kerns folgt, daß die mittlere Energie der verdampften Protonen aus Zertrümmerungssternen mit der Sterngröße zunimmt. Aus den für Protonen vorliegenden Energiemessungen geht hervor, daß die berechnete Zunahme mit den experimentellen Ergebnissen übereinstimmt. (Proc. physic. Soc., Sect. A **63.** 498—501. 1/5. 1950. Liverpool, Univ., Dep. of Theoret. Phys.) GERHARD SCHMIDT. 103

Michel Riou, *Abklingen des Kerns durch Bildung von Positron–Negatron-Paaren.* Zusammenstellung der wichtigsten theoret. u. experimentellen Daten über die innere Paarbldg., wie z. B. Wahrscheinlichkeit, Energieverteilung, Winkelverteilung für verschied. elektr. u. magnet. Multipole sowie für Übergänge 0 → 0 (^{16}O). Die Beobachtung der inneren Paarbldg. mit monoenerget. Positronen weist auf die Bedeutung der Wechselwirkungen zwischen dem Kern u. der Elektronenhülle hin. (J. Physique Radium **13.** 480—84. Okt. 1952. Paris, Inst. du Radium, Labor. Curie.) GERHARD SCHMIDT. 103

P. Benoist-Gueutal, *Über die Einwirkung der Elektronenhülle bei der α-Emission.* (Vgl. vorst. Ref.) Bei einer α-Emission erleiden die Hüllelektronen des Strahlers eine Störung, deren Ursprung zwei völlig voneinander unabhängigen Ursachen zugeschrieben werden kann. Einerseits kann das α-Teilchen beim Durchgang durch das Atom durch einen Zusammenstoß ein oder mehrere Elektronen der Hülle losreißen, während andererseits die Hülle sich einem neuen COULOMB-Feld des Kerns anpassen muß, dessen Ladung Z zu Z = 2 übergeht. Zur Behandlung der verschied. Störungseigg. beschreibt Vf. die Hülle durch einzelne Niveaus. Die abgeleitete Störungsformel wird auf den Fall der α-Teilchen von ^{210}Po angewandt, wodurch sich die experimentellen Werte von RIOU (l. c.) erklären lassen. Ferner zeigt sich, daß bei der β-Emission die aus der Störungsformel gezogenen Schlüsse qualitativ verschieden sein können. (J. Physique Radium **13.** 486—87. Okt. 1952. Paris, Inst. du Radium, Labor. Curie.) GERHARD SCHMIDT. 103

M. Blau, A. R. Oliver und **J. E. Smith,** *In den leichten Elementen der Emulsion ausgelöste Neutronen- und Mesonensterne.* (Vgl. C. **1954.** 1168.) G 5-Emulsionen mit 7—8 μ Gelatine dazwischen (sandwich) wurden dem Neutronenstrahl von 300 MeV u. dem positiven Mesonenstrahl von 50—80 MeV eines Cyclotrons ausgesetzt. 21 ± 3% der Sterne mit mindestens zwei Zacken u. einer Rückstoßspur stammen beim Neutronenbeschuß aus leichten Kernen. Die mittlere Zackenzahl ist größer als in den schweren Kernen, dagegen ist die Zahl der schnellen Protonen u. ihre Winkelverteilung bei den Sternen aus leichten u. schweren Kernen ähnlich. Bei den Sternen in leichten Kernen ist die Vorwärtsrichtung der „schwarzen" Bahnen ausgeprägt. Beim Mesonenbeschuß beträgt der Anteil der Sterne aus leichten Kernen 24—30%. In 15—20% erleidet das Meson eine unelastische Streuung, die Ladungsaustauschstreuung beträgt höchstens 10%, die Absorption, die hauptsächlich in Nucleonenpaaren erfolgt, ~70%. (Physic. Rev. [2] **91.** 949—57. 15/8. 1953. Upton, N. Y., Brookhaven Nat. Labor.) M. WIEDEMANN. 103

N. M. Hintz, J. M. Blair und **D. M. Van Patter,** *γ-Strahlung aus einem angeregten Zustand von ^{5}Li.* (Sitzungsbericht.) Vff. beobachten die Einfang-γ-Strahlung der Rk. ^{3}He(d, γ)^{5}Li aus einer Kammer mit He, das zu 95% mit ^{3}He angereichert ist. Die Messungen werden mit einem NaJ-Scintillationszähler u. einem Einkanaldiskriminator durchgeführt. Bezogen auf die ^{7}Li(p, γ)-γ-Strahlen, entspricht der extrapolierte Endpunkt der Impulsverteilung 16,6 ± 0,2 MeV bei E_d = 0,46 MeV. Die beobachtete Verschiebung der γ-Energie ist mit der Zuordnung zur Rk. $^3He(d,\gamma)^5Li$ verträglich. Diese γ-Strahlung wird nicht beobachtet, wenn die Kammer mit ^4He oder Luft gefüllt ist. Die bei 90° von E_d = 0,2—2,6 MeV gemessene Anregungskurve führt schnell zu einem breiten Maximum bei ~0,46 MeV in ähnlicher Weise wie die Anregungskurve von $^3He(d, p)^4He$. Die Winkelverteilung wird angenähert isotrop von 0—90° gefunden. Bei E_d = 0,46 MeV wird ein Wirkungsquerschnitt von $2 \cdot 10^{-28}$ cm^2 (vorläufiger Wert) geschätzt, wobei eine Ausbeute bei dickem Target von $1{,}9 \cdot 10^{-8}$ γ-Strahlen/Proton für die $^7Li(p,\gamma)$-Resonanz bei 441 keV angenommen wird. (Physic. Rev. [2] **93**. 924. 15/2. 1954. Univ. of Minnesota.) GERHARD SCHMIDT. 103

James B. Weddell und **James H. Roberts**, *Winkelverteilung der Reaktion von $^6Li(n,\alpha)^3H$ für schnelle Neutronen.* (Vgl. C. **1954**. 3158.) (Sitzungsbericht.) Vff. untersuchen die Winkelverteilung u. den Wirkungsquerschnitt von $^6Li(n,\alpha)^3H$ in mit ^6Li angereicherten photograph. Emulsionen. Für Neutronenenergien von 1,1, 1,5, 2,0 u. 2,5 MeV wird die Tritonenausbeute/Raumwinkeleinheit im Schwerpunktssyst. angegeben. Diese Ausbeuten genügen den Reihen $Y = A + B \cdot \cos \Phi_0 + C \cdot \cos^2 \Phi_0$, wo Φ_0 den Neutron–Triton-Winkel bedeutet. Außerdem wird der Einfangquerschnitt von ^6Li für 1,5—2,0 MeV-Neutronen zu 0.32 ± 0,06 bzw. 0,27 ± 0,04 barn bestimmt. (Physic. Rev. [2] **93**. 924. 15/2. 1954. Northwestern Univ.) GERHARD SCHMIDT. 103

W. M. Gibson und **L. L. Green**, *Die beim Beschuß von ^6Li mit Deuteronen emittierten Neutronen.* Vff. untersuchen die Neutronen aus dem Deuteronenbeschuß eines ^6Li-Targets mit ILFORD C 2-Emulsionen (100 μ). Die Energie des für eine Bahn verantwortlichen Neutrons wird aus der Reichweite u. der Richtung des Protons berechnet. Die Energieverteilung wird für die Änderung des Neutron–Proton-Streuquerschnittes u. des Entweichungsfaktors mit der Neutronenenergie korrigiert. Die Energiefreigabe für die Rk. $^6Li + {}^2D \rightarrow {}^7Be + {}^1n$ ergibt sich zu 3,40 ± 0,05 MeV, die Existenz eines Niveaus in ^7Be bei 450 ± 60 keV wird sichergestellt. Dieses Niveau wird mit dem Niveau bei 430 keV identifiziert, das bei der Rk. $^{10}B(p,\alpha)^7Be$ gefunden worden ist. (Proc. physic. Soc., Sect. A **63**. 494—98. 1/5. 1950. Cambridge, Cavendish Labor.) GERHARD SCHMIDT. 103

R. L. Macklin und **H. E. Banta**, *Die Reaktion $^7Li(d,t)^6Li$.* (Sitzungsbericht.) Vff. bestimmen den Wirkungsquerschnitt für die Rk. $^7Li(d,t)^6Li$ durch Sammlung u. Messung des durch diese Rk. erzeugten Tritiums. Die Targets bestehen aus verdampftem angereicherten ^7LiF auf Al-Unterlagen. Das erzeugte T wird durch Erwärmung in einer H_2–Ar-Atmosphäre ausgetrieben u. in einem Proportionalzähler gesammelt, in dem die β-Zerfälle von T anschließend gezählt werden. Bei Verwendung dieser Meth. sind ~10^9 Atome von T der Untergrundausschlagszahl des Zählers äquivalent. Für die Durchführung der Messung werden zwei verschied. Eichmethoden angeführt. Der Wirkungsquerschnitt nimmt vom Schwellenwert (1,3 MeV) bis zur Maximalenergie, die mit dem 2 MeV-VAN DE GRAAFF (2,5 MeV) erhalten wird, zu u. ist angenähert 100 mbarn bei diesem Energiemaximum. (Physic. Rev. [2] **93**. 924—25. 15/2. 1954. Oak Ridge, Nat. Labor.) GERHARD SCHMIDT. 103

J. V. Jelley, *Die Radioaktivität von Fluor 20.* Von dem nach der Rk. $^{19}F(d,p)^{20}F$ erzeugten ^{20}F werden die β- u. γ-Strahlen nach verschied. Verff. untersucht. Die obere Grenze des β-Spektr. ergibt sich nach Spektrometermessungen zu 5,03 ± 0,05 MeV u. zu 4,96 ± 0,08 MeV nach Absorptionsmessungen in Al. γ-Strahlen von 1,64 ± 0,05 u. 2,45 ± 0,06 MeV mit einem Intensitätsverhältnis von (8,4 ± 2,6):1 werden durch Absorption ihrer Sekundärelektronen in Al gefunden, die Energie der intensiveren Strahlung ergibt sich nach Spektrometermessungen zu 1,64 ± 0,02 MeV. Auf Grund dieser Daten wird ein neues Zerfallsschema vorgeschlagen. Die totale Zerfallsenergie von 6,67 ± 0,05 MeV führt zu einer M. von 20,00606 ± 0,00008 für ^{20}F. Aus einem unabhängigen Vers. über die Energiefreigabe bei der Rk. $^{19}F(d,p)^{20}F$ wird eine M. von 20,00621 ± 0,00006 für ^{20}F gefunden, wobei als Bezugswert die M. von ^{19}F zu 19,00444 ± 0,00004 angenommen wird. (Proc. physic. Soc., Sect. A **63**. 538—39. 1/5. 1950. Cambridge, Cavendish Labor.) GERHARD SCHMIDT. 103

F. A. Johnson, *Der Zerfall von ^{105}Cd.* Das aus der Rk. $^{107}Ag(p,3n)$ mittels Synchrocyclotronprotonen erzeugte ^{105}Cd (55 Min.) wird mittels eines 180°-Spektrographen hoher Auflösung, eines Linsenspektrometers u. eines Scintillationsspektrometers untersucht. Der Endpunkt des Positronenspektr. wird bei 1,691 ± 0,005 MeV gefunden, die FERMI-Darst. des Spektr. verläuft geradlinig bis zu ca. 800 keV, wo eine leichte Aufwärtskrümmung beginnt. Im 180°-Spektrographen beobachtete innere Konversionslinien zeigen γ-Strahlen mit Energien von 25,50, 27,69, 263,0, 292,5, 308,0, 312,1, 317,1, 320,5, 324,9, 336,3, 340,7, 347,0, 433,1 u. 606,7 keV an. Die im Linsenspektrometer gefundenen inneren Konversionslinien jenseits des Endpunktes des Positronenspektr. werden γ-Strahlen mit Energien von 1,908, 1,957, 1,995, 2,045, 2,277 u. 2,318 MeV zugeordnet. Weiterhin werden Linien, die ^{105}Ag zugeschrieben werden müssen, registriert. Diese Linien entsprechen γ-Strahlen mit Energien von 64,0, 280,8, 319,4, 331,5 (neu beobachtet), 344,9, 392,6 u. 443,2 keV. (Canad. J. Physics **31.** 1136—47. Nov. 1953. Montreal, McGill Univ., Radiat. Labor.)

GERHARD SCHMIDT. 103

Hubert de Laboulaye und **Jacqueline Beydon,** *Untersuchung der Reaktion* $^{109}Ag(\gamma, \alpha)^{105}Rh$. Vff. stellen die mit Hilfe des Betatrons erhaltene Aktivierungskurve der Rk. ^{109}Ag(γ, α)^{105}Rh auf, wobei sie sich als Bezugselement der Werte der Aktivierungskurve von ^{58}Ni(γ, n)^{57}Ni bedienen. Das chem. Extraktionsverf. für ^{105}Rh wird angegeben. Der Wirkungsquerschnitt für die Rk. ^{109}Ag(γ, α)^{105}Rh ist bedeutend größer als der nach der statist. Verdampfungstheorie angegebene. Beispiele für ^{81}*Br* u. ^{87}*Rb* werden angeführt. (C. R. hebd. Séances Acad. Sci. **239.** 411—14. 2/8. 1954.)

GERHARD SCHMIDT. 103

Hari D. Sharma, *Doppelter β-Zerfall von ^{130}Te und ^{82}Se.* Vf. versucht, den doppelten β^--Zerfall oder den alternativ über 2 einfache β^--Emissionen erfolgenden Zerfall von ^{130}Te u. ^{82}Se experimentell nachzuprüfen u. zwischen den genannten beiden Möglichkeiten zu entscheiden. Zu diesem Zweck werden reines Te (I) bzw. Se (II) in ein wasserlösl. Salz übergeführt u. eine Trägerfällung als Silberhalogenid nach Zusatz von 20 mg J + 100 mg Br (I) bzw. 20 mg Br + 100 mg J (II) ausgeführt. In den gefällten Ag-Halogeniden wird weder ^{130}*J* noch ^{82}*Br* gefunden. Daraus wird geschlossen, daß entweder $T_{1/2}$ für die Übergänge $^{130}Te \xrightarrow{\beta^-} {}^{130}J$ bzw. $^{82}Se \xrightarrow{\beta^-} {}^{82}Br > 10^{17}$ Jahre sein muß, oder ^{130}Te u. ^{82}Br durch doppelten β-Zerfall in ^{130}*Xe* bzw. ^{82}*Kr* übergehen. (Current Sci. **22.** 45—46. Febr. 1953. Univ. of California, Dep. of Chem.)

WEIGEL. 103

F. D. S. Butement, *Radioaktive Dysprosiumisotope.* Vf. bestrahlt 30 mg Dy_2O_3 (99% rein) mit einem Strom langsamer Meilerneutronen von $3{,}3 \cdot 10^{11}/cm^2$/Sekunde. Das Isotop ^{166}Dy wird durch Neutroneneinfang des 140 Min.-Isomers von ^{165}Dy gebildet, der Einfangquerschnitt beträgt ca. 1200 barn. ^{166}Dy zerfällt mit einer Halbwertszeit von 82 Std. u. stellt das Ausgangselement des 27 Std.-^{166}*Ho* dar. ^{166}Dy emittiert β-Strahlen, deren Energie sich zu 0,22 MeV ergibt, u. γ-Strahlen mit Energien weniger als 50 keV. Sowohl durch Neutronenbestrahlung von Dy als auch durch Deuteronenbeschuß von *Tb* wird ^{159}Dy erhalten, das durch Elektroneneinfang mit einer Halbwertszeit >50 Tagen zerfällt. (Proc. physic. Soc., Sect. A **63.** 532—37. 1/5. 1950. Harwell, Berks., A. E. R. E.) GERHARD SCHMIDT. 103

G. A. Bartholomew und **B. B. Kinsey,** *Neutroneneinfang-γ-Strahlen aus schweren Kernen ungerader Ladungszahl.* (Vgl. C. **1953.** 645.) Mit einem Paarspektrometer werden die beim Neutroneneinfang in *As, Nb, Rh, Ag, In, Sb, Pr, Ta, Au* u. *Tl* auftretenden γ-Strahlen untersucht. Die Abhängigkeit der Zahl der Koinzidenzen von der Energie der γ-Strahlen wird zwischen ca. 3 u. 8 MeV für diese Elemente graph. wiedergegeben u. die Energie u. Intensität der stärksten γ-Linien ermittelt. — 27 Literaturhinweise. (Canad. J. Physics **31.** 1025—50. Nov. 1953. Chalk River, Ontario, Can., A. E. of Canada Ltd.) G. HERRMANN. 103

B. B. Kinsey und **G. A. Bartholomew,** *Neutroneneinfang-γ-Strahlen aus schweren Kernen gerader Ladungszahl.* (Vgl. vorst. Ref.) Wiedergabe gleichartiger Messungen der γ-Strahlen beim Neutroneneinfang in *Se, Sr, Zr, Mo, Cd, Sn, Ba, Sm, Gd, W, Pt* u. *Hg*. — 59 Literaturhinweise. (Canad. J. Physics **31.** 1051—86. Nov. 1953.)

G. HERRMANN. 103

R. W. Hales und **B. J. Moyer,** *Abhängigkeit der Ausbeute an neutralen Mesonen bei Protonenbeschuß von der Ordnungszahl.* (Vgl. C. **1952.** 7763.) Vff. beschießen nunmehr *Na, Al, Cl, K, Ca, Cu* u. *Pb* mit 340 MeV-Protonen. Bis Na gilt die Regel, daß der Wirkungsquerschnitt für die π^0-Mesonenerzeugung proportional der Neutronenzahl ist; bei den schwereren Kernen ist er proportional (N/A)$\cdot A^{2/3}$. (Physic. Rev. [2] **89.** 1047—53. 1/3. 1953. Berkeley, Calif., Univ. of California, Dep. of Phys., Radiat. Labor.) KIRSCHSTEIN. 103

Rolf Persson, *Messungen der Neutronenmultiplizität in einem System von Uranstangen und gewöhnlichem Wasser.* Zur Best. der Multiplikationskonstanten eines Syst. von U-Stangen u. gewöhnlichem W. werden zwei verschied. Verss. mit einer RaBe-Quelle durchgeführt. Bei beiden Versuchsreihen werden 129 U-Stangen, 30 mm Durchmesser u. 2 m lang, in ein hexagonales Gitter in einem Tank mit dest. W. eingelagert. Als Detektoren werden BF_3-Kammern benutzt. Die ausgeführten Verss. liefern einen formelmäßigen Ausdruck für die endliche Multiplikationskonstante, in den die Wanderungsfläche für Spaltneutronen eingeht. Bei der Verwendung einer Integrationsmeth. nach Heisenberg u. Wirtz wird die Strahlenquelle in den Mittelpunkt des Syst. gebracht u. die Gesamtanzahl von Neutronen im Mittelpunkt u. Reflektor bestimmt. Werden beide experimentelle Kurven der Multiplikationskonstanten als eine Funktion des Gitterabstandes aufgetragen, so stimmen deren Verläufe befriedigend miteinander überein. (Nature [London] **174.** 265. 7/8. 1954. Stockholm, AB Atomenergi, Dep. of Phys.) Gerhard Schmidt. 103

W. H. Fleming und **H. G. Thode,** *Neutroneninduzierte und spontane Spaltung in Uranerzen.* Für sechs Proben von Pechblende u. eine Probe *Uraninit* bestimmen Vff. die Spaltausbeuten der stabilen Isotope *Xe* u. *Kr.* Das pulverisierte Erz wird auf 1000—1200° erhitzt, wobei die Pechblende zu sintern beginnt. Die auf diese Weise erhaltenen Edelgase enthalten zunächst kleinere Mengen Xe u. Kr. Die bei den höchsten Tempp. aufgefangenen Gasmengen enthalten nahezu reine Spaltprodd. Xe u. Kr. Aus 200 g Erz werden 10—30 mm³ gereinigtes Gas gewonnen. Die massenspektrometr. Analyse zeigt eine ungefähre Zus. aus 99,5% *Ar,* 0,25% Kr u. 0,25% Xe. Die beobachteten Spaltausbeuten schwanken stark von Probe zu Probe. Die Art dieser Schwankungen u. bes. die in der Feinstruktur der Massenausbeutekurve bei ^{132}Xe u. ^{134}Xe auftretenden Änderungen deuten darauf hin, daß in U-Erzen sowohl eine spontane Spaltung von ^{238}U als auch eine neutroneninduzierte Spaltung von ^{235}U ablaufen. Der Anteil jedes Spaltprozesses hängt von der U-Konz., dem geolog. Alter u. den Verunreinigungen im Erz ab. (Physic. Rev. [2] **92.** 378—82. 15/10. 1953. Hamilton, Ontario, Can., McMaster Univ., Hamilton Coll., Dep. of Phys. and Chem.) Gerhard Schmidt. 103

P. R. Fields, M. H. Studier, L. B. Magnusson und **J. R. Huizenga,** *Eigenschaften der spontanen Spaltung bei den Elementen 97, 98, 99 und 100.* Vff. erstrecken die Daten über die Halbwertszeiten der spontanen Spaltung auf Isotope von Bk, Cf u. der Elemente 99 u. 100. Die gemessenen Halbwertszeiten für die partielle spontane Spaltung von ^{246}Cf u. ^{248}Cf stimmen befriedigend mit den vorausgesagten Werten für gerade Z–gerade A-Kerne aus den Graphen verschied. Autoren überein. Die gemessenen Halbwertszeiten schwererer gerade A–Cf-Isotope weichen jedoch erheblich von der Z^2–A-Beziehung ab. Die tabellar. wiedergegebenen Werte stützen die Annahme, daß die gerade A-Isotope jedes gerade Z-Elementes durch eine maximale Stabilität für die spontane Spaltung bei Zunahme von A laufen. Für einen vorgegebenen geraden Wert von Z verträgt sich die spontane Spaltung besser mit dem α-Zerfall, wenn die gerade A-Massen zunehmen. Ferner zeigt sich, daß die schwereren gerade A-β-stabilen Isotope von gerade Z-Elementen (Z = 98, 100 usw.) hauptsächlich durch spontane Spaltung zerfallen. Die Zerfallsgrößen der spontanen Spaltung der schweren Isotope mit ungeraden Nucleonen sind um einige Vielfache von 10 kleiner als die der entsprechenden gerade–gerade-Kerne in Übereinstimmung mit den Halbwertszeiten spontaner Spaltung für andere Isotope mit ungerader Nucleonenzahl. (Nature [London] **174.** 265—66. 7/8. 1954. Lemont, Ill., Argonne Nat. Labor.) Gerhard Schmidt. 103

A. R. Brosi, *Isotope von Nickel.* Zuerst bespricht Vf. an Hand der vorliegenden Literatur die Häufigkeiten der 5 stabilen Ni-Isotope mit den Massenzahlen 58, 60, 61, 62 u. 64 sowie die elektromagnet. Konzentrierung der einzelnen Isotope. Die Häufigkeit des betreffenden Isotops in den angereicherten Proben ist gewöhnlich größer als 90%. Hierauf werden die Eigg. u. die Bildungen der Ni-Radioisotope mit den Massenzahlen 56, 57, 59, 63, 65 u. 66 behandelt. Die verschied. Verwendungsmöglichkeiten der einzelnen Isotope werden gestreift. (Ind. Engng. Chem. **44.** 955—56. Mai 1952. Oak Ridge, Tenn., Oak Ridge Nat. Labor., Chem. Div.) Gottfried. 104

P. J. Stewart, *Neue Anwendungen für Isotope.* Neue Anwendungsmöglichkeiten künstlicher radioakt. Isotope für Dicken- u. Verschleißbestimmungen. Als Strahlenquellen werden hauptsächlich ^{90}*Sr* u. ^{60}*Co* benutzt. (Canad. Metals **17.** Nr. 2. 14—16. Febr. 1954.) Gerhard Schmidt. 106

C. Brachet, *Anwendungen von künstlichen radioaktiven Isotopen in der Radiographie.* Eigg. der für die Radiographie in Betracht kommenden radioakt. Isotope *Co, Ta* u. *Ir.* Vf. diskutiert die Belichtungszeiten in Abhängigkeit von der Präparatstärke, durchstrahlten Eisendicke u. Filmsorte. Abschließend wird der Strahlenschutz behandelt. (Métaux **26.** 205—13. Mai 1951.) Schaal. 106

—, *Tritiumbatterie.* Die aus radioakt. Material u. metall. Plattenpaaren bestehende Batterie liefert Spannungen bis zu 400 V bei 0,01—1,0 μWatt bei einer optimalen Lebensdauer von 18 Jahren. Das von Tracerlab entwickelte Gerät verwendet die durch die β-Strahlen erzeugte Ionisation. (Electronics **27.** Nr. 7. 212—14. Juli 1954.) Gerhard Schmidt. 110

William Krasny Ergen, *Kinetik des Kernreaktors mit zirkulierendem Füllmaterial.* (Sitzungsbericht.) Bei einem Reaktor mit negativem Temperaturkoeff. der Reaktivierung wird durch die Zirkulation des Füllmaterials eine Dämpfung der Energieoscillationen unabhängig von den verzögerten Neutronen hervorgerufen. Die Dämpfung dieser Schwingungen kann durch Wahl der Betriebsparameter auf den höchsten Grad gesteigert werden. (Physic. Rev [2] **93.** 920. 15/2. 1954. Oak Ridge Nat. Labor.) GERHARD SCHMIDT. 110

W. Lenz, *Die Gewinnung elektrischer Energie aus Atomenergie. Bericht über die der U. S. Atomic Energy Commission vorgeschlagenen Projekte.* (Vortrag.) Vf. gibt einen Überblick über die verschied. Reaktorprojekte: a) mit He gekühlter Graphitreaktor, langsam, heterogen, b) mit Schwerem W. gekühlter u. gebremster Reaktor, c) mit W. gekühlter, mit Schwerem W. gebremster Reaktor, langsam, heterogen, d) mit Na gekühlter, heterogener Schnellreaktor (Brüter), e) mit Na gekühlte Graphitreaktoren mit angereichertem U, langsam, heterogen u. f) Schnellreaktoren, Brüter mit fl. Spaltstoff, heterogen u. homogen. Die Anlage- u. Jahreskosten sowie spezif. Anlage- u. Stromkosten der amerikan. Atomkraftwerkprojekte werden tabellar. angeführt. — 37 Literaturhinweise. (Brennstoff. Wärme. Kraft **6.** 82—90. März 1954. Essen.) GERHARD SCHMIDT. 110

K. Buckthought, *Radioaktivität und die Wasserstoffbombe.* Vf. berichtet über die radioakt. Auswirkungen der H-Bombenverss. vom 1/3. 1954. (Canad. chem. Processing **38.** Nr. 4. 78—80. April 1954. Toronto, Univ., Dep. of Phys.) GERHARD SCHMIDT. 110

C. E. Bradford, T. Kikuchi und **W. E. Bennett,** *Eine Ionenquelle für doppelt geladenes Helium.* (Sitzungsbericht.) Modifizierung einer Ionenquelle vom ZINN-Typ an einem elektrostat. Generator, die ein Arbeiten bei kleineren Drucken als bisher ermöglicht. Das Bündel des doppelt geladenen He ist ½ % des Gesamtbündels, was nahe dem theoret. Maximum für 300 V-Elektronen liegt. (Physic. Rev. [2] **93.** 921. 15/2. 1954. Illinois Inst. of Technol.) GERHARD SCHMIDT. 112

H. Glättli, P. Stoll und **H. Widmer,** *Mechanisches Zusatzgerät für Impulsanalysatoren und ähnliche Geräte.* Vff. konstruieren zu dem aus einzelnen Diskriminatoren mit individuellen Gitterspannungen bestehenden Impulsanalysator ein Gerät (Diffrograph), welches in einfachster Weise direkt das Impulsspektr. wiedergibt u. das allg. für Differenzrechnungen verwendbar ist. Dieses mit Kugeln arbeitende Gerät berechnet die Differenzen zwischen den Stößen mehrerer Diskriminatoren. Das Ergebnis läßt sich während der Messung verfolgen. Die Auflösungszeit liegt bei 20 Sekunden. (Helv. physica Acta **27.** 144—48. 1/5. 1954. Zürich, ETH.) GERHARD SCHMIDT. 112

A. Hée und **R. Lecolazet,** *Darstellung und Verwendung der Messung der durchdringenden Strahlung der Gesteine auf dem Erdboden.* Erdbodenmessungen mit geeichten γ-Zählern u. Anwendung des Verf. zur Best. des *U-*, *Th-* u. *K*-Geh. von Gesteinen. (Ann. Géophysique **8.** 316—19. Juli/Sept. 1952.) GERHARD SCHMIDT. 112

R. Lecolazet und **A. Hée,** *Über die Messung der Radioaktivität der atmosphärischen Luft mit dem γ-Zähler.* (Vgl. vorst. Ref.) Nach Unterdrückung bzw. Berücksichtigung des Einfl. der Radioaktivität der Sonne u. der Höhe des γ-Zählers u. der Intensität der Höhenstrahlung läßt sich die Radioaktivität der Luft bestimmen. Die Anordnung erweist sich im Mittel bis zu einer Höhe von 1500 m empfindlich. (Ann. Géophysique **8.** 320—22. Juli/Sept. 1952.) GERHARD SCHMIDT. 112

H. Palevsky, H. R. Muether und **A. Stolovy,** *Scintillationsdetektor für den Schnellzerhacker von Brookhaven.* (Vgl. C. **1954.** 8038.) (Sitzungsbericht.) Vff. untersuchen die Eigg. einer Mischung von ZnS–Ag u. B_2O_3 in einem Neutronendetektor für Energien von 10 eV bis 10 keV. Von dem Detektor wird gefordert, daß er eine schnelle Ansprechzeit, ~0,2 μsec, u. eine geringe γ-Wirksamkeit besitzt. Der Zerfall von *P* unter α-Beschuß wird von 0,02—25 μsec verfolgt. Er läßt sich durch ein Potenzgesetz von der Form $ct^{-\alpha}$ wiedergeben, wo $\alpha = 1{,}36$ ist. Das Problem, eine maximale Neutronenwirksamkeit zu haben, besteht einerseits in dem Eindringen der α-Teilchen aus der Rk. $^{10}B(n,\alpha)$ in ZnS u. andererseits in der Erzeugung u. Durchlässigkeit von Licht durch ZnS. (Physic. Rev. [2] **93.** 920—21. 15/2. 1954. Brookhaven Nat. Labor.) GERHARD SCHMIDT. 112

H. H. Barschall, L. Rosen, R. F. Taschek und **J. H. Williams,** *Messung des Flusses schneller Neutronen.* Zusammenstellung der verschied. Methoden zur Messung des Flusses monoenerget. Neutronen u. Erweiterung der Verff. an polyenerget. Neutronenquellen. Die Unterss. erstrecken sich im allg. auf Neutronenquellen, deren Durchmesser klein sind im Vgl. zur Entfernung, in der die Messung durchgeführt wird. Behandelt werden im einzelnen die Meth. der verbundenen Teilchen, die Rückstoßteilchenmeth., die Meth. der totalen Quellenstärke, Langzähler- u. ähnliche Methoden sowie Flußmessungen für polyenerget. Neutronen. — 69 Literaturzitate. (Rev. mod. Physics **24.** 1—14. Jan. 1952. Los Alamos, N. Mex., Univ. of California, Los Alamos Scient. Labor.; Minneapolis, Minn., Univ. of Minnesota.) GERHARD SCHMIDT. 112

H. H. Barschall, *Methoden zur Messung der Wirkungsquerschnitte schneller Neutronen.* (Vgl. vorst. Ref.) Zur Unters. der Eigg. langsamer Neutronen werden Neutronen bestimmter Energie aus einer kontinuierlichen Verteilung nach der Flugzeitmeth. oder auf Grund ihrer Wellenlänge durch Beugungsmethoden ausgewählt. Andererseits können monoenerget. schnelle Neutronen direkt durch Rkk. im Target des Teilchenbeschleunigers oder durch monoenerget. γ-Strahlen, der Photoneutronen in D oder Be auslösen, erzeugt werden. Zum Nachw. von Neutronen mit Energien zwischen 1 u. $\sim$20 MeV eignen sich Rückstoßprotonendetektoren entweder in Form von Zählern oder organ. Scintillatoren. Die wiedergegebenen Methoden erstrecken sich u. a. auf die Best. der elast. sowie unelast. Streuung u. der Winkelverteilung, auf die Erzeugung geladener Teilchen durch Spaltung. Die Verff. mit abgeschirmten Detektoren, Schwellendetektoren, Neutronenspektrometern sowie Durchlässigkeits- u. Flugzeitmessungen werden angegeben. (Rev. mod. Physics **24.** 120—32. Juli 1952. Los Alamos, N. Mex., Univ. of California, Los Alamos Scient. Labor.) GERHARD SCHMIDT. 112

V. Cocconi Tongiorgi, S. Hayakawa und **M. Widgoff,** *Hochdruck-BF_3-Proportionalzähler.* Bei den mit 101 Torr angereichertem BF_3 u. 20 Torr Ar gefüllten Neutronenproportionalzählern bleiben Charakteristiken u. Vorspannungskurven bei mehrfach wiederholter Aufnahme dieselben, ein Zeichen dafür, daß keine Zers. eintritt. Ein möglichst hoher Druck erweist sich am günstigsten für die Zähleigenschaften. (Rev. sci. Instruments **22.** 899—904. Dez. 1951. Ithaca, N. Y., Cornell Univ.) H. HAUSWALD. 112

H. O. Anger, *Scintillationszähler für die Messung radioaktiver Proben.* Der γ-Strahlzähler für fl. u. feste Proben verwendet eine RCA-5819-Multiplierröhre mit einem ringförmigen NaJ(Tl)-Kristall. Der Wirkungsgrad für die γ-Zählung von 2 ml Proben von ^{59}Fe, ^{60}Co u. ^{131}J sind annähernd gleich dem für die β-Zählung dünner Proben mit einem GEIGER-Zähler mit Glimmerfenster. Der Nulleffekt bei starker Abschirmung beträgt ca. 160 Zählungen pro Minute. Ein ausgerichteter Zähler für die Lokalisierung von ^{59}Fe im Organismus wird beschrieben. (Rev. sci. Instruments **22.** 912—14. Dez. 1951. Berkeley, Calif., Univ. of California, Radiat. Labor. and Div. of Med. Phys.) H. HAUSWALD. 112

A. W. Schardt und **W. Bernstein,** *Auflösung des Scintillationsspektrometers.* Vff. untersuchen die Wrkg. des Photomultipliers auf die Auflösung eines Scintillationsspektrometers mit NaJ(Tb)-Kristall für γ- u. K-Röntgenstrahlen im Bereich von 5,8 keV bis 1,3 MeV. Die aufgenommene Kurve (Auflösung als Funktion der Energie) zeigt von 10—35 keV die statist. deutbare $E^{-1/2}$-Neigung. (Rev. sci. Instruments **22.** 1020—21. Dez. 1951. Upton, N. Y., Brookhaven Nat. Labor.) H. HAUSWALD. 112

M. M. Wolff und **W. E. Stephens,** *Ein pulsierendes Massenspektrometer mit Zeitdispersion.* Ein in den ESSO-Laboratorien entwickeltes Massenspektrometer, bei dem durch pulsierende Elektronen in der Ionenquelle Ionenstöße von $\frac{1}{2}$ μsec Dauer erzeugt, in konstantem Feld beschleunigt u. mit den Mitteln der Flugzeittechnik analysiert werden, wird in seinem Auflösungsvermögen weiterhin verbessert, indem auch die Beschleunigungsspannung der Ionen nicht mehr zeitlich konstant, sondern in Perioden von 5—50 μsec Dauer angewendet wird. Vf. erhält eine lineare Massenskala u. eine theoret. Auflösung von $M/\Delta M$ zwischen 0,6 u. 6 M (M = At.-Gew. des Ions), je nach der angewandten Frequenz. Die Auflösung wird durch die therm. Geschwindigkeit der Gasmoll. begrenzt. Ein wiedergegebenes Massenspektrogramm atmosphär. Gase zeigt den augenblicklichen Entwicklungsstand des Instruments mit einer Linienbreite von 2 Masseneinheiten bei der M. 40. (Rev. sci. Instruments **24.** 616—17. Aug. 1953. Philadelphia, Pa., Univ. of Pennsylvania.) CONRAD. 112

L. Reiffel, C. A. Stone und **F. G. Rest,** *Schutzbehälter für NaJ(Tl).* Als Schutzhüllen für NaJ(Tl)-Scintillationskristalle verwenden Vff. evakuierte u. zugeschmolzene Glaskapseln mit einem Normalschliff oder kleine PETRI-Schalen, die mit einem Kunstharz verschlossen sind. (Rev. sci. Instruments **22.** 1026—27. Dez. 1951. Chicago, Ill., Armour Res. Found. of Illinois Inst. of Technol.) H. HAUSWALD. 112

C. A. Stone, L. Reiffel und **H. Watts,** *Polierverfahren für NaJ(Tl).* (Vgl. vorst. Ref.) Verf. zur Herst. blanker Kristalloberflächen. (Rev. sci. Instruments **22.** 1027. Dez. 1951.) H. HAUSWALD. 112

Hubert de Laboulaye, Christophe Tzara et Janine Olkowsky, Quelques études sur la fission de l'uranium à l'aide d'une chambre de Wilson autocommandée. Saclay, Seine-et Oise: Centre d'études nucléaires, Service de documentation. 1953. (I + 34 S.)

Joseph Selman, Fundamentals of x-ray and radium physics. Springfield, Ill.: C. C. Thomas. 1954. (352 S. m. Abb.) $ 8,50.

A_2. Optisches Verhalten der Materie.

W. I. Krassowski, *Über die Wechselwirkung der interstellaren Staub- und Gassubstanz.* Aus der Abschätzung des Einfl. der interstellaren Staubsubstanz auf die Ionisation u. Dissoziation der interstellaren Gassubstanz kommt Vf. u. a. zu dem Ergebnis, daß zwischen Staub- u. Gassubstanz kein thermodynam. Gleichgewicht herrscht, sondern die Energie eines jeden inhomogenen Staubteilchens höher ist, als die mittlere kinet. Energie des umgebenden Gases. (Доклады Академии Наук СССР [Ber. Akad. Wiss. UdSSR] [N. S.] **92.** 907—10. 11/10. 1953.) AMBERGER. 113

H. K. Paetzold, *Die durch die atmosphärische Ozonschicht bewirkte Färbung des Erdschattens auf dem verfinsterten Mond.* Bei einer Mondfinsternis beobachtet man nicht, wie es nach der RAYLEIGHschen Streuung zu erwarten wäre, eine stetig zunehmende Rotfärbung nach dem Zentrum des Erdschattens hin, sondern direkt an der Kernschattengrenze zeigt sich eine auffallend grünlich gefärbte Zone. Vf. führt das auf die Absorption des in den Kernschatten hinein gebrochenen Sonnenlichts in der O_3-Schicht der Erdatmosphäre zurück. Bekanntlich zeigt O_3 im durchscheinenden Licht eine blaue Färbung, da es eine breite Absorptionsbande von 4500—7000 Å (Maximum bei 6000 Å) besitzt. Durch RAYLEIGHsche Streuung erscheint die Zone, auf die das durch O_3 gegangene Sonnenlicht auftritt, grün statt blau. (Naturwissenschaften **38.** 544—45. 1. Dezemberheft 1951. Weißenau, Forschungsstelle für Phys. der Stratosphäre in der Max-Planck-Ges.) D. HAHN. 113

K. I. Narbutt, *Untersuchung der Röntgenabsorptionsspektren von Zink und Brom im $ZnBr_2$-Molekül.* (Vgl. C. **1954.** 5005.) Das K-Spektr. von Zn u. Br im $ZnBr_2$-Mol. läßt sich mit der Vorstellung deuten, daß sich das Mol. beim Absorptionsprozeß analog einem wasserstoffähnlichen Syst. verhält, wobei Elektronenübergänge aus den K-Niveaus vorzugsweise auf solche angeregten Molekülniveaus erfolgen, die Wellenfunktionen des Atoms mit soeben erfolgter K-Absorption enthalten. Das K-Absorptionsspektr. jedes der beiden Elemente stellt dabei eine Überlagerung einer Haupt- u. einer Nebenserie dar. Die Hauptserie wird bedingt durch Übergänge von K-Elektronen auf angeregte Molekülniveaus, die vorzugsweise Wellenfunktionen des betreffenden Atoms selbst enthalten; die Nebenserie durch Übergänge, die Wellenfunktionen des anderen Atoms enthalten. Eine prinzipielle Bedeutung der Meth. sieht Vf. darin, daß sie eine der Optik unzugängliche Zuordnung der äußeren Mol.-Niveaus zu der einen oder anderen Komponente (Zn bzw. Br) ermöglicht. (Доклады Академии Наук СССР [Ber. Akad. Wiss. UdSSR] [N. S.] **93.** 21—24. 1/11. 1953. Inst. für geol. Wiss. der Akad. der Wiss. der UdSSR.) AMBERGER. 116

G. Brucelle, *Einfluß der in der Entladung umgesetzten Energie und des Charakters dieser Entladung auf die Emission von Spektrallinien.* An einigen Beispielen wird gezeigt, daß eine Erhöhung des Energieumsatzes im Funken durch Vergrößerung der Kapazität oder Erhöhung der Spannung bevorzugt die Intensität von Linien mit höherem Anregungspotential vergrößert. Eine Erhöhung der Stromstärke im Bogen hat die gleiche Wirkung. Als prakt. Anwendung wird die Überlegenheit eines Gleichspannungsabreißbogens hoher Zündspannung bei der quantitativen Analyse von Mo, Si u. V für Gehh. bis ~0,01% in Stahl gezeigt. (Spectrochim. Acta [London] **5.** 11—17. Juli 1952. Paris, Labor. Central de l'Armement.) EICHHOFF. 118

Yoshio Tanaka und **Murray Zelikoff,** *Die kontinuierliche Emission von Kr und Xe im vakuumultravioletten Bereich.* (Sitzungsbericht.) Die Emissionsspektren von Kr u. Xe wurden im Vakuum-UV untersucht. Bei Erhöhung des Druckes über 10 Torr wurden die ersten Resonanzlinien (Kr 1236, Xe 1470 Å) bis zu 1330 bzw. 2200 Å verbreitert. Der Emissionsmechanismus wird wie die Absorption der Resonanzlinie von Xe, die von MC LENNAN u. TURNBULL (Proc. Roy. Soc. [London], Ser. A **129.** [1930.] 266; **133.** [1933.] 683) beobachtet wurde, gedeutet. (Physic. Rev. [2] **93.** 933. 15/2. 1954. Cambridge, Air Force Res. Center.) HEINSOHN. 118

William F. Meggers, *Die Spektrochemie von Technetium und Promethium.* Es werden die durch Funken u. Bogen angeregten Emissionsspektren von $_{43}$Tc mit einer hochgereinigten Probe von 4 mg vom UV (2200 Å) bis zum nahen Ultrarot (9000 Å) untersucht. Eine Tabelle zeigt Wellenlängen u. Intensitäten von 407 der insgesamt 2122 bestimmten Linien. Die stärksten Linien des neutralen Tc-Atoms (relative Intensitäten in Klammern) liegen bei: 4297,06 (500), 4262,26 (400), 4238,19 (300) u. 3636,10 Å(400), die des einfach ionisierten Atoms bei 2543,24 (1000), 2610,00 (800), 2647,02 (600), 3237,02 (400), 3212,01 (300) u. 3195,21 Å (200). Aus der Zahl u. den Abständen der Hyperfeinkomponenten wird festgestellt, daß der Kern aus 43 Protonen u. 56 Neutronen besteht, einen Spin von 9/2 ($h/2\pi$) u. ein magnet. Moment von ca. 5,2 Kernmagnetonen besitzt. — Mit 5 mg $_{61}$Pm sind mehr als 2300 Linien zwischen dem UV- u.

dem roten Gebiet bestimmt worden, von denen 272 in einer Tabelle aufgeführt sind. Die stärksten Linien des wahrscheinlich einfach ionisierten Atoms (relative Intensitäten in Klammern) liegen bei: 3998,96 (100), 3957,74 (100), 3919,09 (100), 3910,26 (100) u. 3892,16 Å (100), die Hauptabsorptionsbanden bei 494,5, 548,5, 568,0, 685,5 u. 735,5 mμ. Aus der Hyperfeinstruktur ist zu entnehmen, daß sich der Kern aus 61 Protonen u. 86 Neutronen aufbaut. — Alle bisher künstlich hergestellten Isotope von Tc u. Pm sind radioakt., das stabilste von Tc besitzt eine Massenzahl von 99 u. eine Halbwertszeit von 500000 Jahren. Die entsprechenden Werte für Pm sind 147 u. 3,7 Jahre. (Spectrochim. Acta [London] **4.** 317—26. 1951. Washington, Nat. Bur. of Stand.)
SCHLEGEL. 118

L. D'Or, A. de Lattre und **P. Tarte**, *Spektroskopischer Beweis der Dimerisation von NO im gasförmigen Zustand.* Vff. untersuchen in einem 1 m langen Quarzrohr mit Kühlermantel als Absorptionsgefäß das Absorptionsspektr. von NO bei 700 mm Hg u. bei Raumtemp., dann bei ca. —180°, wobei sich der Druck auf 1,5—2 mm Hg ermäßigt, u. bei verschied. langsam ansteigenden Tempp. bis oberhalb des Kp. von NO. Die gefundenen Spektren liegen zwischen 2360 u. 2320 Å mit Absorptionsmaxima bei 2353, 2345, 2338 u. 2330 Å. Diese nicht sehr genauen Werte lassen auf ein Schwingungsintervall von 140 cm^{-1} schließen, was mit der Schwingung 167 cm^{-1} im RAMAN-Spektr. für fl. NO verglichen werden muß u. die zweifellos eine Grundschwingung des dimeren N_2O_2 darstellt. (J. chem. Physics **19.** 1064. Aug. 1951. Liège, Univ. de Liège, Centre d'analyse spectrale mol.)
FREIWALD. 118

H. E. Rose, *Bestimmung der Beziehung Extinktionskoeffizient-Teilchengröße für sphärische Körper.* (Vgl. C. **1953.** 1440.) Es wird eine experimentelle Beziehung zwischen Extinktionskoeff. u. der Größe sphär. Teilchen gegeben, die in guter Übereinstimmung mit den bisherigen Vorstellungen, z. B. der Theorie von STRATTON u. HOUGHTON (Physic. Rev. **38.** [1931.] 159) steht. Die angegebene Kurve zur Best. der Teilchengröße aus Extinktionsmessungen an Sedimentationen kann zuverlässig benutzt werden, wenn wie hier die Photozelle die Lichtstrahlung in einem Kegelwinkel von 1°, der eine krit. Variable ist, von der Mitte der Suspension aus erfaßt. (J. appl. Chem. **2.** 80—88. Febr. 1952. London, Univ., King's Coll.)
LINDBERG. 119

H. J. G. Meyer, *Theorie der strahlungslosen Übergänge der F-Zentren.* Die Wahrscheinlichkeit für den strahlungslosen Übergang aus einem angeregten in den Grundzustand $\Phi_{b\to a}$ wird angegeben, wobei das Modell von HUANG-RHYS u. die Dichtematrix von KUBO benutzt werden. Für hohe Temp. ergibt sich $\Phi_{b\to a} \sim \exp(-W/kT)$. Bei numer. Auswertung, unter Benutzung experimenteller Werte von MOLLWO für die Konstanten, ω_{ba}, S u. a., sowie der von O'ROURKES angegebenen Ausdrücke für die Momente der Adsorptionslinien, ergibt sich ein Verhältnis der Übergangswahrscheinlichkeiten strahlungslos : strahlend von 30 bei 20° K für *KBr*; für *NaCl* u. *KCl* noch größer. Bei Raumtemp. erhält man für *KJ* u. *RbCl* ein Verhältnis von 1. Es wird gefolgert, daß das Modell mindestens in Fällen der weitreichenden Kopplung zwischen Gitter u. Zentren genügend große Wahrscheinlichkeiten für den Mehrphononenprozeß liefert. (Physica **20.** 181—82. März 1954. Eindhoven, N. V. Philips Gloeilampenfabrieken, Res. Labor.)
BILLER. 119

M. K. Vainu Bappu, *Spektroskopische Untersuchung von Amethystquarz im Sichtbaren.* Das durch einen Amethystquarz hindurchgegangene Licht einer 250 Watt-Lampe wurde mit einem BAUSCH u. LOMB-Spektrophotometer vom MARTENS-Typ im Sichtbaren untersucht. Es wurde eine Absorptionsbande (F-Bande) von Blau bis Orange mit dem Maximum nahe der 5461 Å-Hg-Linie gefunden. Die bei —190, +28 u. +198° aufgenommenen Spektrogramme zeigen eine Verschiebung des Maximums von insgesamt 330 Å zu größeren Wellenlängen sowie eine Vergrößerung der Halbwertsbreite. Die drei Halbwertspunkte auf dem kurzwelligen Ast fallen aber zusammen. Die Absorptionskoeffizienten der Maxima sind K_m = 33,00, 26,92 u. 23,87 cm^{-1}. Bei noch höherer Temp. werden die Farbzentren zerstört. Bei 380° z. B. beträgt K_m 20,68 cm^{-1}. Bei jeweils weiterer Temperaturerhöhung oder längerer Einw. der gleichen hohen Temp. findet weitere Abnahme der Absorption statt. Wird dieser angeregte Quarz mit Licht der F-Bande belichtet, so erscheint eine neue F'-Bande. (Indian J. Physics Proc. Indian Assoc. Cultivat. Sci. **26.** Nr. 1. 1—14. Jan. 1952. Hydarabad, Nizam Coll., Phys. Labor.)
LINDBERG. 119

R. S. Alger, *Verfärbung und Ausbleichen von U-Zentren enthaltenden Alkalihalogenidkristallen.* (Sitzungsbericht.) Durch Vgl. von Kristallen mit u. ohne U-Zentren wurden weitere Beweise über die Rolle von Fallen bei der Verfärbung durch γ-Strahlen u. bei der opt. Ausbleichung erhalten. Messungen der Energiespeicherungsleistung u. der F-Zentrengleichgewichtskonz. erwiesen sich als eine Stütze der Hypothese, daß die Verfärbbarkeit zum größten Teil durch den Typ u. die Verfügbarkeit von Elektronenfallen kontrolliert wird. Die Speicherungsleistung ändert sich mit der Temp., nimmt mit der Leerstellen- oder U-Zentrenkonz. u. Fallentiefe zu, während die Gleichgewichtskonz. mit der Expositionsgeschwindigkeit zunimmt. Bei F-Band-Beleuchtung zeigen die F-Zentren in Kristallen mit u. ohne U-Zentren eine anfängliche Periode schneller Ausbleichung, auf welche eine Periode langsamer Ausbleichung folgt, woraus hervorgeht, daß nicht alle F-Zentren gleich leicht ausbleichen. Unterbricht man das Ausbleichen von Kristallen mit U-Zentren durch Aufbewahren im Dunklen, dann wird die höhere Ausbleichungsgeschwindigkeit wiederhergestellt. Die langsame Ausbleichungsgeschwindigkeit ist stark temperaturabhängig u. ändert sich etwas mit der Lichtintensität oder der U-Zentrenkonzentration. Wenn sich ein F-Zentrenelektron mit einem H-Atom u. einer Leerstelle in der F- bis U-Zentren-Rk. vereinigt, dann scheint die Reaktionsgeschwindigkeit von der Verfügbarkeit von H in der Nachbarschaft von Leerstellen abzuhängen. (Physic. Rev. [2] **93.** 953. 15/2. 1954. U. S. Naval Radiological Defence Labor.) GOTTFRIED. 119

R. S. Krishnan, *Die Feinstruktur der Rayleigh-Linie in amorphen Substanzen.* Die verschobenen Komponenten der RAYLEIGH-Linie konnte Vf. an geschmolzenem *Quarz* dadurch messen, daß er mit 2536 Å einstrahlt u. mit einem Hg-Dampffilter die Ausgangsstrahlung im Streulicht vollkommen absorbiert. Bei 30° sind die beiden BRILLOUIN-Linien nur schwach zu erkennen, da sich der Quarz während der Belichtung verfärbt u. undurchsichtig wird. Bei 300° sind die Linien stark mit $\pm 1{,}5\ cm^{-1}$ Abstand zu beobachten, da bei dieser Temp. der obige Störeffekt unterbleibt. Der theoret. berechnete Abstand beträgt $\pm 1{,}65\ cm^{-1}$. (Nature [London] **165.** 933—34. 10/6. 1950. Bangalore, Indian Inst. of Sci., Phys. Dep.) A. REUTER. 119

John N. Howard und **Robert M. Chapman,** *Die Druckabhängigkeit der Absorption durch vollständige Wasserdampfbanden im nahen Infrarot.* Mit Hilfe einer Absorptionszelle, in der der Druck unabhängig von der opt. Weglänge, welche ihrerseits zwischen 8 u. 48 m variiert werden konnte, geändert werden konnte, wurde die Druckabhängigkeit der 5 Wasserdampfbanden 1,35; 1,87; 2,70; 3,17 u. 6,27 μ untersucht. Aus experimentellen Ergebnissen ergab sich, daß sich in dem untersuchten Konzentrationsbereich die Teilabsorption einer vollständigen Bande durch eine Fehlerfunktionsformel $A = 2/\pi^{1/2}\int_0^t \varepsilon^{-x^2}\, dx$ wiedergegeben werden kann, wo $t = 1/2\ \beta(\pi\omega)^{1/2} \cdot P_T + P_P/760)^{1/4}$ ist. In dieser Formel bedeuten A die Teilabsorption, ω die Konz. der absorbierenden Substanz, β einen Proportionalitätsfaktor, P_T den Gesamtdruck u. P_P den Partialdruck des Wasserdampfes. Tabellar. sind die Werte für β sowie die effektiven Breiten der 5 untersuchten Wasserdampfbanden zusammengestellt. t ist angenähert proportional der vierten Wurzel aus dem Druck. (J. opt. Soc. America **42.** 423—26. Juni 1952. Columbus, O., State Univ., Dep. of Phys. and Astron.) GOTTFRIED. 120

W. M. Tschulanowski, *Infrarotabsorptionsspektren der O—H-Gruppe von Wasser und einigen seiner Lösungen.* Der Vgl. der O—H-Absorption (2800—3800 cm^{-1}) von *Methanol* u. *W.*, rein oder in CCl_4, Aceton, Diäthyläther gelöst, zeigt, daß bei W. keine Mischkomplexe auftreten, sondern die Komplexe des W. selbst erhalten bleiben. Die Rolle des Lösungsm. besteht hier im wesentlichen in einer selektiven Auswahl bzw. Begünstigung unter diesen Komplexen. Auch bei Lsg. von W. in Triäthylamin liegen die Hauptabsorptionsmaxima der Lsg. in der Nähe der von W. (3425, 3280, 3200 cm^{-1}). Vf. hält eine Überprüfung der Theorie der Wasserstoffbindung, bes. für Dimere von Carbonsäuren für erforderlich. Den von ANDREJEW u. BALITSCHEWA (C. **1954.** 12) angegebenen starken Intensitätsabfall in der Wasserbande bei 3400 cm^{-1} kann Vf. nicht feststellen. (Доклады Академии Наук СССР [Ber. Akad. Wiss. UdSSR] [N. S.] **93.** 25—28. 1/11. 1953. Leningrad, Shdanow-Univ.) AMBERGER. 120

G. Ribaud und **A. Doncesco,** *Absorption der Infrarotstrahlung durch verschiedene Substanzen im flüssigen Zustand.* Zwischen ca. 2—12 μ wurden die Absorptionsfaktoren einer Reihe von handelsüblichen Farben (keine näheren Angaben) in ihren speziellen Lösungsmitteln, sowie die der reinen Lösungsmittel (*Aceton, Xylol, Terpentinöl* u. *Bzn.*) u. *W.* untersucht. Die Versuchsergebnisse sind graph. wiedergegeben. Zweck der Unterss. war, die trocknenden Eigg. der Strahlungen festzustellen. (J. Usines Gaz **75.** 162—73. Juni 1951.) GOTTFRIED. 120

Charles A. Burrus und **Walter Gordy,** *Submillimeterwellenspektroskopie.* (Vgl. KING u. Mitarbeiter, C. **1954.** 1175.) Durch method. Verbesserungen gelang den Vff. eine Erweiterung der Mikrowellenspektroskopie in das Wellenlängengebiet < 1 mm. Bei Messungen an $^{16}O^{12}C^{32}S$ betrugen die Wellenlängen der 24., 26., 28., 30. u. 32. Rotationslinien 1,03; 0,949; 0,881; 0,823 u. 0,771 mm. (Physic. Rev. [2] **93.** 897—98. 15/2. 1954. Durham, N. C., Duke Univ., Dep. of Phys.) GOTTFRIED. 121

Masataka Mizushima und **Robert M. Hill,** *Mikrowellenspektrum von O_2.* Mit einem ZEEMANschen Modulationsspektrometer wurde 24 Linien des Mikrowellenspektr. von O_2 genau ausgemessen. Die theoret. Grundlagen für den Ursprung des Spektr. wurden erneut untersucht. Wurde außerdem noch der Einfl. der zentrifugalen Verzerrung in Rechnung gestellt, dann war die Übereinstimmung zwischen beobachteten u. berechneten Frequenzen gut. Für die Kopplungskonstanten wurden die folgenden Werte erhalten: $B_0 = 43100,9$ MHz u. $\lambda_0 = 59501,0$ MHz. Das Spektr. eignet sich nicht zur Best. der Lichtgeschwindigkeit. (Physic. Rev. [2] **93.** 745—48. 15/2. 1954. Durham, N. C., Duke Univ., Dep. of Phys.) GOTTFRIED. 121

J. J. Gallagher, F. D. Bedard und **C. M. Johnson,** *Mikrowellenspektrum von $^{14}N^{16}O$.* Es wurde der Rotationsübergang $I = {}^1/_2 \rightarrow {}^3/_2$ (v = 0) des $^2\Pi_{1/2}$-Zustandes von $^{14}N^{16}O$ gemessen. Dieser Übergang liegt bei 150372,30 MHz u. ist infolge Ω-Typverdopplung u. einer großen magnet. Hyperfeinwechselwrkg. in 2 Gruppen von je 5 Linien aufgespalten. Die beobachteten u. berechneten Frequenzen der Linien sind einschließlich der Linienabstände u. der Intesitäten tabellar. zusammengestellt. Aus den erhaltenen Werten wurde B_0 zu 1,69510 cm^{-1} u. r_0 zu 1,1539 Å berechnet. Die Λ-Typverdopplungskonstante p beträgt 355,2 MHz. Ferner wurde für ^{14}N ein Spin von 1 erneut bestätigt. Zum Schluß bringen Vff. eine vorläufige Analyse der magnet. Hyperfeinstruktur. (Physic. Rev. [2] **93.** 729—33. 15/2. 1954. Baltimore, Md., Johns Hopkins Univ., Radiat. Labor.) GOTTFRIED. 121

Ss. G. Ssalichow, *Resonanzabsorption in Metallen im Zentimeterwellenbereich.* (Vgl. ALTSCHULER u. Mitarbeiter, C. **1953.** 973.) Vf. gibt die bei 290 u. 90° K, $\nu = 9,378 \cdot 10^9$ Hz, gemessenen Werte $\chi_A \cdot 10^6$; $W_{eff} = sd\varrho^{1/2}W_0/M$; g_{290}; g_{90} für *Li* (+25,9; 5,73; 1,80; 1,95); *Na* (+15,2; 2,30; 2,02; 2,00); *K* (+20,0; 1,47; 2,00; 2,00); *Mg* (+6,0; 4,00; 1,98; 2,05); *Al* (+16,7; 4,15; 2,04; 1,90); *V* (+23,0; 13,30; 2,00, 2,00). — *Nb* (+140,0; 8,80; 2,10; 2,05); *Ta* (+145,0; 8,45; 2,00; 2,02); *Cr* (+160,0; 1,40; 2,05; 2,02). — *Mo* (+54,0; 6,08; 2,02; 2,03); *W* (+40,0; 6,05; 1,83; 1,92); *Mn* (+527,0; 7,65; 2,05; 2,03); *Ru* (+44,0; 8,20; 2,00; 2,01). — *Rh* (+113,0; 6,20; 2,00; 2,00); *Pd* (+580,0; 9,60; 2,00; 2,07); *Os* (+7,6; 8,45; 1,98; 2,01); *Ir* (+25,0; 6,00; 2,03; 2,02); *Pt* (+200,0; 8,65; 1,80; 1,79). — *Zn* (—10,0; 6,20; 1,80; 2,05); *Cd* (—19,6; 5,05; 2,00; 2,06); *Hg* (—33,8; 13,10; 1,97; 2,00). — *Sn* (+4,4; 4,70; 1,98; 2,00); *Pb* (—240,0; 6,00; 1,90; 1,95); *Sb* (—107,0; 8,50; 2,00; 1,92). — *Bi* (—285,0; 12,50; 2,00; 1,85); *As* (—55,0; 9,03; 1,98; 2,07); *Se* (—265,0; 4,30; 1,95; 2,00); *Si* (—25,0; 3,65; 2,02; 1,97), ferner die Breiten u. Intensitäten der Resonanzlinien dieser Elemente tabellenförmig an. Bei Cd erfolgt ein starkes Absinken der Halbwertsbreite von 1500 auf 670 Oe beim Übergang von 290 zu 90° K. Die linearen Abmessungen der Proben waren größer als die Eindringtiefe u. kleiner als die Wellenlänge u. genügten damit der Bedingung von BLOMBERGER (J. appl. Physics **23.** [1952.] 1383). Graph. Darst. der Resonanzkurven $W_{eff}(H_0)$; λ 3,2 cm für K, Na, Bi bei 290°K; Nb, W, Pd bei 90° K; ferner χ' u. $\chi''(H_0)$ für W bei 290° K; 2,30 cm. (Доклады Академии Наук СССР [Ber. Akad. Wiss. UdSSR] [N. S.] **93.** 241—44. 11/11. 1953. Kasaner Zweigstelle der Akad. der Wiss. der UdSSR, Physikal.-techn. Inst.) AMBERGER. 121

Yoshihide Kotera und **Tadao Sekine,** *Phosphore mit Sauerstoffsäuren.* 1. Mitt. *Rösten mit Zusatz eines Oxydationsmittels.* Die Steigerung der Fluorescenz durch wechselnde Zusätze von NH_4NO_3, NH_4ClO_4 u. $(NH_4)_2S_2O_8$ (I) zu Phosphoren auf der Grundlage von $CaWO_4$ (II), $(ZnO:SiO_2 = 1,7) \cdot Mn$ u. $[(ZnO + BeO):SiO_2 = 1,4] \cdot Mn$ wurde untersucht. Die besten Ergebnisse zeigten sich bei über 14% I zu II; 2 Std. bei 1100°, 2 Std. Anheizzeit u. Abkühlen an der Luft. — 3 Diagramme. (J. chem. Soc. Japan, ind. Chem. Sect. [Kōgyō Kagaku Zassi] **54.** 625—27. Okt. 1951. Tokyo, Ind. Res. Labor. [Orig.: japan.]) SCHULER. 125

D. H. Wilkinson, *Der „Phoswich", ein Vielfachphosphor.* Für Koinzidenz- u. Antikoinzidenzzählrohrmessungen wird eine Anordnung beschrieben, die aus zwei übereinanderliegenden Phosphorschichten mit schnellem u. langsamem Abklingen u. nur einem Elektronenvervielfacher besteht. Die Anordnung gibt, wenn ein geladenes Teilchen beide Phosphorschichten durchquert, einen zu Beginn von einer kurzzeitigen Stromspitze überlagerten längeren Stromimpuls, bei Durchquerung nur einer Schicht dagegen einen einfachen Stromimpuls. Auf diese Weise sind scharf richtungsabhängige Zählanordnungen möglich. Als Leuchtstoff mit kleiner Abklingkonstante τ benutzte Vf. *Stilben* (I), als solchen mit großem τ $NaJ \cdot Tl$ (II) (als zweckmäßiger wird wegen besser an I angepaßter Lichtintensität $CsJ \cdot Tl$ empfohlen). Die Schichtdicke des I betrug $^3/_4$ in., die des durch eine Luciteschicht (Polymethylmethacrylat) getrennten II

$1^5/_8$ in. Die notwendige Durchlässigkeit einer Leuchtstoffschicht für das Licht der anderen war gewährleistet. Die zur spezif. Erfassung der verschied. Impulse notwendige Elektronik wird beschrieben u. auf weitere verschied. Anordnungen mit besonderen Eigg., wie Erfassung von nur neutraler Strahlung, Vermeidung der bei der γ-Strahlspektroskopie störenden Wandeffekte u. a. hingewiesen. (Rev. sci. Instruments **23.** 414—17. Aug. 1952. Ithaca, N. Y., Cornell Univ.) RUDOLPH. 125

H. C. Froelich, *Kupferaktivierte Zinksulfidphosphore mit neuen Emissionseigenschaften.* Glüht man bei 1100° ZnS·Cu mit hohem Cu-Geh. in reinem N_2S, so erhält man Präpp. mit neuen Emissionsbanden. Phosphore mit 0,01—0,1% Cu haben bei Erregung mit 3650 Å-Banden im Rot (6500 Å bzw. 6700 Å bei Zimmertemp. bzw. Temp. fl. Luft), Gelb (5700—5800 Å) u. Blau. Rote u. gelbe Bande werden bei erhöhter Temp. viel schwächer. Alle vier Banden treten bei Elektroluminescenz auf, bei Kathodenstrahlanregung nur die beiden kürzerwelligen. Bei Ausleuchtung mit 0,8—1,1 μ leuchten die Präpp. orange. Vf. untersucht ferner Leuchtstoffe, die zusätzlich mit Kompensationsionen (Al^{3+}) präpariert werden: Die Emission besteht aus wenigstens zwei Banden im Grün u. Gelb-Orange; die erste klingt viel schneller ab als die zweite. Diese Phosphore sind weder ausleuchtbar noch — mit wenigen Ausnahmen — elektroluminescent. Unter Kathodenstrahlen luminscieren sie grün. (J. opt. Soc. America **42.** 982. Dez. 1952. Nela Park, Cleveland, O., Gen. Electr. Co., Lamp. Development Labor.) BRAUER. 125

Edith B. Fehr, A. I. Friedman, F. J. Studer und **G. R. Fonda,** *Die mehrfachen Emissionsbanden in Zink–Cadmiumsulfid-Phosphoren.* (*Zn, Cd*)S·*Ag*-Phosphore mit viel Cd (85%) u. viel Ag (0,01%) zeigten bei wachsender Erregungsdichte bei Kathodenstrahlerregung oder UV-Erregung bei tiefer Temp. eine Verschiebung der Emission nach kürzeren Wellen. Dies Verh. wäre nach SCHÖN-KLASENS dann deutbar, wenn noch mehr (kurzwellige) Emissionsbanden vorhanden wären. Eine solche finden Vff. nun tatsächlich. Zwar dominiert bei 0,001% Ag die Selbstaktivierungsbande bei 7000 Å, aber ab 0,01% Ag wird die Ag-Bande bei 6100 Å immer deutlicher. Bei geringerem Cd-Geh. ist nichts davon zu beobachten. Dies liegt daran, wie aus der Unters. der Lage beider Emissionsbanden in Abhängigkeit vom Cd-Geh. gefunden wird, daß die Energiedifferenz zwischen Ag- u. Zn-Bande bzw. -Term mit von 0—85% wachsendem Cd-Geh. von 620 cm^{-1} ($\sim$0,07 eV) bis 2580 cm^{-1} ($\approx$0,32 eV) wächst, daß also bei Cd-Einbau ins ZnS das Ag-Niveau mehr als das Zn-Niveau erniedrigt wird. (J. opt. Soc. America **42.** 917—22. Dez. 1952. Schenectady, N. Y., Gen. Electr. Co.) BRAUER. 125

Clifford C. Klick und **James H. Schulman,** *Über die Luminescenz von zweiwertigem Mangan in festen Körpern.* Für Leuchtstoffe, bei denen sowohl die Tieftemperaturemission als auch die Tieftemperaturabsorption die Form von GAUSS-Kurven haben u. deren Breite in bestimmter Weise von der Temp. abhängt, gilt eine Theorie, die sich des quantitativ gefaßten Konfigurationskoordinatenmodells bedient. Potentialkurven des Grund- u. des angeregten Zustandes werden durch Parabeln zweiten Grades approximiert. Sämtliche notwendigen Konstanten der sieben Bestimmungsgleichungen können dem Experiment entnommen werden. Das quantitative Modell zeigt im Falle des Zn_2SiO_4·Mn u. a., daß die Minima der Potentialkurven des Grundzustandes u. des ersten angeregten Zustandes nur um 0,06 Å gegeneinander verschoben sind, daß sich damit sowohl die Asymmetrie der Emissionsbanden als auch die Tatsache verstehen lassen, daß Mn ein so universeller Aktivator ist u. daß sich die Zustände des Mn^{2+} im festen Körper denen des Mn^{2+} im Gaszustand zuordnen lassen. (J. opt. Soc. America **42.** 910—16. Dez. 1952; Physic. Rev. [2] **90.** 363—64. 15/4. 1953. Washington, D. C., Naval Res. Labor., Metallurg. Div., Crystal Branch.) BRAUER. 125

A₃. Elektrizität. Magnetismus. Elektrochemie.

M. Je. Gerzenstein, *Selbstanregung von Eigenschwingungen in der Gasentladung bei hohen Drucken.* (Vgl. C. **1953.** 7026.) Vf. betrachtet die Wechselwrkg. von Schall- u. Elektronenwellen im Gasentladungsplasma. In einem bestimmten Frequenzbereich besteht dabei die Möglichkeit der Selbstanregung von Eigenschwingungen. (Журнал Экспериментальной и Теоретической Физики [J. exp. theoret. Physik] **26.** 57—63. Jan. 1954. Moskau, Staatl. Univ.) R. AMBERGER. 131

E. M. Reichrudel, A. W. Tschernetski, W. W. Michnewitsch und **I. A. Wassiljewa,** *Über den Entladungsmechanismus im magnetischen Ionisationsmanometer.* (Vgl. C. **1954.** 5007.) Die Unters. an den von PENNING (Physica **4.** [1937.] 1190) angegebenen Entladungsröhren im magnet. Feld, die in letzter Zeit zur Messung des Gasdruckes verwendet werden, erstreckt sich auf eine Meth., die es gestattet, die Ausbreitung der Potentiale mittels Sonden zu bestimmen. Es wurde das Auftreten period. u. chaot. Schwingungen in der Entladung aufgedeckt. (Вестник Московского Университета, Серия Физико-Математических и Естественных Наук [Nachr. Moskauer Univ., physik.-mathemat. u. naturwiss. Ser.] **8.** Nr. 8. 87—100. Aug. 1953. Physikal. Fak.) A. KUNZE. 131

I. Je. Balygin, *Durchschlag kleiner Luftzwischenräume.* Vf. untersucht den Durchschlag kleiner Luftzwischenräume bei verschied. Begrenzungen des Stroms im Entladungskanal. Die Strom- u. Spannungsoscillogramme im Augenblick des Durchschlags u. des darauffolgenden Zündens zeigen eine sprunghafte Entionisation des Zündkanals. Es treten zwei Erscheinungsformen bei der Entladung auf. Für die eine ist ein häufiges Auftreten von Spannungsspitzen infolge der sprunghaften Entionisation der Funkenstrecke mit darauffolgendem Durchschlag bei gleichzeitiger Einw. einer kontinuierlichen, zeitlich exponentiell zunehmenden Entionisation charakterist.; für die zweite trotz des steilen Abfalls der Amplitude des angelegten aperiod. Impulses Konstanz der Spannung an den Elektroden der Funkenstrecke im Moment des Zündens. (Журнал Экспериментальной и Теоретической Физики [J. exp. theoret. Physik] **26.** 98—106. Jan. 1954. Leningrad.) AMBERGER. 131

M. V. Ramanamurti und **S. Shamim Ahmad,** *Die Schwächung der hohen Frequenzen beim Joshi-Effekt.* Zur Deutung der Tatsache, daß der negative JOSHI-Effekt vornehmlich die hohen Frequenzen betrifft, kann man sich das Plasma als einen sich selbst entladenden Kondensator vorstellen: Da die Ionisierung bei Lichteinfall red. wird, steigen innere Kapazität u. innerer Widerstand. Beides wirkt in Richtung auf eine Unterdrückung der hohen Frequenzen. (Current Sci. **19.** 309—10. Okt. 1950. Banaras, Hindu Univ., Chem. Dep.; Aligarh, Muslim Univ.) PIEPLOW. 131

N. Subrahmanyam und **N. A. Ramaiah,** *Erzeugung des Joshi-Effektes unter elektrischer Hochfreqenzentladung in Joddampf.* Vf. berichten über die Erzeugung u. Messung des JOSHI-Effektes in J-Dampf bei einer Hochfrequenzentladung (0,1 bis 10 MHz). Über Einzelheiten der Beobachtungen vgl. das Original. (J. chem. Physics **21.** 2233. Dez. 1953. Delhi, Indien, Univ. of Delhi, Dep. of Chem.) v. HARLEM. 131

R. L. F. Boyd, *He_2^+ in der Heliumentladung.* Vf. bestimmt experimentell das Konzentrationsverhältnis He_2^+/He^+ bei der Entladung in He. Die Massenspektrometerprobe erweist sich in Hinblick auf die kurze Weglänge (3 cm) im Analysator als geeignet. Da Messungen bis zu sehr hohen Drucken durchgeführt werden, ist es wesentlich, daß die Weglänge kurz ist, falls die Schwächung des He-Bündels durch die Rk. $He^+ + He \rightarrow He + He^+$ klein gehalten werden soll. Die Ergebnisse aus Messungen mit einer heißen W-Kathode (7 cm Durchmesser) werden angeführt. Die Tendenz des He_2^+/He-Verhältnisses, mit dem Druck (0,006—0,047 mm Hg) von 2,7 zu 4,7 zuzunehmen, zeigt, daß auch bei diesen Drucken die Dreikörper-Rk. von Bedeutung ist. (Proc. physic. Soc., Sect. A **63.** 543—44. 1/5. 1950. London, Univ. Coll., Dep. of Math.) GERHARD SCHMIDT. 131

Richard Geller und **François Prevot,** *Eine Quelle für doppelt ionisierte Heliumionen.* Es wird eine Anordnung beschrieben, die neben He^+-Ionen auch einen starken Strom von He^{2+}-Ionen liefert. Zunächst wird ein fokussierter Strahl von He^+ erzeugt, der durch einen kleinen VAN DE GRAAFF in einem Rohr mit $3 \cdot 10^{-5}$ mm Hg auf 200 bis 500 keV beschleunigt wird. Dieser Strahl durchsetzt dann eine Gasschicht (CO_2), in der der Druck von 10^{-3} bis 1 mm Hg verändert werden kann. Hier kann ein Ladungsaustausch stattfinden u. es bilden sich He, He^+- u. He^{2+}-Ionen. Durch besondere Einrichtungen kann verhindert werden, daß diese Gasschicht nicht das Hochvakuum stört. Durch ein elektrostat. Feld werden die He^+- u. He^{2+}-Ionen getrennt. Es wurden folgende Ausbeuten erhalten (Ionenenergie in keV, He^+ in μA, He^{2+} in μA): 200, 15, 2; 300, 30, 7; 380, 25, 9; 470, 20, 9; 500, 22, 12. (C. R. hebd. Séances Acad. Sci. **238.** 1578—80. 12/4. 1954.) v. HARLEM. 131

Walter Heywang, *Streukapazität bei hochdielektrischen Substanzen.* Es wird die Streukapazität berechnet, wenn bei Röhrchen- oder Scheibenkondensatoren in hochdielektr. Substanzen die Elektroden nicht bis zum Rande reichen. Die Kapazität solcher Kondensatoren läßt sich in drei Teile aufteilen, deren erster die Kapazität ohne Feldstreuung ist, deren zweiter die Kapazität des gerade gedachten Randes u. deren dritter Randkrümmungskorrekturen gibt. (Z. angew. Physik **5.** 161—63. Mai 1953. Karlsruhe, Siemens-Halske Akt.-Ges., Werkstofflabor.) K. L. WOLF. 132

A. F. Devonshire, *Theorie von Bariumtitanat.* 2. Mitt. (1. vgl. C. **1950.** II. 8.) In Erweiterung der früher vom Vf. (vgl. l. c.) gebrachten phänomenolog. Theorie des $BaTiO_3$ wurden zunächst die piezoelektr. Konstanten berechnet u. mit ihrer Hilfe die dielektr. Konstanten unter mechan. Spannung sowie die elast. Konstanten für konstantes Feld berechnet. Graph. wurden die verschied. Größen als Funktionen der Temp. wiedergegeben. Schließlich diskutiert Vf. die Beziehungen der Konstanten des Einkristalls zu denen von keram. $BaTiO_3$. (Philos. Mag. [7] **42.** 1065—79. Okt. 1951. Bristol, Univ., H. H. Wills Phys. Labor.) GOTTFRIED. 132

R. H. Dungan, D. F. Kane und **L. R. Bickford jr.**, *Gitterkonstanten und dielektrische Eigenschaften von Massen aus Bariumtitanat–Bariumstannat–Strontiumtitanat.* Zur Unters. der Frage, wie sich in dem Syst. $BaTiO_3$–$BaSnO_3$–$SrTiO_3$ mit über 50% $BaTiO_3$ die Gitterkonstanten u. CURIE-Tempp. ändern, wenn man Ba u. Ti durch Ionen mit ähnlichem Ionenradius ersetzt (Sr, Sn), wurden von derartigen bei 1350—1400° gebrannten Massen röntgenograph. der Beugungswinkel bei 25° u. die DK. zwischen —160 bis +200° gemessen. Ein Ersatz des Ti durch Sn erhöht die Gitterkonstante bei Zimmertemp., während ein Ersatz des Ba durch Sr sie verringert u. beide Austauscharten die CURIE-Temp. herabsetzen; in dieser Hinsicht ist Sn etwa doppelt so wirksam als Sr. Die Eigg. der Massen, die Sn u. Sr gleichzeitig enthalten, liegen zwischen jenen der Massen mit nur einem dieser Ionen. Die Veränderungen in der dielektr. Polarisierbarkeit werden mit der Packungsdichte zu erklären versucht. (J. Amer. ceram. Soc. **35.** 318—21. 1/12. 1952. Alfred, N. Y., New York State Coll. of Ceramics.) HENTSCHEL. 132

R. L. Woolley, *Thermoelektrische Kraft und der Bauschinger-Effekt.* Kurze Mitt. über vorläufige Messungen der Thermokraft an einem dünnwandigen Cu-Rohr. Die auftretenden Änderungen der Thermokraft sind außerordentlich gering, doch glaubt Vf. schließen zu dürfen, daß während der BAUSCHINGER-Verformung die Störung des Gitters entschieden geringer ist als während einer n. eindimensionalen plast. Verformung. (Nature [London] **174.** 566—67. 18/9. 1954. St. Andrews Univ., Natural Philos. Dep.) R. STEIN. 133

A. G. Ssamoilowitsch und **L. L. Korenblit**, *Thermoelektrische Erscheinungen in Ferromagnetika in der Nähe der Curie-Temperatur.* Auf der Grundlage des s–d-Austauschmodells von WONSOWSKI berechnen Vff. die Temperaturabhängigkeit des THOMSON (ϱ)- u. PELTIER (Π_{12})-Koeff. für Ferromagnetika in der Nähe des CURIE-Punktes. Das Vorzeichen des Sprunges von ϱ hängt wesentlich vom Vorzeichen von α_0 u. dem Verhältnis von α, α_1 u. k_1 ab. Unter plausiblen Annahmen ergibt sich $|\Delta\varrho| \sim 10^{-5}$ eV/°. — Im Falle eines Kontaktes zwischen einem ferromagnet. u. einem nichtferromagnet. Metall wird die Temperaturabhängigkeit des PELTIER-Koeff. $\Pi_{12} = \Pi_{12}^0 + \Pi_{12}'$ fast vollständig durch den Anteil des nichtferromagnet. Metalls Π_{12}' bedingt. Der PELTIER-Koeff. für den Kontakt Π_{12}^0 liefert einen zusätzlichen, nahezu konstanten Beitrag. (Журнал Экспериментальной и Теоретической Физики [J. exp. theoret. Physik] **22.** 360—66. März 1952. Tschernowitz, Univ.) AMBERGER. 133

D. J. Fourie, *Der photoelektrische Effekt von dünnen Wismutschichten.* Frühere Literaturangaben legten die Vermutung nahe, daß der photoelektr. Effekt von Bi durch einen das Metall durchfließenden Strom geändert wird. Zur Kontrolle machte Vf. Verss. mit dünnen Bi-Schichten, die in Ar auf Glas niedergeschlagen waren u. durch die Gleich- oder Wechselstrom geschickt wurde. Die Bi-Schicht wurde bei den Messungen im Vakuum durch ein Quarzfenster mit Licht einer Hg-Dampflampe beleuchtet. Die Schichtdicke variierte zwischen 200 u. 700 Å. — Es zeigte sich, daß der Photostrom sich bei Stromdurchgang durch die Schicht stark ändert, u. zwar abhängig von der Stromstärke. Die Änderung tritt nur bei Gleichstrom auf u. ist mit der Stromrichtung verschieden. Durch die Stromwärme wird der Effekt nicht hervorgerufen, denn bei Wechselstrom ist der Effekt gar nicht oder nur ganz gering nachweisbar. (Physic. Rev. [2] **91.** 803. 15/8. 1953. Pretoria, Univ., Phys. Dep.) HAGEMANN. 134

G. W. Spiwak und **A. Gelberg**, *Untersuchung der Autoelektronenemission von Nickel.* Unters. der Feldemission von Ni im Feldemissionsmikroskop. Es wurde nachgewiesen, daß die Austrittsarbeit der Elektronen aus der Ni-Spitze oberhalb des CURIE-Punktes größer ist als unterhalb. Die Winkelverteilung der Emissionsstromdichte aus dem Ni-Einkristall wurde untersucht. Die Ergebnisse sind in schlechter Übereinstimmung mit der Theorie von STRANSKI u. SUHRMANN (C. **1948.** I. 9). Daraus wird geschlossen, daß aus der Messung der Winkelverteilung der Feldemission keine zuverlässigen Schlüsse auf die Abhängigkeit der Austrittsarbeit von der kristallograph. Richtung gezogen werden können. (Доклады Академии Наук СССР [Ber. Akad. Wiss. UdSSR] [N. S.] **94.** 455—58. 21/1. 1954. Moskau, Lomonossow-Univ.) LENZ. 134

Walter Franz, *Innere Feldemission aus lokalisierten Fehlstellen isolierender Kristalle.* Elektronen in Fehlstellen oder im Valenzband eines isolierenden Kristalls können durch ein äußeres elektr. Feld nach dem Tunneleffekt befreit werden. Vf. berechnet quantenmechan. die Austrittswahrscheinlichkeiten dieser inneren Feldemission. Danach kann eine merkliche Feldemission aus Fehlstellen nur erfolgen, falls die Ionisierungsenergie unterhalb ½ eV liegt, u. aus dem Valenzband, falls die Ionosierungsenergie unterhalb 1 eV liegt. Bei höheren Feldstärken wird die Durchschlagsfeldstärke überschritten. (Ann. Physik [6] **11.** 17—24. 1952. Münster/Westf., Univ., Inst. für theoret. Physik.) M. DRECHSLER. 135

J. F. H. Custers, *Der IIb Diamant-Typ.* (Vgl. C. **1954.** 3640.) Es wurden 21 hellblaue Steine dieses Typs (sie sind sehr selten) auf ihre elektr. Leitfähigkeit hin, im fernen UV auf Phosphorescenz u. im nahen UV auf Fluorescenz untersucht. Gewicht 1—28 Karat, Abmessungen ca. 5 × 5 × 3 mm. Es hatte sich gezeigt, daß bei einer Spannung von 100 V der Strom zunächst unter 5 A bleibt u. im Verlauf einer Min. auf diesen Wert ansteigt, wobei der Kristall rotwarm wird. Alle Steine zeigten Phosphorescenz u. waren elektr. Leiter, zeigten aber keine Fluorescenz. Jedoch schwanken Leitfähigkeit u. Phosphorescenz beträchtlich. Z. B. schwankt der spezif. Widerstand zwischen 10^8 u. 25 $\Omega\cdot$cm. Vf. ist der Ansicht, daß die Leitfähigkeit eine Struktureig. ist u. daß sie nicht durch Fremdatome verursacht wird. Die naturblauen Steine enthalten *Si* u. verschiedentlich Spuren von *Mg* als Fremdatome, während bei den übrigen Diamanttypen im allg. Al, Si, Mg u. Ca gefunden worden sind. Der größte Teil der braunen u. farblosen Steine sind Nichtleiter. (Physica **20.** 183—84. März 1954. Johannesburg, Diamond Res. Labor.) BILLER. 135

R. M. Baum und **C. S. Hung,** *Aktivierungsenergie von durch Wärmebehandlung erzeugten Gitterstörungen in Germanium.* Die Leitfähigkeit u. der HALL-Koeff. von einigen Ge-Einkristallproben des n-Typs wurden zwischen 30 u. 293° K nach mehrstd. Temperung im Vakuum bei 695° mit anschließendem Abschrecken in A. gemessen. Es ergab sich eine Umwandlung zur p-Leitung. Aus den experimentellen Daten wurden die Beweglichkeiten in dem angegebenen Temperaturbereich u. die Aktivierungsenergie der therm. erzeugten Acceptoren, die mit ca. 0,05 eV erheblich höher als die der auf chem. Wege erzeugten liegt, bestimmt. (Physic. Rev. [2] **88.** 134—35. 1/10. 1952. Lafayette, Ind., Purdue Univ.) HEINSOHN. 135

L. P. Hunter, *Verhältnis der Beweglichkeit der Ladungsträger in Halbleitern.* (Sitzungsbericht.) Für das Verhältnis der Elektronenbeweglichkeit zur Löcherbeweglichkeit wurde auf Grund der Messung der Temperaturabhängigkeit des spezif. Widerstandes von *Ge* vom p-Typ der Wert 2,0 gefunden. (Physic. Rev. [2] **91.** 207. 1/7. 1953. I. B. M.) FUCHS. 135

M. B. Prince, *Temperaturabhängigkeit der Driftbeweglichkeit der in der Minderzahl befindlichen Ladungsträger in Halbleitern.* (Sitzungsbericht.) Die Temperaturabhängigkeit der Driftbeweglichkeit μ der Elektronen in *Ge* (p-Typ) bzw. in p-*Si* läßt sich (in Übereinstimmung mit der Theorie) darstellen durch $\mu = AT^{-3/2}$ mit $A = 2{,}0\cdot10^7$ cm$^2\cdot$Grad$^{3/2}$/V$\cdot$Sek. für Ge u. $0{,}62\cdot10^7$ für Si. Für die Löcher gilt die Beziehung $\mu = BT^{-2,3}$ mit $B = 9.1\cdot10^8$ cm$^2\cdot$Grad^{2,3}/V$\cdot$Sek. für n-Ge u. $2{,}5\cdot10^8$ für n-Si. (Physic. Rev. [2] **91.** 208. 1/7. 1953. Bell Telephone Labor.) FUCHS. 135

E. J. Huibregtse und **L. P. Hunter,** *Lebensdauer der Ladungsträger auf Grund der Messung des Hall-Koeffizienten und des Widerstandes.* (Sitzungsbericht.) Vff. weisen darauf hin, daß auf Grund der gleichzeitigen Messung der Temperaturabhängigkeit des elektr. Widerstandes u. des HALL-Koeff. von Halbleitern die Lebensdauer der Ladungsträger bestimmt werden kann. (Physic. Rev. [2] **91.** 208. 1/7. 1953. I. B. M.) FUCHS. 135

Rolf Landauer und **John Swanson,** *Diffusionsströme beim Hall-Effekt in Halbleitern.* (Sitzungsbericht.) Da beim HALL-Effekt in Halbleitern unter dem Einfl. des Magnetfeldes eine Störung der Gleichgewichtskonz. von Elektronen u. Leerstellen stattfindet, tritt im Halbleiter ein Diffusionsstrom auf, dessen Abhängigkeit von der HALL-Spannung u. von der geometr. Form des Halbleiters berechnet wird. (Physic. Rev. [2] **91.** 207. 1/7. 1953. I. B. M.) FUCHS. 135

Leon Bess, *Ein möglicher Mechanismus für die Entstehung des 1/f-Rauschens in halbleitenden Drähten.* Theoret. Betrachtungen, wobei Vf. von folgender Vorstellung ausgeht: Ein Gitter- oder Fremdatom an der Oberfläche des Halbleiters wird aus seiner Gleichgewichtslage entfernt u. diffundiert durch die Oberfläche. Die Diffusion wird durch die Oberfläche begrenzt, so daß das Atom eine BROWNsche Bewegung um seine Gleichgewichtslage ausführt. Die leere Gleichgewichtslage wird von einem Elektron oder von einer Leerstelle besetzt, bis das diffundierende oder ein anderes Atom wieder in die Gleichgewichtslage einrückt, wobei eine freie Ladung auftritt. Letztere gibt den Anlaß zu den Rauschstörungen. Die entsprechenden Formeln werden abgeleitet.

(Physic. Rev. [2] **91.** 1569. 15/9. 1953. Cambridge, Mass., Inst. of Technol., Lincoln Labor.) FUCHS. 135.

C. J. Meechan und **R. R. Eggleston,** *Bildungsenergie von Leerstellen in Kupfer.* (Sitzungsbericht.) Zwischen 0 u. 950° wurde der elektr. Widerstand eines reinen Cu-Drahtes als Funktion der Temp. gemessen. Die experimentellen Ergebnisse zwischen 160 u. 500° lassen sich durch den empir. Ausdruck $R = R_0(1 + \alpha T + \beta T^2)$ wiedergeben, der eine gute Übereinstimmung bis zu 600° liefert. Oberhalb 600° übersteigen die Widerstandswerte die extrapolierte Kurve um einen Betrag ΔR, welcher die Temperaturabhängigkeit $\Delta R = A \exp(-E/kT)$ hat. Infolge der BOLTZMANNschen Temperaturabhängigkeit ist dieser überschreitende Widerstand auf die Ggw. von Gitterleerstellen zurückzuführen, die bei den hohen Tempp. im therm. Gleichgewicht vorhanden sind. Trägt man $\ln \Delta R$ gegen $1/T$ graph. auf, dann erhält man für die Bildungsenergie von Leerstellen im Cu einen Wert von $0{,}90 \pm 0{,}05$ eV. (Physic. Rev. [2] **93.** 953. 15/2. 1954. North American Aviation, Inc., Atomic Energy Res. Dep.) GOTTFRIED. 136

Charles Feldman, *Elektrische Leitfähigkeit von sehr dünnen Platinniederschlägen auf dielektrischen Filmen, hergestellt durch Verdampfen im Vakuum.* Sehr dünne *Pt*-Ndd. auf Schichten aus CaF_2 bzw. *KBr* besitzen einen um mehrere Zehnerpotenzen größeren elektr. Widerstand als die gleichen Ndd. auf Glas, z. B. $3{,}4 \cdot 10^8$ Ohm auf CaF_2 gegen $6 \cdot 10^3$ auf Glas, oder $1{,}8 \cdot 10^8$ auf KBr gegen $1{,}8 \cdot 10^6$, je bei 20°. (Vgl. hierzu C. **1954.** 8747.) (C. R. hebd. Séances Acad. Sci. **234.** 1858—60. 5/5. 1952.) FUCHS. 136

Ju. W. Scharwin und **B. M. Balaschowa,** *Über die Struktur von Supraleitern im Zwischenzustand.* Mit Hilfe von zwei 8 μ dicken Bi-Streifen wurde die Feldverteilung im Spalt zwischen 2 Sn-Einkristallhalbkugeln ausgemessen. Während des Übergangs vom n. zum supraleitenden Zustand stellt sich in reproduzierbarer Weise eine abwechselnde Schichtung der n. u. der supraleitenden Phase ein; die Schichtdicke beträgt, grob geschätzt, 0,1 mm. Die abweichenden Ergebnisse von MESCHKOWSKI u. SCHALNIKOW (C. **1947.** E. 10), die keine Reproduzierbarkeit erzielen konnten, werden diskutiert. (Журнал Экспериментальной и Теоретической Физики [J. exp. theoret. Physik] **23.** 222—28. Aug. 1952. Inst. für physikal. Probleme der Akad. der Wiss. der UdSSR.) KIRSCHSTEIN. 136

Emmanuel Dubois, *Die Frage der magnetischen Masse.* Vf. schlägt zur Definition der Anziehung zwischen zwei Massen m u. m_1, die einen Abstand r voneinander haben, die Formel $f = \mu_0 \times mm_1/r^2$ vor, wo μ_0 die Permeabilität des leeren Raumes bedeutet. (J. Physique Radium **13.** 69 S—70 S. Dez. 1952. Clermont-Ferrand, Fac. des Sci.) GOTTFRIED. 137

N. I. Wtjurin, *Temperaturabhängigkeit der Hystereseverluste in rotierenden magnetischen Feldern.* Die Hystereseverluste eines kugelförmigen *Ni*-Einkristalls wurden oscillograph. zwischen 90 u. 523° K bei Feldstärken bis 8000 Oe gemessen; sie haben ein Maximum bei Feldern zwischen 900 Oe (573° K) u. 1500 Oe (90° K) u. fallen danach auf einen sehr geringen Betrag. Die Anisotropiekonstante nahm von 58,9 (90° K) auf 0,51 (373° K) ab. (Известия Академии Наук СССР, Серия Физическая [Nachr. Akad. Wiss. UdSSR, physik. Ser.] **16.** 690—94. Nov./Dez. 1952. Krasnojarsk, Pädagog. Inst.) KIRSCHSTEIN. 137

P. Ss. Ssarapkin, *Über die Hystereseverluste in starken rotierenden magnetischen Feldern.* Mit Hilfe von photograph. aufgenommenen Magnetogrammen wurde festgestellt, daß die Hystereseverluste von *Meteoreisen*-Einkristallen mit steigender Feldstärke zunächst zunehmen, bei 8000 Oe ein Maximum erreichen u. auf ein Minimum bei 12000 abfallen. Bei höheren Feldern sind die Verluste nicht mehr quantitativ erfaßbar, verschwinden aber nicht völlig. Die Kurven, die das Moment als Funktion der Zeit darstellen u. je nach dem Drehsinn des äußeren Feldes in 2 Zweigen etwa parallel verlaufen, sind durch die AKULOWsche Theorie gut zu erklären. Abschließend werden ähnliche Verss. an Elektrolytnickel, Armco-Eisen u. verschied. Stahlsorten kurz erwähnt. (Известия Академии Наук СССР, Серия Физическая [Nachr. Akad. Wiss. UdSSR, physik. Ser.] **16.** 688—89 Nov./Dez. 1952. Krasnojarsk, Pädagog. Inst.) KIRSCHSTEIN. 137

Gerhard Heber, *Zur Struktur des ferromagnetischen Zustandes in α-Fe und einigen Fe-Legierungen.* Krit. Bemerkungen zu der ZENERschen Theorie (vgl. C. **1953.** 6193 u. vorher) der Sättigungsmagnetisierung des α-Fe u. einiger Fe-Legierungen. Eine Entscheidung über den Gültigkeitsbereich der Theorie kann erst durch weiteres experimentelles Material gefällt werden; Vf. macht Vorschläge hierzu. Schließlich werden die möglichen Arten der dem Ferromagnetismus in α-Fe, Fe_4N, Fe_3Si, Fe_3Al u. FeO zugrunde liegenden Austauschkräfte krit. diskutiert. (Ann. Physik [6] **11.** 155—60. 1952. Jena, Univ., Theoret.-Physikal. Inst.) FUCHS. 137

G. G. Scott, *Die gyromagnetischen Verhältnisse der ferromagnetischen Elemente.* (Vgl. C. **1952.** 4096.) Mittels eines empfindlichen Torsionspendels wurde das gyromagnet. Verhältnis von *Fe* zu 1,028 ± 0,01, *Co* zu 1,068 ± 0,04 u. *Ni* zu 1,078 ± 0,02 m/e bestimmt. (Physic. Rev. [2] **87.** 697—99. 1/9. 1952. Detroit, Mich., Gen. Motors Corp., Res. Labor. Div.) NEUHAUS. 137

G. G. Scott, *Das gyromagnetische Verhältnis von Supermalloy.* (Vgl. C. **1952.** 4096 u. vorst. Ref.) Das gyromagnet. Verhältnis (g) von Supermalloy beträgt nach einer verbesserten magnetomechan. Meth. 1,03 ± 0,001 m/e; dies ist innerhalb der Fehlergrenzen derselbe Wert wie für reines Fe. (Physic. Rev. [2] **89.** 618. 1/2. 1953.) NEUHAUS. 137

H. P. Rooksby und **B. T. M. Willis,** *Kristallstruktur und magnetische Eigenschaften von Kobaltferrit bei niedrigen Temperaturen.* $CoFe_2O_4$ ist unterhalb seiner Umwandlungstemp. (90° K) schwach tetragonal verzerrt (c/a ~ 0,9987), während $FeFe_2O_4$ bekanntlich rhomboedr. wird. Diese Umwandlungen sind für das magnet. Verh. wichtig. Die Theorie von VERWEY u. Mitarbeitern (C. **1947.** E. 19) kann die beobachteten Erscheinungen nicht erklären. Vff. glauben, daß die Ähnlichkeit mit dem strukturellen Verh. der einfachen Oxyde von Bedeutung ist. (Nature [London] **172.** 1054—55. 5/12. 1953. Wembley, General Electric Co., Res. Labor.) KLEMM. 137

Jacques A. Dixmier und **Maurice Nortz,** *Beitrag zur Untersuchung der bromwasserstoffsauren Lösungen der Bromide von zweiwertigem Kupfer und Nickel.* (Vgl. C. **1954.** 2117.) Die magnet. Susceptibilität von $CuBr_2$ ($\chi_{Mol.}$ in HBr-freier Lsg. ~$1500 \cdot 10^{-6}$) fällt mit der Zunahme der Konz. an HBr; zwischen 6 u. 7n HBr findet sich ein Minimum, bei dem in 0,2 mol. $CuBr_2$-Lsg. $\chi_{Mol.}$ ca. bei 1440, in 1 mol. Lsg. bei $1370 \cdot 10^{-6}$ liegt. Die Änderung von $\chi_{Mol.}$ wird auf Bldg. von Komplexen zurückgeführt; das Auftreten eines Minimums läßt vermuten, daß sich zwei Arten von Komplexen bilden. — Beim $NiBr_2$ ist der Einfl. der Konz. an $NiBr_2$ zu vernachlässigen; $\chi_{Mol.}$ steigt hier mit der HBr-Konz. etwas an ($4200 \cdot 10^{6}$ bei HBr-freier Lsg., ~$4300 \cdot 10^{-6}$ bei 7n HBr). Ob diese Zunahme nur durch eine Abnahme der Hydratation der Ionen bedingt ist, ist schwer zu sagen. Hingewiesen wird darauf, daß die Absorption von $NiSO_4$-Lsgg. mit der HBr-Konz. zwischen 5 u. 11n stark ansteigt. (C. R. hebd. Séances Acad. Sci. **237.** 994—96. 28/10. 1953.) KLEMM. 137

B. Smaller und **E. L. Yasaitis,** *Hyperfeinstruktur der paramagnetischen Resonanz des freien Radikals* $(SO_3)_2NO^{2-}$. Die paramagnet. Eigg. des Radikals wurden von PAKE, TOWNSEND u. WIESSMANN (C. **1952.** 7935; C. **1954.** 2338) entdeckt; sie waren mit einem Spinmoment des N von 1 u. einer Wechselwirkungsenergie $W_0 = 55$ MHz vereinbar. Es wurde an der gleichen Verb. u. der entsprechenden As-Verb., die ein ähnliches paramagnet. Verh. zeigt, Gestalt, Breite des Signals u. die Aufspaltungskonstante genauer untersucht. Für W_0 ergab sich 54,9 ± 0,2. Der für eine Best. des Kernmoments in Frage kommende Übergang zeigt eine so erhebliche Linienbreite, daß eine direkte Messung des Kernmoments nicht möglich ist. (J. chem. Physics **21.** 1905 bis 1906. Okt. 1953. Lemont, Ill., Argonne Nat. Labor., Chem. Div.) KLEMM. 137

J. Ubbink, *Theorie der antiferromagnetischen Resonanz in einem Kristall rhombischer Symmetrie beim absoluten Nullpunkt.* Die Resonanzbedingungen werden auf der Grundlage der Analyse des stat. Antiferromagnetismus von GORTER u. HAANTJES (C. **1953.** 7475) bei T = 0° K abgeleitet. Dabei wird angenommen, daß die Wechselwrkg. der Ionen mit der Umgebung nur in einer anisotropen Wechselwrkg. mit benachbarten magnet. Ionen besteht. Für die Ionen wird ein anisotroper LANDÉ-Faktor eingeführt. (Physica **19.** 9—25. Jan./Febr. 1953. Leiden, Niederlande, Kamerlingh Onnes Labor.) KLEMM. 137

P. Brovetto und **S. Ferroni,** *Über verbotene Übergänge in paramagnetischen Resonanzspektren von Chromalaunen.* Kurze Mitt. über die theoret. Unters. von paramagnet. Resonanzspektren der Chromalaune. (Nuovo Cimento [9] **9.** 628—29. 1/7. 1952. Torino, Univ., Ist. di Fisica; Centro di Studio per l'Elettrofis. del C. N. R.) FALKENHAGEN. 137

A. H. Wilson, *Der Diamagnetismus von quasi-gebundenen Leitungselektronen.* Es wird die fundamentale Formel für den Diamagnetismus von Leitungselektronen abgeleitet. Die Einzelheiten der Berechnungen nach dieser Formel sind jedoch so kompliziert, daß z. B. die Berechnung des DE HAAS-VAN ALPHEN-Effekts nach dieser Formel nicht durchführbar ist. (Proc. Cambridge philos. Soc. **49.** 292—98. April 1953. Tudor, Lodge, Kenilworth.) KLEMM. 137

J. V. Bonet und **A. V. Bushkovitch,** *Berechnung der diamagnetischen und paramagnetischen Susceptibilität von* N_2 *mittels einer statistischen Methode.* Ausführliche

Darst. der C. **1954.** 3631 referierten Arbeit. (J. chem. Physics **21.** 2199—2201. Dez. 1953. St. Louis, Mo., St. Louis Univ.) v. HARLEM. 137

Pierre Aigrain und **Oliver Garreta,** *Über die Theorie des photomagnetomechanischen Effektes.* Es wird ein Ausdruck für die photodiamagnet. Kraft auf einen Halbleiter entwickelt. Ein neuer Effekt, der photomagnetomechan. Effekt (vgl. C. **1954.** 6429), der in dem Auftreten eines Drehmoments in einem homogenen Feld besteht, wird daraus abgeleitet u. in seiner Größe berechnet. (C. R. hebd. Séances Acad. Sci. **238.** 1573—75. 12/4. 1954.) v. HARLEM. 137

Camillo Dejak, *Untersuchungen über die Theorie der konzentrierten Lösungen starker Elektrolyte.* 9. Mitt. *Über die Berechnung der Gefrierpunktserniedrigungen konzentrierter wässeriger Lithiumchloridlösungen.* (8. vgl. C. **1950.** II. 383.) Für den „wahren" Ionenradius des Li^+ ergibt sich aus mehreren Interpolationen der Wert $r_l = 0{,}35 \cdot 10^{-8}$, für seine Deformierbarkeit wird einerseits der Wert von BORN u. HEISENBERG $\alpha_l = 0{,}075 \cdot 10^{-24}$, andererseits das Mittel der 4 Literaturwerte $\alpha_l = 0{,}0521 \cdot 10^{-24}$ zugrunde gelegt; der „Ionenradius nach DEBYE" ergibt sich dann zu $a_{Li} = 5{,}97 \cdot 10^{-8}$ bzw. $8 \cdot 10^{-8}$. Mit dem ersteren Wert erhält man bessere Übereinstimmung zwischen den berechneten u. den experimentellen Werten der F.-Erniedrigung, nämlich ca. 1% bis zu 0,2 mol. Konz., u. 2,5% zwischen 0,2 u. 0,5 mol. Konz. (5% bei der höchsten untersuchten Konz.. 1,2 mol., während mit dem höheren Wert von α_{Li} nur zwischen 0,02 u. 0,25 mol. Konz. Abweichungen von der Größenordnung 1—2% erhalten werden, bei 1,2 mol. Konz. aber 17,5%. (Gazz. chim. ital. **81.** 236—44. März 1951. Bologna, Univ., Ist. chim. „G. Ciamician".) R. K. MÜLLER. 139

Camillo Dejak, *Untersuchungen über die Theorie der konzentrierten Lösungen starker Elektrolyte.* 10. Mitt. *Über die praktische Bedeutung einiger in der Berechnung der Aktivitätskoeffizienten in Lösungen starker Elektrolyte nach Hückel vernachlässigter Ausdrücke.* (9. vgl. vorst. Ref.) Am Beispiel der wss. LiCl-Lsgg. wird gezeigt, daß die von HÜCKEL (C. **1925.** I. 1684) gegebene Annäherungsformel für die Berechnung der Aktivitätskoeffizienten durch Vernachlässigung zu vieler Glieder Fehler verursacht, die mit steigendem „Ionenradius nach DEBYE" immer stärker ins Gewicht fallen u. dadurch noch über die bei den Annäherungen nach BONINO u. DEJAK (C. **1950.** II. 383) gefundenen Fehler hinausgehen. (Gazz. chim. ital. **81.** 245—50. März 1951.) R. K. MÜLLER. 139

G. B. Bonino und **C. Dejak,** *Untersuchungen über die Theorie der konzentrierten Lösungen starker Elektrolyte.* 11. Mitt. *Anwendung einer graphischen Methode zur Berechnung der Gefrierpunktserniedrigung konzentrierter wässeriger Lösungen von Alkalimetallchloriden.* (10. vgl. vorst. Ref.) In verschied. vorhergehenden Berichten hatten Vff. ein Verf. angegeben, wonach man rechner. u. graph. die Aktivitäts- u. osmot. Koeffizienten konzentrierterer Elektrolyte bestimmen konnte. In der vorliegenden Arbeit werden die Aktivitätskoeffizienten u. die daraus berechneten Gefrierpunktserniedrigungen für die Elektrolyte *LiCl, NaCl, KCl, RbCl* u. *CsCl* für eine Reihe von Konzz. mitgeteilt. Die Übereinstimmung mit Messungen anderer Autoren ist befriedigend. Nach einer eingehenden Fehlerbetrachtung stellen Vff. fest, daß für LiCl die graph. Meth. ein mit den Messungen am besten übereinstimmendes Resultat liefert, wenn man mit einem DEBYEschen Ionenradius $\alpha_{Li} = 8{,}0$ Å rechnet; die analyt. Meth. liefert dagegen das beste Resultat mit $\alpha_{Li} = 5{,}97$ Å. (Gazz. chim. ital. **81.** 295—304. April/Mai 1951.) FALKENHAGEN. 139

Camillo Dejak, *Untersuchungen über die Theorie der konzentrierten Lösungen starker Elektrolyte.* 13. Mitt. *Versuche zur Anwendung der Theorie auf Lösungen von Erdalkalichloriden.* (12. vgl. C. **1953.** 8519; 11. vgl. vorst. Ref.) Nach Erörterung der schon bei den Alkalihalogeniden gefundenen Fehlerquellen wird versucht, die Theorie von DEBYE-HÜCKEL auf die Gefrierpunktserniedrigungen der konz. wss. Lsgg. von $CaCl_2$, $SrCl_2$ u. $BaCl_2$ anzuwenden. Da die klass. Form der Theorie hierbei zu imaginären Werten führt, wird die graph. Exponentialform benutzt, die hier jedoch nicht die Vorteile bietet, die sie bei 1—1wertigen Elektrolyten hat. Die dadurch nahegelegte empir. Wahl der Parameter a_l u. s wird abgelehnt, weil sie auf eine einfache Interpolation der experimentellen Daten ohne auch nur halbwegs theoret. Grundlage hinausliefe. Es erscheint vielmehr notwendig, die Berechnung von s einer erneuten Prüfung zu unterziehen u. in Beziehung zu charakterist. thermodynam. Größen des Elektrolyten in krist. Zustand zu bringen. (Gazz. chim. ital. **83.** 3—17. 3 Tafeln. Jan. 1953.) R. K. MÜLLER. 139

Camillo Dejak, *Untersuchungen über die Theorie der konzentrierten Lösungen starker Elektrolyte.* 14. Mitt. *Beobachtungen über den Einfluß der Abhängigkeit der Dichten von der Konzentration und der Temperatur auf die Berechnung der osmotischen Koeffi-*

zienten. (13. vgl. vorst. Ref.) Für die Berechnung der Gefrierpunktserniedrigung konz. Lsgg. starker Elektrolyte nach DEBYE-HÜCKEL ist die Kenntnis der D. in Abhängigkeit von der molalen Konz. (m_i Mol/kg, im Gegensatz zur mol. Konz. c_i Mol/Liter) erforderlich, die, ebenso wie die Temperaturabhängigkeit, durch ein numer. Interpolationsverf. gewonnen werden kann. Für Lsgg. von HCl, $CaCl_2$ u. NH_3 in der Umgebung von 0° wird die Temperaturabhängigkeit der D. bei konstanter Konz. graph. dargestellt; das Maximum verschiebt sich fast linear mit steigender Konz. von 4° nach niedrigeren Tempp., wobei es möglich ist, den Winkelkoeff. u. die Temp., von der an die D. als lineare Funktion der Temp. gelten kann, zu berechnen. Für Alkali- u. Erdalkalichloride werden die hierbei anzuwendenden Korrekturen tabellar. mitgeteilt. Eine weitere Korrektur ist für die Änderung der D. mit der Konz., bezogen auf die Mol-Zahl N_0 des Lösungsm., erforderlich. (Boll. sci. Fac. Chim. ind. Bologna **11.** 15—19. 1953.) R. K. MÜLLER. 139

Camillo Dejak, *Untersuchungen über die Theorie der konzentrierten Lösungen starker Elektrolyte.* 15. Mitt. *Kritische Prüfung der Fehlerquellen in der graphischen Methode infolge der „Nichtisothermie" der graphischen Ableitung.* (14. vgl. vorst. Ref.) Bei der graph. Ermittlung der Ableitung für die interion. Arbeit y_i ergibt sich eine möglicherweise zur Fehlerquelle führende Schwierigkeit dadurch, daß man nicht eine partielle Ableitung (mit konstantem T), sondern eine totale erhält. Die daraus folgende Korrektur ist klein, aber nicht immer zu vernachlässigen. Für ihre Berechnung wird eine einfache Formel gegeben, die direkt auf die berechneten ΔT angewandt werden kann, um diese „isotherm" zu machen. Für die Alkali- u. Erdalkalichloride werden die nichtkorr. u. die korr. Werte für die Temperaturdifferenzen 0,01—2° u. 2—5° in einer Tabelle zusammengestellt u. erörtert. (Boll. sci. Fac. Chim. ind. Bologna **11.** 20—25. 1953.) R. K. MÜLLER. 139

Wataru Sakai und **Tetsuro Seiyama,** *Über hochmolekulare Elektrolyte.* **11.** Mitt. *Molekülgestalt und Dissoziation.* Ein Teil der Anomalien in der Dissoziation der hochmol. Elektrolyte (auch bzgl. der Neutralisationsreihe) wurde durch eine theoret.-physikal. Unters. der Zusammenhänge mit der Molekülgestalt, bes. bei Ionen mit geknickter Kette, erklärt. (J. chem. Soc. Japan, ind. Chem. Sect. [Kōgyō Kagaku Zassi] **54.** 339—41. Mai 1951. Fukuoka Kyushu, Univ. [Orig.: japan.]) SCHULER. 139

Wataru Sakai und **Tetsuro Seiyama,** *Über hochmolekulare Elektrolyte.* 12. Mitt. *Ionenverteilung und Dissoziation.* (11. vgl. vorst. Ref.) Das Bestehen von Anomalien in der Ionenverteilung bei hochmol. Elektrolyten wird an Hand der Theorie der Elektrolyte erklärt. Das Wesen der „Ionenkonstante" wird mathemat.-physikal. erörtert u. mit der Dissoziationskonstante in Verbindung gebracht, wodurch die Abweichungen verständlich u. mit den Versuchsergebnissen in Übereinstimmung gebracht werden. (J. chem. Soc. Japan, ind. Chem. Sect. [Kōgyō Kagaku Zassi] **54.** 377—79. Juni 1951. [Orig.: japan.]) SCHULER. 139

E. Urion, *Redoxreaktionen.* Nach Definition der Begriffe Oxydation u. Red. werden die Redoxpotentiale u. die NERNSTsche Gleichung sowie ihre Anwendung auf Redoxsysteme u. Redoxindicatoren näher besprochen. (Brasserie **9.** 49—58. März 1954. Nancy, Fac. des Sci. de Nancy.) H. NÖTH. 140

Oscar D. Bonner und **Francis A. Unietis,** *Das Aktivitätskoeffizientenverhältnis von Salpetersäure und Mercuronitrat und das Normalpotential der Quecksilber–Quecksilber(I)-ion-Elektrode bei 25°.* Durch Messung der EMK. der Zelle: Ag/AgCl/HCl (0,2 m)/Glas/$HNO_3(m_1)$, $Hg_2(NO_3)_2(m_2)$, Hg wurde das Aktivitätskoeffizientenverhältnis von $HNO_3/Hg_2(NO_3)_2$ bestimmt. Die Verwendung einer Glaselektrode ist wegen der Red. des Hg_2^{2+}-Ions durch H_2 in Ggw. von Pt zu Hg notwendig. Mit Hilfe des Aktivitätskoeffizientenverhältnisses von $\gamma^4_{HNO_3}/\gamma^3_{Ca(NO_3)_2}$ wurden die Potentiale der Hg/Hg_2^{2+}-Elektrode berechnet u. durch Extrapolation auf unendliche Verdünnung das Normalpotential dieser Elektrode zu +0,7961 bestimmt. (J. Amer. chem. Soc. **75.** 5111—13. 20/10. 1953. Columbia, South Carolina, Univ., Chem. Dep.) NÖTH. 140

George Scatchard, *Ionenaustauscherelektroden.* Vf. zeigt, daß die Nichtbeachtung der Wasserüberführung einen wesentlichen Fehler bei der Behandlung von Membranpotentialen darstellt. Ausgehend von der allg. Gleichung für die EMK. einer Zelle mit Überführung werden die Beziehungen für die EMK. von Ionenaustauscherelektroden unter Berücksichtigung des Lösungsmitteltransports, der Hydrolyse u. der Membrandiffusion (hydrolyt. Diffusion) abgeleitet. Die Gültigkeit der für einwertige Ionen erhaltenen Gleichungen läßt sich auf Ionen beliebiger Wertigkeit ausdehnen. (J. Amer. chem. Soc. **75.** 2883—87. 20/6. 1953. Cambridge, Mass., Massachusetts Inst. of Technol., Dep. of Chem.) WOELK. 140

N. A. Isgaryschew und **Je. A. Jefimow,** *Untersuchung des Anodenprozesses bei der Elektrolyse wässeriger Schwefelsäurelösungen in Konzentrationen, die den entsprechenden* *charakteristischen Punkten der Diagramme von D. I. Mendelejew und N. Ss. Kurnakow entsprechen.* Es werden Unterss. der O_2-Überspannung in H_2SO_4-Lsgg. angegeben, die den MENDELEJEWschen Hydraten $H_2SO_4 \cdot 150\ H_2O$, $H_2SO_4 \cdot 4\ H_2O$, $H_2SO_4 \cdot 2\ H_2O$ u. $H_2SO_4 \cdot H_2O$ entsprechen, u. die Abhängigkeit der Anodenpolarisation von der Konz. des Elektrolyten festgestellt. Je stärker das Anion hydratisiert wird, desto leichter erfolgt in den angezogenen Grenzen der Prozeß der elektr. Oxydation des SO_4^{2-}- in das $S_2O_8^{2-}$-Ion. (Журнал Физической Химии [J. physik. Chem.] **27.** 130—45. Jan. 1953. Moskau, Chem.-Technol. Mendelejew-Inst.) A. KUNZE. 141

Yoshio Shimagaya, *Über die elektrolytische Trennung von Nickel und Kobalt mit Hilfe komplexer Lösungen.* 1. Mitt. *Potentialbestimmungen.* In einem U-förmigen Elektrolysiergefäß werden mittels einer Hilfskalomelelektrode die Einzelelektrodenpotentiale bei verschied. Tempp., Konzz. von Ni u. Co usw. bestimmt. Co zeigt, allg. gesprochen, an der Anode ein niedrigeres Potential als Ni, geht also leichter in Lsg., an der Kathode ist sein Potential höher, es wird also leichter abgeschieden. Die Konzz. der Lsgg. sind im Anodenraum bei Ni u. Co ohne erheblichen Einfl., das kathod. Potential steigt mit der Konz. etwas an. Viel Cl^- erniedrigt das Anodenpotential, bes. bei Ni. Viel NH_3 erhöht das Anodenpotential, wahrscheinlich infolge des hohen Komplexbildungsgrades; das Kathodenpotential wird erniedrigt. Temperaturerhöhung erleichtert die Lsg. u. die Ausscheidung u. begünstigt die Spaltung der Komplexe. (J. chem. Soc. Japan, ind. Chem. Sect. [Kōgyō Kagaku Zassi] **54.** 351—53. Juni 1951. Kotoko Min. Co. [Orig.: japan.] SCHULER. 141

Yoshio Shimagaya, *Über die elektrolytische Trennung des Nickels von Kobalt.* 2. Mitt. *Einfluß der Versuchsbedingungen.* (1. vgl. vorst. Ref.) Untersucht wurde die elektrolyt. Trennung von Ni von Co bei Benutzung lösl. u. unlösl. Anoden, verschied. Stromdichten u. Dichten der Lsgg. sowie bei wechselndem Verhältnis Ni/Co u. bei rotierender Kathode. Als günstigste Zus. für den Elektrolyten bei unlösl. Anode wurde eine wss. Lsg. der Sulfate in 60 g NH_4Cl/Liter + 20 g NH_3/Liter bei einer Stromdichte von 1 A/dm² gefunden. Geringere Stromdichte ist zulässig. Die Stromausbeute ist am höchsten, ca. 82%, bei etwa gleichen Anteilen von Ni u. Co. Bei lösl. Anode erwies sich eine rotierende Kathode für die Trennwrkg. als günstig. (J. chem. Soc. Japan, ind. Chem. Sect. [Kōgyō Kagaku Zassi] **54.** 435—37. Juli 1951. Kotoko Min. Co. [Orig.: japan.]) SCHULER. 141

I. M. Kolthoff und **Joseph Jordan,** *Durch Konvektion bestimmte Grenzströme (Konvektionsströme).* 1. Mitt. *Die Platindrahtelektrode.* (Vgl. C. **1954.** 5942.) Die Bedingungen, unter denen an einer rotierenden Pt-Drahtelektrode Grenzströme auftreten, die nicht durch Diffusion, sondern durch Konvektion bestimmt werden, werden experimentell untersucht. Es zeigt sich, daß solche Konvektionsströme nicht an einer gewöhnlichen rotierenden Elektrode, sondern nur bei Anwendung einer Hilfsrührung erhalten werden können. Sie sind durch die Gleichung $i_{conv.} = n\ F\ A\ \tau\ C$ gegeben (A = Oberfläche der Indicatorelektrode, C = Konz. der elektroakt. Ionen, τ = von der Stärke der Rührung u. den hydrodynam. Eigg. der Elektrolysezelle abhängiger „Konvektionskoeff."). Diese Ströme sind unabhängig vom Diffusionskoeff. der elektroakt. Ionen. Der Konvektionskoeff. von *Jodid* steigt um 2,1% bei 1° Temperaturerhöhung u. ist in weiten Grenzen unabhängig von der Viscosität des Mediums. Bei Erhöhung der Viscosität durch Zusatz von Glycerin um 29% nimmt er nur um 1% ab. Ein weiterer Vorteil der Konvektions- vor der Diffusionselektrode liegt darin, daß die einmal für eine Rk. bestimmte Beziehung zwischen Konvektionsstrom u. Konz. auch für alle anderen Rkk. gültig ist. (J. Amer. chem. Soc. **76.** 3843—45. 20/7. 1954. Minneapolis, Minn., Univ. of Minnesota, School of Chem.) R. LEVI. 142

Charles L. Rulfs, *Polarographische Diffusionskoeffizienten.* Mit Hilfe einer Diaphragmenzellen-Meth. werden die Diffusionskoeffizienten von 2 mol. Lsgg. von *Cd*, *Pb* u. *Tl* in 1 mol. u. 0,1 mol. KNO_3 u. in 0,1 mol. KCl gemessen. Das Verhältnis der aktuellen Diffusionskoeffizienten zu denen bei unendlicher Verdünnung wird angegeben u. auf seine Bedeutung für die polarograph. Theorie hingewiesen. Weiter wird eine vereinfachte Modifikation der vorliegenden Meth. beschrieben, die zur Ermittlung polarograph. n-Werte dienen kann. (J. Amer. chem. Soc. **76.** 2071—74. 20/4. 1954. Ann Arbor, Mich., Univ. of Michigan, Dep. of Chem.) R. LEVI. 142

I. Filipović, Z. Hahl, Z. Cašparac und **V. Klemenčić,** *Polarographische Eigenschaften von V(V) in Phosphat-, Borat- und Carbonatpuffern.* Vff. untersuchen das polarograph. Verh. von V(V) in Phosphat-, Borat- u. Carbonatpufferlsgg. im p_H-Bereich 2 bis 12,5 hinsichtlich der p_H-Abhängigkeit des Halbstufenpotentials u. der Stufenhöhe, des Einfl. der Höhe der Hg-Säule, der Temp. u. von capillarakt. Substanzen, wie *Gelatine, Campher* u. *Amylalkohol,* der Beziehung zwischen Diffusionsstrom u. V-Konz.

u. der Red. von Vanadat in Ggw. von Nitrat. Zur Deutung der Ergebnisse wird angenommen, daß in der Lsg. im betrachteten p_H-Bereich fünf verschied. Arten von V(V)-Ionen miteinander im Gleichgewicht stehen. Die in Phosphatpuffern unterhalb p_H 2 gefundenen beiden Stufen werden der reversiblen Reduktions-Rk. von V(V) zu V(IV) bzw. der irreversiblen Red. von V(IV) zu V(II) zugeschrieben. Zwischen p_H 2 u. 9 treten vier Stufen auf. Davon rühren die ersten beiden von Adsorptions-Red.-Rkk. von Polyvanadationen, die dritte von der irreversiblen Red. von V(V) zu V(IV) u. die vierte von einer Red. von V(IV) zu V(II) her. Bei ansteigendem p_H sinkt der Adsorptionsstrom, u. bei p_H 9 verschwindet die Adsorptionsstufe. Zwischen p_H 9 u. 12,5 existieren in allen drei Puffern nur zwei Stufen. Oberhalb p_H 12,5 tritt nur noch eine, der Red. von V(V) zu V(II) entsprechende Stufe auf. Weitere Einzelheiten sowie die ausführliche Diskussion s. Original. (J. Amer. chem. Soc. **76.** 2074—80. 20/4. 1954. Zagreb, Univ., Fac. of Pharm., Inst. of Inorgan., Analyt. and Physic. Chem.) ——— R. LEVI. 142

K. H. Stewart, Ferromagnetic domains. New York: Cambridge Univ. Press. 1954. (184 S.) $ 4,75.

A$_4$. Thermodynamik. Thermochemie.

F. Donald Bloss, *Beziehung zwischen Dichte und Zusammensetzung in Molprozenten für einige Reihen fester Lösungen.* Unter der Voraussetzung, daß in einer festen Lsg. mit den Endkomponenten A u. B die Molvoll. als eine additive Eig. angesehen werden können, leitete Vf. die folgende Beziehung zwischen der D. d u. der mol-%ig. Zus. ab: $d = [(M_a - M_b) N_a + 100 M_b]/[(V_a - V_b) N_a + 100 V_b]$; es bedeuten M_a u. M_b die Mol.-Geww. in g der reinen Komponenten, N_a die Mol-% des Endgliedes A, N_b die entsprechenden % von B, V_a das Molvol. von A — wobei A das höhere Mol.-Gew. hat — V_b das Molvol. von B. Zur Berechnung von N_a aus einer Dichtemessung gilt die Gleichung $N_a = 100 : [1 + K \cdot (d_b - d)/(d - d_b)]$, wo $K = V_a/V_b = M_a d_b/d_a M_b$ ist. Man kann 3 verschied. Fälle unterscheiden, je nachdem $K < 1$, $= 1$ oder > 1 ist. Mit der D. als Ordinate erhält man für $K < 1$ eine konkav-aufwärts verlaufende quadrat. Kurve, für $K = 1$ eine gerade Linie u. für $K > 1$ eine konvex-aufwärts verlaufende quadrat. Kurve. An 3 Beispielen wird die gute Übereinstimmung der aus den Gleichungen berechneten Werte mit den experimentell erhaltenen Werten gezeigt. Für $K < 1$ wurde das Syst. *$Ni(NH_4)_2(SO_4)_2 \cdot 6\,H_2O$–$Mg(NH_4)_2(SO_4)_2 \cdot 6\,H_2O$*, für $K = 1$ das Syst. *$Mg(NH_4)_2(CrO_4)_2 \cdot 6\,H_2O$–$MgRb_2(CrO_4)_2 \cdot 6\,H_2O$* u. für $K > 1$ das Syst. *Forsterit–Fayalit* als Berechnungsbeispiel gebracht. (Amer. Mineralogist **37.** 966—81. Nov./Dez. 1952. Chicago, Ill., Univ.) GOTTFRIED. 148

E. J. Michal und **R. Schuhmann jr.,** *Thermodynamik von Eisensilicatschlacken. Mit fester Kieselsäure gesättigte Schlacken.* Gemessen wurden die O-Drucke von Eisensilicatschlacken, die mit festem SiO_2 bei Tempp. von 1250—1350° im Gleichgewicht standen. Es wurden CO_2–CO-Gemische durch die Schlacken in SiO_2-Tiegeln hindurchgedrückt, um die Gleichgewichtswerte von p_{CO_2}/p_{CO} über dem ganzen Zusammensetzungsbereich der mit SiO_2 gesätt. Schlacken bei 1250, 1300 u. 1350° zu bestimmen. Aus diesen Werten werden die thermodynam. Aktivitäten von FeO u. Fe berechnet. (J. Metals **4.** 723—28. Juli 1952. South Amboy, Nat. Lead Co.; Cambridge, Mass., Massachusetts Inst. of Technol.) HOCHSTEIN. 150

David S. Bloom, *Die spezifische Wärme der Legierung $FeNi_3$ und einer Sigmaphase FeCr.* (Sitzungsbericht.) In dem Temperaturbereich von 0—1000° wurde die spezif. Wärme einer σ-Phase FeCr u. der Legierung $FeNi_3$ gemessen, die einer Rk. geordnet — regellos unterliegen. Es wurden einige unerwartete Komplikationen beobachtet. Ohne nähere Angaben. (Physic. Rev. [2] **93.** 953. 15/2. 1954. U. S. Naval Ordnance Test Stat., Michelson Labor.) GOTTFRIED. 151

E. W. Hough, D. M. Mason und **B. H. Sage,** *Die Wärmekapazität des Systems Hydrazin–Wasser.* Die spezif. Wärme bei konstantem Druck von Hydrazin-W.-Mischungen in der fl. Phase zwischen 0,5 u. 1,0 Gewichtsteilen Hydrazin wird am Kp. bestimmt. 4 Reihen von Messungen an verschied. Zuss. werden im Temperaturbereich von 40—90° gemacht. Die D. der Mischungen wurde für atmosphär. Druck bei 0 u. 50° gemessen. (J. Amer. chem. Soc. **72.** 5774—75. Dez. 1950. Pasadena, Calif., California Inst. of Technol., Dep. of Chem. Engng.) CRAMER. 151

R. E. Barieau und **W. F. Giauque,** *$ZnSO_4 \cdot 7\,H_2O$ und $ZnSO_4 \cdot 6\,H_2O$. Wärmekapazitäten, Entropien und Kristallbildung bei niederen Temperaturen. Lösungs- und Umwandlungswärme.* Vff. messen nach präparativer Besprechung der Verbb. die Wärmekapazität der $ZnSO_4$-Hydrate von 14—308° K. Bei $ZnSO_4 \cdot 6\,H_2O$ findet in der Umgebung von 250° K eine irreversible Umwandlung statt, bei der die Wärmeaufnahme vorübergehend ansteigt. Die Lösungswärme für Heptahydrat bei 25° beträgt 4001 ± 10 cal/Mol $ZnSO_4$, bei Hexahydrat 891,4 ± 1,0. Die Umwandlungswärme von Hepta- zu Hexahydrat bei 38,12° (Umwandlungstemp.) beträgt 4017 cal/Mol. Die Entropie von $ZnSO_4 \cdot 7\,H_2O$ ohne Kernspin u. Isotopeneffekte beträgt bei 298,16° K 92,9 cal/Grad·Mol, was mit dem mit Hilfe der CLARK-Zelle indirekt bestimmten Wert gut übereinstimmt. (J. Amer. chem. Soc. **72.** 5676—84. Dez. 1950. Berkeley, Calif., Univ. of California, Chem. Labor.) CRAMER. 151

W. F. Giauque, R. E. Barieau und **J. E. Kunzler,** *Kristalliner Ordnungszustand bei $ZnSO_4 \cdot 7\,H_2O$. Partielle molare Wärmekapazität, Enthalpie und Dampfdruck seiner wässerigen Lösungen. Thermodynamik der Clark-Zelle.* (Vgl. vorst. Ref.) Es werden bestimmt u. tabelliert: Die Verdünnungswärme von 15,65 mol. $ZnSO_4$-Lsg., die relative partielle Enthalpie von $ZnSO_4$-Lsgg. bei 25°, die Wärmekapazität von 11 bis 36 Gew.-% $ZnSO_4$-Lsgg. in W. zwischen 25 u. 35° u. die Lösungswärme von $ZnSO_4 \cdot 7\,H_2O$ in W. bei gesätt. Lösungen. Die CLARK-Zelle wird thermodynam. untersucht u. die Wasserdampfteildrucke über gesätt. $ZnSO_4$-Lsg. bestimmt. Auf Grund der verschied. calorimetr. u. mit der Zelle gewonnenen Daten wird gezeigt, daß $ZnSO_4$ bei 0° K einen vollkommenen Ordnungszustand erreicht. (J. Amer. chem. Soc. **72.** 5685—90. Dez. 1950.) CRAMER. 151

J. P. Coughlin, *Enthalpien von Mangan(II)-sulfid, Eisen(II)-sulfid und Pyrit bei hohen Temperaturen.* Die Enthalpien, bezogen auf $H_{298,16}$, werden angegeben: Für MnS von 411—1814° K, für FeS von 355—1488° K, von FeS_2 von 405—980° K. Für MnS wurde eine Schmelzwärme bei 1803° K von 6240 cal/Mol festgestellt; die Zahl ist aber nicht absol. zuverlässig. Kristallines FeS hat 2 Umwandlungspunkte, bei 411 u. 598° K, wobei die aufgenommene Wärme 570 bzw. 120 cal/Mol beträgt. Die Schmelzwärme am F. (1468° K) beträgt 7730 cal/Mol. Die Enthalpien $H_T - H_{298,16}$ können durch folgende Gleichungen ausgedrückt werden: MnS (kr) $11{,}40\,T + 0{,}90 \cdot 10^{-3}\,T^2 - 3479$ (298—1803° K, 0,5%); FeS (α) $5{,}19\,T + 13{,}20 \cdot 10^{-3}\,T^2 - 2721$ (298—411° K, 1,0%); FeS (β) $17{,}40\,T - 4944$ (411—598° K, 0,2%); FeS (γ) $12{,}20\,T + 1{,}19 \cdot 10^{-3}\,T^2 - 2138$ (598—1468° K, 0,3%); FeS (fl) $17{,}00\,T + 1124$ (1468—1500° K, 0,1%); FeS_2 (kr) $17{,}88\,T + 0{,}66 \cdot 10^{-3}\,T^2 + 3{,}05 \cdot 10^5\,T^{-1} - 6413$ (298—1000° K, 1,0%). Die Zahlen in Klammern geben den Temperaturbereich u. die %-Zahlen die mittlere Abweichung der Gleichung von den experimentellen Werten. (J. Amer. chem. Soc. **72.** 5445—47. Dez. 1950. Berkeley, Calif., U. S. Dep. of Int., Bur. of Min., Pacific Exp. Stat.) CRAMER. 151

LeRoy Eyring und **Edgar F. Westrum jr.,** *Die Bildungswärme von Thoriumtetrachlorid.* Vff. bestimmen die Lösungswärme von $ThCl_4$ in 6,004 mol. HCl bei 25° zu —44,28 ± 0,06 kcal/Mol. Th-Metall löst sich in HCl nur zu ca. 75%; erst ein geringer Zusatz von Na_2SiF_6 ermöglicht die Lsg. von ca. 98%, wobei ein geringer Nd. von ThO_2 bleibt. Nach Berücksichtigung einer Korrektur für diese Unreinheiten ergibt sich die Lösungswärme von Th in 6,004 mol. HCl zu 181,7 kcal/Mol. Die daraus berechnete Bildungswärme von $ThCl_4$ beträgt bei 25° 284,5 kcal/Mol, während die Bildungswärme des Th-Ions $Th + 4\,H^+\,(aq) = Th^{4+}\,(aq) + 2\,H_2\,(g)$ zu —184,4 kcal/Mol berechnet wird. (J. Amer. chem. Soc. **72.** 5555—56. Dez. 1950. Berkeley, Calif., Univ. of California, Dep. of Chem., Radiat. Labor.) CRAMER. 155

Ss. M. Arija, Ss. A. Schtschukarew und **W. B. Gluschkowa,** *Enthalpie der Sublimation von Chromsäureanhydrid und Molybdänsäureanhydrid.* Die Sublimationsenthalpie von CrO_3 wurde bei 248° zu 28 kcal/Mol, die von MoO_3 bei 691° zu 68,1 kcal/Mol ermittelt. Aus dem Vgl. dieser Werte mit der Enthalpie von WO_3 (115,6 kcal/Mol) folgt, daß die Sublimationsenthalpie der höheren Oxyde in der Ergänzungsuntergruppe der 6. Gruppe sich antibat der Summe der 6 Ionisationspotentiale der Elemente verändert. (Журнал Общей Химии [J. allg. Chem.] **23** (**85**). 2063—66. Dez. 1953. Leningrad, Shdanow-Univ.) LEBTAG. 155

Alan W. Smith, *Wärmeleitfähigkeit von Graphit.* (Sitzungsbericht.) Es wurde die Wärmeleitfähigkeit verschied. Graphite zwischen 10 u. 300° K gemessen. Die Messungen wurden derart durchgeführt, daß Strom durch die Proben geschickt u. das resultierende parabol. Temperaturprofil ausgemessen wurde. In einigen Proben änderte sich bei tiefen Tempp. das Wärmeleitvermögen mit $T^{2,7}$, während sich die spezif. Wärme mit T^2 änderte. Ebenfalls wurde eine Zunahme der Leitfähigkeit mit zunehmender Kristallitgröße beobachtet. Es wird betont, daß infolge unsicherer Orientierung u. Dichtekorrekturen sowie infolge der anomalen Temperaturabhängigkeit der Leitfähigkeit Bestimmungen der Kristallitgröße aus der Wärmeleitfähigkeit vollständig falsche Ergebnisse liefern. Der Einfl. der Anisotropie des Graphitgitters ändert die Beziehung zwischen der Wärmeleitfähigkeit u. der spezif. Wärme nur durch einen geometr. Faktor. Die anomale Wärmeleitfähigkeit läßt sich möglicherweise durch ein isotropes intergranulares Gebiet erklären, wenn sich 5–10% des gesamten C in diesem Gebiet befinden. (Physic. Rev. [2] **93.** 952. 15/2. 1954. North American Aviat., Inc., Atomic Energy Res. Dep.) GOTTFRIED. 158

Frederick G. Keyes, *Viscosität und Wärmeleitfähigkeit von Dampf.* Die Wärmeleitfähigkeit von Wasserdampf wurde bei Tempp. bis zu 350° u. bei Drucken bis zu 150 at gemessen u. die Ergebnisse mit den Angaben anderer Autoren verglichen. Mit berechneten Viscositätswerten, die ebenfalls mit Literaturdaten abgestimmt wurden, ergab sich, daß das Verhältnis λ/η C_v zwischen 100 u. 600° konstant gleich 1,20 ist. (J. Amer. chem. Soc. **72.** 433–36. Jan. 1950. Cambridge, Mass., Massachusetts Inst. of Technol., Dep. of Chem.) KIRSCHSTEIN. 158

Malcolm Dole, Introduction to statistical thermodynamics. New York: Prentrice-Hall. 1954. (262 S., Diagr.) $ 6,25.

A₅. Kolloidchemie. Grenzschichtforschung.

E. Wiegel, *Über die Farben des kolloiden Silbers und die Miesche Theorie.* Durch spektralphotometr. Aufnahmen der Absorptionskurven wurden die ausgeprägt gelben, roten, violetten u. blauen Durchsichtsfarben von Ag-Hydrosolen quantitativ erfaßt. Es wird gezeigt, daß sich bei diesen mittels H_2O_2 hergestellten, wss., koll. Lsgg. mit zunehmender Teilchengröße das Absorptionsmaximum unter Verbreiterung der Bande nach größeren Wellenlängen verschiebt. Die gemessenen Kurven stimmen nicht mit den nach der MIEschen Theorie für sphär. Teilchen berechneten überein. Elektronenmkr. Aufnahmen zeigen, daß es sich hier um blättchenförmig ausgebildete Ag-Kristallite handelt, was im Sinne der GANSschen Erweiterungen der MIEschen Theorie die violetten u. blauen Durchsichtsfarben erklären kann (GANS, Ann. Physik **77.** [1925.] 573). Die Farbänderung der Streustrahlung mit zunehmender Teilchengröße von Blau nach Rot stimmt qualitativ mit den von MÜLLER (Ann. Physik [4] **35.** [1911.] 500) berechneten Strahlungskurven für sphär. Teilchen überein. (Z. Physik **136.** 642–53. 1954. Braunschweig, Phys.-Techn. Bundesanst.) LINDBERG. 162

B. W. Derjagin, Ss. B. Ratner und **M. F. Futran,** *Untersuchung der Beziehungen zwischen Reibungs- und Adhäsionskraft nach der Methode der gekreuzten Fäden.* (Vgl. C. **1951.** II. 1098.) Nach der früher beschriebenen Meth. läßt sich mit 2 unter 90° gekreuzten *Quarz*-Fäden auch die stat. Reibungskraft τ messen. Wenn man beide Fäden ohne Überzug oder nur einen Faden mit einem Überzug von *Naturkautschuk* (**I**) verwendet, steigt τ mit zunehmenden positiven Werten der Belastung (σ) von $\sigma = 0$ unter einem bestimmten Winkel linear an, bleibt aber bei $\sigma < 0$ konstant auf dem Wert von $\sigma = 0$, um bei $\sigma = -1$ senkrecht auf 0 abzufallen. Sind beide Fäden mit **I** überzogen, dann scheint der Schnittpunkt der Kurve mit der Abszissenachse etwas rechts von $\sigma = -1$ zu liegen. Es wird vermutet, daß die Konstanz von τ zwischen $\sigma = 0$ u. $\sigma = -1$ eine Folge des plast. Charakters des Kontakts u. der Identität von τ mit der Schubfestigkeit der sich berührenden Fadenteile ist, wobei zu berücksichtigen ist, daß bei $\sigma < 0$ die Überwindung von τ immer von einer Störung des gegenseitigen Kontaktes der Fäden, ihrem Abreißen, begleitet ist. Gleit- u. Abreißwiderstand der Fäden folgen ganz verschied. Gesetzmäßigkeiten, haben also offenbar verschied. Mechanismus. Bei $\sigma = 0$ entspricht die Reibung der tangentialen Adhäsion, wofür vorläufig noch keine Erklärung möglich ist. (Доклады Академии Наук СССР [Ber. Akad. Wiss. UdSSR] [N. S.] **92.** 1137–40. 21/10. 1953. Inst. für physikal. Chem. der Akad. der Wiss. der UdSSR, Wiss. Forschungsinst. für Gummiind.) R. K. MÜLLER. 166

J. A. Prins und **Ir J. Schenk,** *Schwefel als plastomere Verbindung.* S verhält sich oberhalb 160° wie ein lineares Polymeres. Einwertige Elemente können wie monofunktionelle Endgruppen, zweiwertige wie bifunktionelle Gruppen wirken, wogegen dreiwertige Elemente Verzweigungen oder Vernetzungen auslösen können. (Plastica [Delft] **6.** 216–19. Mai 1953. Delft, TH, Labor. voor Techn. Physica.) WESLY. 173

A. Pérez Masiá, *Eine Theorie der Oberflächenerscheinungen bei Elektrolytlösungen.* Vf. leitet eine elektrostat. Theorie der Änderung der Oberflächenadsorption mit der Konz. einer Elektrolytlsg. ab, die davon ausgeht, daß die Grenzfläche Luft–Lsg. die Konz. der Ionen in ihrer unmittelbaren Umgebung beeinflußt. Infolge der höheren Hydratationsenergie im Innern entsteht eine negative Adsorption an der Grenzfläche. Bei Lsg. verschied. Salze in gleicher Normalität geht der Einfl. auf die Oberflächenspannung in umgekehrter Richtung wie die Ionenradien, ebenso die Hydratationsenergie. Da diese für Kation u. Anion verschieden ist, gilt dies auch für die Oberflächenadsorption, u. durch Ungleichgewicht der Ladungen an der Oberfläche entsteht eine elektr. Doppelschicht, deren Potential bei der Berechnung der Ionenkonz. in der Oberflächenschicht zu berücksichtigen ist. Die Gleichung von GIBBS ist durch das aus der Gleichung von LIPPMANN-HELMHOLTZ sich ergebende $\Delta\sigma$ zu ergänzen. (An. Real Soc. españ. Física Quím., Ser. A **50.** 5—16. Jan./Febr. 1954. Heidelberg, Univ., Inst. für physikal. Chem.) R. K. MÜLLER. 176

Jurgen M. Honig und **Edward L. Hill,** *Bestimmung der Heterogenität der Adsorptionsenergie von festen Oberflächen.* Vff. teilen eine Revision der bisherigen Theorien zur Best. der Verteilung der Adsorptionsenergien für verschied. Stellungen (sites) an der Oberfläche fester Stoffe mit. Die mathemat. Seite dieses Problems ist wiederholt behandelt worden; die vorliegende Arbeit wurde in enger Anlehnung an die Unterss. von SIPS (C. **1954.** 5022) durchgeführt. Es wird postuliert, daß die Verteilungsfunktion für die Adsorptionsenergien unabhängig von der Temp. ist. Mit dieser Voraussetzung u. der Kenntnis der Druck–Temp.-Abhängigkeit der empir. isothermen Daten ist es möglich, sowohl die Verteilungsfunktion als auch die Teilungs- (partition) Funktion der adsorbierten Phase von der Adsorptionsenergie zu bestimmen. Abschließend wird die neue Theorie an Hand zweier angenommener Beispiele überprüft. (J. chem. Physics **22.** 851—54. Mai 1954. Minneapolis, Minn., Univ. of Minnesota, School of Chem. and Dep. of Phys.) G. HEINRICH. 176

B. Millard, R. A. Beebe und **J. Cynarski,** *Die Adsorptionswärme von Methanol an Kohleadsorbentien bei 0°.* Vff. bestimmten die Adsorptionswärmen von Methylalkohol an verschied. Kohleadsorbentien in einem isothermen Calorimeter bei 0°. Die Ergebnisse wurden mit früheren Verss. verglichen, bei denen jedoch die elementaren Gase Ar u. N_2 als Adsorbate dienten (vgl. C. **1954.** 24). Die calorimetr. Wärmen an der homogenen Oberfläche von Graphon-Kohle geben keinerlei Anhaltspunkte dafür, daß die Adsorptionswärme im Bereich geringer Oberflächenbelegung, in dem die Isothermen konvex zur Druckachse liegen, negativ ist. Dies steht in Übereinstimmung mit den Ergebnissen von PIERCE u. SMITH (J. physic. Colloid Chem. **54.** [1950.] 354), die ihre Unterss. an dem Syst. Methanol–Graphit durchführten. (J. physic. Chem. **58.** 468 bis 471. Juni 1954. Amherst, Mass., Amherst Coll., Dep. of Chem.) G. HEINRICH. 176

H. M. N. H. Irving und **R. J. P. Williams,** *Verteilungschromatographie.* Zusammenfassende theoret. Betrachtung der Gegenstromverteilung, der Verteilung bei der Säulen- u. Papierchromatographie unter Berücksichtigung der Einflüsse von Adsorption u. p_H-Wert, sowie weiterer Faktoren, Beeinflussung der Phasen u. Verteilungskoeffizienten durch Zusatz einer 3. Komponente. Kurze Erwähnung der Gaschromatographie. — 17 Literaturangaben. (Sci. Progr. **41.** 418—33. Juli 1953. Oxford, Univ., Inorgan. Chem. Labor.; Merton Coll.) ENDRASS. 177

A₆. Strukturforschung.

George R. Brewer, *Über die Bündelung von Elektronenstrahlen hoher Stromdichte.* Theoret. Unters. von Systemen aus einer Reihe von Magnetlinsen gleichen Abstands, durch welche Elektronenstrahlen hoher Stromdichte in Wanderwellenröhren gebündelt werden sollen. Die Rechnung führt zu Kurventafeln, aus welchen bei vorgegebenen Werten für Beschleunigungsspannung, Stromdichte u. Strahldurchmesser die günstigste geometr. Anordnung u. Amperewindungszahl der Magnetlinsen entnommen werden sollen. (J. appl. Physics **25.** 243—51. Febr. 1954. Culver City, Calif., Hughes Res. and Developm. Labor., Electron Tube Labor.) LENZ. 181

Charles Fert, *Elektronenbeugung: Ionenbeschuß eines Objektes während seiner Beobachtung in Reflexionsbeugung und Reflexionselektronenmikroskopie.* Beschreibung einer Ionenquelle, welche den Beschuß eines im Reflexionsstrahlengang eines Elektronenmikroskops befindlichen Objektes mit 25 kV-Ionen ermöglicht. Dadurch kann die elektrostat. Aufladung isolierender Objekte vermieden werden. Außerdem können dünne Schichten von der Oberfläche des Reflexionsobjektes abgetragen werden Am Beispiel einer mechan. polierten Fläche eines *NaCl*-Einkristalls wird die Wrkg. des während der Beobachtung erfolgten Abtragens von Oberflächenschichten auf das Elektronenbeugungsbild demonstriert. (C. R. hebd. Séances Acad. Sci. **238.** 333—35. 18/1. 1954. Toulouse, Univ.) LENZ. 181

T. S. Renzema, *Elektronenbeugungsuntersuchung polierter Oberflächen.* Die in Elektronenbeugungsdiagrammen polierter Oberflächen verschied. Materialien häufig beobachteten diffusen Beugungsringe sind nicht charakterist. für das Material oder seine Bearbeitung, sondern auf Oberflächenverunreinigungen durch KW-stoffe zurückzuführen. (J. appl. Physics **23.** 1412. Dez. 1952. Potsdam, N. Y., Clarkson Coll. of Technol.) LENZ. 181

G. W. Spiwak und **Je. M. Dubinina,** *Über den Einfluß der Impulsspeisung auf die Auflösung des Immersionsobjektivs.* Der elektr. Feldstärke unmittelbar vor der Kathode eines elektronenopt. Immersionsobjektivs, welche für sein Auflösungsvermögen maßgeblich ist, ist im stationären Betrieb eine obere Grenze durch die Durchschlagsfeldstärke gegeben. Diese Grenze kann im Impulsbetrieb wesentlich überschritten werden (vgl. C. **1953.** 5622). Im Impulsbetrieb gewonnene emissionsmkr. Abbildungen von Oxydkathoden werden gezeigt, deren Abbildungsmaßstab bis zu 200 beträgt. Das theoret. Auflösungsvermögen wurde nicht erreicht. (Вестник Московского Университета, Серия Физико-Математических и Естественных Наук [Nachr. Moskauer Univ., physik.-mathemat. u. naturwiss. Ser.] **8.** Nr. 2. 27—33. Febr. 1953. Moskau, Univ., Lehrstuhl für Elektronenoptik.) LENZ. 181

Daryl W. Shipley, *Eine Methode zu Messung der sphärischen Aberration einer elektrostatischen Elektronenlinse.* Die Öffnungsfehlerkoeffizienten 3. u. 5. Ordnung einer elektrostat. Elektronenlinse werden gemessen, indem die Abhängigkeit der Lage des Durchstoßpunktes eines Elektronenstrahls durch die GAUSSsche Bildebene von seiner Einfallsrichtung in die Objektebene ausgewertet wird. Es wird beschrieben, woran man die bei diesem Verf. störende Ggw. von axialem Astigmatismus erkennen kann. (J. appl. Physics **23.** 1310—16. Dez. 1952. Bayside, N. Y., Sylvania Electric Prod., Inc.) LENZ. 181

Gopinath Kartha, *Doppelte Fourier-Synthese. Lochkartenmethode.* Beschreibung der Rechenmethode. (J. Indian Inst. Sci. **35.** A 332—38. Okt. 1953. Bangalore, Indian Inst. of Sci., Dep. of Phys.) GOTTFRIED. 181

R. Gay und **J. Clastre,** *Über die direkten Methoden zur Bestimmung von Kristallstrukturen.* An Hand der einschlägigen Literatur geben Vff. einen Überblick über die direkten Strukturbestimmungsmethoden. (J. Physique Radium **13.** 74 S—75 S. Jan. 1952.) GOTTFRIED. 181

E. F. Bertaut, *Patterson-Funktion und Struktur.* In Fortsetzung früherer Unterss. (vgl. C. **1953.** 8294) entwickelt Vf. die Grundlagen der symm. PATTERSON-Funktion zur Strukturbest. u. erläutert die Meth. an einigen aus der Literatur bekannten Beispielen. (J. Physique Radium **12.** 65 S—66 S. Juli/Sept. 1951. Grenoble, Labor. d'Electrostatique et de Phys. du Métal.) GOTTFRIED. 181

M. J. Buerger, *Lösungsfunktionen zur Lösung übereinander gelegter Patterson-Synthesen.* In Fortsetzung früherer Unterss. (vgl. C. **1953.** 4982) über die Lösung von PATTERSON-Synthesen diskutiert Vf. die Summen-, die Produkt- u. die Minimumfunktion. Es sind dies Funktionen von PATTERSON-Werten, welche Ungleichheitsbeziehungen mit der Elektronendichte darstellen. Vf. bespricht hierauf die Anwendung der Lösungsfunktionen zur Lösung von Differenz-PATTERSON-Diagrammen, welche speziell dann dargestellt werden können, wenn isomorphe Paare von Kristallen zur Unters. zur Verfügung stehen. (Proc. nat. Acad. Sci. USA **39.** 674—78. Juli 1953. Cambridge, Mass., Massachusetts Inst. of Technol., Crystallographic Labor.) GOTTFRIED. 181

D. C. Phillips, *Atomare Auflösung in verallgemeinerten Kristallstrukturprojektionen.* Vf. diskutiert, zum Teil an Hand eines Beispiels, die Frage, in welcher Weise sich die Formen von atomaren Maxima in verallgemeinerten Kristallstrukturprojektionen mit dem Niveau der Projektion ändern. (Acta crystallogr. [Copenhagen] **7.** 221—22. 10/2. 1954. Ottawa, Can., Nat. Res. Council.) GOTTFRIED. 181

P. A. Flinn, B. L. Averbach und **P. S. Rudman,** *Die Deutung der diffusen Röntgenstreuung in Pulverdiagrammen fester Lösungen.* Vff. entwickelten Methoden zur Auswertung der FOURIER-Koeffizienten, welche den lokalen Ordnungszustand u. die Größen der Atome in festen Lsgg. messen. Es wird zu diesem Zweck eine Transformation der diffusen Streuung von polykristallinen Proben, welche durch eine exponentielle Gewichtsfunktion abgeändert ist, benutzt, um diese Koeffizienten mit einem Minimum von unrichtigen Einzelheiten zu erhalten. Die Meth. wird an 2 experimentellen Beispielen erläutert. So zeigen Messungen der diffusen Intensität einer *Al–Zn*-Legierung bei 400° in Elektroneneinheiten, daß Zn-reiche Haufen in der im Gleichgewicht befindlichen festen Lsg. oberhalb der Löslichkeitsgrenze vorhanden sind. Für eine feste *Ni–Au*-Lsg. zeigten ähnliche Messungen eine Bevorzugung ungleicher Nachbarn oberhalb der Löslichkeitslücke. In diesem Syst. wurde auch die durch den Unterschied der Atomradien erzeugte diffuse Streuintensität beobachtet. (Acta crystallogr. [Copenhagen] **7.** 153—58. 10/2. 1954. Cambridge, Mass., Inst. of Technol., Dep. of Metallurgy.) GOTTFRIED. 181

A. N. Orlow, *Berechnung der Abhängigkeit der Gitterkonstanten von binären festen Lösungen von der Zusammensetzung.* Es wird ein Ausdruck für die Kristallgitterenergie einer festen Lsg. erhalten, in dem bei konstanter Elektronendichte die verschied. Wechselwirkungen zwischen Ionen u. Elektronen enthalten sind. Es folgt aus der Gleichung, daß am absol. Nullpunkt verschied. Phasen bestehen können. Auch für die Änderung der Gitterkonstanten in Abhängigkeit von der Konz. ergeben sich Aussagen, die in Übereinstimmung mit dem Vers. sind. (Журнал Экспериментальной и Теоретической Физики [J. exp. theoret. Physik] **21.** 1081—89. Okt. 1951. Uraler Zweigstelle der Akad. der Wiss. der UdSSR, Inst. für Metallphys.) K. SCHUBERT. 181

H. G. Dehmelt, *Nachtrag zu „Kernquadrupolspektren in zwei Bortrialkylen".* (Vgl. C. **1954.** 2552.) In Ergänzung zu den l. c. erhaltenen Ergebnissen wird mitgeteilt: Die B—C-Bindungen im *Bortrimethyl* u. *Bortriäthyl* sind kovalente Einfachbindungen mit 25% ion. Anteil; die möglichen Strukturen werden angegeben. Die Quadrupolmomente von ^{10}B bzw. ^{11}B betragen +0,111 bzw. $+0{,}053\cdot10^{-24}$ cm². Der atomare Feldgradient $\varphi_{zz}(BC_3)$ ergibt sich zu $1{,}44\cdot10^{15}$ cgs-Einheiten. (Z. Physik **134.** 642—44. 1953. Durham, N. C., Duke Univ., Dep. of Phys.) FUCHS. 182

L. M. Swerdlow, *Beziehungen zwischen den Anharmonizitätskonstanten und den Frequenzen isotoper Moleküle.* Für die Frequenzen isotoper Moll. besteht eine Summenregel für die jeweils über i = 1 bis n zu erstreckenden Summen $\sum\omega_{ai}+\sum\omega_{di}=\sum\omega_{bi}+\sum\omega_{ci}$, die jedoch im Gegensatz zu der für harmon. Schwingungen geltenden Summenregel für die Quadrate der Frequenzen nur eine Näherung darstellt. Als Beispiele werden $\omega_e x_e$ u. x_e^2 für H_2, HD, D_2, HT, DT, T_2, ^6LiH, ^6LiD, ^7LiH u. ^7LiD nach HERZBERG, Spektren u. Bau 2atomiger Moll. (1949) [$\nu = \omega_e\cdot(1-2x_e)$ mit x_e „Anharmonizität"] u. die daraus abgeleiteten Frequenzdifferenzen, ferner *Acetylen* (HERZBERG) u. *Bzl.* (BAILEY u. Mitarbeiter, J. chem. Soc. [London] **1946. 222**) u. deren Deuterosubstituenten betrachtet. (Доклады Академии Наук СССР [Ber. Akad. Wiss UdSSR] [N. S.] **94.** 451—54. 21/1. 1954. Saratow, Tschernyschewski-Univ.) AMBERGER. 182

Ss. Ss. Urasowski, *Über die Veränderlichkeit der Molekülformen in Flüssigkeit und in Lösungen.* (Magyar Kémiai Folyóirat [Ung. Z. Chem.] **59.** 120—28. April 1953. — C. **1953.** 1771.) PLANK. 186

M. G. Gonikberg, *Polymorphe Umwandlungen bei hohen Drucken.* Allg. Angaben über polymorphe Umwandlungen anorgan. Stoffe bei Temperaturänderungen u. sehr hohen (bis 400000 kg/cm²) Drucken an Hand einiger Beispiele, sowie einige theoret. Deutungen des Wesens dieser Umwandlungen. (Природа [Natur] **42.** Nr. 12. 85—87. Dez. 1953. Inst. für Kristallographie der Akad. der Wiss. der UdSSR.) v. WILPERT. 190

H. Schloemer, *Hydrothermal-synthetische Quarz–Orthoklas-Reaktionsgefüge in „eutektischer" Verwachsung.* Zur Klärung der Frage, ob Verwachsungen, wie sie z. B. im „Schriftgranit" vorliegen, „eutekt." Verwachsungen sind oder der Quarz dem Feldspat erst nachträglich zugeführt worden ist, stellt Vf. synthet. Verwachsungen aus Quarz–Orthoklas-Gläsern in W. unter Beifügung von 1% KF u. 1% KH_2PO_4 oder KBO_2 in einem Temperaturgefällsautoklaven her. Es konnten hierbei „fern vom Platz", d. h. unter Ausnutzung des Temperaturgefälles, typ. aplit. oder porphyr. Verwachsungen von Orthoklas u. Quarz nach der Rekristallisation beobachtet werden. Beträgt hierbei der Quarzanteil weniger als 25%, so erhält man Feldspat als Erstausscheidung u. am Schluß der Rekristallisation Quarz mit Mikrolin „eutekt." verwachsen; bei etwas höheren Quarzgehh. findet man den Quarz in teilweise glasklaren, idiomorphen Kristallen. Eine vollständig „eutekt." Struktur wurde bei einem Orthoklas–Quarz-Verhältnis 3:1 gefunden, ein Verhältnis, das auch vielen Naturbeobachtungen entspricht. (Schweiz. mineralog. petrogr. Mitt. **33.** 510—11. 1953. Tübingen.) SIEWERT. 190

G. G. Lemmlein, *Der Prozeß der Ausheilung von Spalten in Kristallen und die Umwandlung der Form von Hohlräumen sekundärer flüssiger Einschlüsse.* In einem Raum, dessen Temp. während der Versuchsdauer von 10—12 Std. stetig von 19 auf 21° anstieg, wurde die Schließung von künstlich erzeugten Spalten in $NaNO_3$ (**I**)-Kristallen bei Einführung eines Tropfens einer gesätt. **I**-Lsg. untersucht. Am Rand des Spaltes verlief die Abscheidung von **I** sehr intensiv. Mit zunehmender Spalthöhe nahm sie sehr steil ab. Als Hauptenergiequelle für den Umbau der Spaltwände diente die überschüssige Oberflächenenergie des Systems. Die Umwandlung der Einschlußhohlräume ist in der Weise zu denken, daß die Oberflächen sich glätten, Gleichgewichtsflächen entstehen u. die Kanten sich ausgleichen. Der Prozeß verläuft nicht geradlinig. Die Schließung der Spalten, die Bldg. der sek. Einschlüsse u. die Umbldg. der Hohlräume erfolgt nur in dünnen Spaltbereichen vollständig. In den dickeren Bereichen erreichen die gebildeten Einschlüsse prakt. nie die Gleichgewichtsform. (Vgl. hierzu C. **1953.** 4823.) (Доклады Академии Наук СССР [Ber. Akad. Wiss. UdSSR] [N. S.] **78.** 685—88. 1/6. 1951. Inst. für Kristallogr. der Akad. der Wiss. der UdSSR.) LEBTAG. 190

E. Votava, S. Amelinckx und **W. Dekeyser,** *Spiralwachstum von Thymolkristallen aus der Lösung und aus der Schmelze.* Vff. beschreiben das Auftreten von spiralartigem Wachstum von Thymol aus Lsgg. von CS_2 u. CCl_4 sowie aus der Schmelze, u. zwar in Form von spiralartigen Ätzgrübchen u. nicht von Wachstumshügeln. Diese Art des Wachstums tritt auf, wenn die wachsenden Kristalle auf der Oberfläche der Lsg. oder der Schmelze schwimmen. Haften sie beim Wachstum am Boden, so treten die von der FRANKschen Theorie verlangten Wachstumshügel auf. Der Kristall schwimmt auf der Oberfläche parallel mit einer dichtest gepackten Ebene, wobei Wachstum an der unteren Fläche stattfindet. Da der Kristall ein extrem schlechter Wärmeleiter ist, werden Spannungen auftreten, wodurch der dünne Kristall verzerrt wird. Ist die Streckgrenze erreicht, dann tritt Gleitung in einer Richtung senkrecht zur Oberfläche ein unter Bldg. neuer Schraubenversetzungen. Interferometr. ergab sich für die Wachstumsschichten eine Dicke von 4950 Å. Auftretende Sprünge müssen wahrscheinlich auch durch eine neue Versetzung verursacht worden sein. Diese Sprünge treten infolge der schlechten Wärmeleitfähigkeit bei sehr kleinen Temperaturunterschieden zwischen Ober- u. Unterfläche des wachsenden Kristalls auf. (Naturwissenschaften **40.** 143. Febr. 1953. Gent, Geolog. Inst., Afd. Kristallkunde.) GOTTFRIED. 190

Otto W. Flörke, *Der Einfluß der Alkaliionen auf die Kristallisation des SiO_2.* Da beim Eintreten der Kristallisation die Keime verschied. polymorpher Modifikationen in der Schmelze vorliegen können, ist es möglich, durch bestimmte Fremdionen eine Keimart so zu begünstigen, daß sie vorwiegend zur Wrkg. kommt. Vf. versetzte feingepulvertes *Kieselgel, Kieselglas, Cristobalit* u. *Quarz* je mit 1 Mol-% Alkalioxyd u. temperte bei 850 bzw. 950°. Li führte bei Gel u. Glas rasch, bei Cristobalit langsamer zu Quarz. Na begünstigte neben der Bldg. von Quarz noch Tridymit, anfänglich entstandener Cristobalit bildete sich zurück. K wirkt auf die Bldg. von Tridymit hin, Rb u. Cs erzeugten bei Gel u. Glas Cristobalit. Quarz als Ausgangsprod. wurde bei 850° nicht umgewandelt, bei 950° wandelte es sich mit Li, Na u. K um, während Rb u. Cs ohne Einfl. blieben. Bei dieser Temp. führte Li allg. zu Cristobalit, Na zu Cristobalit u. Tridymit u. K zu Tridymit. Die Ergebnisse werden kristallchem. gedeutet. (Geologie **3.** 71—73. Febr. 1954. Würzburg, Max-Planck-Inst. für Silikatforsch.) HILLER. 190

Alfred J. Frueh jr., *Die Kristallstruktur von Claudetit (monoklinem As_2O_3).* (Vgl. C. **1952.** 1616.) Einkristallaufnahmen an monoklinem Claudetit ergaben die Zelldimensionen a = 5,25 Å; b = 12,87 Å; c = 4,54 Å; β = 93°49′. Raumgruppe ist C_{2h}^5—$P2_1/n$; Z = 4. Die Struktur wurde mit Hilfe von PATTERSON- u. Elektronendichteprojektionen aufgeklärt. Sämtliche Atome liegen in der allgemeinsten vierzähligen Punktlage mit den Parametern: As_1(x =) 0,258; (y =) 0,102; (z =) 0,040; As_2: 0,363; 0,352; 0,007; O_1: 0,45; 0,22; 0,03; O_2: 0,62; 0,41; 0,18; O_3: 0,95; 0,16; 0,13.

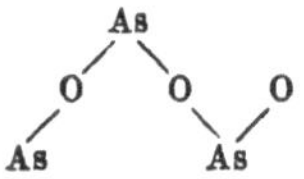

Die so gefundene Struktur besteht aus unendlichen Zickzackketten nebenst. Form, welche sich in Richtung der c-Achse erstrecken u. durch zusätzliche As–O–As-Bindungen unter Bldg. unregelmäßiger Schichten senkrecht zur b-Achse verknüpft sind. Auf diese Weise ist jedes As-Atom von 3 O-Atomen in einem mittleren Abstand von 1,80 ± 0,02 Å umgeben, während jedes O-Atom 2 nächste As-Nachbarn besitzt. Durch diese Struktur läßt sich die gute Spaltbarkeit nach (0 1 0) sowie der tafelförmige Habitus des Kristalls erklären. (Amer. Mineralogist **36.** 833—50. Nov./Dez. 1951. Chicago, Ill., Univ.) GOTTFRIED. 195

G. Ss. Shdanow und **S. W. Swonkowa,** *Über die Kristallstruktur von Kaliumozonid.* Aus den Debyeogrammen folgt, daß die Elementarzelle von KO_3 bis auf 0,01 Å derjenigen von KN_3 gleicht. Die beste Übereinstimmung der Intensitäten wird bei **x** = 0,16 erreicht, der lineare Bau von O_3^- wird durch die Intensitätsrechnung nicht bestätigt. Es wird für möglich gehalten, daß die Kristallklasse niedriger symm. ist als D_{4h}. Nach Tempern bei 90° erscheinen die Linien von KO_2. (Журнал Физической Химии [J. physik. Chem.] 25. 100—01. Jan. 1951. Moskau, Karpow-Inst. für physikal. Chem., Röntgenlabor.) K. SCHUBERT. 195

D. June Sutor, F. J. Llewellyn und **H. S. Maslen,** *Die Kristallstruktur von Dikaliumnitroacetat.* Rhomb. Nadeln mit guter Spaltbarkeit senkrecht zu der Nadelachse von Dikaliumnitroacetat, $C_2HO_4NK_2$, wurden aus einer 1:1-KOH-Lsg. erhalten. Die gemessenen Brechungsindices sind: α (parallel zu c) 1,423; β (parallel zu a) 1,659 u. γ (parallel zu b) > 1,659; opt. Vorzeichen negativ. Die Elementarzelle hat die Dimensionen a = 10,28 Å; b = 7,49 Å; c = 3,54 Å; Raumgruppe ist C_{2v}^2—Pbm; Z = 2. FOURIER-Analysen führten zu den folgenden Parametern: K_1(x =) 0,033; (y =) 0,579; (z =) 0,500; K_2: 0,369; 0,275; 0,500; N: 0,333; 0,645; 0; C_1: 0,200; 0,921; 0; C_2: 0,316; 0,829; 0; O_1: 0,084; 0,842; 0; O_2: 0,201; 0,090; 0; O_3: 0,242; 0,528; 0; O_4: 0,451; 0,598; 0; H: 0,386; 0,903; 0. Die Struktur besteht aus abwechselnden Lagen von Anionen u. Kationen, die entlang der c-Achse einen Abstand von 1,77 Å haben. Da das Anion auf einer Spiegelebene liegt, sind alle Atome, einschließlich des H-Atoms, koplanar. Bei der Bldg. des Anions aus der Säure muß die aci-Form der letzteren als intermediäre Form auftreten. Infolgedessen sollte der Abstand zwischen dem zentralen C-Atom (C_2) u. dem N-Atom kurz sein; gefunden wurden $C_2-N = 1,39$ Å u. $C_2-C_1 = 1,38$ Å. Hieraus folgt, daß die Bindung C_1-C_2 52% Doppelbindungscharakter u. die Bindung C_2-N 12% Doppelbindungscharakter besitzt. Dagegen ist die Carboxylgruppe stark asymm. mit $C_1-O_1 = 1,33$ Å u. $C_1-O_2 = 1,27$ Å. Die NO_2-Gruppe ist innerhalb der Fehlergrenzen symm.; die beiden N—O-Abstände sind 1,26 bzw. 1,28 Å, der Winkel O—N—O = 121°. Jedes K-Ion hat 8 nächste O-Nachbarn zwischen 2,70 Å u. 3,11 Å, während jedes O-Atom an 2 K-Ionen gebunden ist. (Acta crystallogr. [Copenhagen] **7.** 145—52. 10/2. 1954. Auckland, Univ. College, Dep. of Chem.) GOTTFRIED. 195

Adolfo Ferrari, Luigi Cavalca und **Mario Nardelli,** *Die Struktur des Kaliumnickelhexanitrits.* (Vgl. C. **1932.** I. 2544.) Die goniometr. u. Röntgenunters. (LAUE- u. Drehkristallmeth.) von Kristallen von $K_4[Ni(NO_2)_6]$ ergibt rhomboedr. Bau mit hexagonaler Zelle von den Dimensionen a = 7,63 (Å), c = 22,42, c/a = 2,938, Z = 3 oder rhomboedr. Zelle mit $a_r = 8,67$, $\alpha = 52°11'$, Z = 1; Raumgruppe C_{3i}^2–R3. In der hexagonalen Zelle haben die Atome folgende Lage (0 0 0; $^1/_3$ $^2/_3$ $^1/_3$; $^2/_3$ $^1/_3$ $^2/_3$) +: 6 K_I in (c): 0 0 z; 0 0 $\bar{z}$ mit z = 0,194; 6 K_{II} in (c) mit z ~ 0,379; 3 Ni in (a): 0 0 0; 18 N in (f): x y z; $\bar{y}$, x—y, z; y—x, $\bar{x}$, z; $\bar{x}$ $\bar{y}$ $\bar{z}$; y, y—x, $\bar{z}$; x—y, x, $\bar{z}$ mit x = 0,266, y = 0,133, z = —0,055; 18 O_I in (f) mit x = 0,266, y = 0,033, z = —0,097; 18 O_{II} in (f) mit x = 0,400, y = 0,300, z = —0,041. Die Ähnlichkeit der Struktur mit derjenigen anderer monometr. Hexanitrite, wie $K_3[Co(NO_2)_6]$ (vgl. C. **1930.** II. 1333) wird betont. (Gazz. chim. ital. **81.** 945—59. Nov./Dez. 1951. Parma, Univ., Ist. di Chim. gen. e di Mineral.) R. K. MÜLLER. 195

Adolfo Ferrari, Luigi Cavalca und **Mario Nardelli,** *Eisen(II)-hexanitrite einwertiger Metalle.* (Vgl. vorst. Ref.) Durch Zusatz stark konz. $FeSO_4$-Lsg. zu einem hohen Überschuß an $MeSO_4$-Lsg. (Me = K, Rb, Cs, Tl) werden als gelber Nd. die Verbb. $Me_4[Fe(NO_2)_6]$ erhalten u. nach Absaugen an der Pumpe u. Waschen mit 80%ig. Aceton, dann mit A. u. schließlich mit Ae. analysiert. Die Zus. wird durch röntgenograph. Vgl. mit $K_4[Ni(NO_2)_6]$ bestätigt, wobei für das K-Salz rhomboedr. Struktur nachgewiesen wird. Beim Vers., das NH_4-Salz analog aus $FeSO_4$, hohem Überschuß an NH_4NO_3 u. $NaNO_2$ zu erhalten, tritt orangerote, dann braune Färbung u. starke Gasentw. auf; das NH_4-Salz erleidet also offenbar Zers., bevor es Zeit zur Abscheidung findet. (Gazz. chim. ital. **81.** 960—63. Nov./Dez. 1951.) R. K. MÜLLER. 195

Adolfo Ferrari, Luigi Cavalca und **Mario Nardelli,** *Metallhexanitrite mit einem dreiwertigen Kation (Ce oder Y) und einem einwertigen Kation (K, Rb, Cs, NH_4, Tl).* (Vgl. vorst. Reff.) Aus konz. Lsgg. von $Me^{II}(NO_3)_2$, $Me^{III}(NO_3)_3$ u. $Me^{I}NO_2$ werden krist. Verbb. $Me^{I}Me^{III}[Me^{II}(NO_2)_6]$ dargestellt. Die Verbb. mit Me^{II} = Fe sind orangegelb, mit Co dunkelgrün, mit Ni ziegelrot, mit Cu schwarz. Bei den Fe-Verbb. ist ein hoher Überschuß (10fach) an Nitrit anzuwenden u. in der Kälte zu fällen, bei Co-Verbb. muß in H_2-Atmosphäre gearbeitet, rasch filtriert u. mit A. u. Ae. gewaschen werden. Bei den Ni-Verbb. ist noch höhere Konz. erforderlich als bei den Co-Verbindungen. Die Cu-Verbb. sind leichter lösl. u. weniger bas. als die von Co u. Ni. Die Lage der Anionen ist dieselbe wie in den anderen monometr. Metallhexanitriten, die der Kationen dieselbe wie die der Me^{I} in diesen, allerdings zum Teil mit verschied. Symmetrie. — Im einzelnen werden folgende Verbb. dargestellt (Reihenfolge der Angaben: Me^{I}, Me^{III}, Me^{II}, Gitterkonstante a in Å, D. theoret., gegebenenfalls D. experimentell): *K-Ce-Fe* 10,38; 2,964; *Tl-Ce-Fe* 10,57; 5,139; *K-Ce-Co* 10,49; 2,890; 2,52; *Rb-Ce-Co* 10,64; 3,622; 3,20; *Cs-Ce-Co* 10,92; 3,760; *NH_4-Ce-Co* 10,54; 2,555; *Tl-Ce-Co* 10,59; 5,121; 4,85; *K-Y-Co* 10,34; 2,867; *Tl-Y-Co* 10,60; 4,968; *K-Ce-Ni* 10,56; 2,835; *Rb-Ce-Ni* 10,74; 3,315; 2,97; *Cs-Ce-Ni* 10,83; 3,849; *NH_4-Ce-Ni* 10,58; 2,521; *Tl-Ce-Ni* 10,55; 5,180; *K-Y-Ni* 10,36; 2,842; *K-Ce-Cu* 10,64; 2,790; *Rb-Ce-Cu* 10,68; 3,396; 3,06; *Cs-Ce-Cu* 11,00; 3,699; *Tl-Ce-Cu* 10,79; 4,869; 4,82; *Tl-Y-Cu* 10,70; 4,857. Ein Teil der Verbb. war schon durch CUTTICA u. GALLO (C. **1923.** III. 729) bekannt, aber zum Teil falsch gedeutet. Alle Verbb. krist. monometr. mit Raumgruppe T_h^2–Pn 3. (Gazz. chim. ital. **81.** 964—81. 1 Tafel. Nov./Dez. 1951.) R. K. MÜLLER. 195

Adolfo Ferrari, Luigi Cavalca und **Mario Nardelli,** *Die Massenisomorphie bei den Metallhexanitriten.* (Vgl. vorst. Reff.) Infolge des gemeinsamen Gittergerüsts mit $[Me(NO_2)_6]$ weisen die Metallhexanitrite alle Analogie der monometr. Elementarzelle auf, obwohl sie aus in ihrer Wertigkeit verschied. Metallen zusammengesetzt sind. Bisher wurden folgende Typen dargestellt: $Me_3^+[Me^{3+}(NO_2)_6]$ mit Me^+ = K, Rb, Cs, NH_4, Tl u. Me^{3+} = Co, Rh, Ir, Bi; $Me_2^+Me^{+\prime}[Me^{3+}(NO_2)_6]$ mit Me^+ wie vorst., $Me^{+\prime}$ = Li, Na, Ag, Me^{3+} = Co, Bi; $Me^+Me^{2+}[Me^{3+}(NO_2)_6]$ mit Me^+ wie vorst., Me^{2+} = Pb, Me^{3+} = Co;

$Me_3^{2+}[Me^{3+}(NO_2)_6]$ mit Me^{2+} = Sr, Ba, Pb, Me^{3+} = Co, Ir, Rh; $Me_4^+[Me^{2+}(NO_2)_6]$ mit Me^+ = K, Rb, Cs, Tl, Me^{2+} = Fe, Ni; $Me_2^+Me^{2+}[Me^{2+\prime}(NO_2)_6]$ mit Me^+ wie vorst., Me^{2+} = Pb, Ba, Sr, Ca, Cd, Hg, $Me^{2+\prime}$ = Fe, Co, Ni, (Ni, Cd), (Ni, Hg), Cu; $Me_3^+Me^{3+}\cdot[Me^{2+}(NO_2)_6]_2$ mit Me^+ wie vorst., Me^{3+} = Ce, Y, Me^{2+} = Fe, Ni, Co, Cu; $Me_2^{2+}[Me^{2+\prime}\cdot(NO_2)_6]$ mit Me^{2+} = Sr, Pb, Ba, $Me^{2+\prime}$ = Ni. Die Isomorphieverhältnisse bei diesen Verbb. werden mit Gittermodellen u. Angaben über die Lage der Atome im Gitter erläutert. (Gazz. chim. ital. **81.** 982–94. Nov./Dez. 1951.) R. K. MÜLLER. 195

Gerald Katz und **Horst Kedesdy,** *Vorläufige Strukturuntersuchung eines neuen synthetischen Hydrates von Aluminiumarsenat.* Beim Vers., größere synthet. Kristalle von $AlAsO_4$ nach der hydrotherm. Meth. dadurch zu züchten, daß der gewöhnlich benutzte Temperaturgradient u. die Mischungskonz. von Al_2O_3, As_2O_5 u. H_2O geändert wurden, wuchs statt der erwarteten Einkristalle ein dichtes, polykristallines Prod. aus sehr feinen Nadeln. Differentialthermoanalyse, Gewichtsverlustmessungen, DEBYE-SCHERRER-Aufnahmen u. chem. Analyse deuten darauf hin, daß es sich um ein bisher unbekanntes synthet. Hydrat des Al-Arsenats handelt, mit der Formel $1\,Al_2O_3\cdot 3\,As_2O_5\cdot 10\,H_2O$. Dreh- u. WEISSENBERG-Aufnahmen ergaben eine orthorhomb. Einheitszelle mit a = 12,30, b = 4,64 u. c = 8,61 Å; Z = 2. Eingehendere WEISSENBERG-Aufnahmen machen eine raumzentrierte Einheitszelle wahrscheinlich, mögliche Raumgruppen sind D_{2h}^{25}—I m m m, C_{2v}^{20}—I m m2, D_2^8—I 222. (Acta crystallogr. [Copenhagen] **6.** 874. 10/11. 1953. Fort Monmouth, N. J., Signal Corps Engng. Labor.) H. C. WOLF. 195

Ju. D. Kondraschew und **A. I. Sasslawski,** *Struktur der Mangandioxydmodifikationen.* Die verschied. Modifikationen des MnO_2 werden röntgenograph. untersucht. Für β-MnO_2 (Pyrolusit) ergeben sich die Gitterkonstanten a = 4,388 ±0,001 Å, c = 2,865 ±0,001 Å. Für α-MnO_2 (Kryptomelan) werden die Atomlagenparameter neu bestimmt. Für γ-MnO_2 (Ramsdellit) wird ebenfalls die Struktur geprüft u. die Atomabstände gemessen. Schließlich werden einige Varianten des γ-MnO_2 u. die halbamorphe Modifikation besprochen. (Известия Академии Наук СССР, Серия Физическая [Nachr. Akad. Wiss. UdSSR, physik. Ser.] **15.** 179–86. März/April 1951. Inst. für angew. Chem.) K. SCHUBERT. 195

Félix Bertaut, *Die Struktur des Pyrrhotins Fe_7S_8.* (Vgl. C. **1954.** 8298.) Nach den Unterss. von HÄGG haben verschied. nichtstöchiometr. Fe-Verbb., u. a. die Verb. $Fe_{1-\varepsilon}S$ (Pyrrhotin) eine Struktur mit Leerstellen. Man nimmt für den Pyrrhotin NiAs-Struktur an mit den hexagonalen Achsen a = 3,44 u. c = 5,70 Å. Erneute Unterss. des Vf. führten auf eine pseudohexagonale, monokline Zelle mit den Dimensionen B = 6,865 Å ~2a; A = $B\sqrt{3}$ = 11,9 Å; C = 22,72 Å ~4c u. β = 89°33′. Diese Zelle enthält 8 Moll. der Zus. Fe_7S_8 u. ist flächenzentriert. Eine kleinere monokline Zelle hat die Abmessungen A′ = A; B′ = B; C′ = 12,82 Å u. β = 62°; Raumgruppe ist C_{2h}^6 —C2/c. Die Hohlräume des Gitters befinden sich in ±0y¼ mit y = ⅛. Der geringste Abstand der Leerstellen beträgt stets ca. 2a. (C. R. hebd. Séances Acad. Sci. **234.** 1295–97. 17/3. 1952.) GOTTFRIED. 195

A. Münster und **W. Ruppert,** *Oberflächenschichten aus hochschmelzenden Titanverbindungen.* (Vgl. C. **1953.** 5992.) Die Vff. untersuchten die Bldg. von TiN- u. TiC-Schichten auf verschied. Grundmaterialien. Auf Fe kann sich TiN entweder nach der Bruttogleichung $TiCl_4 + 2\,H_2 + \frac{1}{2}N_2 \rightleftharpoons TiN + 4\,HCl$ (1) oder nach $TiCl_4 + 2\,Fe + \frac{1}{2}N_2 \rightleftharpoons TiN + 2\,FeCl_2$ (2) bilden. (1) verläuft als homogene Gas-Rk., wenn die Temp. des Gasraumes genügend hoch ist (>650°), was durch elektr. Widerstandsheizung erreicht wird; (2) kann nur an der Fe-Oberfläche ablaufen u. kommt nach Abdeckung derselben zum Stillstand. Die besten Oberflächenschichten erhält man bei zweistufigem Arbeiten: Zuerst arbeitet man nach (2) ohne H_2, wobei sich sehr gut haftendes TiN bildet, das nach (1) verstärkt werden kann. Es lassen sich so Schichten bis zu 100 μ Dicke herstellen, die eine hohe Härte u. sehr gutes Ölhaftvermögen besitzen. Auf grauem Gußeisen bildet sich nicht TiN, sondern TiC. Die Eigg. der TiC-Schichten werden beschrieben. (Z. Elektrochem., Ber. Bunsenges. physik. Chem. **57.** 564–71. 1953. Frankfurt/M., Metallgesellschaft AG., Metall-Labor.) SPÄHN. 196

A. Münster und **K. Sagel,** *Röntgenographische Untersuchungen an Oberflächenschichten aus Titannitrid und Titancarbid.* (Vgl. vorst. Ref.) Es wurden die Gitterkonstanten, Schichtdicken u. Kristallitorientierungen von TiN u. TiC bestimmt, die auf *Fe, Mo* u. *W* abgeschieden worden waren. Für die Gitterkonstanten finden die Vff. eine befriedigende Übereinstimmung mit den Literaturwerten. Das abgeschiedene TiN entspricht nahezu der stöchiometr. Zus.; für die Schichtdickenmessung werden mehrere Verff. diskutiert. Als ausreichend erwies sich, wie Testverss. an Cu-Schichten auf Fe ergaben, eine einfache Rückstrahlmethode. Die Textur der auf Fe gebildeten TiN-Schichten ergab sich als abhängig von den Herstellungsbedingungen (vgl. vorst. Ref.):

bei Widerstandsheizung findet man meist [1 0 0]-Faserstruktur, bei induktiver Beheizung tritt keine Orientierung auf. Die Vff. finden außerdem eine Abhängigkeit der Kristallitorientierung von der Korngröße des Grundmaterials. Ähnliches gilt für Mo, während auf W bisher noch keine Kristallorientierung in der TiN-Schicht gefunden werden konnte. (Z. Elektrochem., Ber. Bunsenges. physik. Chem. **57.** 571–79. 1953.) SPÄHN. 196

Gerhard Pfefferkorn, *Elektronenmikroskopische Untersuchungen über den Oxydationsvorgang von Metallen.* Elektronenmkr. Aufnahmen von Oxydschichten auf Metallen zeigen, daß diese sich häufig aus Nadeln oder dünnen Blättchen aufbauen. Bei *CuO* konnte beobachtet werden, daß diese Nadeln in aufeinanderfolgenden Oxydationsprozessen an der Spitze weiterwachsen; Schmelzvorgänge treten schon weit unterhalb des F. auf. Auch als porenfrei bekannte Metalloxyde haben einen „Nadelwald" als Außenschicht. Außer von Cu wurden die Oxydschichten von *Zn, Ni, Mo* u. *Fe* untersucht. (Naturwissenschaften **40.** 551–52. Nov. 1953. Münster, Westfalen, Univ., Staatsinst. für Staublungenforschung u. Gewerbehygiene.) H. C. WOLF. 196

Kenichi Okada und **Kishiro Ishigaki,** *Elektronenbeugungsuntersuchung von oberflächenbehandeltem Zink.* Bei der Alaunbehandlung von Zn wird auf dessen Oberfläche $Al_2O_3 \cdot H_2O$ bzw. $Cr_2O_3 \cdot H_2O$ niedergeschlagen. Bei der „Cronak"-Behandlung bilden sich Hydroxyde nach Art von $CrO_3 \cdot Cr_2O_3 \cdot nH_2O$. Wegen der Ähnlichkeit der Elektronenbeugungsbilder werden diese Schichten als von gleicher Art betrachtet wie die Ätzungen bei wärmebeständigen Trockenbatterien sowie bei ähnlichen zum Korrosionsschutz von Zn angewandten Behandlungen, ebenso beim Zn-Flachdruck. Es wird vermutet, daß jede Bldg. von Hydroxydschichten einen guten Schutz gegen Korrosion durch W. gewährt. (J. chem. Soc. Japan, ind. Chem. Sect. [Kōgyō Kagaku Zassi] **54.** 619–20. Okt. 1951. Tokyo, Univ. [Orig.: japan.].) SCHULER. 196

Carl J. McHargue und **Joseph P. Hammond,** *Bevorzugte Orientierungen in Vanadium.* Die Fasertextur für V wird als eine einfache [1 1 0]-Textur sowohl in kaltgewalztem, als auch rekrist. Zustand bestimmt. Die kaltgewalzten u. rekrist. Blechtexturen werden in der Form von Polfiguren der (1 1 0)- u. (2 0 0)-Flächen dargestellt. Die Angaben sind ähnlich denen, die für andere raumzentrierte kub. Metalle angegeben worden sind. Die kaltgewalzte Blechtextur wird durch die drei idealen Orientierungen (1 0 0) [0 1 1], (1 1 2) [$\bar{1}$ 1 0] u. (1 1 1) [1 1 $\bar{2}$] beschrieben. Die rekrist. Textur wird durch (1 1 1) [1 1 $\bar{2}$] u. durch (1 0 0) [0 1 1], um 15° um die Normale zur Walzebene gedreht, beschrieben. (J. Metals **4.** 745–46. Juli 1952. Lexington, Ky., Univ. of Kentucky.) HOCHSTEIN. 197

G. C. Kuczynski und **R. Hochman,** *Kinetik des Überganges in den geordneten Zustand in Au–Cu-Legierungen.* (Sitzungsbericht.) Au–Cu-Legierungen der Zus. *AuCu* wurden durch 20std. Erhitzen auf 415, 440 u. 650° in den ungeordneten Zustand übergeführt, in W. abgeschreckt u. hierauf bei verschied. Tempp. $<$400° isotherm in den geordneten Zustand übergeführt. Messungen des elektr. Widerstandes sowie röntgenograph. u. metallograph. Unterss. ergaben zunächst, daß, je schneller der Ordnungsprozeß vor sich ging, um so höher die Tempp. zur Erreichung des ungeordneten Zustandes lagen. Die bei tieferen Tempp. erhaltenen regellosen Legierungen benötigten zur Erreichung des Ordnungszustandes bei Tempp. nahe 400° lange Induktionsperioden. Es wurden 2 Temperaturzonen gefunden, welche durch zwei ausgeprägt verschied. Umwandlungsmechanismen definiert sind. Die erste Zone A erstreckt sich von 360–405°; der Ordnungsprozeß in dieser Zone ist allein eine Funktion der Keimbldg., u. seine Geschwindigkeit nimmt mit abnehmender Temp. zu. Die resultierende Struktur enthält Platten einer geordneten Phase, die leicht mkr. beobachtbar ist; diese Platten bilden sich u. pflanzen sich im Bruchteil einer Sek. fort. Die Zone B enthält alle Tempp. $<$375°. Die Geschwindigkeit des Ordnungsprozesses in dieser Zone nimmt mit abnehmenden Ordnungstempp. ab. Trägt man den elektr. Widerstand gegen die Zeit graph. auf, so zeigt sich, daß diese Phase auch durch Keimbldg. entsteht, daß das Wachstum jedoch langsam ist. (Physic. Rev. [2] **93.** 952. 15/2. 1954. Univ. of Notre Dame.) GOTTFRIED. 197

Francesco Mazzoleni, *Die Formeln der Hume-Rothery-Phasen in Legierungen mit mehr als zwei Komponenten.* Bei einer Verb. $A_aB_bC_cD_dE_eF_f$ (A = Atome von Übergangsmetallen, B, C, D, E, F = Atome 1-, 2-, 3-, 4- u. 5wertiger Metalle; a, b, c, d, e, f = ganze positive Zahlen oder 0) ist die Gesamtzahl der Atome $N = a + b + c + d + e + f$, die der Valenzelektronen (für A = 0): $E = b + 2c + 3d + 4e + 5f$. Für die 3 Typen von HUME-ROTHERY-Legierungen I. $E = 3/2\,N$; II. $E = 21/13\,N$; III. $E = 7/4\,N$ gilt dann: I. $3a + b = c + 3d + 5e + 7f$; II. $21a + 8b = 5c + 18d + 31e + 44f$; III. $7a + 3b = c + 5d + 9e + 13f$. Die Best. der möglichen Formeln erfolgt durch Lsg. dieser Gleichungen mit ganzen, positiven Zahlen. In Tabellen werden für die Typen I, II u. III die Formeln der Phasen in Systemen mit 2, 3, 4, 5 u. 6 Komponenten zusammengestellt u., soweit möglich, Beispiele solcher Legierungen angegeben; im Syst. Ni–Cu–Sn entsprechen z. B. I. $NiCu_2Sn$, Ni_3CuSn_2; II. $NiCu_9Sn_3$, $Ni_4Cu_5Sn_4$, Ni_7CuSn_5; III. $Ni_3Cu_2Sn_3$, Ni_6CuSn_5. Mit 5 u. 6 Komponenten existieren nur Formeln für Typ II, mit 4 Komponenten 3 vom Typ III, sonst auch nur Typ II. Ausführlicher werden die Verhältnisse bei Dreistoffsystemen erörtert. (Atti Accad. naz. Lincei, Rend., Cl. Sci. fisiche, mat. natur. [8] **11.** 357–65. Dez. 1951. Neapel, Univ., Ist. di Tecnol.) R. K. MÜLLER. 197

M. P. Sheldak, *Röntgenographische Untersuchung der Struktur der nitrierten Schicht des Stahls der Marke EI-69.* Die nitrierte Schicht des nitrierten Stahls besteht aus Fe_4N u. CrN, die in das Korn der festen Lsg. des N im Austenit eingebettet sind. Die magnet. Susceptibilität der Schicht hängt von der Nitridmenge ab. Dies führt zu einer Analysenmeth. der Schichtdicke. Die Abhängigkeit der Schichtdicke von der Wärmebehandlung wird besprochen. Bei der Erhitzung der nitrierten Schicht auf 850° entsteht in der Oberflächenschicht des Stahls die α-Phase. (Журнал Технической Физики [J. techn. Physik] **21.** 1240–43. Okt. 1951.) K. SCHUBERT. 197

Robert A. Meyer, *Einfluß von Deuteronenbeschuß und Spannungshärtung auf weichen Stahl.* (Sitzungsbericht.) Weicher Stahl wurde mit 18,6 MeV-Deuteronen beschossen, um den Einfl. der Bestrahlung auf die Sprödigkeitseigg. zu untersuchen, welche durch die Änderung in der Umwandlungstemp. gemessen wurden. Der Einfl wurde mit dem von 2, 5 u 10% Spannungshärtung verglichen. Zur Best. des Ausmaßes u. der Lage des Strahlungseffektes wurden Mikrohärtebestimmungen durchgeführt. Ein integraler Strom von 29,5 μA-Std./cm² verschob die Umwandlungstemp. von –1° auf 18°. Die Härte nahm von 180 auf 264 KNOOP-Zahlen zu; es wurde festgestellt, daß sie von der Eindringtiefe sowie von dem integralen Strom abhing. Während die Strahlung einen ähnlichen Effekt hatte wie die Spannungshärtung, war die Natur dieses Effektes verschieden. Durch Anlassen trat Erholung des bestrahlten Materials zwischen 260 u. 480° ein. Es wird ein Zwischengitterleerstellendiffusionsprozeß angenommen. Mit fortschreitender Erholung nahmen auch die Aktivierungsenergien zu. Die Erholung des zu 5% spannungsgehärteten Materials trat zwischen 316 u. 372° ein; es scheint sich hierbei um eine Korngrenzenrelaxation zu handeln. (Physic. Rev. [2] **93.** 953. 15/2. 1954. U. S. Naval Radiological Defense Labor.) GOTTFRIED. 200

Eugen Kappler und **Ludwig Reimer,** *Röntgenographische Untersuchungen über Biege-Eigenspannungen in Eisen.* In Fortsetzung früherer Unterss. (vgl. C. **1954.** 6677) wurden an einem Stab aus reinem Fe die Eigenspannungen mit verschied. Strahlenarten (Cr u. Co) röntgenograph. untersucht. Der Stab wurde zuerst 1/2 Std. über den A_3-Punkt im Vakuum erhitzt u. abgeschreckt, hierauf 2 Std. bei 650° geglüht u. durch Belastung mit 250 kg in der Mitte des Stabes verformt. Es wurde festgestellt, daß im rein elast. verformten inneren Teil die mit beiden Strahlungen ermittelten Eigenspannungen befriedigend übereinstimmen. In den äußeren plast. verformten Teilen treten dagegen erhebliche Abweichungen auf. Letztere lassen sich durch eine Überlagerung mit Eigenspannungen II. Art erklären. Da aus früheren Messungen (vgl. l. c.) das Verhältnis der Eigenspannungen mit Co- u. Cr-Strahlung bekannt ist, kann man die Eigenspannungsverteilung konstruieren, die sich durch reine Eigenspannungen I. Art ergeben würde. Das Moment der plast. verformten Teile weicht dann von dem der elast. verformten nur noch um 10% ab. (Naturwissenschaften **41.** 60–61. Febr. 1954. Münster, Univ., Phys. Inst.) GOTTFRIED. 200

L. A. Glikman und **K. W. Schischokina,** *Anomale Änderung der Dämpfung mit der Temperaturerhöhung für kohlenstoffarme Stähle.* Bei den untersuchten Stählen mit verschied. C-Gehh. (0,2, 0,29 u. 0,97%) trat bei Spannungen von 0,4–3,9 kg/mm² anomale Änderung des Dekrements bei Temperaturanstieg im Bereich von 50–150° auf. Das Maximum bei 100° wurde von anderen Autoren bei 20° u. einer Frequenz von 0,5 Hz (statt 290 Hz) festgestellt. In beiden Fällen waren die physikal. Eigg. der Proben gleich. Als Ursache für die Änderung des Dekrements wurde die Diffusion von N-Atomen in α-Eisen angenommen. Für C-arme Stähle, die von hohen Tempp. abgeschreckt wurden, war ein ausgeprägtes Maximum bei 150° festzustellen. Die Änderung des Maximums ist auf C-Atome zurückzuführen, die im α-Eisen gelöst werden. (Журнал Технической Физики [J. techn. Physik] **22.** 300–07. Febr. 1952.) VOLLENBRUCK. 200

Hans T. Clarke and David Nachmansohn, eds., Ion transport across membranes. New York: Academic Press 1954. (310 S. m. Abb.) $ 7,50.

Harry Sobotka, ed., Monomolecular layers; a symposium presented on December 27, 1951, at the Philadelphia meeting of the American Association for the Advancement of Science. Washington: Amer. Assn. for the Advancement of Science. 1954. (214 S., Diagr.) $ 4,25.

A_7. Gleichgewichte. Kinetik.

D. H. Everett und **F. W. Smith,** *Eine allgemeine Betrachtungsweise zur Hysterese.* 2. Mitt. *Die Entwicklung der Bezirkstheorie.* (1. vgl. C. **1953.** 5625.) Die in der vorangehenden Mitt. aufgestellte unabhängige Bezirkstheorie der Hysterese wird weiter entwickelt, um eine allgemeinere Verteilung der Eigg. der Bezirke oder aktiven Stellen zu berücksichtigen. Der Unterschied zwischen der vorliegenden Behandlung, die sich mit der von der Zeit unabhängigen Hysterese befaßt u. der in mancher Beziehung ähnlichen klass. Relaxationstheorie wird hervorgehoben. Zur Berechnung des Verh. eines Syst. mit bestimmten Eigg. der Bezirke wird ein graph. Näherungsverf. angegeben. Ferner werden einige allg. Theoreme aufgestellt, die das Verh. eines Syst. nach dieser Theorie bestimmen u. mit den Folgerungen aus der Theorie von DUHEM verglichen. Um den Gültigkeitsbereich beider Theorien zu prüfen, sind die vorliegenden experimentellen Unterss. unzureichend. Zwar stützen zwei quantitative Unterss. über die Adsorption von Gasen an Aktivkohle die Theorie der Vff., über die Anwendbarkeit auf magnet. Erscheinungen lassen sich jedoch noch keine Aussagen machen. (Trans. Faraday Soc. **50.** 187—97. Febr. 1954. Dundee, Univ. College, Chem. Dep.) HENTSCHEL. 221

H. Irving und **R. J. P. Williams,** *Die Stabilität von Übergangsmetallkomplexen.* Nach einer krit. Betrachtung der Stabilitätskonstanten der Komplexe der 2-wertigen Ionen der Metalle der ersten Übergangsperiode, kommen Vff. zur Aufstellung folgender Stabilitätsreihe: Mn $<$ Fe $<$ Co $<$ Ni $<$ Cu $>$ Zn. Diese Reihenfolge ist vom Liganden sowie von der Anzahl der koordinierten Moll. unabhängig. Theoret. ergibt sich die Reihenfolge aus vergleichenden Betrachtungen der Werte der reziproken Ionenradien u. der zweiten Ionisationspotentiale der Metalle. Da nur diese Größen eigentlich für die Stabilität der Komplexe verantwortlich sind, erklärt sich die nur teilweise Richtigkeit verschied. vorgeschlagener Stabilitätsreihenfolgen daraus, daß zu deren Aufstellung noch andere Faktoren berücksichtigt wurden. Zum Schluß untersuchen Vff. den Einfl. der ster. Hinderung, der maximalen Koordinationszahl u. des Entropiefaktors auf die Stabilität der Komplexe. Veränderungen im Typ des Liganden, die mit Bindungsänderungen verbunden sind, können zu anomalen Stabilitäten der Komplexe führen (Fe^{2+}). — Zahlreiche Literaturangaben. (J. chem. Soc. [London] **1953.** 3192—3210. Okt. Oxford, Inorg. Chem. Labor.) PLUST. 223

Isaac Feldman und **Jean R. Havill,** *Einige Ionenaustauschuntersuchungen über die Polymerisation von Beryllium.* Zur Best. der experimentellen Bedingungen, unter welchen die Polymerisation von Be beginnt, wird der Ionenaustausch zwischen Be-Salzlsgg. u. der Ammoniumform von Dowex-50 untersucht. Bei einer Ionenstärke von 0,1, dem p_H 4,5 u. einer Temp. von 37° beginnt die Polymerisation von Be in Perchloratlsg., sobald seine Konz. auf ca. 10^{-5} mol. erhöht wurde. Eine Steigerung der Ionenstärke auf 0,4 scheint das Ausmaß der Polymerisation zu vergrößern. Bei einem p_H von 5,5 kann Be selbst in Tracerkonzz. (10^{-9} mol.) ohne Zugabe von Komplexbildnern nicht vollständig in Lsg. gehalten werden. (J. Amer. chem. Soc. **74.** 2337—40. 5/5. 1952. Rochester, N. Y., Univ. of Rochester, School of Med. and Dent.)
GEDSCHOLD. 223

Berthe Charreton, *Über die Bestimmung des Existenzbereiches und des Löslichkeitsprodukts des monobasischen Bleichromats.* In Pb-Nitrat- bzw. Pb-Acetatlsgg. wurden nach Zugabe von K_2CrO_4 bei Ggw. verschied. Mengen Na_2CO_3 oder Diäthylamin Leitfähigkeiten, p_H-Werte u. Chromatkonzz. in Abhängigkeit von der Basenkonz. bestimmt. Aus den erhaltenen Kurven kann auf die Existenz von nur einem bas. Salz, $PbCrO_4 \cdot PbO$, geschlossen werden. Aus den p_H-Messungen ergibt sich für das Löslichkeitsprod. $(CrO_4^{2-})(Pb^{2+})^2(OH)^2$ $2,1 \cdot 10^{-31}$. (C. R. hebd. Séances Acad. Sci. **234.** 1623—25. 16/4. 1952.) R. LEVI. 224

E. Józefowicz, S. Witekowa und **W. Żubrańska,** *Die Löslichkeit von Arsentrioxyd in wässerigen Elektrolytlösungen.* Die Löslichkeit von As_2O_3 (ermittelt von JÓZEFOWICZ, Roczniki Chem. [Ann. Soc. chim. Polonorum] **15.** [1931.] 460; **17.** [1937.] 169) in wss. Lsgg. der Chloride u. Bromide von Alkalien u. Erdalkalien weicht nur unbeträchtlich ab von der Gleichung von SETSCHENOW (C. **1889.** II. 435), die von DEBYE u. MC AULAY (C. **1925.** I. 1554) theoret. abgeleitet wurde. Die Löslichkeiten lassen sich durch eine empir. quadrat. Gleichung wiedergeben: $\log S = \log S_0 + a \cdot c - b \cdot c^2$ (S_0 = CO_2-Löslichkeit in reinem W.; S in Salzlsg. mit der Konz. c; a u. b für die betreffende Salzlsg. charakterist. Koeffizienten). Die Unterss. erstreckten sich auf wss. Lsgg. der *Nitrate* u. *Sulfate* von NH_4^+, Na^+, K^+ u. Mg^{2+} bei 25°. Die Mehrzahl der erhaltenen Löslichkeitskurven entspricht nicht der vorerwähnten Gleichung. Bis zu Konzz. entsprechend 2,0—2,5 n können die Kurven durch eine modifizierte Gleichung

$\log S = \log S_0 + a \cdot c - b \cdot c^n$ ausgedrückt werden, worin $n > 2$. Als wahrscheinliche Ursache der Abweichungen der Löslichkeitskurven vom linearen Verlauf wird Deformation der Ionen in der Lsg. u. Wechselwrkg. der Ionen mit den Moll. der *$HAsO_2$* u. des W. angenommen. (Roczniki Chem. [Ann. Soc. chim. Polonorum] **24.** 64—76. 1950. Lodz, TH, Inst. für Anorgan. Chem.) FREYTAG. 224

J. C. Jungers und **F. Coussemant**, *Angewandte chemische Kinetik.* 2. Mitt. *Klassifikation der Reaktionen.* (1. vgl. C. **1953.** 3689.) Vff. besprechen die Aktivierung von Rkk. durch Wärme, Katalysatoren, Licht, Elektrizität, Radioaktivität, ferner den Reaktionswert, ob homogen oder heterogen, ob in fl., fester, gasförmiger Phase, sowie die intermediären akt. Kräfte wie die aktivierten Moll., Atome, Radikale, Ionen, Komplexverbindungen. Dazu werden Beispiele aus der präparativen u. techn. Chemie gebracht. (Rev. Inst. franç. Pétrole Ann. Combustibles liquides **7.** 151—68. Juni 1952.) H.-G. SCHÄFER. 225

James C. M. Li und **D. M. Ritter**, *Zersetzung des Nitrosodisulfonations.* 3. Mitt. *Reaktion mit salpetriger Säure und ihre Beziehung zum Mechanismus in saurer Lösung.* (2. vgl. C. **1954.** 2129.) Vff. untersuchten die spontane Zers. des Nitrosodisulfonations (vgl. 1. Mitt., C. **1953.** 5466) in 1 mol. Na-Acetat-Lsgg. ohne u. in Ggw. von HNO_2. Mit genügend HNO_2 ist der Verlauf der Entfärbung u. der N_2O-Entw. von $[\sum HNO_2]$ (Summe aller salpetrigsauren Verbb., z. B. HNO_2, NO_2^- usw.) in 2. Ordnung u. von $[(SO_3)_2NO^{2-}]$ in nullter Ordnung abhängig. Die bei der Rk. verbrauchte HNO_2 wird im Verlauf der Rk. zurückgebildet. Außerdem entsteht zusätzlich neue HNO_2. Für den Mechanismus der Rk. kommen Vff. zu folgender Auffassung: $2\ HNO_2 \xrightarrow{k_1} N_2O_3 + H_2O$ (Gleichung 1) ist für die Gesamt-Rk. der geschwindigkeitsbestimmende Vorgang. Das danach gebildete N_2O_3 reagiert schnell nach $(SO_3)_2NO^{2-} + N_2O_3 + 2\ H_2O \rightarrow 2\ SO^{2-} + NO + NO^+ + NOH + H_3O^+$ u. $(SO_3)_2NO^{2-} + NO + H_3O^+ \rightarrow (SO_3)_2 \cdot NOH^{2-} + NO^+ + H_2O$. So entstandenes NO^+ u. 2 NOH liefern erneut HNO_2 bzw. N_2O_3. Für Gleichung 1 erhielten Vff. als Wert der Aktivierungsenergie 20070 cal· Die Temperaturabhängigkeit von k_1 ergibt sich aus $k_1 = (kT/h) \cdot e^{-20070/RT} \cdot e^{16,28/R}$. Die spontane Zers. (ohne zugefügte HNO_2) verläuft in gepufferter Lsg. mit hoher Ionenstärke nach dem früher mitgeteilten verzweigten Kettenmechanismus, jedoch wird eine kaum wahrnehmbare Initialstufe dabei durchlaufen. (J. Amer. chem. Soc. **75.** 5823—27. 5/12. 1953. Seattle, Wash., Univ. of Washington, Dep. of Chem. and Chem. Engng.) PLUST. 225

James C. M. Li und **D. M. Ritter**, *Zersetzung des Nitrosodisulfonations.* 4. Mitt. *Die Reaktion von Sulfamation mit salpetriger Säure.* (3. vgl. vorst. Ref.) Vff. untersuchten die Rk. des Sulfamations (I) mit HNO_2 (II) in mit Na-Acetat gepufferten Lösungen. Die Unterss. wurden im Bereich p_H 3,3—5,6, Ionenstärke 0,05—0,48 u. Temp. 15—35° durchgeführt u. ergaben, daß die Rk. nach 1. Ordnung hinsichtlich **I** u. **II** abläuft. Der Reaktionsablauf gehorcht folgendem Gesetz: $dN_2/dt = k'[HNO_2] \cdot [H^+][SO_3NH^-]$ mit $k' = 5{,}037 + (\vartheta - 25)/31{,}2 - 0{,}72\ \sqrt{\mu}/(1 - \sqrt{\mu})$, worin ϑ = Temp. in °C bedeutet. Auf Grund der Ergebnisse dieser u. früherer Unterss. gelangen Vff. zu einer Theorie der Hemmung der Nitrosodisulfonatzers. durch **I**. Für die Hemmung ist die Rk. von **I** mit **II** entscheidend. Die aufgestellte Theorie steht mit verschied. experimentellen Befunden in guter Übereinstimmung. (J. Amer. chem. Soc. **75.** 5828—30. 5/12. 1953.) PLUST. 225

James C. M. Li und **D. M. Ritter**, *Zersetzung des Nitrosodisulfonations.* 5. Mitt. *Die Reaktion mit Sulfition.* (4. vgl. vorst. Ref.) Die von HAGA (J. chem. Soc. [London] **85.** [1904.] 78) beschriebene Rk. $2\ (SO_3)_2NO^{2-}$ (**I**) $+ SO_3^{2-}$ (**II**) $+ H_3O^+ \rightarrow (SO_3)_2 \cdot NOH^{2-} + (SO_3)_2NOSO_3^{3-} + H_2O$ untersuchen Vff. kinetisch. Die Rk. verläuft in verd. natronalkal. Lsg. langsam, steigert jedoch ihre Geschwindigkeit mit steigender NaOH-Konzentration. Vff. nehmen an, daß folgende Reaktionsstufen durchlaufen werden: $(SO_3)_2NO^{2-} + SO_3^{2-} \xrightarrow{k_1} (SO_3)_2NO^{3-} + SO_3^-$, $(SO_3)_2NO^{2-} + SO_3^- \rightarrow (SO_3)_2 \cdot NOSO_3^{3-}$. Die außerdem ablaufende Rk. $(SO_3)_2NO^{3-} \rightarrow 2\ SO_3^{2-} + NO^+$, die in stark alkal. Lsg. reversibel zum Hydroxylamindisulfonat-Ion führt, spielt gegenüber den anderen Rkk. nur eine untergeordnete Rolle. Nach den Unterss. verläuft die Gesamt-Rk. nach 1. Ordnung hinsichtlich des **I** u. **II**. Sie ist zudem p_H-unabhängig. Die Steigerung der Reaktionsgeschwindigkeit mit anwachsender NaOH-Konz. ist eine Folge des Einfl. der Ionenstärke der Lösung. Dies ergibt sich aus der Tatsache, daß in schwach alkal. Lsgg. die Reaktionsgeschwindigkeit mit steigender NaCl-Konz. entsprechend einer Steigerung der NaOH-Konz. ansteigt. Der Reaktionsablauf in NaCl-Lsg. wird durch $-d\ln[(SO_3)_2NO^{2-}]/dt = 2\ k_1[SO_3^{2-}]$ mit $k_1 = (kT/h)\ \exp.\ (1 - 13530/RT - 18{,}6/R)$ wiedergegeben. Bei 25° extrapoliert auf Ionenstärke Null ergab sich für k_1 ein Wert zwischen 0,02—0,03 [Liter/Mol·Min.]. Zum Schluß stellen Vff. Betrachtungen über die Aktivierungsentropie der untersuchten Rk. an. (J. Amer. chem. Soc. **75.** 5831—33. 5/12. 1953.) PLUST. 225

Harold A. Schwarz, Russell R. Williams jr. und **William H. Hamill,** *Die Kinetik „heißer" Wasserstoffatome bei der Photolyse von Halogenwasserstoffverbindungen.* Bestrahlt man *HJ*, *DJ* oder *HBr* mit hinreichend kurzwelligem Licht ($\lambda = 2537$ Å), so entstehen H-Atome mit hoher kinet. Energie („heiße" H-Atome). Diese können, genau wie „therm." H-Atome, z. B. mit J_2 unter Rückbldg. von HJ reagieren, können aber auch ihre überschüssige kinet. Energie an zugesetzte Inertgasmoll. (untersucht wurden H_2, He u. Ar) abgeben. Heiße u. therm. H-Atome ergeben dieselben Reaktionsprodukte. Zur Feststellung des Bruchteils f an H-Atomen, die als heiße H-Atome reagieren, ist daher eine genaue kinet. Unters. erforderlich. Unter der Annahme, daß sich sowohl die Konz. der H-Atome als auch die der Jodatome im Verlauf der Rk. nicht ändert, erhält man einen Zusammenhang zwischen den experimentell meßbaren Größen E (aktinometr. bestimmte Lichtmenge), R (Inhibitionskonstante = Verhältnis der Geschwindigkeitskonstanten k_2/k_1 der Rkk. $H + HJ = H_2 + J$ [1] u. $H + J_2 = HJ + H$ [2]), sowie der Ausgangskonz. an Halogenwasserstoff u. der Halogenkonz. nach beendeter Photolyse einerseits u. f, R_∞ u. R_0 andererseits. R ist in reinem HHal bei Photolysegraden zwischen 12 u. 30% konstant, zeigt jedoch eine starke Temperaturabhängigkeit, aus der im Falle von HJ nach ARRHENIUS die Differenz der Aktivierungsenergien der Rkk. [1] u. [2] bestimmt wird. Durch steigenden Zusatz der als Desaktivatoren wirkenden Inertgase läßt sich mittels eines Extrapolationsverf. das wahre (rein therm.) R_∞ ermitteln. Analog erhält man R_0, das Verhältnis der Geschwindigkeitskonstanten bei ausschließlicher Beteiligung von heißen H-Atomen. Dieses stimmt nicht mit dem in reinem HHal gefundenen R-Wert überein, was die Vff. durch die Annahme einer Energieabhängigkeit der ster. Faktoren deuten. Bei Kenntnis von R, R_0 u. R_∞ lassen sich die f-Werte für verschied. Inertgasverhältnisse berechnen. Ihre Übereinstimmung mit den f-Werten, die mittels eines auf gaskinet. Annahmen beruhenden Desaktivierungsprozesses für heiße H-Atome berechnet wurden, wird für den Fall des Syst. HJ–He geprüft. Als weitere Stütze ihrer Hypothese betrachten Vff. die Diskrepanz zwischen ihrem bei der Photolyse von HBr gefundenen R_0-Wert u. dem diesem entsprechenden Verhältnis der Geschwindigkeitskonstanten der zu [1] u. [2] analogen Rkk. bei der Bromierung von H_2 (vgl. BODENSTEIN u. JUNG, Z. physik. Chem. **121.** [1926.] 127). An dieser sind keine heißen H-Atome beteiligt, so daß auch keine Übereinstimmung mit dem R_0-Wert, wohl aber mit dem R_∞-Wert gefunden werden sollte, was sich bestätigt. (J. Amer. chem. Soc. **74.** 6007—12. 5/12. 1952. Notre Dame, Ind., Univ. of Notre Dame, Dep. of Chem.) SPÄHN. 226

Joseph Sivadjian, *Von photochrom empfindlichen zu thermochrom empfindlichen Schichten.* Bei der Oxydation des Salzes $Ag[HgJ_2]$ (I) in photochromen, auch hygrophotograph. genannten Schichten durch H_2O_2 oder durch J_2-Lsg. entsteht ein Komplexsalz der Zus. $Ag_2[HgJ_4]$ (II), das so zum ersten Male durch direkte Synth. aus metall. Ag dargestellt wurde nach folgenden Umsetzungs-Rkk.: $Ag + HgCl_2 = Ag[HgCl_2]$ (III); $III + 2\,KJ = I + 2\,KCl$; $2\,I + H_2O_2 = II + HgO + H_2O$ oder $2\,I + J_2 = II + HgJ_2$. Die thermochromen Eigg. der erhaltenen Emulsionen gestatten es, die therm. Wirkungen der Ultraschallwellen nachzuweisen. (Bull. Soc. chim. France, Mém. [5] **21.** 905—06. Juli/Aug. 1954. Inst. Pasteur, Labor. de Chim. thérapeut.) SURAWSKI. 226

Kumao Ōhashi und **Shigenari Suzuki,** *Der Uhde-Katalysator.* 1. Mitt. Der UHDE-Katalysator (vgl. MITTASCH, KUSS u. EMERT, C. **1928.** I. 2231) wurde durch Fällung aus etwa mol. Mengen 20%ig. $K_4Fe(CN)_6$ (I)-Lsg. u. 50%ig. $AlCl_3$ (II)-Lsg. hergestellt, im Vakuum bei 105° getrocknet, gepulvert, granuliert u. mit ähnlich hergestellten aus I u. $FeCl_3$ (III), I + II + III, sowie aus $Na_4Fe(CN)_6$ + II + III verglichen. Im Vgl. mit geschmolzenen Katalysatoren zeigte der nach TOUR (C. **1922.** II. 300) u. LARSON u. BROOKS (C. **1922.** IV. 362) an der NH_3-Synth. geprüfte Katalysator nach UHDE starke Aktivität schon bei den niedrigsten Tempp. (ca. 250°). Von den übrigen Mischungen erwies sich das mol. Verhältnis 1,0 I + 0,5 II + 0,5 III am aktivsten. (J. chem. Soc. Japan, ind. Chem. Sect. [Kōgyō Kagaku Zassi] **54.** 353—55. Juni 1951. Toa Gosei Chem. Ind. Co. [Orig.: japan.]) SCHULER. 227

Shigenari Suzuki und **Massaharu Hasegawa,** *Der Uhde-Katalysator.* 2. Mitt. (1. vgl. vorst. Ref.) Ein nach Art des UHDE-Katalysators durch gleichzeitige Fällung von 0,8 Mol $AlCl_3$ u. 0,2 Mol $FeCl_3$ mit 1 Mol $K_4Fe(CN)_6$ hergestellter Kontakt ist aktiver als der ursprüngliche UHDEsche. Die Aktivität wurde diesmal nach der Red. geprüft. Unmittelbar nach der Aktivierung zeigt er raschen Abfall der Aktivität, so daß er direkt nach der Red. den Höchstpunkt der Aktivität erreicht, dann aber am stärksten abfällt. Seine Aktivität ist zwar der des geschmolzenen Katalysators überlegen, aber gegen äußere Einfll. sehr empfindlich, z. B. ist die Hitzeempfindlichkeit groß, u. die Lebensdauer dürfte daher kurz sein. Die Empfindlichkeit gegen „Vergiftung" ist noch näher zu untersuchen. (J. chem. Soc. Japan, ind. Chem. Sect. [Kōgyō Kagaku Zassi] **54.** 437—39. Juli 1951. Nagoya, Toa Synth. Chem. Co. [Orig.: japan.]) SCHULER. 227

P. H. Emmett, Ed., Catalysis. Vol. 1. Fundamental principles. (Part 1) London: Chapman & H. 1954. (394 S. m. Abb.) 80 s.

B. Anorganische Chemie.

R. A. Back, Margaret Menzies und **C. A. Winkler,** *Angeregte Moleküle als die reaktiven Teilchen in aktivem Stickstoff.* Aktivierter N_2 wurde durch therm. Zers. der Azide $Ba(N_3)_2$, AgN_3 u. NaN_3 bei Tempp. zwischen 158 u. 450° gewonnen. Diese Meth. gestattet die Darst. von angeregten Moll. ohne gleichzeitige Erzeugung von N-Atomen. Bei Äthylendrucken zwischen 2 u. 30 cm konnte in keinem Fall eine Rk. zwischen dem akt. N_2 u. dem KW-stoff beobachtet werden, obwohl unter den Versuchsbedingungen der Nachw. von 0,1 % HCN möglich gewesen wäre. In Ggw. von Äthylen oder H_2 während der Zers. von $Ba(N_3)_2$ wurde die Geschwindigkeit u. Ausbeute der N_2-Entw. stark herabgesetzt (bei quantitativer Rückgewinnung von Äthylen u. Ba), während N_2 u. He ziemlich wirkungslos waren. Die durch therm. Zers. von Aziden gewonnenen $N_2^{\bullet}$-Moll. sind um ca. 52 kcal/Mol energieärmer als die aus elektr. Entladungen durch Wiedervereinigung von Atomen entstandenen, dennoch sollten rein thermodynam. auch erstere zu Rkk. mit Äthylen befähigt sein. Vff. kommen zu dem Schluß, daß die reaktiven Einheiten in aktiviertem N_2 wahrscheinlich nicht die angeregten $N_2^{\bullet}$-Moll. sind. (Canad. J. Chem. **32.** 399—403. April 1954. Montreal, McGill Univ., Physic. Chem. Labor.) LOHAUS. 243

Rolf Appel, *Dischwefeltrioxyd, S_2O_3.* Vf. stellt S_2O_3 durch Rk. von ^{35}S mit fl. SO_3 her u. setzt das gebildete $^{35}SSO_3$ anschließend mit Dioxan um. Die Rk. verläuft nach der Gleichung: $^{35}S-SO_3$ + Dioxan → Dioxan$-SO_3$ + ^{35}S. Aus dem Ergebnis, daß das gesamte ^{35}S im elementaren S wiedergefunden wurde, schließt Vf., daß das SO_3-Mol. bei der Bildungs-Rk. unverändert bleibt. S_2O_3 bildet sich also durch Eintritt des S in die Oktettlücke des ebenen SO_3-Mol., was durch nebenst. Formel wiederzugeben wäre.

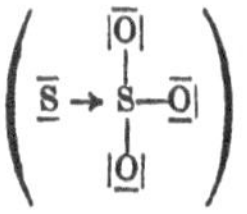

(Naturwissenschaften **40.** 509. 1953. Heidelberg, Univ., Chem. Inst.) SIEWERT. 253

A. Neuhaus, *Über die Synthese des Diamanten.* Überblick über die wichtigsten Syntheseverss. u. Patentansprüche. Im einzelnen werden behandelt: Synthesen mit Metall- oder Silicatschmelzen als Lösungsm. für C, Synthesen durch chem. Rk. einschließlich der Umwandlung von Graphit in Diamant u. die Bedingungen der natürlichen Diamantenbldg.; ferner bes. eingehend die theoret. Grundlagen der stabilen u. metastabilen Synthesen. — Nach Ansicht des Vf. ist es sehr zweifelhaft, ob bei den bis 1953 bekanntgewordenen Syntheseverss. jemals tatsächlich Diamant erzeugt wurde. Allg. ergibt sich, daß die metastabile Keimbldg. aus reaktionskinet. Gründen prakt. ausgeschlossen ist; die Synth. kann nur im stabilen Zustandsgebiet angestrebt werden, doch sind auch dort impferleichternde Zusätze nötig, da die metastabile Bldg. von Graphitkeimen kinet. bevorzugt ist. Ferner müssen zur Erreichung ausreichenden Platzwechsels ohne unnötige Temperaturerhöhung geeignete Mineralisatoren gesucht werden, u. schließlich muß die Ausgangsphase möglichst frei von aromat. oder graphit. Gruppierungen einschließlich des C_2-Mol. sein, also C gelöst bzw. in statu nascendi bzw. in aliphat. Bindung enthalten. (Angew. Chem. **66.** 525—36. 7/9. 1954. Bonn, Univ., Mineralog.-Petrolog. Inst.) R. STEIN. 260

Henry Eyring und **F. Wm. Cagle jr.,** *Eine Untersuchung über den Ursprung, die mögliche Synthese und die physikalischen Eigenschaften von Diamanten.* An Hand der vorliegenden Literatur untersuchten Vff. die Kinetik der Bldg. des Diamants u. damit zusammenhängend die Möglichkeiten einer Synth., die die Vff. für möglich halten, wobei sie jedoch darauf hinweisen, daß einwandfreie Angaben über eine schon mit Erfolg durchgeführte Synth. in der Literatur nicht vorliegen. Die ungewöhnlichen physikal. Eigg. des Diamants, hoher Brechungsindex, hohe D., niedrige Leitfähigkeit u. große Härte zusammen mit seiner chem. Trägheit, lassen sich durch die hochlokalisierte Bindung der hybriden s- u. p-Elektronen des C erklären. (Z. Elektrochem., Ber. Bunsenges. physik. Chem. **56.** 480—83. 1952. Salt Lake City, Utah, Univ., Dep. of Chem.) GOTTFRIED. 260

Wilfried Herr und **Eugen Meyer-Simon,** *Ein Beitrag zur Reaktion der Tripolyphosphatbildung.* Vff. untersuchen die Rk. $2\ Na_2HPO_4 + Na_2H_2P_2O_7 + Na_4P_2O_7 \rightarrow$

2 $Na_5P_3O_{10}$ + 2 H_2O bei 260° im festen Zustand mit Hilfe der Markierung der Komponenten durch radioakt. ^{32}P, um zu entscheiden, ob die Bldg. des Polyphosphats direkt aus Orthophosphat oder über die Pyrophosphatstufe verläuft. Unter Berücksichtigung des Austauschs bei der Calcination (durch schnelles Verdampfen der wss. Lsgg. bei 120°) u. bei der Analyse nach WURZSCHMITT u. SCHUHKNECHT (vgl. Angew. Chem. **52.** [1939.] 711) ergaben die Verss. eine deutliche Bevorzugung der Orthophosphatkomponente. (Z. Naturforsch. **6b.** 462—63. Nov./Dez. 1951. Mainz, Max-Planck-Inst. für Chem.) B. REUTER. 264

Elemér Schulek und **Endre Kőrös,** *Beiträge zur Thermoreaktion zwischen Borsäure und Alkaliverbindungen.* In Fortsetzung früherer Verss. wurden die Tempp. bestimmt, welche zur vollständigen u. verlustlosen Umsetzung der Alkalisalze in Borate notwendig sind. Bei den Alkalichloriden steigt die Umsetzungstemp. mit den FF. parallel: *LiCl* 300°, *RbCl* u. *CsCl* 400°, *KCl* u. *NaCl* 800—850°. KNO_3 geht schon bei 500° in Borat über, K_2SO_4 muß aber mit H_3BO_3 auf 1000° erhitzt werden, um Borat zu bilden. Werden die Alkalisalze mit H_3BO_3 innig gemischt, so genügt ein Molverhältnis 1 : 8. Die bis 350 bzw. 900° erhitzte $KCl-H_3BO_3$-Mischung wurde auch röntgenograph. u. mit dem Polarisationsmikroskop untersucht, u. in der Schmelze wurden hexagonale K-Boratkristalle nachgewiesen. (Magyar Kémiai Folyóirat [Ung. Z. Chem.] **59.** 111—12. April 1953.) PLANK. 272

Mme. René Lecuir und **René Lecuir,** *Untersuchung der Dehydratation und Zersetzung von Salzen durch Elektronenbeugung.* An einer Reihe von Beugungsdiagrammen wird die Dehydratation u. Zers. von $Cu(NO_3)_2 \cdot 3\,H_2O$, $CuSO_4 \cdot 5\,H_2O$, $CuCl_2 \cdot 2\,H_2O$ u. $NiSO_4 \cdot 7\,H_2O$ im Vakuum mit u. ohne Objekterhitzung untersucht. Die Veränderungen werden auf den Einfl. des Vakuums u. der Erhitzung, nicht aber auf die Wrkg. der mit der Aufnahme der Beugungsdiagramme notwendig verbundenen Elektronenbestrahlung zurückgeführt. Die Austreibung des Koordinationswassers ist bei den untersuchten Proben mit dem Auftreten charakterist. weicher Beugungsringe von großem Radius verbunden. (Vgl. hierzu C. **1953.** 4010.) (C. R. hebd. Séances Acad. Sci. **234.** 93—95. 2/1. 1952.) LENZ. 282

Edwin Woods Roedder, *Das System K_2O–MgO–SiO_2.* 1. Mitt. Vf. berichtet über die Unters. des Syst. K_2O-MgO-SiO_2 u. die Aufstellung des Phasendiagramms. 4 neue tern. Komponenten der Zuss. $K_2O \cdot 5\,MgO \cdot 12\,SiO_2$ (**I**), $K_2O \cdot MgO \cdot 5\,SiO_2$ (**II**), $K_2O \cdot MgO \cdot 3\,SiO_2$ (**III**) u. $K_2O \cdot MgO \cdot SiO_2$ (**IV**) sowie ihre therm. Beziehungen untereinander werden beschrieben. **I** kommt vielleicht in der Natur vor, ist aber noch nicht beschrieben worden, vermutlich wegen seiner opt. Ähnlichkeit mit Quarz. **II** u. **III** scheinen mit Leucit bzw. Kalsilit isomorph zu sein. Für alle Komponenten werden ausführlich die therm., opt. u. Röntgendaten angegeben. Zus. u. Temp. für 28 der invarianten Punkte des Syst. wurden bestimmt. Ergänzend werden kurze Angaben über die experimentellen Einzelheiten u. das Kristallisationsverh. gemacht sowie die geolog. Aspekte kurz diskutiert. (Vgl. hierzu C. **1952.** 3297.) (Amer. J. Sci. **249.** 81—130. Febr. 1951. Columbia Univ.) R. STEIN. 282

Yoshiki Inoue, *Calciumcarbid.* 4. Mitt. (*Nachtrag.*) *Über die Reaktion zwischen Kalk und Kohle bei konstantem Druck.* (3. vgl. J. chem. Soc. Japan, ind. chem. Sect. [Kōgyō Kagaku Zassi] **53.** [1950.] 152.) Vgl. zwischen Versuchsdaten (Partialdrucke u. Gewichtsänderungen) u. Berechnungen für 1300—1700° für die Fälle, daß der Außendruck über bzw. unter dem CO-Gleichgewichtsdruck liegt, u. für den Fall der Zers. des CaC_2. (J. chem. Soc. Japan, ind. Chem. Sect. [Kōgyō Kagaku Zassi] **53.** 190—92. Juli 1950. Kobe Univ. [Orig.: japan.]) SCHULER. 283

Paul Ehrlich und **Gerhard Pietzka,** *Über Kaliumfluorotitanate(III).* Durch 6std. Erhitzen von K_2TiF_6 im H_2-Strom bei 770° erhielten Vff. ein Prod., das durch fraktionierte Sublimation im Hochvakuum in K_3TiF_6 mit der Sublimationstemp. von ~840° u. in ein weiteres Prod. mit der Sublimationstemp. ~790° zerlegbar war; es handelt sich wahrscheinlich um $KTiF_4$, das jedoch nicht rein erhalten werden konnte. Die therm. Zers. zu TiF_3 gelang nicht, beim Lösen in H_2O ging K_3TiF_6 in Lsg., der Rückstand mit der angenäherten Zus. $KTiF_4$ war an der Luft beständig. K_3TiF_6 ist eine violette Substanz der D. 2,82, es ist an der Luft nicht sehr beständig, löst sich langsam in H_2O, schneller in verd. Säuren; bei Luftzutritt tritt Oxydation ein. Die chem. Eigg. entsprechen somit weitgehend dem $(NH_4)_3TiF_6$. Für K_3TiF_6 wurde bei $\Theta \sim -40°$ ein magnet. Moment von ca. 1,70 BOHRschen Magnetonen gefunden. (Naturwissenschaften **40.** 509. 1953. Hannover, TH, Inst. für anorgan. Chem.) SIEWERT. 321

Robert Schwarz und **Karl Georg Knauff,** *Beiträge zur Chemie des Germaniums.* 21. Mitt. *Alkoxygermane.* (20. vgl. C. **1954.** 8762.) Nach $GeCl_4 + 4\,NaOCH_3 \rightarrow Ge(OCH_3)_4 + 4\,NaCl$ bildet sich in methanol. Lsg. glatt *Tetramethoxygerman* (**I**), eine farblose, leichtbewegliche Fl. von schwachem Geruch, Kp. 145,5°, D. 1,34. **I** läßt sich durch Isopropylalkohol in quantitativer Ausbeute zu *Tetraisopropoxygerman* (II), $Ge(OCH[CH_3]_2)_4$, umestern, Kp.$_7$ 81,5°, Kp.$_{0,1}$ 32°. Die Zugabe bestimmter Mengen W. überführt II durch partielle Hydrolyse in Ggw. von 10^{-3} Mol NaOH in Alkoxypolygermoxane (Metagermaniumsäureester). Isoliert wurde *Hexaisopropoxydigermoxan* (III), $(C_3H_7O)_3GeOGe(OC_3H_7)_3$, Kp.$_{0,1}$ 89°; höhere Fraktionen konnten wegen leicht ablaufender Dismutationen nicht mehr gefaßt werden. Der bei der Dest. von III hinterbleibende feste, weiße, talkähnliche Rückstand entspricht in der Zus. $(Ge_2O_3 \cdot [OC_3H_7]_2)_n$ (IV) den Estern einer Polydigermaniumsäure $(H_2Ge_2O_5)_n$. Bei der partiellen Hydrolyse von I war die Dismutation so stark, daß höhere „Methylester" nicht isoliert werden konnten. (Z. anorg. allg. Chem. **275.** 193—97. März 1954. Aachen, TH, Inst. für anorgan. Chem. u. für Elektrochemie.) WANNAGAT. 326

Lamberto Malatesta und **Adriano Sacco,** *Substitutionsprodukte des Nickeltetracarbonyls mit Verbindungen des dreifach kovalenten Phosphors.* Durch Umsetzung von $Ni(CO)_4$ (I) mit $P(OC_2H_5)_3$, $P(OC_6H_5)_3$ (oder entsprechenden p-substituierten Verbb.), $(C_6H_5)PCl_2$ u. $(C_6H_5O)PCl_2$ wird eine Reihe neuer Ni-Carbonylverbb. dargestellt. Durch die Ester der phosphorigen Säure können maximal 3 Moll. CO im $Ni(CO)_4$ ersetzt werden, während mit $(C_6H_5)PCl_2$ u. $(C_6H_5O)PCl_2$ auch Tetrasubstitutionsverbb. erhalten werden. Die Substitutionsprodd. sind gegen Wärme u. Oxydation (Luft) stabiler als $Ni(CO)_4$ selbst. Substitution durch elektronegative (F, Cl, NO_2) oder elektropositive (OCH_3) Substituenten in p-Stellung bei $P(OC_6H_5)_3$ haben keinen Einfl. auf das Verh. der entsprechenden Ni-Carbonylverbindung. Die tetrasubstituierten Ni-Carbonyle sind diamagnet., sie zeigen die gleiche tetraedr. Struktur u. Elektronenverteilung wie das $Ni(CO)_4$ selbst.

Versuche: *Nickelcarbonyltri-(triäthylphosphit)*, $Ni[P(OC_2H_5)_3]_3CO$, aus 1,7 g I u. 8,3 g $P(OC_2H_5)_3$ bei 160°. Farblose, leicht viscose Fl., Kp.$_{0,1}$ 120—130°, F. ~0°. — *Nickelcarbonyl-tri-(triphenylphosphit)*, $Ni[P(OC_6H_5)_3]_3CO$, aus I u. $P(OC_6H_5)_3$, mol. Verhältnis 1 : 4, bei 120—130°. Aus der viscosen M. scheiden sich nach langem Stehen weiße Kristalle ab, F. 98,5°. — *Nickelcarbonyl-tri-(tri-p-methoxyphenylphosphit)*, $Ni[P(OC_6H_4 \cdot p\text{-}OCH_3)_3]_3CO$, aus 4 g I u. 25 g $(p\text{-}CH_3O \cdot C_6H_4O)_3P$ bei 100°; dichte viscose Fl., nicht kristallisierend. — *Nickeltricarbonyl-(tri-p-chlorphenylphosphit)*, $Ni[P(OC_6H_4 \cdot p\text{-}Cl)_3](CO)_3$, aus I u. $(p\text{-}Cl \cdot C_6H_4O)_3P$ in äquimol. Mengen bei Raumtemp., weiße Kristalle, F. 70—71° (aus Bzl.). — *Nickeldicarbonyl-di-(tri-p-chlorphenylphosphit)*, $Ni[P \cdot (OC_6H_4 \cdot p\text{-}Cl)_3]_2(CO)_2$, aus I u. $(p\text{-}Cl \cdot C_6H_4O)_3P$ im Molverhältnis 1 : 2 bei 160°, kristallin, F. 132° (aus A.). — *Nickelcarbonyl-tri-(tri-p-chlorphenylphosphit)*, $Ni[P(OC_6H_4 \cdot pCl)_3]_3 \cdot (CO)$, aus I u. $(p\text{-}Cl \cdot C_6H_4O)_3P$ im Molverhältnis 1 : 3 bei 190—200°, kristallin F. 142° (Bzl. u. A.). — *Nickeldicarbonyl-di-(tri-p-fluorphenylphosphit)* (II), $Ni[P(OC_6H_4 \cdot pF)_3]_2 \cdot (CO)_2$, aus I u. $(p\text{-}F \cdot C_6H_4O)_3P$ im Molverhältnis 1 : 2 bei 70°, kristallin, F. 76—77° (A.). — *Nickelcarbonyl-tri-(tri-p-fluorphenylphosphit)*, $Ni[P(OC_6H_4 \cdot p\text{-}F)_3]_3(CO)$, aus II u. $(p\text{-}F \cdot C_6H_4O)_3P$ im Molverhältnis 1:2, kristallin, F. 102° (A.). —*Nickeldicarbonyl-di-(tri-p-Nitrophenylphosphit)* (III), $Ni[P(OC_6H_4 \cdot p\text{-}NO_2)_3]_2(CO)_2$, aus I u. $(p\text{-}NO_2 \cdot C_6H_4O)_3P$ im Molverhältnis 1 : 2 bei 60°, hellgelbe Prismen, F. 135° $(CH_3 \cdot CO \cdot C_2H_5)$. — *Nickelcarbonyl-tri-(tri-p-nitrophenylphosphit)*, $Ni[P(OC_6H_4 \cdot p\text{-}NO_2)_3]_3(CO)$, aus III u. $(p\text{-}NO_2 \cdot C_6H_4O)_3P$ im Molverhältnis 1 : 2 in sd. Xylol, kristallin, F. 145° $(CH_3COC_2H_5)$. — *Nickel-tetra-(phenyldichlorphosphin)*, $Ni[P(C_6H_5)]Cl_2]_4$, aus I u. $(C_6H_5)PCl_2$ im Molverhältnis 1 :4 bei 60°, gelbe Prismen, F. 86,5° (A.), diamagnetisch. — *Nickel-tetra-(dichlorphenylphosphit)*, $Ni[(C_6H_5O)PCl_2]_4$, aus I u. $(C_6H_5O)PCl_2$ im Molverhältnis 1 : 4 bei 60°, farblose, diamagnet. Kristalle, F. 98° (A.). (Ann. Chimica **44.** 134—38. Febr. 1954. Milano, Univ., Ist. di Chim. gen. ed inorg.) SCHENK. 356

O. D. Talalajewa und **A. Ss. Tichonow,** *Untersuchung der Reaktion der Komplexbildung des zweiwertigen Kupferions mit Citronensäureionen.* Durch Unters. der Komplexbldg. zwischen Cu^{2+} u. Citronensäure beim p_H 1—14 durch visuelle Titration, Best. der Löslichkeit u. photometr. wurde festgestellt, daß die Zus. der Komplexverbb. vom p_H abhängig ist. Beim $p_H \approx 2$—5 liegt das Komplexion $[Cu(H_2C_6H_5O_7)(HC_6H_5O_7)]^{-1}$ mit der Unbeständigkeitskonstante $K_u = 10^{-4}$ vor. Beim $p_H \approx 7,0$—11,5 entsteht das Komplexion $[Cu(OH)(C_6H_5O_7)]^{-2}$, $K_u = 10^{-17}$, beim $p_H > 12,0$ das Komplexion $[Cu(OH)_2 \cdot (C_6H_5O_7)]^{-6}$, $K_u = 10^{-19}$. (Журнал Общей Химии [J. allg. Chem.] **23** (**85**). 2067—74. Dez. 1953. Woronesh, Univ.) LEBTAG. 358

C. Mineralogische und geologische Chemie.

V. P. Sokoloff, *Diagramme zur Beziehung zwischen Periodischem System und Geochemie.* Es werden 3 Diagramme zum Period. Syst. gegeben u. kurz erläutert. Das erste enthält die Kernzustände, das Atomvol. u. den Bau der Elektronenschalen, das zweite in Spiralform die Häufigkeit der Elemente auf der Erde u. das dritte das Vork. der

Elemente als Ionen, Moll. oder im Metallzustand. (J. chem. Educat. **31.** 15—17. Jan. 1954. Baltimore, Md., Johns Hopkins Univ.) HILLER. 378

G. A. Maximowitsch, *Chemische Denudation der Erde.* Auf Grund von 4535 chem. Analysen für 870 Flüsse berechnet sich die jährliche chem. Denudation der Erde (Abtransport lösl. Stoffe vom Kontinent zum Ozean) zu durchschnittlich 4—16 μ. Für die einzelnen Kontinente ergeben sich folgende Denudationswerte: Europa 11 μ, Asien 10 μ, Afrika 8 μ, Nord- u. Mittelamerika 13 μ, Südamerika 18 μ, Australien 3 μ. Für die Sowjetunion beträgt die jährliche Denudation 7 μ. (Доклады Академии Наук СССР [Ber. Akad. Wiss. UdSSR] [N. S.] **93.** 697—99. 1/12. 1953. Molotow, Gorki-Univ.) LEBTAG. 378

G. Mueller, *Einschlüsse in Gangmineralien.* Die Gangmineralien von Derbyshire enthalten Einschlüsse von *Pyrit* in *Fluorit* u. *Kalkspat,* von *Hämatit* in Fluorit, Kalkspat, *Baryt* u. *Quarz* u. zeigen Purpurfärbung, Fluorescenz u. Thermolumineszenz durch unbekannte Stoffe in Fluorit. Aus den Einschlüssen, welche teilweise wohlorientiert angeordnet sind, lassen sich Schlüsse sowohl auf das Wachstum der Einzelkristalle als auch auf die Mineralisation der ganzen Gänge ziehen. (Mining Mag. **90.** 148—54. März; 208—17. April 1954.) ENSSLIN. 378

M. Martinet, *Über die Farbe der grünen und violetten Fluorite.* Vf. nimmt an, daß die grüne oder violette Farbe von Fluoriten durch die Ggw. von Manganion als Verunreinigung zu erklären ist. (J. Physique Radium **12.** 67 S. Juli/Sept. 1951.) GOTTFRIED. 380

Alice D. Weeks, Mary E. Thompson und **Alexander M. Sherwood,** *Navajoit, ein neues Vanadiumoxyd aus Arizona.* Als ein neues Mineral wurde hydratisiertes Vanadiumpentoxyd auf der Monument Nr. 2 Mine in Navajo Indian Reservation, Apache County, Arizona, gefunden u. Navajoit benannt. Es ist dunkelbraun, fest, fasrig mit seidenem Glanz u. braunen Streifen. Eigenschaften: D. 2,56; zweiachsig, negativ, parallele Auslöschung. Es zeigt $\alpha = 1,095 \pm 0,003$; $\beta > 2,02$; γ wenig $> 2,02$. Pleochroismus: X u. Y = gelblichbraun; Z = dunkelbraun u. parallel zur Faserlänge. Chem. Analyse: V_2O_5 71,68 (%); V_2O_4 3,08; Fe_2O_3 3,58; H_2O 20,30; SiO_2 1,20; CaO 0,22; Summe 100,06. Das entspricht der Formel $V_2O_5 \cdot 3\,H_2O$. Von *Hewettit,* $Ca(V_6O_{16}) \cdot 9\,H_2O$, u. *Corvusit,* $V^{IV}(V_6^VO_{17}) \cdot n\text{-}H_2O$ bzw. $(VO)V_6O_{16} \cdot n\,H_2O$, ist es durch das Röntgendiagramm unterschieden. Länge der Einheitszelle entlang der Faser 3,65 Å. Gitterkonstanten: $a_0 = 17,43 \pm 0,1$ Å; $b_0 = 3,65 \pm 0,05$; $c_0 = 12,25 \pm 0,01$ u. $\beta = 97^0 \pm 30'$. Die Elementarzelle hat wahrscheinlich $Z = 6(V_2O_5 \cdot 3\,H_2O)$. Das Pulverdiagramm (Cr-Strahlung) zeigt monokline Symmetrie an u. die b-Achse parallel der Faserlänge. Das Mineral gilt als ein ausgezeichnetes Vanadiumerz. (Science [Washington] **119.** 326. 5/3. 1954. Washington, D. C., U. S. Geolog. Survey.) LÖFFLER. 380

B. B. G. Sarma, *Formanalyse von Quarzkörnern einiger Sandsteine.* Von 3 Sandsteinen aus Chintalapudi, Gollapalli u. Rajahmundry im Gebiet von Nuzvid wurden Formanalysen gemacht. Die Formwerte, die aus dem Verhältnis Breite/Länge u. Flachheitsgrad bestimmt wurden, betrugen 0,40—0,82, 0,60—0,93, 0,63—1,00. (Current Sci. **22.** 141—42. Mai 1953. Waltair, Andhra Univ., Geolog. Dep.) HILLER. 380

U. Aswathanarayana, *Untersuchungen über südindische radioaktive Minerale.* 1. Mitt. *Samarskit von Nellore.* Vf. untersucht Samarskit von Nellore auf seine physikal. u. opt. Eigg. sowie die chem. Zusammensetzung. Analyse: $Nb_2O_5 + Ta_2O_5$ 56,29; TiO_2 0,37; FeO 9,30; CaO 1,41; Al_2O_3 0,34; ThO_2 1,32; Ce_2O_3 1,51; Y_2O_3 17,30; MnO 0,22; PbO 2,16; UO_2 8,68; $Na_2O + K_2O$ 0,26; Glühverlust 0,63%. Hieraus leitet Vf. die Formel $AO \cdot B_2O_5$ ab, worin A = Fe, Mn, Ca, Mg, Th, U, Ce, Y u. B = Nb, Ta ist. Die Analyse wird mit anderen entsprechenden Analysen verglichen u. eine ältere Analyse als nicht zutreffend ausgeschieden. Unter diesen Bedingungen kommt man auch zu einer einheitlichen Altersbestimmung, nach der der Eastern Ghats pegmatitic cycle 1600, der Satpura cycle 955 u. der Delhi cycle 735 Millionen Jahre alt ist. (Proc. Indian Acad. Sci., Sect. A **38.** 84—92. Juli 1953. Waltair, Andhra Univ., Dep. of Geol.) HILLER. 380

Brian Mason und **Seymour S. Greenberg,** *Zeolithe und verwandte Minerale aus Südbrasilien.* Vff. untersuchen Basaltproben mit Mineralhohlräumen aus Südbrasilien. Der Basalt ist feinkörnig u. besteht vorwiegend aus *Labradorit* u. *Augit.* In den Drusen befinden sich: *Heulandit, Stilbit, Chabasit, Mordenit, Apophyllit, Quarz, Chalcedon, Opal* u. *Calcit.* Die physikal. u. opt. Eigg. der Minerale werden beschrieben u. die spektralanalyt. festgestellten Spurenelemente angegeben. Für die Zeolithe u. Apophylit werden die d-Werte der Röntgendiagramme u. Differentialthermokurven wiedergegeben. Die Mineralparagenese wird diskutiert. (Ark. Mineralog. Geol. **1.** Nr. 18. 519—26. 1954.) HILLER. 380

Pietro Principato, *Über die antimonführende Lagerstätte des Tafone (Gemeinde Manciano-Grosseto).* Bohrungen an einem schon vor über 100 Jahren als Sb-Erze führend erwähnten Flußbett haben die Ggw. von *Antimonit* (I) mit einem Sb-Geh. der Bohrmasse bis 10,66% bestätigt. Es wird damit gerechnet, das Erzvork. im Tagbau verwerten u. durch Flotation I u. Markasit lohnend gewinnen zu können. (Ind. mineraria **4.** 271—77. Juni 1953. Manciano.) R. K. MÜLLER. 380

V. Charrin, *Die vermutlichen Zinkerzvorräte.* Beschreibung einiger französ. Blende- u. Galmeivorkk. in den Pyrenäen u. im Rhonegebiet. (Génie Civil **128** (**71**). 292—94. 1/8. 1951.) ENSSLIN. 380

R. F. Lethbridge und **F. G. Percival,** *Eisenerzlagerstätten bei Fort Gouraud, Mauritania, Französisch-Westafrika.* Die Fe-Erze stellen hämatit. Erzkörper in einer gebänderten Fe-Formation dar. Der durchschnittliche Fe-Geh. des Fördererzes beträgt 62—65%. (Bull. Instn. Mining Metallurgy Nr. 568. Trans. **63.** 285—98. März 1954.) ENSSLIN. 380

Ernst-Günther Böhme, *Vorkommen und Entstehung von Kalkeinlagerungen in der Braunkohle südlich von Halle.* Es wird angenommen, daß die Kalkeinlagerungen aus Kalken der Zechsteinformation oder aus dem unteren Buntsandstein (Rogensteinkalk) bestehen. (Bergakademie [Freiberg] **5.** 476—87. Nov. 1953. Freiberg.) ENSSLIN. 380

Robert H. Carpenter, *Geologie und Erzlagerstätten des Rosario-Grubengebiets und der San Juancito-Berge, Honduras, Zentralamerika.* Das Grundgestein besteht aus dicken Schichten von Sedimenten u. vulkan. Gesteinen von der oberen Trias bis zum Quartär, in welches Intrusionen von Batholithen u. Gängen aus Hypersthen, Andesiten, Daciten u. Granodioriten stattfanden. Die Mineralisation besteht aus Freigold, Sulfiden u. Sulfosalzen von Ag u. den Sulfiden des Pb, Zn u. Cu, sowie deren Oxydationsprodukte. Gangmineralien sind Quarz, Rhodonit, Carbonate u. Grundgesteinbrocken. (Bull. geol. Soc. America **65.** 23—38. Jan. 1954. Golden, Colo., Colorado School of Mines.) ENSSLIN. 385

William Trevelyan Harry, *Der zusammengesetzte, granitische Gneis von West Ardgour, Argyll.* Die Grundsubstanz der Gneise sind pelit. Sedimente. In tieferen Zonen fand eine Granitisierung des Gneises statt. Nebenbei entstanden untergeordnet Augengneise. Der Gneis hat migmatit. Struktur. (Quart. J. geol. Soc. London **109.** 285—309. 28/4. 1954.) ENSSLIN. 385

Herbert A. Swenson, *Geochemische Verhältnisse des Wassers in dem Powder River-Becken, Wyoming und Montana.* Die chem. Zus. der Mineralsubstanz in dem W. ist weitgehend von geolog. Gegebenheiten der Einzugsgebiete abhängig. Eruptivgesteine präkambr. Alters geben nur wenig lösl. Material (50 mg/Liter) ab, während Sandsteine u. Schiefer bis über 2 g/Liter abgeben. (Trans. Amer. geophysic. Union **34.** 443—48. Juni 1953. Washington, D. C., U. S. Geol. Survey.) ENSSLIN. 393

Walton H. Durum, *Beziehungen der gelösten Mineralbestandteile zum Flußlauf, Saline River bei Russell, Kansas.* Die Versalzung des Grundwassers durch den Saline River wurde mehrere Jahre laufend durch Leitfähigkeitsmessungen untersucht. Die Salzführung des Flusses schwankt zwischen 0,44% bei Niedrigwasser u. 0,02% bei Hochwasser. Die Wasserführung wird zu 65% von Oberflächenwasser geliefert, während das Grundwasser 35% ausmacht. Die Mineralbestandteile (NaCl, $CaSO_4$ u. Na_2SO_4) wurden aber nur zu 24% vom Oberflächenwasser u. zu 76% vom Grundwasser zugeführt. (Trans. Amer. geophysic. Union **34.** 435—42. Juni 1953. Lincoln, Nebr., U. S. Geol. Survey.) ENSSLIN. 393

Heinrich Huttenlocher, Mineral- und Erzlagerstättenkunde. 1. 2. Berlin: de Gruyter. 1954. = Sammlung Göschen. Bd. 1014. 1015/1015a. 1. (128 S. mit 36 Abb.) DM 2,40. 2. (156 S. m. 48 Abb.) DM 4,80.

D. Organische Chemie.

D_1. Allgemeine und theoretische organische Chemie.

Gentaro Araki und **Tomokazu Murai,** *Theorie der Absorptionsspektren katakondensierter Kohlenwasserstoffe unter Zugrundelegung des freie Elektronen-Zirkularmodells nach Platt.* (Vgl. PLATT, C. **1950.** I. **1961.**) Vff. berechnen die Anregungsenergie für katakondensierte Ringsysteme (in denen kein C-Atom zu mehr als 2 Ringen gehört u. jedes C-Atom an der Peripherie des konjugierten Syst. liegt) unter Berücksichtigung der π-Elektronenwechselwrkg. (l. c.) u. vergleichen die berechneten u. experimentell gefundenen Absorptionsspektren von *Bzl., Naphthalin, Anthracen, Naphthacen* u. *Pentacen.* (J. chem. Physics **22.** 954. Mai 1954. Yosida, Kyoto, Japan, Univ., Fac. of Engng.) G. WINKLER. D 114

Yves-René Naves, *Über die Absorptionsspektren von aliphatischen Terpenalkoholen im Ultraviolett von 2000—2200 Å.* Zwischen 2000 u. 2200 Å werden bei den photoelektr. Quarzspektralapparaturen häufig falsche Energiewerte gefunden, u. a. infolge Veränderung des monochromat. Bündels. Es wird am BECKMANN- u. UNICAM-Gerät gefunden, daß — bei Anbringen von Korrekturen — im Bereich von 2010—2200 Å α- u. *β-Citronellol, β-Geraniol, β-Nerol* u. *β-Linalool* keine selektive Absorption aufweisen. (C. R. hebd. Séances Acad. Sci. **237.** 146—47. 15/7. 1953.) W. KAUFMANN. D 118

Élisabeth Laffitte und **Yvette Dubreuil,** *Absorption und Fluorescenz von Kristallviolett, Methylviolett und Malachitgrün.* Die Absorptionsspektren von Kristallviolett (**I**), Methylviolett (**II**) u. Malachitgrün (**III**) in Äthylenchlorhydrinlsg. werden im sichtbaren Spektralbereich u. im UV aufgenommen. Jeder dieser drei Triphenylmethanfarbstoffe besitzt drei Absorptionsmaxima bei ~ 600, 300 u. 250 mμ. Die sichtbare Bande weist auf der kurzwelligen Seite eine Schulter auf, die einem Maximum bei ~ 550 mμ entspricht u. die von einem Stereoisomeren herrühren soll. Die entsprechende Schulter an den UV-Banden wird nicht gefunden. Die sichtbare Absorptionsbande läßt sich bei allen drei Farbstoffen unverschoben auch in fester Plexiglaslsg. nachweisen. Bei Anregung mit Licht dieser Bande tritt in Plexiglaslsg. außerdem eine rote Fluorescenz hervor, aus deren Depolarisationsgrad sich folgende Fundamentalpolarisationen berechnen lassen: **I** 0,32; **II** 0,40; **III** 0,49. Danach läßt sich für **III** ein linearer, für die beiden anderen Moll. ein mehr oder weniger isotroper Oscillator annehmen. Die Lage der beiden UV-Absorptionsbanden stimmt für alle drei Moll. befriedigend mit den theoret. unter Annahme eines einfachen Metallmodelles berechneten überein. Bei **III** tritt noch eine zusätzliche Bande bei 430 mμ auf. Sie wird durch die Wechselwrkg. zwischen dem unsubstituierten Benzolring u. der Elektronenwolke des Molekülrestes erklärt. (C. R. hebd. Séances Acad. Sci. **238.** 787—89. 15/2. 1954.) KORTÜM. D 118

R. Passerini, *Die Absorptionsspektren einiger heterocyclischer Verbindungen im nahen Ultraviolett.* 1. Mitt. *Benzoxazole.* Die Absorptionsspektren im nahen UV von *Benzoxazol* (Kp. 182,5°), *2-Methyl-* (Kp. 201°), *2-Phenyl-* (F. 102°), *2-o-Tolyl-* (**I**, F. 69°), *2-m-Tolyl-* (**II**, F. 71°), *2-p-Tolyl-* (F. 114°), *2-o-Oxyphenyl-* (F. 124°), *2-p-Oxyphenyl-* (**III**, F. 250°), *2-p-Methoxy-* (F. 99°), *2-m-Nitrophenyl-* (F. 211°), *2-p-Nitrophenyl-* (F. 268°), *2-m-Aminophenyl-* (F. 178°), *2-p-Aminophenyl-* (F. 170°), *2-p-Acetamidophenyl-* (F. 212°), *2-p-N.N-Dimethylaminophenyl-* (F. 183°), *5-Nitro-* (**IV**, F. 127°), *5-Nitro-2-methyl-* (F. 154°), *5-Nitro-2-phenyl-* (F. 172°), *5-Nitro-2-p-nitrophenyl-* (F. 258°), *5-Nitro-2-p-acetamidophenyl-* (F. 259°), *6-Nitro-* (F. 125°), *6-Nitro-2-methyl-* (F. 151°), *6-Nitro-2-phenyl-* (F. 180°), *6-Nitro-2-p-nitrophenyl-* (F. 221°), *5-Methyl-2-p-nitrophenyl-*, *2-Methylmercapto-* ($Kp._{20}$ 139—140°), *2-Phenylmercapto-* ($Kp._{14}$ 193—196°), *2-p-Tolylmercapto-* ($Kp._{14}$ 215—216°), *2-Anilino-* (F. 175°), *2-m-Toluidino-* (F. 145°), *2-p-Toluidino-* (F. 182°), *2-m-Nitranilino-* (**V**, F. 192—194°), *2-p-Nitranilino-* (F. 230 bis 231°), *6-Nitro-2-methylmercapto-* (F. 123—125°), *6-Nitro-2-phenylmercapto-* (F. 121 bis 122°), *6-Nitro-2-o-tolylmercapto-* (F. 106—108°), *6-Nitro-2-m-tolylmercapto-* (F. 110 bis 112°), *6-Nitro-2-p-tolylmercapto-* (F. 142—143°), *6-Nitro-2-anilino-* (F. 224—225°), *6-Nitro-2-o-toluidino-* (F. 172—173°), *6-Nitro-2-m-toluidino-* (F. 124—215°), *6-Nitro-2-p-toluidino-* (F. 215—216°), *6-Nitro-2-m-nitranilino-* (**VI**, F. 234°) u. *6-Nitro-2-p-nitranilinobenzoxazol* (F. 299—300°) werden bestimmt u. die Ergebnisse ausführlich diskutiert.

V e r s u c h e: **I**, $C_{14}H_{11}ON$, $Kp._{15}$ 163—166° (wss. A.), aus o-Aminophenol u. o-Tolunitril, 5 Std. bei 190—200°. Analog: **II**, $Kp._{15}$ 190°. **III**, $C_{13}H_9O_2N$, aus o-Aminophenol u. p-Cyanphenol. — **IV**, $C_7H_4O_3N_2$, durch Dest. von 2-Formamido-4-nitrophenol bei 15 Torr. — **V**, $C_{13}H_9O_3N_3$, aus 2-Chlorbenzoxazol u. m-Nitranilin (**VII**), 1 Std. bei 150—160°. — **VI**, $C_{13}H_8O_5N_4$, aus 6-Nitro-2-chlorbenzoxazol u. **VII**, 2 Std. in alkoh. Lösung. (J. chem. Soc. [London] **1954.** 2256—61. Juli, Bologna, Univ., Inst. di Chim. Ind.) G. PAULIG. D 118

A. Cerniani und **R. Passerini,** *Die Absorptionsspektren einiger heterocyclischer Verbindungen im nahen Ultraviolett.* 2. Mitt. *Benzothiazole.* (1. vgl. vorst. Ref.) Die Absorptionsspektren im nahen UV von *Benzothiazol* ($Kp._6$ 95°), *2-Methyl-* (Kp. 237°), *2-Phenyl-* (F. 112—113°), *2-o-Oxyphenyl-* (F. 131—132°), *2-p-Oxyphenyl-* (F. 221—222°), *2-m-Nitrophenyl-* (F. 184°), *2-p-Nitrophenyl-* (F. 228°), *2-m-Aminophenyl-* (F. 140°), *2-p-Aminophenyl-* (F. 150°), *2-p-N.N-Dimethylaminophenyl-* (F. 173°), *2-Methylmercapto,* (F. 52°), *2-Phenylmercapto-* ($Kp._3$ 183—187°), *2-o-Tolylmercapto-* ($C_{14}H_{11}NS_2$, $Kp._{17}$ 235 bis 237°), *2-m-Tolylmercapto-* ($Kp._{17}$ 245°), *2-p-Tolylmercapto-* (F. 72°), *2-Anilino-* (F. 160°), *2-o-Toluidino-* ($C_{14}H_{12}N_2S$, F. 127,5°), *2-m-Toluidino-* (F. 124°), *2-p-Toluidino-* (F. 182 bis 183°), *2-m-Nitranilino-* ($C_{13}H_9O_2N_3S$, F. 189—190°), *2-p-Nitranilino-* (F. 223°), *6-Nitro-* (F. 176°), *6-Nitro-2-methyl-* (F. 175°), *6-Nitro-2-phenyl-* (F. 188°), *6-Nitro-*

2-methylmercapto- (F. 126°), *6-Nitro-2-phenylmercapto-* ($C_{13}H_8O_2N_2S_2$, F. 104°), *6-Nitro-2-o-tolylmercapto-* ($C_{14}H_{10}O_2N_2S_2$, F. 101°), *6-Nitro-2-m-tolylmercapto-* (F. 132—134°), *6-Nitro-2-p-tolylmercapto-* (F. 144—146°), *6-Nitro-2-anilino-* (F. 247°), *6-Nitro-2-o-toluidino-* (F. 215—216°), *6-Nitro-2-m-toluidino-* ($C_{14}H_{11}O_2N_3S$, F. 222°), *6-Nitro-2-p-toluidino-* (F. 242°), *6-Nitro-2-m-nitranilino-* (I, F. 256°), u. *6-Nitro-2-p-nitranilinobenzothiazol* (F. 280°) werden gemessen u. ausführlich diskutiert.

Versuche: I, $C_{13}H_8O_4N_4S_3$ (Nitrobenzol), aus 2-Chlor-6-nitrobenzothiazol u. m-Nitranilin, 2 Std. bei 160—190°. Die S- oder N-Derivv. wurden durch Erhitzen von 2-Chlor- bzw. 6-Nitro-2-chlorbenzothiazol in A. u. dem entsprechenden K-Mercaptid bzw. Anilinderiv. erhalten. (J. chem. Soc. [London] **1954.** 2261—64. Juli.) G. PAULIG. D 118

R. Suhrmann und **H. H. Perkampus,** *Untersuchungen zur Solvatochromie.* (Vgl. auch C. **1952.** 7148.) *1.2.4-Trimethyl-3-oxyphenazin* [*Oxyphenazin I*] weist bei 19000 cm⁻¹ eine Absorptionsbande auf, deren Höhe vom Lösungsm. abhängt; sie tritt nur in OH-haltigen Lösungsmitteln auf. Da die Bande außerdem bei Blockierung des O-Atoms im Farbstoffmol. selbst verschwindet, kann angenommen werden, daß sie durch Wasserstoffbrückenbldg. zwischen Farbstoff- u. Lösungsmittelmoll. bedingt ist. Auch Lage u. Höhe der Fluorescenzbande bei ~ 19000 cm^{-1} sind lösungsmittelabhängig, das heißt auch die Fluorescenz spricht auf die Wasserstoffbrückenbldg. an. Untersucht werden hier die Änderungen der Absorptions- u. der Fluorescenzbande durch Veränderung des Assoziationszustandes des Lösungsmittels. Die Eigenassoziation des Methanols z. B. wird durch CCl_4-Zusatz gestört, wodurch sich auf der anderen Seite die Assoziationsneigung der Methanolmoll. zu dem gelösten Oxyphenazin I erhöht. Die Höhe sowohl der Assoziations- als auch der Fluorescenzbande nimmt mit steigendem CCl_4-Zusatz zu, geht durch ein Maximum u. fällt schließlich naturgemäß bei verschwindendem Methanolgeh. steil gegen Null ab. Das erwähnte Maximum liegt bei der Absorptionsbande bei einem Molenbruch des Methanols von 0,7; bei der Fluorescenzbande bei einem Molenbruch von 0,4. Wird die Lösungsmittelassoziation von verschied. Alkoholen durch Wasserzusatz vergrößert, so wird die Fluorescenz erwartungsgemäß gelöscht. Daß auf der anderen Seite bei Wasserzusatz zu einer Methanollsg. die Absorptionsintensität der 19000 cm^{-1}-Bande des Oxyphenazins ansteigt, wird durch eine leichtere Umwandlung der absorbierten Lichtenergie in therm. Energie u. die dadurch bedingte Erhöhung der Anregungswahrscheinlichkeit für die Licht absorbierenden Zentren erklärt. (Z. Elektrochem., Ber. Bunsenges. physik. Chem. **56.** 743—45. 1952. Braunschweig, Inst. für Physikal. Chem. u. Elektrochem.) KORTÜM. D 118

Anne Levine und **Maxwell Schubert,** *Durch Chondroitinsulfat hervorgerufene Metachromasie bei Thiazinfarbstoffen.* Vff. zeigten an Hand spektrophotometr. Unterss., daß das Auftreten metachromat. Erscheinungen in verd. Lsgg. von *Methylenblau* u. *Toluidinblau* eine Funktion der zugesetzten Menge chromotroper Substanzen ist u. nicht durch eine Dimerisation des Farbstoffes hervorgerufen wird. Vermutlich tritt lose Bindung zwischen dem Farbstoffkation u. dem polyanion. *Chondroitinsulfat* (I) ein, wobei letztes in Lsg. Zonen höherer u. niederer anion. D. aufweist. Je nach den elektr. Eigg. des Farbstoffes werden dadurch Felddifferenzen auftreten, die eine Änderung der Lage der Absorptionsbanden hervorrufen. — *Methylengrün* zeigt in Ggw. von I nur geringe Metachromasie. (J. Amer. chem. Soc. **74.** 91—97. 5/1. 1952. New York, N. Y., Univ., Coll. of Med.) KÜHNEL. D 118

A. I. Vogel, W. T. Cresswell und **J. Leicester,** *Bindungsrefraktionen für Zinn-, Silicium-, Blei-, Germanium- und Quecksilberverbindungen.* Aufbauend auf den von VOGEL (C. **1949.** I. 971) angegebenen Bindungsrefraktionen geben Vff. eine tabellar. Übersicht über die Mol.-Refrr. einer größeren Zahl von Organo-Sn-, -Si-, -Pb-, -Ge- u. -Hg-Verbindungen. (J. physic. Chem. **58.** 174—77. Febr. 1954. London, Woolwich Polytechnic, Dep. of Chem.) WOELK. D 119

D. H. Rank, Jean M. Bennett und **T. A. Wiggins,** *Feinstruktur der $2\nu_3$-Bande des Methans.* Mit Hilfe eines Doppelweg-Gitterspektrographen hoher Auflösung u. PbS-Zelle konnten die Feinstrukturen in den Linien der P-, Q- u. R-Zweige, die von höheren Rotationstermen der $2\nu_3$-Bande des CH_4 ausgehen, für die J-Werte ≥ 5 aufgelöst werden (CH_4-Druck 20 Torr, Absorptionsweg 1 m). Die Wellenzahlen (Genauigkeit 0,03 cm^{-1}) u. die relativen Intensitäten der Linien werden tabellar. wiedergegeben. Die Messungen der Linien des Q-Zweiges ergaben ein ν_0 von 6004,93 cm^{-1} für diese Bande. Es werden einige Bandenkonturen angegeben. (J. opt. Soc. America **43.** 707—08. Aug. 1953. Pennsylvania State Coll., Phys. Dep.) RUDOLPH. D 120

Ichiro Nakagawa und **San-Ichiro Mizushima,** *Anhang: Die Zuordnungen der Raman- und Infrarotfrequenzen von 1.2-Dichloräthan, beobachtet im gasförmigen, flüssigen und* *festen Zustand.* (Vgl. C. **1954.** 5962.) Die für die Berechnung der Normalfrequenzen von *1.2-Dichloräthan* verwendete Potentialfunktion sowie Werte für die in ihr auftretenden Kraftkonstanten werden angegeben. Die mit den letztgenannten berechneten Frequenzen für CH_3Cl, CH_2Cl_2, $CHCl_3$, C_2H_6 u. C_2Cl_6 stimmen mit den beobachteten gut überein. (J. chem. Physics **22.** 759. April 1954. Tokyo, Japan, Univ., Fac. of Sci., Chem. Labor.) J. ROTHE. D 120

Ferdinand Mathis, *Über die Struktur der Hydroxamsäuren.* Vf. untersucht die Infrarotspektren der Kristalle einiger Hydroxamsäuren, Acylhydroxamsäuren u. zu Vergleichszwecken die einiger Oxime, um die Berechtigung ihrer Formulierung nach R—CO—NH—OH (**A**) bzw. R—CO—NH—OCO—R' oder R—C(OH)=N—OH (**B**) bzw. R—C(OH)=N—O—CO—R' zu überprüfen. Die aliphat. Oxime besitzen eine charakterist. Absorptionsbande bei 5,95—6 μ, die aromat. eine bei 6—6,1 μ, die der C=N-Bindung, u. beide um 2,9 μ eine Bande, die der O → HO-Gruppierung zugeordnet wird. Die Hydroxamsäuren, ihre K-Salze, die Benzhydroxamsäureäthyl- u. -benzoylester weisen dagegen bei 3 μ eine für die N—H-Bindung charakterist. schmale intensive Bande u. bei 6 μ eine für die C=O-Bindung charakterist. Frequenz auf, was ihre Struktur nach **A** festlegt. Bei der *Benz-*, *Zimt-*, *3-Phenylpropion-* u. *Anishydroxamsäure* existiert eine breite Bande bei 3,6 μ, aber keine, die der O → HO-Gruppierung zuzuordnen wäre. Dagegen findet sich letzte (2,9 μ) bei der *Benzhydroxamsäure* in CCl_4. Die 3,6 μ-Bande könnte vielleicht einer durch die Nachbarschaft eines O-Atoms im krist. Zustand gestörten C—H-Schwingung entsprechen. Das Auftreten der 2,9 μ-Bande in Lsg. könnte mit einer Assoziation nach **C** erklärt werden.

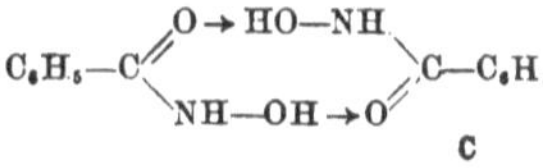

C

— Absorptionsmaxima der Infrarotspektren in μ: *Propanon-(2)-oxim,* 12,2; 10,9; 10,5; 9,2; 7,8; 6,8; 6,3; 5,95; 4,5; 3,38; 2,95. — *n-Heptanaloxim,* 13,9; 12,2; 11,75; 11,05; 10,75; 9,5; 9,0; 7,6; 7,5; 6,9; 5,99; 4,6; 3,35; 3,1; 2,95. — *Benzaldoxim,* 14,3; 13,0; 11,7; 11,45; 10,2; 9,25; 8,97; 8,55; 8,25; 7,75; 6,9; 6,6; 6,11; 5,7; 5,5; 5,3; 5,25; 5,1; 3,38; 3,0. — *Anisaldoxim,* 12,0; 11,3; 10,7; 10,4; 9,55; 8,85; 8,35; 7,85; 7,55; 6,7; 6,2; 3,38; 3,0. — *Propionhydroxamsäure,* 14,4; 12,85; 12,5; 10,75; 10,1; 9,50; 9,35; 9,02; 7,98; 7,55; 6,9; 6,6; 6,15; 6,0; 3,45; 3,3; 3,25; 3,07. — *l-Arabonhydroxamsäure,* 14,4; 12,6; 11,3; 10,7; 10,2; 9,6; 9,45; 9,2; 8,95; 8,75; 8,2; 7,8; 7,65; 7,2; 6,8; 6,0; 3,45; 3,38; 3,03. — *Benzhydroxamsäure,* 14,4; 14,1; 12,6; 11,1; 9,7; 9,25; 7,5; 6,8; 6,2; 6,0; 3,6; 3,4; 3,25; 3,0. — *Anishydroxamsäure,* 13,3; 11,7; 11,0; 9,7; 8,9; 8,5; 8,0; 3,6; 3,38; 3,3; 3,0. — *Zimthydroxamsäure,* 14,5; 13,9; 13,1; 12,5; 11,6; 10,25; 9,9; 9,25; 7,9; 7,65; 7,35; 6,75; 6,2; 6,0; 3,65; 3,24; 3,06. — *3-Phenylpropionhydroxamsäure,* 14,3; 12,85; 11,0; 10,2; 10,0; 9,9; 9,25; 6,9; 6,0; 3,55; 3,38; 3,25; 3,0. — *K-Benzhydroxamat,* 14,4; 13,9; 12,6; 11,1; 10,75; 9,7; 8,6; 6,1; 3,06. — *N-Benzoyl-O-acetylhydroxylamin,* 14,4; 12,5; 11,1; 10,7; 9,7; 9,25; 8,5; 6,05; 3,5; 3,35; 3,15; 3,0. — *N.O-Dibenzoylhydroxylamin,* 14,3; 12,5; 11,7; 10,6; 9,95; 9,7; 9,5; 9,25; 8,55; 8,0; 7,65; 6,8; 6,15; 5,65; 3,5; 3,3; 3,09. (C. R. hebd. Séances Acad. Sci. **232.** 505—07. 5/2. 1951.) LIEBIG. D 120

D. L. Glusker, H. W. Thompson und **R. S. Mulliken,** *Infrarotspektren von Jodlösungen.* Vorl. Mitt. über die Infrarotspektren von organ. Lösungsmitteln, in denen J_2 gelöst ist. Vff. beobachten die reinen u. die mit CS_2 oder CCl_4 verd. Lösungen. Kein Effekt wird beobachtet bei Lsgg. in CS_2, CCl_4, *Acetonitril, Bzl., Toluol,* den *Xylolen, 2.6-Dimethylnaphthalin.* Frequenzverschiebungen u. Intensitätsänderungen traten auf bei Lsgg. in *Mesitylen, Ae., Dioxan, Tetrahydrofuran, Äthylacetat, Aceton, Methyläthyl-* u. *-n-hexylketon, Acetophenon, Benzophenon* u. *Dibenzylidenaceton.* Zahlreichere Veränderungen werden für *Pyridin* u. die *Picoline* beobachtet. (J. chem. Physics **21.** 1407—08. Aug. 1953. Oxford, Univ., Phys. Chem. Labor.) H.-J. BECHER D 120

Aubrey P. Altschuller, *Die Dipolmomente von Kohlenwasserstoffen.* Die Dipolmomente aliphat. u. aromat. KW-stoffe werden nach der Meth. von ONSAGER u. nach einer vereinfachten Gleichung berechnet u. mit den aus Messungen an Lsgg. u. Gasen erhaltenen Werten verglichen. Die Übereinstimmung mit den aus Lsgg. bestimmten Werten ist gut, die an Gasen gemessenen Momente liegen höher. Werte sind angegeben für *Penten-(1), Hexen-(1), Pentadien-(1.3), 2-Methylbutadien-(1.3), -pentadien-(1.3),* 3- u. *4-Methylpentadien-(1.3), 2.3-Dimethylbutadien-(1.3), Bzl., Toluol, Äthylbenzol, o-, m-, p-Xylol, n-* u. *Isopropylbenzol, 1.2.4-* u. *1.3.5-Trimethylbenzol, 1-Methyl-4-äthyl-* u. *-4-isopropylbenzol, tert.-Butylbenzol* sowie *p-tert.-Butyltoluol.* (J. physic. Chem. **57.** 538—40. Mai 1953. Cleveland, O., Nat. Advis. Comm. for Aeronautics, Lewis Flight Propuls. Labor.) K. L. WOLF. D 132

R. G. Schneider und **H. Heuer,** *Das Dipolmoment des ζ-1.2.3.4.5.6-Hexachlorcyclohexans.* Ein von RIEMSCHNEIDER u. Mitarbeiter (Mh. Chem. **84.** [1953.] 1068) isoliertes bei 88—89° schmelzendes *1.2.3.4.5.6-Hexachlorcyclohexan* hat ein Dipolmoment von 1,7 ± 0,2 D. Dieser Wert bestätigt eindeutig die von RIEMSCHNEIDER vorgeschlagen Zuordnung zur Konfiguration e.e.p.e.p.p. (Z. Naturforsch. **8b.** 695—96. Nov. 1953.) K. L. WOLF. D 132

H. H. Jaffé, *Bestimmung der Basizität sehr schwacher Basen.* Vf. leitet unter bestimmten Annahmen eine Gleichung für die Geschwindigkeit der Selbstesterifizierung ab, die in Kombination mit der Meth. von PRATT u. MATSUDA (J. Amer. chem. Soc. **75.** [1953.] 3739) die Ableitung relativer Werte für die Säuredissoziationskonstanten der mit sehr schwachen Basen in Benzollsg. konjugierten Säuren gestattet. Die Meth. wird an den Verbb. *p-$CH_3C_6H_4COCH_3$*, *p-$BrC_6H_4COCH_3$*, *$C_6H_5COOCH_3$* u. *$C_6H_5NO_2$* geprüft. (J. Amer. chem. Soc. **76.** 1024—25. 20/2. 1954. Chapel Hill, N. C., Univ of North Carolina, U. S. Public Health Serv., School of Public Health, Ven. Disease Exp. Labor.) NIEMITZ. D 139

Adrien Albert und **Alexander Hampton,** *Analoge von 8-Oxychinolin mit zusätzlichen Ringstickstoffatomen.* 2. Mitt. *Weitere Darstellungen und einige physikalisch-chemische Eigenschaften.* (1. vgl. C. **1953.** 8868.) Die Darst. von *8-Oxy-4-methyl-* (**XII**), *8-Oxy-4-propyl-* (**XIII**) u. *7-Allyl-8-oxychinazolin* (**XIV**) wird beschrieben; die Formylierung der intermediären prim. Amine wird dabei quantitativ mit Essigsäureameisensäureanhydrid (**XVI**) bei 5° erreicht. Im Zusammenhang mit der Prüfung auf antibakterielle Eigg. werden die Löslichkeiten in W. bei 20°, die Oleylalkohol–W.-Verteilungskoeffizienten u. die Dissoziationskonstanten (in [ ] bas. bzw. saure pK-Werte) von *8-Oxychinolin* (**I**) [5,13; 9,89], *8-Oxycinnolin* (**II**) [2,74; 8,20], *8-Oxychinazolin* (**III**) [3,41; 8,65], *5-Oxychinoxalin* (**IV**) [0,9; 8,65], *4-Oxy-1.5-naphthyridin* (**V**) [2,85; 10,01], *8-Oxy-1.6-naphthyridin* (**VI**) [4,08; 8,33], *8-Oxy-1.7-naphthyridin* (**VII**) [2,64; 12,01], *4'-Oxypyridino-[2'.3':5.6]-pyrimidin* (**VIII**) [< 2; 8,95], *2'-Oxypyridino-[3'.4':2.3]-pyrazin* (**IX**) [< 1,3; 11,05], *4'-Oxypyridino-[2'.3':2.3]-pyrazin* (**X**) [<1,3; 8,78], *8-Oxy-4-methylcinnolin* (**XI**) [3,18; 8,34], **XII** [2,90; 8,75], **XIII** [? (zu unlösl.); 8,82], **XIV** [?; ?] u. *4-Oxypteridin* (**XV**) [< 1,5; 7,89] bei 20° in W. potentiometr. bestimmt u. diskutiert. Zum Vgl. werden die pK_a-Werte von *Cinnolin* [2,70], *Chinazolin* [3,51], *4-Methoxycinnolin* [3,21] u. *4-Methoxychinazolin* [3,13] u. zur Erklärung einiger Unregelmäßigkeiten bei der sauren Dissoziation der **I**-Analogen diejenigen von *2-*, *3-* bzw. *4-Oxypyridin* [11,62; 8,72 bzw. 11,09] sowie von *2-* u. *4-Oxypyrimidin* [9,17 bzw. 8,59] u. von *Phenol* [9,98] herangezogen. — **II—XII** sind bedeutend weniger lipophil als **I**; Verbb., die zur Ausbldg. cycl. Amidformen bzw. dazu vinyloger Strukturen fähig sind (**V, VII—X** bzw. **XV**), haben die kleinsten Öl–W.-Verteilungskoeffizienten. Durch Einfügen kleiner Alkylgruppen kann der Einfl. der vorhandenen Hydratationszentren wirksam abgeschwächt werden; so verhalten sich die Verteilungskoeffizienten von **III, XII, XIII** u. **XIV** wie 1 : 3 : 26 : 60. — Bestimmt werden auch die Stabilitätskonstanten der Fe(II)- u. Fe(III)-Komplexe von **II—VII** u. **IX**, der Cu(II)-Komplexe von **II, III, V—VII** u. **IX** u. der Ni(II)-Komplexe von **II—XII** bei 20° in W. u. verglichen mit denjenigen der Cu-, Ni- u. Fe(II)-Komplexe von **XV** u. der Cu-, Ni-, Fe(II)- u. Fe(III)-Komplexe von **I** sowie von *8-Oxychinolin-5-sulfonsäure*; letzte wurde herangezogen, weil die 2 : 1-**I**-Metallkomplexe (im Gegensatz zu den 1 : 1-Komplexen) in W. zu wenig lösl. sind. Aus demselben Grunde konnten auch die Komplexe einiger anderer **I**-Analogen nicht untersucht werden. Die Verbb. mit 1 zusätzlichen N-Atom besitzen geringere Affinität als **I** gegenüber — bes. 2wertigen — Metallionen, während die **I**-Analogen mit 2 zusätzlichen N-Atomen fast ebenso akt. wie **I** sind. Für den Einfl. des Metalls auf die Stabilität der Komplexe gilt allg.: $Cu^{2+} > Ni^{2+} > Fe^{2+}$. Bei der Bldg. der Komplexe der Oxynaphthyridine [Bildungskurven für Cu-Komplexe von **V** u. **VII** u. Fe(II)-Komplexe von **VI** im Original] werden Anomalitäten beobachtet, zu deren Deutung eine Theorie entwickelt wird, welche die relative Basizität der beiden N-Atome in **III—VII** zu bestimmen gestattet. Ermittelt werden die Dissoziationskonstanten (in [ ] saure pK_a-Werte) u. die Stabilitätskonstanten der Ni(II)-Komplexe von **III**-*3-Methojodid* [7,26], **IV**-*1-Methojodid* [5,74] u. **VI**-*6-Methojodid* [4,34]. — Ferner wird das Verhältnis der Fettlöslichkeit der Verbb. **II, III, V—VII** u. **XI** zu derjenigen ihrer 2 : 1-Ni(II)-Komplexe angenähert durch Extraktion mit Oleylalkohol aus 0,0002mol. wss. Lsg. (Na-Salze) bei 20° u. p_H 5,6—6,6 in Ggw. bzw. Abwesenheit von Ni^{2+} ermittelt. Die übrigen **I**-Analogen konnten wegen zu großer bzw. zu kleiner Öl–W.-Verteilungskoeffizienten nicht nach vorst. Meth. untersucht werden. — Alle *Fe(II)-Komplexe* sind rot; *Fe(III)-Komplexe* grünlich- oder rötlichschwarz außer denen von **V, VII** u. **IX** (orangefarben); *Cu-Komplexe* hellgrün, außer denen von **II—IV** (gelb); *Ni-Komplexe* von **II** rot, von **V, VII** u. **VIII** hellgrün, die übrigen gelb.

V e r s u c h e : *Oleylalkohol,* $Kp._{0,03}$ 132°; n_D^{20} 1,4608. — *3-Methoxy-2-nitroacetophenon,* F. 128°, durch Kondensation von 3-Methoxy-2-nitrobenzoylchlorid (**XVII**) mit Äthoxymagnesiummalonester, Hydrolyse u. Decarboxylierung in sd. Propionsäure; 95% (Ausbeute). — *2-Formamido-3-methoxyacetophenon*, $C_{10}H_{11}O_3N$, F. 95°, durch Zugabe von 2-Amino-3-methoxyacetophenon (aus vorst. Verb.) zu **XVI** (Kp.$_{20}$ 29—32°) bei 0—5°, Gießen auf Eis u. Einstellen auf p_H 4 mit 8nNH_4OH; aus PAe. Nadeln; 97%. — *8-Methoxy-4-methylchinazolin*, $C_{10}H_{10}ON_2$, F. 131°, durch 3std. Einleiten von NH_3 in eine Lsg. vorst. Verb. in geschmolzenem NH_4OCOCH_3 bei 155—160°, aus W. Nadeln; 83%. — *8-Oxy-4-methylchinazolin* (**XII**), $C_9H_8ON_2$, F. 162°, durch Erhitzen vorst. Verb. mit $AlCl_3$ auf 100°, dann 4 Std. auf 130—135°, Aufnehmen in W., 6std. Ae.-Extraktion bei p_H 3—4, Einengen, Behandeln mit W. bei p_H 5 u. Sublimation bei 140—150°/25 mm; aus PAe. cremefarbene Nadeln; 65%. — *3-Methoxy-2-nitrophenylpropylketon*, $C_{11}H_{13}O_4N$, F. 82°, durch Zugabe von 10,8 g **XVII** in Bzl. zu Na-Äthylmalonsäuredibenzylester in Bzl., ½std. Kochen, Gießen in etwas H_2SO_4 enthaltendes W., Aufnehmen in Bzl., Einengen bei 100°/0,05 mm, Hydrieren des entstandenen *Äthyl-[3-methoxy-2-nitrobenzoyl]-malonsäuredibenzylesters* über 10%ig. Pd–$SrCO_3$ in Essigester, Filtrieren, 3std. Kochen; aus PAe. Prismen (2,8 g), daneben *3-Methoxy-2-nitrobenzoesäure* (0,7 g). — *2-Formamido-3-methoxyphenylpropylketon*, $C_{12}H_{15}O_3N$, F. 37—37,5°, durch Zugabe von Fe-Spänen zu vorst. Verb. in Essigsäure während 1 Std. auf dem Dampfbad, Zugabe von W., 1std. Erhitzen, Ausäthern u. Rk. des gebildeten *2-Amino-3-methoxyphenylpropylketons* (Kp.$_{0,02}$ 82—84°; gelbes Öl; 95%) mit **XVI** wie oben; aus PAe. Prismen; 99%. — *8-Methoxy-4-propylchinazolin*, $C_{12}H_{14}ON_2$, F. 38—39°, durch 8std. Erhitzen vorst. Verb. in gesätt. äthanol. NH_3 auf 150 bis 160° im Rohr; aus PAe. gelbe Nadeln; 93%. — *8-Oxy-4-propylchinazolin* (**XIII**), $C_{11}H_{12}ON_2$, F. 100°, durch 4std. Erhitzen vorst. Verb. mit $AlCl_3$ auf 130—135°; aus PAe. gelbe Nadeln; 64%. — *8-Allyloxychinazolin*, $C_{11}H_{10}ON_2$, F. 55° (Kp.$_{0,04}$ 98—100°), durch 6std. Kochen von **III** u. Allylbromid in Ggw. von K in absol. Methanol; aus PAe. Nadeln; 65%. — *7-Allyl-8-oxychinazolin* (**XIV**), $C_{11}H_{10}ON_2$, F. 109,5°, durch kurzes Erhitzen vorst. Verb. auf 195—200°, Lösen in n NaOH, Aufnehmen in Bzl. u. Einstellen auf p_H 6; aus PAe. Blättchen; 83%. — *8-Oxychinazolin* (**III**)-*3-methojodid-monoalkoholat*, $C_9H_9ON_2J \cdot C_2H_6O$, durch 3std. Erhitzen von 0,5 g **III** u. CH_3J auf 100° im Rohr; aus A. Nadeln; bei $>$100° frei von A., F. 192° (Zers.); 0,51 g. — *5-Oxychinoxalin* (**IV**)-*1-methojodid*, $C_9H_9ON_2J$, F. 177° (Zers.); aus n-Propanol orangefarbene Blättchen; 0,40 g (aus 0,25 g **IV**). — *8-Oxy-1.6-naphthyridin* (**VI**)-*6-methojodidmonohydrat*, $C_9H_9ON_2J \cdot H_2O$, F. 165—167° (Zers.; W.), durch 1std. Erhitzen von **VI** mit CH_3J auf 85°; orangefarben; 0,6 g. — *4-Oxy-1.5-naphthyridin* (**V**), nach KLISIECKI u. SUCHARDA (C. **1928**. I. 2092). — *4-Oxypyridino-[2'.3':5.6]-pyrimidin* (**VIII**), nach PRICE u. CURTIN (J. Amer. chem. Soc. **68**. [1946.] 914). (J. chem. Soc. [London] **1954**. 505—13. Febr. London, Australian Nat. Univ., Dep. of Med. Chem.) W. HOFFMANN. D 139

Ch. Prévost, P. Souchay und **J. Chauvelier**, *Vergleich der chemischen Aktivität der Äthylen- und Acetylenbindung. Chemische und physikochemische, besonders polarographische Untersuchung.* Ein zusammenfassender Überblick über die bisherigen chem. u. physiko-chem. experimentellen Möglichkeiten (chem. u. katalyt. Hydrierung, Halogenaddition, andere symm. u. asymm. Additionen, Wrkg. der Mehrfachbindung auf elektrophile u. nucleophile α-Substitution, Konjugationen mit anderen Mehrfachbindungen, Mol.-Refr. u. deren Exaltation, Verschiebung der Infrarot- u. UV-Banden, RAMAN-Frequenzerniedrigung u. Polarographie), die chem. Aktivität von verschied. Bindungen, bes. die der *Äthylen-* u. *Acetylen*-Bindung, vergleichend zu beurteilen, zeigt, daß ein eindeutiger Schluß daraus nicht gezogen werden kann. Der Vers., durch neue polarograph. Unterss. an *Phenylbenzoylacetylen, Dibenzoylacetylen, Phenylpropargylaldehyd, Zimtaldehyd, Malein-* bzw. *Fumarsäure, Acetylendicarbonsäure* sowie *Zimtsäure* u. *Phenylpropiolsäure* u. Vgl. der Ergebnisse mit teilweise aus der Literatur entnommenen [hauptsächlich von PASTERNAK (C. **1949**. I. 373), dessen Ergebnisse durchweg gut bestätigt wurden], das Problem zu lösen, gelingt ebenfalls nicht zufriedenstellend. (Bull. Soc. chim. France. Mém. [5] **18**. 714—24. Sept./Okt. 1951. Paris, Fac. des Sci., Labor.) NIEMITZ. D 142

J. Doskočil, *Polarographie einiger o-Polyphenole und ihrer Oxydationsprodukte.* Das Syst. *Brenzcatechin* (**I**)–*o-Benzochinon* (**II**) verhält sich an der Hg-Tropfelektrode wie ein reversibles Redoxsyst.; das Halbstufenpotential der Anodenstufe von **I** koinzidiert mit der Kathodenstufe von **II**. Das Syst. *1.2-Dioxynaphthalin–β-Naphthochinon* (**III**) verhält sich an der Hg-Tropfelektrode ebenfalls wie ein reversibles Redoxsystem. Die Oxydoreduktionspotentiale von **II**, *4-Methyl-o-benzochinon* (**IV**) u. **III** wurden bei verschied. p_H-Werten polarograph. bestimmt; die E_0-Werte (gegen die n. H-Elektrode) ergaben sich für **I** +816 mV, **IV** +754 mV, **III** +573 mV. — Die 2stufige, anod. Oxydation von *Pyrogallol* (**V**) an der Hg-Tropfelektrode wurde in

einem p_H-Bereich von 3,25—11,40 untersucht. Das **V**-Syst. ist nicht reversibel. E_0 (für die 1. Stufe, bezogen auf die n. H-Elektrode) ergab sich zu +663 mV; das krit. Potential scheint 620 mV zu sein. Zur polarograph. Unters. der **V**-Oxydationsprodd. wurde **V** oxydiert durch: Cerisulfat bei p_H 4,63, durch Peroxydase u. H_2O_2 bei p_H 7,62, durch Tyrosinase u. Luft-O_2 bei p_H 5,48, u. durch Luft-O_2 bei p_H 10,86. In keinem Fall wurde eine einem prim. Oxydationsprod. von **V** entsprechende Stufe beobachtet. Für die Elektrooxydation von **V** zu *Purpurogallin*, $C_{11}H_8O_5$, wurde der von WILLSTÄTTER [1923.] vorgeschlagene Reaktionsmechanismus modifiziert. (Collect. Trav. chim. Tchécoslov. **15.** 599—613. 1950. Prag, Karls-Univ., Phys.-chem. Inst.)
K. F. MÜLLER. D 142

Mansel Davies und **David G. Jenkin**, *Physikalische Eigenschaften und thermodynamische Funktionen von Trichloracetonitril.* Die physikal. Eigg. von *Trichloracetonitril* (Kp.$_{764}$ 85,8—86°), dargestellt aus Trichloressigsäureäthylester u. NH_4OH u. Entwässern des Amids durch Erhitzen mit P_2O_5, wurden ermittelt. Die D. beträgt bei 25° 1,4403 g/cm³, bei 35° 1,4223. Der Dampfdruck wurde bei Tempp. zwischen 16,8 u. 83,4° gemessen. Die daraus berechneten Konstanten der ANTOINE-Gleichung sind A = 7,013, B = 1275 u. C = 222,8, die mittlere latente Verdampfungswärme 8160 cal/Mol u. TROUTONsche Konstante 22,8 cal/Mol °K. Die Brechungsindices n_D^{20} 1,4409 ± 0,0001 u. n_D^{27} 1,4375 ± 0,0001 wurden ermittelt. UV- u. Infrarotspektren werden aufgenommen u. diskutiert. Die DK. wird gemessen u. daraus nach ONSAGER das Dipolmoment μ zu 1,93 D berechnet. Die thermodynam. Funktionen werden berechnet. (J. chem. Soc. [London] **1954.** 2374—77. Juli. Aberystwyth, Wales, Univ. Coll., Edward Davies Chem. Labor.) G. PAULIG. D 146

C. W. Beck, *Der Einfluß der Hyperkonjugation auf die Siedepunkte der Alkene.* Statist. Analyse der Kpp. einiger hundert ungesätt. Verbb. hinsichtlich des Einfl. der Anzahl H-Atome in α-Stellung zur Doppelbindung als Maß für das Ausmaß der Hyperkonjugation zeigt, daß der Effekt der Hyperkonjugation den der Symmetrie der Ladungsverteilung bei schwach polaren Verbb. stark überlagert u. die Kpp. entscheidend beeinflußt. Durch Hyperkonjugation wird daher der Kp. in aliphat. Monoolefinen erhöht. Als Beispiel werden 5 Methylhexene, die sich nur durch die Lage der Doppelbindungen unterscheiden, angeführt. (Experientia [Basel] **10.** 14—15. 15/1. 1954. Cambridge, Mass., Inst. of Technol., Dep. of Chem.) DU MONT. D 150

Thomas F. Fagley, Elias Klein und **John F. Albrecht jr.**, *Die Verbrennungswärmen von Diazoaminobenzol, Benzotriazol und 2-Triazoäthanol.* Die calorimetr. Messungen ergaben bei 298,1° K folgende Werte für die Verbrennungswärmen der obenst. Verbb. (**I**—**III**) **I** = 1582,78 ± 0,31, **II** = 794,97 ± 0,21 u. **III** = 381,92 ± 0,38 kcal Mol⁻¹. Hieraus werden die Bildungswärmen aus den Elementen u. aus den Gasatomen berechnet. Die Resonanzenergien von **I** u. **II** werden angegeben. — *2-Triazoäthanol*, Kp.$_{1-2}$ 31°, aus Äthylenchlorhydrin u. NaN_3. (J. Amer. chem. Soc. **75.** 3104—06. 5/7. 1953. New Orleans, La., Toulane Univ., Richardson Chem. Labor.)
W. KAUFMANN. D 156

Gordon L. Dugger, *Der Einfluß der Mischungsanfangstemperatur von Methan–Luft-, Propan–Luft- und Äthylen–Luft-Gemischen auf die Flammengeschwindigkeit.* Vf. untersuchte die Abhängigkeit der „Flammengeschwindigkeit" U (das ist die n. Verbrennungsgeschwindigkeit) der Gemische *Methan* (**I**)–Luft, *Propan* (**II**)–Luft u. *Äthylen* (**III**)–Luft in BUNSEN-Brennern von der Eintrittstemp. T_0 der Gemische in die Brenner. Die Messungen an **I** geschehen im Temperaturbereich —132 bis 342° an 15,7 mm weiten Brennern, die REYNOLDSsche Zahl R betrug dabei 1500; bei **II** betrug T_0 —73 bis 344°, Brennerweite a = 10,2 bzw. 15,7 bzw. 22,7 mm, R = 1500 bzw. 2100; bei **III** betrug T_0 —73 bis 344°, a 6,3 mm u, R 2000. Die Brennerlänge betrug dabei zur Sicherstellung laminarer Strömungen mindestens 70 Brennerdurchmesser. Für die Verss. bei tiefen Tempp. befanden sich die gesamten Brenner außer der mit keram. Material versehenen Öffnung in DEWAR-Gefäßen; die Messungen wurden bei 25° Raumtempp. durchgeführt. Die Bestimmungen von U geschahen dabei durch Ausmessen des Schattenbildes der BUNSEN-Flamme, das durch Zuhilfenahme eines parallelen Strahlenbündels erzeugt wurde. Es ergab sich, daß R ohne Einfl. auf U ist, auch a zeigte wenig Wirkung. Für alle 3 Brennstoffe ließ sich die Abhängigkeit $U = b + c \cdot T_0^n$ feststellen, wobei für **I** im Temperaturbereich T_0 = 141—615° K galt: b = 8, c = 0,000160, n = 2,11; für **II** bei T_0 = 200—616° K: b = 10, c = 0,000342, n = 2,00 u. für **III** bei T_0 = 200—617° K: b = 10, c = 0,00259, n = 1,74. Die Ergebnisse werden mit den von SEMENOV bzw. TANFORD u. PEASE (C. **1948.** II. 1043) aufgestellten Formeln für U verglichen; die Streuung beträgt bis zu 20%. U änderte sich mit T_0 bei **I** am stärksten, bei **III** am wenigsten. Vf. vergleicht ferner die Ergebnisse für U, wenn verschied. Teile des Korns (z. B. innere u. äußere Kante) ausgemessen werden, u. teilt die Konstanten mit, die zur Temperaturbest. nach den verschied. Methoden zu benutzen sind. Wird U gegen $S = \sum_i p_i \cdot D_{i,r}$ aufgetragen, so ergeben sich gerade Linien. S ist dabei entweder die Summe der H-Atome oder die Gesamtkonz. der Atome oder Radikale (H- u. O-Atome, OH-Radikale) u. p_i der Partialdruck bzw. Molanteil des i-ten Radikals, $D_{i,r}$ dessen relativer Diffusionskoeffizient. Eine gute Übereinstimmung ergab sich für S sowohl bei Bestimmungen der Flammentemp. durch Ausmessen der D-Linie des Na als auch nach adiabat. Temperaturmessungen. Weshalb jedoch die Neigungen der Linie U, aufgetragen gegen S, steiler wird als von anderen Autoren beobachtet, ist noch nicht geklärt. (Nat. Advisory Committee Aeronaut., Rep. **1952.** Nr. 1061. 1—12. Cleveland, O., Nat. Adv. Comm. for Aeronautics, Lewis Flight Propuls Labor.) ROEDER. D 157

Michel Bernard, *Über den Einfluß von Oberflächenphänomenen auf die Kinetik der Entflammung von flüssigen Propergolen.* Es ist bekannt, daß Stoffe, die die Grenzflächenspannung merklich erniedrigen, die Entflammbarkeit eines Syst. von zwei Strahlen, die miteinander reagieren, beeinflussen. Diese Verhältnisse werden mit einer Filmkamera beobachtet. Benutzt werden als entflammbare Substanzen *Furfurylalkohol* u. ölige Lsgg. von *Dicyclopentadien* (83 u. 37%). Die Verzögerung der Entflammung bei Ggw. bzw. Einspritzung verschied. Stoffe (z. B. *Cetylpyridiniumbromid, Oleylamid, Triäthanolaminoleat, Na-Alkylsulfat*) wird angegeben. Je feiner verteilt die Fl. wird, um so größer ist der Effekt. Es wird angenommen, daß die oberflächenakt. Stoffe absorbiert werden. (C. R. hebd. Séances Acad. Sci. **235.** 1646—48. 22/12. 1952.) W. KAUFMANN. D 157

A. F. H. Ward und **L. Tordai,** *Zeitabhängigkeit der Grenzflächenspannung von Lösungen.* 3. Mitt. *Thermodynamik des Gleichgewichtes Grenzfläche–Gesamtlösung von Fettsäuren in Hexan–Wasser-Gemischen.* (2. vgl. C. **1953.** 1929.) Es werden die Aktivitäten von *Laurin-, Palmitin-* u. *Stearinsäure* an der absorbierten Grenzschicht bestimmt. Hieraus werden die Gesamtaktivitäten der Lsg. aus der Grenzflächenspannung erhalten. Daraus wiederum können die Gleichgewichte zwischen einfachen u. dimeren Fettsäuremoll. in Hexanlsg. bestimmt werden. Das Gleichgewicht bei *Stearinsäure* ist kompliziert gegenüber demjenigen bei den anderen Säuren. Die freie Energie der Dimerisation u. Adsorption wird berechnet, letzte ist unabhängig von der Kettenlänge. Für die adsorbierte Schichtdicke an der Grenzfläche (∂ in Å), die freie Energie der Adsorption (Δh^0) u. die Gleichgewichtskonstante k bei 25° ergeben sich die folgenden Werte: Laurinsäure [∂ =] 12,67; [Δh^0 =] —5,493 [kcal·Mol⁻¹]; [k =] 1,222·10⁴; Palmitinsäure 1393; —5,486; 1,102·10⁴; Stearinsäure 14,50; —5,482; 9,973·10⁴. (Recueil Trav. chim. Pays-Bas **71.** 482—89. April 1952. Manchester, Univ., Fac. of Technol., u. Durham, Univ., Londonderry Labor. Radiochem.) W. KAUFMANN. D 166

R. H. Stokes, *Aktivitätsdaten für wässerige Glykolamidlösungen bei 25°.* Es wurden die osmot. u. Aktivitätskoeffizienten wss. Lsgg. von *Glykolamid* [F. 115,8° (A.), aus dem Äthylester (Kp. 159—162°, korr.)] bei Konzz. von 0,2—5,5 Mol pro 100 g W. aus den isopiest. Dampfdruckmessungen berechnet u. mit Daten für Glycin verglichen. (Trans. Faraday Soc. **50.** 565—67. Juni 1954. Nedlands, Western Australia, Univ.) L. FISCHER. D 170

A. C. Chatterji und **A. N. Bose,** *Die Änderungen der relativen Viscosität mit der Temperatur. Nichtwässerige Lösungen von Elektrolyten und Nichtelektrolyten.* (Vgl. C. **1954.** 9485.) Mit einer früher beschriebenen App. (J. Indian chem. Soc. **25.** [1948.] 93; **26.** [1949.] 91) werden folgende Systeme untersucht: 1. *Benzoesäure, Salicylsäure, o-Nitrobenzoesäure, Phthalsäure, m-Nitrobenzoesäure* u. *Oxalsäure* in Aceton bei 30, 35, 40 u. 45°. 2. KJ, NH_4Br, NH_4NO_3, KCN u. NH_4CN in Methylalkohol bei 35, 40, 45 u. 50°; u. 3. NaJ u. KCN in Propylalkohol bei 40, 45, 50 u. 55°. In allen Fällen ist das Verhältnis $\delta(\eta_s/\eta_0)/\delta t$ negativ. Dieses Ergebnis ist im Fall der Acetonlsgg. zu erwarten, da die Lösungspartner beide polar sind u. mit steigender Temp. die Solvatationserscheinungen zurückgehen. Bei den Alkoholen wäre dagegen ein positiver Wert zu erwarten wegen der depolymerisierenden Wrkg. der gelösten auf die Lösungsmittelmoleküle. Doch stimmen die Ergebnisse mit den von BRISCOE u. REINHART berichteten (J. physic. Chem. **46.** [1942.] 387) überein. (J. Indian chem. Soc. **27.** 138—39. März 1950, Lucknow, Univ., Chem. Labors.) V. SCHIESZL. D 172

Werner Zeil, *Physikalische Eigenschaften und Konstitution der Grignardschen Verbindungen.* In Analogie zu den Aluminiumhalogeniden schlägt Vf. für die dimeren Magnesiumhalogenide die Formel $X{-}Mg\langle{}^{X}_{X}\rangle Mg{-}X$ vor. Unter dieser Voraussetzung läßt sich für die GRIGNARD-Verbb. ein ausgedehntes Gleichgewichtssyst. aufstellen, dessen Bestätigung durch Ultrarotmessungen an *C_6H_5MgBr* (I) in Cyclohexan, Bzl. u. Ae. sowie des durch Bzl. gefällten Anteils in Ae., *C_2H_5MgBr* (II) in Bzl., *Magnesiumdiphenyl* (III) in Ae., *Magnesiumbromid* u. *-jodid* in Ae. gegeben wird. Absorptionsbanden bei 780 u. 900 cm^{-1} werden den Schwingungen des $MgBr_2$ zugeordnet; eine schwache Bande bei ~840 cm^{-1} dürfte eine verschobene Ätherbande sein. Auch bei den übrigen Schwingungen bis 1900 cm^{-1} handelt es sich im allg. um Banden des Äthers oder des organ. Restes. Bei allen Lsgg. des **I** u. **II** lassen sich die Banden des $MgBr_2$ beobachten, das heißt, das Gleichgewicht zwischen **I** einerseits u. **III** bzw. $MgBr_2$ andererseits stellt sich in allen Lösungsmitteln ein. Für die in dieser Arbeit postulierte Struktur des dimeren Magnesiumbromides finden sich in der Literatur keine Frequenzgleichungen. Sie werden daher hier aufgestellt. Von den daraus berechneten Frequenzen liegen nur die beiden Schwingungen von 821 u. 861 cm^{-1} in dem hier untersuchten Spektralbereich. Sie stimmen in Anbetracht der vereinfachenden Annahmen gut mit den beobachteten Werten bei 780 u. 900 cm^{-1} überein. Für Magnesiumbromid kommt also nur die dimere Form mit dem Vierring in Frage. Die quantenmechan. Rechnungen von SYRKIN u. DYATKINA lassen sich auch auf das hier vorliegende Problem der dimeren GRIGNARD-Verbb. u. Magnesiumhalogenide anwenden u. bestätigen die Möglichkeit der Existenz von Doppelmoll. u. -ionen, wie sie hier angenommen werden. Das hier ausgearbeitete Gleichgewichtssyst. gestattet, alle bekannten physikal. Eigg. den GRIGNARD-Verbb. zu erklären, z. B. die Zunahme des Mol.-Gew. mit der Konz., den Verlauf der Äquivalentleitfähigkeitskurve mit der Konz. durch ein Maximum, den Temperatureinfl. u. anderes. (Z. Elektrochem., Ber. Bunsenges. physik. Chem. **56.** 789—96. 1952. Karlsruhe, Inst. für Physik. Chem. u. Elektrochem.) KORTÜM. D 182

Je. N. Gurjanowa und **W. N. Wassiljewa,** *Austausch der RS-Gruppen in Polysulfiden.* Mit Hilfe von radioakt. ^{35}S wurde gezeigt, daß der Austausch der mittleren S-Atome zwischen Polysulfiden (*Diäthyltrisulfid–Diäthyltetrasulfid*; *Diäthyltrisulfid–Ditolyltrisulfid*) nicht durch Übergang eines S-Atoms von einem Mol. Polysulfid an ein anderes vor sich geht, sondern ein Resultat des Austausches von RS-Gruppen ist. Die Austauschbedingungen im Syst. *Diäthylsulfid–Diäthyltrisulfid*, *Dibenzyldisulfid–Dibenzyltrisulfid*, *Bis-*[*benzothiazolyl-*(*2*)]*-disulfid* (*Altax*)–*2-Mercaptobenzthiazol* (*Captax*) wurden untersucht u. der Einfl. von Radikalen auf die Beweglichkeit der RS-Gruppen gezeigt. Durch die Einw. von UV-Licht wird der Austausch zwischen Polysulfiden, Disulfiden u. Thiolen beschleunigt. Der radikal. Austauschmechanismus wurde diskutiert. Die beobachteten Austauschbedingungen können für die Synth. von Disulfiden unter Verwendung verschied. Radikale (R—S—S—R') benutzt werden. (Журнал Физической Химии [J. physik. Chem.] **28.** 60—66. Jan. 1954.) H. KASPAR. D 221

Je. N. Gurjanowa, *Einige Austauschreaktionen des Schwefels.* Die Austauschbedingungen einer Reihe schwefelhaltiger organ. Verbb. mit elementarem S wurden untersucht. Diese mit radioakt. S markierten Verbb. können durch Austausch mit elementarem S dargestellt werden. Radikale beeinflussen die Eigg. der RS-Gruppen beim Austausch mit elementarem S. Aus den qualitativen Angaben über den S-Austausch in Vulkanisationsbeschleunigern (*Na-Diäthyldithiocarbamat, Ni-Diäthyldithiocarbamat, Captax* u. *Altax*) wurde gefolgert, daß die am stärksten akt. Vulkanisationsbeschleuniger leicht in Austausch-Rkk. mit S eintreten. Bei der Umsetzung von *p-Thiokresol* mit *SCl_2* u. *S_2Cl_2* tauscht die Sulfhydrylgruppe des Thiokresols nicht mit den S-Atomen des SCl_2 u. S_2Cl_2 aus. Mit radioakt. SCl_2 u. S_2Cl_2 synthetisierte Vf. *Ditolyltrisulfid* u. *Ditolyltetrasulfid,* bei dem die mittleren S-Atome radioakt. waren. (Журнал Физической Химии [J. physik. Chem.] **28.** 67—72. Jan. 1954.) H. KASPAR. D 221

L. Brown und **I. F. Trotter,** *Eine ultrarotspektroskopische Untersuchung der Reaktion zwischen Essigsäureanhydrid und Buttersäureanhydrid.* Essigsäureanhydrid u. Buttersäureanhydrid werden bei Tempp. zwischen 20 u. 100° gemischt u. die Ultrarotspektren aufgenommen. Sofort nach der Mischung erhält man das Summenspektr. der beiden Partner, in 2—3 Std. jedoch zeigt das Spektr. außerdem ein gemischtes Anhydrid an, das mit den beiden ursprünglichen Anhydriden im Gleichgewicht steht. Das Gleichgewicht ist wenig temperaturabhängig. Die Reaktionsgeschwindigkeit wird bei 25, 35 u. 45° spektroskop. gemessen u. ein Wert von ca. 10 kcal für die Aktivierungsenergie berechnet. (J. chem. Soc. [London] **1951.** 87—93. Jan. Coventry, Courtaulds Ltd., Labor. Nr. 1.) A. REUTER. D 221

Panta S. Tutundžić und **Milica Liler,** *Elektrische Leitfähigkeit, Viscosität und Dichte flüssiger Systeme der Schwefelsäure mit niederen Fettsäuren.* Bei 25 u. 40° wurden die spezif. elektr. Leitfähigkeit (*ϰ*), Viscosität (*η*) u. D. bei den bin. Systemen von H_2SO_4 mit *Essig-*, *Propion-* u. *Buttersäure* bestimmt u. die entsprechenden Temperaturkoeffizienten berechnet. Auf Grund der *η*-Isothermen existieren Verbb. im mol. Verhältnis 1:1, die mit den höheren Gliedern der Reihe unbeständiger werden. *ϰ* fällt mit steigender Kettenlänge der aliphat. Säuren. Die Maxima der Temperaturkoeffizienten stimmen bei *ϰ* u. *η* ihrer Lage nach überein. Die Dichte-Isothermen spiegeln deutlich den gleichzeitigen Einfl. des Zerfalls der Assoziate u. der Bldg. von Verbb. in den untersuchten Systemen wieder. Die Abnahme der Beständigkeit der Verbb. mit immer höheren Gliedern der homologen Reihe kann durch den Einfl. der ster. Hinderung der aliphat. Kette gedeutet werden, was auch in der Verkleinerung der Assoziation der Fettsäuren in der homologen Reihe zum Ausdruck kommt. (Гласник Хемиског Друштва Београд [Ber. chem. Ges. Belgrad] **18.** 521—39. 1953. Belgrad, Chem. Inst. der Serb. Akad. der Wiss.; Inst. für Physik. Chem. u. Elektrochem. der Technol. Fakultät.) POLLAK V. EMHOFEN. D 223

Panta S. Tutundžić und **Djura Kosanović,** *Brechungsindex flüssiger Systeme der Schwefelsäure mit niederen Fettsäuren.* (Vgl. vorst. Ref.) Es wurden der Brechungsindex n_D bei 20 u. 30° u. sein Temperaturkoeff. bei den bin. Systemen von H_2SO_4 mit *Essig-*, *Propion-* u. *Buttersäure* u. mit *W.* bestimmt. Die Resultate lassen den Schluß zu, daß Verbb. aus 1 Mol H_2SO_4 u. 1 Mol Fettsäure bestehen. Das Maximum der Abweichung von der Mischungsregel entspricht nur bei dem Syst. mit Propionsäure einem einfachen rationellen Verhältnis der Komponenten. In der Reihe der Fettsäuren aufsteigend, verschiebt sich dieses Maximum nach der Seite der H_2SO_4 hin infolge steigender Dissoziation der Verbindungen. Die Größe der Abweichung fällt von den niederen zu den höheren Fettsäuren ab, während sie mit W. fast doppelt so groß ist. Hieraus folgt, daß der Einfl. der Verbindungsbldg. mit zunehmender Länge der aliphat. Kette kleiner wird. Der Temperaturkoeff. zeigt eine stärkere Änderung nur im Gebiet von 50 Mol-% infolge Verschiebung des Maximums mit Erhöhung der Temp. im Zusammenhang mit stärkerer Dissoziation der gebildeten Verbindung. Bei dem Syst. *H_2SO_4-W.* läßt sich eine Entscheidung über die Existenz definierter Verbb., die nach anderen Methoden festgestellt wurden, nicht treffen. (Гласник Хемиског Друштва Београд [Ber. chem. Ges. Belgrad] **18.** 541—53. 1953.) POLLAK V. EMHOFEN. D 223

Saburo Nagakura, *Bestimmung der auf Wasserstoffbrückenbindung beruhenden Energie- und Entropieänderung mittels der Absorption im nahen Ultraviolett. — Der Einfluß des Chloratoms auf die Protonendonator- und -acceptorwirkung.* Durch Absorptionsmessung im nahen UV an Lsgg. eines Protonendonators (*Phenol* [I], *o-*, *m-* u. *p-Chlorphenol* [II]) u. eines Protonenacceptors (*Methyl-* u. *Äthylester* der *Essigsäure*, *Chloressigsäure* [nur Methylester] u. *Trichloressigsäure*) in einem indifferenten Lösungsm. (PAe., n-Hexan, CCl_4) ist die Gleichgewichtskonstante des Donator—Acceptor-Gleichgewichtes, ihre Temperaturabhängigkeit u. daraus die H-Brückenbindungsenergie ΔH u. die -entropie bestimmbar. ΔH ist in KW-stoffen als Lösungsm. größer als in CCl_4. Als mögliche Ursache dafür kann a) eine Abnahme der elektrostat. Bindungsenergie zwischen Donator u. Acceptor mit zunehmender DK. der Lösungsmittel oder b) eine gegenseitige Beeinflussung von I u. CCl_4, u. damit eine Herabsetzung der Stabilisierungsenergie der Brückenbindung angesehen werden. Eine Cl-Substitution der Essigsäureester bewirkt eine Abnahme ihrer Protonenacceptoreigg., während eine m- u. p-Substitution des I die Donatoreigg. erhöht. Der sehr geringe ΔH-Wert für o-II ist durch Ausbildung einer innermol. H-Brücke zu erklären. (J. Amer. chem. Soc. **76.** 3070—73. 5/6. 1954. Tokio, Univ., Inst. of Sci. and Technol.) MOISAR. D 223

Alfred Maillard und **Werner Rosenthal,** *Die Löslichkeit von Acetylen in verschiedenen organischen Lösungsmitteln.* Untersucht wird der Einfl. des W. auf die Löslichkeit von Acetylen in *Aceton* (I), Dioxan u. *Dimethylformamid* (II). Die Löslichkeiten, durch den OSTWALD-Koeff. ausgedrückt, werden durch den Zusatz von W. in allen Fällen stark herabgesetzt. Durch Zusatz verschied. Mengen von NaJ tritt in **I** u. **II** die Bldg. einer Verb. von NaJ mit 3 Moll. des Lösungsm. auf. Bei der Lsg. von C_2H_2 in **II** wird Wärme frei. (C. R. hebd. Séances Acad. Sci. **234.** 2546—48. 23/6. 1952.) V. SCHIESZL. D 224

A. B. Sen und **R. C. Sharma,** *Untersuchungen über die Löslichkeit und Lichtechtheit von Azofarbstoffen.* 3. Mitt. (2. vgl. C. **1954.** 6695.) 30 Farbstoffe wurden aus m- u. p-Aminoacetophenon hergestellt. Angegeben werden ihre FF., Ausbeuten aus 2 g Amin, sowie die Reinheitsgrade. Die Farben im pulverisierten Zustand werden nach der LOVIBOND-Nomenklatur festgelegt. Hergestellt u. untersucht wurden *Acetophenon-m-azophenol* (F. 166°), *-o-chlorphenol* (F. 182°), *-p-chlorphenol* (F. 132°), *-2.4-dichlorphenol* (F. 170°), *-o-kresol* (F. 148°), *-m-kresol* (F. 150°), *-1.4.5-xylenol* (F. 158°),

-m-äthylphenol (F. 142°), *-3-äthyl-5-methylphenol* (F. 122°), *-salicylaldehyd* (F. 164°), *-resorcin* (F. 181°), *-o-oxydiphenyl* (F. 155°), *-p-oxydiphenyl* (F. 120°), *-p-tert.-butylphenol* (F. 108°) u. *-p-tert.-amylphenol* (F. 72°) sowie *Acetophenon-p-azo-o-chlorphenol* (F. 172°), *-p-chlorphenol* (F. 136°), *-o-kresol* (F. 168°), *-m-kresol* (F. 120°), *-1.3.4-xylenol* (F. 110°), *-1.4.5-xylenol* (F. 140°), *-m-äthylphenol* (F. 117°), *-3-äthyl-5-methylphenol* (F. 132°), *-o-nitrophenol* (F. 140°), *-m-nitrophenol* (F. 225°), *-salicylaldehyd* (F. 176°), *-o-oxydiphenyl* (F. 162°), *-p-oxydiphenyl* (F. 158°), *-p-tert.-butylphenol* (F. 122°) u. *p-tert.-amylphenol* (F. 87°). Die Löslichkeiten in 95%ig. A., Bzl. u. einem Öl sowie die Lichtechtheit gegenüber Sonnenbestrahlung von 20 Tagen werden für die ersten neun Farbstoffe angegeben. (J. Indian chem. Soc. **30.** 505—08. Juli 1953. Lucknow, Univ., Chem. Labors.) v. SCHIESZL. D 224

Irène Elphimoff-Felkin und **Bianca Tchoubar,** *Untersuchung der Stabilität von Carboniumionen in Abhängigkeit von ihrer Struktur.* 1. Mitt. *Desaminierung von alicyclischen Aminoalkoholen*  C(OH)—CH(NH_2)—Ar *mittels salpetriger Säure unter Bildung der entsprechenden Glykole.* Bei der Desaminierung in CH_3COOH (vgl. TCHOUBAR, C. **1950.** I. 280) entstehen aus [1-Oxycyclohexyl]-phenylaminomethan, [1-Oxycyclohexyl]-p-tolylaminomethan bzw. [1-Oxycyclohexyl]-p-anisylaminomethan *[1-Oxycyclohexyl]-phenylmethanol* (F. 100°), *[1-Oxycyclohexyl]-p-tolylmethanol* (F. 102°) bzw. *[1-Oxycyclohexyl]-p-anisylmethanol* (F. 96°), daneben kleine Mengen der entsprechenden Monoacetate, aber nicht die erwarteten Arylcycloheptanone. Vff. nehmen an, daß die Rk. über ein Ion $>C(OH)-\overset{\oplus}{C}<$ (**A**) verläuft, das aus dem intermediär gebildeten Diazoniumion unter Abspaltung von N_2 entstanden ist. **A** kann sich in das mesomere Ion $-\overset{\oplus}{C}(OH)-C< \longleftrightarrow -C(=\overset{\oplus}{O}H)-C<$ umlagern; dieses ist aber im vorliegenden Falle weniger stabil, da in **A** Resonanz zwischen der positiven Ladung u. dem Syst. der konjugierten Doppelbindungen des aromat. Kerns möglich ist. Daher verläuft die Rk. ohne Umlagerung. (C. R. hebd. Séances Acad. Sci. **231.** 1314—16. 6/12. 1950.) J. ROTHE. D 225

Irène Elphimoff-Felkin und **Bianca Tchoubar,** *Untersuchung der Stabilität von Carboniumionen in Abhängigkeit von ihrer Struktur.* 2. Mitt. *Desaminierung von alicyclischen Aminen* 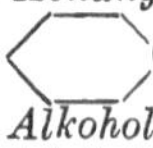 CH—CH(NH_2)—Ar *mittels salpetriger Säure unter Bildung der entsprechenden Alkohole.* (1. vgl. vorst. Ref.) Die Desaminierung von *Phenyl-* (Kp.$_{30}$ 168—169°), *Tolyl-* (Kp.$_{18}$ 165—166°) bzw. *Anisylcyclohexylaminomethan* (Kp.$_{18}$ 185—187°) führt, wie erwartet, zu den entsprechenden Arylcyclohexylcarbinolen; daneben entstehen die entsprechenden Acetate (ca. 20%). — Gewinnung der Amine durch katalyt. Hydrierung (PtO_2; CH_3COOH) der entsprechenden Arylcyclohexyloximinomethane; alle Hydrochloride der Amine schm. gegen 250° unter Sublimation. (C. R. hebd. Seances Acad. Sci. **233.** 799—800. 8/10. 1951.) J. ROTHE D 225

E. A. Braude, *Anionotropie.* Zusammenfassender Überblick (69 Literaturhinweise) über neuere Arbeiten auf dem Gebiet der Anionotropie, worunter nach einer neuen vom Vf. vorgeschlagenen Definition alle Umlagerungen zu verstehen sind, bei denen die wandernde oder abgespaltene Gruppe (oder Gruppen) die Elektronenpaare, mit denen sie ursprünglich am Molekülrest verbunden war, bei sich behalten. Besprochen werden im einzelnen: Anionotropie mit 2 (BECKMANN-Umlagerung) u. 3 C-Atomen, bei letzten die Allylalkohol-, Propargylalkohol-, Allylester- u. die Allylhalogenidumlagerungen sowie Umlagerungen mit 5 u. mehr C-Atomen. (Quart. Rev. [chem. Soc., London] **4.** 404—25. 1950. London, Imp. Coll. of Sci. and Technol.) NIEMITZ. D 225

Jean V. L. Longstaff und **K. Singer,** *Die Kinetik der Oxydation durch salpetrige Säure und Salpetersäure.* 1. Mitt. *Oxydation von Ameisensäure durch salpetrige Säure.* Vff. untersuchen die Kinetik der Oxydation von *Ameisensäure* (**I**; 0,5—1 mol.) durch HNO_2 ($<10^{-2}$ mol.) in H_2SO_4 (0,1—6 mol.), $HClO_4$ (1—6 mol.) u. W. bei 25°. Die Rk. ist 1. Ordnung in bezug auf **I** (in $HClO_4$ beträchtliche Abweichungen) u. „analyt." HNO_2 (Gesamtheit aller mit HNO_2 in Gleichgewicht befindlichen Formen, die aromat. Amine unter den Bedingungen der angewandten colorimetr. Meth. diazotieren); die Reaktionsgeschwindigkeit ist nahezu unabhängig von der Acidität bis $[H^+] = 2{,}5$ n, nimmt jedoch für $[H^+] \geqq 3$ n stark zu, eine Zunahme erfolgt gleichfalls bei Erhöhung der Anfangskonz. an HNO_2. Die Ergebnisse der Unters. zeigen, daß der geschwindigkeitsbestimmende Schritt die bimol. Rk. zwischen **I** u. mol. HNO_2 in verd. saurem Medium bzw. zwischen **I** u. NO^+ oder $H_2NO_2^+$ in stärker saurem Medium ist. – Die Reaktionsmechanismen der Oxydation von **I** u. Disproportionierung von HNO_2 werden von Vff. diskutiert. (J. chem. Soc. [London] **1954.** 2604–10. Juli 1954. London, Univ., Royal Holloway Coll.) G. WINKLER. D 225

Jean V. L. Longstaff und **K. Singer,** *Die Kinetik der Oxydation durch salpetrige Säure und Salpetersäure.* 2. Mitt. *Oxydation von Ameisensäure in wässeriger Salpetersäure.* (1. vgl. vorst. Ref.) Vff. untersuchen die Kinetik der Oxydation von *Ameisensäure* (**I**) in wss. HNO_3 (0,04–18,4 mol.) bei 25° u. finden: a) In Abwesenheit von HNO_2 findet keine Rk. statt, b) die Konz. an „analyt." HNO_2 (l. c.) nimmt autokatalyt. zu im Reaktionsgemisch > 1 mol. an HNO_3, ist nahezu konstant in 1 mol. HNO_3 u. nimmt ab in < 1 mol. HNO_3-Lsgg., c) die Rk. ist 1. Ordnung in bezug auf „analyt." HNO_2 (10^{-4} bis 10^{-2} mol.) u. **I** (0,2–1,2 mol.), d) die Geschwindigkeitskonstante 2. Ordnung ändert sich mit der Konz. an HNO_3, sie hat ein scharfes Maximum bei $[HNO_3] = 12{,}5$ molar. – Die Unterss. in Verbindung mit UV-Spektren von Lsgg. von HNO_2 in HNO_3 zeigen, daß der geschwindigkeitsbestimmende Schritt eine bimol. Rk. zwischen **I** u. mol. HNO_2 in einem Medium $< \approx 2{,}5$ mol. HNO_3 u. zwischen **I** u. NO^+ bei höheren HNO_3-Konzz. ist. – Der Reaktionsmechanismus der Oxydation von **I**, die in HNO_2/HNO_3-Gemischen vorliegenden Gleichgewichte u. die Beschleunigung der Oxydation durch zugesetzte Salze werden diskutiert. (J. chem. Soc. [London] **1954.** 2610–17. Juli 1954.) G. WINKLER. D 225

Louis Debiais, Michel Niclause und **Maurice Letort,** *Kinetik und Mechanismus der Photooxydation von Benzyläther in flüssiger Phase.* Vff. untersuchen die Kinetik der photochem. Oxydation von *Dibenzyläther* (**I**), in Substanz oder in n-Decan gelöst, zwischen 0 u. 30° bei O_2-Drucken zwischen 250 u. 650 mm Hg durch Messung des absorbierten O_2-Volumens. Die Reaktionsgeschwindigkeit ist unabhängig vom O_2-Druck u. proportional der **I**-Konz. u. der Quadratwurzel der absorbierten Lichtintensität. Die Quantenausbeute der Rk. beträgt bei 10° u. einer Lichtintensität von $2 \cdot 10^{-7}$ Einstein $\cdot l^{-1} \cdot sec^{-1}$ für unverd. **I** ca. 50. In den Oxydationsprodd. finden sich 90% des absorbierten O_2 als Peroxydsauerstoff. Die Vff. nehmen für die Rk. einen Kettenmechanismus an, dessen Start-Rk. die Bldg. des Radikals $R = C_6H_5-\dot{C}H-O-CH_2-C_6H_5$ ist, das nach $R + O_2 \rightarrow RO_2\cdot$ u. $RO_2\cdot + RH \rightarrow ROOH + R$ zur Bldg. von α-Peroxydibenzyläther führt. Die zugehörigen Reaktionsgleichungen führen unter der Voraussetzung, daß der O_2-Druck genügend hoch ist u. als Abbruch-Rk. die Rk. zwischen 2 $RO_2\cdot$ überwiegt, zu einem Ausdruck, der dem experimentell gefundenen Gesetz entspricht. (C. R. hebd. Séances Acad. Sci. **239.** 539–41. 18/8. 1954.) LIEBIG. D 225

Issei Nakamori, *Grundlegende Untersuchungen über Glyceride.* 2. Mitt. *Reaktionskinetik Glycerin–Essigsäure.* (1. vgl. C. **1954.** 11505.) Die Rk. zwischen *Glycerin* (**I**) u. Essigsäure verläuft zuerst ohne Rücksicht auf die Säurekonz. unter Bldg. von *Monoacetin* (**II**) entsprechend der Konz. des **I**. Durch das gebildete W. beginnt gleichzeitig Hydrolyse, je nach dem Verhältnis Säure/**I**; ist es groß, wird die Bldg. von **II** u. Diacetin gefördert, ist es klein, beginnt die Hydrolyse des **II**, wie sich aus der Analyse von während der Rk. entnommenen Proben bestätigen ließ. – 5 Diagramme. (J. chem. Soc. Japan, ind. Chem. Sect. [Kōgyō Kagaku Zassi] **54.** 456–58. Juli 1951. Fukuoka, Kyushu Univ. [Orig.: japan.].) SCHULER. D 225

Joan Butterworth, D. D. Eley und **Gwyneth S. Stone,** *Acetylcholin.* 1. Mitt. *Hydrolyse durch Wasserstoff- und Hydroxylion.* Die Kinetik der Hydrolyse von *Acetylcholinbromid* durch H^+- u. OH^--Ion wurde nach den üblichen Methoden bestimmt. Die Spaltung erfolgt nach den Gleichungen: $CH_3COOCH_2CH_2N^+(CH_3)_3 + H_2O + H_3O^+ \rightleftharpoons CH_3COOH + HOCH_2CH_2N^+(CH_3)_3 + H_3O^+$ u. $CH_3COOCH_2CH_2N^+(CH_3)_3 + OH^- \rightleftharpoons CH_3COO^- + HOCH_2CH_2N^+(CH_3)_3$. Die bimol. Geschwindigkeitskonstanten [Liter $\cdot$ Mol$^{-1} \cdot$ sec^{-1}] sind: $k_{H^+} = 4{,}7 \cdot 10^7\ e^{-16570/RT}$ u. $k_{OH^-} = 1{,}0 \cdot 10^9\ e^{-12180/RT}$ Die Werte gleichen sehr denen für nichtionogene Ester (**A**), wie Methylacetat. Der *A*-Faktor der ARRHENIUS-Gleichung für k_{H^+} ist ca. 5 mal kleiner als für derartige **A**, während er für k_{OH^-} ca. 20 mal größer ist. Die Unterschiede erklären sich aus der Ionenladung der aktivierten Komplexe, die beim Hydrolysenablauf intermediär angenommen werden. (Biochem. J. **53.** 30–34. Jan. 1953. Bristol, Univ., Dep. of Chem.) K. MAIER. D 225

E. Lee Purlee, Milton Kahn und **J. L. Riebsomer,** *Die Austauschreaktion zwischen substituierten Benzyljodiden und Kaliumjodid.* 2. Mitt. *p-Nitrobenzyljodid.* (1. vgl. C. **1954.** 282.) Die Rk. zwischen *p-Nitrobenzyljodid* (**I**) u. $K^{131}J$ verläuft in CH_3OH bzw. A. nach der 1. Ordnung sowohl bzgl. **I** als auch bzgl. $K^{131}J$; untersucht wurde der

Temperaturbereich von 0—30,9° bei Gesamtjodidkonzz. zwischen 0,000 986 u. 0,006 09 (in CH_3OH) bzw. 0,000 983—0,005 99 Mol·l⁻¹ (in A.). Die ermittelten Geschwindigkeitsgesetze sind $k = 3{,}60 \cdot 10^{11} \exp(-15570/RT)$ Mol·l⁻¹·min⁻¹ (in CH_3OH) bzw. $k = 5{,}42 \cdot 10^{12} \exp(-16460/RT)$ Mol·l⁻¹·min⁻¹ (in A.). (J. Amer. chem. Soc. **76.** 3796—98. 20/7. 1954. Albuquerque, N. Mex., Univ., Dep. of Chem.) J. ROTHE. D 225

Je. Je. Schkolman und **N. M. Woroschilowa,** *Über die sekundäre Anhydrisierung bei der Umsetzung von Phthalsäureanhydrid mit mehratomigen Alkoholen.* In den Umsetzungsprodd. von *Phthalsäureanhydrid* (I) mit *Glycerin* (II) u. mit *Glykol* (III) wird der Geh. an freiem I durch Lsg. in Aceton u. Best. der zur Ausfällung erforderlichen Menge W., der Gesamtgeh. an I durch Verseifung u. Titration bestimmt. Auch in den Polyestern ist der Geh. an freiem I etwa derselbe wie im monomeren Prod., eine sek. Anhydrisierung der COOH-Gruppen der sauren I–II- u. I–III-Ester findet also anscheinend nicht statt. Die Ggw. von freiem I u. von freier Phthalsäure in den Alkydharzen u. deren Zunahme im Verlaufe der Polyesterbldg. werden auf zum Gleichgewicht führende Abbauvorgänge zurückgeführt. (Журнал Прикладной Химии [J. angew. Chem.] **26.** 969—75. Sept. 1953. Tscheljabinssk, Lackfarbenfabrik, Zentrallabor.)
R. K. MÜLLER. D 225

Alexander Horović und **Dušan Svetel,** *Die Thixotropie der Lösungen von Mercurisulfosalicylsäure.* 1. Mitt. *Bildungsmechanismus von Mercurisulfosalicylsäure.* Die Rk. von 5-Sulfosalicylsäure (I) mit HgO in W., die zur Bldg. von *3-Oxymercuri-5-sulfo-2-oxybenzoesäure* (II) führt, wurde bei 40° durchgeführt. Aus der zeitlichen Änderung der elektr. Leitfähigkeit ($\varkappa$) u. der Brechungsindices der Reaktionslsgg. konnte geschlossen werden, daß die Rk. über 3 Zwischenprodd. verläuft. Auf Grund der $\varkappa$-Werte von II in wss. Lsg. ist die Formulierung von OSTWALD (Kolloid-Z. **36.** [1925.] 109) als inneres Salz $(HO)(HO_3S)C_6H_2\langle{}^{Hg}_{CO}\rangle O$ der offenen Formulierung nach ISHIHARA (J. pharmac. Soc. Japan [Yakugakuzasshi] **49.** [1929.] 134. 140) vorzuziehen, da für die letzte $\varkappa$-Werte von der Größenordnung der bei I festgestellten u. sogar noch höhere resultieren sollten. (Гласник Хемиског Друштва Београд [Ber. chem. Ges. Belgrad] **18.** 555—65. 1953. Belgrad, Chem. Inst. der Serb. Akad. der Wiss.)
POLLAK V. EMHOFEN. D 225

Germaine Cauquil und **Héribert Barrera,** *Über die Reaktionsfähigkeit des Silberperchlorats in einigen organischen Reaktionen.* $AgClO_4$ (I) vermag mit organ. Verbb. 1. ClO_4 gegen Halogen auszutauschen, 2. als elektrophiler Katalysator kationoide Substitution vom Typ der FRIEDEL-CRAFTS-Rk. zu bewirken u. 3. oxydierend zu wirken. Als akt. Element hierbei wird das Ag-Atom aufgefaßt, das im 1. Fall in AgCl, im 3. in metall. Ag übergeht u. im 2. Fall dem Mol. seinen stark elektrophilen Charakter mitteilt. Hierzu trägt das Vorhandensein eines Elektronenpaares in der äußeren Elektronenhülle des Ag bei, das sich aus der Fähigkeit von I ergibt, in kovalenter Form zu existieren. Eine weitere Konsequenz dieser Fähigkeit ist die große Löslichkeit von I in organ. Lösungsmitteln, die die Rk. mit halogenhaltigen Stoffen erleichtert. — Vff. diskutieren zusammenfassend u. eingehend den Mechanismus dieser Rkk. von I, als Beispiel werden neben Arbeiten anderer Autoren die folgenden eigenen Unterss. angeführt: Einw. von I auf die Halohydrine des Cyclohexandiol-(1.2) in wasserfreiem Medium (Bzl., Toluol oder Ae.) bewirkt Austausch unter Bldg. des Esters *Cyclohexandiol-(1.2)-monoperchlorat* (II) wahrscheinlich mit cis-Struktur. Als Zwischenstufe ist ein Komplex nach nebenst. Schema denkbar, bei dem gleichzeitig Halogenabspaltung u. Bindung von ClO_4 erfolgen kann. Der Ester II gibt Austausch-Rkk.

[z. B. mit C_2H_5ONa zu 2-Äthoxycyclohexanol-(1) (III)], häufiger aber $HClO_4$-Abspaltung unter Bldg. von *Cyclohexen-(2)-ol-(1)* (Kp. 166°, n_D^{26} 1,499, $D.^{15}{}_2$ 0,9923, *Phenylurethan,* F. 107°). III entsteht so neben sehr wenig Cyclohexanon bes. durch Rk. von CH_3MgJ mit II, wobei sich zunächst ein Mg-Komplex bildet. — Bei der Rk. von II mit wss. NaOH entsteht ein Prod. mit doppeltem Mol.-Gew. wie III, wahrscheinlich sek. aus II u. schon gebildetem III; diese Verb., *2-Oxycyclohexylcyclohexen-(2')-yläther* (?), lagert Br_2 an u. gibt ein *Phenylurethan,* F. 195°. Sie ist von stärker kondensierten Prodd. begleitet, 1.2-Epoxycyclohexan kann unter den Reaktionsprodd. nicht nachgewiesen werden. — III scheint auch bei anderen Rkk. von II, wie Hydrolyse oder Einw. von Aminen, zu entstehen, bildet hier aber hochsd. Dehydratations- u. Polymerisationsprodukte. — Die Entstehung von Cyclohexanon neben II stützt die Annahme, daß beim Austausch von Halogen durch ClO_4 WALDENsche Umkehr eintritt (cis-Halohydrine geben dieses Keton durch Halogenabspaltung), auch das Ausbleiben der Epoxydbldg. scheint die trans-Struktur auszuschließen. — In der Cyclohexanreihe entstehen Überchlorsäureester auch durch Rk. von 1.2-Epoxycyclohexan mit 2 Mol $AgClO_4$ in Benzollsg.; dabei entsteht ein Diester der Enolform des Cyclohexanolons-(1.2). Ferner werden sie als Nebenprod. aus Cyclohexanol mit $AgClO_4$ erhalten, dabei ist aber die Haupt-Rk. eine Dehydratation zu Cyclohexen. (Bull. Soc. chim. France, Mém. [5] **18.** C 124—C 128. März/April. Colloques int. Centre nat. Rech. sci. **XXX.** 132—36. 1951. Montpellier, Fac. des Sci., u. C. N. R. S.) V. DECHEND. D 225

M. F. Hawthorne und **Donald J. Cram,** *Die relative Empfindlichkeit von Triphenylmethylchlorid gegenüber elektrophilen und nucleophilen Reagentien in Benzollösung.* Vff. untersuchen die Kinetik der Solvolyse von Tritylchlorid (**I**) in Ggw. von Triäthylamin (**III**) in Bzl. bei 30° unter Verwendung von 5 substituierten Benzylalkoholen (p-CH_3O, p-CH_3, p-H, p-Cl, p-NO_2) einerseits u. andererseits wie vorst. unter Zusatz von Phenol (**II**). Die Solvolyse von **I** ist ein termol. Vorgang; am Übergangszustand nimmt sowohl ein nucleophiles (N) als auch ein anion. solvatisierendes, elektrophiles (E) Reagens teil (vgl. nebenst. Schema). Vff. wollen mit vorst. Unterss. möglichst quantitativ die relative Empfindlichkeit von **I** gegenüber N- u. E-Komponenten (Benzylalkohole sowohl N- als

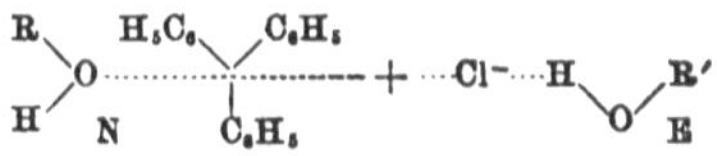

auch E-, **II** hauptsächlich E) feststellen. Die Rk. ohne **II** ist 1. Ordnung in bezug auf **I**, 2. Ordnung in bezug auf die Benzylalkohole (zumindest während der ersten Hälfte der Rk.), Zusatz von **II** erhöht die Gesamtgeschwindigkeit der Substitution durch das Auftreten einer konkurrierenden Rk., die 1. Ordnung in bezug auf **I** u. Alkohol ist. Der Einfl. der p-Substituenten der Benzylalkohole auf die Geschwindigkeit der beiden vorst. unabhängig voneinander ablaufenden Rkk. beweist, daß die Empfindlichkeit von **I** gegenüber der elektrophilen Komponente dieser termol. Rk. bedeutend größer ist als gegenüber der nucleophilen Komponente. — Die Rk. zwischen äquimol. Mengen **I**, **II** u. **III** in Bzl. ist insgesamt 2. Ordnung, woraus Vff. auf das Vorhandensein vollständiger Komplexität von **II** u. **III** in Bzl. schließen (als Ionenpaar Triäthylammoniumphenolat). — Die Versuchsergebnisse werden im Zusammenhang mit den HAMMETTschen σ-Werten u. der linearen freien Energiebeziehung $\log(k/k^0) = sn + s'e$ diskutiert.

Versuche: *p-Methylbenzylalkohol*, F. 59,5—60,0° (Ae./Pentan), durch 8std. Kochen von 46 g p-Toluylsäure mit $SOCl_2$ in Bzl. u. Red. des Säurechlorides mit $LiAlH_4$ in Ae. unter 1std. Kochen; 12 g (Ausbeute). — *p-Chlorbenzylalkohol*, F. 70° (Bzl./Pentan), aus 30 g p-Chlorbenzylchlorid durch 20std. Kochen mit K-Acetat/Eisessig u. 8std. Kochen des gebildeten Esters mit äthanol. KOH; 18 g. — *Phenyltrityläther*, F. 101—102° (Pentan), aus **I**, **II** u. **III** in Bzl. bei 30°; 82%. — Die nachst. Äther aus **I** u. dem entsprechenden Benzylalkohol wie vorstehend. — *Benzyltrityläther*, F. 100—102°. — *p-Nitrobenzyltrityläther*, F. 166—167°. — *p-Methoxybenzyltrityläther*, F. 132—134°. — *p-Chlorbenzyltrityläther*, F. 136—137°. — *p-Methylbenzyltrityläther*, F. 117—117,5°. (J. Amer. chem. Soc. **76.** 3451—56. 5/7. 1954. Los Angeles, Calif., Univ., Dep. of Chem.) G. WINKLER. D 225

A. D. Petrow, A. K. Michailowa und **Je. W. Mitrofanowa,** *Mechanismus der Kondensationsreaktion von Acetylen mit Ketonen.* Die Umsetzung von C_2H_2 (**I**) mit Ketonen führt in Ggw. von völlig reinem KOH nur zur dehydratisierenden Kondensation der Ketone. Acetylenalkohole bzw. -glykole bilden sich erst in Ggw. von KOH, das geringe Zusätze von Fe-Salzen enthält. Es wird die Möglichkeit erörtert, daß die Rk. mit Fe ähnlich der GRIGNARD-Rk. mit Mg verläuft: $2 \,{>}CO + 2\,Fe(OH)_2 + HC{\equiv}CH \rightarrow [Fe(OH){-}C{\equiv}C{-}Fe(OH) + 2\,H_2O] \rightarrow {>}C(OFe(OH)){-}C{\equiv}C{-}C(OFe(OH)){<} + 2\,H_2O \rightarrow {>}C(OH){-}C{\equiv}C{-}C(OH){<} + Fe(OH)_2$ usw. Das Optimum des Fe-Zusatzes liegt bei der untersuchten Rk. zwischen **I** u. Aceton, Dipropyl- u. Diisopropylketon u. Anwendung von KOH mit Zugabe von K_2FeO_4 in der Schmelze (350—400°) bei 0,04—0,1% Fe; bei höherem Fe-Zusatz geht die Glykolbldg. zurück. Ketone, die keine Enolform bilden können, geben nur Spuren eines Acetylenglykols, wenn KOH als Katalysator verwendet wird, während nach GRIGNARD ohne weiteres z. B. aus Hexamethylaceton die Synth. von *2.2.7.7-Tetramethyl-3.6-di-tert.-butyloctin-(4)-diol-(3.6)* gelingt, $C_{20}H_{38}O_2$, Kp.$_3$ 140—145°, F. 93,5 bis 94°; daneben entsteht *3.3-Di-tert.-butylpropin-(1)-ol-(3)*, Kp.$_{35}$ 97—98°, $D.^{20}_4$ 0,8852, n_D^{20} 1,4583, gibt einen Nd. mit $AgNO_3$. (Доклады Академии Наук СССР [Ber. Akad. Wiss. UdSSR] [N. S.] **91.** 857—60. 1/8. 1953.) R. K. MÜLLER. D 225

Charles M. Drew, James R. McNesby und **Alvin S. Gordon,** *Mechanismus der Reaktion von Nitromethan mit Basen.* Für die Rk. von *Nitromethan* (**I**) mit Basen: (a) $I + OH^- \rightleftharpoons CH_2NO_2^- + H_2O$; (b) $2\,CH_2NO_2^- \rightarrow O_2NCH_2CHNO^- + OH^-$ stellen Vff. die Ordnungen der Teil-Rkk. fest. Die nach einem Ansatz berechneten Werte für K

der Rk. (a) stimmen mit experimentell bekannten Werten (TURNBULL u. MARON, J. Amer. chem. Soc. **65.** [1943.] 212) überein. (J. Amer. chem. Soc. **76.** 3098. 5/6. 1954. Inyokern, China Lake, Calif., US Naval Ord. Test. Stat., Res. Dep., Phys. Div.)
MOISAR. D 225

W. T. Grubb, *Eine Untersuchung der Reaktionsgeschwindigkeit der Silanolkondensation bei 25° in alkoholischen Lösungsmitteln.* Vf. beschreibt eine Meth. zur Messung der Kondensationsgeschwindigkeit von Silanolen. Es wird mit KARL-FISCHER-Reagens der Gesamtgeh. an SiOH-Gruppen u. H_2O in Lsg. titriert (vollständige Kondensation macht sich bemerkbar in einer Verringerung des scheinbaren Wassergeh. auf die Hälfte des Anfangswertes). Die Kondensation von *Trimethylsilanol* (**I**), R_3SiOH ($R = CH_3$), verläuft in Methanol (**II**) bei 25° unvollständig, was durch die rasche Rk. $R_3SiOH + \mathbf{II} \rightarrow R_3SiOCH_3 + H_2O$ bedingt ist (das Kondensationsgleichgewicht $R_3SiOH + R_3SiOCH_3 \rightleftharpoons R_3SiOSiR_3 + \mathbf{II}$ stellt sich nur langsam ein, ist geschwindigkeitsbestimmende Rk.). Die Gleichgewichtskonstante der Kondensations-Rk. hat den gleichen Wert, unabhängig davon, ob verschied. Konzz. saurer oder bas. Katalysatoren (HCl ist 500mal stärker wirksam als KOH) verwendet werden. Das Gleichgewicht wird ebenfalls erreicht durch Rk. zwischen Hexamethyldisiloxan u. W., d. h. es handelt sich um ein wirkliches thermodynam. Gleichgewicht. Silanole mit (räumlich) größeren Substituenten reagieren wesentlich langsamer als **I**; *Triäthyl-* $= {}^1/_{600}$, *Triphenylsilanol* $< 2 \cdot 10^{-6}$. — Der vom Vf. diskutierte Kondensationsmechanismus in Methanol ist: a) bei saurer Katalyse $(R_3)Si\overset{O:}{\underset{H}{}} \rightarrow (R)_3Si\overset{O}{\underset{H}{}}CH_3^+ \rightarrow (R)_3 \cdot SiOSi(R)_3 + CH_3OH + H^+$, b) bei bas. Katalyse $(R)_3SiO:^{(-)} \rightarrow (R)_3SiOCH_3 \rightarrow (R)_3 \cdot SiOSi(R)_3 + CH_3O^-$. Vorst. Mechanismus erklärt das beobachtete Geschwindigkeitsgesetz, die lineare Abhängigkeit der Kondensationsgeschwindigkeit von der Katalysatorkonz. u. den großen Einfl. ster. Faktoren auf die Reaktionsgeschwindigkeit. Für die Bldg. von R_3Si^+ ergeben sich nach Vf. keine Anhaltspunkte. — Einzelergebnisse: Geschwindigkeitskonstanten für Silanolkondensation (k_f) u. Siloxanalkoholyse (k_f) bei 25° (in Liter·Mol^{-1}·min^{-1}): **I** in **II** mit HCl, k_f $3{,}1 \cdot 10^2$, k_r $4{,}0 \cdot 10$, mit KOH, k_f $6{,}4 \cdot 10^{-1}$, k_r $8{,}3 \cdot 10^{-2}$, mit NaOH, k_f $5{,}9 \cdot 10^{-1}$, k_r $7{,}7 \cdot 10^{-2}$, LiOH, k_f $5{,}9 \cdot 10^{-1}$, k_r $7{,}7 \cdot 10^{-2}$; **I** in A. mit HCl, k_f $8{,}0 \cdot 10$, k_r 2,4; Triäthylsilanol in **II** mit HCl, k_f 0,5, k_f $2{,}8 \cdot 10^{-2}$; Triphenylsilanol in **II** mit HCl, k_f $< 0{,}002$, k_r —. (J. Amer. chem. Soc. **76.** 3408—14. 5/7. 1954. Schenectady, N. Y., Gen. Electr. Co., Res. Labor.)
G. WINKLER. D 225

M. Szwarc und **D. Williams,** *Beziehung zwischen Aktivierungsenergie und Frequenzfaktor.* Am Beispiel der therm. Dissoziation von *Allylbromid, Methylbromid, Trichlorbrommethan, Benzylbromid, Benzoylbromid, Brombenzol* u. *α-Bromnaphthalin,* deren Aktivierungsenergien u. Frequenzfaktoren genau bestimmt werden, wird der experimentelle Beweis geführt, daß für eine Serie verwandter unimol. Dissoziationsprozesse, in welchen nur eine Bindung zerstört wird u. das Mol. in ein Radikal u. ein Atom spaltet, der Frequenzfaktor eine Konstante ist u. nur von der Art der gelösten Bindung abhängt u. nicht von der Molekülstruktur. (Nature [London] **170.** 290. 16/8. 1952. Manchester, Univ., Dep. of Chem.) W. KAUFMANN. D 225

K. U. Ingold und **F. P. Lossing,** *Untersuchung freier Radikale mit Hilfe der Massenspektrometrie.* 3. Mitt. *Bei der thermischen Zersetzung einiger Benzolderivate auftretende Radikale.* (2. vgl. LOSSING u. Mitarbeiter, C. **1954.** 5046.) Mit der früher (LOSSING u. TICKNER C. **1953.** 5473) beschriebenen Anordnung wurden die bei der Pyrolyse der folgenden Benzolderivv. auftretenden Radikale untersucht: *Bzl., Toluol, Benzaldehyd, Anisol* (**I**), *Diphenyl, Diphenyläther* u. *Dibenzyläther* (**II**). Die wichtigsten der gefundenen Radikale sind für die angewandten Pyrolysetempp. mit den roh bestimmten Partialdrucken tabellar. zusammengestellt. Bei allen untersuchten Verbb. bilden H_2, C u. ungesätt. KW-stoffe einen mit steigender Pyrolysetemp. wachsenden Anteil an den auftretenden Zersetzungsprodukten. Phenyl- u. Benzylradikale werden in reichlicher Menge unterhalb 1100° erhalten; ihre besten Quellen sind **I** bzw. **II**. Die Phenoxy- u. Benzoylradikale erscheinen weniger stabil, sie konnten von keiner Verb. in größerer Menge erhalten werden. Zerfallsschemata für jede der untersuchten Verbb. werden diskutiert. (Canad. J. Chem. **31.** 30—41. Jan. 1953. Ottawa, Can., Nat. Res. Council, Div. of Pure Chem.) CONRAD. D 225

Mendel D. Cohen, John E. Leffler und **Libero M. Barbato,** *Der Lösungsmitteleinfluß auf Radikalzerfallsreaktionen: p-Nitrophenylazo-tris-[p-anisyl]-methan.* Der Zerfall von *p-Nitrophenylazo-tris-[p-anisyl]-methan* (**I**) in verschied. Lösungsmitteln wird untersucht. Als Lösungsmittel dienen *Benzonitril* (**A**), Benzonitril (49,4%)-*Veratrol* (**B**), *Dekalin* (**C**) u. *Veratrol* (**D**). Die Kinetik der Rk. wird durch Messung des N_2-Druckes bei konstantem Vol. bei 335,08, 350,76 u. 360,31° K verfolgt. Die Rk. ist 1. Ordnung.

Die Aktivierungsenthalpien $\Delta H^{\neq}$ u. die Aktivierungsentropien $\Delta S^{\neq}$ werden berechnet. In **A** werden gefunden: $\Delta H^{\neq} = 27,86 \pm 0,16$ kcal/Mol, $\Delta S^{\neq} = 6,88 \pm 0,46$ cal/Mol · Grad, in **B** $28,35 \pm 0,16$ u. $8,06 \pm 0,48$, in **C** $29,37 \pm 0,25$ u. $10,58 \pm 0,71$ u. in **D** $30,04 \pm 0,31$ u. $12,86 \pm 0,90$. Vff. erklären die unterschiedlichen $\Delta H^{\neq}$- u. $\Delta S^{\neq}$-Werte mit der verschied. Solvatation von Grund- u. Übergangszustand. Hinweise auf einen polaren Mechanismus, der wegen der stark asymm. Struktur von **I** möglich wäre, werden nicht gefunden. Bei der Zers. von **I** in absol. A. bei 75° werden als Reaktionsprodd. mittels UV-Absorptionsspektren Nitrobenzol (46%) u. im in H_2SO_4 gelösten Rückstand Tris-[p-anisyl]-carboniumion (54%) gefunden. Bei der Zers. der unsubstituierten Azoverb. in A. (95%ig) werden durch UV-spektroskop. Best. Bzl. (85%) u. im in Essigsäure–Perchlorsäure (25%) gelösten Rückstand Triphenylcarboniumion (4%) gefunden. — **I**, $C_{28}H_{25}O_5N_3$, Zersetzungspunkt 130,8—131,1°, aus Tris-[p-anisyl]-methylchlorid u. p-Nitrophenylhydrazin in Ae. u. Pyridin (→ *p-Nitrophenylhydrazotris-[p-anisyl]-methan*, F. 121,0—121,1°) u. Schütteln mit Ag_2O in Bzl., 36 Stunden. (J. Amer. chem. Soc. **76.** 4169—71. 20/8. 1954. Tallahassee, Fla., State Univ., Dep. of Chem.) G. PAULIG. D 225

William H. Hamill und **Robert H. Schuler,** *Reaktionen „heißer“ Radikale bei der Photolyse von Methyl- und Äthyljodid in der flüssigen Phase.* Die Photolyse von fl. CH_3J u. C_2H_5J (2537 Å) wird unter Zusatz von $^{128}J_2$ u. $^{131}J_2$ untersucht. Dabei erfolgt außer Isotopenaustausch Spaltung der Jodide in J u. „heiße“ Alkylradikale, die Folge-Rkk. eingehen. Rekombination erfolgt hauptsächlich von CH_3 mit J_2 u. nicht mit J. Der Bruchteile der Radikale, die vor Energieverlust unter Bldg. „therm.‘, Radikale Rkk. eingeht, ist unabhängig von der Lichtintensität. — Bei der Photolyse von CH_3J in Cyclohexan bildet sich Cyclohexen u. Cyclohexyljodid. (J. Amer. chem. Soc. **73.** 3466—70. Juli 1951. Notre Dame, Ind., Univ., Dep. of Chem.) MACHOLDT. D 226

Gerrit Levey und **John E. Willard,** *Der Einfluß von Struktur, Phase und zugefügtem Jod auf die organischen Ausbeuten der $^{127}J\,(n,\gamma)\,^{128}J$-Reaktion in Alkyljodiden.* Es wurde der Bruchteil der $^{127}J\,(n,\gamma)\,^{128}J$-Prozesse, die organ. gebundenes ^{128}J liefern, genannt organ. Ausbeute, in Alkyljodiden bestimmt. Dazu wurden die Verbb. sowohl bei Zimmertemp. in fl. Phase als auch bei —190° in fester Phase mit Neutronen beschossen, die von einer Antimon–Beryllium-Photoneutronenquelle geliefert wurden. Die organ. Ausbeuten betrugen bei den genannten Tempp.: CH_3J 56% [47% $CH_3{\cdot}^{128}J$ (**I**) + 9% $CH_2{}^{128}J_2$ (**II**)] u. 65% [43% **I** + 19% **II** + 3% höhersd. Substanz]; CH_2J_2 62% u. 70%; C_2H_5J 41% [3% **I** + 33% $C_2H_5{}^{128}J$ (**III**) + 2% $C_2H_3{}^{128}J$ (?) (**IV**) u. 3% höhersd. Substanz] u. 43% [3% **I** + 27% **III** + 3% **IV** u. 10% höhersd. Substanz]; *n*-C_3H_7J 41% u. 54%; *iso*-C_3H_7J 27% u. 46%; *n*-C_4H_9J 40% u. 60%; *iso*-C_4H_9J 43% u. 39%; *sek.*-C_4H_9J 27% u. 25%. Diese Werte zeigen deutlich einen bei solchen Rkk. noch nicht beobachteten Struktureffekt. Sie gruppieren sich für die fl. Alkyljodide bei den Jodmethanen um 60%, bei den höheren prim. um 41% u. bei den sek. Alkyljodiden um 27%, wobei bei letzterer Gruppe die Möglichkeit zur Abspaltung von HJ eine Erklärung für die geringe Ausbeute bietet. — Wurde die $^{127}J\,(n,\gamma)\,^{128}J$-Rk. in Ggw. wachsender Mengen J_2 als Reiniger „scavenger“ vorgenommen, so sank die organ. Ausbeute bei allen untersuchten Verbb. zuerst steil, später langsamer u. ab 2 Mol-% J_2 linear ab, um bei 100 Mol-% J_2 vermutlich den Wert 0 zu erreichen. Aus diesen Befunden wurde gefolgert, daß einmal die durch Neutroneneinfang aktivierten ^{128}J-Atome unter Verlust ihrer Rückstoßenergie organ. Radikale erzeugen u. dann in ihrem „thermalisierten“ Zustand n. mit diesen Radikalen rekombinieren. Der Effekt des zugesetzten J_2 im Gebiete niederer Konz. ($\leqq 1$ Mol-%) besteht darin, daß das J_2 gleichzeitig auch mit den organ. Radikalen zu reagieren vermag. Andere Erklärungsmöglichkeiten wie die Rk. von „thermalisiertem“ ^{128}J mit Alkyljodidmoll., die Beseitigung von Verunreinigungen, mit denen ^{128}J reagieren könnte, durch J_2 oder der Einfl. der gleichzeitig mit dem Neutronenbeschuß einwirkenden γ-Strahlung, konnten ausgeschlossen werden. Die letzte Frage wurde beim C_2H_5J bes. geprüft. Der durch γ-Strahlen induzierte Austausch von ^{131}J-Atomen zwischen $^{131}J_2$ u. C_2H_5J erfolgte nur in ganz geringem Maße. — Für das Gebiet $[J_2] > 1$ Mol-% wurden Prozesse diskutiert, die nur unter Partikeln mit großen Energieinhalten ablaufen können. Dazu gehören 1. die Rk. von ^{128}J-Atomen mit den von ihnen selbst erzeugten Radikalen innerhalb ihres engeren Entstehungsgebietes u. 2. die Rk. „heißer“ Radikale nach dem Typ $RJ + J^* \rightarrow RJ^* + J$, wobei dieser Prozeß mit hoher Aktivierungsenergie verbunden ist. Diese Rk. kann das ^{128}J-Atom erst dann eingehen, wenn sein Energieinhalt unter den Wert gesunken ist, der zur Spaltung von Moll. in Radikalpaare erforderlich ist, das ^{128}J-Atom aber noch nicht vollkommen „thermalisiert“ ist. Das mol. Jod konkurriert dann mit den genannten Rkk. nach $J^* + J_2 \rightarrow J_2^* + J$, gleichzeitig nimmt die Wahrscheinlichkeit für die Bldg. von anorgan. Radikalen, d. h.

Jodatomen, zu. — Die mit der Änderung der Phase u. D. der untersuchten Verbb. erhaltene Veränderung der organ. Ausbeuten ließ keine einfache Zuordnung der Phaseneffekte zu. — Die Gesamtheit der Beobachtungen konnte nicht mit der von FOX u. Mitarbeitern (C. **1954.** 5004) u. FRIEDMAN u. LIPPY (C. **1950.** I. 2086) entworfenen Theorie über die Energie u. den Ablauf solcher Prozesse in Einklang gebracht werden. Eine neue Hypothese konnte noch nicht aufgestellt werden. — *CH_3J*, D. (Zimmertemp.) 2,279, D.$^{-190}$ 2,80. *CH_2J_2*, D. 3,325, D.$^{-190}$ 3,76. *C_2H_5J*, D. 1,933, D.$^{-190}$ 2,40. *n-C_3H_7J*, D. 1,745, D.$^{-190}$ 2,14. *iso-C_3H_7J*, D. 1,703, D.$^{-190}$ 2,08. *n-C_4H_9J*, D. 1,617, D.$^{-190}$ 1,93. *iso-C_4H_9J*, D. 1,605, D.$^{-190}$ 1,90. *sek.-C_4H_9J*, D. 1,595, D.$^{-190}$ 1,90. (J. Amer. chem. Soc. **74.** 6161—67. 20/12. 1952. Madison, Wis., Univ., Dep. of Chem.) L. FISCHER. D 226

G. Gavoret und **N. Ivanoff,** *Die Substitutionsreaktionen des durch Neutroneneinfang aktivierten Broms.* 1. Mitt. *Untersuchung über die Bildung von Bromderivaten des Toluols.* (**vgl. C. 1954. 3391.**) Zur Feststellung, in welchen Mengenverhältnissen die verschied. Bromverbb. entstehen, wird Toluol der Einw. von atomarem neutralem ^{82}Br (34 Std.) u. ionisiertem ^{80}Br (18 Min.) ausgesetzt. Die Rk. Toluol–^{82}Br (34 Std.) wird durch gemeinsamen Beschuß (ca. 3 Perioden) von C_2H_5Br u. Toluol mit langsamen Neutronen erzielt. Die Rk. mit ^{80}Br (18 Min.) findet durch 18minütigen Kontakt von für sich bestrahltem C_2H_5Br (4,4 Std.) mit Toluol statt. — Bei der Bromierung mit ^{82}Br wird gefunden: Das Verhältnis *Bromtoluole* (**I**) : *Benzylbromid* (**II**) beträgt 0,12; das Verhältnis der I-Isomeren untereinander o : p : m = 4 : 2 : 1. Mit ^{80}Br steigt die Menge der **I**; das Verhältnis **I** : **II** beträgt 0,8, während das Verhältnis der isomeren **I** untereinander das gleiche ist wie oben. Würden die Atome im Zustand ihres hohen Energiegeh. zur Rk. kommen, dann würde nach der Zahl der verfügbaren Stellungen ein **I** : **II**-Verhältnis von 1,6 u. o : p : m von 2 : 1 : 2 herrschen; da dies nicht der Fall ist, muß geschlossen werden, daß die Br-Atome vor der Rk. ihre Energie verloren haben u. wie therm. erregte Atome wirken. Obwohl der Reaktionsmechanismus nicht bekannt ist, ist jedoch sicher, daß er von dem mit mol. Br_2 verschieden ist. (Bull. Soc. chim. France, Mém. [5] **19.** 166—69. Jan./Febr. 1952. Serv. de M. Magat, Labor. de Chim. Phys.) ROTTER. D 226

Milton Burton und **W. N. Patrick,** *Strahlungschemie von lumineszierenden Lösungen.* Lsgg. von *p-Terphenyl* (**I**) oder *Anthracen* (**II**) in Bzl. zeigen bei Einw. von γ-Strahlen eine stärkere Fluorescenz als Bzl selbst. Um den Zusammenhang zwischen Fluorescenz u. Zers. von Bzl. zu untersuchen, wurden Lsgg. von **I**, *m-Terphenyl* (**III**) u. **II** in Bzl. mit Elektronen von 1,5 MeV bombardiert u. die Ausbeute an H_2 pro 100 eV eingestrahlter Energie bestimmt. Es wirkte nur **III** schützend auf die Zers. von Bzl. ein, während die Menge an H_2 in Ggw. von **I** oder **II** konstant blieb. (J. chem. Physics **22.** 1150. Juni 1954. Notre Dame, Ind. Univ., Dep. of Chem.) L. FISCHER. D 226

Maurice Métayer, *Hydrierung von Stickstoffverbindungen.* 4. Mitt. *Sättigung des aromatischen Ringes einiger arylaliphatischer Amine.* (3. vgl. C. **1953.** 7766.) Hydrierung des Ringes arylaliphat. Amine mit dem wenig akt. RANEY-Ni bei H_2-Drucken von 150 at u. weniger; die Ergebnisse sind nur für diese Bedingungen gültig. Der wichtigste Faktor für den Verlauf der Hydrierung ist dabei die Stellung der Aminfunktion zum Benzolkern. — 1. A m i n f u n k t i o n a m B e n z o l k e r n: Die Sättigung verläuft leicht bei 140—150°; aus Verbb. des Typs $C_6H_5 \cdot NRR'$ werden bei der Hydrierung folgende *Cyclohexylamine* erhalten (wenn keine anderen Angaben, dann erfolgt die Hydrierung in A.): *$C_6H_{11}NHCH_2CH_2OH$*, bei 140°, 100 at, 70 Min.; 67% (Ausbeute). — *$C_6H_{11}N(CH_2CH_2OH)_2$*, bei 150°, 60 at, 65 Min.; 10%. — *$C_6H_{11}N \cdot (CH_2CH_2OH)C_2H_5$*, bei 160°, 120 at, 70 Min.; 52,5%. — *$C_6H_{11}NH_2$*, bei 150°, 65 at, 70 Min.; 77%. — *$C_6H_{11} \cdot C_4H_8ON$*, aus N-Phenylmorpholin bei 130°, 76 at, 72 Min.; 51%. — 2. A m i n f u n k t i o n i n α - S t e l l u n g z u m B e n z o l k e r n: Die Ggw. der Gruppe begünstigt die Hydrierung des Kerns. Unter den angewandten Bedingungen wird die Aminfunktion selbst nicht hydrogenolysiert. Aus Verbb. des Typs $C_6H_5 \cdot CH(NH_2)R$ werden folgende Cyclohexylderivv. erhalten: *$C_6H_{11}CH_2NH_2$*, Kp.$_{18}$ 76—77°, n_D^{17} 1,4640, aus 10 g der Verb. R = H, bei 165°, 100 at, 0,8 Std.; 4 g. *Hydrochlorid*, F. 250°. — *$C_6H_{11}CH(NH_2)CH_3$*, Kp.$_{760}$ 176—178°, n_D^{24} 1,4625, aus 120 g der Verb. R = CH_3, in Dioxan bei 160°, 72 at, ½ Std.; 70 g. *N-Benzoylverb.*, $C_{15}H_{21}ON$, F. 120,5°. — *$C_6H_{11}CH(NH_2)C_2H_5$*, Kp.$_{760}$ 200°, n_D^{20} 1,4650, aus 3 g der Verb. R = C_2H_5 bei 160—170°, 100 at, ¾ Std.; 2,4 g. *N-Acetylverb.*, $C_{11}H_{21}ON$, F. 138°. — *$C_6H_{11}CH(NH_2)C_3H_7$*, Kp.$_{760}$ 220—221°, n_D^{19} 1,4790, aus 3,5 g der Verb. R = C_3H_7 in Dioxan, bei 150—160°, 150 at, 2 Std.; 2 g. *N-Propionylverb.*, $C_{13}H_{25}ON$, F. 106—107°. *N-Benzoylverb.*, $C_{17}H_{25}ON$, F. 147°, aus Alkohol. — 3. A m i n f u n k t i o n i n β - S t e l l u n g z u m B e n z o l k e r n: Bei tert. Aminen findet die Sättigung leicht bei 150—160° statt, bei prim. ist sie sehr schwer u. erfolgt erst bei 200—240°, wobei Neben-Rkk., wie Abspaltung der NH_2-Gruppe, Bldg. von KW-stoffen, Hydrolyse zu Alkoholen oder Spaltung eintreten. Danach hindert eine prim. Amingruppe in β-Stellung die Hydrierung des Kerns eindeutig. Aus Verbb. des Typs (p)-R—C_6H_4—$CH_2CH(NR_2'')R'$ werden bei der Hydrierung folgende Verbb. erhalten: $C_6H_5CH_2CH_3$, aus 45 g der Verb. R = R' = R'' = H bei 270°, 42 at, 2 Std.; 15 g. — $C_6H_{11}CH_2CH_2N(CH_3)_2$, aus 20 g der Verb. R = H, R' = H, R'' = CH_3 bei 150°, 80 at, 2 Std.; 5 g. — $HO \cdot C_6H_4 \cdot C_2H_5$, aus der Verb. R = OH, R' = R'' = H bei 210°, 75 at, 2 Std.; 2 g. — $HO \cdot C_6H_{10} \cdot CH_2CH_2N(CH_3)_2$, aus 50 g der Verb. R = OH, R' = H, R'' = CH_3 bei 155°, 72 at, 1 Std.; 25 g. — $C_6H_5CH_2CHOHCH_3$, aus 4,7 g der Verb. R' = CH_3, R = R'' = H bei 210°, 120 at, 1 Std.; 1,5 g. — $CH_3O \cdot C_6H_4 \cdot C_2H_5$, aus 32 g der Verb. R = OCH_3, R' = R'' = H bei 200°, 65 at, 2 Std.; 13 g. — $C_6H_5 \cdot CH_2CH(NH_2)COOH$, aus 18 g der Verb. R = OH, R' = COOH, R'' = H bei 200°, 92 at, 2 Std.; 18 g. — $HO \cdot C_6H_{10} \cdot CH_3$, aus 36 g der Verb. R = OH, R' = $COOC_2H_5$, R'' = H bei 240—250°, 55 at, 2 Std.; 13 g. — 4. Aminfunktion in γ- oder weiter vom Benzolkern entfernter Stellung: Von dieser Stellung an scheint die Amingruppe ohne Einfl. auf die Sättigung des Benzolkerns zu sein, was auch mit den spektralen Eigg. übereinstimmt. Zur Hydrierung werden Tempp. von 210—240° benötigt, wobei Neben-Rkk. eintreten: 4-Phenylbutylamin-(2) liefert, in A. bei 200° u. 100 at hydriert, 45% *4-Cyclohexylbutanol-(2)* u. 35% *N.N-Diäthyl-4-cyclohexylbutylamin-(2)*, $C_{14}H_{29}N$, $Kp._{760}$ 230—235° (*Pikrat*, $C_{20}H_{32}O_7N_4$, F. 110°), bei 240° u. 80 at 25% *4-Phenylbutanol-(2)*, $Kp._{760}$ 225—226°, n_D^{18} 1,5040 (*Phenylurethan*, F. 110°), neben *4-Phenylbutylamin-(2)*, $Kp._{760}$ 228—229°, n_D^{18} 1,4880. Weitere ähnliche Beispiele. Auch die C—N-Bindung kann gespalten werden. Aus Verbb. des Typs $C_6H_5(CH_2)_n \cdot CH(R') \cdot CH(R) \cdot NR_2''$ werden bei Hydrierung folgende Verbb. erhalten: $C_6H_5(CH_2)_3NH_2$, aus der Verb. R = R' = R'' = H, n = 1, bei 210—230°, 120 at, 3/4 Stunde. — $C_6H_{11}(CH_2)_2CHOHC_2H_5$ u. $C_6H_{11}(CH_2)_4CH_3$, aus Verb. R = C_2H_5, R' = R'' = H, n = 1, bei 210°, 45 at, 1 Std., in Dioxan; 30% (*Phenylurethan* der 1. Verb., $C_{18}H_{27}O_2N$, F. 62—63° [A.]). — $C_6H_{11}CH_2CH(CH_3)CHOHCH_3$, aus der Verb. R = R' = CH_3, R'' = H, n = 1, bei 190°, 70 at, 1½ Std.; *Phenylurethan*, F. 81 bis 82° (A.). — $C_6H_{11}(CH_2)_4OH$, aus der Verb. R = R' = R'' = H, n = 2, bei 240°, 120 at, 1 Std., 35%. *Phenylurethan*, F. 87,5° (A.). — $C_6H_5(CH_2)_3N(CH_3)_2$, aus der Verb. R = H, R' = H, R'' = CH_3, n = 1, bei 210°, 120 at, 1 Stunde. — $C_6H_{11} \cdot (CH_2)_4CHOHCH_3$ u. $C_6H_5(CH_2)_4CH(NH_2)CH_3$, aus der Verb. R = CH_3, R' = R'' = H, n = 3, bei 190°, 75 at, 1½ Std. in Dioxan; 40 bzw. 13%. — $C_6H_{11}(CH_2)_5CH_3$, $C_{12}H_{24}$, $Kp._{15}$ 88—90°, n_D^{20} 1,4580, aus der Verb. R = R'' = CH_3, R' = H, n = 3, bei 240°, 120 at, 1 Std.; 60%. — Das weniger akt. RANEY-Ni ist nach den Verss. also für die Kernhydrierung bei Aminen, deren Aminfunktion am Kern selbst oder in α-Stellung oder bei tert. Aminen in β-Stellung steht, geeignet, in allen anderen Fällen nicht. (Bull. Soc. chim. France, Mém. [5] **19.** 276—79. März/April 1952.)

ROTTER. D 227

Maurice Métayer, *Hydrierung von Stickstoffverbindungen.* 5. Mitt. ***Vergleich des Einflusses von Amino-, Hydroxyl- und Carbonylfunktionen in der Seitenkette auf die Sättigung des Benzolringes von arylaliphatischen Verbindungen.*** (4. vgl. vorst. Ref.) In Fortsetzung der Unterss. der vorigen Arbeit u. unter den gleichen Einschränkungen wird für N- u. O-Verbb. festgestellt: 1. Eine am Kern sitzende Amino- oder Hydroxylgruppe begünstigt die Hydrierung des Kerns eindeutig, die Wrkg. ist bei größeren Moll. weniger ausgeprägt; Hydriertemp. 130—140°. 2. In α-Stellung zum Kern wird eine Alkohol- oder Carbonylgruppe bereits bei 90—120° zum KW-stoff red., es tritt keine Aktivierung mehr ein; die NH_2-Gruppe begünstigt die Hydrierung, die bei 140—150° verläuft. Keine Hydrogenolyse. 3. In β-Stellung zum Kern hemmen Alkohol- u. Ketonfunktion die Sättigung des Kerns, die erst bei 180—210° eintritt, ebenso wie die prim. Aminfunktion; geringe Hydrogenolyse der OH-Gruppe; die Dimethylaminogruppe begünstigt die Kernhydrierung, Temp. 160°, geringe Hydrogenolyse. 4. Bei Funktionen in γ- u. weiter vom Kern entfernter Stellung ist kein Einfl. mehr zu beobachten; die Hydrierung verläuft bei 180—250° ähnlich wie bei KW-stoffen; bei Alkoholen u. Ketonen erfolgt je nach Temp. bereits starke KW-stoffbldg., bei Aminen noch stärker. — Tabelle mit 15 Beispielen nach der Literatur; 23 Literaturangaben. (Bull. Soc. chim. France, Mém. [5] **19.** 279—81. März/April 1952.)

ROTTER. D 227

D_2. Präparative organische Chemie. Naturstoffe.

Max Wichtl, *Zur Nomenklatur organischer Verbindungen.* Die Grundzüge der Nomenklatur organ. Verbb. werden dargelegt. (Österr. Apotheker-Ztg. **8.** 297—300. 24/4. 1954.)

SCHICKE. 450

M. G. Woronkow, *Über einige Fragen in der russischen Terminologie der Organosiliciumchemie.* Vf. weist auf die Notwendigkeit einer einheitlichen Schreibweise in der russ. Literatur hin. (Журнал Общей Химии [J. allg. Chem.] **23** (85). 2074—76. Dez. 1953.) LEBTAG. 450

R. J. Gillespie und **J. A. Leisten,** *Das Verhalten organischer Verbindungen in Schwefelsäure.* Übersicht über die beim Lösen von Paraffinen, Olefinen, arylsubstituierten Olefinen, aromat. KW-stoffen, aliphat. u. arylsubstituierten Alkoholen, Äthern, Carbonsäuren sowie ihrer Anhydride u. Ester, Aldehyden u. Ketonen, Nitroverbb., Aminen, Amiden, Sulfiden, Sulfoxyden, Sulfonen, Sulfonsäuren u. mehrbas. Verbb. in Schwefelsäure sowie bei der aromat. Sulfurierung eintretenden Reaktionen. — 72 Literaturangaben. (Quart. Rev. [Chem. Soc., London] **8.** 40—66. 1954. London, Univ., Coll., u. South-East Essex, Technical Coll.) RUSKE. 460

Géza Zemplén, István Dőry, Kálmán Harsányi und **Károly Schügerl,** *Alkylierung des phenolischen Hydroxyls in tertiären, Stickstoff enthaltenden Verbindungen mit Hilfe von Phosphorsäureestern.* Die Alkylierung erfolgt in der Hitze unter Druck mit guter Ausbeute. Katalyt. beschleunigend wirken geringe Mengen von Dialkylcarbonat oder Chlorkohlensäureester. Die aus den neutralen Phosphorsäureestern entstehenden Dialkylphosphate können den tert. Stickstoff nicht ionisieren, darum erfolgt dessen Quaternisierung nicht.

Versuche: *1-Phenyl-3-methyl-5-methoxypyrazol,* $C_{11}H_{12}ON_2$, Kp.$_{21}$ 156—157°, aus Phenylmethylpyrazolon (**I**), Na-Methylat (**II**), Trimethylphosphat (**III**) u. etwas Dimethylcarbonat, 5 Std. im Rohr bei 100°; Öl, unlösl. in W. u. Alkalien, lösl. in organ. Lösungsmitteln; 54% (Ausbeute). — *1-Phenyl-3-methyl-5-äthoxypyrazol,* Kp.$_{0,2}$ 112,5°, F. 40°, aus **I**, Na-Äthylat (**V**), Triäthylphosphat (**VI**) u. Diäthylcarbonat (**VII**), 5 Std. bei 120° im Rohr; Kristalle; 60%. — *8-Methoxychinolin,* aus 8-Oxychinolin, **II**, **III** u. Chlorkohlensäuremethylester (**VIII**) im Rohr bei 105° in 7 Std.; rötliches Öl; *Pikrat,* $C_{16}H_{12}O_8N_4$, F. 164,5°; 78%. — *8-Äthoxychinolin,* aus 8 Oxychinolin, **V**, **VI** u. **VII** im Rohr, 6 Std. bei 125°; zerfließliche Nadeln; *Pikrat,* $C_{17}H_{14}O_8N_4$, F. 183°; 79%. — *3-Oxy-N-methyldiphenylamin* (**IV**), $C_{13}H_{13}ON$, Kp.$_{0,5}$ 189—190°, aus 3-Oxydiphenylamin u. **III**, 3 Std. bei 160—170°; rotes Öl; 82,5%. — *3-Methoxy-N-methyldiphenylamin,* $C_{14}H_{15}ON$, Kp.$_{0,05}$ 128—130°, aus **II**, **III**, **IV** u. **VIII** im Rohr, 8 Std. bei 100°; dunkelroter Sirup; 71%. — *3-Äthoxy-N-methyldiphenylamin,* $C_{15}H_{17}ON$, Kp.$_{0,3}$ 161 bis 162°, aus **IV**, **V**, **VI** u. **VIII** im Rohr, 4 Std. auf 120° erhitzt, dunkelrotes Öl; 63%. (Magyar Kémiai Folyóirat [Ung. Z. Chem.] **58.** 161—64. Juni 1952. Budapest, Techn. Univ., Organ.-Chem. Inst.) PLANK. 460

Hans Brandenberger, *Über den Abbau der Harnsäure zur Oxonsäure (Allantoxansäure).* Vorl. Mitt. Der bei der Oxydation der Harnsäure mit H_2O_2 in stark alkal. Lsg. entstehenden *Oxonsäure* (**I**) u. dem aus dieser durch Decarboxylierung gebildeten *Allantoxaidin* (**II**) werden vom Vf. die Formeln **Ia** bzw. **Ib** u. **IIa** bzw. **IIb** zugeordnet, während BILTZ u. Mitarbeiter (vgl. J. prakt. Chem. **106.** [1923.] 108 u. früher) **II** die Konst. eines 2.5-Dioxo-4-iminoimidazolidins u. **I** die eines 2.5-Dioxo-4-carboximinoimidazolidins zuerteilte. Die neuen Formeln werden gestützt durch Oxydation von mit ^{14}C markierten Harnsäuren, wobei es sich zeigt, daß **II** die Atome $C_{(2)}$, $C_{(4)}$ u. $C_{(8)}$ der Harnsäure übernimmt, **I** dazu noch $C_{(5)}$. Da letzteres durch Ansäuern leicht als CO_2 abgespalten wird, muß es in **I** als COOH-Gruppe vorliegen $C_{(6)}$ wird bei der Oxydation als CO_2 freigesetzt. An N-Atomen werden $N_{(3)}$ u. $N_{(9)}$ übernommen, dazu $N_{(1)}$ u. $N_{(7)}$ zu je 50%, wie durch Unters. mit $^{15}N_{(7)}$-Harnsäure gezeigt wird. **I** u. **II** enthalten also nicht den ursprünglichen Imidazolring der Harnsäure. Die Formeln für **I** u. **II** erklären gut den Zerfall von **I** u. **II** in Ameisensäure u. Biuret bzw. die Oxydation zu Cyanursäure. (Helv. chim. Acta **37.** 641—44. 15/3. 1954. Philadelphia, Pa., Univ. of Pennsylvania, Med. School, Dep. of Physiol. Chem., u. Bern, Univ., Theodor-Kocher-Inst.) GOMPPER. 480

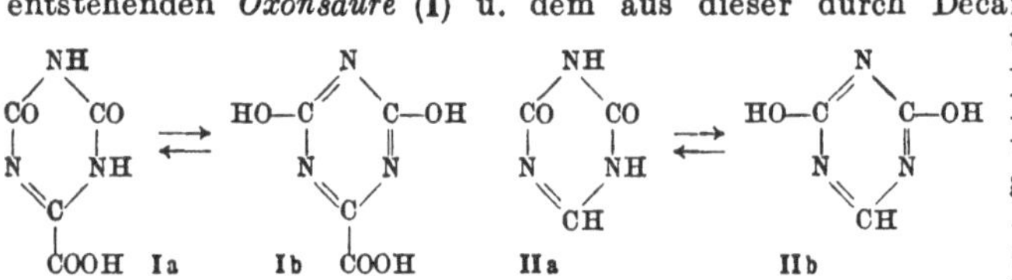

Nathan Kornblum, Bernard Taub und **Herbert E. Ungnade,** *Die Reaktion von Silbernitrit mit primären Alkylhalogeniden. 5. Mitt. über die Chemie von aliphatischen und alicyclischen Nitroverbindungen.* (Vgl. C. **1953.** 2578.) Zur Darst. von prim. Nitroparaffinen ist die Umsetzung von Alkylbromiden oder -jodiden mit $AgNO_2$ in absol. Ae. bei niedrigen Tempp. geeignet; Alkylchloride (z. B. n-Hexyl- u. n-Octylchlorid)

reagieren jedoch nicht. Es wurden folgende Ausbeuten [in () Nitroparaffin u. Nitrit in %] erzielt bei: n-Butylbromid (73, 13), n-Butyljodid (74, 12), n-Hexylbromid (76, 10), n-Hexyljodid (78, 13), n-Heptylbromid (79, 11), n-Heptyljodid (82, 10), n-Octylbromid (80,14), n-Octyljodid (**I**: 83, 11), Isobutylbromid (17—18, 12—16), Isobutyljodid (55—63, 17—22), Isoamyljodid (78,16) u. Isoamylbromid (72, 22). α-ständige Kettenverzweigung setzt die Ausbeute stark herab, Neopentyljodid reagiert sogar überhaupt nicht. Bei der Darst. sek. Nitroparaffine werden nur Ausbeuten von ca. 15%, bei der von tert.-Nitroverbb. nur 0—5% erzielt. Der Geh. an Nitriten wurde zum Teil spektrophotometr. bei 410 mμ im Reaktionsgemisch bestimmt.

V e r s u c h e : *1-Nitrooctan*, $C_8H_{17}O_2N$, Kp.$_3$ 72°, durch Zugabe von 0,5 Mol **I** zu 0,65 Mol $AgNO_2$ in absol. Ae. unter Eiskühlung u. Rühren (2 Std.), weitere 24 Std. unter Kühlung u. 36 Std. bei n. Temp. rühren, n_D^{20} 1,4223; (Kürzung der Reaktionszeit bei geringerer Ausbeute: 3 Std. bei 0°, 5 Std. bei n. Temp., dann am Rückfluß bis zur negativen BEILSTEIN-Probe), analog: *1-Nitrobutan*, Kp.$_{45}$ 70°, n_D^{20} 1,4105; *1-Nitrohexan*, $C_6H_{13}O_2N$, Kp.$_{10}$ 76°, n_D^{20} 1,4236; *1-Nitroheptan*, Kp.$_3$ 64°, n_D^{20} 1,4283; *2-Methyl-1-nitropropan*, $C_4H_9O_2N$, Kp. 71°, n_D^{20} 1,4096; *3-Methyl-1-nitrobutan*, $C_5H_{11}O_2N$, Kp.$_{27}$ 72°, n_D^{20} 1,4171. Darst. folgender Nitrite nach CHRETIN u. LONGI (C. R. hebd. Séances Acad. Sci. **220**. [1945.] 746) in 70—80% Ausbeute: *n-Butylnitrit*, Kp. 78°, n_D^{20} 1,3762; *n-Hexylnitrit*, Kp.$_{76}$ 64°, n_D^{20} 1,3990; *n-Heptylnitrit*, Kp.$_5$ 41°, n_D^{20} 1,4063; *n-Octylnitrit*, Kp.$_9$ 56°, n_D^{20} 1,4127; *Isobutylnitrit*, Kp. 66°, n_D^{20} 1,3702 (auch aus Isobutylalkohol u. NOCl); *Isoamylnitrit*, Kp.$_{115}$ 51°, n_D^{20} 1,3870. — *$AgNO_2$*-Darst.: Zugabe von 1 Mol $AgNO_3$ in 500 ml dest. W. zu 1,1 Mol $NaNO_2$ in 250 ml dest. W. unter Schütteln u. Lichtausschluß, 1 Std. stehenlassen (86% Ausbeute). (J. Amer. chem. Soc. **76**. 3209—11. 20/6. 1954. West Lafayette, Ind., Purdue Univ., Dep. of Chem.) GNAUCK. 500

L. E. Addy und **John W. Baker**, *Durch Zinn(IV)-chlorid katalysierte Reaktionen zwischen Trimethyläthylen und Formaldehyd.* Im Gegensatz zu Literaturangaben (vgl. E. P. 545 191 u. E. P. 592 838; C. **1947**. E. 281) stellen Vff. fest, daß als weiteres Beispiel einer Olefinaddition vom Aldoltyp (vgl. BAKER, C. **1951**. II. 2028) bei der Umsetzung von Trimethyläthylen (**I**) mit Paraformaldehyd (**II**) in Ggw. von wasserfreiem $SnCl_4$ als einfachstes Prod. *2.3-Dimethylbuten-(3)-ol-(1)* (**III**) [u. nicht 3-Methylpenten-(3)-ol-(1)] entsteht, das durch fraktionierte Dest. aus dem komplizierten Reaktionsgemisch gewonnen wurde. Analog bilden sich in Ggw. von Eisessig **III** u. sein *Acetat*.

V e r s u c h e : *2.3-Dimethylbuten-(3)-ol-(1)* (**III**), $C_6H_{12}O$, Kp.$_{31}$ 56°, durch Dest. von $SnCl_4$ in das Gemisch von **I** (Kp.$_{760}$ 37,5°, n_D^{18} 1,3880), **II** u. Chlf. bei 0°, 70std. Schütteln bei Raumtemp., Gießen auf Eis, Neutralisieren mit Soda, Wasserdampfdest., Extraktion mit Chlf. u. Ae. u. fraktionierte Dest.; n_D^{20} 1,4390. *p-Nitrobenzoat*, $C_{13}H_{15}O_4N$, F. 51° (Ligroin). — Ozonisierung von **III** in Chlf. bei 0° ergibt *Formaldehyd* u. *2-Methyl-3-oxobutanol-(1)*, $C_5H_{10}O_2$, Kp.$_{12}$ 90°, gibt mit 2.4-Dinitrophenylhydrazin *1-[2.4-Dinitrophenyl]-3.4-dimethyl-4.5-dihydropyrazol*, $C_{11}H_{12}O_4N_4$, F. 191° (Essigester). — Dehydrierung von **III** mit Anilinhydrobromid ergibt *2.3-Dimethylbutadien*, C_6H_{10}, Kp.$_{753}$ 71,5°; daraus mit Maleinsäureanhydrid *4.5-Dimethyltetrahydrophthalsäureanhydrid*, $C_{10}H_{12}O_3$, F. 78,5° (Ligroin). — **III**-*Acetat*, $C_8H_{14}O_2$, Kp.$_{12}$ 52,5 bis 53°, aus **I**, **II** u. Eisessig mit $SnCl_4$ oder konz. H_2SO_4; n_D^{20} 1,4290. — Ozonolyse in Chlf. führt zu CH_2O u. *2-Methyl-3-oxobutylacetat* [*Semicarbazon*, F. 138° (Bzl.) (J. chem. Soc. [London] **1953**. 4111—13. Dez. Leeds, Univ.) POBLOTH. 560

G. E. McCasland und **Stephen Proskow**, *Darstellung und Eigenschaften der epimeren 2.3-Dimethylbutandiole-(1.4) und einiger Derivate.* Vff. beschreiben die Darst. von DL- u. *meso-2.3-Dimethylbutandiol-(1.4)* u. ihrer Dibromide aus den entsprechenden Dimethylbernsteinsäurediäthylestern durch Red. mit $LiAlH_4$. Die festen Acylderivv. der meso-Verb. haben höhere FF. als die der rac. Verb.; die Beständigkeit der reinen Verbb. u. ihrer festen Derivv. gegenüber Epimerisierung wird diskutiert.

V e r s u c h e : *meso-2.3-Dimethylbutandiol-(1.4)*, Kp.$_{17}$ 137—138, Kp.$_9$ 127—128°, durch Zugabe von meso-2.3-Dimethylbernsteinsäurediäthylester zu $LiAlH_4$ in Ae. unter heftigem Rühren bei 25° u. 5std. Kochen; 56% (Ausbeute), oder aus der freien meso-Disäure durch 7std. Extraktion mit Ae. in eine äther. Lsg. von $LiAlH_4$; 27% (daneben vermutlich *meso-3.4-Dimethyltetrahydrofuran*, Kp.$_{752}$ 78—80°, D.^{20} 0,828); n_D^{20} 1,4540; n_D^{25} 1,4525—1,4530, D.^{20} 0,970. *Bis-p-nitrobenzoat*, $C_{20}H_{20}O_8N_2$, F. 194 bis 196° (Bzl.). *Bis-[triphenylmethyläther]*, F. 177,5—179,5° (Butanon), durch 3std. Erhitzen des Diols mit Triphenylchlormethan in Pyridin auf dem Wasserbad; 61%. *Bis-p-nitrophenyläther*, $C_{18}H_{20}O_6N_2$, F. 177—178°, aus Na-p-Nitrophenolat u. nachst. Dibromid in A. durch 5std. Erhitzen auf 140° im Bombenrohr; helle gelbbraune Kristalle aus Butanon; 47%. — *meso-1.4-Dibrom-2.3-dimethylbutan*, Kp.$_{22}$ 106—108°,

$Kp._{15}$ 94—96°, aus dem Diol durch 5std. Einleiten von trockenem HBr bei 100°; 84%, oder durch Erhitzen mit wss. HBr/H_2SO_4; 46%; n_D^{20} 1,5120, n_D^{25} 1,5095, $D.^{20}$ 1,620. — *DL-2.3-Dimethylbutandiol-(1.4)*, $Kp._7$124—125°, aus DL-2.3-Dimethylbernsteinsäurediäthylester wie vorst.; n_D^{20} 1,4555, n_D^{25} 1,4538, $D.^{20}$ 0,974; 52%. *Bis-p-nitrobenzoat*, F. 143—146° (Bzl.). *Bis-[triphenylmethyläther]*, F. 135—136,5° (A.); 44%. *Bis-p-nitrophenyläther*, $C_{18}H_{20}O_6N_2$, F. 92—94° (A.); 36%. — *DL-1.4-Dibrom-2.3-dimethylbutan*, $Kp._{21}$ 104—105°, n_D^{20} 1,5080, n_D^{25} 1,5076, $D.^{20}$ 1,624; 86%. (J. Amer. chem. Soc. **76.** 3486—88. 5/7. 1954. Toronto, Can., Univ., Dep. of Chem.) G. WINKLER. 570

Georges N. Catravas, *Über die Darstellung reiner Linolensäure durch Bromierung-Debromierung.* Die Darst. der *Linolensäure* (I) erfolgt nach den bisher üblichen Methoden über das *Hexabromid* (II) bei nachfolgender Debromierung mittels Zn in A. oder Methanol, wobei sich mindestens 15—20% stereoisomere trans-Säuren bilden. Vf. stellt fest, daß bei der Debromierung von II bei niedrigerer Temp. u. Verwendung von Aceton als Lösungsm. eine Erhöhung der Ausbeute (auf ca. 95%) u. eine bemerkenswerte Verminderung der Bldg. von Stereoisomeren stattfindet. Außerdem können sich dabei keine I-Methyl- oder Äthylester bilden.

Versuche: Feingemahlenes II, F. 182,5—183° (Toluol) wird mit absol. Aceton zum Sieden erhitzt, in kleinen Portionen werden pulverisiertes Zn u. nach u. nach einige Tropfen konz. HCl zugegeben, bis alles II zers. ist (exotherme Rk.); dann wird 30 Min. gekocht, vom überschüssigen Zn dekantiert u. konz.; mit großen Mengen W. u. HCl werden die Zn-Seifen zers., dann wird mit PAe. extrahiert; das Lösungsm. wird im Vakuum unter CO_2 abdestilliert. (C. R. hebd. Séances Acad. Sci. **237.** 1250—52. 16/11. 1953.) FECHTER. 810

J. H. Skellon und **C. G. Taylor,** *Die Oxydation einfach ungesättigter Fettsäuren und Ester. Darstellung und katalytische Oxydation von hochgereinigter Brassidinsäure mit gasförmigem Sauerstoff.* Bei der katalyt. Oxydation von *Brassidinsäure* [*trans-Dokosen-(13)-säure-(1)*] (I) mit gasförmigem Sauerstoff bei 73 u. 120° in Ggw. des U-Salzes von I als Katalysator wurde ein Bruch der Kette nur in untergeordnetem Maße beobachtet; Hauptprodd. waren Dioxybehensäure (II) u. ein öliger, monomerer Komplex, der Ketooxy- oder Keto-ungesätt. Derivv. enthielt. Bei mäßiger Temp. ist das Hydroperoxyd der I beständiger als das der Erucasäure (III), wie allg. die trans-Säuren geringere Oxydationsbereitschaft zeigen als ihre cis-Isomeren. Während die Oxydation von III mit O_2 in Ggw. von Co sowohl bei 70° wie bei 120° (DORÉE u. PEPPER, J. chem. Soc. [London] **1942.** 477 u. C. **1953.** 7266) zu Peroxybrassidinsäure (**IV**; F. 70°), jedoch nicht zu Spaltprodd. oder Ketoderivv. führte, erhielten Vff. bei der Oxydation von I in Ggw. von I-U (0,05% U) nur bei 73° ein verhältnismäßig beständiges Hydroperoxyd, das nicht der Zers. unterlag. Der Peroxydgeh. stieg mit zunehmender Oxydationsdauer stetig an (bis 0,465% akt. O_2 nach 36 Std.) bei gleichzeitigem Abfall von JZ. u. Säurezahl. Im Gegensatz dazu wurde bei 120° bereits nach 1 Std. ein maximaler Peroxydgeh. (0,29% akt. O_2, entsprechend 6,7% I-Hydroperoxyd) erreicht, wonach rascher Peroxydzerfall eintrat; die SZ.-Werte nahmen stetig ab, die JZ. sank binnen 5 Std. auf 50% ihres Anfangswertes. Nach 10std. Oxydation bei 120° waren in geringem Umfang Kettenspaltung u. Dimerisation nachweisbar (auf 1 Äquivalent I 0,02 Äquivalente CO_2). Monoperoxysäuren wurden nicht isoliert, aber nach Verseifung wurde II (8%) u. ein Öl (Monomer, 72%) erhalten, das Ketooxy- oder Keto-ungesätt. Verbb. (25%) enthielt. Bei diesem Oxydationsverlauf von I, im allg. ähnlich dem der Elaidinsäure (V) (vgl. SKELLON u. THRUSTON, C. **1950.** II. 275; **1954.** 1453), erleidet das anfangs entstandene Hydroperoxyd Umwandlung oder Zers. hauptsächlich zu einem komplexen Ketonöl. Die Bldg. dieser Ketonkomplexe nach Zers. des Peroxyds u. vor Eintreten der Polymerisation wird als ein charakterist. Merkmal der Autoxydation ungesätt. Fettsäuren u. Ester angesehen. — I wurde gewonnen durch Isomerisation gereinigter III, hergestellt über ihre Harnstoffkomplexverb. (vgl. SCHLENCK u. HOLMAN, C. **1951.** 3545), welches Verf. der bekannten Pb–Li-Salzmeth. überlegen ist.

Versuche: *Erucasäure* (III), $C_{22}H_{42}O_2$, F. 33,5°; a) über ihre Harnstoffkomplexverb.: Zur heißen Lsg. von Rapsölfettsäuren (VI) (140 g; JZ. 76; SZ. 182) in CH_3OH (2500 ml) Harnstoff (400 g) u. nach Abkühlen die entstandene Harnstoffkomplexverb. (270 g), Nadeln (weitere 110 g aus Mutterlauge), abtrennen, mit heißer verd. HCl (1000 ml) spalten, die freien Fettsäuren (Fraktion A; 94 g, JZ. 76,1, SZ. 171) mit heißem W. waschen u. mit PAe. extrahieren. Eine 2. Portion Fettsäuren (24 g, JZ. 102, SZ. 180) aus obiger methanol. Mutterlauge besteht vorwiegend aus Ölsäure u. mehrfach ungesätt. Säuren. Aus sd. alkoh. Lsg. der Säurefraktion A (94 g) mit sd. alkoh. Lsg. von Pb-Acetat (VII) (5 g) die Pb-Salze (12 g) von gesätt. Fettsäuren

(6 g; JZ. 30) abgetrennt, aus Filtrat davon durch erneute Behandlung mit **VII** unlösl. Pb-Salze gefällt, aus denen **III** [51 g, 36%; nach Umkristallisieren (A.)] isoliert wurde. b) Über die Pb-Salze: Sd. alkoh. Lsg. von **VI** (200 g) mit **VII** (88 g in 100 ml sd. A. u. wenig Essigsäure 2 Min. gekocht u. aus den beim Abkühlen ausgefallenen Pb-Salzen gesätt. Fettsäuren abgetrennt. Aus dem erneut mit **VII** (25 g, in 300 ml sd. A.) behandelten Filtrat nach Ansäuern **III** (40 g). — *Brassidinsäure* (I), $C_{22}H_{42}O_2$, F. 60°, durch Isomerisation von **III** mittels Stickstoffoxyden nach DORÉE u. PEPPER (l. c.); Ausbeute 65—70%. — *Dioxybehensäure* (II), $C_{22}H_{44}O_4$, F. u. Misch-F. 132°; — Genaue Beschreibung von App., Versuchsdurchführung u. Aufarbeitung bei der Oxydation vgl. Original. (J. chem. Soc. [London] **1953.** 1433—35. Mai. Acton, Techn. Coll.)
SCHILDKNECHT. 810

Jerome A. Berson und **Ronald Swidler,** *Eine Synthese von Maleinimid.* Vff. untersuchten die Darst. von *Maleinimid* (55% Ausbeute) aus **I** durch Pyrolyse; **I** ist aus dem Furan-Maleinsäure-Addukt (**III**) auf dem Wege über *exo-cis-3.6-Endoxo-trans-4.5-dibromhexahydrophthalsäureanhydrid* u. **II** erhältlich.

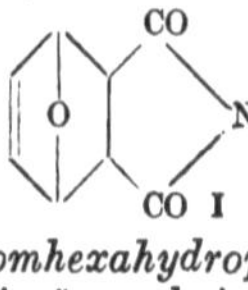

I

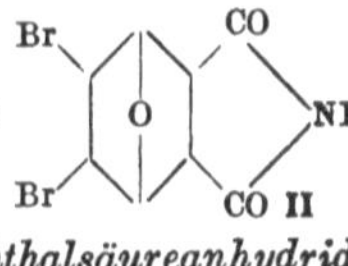

II

Versuche: *exo-cis-3.6-Endoxo-trans-4.5-dibromhexahydrophthalsäureanhydrid,* F. 157—159°, durch Bromierung von **III** in Essigsäure bei < 35°; 91% (Ausbeute). — *Maleinimid,* F. 91—93°, durch Erhitzen von **I** auf 180—190°; 77%. (J. Amer. chem. Soc. **76.** 2835—36. 20/5. 1954. Los Angeles, Calif., Univ., Dep. of Chem.)
G. WINKLER. 820

Earl C. Chapin und **Richard F. Smith,** *Die Pyrolyse von Methyläthylketoncyanhydrinacetat.* Bei der Pyrolyse von *Methyläthylketoncyanhydrinacetat* (**I**) auf einer Tonplatte im N_2-Strom bei 420—480° treten als Reaktionsprodd. *α-Äthylacrylnitril* (**II**) u. *α-Methylcrotonnitril* (**III**) auf, dabei wurde **II** isoliert u. **III** nach Hydrolyse als Tiglinsäure, F. 63—64°, nachgewiesen. Die Infrarotspektren der Reaktionsprodd. u. von zu Vergleichszwecken aus α-Äthacroleinoxim dargestelltem **II** werden gemessen. Bei der therm. Zers. von **I** auf Glas entsteht **II** als einziges Prod. in 73% Ausbeute. **I**, $C_7H_{11}O_2N$, Kp.$_{16}$ 90—91°, aus Methyläthylcyanhydrin (Kp.$_{17}$ 87—88°, n_D^{24} 1,4119) u. Essigsäureanhydrid, Ausbeute 83%, n_D^{24} 1,4111. —**II**, C_5H_7N, Kp. 111,9—112,9°, durch Pyrolyse von **I** u. fraktionierte Dest. der Prodd., n_D^{20} 1,4118. (J. Amer. chem. Soc. **76.** 4179—80. 20/8. 1954. Springfield, Mass., Monsanto Chem. Co., Plastics Div.)
G. PAULIG. 850

J.-C. Traynard, *Über die Herstellung der Dioxystearinsäure.* Auf Grund von systemat. Unterss. über den Einfl. der $KMnO_4$-Menge, Reaktionszeit, Reaktionstemp. u. Ölsäurekonz. auf die Ausbeute an *Dioxystearinsäure* (**I**) bei der Oxydation von *Ölsäure* (**II**) gibt Vf. nachfolgende günstigste Meth. für die **I**-Darst. an: Man erwärmt 10 g techn. **II** u. 5 g KOH in 200 cm³ W. bis zur Homogenisierung, gibt zu der viscos gewordenen Fl. bei 5° unter Rühren 10 g $KMnO_4$, entfärbt nach 10 Min. mit SO_2-Strom, säuert mit konz. HCl an, löst den Rückstand in heißem 95%ig. A., filtriert heiß von K_2SO_4 ab u. überläßt das Filtrat der Kristallisation; 70—75% Ausbeute. (Bull. Soc. chim. France, Mém. [5] **19.** 323—24. März/April 1952. Marseille, Fac. des Sci. École de Chim.)
ROTTER. 850

W. I. Kowalenko, *Gewinnung von Diisopropylpyrocarbonat.* (Vgl. C. **1953.** 4355.) Durch Umsetzung des Na-Salzes (**I**) von Kohlensäureisopropylester u. Chlorkohlensäureisopropylester (**II**) wird *Diisopropylpyrocarbonat* (**III**) dargestellt, das mit NH_3 unter Bldg. von *Carbaminsäureisopropylester,* mit Anilin unter Bldg. von *Phenylcarbaminsäureisopropylester* reagiert.

Versuche: *Diisopropylpyrocarbonat* (**III**), $C_8H_{14}O_5$, Kp.$_6$ 88—88,5°, aus 18 g **I** u. 52,5 g **II** durch 7std. Erhitzen auf 60—65° unter Feuchtigkeitsausschluß, Filtrieren u. Dest.; $D.^{20}_4$ 1,0374; n_D^{20} 1,4015; 13,5% (Ausbeute). — *Carbaminsäureisopropylester,* $C_4H_9O_2N$, F. 93—94°, aus **III** u. alkoh. NH_3; 98%. — *Phenylcarbaminsäureisopropylester,* $C_{10}H_{13}O_2N$, F. 86—87° (A.), aus **III** u. Anilin; 97%. (Журнал Общей Химии [J. allg. Chem.] **24** (**86**). 1041—43. Juni 1954. Krassnodar, Inst. für Nahrungsmittelindustrie.)
G. FROELICH. 880

Louis M. Soffer und **Elizabeth W. Parrotta,** *Die Spaltung von β-Oxypropionitrilen mit $LiAlH_4$.* Vff. untersuchen die Einw. von $LiAlH_4$ auf verschied. β-Alk-(Aryl-)-oxypropionitrile in Ae. bei 35° u. finden neben dem erwarteten prim. Amin Spaltprodd., die durch Aufspaltung der Ätherbindung entstanden sind (n-Propylamin [**I**], den entsprechenden Alkohol, H_2 u. Spuren von NH_3). Bei den Alkoxyverbb. beträgt die Spaltung 5—10%, bei den Aryloxyverbb. 20—25%; in Tetrahydrofuran bei 65° überwiegt die Spaltung u. verläuft in einigen Fällen prakt. quantitativ. Es wird von

Vff. gezeigt, daß bei der Einw. von $LiAlH_4$ auf γ-Alk-(Aryl-)-oxypropylamine — außer γ-n-Octylpropylamin — keine Spaltung eintritt. — Der Reaktionsmechanismus wird diskutiert.

Versuche: Die Red. erfolgte durch langsame Zugabe (1 Std.) des Nitrils zu $LiAlH_4$ in Ae. (Tetrahydrofuran) u. 1½std. Kochen. — *β-n-Butoxypropionitril*, $Kp._8$ 83—89°, n_D^{25} 1,4164; 26,0 g geben bei der Red. wenig *n-Butanol*, n_D^{25} 1,3987 (*3.5-Dinitrobenzoat*, F. 61—62,5°), wenig *n-Propylamin* (I) [*Chloroplatinat*, F. 214—215° (Zers.). *Pikrat*, F. 135°], 24,1 g *γ-n-Butoxypropylamin*, $Kp._{23}$ 78°, n_D^{24} 1,4251, H_2 u. wenig NH_3. — *β-Isopropoxypropionitril*, $Kp._{25}$ 83°, n_D^{25} 1,4067; gibt durch Red. *Isopropanol*, n_D^{24} 1,3785 (*p-Nitrobenzoat*, F. 110°), *γ-Isopropoxypropylamin*, $Kp._{85}$ 78 bis 79°, n_D^{20} 1,4190 (*Chloroplatinat*, F. 203°) u. I. — *β-n-Octyloxypropionitril*, $Kp._{20}$ 152—153°, n_D^{24} 1,4324; gibt *n-Octylalkohol* (*3.5-Dinitrobenzoat*, F. 60—61°), *γ-n-Octyloxypropylamin*, $Kp._1$ 101°, n_D^{24} 1,4383 [*Chloroplatinat*, F. 197—198° (Zers.)]. — *β-Benzyloxypropionitril*, $Kp._{0,5}$ 113—115°, n_D^{24} 1,5110; gibt *Benzylalkohol*, $Kp._{25}$ 109 bis 110°, n_D^{25} 1,5367 (*p-Nitrophenylurethan*, F. 154—156°), *γ-Benzyloxypropylamin*, $Kp._2$ 103°, n_D^{24} 1,5138 (*Chloroplatinat*, $C_{20}H_{32}O_2N_2Cl_6Pt$, F. 194—195°) u. I. — *γ-Phenoxypropionitril*, F. 62°; gibt *Phenol* (*3.5-Dinitrobenzoat*, F. 145—146°), *γ-Phenoxypropylamin*, $Kp._3$ 110—112°, n_D^{24} 1,5224 (*Benzamid*, $C_{16}H_{17}O_2N$, F. 120,5. *p-Nitrobenzamid*, F. 135—136°. *Chloroplatinat*, $C_{18}H_{28}O_2N_2Cl_6Pt$, F. 210—211°) u. I. — *β-[2-Naphthoxy]-propionitril*, F. 107°; gibt *Naphthol-(2)*, F. 123° (*3.5-Dinitrobenzoat*, F. 210°). (J. Amer. chem. Soc. **76**. 3580—83. 5/7. 1954. Aberdeen, Proving Ground, MD., Ballistic Res. Labor., Organ. Chem. Sect.) G. WINKLER. 920

Adrienne R. Thompson, *Die Zerstörung von Dinitrophenylaminosäuren durch Tryptophan.* Während *Bis-[dinitrophenyl]-lysin* (I) nach 6std. Kochen mit 20%ig. HCl quantitativ zurückgewonnen wird, werden unter gleichen Bedingungen nur 60 bis 76% I zurückgewonnen, wenn gleichzeitig Lysozym (II) anwesend ist; in Ggw. einer der II-Menge äquivalenten Menge Tryptophan (III) wird beim Kochen mit HCl etwa die gleiche Menge I zerstört. In Ggw. einer genügenden III-Menge ist die Zerstörung des I in 24 Std. fast vollständig. Beim Erhitzen von I mit HCl in Ggw. von Alanin, Arginin, Serin, Tyrosin oder Asparaginsäure tritt prakt. keine Zerstörung von I ein. Die Zerstörung von I in Ggw. von III ist auf eine chem. Rk. zwischen I u. III (oder einem von dessen Abbauprodd.) zurückzuführen; aus der wss. Reaktionslsg. konnte nach Entfernung von unverändertem I mit Butanol eine gefärbte Verb. extrahiert werden, die bei der Papierchromatographie fast ebenso schnell wie die Lösungsmittelfront wandert. In Ggw. von III werden beim Kochen mit HCl die *Dinitrophenylderivv.* von *Alanin, Leucin, Phenylalanin, Glykokoll* u. *Valin* mehr oder weniger zerstört. (Nature [London] **168**. 390—91. 1/9. 1951. Cambridge, Univ., Dep. of Sci. and Ind. Res.) K. F. MÜLLER. 950

A. D. Petrow und **G. I. Nikischin,** *Synthese und Eigenschaften von Isocrotylsilanen, Isopropenylsilan und Methylsiliconeopentylacetylen.* (Vgl. C. **1954**. 750.) Durch Rk. von Isocrotyl-Li [$CH_3 \cdot C(CH_3){=}CHLi$] mit $(CH_3)_3SiCl$, $(CH_3)_2SiCl_2$, CH_3SiCl_3 oder $SiCl_4$ erhalten Vff. die entsprechenden *Isocrotylsilane*. Der Weg über die GRIGNARD-Verb. von Isocrotylbromid (I) ergibt nur geringe Ausbeuten. Trimethylisocrotylsilan lagert HBr entsprechend der MARKOWNIKOWschen Regel unter Bldg. von *Trimethyl-2-brom-2-methylpropylsilan* an, das erhaltene Bromid zers. sich jedoch bei Dest. unter Bldg. von *Trimethylbromsilan* u. *Hexamethyldisiloxan*. Analog Vorst. wurde *Trimethylisopropylensilan* durch WURTZsche Synth. gewonnen. *Methylsiliconeopentylacetylen* [Trimethylbutin-(2)-yl-(1)-silan] wurde durch Rk. der GRIGNARD-Verb. von 1-Brombutin-(2) mit $(CH_3)_3$ SiCl dargestellt.

Versuche: *Trimethylisocrotylsilan*, $C_7H_{16}Si$, Kp. 111,5—112°, zu 10,5 g Li in 450 cm³ Ae. werden in 3½ Std. 120 g Isocrotylbromid (I) u. dann 54 g $(CH_3)_3SiCl$ gegeben, nach Stehen über Nacht wird filtriert u. dest.; das RAMAN-Spektr. zeigt die Frequenz 1620 cm^{-1}; $D._4^{20}$ 0,7418; n_D^{20} 1,4250; 40% (Ausbeute). Bei Verwendung eines Li-Überschusses gegenüber I (2:1,35 g-Mol) 64,5% Ausbeute. — *Dimethyldiisocrotylsilan*, $C_{10}H_{20}Si$, Kp. 172,5°, analog Vorst. aus I u. Dimethyldichlorsilan in Ggw. von Li; $D._4^{20}$ 0,7956; n_D^{20} 1,4590; 43%. — *Methyltriisocrotylsilan*, $C_{13}H_{24}Si$ Kp. 221,5 bis 222,5°; $D._4^{20}$ 0,8262; n_D^{20} 1,4820; 37,2%. — *Tetraisocrotylsilan*, $Kp._{11}$ 128°, F. 54,5° (A.). — *Trimethylisopropenylsilan*, $C_6H_{14}Si$, Kp. 82,8—83°, analog Vorst. aus Isopropenylbromid u. $(CH_3)_3SiCl$ in Ggw. von Li, ½ Std. Kochen u. Stehen über Nacht; $D._4^{20}$ 0,7186; n_D^{20} 1,4070; 32%. — *1-Brombutin-(2)*, $Kp._{78}$ 68°, aus Butin-(2)-ol-(1) mit PBr_3 in Ae./Pyridin (vgl. NEWMAN u. WOTIZ, J. Amer. chem. Soc. **71**. [1949.] 1292); $D._4^{20}$ 1,4828; n_D^{20} 1,5083; 60%. — *Trimethylbutin-(2)-yl-(1)-silan*, $C_7H_{14}Si$, Kp. 123,8—124,2°, aus der GRIGNARD-Verb. vorst. Bromids u. $(CH_3)_3SiCl$ in Ae.,

Stehen über Nacht, 5std. Kochen, Zers. mit W.; das RAMAN-Spektr. (Anregung mit der grünen Hg-Linie 5461 Å) zeigt mehrere schwache Frequenzen im Gebiet 2100 cm^{-1}, die Ggw. von Isomeren ist möglich; $D.^{20}_4$ 0,7975; n_D^{20} 1,4312; 40%. (Доклады Академии Наук СССР [Ber. Akad. Wiss. UdSSR] [N. S.] **93.** 1049—52. 21/12. 1953. Zelinsky-Inst. für organ. Chem. der Akad. der Wiss. der UdSSR.) G. FROELICH. 980

M. F. Schosstakowski, I. A. Schichijew und **D. A. Kotschkin,** *Untersuchungen auf dem Gebiet der Synthese und der Umwandlungen von sauerstoffhaltigen Organosiliciumverbindungen.* 1. Mitt. *Synthese von siliciumorganischen Acetalen.* Triäthylsilanol (**I**) reagiert mit Vinyl-n-butyläther (**II**) unter Bldg. von *Acetaldehyd-n-butyltriäthylsilylacetal* (**III**), $CH_3CH(OC_4H_9)OSi(C_2H_5)_3$. Analog reagiert **I** mit Vinylisobutyläther.

Versuche: *Acetaldehyd-n-butyltriäthylsilylacetal* (**III**), $C_{12}H_{28}O_2Si$, $Kp._9$ 82 bis 83°, aus äquimol. Mengen **I** u. **II** in Ggw. von wenig 30%ig. HCl, 1 Std. Stehen, 1 Std. Erhitzen auf 80—95°, über Nacht Stehen, Neutralisieren mit K_2CO_3 u. Dest.; ölige Fl. mit aromat. Geruch; $D.^{20}_4$ 0,8574; n_D^{20} 1,4271; 55,2% (Ausbeute). Bei der Hydrolyse von **III** mit 5%ig. H_2SO_4 (6 Std. im Rohr auf dem Wasserbad erhitzen) entsteht Acetaldehyd. — *Acetaldehydisobutyltriäthylsilylacetal,* $C_{12}H_{28}O_2Si$, $Kp._7$ 75 bis 76°, analog Vorst.; $D.^{20}_4$ 0,8530; n_D^{20} 1,4252; 51,7%. (Известия Академии Наук СССР, Отделение Химических Наук [Nachr. Akad. Wiss. UdSSR, Abt. chem. Wiss.] **1953.** 941—44. Sept./Okt. Inst. für organ. Chem. der Akad. der Wiss. der UdSSR.) G. FROELICH. 980

M. F. Schosstakowski, K. A. Andrianow, I. A. Schichijew und **D. A. Kotschkin,** *Untersuchungen auf dem Gebiet der Synthese und der Umwandlungen von sauerstoffhaltigen Organosiliciumverbindungen. Synthese von Methyl-, Äthyl- und Isopropyltriäthylsilylacetalen.* (Vgl. vorst. Ref.) Nach der im vorst. Ref. beschriebenen Meth. werden dargestellt: *Acetaldehydmethyltriäthylsilylacetal,* $C_9H_{22}O_2Si$, $Kp._{15}$ 74—75°, aus Triäthylsilanol (**I**) u. Vinylmethyläther (1 : 1) in Ggw. von wenig 30%ig. HCl durch 6½std. Erhitzen auf 65° im Rohr; $D.^{20}_4$ 0,8726; n_D^{20} 1,4225; 58,9% (Ausbeute). — *Acetaldehydäthyltriäthylsilylacetal,* $C_{10}H_{24}O_2Si$, $Kp._{15-16}$ 78—79°, aus **I** u. Vinyläthyläther (1 :2) in Ggw. 30%ig. HCl unter Rühren, dann 1 Std. Erhitzen auf 50°, Stehen über Nacht u. Dest.; $D.^{20}_4$ 0,8682; n_D^{20} 1,4232; 45,1%. Daneben bildet sich wenig *Hexaäthyldisiloxan.* — *Acetaldehydisopropyltriäthylsilylacetal,* $C_{11}H_{26}O_2Si$, $Kp._{17}$ 87—89°, aus **I** u. Vinylisopropyläther (1 : 2), 8½ Std., 65° im Rohr; $D.^{20}_4$ 0,8561; n_D^{20} 1,4238; 42%. (Доклады Академии Наук СССР [Ber. Akad. Wiss. UdSSR] [N. S.] **93.** 681—83. 1/12. 1953. Zelinsky-Inst. für organ. Chemie der Akad. der Wiss. der UdSSR.) G. FROELICH. 980

L. S. Ssoborowski, Ju. M. Sinowjew und **M. A. Englin,** *Darstellung von Organophosphorverbindungen durch Reaktion von Phosphortrichlorid und Sauerstoff mit Kohlenwasserstoffen, ihren Chlorderivaten und Äthern.* (Vgl. SSOBOROWSKI u. Mitarbeiter Доклады Академии Наук СССР [Ber. Akad. Wiss. UdSSR] [N. S.] **67.** [1949.] 293.) Alkylchloride reagieren mit PCl_3 in Ggw. von O_2 unter Bldg. von *Chloralkylphosphonsäuredichloriden:* $C_nH_{2n+1}Cl + 2\ PCl_3 + O_2 \rightarrow ClC_nH_{2n}P(O)Cl_2 + POCl_3 + HCl$. Es kommt dabei zur Bldg. von Isomerengemischen, die in einigen Fällen durch Rektifikation getrennt werden konnten. Z. B. wurde das aus 1-Chlorbutan, PCl_3 u. O_2 erhaltene Gemisch in die isomeren [*4-Chlorbutyl-(1)*]-, [*4-Chlorbutyl-(2)*]-, [*4-Chlorbutyl-(3)*]- u. [*4-Chlorbutyl-(4)*]-*phosphonsäuredichloride* getrennt. Bei der Rk von n-Dibutyläther mit PCl_3 u. O_2 werden *Butoxybutyl-* u. *Butoxyphosphonsäuredichlorid* gebildet, ersteres ebenfalls als Isomerengemisch. Analog verläuft die Rk. zwischen Ae., PCl_3 u. O_2.

Versuche: Die Darst. der Verbb. erfolgt nach SSOBOROWSKI u. Mitarbeitern (l. c.). Dargestellt wurden nachst. Phosphonsäuredichloride: [*4-Chlorbutyl-(1)*]-, $Kp._2$ 110—113°; $D.^{20}_4$ 1,3952; n_D^{20} 1,4950. [*4-Chlorbutyl-(2)*]-, $Kp._2$ 95—98°; $D.^{20}_4$ 1,4028; n_D^{20} 1,4963. [*4-Chlorbutyl-(3)*]-, $Kp._2$ 84,5—85,5°; $D.^{20}_4$ 1,3948; n_D^{20} 1,4946. [*4-Chlorbutyl-(4)*]-, $Kp._2$ 78—79°; $D.^{20}_4$ 1,3779; n_D^{20} 1,4886. Alle Isomeren bilden sich bei der Rk. von 1-Chlorbutan, PCl_3 u. O_2; im Molverhältnis 0,16 : 0,54 : 0,205 : 0,095. — Analog mit Propan: *Isopropyl-*, $Kp._{11}$ 71,5—72,5°; $D.^{20}_4$ 1,2979; n_D^{20} 1,4750; *n-Propyl-*, $Kp._{11}$ 76—77°; $D.^{20}_4$ 1,2922; n_D^{20} 1,4630; im Molverhältnis 0,731 : 0,269. — Mit 2-Methylpropan: *tert.-Butyl-*, $Kp._{15}$ 78—80°, F. 116—116,5°; *Isobutyl-*, $Kp._2$ 61—62°; $D.^{20}_4$ 1,2393; n_D^{20} 1,4676. Letzteres zeigt gleiche Konstanten mit einem aus Isobutylphosphonsäuredibutylester (erhalten aus Isobutylchlorid u. Na-Dibutylphosphit) dargestellten Präparat. — Mit 2.3-Dimethylbutan: [*2.3-Dimethylbutyl-(2)*]-, $Kp._2$ 81,5—84°; $D.^{20}_4$ 1,1882; n_D^{20} 1,4728; [*2.3-Dimethylbutyl-(1)*]-, $Kp._2$ 85—87°; $D.^{20}_4$ 1,1796; n_D^{20} 1,4720; im Molverhältnis 0,918 : 0,082. — Ferner *1.2-Dichloräthyl-*, $Kp._2$ 70—72°, mit 1.2-Dichloräthan; 3,8% (Ausbeute). *Chloräthyl-*,

$Kp._2$ 65—75° (Isomerengemisch), mit Äthylchlorid; 8,1%. *Chlorpropyl-*, $Kp._2$ 65 bis 100° (Isomerengemisch), mit n-Propylchlorid; 27,3%; oder mit Isopropylchlorid, $Kp._2$ 80—95°; 16,1%. *Chlorbutyl-*, $Kp._4$ 85—120° (Isomerengemisch); mit n-Butylchlorid; 47,2%; oder mit Isobutylchlorid, $Kp._3$ 80—100°; 33,2%; oder mit tert.-Butylchlorid, $Kp._2$ 73° (kein Isomerengemisch); 3,3%. *Chloroctyl-*, $Kp._4$ 140—170° (Isomerengemisch), mit n-Octylchlorid; 43,5%. — Ferner *Äthoxyäthyl-*, $Kp._2$ 78—81°, aus Ae., PCl_3 u. O_2; $D.^{20}_4$ 1,3073; n_D^{20} 1,4660. *Äthoxy-*, $Kp._{10}$ 51—52°, bei vorst. Rk.; $D.^{20}_4$ 1,3804; n_D^{20} 1,4350. — *Butoxybutyl-*, $Kp._2$ 88—114° (Isomerengemisch), analog Vorst. mit n-Dibutyläther; $D.^{20}_4$ 1,2841. Daneben *Butoxy-*, $Kp._2$ 53—55°; $D.^{20}_4$ 1,2669; n_D^{20} 1,4460. (Доклады Академии Наук СССР [Ber. Akad. Wiss. UdSSR] [N. S.] **73.** 333—36. 11/7. 1950.) V. WILPERT. 980

A. N. Pudowik und **B. A. Arbusow**, *Anlagerung von dialkylphosphorigen Säuren an ungesättigte Ketone, Nitrile und Säureester.* Bei der Rk. von Dimethylphosphit (I) mit *β.β*-Dimethyldivinylketon (II) in Ggw. von Na-Alkoholat entsteht [*3-Keto-5-methylhexen-(4)-yl-(1)*]-*phosphonsäuredimethylester.* Die Rk. von **I** mit Acrylonitril (**III**) unter gleichen Bedingungen führt zur Bldg. von *β-Cyanäthylphosphonsäuredimethylester*, doch verläuft die Rk. langsamer als zwischen **I** u. **II**. Analog reagiert **I** mit Methylmethacrylat (**IV**) unter Bldg. von *2-Carbomethoxypropylphosphonsäuredimethylester.* In weiteren Rkk. werden Diäthyl-, Diisopropyl-, Diisobutyl- u. Di-n-butylphosphit mit **II**, **III** oder **IV** umgesetzt. Als Kondensationsmittel eignet sich jeweils dasjenige Na-Alkoholat am besten, dessen Alkoholrest auch im Dialkylphosphit enthalten ist.

Versuche: Folgende *Phosphonsäureester* der Formel $(CH_3)_2C{=}CH\cdot CO\cdot CH_2CH_2PO(OR)_2$ wurden dargestellt: $R = CH_3$, $Kp._{13}$ 169—171°, zu einem äquimol. Gemisch von **I** u. **II** läßt man alkoh. Na-Äthylatlsg. zutropfen, läßt einige Zeit stehen u. dest.; $D.^{20}_4$ 1,1130; n_D^{20} 1,4711; 59% (Ausbeute). $R = C_2H_5$, $Kp._3$ 149°, analog; $D.^{20}_4$ 1,0658; n_D^{20} 1,4660; 52%. $R =$ *Isobutyl*, $Kp._{10}$ 188—189°; $D.^{20}_4$ 1,0013; n_D^{20} 1,4511; 48,5%. $R =$ *n-Butyl*, $Kp._{10}$ 198—200°; $D.^{20}_4$ 1,0111; n_D^{20} 1,4623; 57%. — Folgende Ester der Formel $CN\cdot CH_2\cdot CH_2\cdot PO(OR)_2$: $R = CH_3$, $Kp._{11}$ 158°; $D.^{20}_4$ 1,1964; n_D^{20} 1,4432; 86,3%. $R = C_2H_5$, $Kp._{10}$ 159—160°; $D.^{20}_4$ 1,1089; n_D^{20} 1,4388; 83%. $R =$ *Isopropyl*, $Kp._{13}$ 160°; $D.^{20}_4$ 1,0500; n_D^{20} 1,4345; 46,4%. $R =$ *Isobutyl*, $Kp._{11}$ 171°; $D.^{20}_4$ 1,0359; n_D^{20} 1,4386; 71%. $R =$ *n-Butyl*, $Kp._{11}$ 177—178°; $D.^{20}_4$ 1,0455; n_D^{20} 1,4395; 71,5%. — Folgende Ester der Formel $CH_3OCO\cdot CH(CH_3)CH_2\cdot PO(OR)_2$: $R = CH_3$, $Kp._{10}$ 137—138°; $D.^{20}_4$ 1,1761; n_D^{20} 1,4377; 77,7%. $R = C_2H_5$, $Kp._{15}$ 152—153°; $D.^{20}_4$ 1,1212; n_D^{20} 1,4350; 74,5%. $R =$ *Isopropyl*, $Kp._{16}$ 153—154°; $D.^{20}_4$ 1,0612; n_D^{20} 1,4298; 61%. (Доклады Академии Наук СССР [Ber. Akad. Wiss. UdSSR] [N. S.] **73.** 327—30. 11/7. 1950. Chem. Arbusow-Inst. der Kasaner Zweigstelle der Akad. der Wiss. der UdSSR.) V. WILPERT. 980

Woldemar Schneider, *Zur Kenntnis der Tropasäureester und verwandter Verbindungen.* 2. Mitt. (1. vgl. C. **1954.** 2608.) Vf. untersucht die Infrarotspektren von hydroxylfreien substituierten Essigsäureestern einerseits (*Phenyl-*, *Diphenylessigsäuremethylester*) u. von an der OH-Gruppe substituierten Tropasäureestern (*Hydratropasäure-*, *Acetyltropasäure-*, *β-Methoxy-α-phenylpropionsäure-* u. *β-Methoxy-α-phenyl-α-methylpropionsäuremethylester*). Alle untersuchten Ester zeigen die für das n. Estercarbonyl typ. Bande bei 1740 cm^{-1} (C=O-Valenzschwingungen) u. eine der 1. Oberschwingung der CO-Grundschwingung zukommende Bande in der Gegend von 3480 cm^{-1}, außerdem finden sich die typ. Benzolfrequenzen. Damit ist nach Vf. bewiesen, daß keiner der untersuchten Ester in reinem Zustand die desmotrope Form enthält, sondern ausschließlich in der Ketoform vorliegt. Die Spektren sind graph. wiedergegeben u. werden mit dem von Tropasäuremethylester (I) verglichen. Die breite Bande in reinem **I** bei 3442 cm^{-1} deutet auf eine über Wasserstoffbrücken assoziierte OH-Gruppe hin; es wird vom Vf. nachgewiesen, daß es sich hierbei um eine zwischenmol. Assoziation handelt.

Versuche: *Phenylessigsäuremethylester*, $Kp._{15}$ 102,5°, aus der freien Säure u. Diazomethan in Äther. — *α-Phenylpropionaldehyd*, $Kp._3$ 58,5—59,5°, aus Acetophenon u. Monochloressigsäureäthylester nach DARZENS. *Semicarbazon*, F. 152,5°. — *α-Phenylpropionsäure*, $Kp._2$ 112—113°, aus vorst. Verb. u. Ag_2O. *Methylester*, $Kp._3$ 73,5—74°, aus der freien Säure u. Diazomethan. — *Diphenylessigsäuremethylester*, F. 58,5°. — *β-Methoxy-α-phenylpropionsäuremethylester*, $C_{11}H_{14}O_3$, $Kp._5$ 98—99°, a) aus **I** mit CH_3J u. Ag_2O in Ae. durch 1std. Kochen, b) aus **II** (s. unten) in Methanol durch Sättigen mit HCl u. Stehenlassen über Nacht; 85% (Ausbeute). — *ω-Methoxyacetophenon*, $Kp._{15}$ 118—120°. *Semicarbazon*, $C_{10}H_{13}O_2N_3$, F. 128,5° (verd. A.). — *β-Methoxy-α-oxy-α-phenyläthan*, $Kp._{18}$ 132°, $Kp._1$ 66—67°, durch langsame Zugabe vorst. Verb in Ae. zu $LiAlH_4$ in Ae. (3/4 Std.) u. ½std. Kochen; 87%. — *β-Methoxy-α-chlor-α-phenyläthan*, $C_9H_{11}OCl$, Kp.2 69—70°, aus vorst. Verb. in Pyridin durch langsame Zugabe von $SOCl_2$ unter Rühren u. ½std. Erwärmen auf dem Wasserbad; 36,2%. — *β-Methoxy-α-cyan-α-phenyläthan* (**II**) (Rohprod.), aus vorst. **Verb.** durch 11std. Kochen mit NaCN u. NaJ in Aceton; schwach gelbes Öl; 69%. — *β-Acetoxy-α-phenylpropionsäure*, F. 88,5° (W.), aus DL-Tropasäure u. Acetanhydrid durch Erwärmen auf dem Wasserbad bis zur Lsg. u. 24std. Stehenlassen bei Zimmertemp. in Ggw. katalyt. Mengen H_2SO_4. *Methylester*, $C_{12}H_{14}O_4$, Kp.10-3 95°, aus der freien Säure u. Diazomethan. — *β-Methoxy-α-methyl-α-phenylpropionsäuremethylester*, $C_{12}H_{16}O_3$, Kp.10-4 98°, durch Zugabe von CH_3J in Ae. zu der Dikaliumverb. von **I** u. 7std Kochen; 34,6%. (Arch. Pharmaz. Ber. dtsch. pharmaz. Ges. **286/58.** **467**—80. 1953. Freiburg/Br., Univ., Pharmaz. Inst.) G. WINKLER. **1250**

I. W. Chwosstow, *Über die Reaktion der Azokupplung von 2.2-Bis-[4-oxyphenyl]-propan.* Bei der Kupplung von 2.2-Bis-[4-oxyphenyl]-propan (**I**) in 80%ig. Essigsäure mit einer Lsg. von diazotiertem p-Nitroanilin fällt nach Zugabe von Na-Acetat ein orangefarbener Nd. von *4-[4-Oxybenzolazo]-nitrobenzol*, $C_{12}H_9O_3N_3$, F. ~210° (Eisessig) aus; 89% Rohausbeute. Im Filtrat wird mit Furfurol *Aceton* nachgewiesen. Mit diazotierter Sulfanilsäure kuppelt **I** unter Bldg. einer nicht näher untersuchten hellgelben *Verb.*, die nach Zugabe von Eisessig zur Reaktionslsg. ausfällt. Bei der Nitrosierung von **I** mit $NaNO_2$ in Essigsäure fällt nach Zugabe von W. *Benzochinonmonoxim* aus. (Доклады Академии Наук СССР [Ber. Akad. Wiss. UdSSR] [N. S.] **93.** 679—80. 1/12. 1953.) G. FROELICH. **1320**

J. J. Denton und **Virginia A. Lawson,** *Antispasmodica.* 5. Mitt. *Tertiäre α- und γ-Aminoalkohole und quaternäre Salze von β-Aminoalkoholen.* (4. vgl. C. **1950. I.** 720.) Zur Unters. auf ihre antispasmod. Aktivität wurden nach bereits bekannten Methoden eine Anzahl Verbb. der Form $C_6H_5—C(OH)(R)—(CH_2)_x—Am·HCl$ (x = 1—3; R = C_2H_5; Am = Piperidino oder Diäthylamino) sowie einige quaternäre Salze der Derivv. von $C_6H_5—C(OH)(R)—CH_2CH_2—Am$ (**I**) dargestellt. Die pharmakol. Unters. ergab, daß die niederen Homologen, die α-Aminoalkohole, weniger wirksam sind als die höheren homologen γ-Aminoalkohole, diese aber wieder weniger akt. als die β-Aminoalkohole. Es wird daher angenommen, daß die 1.3-Beziehung zwischen OH- u. Aminogruppe wesentlich für die antispasmod. Wrkg. der Verbb. ist.

V e r s u c h e : *1-Piperidino-2-phenylbutanol-(2)-hydrochlorid*, $C_{15}H_{23}ON·HCl$, F. 195,6—196,7°, nach HENLEY u. TURNER (J. chem. Soc. [London] **1931.** 1182) unter Verwendung von Di-n-butyläther; 35% (Ausbeute). — *1-Diäthylamino-2-phenylbutanol-(2)*, $C_{14}H_{23}ON$, Kp.6 111,8—113,2°, analog vorst. Verb. u. Dest.; 30%. — *6-Diäthylamino-3-phenylhexanol-(3)*, *Dihydrogencitrat*, $C_{18}H_{27}ON·C_6H_8O_7$, F. 174° (A. + Ae.), nach MARXER (Helv. chim. Acta, **24.** [1941.] 209) u. Rk. der *freien Base* (Kp.4,5 141,5—143°) mit alkoh. Citronensäure; 18%. — *6-Piperidino-3-phenylhexanol-(3)-hydrochlorid*, $C_{17}H_{27}ON·HCl$, F. 190,1—191,2°, analog vorst. Verb.; 46,5%. — Nachst. *quaternäre Salze* der Formel **I** entstanden entweder aus dem Amin + 3 Mol Alkyljodid durch ca. 10monatiges Stehen unter Verschluß u. Rekristallisation aus A. + Ae. (Meth. **A**) oder aus 1 Mol Amin + 5 Mol Alkylhalogenid in CH_3NO_2 durch ca. 2wöchiges Stehen u. Rekristallisation aus A. + Aceton (Meth. **B**): *1-Piperidino-3-phenylpentanol-(3)-bromäthylat*, $C_{18}H_{30}ONBr$, F. 213—214,4° (F. u. alle folgenden FF. korr.), nach **A**; 65%. — *1-Piperidino-3-phenylhexen-(5)-ol-(3)-bromäthylat*, $C_{19}H_{30}ONBr$, F. 186,6—188° (Zers.), **A**; 59%. — *1-Piperidino-3-phenylhexanol-(3)-bromäthylat*, $C_{19}H_{32}ONBr$, F. 169,8—172,3°, **A**; 37%. — *1-Piperidino-3-phenylheptanol-(3)-chlormethylat, Monohydrat*, $C_{19}H_{32}ONCl·H_2O$, F. 113—120° (bei 75° sinternd; hygroskop.), **B**; 36%. *Jodmethylat*, $C_{19}H_{32}ONJ$, F. 149,3—151,7° (Zers.), **A**; 41%. *Bromäthylat*, $C_{20}H_{34}ONBr$, F. 193,8—194,8°, **A**; 20%. *Chlorbenzylat, Monohydrat*, $C_{25}H_{36}ONCl·H_2O$, sintert bei 97,5° u. ist erst bei 175° klargeschmolzen, **A**; 59%. — *1-Piperidino-3-phenyl-3-cyclohexylpropanol-(3)-bromäthylat*, $C_{22}H_{36}ONBr$, F. 210—214°, **A**; 29%. — *1-Morpholino-3-phenylheptanol-(3)-bromäthylat*, $C_{19}H_{32}O_2NBr$, F. 161,3 bis 163°, **A**; 20%. — *1-Diäthylamino-3-phenylpentanol-(3)-bromäthylat*, $C_{17}H_{30}ONBr$, F. 173,8—176°, **B**; 7%. — *1-Diäthylamino-3-phenyl-3-cyclohexylpropanol-(3)-bromäthylat*, $C_{21}H_{36}ONBr$, F. 181,3—183°, **A**; 30%. — *1-Dimethylamino-3-phenylpentanol-(3)-bromäthylat*, $C_{15}H_{26}ONBr$, F. 110,2—117,0°, **B**; 55%. — *1-[4-Methylpiperazino]-3-phenylpentanol-(3)-chlormethylat, Monohydrat*, $C_{17}H_{29}ON_2Cl·H_2O$, F. 241—242° (Zers.), **B**; 30%. (J. Amer. chem. Soc. **72.** 3279—81. Juli 1950. Bound Brook, N. J., Amer. Cyanamid Co., Calco Chem. Div., Res. Dep.) LEHWALD. 1320

J. J. Denton, H. P. Schedl, W. B. Neier und **Mary Brookfield,** *Antispasmodica.* 6. Mitt. *Zusätzlich substituierte β-Aminoketone.* (5. vgl. vorst. Ref.) Es werden 23 *sub-*

stituierte aromat.-aliphat. Ketone mit β-ständiger Aminogruppe, meist durch die von WINSTEIN u. Mitarbeitern (C. **1946.** I. 936) modifizierte MANNICH-Rk. dargestellt. — Aus Acetophenon, Paraformaldehyd u. dl-Iso-1.2-diphenyl-2-aminoäthanolhydrochlorid entsteht bei Anwendung des mol. Verhältnisses 1 : 1,5 : 1 *β-[dl-Iso-(1.2-diphenyl-2-oxyäthylamino)]-propiophenonhydrochlorid* (I), beim mol. Verhältnis jedoch *β-[3-(4.5-Diphenyloxazolidyl)]-propiophenonhydrochlorid* (II), welches bei Neutralisation HCHO abspaltet unter Bldg. der I entsprechenden Base. — *Nitrilotri-β-propiophenonhydrochlorid* cyclisiert sich leicht zu *β-[1-(3-Benzoyl-4-oxy-4-phenylpiperidyl)]-propiophenonhydrochlorid,* das auch durch direkte Synth. gewonnen wurde. — 7 der gewonnenen Verbb. zeigen antispasmod. Wrkg.; aus den Unterss. geht hervor, daß in substituierten β-Aminoketonen des dargestellten Typs die Substitution an der Aminogruppe u. dem aromat. Ring die antispasmod. Wrkg. vermindert.

V e r s u c h e (alle FF. korr.; die Ausbeuten sind Reinausbeuten u. beziehen sich auf das eingesetzte Keton): Die Verff. **A**, **B** u. **C** entsprechen den von DENTON u. Mitarbeitern früher beschriebenen (C. **1950.** I. 718). — *β-[1-(4-Carbäthoxypiperazyl)]-propiophenonhydrochlorid,* $C_{16}H_{22}O_3N_2 \cdot HCl$, Darst. nach Meth. **C**, F. 171,6—171,8°; 20,5% (Ausbeute). — *β-[dl-Iso-(1.2-diphenyl-2-oxyäthylamino)]-propiophenonhydrochlorid* (I), $C_{23}H_{23}O_2N \cdot HCl$, **C**, F. 190,4—191,3°; 61,3%. — *β-[3-(4.5-Diphenyloxazolidyl)]-propiophenonhydrochlorid* (II), $C_{24}H_{23}O_2N \cdot HCl$: Acetophenon, Paraformaldehyd u. dl-Iso-1.2-diphenyl-2-aminoäthanolhydrochlorid im Molekularverhältnis 1 : 3 : 2 wurden 30 Min. nach **C** umgesetzt; der Nd. wurde nach Kühlung abfiltriert, F. 145,1—146,1° (A.); 15,7%. Die antispasmod. Wrkg. konnte nicht geprüft werden, da die Verb. sich unter den Testbedingungen zersetzte. Beim Verdünnen der Mutterlauge mit Ae. fiel I aus; 34,4%. — *β-[dl-Iso-(1.2-diphenyl-2-oxyäthylamino)]-propiophenon,* $C_{23}H_{23}O_2N$: Eine kalte, wss.-methanol. Lsg. von **II** wurde mit NH_4OH bas. gemacht u. mit W. verd., F. 125,5—126° (A.); der abgespaltene Formaldehyd wurde als Dimedonderiv. nachgewiesen. — *β-[1-(3-Benzoyl-4-oxy-4-phenylpiperidyl)]-propiophenonhydrochlorid,* $C_{27}H_{27}O_3N \cdot HCl$: Eine bei 93° mit konz. NH_4OH alkal. gemachte wss. Lsg. von β-[1-Piperidyl]-propiophenonhydrochlorid wurde unter Rühren bei Raumtemp. abgekühlt, hierbei wurde die *Base,* $C_{27}H_{27}O_3N$, erhalten, F. 148—148,5°; 61,7%. *Hydrochlorid,* F. 196—196,5°. Antispast. wirksam. — *Nitrilotri-β-propiophenonhydrochlorid,* cyclisiert sich leicht zu vorst. Verb.; antispast. wirksam. — *β-[4-Morpholinyl]-2.4.6-trimethylpropiophenonhydrochlorid,* $C_{16}H_{23}O_2N \cdot HCl$, **B**, F. 182,8 bis 183,3°; 31,9%. — *β-[4-Morpholinyl]-4-isopropylpropiophenonhydrochlorid,* $C_{16}H_{23}O_2N \cdot HCl$, **A**, F. 196,5—197,3°; 63%. — *β-[1-Piperidyl]-4-oxypropiophenonhydrochlorid,* $C_{14}H_{19}O_2N \cdot HCl$: β-[1-Piperidyl]-4-methoxypropiophenonhydrochlorid, Essigsäure u. 48%ig. HBr werden 6½ Std. gekocht. Nach Abdampfen des Lösungsm. im Vakuum wurde eine wss. Lsg. des Rückstandes mit verd. NaOH auf p_H 8 gebracht. Nach Ätherextraktion wurde der wss. Teil mit konz. HCl auf p_H 3 gebracht u. der beim Kühlen ausfallende Nd. aus A. umkristallisiert. Er wurde in wss. $NaHCO_3$-Lsg. gebracht u. mit Ae. extrahiert. Die getrocknete äther. Lsg. wurde mit HCl angesäuert, F. 219,5—220°; 10%. — *β-[1-Piperidyl]-3.4-dioxypropiophenonhydrochlorid,* $C_{14}H_{19}O_3N \cdot HCl \cdot H_2O$: Zu einer sd. Lsg. von 3.4-Dioxypropiophenon u. Piperidinhydrochlorid in A. wurde innerhalb 2 Std. Paraformaldehyd gegeben u. dann weitere 30 Min. gekocht. Nach Abkühlen wurde mit konz. HCl angesäuert, F. 196,5—198° (A.); 31,2%. — *β-[1-Piperidyl]-2.5-dimethylpropiophenonhydrochlorid,* $C_{16}H_{23}ON \cdot HCl$, **B**. Aus der dest. Base (Kp.$_4$ 116—119°) das Hydrochlorid, F. 175—175,8°; 0,8%. Antispast. wirksam. — *β-[1-Piperidyl]-2.4.6-trimethylpropiophenonhydrochlorid,* $C_{17}H_{25}ON \cdot HCl$, **B**, F. 170,1—170,3°; 26,7%. Antispast. wirksam. — *β-[1-Piperidyl]-4-isopropylpropiophenonhydrochlorid,* $C_{17}H_{25}ON \cdot HCl$, **A**, F. 180,1—181,5°; 23,2%. Antispast. wirksam. — *β-Dimethylamino-4-chlor-1-propionaphthonhydrochlorid,* Darst. nach WINSTEIN u. Mitarbeitern (l. c.). — *β-[2-(1.2.3.4-Tetrahydroisochinolyl)]-4-chlor-1-propionaphthonhydrochlorid,* $C_{22}H_{20}ONCl \cdot HCl$, **C**, F. 228—229,5°; 14%. — *β-[4-Morpholinyl]-4-methyl-1-propionaphthonhydrochlorid,* $C_{18}H_{21}O_2N \cdot HCl$, **C**, F. 210—212° (Zers.); 15,3%. — *β-[1-Piperidyl]-4-methyl-1-propionaphthonhydrochlorid,* $C_{19}H_{23}ON \cdot HCl$, **C**, F. 214—215° (Zers.); 7,9%. Antispast. wirksam. — *2-[β-Dimethylaminopropionyl]-fluorenhydrochlorid,* $C_{18}H_{19}ON \cdot HCl$, **C**, F. 187—188,6° (Zers.); 71,9%. — *2-[β-(4-Morpholinyl)-propionyl]-fluorenhydrochlorid,* $C_{20}H_{21}O_2N \cdot HCl$, **C**, F. 224,5 bis 225,5° (Zers.). *Base,* $C_{20}H_{21}O_2N$, F. 115,5—116°; 71%. — *2-[β-(1-Piperidyl)-propionyl]-fluorenhydrochlorid,* $C_{21}H_{23}ON \cdot HCl$, **C**, F. 215—216° (Zers.); 74,6%. Antispast. wirksam. — *1-[1-Piperidyl]-4.4-dimethylpentanon-(3)-hydrochlorid,* $C_{12}H_{23}ON \cdot HCl$, **C**, F. 209—210° (Zers.); 64,4%. — *Di-4-[β-(1-piperidyl)-propionyl]-phenyläther-hydrochlorid,* $C_{28}H_{36}O_3N_2 \cdot 2\,HCl$, **C**, F. 212,7—213° (Zers.); 31,1%. — *3-[β-(1-Piperidyl)-propionyl]-thionaphthenhydrochlorid,* $C_{16}H_{19}ONS \cdot HCl$, **C**, F. 228,5—228,8° (Zers.),

45,8%. — *2-[β-(1-Piperidyl)-propionyl]-dibenzofuranhydrochlorid*, $C_{20}H_{21}O_2N \cdot HCl$, C; F. 226,5—228,3° (Zers.); 62,2%. (J. Amer. chem. Soc. **72.** 3792—94. Aug. 1950.)
MENZEL. 1340

Ch. Sannié und **H. Lapin**, *Über einige Derivate aus 1.2.3-Aminonitrophenolen. 3-Oxyanthranilsäure und 6-Oxy-2-nitrobenzoesäureamid.* (Vgl. C. **1951.** I. 454.) Um zu der *3-* u. *6-Oxyanthranilsäure* (**I** u. **II**) zu kommen, wird im 3-Nitro-2-aminophenol entweder die NH_2- oder NO_2-Gruppe nach SANDMEYER durch die Carboxylgruppe ersetzt. Das o-Aminophenolsyst. muß jedoch durch Umwandlung in Benzoxazol hierfür geschützt werden. Während die direkte Diazotierung von *O-Acetyl-2-acetylamino-3-aminophenol* (**VI**) zum *Diazoimid* **III** u. dessen Erhitzung zum *2-Methyl-4-acetoxybenzimidazol* führt, gibt die Erhitzung von *O.N-Diacetyl-2-amino-3-nitrophenol* (**IV**) mit quantitativer Ausbeute *2-Methyl-4-nitrobenzoxazol.* Dessen Red. mit RANEY-Ni führt zur Aminoverb., die durch SANDMEYER-Rk. in das Nitril, durch Hydrolyse in das Amid u. schließlich in **I** umgewandelt wird. Die Ausbeute dieser Umwandlung ist wesentlich geringer als die bei der Umwandlung von 2-Amino-4-nitrophenol. Während der Diazotierung muß der Benzoxazolring geschützt werden; die Nitrilausbeuten übersteigen 65—70% nicht. Auch ist dessen Hydrolyse schwierig u. kann nicht direkt durchgeführt werden; der Umweg über das Amid u. dessen Hydrolyse mit 100%ig. H_3PO_4 ist daher nötig. — In gleicher Weise kann statt der 3-Nitro- die 2-Aminogruppe behandelt werden; man erhält dann das *6-Oxy-2-nitrobenzonitril*, dessen Umwandlung in **II** über das Amid durch Red. mit RANEY-Ni in A. jedoch nicht möglich ist.

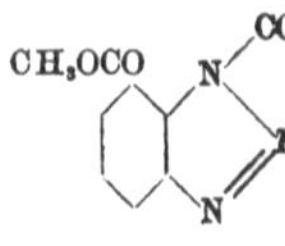
III

V e r s u c h e : *O.N-Diacetyl-2-amino-3-nitro-* (**IV**) u. *-5-nitrophenol* (**V**); Nitrierung nach C. **1951.** I. 454 (92% Ausbeute) u. Trennung der Isomeren in kleinen Anteilen mit so wenig 95%ig. A., daß eine Kristallsuspension erhalten wird. **IV** sinkt zu Boden, während die feinen **V**-Nadeln zur Oberfläche steigen u. dekantiert werden; 68% **IV**, 32% **V**. — *O-Acetyl-2-acetylamino-3-aminophenol* (**VI**), F. 146—147°, durch Red. einer 2%ig. alkoh. Lsg. von **IV** in Ggw. von RANEY-Ni bei 40—45°; 80% (Ausbeute). *Hydrochlorid*, F. 217—219°, aus A.-Ae. Nadeln. — *Diazoimid* **III**, F. 103—104°, feine Nadeln, durch Behandlung der vorigen Verb. mit einer wss. $NaNO_2$-Lösung. — *O-Acetyl-2-[diacetylamino]-3-nitrophenol*, F. 87° (KOFLER-Block), durch Acetylierung von **IV** durch Kochen; durch Red. mit RANEY-Ni wird das krist. *Amin* erhalten, das sich rasch zu einem braunroten Öl oxydiert. — *2-Methyl-4-acetoxybenzimidazol*, F. 215 bis 216° (W.), durch Erhitzen von **VI** über seinen F. hinaus (175°); entsteht auch in sehr geringer Menge bei der katalyt. Red. von **IV**. — *2-Methyl-4-nitrobenzoxazol*, F. 124—125° (A.), durch Erhitzen von **IV** auf 230—240°; 97%. — *2-Methyl-4-aminobenzoxazol*, F. 78—79° (W.), durch Red. vorst. Verb. in A. mit RANEY-Ni in der Hitze; 92%. *Acetylaminoverb.*, F. 118°, aus W., durch Acetylierung in Pyridin. — *2-Methyl-4-cyanbenzoxazol*, F. 108—109°, kleine Nadeln, durch Diazotieren einer salzsauren Lsg. der vorigen Verb. u. Zugabe der Diazolsg. zu einer wss. CuCN-Lsg. bei 0° (30 Min.) u. Chromatographie an Al_2O_3; 77%. — *2-Methylbenzoxazolcarbonsäure-(4)-amid* (**VII**), F. 172°, aus W. oder absol. A.-PAe. Nadeln, durch 3std. Erhitzen von 0,5 g des vorigen Nitrils in 6 cm³ W. auf 180—190° im Einschlußrohr; 80%. — *2-Acetylamino-3-cyanphenol*, F. 250—275° (Zers.), durch längeres Erhitzen des Nitrils auf 180° wie vorher. — *2-Acetylamino-3-oxybenzoesäureamid*, Zers. bei 240°, aus W. Kristalle, durch Lösen des Amids **VII** in verd. HCl u. Eindampfen. — *N-Acetyl-3-oxyanthranilsäure*, F. 143—144°, Kristalle, durch 30minütige Hydrolyse von 300 mg **VII** mit 0,75 cm³ 100%ig. H_3PO_4 ($H_3PO_4 + P_2O_5$) bei 150°; 45—50%; keine Färbung mit $FeCl_3$. — *3-Oxyanthranilsäure* (**I**), F. 245—265° (Zers.), rosafarbenes Prod., durch Spaltung der Acetylverb. mit $Ba(OH)_2$ in der Hitze; 60—70%. — *2-Cyan-3-nitrophenol*, F. 208—209°, aus Lauge kleine Blättchen mit grünlichem Schimmer, durch Desacetylierung von **IV** mit 2nHCl durch 30minütiges Kochen, Diazotierung des Hydrochlorids in wss. Suspension u. Behandlung mit CuCN bei 70—90°; 75%. — *6-Nitrosalicylsäureamid*, F. 225—230° (Zers.), durch 3std. Erhitzen des vorigen Nitrils mit $4nH_2SO_4$ auf 150° im Einschlußrohr. (Bull. Soc. chim. France, Mém. [5] **19.** 369—72. März/April 1952. Paris, Muséum Nat. d'Histoire Naturelle, Labor. de Chim.)
ROTTER. 1350

Llewellyn H. Welsh, *3-[4-Amino-3.5-dibrombenzoyl]-1-di-n-butylaminopropanpikrolonat.* Vf. erhält *3-[4-Amino-3.5-dibrombenzoyl]-1-di-n-butylaminopropan* durch Behandlung von 3-[4-Aminobenzoyl]-1-di-n-butylaminopropan (Butalain) in salzsaurer Lsg. mit Bromwasser in geringem Überschuß, Entfernung von überschüssigem Br_2 mit Bisulfit, Alkalisieren u. Extrahieren mit $CHCl_3$. *Pikrolonat*, $C_{18}H_{28}ON_2Br_2 \cdot C_{10}H_8O_5N_4$, F. 158—160° (Zers., korr.), aus 95%ig. A. gelbe längliche Stäbchen oder

Blättchen; 87% Ausbeute. (J. Amer. chem. Soc. **72.** 1863. April 1950. Washington, D. C., Federal Security Agency, Food and Drug Admin.) FROHLOFF. 1350

N. Ss. Nametkin, A. W. Toptschijew und **W. I. Setkin,** *Synthese von Hexalkylderivaten des Cyclotrimethylentrisilans. 1.1.3.3.5.5-Hexaalkylcyclotrimethylentrisilane* lassen sich durch Rk. von 1.1.3.3.5.5-Hexachlorcyclotrimethylentrisilan mit Alkyl-MgBr darstellen.

Versuche: *1.1.3.3.5.5-Hexachlorcyclotrimethylentrisilan,* $Kp._{10}$ 133—134°, F. 85° (Bzl.), durch Überleiten von Methylenchlorid über Si bei 300° in Ggw. von Cu, Dest. u. Kühlen der Fraktion $Kp._{10}$ 130—140°, Nadeln. — Folgende *Cyclotrimethylentrisilane*: *1.1.3.3.5.5-Hexamethyl-*, $C_9H_{24}Si_3$, $Kp._{26}$ 96—97°, zu Methyl-MgBr (aus 51 g Mg u. 300 g CH_3J) wird eine äther. Lsg. von 60 g vorst. Verb. gegeben, 40 Min. erwärmt, der Ae. abgedampft, der Rückstand 3 Std. auf 110—120° erhitzt u. mit Ae. extrahiert; 73,8%. *1.1.3.3.5.5-Hexaäthyl-*, $C_{15}H_{36}Si_3$, $Kp._1$ 136—138°, analog Vorst. mit Äthyl-MgBr, 2 Std. Erhitzen auf 110—150°; 56%. *1.1.3.3.5.5-Hexapropyl-*, $C_{21}H_{48}Si_3$, $Kp._1$ 165—166°, analog Vorst., 3 Std. 130—160°; 59,8%. *1.1.3.3.5.5-Hexabutyl-*, $C_{27}H_{60}Si_3$, $Kp._3$ 203—204°, 3 Std. 140—180°; 65,5%. (Доклады Академии Наук СССР [Ber. Akad. Wiss. UdSSR] [N. S.] **93.** 1045—47. 21/12. 1953.) G. FROELICH. 1380

Raymond Cornubert, Hans Gunther Eggert und **Philippe Thomas,** *Neue Untersuchungen über die Hydrierung von Äthylenketonen zu gesättigten Ketonen.* (Vgl. auch CORNUBERT u. Mitarbeiter, C. R. hebd. Séances Acad. Sci. **232.** [1951.] 1166 u. früher.) Bei der Hydrierung von ungesätt. Ketonen mit RANEY-Ni (Ni-Geh. 20%) in Dichloräthan (I)-Lsg. werden prakt. nur die Doppelbindungen hydriert, die CO-Gruppen jedoch nicht angegriffen, so daß man in sehr guter Ausbeute die entsprechenden gesätt. Ketone erhält.

Versuche: *Dibenzylidenaceton* in I liefert nur 1% gesätt. Alkohol neben dem gesätt. Keton; ähnlich ist die Ausbeute auch bei *Benzylidenmethylbenzylketon, Benzylidenaceton* u. *Benzylidenacetophenon.* In A. als Lösungsm. wird die letzte Verb. rasch bis zum gesätt. Alkohol hydriert; bei Zusatz von 0,5 bzw. 1,5 g $CHCl_3$ zu 100 cm^3 des Lösungsm. verläuft nur die Hydrierung zum gesätt. Keton rasch, die H_2-Aufnahme macht jedoch auf dieser Stufe nicht halt, sondern geht sehr langsam weiter. Kleine Unterschiede in der Geschwindigkeit u. Selektivität der Hydrierung ergeben sich bei Verwendung von techn. I-Proben verschied. Herkunft. Die Unterschiede werden auf Verunreinigungen zurückgeführt u. verschwinden weitgehend bei Behandlung von I mit H_2 u. Katalysator. Die Selektivitäten von verschied. vorbehandelten RANEY-Ni-Kontakten sowie einem über Formiat hergestellten Ni-Kontakt werden verglichen. (C. R. hebd. Séances Acad. Sci. **233.** 1248—51. 19/11. 1951.) REITZ. 1560

W. M. Lauer und **Nicolas Brodoway,** *Umätherung von β-Äthoxycrotonsäureäthylester mit Zimtalkohol.* Vff. weisen nach, daß bei der Rk. von β-Äthoxycrotonsäureäthylester (**I**) mit Zimtalkohol (**II**) α-[α-*Phenylallyl*]-*acetessigsäureäthylester* (**IV**) u. nicht, wie von BERGMANN u. CORTE (J. chem. Soc. [London] **1935.** 1363) angenommen, β-Cinnamyloxycrotonsäureäthylester (**III**) entsteht. Die sich intermediär bildende Enolform **III** lagert sich also bereits unter den Versuchsbedingungen in **IV** um. Auch das von LAUER u. KILBURN (J. Amer. chem. Soc. **59.** [1937.] 2586) aus Na-**II** u. β-Chlorcrotonsäure- u. β-Chlorisocrotonsäureäthylester (**V**) erhaltene Prod. ist nicht **III** sondern **IV**. Die Struktur von **IV** ergibt sich aus der Hydrolyse zu [α-*Phenylallyl*]-*aceton* (u. nicht Cinnamylisopropenyläther; vgl. BERGMANN u. COSTE, l. c.) u. aus der Darst. des *2.4-Dinitrophenylhydrazons,* da **III** wie **I** Acetessigsäureäthylester-2.4-dinitrophenylhydrazon liefern müßte.

Versuche: *β-Äthoxycrotonsäureäthylester* (**I**), aus Acetessigsäureäthylester u. Äthylorthoformiat mit konz. H_2SO_4; das bei 175—196° aufgefangene Destillat erstarrte in der Kälte vollkommen; 75% (Ausbeute). — α-[α-*Phenylallyl*]-*acetessigsäureäthylester* (**IV**), $Kp._{0,1}$ 106°, a) aus **I** u. **II** unter Zugabe von K-Bisulfat durch 1½ std. Erhitzen auf 140—160°; n_D^{25} 1,5074; 50%; b) aus **V** u. Na-**II** in Bzl.; unrein. *2.4-Dinitrophenylhydrazon,* $C_{21}H_{22}O_6N_4$, F. 140—141°. *Pyrazolonderiv.,* F. 184—188°. — α-[α-*Phenylpropyl*]-*acetessigsäureäthylester,* $Kp._{17}$ 167—170°, durch Hydrieren von **IV** in Ggw. von RANEY-Ni; n_D^{25} 1,4934; 73%. *2.4-Dinitrophenylhydrazon,* $C_{21}H_{24}O_6N_4$, F. 97,5—98,5°. *Pyrazolonderiv.,* F. 195—196°. — [α-*Phenylallyl*]-*aceton,* $Kp._{17}$ 134 bis 136,5°, aus **IV** durch 1 std. Erhitzen mit alkoh. KOH; n_D^{25} 1,5188. *2.4-Dinitrophenylhydrazon,* $C_{18}H_{18}O_4N_4$, F. 106,5—107°. *Semicarbazon,* $C_{13}H_{17}ON_3$, F. 97,5 bis 98,5°. — *Cinnamylaceton,* $Kp._{23}$ 165—169°, durch Hydrolyse von α-Cinnamylacetessigsäureäthylester ($Kp._{0,1}$ 150—154°; n_D^{25} 1,5273) mit 10%ig. alkoh. NaOH durch 1 std. Erhitzen neben *Cinnamylessigsäure* (F. 90—92°). *2.4-Dinitrophenylhydrazon.*

F. 147—148°. *Semicarbazon*, F. 129—131°. (J. Amer. chem. Soc. **75.** 5406—07. **5**/11. 1953. Minneapolis, Minn., Univ., School of Chem.) ROCH. 1670

Hugh L. Dryden jr., *Eine neue Cycloheptatriensynthese. Cycloheptatrien* (**I**), Kp.$_{122}$ 60,5°, n_D^{25} 1,5208, wird durch Solvolyse des *Bicyclo-[3.2.0]-hepten-(2)-ol-(6)-methansulfonats* mit CH_3COOH, die CH_3COONa bzw. $NaH_2PO_4 \cdot H_2O$ enthält, in 50%ig. Ausbeute dargestellt. *Bicyclo-[3.2.0]-hepten-(2)-ol-(6)*, $C_7H_{10}O$, Kp.$_{38}$ 96—98°; n_D^{25} 1,4987, wird durch Red. des aus Cyclopentadien u. Keten erhaltenen *Bicyclo-[3.2.0]-hepten-(2)-on-(6)* mit $LiAlH_4$ in 95%ig. Ausbeute hergestellt. Das **I**-*Maleinsäureanhydridaddukt*, F. 102,5—105,0°, entsteht in 64%ig. Ausbeute. Die Absorptionsmaxima u. Infrarotabsorptionsbanden von **I** sind angegeben. (J. Amer. chem. Soc. **76.** 2841. 20/5. 1954. Evanston, Ill., Northwestern Univ., Dep. of Chem.) BUCHTA. 1810

H. M. Walborsky und **E. R. Buchman**, *Dispiro-[5.1.5.1]-tetradecan*. Ausgehend von Dispiro-[5.1.5.1]-tetradecandion-(7.14) (**I**) wird *Dispiro-[5.1.5.1]-tetradecan* in einer über 4 Stufen verlaufenden Synth. dargestellt. In **I** reagiert nur 1 CO-Gruppe mit Mercaptanen.

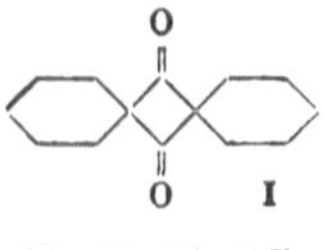

I

V e r s u c h e: *Dispiro-[5.1.5.1]-tetradecandion-(7.14)* (**I**), F. 164 bis 165° (PAe.–A.): Hexahydrobenzoylchlorid wird in Bzl. unter N_2 mit Triäthylamin versetzt u. über Nacht gekocht; nach Filtrieren wird eingedampft; 53% (Ausbeute). *2.4-Dinitrophenylhydrazon*, F. 267—268°. — *14.14-Bis-[äthylmercapto]-dispiro-[5.1.5.1]-tetradecanon-(7)*, $C_{18}H_{30}OS_2$, F. 57,5—58,3° (A.), aus **I** u. Äthylmercaptan in Ggw. von Na_2SO_4 u. $ZnCl_2$; Stehen über Nacht im Eisschrank, dann 24 Std. bei Raumtemp. u. Gießen auf Ae. u. Eiswasser; 84%. — Analog reagiert **I** mit Methylmercaptan zu *14.14-Bis-[methylmercapto]-dispiro-[5.1.5.1]-tetradecanon-(7)*, $C_{16}H_{26}OS_2$, F. 110,5—110,8° (A.). — *Dispiro-[5.1.5.1]-tetradecanon-(7)*, $C_{14}H_{22}O$, F. 89—90,5° (Acetonitril), durch 48std. Kochen vorst. Äthylmercaptoverb. mit RANEY-Ni u. A., Zentrifugieren u. Eindampfen; an Citrusfrüchte erinnernder Geruch; 73%. *2.4-Dinitrophenylhydrazon*, $C_{20}H_{26}O_4N_4$, F. 181 bis 182° (A.–Acetonitril). — *7.7-Bis-[methylmercapto]-dispiro-[5.1.5.1]-tetradecan*, $C_{16}H_{28}S_2$, F. 83,5—84,5° (A. oder Acetonitril): In ein Glasrohr werden unter Kühlung (Trockeneis–Aceton) $ZnCl_2$, Na_2SO_4, vorst. Verb. u. Methylmercaptan eingefüllt, das Rohr wird verschlossen u. 48 Std. bei Zimmertemp. stehengelassen; nach Abdampfen des Methylmercaptans wird der Rückstand im Eiswasser–Ae.-Gemisch aufgenommen; 48%. — *Dispiro-[5.1.5.1]-tetradecan*, $C_{14}H_{24}$, F. 10°, Kp.$_{10}$ 131°, durch 30std. Kochen vorst. Verb. mit RANEY-Ni in A., Verdünnen mit W., Ausziehen mit PAe. u. Dest.; $D.^{26,54}$ 0,872; $n_D^{26,8}$ 1,4735; 0,69 g. (J. Amer. chem. Soc. **75.** 6339—40. 20/12. 1953. Pasadena, Calif., California Inst. of Technol., Gates and Crellin Labors. of Chem.) FESTL. 1810

Paulette Lambert, Georges Durr und **Gérard Millet**, *Die Wirkung von Ionenaustauschern auf die Kondensation von Cyclohexanon mit einigen aliphatischen Aldehyden.* Cyclohexanon (**I**) kondensiert sich mit aliphat. Aldehyden, wie Acetaldehyd, Butanal u. Önanthol, in Ggw. eines Kationenaustauschers zu *Alkylidencyclohexanonen*. Die Ausbeuten sind dabei gering, jedoch läßt sich nicht umgesetztes **I** regenerieren; sie sind höher als bei den bisher üblichen Verff. in wss. oder alkoh. Sodalsg., die hauptsächlich Selbstkondensationsprodd. der Aldehyde u. keine oder nur geringere Mengen von Alkylidencyclohexanonen ergaben. Anionenaustauscher führen nur zu unbefriedigenden Ergebnissen.

V e r s u c h e (FF. auf dem MAQUENNE-Block): Meth.: **I** u. der Aldehyd werden in gleicher Menge mit 30% Amberlit IR 120 (SO_3H^--Harze) versetzt u. auf einem Sandbad unter Wasserabscheidung gekocht. Tempp. über 100° sind zu vermeiden, da sich bei stärkerem Erwärmen die Mengen von Cyclohexylidencyclohexanonen u. Harzen vergrößern. — *Äthylidencyclohexanon*, Kp.$_8$ 115°; n_D^{22} 1,498; *Semicarbazon*, F. 192°. — *Butylidencyclohexanon*, Kp.$_3$ 95—100°; n_D^{22} 1,4800. *2.4-Dinitrophenylhydrazon*, F. 134°. *Semicarbazon*, F. 138°. — *Önanthylidencyclohexanon*, Kp.$_3$ 110 bis 116°; n_D^{22} 1,484. *2.4-Dinitrophenylhydrazon*, F. 128°. *Semicarbazon*, F. 142°. (C. R. hebd. Séances Acad. Sci. **238.** 251—52. 11/1. 1954.) FECHTER. 1960

Pierre Mastagli, Zafiri Zafiriadis und **Germaine Lagrange**, *Die Wirkung von Kationenaustauschern auf die Kondensation von Benzaldehyd mit verschiedenen Cyclohexanolen.* Die Kondensation von Benzaldehyd (**I**) mit m- (**II**) u. p-Methylcyclohexanol (**III**) u. mit Cyclohexandiol-(1.4) (**IV**) führt in Ggw. eines Kationenaustauschers zu den entsprechenden *Dibenzylidencyclohexanonen* bzw. *-cyclohexandion*. Mit o-Methylcyclohexanol u. Cyclohexandiol-(1.3) u. -(1.2) konnten keine Kondensationsprodd. erhalten werden.

V e r s u c h e: Allg. Meth.: 50 g **I** u. 25 g Cyclohexanol werden in Ggw. von 10 g Kationenaustauscher (Phenolsulfonharz) im Ölbad auf 130—140° (bei **II** u. **III**) oder auf 140—150° (bei **IV**) erhitzt, bis kein Wasserdampf mehr entweicht (3—4 Std.). Dann wird der Austauscher abfiltriert u. überschüssiges **I** abdestilliert. Die entsprechenden *Dibenzylidenverbb.* kristallisieren aus; Ausbeute 20—30%; es bilden sich keine Harze, so daß sich nicht umgesetzte Ausgangsprodd. regenerieren lassen. — *1-Methyl-2.4-dibenzylidencyclohexanon-(3)*, F. 115°, aus **I** u. **II**. — *1-Methyl-3.5-dibenzylidencyclohexanon-(4)*, F. 99°, aus **I** u. **III**. — *3.6-Dibenzylidencyclohexandion-(1.4)*, F. 138°, aus **I** u. **IV**. (C. R. hebd. Séances Acad. Sci. **238**. 253—54. 11/1. 1954.) FECHTER. 1960

Reynold C. Fuson und **William S. Friedlander,** *Verdrängung von Substituenten in Phenyl-[2.4.6-triisopropylphenyl]-keton durch Einwirkung von Grignard-Reagentien.* In Fortsetzung der Arbeit von FUSON u. EMMONS (J. Amer. chem. Soc. **73**. [1951.] 5175) untersuchten Vff. Derivv. des Phenyl-[2.4.6-triisopropylphenyl]-ketons mit Substituenten [—CN (**VI**), $-OCH_3$ (**V**), $-OCOCH_3$ (**VIII**)] in 4′-Stellung auf ihre Reaktionsfähigkeit mit tert.-Butyl-MgCl (**I**) u. Benzyl-MgCl (**II**). **VI** u. **V** wurden durch Kondensation von 1.3.5-Triisopropylbenzol (**III**) mit den entsprechenden p-substituierten Benzoylchloriden erhalten. Mit p-Acetoxybenzoylchlorid entstand nicht **VIII**, sondern dessen Hydrolyseprod., das Oxyketon (**VII**), das sich acetylieren u. methylieren ließ. Die CN-Gruppe u. die OCH_3-Gruppe werden durch **I** u. **II**, die $OCOCH_3$-Gruppe wird nur durch **I** verdrängt. Die Verdrängung der OCH_3-Gruppe gelang auch bei Mesityl- (**IV**) u. Duryl-p-methoxyphenylketon mit **I**, nicht aber mit **II**.

Versuche: *Mesityl-p-methoxyphenylketon* (**IV**), F. 77,5—79° (CH_3OH), aus Anisoylchlorid u. Mesitylen in CS_2 mit $AlCl_3$; 60% (Ausbeute). — *p-Methoxyphenyl-[2.4.6-triisopropylphenyl]-keton* (**V**), $C_{23}H_{30}O_2$, F. 111—112° (Methanol), analog **IV**; 72%. — *p-Cyanphenyl-[2.4.6-triisopropylphenyl]-keton* (**VI**), $C_{23}H_{27}ON$, F. 142 bis 143,5° (A.), durch Kondensation von **III** mit p-Cyanbenzoylchlorid; 80%. — *p-Oxyphenyl-[2.4.6-triisopropylphenyl]-keton* (**VII**), F. 224—225,5° (Zers.; A.-CH_3OH), a) aus p-Acetoxybenzoylchlorid u. **III** nach FRIEDEL-CRAFTS; 44%; b) durch 18std. Kochen von **V** mit HJ in Eisessig. — *p-Acetoxyphenyl-[2.4.6-triisopropylphenyl]-keton* (**VIII**), F. 87,5—88,5°, aus **VII**; 61%. Durch Hydrolyse wurde **VII** zurückerhalten. — Zur Rk. mit **I** u. **II** wurden die Lsgg. der Diarylketone in Bzl. zu der 5fach mol. Menge **I** bzw. **II** in Ae. innerhalb 5—10 Min. gegeben; die dunkelrotbraune Farbe verblaßte in 30 Min. bis 5 Std. zu gelbbraun, die erhaltenen hellgelben viscosen Öle wurden in Methanol zum Kristallisieren gebracht u. aus A. umkristallisiert. Es wurden erhalten: *p-tert.-Butylphenyl-[2.4.6-triisopropylphenyl]-keton*, F. 115,5—116,5°, aus **VI** u. **I**; 45%; aus **V** u. **I**; 54%; aus **VIII** u. **I**; 56%. — *p-Benzylphenyl-[2.4.6-triisopropylphenyl]-keton*, F. 119,5—120,5°, aus **VI** u. **II**; 35%; aus **V** u. **II**; 9%. — *p-tert.-Butylphenyldurylketon*, F. 125,5—126,5°, aus p-Methoxyphenyldurylketon u. **I**; 78%. — *p-tert.-Butylphenylmesitylketon*, Kp.$_{0,25}$ 143—150°, aus **IV** u. **I**; n_D^{20} 1,5638; 88%. *Trinitroderiv.*, $C_{20}H_{21}O_7N_3$, F. 200—201,5° (Zers.), aus dem Keton in PAe. u. rauchender HNO_3. (J. Amer. chem. Soc. **75**. 5410—11. 5/11. 1953. Urbana, Ill., Univ., Noyes Chem. Labor.) ROCH. 2360

Reynold C. Fuson und **L. Russell Melby,** *1.5-Diarylpentadienolonate.* Durch Kondensation des Brommagnesiumenolats (**I**) des Acetomesitylens mit Äthylformiat (**II**) erhielten Vff. je nach dem mol. Verhältnis *1.5-Dimesitylpentadien-(1.3)-ol-(1)-on-(5)* (**III**), *1.5-Dimesitylpentandion-(1.5)-ol-(3)* (**IV**) u. *Oxymethylenacetomesitylen* (**V**) in wechselnden Mengen. Mit überschüssigem Phenyl-MgBr gab **III** *1.5-Dimesityl-3-phenylpentandion-(1.5)*, das auch durch Einw. von **I** auf Benzalacetomesitylen (**VI**) erhalten wurde. Wurde Acetodurol verwendet, erhielten Vff. je nach den Bedingungen *Oxymethylenacetodurol* (**VII**), *1.5-Didurylpentandion-(1.5)-ol-(3)* (**VIII**) oder *1.5-Didurylpentadien-(1.3)-ol-(1)-on-(5)* (**IX**). Längeres Erhitzen von **IX** in PAe. lieferte das tautomere *1.5-Didurylpenten-(2)-dion-(1.5)* (**X**). Ferner wurde das gemischte Deriv., *Durylmesitylpentadienolon* (**XI**) einerseits aus **V** u. dem Brommagnesiumenolat (**XII**) des Acetodurols, andererseits aus **I** u. **VII** hergestellt. Da die beiden möglichen Strukturen für **XI** sich von einem gemeinsamen Enolat ableiten, kann eine Entscheidung zugunsten der einen von ihnen nicht getroffen werden. *1-Duryl-3-phenyl-5-mesitylpentandion-(1.5)* konnte sowohl aus **VI** u. **XII** als auch durch Einw. von Phenyl-MgBr auf **XI** erhalten werden.

Versuche: *1.5-Dimesitylpentadien-(1.3)-ol-(1)-on-(5)* (**III**), $C_{23}H_{26}O_2$, F. 159 bis 159,5°, aus Acetomesitylen u. Äthyl-MgBr in Bzl. u. absol. Ae., Zugabe von **II** in Bzl. im mol. Verhältnis 1 : 1, nach Behandeln mit NH_4Cl-Lsg. u. HCl Ausschütteln der Benzollsg. mit Sodalsg., Einengen u. Verdünnen mit PAe.; aus A. bernsteinfarbene Prismen; 5% (Ausbeute). — *Oxymethylenacetomesitylen* (**V**), aus vorst. Sodaauszug durch Ansäuern mit verd. HCl; wird über das *Cu-Salz* gereinigt; 33%. — *1.5-Dimesitylpentandion-(1.5)-ol-(3)* (**IV**), $C_{23}H_{28}O_3$, F. 118,5—119,5°, aus **I** u. **II** im mol. Verhältnis 2 : 1, Zers. mit HCl u. Ausschütteln mit Sodalsg.; aus wss. A. Plättchen; 7%. Der Sodaauszug lieferte wiederum **V**; 50%. **IV** wurde durch Lösen in heißem A. u. HCl (7 : 3) in **III** umgewandelt. — Aus **I** u. **II** im mol. Verhältnis 3 : 1 bildeten sich 19% **III** u. nur Spuren **V**. Zugabe von **I** zu **V** gab ebenfalls **III**; 32%; *Acetat*, $C_{25}H_{28}O_3$, F. 71—72°, aus 70%ig. A. schwachgelbe Nadeln. — *1.5-Dimesityl-3-phenylpentan-dion-(1.5)*, $C_{29}H_{32}O_2$, F. 138—139°, a) aus **I** u. **VI** in Ae.; aus A. Nadeln; 46%; b) durch Rk. von Phenyl-MgBr in Ae. mit **III** in Bzl.; 41%. — *1.5-Didurylpentandion-(1.5)-ol-(3)* (**VIII**), $C_{25}H_{32}O_3$, F. 121—122° (A.), aus **XII** u. **II** analog **IV**; 8%. Ansäuern des Sodaauszugs gab *Oxymethylenacetodurol* (**VII**), $C_{13}H_{16}O_2$, F. 90—91° (50%ig. A.) bzw. F. 100—101° (Ae.); 48%; *Cu-Enolat*, $(C_{13}H_{15}O_2)_2Cu$, F. 246—247° (Zers.), aus CCl_4 graue Kristalle; *Fe-Enolat*, $(C_{13}H_{15}O_2)_3Fe$, F. 295—300° (Zers.), aus PAe. + Chlf. dunkelorangefarbene Mikrokristalle. — *1.5-Didurylpentadien-(1.3)-ol-(1)-on-(5)* (**IX**), $C_{25}H_{30}O_2$, F. 160,5—161,5°, durch Lösen von **VIII** in heißem A. + HCl (7 : 3). *Acetat*, $C_{27}H_{32}O_3$, F. 119—120° (70%ig. A.). — Bei der Rk. von **XII** mit **II** im mol. Verhältnis 2 : 1 bildeten sich 42% **VII** u. 10% **IX**; im Verhältnis 3 : 1 bildete sich nur **VII**; 92%. Rk. von **XII** mit **VII** gab nach Zers. mit wss. HCl **IX**; 12%. — *1.5-Diduryl-3-phenylpentandion-(1.5)*, $C_{31}H_{36}O_2$, F. 188—189°, a) aus **IX** u. Phenyl-MgBr im Verhältnis 1 : 2; aus A. Nadeln; 49%; b) aus Benzalacetodurol u. **XII**. — *1.5-Diduryl-penten-(2)-dion-(1.5)* (**X**), $C_{25}H_{30}O_2$, F. 133—134°, aus **IX** durch 6std. Kochen in PAe. im N_2-Strom; aus hochsd. PAe. Schuppen. Umkristallisation von **X** aus A. + wenig HCl bewirkte Tautomerisation zu **IX**. — *Durylmesitylpentadienolon* (**XI**), $C_{24}H_{28}O_2$, F. 134—135°, a) aus **XII** u. **V**; aus 70%ig. A. schwach bernsteinfarbene Nadeln; 5%; b) aus **I** u. **VII**; 9%. — *1-Duryl-3-phenyl-5-mesitylpentandion-(1.5)*, $C_{30}H_{34}O_2$, F. 167,5 bis 168,5°, a) aus **VI** u. **XII**; aus A. Nadeln; 66%; b) aus **XI** u. Phenyl-MgBr. — Die Infrarotbanden von **III**, **III**-Acetat, **IX**, **IX**-Acetat, **X** u. **XI** werden angegeben u. diskutiert. (J. Amer. chem. Soc. **75**. 5402—05. 5/11. 1953. Urbana, Ill., Univ., Noyes Chem. Labor.) Roch. 2380

Robert R. Burtner und **John M. Brown**, *Synthetische Choleretica*. 2. Mitt. *Phenolderivate*. (1. vgl. C. **1952**. 208.) Es wurden *Cycloalkyl-*, *Aryl-* u. *Aralkylphenolderivv.* mit einer β-Carboxypropionylseitenkette u. einige verwandte Verbb. hergestellt u. pharmakol. im Vgl. mit Dehydrocholsäure geprüft (vgl. Cook u. Mitarbeiter, J. Pharmacol. exp. Therapeut. **100**. [1950.] 421). — Bei der in A. P. 1 998 750 (C. **1935**. II. 2126) beschriebenen 2-Oxy-5-cyclohexylbenzoesäure (**I**) handelt es sich höchstwahrscheinlich um ein Gemisch (F. 102—103°) von **I** (F. 151°) mit 2-Oxy-3-cyclohexylbenzoesäure (F. 159—160°).

Versuche: *p-Cyclohexylanisol*, F. 57—58°, durch Methylierung von p-Cyclohexylphenol mit Dimethylsulfat in 10%ig. KOH; $Kp._{0,4}$ 100°. — *p-Cyclopentylanisol*, $C_{12}H_{16}O$, $Kp._{0,35}$ 78—79°, aus der Mg-Verb. von p-Bromanisol u. Cyclopentanon, Dehydratisierung des rohen Carbinols durch Dest. zu *p-Cyclopentenylanisol* ($Kp._{0,4}$ 96—98°, F. 88°) u. Hydrierung in A. in Ggw. von Adams-Katalysator; n_D^{24} 1,5273. — *p-[Cyclohexylacetyl]-anisol*, $C_{15}H_{20}O_2$, $Kp._{0,3}$ 135—136°, aus Cyclohexylacetylchlorid u. Anisol in Nitrobenzol mit $AlCl_3$; n_D^{25} 1,5465. — *p-[Cyclohexyläthyl]-anisol*, $C_{15}H_{22}O$, $Kp._{0,8}$ 128—130°, durch Red. vorst. Ketons mit amalgamiertem Zn in W., 12nHCl, Toluol u. Essigsäure; der Rückstand der Toluollsg. wird mit Dimethylsulfat methyliert; n_D^{25} 1,5183. — *3-Cyclohexyl-4-methoxybenzaldehyd* (**VIII**), $C_{14}H_{18}O_2$, $Kp._{0,3}$ 145 bis 146°, durch Einleiten von HCl in eine Suspension von o-Cyclohexylanisol (**IV**) u. $Zn(CN)_2$ in Bzl. zunächst unter Eiskühlung u. nach Zugabe von $AlCl_3$ bei 40—45° u. Hydrolyse des Aldimins mit 6nHCl; n_D^{25} 1,5640. *Phenylhydrazon*, $C_{20}H_{24}ON_2$, F. 125 bis 126° (Methanol). — *3-Phenyl-4-methoxybenzaldehyd* (**VI**), $C_{14}H_{12}O_2$, $Kp._{0,3}$ 149—150°. *Semicarbazon*, $C_{15}H_{15}O_2N_3$, F. 167° (Methanol). — *3-Benzyl-4-methoxybenzaldehyd*, $C_{15}H_{14}O_2$, $Kp._{0,3}$ 152—155°, F. 59—60°. *Semicarbazon*, $C_{16}H_{17}O_2N_3$, F. 173° (CH_3OH). — *2-Methoxy-5-cyclohexylbenzaldehyd*, $Kp._{0,6}$ 140—146° (roh). — *2-Cyclohexyl-4-chlor-anisol*, $C_{13}H_{17}OCl$, $Kp._3$ 120°, aus **IV** in Chlorbenzol mit SO_2Cl_2 auf dem Dampfbad; n_D^{25} 1,5470. — *o-[α-Phenäthyl]-anisol* u. *p-[α-Phenäthyl]-anisol* wurden durch Methylierung der Phenole erhalten, *2.2'-Dimethoxybibenzyl* (**II**) u. *o-Methoxydiphenyläther*, nach bekannten Methoden. — *β-[3-Cyclohexyl-4-methoxybenzoyl]-propionsäure* (**VII**), $C_{17}H_{22}O_4$, F. 161° (Toluol), aus **IV**, Bernsteinsäureanhydrid (**III**) u. $AlCl_3$ in Nitrobenzol. — *β-[3-Cyclohexyl-4-oxybenzoyl]-propionsäure*, $C_{16}H_{20}O_4$, F. 194° (Äthylacetat), durch Entmethylierung von **VII** in Acetanhydrid mit HJ (D. 1,7); mit $AlCl_3$ in Chlorbenzol betrug die Ausbeute weniger als 5%. — *δ-[3-Cyclohexyl-4-methoxybenzoyl]-valeriansäure*, $C_{19}H_{26}O_4$, F. 96° (Toluol), aus **IV** u. δ-Carbomethoxyvalerylchlorid in Bzl. mit $AlCl_3$, Hydrolyse des rohen Methylesters mit methanol. NaOH. — *δ-[3-Cyclohexyl-4-oxybenzoyl]-valeriansäure*, $C_{18}H_{24}O_4$, F. 137° (70%ig. Essigsäure). — *β-[3-(o-Methoxyphenyläthyl)-4-methoxybenzoyl]-propionsäure*, $C_{20}H_{22}O_5$, F. 143° (Äthylacetat), aus

II u. III mit $AlCl_3$ in Nitrobenzol, Aufnehmen des Prod. in heißer verd. NaOH, Ausfällen der Säuren durch Ansäuern u. Extraktion mit heißem CH_3OH; als in CH_3OH unlösl. Anteil *2.2'-Dimethoxy-5.5'-bis-[β-carboxypropionyl]-bibenzyl*, $C_{17}H_{24}O_8$, F. 250° (Zers.). — *β-[3-(o-Oxyphenäthyl)-4-oxybenzoyl]-propionsäure*, $C_{18}H_{18}O_5$, F. 147—148° (Bzl.). — *2.2'-Dioxy-5.5'-bis-[β-carboxypropionyl]-bibenzyl*, $C_{22}H_{22}O_8$, F. 227° (CH_3·COOH). — *β-[3-Phenyl-4-methoxybenzoyl]-acrylsäure*, $C_{17}H_{14}O_4$, F. 161° (Äthylacetat), aus o-Methoxydiphenyl, Maleinsäureanhydrid u. $AlCl_3$ in Nitrobenzol; gelbe Nadeln. — *β-[3-Phenyl-4-oxybenzoyl]-acrylsäure*, $C_{16}H_{12}O_4$, F. 201° (Zers.; 70%ig. CH_3COOH), durch Bromierung von **V** (s. unten) in Essigsäure bei 60° u. Kochen der erhaltenen *Bromsäure* [$C_{16}H_{13}O_4Br$, Nadeln, F. 146° (Toluol)] mit Na-Acetat; gelbe Kristalle. — *β-[3-Phenyl-4-methoxybenzoyl]-propionsäure* (**XI**), $C_{17}H_{16}O_4$, F. 131—132° (50%ig. CH_3·COOH). — *β-[3-Phenyl-4-oxybenzoyl]-propionsäure* (**V**), $C_{16}H_{14}O_4$, F. 169—170° (50%ig. CH_3OH), durch Kochen von **XI** in Essigsäureanhydrid mit HJ. — *3-Phenyl-4-methoxyzimtsäure* (**IX**), $C_{16}H_{14}O_3$, F. 227—228° (CH_3COOH), durch Erhitzen von **VI** mit Na-Acetat in Pyridin u. Piperidin auf dem Dampfbad. — *β-[3-Phenyl-4-methoxyphenyl]-propionsäure*, $C_{16}H_{16}O_3$, F. 135° (CH_3OH), durch Hydrierung von **IX** in Essigsäure bei 60° mit ADAMS-Katalysator. — *2-Oxy-5-cyclohexylbenzoesäure* (**I**), $C_{13}H_{16}O_3$, F. 151° (Cyclohexan), a) durch Oxydation von **X** (s. unten) in wss. Lsg. mit NaOH u. Br_2 u. Entmethylierung mit HJ; b) Bromierung von p-Cyclohexylphenol in sd. CS_2 → *2-Brom-4-cyclohexylphenol*, das zum *Methyläther* ($C_{13}H_{17}OBr$, Kp.$_{0,6}$ 128°, F. 53°) methyliert wurde; daraus mit Butyllithium u. dann CO_2 *2-Methoxy-5-cyclohexylbenzoesäure*, $C_{14}H_{18}O_3$, Kp.$_{0,7}$ 180°, F. 70—71° (Bzl.-Skellysolve B), die durch Entmethylierung **I** lieferte. — Nach analogen Verff. wurden nachst. Verbb. dargestellt: *β-[2-Methoxy-5-cyclohexylbenzoyl]-propionsäure* (**X**), $C_{17}H_{22}O_4$, F. 159—160° (CH_3OH). — *β-[2-Oxy-5-cyclohexylbenzoyl]-propionsäure*, $C_{16}H_{20}O_4$, F. 126° (CH_3OH). — *β-[2-Methoxy-5-(β-cyclohexyläthyl)-benzoyl]-propionsäure*, $C_{19}H_{26}O_4$, F. 103° (Cyclohexan). — *β-[2-Oxy-5-(β-cyclohexyläthyl)-benzoyl]-propionsäure*, $C_{18}H_{24}O_4$, F. 105,5° (70%ig. CH_3OH). — *β-[2-Oxy-5-phenylbenzoyl]-propionsäure*, $C_{16}H_{14}O_4$, F. 136—137° (50%ig. CH_3COOH). — *β-[2-Methoxy-5-benzylbenzoyl]-propionsäure* (**XII**), $C_{18}H_{18}O_4$, F. 121° (CH_3OH). — *β-[2-Oxy-5-benzylbenzoyl]-propionsäure*, $C_{17}H_{16}O_4$, F. 161° (Äthylacetat).— *β-[2-Methoxy-5-cyclopentylbenzoyl]-propionsäure*, $C_{16}H_{20}O_4$, F. 147° (CH_3OH). — *β-[2-Oxy-5-cyclopentylbenzoyl]-propionsäure*, $C_{15}H_{18}O_4$, F. 109° (70%ig. CH_3COOH). — *β-[2-Methoxy-5-cyclohexylbenzoyl]-acrylsäure*, $C_{17}H_{20}O_4$, F. 139° (CH_3OH). — *β-[2-Methoxy-5-(α-phenäthyl)-benzoyl]-propionsäure*, $C_{19}H_{20}O_4$, F. 104° (Bzl.-Cyclohexan). — *δ-[2-Methoxy-5-cyclohexylbenzoyl]-valeriansäure*, $C_{19}H_{26}O_4$, F. 95° (CH_3OH). — *δ-[2-Oxy-5-cyclohexylbenzoyl]-valeriansäure*, $C_{18}H_{24}O_4$, F. 98° (Cyclohexan). — *α-Phenyl-β-[2-methoxy-5-cyclohexylbenzoyl]-propionsäure*, $C_{23}H_{26}O_4$, F. 174° (CH_3OH). — *α-Phenyl-β-[2-oxy-5-cyclohexylbenzoyl]-propionsäure*, $C_{22}H_{24}O_4$, F. 165—166° (CH_3·OH). — *α-Methyl-β-[2-methoxy-5-cyclohexylbenzoyl]-propionsäure* (**XIII**), $C_{18}H_{24}O_4$, F. 151° (CH_3OH). — *α-Methyl-β-[2-oxy-5-cyclohexylbenzoyl]-propionsäure*, $C_{17}H_{22}O_4$, F. 126° (80%ig. CH_3OH). — *β-[3-Benzyl-4-methoxybenzoyl]-propionsäure*, $C_{18}H_{18}O_4$, F. 133° (CH_3OH). — *β-[3-Benzyl-4-oxybenzoyl]-propionsäure*, $C_{17}H_{16}O_4$, F. 185,5° (Äthylacetat). — *β-[3-Phenoxy-4-methoxybenzoyl]-propionsäure*, $C_{17}H_{16}O_5$, F. 158° (Äthylacetat). — *β-[3-Phenoxy-4-oxybenzoyl]-propionsäure*, $C_{16}H_{14}O_5$, F. 143° (Bzl.). — *β-[3-(α-Phenäthyl)-4-methoxybenzoyl]-propionsäure*, $C_{19}H_{20}O_4$, F. 150° (CH_3OH). — *β-[3-Cyclohexyl-4-methoxybenzoyl]-acrylsäure*, $C_{17}H_{20}O_4$, F. 180° (CH_3OH). — *β-[3-Cyclohexyl-4-oxybenzoyl]-acrylsäure*, $C_{16}H_{18}O_4$, F. 206° (Zers.; 70%ig. CH_3COOH). — *β-[3-Benzyl-4-methoxybenzoyl]-acrylsäure*, $C_{18}H_{16}O_4$, F. 156° (Äthylacetat). — *β-[2-Oxy-3-cyclohexyl-5-chlorbenzoyl]-propionsäure*, $C_{16}H_{19}O_4Cl$, F. 174° (Toluol). — *β-[p-(2-Methoxy-5-chlorbenzyl)-benzoyl]-propionsäure*, $C_{18}H_{17}O_4Cl$, F. 144—145° (CH_3OH). — *β-[p-(2-Oxy-5-chlorbenzyl)-benzoyl]-propionsäure*, $C_{17}H_{15}O_4Cl$, F. 200—201° (CH_3COOH); gibt bei der $KMnO_3$-Oxydation *Terephthalsäure* (*Dimethylester*, F. 140°). — *β-[p-(2-Methoxy-5-chlorbenzyl)-benzoyl]-acrylsäure*, $C_{18}H_{15}O_4Cl$, F. 162° (Bzl.). — *β-[p-(4-Oxyphenyl)-benzoyl]-propionsäure*, $C_{16}H_{14}O_4$, F. 218—220° (A.). — *2-Methoxy-5-cyclohexylzimtsäure*, $C_{16}H_{20}O_3$, F. 147° (CH_3OH). — *3-Cyclohexyl-4-methoxyzimtsäure*, $C_{16}H_{20}O_3$, F. 203° (CH_3OH). — *3-Benzyl-4-methoxyzimtsäure*, $C_{17}H_{16}O_3$, F. 181° (CH_3OH). — *β-[3-Cyclohexyl-4-methoxyphenyl]-propionsäure*, $C_{16}H_{22}O_3$, F. 126—127° (Cyclohexan). — *3-Cyclohexyl-4-methoxybenzoesäure*, $C_{14}H_{18}O_3$, F. 195° (CH_3OH), durch Oxydation von **VII** mit NaOCl in NaOH oder durch Oxydation von **VIII** mit Ag_2O in NaOH. — *3-Phenyl-4-methoxybenzoesäure*, $C_{14}H_{12}O_3$, F. 221—222°, a) durch Veresterung vorst. Verb. mit A. + H_2SO_4, Dehydrierung mit Pd/Kohle bei 270—280° u. Hydrolyse mit alkoh. NaOH; b) durch Oxydation von **IX** mit $KMnO_4$ u. KOH; c) durch Oxydation von **XI** mit $KMnO_4$. — *3-Phenyl-4-oxybenzoesäure*, F. 148°, aus vorst. Verb. durch Entmethylierung. — *4-Oxybenzophenon-3-carbonsäure*, F. 215° (25%ig. A.), durch

Oxydation von **XII** mit $KMnO_4$/KOH u. Entmethylierung mit HJ. *Methylester*, F. 94°. — *α-Chlor-2-methoxy-5-cyclohexylacetophenon*, $C_{15}H_{19}O_2Cl$, F. 112—113° (Skellysolve B), aus p-Cyclohexylanisol u. Chloracetylchlorid in symm.-Tetrachloräthan mit $AlCl_3$; gibt durch Kondensation mit Na-Methylmalonsäurediäthylester, Hydrolyse u. Decarboxylierung **XIII**. — *2-Methoxy-3-cyclohexylbenzoesäure*, $C_{14}H_{18}O_3$, F. 113°, aus **IV** durch Metallierung mit n-C_4H_9Li, dann Umsetzung mit CO_2. — *2-Oxy-3-cyclohexylbenzoesäure*, $C_{13}H_{16}O_3$, F. 159—160°, aus vorst. Verb. mit HJ in Essigsäureanhydrid. (J. Amer. chem. Soc. **75**. 2334—40. 20/5. 1953. Chicago, Ill., G. D. Searle & Co., Labor.) O. W. SCHULZ. 2470

Robert R. Burtner, *Synthetische Choleretica*. 3. Mitt. *Resorcinderivate*. (2. vgl. vorst. Ref.) Die Unterss. wurden mit *Resorcin-*, *Brenzcatechin-* u. *Hydrochinonderivv.* fortgesetzt u. *Cycloalkyl-* u. *Aralkylderivv.* mit β-Carboxypropionylseitenkette hergestellt u. pharmakol. geprüft (vgl. l. c. im vorst. Ref.).

Versuche: *4-Cyclohexylresorcin*, F. 125—126° (Bzl.), aus Resorcin u. Cyclohexanol in Ggw. von $ZnCl_2$. — *4-Cyclohexylresorcindimethyläther* (**III**), $C_{14}H_{20}O_2$, Kp.$_{0,15}$ 100—102°, a) aus vorst. Verb. durch Methylierung; b) aus Resorcindimethyläther (**I**) u. Cyclohexen in Ggw. von $AlCl_3$ in Chlorbenzol; Fraktionierung ergab **I** zurück, die zweite Fraktion bestand aus **III** (63% Ausbeute) u. etwas **II** (s. unten), das in der Kälte auskrist., u. der Destillationsrückstand aus *4.6-Dicyclohexylresorcindimethyläther*, $C_{20}H_{30}O_2$, F. 131° (A.). — *4-Cyclohexylresorcindiäthyläther*, $C_{16}H_{24}O_2$, Kp.$_{0,2}$ 106 bis 108°, a) wie vorst. b) aus Resorcindiäthyläther; n_D^{25} 1,5181. Aus dem Destillationsrückstand *4.6-Dicyclohexylresorcindiäthyläther*, $C_{22}H_{34}O_2$, F. 144° (A.). — *2-Cyclohexylresorcindimethyläther* (**II**), $C_{14}H_{20}O_2$, F. 101—103°, durch Umsatz von **I** mit n-Butyllithium (20 Std. Kochen unter N_2), Zugabe von Cyclohexanon, 4std. Kochen, Hydrolyse mit Eis u. HCl u. Extraktion mit Ae., Dehydratisierung des rohen Carbinols mit $KHSO_4$ zu *2-Cyclohexenylresorcindimethyläther* ($C_{14}H_{18}O_2$, Kp.$_{0,4}$ 106—108°, F. 90°) u. Hydrierung in CH_3COOH mit ADAMS-Katalysator bei 60°/3 at; Kp.$_{0,3}$ 112—115°. — *4-Cyclopentylresorcindimethyläther*, $C_{13}H_{18}O_2$, Kp.$_{0,25}$ 95—96°, durch Kondensation von **I** mit Cyclopenten in Ggw. von BF_3/Ae.; n_D^{25} 1,5368. — *4-[Cyclohexylmethyl]-resorcindimethyläther*, $C_{15}H_{22}O_2$, Kp.$_{0,3}$ 116—117°, durch Methylierung von 4-Cyclohexylmethylresorcin; n_D^{25} 1,5282. — *4-[Cyclopentylmethyl]-resorcindimethyläther*, $C_{14}H_{20}O_2$, Kp.$_{0,3}$ 107—110°, durch Methylierung von Cyclopentylmethylresorcin; gelbes Öl; n_D^{25} 1,5286. — *4-[β-Cyclohexyläthyl]-resorcindimethyläther*, $C_{16}H_{24}O_2$, Kp.$_{0,3}$ 130—131°, analog aus 4-[β-Cyclohexyläthyl]-resorcin; n_D^{25} 1,5230. — *4-[n-Hexyl]-resorcindimethyläther*, $C_{14}H_{22}$·O_2, Kp.$_{0,3}$ 105—108°, analog aus n-Hexylresorcin; n_D^{25} 1,5049. — *4-[ω-Cyclohexylamyl]-resorcindimethyläther*, $C_{19}H_{30}O_2$, Kp.$_{0,5}$ 172°, durch Umsatz von δ-Cyclohexylvaleriansäure (Kp.$_{0,8}$ 125—127°) mit Resorcin in Ggw. von $ZnCl_2$ zu *4-[δ-Cyclohexylvaleryl]-resorcin*, dessen Red. mit amalgamiertem Zn in Essigsäure u. 12nHCl zu *4-[ω-Cyclohexylamyl]-resorcin* ($C_{17}H_{26}O_2$, F. 89°) u. Methylierung; gelbes Öl; n_D^{25} 1,5140. — *3-[Cyclohexylmethyl]-brenzcatechindimethyläther*, $C_{15}H_{22}O_2$, Kp.$_{0,6}$ 120°, durch GRIGNARD-Rk. von 2.3-Dimethoxybenzaldehyd in Ae. mit Cyclohexyl-MgBr zu *2.3-Dimethoxyphenylcyclohexylcarbinol* ($C_{15}H_{22}O_3$, Kp.$_{0,5}$ 145—147°, n_D^{25} 1,5381), Oxydation mit CrO_3 in Essigsäure zu *2.3-Dimethoxyphenylcyclohexylketon* ($C_{15}H_{20}O_3$, Kp.$_{0,3}$ 129—130°, n_D^{25} 1,5330), Red. mit amalgamiertem Zn u. 12nHCl u. Remethylierung; n_D^{25} 1,5245. — *4-[Cyclohexylmethyl]-brenzcatechindimethyläther*, $C_{15}H_{22}O_2$, Kp.$_{0,25}$ 120—121°, aus Veratrol, Cyclohexancarbonsäurechlorid (**V**) u. $AlCl_3$ in Nitrobenzol u. Red. des erhaltenen *3.4-Dimethoxyphenylcyclohexylketons* ($C_{15}H_{20}O_3$, gelbes Öl, Kp.$_{0,3}$ 160—172°, n_D^{25} 1,5585) wie vorst.; n_D^{25} 1,5310. — *[Cyclohexylmethyl]-hydrochinondimethyläther*, C_{15}·$H_{22}O_2$, Kp.$_{0,25}$ 115—116°, aus Hydrochinondimethyläther, **V** u. $AlCl_3$ in Nitrobenzol, u. Red. des *2.5-Dimethoxyphenylcyclohexylketons* ($C_{15}H_{20}O_3$, Kp.$_{0,1}$ 142—144°, n_D^{25} 1,5414) wie oben; n_D^{25} 1,5286. — *4-Benzylresorcindimethyläther*, $C_{15}H_{16}O_2$, Kp.$_{0,1}$ 127 bis 128°, aus **I** u. Benzylchlorid durch Erhitzen mit Cu-Pulver auf 190—200° während 2 Std.; n_D^{25} 1,5764. Aus dem Destillationsrückstand *4.6-Dibenzylresorcindimethyläther*, $C_{22}H_{22}O_2$, F. 98° (A.). — *4-[α-Phenäthyl]-resorcindimethyläther*, $C_{16}H_{18}O_2$, Kp.$_{0,25}$ 139 bis 145°, durch Methylierung von 4-[α-Phenäthyl]-resorcin; n_D^{25} 1,5715. — *4-Phenylresorcindimethyläther*, $C_{14}H_{14}O_2$, Kp.$_{0,1}$ 108—112°, durch Dehydrierung von **III** mit Pd-Kohle bei 280—290°; gelbe Fl.; n_D^{25} 1,5920. — *β-[5-Cyclohexyl-2.4-dimethoxybenzoyl]-propionsäure* (**IV**), $C_{18}H_{24}O_5$, F. 168,5° (Bzl.), aus **III** u. β-Carbomethoxypropionylchlorid mit $AlCl_3$ in Bzl. bei 5—10° (3½ Std.) u. dann bei Raumtemp. (6 Std.) u. Hydrolyse des rohes Esters mit methanol. NaOH. — *δ-[2.4-Dimethoxy-5-cyclohexylbenzoyl]-valeriansäure*, $C_{20}H_{28}O_5$, F. 170° (CH_3COOH), wie vorst. mit δ-Carbomethoxyvalerylchlorid.—*α-Methyl-β-[2.4-dimethoxy-5-cyclohexylbenzoyl]-propionsäure*, $C_{19}H_{26}O_5$, F. 168° (CH_3OH), durch Acylierung von **III** mit Methylbernsteinsäureanhydrid in Ggw. von $AlCl_3$ in Nitrobenzol. — *β-[2.4-Dimethoxy-5-cyclohexylbenzoyl]-acrylsäure*, $C_{18}H_{22}O_5$,

F. 214° (Zers.; Äthylacetat), a) durch Umsatz von III mit Maleinsäureanhydrid in Ggw. von $AlCl_3$ in Nitrobenzol; 5%; b) durch Bromierung von IV in Essigsäure zu *β-Brom-β-[2.4-dimethoxy-5-cyclohexylbenzoyl]-propionsäure* [$C_{18}H_{23}O_5Br$, F. 180—181° (Zers.; Toluol)] u. Enthydrobromierung durch Kochen mit Na-Acetat in CH_3COOH. — *2.2'.4.4'-Tetramethoxy-5.5'-bis-[β-carboxypropionyl]-biphenyl*, $C_{24}H_{28}O_{10}$, F. 232° (Zers.; CH_3COOH), durch Acylierung von 2.2'.4.4'-Tetramethoxybiphenyl mit Bernsteinsäureanhydrid in Nitrobenzol in Ggw. von $AlCl_3$. — Analog (die Oxyverbb. durch Entmethylierung der Methoxyverbb. mit HJ) nachst. β-Benzoylpropionsäuren: *5-Phenyl-2.4-dimethoxy-*, $C_{18}H_{18}O_5$, F. 184° (CH_3OH). — *5-Benzyl-2.4-dimethoxy-*, $C_{19}H_{20}O_5$, F. 177° (CH_3OH). — *5-Benzyl-2.4-dioxy-*, $C_{17}H_{16}O_5$, F. 172° (CH_3OH). — *5-[α-Phenäthyl]-2.4-dimethoxy-*, $C_{20}H_{22}O_5$, F. 134° (Äthylacetat). — *5-Cyclohexyl-2.4-dioxy-*, $C_{16}H_{20}O_5$, F. 180° (CH_3OH). — *3-Cyclohexyl-2.4-dimethoxy-*, $C_{18}H_{24}O_5$, F. 143° (CH_3OH). — *3-Cyclohexyl-2.4-dioxy-*, $C_{16}H_{20}O_5$, F. 169—170° (70%ig. CH_3·COOH). — *5-n-Hexyl-2.4-dimethoxy-*, $C_{18}H_{26}O_5$, F. 140° (CH_3OH). — *5-n-Hexyl-2.4-dioxy-*, $C_{16}H_{22}O_5$, F. 127,5° (70%ig. CH_3COOH). — *5-Cyclopentyl-2.4-dimethoxy-*, $C_{17}H_{22}O_5$, F. 137° (CH_3OH). — *5-Cyclopentyl-2.4-dioxy-*, $C_{15}H_{18}O_5$, F. 169° (70%ig. CH_3COOH). — *5-Cyclopentylmethyl-2.4-dimethoxy-*, $C_{18}H_{24}O_5$, F. 159—160° (CH_3OH). — *5-Cyclopentyl-2.4-dioxy-*, $C_{16}H_{20}O_5$, F. 201° (CH_3COOH). — *5-Cyclohexylmethyl-2.4-dimethoxy-*, $C_{19}H_{26}O_5$, F. 174° (CH_3COOH). — *5-Cyclohexylmethyl-2.4-dioxy-*, $C_{17}H_{22}O_5$, F. 212° (CH_3COOH). — *5-Cyclohexyläthyl-2.4-dimethoxy-*, $C_{20}H_{28}O_5$, F. 165° (CH_3COOH). — *5-Cyclohexyläthyl-2.4-dioxy-*, $C_{18}H_{24}O_5$, F. 146° (CH_3OH). — *5-Cyclohexylpentamethylen-2.4-dimethoxy-*, $C_{23}H_{34}O_5$, F. 150,5° (CH_3OH). — *5-Cyclohexylpentamethylen-2.4-dioxy-*, $C_{21}H_{30}O_5$, F. 145° (CH_3OH). — *4.5-Dimethoxy-2-cyclohexylmethyl-*, $C_{19}H_{26}O_5$, F. 148° (CH_3OH). — *3.4-Dimethoxy-2-cyclohexylmethyl-*, $C_{19}H_{26}O_5$, F. 144° (CH_3OH). — *3.4-Dioxy-2-cyclohexylmethyl-*, $C_{17}H_{22}O_5$, F. 152—153° (70%ig. CH_3COOH). — *2.5-Dimethoxy-4-cyclohexylmethyl-*, $C_{19}H_{26}O_5$, F. 124° (CH_3OH). — *2.5-Dioxy-4-cyclohexylmethyl-*, $C_{17}H_{22}O_5$, Zers. um 170° (70%ig. CH_3COOH). — *α-Methyl-5-cyclohexyl-2.4-dioxy-*, $C_{17}H_{22}O_5$, F. 179° (85%ig. CH_3OH). — *2.4-Diäthoxy-5-cyclohexyl-*, $C_{20}H_{28}O_5$, F. 176° (CH_3OH). — *2.2'-Dimethoxy-4.4'-dioxy-5.5'-bis-[β-carboxypropionyl]-biphenyl* (?), $C_{22}H_{22}O_{10}$, F. 315° (Zers.; CH_3COOH). (J. Amer. chem. Soc. **75.** 2341—44. 20/5. 1953.) O. W. SCHULZ. 2470

Nelson R. Easton und **Velmer B. Fish**, *Zersetzung quaternärer Salze.* 2. Mitt. *Stereospezifizität in der Isomethadonreihe.* (1. vgl. C. **1954.** 5515.) Vff. untersuchen die Zers. der Methojodide von dl-, d- u. l-Isomethadon (I), um zu entscheiden, ob die allg. Rk. der Zers. quaternärer Salze von gewissen γ-Aminoketonen zu 2-Äthylidentetrahydrofuranen über ein ungesätt. Keton der Struktur II führt. Die Konfiguration der opt. akt. Salze von I (u. die Drehrichtung) bleibt bei der Zers. erhalten; auch aus den 3 quaternären Hydroxyden von I werden die gleichen Reaktionsprodd. wie vorst. erhalten. Die allg. Rk. zwischen Hydroxylamin (III) u. 2-Äthylidentetrahydrofuranen wird auch von vorst. Reaktionsprodd. gegeben; die gebildeten Addukte zeigen gegenüber den Ausgangsverbb. umgekehrte Drehrichtung.

$(C_6H_5)_2>C—CO—CH_2CH_3$ mit $CH=CH_2$ am C (II)

Versuche: Die Zers. der Methojodide erfolgte durch Erhitzen mit freier Flamme bei 16—24 mm, die der quaternären Hydroxyde (Darst. aus den Methojodiden mit Ag_2O in A./W.) der opt.-akt. Verbb. durch Erwärmen auf dem Wasserbad, der rac. Verb. wie vorstehend. — *dl-Isomethadon*, das Methojodid u. Hydroxyd liefern bei der Zers. ein *Prod. vom F. 166—168°* (Äthylacetat); 17 bzw. 53% (Ausbeute); gibt bei 3std. Kochen mit III in A./Pyridin ein *Addukt vom F. 160—163°*. — *d-Isomethadon*, das Methojodid ([α] +98,1°) u. das quaternäre Hydroxyd geben ein *Prod. vom F. 102—104°* (A.), [α] + 312°; 30,4 bzw. 51,5%. III-*Addukt*, F. 140—141°, [α] —15,0°; 40%. — *l-Isomethadon*, das Methojodid ([α] —96,8°) u. Hydroxyd geben ein *Prod. vom F. 102—104°* (A.), [α] —308°; 40 bzw. 67%. III-*Addukt*, F. 139—141°, [α] +14,8°; 37%. (J. Amer. chem. Soc. **76.** 2836—37. 20/5. 1954. Bethlehem, Pa., Lehigh Univ., Dep. of Chem.) G. WINKLER. 2540

N. B. Chapman und **J. F. A. Williams**, *Bromierung von 2-Methylnaphthalin.* Die Seitenkettenbromierung von 2-Methylnaphthalin (I) mit Hilfe von N-Bromsuccinimid (II) (vgl. BUU-HOÏ, Liebigs Ann. Chem. **556.** [1944.] 1) gelingt mit Sicherheit nur bei Verwendung von besonders gereinigtem II. Eine flüchtige Verunreinigung von II, wahrscheinlich eine Spur HBr, katalysiert offenbar die Kernbromierung in 1-Stellung. Diese katalyt. Wrkg. wird durch einen Zusatz von wenig W., vielleicht infolge Dissoziation des HBr, teilweise aufgehoben. Dagegen läßt sich die Rk. durch Licht oder Benzoylperoxydzusatz nicht beeinflussen. — Die Darst. von *2-Brommethylnaphthalin* gelang Vff. auch durch direkte Photobromierung in sd. CCl_4, wobei größere Br_2-Konz. im Reaktionsgemisch vermieden werden muß.

Versuche: II, gereinigt durch 8std. Trocknen des bromfrei gewaschenen Rohprod. über P_2O_5 bei 0,5 mm, bei gealterten Proben nur durch 8 std. Evakuierung auf 0,5 mm. — *2-Brommethylnaphthalin*, F. 54° (A.), $Kp._{160}$ 150—170°, a) durch 25std. Kochen u. Rühren von 2 Mol I mit 1 Mol II in CCl_4; nach Dest. 95% (Ausbeute), nach Kristallisation 65%; Ausbeute unter anderen, nicht optimalen Bedingungen vgl. Original; b) durch Zutropfen von 1 Mol Br_2 in CCl_4 zu einer sd., mit einer 500 W-Lampe bestrahlten Lsg. von 2 Mol I in CCl_4 unter Rühren während 9 Std.; 75—80% (roh). (J. chem. Soc. [London] **1952**. 5044—46. Dez. Southampton, Univ.)

PRACEJUS. 2700

Jean Jacques, *Über die Dehydratisierung von einigen 1-Alkyltetralolen-(1) und über die Dismutation der dabei entstehenden Dialine.* Vf. untersucht die prim. u. sek. Rkk. bei der Dehydratisierung von *1-Alkyltetralolen-(1)*, die durch Einw. einer GRIGNARD-Verb. auf die entsprechenden α-Tetralone erhalten werden. Er stellt fest, daß die Dehydratation dieser Verbb. bei Abwesenheit eines Dehydratationsmittels bei Tempp. bis 200° zu *1-Alkyl-3.4-dihydronaphthalinen* führt; mit HCOOH oder $KHSO_4$ dismutieren letztere in der Wärme mehr oder weniger vollständig in die entsprechenden *Tetraline* u. *Naphthaline*. Diese Dismutation verläuft leicht auch in der Kälte in Ggw. von RANEY-Ni. Verschied. bisherige Angaben über die Konstanten u. Spektren von Dialinen, die mittels Dehydratationsmitteln aus Tetralolen erhalten wurden, müssen berichtigt werden, da die dabei erhaltenen Verbb. nicht rein gewesen sind.

Versuche *1-Methyl-3.4-dihydronaphthalin* (III), $Kp._{18}$ 111.5—112,5°, n_D^{20} 1,5775, *6-Methoxy-1-methyl-3.4-dihydronaphthalin*, $Kp._{17}$ 149—150°, n_D^{19} 1,5810, u. *6-Methoxy-1-äthyl-3.4-dihydronaphthalin* (II), $Kp._{20}$ 162°, n_D^{20} 1,5737, wurden durch Erhitzen der entsprechenden Carbinole dargestellt; mit einer gesätt. Pikrinsäurelsg. ergeben diese Dialine keinen Nd.; die UV-Spektren zeigen ein Maximum bei 2600 bis 2700 Å (log ε 4—4,1) (bei den entsprechenden Tetralinen oder Naphthalinen ist log ε viel kleiner). — *6-Methoxy-1-methylnaphthalin* (I), F. 48°, $Kp._{17}$ 156—157°: Dehydratation des rohen 6-Methoxy-1-methyltetralols-(1) durch Erwärmen mit der 4fachen Menge HCOOH auf 100° (30 Min.) ergibt eine über ein Intervall von 20° sd. Mischung, die ein *Pikrat* (F. 105°, Zers.) bildet, aus dem man I in 39%ig. Ausbeute erhält; daneben entsteht *6-Methoxy-1-methyl-1.2.3.4-tetrahydronaphthalin*, $Kp._{17}$ 137—137,5°; n_D^{20} 1,5420; 37%. — *6-Methoxy-1-äthylnaphthalin*, F. 57—58°, aus 2 g reinem II durch Erhitzen mit der 3fachen Menge HCOOH (1 Std.) über das Pikrat; 0,78 g; daneben *6-Methoxy-1-äthyl-1.2.3.4-tetrahydronaphthalin*, n_D^{19} 1,544; 1,1 g. — II, auf 125° mit der halben Menge $KHSO_4$ erhitzt (2 Std.), ergibt mit Pikrinsäure eine bemerkenswerte Menge *Pikrat*. Unter diesen sehr milden Dehydratationsbedingungen wird ca. $^1/_4$ des Ausgangsmaterials dismutiert. — *1-Methylnaphthalin*, durch Hydrierung von 3 g III in alkoh. Lsg. in Ggw. von 0,3 g RANEY-Ni (1 Std. bei n. Temp.); nach Aufnahme der Hälfte der theoret. Menge hört die H_2-Aufnahme auf; Isolierung über das Pikrat. (C. R. hebd. Séances Acad. Sci. **237**. 1252—54. 16/11. 1953.)

FECHTER. 2700

Hans von Euler und **Hans Hasselquist,** *Versuche über Chinonmethide und o-Chinone.* Vff. beschreiben einige orientierende Verss., die einem Vgl. der Reaktionsfähigkeit der o-Chinone mit der der Chinonmethide dienen sollen. — Diensynthesen mit *Tetrabrom-o-benzochinon* (I): *1:1-Addukt aus* I + *1.1.4.4-Tetramethylbutadien* [II; *3.4.4a.8a-Tetrabrom-5.5.8.8-tetramethyl-1.2.4a.5.8.8a-hexahydronaphthochinon-(1.2)*], $C_{14}H_{14}O_2Br_4$, F. 199—200°, aus 1 g I, 0,4 cm³ II u. 2 cm³ Bzl. in exothermer Rk. (Farbe: dunkelrot → blauviolett → hellbraun); durch Kristallisation des Rohprod. [F. 157—160°, 2 g (Ausbeute)] aus sd. Äthylacetat u. sd. Bzl. farblose Nadeln. — *2:1-Addukt aus* I + II, $C_{20}H_{14}O_4Br_8$, F. 160—161°, aus 1 g I + 0,4 cm³ II wie vorst. Verb. u. zweimalige Kristallisation aus kaltem Bzl. durch Einengen. — *1:1-Addukt aus* I + *1.4-Dimethylbutadien* [*3.4.4a.8a-Tetrabrom-5.8-dimethyl-1.2.4a.5.8.8a-hexahydronaphthochinon-(1.2)*], $C_{12}H_{10}O_2Br_4$, F. 198—199° (Äthylacetat), durch Erwärmen von 3 g I in 6 cm³ Bzl. mit 1,1 g 1.4-Dimethylbutadien; 2 g (roh) bzw. 0,7 g (rein). Oxydation mit CrO_3 in Eisessig gibt wahrscheinlich *α.β-Dibrom-β-[2-carboxy-3.6-dimethyl-1.2-dibromcyclohexen-(4)-yl-(1)]-acrylsäure*, $C_{12}H_{12}O_4Br_4$, F. 163—168° (CH_3OH), schwachviolett-grau.

Versuche mit *2-Naphthochinon-1-methid* (III): *Bis-[2-oxynaphthyl]-methan*, F. 198—199°, durch Erwärmen von 100 g β-Naphthol mit 120 cm³ A., 20 cm³ konz. HCl u. 55 cm³ 40%ig. CH_2O-Lsg. auf 60°; 92 g. — *1-Methylnaphthol-(2)*, F. 109—110° (Bzl.), durch Red. von vorst. Verb. mit Zn in alkal. Medium u. Extraktion mit kaltem Benzol. — III, F. 133—134°, durch Zusatz von 1 g $NaNO_2$ zu 1 g vorst. Verb. in 12 cm³ Eisessig + 10 cm³ W. innerhalb 5 Min. u. Digerieren mit Äthylacetat; 0,5 g. — Rk. von 300 mg III mit überschüssigem CH_2N_2 in CH_3OH/Ae. gab die *Verb.* $C_{10}H_{10}O_2$ (dimeres Methid?), F. 100—106° (Bzl./PAe.), Mol.-Gew. 335 (in Eisessig); gelb, amorph; 50 mg.

— Rk. von 400 mg III mit 400 mg p-Nitranilin in 4 cm³ sd. Bzl. gab die *Verb.* $C_{26}H_{28}O_2N_8$, F. 235° (A.), goldglänzende Nadeln; 120 mg. — *3.5.6-Tribrom-2-methylbenzochinon-(1.4)*, $C_7H_3O_2Br_3$, F. 234—235° (Chlf.), durch Erwärmen von 1,1 g Tetrabrom-o-benzochinonmethid (dimer?) mit 30 cm³ Eisessig u. 2 g CrO_3; 40 mg (rein). — Tierverss. ergaben, daß III das Wachstum von Sarkomen weißer Ratten stark erhöht. (Ark. Kemi **6.** Nr. 12. 139—45. 1953. Stockholm, Univ., Vitamin-Inst. u. Inst. für organ. chem. Forschung.) PRACEJUS. 2700

Modeste Martynoff, *Untersuchungen in der Naphthacengruppe.* 1. Mitt. *Monosubstituierte Derivate. 9-Formyl- und 9-Cyannaphthacen.* Die Kondensation des Naphthacens (**I**) mit N-Methylformanilid (**II**) in Ggw. von $POCl_3$ führt in guter Ausbeute zum *9-Formylnaphthacen* (**III**), das die üblichen Aldehyd-Rkk. zeigt. Dehydratation des **III**-*Oxims* mit Essigsäureanhydrid (**IV**) ergibt leicht *9-Cyannaphthacen* (**V**), das Hydrolysereagentien widersteht. **V** läßt sich auch aus *9-Bromnaphthacen* (**VII**) und CuCN darstellen. — Die alkoh. Lsgg. von **III** (rot) u. von **V** (orange) verblassen durch Photooxydation an der Luft u. werden gelb. In beiden Fällen wird, wie die Spektren zeigen, wahrscheinlich *Naphthacenchinon-(9.10)* (**VI**) gebildet; die Umsetzung von **III** ist nach einem Monat fast vollständig.

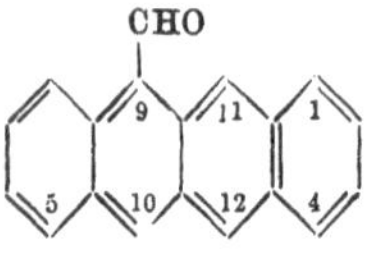

III

Versuche: *9-Formylnaphthacen* (**III**), $C_{19}H_{12}O$, F. 148°: Zu **II** u. o-Dichlorbenzol gibt man langsam $POCl_3$, dann schnell **I**, erhitzt 4 Std. auf 100°, gießt in CH_3COONa-Lsg. u. dest. mit Dampf; granatrote Kristalle aus Bzl. oder Cyclohexan; 70% (Ausbeute); daneben wahrscheinlich *Naphthacen-9-carbonsäure*, $C_{19}H_{12}O_2$, F. 243°, feine rotbraune Kristalle aus Bzl.; unlösl. in Alkalien. **III**-*Oxim*, $C_{19}H_{13}ON$, F. 202°; aus Bzl. orangefarbige Kristalle. — *9-Cyannaphthacen* (**V**), $C_{19}H_{11}N$, F. 190°, aus vorst. Oxim u. **IV** durch 15 Min. Kochen; kleine rote Nadeln aus A.; 90%; daneben Spuren von *9.10-Dihydronaphthacen* u. *Naphthacenchinon-(9.10)* (**VI**). **V** entsteht auch aus 3,5 g **VII**, 1,25 g CuCN u. 1,1 cm³ trockenem Pyridin durch 11 std. Erhitzen auf 215—225°, Zerreiben u. Behandeln mit verd. NH_4OH u. Bzl.; 0,7 g. — Die Absorptionsmaxima von **III** u. **V** (frisch u. nach 30 Tagen) sowie **VI** in A. werden angegeben. (C. R. hebd. Séances Acad. Sci. **238.** 249—51. 11/1. 1954.) FECHTER. 2950

Robert Pallaud und **Françoise Delaveau,** *Über einige durch Claisen-Kondensation aus Furfurol und Thiophenaldehyd erhaltene ungesättigte Ketone.* Vff. stellen fest, daß sich Na-Äthylat in absol. A. als Kondensationsmittel besonders gut zur Darst. von *Furfuryliden-* u. *Thenylidenketonen* eignet. Sie lassen sich leicht, manchmal fast quantitativ, darstellen, wobei kleine Mengen des Kondensationsmittels genügen, die oft exotherme Rk. in Gang zu bringen. Die erhaltenen Verbb. krist. leicht aus einer Mischung von A. u. Äthylacetat (1:1). — Hydrierung der Furfurylidenketone mittels RANEY-Ni führt zu den entsprechenden *gesätt. sek. Alkoholen.*

Versuche: *Furfuryliden-α-naphthylmethylketon*, $C_{17}H_{12}O_2$, $Kp._{16}$ 204—205°; $D._{16}$ 1,301, n_D^{16} 1,606; blaßgelbe Fl., im Licht schnell braun werdend; 68% (Ausbeute). — *Furfuryliden-β-naphthylmethylketon*, $C_{17}H_{12}O_2$, F. 86°, blaßgelbe Kristalle, leicht lösl. in Bzl., Äthylacetat u. Dioxan; in H_2SO_4 rot; 85%. — *Furfuryliden-p-phenylacetophenon*, $C_{19}H_{14}O_2$, F. 134—135°, gelbe Blättchen, leicht lösl. in Bzl. u. Dioxan; 50%. — *Furfurylidenacetothienon*, $C_{11}H_8O_2S$, F. 69—70°, gelbe Kristalle, lösl. in A./Äthylacetat (1:1); in H_2SO_4 rotbraun; 45%. — *Dithenylidencyclopentanon*, $C_{15}H_{12}OS_2$, F. 230—231°, gelbe Blättchen, lösl. in Chlf. u. Äthylacetat; violette Färbung in H_2SO_4; 48%. — *Dithenylidencyclohexanon*, $C_{16}H_{14}OS_2$, F. 160°, gelbe Kristalle, lösl. in Chlf., Aceton u. Äthylacetat; violett in H_2SO_4; 51%. — *Dithenylidencycloheptanon*, $C_{17}H_{16}OS_2$, F. 154°, gelbe glänzende Kristalle, sehr leicht lösl. in Chlf. u. Äthylacetat; veilchenblaue Färbung in H_2SO_4; 48%. — *Thenyliden-α-naphthylmethylketon*, $C_{17}H_{12}OS$, blaßgelbe Kristalle, sehr lichtempfindlich, lösl. in Chlf. u. Äthylacetat; in H_2SO_4 rot; 45%. — *Thenyliden-β-naphthylmethylketon*, $C_{17}H_{12}OS$, F. 98—99°, gelbe Kristalle, lösl. wie vorst. Verb.; dunkelrot in H_2SO_4; 57%. — *Thenylidenacetothienon*, $C_{11}H_8OS_2$, F. 100—101°, blaßgelbe Kristalle, lösl. in Chlf. u. Äthylacetat; braunrot in H_2SO_4; 90%. (C. R. hebd. Séances Acad. Sci. **237.** 1254—56. 16/11. 1953.) FECHTER. 3051

J. J. Brown und **G. T. Newbold,** *Phthalaldehyde und verwandte Verbindungen.* 1. Mitt. *Darstellung der 3-Formylopiansäure.* Opiansäure (**I**) wurde mit Na-Amalgam zu *Meconin* (**III**) red., **III** durch Chlormethylierung in *4-Chlormethylmeconin* (**IV**) übergeführt u. dieses mit N-Bromsuccinimid (**VII**) zu *3-Formylopiansäure* (**II**) umgesetzt. Außerdem konnte **II** durch direkte Oxydation von 4-Oxymethylmeconin (**V**) nach OPPENAUER u. anschließende Behandlung mit **VII** erhalten werden, wobei als Zwischenprod. *5.6-Dimethoxyphthalan-4-carbonsäure* (**VI**; *1.3-Dihydro-5.6-dimethoxybenzo-*[c]*-furan-4-carbonsäure*) auftrat. **VI** isomerisierte sich in saurer Lsg. zu **V** u. ließ sich nach CLEMMENSEN zu *4-Methylmeconin* reduzieren. **II** bildet beim Erhitzen mit NaOH die isomere einbas. *Meconin-4-carbonsäure* (**VIII**), die ebenfalls durch Oxydation von **V** mit Permanganat entsteht. Eine Aufspaltung des Lactonringes konnte bei der Oxydation von **V** nicht wahrscheinlich gemacht werden. **II** ist in wss. $NaHCO_3$-Lsg. unter Aufschäumen lösl. u. gibt mit NH_4OH eine grünbraune Färbung. FEHLINGsche Lsg. oder SCHIFFsches Reagens werden nicht, heiße ammoniakal. $AgNO_3$-Lsg. wird reduziert. Mit H_2SO_4 gibt **II** eine grüngelbe Lsg., beim Unterschichten der benzol. Lsg. mit H_2SO_4 tritt Rotfärbung auf. Abschließend werden die UV-Absorptionsspektren von Gladiol- u. Isogladiolsäure (vgl. RAISTRICK u. ROSS, C. **1954.** 8585) mit denen von **II** u. **VIII** verglichen.

Versuche: *Meconin* (**III**), F. 101—103°, aus 65 g **I** u. 650 g 3,5%ig. Na-Amalgam in 2nNaOH durch 3 Std. Rühren u. Stehen über Nacht; Nadeln aus A.; 47 g (Ausbeute). — *4-Chlormethylmeconin* (**IV**), $C_{11}H_{11}O_4Cl$, F. 104—106°, aus 12 g **III** u. HCHO/HCl in 45 Min.; Nadeln aus A.; 6 g. — *4-Oxymethylmeconin* (**V**), $C_{11}H_{12}O_5$, F. 130—132°, aus 1 g **IV** durch Hydrolyse in der Wärme mit wss. Sodalsg. in 30 Min.; 750 mg; Nadeln aus Bzl.; sublimiert bei 125°/10^{-3} mm; wird durch 2std. Kochen mit 3nNaOH nicht verändert. *Acetat*, $C_{13}H_{14}O_6$, F. 112—113°; aus W. Nadeln. — *5.6-Dimethoxyphthalan-4-carbonsäure* (**VI**), $C_{11}H_{12}O_5$, F. 148—150°, aus 2,5 g **V** u. Al-tert.-Butylat in Bzl. in 18 Std.; aus W. Nadeln; 1,5 g. *Methylester*, $C_{12}H_{14}O_5$, F. 90°, mit CH_2N_2; Nadeln aus wss. A.; sublimiert bei 85°/10^{-3} mm. — *4-Methylmeconin*, $C_{11}H_{12}O_4$, F. 125—127°, durch Red. von 180 mg **VI** mit amalgiertem Zn u. HCl in 5 Std.; Nadeln aus wss. A.; 150 mg. — *3-Formylopiansäure* (**II**), $C_{11}H_{10}O_6$, F. 176°, a) aus 2 g **IV** u. **VII** in CCl_4 durch Kochen u. Belichten; 1,3 g; b) aus 2 g **VI** u. **VII** in Bzl./CCl_4 wie bei a); 1 g; aus W. Nadeln. *2.4-Dinitrophenylhydrazon*, $C_{17}H_{14}O_9N_4$, F. 254—255° (Zers.), orangefarbene Nadeln aus 2-Methoxyäthanol. — *Meconin-4-carbonsäure* (**VIII**), $C_{11}H_{10}O_6$, F. 220 bis 222° (Zers.), a) durch 30 Min. Kochen von **II** in 3nNaOH; b) durch portionsweise Zugabe von $KMnO_4$ u. $MgSO_4$ zu 500 mg **V** in Aceton innerhalb 5 Min. unter Schütteln, anschließendes Aufkochen u. Entfärben mit SO_2; 250 mg; aus wss. A. Nadeln. (J. chem. Soc. [London] **1952.** 4878—81. Dez. Glasgow, Royal Techn. Coll.)
W. MEYER. 3061

Arne Fredga, *Optisch-aktive Thiophenverbindungen.* **4.** Mitt. *Über die Verwendung von Thiophenderivaten für die sterische Korrelation von aromatischen und aliphatischen Verbindungen.* (3. vgl. Ark. Kemi **3.** [1951.] 331.) Durch Rk. von opt.-akt. α-Thenylbernsteinsäure (**I**) mit RANEY-Ni wird ohne Racemisierung opt.-akt. *n-Pentylbernsteinsäure* (**II**) erhalten. Zum Vgl. wird rac. **II** mit Strychnin u. Brucin gespalten. Vf. findet, daß die Säuren gleicher Konfiguration gleichen Drehsinn haben.

Versuche: *Rac. n-Pentylbernsteinsäure* (**II**), $C_9H_{16}O_4$, F. 85—87° (HCl; polymorph), a) aus Äthan-1.2.2-tricarbonsäuretriäthylester u. n-Pentylbromid in A. in Ggw. von Na, Hydrolyse u. Decarboxylierung der erhaltenen 63 g *Heptan-1.2.2-tricarbonsäuretriäthylester*, $Kp._8$ 170—175° durch Erhitzen mit 20%ig. HCl; 33 g (Ausbeute); b) aus rac. **I** durch Erhitzen mit RANEY-Ni (45 Min.) in Ggw. von K_2CO_3 in W. u. A. (14:1), Ansäuern u. Extraktion mit Ae.; Nadeln; ~100%. — (+)-**II**, F. 84—86° (W., dann Ligroin), aus 22,6 g rac. **II** über das *Strychninsalz*; $[\alpha]_D^{25}$ +26,7° (c = 4,773 in A.); 3,6 g. — (—)-**II**, F. 83—85° (Ligroin, dann W.), a) aus den Mutterlaugen vorst. Salzes über das *Brucinsalz* (41,3 g); $[\alpha]_D^{25}$ —26,3° (c = 4,768 in A.), —20,5° (c = 5,273 in W.), —21,7° (c = 2,579 in W.); 5,2 g; b) durch Erhitzen von 1,1 g (—)-**I** mit 20 g RANEY-Ni wie oben; 0,62 g. (Ark. Kemi **6.** Nr. 24. 277—81. 1953. Uppsala, Univ., Chem. Inst., Labor. of Organ. Chem.)
PASEDAG. 3071

Salo Gronowitz, *Thenyl-(3)-bernsteinsäure. Thenyl-(3)-bernsteinsäure* (**I**) wird durch modifizierte Malonestersynth. aus Äthan-1.1.2-tricarbonsäuretriäthylester (**II**) u. Thenyl-(3)-bromid (**III**) nachfolgende Hydrolyse des Triesters u. Decarboxylierung gewonnen. **III** wird durch Seitenkettenbromierung von 3-Methylthiophen (**IV**) mit N-Bromsuccinimid (**V**), das nach CHAPMAN u. WILLIAMS (C. **1954.** 11426) gereinigt wurde, u. Benzoylperoxyd hergestellt. — Die Röntgenstrahlpulverdiagramme von **I**, Benzyl- (**VI**) u. Thenyl-(2)-bernsteinsäure (**VII**) zeigen, daß diese Verbb. isomorph sind, daß aber die Elementarzelle von **VI** etwas größer als die von **I** u. **VII** ist. Die Bldg. fester Lsgg. wird durch therm. Analyse der Systeme **VI**—**I** u. **VII**—**I** bestätigt.

Versuche: *Thenyl-(3)-bromid* (**III**), durch 1std. Erhitzen von 27,5 g **IV** u. 44,3 g **V** in CCl_4 in Ggw. von Benzoylperoxyd u. etwas W. unter Rühren, Kühlen auf 0°, Filtrieren, Eindampfen u. Dest. bei 50—80°/2 mm; 36 g (Ausbeute); daneben wenig *2-Brom-3-methylthiophen.* — *1-[Thenyl-(3)]-äthan-1.1.2-tricarbonsäuretriäthylester*, $Kp._{1,5}$ 152°, durch tropfenweises Zusetzen von 36 g **III** zu 40 g **II** u. 3,9 g Na in absol. A. unter Rühren, 6std. Erhitzen, Extraktion mit Ae. u. Dest. bei 160—175°/2,5 mm; 25,4 g. — *Thenyl-(3)-bernsteinsäure* (**I**), $C_9H_{10}O_4S$, F. 136° (W.), durch Hydrolyse vorst. Verb. mit alkoh. KOH, Ansäuern, Extraktion mit Ae. u. Decarboxylierung durch 10std. Erhitzen mit W., Platten; 25% (bezogen auf **IV**). (Ark. Kemi **6.** Nr. 25. 283–85. 1953. Uppsala, Univ., Chem. Inst., Dep. of Organ. Chem.) PASEDAG. 3071

Leon Katz und Murray S. Cohen, *Benzoxazolderivate.* 1. Mitt. *2-Mercaptobenzoxazole.* Durch Rk. von o-Aminophenolen mit Kaliummethylxanthogenat ($KSCSOCH_3$) wird eine Reihe von *2-Mercaptobenzoxazolen* dargestellt, von denen einige (Tabelle im Original) gegen *Staph. aureus, Proteus vulgaris* u. *Brucella abortus* wirksam sind. Einige der erforderlichen *o-Aminophenole* werden aus den entsprechenden Phenolen über die *2-Benzolazophenole*, andere durch Red. der betreffenden o-Nitrophenole gewonnen. *2-Amino-5-chlorphenol* wird aus 2-Amino-5-nitrophenol (**I**) in 5stufiger Rk. erhalten.

V e r s u c h e: *3.4.6-Trichlor-2-benzolazophenol*, $C_{12}H_7ON_2Cl_3$, F. 144–145° (wss. A.), durch Zugabe von Benzoldiazoniumchlorid zu 2.4.5-Trichlorphenol in wss. NaOH bei 10–15° während 1 Std.; 80% (Ausbeute). — Analog folgende 2 - B e n z o l - a z o p h e n o l e: *4-Methoxy-*, $C_{13}H_{12}O_2N_2$, F. 72–73°, aus 4-Methoxyphenol; 87%. — *4-Benzyloxy-*, $C_{19}H_{16}O_2N_2$, F. 92–92,5°, aus 4-Benzyloxyphenol; 90%. — *4.6-Dimethyl-*, $C_{14}H_{14}ON_2$, F. 88,5–90°, aus 2.4-Dimethylphenol; 50%. — *4-tert.-Butyl-*(**II**), $C_{16}H_{18}ON_2$, F. 69–70°, aus 4-tert.-Butylphenol; 90%. — *4-tert.-Butyl-6-chlor-*, $C_{16}H_{17}$·ON_2Cl, F. 129–130°, aus 4-tert.-Butyl-2-chlorphenol; 83%. — *4.6-Dichlor-*, $C_{12}H_8$·ON_2Cl_2, F. 124–125°, aus 2.4-Dichlorphenol; 90%. — *6-Chlor-2-nitrophenol*, F. 70 bis 71°, durch Zutropfen von konz. HNO_3 zu o-Chlorphenol in Essigsäure $<20°$ während $1^1/_2$ Std. Gießen auf Eis u. Dampfdest.; aus W. gelbe Nadeln; 20%. Daraus analog nachst. Verb. *2-Amino-6-chlorphenol* (**III**), C_6H_6ONCl, F. 79–80°, aus Cyclohexan Blättchen; 72%. — *2-Amino-4-chlor-6-isopropyl-3-methylphenol*, $C_{10}H_{14}ONCl$, F. 79 bis 81°, durch Nitrierung von p-Chlorthymol (4-Chlor-2-isopropyl-5-methylphenol) wie vorst., Aufnehmen des rohen *4-Chlor-6-isopropyl-3-methyl-2-nitrophenols* in Ae., 2std. Hydrierung bei 30 lbs./sq. in. in Ggw. von PtO_2, Einleiten von HCl u. Behandeln des gebildeten *Hydrochlorids* (F. 216–218°; 51%) mit wss. $NaHCO_3$; aus PAe. Nadeln. — *O.N-Diacetyl-2-amino-5-nitrophenol*, F. 190–191° aus **I** mit Essigsäureanhydrid-Essigsäure; lederfarbene haarartige Kristalle; 46%. Daraus durch Behandeln mit 6nK_2CO_3-Lsg. u. Ansäuern mit Essigsäure *2-Acetamido-5-nitrophenol*, F. 259–260° (unrein); 88%. — *2-Acetamido-5-aminophenolhydrochlorid*, $C_8H_{11}O_2N_2Cl$, F. 203 bis 205°, durch 3std. Hydrieren von 8,8 g vorst. Verb. bei 30lbs./sq.in. in Ggw. von PtO_2 in 2-Methoxyäthanol, Einfiltrieren in äther. HCl u. mehrfaches Umfällen des Rohprod. (9,2 g) aus Isopropanol bzw. Methanol mit äther. HCl. Daraus durch Diazotieren, Zugabe der Diazoniumlsg. zu CuCl in halbkonz. HCl u. $^1/_2$std. Stehen $<40°$ *2-Acetamido-5-chlorphenol*, $C_8H_8O_2NCl$, F. 188–189,5°, aus wss. Isopropanol Nadeln; 78%; gibt bei $^1/_2$std. Kochen in halbkonz. HCl u. Neutralisieren *2-Amino-5-chlorphenol*, F. 153–155°, aus Cyclohexan Nadeln; 76%. — *2-Amino-4-tert.-butylphenol*, $C_{10}H_{15}ON$, F. 158–159°, durch Zugabe von $NaHSO_3$ während $1^1/_2$ Std. zu einer Suspension von **II** in wss. NaOH $<80°$, Einstellen auf p_H 5–6 mit HCl u. Behandeln des Nd. mit W., dann PAe.; aus Cyclohexan Blättchen; 94%. — Analog aus den entsprechenden 2-Benzolazophenolen folgende 2 - A m i n o p h e n o l e: *4-Methoxy-, Hydrochlorid*, F. 209–211° (A.), aus der leicht oxydierbaren Base mit äther. HCl; 80%. — *4-Benzyloxy-, Hydrochlorid*, $C_{13}H_{14}O_2NCl$, F. 189–190°, aus Isopropanol-Isopropyläther purpurfarbene Blättchen; 81%. — *4.6-Dimethyl-*, $C_8H_{11}ON$, F. 131–132°, aus Bzl.-PAe. Blättchen; 95%. — *4-tert.-Butyl-6-chlor-*, $C_{10}H_{14}ONCl$, F. 105–106°, aus Cyclohexan Blättchen; 70%. — *4.6-Dichlor-, Hydrochlorid*, F. 280–285°; 62%. — *3.4.6-Trichlor-*, $C_6H_4ONCl_3$, F. 125–127° (wss. A.); 86%. — *6-Oxy-2-mercaptobenzoxazol*, $C_7H_5O_2NS$, F. 293–294°, durch $^1/_2$std. Kochen von 2.4-Dioxybenzanilid in halbkonz. HCl unter N_2, Waschen mit Ae., Eindampfen, Aufnehmen in wenig W., Filtrieren von viel Ausgangsprod., Zugabe einer Lsg. von KOH + CS_2 in W.-Methanol bis zur Neutralisation, 3std. Kochen, Gießen in Eis-Essigsäure, Aufnehmen des Nd. in Essigsäure, Einengen u. Fällen mit Isopropyläther; aus wss. A. Blättchen; 12% (bezogen auf umgesetztes Anilid). — *7-Chlor-2-mercaptobenzoxazol*, C_7H_4ONClS, F. 264 bis 265°, durch Zugabe von **III** zu einer wss.-methanol. $KSCSOCH_3$-Lsg., $^1/_4$std. Kochen u. Fällen mit Essigsäure; aus wss. Isopropanol Nadeln; 90%. — Analog aus den entsprechenden o-Aminophenolen (bei Verwendung von Hydrochloriden Zugabe von $NaHCO_3$) folgende 2 - M e r c a p t o b e n z o x a z o l e: *6-Clor-*, C_7H_4ONClS, F. 224 bis 225°, aus Isopropanol Nadeln; 48%. — *5-Methoxy-*, $C_8H_7O_2NS$, F. 217–220°, aus wss. A. cremefarbene Stäbchen; 80%. — *5-Benzyloxy-*, $C_{14}H_{11}O_2NS$, F. 174–175°, aus verd. Essigsäure cremefarbene Stäbchen; 97%. — *5-tert.-Butyl-*, $C_{11}H_{13}ONS$, F. 125 bis 126°, aus wss. A. Nadeln; 63%. — *5.7-Dichlor-*, $C_7H_3ONCl_2S$, F. 212–213°, aus Bzl. kleine Nadeln; 81%. — *5.7-Dimethyl-*, C_9H_9ONS, F. 202–203°, aus wss. A. Nadeln; 89%. — *5-tert.-Butyl-7-chlor-*, $C_{11}H_{12}ONClS$, F. 194–195°, aus Bzl. Würfel; 74%. —

4.5.7-Trichlor-, $C_7H_2ONCl_3S$, F. 284—286°, aus Essigsäure Blättchen; 86%. — *5-Chlor-7-isopropyl-4-methyl-*, $C_{11}H_{12}ONClS$, F. 197—200°, aus Cyclohexan Nadeln; 87%. — *5-Nitro-*, $C_7H_4O_3N_2S$, F. 244—245° (vgl. dagegen Deck u. Dains, J. Amer. chem. Soc. **55**. [1933.] 4987), aus 2-Amino-4-nitrophenol; aus W., dann Chlorbenzol, gelbe Stäbchen; 29,5%. — *5-Amino-*, $C_7H_6ON_2S$, F. 267—268°, durch Zugabe vorst. Verb. während 1/2 Std. zu Fe-Pulver in etwas HCl enthaltendem W. bei 80—92°, weiteres 1std. Erhitzen, Zugabe von wss. NaOH, Filtrieren bei 50° u. Neutralisieren des Filtrats; aus wss. A. Nadeln; 75%. Daraus mit Essigsäure–Essigsäureanhydrid *5-Acetamido-*, $C_9H_8O_2N_2S$, F. 300—301°, aus wss. Dimethylformamid schwachrosafarbene Nadeln; 44%. — *6-Nitro-*, $C_7H_4O_3N_2S$, F. 234—235° bzw. F. 260° (polymorph; vgl. dagegen Desai u. Mitarbeiter, J. chem. Soc. [London] **1938**. 321), aus **I**; aus wss. A. gelbe Kristalle; 66%. — *6-Amino-*, $C_7H_6ON_2S$, F. 225—226°, aus vorst. Verb. wie oben; aus wss. A. Nadeln; 77%. Daraus *6-Acetamido-*, $C_9H_8O_2N_2S$, F. 295—296°, aus wss. Dimethylformamid schwachrosafarbene Nadeln; 63%. — *4-Oxy-*, $C_7H_5O_2NS$, F. 232—234°, aus 2-Aminoresorcin; aus W. Nadeln; 30%. — *5-Chlor-*, F. 260—261°, nach Deck u. Dains (l. c.); aus W. Blättchen. — *2-Mercaptobenzoxazol*, F. 189—191°, nach Dunner [1876]; aus wss. A. Blättchen; 80%. (J. org. Chemistry **19**. 758—66. Mai 1954. Lawrenceburg, Ind., Schenley Labors., Inc.) Werner Hoffmann. 3132

Leon Katz und **Murray S. Cohen**, *Benzoxazolderivate*. 2. Mitt. *2-Dialkylaminoalkylmercaptobenzoxazole*. (1. vgl. vorst. Ref.) Einige der früher (l. c.) erhaltenen 2-Mercaptobenzoxazole werden mit 2-Diäthylaminoäthylchloridhydrochlorid (**I**) zu *2-Diäthylaminoäthylmercaptobenzoxazolen* umgesetzt, deren *Methobromide* antispasmod. Eigg. besitzen; *5-Chlor-7-isopropyl-4-methyl-* u. *5-tert.-Butyl-7-chlor-2-[2-diäthylaminoäthylmercapto]-benzoxazol*(**II**)*-methobromid* sind so wirksam wie Banthine. Dargestellt wird auch *2-[3-Morpholinopropylmercapto]-5-tert.-butyl-7-chlorbenzoxazol*. Zum Beweis dafür, daß die 2-Mercaptobenzoxazole am S u. nicht (wegen der möglichen Tautomerie zum Thion) an $N_{(3)}$ substituiert werden, wurde **II** mit H_2O_2 behandelt, wobei, ohne daß das intermediär anzunehmende Sulfon isoliert werden konnte, *5-tert.-Butyl-7-chlorbenzoxazolon* entstand, das auch durch Hydrolyse von *5-tert.-Butyl-2.7-dichlorbenzoxazol* (**III**) gebildet wird, während seine Entstehung aus einem N-substituierten Thion unwahrscheinlich ist. Synth. u. Rkk. von **III** mit NH_4OH bzw. Benzylamin (**IV**) werden beschrieben. Direkte Umsetzung von 2-Mercaptobenzoxazolen mit **IV** führte zu nicht rektifizierbaren Prodd.; nur *5-Nitro-* u. *4.5.7-Trichlor-2-benzylaminobenzoxazol* ließen sich nach diesem Verf. gewinnen.

Versuche: 2-[2-Diäthylaminoäthylmercapto]-benzoxazole: *4.5.7-Trichlor-*, *Hydrochlorid*, $C_{13}H_{15}ON_2Cl_3S \cdot HCl$, F. 268—269°, durch 14 bis 16std. Rk. von 4.5.7-Trichlor-2-mercaptobenzoxazol (**V**) mit **I** in Ggw. von K_2CO_3 in sd. W.–Toluol, Behandeln mit Ae. u. Fällen aus den organ. Phasen mit äther. HCl; aus Methanol Stäbchen; 91%. *Methobromid*, $C_{13}H_{15}ON_2Cl_3S \cdot CH_3Br$, F. 232—233° (Isopropanol–Isopropyläther), durch Einleiten von CH_3Br-Gas in vorst. Base in Essigester u. mehrstd. Stehen; Nadeln; 88%. — Analog: *5-Chlor-*, *Hydrochlorid*, $C_{13}H_{17}ON_2ClS \cdot HCl$, F. 187—189° (Methyläthylketon); 97%. *Methobromid*, F. 219—220° (Isopropanol); 76%. — *7-Chlor-*, *Hydrochlorid*, $C_{13}H_{17}ON_2ClS \cdot HCl$, F. 228—230° (Methanol–Isopropyläther); 63%. *Methobromid*, F. 213—214° (Methanol–Isopropyläther); 85%. — *5-Nitro-*, *Hydrochlorid*, $C_{13}H_{17}O_3N_3S \cdot HCl$, F. 223—224° (Isopropanol); 88%. *Methobromid*, F. 203—204° (Isopropanol–Isopropyläther); 98%. — *5-tert.-Butyl-*, *Hydrochlorid*, $C_{17}H_{26}ON_2S \cdot HCl$, F. 184—185° (Isopropanol–Isopropyläther); 90%. *Methobromid*, ohne definierten F.; 94%. — *5.7-Dichlor-*, *Hydrochlorid*, $C_{13}H_{16}ON_2Cl_2S \cdot HCl$, F. 233—235° (Isopropanol); 97%. *Methobromid*, F. 200—201° (Äthylendichlorid); 93%. — *5.7-Dimethyl-*, *Hydrochlorid*, $C_{15}H_{22}ON_2S \cdot HCl$, F. 220—222° (Isopropanol); 74%. *Methobromid*, F. 180—182° (Isopropanol–Isopropyläther); 92%. — *5-tert.-Butyl-7-chlor-*(**II**), *Hydrochlorid*, $C_{17}H_{25}ON_2ClS \cdot HCl$, F. 241—242°; aus W. Nadeln; 95%. *Methobromid*, F. 202—203° (Isopropanol–Isopropyläther); 78%. *Methojodid*, $C_{17}H_{25} \cdot ON_2ClS \cdot CH_3J$, F. 169—171° (Bzl.–Methylcyclohexan); 98%. — *5-Chlor-7-isopropyl-4-methyl-*, *Hydrobromid*, $C_{17}H_{25}ON_2ClS \cdot HBr$, F. 269—270° (Isopropanol); 98%. *Methobromid*, F. 212—213° (Isopropanol–Isopropyläther); 82%. — *2-[2-Diäthylaminoäthylmercapto]-benzoxazolhydrochlorid*, $C_{13}H_{18}ON_2S \cdot HCl$, F. 159—160° (Essigester); 88%. *Methobromid*, $C_{13}H_{18}ON_2S \cdot CH_3Br$, F. 154—155°, aus Bzl.–Methanol Stäbchen; 87%. — *2-[3-Morpholinopropylmercapto]-5-tert.-butyl-7-chlorbenzoxazolhydrochlorid*, $C_{18}H_{26}O_2N_2Cl_2S$, F. 212—213°, wie vorst. aus 5-tert.-Butyl-7-chlor-2-mercaptobenzoxazol u. 3-Morpholinopropylchlorid; aus Methyläthylketon Stäbchen; 90%. *Methojodid*, $C_{19}H_{28}O_2N_2ClJS$, F. 210° (Erweichen bei 135°), durch 24std. Kochen vorst. Base u. CH_3J in Heptan–Essigester; 94%. — *5-tert.-Butyl-7-chlorbenzoxazolon*, $C_{11}H_{12}O_2 \cdot NCl$, F. 171—173°, durch 3tägige Einw. von 30%ig. H_2O_2 auf **II** in Essigsäure bei

Raumtemp. u. Gießen in W.; aus verd. Essigsäure Nadeln; 74%; entsteht auch durch kurzes Erhitzen von nachst. **III** in 6nHCl oder 20%ig. NaOH. — *2.7-Dichlor-5-tert.-butylbenzoxazol* (**III**), $C_{11}H_{11}ONCl_2$, F. 36—38°, Kp.₇ 122—123°, durch 3std. Erhitzen von 5-tert.-Butyl-7-chlor-2-mercaptobenzoxazol mit PCl_5 auf 160—170°, Dest. u. Vakuumsublimation; Prismen; 57%. — *2-[2-Diäthylaminoäthylamino]-5-tert.-butyl-7-chlorbenzoxazol*, Kp.₅ 214°, durch ½std. Rk. von **III** mit N.N-Diäthylendiamin bei 120°, Gießen in W. u. Ausäthern; gelbes Öl; 38%; gab kein Hydrochlorid bzw. Hydrobromid. *Dipikrat*, $C_{17}H_{26}ON_3Cl \cdot 2\ C_6H_3O_7N_3$, F. 180—182° (A.), gelb. — *2-Amino-5-tert.-butyl-7-chlorbenzoxazol*, $C_{11}H_{13}ON_2Cl$, F. 184—186° (Cyclohexan), durch 1std. Rk. von **III** mit konz. NH_4OH, Lösen in heißem Methanol, Fällen mit W. u. Umfällen mit $NaHCO_3$ aus n-HCl; 85%. — *2-Benzylamino-5-tert.-butyl-7-chlorbenzoxazol*, $C_{18}H_{19}ON_2Cl$, F. 129,5—130,5°, durch ¼std. Rk. von **III** u. **IV** bei 120° u. Fällen mit etwas Essigsäure enthaltendem W.; aus Isopropanol Nadeln; 90%. — *2-Benzylamino-4.5.7-trichlorbenzoxazol*, $C_{14}H_9ON_2Cl_3$, F. 205—205,5° (Bzl.), durch 4std. Kochen von **IV** u. **V** in Trichlorbenzol; cremefarben; 23%; daneben etwas **V**-*Benzylaminsalz*, F. 203—205°. — *2-Benzylamino-5-nitrobenzoxazol*, $C_{14}H_{11}O_3N_3$, F. 149—150°, durch 2½std. Kochen von 2-Mercapto-5-nitrobenzoxazol u. **IV** in o-Dichlorbenzol u. Gießen in PAe.; aus wss. Methanol gelbe Blättchen; 70%. (J. org. Chemistry **19**. 767—72. Mai 1954.)

WERNER HOFFMANN. 3132

I. T. Strukow, *Thiazolidincarbonsäure-(4) und ihre Derivate.* 1. Mitt. *Eine Verbindung mit Thiazolidin–Pyrrolidonring-System.* Durch Kondensation von Bromdiäthylacetal (**I**) mit Malonester (**II**) wurde *α-Carbäthoxy-γ.γ-diäthoxybuttersäureäthylester* (**III**) erhalten, der mit *l*-Cystein (**IV**)-Hydrochlorid den *Äthylester* der *α-Carbäthoxy-β-[4-carboxythiazolidyl-(2)]-propionsäure* (**V**) liefert. Bei längerem Erhitzen von **III** mit **IV**-Hydrochlorid entstehen **V**-*γ-Lactam* (**VI**) u. der entsprechende *Äthylester.* Die Bldg. des Pyrrolidon- (γ-Lactam-) Ringes kann auch erreicht werden durch Erhitzen des Na-Salzes von **V**-Äthylester oder der freien α-Carboxy-β-[4-carboxythiazolidyl-(2)]-propionsäur (**VIII**). Die Hydrochloride von in 2-Stellung substituierter Thiazolidincarbonsäure-(4) (**VII**) hydrolysieren in wss. Medium teilweise. In Übereinstimmung mit den Angaben von RATNER u. CLARKE (J. Amer. chem. Soc. **59**. [1937.] 200) lassen sich **VII** u. ihre Derivv. jodometr. nicht quantitativ bestimmen, da während der Rk. eine Spaltung in Aldehyd u. Cystin erfolgt u. der entstehende Aldehyd mit Jod reagiert. **VI** liefert beim Verseifen mit Alkali das *Di-Na-Salz* des *γ-Lactams* von **VIII**, aus dem mit H_2SO_4 **VIII**-*γ-Lactam* erhalten wird. Durch Decarboxylierung geht **VIII**-γ-Lactam in das *γ-Lactam* der *β-[4-Carboxythiazolidyl-(2)]-propionsäure* über. Es gelang nicht, **VIII**-γ-Lactam ausgehend von **III** durch Verseifen, Decarboxylieren u. Kondensation mit **IV** herzustellen, da sich **III** leicht in *α-Carboxy-γ-äthoxy-γ-butyrolacton* umwandelt, das nach Decarboxylieren *γ-Äthoxy-γ-butyrolacton* liefert. *N-Carbäthoxythiazolidincarbonsäure-(4)* wurde aus dem Ca-Salz von **VII** u. Chloressigsäureester **IX** hergestellt.

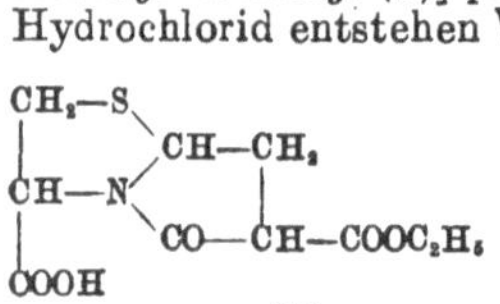

VI

Versuche: *α-Carbäthoxy-γ.γ-diäthoxybuttersäureäthylester* (**III**), $C_{13}H_{24}O_6$, Kp.₉ 146—147°; man löst in 200 ml absol. A. 14,4 g Na u. setzt nach Kühlen auf 40—50° 100 g **II** u. 128 g **I** zu; 48 Std. bei 100—110°; man dest. den A. ab u. versetzt mit W.; n_D^{20} 1,4275; 97 g (Ausbeute). — *α-Carbäthoxy-β-[4-carboxythiazolidyl-(2)]-propionsäure* (**V**), *Äthylester*, $C_{12}H_{19}O_6NS$, F. 124—125°; man setzt zu einer Lsg. von 5 g **IV**-Hydrochlorid in 2 ml W. 8,5 g **III** zu, hält 10 Min. unter Rühren auf dem Wasserbad, gießt in 100 ml W. u. setzt 23 ml einer 5%ig. Lsg. von $NaHCO_3$ zu; aus W. Plättchen; 6,5 g. Beim Aufbewahren einer 4%ig. wss. Lsg. des Na-Salzes von **V** bilden sich *Cystin* u. *[Formylmethyl]-malonester.* Nach Erwärmen der wss. Lsg. mit 5%ig. wss. NaOH läßt sich —SH mit Nitroprussid-Na u. NH_3 nachweisen. Nach der Titration einer wss.-alkoh. Lsg. des Na-Salzes mit 0,1n-Jodlsg. scheidet sich *L-Cystin* (F. 220—222°) ab. Beim Rühren von 1 g **V** mit 0,9 g $HgCl_2$ in 10 ml CH_3OH fällt das krist. *Komplexsalz* von **IV** mit $HgCl_2$ (1,3 g) aus. Aus dem Filtrat wird *[Formylmethyl]-malonester* (0,5 g) erhalten. — **V**-*γ-Lactam* (**VI**), $C_{10}H_{13}O_5NS$; man setzt zu einer Lsg. von 4 g **V** in 30 ml CH_3OH 2,6 ml einer 20%ig. Lsg. von NaOH in CH_3OH, dampft CH_3OH ab, erhitzt den Rückstand 4 Std. auf dem Wasserbad, löst in 30 ml W. u. extrahiert die nach Ansäuern mit 2 ml 40%ig. H_2SO_4 abgeschiedene Substanz mit Essigester; hellgelbes Öl; 2,7 g. Nach kurzem Erwärmen mit 20%ig. NaOH läßt sich —SH nachweisen. — *Di-Na-Salz des γ-Lactams der α-Carboxy-β-[4-carboxythiazolidyl-(2)]-propionsäure*, $C_8H_7O_5NSNa_2$; aus einer Lsg. von 15 g vorst. Verb. in 100 ml CH_3OH u. 23 g einer 20%ig. Lösung von NaOH in CH_3OH; 6 Std. bei 50—60°; hellgelbes, hygroskop. Pulver; 11,2 g. — *γ-Lactam der α-Carboxy-β-[4-carboxythiazolidyl-(2)]-propionsäure*, $C_8H_9O_5NS$, F. 134—135°

(Zers.); aus 10 g vorst. Verb. u. 20 ml 25%ig. H_2SO_4; aus Aceton + Bzl. große Prismen; 3,6 g. — *γ-Lactam der β-[4-Carboxythiazolidyl-(2)]-propionsäure*, $C_7H_9O_3NS$, F. 137—137,5°; durch 1½std. Erhitzen vorst. Verb. auf 130—140° im Vakuum (10 mm); Prismen aus verd. Aceton. — *γ-Lactam* der *α-Carbäthoxy-β-[4-carbäthoxythiazolidyl-(2)]-propionsäure*, $C_{12}H_{17}O_5NS$; durch 2std. Erhitzen von 5 g **IV**-Hydrochlorid mit 8,5 g **III** unter Rühren; hellgelbes, zähes Öl. Daneben wenig **VI**. Liefert beim Verseifen **VIII**. — *α-Carboxy-γ-äthoxy-γ-butyrolacton*; man erhitzt 10 g **III**, 30 ml A., 20 ml W. u. 7,5 ml 29%ig. NaOH 1 Std.; 6,5 g. — *γ-Äthoxy-γ-butyrolacton*, $C_6H_{10}O_3$, Kp.$_{10}$ 88 bis 90°; durch Erhitzen vorst. Verb. auf 150° bis zum Aufhören der CO_2-Entwicklung. — *N-Carbäthoxythiazolidincarbonsäure-(4)*, $C_7H_{11}O_4NS$, F. 96—97°; man schüttelt 3 g des Ca-Salzes von **VII**, 30 ml W. u. 2 g **IX** 5 Min. u. läßt über Nacht stehen; Oktaeder; 2,5 g. (Журнал Общей Химии [J. allg. Chem.] **22** (**84**). 521—27. März 1952. Wiss. Chem.-Pharmazeut. Ordshonikidse-Forschungsinst., Labor. für heterocycl. Verbb.) WÖRFFEL. 3142

I. T. Strukow, *Thiazolidincarbonsäure-(4) und ihre Derivate. 2. Mitt. S-Substitutionsprodukte von Cystein und ihre Umwandlung in Derivate von Thiazolidincarbonsäure-(4)*. (1. vgl. vorst. Ref.) Aus *l*-Cysteinhydrochlorid (**I**) u. Formylphenylessigsäure (**II**)-Äthylester (**III**) bzw. -Methylester (**IV**) wurde *2-[α-Phenyl-α-carbäthoxymethyl-* (**V**) bzw. *-carbomethoxymethyl]-thiazolidincarbonsäure-(4)* (**VI**) synthetisiert. Bei beiden Verbb. gelang es nicht, den β-Lactamring zu schließen, da entweder keine Rk. oder Abspaltung von CO_2 u. H_2S erfolgte. **V** u. **VI** ließen sich nicht zu *2-[α-Phenyl-α-carboxymethyl]-thiazolidincarbonsäure-(4)* (**VII**) verseifen, da Spaltung des Thiazolidinrings eintrat. Auch die Verseifung von **III** führte nicht zu **II**, sondern lieferte auch unter milden Bedingungen *Phenylessigsäure* (**VIII**). Die Darst. von **VII** gelang dagegen durch Verseifen des **III**-Diäthylacetals zu **II**-*Diäthylacetal* (**IX**) u. Kondensation desselben mit **I**, doch blieben Verss., die Rk. zu reproduzieren, ohne Erfolg. Bei allen weiteren Verss. wurde *2-Benzylthiazolidincarbonsäure-(4)* (**X**) erhalten. Behandlung von **IX** mit HCl liefert **II** in der Oxymethylenform (*Oxymethylenphenylessigsäure*), die durch Kondensation mit **I** unter Entw. von CO_2 das in W. leicht hydrolysierende **X**-*Hydrochlorid* ergibt, das auch direkt aus Phenylacetaldehyd (**XI**) u. **I**-Hydrochlorid erhalten wurde. Bei der Kondensation von dl-Cysteinhydrochlorid (**XII**) mit **II** (Oxymethylenform) wurde das *Hydrochlorid* von *S-[β-Phenyl-β-carboxyvinyl]-cystein* erhalten, aus dem die *freie Säure* hergestellt wurde. **III** oder Methoxymethylenphenylessigsäureäthylester (**XIII**) geben bei der Kondensation mit **XII** das *Hydrochlorid von S-[β-Phenyl-β-carbäthoxyvinyl]-cystein* (**XIV**), während aus **IV** u. **I** unter milden Bedingungen das *Hydrochlorid von S-[β-Phenyl-β-carbomethoxyvinyl]-cystein* (**XV**) erhalten wird. **XIV** u. **XV** lassen sich durch Erhitzen ihrer Na-Salze oder durch Erhitzen mit Pyridin in **V** bzw. **VI** überführen. Durch Acetylieren werden **V** u. **VI** stabilisiert u. lassen sich nicht mehr durch Jod oxydieren. Durch Verseifen der N-Acetylverb. von **VI** wurde die *N-Acetylverb. von* **VII** erhalten.

Versuche: *2-[α-Phenyl-α-carbäthoxymethyl]-thiazolidincarbonsäure-(4)* (**V**), $C_{14}H_{17}O_4NS$, F. 168—169° (Zers.); aus 10 g **I**, 12 g **III** u. 2 ml W., 15 Min. unter Rühren auf dem Wasserbad; man gießt in 250 ml W., setzt allmählich 46 ml 8%ig. $NaHCO_3$-Lsg. zu u. läßt über Nacht stehen; aus A. Nadeln. Gibt bei Einw. von 0,1 n Jodlsg. in $NaHCO_3$-haltiger wss. Lsg. *l-Cystein* u. **III** (Ketoform), F. 70—71°, Kp.$_{10}$ 135 bis 140°, Schuppen. Wird bei 6std. Erhitzen auf 100—120° nicht verändert, bei 150 bis 160° tritt Zers. unter Entw. von CO_2 u. H_2S ein. *Hydrochlorid*, F. 163—165° (Zers.). *Methylester*, $C_{15}H_{19}O_4NS$, mit CH_3OH/HCl, gelbes Öl; 4,7 g (Ausbeute). *N-Acetylderiv.*, $C_{16}H_{19}O_5NS$, F. 209—211°; mit Acetanhydrid/Pyridin; aus CH_3OH Kristalle. — *2-[α-Phenyl-α-carbomethoxymethyl]-thiazolidincarbonsäure-(4)* (**VI**), $C_{13}H_{15}O_4NS$, F. 170 bis 171° (Zers.); analog Vorst. aus **I** u. **IV**. *N-Acetylderiv.*, $C_{15}H_{17}O_5NS$, F. 222—223° (Zers.), aus CH_3OH Nadeln. — Eine Lsg. von **III** in A. gibt mit 1 n NaOH in 48 Std. bei Zimmertemp. nach Zusatz von HCl **VIII**, F. 76°. — *Formylphenylessigsäureäthylester* (**III**)-*Diäthylacetal*, $C_{15}H_{22}O_4$, Kp.$_{9-10}$ 142—143°; man leitet in eine Lsg. von 80 g **III** in 300 ml absol. A. 3 g HCl ein, kocht 3 Std., setzt unter Kühlen 10 g 50%ig. KOH zu u. filtriert nach 10 Min.; Öl; D.^{20} 1,0397; 40 g. — *Formylphenylessigsäurediäthylacetal* (**IX**), $C_{13}H_{18}O_4$, F. 121—123° (Zers.); aus 40 g vorst. Verb., 120 ml CH_3OH, 20 g 50%ig. NaOH u. 10 ml W. in 2 Tagen; aus Toluol Plättchen; 25 g. Liefert bei Erhitzen auf 140—150° im Vakuum **XI**, Kp.$_{11}$ 85—88°. — *Oxymethylenphenylessigsäure* bzw. **II**, F. 101—103°, aus 9 g vorst. Verb. u. 25 ml konz. HCl unter 5std. Durchleiten von trockenem HCl bei 0°; besitzt Geraniengeruch; Prismen; zers. sich beim Aufbewahren unter CO_2-Entwicklung. — *2-Benzylthiazolidincarbonsäure-(4)* (**X**), $C_{11}H_{13}O_2NS \cdot 2H_2O$, F. 164—165° (Zers.); a) man löst bei Zimmertemp. 1 g **II** u. 0,9 g **I** in 4 ml CH_3OH, gießt nach 2 Tagen in 20 ml W., neutralisiert gegen Kongo mit 5 ml 8%ig. $NaHCO_3$-Lsg. u. verd. mit Aceton; aus W. Nadeln; b) aus 1 g **I** u. 0,9 g **XI** in

Ggw. von 1 ml W. u. 5 ml CH_3OH in 8 Std. bei 50°; c) aus **I** u. **II** (Oxymethylenform) in Pyridin. — *2-[α-Phenyl-α-carboxymethyl]-thiazolidincarbonsäure-(4)* (**VII**), $C_{12}H_{13}\cdot O_4NS$, F. 169—170° (Zers.); aus 2 g **I**, 0,8 ml W. u. 3 g **IX**, 5 Min. unter Rühren auf dem Wasserbad; aus 90%ig. Aceton Nadeln; zers. sich beim Kochen mit W. unter Bldg. von **I**, **XI** u. CO_2. *N-Acetylderiv.*, $C_{14}H_{15}O_5NS$, F. 206—207°; aus 1,5 g des N-Acetylderiv. von **VI** mit 10 ml 10%ig. NaOH, 2 Tage Zimmertemp., Nadeln; 0,6 g. — *S-[β-Phenyl-β-carboxyvinyl]-cystein*, $C_{12}H_{13}O_4NS$, F. 164—165° (Zers.); man rührt 3 g **IX** mit 20 ml konz. HCl 3 Std. bei 0°, setzt 2 g **XII** zu u. rührt weitere 3 Std. bei 0—5°, aus heißem W. Nadeln. — *Methoxymethylenphenylessigsäureäthylester* (**XIII**), Kp.$_3$ 124—125°; man setzt zu 60 ml 5%ig. NaOH bei 0° 13 g **III** zu, extrahiert nach kräftigem Schütteln den unlösl. Anteil 2—3mal mit Ae. u. rührt die wss. Lsg. mit 7 g $(CH_3)_2SO_4$ 12 Std. bei 15—20°, 6,8 g. — *Hydrochlorid des S-[β-Phenyl-β-carbäthoxyvinyl]-dl-cysteins*, $C_{14}H_{18}O_4NClS$, F. 169—172° (Zers.); man leitet durch ein Gemisch von 6,5 g **XIII**, 5 g **XII** u. 10 ml konz. HCl bei 0° unter Rühren 1 Std. HCl u. rührt weitere 2 Std.; aus Aceton + Ae. Kristalle; 6,2 g. — *S-[β-Phenyl-β-carbäthoxyvinyl]-cystein* (**XIV**), $C_{14}H_{17}O_4NS$, F. 153—154° (Zers.); aus vorst. Verb. in CH_3OH mit Pyridin; Plättchen. Bei 1½ std. Erhitzen in 2%ig. $NaHCO_3$-Lsg. auf 70° entsteht **V**, F. 169—170° (Zers.). *N-Acetylderiv.*, $C_{16}H_{19}O_5NS$, F. 48—52°, hellgelb. *S-[β-Phenyl-β-carbomethoxyvinyl]-cysteinhydrochlorid*, $C_{13}H_{16}O_4NClS$, F. 169—172° (Zers.); man rührt 2,5 g **I**, 2,8 g **IV** u. 10 ml konz. HCl 6 Std. bei 0° u. läßt über Nacht stehen, aus HCl Kristalle; 1,2 g. — *S-[β-Phenyl-β-carbomethoxyvinyl]-cystein* (**XV**), $C_{13}H_{15}O_4NS$, F. 151—153° (Zers.); aus 4,2 g vorst. Verb.; 2,55 g. Gibt in einer Mischung mit Pyridin u. Triäthylamin in 3 Tagen **VI**. (Журнал Общей Химии [J. allg. Chem.] **22** (**84**). 1025—34. Juni 1952.) WÖRFFEL. 3142

H. B. Gillespie, Morris Engelman und **Samuel Graff**, *Benzimidazole und Benzotriazole als Wachstumsantagonisten.* Da sich das 8-Azaguanin (**I**) extrem wirksam als Antimetabolit sowie auch als Carcinostaticum bei verschied. Mäusetumoren erwies (vgl. GELLHORN u. Mitarbeiter, Cancer Res. **10**. [1950.] 170), untersuchen Vff. das *6-Amino-4-oxybenzimidazol* (**II**) als Guaninanaloges, dessen Imidazolteil u. Substituenten unverändert sind. Diese Verb. wie auch das entsprechende *Benzotriazol* wurden durch Ringschluß aus 2.3-Diamino-5-nitroanisol (**VI**) mittels HCOOH bzw. HNO_2 dargestellt. Die Wirksamkeit der Benzimidazole u. Benzotriazole als Wachstumsinhibitoren für Hefe, Milchsäurebakterien sowie Vaccina-, Poliomyelitis- u. Influenzaviren wurde auf einen Vitamin-B_{12}-Antagonismus bzw. eine Blockierung der Purinverwertbarkeit zurückgeführt. Die getesteten Substanzen verhinderten oder verzögerten im Gegensatz zu **I** beim *Mäuseadenocarcinom 755* die Tumorproliferation nicht. Bei der Prüfung gegen das **I**-empfindliche Protozoon *T. gelii* zeigte **II** in einer Konz. von 10—200 γ/cm^3 eine ausgeprägte anfängliche Wachstumshemmung, ähnlich verhielt sich das *4-Methoxy-6-nitrobenzimidazol* (**III**). Die ausgeprägteste Wachstumshemmwrkg. zeigte *4-Methoxy-6-nitrobenzotriazol* (**IV**), das in einer Konz. von 10—20 γ/cm^3 das Wachstum bis zu 8 Tagen verhinderte. Gegen befruchtete Eier von *R. pipiens* verhinderten **III** u. **IV** das Wachstum sowie ihre Entw. u. bedingten verschied. Abnormitäten sowie Letalfälle. *4-Oxy-6-nitrobenzotriazol* (**V**) war hier in doppelter Konz. wie **IV** wirksam. Gegen *E. coli*-Kulturen bewirkten **IV** u. **V** die Entw. abnorm großer Zellen. Die Verss. zeigen, daß bei durch diese Verbb. inhibierten Systemen der Stoffwechselantogonismus durch eine Nitro- bzw. Methoxygruppe verstärkt, durch eine Amino- bzw. Oxygruppe vermindert wird.

Versuche (FF. korr.): *2-Amino-3.5-dinitroanisol*, F. 177—180°, rote Nadeln; aus 10 g 2.3.5-Trinitroanisol in A. durch Verdünnen mit 28%ig. wss. NH_4OH bei 20°, 1 std. Kochen u. Kühlen auf Zimmertemp.; 88% (Ausbeute). — *2.3-Diamino-5-nitroanisol* (**VI**), $C_7H_9O_3N_3$, F. 165—167°, orangerotes Pulver; durch Zufügen von 10,7 g der vorst. Verb. zu einer Lsg. von 850 cm^3 3,3%ig. NH_4OH mit 13 g H_2S, 2 std. Kochen unter Rühren, Filtrieren, Kühlen u. Extrahieren mit 3 n HCl; nach Abkühlen werden 6,8 g *Hydrochlorid* (F. 230°) unter Dunkelfärbung ab 200° (Lösen in 3 n HCl u. Entfärben mit Darco) in gelben Nadeln isoliert, die in wss. Lsg. durch NH_4OH in die freie Base übergeführt werden. — *4-Methoxy-6-nitrobenzotriazol* (**IV**), $C_7H_6O_3N_4$, F. 258 bis 260° (A., unter Entfärbung mit Darco, Trocknen bei 140° im Vakuum); durch Zutropfen einer wss. Lsg. von $NaNO_2$ zu einer Suspension von 11,9 g **VI**-Hydrochlorid in 0,5 n HCl unter Rühren (1 Std. bei Zimmertemp., ¾ Std. bei 100°) u. Kühlen; 83%. — *4-Oxy-6-nitrobenzotriazol* (**V**), $C_6H_4O_3N_4$, F. 197—199° (25%ig. A.), durch Lösen von 3,9 g **IV** in heißer 48%ig. HBr, 6 std. Kochen u. Fällen mit W.; 95%. — *6-Amino-4-oxybenzotriazoldihydrochlorid*, $C_6H_6ON_4\cdot 2\,HCl$, Zers. bei 220° nach Sublimieren bei 210—215°; durch Hydrierung von 1,09 g **V** in A. mit Pd bei 45 lbs./sq.in. (5 Std.), Zufügen von 3 n HCl u. Aufarbeitung; 915 mg. — *6-Acetamido-4-oxybenzotriazol*, $C_8H_8O_2N_4$,

F. 248–249° (Zers.; aus 75%ig. Essigsäure), aus 335 mg der vorst. Verb., wss. Na-Acetat u. Acetanhydrid; 230 mg. — *6-Amino-4-methoxybenzotriazol*, $C_7H_8ON_4$, F. 196 bis 198° (W. mit Darco), aus **IV** durch katalyt. Hydrierung ohne HCl-Zusatz; 63%. — *4-Methoxy-6-nitrobenzimidazol* (**III**), $C_8H_7O_3N_3$, F. 263–265° (50%ig. A. mit Nuchar), aus einer Lsg. von 7,7 g **VI**-Hydrochlorid u. HCOONa in 3nHCl, 2std. Kochen, Entfärben mit Darco u. Alkalisieren mit 28%ig. NH_4OH; 78%. — *4-Oxy-6-nitrobenzimidazol*, $C_7H_5O_3N_3$, F. 286–289° (50%ig. A., dann Vakuumsublimation); aus 3,9 g **III** in heißer 48%ig. HBr, 6std. Kochen, Verdünnen mit W. u. Einstellen auf p_H 5 mit 28%ig. NH_4OH; 83%. — *6-Amino-4-oxybenzimidazolhydrogensulfat*, $C_7H_7ON_3 \cdot H_2SO_4 \cdot H_2O$, F. 248–252° (2n$H_2SO_4$–A. nach Entfärbung mit Darco); aus 1,07 g der vorst. Verb. in A. durch katalyt. Hydrierung mit Pd bei 45 lbs./sq.in. (3 Std.), Zentrifugieren, Abdest. des A., Aufnehmen in 2nH_2SO_4 u. Fällen mit Ae.; 622 mg. — *6-Amino-4-methoxybenzimidazol*, $C_8H_9ON_3$, F. 216–218° (W. mit Darco), analog aus 580 mg **III** durch katalyt. Hydrierung; 258 mg. (J. Amer. chem. Soc. **76**. 3531–33. 5/7. 1954. New York, N. Y., Columbia Univ., Coll. of Phys. and Surg., Biochem. Dep., u. Francis Delafield Hosp.) Ruske. 3153

Ronald A. Henry, William G. Finnegan und **Eugene Lieber**, *1.3- und 1.4-Dialkyl-5-iminotetrazole.* Herbst u. Mitarbeiter (C. **1953**. 3077) betrachten die bei der Alkylierung von 1-Alkyl-5-aminotetrazolen erhaltenen hygroskop., bas. u. destillierbaren bzw. niedrigschm. Prodd. als 1-Alkyl-5-alkylaminotetrazole (**I**). Diese Verbb. bilden leicht Phenylthioharnstoffderivv. u. hydrolysebeständige Mineralsalze u. Pikrate. Die von Vff. dargestellten **I** hingegen sind feste Verbb., die außerordentlich schwache Basen darstellen, nur schwer oder gar nicht mit Phenylisothiocyanat (**VIII**) reagieren u. Salze bzw. Pikrate nur im wasserfreiem Medium bilden (vgl. Finnegan u. Mitarbeiter, C. **1954**. 5522, u. Henry u. Finnegan, C. **1954**. 9515). 2-Alkyl-5-alkylaminotetrazole sind ebenfalls schwächer bas. als die Alkylierungsprodd., während die 5-Dialkylaminotetrazole feste Säuren darstellen. Die während der Alkylierung eingetretene Gruppe muß daher am Ring fixiert worden sein, was Vff. über Benzylderivv. u. deren katalyt. Debenzylierung beweisen konnten: Die Benzylierung von 1-Methyl-5-aminotetrazol (**II**) mit Benzylchlorid u. nachfolgende Debenzylierung des resultierenden Hydrochloridgemisches liefert **II** zurück, während 1-Benzyl-5-aminotetrazol (**III**) nach der Methylierung mit Methylbenzolsulfonat (**VI**) u. katalyt. Abspaltung der Benzylgruppe eine Mischung von **II** u. *2-Methyl-5-aminotetrazol* (**IV**) liefert. **III** muß also bei dem **II** liefernden Teil in 4-Stellung methyliert worden sein, während der **IV** liefernde Teil wahrscheinlich in 3-Stellung zur Benzylgruppe unter Bldg. der Mesoionenverb. *1-Benzyl-3-methyl-5-iminotetrazol* (**V**) methyliert wurde. Ebenso unterscheiden sich die bei der Alkylierung von 2-Alkyl-5-aminotetrazolen erhaltenen Verbb. von den 2-Alkyl-5-alkylaminotetrazolen, so daß auch hier Ringalkylierung eingetreten sein muß: 2-Benzyl-5-aminotetrazol gibt nach Methylierung u. Debenzylierung **II**, wobei *1-Methyl-3-benzyl-5-iminotetrazol* als Intermediärprod. angenommen wird. **II** gibt mit **VI** zwei *Dimethyl-5-iminotetrazole*, die über ihre Thioharnstoffderivv. getrennt werden können. Eine noch weitergehende Alkylierung der Dialkyliminotetrazole führt schließlich zu substituierten Iminoverbb.; 1-Methyl-4-benzyl-5-iminotetrazol wird durch Methylierung u. Debenzylierung in *1-Methyl-5-methylaminotetrazol* übergeführt

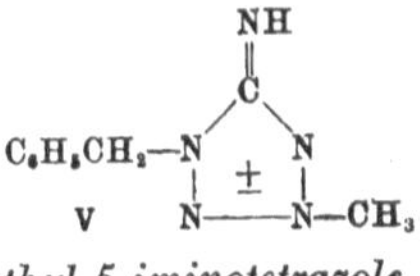

V

V e r s u c h e (FF. korr.): Die Methylierung von 43,75 g **III** mittels **VI** liefert *1-Benzyl-3-methyl-* (**V**) u. *1-Benzyl-4-methyl-5-iminotetrazol* (**VII**); 49,6% (Ausbeute), neben 20,4% nichtumgesetztem **III**. Die Hydrierung der Methylierungsprodd. in Eisessig mit PdO bei 3 at/12 Std., Eindampfen im Vakuum u. Lösen in Chlf. liefert als weniger lösl. Fraktion *1-Methyl-5-aminotetrazol* (**II**), F. 225–226°; 85,4%. Als leichter lösl. Fraktion wird aus der Chloroformmutterlauge durch Ae.-Zusatz *2-Methyl-5-aminotetrazol* (**IV**), F. 100–102°, isoliert; 12,0%. — *N-Phenyl-N'-[1-benzyl-3-methyltetrazolyliden-(5)]-thioharnstoff*, $C_{16}H_{16}N_6S$, F. 197–198° (A.), durch Methylierung von 19,0 g **III** mit reinem **VI**, Lösen in W., Zufügen von NaOH, Sättigen mit Na_2CO_3 u. Extrahieren mit Bzl.; Eindampfen im Vakuum liefert **V** u. **VII**; 94,4%. Lösen (1 g) in A. u. Behandeln mit **VIII** fällt den Thioharnstoff des 3-Methylderiv.; 12,8%. — *N-Phenyl-N'-[1-benzyl-4-methyltetrazolyliden-(5)]-thioharnstoff*, $C_{16}H_{16}N_6S$, F. 123–125° (A.), fällt langsam aus dem Filtrat von vorst. Verb. aus, isoliert durch Eindampfen des Filtrats; 87,2%. — Benzylierung von 4,95 g **II** mit Benzylchlorid bei 155°/30 Min., Waschen des *Hydrochlorids* mit Ae., Behandeln mit methanol. NaOH, Eindampfen im Vakuum, Extrahieren mit Chlf. u. Abdampfen liefert die freie Base (88,9%), die in Eisessig mit PdO bei 3 at/20 Std. hydriert wird. Aufarbeitung liefert **II**; ~100%. — *1-Methyl-4-benzyl-5-iminotetrazol* (**VII**), $C_9H_{11}N_5$, F. 38–40° (Äthylacetat–PAe. 1 : 3, dann Dest. bei 0,1 mm), sehr hygroskop., durch Benzylierung von **II** über das *Hydrochlorid* [F. 216—217° (Isopropanol); 94%], das durch Behandeln mit wss. NaOH ein langsam kristallisierendes Öl liefert; 96,5%. *Phenylthioharnstoffderiv.*, F. 123—125° (A.), *Pikrat*, $C_{15}H_{14}O_7N_8$, F. 107—108° (A.). — *1-Methyl-3-benzyl-5-iminotetrazol*, Öl, durch Methylierung von 6,41 g 2-Benzyl-5-aminotetrazol mittels **VI**, Neutralisieren mit wss. NaOH u. Extraktion mit Bzl.; 94%. Katalyt. Debenzylierung gibt **II**; ~100%. *Phenylthioharnstoffderiv.*, $C_{16}H_{16}N_6S$, F. 156—157° (A.). *Pikrat*, $C_{15}H_{14}O_7N_8$, F. 152—153°, dann Verfestigung u. erneutes Schmelzen bei 163—164° (A.). — *1-Benzyl-3-methyl-5-iminotetrazol* (**V**), durch Benzylierung von **IV** mit Benzylbromid, Behandeln mit wss. NaOH u. Extrahieren mit Chlf.; ~100%. *Phenylthioharnstoffderiv.*, F. 196—197° (A.). *Hydrochlorid*, $C_9H_{12}N_5Cl$, F. 180—181° (Zers.; aus Isopropanol–Ae.). — *1.4-Dimethyl-5-iminotetrazol*, $C_3H_7N_5$, F. 108,5—109,5° (Bzl., dann Vakuumsublimation), aus 4 g **II** u. **VI**; Kochen mit methanol. CH_3ONa u. Einstellen auf p_H 5 mit HCl liefert nach 30std. Stehen bei 0° das *benzolsulfonsaure Salz* [$C_3H_7N_5 \cdot C_6H_6O_3S$, F. 217—218° (W.); 3,2 g]; Sättigen des Filtrats mit K_2CO_3, Extraktion mit Bzl., Abdampfen u. Stehen bei Zimmertemp. nach erneutem Aufnehmen in Bzl., Dekantieren vom abgeschiedenen Öl u. Kühlen auf 0°; 1,3 g. p_{K_b} (potentiometr. in W.) 5,32. *Phenylthioharnstoffderiv.*, $C_{10}H_{12}N_6S$, F. 210,5—211,5° (Bzl.). *Pikrat*, $C_9H_{10}O_7N_8$, F. 211,5—212,5° (Zers.), aus A. feine Nadeln; aus der freien Base oder ihrem Benzolsulfonat. *Hydrochlorid*, $C_3H_8N_5Cl$, F. 242—244° (Zers.), lange dünne Nadeln aus Isopropanol. *Hydrobromid*, $C_3H_8N_5Br$, Zers. bei 190—191° (A.). — *1.3-Dimethyl-5-iminotetrazol* (**IX**), $C_3H_7N_5$, Kp.$_1$ 88°, F. 41 bis 43°; aus der benzol. Mutterlauge von vorst. Verb., als Phenylthioharnstoffderiv. identifiziert, oder durch Methylierung von 4 g **IV** mit **VI**; Kochen mit methanol. CH_3ONa, Eindampfen im Vakuum, Extrahieren mit Chlf., Eindampfen, Aufnehmen in W. u. Ansäuern mit HCl liefert das *Hydrochlorid* [$C_3H_8N_5Cl$, F. 208—209° (Isopropanol); 43,5%]. Daraus durch Aufnehmen in Methanol, Behandeln mit methanol. NaOH u. Extrahieren mit Chlf. die freie Base als gelbes, beim Stehen kristallisierendes Öl. p_{K_b} ~2,5; 35%. *Hydrobromid*, Zers. bei 188,5—189° (Isopropanol). *Nitrat*, $C_3H_8O_3N_6$, F. 153,5—154,5° (A.). *Phenylthioharnstoffderiv.*, $C_{10}H_{12}N_6S$, F. 192—193° (Zers.), dünne Blättchen aus C_2H_5OH. *Additionsverb.* mit *2-Methyl-5-aminotetrazol* (**IV**), $C_5H_{12}N_{10}$, F. 94—95° (Methylenchlorid–PAe., dann Vakuumsublimation), durch Umkristallisation der bei der Methylierung erhaltenen freien Base aus Bzl. ohne Reinigung über das Hydrochlorid. Hygroskop., absorbiert CO_2. — *N-Phenyl-N'-[1.2.3-trimethyl-2.3-dihydrotetrazolyl-(5)]-carbodiimid*, $C_{11}H_{14}N_6$, F. 127—128° (Bzl.-Ligroin 1 : 3), gelbe Prismen; durch Behandeln der benzol. Mutterlauge der unreinen Base **IX** mit **VIII**, Abtrennen des Phenylthioharnstoffderiv. von **IX** u. Zugabe von überschüssigem PAe. zum Filtrat. — *1-Methyl-5-methylaminotetrazol*, F. 174—176° (Äthylacetat), aus **VII** durch Methylierung mit **VI** (96,1%) u. anschließende katalyt. Debenzylierung; 100%. — Folgende Werte zur UV-Absorption (Lösungsm., λ_{max} in mμ, ε) werden angegeben: **IX**-*Hydrochlorid*: W., 254, 2630; $1 \cdot 10^{-3}$ nHCl, 254, 2670; $4 \cdot 10^{-3}$ n-NaOH, 258, 1350; $4 \cdot 10^{-3}$ n-NaOH, 305, 910. *Hydrobromid*: W., 256, 2270; 95%ig. A., 259, 1900. **V**-*Hydrochlorid*: W., 258, 2740. **IV**: W., 241, 2340. *2-Methyl-5-methylaminotetrazol*: W., 256, 2040; $1 \cdot 10^{-3}$ n-HCl, 256, 1980. *2-Methyl-5-benzylaminotetrazol*: W., 258, 2410; $1 \cdot 10^{-3}$ n-HCl, 258, 2330. *1.4-Dimethyl-5-iminotetrazolhydrochlorid*: W., 265, 1340. *1-Methyl-5-methylaminotetrazol*: W., 232, 3140. (J. Amer. chem. Soc. **76**. 2894—98. 5/6. 1954. China Lake, Calif., U. S. Naval Ordnance Test Stat., Res. Dep., Chem. Div.) RUSKE. 3184

B. Jámbor, *Die Reduktion von Tetrazoliumsalz.* Aus polarograph. u. spektrophotometr. Messungen bei der Red. des *Triphenyltetrazoliumchlorids* (**I**) folgt, daß bei $p_H < 6$ ein farbloses Prod. gebildet wird, dem Vf. die nebenst. Konst. zuerteilt, während in mehr alkal. Lsg. hauptsächlich das rote Formazan entsteht, Dieses Verh. ist auf die Änderung der Redoxpotentiale bei der Red. der N-Atome 1 u. 2 bzw. 2 u. 3 zurückzuführen. Ferner ist bei der enzymat. u. nichtenzymat. Red. von **I** die Lichteinw. zu beachten: Beide Reduktionsprozesse laufen nur im Licht ab, während in der Dunkelheit die Formazanbldg. (mit Ausnahme der nichtenzymat. Red. in stark alkal. Lsg.) nicht eintritt. In stark alkal. Lsg. geht **I** spontan auch ohne Reduktionsmittel in das Formazan über. **I** wird selbst in neutralem Medium durch Licht in eine nicht zum Formazan reduzierbare „Photoverb." umgewandelt, die autokatalyt. die **I**-Umwandlung beschleunigt. Als Nebenprod. entsteht dabei H_2O_2. (Nature [London] **173**. 774—75. 24/4. 1954. Budapest, Univ., Inst. for Plant Physiol.) RUSKE. 3184

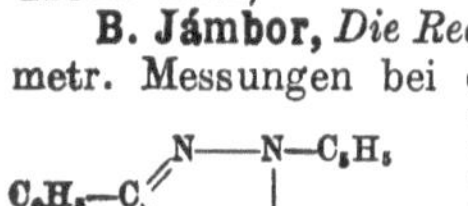

Leon Katz, Lawrence S. Karger und **Murray S. Cohen**, *Antispasmodica. γ-Aminoalkohole und Aminoalkene.* Es wurden durch katalyt. Hydrierung der MANNICH-Basen des α.α-Diphenylacetons *N-substituierte 1.1-Diphenyl-4-aminobutanole-(2)* hergestellt. Deren 1-Methylderivv. konnten weder durch MEERWEIN-PONNDORF-Red. noch durch aktalyt. Hydrierung bei niedrigem Druck gewonnen werden. Die entsprechenden Ketone geben bei der Red. mit $LiAlH_4$ wahrscheinlich zunächst die *Carbinole*, die sich in Ggw. von Säure leicht in die substituierten *Stilbene* umlagern. *1-Alkyl-* bzw. *-Aryl-2.2-dimethyl-3-piperidinopropanole-(1)* wurden durch Rk. von GRIGNARD-Verbb. bzw. Organo-Li-Verbb. mit α.α-Dimethyl-β-piperidinopropionaldehyd (I) gewonnen, einige von ihnen wurden der Dehydratation mit $POCl_3$–Pyridin unterworfen. — Die antispasmod. Aktivitäten der Verbb. gegenüber $BaCl_2$ oder Acetylcholin als Stimuli werden verglichen. *1-Diphenylmethyl-2.2-dimethyl-3-piperidinopropanol-(1)-hydrochlorid* ist doppelt so wirksam wie Trasentin gegenüber beiden Stimuli oder wie Artan gegenüber Acetylcholin u. gleich wirksam wie letzteres gegenüber $BaCl_2$.

Versuche: *1.1-Diphenyl-4-piperidinobutanol-(2)-hydrochlorid*, $C_{21}H_{28}ONCl$, F. 164–165° (Methyläthylketon), durch 1std. Hydrierung von 1.1-Diphenyl-4-piperidinobutanon-(2) in CH_3OH bei 15 lbs./in.² in Ggw. von PtO_2; 91% (Ausbeute). — Analog folgende 1.1-Diphenylbutanole-(2)-hydrochloride: *4-Dimethylamino-*, $C_{18}H_{24}ONCl$, F. 174–175° [Propanol-(2), Isopropyläther]; 83%. — *4-Isopropylamino-*, $C_{19}H_{26}ONCl$, F. 152–153° [Propanol-(2), Isopropyläther]; 93%. — *4-Pyrrolidino-*, $C_{20}H_{26}ONCl$, F. 186–187° (Äthylenchlorid/Isopropyläther); 85%. — *4-Morpholino-*, $C_{20}H_{26}O_2NCl$, F. 165–167° (Methyläthylketon); 65%. — *1-Phenyl-2.2-dimethyl-3-piperidinopropanol-(1)-hydrochlorid*, $C_{16}H_{26}ONCl$, F. 225–226° (CH_3OH/Methyläthylketon), aus Phenyl-MgBr u. I (15 Min. bei n. Temp., dann ½ Std. erhitzen), Zers. mit NH_4Cl-Lsg.; 62%. — Analog nachst. 2.2-Dimethyl-3-piperidinopropanol-(1)-hydrochloride: *1-n-Butyl-*, $C_{14}H_{30}ONCl$, F. 120 bis 121° [Propanol-(2)/Isopropyläther]; 40%. — *1-Cyclohexyl-*, $C_{16}H_{32}ONCl$, F. 223–223,5° (Methyläthylketon); 61%. — *1-Benzyl-*, $C_{17}H_{28}ONCl$, F. 141–142° [Propanol-(2)/Isopropyläther]; 60%. — *4.4-Diphenyl-1-pyrrolidinopentanon-(3)-hydrochlorid*, $C_{21}H_{26}\cdot ONCl$, F. 156–157° (Methyläthylketon), nach ZAUGG u. Mitarbeitern (J. org. Chemistry **15**. [1950.] 1191) mit Methylcellosolve an Stelle von A. oder Isoamylalkohol in 16 Std.; 53%. — 4.4-Diphenylbutanon-(3)-hydrochloride: *1-Pyrrolidino-*, $C_{20}H_{24}ONCl$, F. 170–171° [Propanol-(2); 2½ Std. in Amylalkohol]; 60%. — *1-Isopropylamino-*, $C_{19}H_{24}ONCl$, F. 191–192° (Methyläthylketon; 3½ Std. in Amylalkohol); 27%. — *1-tert.-Butylamino-*, $C_{20}H_{26}ONCl$, F. 213–214° [Propanol-(2)/Isopropyläther; 18 Std. in Methylcellosolve]; 18%. — *1-[Fluorenyl-(9)]-2.2-dimethyl-3-piperidinopropanol-(1)*, $C_{23}H_{29}ON$, F. 142–143° (wss. CH_3OH). Butyl-Li (aus n-Butylbromid u. Li) u. Fluoren (2 Std. erhitzen) → *Fluorenyl-(9)-Li* (tief orangefarbene Fl.), I in absol. Ae. zugeben, ½ Std. erhitzen; Zers. mit 6 n HCl → *Hydrobromid*, $C_{23}H_{30}ONBr$, F. 244 bis 246°; 48%; daraus die freie Base. Kristalle. — *1-[Fluorenyliden-(9)]-2.2-dimethyl-3-piperidinopropan*, $C_{23}H_{27}N$, F. 70,5–71,5° (wss. CH_3OH), aus vorst. Hydrobromid mit $POCl_3$–Pyridin unterhalb 45°; Zers. mit Eiswasser u. Neutralisieren; 69%. *Pikrat*, $C_{29}H_{30}O_7N_4$, F. 187–189° (A.), kurze, gelbe Nadeln. — *1-[Fluorenyl-(9)]-2.2-dimethyl-3-piperidinopropan*, $C_{23}H_{29}N$, F. 83–85° (CH_3OH), durch 3std. katalyt. Hydrierung vorst. Verb. bei 30 lbs./in.²; stäbchenförmige Kristalle; ~100%. — *1.1-Diphenyl-3.3-dimethyl-4-piperidinobutanol-(2)*, $C_{23}H_{31}ON$, $Kp._{1}$ 120°, F. 95–96° (wss. CH_3OH), aus Diphenylmethyl-Li (aus Diphenylmethan u. n-C_4H_9Li) u. I wie oben; 35%. *Hydrochlorid* u. *-bromid*, an der Luft zerfließlich. *1.1-Diphenyl-3.3-dimethyl-4-piperidinobuten-(1)-hydrobromid*, $C_{23}H_{30}NBr$, F. 183–186° (Methyläthylketon), aus vorst. Verb. mit $POCl_3$/Pyridin; kub. Kristalle; 84%. *Hydrat*, F. 124–140° u. dann ~180°. — *3-Cyclohexyliden-2.2-dimethyl-1-piperidinopropanhydrochlorid*, $C_{16}H_{30}NCl$, F. 187 bis 188° (Methyläthylketon), analog; Nadeln; 25%. — *3-Benzyliden-2.2-dimethyl-1-piperidinopropanhydrochlorid*, $C_{17}H_{26}NCl$, F. 186–187° (Methyläthylketon); 15%. (J. org. Chemistry **19**. 1225–30. Aug. 1954. Lawrenceburg, Ind.) PASEDAG. 3231

G. R. Clemo und **M. Hoggarth,** *Synthese eventueller Antimalariamittel.* 3. Mitt. *Synthese von 1- und 3-Isochinolyl- und 2-Chinolyl-2′-chinuclidylmethanol.* (2. vgl. C. **1952.** 2168.) Vff. beschreiben die Darst. von *Isochinolyl-(1)-* u. *-(3)-* u. *Chinolyl-(2)-chinuclidyl-(2′)-methanol* aus den entsprechend substituierten 2-Chinuclidylketonen durch katalyt. Hydrierung. Die Chinuclidylketone sind erhältlich durch Kondensation des Isochinolin-1- bzw. -3-carbonsäure- bzw. Chinaldinsäureesters mit *β-[N-Benzylpiperidyl-(4)]-propionsäureäthylester* (I) in Ggw. von KOC_2H_5 u. folgender Cyclisierung der Kondensationsprodd. über die N-Brom- u./bzw. oder C-Bromderivate.

Versuche: *Dihydroisochinolin-3-carbonsäureäthylester*, $C_{12}H_{13}O_2N$, $Kp._{0,5}$ 108 bis 110°, F. 39—40°, durch 5std. Kochen von 1.2.3.4-Tetrahydroisochinolin-3-carbonsäure mit äthanol. H_2SO_4; 44 g (Ausbeute, auf 50 g Phenylalanin bezogen). *Pikrat*, $C_{18}H_{16}O_9N_4$, F. 147—148° (A.). — *Isochinolin-3-carbonsäureäthylester*, $Kp._{0,5}$ 144—145°, durch 5std. Erhitzen von 10 g vorst. Verb. mit 4 g Schwefel in Tetralin auf 160—165°; hellgelbes Öl; 8,4 g. *Pikrat*, F. 154—155° (A.). — *[β-Piperidyl-(4')-äthyl]-isochinolyl-(3)-keton*, F. 93—94° (Leichtbenzin), durch Zugabe von 16 g vorst. Verb. u. 23,1 g **I** zu KOC_2H_5 in Bzl. unter Kühlung u. 2std. Kochen; 6,4 g. — *Isochinolyl-(3)-chinuclidyl-(2)'-methanol*, Gemisch zweier *Racemate A*, $C_{17}H_{20}ON_2 \cdot H_2O$, F. 84° (nach Sintern bei 58°; aus Leichtbenzin), u. *B*, $C_{17}H_{20}ON_2$ (krist. nicht), aus 0,98 g Isochinolyl-(3)-chinuclidyl-(2')-keton durch Hydrierung in 5%ig. HCl über PtO_2 bis zur Aufnahme von 1 Mol H_2 bei Zimmertemp. u. n. Druck, Chromatographie in $CHCl_3$/Bzl. (1 : 1) u. Eluierung mit $CHCl_3$/Methanol (10 : 1); 0,26 g *A* [*Dipikrat*, $C_{29}H_{26}O_{15}N_8 \cdot CH_3OH$, F. 104—105° (nach Sintern bei 99°). *Dipikrolonat*, F. 224°] u. 0,27 g *B* [*Dipikrat*, $C_{29}H_{26}O_{15}N_8 \cdot CH_3OH$, F. 106—109° (nach Sintern bei 99°). *Dipikrolonat*, F. 215°]. — *[β-Piperidyl-(4')-äthyl]-chinolyl-(2)-keton* (**II**), $C_{17}H_{20}ON_2 \cdot H_2O$, F. 105—107° (Ae.), aus Chinaldinsäureäthylester u. **I** wie vorst.; 71,5%. *Hydrochlorid*, $C_{17}H_{20}ON_2 \cdot HCl$, F. 229° (Methanol/Ae.). *2.4-Dinitrophenylhydrazondihydrochlorid*, $C_{23}H_{24}O_4N_6 \cdot 2\,HCl$, F. 267—268° (A.). — *{β-[1'-Brompiperidyl-(4')]-äthyl}-chinolyl-(2)-keton*, $C_{17}H_{19}ON_2Br$, F. 234—236° (Ae.), durch Zugabe von alkal. Br_2 zu 25 g **II** in äther. HCl unter heftigem Rühren; 14,5 g. — *Chinolyl-(2)-chinuclidyl-(2')-keton* (**III**), $C_{17}H_{18}ON_2 \cdot H_2O$, F. 125° (Leichtbenzin), durch ½std. Kochen von 8,7 g vorst. Verb. mit äthanol. $NaOC_2H_5$; 5,1 g, oder durch Bromierung von 2,5 g **II** mit Br_2/HBr bei 70° u. Versetzen mit Na_2CO_3- u. NaOH-Lsg. unter Kühlung u. Rühren; 1,4 g. *2.4-Dinitrophenylhydrazonhydrochlorid*, $C_{23}H_{22}O_4N_6 \cdot HCl$, F. 290° (A.). *Monopikrolonat*, $C_{27}H_{26}O_6N_6$, F. 240—241° (aus der Lsg. von Pikrolonsäure in A.). — *Chinolyl-(2)-chinuclidyl-(2')-methanol*, Gemisch zweier *Racemate A* u. *B* (beide nicht kristallin), $C_{17}H_{20}ON_2$, durch katalyt. Hydrierung vorst. Verb. mit PtO_2 u. Trennung durch Chromatographie; *Monohydrochlorid* von *A*, $C_{17}H_{20}ON_2 \cdot HCl$, F. 229—230°. *Monopikrolonat* von *A*, $C_{27}H_{28}O_6N_6$, F. 237—238°. *Dihydrochlorid* von *B*, $C_{17}H_{20}ON_2 \cdot 2\,HCl$, F. 208—209°. *Dipikrolonat* von *B*, $C_{37}H_{36}O_{11}N_{10} \cdot C_2H_5OH$, F. 214 bis 215°. — *[β-Piperidyl-(4')-äthyl]-isochinolyl-(1)-keton* (**IV**), $C_{17}H_{20}ON_2 \cdot H_2O$, F. 113 bis 114° (Ae.), durch Kondensation von Isochinolin-1-carbonsäureäthylester mit **I**. *Dipikrat*, $C_{29}H_{26}O_{15}N_8 \cdot C_2H_5OH$, F. 161° (A.). *Phenylhydrazondipikrat*, $C_{35}H_{32}O_{14}N_{10}$, F. 199° (A.). — *{β-[1'-Brompiperidyl-(4')]-äthyl}-isochinolyl-(1)-keton*, $C_{17}H_{19}ON_2Br$, F. 195°, aus vorst. Verb. wie oben; 53%. — *Isochinolyl-(1)-chinuclidyl-(2')-keton*, $C_{17}H_{18}ON_2$, F. 134°, aus **IV** über das *Isochinolyl-(1)-[β-piperidyl-(4')-α-bromäthyl]-keton* wie bei **III**. *Pikrolonat*, $C_{27}H_{26}O_6N_6$, F. 188—189° (Zers.; aus A.). *Pikrat*, $C_{23}H_{21}O_8N_5$, F. 150° (A.). — *Isochinolyl-(1)-chinuclidyl-(2')-methanol*, aus vorst. Verb. durch Hydrierung in A. über PtO_2; keine Trennung durch Chromatographie. *Dihydrochlorid*, $C_{17}H_{20}ON_2 \cdot 2\,HCl$, F. 195° (nach Sintern bei 185°; aus Methanol/Ae.). *Dipikrat*, $C_{29}H_{26}O_{15}N_8$, F. 194—195° (A.). (J. chem. Soc. [London] **1954**. 95—99. Jan. Newcastle-on-Tyne, King's Coll.) G. WINKLER. 3231

J. Druey, Kd. Meier und **K. Eichenberger,** *Heilmittelchemische Studien in der heterocyclischen Reihe.* 4. Mitt. *Pyridazine.* 1. Mitt. *Derivate des cyclischen Maleinsäure- und Citraconsäurehydrazids.* (3. vgl. C. **1954.** 10006.) Zur Prüfung auf ihre pharmakol. Eigg. stellen Vff. zahlreiche *3.6-disubstituierte Pyridazine* u. *4-Methylpyrydazine* dar. — Von den 3 tautomeren Formen des *cycl. Maleinsäurehydrazids* (**I**) ist, wie aus spektrograph. Messungen hervorgeht, im krist. Zustand die Oxypyridazonform die bevorzugte. Das aus **I** mit $POCl_3$ nach MIZZONI u. SPOERRI (J. Amer. chem. Soc. **73.** [1951.] 1873) darstellbare *3.6-Dichlorpyridazin* (**II**) ist, wie aus dem Infrarotspektr. hevorgeht, durch eine Verb. verunreinigt, welche eine CO-Gruppe enthält u. durch Kristallisation des rohen **II** angereichert wurde u. bei anschließender Sublimation zurückblieb; nach der Mol.-Gew.-Best., dem UV- u. Infrarotspektr. handelt es sich um *1-[3'-Chlorpyridazyl-(6')]-3-chlorpyridazon-(6)*, $C_8H_4ON_4Cl_2$, F. 150—151°. — Sowohl in **II** als auch in der *Dibromverb.* (**IV**) ist nur 1 Halogenatom reaktionsfähig, das zweite wird wesentlich schwerer ausgetauscht. Einige *3.6-Dialkoxypyridazine* erwiesen sich als anticonvuls. gut wirksam; die im Gegensatz zu den üblichen Sulfanilamiden gelben Verbb. *3-[p-Aminobenzolsulfonamido]-6-chlor-* u. *-6-brompyridazin* haben gute antibakterielle Eigg. (in vivo); *3.6-Dihydrazinopyridazin* entspricht in seinen blutdrucksenkenden Eigg. weitgehend dem analogen 1.4-Dihydrazinophthalazin (Neprosol). — Die *Monoacetylverb.* von *3.6-Dimercaptopyridazin* (**III**) wird außerordentlich leicht verseift u. wird daher eine *S-Acetylverb.* sein; auch die Methylierung mit CH_3J + Alkali erfolgt an den S-Atomen, wie die unabhängige Synth. des *3.6-Di-[methylmercapto]-pyridazins* beweist. — *3.6-Dichlor-4-methylpyridazin* wurde zu 4-Methylpyridazin katalyt. enthalogeniert; dieses gab bei $KMnO_4$-Oxydation *Pyridazin-4-carbonsäure,* die gegenüber Tbc unwirksam ist.

V e r s u c h e : *Cycl. Maleinsäurehydrazid* (**I**), $C_4H_4O_2N_2$, F. ca. 290° (Zers.); Darst. nach MIZZONI u. SPOERRI (l. c.). — *3.6-Dichlorpyridazin* (**II**), $C_4H_2N_2Cl_2$,

F. 69—70° (Cyclohexan, dann Isopropyläther, dann Sublimation), ebenfalls nach MIZZONI u. SPOERRI (l. c.). — *Cycl. Citraconsäurehydrazid*, $C_5H_6O_2N_2$, F. ca. 275° (Zers.), Darst. analog **I**; 90% (Ausbeute). — Pyridazine: *3.6-Dibrom-* (**IV**), $C_4H_2N_2Br_2$, F. 117—118° (A.), aus 9 g **I** durch 1½ std. Erhitzen mit 70 g PBr_5 u. Zers. mit Eiswasser; 16 g. — *3.6-Dimethoxy-*, $C_6H_8O_2N_2$, F. 106—107° (W.), durch vorsichtiges Eintragen von 14,9 g **II** in CH_3ONa-Lsg. u. 6std. Erhitzen auf 120—130°; 12 g. — Ebenso *3.6-Diäthoxy-*, $C_8H_{12}O_2N_2$, F. 51—52°. — *3.6-Dipropoxy-*, $C_{10}H_{16}O_2N_3$, F. 41 bis 43°. — *3.6-Diisopropoxy-*, $C_{10}H_{16}O_2N_2$, F. 25—28°; Kp.$_{11}$ 120—122°. — *3.6-Dibutoxy-*, $C_{12}H_{20}O_2N_2$, Kp.$_{11}$ 163—166°. — *3.6-Dihexyloxy-*, $C_{16}H_{28}O_2N_2$, F. 41—42°; Kp.$_{0,1}$ 155—158°. — *3.6-Diallyloxy-*, $C_{10}H_{12}O_2N_2$, F. 46—48°; Kp.$_{11}$ 140—146°. — *3.6-Dibenzyloxy-*, $C_{18}H_{16}O_2N_2$, F. 134°. — *3.6-Di-tert.-butoxy-*, $C_{12}H_{20}O_2N_2$, F. 76—78° (PAe.), durch Erhitzen von 11,1 g tert.-Butanol in absol. Xylol mit $NaNH_2$, 6std. Erhitzen mit 7,45 g **II** auf 150—160°, Eindampfen des Filtrats, Ausäthern u. Dest.; Kp.$_{11}$ 122—124°; 6,5 g. — *3.6-Bis-[β-oxyäthoxy]-*, $C_8H_{12}O_4N_2$, F. 131—132° (Butanon u. Chlf.), durch Dest. von Na in A. mit Äthylenglykol zur Trockne, 2std. Kochen mit Glykol u 14,9 g **II**, Gießen in W., Zugabe von K_2CO_3 u. Aufnehmen in Chlf.; 5,6 g. — *3.6-Diphenoxy-*, $C_{16}H_{12}O_2N_2$, F. 140—141° (A.), durch 6std. Erhitzen von Na, Phenol- u. 7,45 g **II** auf 150—160°, Rk. mit 2nNaOH u. Ausäthern; 10,5 g. — *3.6-Bis-[3'-oxapentoxy]-*, $C_{12}H_{20}O_4N_2$, F. 71—73° (PAe.), durch Zugabe von **II** in Glykolmonoäthyläther zu Na in Glykolmonoäthyläther, 6std. Erhitzen auf 135—145°, Eindampfen u. Ausäthern; 100%. — Ebenso *3.6-Bis-[3'-oxabutoxy]-*, $C_{10}H_{16}O_4N_2$, F. 55—56°. — *3.6-Bis-[3'.6'-dioxaheptoxy]-*, $C_{14}H_{24}O_6N_2$, F. 44—45°. — *3.6-Bis-[β-dimethylaminoäthoxy]-*, Kp.$_{0,1}$ 139—142°, durch Zugabe von 2,98 g **II** zu Na in Dimethylaminoäthanol, 4std. Erhitzen auf 140—145°, Ausäthern u. Dest.; 3,3 g. *Dihydrochlorid*, $C_{12}H_{22}O_2N_4 \cdot 2HCl$, F. 211—212° (A.). — *3.6-Bis-[β-diäthylaminoäthoxy]-*, Kp.$_{0,1}$ 162—171°. *Dijodmethylat*, $C_{16}H_{30}O_2N_4 \cdot 2CH_3J$, F. 215—220°, aus 4 g Base u. CH_3J in CH_3OH; 6 g. — *3.6-Bis-[dimethylamino]-*, $C_8H_{14}N_4$, F. 140—142° (Bzl.), durch 10std. Erhitzen von 19 g **II** mit 35%ig. alkoh. Dimethylaminlsg. im Stahlrohr auf 170°, Abdest. u. Ausäthern; 9,5 g. — *3.6-Dipiperidino-*, $C_{14}H_{22}N_4$, F. 115—116° (Cyclohexan), durch 6std. Erhitzen von 3 g **II** mit Piperidin auf 180° im Rohr u. Anreiben mit W.; 3,7 g. — *3.6-Dimercapto-* (**III**), $C_4H_4N_2S_2$, F. 230—240° (Zers.), durch 6std. Erhitzen von 10 g **II** mit 2n alkoh. KSH-Lsg. auf 140—150° im Rohr, Lösen des Festprod. in W. u. Fällen mit halbkonz. HCl bei 50°; Reinigung durch Ausfällen mit verd. HCl aus $NaHCO_3$-Lsg.; 5,5 g. *Monoacetylverb.*, $C_6H_6ON_2S_2$, F. 152—153° (Bzl.), durch kurzes Kochen von 22 g **III** mit Acetylchlorid; Nadeln; 1,8 g. *Diacetylverb.*, $C_8H_8O_2N_2S_2$, F. 123 bis 124° (Bzl.), durch mehrstd. Kochen mit CH_3COCl. — *3.6-Di-[methylmercapto]-*, $C_6H_8N_2S_2$, F. 126—127° (50%ig. A.), a) durch 20 Min. Kochen von 1,44 g **III** mit CH_3J in methanol. KOH; Nadeln; 1,4 g; b) durch 9std. Erwärmen von 5 g **II** mit benzol. Methylmercaptanlsg. u. Na auf 60—65°. u. Zugabe von wenig A.; 3,1 g. — *3.6-Dihydrazino-*, F. 193—195° unter Zers. (50%ig. A.), durch 6std. Kochen von 2 g **III** mit Hydrazinhydrat u. A.; 1,5 g. *Saures Sulfat*, $C_4H_8N_6 \cdot ½ H_2SO_4$, F. ca. 215° unter Zers. (50%ig. A.). *Nitrat*, $C_4H_8N_6 \cdot HNO_3$, F. 191—192° (Zers.). *Diisopropylidenverb.*, $C_{10}H_{16}N_6$, F. ca. 250° (Zers.), aus 7 g Dihydrazinoverb. in W. u. Aceton durch kurzes Aufkochen; 10 g. — *3-Oxy-6-chlor-* (**VIII**), $C_4H_3ON_2Cl \cdot ½ H_2O$, F. 138—140° (Essigester), durch ¼ std. Kochen von 15 g **II** mit 2nNaOH u. Fällen mit 50%ig. Essigsäure in der Hitze; 8 g; auch bei 3std. Kochen wird nur die Monooxyverb. erhalten. — *3-Methoxy-6-chlor-* (**VI**), $C_5H_5ON_2Cl$, F. 90° (Hexan u. W.), aus Na in CH_3OH u. 7,5 g **II**; nachher eindampfen u. ausäthern; 6 g. — Ebenso *3-Isopropoxy-6-chlor-* (**V**), $C_7H_9ON_2Cl$, F. 83—84°. — Ebenso *3-Methoxy-6-brom-*, $C_5H_5ON_2Br$, F. 103—104°, aus **IV**. — *3-tert.-Butoxy-6-chlor-*, $C_8H_{11}ON_2Cl$, F. 90—92° (Hexan, dann A.-W.), durch Erwärmen von tert.-Butanol in Toluol mit $NaNH_2$ u. 1½ std. Erhitzen mit 7,45 g **II** auf 120—130°; 5,5 g. — *3-Isopropoxy-*, $C_7H_{10}ON_2$, Kp.$_{11}$ 96—101°, durch Hydrierung von 3,45 g **V** in A. mit 10%ig. Pd-Kohle, Eindampfen, Lösen in W., Zugabe von Pottasche u. Ausäthern; 1,8 g. *Hydrochlorid*, F. 115—117° (Essigester). — *3-Methoxy-6-phenoxy-*, $C_{11}H_{10}O_2N_2$, F. 100—101° (Cyclohexan u. Hexan), durch 4std. Erhitzen von Na in Phenol mit **VI** auf 125—130°, Eingießen in 10%ig. NaOH u. Ausäthern; 3,5 g. — *3-Amino-6-chlor-* (**VII**) $C_4H_4N_3Cl$, F. ca. 210° unter Zers. (50%ig. A.) durch 6std. Erhitzen von 5 g **II** mit konz. NH_4OH auf 100° im Rohr; 4 g. — Ebenso *3-Amino-6-brom-*, $C_4H_4N_3Br$, F. >180° (Zers.), aus **IV**. — *3-Piperidino-6-chlor-*, $C_9H_{12}N_3Cl$, F. 82—83°. — *3-Hydrazino-6-chlor-*, $C_4H_5N_4Cl$, F. 137—138°. *Hydrochlorid*, F. >250° (Zers.). — *3-[p-Aminobenzolsulfonamido]-6-chlor-*, $C_{10}H_9O_2N_4ClS$, F. 190—191° (75%ig. A.), a) durch Eintragen von 365 g Carbäthoxysulfanilsäurechlorid in die Pyridinlsg. von 160 g **VII**, 1std. Erhitzen auf 80°, Eingießen in 2nHCl, Lösen der 320 g Carbäthoxyverb. in n NaOH, 1std. Erhitzen auf 90—95° u. Fällen mit 50%ig. Essigsäure in der Hitze; 185 g; b) durch 4std. Erhitzen von **II**, p-Aminobenzolsulfonamid u. Pottasche auf 150°, Behandeln mit W. u. Ansäuern des Filtrats mit Essigsäure. — *3-[p-Aminobenzolsulfonamido]-6-brom-*, $C_{10}H_9O_2N_4BrS$, F. >200° (Zers.), nach dem ersten der vorst. Verff. aus **IV**. — *3-Mercapto-6-chlor-*, $C_4H_3N_2ClS$, F. 130—140° (Zers.), durch 2std. Rühren von 3 g **II** mit alkoh. 2nKSH-Lsg. bei n. Temp.; aus Bzl. gelbe Nadeln; 0,57 g. — *3-Mercapto-6-oxy-*, $C_4H_4ON_2S$, F. 157—158° (A.), durch 6std. Erhitzen von 2,6 g **VIII** mit alkoh. 2nKSH-Lsg. auf 120—130° im Rohr, Lösen des krist. Prod. in W. u. Ansäuern; 1,3 g. — Die nachst. 4-Methylpyridazine wurden wie die entsprechenden vorst. Verbb. gewonnen: *3.6-Dichlor-*, $C_5H_4N_2Cl_2$, F. 85—87°. — *3.6-Dimethoxy-*, $C_7H_{10}O_2N_2$, F. 83—84°. — *3.6-Diisopropoxy-*, $C_{11}H_{18}O_2N_2$, Kp.$_{11}$ 127 bis 128°. — *3.6-Dimercapto-*, $C_5H_6N_2S_2$, F. ca. 175—180° (Zers.). — *3-*(oder *6-*)*Chlor-6-*(oder *3-*)*amino-*, $C_5H_6N_3Cl$, F. 70—75°. — *3-*(oder *6-*)*Chlor-6-*(oder *3-*)*[p-aminobenzolsulfonamido]-*, $C_{11}H_{11}O_2N_4ClS$, F. ca. 210—214°. (Helv. chim. Acta **37**. 121—33. 1/2. 1954. Basel, CIBA A.-G., Forschungslabors., Pharmazeut. Abt.)

NITZSCHKE. **3272**

P. Schmidt und **J. Druey**, *Heilmittelchemische Studien in der heterocyclischen Reihe.* 5. Mitt. *Pyridazine.* 2. Mitt. *Eine neue Pyridazinsynthese.* (4. bzw. 1. Mitt. vgl. vorst. Ref.) Vff. haben eine Synth. von *Pyridazonen-(6)* aus einer α-Dicarbonylverb., einer Carbonsäure mit akt. α-ständiger Methylengruppe u. Hydrazin oder einem monosubstituierten Hydrazin ausgearbeitet. Bei Verwendung von aromat. α-Diketonen ist es zweckmäßig, von deren Monohydrazon auszugehen; in anderen Fällen geht man am besten von dem Carbonsäurehydrazid aus. Alkal. Kondensationsmittel begünstigen die Ringschlußreaktion. Mit Acylessigestern verläuft die Rk. je nach An- oder Abwesenheit eines alkal. Kondensationsmittels verschieden: Bei der Umsetzung von Acetessigester mit Benzilmonohydrazon (**I**) in Ggw. von C_2H_5ONa reagiert die Hydrazongruppe zunächst mit der Estergruppe, bei anschließendem Ringschluß zum *5-Acetylpyridazon-(6)*, ohne Kondensationsmittel entsteht dagegen durch Rk. der Hydrazon- mit der Ketogruppe des Acetessigesters das gemischte Azin, das auch unter verschied. Bedingungen u. bei Ggw. verschied. Kondensationsmittel nicht zu 3.4-Diphenyl-5-carbäthoxy-6-methylpyridazin cyclisiert werden konnte. Zum Konstitutionsbeweis der Verbb. wurde das aus Glyoxal u. Cyanessigsäurehydrazid (**IV**) erhaltene *5-Cyanpyridazon-(6)* zur Säure verseift u. zu *Pyridazon-(6)* decarboxyliert.

Versuche: 3.4-Diphenylpyridazone-(6): *5-Cyan-*, $C_{17}H_{11}ON_3$, F. 272—273° (A.), durch Eintragen von 5 g Hydrazinhydrat u. 21 g Benzil in die Lsg. von 11,3 g Cyanessigsäureäthylester in A., Zugabe von C_2H_5ONa-Lsg., 2std. Erhitzen auf 90°, Eindampfen, Aufnehmen in W. u. Einstellen auf p_H 6—7 mit 2nHCl; 12 g (Ausbeute). — *5-Carbäthoxy-* (**II**), $C_{19}H_{16}O_3N_2$, F. 218—219° (Bzl.), durch 3std. Kochen von 22,4 g **I** u. 24 g Malonsäurediäthylester (**III**) in C_2H_5ONa-Lsg.; 27 g. — Ebenso *5-Acetyl-*, $C_{18}H_{14}O_2N_2$, F. 231—232°. — *5-Benzoyl-*, $C_{23}H_{16}O_2N_2$, F. 224—225°. — *5-Benzoylamino-*, $C_{23}H_{17}O_2N_3$, F. 232—233°, aus Hippursäure. — Weitere Pyridazone-(6): *3.4.5-Triphenyl-*, $C_{22}H_{16}ON_2$, F. 274—275°, aus Phenylessigsäureäthylester. — *3.4-Diphenyl-5-carboxy-*, F. 243—244° unter Decarboxylierung (A.), durch 4std. Erhitzen von 32 g **II** mit 2nNaOH auf 110° u. Ansäuern; 25 g. — *3.4-Diphenyl-*, F. 178—179° (A.), durch Erhitzen von 29,2 g vorst. Verb.; 21 g. — *1.3.4-Triphenyl-5-carbäthoxy-*, $C_{25}H_{20}O_3N_2$, F. 179—180° (A.), durch 72std. Erhitzen von 30 g **I** mit 32 g **III** auf 160—170° unter Wasserabscheidung; 8 g. — *5-Cyan-*, $C_5H_3ON_3$, F. 185 bis 186° (A.), durch langsame Zugabe von 99 g **IV** in A. zu 295 g Glyoxal-$NaHSO_3$-Verb. in W., Alkalisieren, 2std. Rühren, ½ Std. bei 60°, Einstellen auf p_H 3, Eindampfen u. kontinuierliche Extraktion mit Chlf.; 34 g. — *5-Carboxy-*, F. 199—200° (A.), durch 8std. Erhitzen von 12,1 g vorst. Verb. mit 85%ig. H_2SO_4 auf 140°, Gießen auf Eis, Einstellen auf p_H 3, Eindampfen u. Ausziehen mit heißem Chlf.; 9 g. — *Pyridazon-(6)*, F. 103—104° (Ligroin), durch Erhitzen von 1,4 g vorst. Verb. unter Abdest.; 0,6 g; an der Luft wird 1 H_2O aufgenommen, wobei der F. auf 70—73° sinkt. — *3.4-Dimethyl-5-cyan-*, $C_7H_7ON_3$, F. 210—211° (A.), durch Zugabe von 9,9 g **IV** zu 8,6 g Diacetyl in A., Eintragen des entstandenen *Diacetylmonocyanacetylhydrazons* (F. 133—134° [Bzl.]; 16 g) in C_2H_5ONa-Lsg., 3std. Erhitzen auf 90° Badtemp., Eindampfen, Aufnehmen in W. u. Einstellen auf p_H 5—6; 12 g. — Ebenso *3-Methyl-4-phenyl-5-cyan-*, $C_{12}H_9ON_3$, F. 199—200°, aus Benzoylacetyl. — *4-Cyan-5.6.7.8-tetrahydrocinnolon-(3)*, ebenso aus Cyclohexandion. — *3.4-[Phenanthreno-(9'.10')]-5-cyan-*, F. 290° unter Zers. (A.), durch 3std. Kochen von 20,8 g Phenanthrenchinon in A. mit 9,9 g **IV**; 20 g. (Helv. chim. Acta **37**. 134—40. 1/2. 1954.) NITZSCHKE. 3272

F. F. Blicke und **H. C. Godt jr.**, *In 8-Stellung basisch substituierte Coffeine.* Vff. beschreiben die Darst. von 5 in 8-Stellung bas. substituierten Coeffinen durch Aminierung von 8-Chlorcoffein (**I**).

Versuche: Die Darst. der nachst. Verbb. erfolgte durch 6std. Erhitzen von **I** in absol. A. mit dem Amin in einer Druckflasche auf 150°. — *8-Pyrrolidinocoffein*, $C_{12}H_{17}O_2N_5$, F. 184—186° (A.); 76% (Ausbeute). — *8-Piperidinocoffein*, F. 141 bis 143° (A.); 75%. — *8-Hexamethyleniminocoffein*, $C_{14}H_{21}O_2N_5$, F. 114—116° (50%ig. Methanol); 69%. — *8-Morpholinocoffein*, $C_{12}H_{17}O_3N_5$, F. 166—167° (A.); 66%. — *8-[β-Phenyläthylamino]-coffein*, $C_{16}H_{19}O_2N_5$, F. 219—221° (A.); 74%. (J. Amer. chem. Soc. **76**. 2835. 20/5. 1954. Ann Arbor, Mich., Univ., Coll. of Pharm.)
G. WINKLER. 3272

I. Hechenbleikner, *2.4-Dichlor-1.3.5-triazin.* Vf. stellt *2.4-Dichlor-1.3.5-triazin* durch Rk. von HCN mit Chlorcyan unter dem Einfl. von trockenem HCl dar, als Nebenprod. entsteht dabei in geringer Menge Cyanurchlorid. Das Dichlortriazin stellt eine extrem wasserempfindliche Verb. dar, der Triazinring wird durch Einw. von W. völlig aufgespalten.

Versuche: *2.4-Dichlor-1.3.5-triazin*, $C_3HN_3Cl_2$, Kp.$_{40}$ 80—90°, durch Einleiten von 3 g HCl in eine Mischung von 6 Mol ClCN u. 3 Mol HCN, 40std. Stehen bei 65°, Abdampfen der nichtumgesetzten Ausgangsprodd. bei 60°, Extrahieren mit Bzl. u. Fraktionieren. 35 g (Ausbeute) neben 20 g *Cyanurchlorid* (Kp.$_1$ 70—80°) u. 5 g nichtflüchtigem Rückstand. — *2.4-Bis-[phenylamino]-1.3.5-triazin*, $C_{15}H_{13}N_5$, F. 292 bis 295°, aus vorst. Verb. u. überschüssigem Anilin; 95%. (J. Amer. chem. Soc. **76**. 3032. 5/6. 1954. Stamford, Conn., American Cyanamid Co.) RUSKE. 3313

Bruce W. Horrom, *Basisch substituierte Triazine.* Vf. beschreibt die Darst. von *2.4.6-Tris-[γ-morpholinopropylamino]-*, *2.4-Bis-[γ-morpholinopropylamino]-6-chlor-*, des Trihydrochlorids des *2.4.6-Tris-[γ-morpholinopropoxy]-* sowie des Trimethojodids des *2.4.6-Tris-[β-dimethylaminoäthoxy]-1.3.5-triazins* aus Cyanurchlorid (**I**) u. dem entsprechenden Amin bzw. Alkohol.

Versuche: *2.4-Bis-[γ-morpholinopropylamino]-6-chlor-1.3.5-triazin*, $C_{17}H_{30}\cdot O_2N_7Cl$, F. 154—155° (Methanol), durch Eintropfen von 14,5 g Cyanurchlorid (**I**) in Bzl. zu einer Lsg. von 43,2 g γ-Morpholinopropylamin u. 30,3 g Triäthylamin im gleichen Lösungsm. unter Rühren bei < 35°, dann über Nacht bei Zimmetremp., anschließend 6std. Kochen u. warm filtrieren; Bzl. abdampfen, den Rückstand mit Ae. behandeln u. abtrennen; 47,5% (Ausbeute). — *2.4.6-Tris-[γ-morpholinopropylamino]-1.3.5-triazin*, $C_{24}H_{45}O_3N_9$, wasserlösl. gelbes Öl, durch Eindampfen des äther. Extraktes aus vorst. Verb.; 46%. — *2.4.6-Tris-[γ-morpholinopropoxy]-1.3.5-triazintrihydrochlorid*, $C_{24}H_{42}O_6N_6\cdot 3HCl$, F. 272—275° (Zers.; aus Methanol–Isopropanol), durch Kochen von 21,75 g γ-Morpholinopropanol in Bzl. mit NaH, Kühlen in Eis, Eintropfen von 6,072 g **I** in Bzl. unter Rühren, 1std. Kochen, Filtrieren u. Eindampfen. Das Öl wird bei 64°/0,4 mm dest., der Rückstand in Ae. aufgenommen u. mit äther. HCl gefällt; 73%. — *2.4.6-Tris-[β-dimethylaminoäthoxy]-1.3.5-triazintrimethojodid*, $C_{15}H_{30}\cdot O_3N_6\cdot 3CH_3J$, F. 214—215° (Zers., aus A. oder Methanol–W.), analog vorst. Verb. aus 18,7 g β-Dimethylaminoäthanol, NaH u. 12,14 g **I** u. Fällen mit CH_3J in alkoh. Lsg.; 10%. (J. Amer. chem. Soc. **76**. 3032—33. 5/6. 1954. North Chicago, Ill., Abbott Labors., Dep. of Organ. Chem.) RUSKE. 3313

Friedrich Weygand und Horst Gölz, *1-C-Phenyl-d-mannohexulose.* Die Ketogruppe des 1-C-Phenyl-2.3;4.5-diisopropyliden-d-glucosons (**I**) kann mit $LiAlH_4$ glatt in ster. einheitlichem Sinne zur Oxygruppe red. werden, wobei die d(—)-Mandelsäurekonfiguration am $C_{(1)}$ auftritt. Der Konfigurationsbeweis erfolgte durch Methylierung u. Perjodatspaltung zu *d(—)-O-Methylmandelsäure.*

Versuche: *1-C-Phenyl-2.3; 4.5-diisopropyliden-d-manno-hexulopyranose* (**II**), $C_{18}H_{24}O_6$, F. 95—95,5° (Ligroin), aus 14 g $LiAlH_4$ u. 25 g **I** (Liebigs Ann. Chem. **492**. [1932.] 1) in Ae., Kochen am Rückfluß u. Zers. mit W.; 85% (Ausbeute); leichtlösl. in Aceton, Chlf., Ae. u. Bzl.; $[\alpha]_D^{20}$ —15,4 ± 1° (c = 2,4 in Chlf.). — *1-O-Methyl-1-C-phenyl-2.3;4.5-diisopropyliden-d-manno-hexulopyranose*, $C_{19}H_{26}O_6$, F. 151° (PAe.), aus **II** u. Ag_2O + Methyljodid; $[\alpha]_D^{20}$ —50,3 ± 1° (c = 1,08 in Chlf.). — *1-O-Methyl-1-C-phenyl-β-d-manno-hexulopyranose* (**III**), $C_{13}H_{18}O_6$, F. 158,5° (A.), aus Vorst. durch Erhitzen mit Isopropanol u. n-H_2SO_4, 2 Std. am Rückfluß; 80%; gut lösl. in W., A., Pyridin, unlösl. in Ligroin, Chlf., Bzl.; $[\alpha]_D^{20}$ —94,5 ± 1° (Endwert; c = 1,0 in W.); $[\alpha]_D^{20}$ —127,2° → —66,8 ± 1° (nach 96 Std.; c = 1,38 in absol. Pyridin). — Durch Perjodatspaltung von **III** mit Na-Metaperjodat in W. *d(—)-O-Methylmandelsäure*, $C_9H_{10}O_3$, F. 65,5°, $[\alpha]_D^{20}$ —150,9° (c = 0,685 in A.); wird aus der Oxydationslsg. nach Veresterung mit Diazomethan, Hochvakuumdest. u. Verseifung mit Chlf. extrahiert. — *1-C-Phenyl-d-manno-hexulose*, $C_{12}H_{16}O_6$, F. 163°, aus 3 g **II** durch 3std. Erhitzen mit 100 cm³ Essigsäure (10%ig.); aus Aceton u. Isopropanol; lösl. in W. u. A., unlösl. in Ae.; Chlf. u. Ligroin; $[\alpha]_D^{20}$ —58,1 ± 1° (Endwert; c = 0,85 in W.); $[\alpha]_D^{20}$ —93,6° → 34,2 ± 1° (Endwert nach 20 Std.; c = 0,72 in Pyridin); R_F 0,62 (4 + 1 + 5 Vol.

n-Butanol–Eisessig–W.); R_F 0,60 (9 + 1 + 10 Vol. n-Butanol–A.–W.). (Chem. Ber. **87.** 707–11. 1954. Heidelberg, Univ., Chem. Inst.) GENEST. 3400

Judith Polonsky, *Über die chemische Konstitution des Asiaticosids und insbesondere der Asiatsäure. 5. Mitt. Eliminierung der drei Hydroxylgruppen der Asiatsäure.* (4. vgl. C. **1953.** 862.) Inhaltlich in der C. **1954.** 789 referierten Arbeit enthalten. (C. R. hebd. Séances Acad. Sci. **233.** 93–95. 2/7. 1951.) SPAETH. 3450

Masao Hasegawa und **Teruo Shirato,** *Zwei neue Glykoside mit Flavonstruktur aus den Blättern von Phellodendron amurense Ruprecht.* Aus den Blättern der baumartigen Rutacee *Phellodendron amurense Ruprecht* konnten durch methanol. Extraktion ein in W. lösl., farbloses Flavanonolglykosid u. ein in W. unlösl., gelbes Flavanolglykosid isoliert werden. Jenes konnte als 4'.5.7-Trioxy-8-[γ-oxyisovaleryl]-flavanol-7-glucosid identifiziert werden u. erhielt den Namen *Phellamurin* (I). Dieses wurde als das entsprechende Flavanolglucosid von **I** erkannt u. *Amurensin* (**II**) genannt. Es gelang, **I** in **II** umzuwandeln.

V e r s u c h e: *Phellamurin* (**I**; *4'.5.7-Trioxy-8-[γ-oxyisovaleryl]-flavanonol-7-glucosid*), $C_{26}H_{32}O_{12}$, F. 205°, lange Nadeln aus Essigester u. wenig W.; aus 5 kg frischer Blätter 50 g (Ausbeute). Durch Red. mit Zn u. konz. HCl in CH_3OH violette, mit Mg u. konz. HCl rotviolette, mit $FeCl_3$ grüne Färbung; λ_{max} 290 mμ (log ε = 4,24) fällt zusammen mit dem des Katuranins (4'.5.7-Trioxyflavanonol), des Taxifolins u. Ampeloptins von KUBOTA; λ_{max} 345 mμ (log ε = 3,60); λ_{min} 322 mμ (log ε = 3,30); lösl. in Methanol, A. u. Aceton. *4'.5-Dimethyläther* (**III**), $C_{28}H_{36}O_{12}$, F. 200°, durch 1 std. Erhitzen von **I** in Aceton mit $(CH_3)_2SO_4$ u. K_2CO_3; aus Methanol Nadeln. *Oktaacetat,* $C_{42}H_{48}O_{20}$, F. 202°, mit $(CH_3CO)_2O$ u. Pyridin (24 Std. in der Kälte); aus Methanol Prismen. — *Phellamuretin* (**IV**), $C_{20}H_{20}O_6$, F. 220°, durch 3std. Erhitzen (Wasserbad) von 1,11 g **I** mit 40 ml 5%ig. H_2SO_4; aus Methanol Nadeln; 0,7 g roh. Aus den Mutterlaugen 408 mg *Glucose* (*Phenylosazon,* F. 208°). Mit $FeCl_3$ in CH_3OH rötlichbraune, mit Mg oder Zn u. konz. HCl rötliche Färbung; lösl. in A., Methanol u. Aceton, wenig in Ae.; λ_{max} 300 mμ (log ε = 4,28); λ_{min} 255 mμ (log ε = 3,17). Bei reiner Hydrolyse sollte der Verb. als Aglucon von **I** die Bruttoformel $C_{20}H_{22}O_7$ zukommen, die frei gewordene 7-Hydroxylgruppe reagiert jedoch mit der γ-Hydroxylgruppe der Seitenkette unter Wasserabspaltung u. Ringschluß (vgl. AKAI u. Mitarbeiter, J. pharmac. Soc. Japan [Yakugakuzasshi], **55.** [1935.] 112, 115 u. 214).

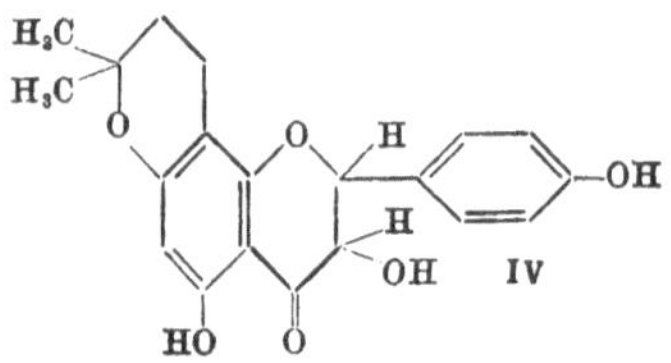

IV

4'.5-Dimethyläther (**V**), $C_{22}H_{24}O_6$, F. 163°, analog **III**; aus CH_3OH Prismen; mit $FeCl_3$ keine Färbung. *Monomethyläther,* $C_{21}H_{22}O_6$, F. 187°, aus in Ae. suspendiertem **IV** u. äther. CH_2N_2 beim Stehen über Nacht; aus CH_3OH Nadeln; mit $FeCl_3$ rötlichbraune, mit Mg u. konz. HCl orange Färbung. *Acetat,* F. 199°, mit $(CH_3CO)_2O$ u. 1 Tropfen konz. H_2SO_4 bei Raumtemp.; aus CH_3OH Nadeln. **V**-*Acetat,* $C_{24}H_{26}O_7$, F. 177°, aus CH_3OH Prismen. Durch KOH-Schmelze von **IV** (10 Min. bei 200°, 8 Min. bei 205° u. 10 Min. bei 250–270°), Lösen der erstarrten M. in 10%ig. H_2SO_4 u. Wasserdampfdest. wurde ein Öl erhalten, aus dem durch Erhitzen mit Anilin (3 Std. bei 200° in geschlossener Röhre) u. Gießen in 5%ig. HCl *Isovaleriansäureanilid* ($C_{11}H_{15}ON$, Misch-F. 114°, aus CH_3OH Prismen) isoliert wurde; aus den Mutterlaugen durch Ae.-Extraktion, Behandeln der Ae.-Schicht mit 1%ig. $NaHCO_3$-Lsg. u. Ansäuern *p-Oxybenzoesäure* [Misch-F. 210° (W.)], aus der Ae.-Schicht mit 1%ig. KOH-Lsg. *Phloroglucin* (Misch-F. 212,0°, aus W. Prismen). — *Nor-β-anhydroicaritin* (**VI**; *Flavonol* von **IV**), $C_{20}H_{18}O_6$, Misch-F. 305°, durch Oxydation von 1,8 g **IV** in CH_3OH mit 1 ml Perhydrol u. 5 ml 10%ig. Kalilauge nach OYAMADA (24 Std. im Eisschrank) u. Zugabe von W.; 1,5 g, oder durch 4 Min. Kochen von 5 g **IV** in 50 ml 10%ig. Kalilauge; 0,3 g; aus viel CH_3OH gelbe Nadeln. *Triacetat,* $C_{26}H_{24}O_9$, F. 212°. *Trimethyläther* (**VII**), $C_{23}H_{24}O_6$, F. 223°. — *Nor-β-anhydroicaritin-4'.5-dimethyläther* (**VIII**), $C_{22}H_{22}O_6$, F. 186°, durch Oxydation von **V** nach OYAMADA; aus CH_3OH gelbe Nadeln. Sein *Methyläther* vom F. 223° ist ident. mit **VII** sowie mit AKAIs *β-Anhydroicaritin-3.5-dimethyläther* (l. c.). — *Icarit* (*2.2-Dimethyl-5-oxy-6-[ω-methoxyacetyl]-7-methoxychroman*), F. 105°, aus 1,5 g **VII** durch Zers. nach AKAI (l. c.); 0,5 g, daneben 0,3 g *p-Methoxybenzoesäure. Icaritoxim,* $C_{15}H_{21}O_5N$, F. 164°. — *Amurensin-4'.5-dimethyläther* (**IX**), $C_{28}H_{34}O_{12}$, F. 256°, durch Oxydation von **III**; aus CH_3OH Nadeln; mit $FeCl_3$ in CH_3OH braune Färbung; λ_{max} 365 (log ε = 4,42), 265 mμ (4,42); λ_{min} 290 mμ (4,08). Sein *Methyläther* vom F. 243° ist ident. mit dem *Amurensintrimethyläther.* Die Hydrolyse von **IX** in Aceton mit 3%ig. HCl u. Ae.-Extraktion gibt **VIII** vom F. 186°, gelbe Nadeln aus Methanol, sein *Methyläther* vom F. 223° ist ident. mit **VII** (*Nor-β-anhydroicaritin-3.4'.5-trimethyläther*) sowie mit

AKAIS *3.5-Dimethyläther* **VII** (*β-Anhydroicaritin = 4'-[O-Methyl]-nor-β-anhydroicaritin*). — *Amurensin* (**II**; *Flavonolglucosid*), $C_{26}H_{30}O_{12}$, F. 290°, kleine gelbe Nadeln aus viel Methanol, aus 5 kg frischer Blätter von *Phellodendron amurense Ruprecht* durch methanol. Extraktion; 2,2 g; oder durch Oxydation von **I** nach OYAMADA zu *2.3-Dehydrophellamurin* (keine F.-Depression mit dem natürlichen **II**); mäßig lösl. in Aceton, unlösl. in W.; λ_{max} 377 (log ε = 4,23), 270 mμ (4,28); λ_{min} 306 mμ (3,94). *Oktaacetat*, $C_{42}H_{46}O_{20}$, F. 199°, analog **I**; aus CH_3OH Prismen. Die Hydrolyse von 1 g **II** in 20 ml W. u. 20 ml konz. H_2SO_4 u. Neutralisieren mit 10%ig. Kalilauge unter Kühlen gibt 0,32 **VI** (Misch-F. 305°, lösl. nur in Aceton; mit $FeCl_3$ grünlichbraun) u. *Glucose*. — *β-Anhydroicaritin-3.5-dimethyläther* (**VII**), $C_{23}H_{24}O_6$, Misch-F. 223°, 1. aus **VI** durch Methylierung analog **III** (6 Std.); 2. aus 0,3 g **II**, 3 ml $(CH_3)_2SO_4$ u. 12 g K_2CO_3 in Aceton durch 1 Std. Erhitzen (Wasserbad), nach Verdampfen des CH_3OH Zugabe von W. u. Ae.-Extraktion; 0,1 g; aus CH_3OH lange Nadeln. (J. Amer. chem. Soc. **75.** 5507—11. 20/11. 1953. Meguro, Tokyo, Government Forest Exp. Stat. of Japan.) KOBLITZ. 3450

Guido Sartori und **Aldo Gaudiano,** *Polarographische, coulometrische und oscillographische Untersuchung von Colchicin.* Vff. untersuchen polarograph., coulometr. u. oscillograph. die Red. von Colchicin an einer Hg-Tropfelektrode. Bei einem $p_H > 8$ bildet sich als irreversibles Reduktionsprod. ein sek. Alkohol, der alkaliunlösl. ist u. in der coulometr. Zelle isoliert wurde; bei einem $p_H < 8$ bildet sich ein freies Radikal, das an der Hg-Tropfelektrode adsorbiert wird u. dadurch eine Vor- u. Nachwelle verursacht. Diese Wellen sind einfache Adsorptionswellen, was auch durch die oscillograph. Analyse nachgewiesen wurde. Das Verh. des Colchicins steht nicht im Widerspruch mit der kürzlich vorgeschlagenen cycloheptatrien. Struktur dieses Alkaloids. (Ist. super. Sanità, Rend. **13.** 659—69. 1950. Roma, Centro di polarografia e di chim. generale del C. N. R., Inst. Sup. di Sanità, Labor. di Biol.) JÄGER. 3500

G. Fodor, Ö. Kovács und **I. Weiß,** *Stereochemie des Cocains.* (Vorl. Mitt.) Vff. bestätigten durch eine Reihe von Verss. den von ihnen angenommenen ster. Bau des *Cocains* (cis-Stellung von $-COOCH_3$ u. $-OOCC_6H_5$, syn-Stellung von N u. $-COO\cdot CH_3$) bzw. *Pseudococains* (syn-Stellung von N u. $C_{(3)}$ $-OCOC_6\cdot H_5$). — Ekgoninol → *2-Chlormethyltropanol-(3)* (**I**; *Hydrochlorid*, F. 217°, $[\alpha]_D^{20}$ —60,2° in W.). — Daraus durch Hydrogenolyse *2-Methyltropanol-(3)* (**VI**), F. 56°, $[\alpha]_D^{20}$ —58,2° (A.). — Aus **I** u. $NaHCO_3$ der *innere Äther* **II**, *Hydrochlorid*, $C_9H_{15}ON\cdot HCl$, F 222°, $[\alpha]_D^{20}$ —78,3° (W.); gibt mit HCl unter Druck **I** zurück. — *2-Methoxymethyltropanol-(3)*, aus **II** u. CH_3ONa. — **VI** wurde in die *nor-Verb.* ($[\alpha]_D^{20}$ —57° in W.) umgewandelt. Daraus mit p-Nitrobenzaldehyd das *Oxazinderiv.* **III** ($[\alpha]_D^{20}$ +3,5°). — *N-Carbamylnorcocain*, F. 180°, durch Hydratation von N-Cyannorcocain; $[\alpha]_D^{20}$ —34° (CH_3OH). — Daraus mit CH_3ONa bei —15° *N-Carbamylnorekgoninmethylester*, F. 212°; $[\alpha]_D^{20}$ —93° (70%ig. wss. CH_3OH); daneben das neutrale *cycl. Ureid des N-Carbamylnorekgonins* (**IV**), $C_9H_{12}O_3N_2$, F. 198°. — Pseudococain → *Pseudoekgoninol* → *2-Methylnortropanol-(3)* $[\alpha]_D^{20}$ +50,5°, → *Oxazinderiv.* **V**, $[\alpha]_D^{20}$ +70,5°. (Nature [London] **174.** 131—32. 17/7. 1954. Szeged, Univ., Inst. of organ. Chem.) J. ROTHE. 3500

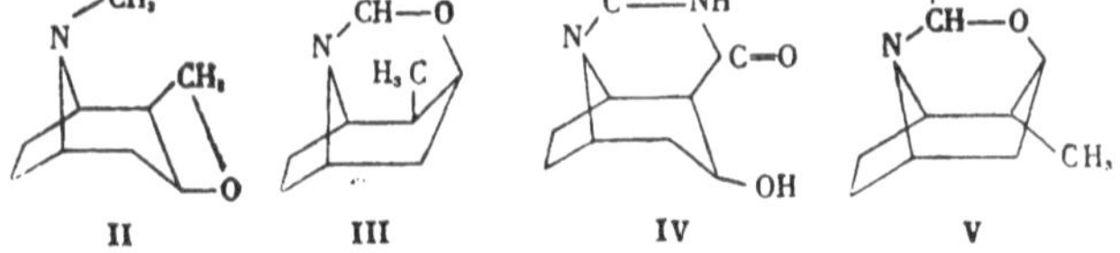

II III IV V

Alex Heusner, *Notiz zur Stereochemie von Scopin und Scopolin. Norscopolin*, nach LUBOLDT [1898] aus Scopolin (**II**) gewonnen, reagiert mit p-Nitrobenzaldehyd zu einem *Oxazolidinderiv.* **I**, wodurch die cis-Stellung von OH-Gruppe u. Stickstoff im **II**-Mol. bewiesen ist. Damit erfährt der neuerdings für die Umlagerung Scopin → **II** angenommene Reaktionsmechanismus (S_n2-Rk. unter WALDENscher Umkehrung an $C_{(6)}$ u. $C_{(7)}$; vgl. z. B. MEINWALD, J. chem. Soc. [London] **1953.** 712) eine wesentliche Stütze.

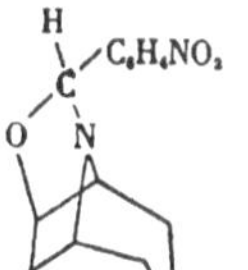

I

Versuche: *Norscopolin*, F. 206—208°, Nadeln (A.), aus **II**-Hydrobromid u. $KMnO_4$ in wss. NaOH (20°, dann noch 2 Std. bei n. Temp.); 49% (Ausbeute). — *dl-2-[p-Nitrophenyl]-oxazolidin aus Norscopolin* (**I**), $C_{14}H_{14}O_4N_2$, F. 184°, Nadeln (CH_3OH), sublimiert bei 120° im Hochvakuum; aus vorst. Verb. u. p-Nitrobenzaldehyd in Chlorbenzol (Kochen, mehrfaches Erneuern des abdest. Chlorbenzols, bis kein W. mehr überging); 93% (roh). (Chem. Ber. **87.** 1063—67. 1954. Ingelheim/Rh., Fa. C. H. Boehringer Sohn, Wiss. Abt.) J. ROTHE. 3500

I. R. C. Bick und **P. S. Clezy**, *Die Spaltung von Bis-coclaurinalkaloiden mit Natrium in flüssigem Ammoniak.* 1. Mitt. *Curin und Chondrocurin.* Es wird die reduktive Ätherspaltung von Curin [(—)-Bebeerin] u. Chondrocurin in Form ihrer mit CH_2N_2 dargestellten *O.O-Dimethylderivv.* (**I** bzw. **II**) nach der Meth. von TOMITA u. Mitarbeitern (J. pharmac. Soc. Japan [Yakugakuzasshi] **71.** [1951.] 1043 u. früher) mit Na in fl. NH_3 untersucht. **I** u. **II** sind Diastereomere u. liefern je ein phenol. u. ein nichtphenol. Prod., u. zwar sind im Falle von **I** beide linksdrehend, im Falle von **II** ist die phenol. Verb. rechts-, die nichtphenol. linksdrehend. Durch Darst. der Jodmethylate — bei den phenol. Prodd. nach Verätherung mit CH_2N_2 — konnten die Verbb. charakterisiert werden. Es wurde jeweils (—)- bzw. (+)-*O-Methylarmepavinmethojodid* [(+)- bzw. (—)-**III**] erhalten. Als Bezugssubstanzen wurden nach der gleichen Meth. die Diastereoisomeren Isotetrandrin u. Phaeanthin zu (—)-*O-Methylarmepavin* u. (+)- bzw. (—)-*N-Methylcoclaurin* gespalten. Es ergibt sich hieraus, daß in **I** beide Asymmetriezentren linksdrehend sind, während in **II** das eine links-, das andere rechtsdrehend ist. Das gleiche gilt für die nichtmethylierten Alkaloide.

Versuche (FF. korr.): Spaltung von Isotetrandin in Bzl.-Toluol (2:1) durch Zugabe von fl. NH_3 u. dann Na, Verdampfen des NH_3, Versetzen mit W. u. Ae. u. Ausschütteln der Ae.-Lsg. mit 2%ig. NaOH ergab aus der organ. Schicht durch Ausschütteln mit 5%ig. HCl, Alkalisieren des Auszugs, Ae.-Extraktion, Eindampfen u. Chromatographie aus Bzl. an Al_2O_3 ein blaßgelbes Öl, das durch Behandlung mit methanol. CH_3J (—)-*O-Methylarmepavinmethojodid* [(—)-**III**; $C_{20}H_{25}O_3N \cdot CH_3J \cdot H_2O$, F. 135° (sintert bei 128°), $[\alpha]_D^{20}$ —118,5° (c = 0,5; CH_3OH)] lieferte; aus der wss.-alkal. Lsg. wurde nach Zugabe von NH_4Cl, Ae.-Extraktion, Eindampfen, Veräthern in CH_3OH mit äther. CH_2N_2, Chromatographie u. Umsatz mit methanol. CH_3J (+)-**III** [F. 135° (sintert bei 127°), $[\alpha]_D^{20}$ +125° (c = 0,2; CH_3OH)] erhalten. — Die analoge Spaltung von Phaeanthin lieferte aus beiden Fraktionen (—)-**III**. — *O.O-Dimethylcurin* (**I**), aus 1 g Curin in CH_3OH mit äther. CH_2N_2; 0,9 g Öl. Spaltung von **I** wie oben gab aus dem nichtphenol. u. aus dem phenol. Prod. (—)-**III**. — *O.O-Dimethylchondrocurin* (**II**), aus 1 g Chondrocurin analog **I**; 1 g. *Dimethojodid*, F. 230—240° (Zers.; CH_3OH), $[\alpha]_D^{18,5}$ +153° (c = 0,3; W.). Spaltung von **II** wie oben lieferte aus dem nichtphenol. Prod. (—)-**III** u. aus der phenol. Verb. (+)-**III**. (J. chem. Soc. [London] **1953.** 3893—96. Dez. Hobart, Univ. of Tasmania, Chem. Dep.) H. WEIDMANN. 3500

Pierre Bédos und **Charles Bertrand**, *Über eine Familie gefärbter Substanzen, die Drehungsvermögen besitzen.* Zur Unters. des COTTON-Effekts stellen Vff. eine Anzahl gefärbter Verbb. mit relativ hohem opt. Drehungsvermögen her. Vff. erhalten solche Verbb. durch Kondensation von in α-Stellung negativ substituierten α-Campherderivv. mit Phenyldiazoniumchlorid (**I**) zu α-Phenylazocampherderivv.; so aus α-Cyancampher *α-Phenylazo-α-cyancampher*, F. 155°, gelb, $[\alpha]_D$ —395° (A.), aus Campher-α-carbonsäureamid *α-Phenylazocampher-α-carbonsäureamid*, F. 117°, orange, $[\alpha]_D$ —95° (A.) u. aus Campher-α-carbonsäureanilid *α-Phenylazocampher-α-carbonsäureanilid*, F. 129°, orange Prismen, $[\alpha]_D$ —84° (A.). Aus α-Benzoylcampher entsteht mit **I** ein oranges Prod., F. 144—145° (Methanol), $[\alpha]_D$ +268° (A.), das nach Umkristallisation aus sd. A. lange goldgelbe Nadeln mit F. 170—175° (Zers.), $[\alpha]_D$ +937° liefert. Auf Grund kryoskop. Messungen in Bzl. nehmen die Vff. für die Nadeln die Struktur des *α-Phenylazo-α-benzoylcamphers* an. Die Rk. von **I** mit α-Formylcampher bzw. mit Campher-α-carbonsäure führt unter Abspaltung des negativen Substituenten zu Campherchinonmonophenylhydrazon. (C. R. hebd. Séances Acad. Sci. **239.** 498—500. 9/8. 1954.) LIEBIG. 3600

Pierre Barchewitz, Suzanne Heitz, Henri Lapin und **Charles Sannié**, *Infrarotabsorptionsspektren der Sterinsapogenine in den Bereichen 1650 und 3300 cm^{-1}.* Der CO-Gruppe der Ketosapogenine ist eine Bande um 1690 cm^{-1} (5,90 μ) zuzuordnen, z. B. *Hecogenin* (**I**) 1686 cm^{-1}, *Manogenin* 1689 cm^{-1}. Bei den Acetylderivv. tritt, entsprechend dem —CO— der Acetylgruppe, eine Bande um 1734 cm^{-1} hinzu, bei den Acetylgeninen ohne Ketogruppe an derselben Stelle liegend. Bei einem **I**-Acetat aus *Agave atrovirens* fanden Vff. außer den beiden genannten eine weitere Bande bei 1660 cm^{-1}, die nach Reinigung des **I**-Acetats als typ. Bande des verunreinigenden *9,11-Dehydrohecogeninacetats* (**II**) identifiziert wurde. **II** weist eine weitere Bande bei 1589 cm^{-1} auf, zuzuordnen der $\Delta^{9,11}$-Strukturkomponente. Demgegenüber ist festzustellen, daß $\Delta^{5,6}$Struktur [*Diosgenin* (**III**), *Kammogenin*] keine typ. Bande im Infrarotabsorptionsspektr. bedingt. — *Smilagenin, Sarsasapogenin* u. *Gitogenin* weisen eine Bande λ_{max} 3448 cm^{-1} (2,90 μ) auf, die der innermol. Bindung OH···O zugehört. *Chlorogenin*, **I** u. **III** zeigen eine Bande bei 3311 cm^{-1}. Dem *Samogenin* sind die beiden letztgenannten Banden zu eigen. (C. R. hebd. Séances Acad. Sci. **236.** 1818—19. 4/5. 1953.) H. SCHLOTTMANN. 3650

David Kritchevsky und **Melvin Calvin,** *Papierchromatographie von Steroiden.* Zur Trennung von Cholesterin u. Cholestenon durch Papierchromatographie wurde mit „Quilon" (stearinsaures Chromchlorid) imprägniertes Papier verwendet. Als beste Lösungsmittel erwiesen sich Methanol, A. u. 80%ig. A., das letzte Lösungsm. zeigte den besten Trenneffekt. (J. Amer. chem. Soc. **72.** 4330. Sept. 1950. Berkeley, Calif., Univ. of California, Radio Labor. u. Dep. of Chem.) BIENECK. 3700

G. F. Laws, *Spaltung von Steroidepidioxyden mit Lithiumaluminiumhydrid.* Dehydroergosterinepidioxyd geht beim Erhitzen mit $LiAlH_4$ in Ae. in das bekannte *$\Delta^{7,9,11,22}$-Ergostatrien-3β.5α-diol* (I) über. Unter den gleichen Bedingungen wird aus Ergosterinepidioxyd neben *Ergosterin $\Delta^{7,22}$-Ergostadien-3β.5α-diol* gebildet, dessen Konst. sich aus der Dehydrierung mit Hg(II)-Acetat zu **I** ergibt.

Versuche (opt. Drehungen in Chlf.): *3β-Acetoxy-$\Delta^{7,9,11,22}$-ergostatrien-5α-ol* (I-Acetat), F. 219—220° (Platten aus CH_3OH), durch Kochen von 2 g Dehydroergosterinacetatepidioxyd [F. 169—170°, $[\alpha]_D$ +87° (c = 1,9)] mit $LiAlH_4$ in Ae. über Nacht, Acetylierung mit Acetanhydrid/Pyridin, Chromatographie an Al_2O_3 u. Elution mit Bzl.-Ae. (9 : 1); $[\alpha]_D$ +48° (c = 2,1); 0,7 g (Ausbeute). — Analog aus 1,25 g Ergosterinepidioxyd [F. 178—179°, $[\alpha]_D$ —36° (c = 1,6)]: 0,4 g *Ergosterylacetat,* F. 170 bis 171° (Platten aus CH_3OH), $[\alpha]_D$ —80° (c = 2,1), eluiert mit PAe.-Bzl. (1 : 3), u. 0,75 g *5α-Oxy-$\Delta^{7,22}$-ergostadien-3β-ylacetat,* $C_{30}H_{48}O_3$, F. 230—232° (Nadeln aus CH_3OH) $[\alpha]_D$ ± 0°, eluiert mit Bzl.-Ae. (9 : 1), gibt mit Hg(II)-Acetat in Chlf. **I**-Acetat. — *$\Delta^{7,22}$-Ergostadien-3β.5α-diol,* $C_{28}H_{46}O_2$, F. 237—238° (Nadeln aus CH_3OH), $[\alpha]_D$ +0,5° (c = 2,1), aus dem Acetat durch alkal. Hydrolyse. — Die UV-Maxima werden angegeben. (J. chem. Soc. [London] **1953.** 4185—86. Dez. London, Birkbeck Coll.) ANTJE SCHMIDT. 3700

Max Keller und **Joseph Weiss,** *Chemische Wirkungen ionisierender Strahlungen in Lösung.* 9. Mitt. *Bestrahlung von Steroiden. Die Wirkung von Röntgenstrahlen auf (+)-Östron-b in wässeriger Lösung.* (8. vgl. LOEBL, STEIN u. WEISS, J. chem. Soc. [London] **1951.** 405; 7. vgl. C. **1951.** II. 3455.) Bei der Bestrahlung von *Östron* (**I**) in alkal. oder essigsaurer Lsg. bei 30—35° mit hohen Dosen Röntgenstrahlen (10^6 r) wird ein *Lacton* (**II**) erhalten, das sich als ident. erwies mit dem von WESTERFELD (C. **1943.** I. 527) durch Oxydation von **I** mit H_2O_2 oder von JACOBSEN (J. biol. Chemistry **171.** [1947.] 61, 81) durch Oxydation von **I**-Acetat erhaltenen Lacton. Eine Zuordnung des erhaltenen Lactons zu einer der beiden Formeln **IIa** oder **IIb** ist nicht möglich. — **II,** $C_{18}H_{22}O_3$, aus A., F. 310—312° (Zers.); $[\alpha]_D^{21}$ +39,8 ± 4° (c = 1,108; Pyridin). *Acetat,* diamantförmige Kristalle, F. 147—149° (Methanol.) (J. chem. Soc. [London] **1951.** 1247—49. Mai. Newcastle-on-Tyne, Univ. of Durham, King's Coll.) H. SCHEURLEN. 3750

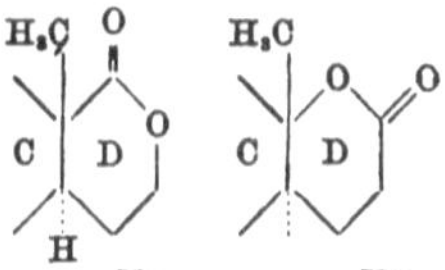

IIa IIb

H. Vasken Aposhian und **John P. Lambooy,** *Synthese von 6-Äthyl-9-[D-ribityl-(1')]-isoalloxazin. 6-Äthyl-9-[D-ribityl-(1')]-isoalloxazin* (I), das 3% der Aktivität des Riboflavins für das Wachstum von L. casei besitzt, wird sowohl durch Kondensation des durch katalyt. Red. von *4-Äthyl-2-nitroanilin-N-D-ribosid* erhaltenen *2-[D-Ribitylamino]-5-äthylanilins* mit Alloxan als auch durch Umsetzung des schwer herzustellenden *1-[D-Ribitylamino]-2-[p-tolylazo]-4-äthylbenzols* mit Barbitursäure synthetisiert.

Versuche: *4-Äthyl-2-nitroanilin-N-D-ribosid,* $C_{13}H_{18}O_6N_2$, F. 190,5—194,5° (Zers.), aus D-Ribose (II) u. 4-Äthyl-2-nitroanilin nach dem Verf. von BERGER u. LEE (C. **1946.** I. 737); $[\alpha]_D^{23}$ —107,5° (0,5% in Pyridin); gelbe Nadeln; 74—80% (Ausbeute). — *6-Äthyl-9-[D-ribityl-(1')]-isoalloxazin* (I), $C_{17}H_{20}O_6N_4$, F. 284—285° (Zers.), durch 6std. Hydrieren einer Mischung vorst. Verb. u. prim. Na-Borat in 72%ig. A. bei 70—80° u. 30 at in Ggw. von Pd u. Spuren von $Zn(OH)_2$ u. $Ca(OH)_2$ auf $CaCO_3$, Zugabe von Ascorbinsäure, Eindampfen unter N_2, mehrmaliges Behandeln mit absol. A. u. Eindampfen, Lösen in Eisessig, Zugabe von Borsäure u. Alloxan, 40 Min. Schütteln bei 55—60°, 72std. Stehen im Dunkeln, Eindampfen, Lösen in HCl u. Zugabe von W.; aus A. gelbe Plättchen; 29% roh. — *4-Äthylanilin-N-D-ribosid,* $C_{13}H_{19}O_4N \cdot {}^1/_4 H_2O$, F. 130—134° (Zers.), nach BERGER u. LEE (l. c.), aber ohne Katalysator, aus **II** u p-Äthylanilin; Nadeln; 80—91%. In Ggw. von H_2SO_4 als Katalysator krist. die Verb. mit $^1/_2$ Mol H_2O. — Durch 6std. Hydrieren vorst. Verb. in absol. A. bei 70° u. 60 lbs./sq.in. in Ggw. von RANEY-Ni wird *4-Äthyl-N-[D-ribityl-(1')]-anilin,* $C_{13}H_{21} \cdot O_4N$, F. 138—138,5°, erhalten; aus A. Nadeln; 86%. — *1-[D-Ribitylamino]-2-[p-tolylazo]-4-äthylbenzol,* $C_{20}H_{27}O_4N_3$, F. 130—131°, durch Diazotieren von p-Toluidin in Essigsäure u. HCl, Zugabe von 5,1 g vorst. Verb. u. NaOH, 2std. Stehen bei 8—10°, Verdünnen mit Ae., Schütteln mit W., Entfernen des Ae. u. Suspendieren in heißem

Bzl.; aus 50%ig. A. rote Nadeln; 0,55 g. — Durch Umsetzung von 0,52 g vorst. Verb. mit Barbitursäure in Dioxan u. Essigsäure nach TISHLER u. Mitarbeitern (C. **1948.** I. 696) entstehen 0,05 g **I**; aus heißem W. gelbe Nadeln; der bei der Papierchromatographie in W.-Butanol-Essigsäure festgestellte R_f-Wert 0,43 entspricht dem des nach der anderen Meth. hergestellten **I**. (J. Amer. chem. Soc. **76**. 1307—08. 5/3. 1954. Rochester, N. Y., Univ. of Rochester, School of Med. and Dent., Dep. of Physiol. and Vital Econom.) BUCHTA. 3800

L.-E. Ericson und **H. Nihlén**, *Elektrophoretische Untersuchungen an Cobalaminen.* 1. Mitt. (Vgl. C. **1954**. 1765.) Elektrophoret. Unterss. am *Vitamin* B_{12} (**I**; *Cyanocobalamin*) bei p_H-Werten von 1,1—10,55 ergaben die Ggw. von sauren u. bas. Gruppen, sowie einen isoelektr. Punkt bei ca. 1,9. Das **I**-Mol. wandert bei $p_H \geqq 2{,}95$ zur Anode, bei 1,1—1,8 zur Kathode. Die **I**-Beweglichkeit war bei p_H 7,0 $1{,}3 \cdot 10^{-5}$, die des **I**-*Cyanidkomplexes* (*Di-* oder *Tricyanocobalamin*) bei p_H 10,55 $5{,}4 \cdot 10^{-5}$ u. die von **I** bei p_H 10,55 $2{,}4 \cdot 10^{-5}$ $cm^2 \cdot V^{-1} \cdot sec^{-1}$. (Acta chem. scand. **7**. 980—83. 1953. Stockholm, Royal Inst. of Technol., Div. of Food Chem.; Äppelviken, Res. Labors. LKB.) K. MAIER. 3800

Sigurd Olsen und **John Brandal**, *Über synthetische Versuche in der Reihe des Patulins und verwandter Verbindungen.* 2. Mitt. *Zur Synthese der Di- und Tetrahydrodesoxypatulinsäure.* (1. vgl. Acta chem. scand. **5**. [1951.] 1326.) Die Synth. der *Tetrahydrodesoxypatulinsäure* [*4-Oxytetrahydropyranyl-(3)-essigsäure*] (**IV**) aus 3-Oxymethyl-4-oxytetrahydropyran (**I**) über das *3-Brommethyl-4-oxytetrahydropyran* (**II**) (vgl. l. c.) wurde weiter ausgearbeitet. Als Nebenprodd. von **II** entstanden *3-Brommethyl-*Δ^3(bzw. Δ^4)*-dihydropyran* u. *3-Brommethyl-4-bromtetrahydropyran*. Verss., **IV** bzw. ihr *Lacton* (*Tetrahydrodesoxypatulin*; **VI**) zum *Patulin* zu oxydieren, schlugen fehl. Als höchste Oxydationsstufe wurde krist. *Dihydrodesoxypatulinsäure* (**V**) erhalten, die bei weiterer Oxydation in *β-Carboxy-γ-[carboxymethoxy]-buttersäure* (**VII**) oder über die intermediär gebildete *γ-[β-Carboxyäthoxy]-acetessigsäure* in *β-[Carboxymethoxy]-propionsäure* übergeht. Red. von **VI** mit $LiAlH_4$ führt zu *4-Oxytetrahydropyranyl-(3)-äthylalkohol*.

Versuche (zum Teil mit ERNST FINSNES): *3-Brommethyl-4-oxytetrahydropyran* (**II**), $C_6H_{11}O_2Br$, Kp.$_{10}$ 136°, durch Umsetzung von **I** mit HBr; Öl; n_D^{22} 1,5178; $D.^{22}_4$ 1,5504; 66% (Ausbeute). Daneben *3-Brommethyl-*Δ^3 (bzw. Δ^4)*-dihydropyran*, Kp.$_{13}$ 85—87°; dünnfl., die Augen stark angreifendes Öl, das sich beim Stehen verfärbt; n_D^{22} 1,5274; $D.^{22}_4$ 1,477; u. *3-Brommethyl-4-bromtetrahydropyran*, $C_6H_{10}OBr_2$, Kp.$_{10,5}$ 118°, n_D^{22} 1,5416, $D.^{22}_4$ 1,8058. — *4-Oxytetrahydropyranyl-(3)-acetonitril* (**III**), $C_7H_{11}O_2N$, Kp.$_{10}$ 166°, durch 60std. Kochen von **II** u. KCN in A.; n_D^{19} 1,4818; $D.^{16}_4$ 1,1476; 73%. — *Tetrahydrodesoxypatulin* (**VI**), Kp.$_8$ 133—134°, durch Verseifung von **III** mit konz. HCl; n_D^{23} 1.4815; $D.^{23}_4$ 1,2179; 72%. — *Tetrahydrodesoxypatulinsäure* (**IV**), F. 108—110° (Essigester), durch Erwärmen von 0,89 g **VI** mit verd. H_2SO_4; Nadeln; 0,16 g. *Hydrazid*, F. 163—165° (A.), Nadeln. *Amid*, $C_7H_{13}O_3N$, F. 122—123° (Äthylacetat). — Oxydation von **VI** mit Chromsäure: a) 1,5 Grammatome O/Grammol. **VI**: Zugabe von CrO_3 in H_2SO_4 zu 4,6 g **VI** in W., 15 Min. bei 50°, 30 Min. auf dem Wasserbad u. Ae.-Extraktion führte zu 3,6 g braunem Öl, aus welchem nach Methylierung mit CH_2N_2 u. Umsetzung mit Hydrazinhydrat 0,22 g des *Pyridazinonderiv. von* **V** ($C_7H_{10}O_2N_2$, F. 158—160°; *Oxypyridazinderiv. von* **V**, $C_7H_8O_2N_2$, F. 238—231°) gewonnen wurde. b) 2 Grammatome O: 2,74 g **VI** u. Chromsäure, 3 Std. bei 0°, 5 Tage bei Zimmertemp., das Reaktionsprod. enthielt 0,19 g **IV** u. 0,29 g *Dihydrodesoxypatulinsäure* (**V**; $C_7H_{10}O_4$, F. 85—86°; *2.4-Dinitrophenylhydrazon*, F. 193—194°; *Methylester-2.4-dinitrophenylhydrazon*, F. 149—151°). c) 4 Grammatome O: Oxydation von 9,9 g **VI** in der Kälte führte zu 2,8 g **V**, 0.42 g *β-[Carboxy]-γ-[carboxymethoxy]-buttersäure* (**VII**; $C_7H_{10}O_7$, F. 143—145° [Aceton-Bzl.]), 0,44 g *β-[Carboxymethoxy]-propionsäure* ($C_5H_8O_5$, F. 93—95°) u. 1,6 g **VI**. — Bei der Oxydation von 1 g **VI** mit HNO_3 (1 : 1) entstanden 0,13 g **VII**. — *4-Oxytetrahydropyranyl-(3)-äthylalkohol*, Kp.$_{12}$ 181 bis 183°, durch Red. von 10 g **VI** mit $LiAlH_4$ in Ae.; Öl; 6,5 g. *Bisphenylurethan*, $C_{21}H_{24} \cdot O_5N_2$, F. 127—130° (Bzl.). (Acta chem. scand. **8**. 420—26. 1954. Blindern-Oslo, Univ., Kjem. Inst.) JOHN. 3900

A. B. Kulkarni und **R. C. Shah**, *Struktur des Pristimerins.* (Vorl. Mitt.) *Pristimerin* (**I**), $C_{28}H_{36-38}O_4$, F. 218—219°, orangefarbene Nadeln (PAe.-Bzl.), ein aus Pristimerae indicae bzw. P. grahami isoliertes Antibioticum (vgl. BHATNAGAR u. DIVEKAR (J. sci. ind. Res. **10b**. [1951.] 56) ist wahrscheinlich ein β-Chinonderiv. mit einer CH_3O-Gruppe u. einer Ketogruppe, die mit dem chinoiden Syst. in Konjugation steht. **I** enthält kein akt. H-Atom; das UV-Spektr. von reduktiv acetyliertem (F. 246°) oder methyliertem **I** (F. 186°) läßt auf einen Benzolring schließen. Methyliertes **I** enthält 3 CH_3O-Gruppen u. eine Doppelbindung u. gibt ein *2.4-Dinitrophenylhydrazon*. Die orangefarbene Lsg. von I in Ae. wird durch $LiAlH_4$ entfärbt, wird jedoch nach Ansäuern u. Luftzutritt wieder orange. 2 Substanzen (FF. 165° [Zers.] bzw. 205° [Zers.]), die die CH_3OH-Gruppe nicht mehr enthalten, konnten isoliert werden; sie sind Keto–Enol-Isomere, die die β-chinoide Struktur noch besitzen. I reagiert weder mit Ketoreagentien noch mit o-Phenylendiamin u. gibt einen positiven Test mit Essigsäureborsäureanhydrid u. $SnCl_4$; die 3. Ketogruppe ist also ster. behindert u. steht wahrscheinlich in peri-Stellung zu der chinoiden Gruppierung. Vorverss. einer Se-Dehydrierung deuten auf einen Steroid- oder Triterpenoidcharakter des I-Mol. hin, so daß Vff. die Teilstruktur **Ia** annehmen. — Der *Methyläther von Celastrol* (II) (GISVOLD, J. Amer. Pharm. Soc. **28**. [1939.] 449) hat den gleichen F. wie I u. ein sehr ähnliches UV-Spektr.; der Misch-F. beider Substanzen zeigt keine Erniedrigung, so daß möglicherweise I u. II ident. sind. (Nature [London] **173**. 1237—38. 26/6. 1954. Poona, Indien, Nat. Chem. Labor.) J. ROTHE. 3900

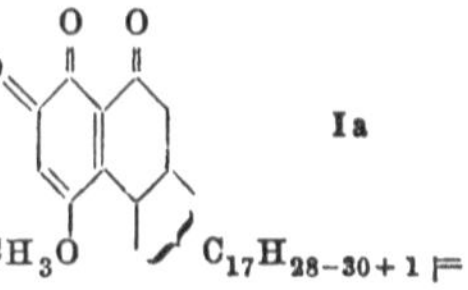

Ia

A. V. Few und **J. H. Schulman**, *Monomolekulare Filme der Polymyxine A, B, D und E an der Grenzfläche Luft–Wasser.* Auf Grund der bei Mensch u. Tier verschieden stark nephrotox. Wrkg. der speziell gegen GRAM-negative Bakterien antibiot. wirksamen *Polymyxine* stellen Vff. Unterss. über die Eigg. monomol. Filme der *Polymyxine* an der Grenzfläche Luft–W. an, um Unterschiede in der intermol. Packung, in der Struktur u. im Mol.-Gew. festzustellen. Unter Benutzung der von ALLAN (Dissert., Univ. Cambridge) abgeänderten Oberflächenspannungswaage nach ALEXANDER (Nature [London] **159**. [1947.] 304) wurden die Oberflächenspannungen monomol. Schichten der *Polymyxine A, B, D* u. *E* auf 70%ig. wss. $(NH_4)_2SO_4$-Lsgg. vom p_H-Wert 4,5 gemessen, sowohl im niedrigen als auch im hohen Bereich der Oberflächenspannungswerte. Aus der für den niedrigen Bereich angewandten Zustandsgleichung für ideale 2dimensionale Gase in der Form FA = RTW/M (F = Oberflächenspannung in dyn/cm, A = Fläche in cm^2, W = Gewicht des Films in g, M = Mol.-Gew., R = 2dimensionale Gaskonstante in erg/Grad u. T = absol. Temp.) wurden unter Extrapolation auf F = 0 die Mol.-Geww. bestimmte. Die Meßergebnisse zeigen in ihrer graph. Auswertung, daß die F—A-Kurven (A in m^2/mg) für die Polymyxine A u. D ident. sind. Es wurde ein Mol.-Gew. von 1220 ± 60 gefunden. Ähnliche Ergebnisse, gleiche Kurven u. das Mol.-Gew. 1280 ± 70 wurden für B u. E erhalten, somit keine bezeichnenden Unterschiede unter den beiden Paaren. Jede FA—F-Kurve der beiden Paare zeigt zwischen 0,15 u. 0,20 dyn/cm ein Minimum. Nach Ansicht der Vff. ist dieses nicht auf einen Bruch des Mol. zurückzuführen, vielmehr wird es durch VAN DER WAALSsche Kräfte zwischen den angrenzenden C_8–KW-stoffketten der Filmmoll. verursacht, da diese Polypeptide eine 6-Methyloctansäure enthalten. Im hohen Bereich ergaben die Messungen wieder ident. F—A-Kurven für A u. D, während für B u. E von A u. D verschied. Kurven erhalten wurden. Charakterist. sind für A u. D das Zusammenfallen der Spannungswerte bei 22,6 dyn/cm, für B u. E bei 31,3 dyn/cm. A u. D zeigen eine größere Kompressibilität als B u. E. Weitere Unterschiede zwischen den beiden Paaren konnten in den elektr. Konstanten ihrer monomol. Schichten ΔVA [Oberflächenpotential ΔV mal Fläche A (mV · m^2/mg)] gefunden werden. Sie sind bei A u. D größer als bei B u. E. Aus den Ergebnissen wird gefolgert, daß beide Gruppen trotz ihrer Verschiedenheit in der Zus. der Aminosäuren eine große Ähnlichkeit in der intramol. Orientierung der Aminosäuren u. Fettsäurereste aufweisen, daß jedoch A u. D bei gleicher Oberflächenspannung nicht zu solch geschlossener Oberflächenpackung fähig sind wie B u. E. — A u. B mit ident. Einschichteigg. rufen starke Proteinurie hervor, während B u. E nur leicht tox. Wrkg. zeigen. (Biochem. J. **54**. 171—76. April 1953. Cambridge, Univ., Dep. of Colloid Sci.) ENDRASS. 3900

K. Holzer und **A. Zinke**, *Über die Bitterstoffe der Zichorie (Cichorium intybus L).* 2. Mitt. *Lactucin und Lactucopikrin.* (1. vgl. C. **1954**. 8358.) Vorliegende Arbeit bringt die experimentellen Unterss. zu der l. c. beschriebenen Isolierung u. Identifizierung der beiden Bitterstoffe *Lactucin* (I) u. *Lactucopikrin* (II).

Versuche: *Lactucopikrin* (II), $C_{23}H_{22}O_7$, Zers. bei 148—151°. Der aus frischen Zichorienwurzeln der Herbsternte 1951 hergestellte Milchsaft wird mit der 3fachen Menge A. verd. u. nach 24std Stehen abgesaugt; das goldgelbe Filtrat bei 30° einengen, den breiigen Rückstand nach 1 Tag filtrieren u. trocknen. 100 mg Trockensubstanz mit sd. Chlf. auskochen u. die Chloroformlsg. 48 Std. stehenlassen: 1,5 g Rohprodukt. 75 g Rückstand in Portionen zu je 20 g mit 1 Liter W. aufkochen u. bis 50° abkühlen: 8,5 g (Ausbeute). Gewinnung von weiteren 12,5 g durch nochmaliges erschöpfendes Ausziehen des Rückstandes mit W., insgesamt 22,5 g; aus W. schuppige Plättchen; $[\alpha]_D^{7,5}$ +67,3° (1,7828 g in 10 cm³ Pyridin). In wss. NaOH beim Erwärmen Zers. unter Braunfärbung, sonstige Farb-Rkk. wie in der Literatur beschrieben. *Dibenzoylverb.*, $C_{37}H_{30}O_9$, F. 176–177°, durch Kühlen u. Schütteln von 0,5 g **II** u. 0,9 cm³ Benzoylchlorid in 6 cm³ Pyridin u. nach 18 Std. Eingießen in Ae.; aus Aceton/Methanol Nadeln. *Bis-[p-Chlorbenzoyl]-verb.*, $C_{37}H_{28}O_9Cl_2$, F. 154–155°, aus 0,5 g **II**, 1,12 cm³ p-Chlorbenzoylchlorid u. 6 cm³ Pyridin wie vorst.; aus Essigester/Methanol Nadelbüschel; 0,45 g. — *Lactucin* (**I**), $C_{15}H_{16}O_5$, Zers. bei 213–217°, durch längeres Stehen der unter **II** beschriebenen, nach der 1. Auskochung erhaltenen wss. Mutterlaugen u. weiteres Einengen im Vakuum bei 40°; aus A. glänzende Plättchen; 24,5 g; $[\alpha]_D^{20}$ +75° (1 g in 10 cm³ Pyridin). In alkal. Lsg. rasche Zers. unter Braunfärbung. *Diacetylverb.*, $C_{19}H_{20}O_7$, F. 160–162°, nach SPÄTH, LORENZ u. KUHN (C. **1952**. 224). — *Hexahydrolactucopikrin* (**III**), $C_{23}H_{28}O_7$, F. 118–120°, durch Hydrierung von **II** mit RANEY-Ni in A. unter Entfärbung der grün fluorescierenden, gelben Lösung. Im Vakuum eindampfen, Rückstand trocknen, in A. lösen, mit n/10NaOH versetzen u. sofort mit 2nHCl ansäuern; aus W. Nadeln; 50%. *Phenylhydrazon*, $C_{29}H_{34}O_6N_2$, F. 118–121° (Aufschäumen), durch 24std. Stehen von 0,2 g vorst. Verb., 0,22 g Phenylhydrazinhydrochlorid u. 0,18 g Na-Acetat in wss. A.; aus verd. A. gelbliche Nadeln; 0,2 g. — *p-Oxyphenylessigsäure*, $C_8H_8O_3$, F. 150°, a) durch vorsichtige Dest. von 1 g **II** mit 9 g Quarzsand; b) durch 10 Min. Erhitzen von **II** mit verd. NaOH auf dem Wasserbad; c) durch 2std. Erhitzen von **II** auf dem Wasserbad mit 0,1nNaOH; aus dem sich aus der Ae.-Lsg. abscheidenden Öl wurden Kristalle von *Hexahydrolactucinsäure*, F. 159,5–162° (Essigester), isoliert. — *Papierchromatograph. Trennung* von **I** (R_F 0,64) u. **II** (R_F 0,73); Braunfärbung der Flecken) mit 1n methanol. KOH (Entwicklungsreagens) u. 5 Min. Erhitzen auf 100–110° (Lösungsm.: 45% Butanol, 5% A., 49% W. u. 1% NH_3). (Mh. Chem. **84**. 901–09. 15/10.; S.-B. österr. Akad. Wiss., math.-naturwiss. Kl., Abt. IIb **162**. 901. 1953. Graz, Univ., Inst. für Organ. u. Pharmazeut. Chem.) E. FRANCK. 3950

W. Andersen, D. H. Hayes, A. M. Michelson und **A. R. Todd,** *Desoxyribonucleoside und verwandte Verbindungen.* 4. Mitt. *Die Konfiguration am glykosidischen Zentrum in Desoxyadenosin und Desoxycytidin.* (3. vgl. DAVOLL u. Mitarbeiter, C. **1952**. 5094.) Die Behandlung von 2'-Desoxyadenosin (**I**) mit Triphenylmethylchlorid ergab *2'-Desoxy-5'-trityladenosin* (**II**), durch dessen Acetylierung das nichtkrist. *N.3'-Diacetyl-2'-desoxy-5'-trityladenosin* (**III**) erhalten wurde; dessen Hydrogenolyse ergab *3'-Acetyl-2'-desoxyadenosin* (**IV**) in schlechter Ausbeute. Durch direkte Acetylierung von **I** u. Fraktionierung durch Gegenstromverteilung konnte **IV** neben *5'-Acetyl-2'-desoxyadenosin* (**V**) u. *3'.5'-Diacetyl-2'-desoxyadenosin* (dem Hauptprod.) auf einfache Art gewonnen werden. Aus **IV** wurde *3'-Acetyl-2'-desoxy-5'-p-toluolsulfonyladenosin* (**VI**) dargestellt, das durch Erhitzen in Aceton auf 100° in ein cycl. Prod., das *p-Toluolsulfonat des 3'-Acetyl-2'-desoxy-3.5'-cycloadenosins*, übergeführt werden konnte. Daraus folgt, daß **I** am glykosid. Zentrum β-Konfiguration besitzt. **I** ist demnach *9-[2'-Desoxy-β-D-ribofuranosyl]-adenin.* 5'-Acetyl-2'-desoxy-3'-p-toluolsulfonyladenosin gibt beim Erhitzen in Aceton kein Salz eines cycl. Nucleosids. — Beim Erhitzen von *2'-Desoxy-5'-p-toluolsulfonylcytidin* in Aceton scheint ebenfalls ein Salz eines cycl. Nucleosids zu entstehen, das jedoch wegen seiner Instabilität nicht isoliert werden konnte. Der papierchromatograph. geführte Beweis für die Bldg. eines Cyclonucleosidsalzes spricht dafür, daß auch Desoxycytidin ein β-Glykosid darstellt.

V e r s u c h e: *2'-Desoxy-5'-trityladenosin* (**II**), $C_{29}H_{27}O_3N_5$, F. 195–197° (Aceton + PAe.), aus mol. Mengen **I** u. Triphenylmethylchlorid in Pyridin (1 Woche bei Raumtemp.); 62% (Ausbeute). — *N.3'-Diacetyl-2'-desoxy-5'-trityladenosin* (**III**), $C_{33}H_{31}O_5N_5$, aus **II** u. Acetanhydrid in Pyridin bei Raumtemp. über Nacht; nicht kristallisiert. — *3'-Acetyl-2'-desoxyadenosin* (**IV**), $C_{12}H_{15}O_4N_5$, 1. durch Hydrierung von **III** in A. bei 40–50° in Ggw. von Pd-Tierkohle + PdO; F. 211–212,5°, Prismen aus A.; 2. durch Acetylierung von 8,7 g **I** in 310 ml Pyridin mit einer Lsg. von 18,1 ml Acetanhydrid in 310 ml Pyridin (3 Std. bei Raumtemp.) u. Trennung des Acetylierungsgemisches durch Gegenstromverteilung zwischen W. u. Essigester; F. 216 bis 217°; 0,9 g hexagonale Prismen aus Essigester; λ_{max} 260 mμ (ε = 14300; in A.). — *5'-Acetyl-2'-desoxyadenosin* (**V**), $C_{12}H_{15}O_4N_2$, F. 140–141°, Nadeln aus A., aus Fraktionen bei vorst. Gegenstromverteilung; 2,3 g; λ_{max} 260 mμ (ε = 14400; in A.). — *3'.5'-Diacetyl-2'-desoxyadenosin*, $C_{14}H_{17}O_5N_5$, F. 151–152°, Nadeln aus Essigester-PAe., aus Fraktionen bei obiger Gegenstromverteilung; 4,0 g; λ_{max} 259 mμ (ε = 14800; in A.). — *3'-Acetyl-2'-desoxy-5'-p-toluolsulfonyladenosin* (**VI**), $C_{19}H_{21}O_6N_5S$, nicht krist., aus **IV** u. p-Toluolsulfochlorid in Pyridin (bei Raumtemp. über Nacht);

λ_{max} 257 mμ (in A.). — *3'-Acetyl-2'-desoxy-3.5'-cycloadenosin-p-toluolsulfonat*, $C_{19}H_{21}$·O_6N_5S, F. 195,5°, durch 75 Min. Erhitzen von VI in Aceton auf 100° im Einschlußrohr; λ_{max} 275—275 mμ (ε = 14900; in A.). — *5'-Acetyl-2'-desoxy-3'-toluolsulfonyladenosin*, $C_{19}H_{21}O_6N_5S$, F. 147—148°, Platten aus Chlf.-PAe. (Kp. 60—80°), aus V u. p-Toluolsulfochlorid in Pyridin. — *2'-Desoxy-5'-p-toluolsulfonylcytidin*, $C_{16}H_{19}O_6$·N_3S, F. 120° (W.), aus N.3'-Diacetyl-2'-desoxycytidin u. p-Toluolsulfochlorid in Pyridin (20 Std. bei Raumtemp.). — Die Arbeit enthält die R_F-Werte von Desoxyadenosin- u. Desoxycytidinderivv. in je 4 Lösungsmittelsystemen. (J. chem. Soc. [London] **1954.** 1882—87. Juni. Cambridge, Univ., Chem. Labor.) K. F. MÜLLER. 3950

D₃. Makromolekulare Chemie.

George Goldfinger und **Carl Heffelfinger,** *Die Halbwertszeit des freien Styrolradikals. 1. Mitt. Photopolymerisation in frei fallender Strömung.* Das Prinzip der Meth. von PANETH u. HOFEDITZ [1929] zur Unters. gasförmiger freier Radikale wurde von Vff. für Ketten-Rkk. in fl. Monomeren angewendet. Es wurde gefunden, daß die Halbwertszeit eines photochem. initiierten Polystyrolradikals 0,088 ± 0,015 Sek. ist. Eine einfache Erweiterung der Meth. sollte auch absol. Werte der Propagations-Geschwindigkeits-Konstante u. der Kettenübertragungskonstante geben. (J. Polymer Sci. **13.** 123—30. Febr. 1954. Buffalo, Univ., Dep. of Chem.) MINSINGER. 4010

Adolphe Chapiro und **Philippe Wahl,** *Über die Beziehung zwischen Geschwindigkeit und Intensität bei der Polymerisation des Styrols durch γ-Strahlen.* Die von verschied. Vff. beschriebene Polymerisation des *Styrols* mittels γ-Strahlen ergab eine unterschiedliche Beziehung zwischen der Polymerisationsgeschwindigkeit u. der Strahlungsintensität. So wurde einmal Proportionalität zwischen Geschwindigkeit u. der Quadratwurzel der Intensität (I), bei Strahlungen sehr hoher Intensität direkte Proportionalität ermittelt. Vff. untersuchen die Styrolpolymerisation bei 19° unter Verwendung von γ-Strahlenquellen aus ^{60}Co (27 Curie) u. Ra (0,275 Curie) bei unterschiedlichen Entfernungen von der Strahlungsquelle, so daß Intensitäten von 0,29—370 Röntgen/Min. erreicht wurden. Die logarithm. Beziehung zwischen dem Mol.-Gew. des gebildeten Polymerisats (über die Grenzviscosität berechnet) bzw. des Umsatzes u. der Strahlungsintensität gibt zwei Geraden der Neigung + ½ u. — ½, auf denen auch die früher von CHAPIRO (J. Chim. physique Physico-Chim. biol. **47.** [1950.] 747) ermittelten Meßwerte zu liegen kommen. Ob gegebenenfalls bei sehr hohen Strahlungsintensitäten die Polymerisationsgeschwindigkeit von proportional $I^{1/2}$ gegen $I^{1/4}$ geht oder ob fehlerhafte Messungen der Strahlungsdosis vorliegen, die die andersartigen Ergebnisse bedingt haben könnten, vermag zur Zeit von Vff. nicht entschieden zu werden. (C. R. hebd. Séances Acad. Sci. **238.** 1803—05. 3/5. 1954.) RUSKE. 4010

Charles C. Price, Benjamin D. Halpern und **Sing-Tuh Voong,** *Copolymerisationscharakteristiken einiger Vinylnaphthaline und Vinylphenanthrene. β-Vinylnaphthalin, 4-Chlor-1-vinylnaphthalin* (I), *6-Chlor-2-vinylnaphthalin, 2-* u. *3-Vinylphenanthren* werden mit *Styrol, Methylmethacrylat* u. *Methylacrylat* copolymerisiert. Hierbei wurden 0,08 Mol von jedem Monomerenpaar mit 0,1 Mol-% Benzoylperoxyd bei 60° konstanter Badtemp. unter N_2 bis zu einem Umsatz von 5—8% copolymerisiert u. aus benzol. Lsg. durch absol. Methanol gefällt. Es entstehen Prodd. mit hohen Erweichungspunkten (maximal 175°). Aus den relativen Geschwindigkeitskonstanten r_1 u. r_2 der Mischpolymerisation wurden die Reaktivitätsfaktoren Q u. e der Monomeren berechnet. Die Q-Werte, Maße für die Resonanzstabilisierung von Freiradikalen durch benachbarte Gruppen, liegen mit Ausnahme desjenigen von I höher als für Styrol, was auf die größeren Möglichkeiten für Resonanzstabilisierung durch die mehrkernigen Systeme zurückzuführen ist. (J. Polymer Sci. **11.** 575—82. Dez. 1953. Univ. of Notre Dame, Dep. of Chem.) KORBANKA. 4010

Cemil B. Senvar, *Die Polymerisation gelösten Acrylonitrils in Gegenwart von Ferriionen und Wasserstoffperoxydhemmung durch Sauerstoff.* Vf. untersucht die Polymerisation von *Acrylonitril* (I) in wss. Lsg. in Ggw. von Fe^{3+}-Ionen u. H_2O_2 bei 25° u. kleinen p_H-Werten sowie die Inhibitorwrkg. von O_2 bei dieser Reaktion. Von PARK u. Mitarbeitern (Trans. Faraday Soc. **42.** [1946.] 155 u. 688) war die Redoxpolymerisation von I in Ggw. von Fe^{2+} u. H_2O_2 untersucht worden. PARTS (C. **1952.** 1663) hatte darauf hingewiesen, daß auch die durch Fe^{3+} bedingte H_2O_2-Zers. die Polymerisation einzuleiten vermag. Vf. findet, daß die I-Polymerisation mit steigender Konz. an I, an Fe^{3+} oder an H_2O_2 zunimmt, mit steigender H^+-Konz. jedoch abnimmt. Polymerisationsverss. unter Luft bzw. N_2 mit geringem O_2-Geh. u. mit bzw. ohne Rühren der Reaktionsmischung ergaben, daß bes. beim Rühren die aus der Fe^{3+}-katalysierten H_2O_2-Zers. stammenden u. die I-Polymerisation bedingenden freien Radikale durch

O_2 zerstört werden u. daher nur geringe Polymerisation eintritt. (Commun. Fac. Sci. Univ. Ankara, Sér. B **4.** 66—81. 1952. Ankara, Univ., Inst. of Phys. Chem.)
RUSKE. 4010

S. Aybar, C. Senvar und **C. Akin,** *Über den Einfluß von verschiedenen Anionen, von Rührung, Größe der Oberfläche und Temperatur auf die durch das Redoxsystem Fe^{3+} + H_2O_2 katalysierte Polymerisation von Acrylonitril in wässeriger Lösung.* In Fortführung der im vorst. Ref. angeführten Verss. wurde *Acrylonitril* unter prakt. O_2freiem N_2 mittels Fe^{3+}-H_2O_2 bei 25° u. einem p_H von 1,70—1,71 polymerisiert u. der Einfl. der verschied. Anionen, des Rührens, der Größe der Oberfläche u. der Temp. untersucht. $FeCl_3$, $Fe(NO_3)_3$ u. $Fe(ClO_4)_3$ wirken annähernd gleich schnell auf die Polymerisation, wobei $FeCl_3$ den stärksten Einfl. zeigt. $Fe_2(SO_4)_3$ wirkt jedoch selbst in gleicher Molarität nur sehr viel schwächer. Durch Rühren der Reaktionsmischung wird selbst unter N_2 die Polymerisationsgeschwindigkeit verlangsamt, was auf eine günstigere Möglichkeit für Kettenabbruch-Rkk. oder auf ein erleichtertes Koagulieren u. damit auf eine Reaktionsbehinderung der Radikale zurückgeführt werden kann. Die Einw. von Ultraschall ist ohne größere Bedeutung für die Polymerisationsgeschwindigkeit. Ferner bedingt eine kleinere Oberfläche einen größeren Umsatz. Erhöhung der Temp. schließlich setzt die obere Grenze der linearen Zone (Rk. 0. Ordnung) auf niedrigere Umsatzwerte herab, da bei höheren Tempp. eine schnellere Radikal-Monomeren-Rk. einsetzt. (Commun. Fac. Sci. Univ. Ankara, Sér. B **4.** 82—93. 1952. Ankara, Univ., Physikal.-Chem. Inst.)
RUSKE. 4010

Richard G. Quynn und **Richard Steele,** *Infrarotdichroismus von Nylon und Polyäthylenterephthalat.* Vff. untersuchten die polarisierten Infrarotspektren einzelner Fäden u. Fasern aus *Nylon 66* (**I**) bzw. *Polyäthylenterephthalat* (**II**) bis zu einer Dicke von 20 μ herunter, die teilweise gestreckt waren (bis zu 5,99:1). Die Intensitätsverhältnisse $\varepsilon_\pi/\varepsilon_\sigma$ (bezogen auf die Faserachse) sind für verschied. Frequenzen (**I**: 3310; 3075; 2930; 2860; **II**: 1021; 975 cm^{-1}) angegeben. **I** zeigt bei geringeren Streckungsverhältnissen Paralleldichroismus, bei höheren Senkrechtdichroismus. **II** zeigt in ungestrecktem Zustand stärkeren Dichroismus als **I**, der beim Strecken seinen Charakter umkehrt. (Nature [London] **173.** 1240. 26/6. 1954. Princeton, N. J., Textile Res. Inst.)
J. ROTHE. 4010

G. V. Schulz, H.-J. Cantow und **G. Meyerhoff,** *Bestimmung des Durchmessers geknäuelter Fadenmoleküle aus Lichtzerstreuung und Viscositätszahl: Untersuchungen an Polymethylmethacrylaten.* An einer Reihe fraktionierter *Polymethylmethacrylate* vom Mol.-Gew. 25000—7500000 werden Lichtzerstreuungsmessungen (Winkel- u. Wellenlängenabhängigkeit) gemacht u. ferner die Diffusionskonstante, die Sedimentationskonstante in der Ultrazentrifuge u. die Viscositätszahl [η] in Aceton u. Chlf. bestimmt. Die Mol.-Geww. u. die Knäueldurchmesser der Moll. ergeben sich nach diesen Methoden als übereinstimmend. Die Abhängigkeit des Knäueldurchmessers d_{st} vom Mol.-Gew. M ist in Acetonlsg. etwas stärker als nach dem KUHNschen Wurzelgesetz (Kolloid-Z. **68.** [1934.] 2), nämlich $d_{st} \sim M^{0,58}$, während KUHN den Exponenten mit 0,5 angibt. Der Einfl. dieses Ergebnisses auf die Streufunktion nach DEBYE (J. appl. Physics **15.** [1944.] 338) sowie die Viscositätsgleichung von KIRKWOOD u. RISEMAN (C. **1949.** I. 864) werden besprochen. (J. Polymer Sci. **10.** 79—96. Jan. 1953. Mainz, Univ., Inst. für physikal. Chem.)
RUSKE. 4010

P. Alexander und **A. Charlesby,** *Energietransfer in Makromolekülen, die ionisierender Strahlung ausgesetzt wird.* Die von SVEDBERG u. BROHULT (Nature [London] **143.** [1939.] 938) berichtete Spaltung des *Hämocyanin*-Mol. durch ein α-Teilchen legt den Gedanken nahe, daß die an einer Stelle des Makromol. absorbierte Energie innerhalb des Mol. beweglich ist u. dadurch die entsprechende, die Untereinheiten zusammenhaltende Bindung zu sprengen vermag. Vff. untersuchen das Verh. von *Polymethylmethacrylat* (**I**) unter dem Einfl. von γ- u. Meilerstrahlen (langsame u. schnelle Neutronen + γ-Strahlen) u. finden, daß die Moll. statist. abgebaut werden, wobei pro 61 eV absorbierter Energie eine Bindung gesprengt wird. Als Bindungen kommen dabei nicht nur solche in der Hauptkette, sondern auch in der Esterseitenkette in Frage. Für den Bruch einer Bindung in **I**-Filmen mit 10% Allylthioharnstoff, Anilin bzw. Di-[m-tolyl]-thioharnstoff müssen entsprechend 143, 152 u. 227 eV absorbiert werden. Diese Schutzwrkg. ist annähernd unabhängig von der Strahlungsdosis u. proportional der Konz. der zugesetzten Verb.; diese wird in Ggw. des Polymeren stärker verändert, als wenn sie allein bestrahlt wird. Der Schutzeffekt dürfte sich damit auf einen Energietransfer vom Polymeren zur zugesetzten Verb. zurückführen lassen. Für den Bruch einer *Polyisobutylen* (**II**)-Bindung müssen unter den gleichen Bedingungen 17 eV absorbiert werden, bei einem Copolymeren aus 20% *Styrol* u. 80% **II** 32 eV, was auf Energietransfer vom **II**-Teil der Kette auf das aromat. Ringsyst. deutet. Die Bestrahlung geradkettiger KW-stoffe führt zu einer weitgehenden Vernetzung fast ohne Spaltung der Moll.; die zur Aufrichtung einer vernetzenden Bindung benötigte Energie beträgt ~ 20 eV. Ist in die Paraffinkette ein Dekalinmol. eingebaut, erhöht sich dieser Wert schwach, während der Einbau eines Naphthalinringes die Vernetzung sehr erschwert. Maximaler Vernetzungsschutz erfolgt bei Einbau des aromat. Syst. in der Mitte der Kette. (Nature [London] **173.** 578—79. 27/3. **1954.** London, Roy. Cancer Hosp., Chester Beatty Res. Inst., u. Harwell, Berkshire, Atomic Energy Res. Establ.) RUSKE. 4010

Bahattin Baysal, *Mechanismus der diradikalinitiierten Polymerisation.* Für Polymerisations-Rkk. werden Start-Rkk. über Monoradikale (n. Katalysatoren) bzw. Diradikale (therm. u. photochem. Polymerisation) diskutiert. Die Ergebnisse von ZIMM u. BRAGG (C. **1953.** 7307) deuten darauf, daß *Styrol* (I)-Diradikale sehr viel schneller rekombinieren, als das Kettenwachstum fortschreitet, u. daß bei der therm. Polymerisation bei 60° niedrigmol. Fraktionen entstehen, die 29% des gesamten polymeren Materials ausmachen. Bei der therm. Polymerisation von ***Methylmethacrylat*** (II) konnten jedoch keine solchen niedrigmol. Fraktionen isoliert werden. Vf. untersucht die Polymerisation von II unter der Wrkg. von Polymethylmethacrylatperoxyd (nach BARNES, ELOFSON u. JONES, C. **1950.** II. 2565) bei 60°. Das Polymere wurde durch Methanol gefällt u. seine Grenzviscosität nach OSTWALD bei 20° in Chlf. bestimmt. Wird die Polymerisationsgeschwindigkeit gegen den reziproken Wert des Polymerisationsgrades aufgetragen, fällt die erhaltene Kurve weder mit der für ein Monoradikal- noch mit der für ein Diradikalwachstum berechneten Geraden zusammen, was auf eine Kettentransfer-Rk. deutet. Das gleiche Ergebnis zeigt die therm. Polymerisation von II in Ggw. von O_2, das als Diradikal wirken kann. Vf. berechnet die Monoradikalkonz. bei der therm. Polymerisation von I zu $1{,}43 \cdot 10^{-9}$ [Mol/Liter], die Diradikalkonz. zu $0{,}24 \cdot 10^{-4}$, von II zu $0{,}81 \cdot 10^{-6}$ bzw. $0{,}81 \cdot 10^{-4}$. (Commun. Fac. Sci. Univ. Ankara, Sér. B **4.** 57—65. 1952. Ankara, Univ., Inst. of Phys. Chem.) RUSKE. 4010

J. W. Breitenbach und **Anni Schmidt,** *Quellungsgleichgewichte vernetzter Polyvinylpyrrolidone.* Vff. beschreiben die Darst. vernetzter, begrenzt quellbarer ***Polyvinylpyrrolidone*** (I) durch Mischpolymerisation von N-Vinylpyrrolidon mit Diallyl bzw. Diäthylenglykol-bis-allylcarbonat mittels Azo-bis-isobutyronitrils. Die Quellungsgleichgewichte der vernetzten I werden experimentell u. theoret. untersucht im Hinblick auf die Beeinflussung der Quellung in W. durch eingebaute Carboxylgruppen; es werden die Quellungsgleichgewichte in 20 verschied. Fll., die Temperaturabhängigkeit dieses Gleichgewichts in 5 Fll., die Gleichgewichte in Dioxan–W.-Gemischen sowie in wss. Lsgg. von Harnstoff, Rohrzucker, Methylenblau, Eosin, anorgan. Salzen u. Jod bestimmt. Vff. bestimmen ferner die Mischungsenthalpien an Mischungen von monomerem N-Vinylpyrrolidon mit W., Chlf. u. Dioxan. Die Quellungsgleichgewichte u. ihre Temperaturabhängigkeit stehen mit den Enthalpiegrößen dieser Modellsysteme in befriedigender Übereinstimmung. Eine bevorzugte Aufnahme in I-Gele finden nur anion. Farbstoffe (z. B. Eosin oder Kongorot) u. Jod. Bei mit Jod beladenen Gelen führen Jodionen zu einer zusätzlichen Nebenvalenzvernetzung. (Mh. Chem. **85.** 52—68. 1954. Wien, Univ., I. Chem. Labor.) RUSKE. 4010

C. J. Malm, J. W. Mench, D. L. Kendall und **G. D. Hiatt,** *Aliphatische Säureester der Cellulose. Darstellung nach dem Säurechlorid–Pyridin-Verfahren.* Die Herst. vollständig veresterter homologer Celluloseester von gleichem Polymerisationsgrad gelingt mit Hilfe von Säurechlorid u. Pyridin bei Einhaltung bestimmter Bedingungen. Eine Versuchsreihe zur Herst. von *Cellulosepropionat* ergibt als günstigste Konz. 1,5 Mol Säurechlorid u. 1,6—2 Mol Pyridin/Cellulosehydroxyl. Der Einfl. von Zeit, Temp. u. Lösungsm. wird untersucht. Unter 6 verschied. tertiären Aminen gibt nur β-Picolin ähnlich gute Ergebnisse wie Pyridin. — Ausgangsprod. ist eine aus handelsüblichem Celluloseacetat (40,4% Acetyl) regenerierte *Cellulose* mit der Viscosität 11,0 cPoise bei 25° (2,5%ig. Cuprammoniumlsg.). *Cellulosetripropionat, -tributyrat, -trivalerat, -tricapronat, -triheptylat, -tricaprylat, -tricaprinat, -trilaurat, -trimyristat* u. *-tripalmitat* werden durch 20—24std. Erhitzen von 1 Mol Cellulose mit 4,2 Mol Pyridin u. 3,6 Mol Säurechlorid in Dioxan (Gesamtverhältnis Fl.:Fest = 16:1) auf dem Wasserbad erhalten; nach dem Abkühlen Verdünnen mit Aceton bzw. Toluol u. wenig W., Ausfällen der Ester mit W. bzw. CH_3OH, Reinigen durch nochmaliges Lösen u. Ausfällen. — Die Analyse der Acyl- bzw. Hydroxylgruppen gibt übereinstimmende Werte. Die Intrinsicviscosität der Ester variiert mit den Acylgruppen u. dem Lösungsm. (Tetrachloräthan, Aceton), zeigt aber bei der aus den Estern regenerierten Cellulose übereinstimmende Werte. (Ind. Engng. Chem. **43.** 684—88. März 1951. Rochester, N. Y., Eastman Kodak Co., u. West Lafayette, Purdue Univ., Dep. of Chem.) ROSSOW. 4050

C. J. Malm, J. W. Mench, D. L. Kendall und **G. D. Hiatt,** *Aliphatische Säureester von Cellulose. Eigenschaften.* (Vgl. vorst. Ref.) Die FF., Wasseraufnahme, D., Reißfestigkeit, Löslichkeit u. spezif. Drehung der l. c. hergestellten *Cellulosetriester* (*Triacetat,* F. 306°. *Tripropionat,* F. 234°. *Tributyrat,* F. 183°. *Trivalerat,* F. 122°. *Tricapronat,* F. 94°. *Triheptylat,* F. 88°. *Tricaprylat,* F. 86°. *Tricaprinat,* F. 88°. *Trilaurat,* F. 91°. *Trimyristat,* F. 106°, u. *Tripalmitat,* F. 105°) werden verglichen. Die D., Reißfestigkeit, spezif. Drehung u. Wasseraufnahme sinken mit steigendem C-Geh. der Säuren. Die F.-Kurve hat bei dem C_8-Ester ein Minimum, während die größte Löslichkeit bei dem C_5- u. C_6-Ester beobachtet wird. — Tabellen, Kurven. (Ind. Engng. Chem. **43.** 688—91. März 1951.) ROSSOW. 4050

F. Šorm und **B. Keil,** *Über Proteine und Aminosäuren.* 9. Mitt. *Die Konstitution des Phalloidins.* (8. vgl. Collect. czechoslov. chem. Commun. **16.** [1951.] 214.) Das nach WIELAND (Liebigs Ann. Chem. **564.** [1949.] 152) aus dem Pilz *Amanita phalloides* gewonnene krist. Peptid *Phalloidin* (**I**) erwies sich bei der Verteilungschromatographie an Stärke u. bei der Ionophorese als einheitlich. Nach der Totalhydrolyse von **I** (14 Std. bei 105° mit 6 nHCl) u. Oxydation des Hydrolysenrückstandes mit H_2O_2 wurden papierchromatograph. *Cysteinsäure, Alanin* (**II**), *Allooxyprolin* (**III**) u. *Oxytryptophan* (**IV**) nachgewiesen. Nach einer partiellen Hydrolyse von **I** (17 mg **I** in 1 ml konz. HCl, 22 Std. bei 37°) wurden im Hydrolysat papierchromatograph. nachgewiesen: Ein aus Cystein u. **IV** bestehendes Dipeptid, *Cysteinylalanin, Cysteinylalanylallooxyprolin* oder *Alanylcysteinylallooxyprolin,* sowie 4 lediglich **II** u. **III** enthaltende Peptide. Vf. schlägt für **I** die Struktur eines cycl. Hexapeptids mit folgender Aminosäuresequenz vor: *—L-Alanyl-L-allooxytryptophanyl-L-alanyl-L-allooxyprolyl-L-oxytryptophanyl-L-cysteinyl.* (Collect. czechoslov. chem. Commun. **16.** 366—79. 1/8. 1951. Prague, Centr. Chem. Res. Inst.) K. F. MÜLLER. 4070

F. Šorm und **Z. Pravda,** *Über Proteine und Aminosäuren.* 10. Mitt. *Die Synthese von zwei Peptidanalogen.* (9. vgl. vorst. Ref.) Durch Rk. von Tyrosinäthylester (**I**) mit Glutar- bzw. Succinanhydrid in Essigester u. Verseifung der Reaktionsprodd. wurden *N-Glutaryl-L-tyrosin* u. *N-Succinyl-L-tyrosin* dargestellt.

V e r s u c h e : *N-Succinyl-L-tyrosinäthylester,* $C_{15}H_{19}O_6N$, F. 60—62° (aus Bzl.-Essigester (3:1)], durch tropfenweise Zugabe von Succinanhydrid in Essigester zu einer Lsg. aus I-Hydrochlorid + $NaHCO_3$ in W. u. Essigester unter Rühren (2 Std.) u. 20 Std. Stehen; 81% (Ausbeute). *N-Succinyl-L-tyrosin,* $C_{13}H_{15}O_6N$, durch 1std. Verseifung des Esters mit n-NaOH; 42%. — *N-Glutaryl-L-tyrosinäthylester,* aus **I** u. Glutaranhydrid in Essigester (4 Std. bei Raumtemp.); gelbliches Öl; 55%. *N-Glutaryl-L-tyrosin,* $C_{14}H_{17}O_6N$, F. 150—152° (Essigester), durch Verseifung des Esters mit n-NaOH; 85%. (Collect. czechoslov. chem. Commun. **16.** 423—25. 1/8. 1951.) K. F. MÜLLER. 4070

E. Biologische Chemie. Physiologie. Medizin.

E_1. Allgemeine Biologie und Biochemie.

J. Brachet, *Der Einfluß des Kerns auf den anaeroben Abbau von Adenosintriphosphat. Amoeba proteus*-Zellen wurden in kernhaltige u. -lose Hälften geteilt u. der Geh. an *Adenosintriphosphat* (**I**) nach Verbleib in Aerobiose bzw. Anaerobiose untersucht. In Ggw. von Luft blieb der **I**-Geh. der beiden Zellfragmente während mehrerer Tage nach der Teilung gleich, während nach 16std. Anaerobiose die **I**-Abnahme in den kernfreien wesentlich größer als in den kernhaltigen war. Wahrscheinlich ist die Erhaltung eines hohen **I**-Spiegels unter Anaerobiose mit der Glykogenolyse verknüpft, die in den kernhaltigen Teilen, im Gegensatz zu den kernlosen, bes. in den ersten Tagen nach der Trennung sehr lebhaft abläuft. Der Kern ist wahrscheinlich an der Aktivierung glykolyt. Enzyme (durch Bldg. von Cofaktoren) beteiligt u. weniger an deren Synth. selbst. (Nature [London] **173.** 725. 17/4. 1954. Bruxelles, Univ., Labor. de Morphol. animale.) K. MAIER. 4150

G. Lukowsky und **H. Netter,** *Zur Theorie der K-Schwelle und Ionenaktivität im Zellinnern.* Froschschenkel wurden von der Bauchaorta aus mit KCl-Lsg. durchströmt. Es wurde gefunden, daß die in die Faser aufgenommene K-Menge direkt proportional der K-Konz. der Lsg. ist (bei gleichbleibender Cl-Konz.). Dieser Befund läßt sich nicht mit der Annahme einer anionenimpermeablen Membran vereinbaren, sondern nur durch die von CONWAY entwickelte Theorie eines DONNAN-Gleichgewichts erklären. Der Proportionalitätsfaktor wurde durch flammenphotometr. K-Analyse bestimmt u. der Aktivitätsfaktor für das K im Muskelinnern abgeschätzt. K scheint

nur zu einem unmerklichen Bruchteil inakt. oder undissoziiert vorzuliegen. (Naturwissenschaften **39.** 240. Mai 1952. Kiel, Univ., Inst. für physiol. Chem.)
W. D. WEINMANN. 4150

W. S. Bullough, *Die energetischen Beziehungen der Mitoseaktivität.* Mit der Feststellung eines erhöhten O_2-Verbrauchs von Zellen im Stadium der Kernteilung ist die Frage ihrer energet. Voraussetzung aktuell geworden. In vitro- wie in vivo-Verss. haben die Bedeutung der Kohlenhydratzufuhr hierbei erwiesen. So haben sich Beziehungen zwischen der Mitoseaktivität gesunder u. krankhafter Gewebe u. deren Kohlenhydratversorgung ergeben. Mitosegifte können entweder durch Hemmung des n. Kohlenhydratstoffwechsels oder durch Störung des n. Ablaufs der Mitose zur Wrkg. kommen. Ebenso geht die hormonale Beeinflussung der Mitoseaktivität indirekt über eine Steuerung des Kohlenhydratstoffwechsels (Adrenalin, glucocorticotropes Hormon, ACTH) vor sich. Nur bei Sexualhormonen ist außerdem noch eine direkte Wrkg. auf die Mitoseaktivität nachgewiesen. Schließlich besitzt jedes Gewebe eine für dasselbe charakterist. Mitoseaktivität, die auf noch unbekannte mitosesteuernde Kräfte des Organismus zurückzuführen ist. (Biol. Rev. Cambridge philos. Soc. **27.** 133—68. Mai 1952. Sheffield, Univ.) WALLIS. 4150

Francesco d'Amato, *Hebt Mesoinosit den Colchicineffekt an der Wurzel von Allium cepa auf?* Der Befund, daß *Mesoinosit* (**I**) den *Colchicin* (**II**)-Effekt einer C-Mitoseauslösung aufhebe, konnte an Wurzelzellen von *Allium cepa* nicht reproduziert werden. Vielmehr konnte nur eine schwache Hemmung bzw. gar keine Beeinflussung festgestellt werden. Die Unterss. wurden bei 26—27° wie bei 16—17° bei verschied. **II**- bzw. Gammexan- u. **I**-Konzz. durchgeführt. Der geringe festgestellte Effekt wird auf eine veränderte Zellpermeabilität zurückgeführt, während die Hypothese, es handle sich bei der **II**-Wrkg. um eine Blockierung des **I** bzw. deren Vorstufen, widerlegt wird. (Arch. int. Pharmacodynam. Thérap. **89.** 409—14. 1/5. 1952. Pisa, Nat. Council for Res., Dep. of Plant Cytogenetics.) WALLIS. 4150

W. J. V. Osterhout, *Über die Protoplasmabewegung.* In den Zellen von Nitella bildet das Protoplasma eine ca. 15 μ dicke Schicht, deren innerer Teil ein Sol bildet, das sich in ständiger Bewegung um die Vakuole befindet. Die Protoplasmabewegung kann durch *Pb-Acetat* (**I**) gestoppt werden. Bei zu langer (> 1½ Std.) Einw. von **I** ist das Protoplasma nicht mehr in der Lage, nach Auswaschen mit W. die Bewegung wiederaufzunehmen. Bei der **I**-Einw. kontrahieren sich die Chloroplasten nach einigen Minuten. Durch Ultrazentrifugieren während der **I**-Einw. auf einen Teil der Zelle konnte nachgewiesen werden, daß die **I**-Wrkg. hauptsächlich auf einer Gelierung des Protoplasmas beruht. (J. gen. Physiol. **35.** 519—27. 20/1. 1952. Berkeley, Calif., Univ., Rockefeller Inst. for Med. Res.) H. SCHEURLEN. 4150

G. I. Rosskin und **M. W. Schornikowa,** *Histochemische Verschiedenheiten der sensiblen und motorischen Nervenzellen.* Die Best. der isoelektr. Punkte von Cytoplasma, Kern, Nucleolus u. Tigroid in den sensiblen Nervenzellen der Spinalganglien (**A**) u. in den motor. Nervenzellen (**B**) der Vorderhörner des Rückenmarks (Kaninchen, Ratten, weiße Mäuse) ließ auf deutliche Unterschiede der elektrokoll. Eigg. der Zellen schließen. Ferner war die Rk. auf die alkal. Phosphatase in den Kernen u. im Cytoplasma von **B** sehr schwach, in **A** hingegen sehr intensiv (hier bes. in Nucleolus, den Kerneinschlüssen u. der Kernhülle sowie im Cytoplasma). Die Plasmalmeth. nach CAIN ergab für **B** intensive Rotfärbung des Cytoplasmas u. Farblosigkeit für Kern u. Tigroid, während in **A** kein Plasmal nachweisbar war. Schließlich zeigte **B** im Gegensatz zu **A** eine intensive Rk. des Kerns u. Cytoplasmas auf Arginin u. Histidin. (Доклады Академии Наук СССР [Ber. Akad. Wiss. UdSSR] [N. S.] **93.** 349—52. 11/11. 1953.) RENTZ. 4150

G. M. Badger, *Chemische Konstitution und carcinogene Aktivität.* Übersichtsreferat. Historisches; *polycycl. aromat. KW-stoffe*: Struktur aromat. Verbb., Substituenten in aromat. Verbb., polycycl. Carcinogene, „günstige" Stellungen für Methylsubstitution, Wrkg. anderer Substituenten, heterocycl. Analoge carcinogener KW-stoffe, Fluorenderivv., Phenanthrentyp-Doppelbindung, Einfl. von Mol.-Form u. -Größe, PULLMAN-DAUDEL-Theorie, Rkk. mit OsO_4; *Azoverbb.* (**I**): Struktur aromat. **I**, carcinogene **I**, Azonaphthaline, Einfl. der N=N-Bindung, experimentelle Ermittlung des *K'*-Bereiches. — 113 Literaturangaben. (Advances in Cancer Res. **2.** 73—127. 1954. Adelaide, Australien, Univ., Chem. Dep.) K. MAIER. 4160

W. W. Scott und **H. L. Boyd,** *Untersuchung der carcinogenen Wirkung von β-Naphthylamin bei normalen und uretrosigmoidotomierten Hunden.* Da bei Ureter-Sigmoid-Implantation wegen Blasenkrebs die Entstehung eines Rectum- u. Sigmoidkrebses nicht geklärt ist, wurde in 4jähriger Beobachtung bei Hunden, die entsprechend operiert waren, die carcinogene Wrkg. von *β-Naphthylamin* kontrolliert u. bei allen Versuchstieren Blasenkrebs, andere Lokalisation aber nur bei Stauungen als Folge der Operation festgestellt. (J. Urology **70.** 914—25. Dez. 1953. Rochester, N. Y., Univ., School of Med., Dep. of Surg., Div. of Urol.) WELTZIEN. 4160

Raymond Bangle jr., *Das Vorkommen und die Verteilung von Glykogen beim Hämangiom, Dermatofibrosarcoma protuberans, Hämangiopericytom und Kaposi-Sarkom.* Dermatofibrosarcoma protuberans u. KAPOSI-Sarkom enthalten *Glykogen* (I) in den Spindelzellen u. Fibroblasten, capillare Hämangiome im Endothel. I tritt nicht auf in den intravasculären Tumorzellen des Hämangiopericytoms. (Amer. J. Pathol. **28.** 1027—33. Nov./Dez. 1952. Bethesda, Md., Nat. Inst. of Health, U. S. Public Health Service Federal Sec. Agency.) H. SCHEURLEN. 4160

Louis A. Krumholz und **John H. Rust,** *Ostogenes Sarkom bei einer Bisamratte aus einem Gebiet mit hohem Radiostrontiumvorkommen.* Bei einer Bisamratte (*Ondatra zibethica*), die in der Nähe von Oak Ridge gefangen wurde u. sich vorwiegend von Pflanzen ernährte, die ^{89}Sr enthielten (Aufnahme ca. 40 rep/Tag), wird ein sklerot. Tumor des rechten Tibiofibulargelenkes festgestellt. Nieren u. Lunge enthielten Metastasen. Radioaktivität wurde nur in den Knochen, der Luftröhre u. den Zehennägeln gefunden, nicht im weichen Gewebe. Alles deutet darauf hin, daß das ^{89}Sr das Sarkom verursacht hat. (A. M. A. Arch. Pathol. **57.** 270—78. April 1954. Oak Ridge, u. U. S. Army Veterinary Corps.) U. BAUMANN. 4160

J. R. Snavely, R. H. Bullington und **J. V. Schlosser,** *Die Wirkung therapeutischer Bestrahlung des Cervixcarcinoms auf die Leberfunktion.* Die indirekte Beteiligung der Leber bei der System-Rk. auf Röntgen- u. Radiumbestrahlung wird mittels Leberfunktionsproben untersucht. Bei 10 von 15 bestrahlten Trägerinnen von Cervixcarcinomen steigt der Retentionswert von Sulfobromphthalein über den Kontrollwert. Bei 5 Frauen findet sich eine Abnahme der Serumlipoidkonz., daneben zeigen sich Verschiebungen in der γ-Globulinfraktion des Serums. (A. M. A. Arch. intern. Med. **92.** 195—203. Aug. 1953. New Orleans, Univ. of Louisiana, Dep. of Med. Radiol.) WRBA. 4160

Alfred Gellhorn, *Neueste chemische und klinische Entwicklung der Chemotherapie des Krebses.* Es wird die Krebstherapie mit Folsäureantagonisten, die auf bestimmte enzymat. Reaktionsstufen der Biosynth. von Nucleinsäuren störend eingreift, einer allg. Betrachtung unterzogen. (J. Urology **70.** 813—26. Dez. 1953. Columbia, N. Y., Univ., Coll. of Physic., Dep. of Med.; New York, N. Y., Franc. Delafield Hosp. Med. Serv.) WELTZIEN. 4160

C. Chester Stock, *Chemotherapeutische Faktoren bei der Behandlung des Krebses.* Allg. Erörterungen zur Wahl des Versuchsobjektes, Einteilung der Cancerogene, Testmöglichkeit von Hemmstoffen. Hemmstoffe sind grundsätzlich zu suchen unter den Antimetaboliten oder in biol. akt. Substanzen (Beispiel: Antibiotica) oder in chem. reakt. Substanzen. Einzelne bekannte Hemmstoffe werden in ihrer Wrkg. erwähnt. Nach Zusatz von *β-Thienyl-(2)-alanin* bildet sich bei n. Zellen ein roter Hof; bei Tumorzellen bleibt diese offenbar auf Transaminierung beruhende Rk. aus. Die Meth. des Tests von Substanzen am wachsenden Hühnerembryo, der Züchtung von Tumoren auf der Chorioallantoismembran des Hühnereies, die Beurteilung der Überlebenszeit tumorbeimpfter Tiere u. die Festlegung der Größenzunahme solider Tumoren werden besprochen. (Chem. in Canada **5.** Nr. 6. 23—27. Juni 1953. New York, Sloan-Kettering-Inst. of Cancer Res.) WRBA. 4160

E₂. Enzymologie. Gärung.

Fritz Jung, *Zur Thermodynamik biologischer Systeme.* Bei Rkk. von Fermenten — für die als Modell das *Hämoglobin* angeführt wird — gelangt die prosthet. Gruppe aus einem Gleichgewichtszustand in einen neuen, während das Trägerprotein weit vom thermodynam. Gleichgewicht entfernt bleibt. Die Gleichgewichte an der prosthet. Gruppe sind daher im Hinblick auf das Gesamtmol. Scheingleichgewichte. Da bei allen Umsetzungen der Fermente Rückwirkungen von der prosthet. Gruppe auf die Eiweißkomponente stattfinden, die sich in einer laufenden Entropiezunahme des Trägerproteins auswirken, tritt bei hohen Umsatzzahlen der Fermente ein langsamer Verschleiß (= Denaturierung) ein. Es bestehen danach strenge Zusammenhänge zwischen der Aktivität eines Fermentes u. seiner Lebensdauer, bzw. zwischen der Stoffwechselaktivität von Zellen u. ihrer Alterung. Es wird an Hand dieser rein theoret. Überlegungen eine neue Theorie der Bldg. von HEINZschen Körperchen in Erythrocyten entwickelt. (Naturwissenschaften **41.** 120—21. 1. Märzheft 1954. Berlin, Univ., Pharmakol. Inst.) SCHELER. 4210

Jose Serrano Galvares, *Fermente der Zellatmung.* (Med. Cirug. Guerra **16.** 351—62. Juni 1954.) P. G. SCHEURLEN. 4210

A. W. Blagoweschtschenski und **L. W. Gawrilowa,** *Die Frostfestigkeit von Winterweizen und die Eigenschaften der Fermente.* Durch Unters. von 5 weichen Winterweizensorten wird festgestellt, daß die winterfesten Sorten im Vgl. zu den weniger winterfesten eine höhere Fermentaktivität aufweisen. Für jene wurde für den Q_{10} (5—15°)-Wert der *Katalase* 1,35, für diese 1,47—1,78 gefunden. Die entsprechenden Werte für Q_{10} (17—27°) der *Saccharase* ergaben sich zu 1,53 bzw. 1,96. (Доклады Академии Наук СССР [Ber. Akad. Wiss. UdSSR] [N. S.] **95.** 607—08. 21/3. 1954.) LEBTAG. 4210

Harland G. Wood, *Betrachtungen über Reaktionen, die mit der Bindung von Kohlendioxyd zusammenhängen.* Übersicht. Vf. bespricht die Bindung von CO_2 an C_4-Dicarbonsäuren u. die Möglichkeit einer Beteiligung von Enzymen u. ATP im tier. Gewebe u. bei Mikroorganismen. — 46 Literaturangaben. (Symposia Soc. exp. Biol. **1951.** 9—28. Cleveland, O., Univ., Dep. of Biochem.) F. GÜNTHER. 4210

R. H. Kenten und **P. J. G. Mann,** *Eine einfache Methode zur Darstellung von Meerrettichperoxydase.* Vff. beschreiben eine neue Meth. zur Darst. von *Meerrettichperoxydase* (**I**), bei der die Anwendung der Elektrophorese entfällt. 5 kg Wurzeln von *Cochlearia Armoracia L.* wurden zerkleinert u. mit 7 Liter W. extrahiert. Fällung bei 0—2° mit A./Chlf. (2:1) unter Rühren (20 Min.). Zentrifugieren bei 3000 Umdrehungen/Min. (15 Min.). Die überstehende gelbe Fl. wird mit 2n NaOH auf p_H 5,5 eingestellt u. im Vakuum auf 2,18 Liter eingeengt (0,9 Liter/Std. unter 30°). Nach Fällung mit $(NH_4)_2SO_4$ (**II**) 250 g/Liter/Konzentrat) wird der Nd. abzentrifugiert. Alsdann Zugabe von weiteren 250 g **II**/Liter Ausgangskonzentrat u. Aufbewahrung bei 0—2° über Nacht. Der Nd. mit der Hauptmenge von **I** wird abzentrifugiert u. in 50 ml 0,2 mol. Orthophosphatpuffer (p_H 7,0) suspendiert. Dialyse gegen fließendes Leitungswasser (3 Std.) u. schließlich 5 Liter aqua dest. über Nacht bei 0—2°. Nach dem Abzentrifugieren wird 2 mal mit W. gewaschen. Die überstehende Fl. wird auf 0° abgekühlt u. A. (1,5 Vol.) von —5° unter Rühren langsam zugegeben. 30 Min. wird bei 0° gehalten u. dann zentrifugiert. Im Vakuum über H_2SO_4 wird der Nd. getrocknet. Zur überstehenden Lsg. wird bei 0° weiterer A. (2,5 Vol.) zugesetzt u. nach 30 Min. bei 0° zentrifugiert. Trocknen des Nd. wie oben. Suspendieren in 25 ml W. u. Zentrifugieren. Die überstehende Lsg. wird wie oben fraktioniert gefällt, die Ndd. zwischen 0—1,2 (**A**) u. 1,2—2 Voll. A. (**B**) gesammelt. Trocknen wie oben. Nd. **B** wird in W. gelöst u. erneut mit 1,3 (**C**) u. 1,3—1,9 Voll. A. (**D**) gefällt u. getrocknet. Präp. **D** zeigt nach einjähriger trockener Lagerung bei Zimmertemp. kaum Aktivitätsverlust (Purpurogallinzahl [P.Z. nach WILLSTÄTTER u. STOLL] 1040—1120, Hämingeh. 1,1—1,2%). Kristallisierung ist nach folgender Meth. möglich: Der bei Fällung der Fraktion **D** mit **II** zwischen 56 u. 70% Sättigung anfallende Nd. wird in wenig W. gelöst (Zentrifugenglas) u. tropfenweise gesätt. **II**-Lsg. zugegeben, bis eine Trübung auftritt, die bei Kühlung in Eiswasser verschwindet. Die Lsg. wird dann mit einem Tropfen einer Suspension von **I**-Kristallen in 70% gesätt. **II**-Lsg. geimpft. In wenigen Std. beginnt die Kristallisation. Die Kristalle können in 70% gesätt. **II** bei 0° aufbewahrt werden. (Biochem. J. **57.** 347—48. Juni 1954. Harpenden, Herts, Rothamsted Exp. Stat., Biochem. Dep.) HANS THIELE. 4210

Jean McCorkindale und **N. L. Edson,** *Polyalkoholdehydrogenasen.* 1. Mitt. *Die Spezifität der Rattenleber-Polyalkoholdehydrogenase.* Die *Polyalkoholdehydrogenase* (**I**) aus Rattenleber katalysiert mit großer stereochem. Spezifität die Rk.: acycl. Polyalkohol + Diphosphopyridinnucleotid (**II**) ⇌ Ketose + $\mathbf{II}_{(red.)}$ + H^+. *Cyclitole* werden nicht angegriffen. **I** wird zweckmäßig als *L-Iditdehydrogenase* bezeichnet. Die Oxydation vollständig hydroxylierter acycl. Polyalkohole (**III**) von 5—7 C-Atomen durch **I** erfordert folgende ster. Konfigurationen: 1. Die bei der Oxydation beteiligte sek. Alkoholgruppe muß einer prim. benachbart sein u. hinsichtlich dieser prim. OH-Gruppe L-Konfiguration besitzen. 2. Das der oxydablen Gruppe folgende sek. OH kann D- oder L-Konfiguration haben, wobei *Sorbit, L-Idit, Xylit* u. *β-Sedoheptit* rascher als *Allit* oder *Ribit* oxydiert werden. 3. Das nächstfolgende OH muß wieder L-Konfiguration aufweisen. Möglicherweise werden auch bestimmte *ω-Desoxypolyalkohole,* z. B. *6-Desoxy-D-idit, 6-Desoxy-L-glucit,* von **I** angegriffen. Die angegebenen Spezifitätsregeln stehen im Gegensatz zu der für die Oxydation bestimmter acycl. **III** zu Ketosen durch *A. suboxydans* aufgestellten Regel. Eine vergleichende Betrachtung der Umwandlung von **III** in verschied. Organismen führt zur Annahme von mindestens 3 sich durch ihre stereochem. Affinität unterscheidende Typen von Polyalkoholdehydrogenasen (*L-Idit-, D-Mannit-* u. *Galaktitdehydrogenase*). (Biochem. J. **57.** 518—23. Juli 1954. Otago, Neuseeland, Univ., Med. School, Dep. of Biochem.) K. MAIER. 4210

Helen A. Stafford, Anna Magaldi und **Birgit Vennesland,** *Die enzymatische Reduktion von Oxybrenztraubensäure zu d-Glycerinsäure in höheren Pflanzen.* Aus verschied. Pflanzen u. Früchten (nicht aus reifen Pflaumen u. Tomaten) wurden Proteinfraktionen durch Extraktion mit dest. W., $(NH_4)_2SO_4$-Fällung u. Behandlung der zentrifugierten Ndd. mit 0,001 mol. Phosphatpuffer von p_H 7,4 erhalten, welche eine neue *Pyridinnucleotiddehydrogenase* enthalten, die im Gegensatz zur Muskelmilchsäuredehydrogenase bei Ggw. von red. *Diphosphopyridinnucleotid* (**DPNH**) nur die Red. von Oxypyruvat (**I**) zu D-Glycerinsäure (**II**), nicht aber die Red. von Pyruvat zu Milchsäure katalysiert. Da die Rk. reversibel ist, schlagen Vff. den Namen *D-Glycerinsäuredehydrogenase* vor. Zur Unters. des Reaktionsverlaufes wurden jeweils 10 μ mol. **I** mit 140 γ red. **DPNH** bei Ggw. gleichbleibender Mengen des Enzyms bebrütet, u. der Verbrauch an **DPNH** durch Best. der Änderung der opt. Dichte ($\lg I_0/I$) bei **340** mμ in der Zeiteinheit ermittelt. Die bei Ggw. von Molybdat für $[\alpha]_D$ gefundenen Werte von +75 u. +82° für **II** (Na-Salz) stimmen mit den von FAGER u. ROSENBURG gefundenen Werten (+83°) gut überein. **II** wurde ferner papierchromatograph. u. als p-Phenylphenacylester (F. 145—146°) bestimmt. (J. biol. Chemistry **207.** 621 bis 629. April 1954. Chicago, Ill., Univ., Dep. of Biochem.) SCHELLENBERGER. 4210

John E. French und **Earl P. Benditt,** *Beobachtungen über die Lokalisierung von alkalischer Phosphatase in heilenden Wunden.* Der Nachw. der *alkal. Phosphatase* (GOMORI, C. **1951.** II. **3602**) in heilenden Wunden zeigt, daß das Ferment nicht nur an Stellen sich neubildenden Bindegewebes konz. ist. Es wird vermutet, daß die hohe Phosphataseaktivität wenigstens teilweise in Zusammenhang mit der Regeneration des Epithelgewebes steht. (A. M. A. Arch. Pathol. **57.** 352—56. April 1954. Chicago, Ill.) U. BAUMANN. 4210

Burton M. Pogell und **R. W. McGilvery,** *Anreicherung von Fructose-1.6-diphosphatase.* Methoden zur Reinigung von *Fructose-1.6-diphosphatase* (**I**) aus Kaninchenleber mit u. ohne Autolyse. Nach Adsorption an Al_2O_3 werden Präpp. von 300facher Anreicherung gegenüber der **I**-Konz. im Gewebe erhalten. Inaktivierung von **I** erfolgt erst oberhalb 70°. Die Notwendigkeit der Ggw. von Mg^{2+}-Ionen wird bestätigt, gleichzeitig vorhandene Mn^{2+}- oder Cysteinspuren verstärken die Aktivität bedeutend. Prim. Reaktionsprod. ist vermutlich Fructose-6-phosphorsäure. (J. biol. Chemistry **208.** 149—57. Mai 1954. Madison, Wis., Univ. of Wisconsin, Med. School, Dep. of Physiol. Chem.) M. W. ROTHE. 4210

O. E. Pratt, *Die Entphosphorylierung von Thiaminpyrophosphat durch Suspensionen von Gehirngewebe.* Eine vergleichende Unters. der Geschwindigkeiten, mit denen Suspensionen (in NaCl-Lsg.) von Gesamtrattengehirn anorgan. Phosphat aus *Glycerophosphat* (**I**) bei p_H 5,3 oder 9,1 bzw. aus *Thiaminpyrophosphat* (**II**) bei p_H 6,9 abspalteten, ergab maximale **II**-Hydrolyse bei 6,9 mit stärkerem Abfall nach der sauren Seite hin, während die **I**-Spaltung bei ca. 6,9 einen Minimalwert hatte. Die **II**-Spaltung wurde durch 0,03 mol. Mg^{2+} oder 0,05 mol. Ca^{2+} beträchtlich aktiviert. Die **I**-hydrolysierende saure Phosphatase zeigte bereits ohne 2wertige Kationen hohe Aktivität. Zur Hemmung der einzelnen Rkk. durch NaF, $La(NO_3)_3$ oder *Cystein* waren unterschiedliche Inhibitorkonzz. erforderlich. Ein Acetonpräp. einer Gehirnsuspension besaß fast keine *Thiaminpyrophosphatase* (**III**)-Aktivität, hydrolysierte jedoch **I. III** unterscheidet sich von *alkal. Phosphatase* durch die vorwiegende Lokalisierung der ersteren in den Nervenzellen u. der letzten in den Blutcapillaren. Die Entphosphorylierung von **II** durch Gehirn erfolgt auf Grund dieser Befunde durch ein besonderes Enzym. (Biochem. J. **56.** III—IV. Jan. 1954. London, Maudsley Hosp., Inst. of Psych., Dep. of Biochem. and Neuropathol.) K. MAIER. 4210

Bo G. Malmström, *Die Wechselwirkung zwischen DL-2-Phosphoglycerinsäure und Enolase aktivierenden Metallionen.* (Vgl. C. **1954.** 1970.) Es wurde die Komplexbldg. zwischen *DL-2-Phosphoglycerinsäure* (**I**), als Substrat der *Enolase* (**II**), u. den **II**-aktivierenden Ionen Mg^{2+}, Mn^{2+} u. Zn^{2+} bei 23° u. der Ionenstärke $\mu = 0{,}056$ untersucht. Die gebildeten Komplexe gehören dem 1:1-Typ an. Die Dissoziationskonstanten der **I**-Komplexe von Mg^{2+}, Mn^{2+} u. Zn^{2+} wurden mittels der Ionenaustauschmeth. unter Verwendung der *Na*-Form von *Dowex 50* ermittelt. Die Dissoziationskonstanten von $MgHPO_4$, $MnHPO_4$ u. $ZnHPO_4$ wurden bei 23° u. $\mu = 0{,}056$ bestimmt. Das **II**-Mol. enthält wahrscheinlich eine spezif. Gruppierung, die für die starke Wechselwrkg. mit Metallionen verantwortlich ist u. in den meisten Proteinen nicht vorkommt. (Arch. Biochem. Biophysics **49.** 335—42. April 1954. Uppsala, Inst. of Biochem.)
K. MAIER. 4210

D. E. Koshland jr. und **Sylvia S. Stein,** *Beziehung zwischen Lösung von Bindungen und Enzymspezifität. Angriffsstelle der Invertase.* Die Hydrolyse von Saccharose mit $H_2{}^{18}O$ in Ggw. von Invertase führt zu n. Glucose. Die Sprengung der O-Brücke erfolgt somit zwischen O u. Fructose: Glucose—O—Fructose + $H_2{}^{18}O \rightarrow$ Glucose—OH + Fructose—^{18}OH. Die Beobachtung entspricht der Regel, daß bei enzymat. Hydrolyse die Lsg. der Bindung stets neben dem für das Enzym spezif. Substrat erfolgt. Neben Invertase folgen alkal. u. saure Phosphatase, Trypsin u. Chymotrypsin dieser Regel. Darst. von *l*-^{18}O-Glucose u. Entw. einer Meth. zur Best. des ^{18}O-Geh. der glycosid. OH-Gruppe. (J. biol. Chemistry **208.** 139—48. Mai 1954. Upton, N. Y., Dep. of Biol., Brookhaven Nat. Labor.) M. W. ROTHE. 4210

Karl Myrbäck und **Ebba Willstaedt,** *Stärkeabbau durch α-Amylasen.* 4. Mitt. (3. vgl. Ark. Kemi **6.** [1954.] 443.) *Die Maltasewirkung des Speichels.* Vff. stellen fest, daß bei Einw. von Speichel auf *Maltose* (I) große Mengen *Glucose* (II) gebildet werden. Dagegen werden nur geringe II-Mengen gefunden bei Einw. von erhitztem (61—63°) Speichel, der keine Wrkg. auf I besitzt, auf Stärke. Beim Vgl. der Verss. mit Stärke u. jenen mit I als Substrat, läßt sich feststellen, daß aus Stärke mehr II gebildet wird als aus I. Aus den Versuchsergebnissen wird der Schluß gezogen, daß II auch von Dextrinen, die mehr als 2 II-Einheiten enthalten, gebildet wird u. daß diese I-Bldg. durch Spuren von Maltase verursacht wird, die im Speichel vorkommen. (Ark. Kemi **6.** Nr. 43. 465—69. 1954. Stockholm, Univ., Inst. of Organ. Chem. and Biochem.) FAHRNLAENDER. 4210

K. S. Dogson und **B. Spencer,** *Untersuchungen über Sulfatasen.* 1. Mitt. *Die Wahl des Substrates zur Bestimmung der Rattenleberarylsulfatase.* Aus allen Rattengeweben (Homogenate), ausgenommen Leber, werden die zugesetzten Phenole *p-Nitrophenol* (I), *4-Nitrobrenzcatechin* u. *p-Oxybenzaldehyd* (II) spektrophotometr. vollständig wiedergefunden. Die niedrigen Ausbeuten an *6-Brom-2-naphthol* beruhen auf dessen Adsorption an Eiweiß. Leberhomogenate red. I zu *p-Aminophenol,* während II in *p-Oxybenzylalkohol* u. *p-Oxybenzoesäure* umgewandelt wird. Rattengewebe-, einschließlich Leberhomogenate verändern *p-Oxyacetophenon* anscheinend nicht, weswegen *p-Acetylphenylsulfat* (III) als Substrat für eine spektrophotometr. *Arylsulfatase*-Bestimmungsmeth. vorgeschlagen wird.

V e r s u c h e: *K-p-Acetylphenylsulfat,* $C_8H_7O_5SK$, Nadeln, λ_{max} 252,5 mμ (ε_{max} 11450) (0,1nNaOH); Chlorsulfonsäure (<5°) zu Diäthylanilin in CS_2 tropfen, bei Raumtemp. Suspension von p-Oxyacetophenon in CS_2 zugeben, nach 2 Std. Lösungsm. entfernen, Rückstand in KOH–Ba(OH)$_2$-Lsg. eintragen (<35°), abgetrenntes *K*-III mit A., Ae., wenig W. waschen, umkrist. aus W. u. wss. Alkohol. (Biochem. J. **53.** 444—51. Febr. 1953. Cardiff, Physiol. Inst.) K. MAIER. 4210

K. S. Dogson, B. Spencer und **J. Thomas,** *Untersuchungen über Sulfatasen.* 2. Mitt. *Die Bestimmung der Arylsulfataseaktivität von Rattengeweben.* (1. vgl. vorst. Ref.) Unter Verwendung von *K-p-Acetylphenylsulfat* (I) als Substrat wurden die optimalen Bedingungen für die *Arylsulfatase* (II) von Rattenleberhomogenaten ermittelt. II ist in 0,5 mol. Acetat bei p_H 7,2 u. 0,007 mol. I optimal wirksam. Die II-Aktivität änderte sich linear mit der II-Konz., fiel jedoch nach mehr als 1¼—1½ std. Incubation mit Substrat ab. Bebrütung von Rattenleberhomogenaten in 0,5 mol. Acetatlsg. bei p_H 7,2 ohne Substrat verringerte die II-Aktivität erheblich. Fraktionierung der Homogenate durch Zentrifugieren bewirkte eine II-Verteilung zwischen Fl. u. Nd., wobei ein gewisser Aktivitätsverlust eintrat. Der erhöhte II-Geh. fand sich in der Leber. Nebennieren, Nieren, Herz, Milz, Lunge, Hoden, Ovarien, Hirn, Muskel u. Darm wiesen in abnehmender Folge weniger II auf. Die II-Aktivität der Leber männlicher Ratten ist beträchtlich höher als die der weiblichen Tiere. (Biochem. J. **53.** 452—57. Febr. 1953. Cardiff, Physiol. Inst.) K. MAIER. 4210

Ch. Ss. Koschtojanz und **G. A. Busnikow,** *Über die Aktivität und die vermutliche funktionelle Bedeutung der Hyaluronidase während verschiedener Stadien der Fischontogenese.* Experimentelle Unterss. führten zum Ergebnis, daß es Aufgabe der *Hyaluronidase* (I) sein muß, die Permeabilität der oberflächlichen Strukturen der Embryonen, entsprechend der Zunahme des Atmungsgasstoffwechsels, zu erhöhen. Es ist wahrscheinlich, daß I auch an der Vorbereitung des Ausschlüpfens aus dem Ei beteiligt ist. (Доклады Академии Наук СССР [Ber. Akad. Wiss. UdSSR] [N. S.] **93.** 937—40. 11/12. 1953. Moskau, Lomonossow-Univ., u. Akad. der Med. Wiss. der UdSSR, Inst. für Morphol. der Tiere.) RENTZ. 4210

M. Clyde Otey, Sanford M. Birnbaum und **Jesse P. Greenstein,** *Löslich gemachte Nierenglutaminase I.* Ein wss. Schweinenierenhomogenat wird bei 850 g u. dann bei 42000 g zentrifugiert, das 1. Sediment verworfen, das 2. lyophil getrocknet (Mitochondrienfraktion), das erhaltene Präp. 2 Min. bei 0° mit Butanol homogenisiert, der Filtrationsrückstand mit kaltem Aceton u. Ae. gewaschen, im Vakuum getrocknet, mit kaltem dest. W. extrahiert u. zentrifugiert. Man erhält eine klare, hellgelbe Lsg., die in Ggw. von *Phosphat* (I) *Glutaminase I* (II)-Aktivität gegen *L-Glutamin* besitzt. II ist ziemlich instabil. Borat wirkt stabilisierend, ohne zu aktivieren, Sulfat aktiviert lediglich, I u. Arsenat stabilisieren u. aktivieren. Die II-Lsg. besitzt Aktivität gegenüber *L-Isoglutamin* u. *L-Isoasparagin*, die durch I deutlich gehemmt wird. Die geringe Wirksamkeit gegenüber *L-Asparagin* wird durch I nicht merklich beeinflußt. (Arch. Biochem. Biophysics **49.** 245—47. März 1954. Bethesda, Md., Nat. Inst. of Health, Nat. Cancer Inst.) K. MAIER. 4210

Ss. Je. Borshkowski, *Über die Eigenschaften der Proteinase des roten Klees und der Kleesilage.* Frischer Rotklee u. Rotkleesilage enthalten eine Proteinase vom Papaintyp. Bei p_H-Werten von 3,0—3,2 ist sie inakt.; ihre Aktivität steigt bei einer Verschiebung des p_H-Wertes in alkal. Richtung. (Биохимия [Biochemie] **18.** 159—62. März/April 1953.) M. GORDIENKO. 4210

N. Michael Green, *Konkurrenz zwischen Trypsininhibitoren.* Es wird über Verss. zur Klärung der Kinetik bei der Einw. von Proteininhibitoren aus Pankreas (I), Sojabohnen (II) u. Eiklar (III) auf *Trypsin* (**T.**) berichtet; die Hemmwrkg. dieser Stoffe wurde in Beziehung gesetzt zu der Wrkg. von *Diisopropylfluorphosphat* (*DFP*), $HgCl_2$ u. Ca-Salzen (vgl. GREEN u. Mitarbeiter, C. **1954.** 1972). Die Hemmung von **T.** durch DFP, I, II u. III ist kompetitiv, denn die Rk. dieser Inhibitoren mit **T.** trat in Ggw. von Substrat (Benzoyl-L-argininäthylester; IV) kaum ein. Ca^{2+} beeinflußt die zu einer bestimmten Hemmung notwendige I- bzw. II-Menge nicht. DFP reagiert nur in geringem Umfang mit der I–**T.**-Verb. u. gleichermaßen reagiert DFP–**T.** nicht merklich mit einem der 3 Proteininhibitoren. In einem Gemisch von **T.** + IV + DFP wird **T.** nicht inaktiviert, so lange noch IV vorhanden ist; Zugabe von Ca^{2+} zu diesem Syst. bewirkt keine Steigerung der **T.**-Aktivität. Dies stimmt überein mit der Beobachtung, daß Ca^{2+} die Rk. zwischen DFP u. **T.** in Abwesenheit von IV nicht erhöht. $HgCl_2$ verhindert eine Rk. von **T.** mit DFP oder I; die Rk. zwischen $HgCl_2$ u. **T.** wird durch IV nicht verhindert. (J. biol. Chemistry **205.** 535—51. Dez. 1953. Seattle, Wash., Univ. of Washington, Dep. of Biochem.) H. GOEBEL. 4210

L. A. Heppel, P. R. Whitfeld und **R. Markham,** *Austauschreaktionen unter Beteiligung von Dinucleotiden und cyclischen Mononucleotiden. Pankreasribonuclease.* katalysiert die Bldg. eines *Dinucleosidmonophosphats* aus einem cycl. *Pyrimidinmononucleotid* u. einem *Pyrimidinnucleosid*. Folgende 2 Rkk. wurden durchgeführt: *Dicytidinmonophosphat* aus *Cytidin-2'.3'-phosphat* u. *Cytidin* (I); *Uridylylcytidin* aus *Uridin-2'.3'-phosphat* u. I. Mit einer Enzymfraktion aus Milz (Nature [London] **171.** [1953.] 1151) wurden folgende Austausch-Rkk. nachgewiesen: *Adenylyluridylsäure* (II) + I → *Adenylylcytidin* + *Uridylsäure* (III); II + CH_3OH → *Adenosinmethylphosphat* + III. Beide Rkk. verlaufen in beträchtlichem Maße im angegebenen Sinne. Die Reversibilität wurde nicht untersucht. (Biochem. J. **56.** III. Jan. 1954. Cambridge, Molteno Inst., Agric. Res. Council, Plant Virus Res. Unit.) K. MAIER. 4210

I. Rosabelle McManus, *Die Biosynthese von Valin durch Saccharomyces cerevisiae.* Aus dem Eiweiß von Hefe (*Saccharomyces cerevisiae*), die in Nährlsgg. gezüchtet war, die $^{14}CH_3{}^{13}COOH$, $^{14}C_{(1)}$-*Glucose* + $CH_3{}^{13}COOH$, $CH_3{}^{14}COOH$ oder ^{14}C-*Na-Formiat* (IV) u. *Glucose* (I) als Haupt-C-Quelle enthielten, wurde *Valin* (II) isoliert u. die Isotopenverteilung ermittelt. Das $C_{(COOH)}$ des Acetats (III) lieferte ausschließlich II-$C_{(COOH)}$, während das $C_{(CH_3)}$ von III ungleichmäßig in die restlichen II-*C*-Atome eingebaut wurde. $C_{(1)}$ von I diente für die Synth. der *Isopropyl-C*-Atome von II, lieferte jedoch für $C_{(2)}$ von II keinen Beitrag. IV wurde für die II-Synth. nicht verwertet. Diese Befunde deuten im Zusammenhang mit anderen Beobachtungen auf eine II-Synth. durch Kondensation eines C_3- u. eines C_2-Bausteins hin. (J. biol. Chemistry **208.** 639—44. Juni 1954. New Haven, Conn., Yale Univ., Dep. of Biochem.; Chicago, Ill., Univ., Dep. of Biochem.) K. MAIER. 4270

E₃. Mikrobiologie. Bakteriologie. Immunologie.

Harold J. Morowitz, *Der Energiebedarf der Bakterienbewegung.* Es wird eine Formel zur Berechnung der für die Fortbewegung einer Bakterienzelle erforderlichen Energie/Zeiteinheit angegeben. Für *Bacillus subtilis* ergibt sich hieraus unter Annahme eines 25%ig. Nutzeffekts bei der Umwandlung von chem. in mechan. Energie ein Aufwand von 56 eV/Sek. je Zelle. Diese Energie könnte durch die Hydrolyse von ca. 150 energiereichen Phosphatbindungen geliefert werden. Da die Zahl der Geißelbewegungen/Sek. (100—400) von der gleichen Größenordnung wie die der pro Sek. reagierenden Bindungen ist, kann angenommen werden, daß jeder Geißelschlag das Ergebnis der Rk. weniger (oder eines) Moll. darstellt. (Science [Washington] **119.** 286. 26/2. 1954. Washington, D. C., Nat. Bureau of Standards.) K. MAIER. 4300

Tsoo E. King und **Vernon H. Cheldelin,** *Oxydationen bei Acetobacter suboxydans.* Zellfreie Extrakte von Acetobacter suboxydans sind in der Lage, folgende Rkk. zu katalysieren: A. → Acetaldehyd; Glycerin → Dioxyaceton → Ketoverbb. u. andere unbekannte Prodd.; Glucose → unbekannte Prodd.; Brenztraubensäure → Acetaldehyd; Acetaldehyd → Acetat. Acetat oder Zwischenprodd. des Tricarbonsäurecyclus werden durch zellfreie Extrakte sowie durch intakte Zellen nicht nennenswert abgebaut. Eine nichtenzymat. Rk. von Dioxyaceton u. DPN wird beschrieben, dabei zeigt das Prod. das gleiche Absorptionsverh. wie red. DPN. (Biochim. biophysica Acta [Amsterdam] **14.** 108—16. Mai 1954. Corvallis, Ore., Oregon State Coll., Sci. Res. Inst., Dep. of Chem.) ZELLER. 4320

D. Kanazir und **M. Errera,** *Nucleinsäurestoffwechsel bei Escherichia coli nach Ultraviolettbestrahlung.* Die Synth. von Desoxyribonucleinsäure (I) wird nach UV-Bestrahlung einer Kultur von E. coli-Bakterien in der logarithm. Phase sofort eingestellt. Die Synth. wird nach einiger Zeit, die der Bestrahlungszeit gleich ist, wieder aufgenommen. Während dieser Hemmungszeit kommt es zur Anhäufung von organ., säurelösl., P enthaltenden Bestandteilen, von Purin- u. Pyrimidinbasen u. Pentosen (Ribose, Desoxyribose) in den bestrahlten Bakterien. Im Gegensatz dazu ist die Synth. des Cytoplasmas u. der Ribonucleinsäure nicht mehr gehemmt als das Wachstum der Bakterien. Die Hemmung der I-Synth. ist wahrscheinlich nicht die Folge eines Mangels an Bausteinen, sondern ein direkter Bestrahlungseffekt auf spätere Synthesestadien. (Biochim. biophysica Acta [Amsterdam] **14.** 62—66. Mai 1954. Brüssel, Univ. libre de Bruxelles, Fac. des Sci., Labor. de Morphol. animale.) ZELLER. 4320

P. T. Lowry, N. R. Ziegler, Ruth Cardinal und **C. J. Watson,** *Die Umwandlung von ^{15}N-Mesobilirubinogen in Stercobilinogen durch Stuhlbakterien.* Entgegen früheren Befunden von BAUMGARTEL (Physiologie u. Pathologie des Bilirubinstoffwechsels als Grundlagen der Ikterusforschung, Stuttgart [1950]) sind Stuhlbakterien in der Lage, sowohl *in vitro* als auch *in vivo* Mesobilirubinogen in Stercobilinogen umzuwandeln. (J. biol. Chemistry **208.** 543—48. Juni 1954. Minneapolis, Minn., Univ. Hosp., Dep. Med.) SCHELER. 4320

D. V. Rege und **A. Sreenivasan,** *Der Einfluß von Folsäure und Vitamin B_{12} auf die durch Aureomycin gestörte Nucleinsäuresynthese von Lactobacillus casei.* Es wurde beobachtet, daß bei *L. casei* (*A. T. C. C. 7469*; 48 Std.-Kultur) die durch *Aureomycin* bewirkte Hemmung der Synth. von *Pentose-* u. *Desoxypentosenucleinsäure* durch *Folsäure* u. auch durch höhere Konzz. von *Vitamin B_{12}* weitgehend aufgehoben werden kann. (Nature [London] **173.** 728—29. 17/4. 1954. Bombay, Univ., Dep. of Chem. Technol., Foods Sect.) K. MAIER. 4330

Martin Frobisher jr. und **Lucille Sommermeyer,** *Eine Untersuchung über die Wirkung von Alkoholen auf den Tuberkelbacillus und andere Bakterien im Sputum.* 70%ig. *A.* u. 70%ig. *Isopropylalkohol* haben als Desinfektionsmittel gegen Tuberkelbacillen u. andere Bakterien im Sputum keine Wirkung. (Amer. Rev. Tubercul. **68.** 419—24. Sept. 1953. Atlanta, Ga., Communicable Disease Center, Publ. Health Serv., Dep. of Health, Educat. and Welfare.) RUTKOWSKI. 4330

L. Checcacci, W. Logemann, C. Pistoia und **F. Lauria,** *Die mutmaßliche tuberkulostatische Aktivität von 4-Amino-6-oxyisophthalsäure.* Zwecks Klärung der sich widersprechenden Angaben über die tuberkulostat. Wirksamkeit der *4-Amino-6-oxyisophthalsäure* (I) wurde diese auf einem neuen Wege dargestellt u. in YOUMAN-Medium an *M. tuberculosis,* Stamm *$H_{37}Rv$,* angetestet. Die minimalen Hemmkonzz. betrugen für *p-Aminosalicylsäure* u. I 0,1 bzw. 5 mg/100 cm³. *1.2.4-Xylidin* wurde mit konz. H_2SO_4 u. rauchender HNO_3 zu *4-Amino-6-nitro-m-xylol* (F. 123°), die NH_2-Gruppe durch Diazotierung in die OH-Gruppe übergeführt, durch Umsetzung der festen Na-Verb. in Xylol mit $(CH_3)_2SO_4$ der *Methyläther* (Ausbeute 63%) hergestellt, die beiden CH_3-Gruppen mit $KMnO_4$ im CO_2-Strom oxydiert (50%), der Äther mit HBr–Eisessig zur *Nitroverb.* $C_8H_5O_7N$, F. 265° (W.) gespalten (63%) u. diese mit PtO_2 in A. zu I red.; F. 212° (verd. A.). (Nature [London] **173.** 588. 27/3. 1954. Milan, Carlo Erba Inst. for Therapeut. Res., Microbiol. Res. Labor. and Chem. Res. Labor.) K. MAIER. 4330

W. Döpp, *Die tuberkulostatische Wirkung der Aloe und ihrer wichtigsten Inhaltsstoffe in vitro.* (Vgl. auch C. **1954.** 810.) Der Blattsaft verschied. *Aloe*-Arten zeigt gegenüber *Mycobacterium tuberculosis* tuberkulostat. Wrkg., die je nach der Art schwankt u. bis zu Verdünnungen von 1:10 bis 1:100 reicht. Die tuberkulostat. Aktivität der Aloe-Droge u. von *Aloe-Harz* (I), *Aloin* u. *Aloe-Emodin* ist mäßig (Grenzkonzz. 1:500 bis 1:100000). In reiner SAUTON-Lsg. (II) war die Hemmung im allg. stärker als in I + 10% Pferdeserum oder in DUBBS-Medium. Am wirksamsten war die am Aufbau von I beteiligte *p-Cumarsäure* (1:50000 bis 1:100000). Bei Kombination von *p-Aminosalicylsäure* (1:5000000) u. Aloe-Droge (1:20000) wurde ein etwas stärkerer Effekt beobachtet, als einer einfachen Summationswrkg. entsprach. (Arzneimittel-Forsch. **3.** 627—30. Dez. 1953. Marburg/Lahn, Univ., Hyg. Inst.) K. MAIER. 4330

E. Mascitelli Coriandoli, *Die bakteriostatische Wirksamkeit extrahierten und synthetischen Chaulmoograsäureäthylesters auf Kolonien von Mycobacterium tuberculosis.* Vf. untersucht in vitro die Hemmwrkg. der Äthylester der aus *Taraktogenos kurzii King* isolierten *Chaulmoograsäure* (**Ia**) u. der synthet. gewonnenen Säure (**Ib**) auf *Mycobacterium tuberculosis*, Stamm H37, in Nährböden nach SAUTON. Die Kennzahlen der angewandten Säureproben zeigten prakt. keine Unterschiede. Es wurden ölige Lsgg. u. mit *Tween 80* hergestellte wss. Emulsionen geprüft. In öligen Lsgg. zeigten 0,84 Teile **Ia** dieselbe Hemmwrkg. wie 1,0 von **Ib**; in wss. Emulsionen war das Verhältnis noch größer, 0,64 Teile **Ia** zeigten die Wrkg. von 1 Teil **Ib**. Diese Unterschiede werden mit Gehh. strukturverwandter Substanzen aus *Hydnocarpus heterophylla Blume* in **Ia** erklärt. (Fitoterapia [N. S.] **25.** 463—64. Jan./März 1954. Milano, Labor. Filli giacomini.) ENDRASS. 4330

Howard E. Lind, *Rationelle Methode zur Empfindlichkeitsbestimmung von Bakterien gegen Antibiotica.* Beschreibung der Plättchenmeth. (Papierplättchen getränkt mit bestimmten Mengen von Antibioticis unter Verwendung verschied. Nährböden je nach dem zu untersuchenden Material (Blut, Harn, Peritoneal-, Lumbal-, Pleural-Fl. usw.). (Antibiotics and Chemotherapy **3.** 672—76. Juli 1953.) ZELLER. 4340

Mack H. McCormick und **Marvin M. Hoehn,** *Isolierung eines neuen Antibioticums aus Streptomyces fasciculatus Nov. SP.* Bericht über Isolierung u. Eigg. eines neuen, gegen M. tuberculosis u. andere grampositive Keime wirksamen Antibioticums. Chem. stellt das Prod. eine bas., kristalline Verb. mit der empir. Formel $C_{29}H_{44}O_9N_6$ dar. Es ist wirksam bei der Mäusetuberkulose (437 Rv). (Antibiotics and Chemotherapy **3.** 718—20. Juli 1953. Indianapolis, Ind., Lilly Res. Labors.) ZELLER. 4340

R. Tacking, *Die Wirkung von Penicillin auf die Pathogenität penicillinasebildender Aureusstaphylokokken.* (Vgl. C. **1954.** 3066.) 80 Kaninchen wurden mit 1, 0,5 u. 0,1 ml *penicillinase*-bildenden Staphylokokken infiziert. Behandlung mit $3 \cdot 10^4$ E. *Penicillin* (I)/Tag. Mortalität der 3 Gruppen entsprechend 60, 25 u. 40%, im Mittel 37,5%, bei den entsprechenden Kontrollgruppen 0%. Danach bewirkt I eine gesteigerte Pathogenität des Erregers. (Nature [London] **173.** 726—27. 17/4. 1954. Uppsala, Univ., Dep. of Hyg. and Bacter.) DOSSMANN. 4340

Stuart H. Walker, *Untersuchung der möglichen Beeinflussung von Penicillin durch Chloramphenicol bei akuter Streptokokkenpharyngitis.* Bei 71 Patienten mit Streptokokkenpharyngitis konnte kein Antagonismus zwischen der Wrkg. von *Chloramphenicol* u. *Penicillin* beobachtet werden, wenn die beiden Chemotherapeutica in den üblichen Dosen verabreicht wurden. (Antibiotics and Chemotherapy **3.** 677—80. Juli 1953. El Paso, Tex., William Beaumond Army Hosp.) ZELLER. 4340

Ellard M. Yow und **Edna S. Townsend,** *Vergleich der Empfindlichkeit von Pseudomonas aeruginosa gegen verschiedene Antibiotica.* 100 Stämme von Pseudomonas aeruginosa, die von verschied. Patienten gewonnen waren, wurden auf ihre Empfindlichkeit gegen *Penicillin, Streptomycin* (**I**), *Chlortetracyclin, Chloramphenicol, Oxytetracyclin* (**II**), *Neomycin* (**III**), *Bacitracin* u. *Polymyxin B* (**IV**) mit Hilfe der Verdünnungs- u. Plättchenmeth. untersucht. **IV** hemmte alle geprüften Stämme, **I, II, III** besaßen eine weniger beständige Wrkg., bei den übrigen Prodd. war nur ein sehr geringer Hemmeffekt vorhanden. (Antibiotics and Chemotherapy **3.** 709—17. Juli 1953. Houston, Tex., Baylor Univ., Coll. of Med. and Ben Taub Infectious Diseases Labor.; Jefferson Davis Hosp., Dep. of Med.) ZELLER. 4340

Paul S. Rhoads, Carl E. Billings und **Doris M. Adair,** *Untersuchungen der in vitro-Aktivität von Antibioticis und Sulfonamiden, einzeln und in Kombination gegen Mikroorganismen des Harntraktes.* 156 aus katheterisiertem Harn gezüchtete Mikroorganismen (Coli, Streptococcus faecalis, Pseudomonas aeruginosa, Staphylococcus, Proteus, Klebsiella, Aerobacter) wurden in vitro auf ihre Empfindlichkeit gegen *Chlortetracyclin, Oxytetracyclin, Chloramphenicol, Dihydrostreptomycin, Penicillin, Polymyxin B* u. *Neomycin* getestet. Die Kombinationen von 2 Antibioticis waren meist wirksamer als ein Antibioticum allein, während die Wrkg. von einem Antibioticum mit Sulfonamid (*Gantrisin*) weniger staık war als das betreffende Antibioticum allein. (Antibiotics and Chemotherapy **3.** 721—30. Juli 1953. Chicago, Ill., Northwether Univ., Med. School, Dep. of Med., and Wesley Memorial Hosp., Dep. of Med.) ZELLER. 4340

H. M. Powell, C. G. Culbertson, W. S. Boniece, Frank Streightoff, L. A. Baker und **H. B. Metcalf,** *Untersuchungen über die Kombination einiger Antibiotica.* In vitro- u. in vivo- (Mäuse-) Unterss. der chemotherapeut. Wrkg. von *Erythromycin* (**I**), *Streptomycin, Bacitracin,* einer Erythromycin–Penicillin-Verb., *Penicillin* (**II**) u. *Sulfadia-*

zin (**III**). Getestet wurden Staphylococcus, Streptococcus, Pneumococcus, Br. bronchiseptica, Meningopneumonitisvirus u. Fleckfieber-Rickettsien. Eine negative gegenseitige Beeinflussung unter den einzelnen Antibioticis wurde nicht beobachtet. **I** läßt sich mit den anderen Antibioticis kombinieren. Ein Synergismus war nur zwischen **I** u. **III** sowie zwischen **II** u. **III** vorhanden. (Antibiotics and Chemotherapy **3.** 701—08. Juli 1953. Indianapolis, Ind., Lilly Res. Labors.) ZELLER. 4340

Teodor Canbäck und **Nils Åke Diding,** *Bakteriologische und chemische Eigenschaften des Tetracyclins.* Im Doppelreihenverdünnungstest wird die antibakterielle Wrkg. von *Tetracyclin* (**I**) im Vgl. zum *Chlortetracyclin* (**II**; *Aureomycin*) u. *Oxytetracyclin* (**III**; *Terramycin*) gegen 9 Bakterienstämme (grampositive u. gramnegative) untersucht. Die Ergebnisse zeigen, daß die antibiot. Wirkungsspektren der 3 *Tetracycline* sehr ähnlich sind u. daß sie hauptsächlich bakteriostat. wirken. Der Wert der niedrigsten Hemmkonz. wächst bei verlängerter Incubation schneller u. erreicht größere Werte bei **II** u. **III** als bei **I**. Dies wird mit einer größeren Stabilität des **I** erklärt. Verss. mit Stämmen mit induzierter Resistenz gegen eine der 3 Substanzen zeigen, daß solche Organismen dann auch gegen die beiden anderen resistent sind. (Svensk farmac. Tidskr. **58.** 273—78. 10/5. 1954. Stockholm, Apotekens Kontrollabor.) ENDRASS. 4340

Sam C. Wong, Charles G. James und **Alexander Finlay,** *Die Wirkung von Carbomycin (= Magnamycin Pfizer) gegen einige Virus- und Rickettsieninfektionen. Carbomycin* (**I**) aus Streptomyces halstedii ist im Eitest gegen folgende Rickettsien u. Viren wirksam: R. prowazekii, R. typhi, R. akari, R. tsutsugamushi, R. rickettsii, R. conorii, North Queensland tick typhus, C. burnetti sowie gegen Psittakose, Ornithose, LGV, menschliche Pneumonitis, Katzenpneumonitis u. sporad. Rinderencephalomyelitis. Im chemotherapeut. Mäusevers. wirkt **I** nur gegen Rickettsien u. große Viren, während die kleineren Viren, wie Herpes simplex, Tollwut, Vaccine u. Poliomyelitis, nicht in ihrer Entw. beeinträchtigt werden. (Antibiotics and Chemotherapy **3.** 741—50. Juli 1953. Brooklyn, N. Y., Chas. Pfizer & Co., Virol. Dep.) ZELLER. 4374

Kenneth W. Cochran, Gordon C. Brown und **Thomas Francis jr.,** *Antiviruswirkung eines Schimmelfiltrates auf experimentelle Poliomyelitis in Hundsaffen.* Mit intraperitonealer Injektion von mindestens 100 cm^3 rohem Filtrat eines Penicilliumbreies, (*M-8450*) wurde bei Hundsaffen, die subcutan mit dem Mahoney-Stamm des Poliomyelitistyps 1 geimpft waren, die Sterblichkeit herabgesetzt u. die Incubationszeit verlängert. Die Behandlung mit M-8450 vor der Impfung konnte sogar zur Verhütung der Infektion führen. (Proc. Soc. exp. Biol. Med. **85.** 104—06. Jan. 1954. Ann Arbor, Mich., Univ. of Michigan, School Publ. Health, Dep. Epidem., Virus Labor.) SCHÖNBERG. 4374

R. H. E. Bradley, *Ultraviolettbestrahlung von mit Kartoffel-Y-Virus infiziertem Tabak und die Übertragbarkeit des Virus durch Blattläuse.* Die UV-Bestrahlung von mit Y-Virus infiziertem N. tabacum kann die Übertragbarkeit des Virus durch Blattläuse herabsetzen ohne augenscheinliche Wrkg. auf die Pflanzen oder wesentliche Herabsetzung der Infektiosität des Saftes. In den ersten Min. nach der Bestrahlung war von der bestrahlten Blattseite aus die Übertragung durch M. persicae fast ausgeschaltet. Innerhalb von einigen Tagen war diese Wrkg. wieder verschwunden. Es scheint, daß die Inaktivierung nur in der bestrahlten Epidermis erfolgt. (Nature [London] **173.** 350. 20/2. 1954. Fredericton, N. B., Canada Dep. Agric., Entomol. Labor.) SCHÖNBERG. 4374

C. H. Andrewes, *Nomenklatur der Viren.* (Vgl. C. **1954.** 6978.) Kurzer Bericht über die Diskussionen u. Vorschläge des Virusunterausschusses des Internationalen Nomenklaturausschusses auf dem 6. Internationalen Mikrobiologenkongreß in Rom [1953] zur Nomenklatur der Viren. (Nature [London] **173.** 620—21. 3/4. 1954.) K. MAIER. 4374

Charles E. Becker und **Quentin M. Geiman,** *Aminosäuregehalt des Proteins von Entamoeba histolytica.* Vff. isolieren Protein der Dysenterieamöbe Entamoeba histolytica mit 16% N u. 1,38% S nach Lysis der Amöben durch Zentrifugieren bei 2,435 × G nach vorhergegangener Zentrifugierung bei 895 × g, Fällung der lösl. Bestandteile mit Trichloressigsäure (**I**), Extraktion mit **I** u. A.-Äther. Nach Hydrolyse mit 6 n HCl u. Chromatographie an 12%ig. vernetztem, 200—400-maschigem Dowex-50 werden mittels Ninhydrin Aminosäure (**II**)-Bestimmungen ausgeführt. Für S-haltige **II** u. Tryptophan fehlen Angaben. Mittelwerte zweier Analysen, ausgedrückt als g Aminosäure/100 g Protein, ergeben: *Asparaginsäure* 13,1; *Threonin* 6,0; *Serin* 6,4; *Glutaminsäure* 14,9; *Prolin* 6,9; *Glycin* 5,1; *Alanin* 9,1; *Valin* 2,3; *Isoleucin* 2,3; *Leucin* 10,3; *Tyrosin* 0,6; *Phenylalanin* 8,6; *Histidin* 1,9; *Lysin* 12,7; Amid-NH_2 1,1; *Arginin* 6,8. (J. Amer. chem. Soc. **76.** 3029. 5/6. 1954. Boston, Mass., Harvard School of Publ. Health.) M. ROTHE. 4380

E₄. Pflanzenchemie. Pflanzenphysiologie. Pflanzenpathologie.

A. A. Mikulski und **Je. W. Teplitzkaja,** *Die Dynamik der Kohlenhydrate und Fette in den Knollen von Cyperus esculentus zur Zeit der Vegetation, der Aufbewahrung und des Keimens.* Während der Vegetation (16/7.—15/10.) nahm in den Blättern von *Cyperus esculentus* der Geh. an *Saccharose* (I) von 1,9—6,7% (am 25/8., Höhepunkt der Vegetation) zu, dann bis 2,8% ab. Der Geh. an *Fetten* (II) nahm in den Knollen von 18,9—34,2% zu, der Geh. an *Stärke* (III) von 31,0% über 33,4% am 25/8. bis 19,5% ab, der Geh. an I von 5,14—15,02% zu. Die Aufbewahrung bei 1—3° führte zu folgenden Veränderungen in den Knollen: I-Zunahme um 35%, II-Abnahme um 7,7%, III-Abnahme um 26,5%. Bei Aufbewahrung bei 15—20° wurde folgendes beobachtet: I-Abnahme um 0,6%, II-Abnahme um 6,0%, III-Abnahme um 36,1%. Dies zeigt, daß der fermentative Zerfall von III über I erfolgte, die bei 15—20° für die Atmung verbraucht wurde. Beim Keimwachstum der Knollen nahm der I-Geh. vom 3/5.—21/5. von 23,1—9,5% ab, bis 20/6. bis 19,5% zu. Die entsprechenden Zahlen für II: 30,2; 37,3; 34,3%; für III: 18,8; 24,6; 8,6% (die scheinbaren Zunahmen von II u. III erklären sich aus der Berechnung auf die Trockensubstanz, die während der Keimung stark abnahm). (Доклады Академии Наук СССР [Ber. Akad. Wiss. UdSSR] [N. S.] **95.** 681—84. 21/3. 1954. Kiew, Botan. Garten der Akad. der Wiss. der UdSSR.) LEBTAG. 4420

Je. D. Selenskaja, *Jahreszeitliche Dynamik der Aschebestandteile und des Stickstoffes in verschiedenen Organen junger Apfelbäume.* Verss. auf dunkelgrauem podsoliertem Boden ergaben, daß junge Apfelbäume mehr N, P u. K enthalten als alte. Im Gegensatz zu Stärke nimmt der Geh. an N, P u. K im Frühjahr während der Knospung in den Wurzeln nicht ab, sondern manchmal sogar zu. Entgegen der herrschenden Ansicht erfolgt die Versorgung des Baumes mit Aschestoffen u. N nicht aus den im Herbst in Wurzel u. Stamm gespeicherten Reservestoffen, sondern direkt aus dem Boden. Hieraus ergibt sich die Notwendigkeit, den Dünger im Herbst in die tiefe Furche oder im Frühjahr in eine Tiefe von 40—50 cm einzubringen. (Доклады Всесоюзной ордена Ленина Академии Сельскохозяйственных Наук имени В И. Ленина [Ber. Allunions landwirtsch. (Lenin-Orden) Lenin-Akad.] **17.** Nr. **11.** 24—28. Nov. 1952. Ukrain. Wiss. Forschungsinst. für Obstbau.) LEBTAG. 4450

H. L. Penman und **R. K. Schofield,** *Physikalische Zusammenhänge der Assimilation und der Transpiration.* Das Transpirationsverhältnis (Verhältnis der von einem Rasen transpirierten zu der von einer offenen Wasserfläche verdunsteten Wasserdampfmenge) läßt sich nicht ohne weiteres sinnentsprechend auf die Assimilation übertragen, da die CO_2-Konz. in den Blättern bisweilen der in der Atmosphäre gleichkommt u. der Stofftransport in Lsgg. viel zu langsam ist, um das absorbierte CO_2 in dem Maße weiterzubefördern, wie es durch Gasdiffusion geliefert wird. (Symposia Soc. exp. Biol. **1951.** 115—29. Rothamsted, Exp. Stat.) F. GÜNTHER. 4460

N. P. Wosskressenskaja, *Die Bedeutung der spektralen Zusammensetzung des Lichtes für die photosynthetische Bildung von Stoffen.* Natürlich gezogene Sonnenblumenblätter wurden nach 15—16std. Verweilen in der Dunkelheit u. nach Vakuuminfiltration 0,01 mol. KNO_3-Lsg. in einer Atmosphäre mit 3% CO_2 (0,3% der CO_2-Menge als $^{14}CO_2$) so mit blauem u. rotem Licht bestrahlt, daß die Photosynth. in beiden Fällen gleich war. Die im Zentrifugat nach Behandlung mit sd. W. ermittelte Aktivität der Eiweißfraktion erreichte in den ersten 30 Sek. 50—70% des vom Blatt aufgenommenen ^{14}C. Unterschiede zwischen blauem u. rotem Licht wurden hier nicht beobachtet. In den nächsten 60 Sek. nahm die Aktivität der Eiweißfraktion weniger stark zu als die Aktivität der gesamten in W. lösl. Fraktion, in den nächsten 90 Sek. dagegen stärker (hier zeigten sich Unterschiede der Belichtung). Die Aktivität der Kohlenhydratfraktion war in den ersten 30 Sek. sehr gering, nahm dann bis zur 90. Sek. schwach, dann sehr stark zu, bes. im roten Licht. Die Aktivität der an Austauschern adsorbierten sauren u. bas. Stoffe nahm bis zur 90. Sek. zu, dann stark ab, bes. im roten Licht. Demnach zeigte sich ein Einfl. des Lichtes erst nach 30 oder 90 Sekunden. Die Wrkg. des Lichtes zeigte sich nicht an der prim. photochem. Rk., der Bldg. von akt. H, sondern an der Umwandlung des Zwischenproduktes. (Доклады Академии Наук СССР [Ber. Akad. Wiss. UdSSR] [N. S.] **93.** 911—14. 11/12. 1953.) LEBTAG. 4460

E. C. Wassink, *Reduktionswirkung des Lichtes bei der Photosynthese.* Übersichtsarbeit, in der aus einer Reihe nachst. aufgeführter, bei der Photosynth. beobachteter Tatsachen indirekt auf eine reduzierende Wrkg. des Lichtes geschlossen wird: Zunahme der Fluorescenz des Chlorophylls bei Chlorella, photochem. induzierte Hydrogenaseaktivität bei Scenedesmus, Red. des H-Acceptors in Chloroplasten grüner

Zellen, Bindung des markierten CO_2 nach CO_2-freier Belichtung von Chlorella, Verschiebung des Redoxpotentials nach der red. Seite bei der Belichtung in Ggw. von H_2 bei Chromatium u. mit H_2-Aufnahme verbundene Phosphataufnahme bei Chromatium. — 32 Literaturangaben. (Symposia Soc. exp. Biol. **1951.** 251—61. Wageningen, Holland, Univ., Labor. of Plant Physiol. Res.) F. GÜNTHER. **4460**

Otto Warburg, *Messung des Quantenbedarfs der Photosynthese für sehr dünne Zellsuspensionen.* Zur Vereinfachung der Best. des Quantenbedarfs (vgl. C. **1952.** **3351**) wurden die Zelldichten so weit verringert (1—2 µl Zellen/ml) u. die Zellen so stark belichtet, daß die Atmung zu einem zu vernachlässigenden Korrektionsglied wurde. Der Quantenbedarf pro Mol. O_2 bei maximaler Lichtausnutzung wurde zwischen 5,5 u. 3,5 (O_2-Entw. 10—20faches Zellvol./Std.) u. zu **4** (O_2-Entw. 40faches Zellvol./Std.) u. wahrscheinlich < 3 gefunden. Zur schonenden Behandlung von Chlorella in Kulturen u. bei Messungen wird empfohlen, den N_2 des Gasgemisches durch Ar zu ersetzen u. während der Versuchszeit nur mäßig zu schütteln. Chlorella mit geringem Quantenbedarf wurden in Nährlsgg. nach ARNOU (Amer. J. Botany **25.** [1938.] 322), jedoch mit dest. W. u. 5 g $MgSO_4 \cdot 7\,H_2O$, 2,5 g KH_2PO_4, 2 g NaCl, 2 g KNO_3 u. 2 g $Ca(NO_3)_2 \cdot 4\,H_2O$ pro Liter Kulturlsg. gezüchtet. Über die Änderung des gebundenen CO_2 mit dem p_H während langer Messungen werden Berechnungen angestellt. (Biochim. biophysica Acta [Amsterdam] **12.** 356—59. Sept./Okt. 1953. Berlin-Dahlem, Max-Planck-Inst. für Zellphysiol.) J. RUNGE. **4460**

M. W. Ulubekowa und **L. A. Kusmina,** *Die Verwendung von ^{14}C bei der Untersuchung der Photoreduktion und der Chemosynthese bei grünen Algen.* In Verss. mit *Scenedesmus obliquus* (S.o.) u. *Chlorella vulgaris* (Ch.v.) wurde die Red. von $^{14}CO_2$ (**I**) nach der chem. Dunkelsynth. $CO_2 + 6\,H_2 + 2\,O_2 \rightarrow (CO_2 \cdot 4\,H) + 4\,H_2O$ sowie die Photored. $CO_2 + 2\,H_2 \xrightarrow{h\nu} (CO_2 \cdot 4\,H)$ untersucht. Die aufgenommene I-Menge war im gleichen Zeitraum bei der Photored. viel größer als bei der Chemosynthese. Zunächst wurde ^{14}C vorwiegend in der lösl. Fraktion vorgefunden; später nahm die ^{14}C-Menge in der unlösl. Fraktion zu. Bei 1000 Lux wurde in 1 Std. fast die gleiche I-Menge aufgenommen wie in 15 Min. bei 2500 Lux. Die I-Aufnahme durch S.o. war stärker als durch Ch.v. Durch Decarboxylierung der Ba-Salze in der lösl. Fraktion nach den anaeroben Verss. wurde festgestellt, daß bei der Photored. die aufgenommene I-Menge 2—2,5mal geringer war als bei der Chemosynthese. (Доклады Академии Наук СССР [Ber. Akad. Wiss. UdSSR] [N. S.] **93.** 915—17. 11/12. 1953. Wernadski-Inst. für Geo- u. analyt. Chem. der Akad. der Wiss. der UdSSR.) LEBTAG. **4460**

Karl Wilhelm Kuchar, *Photosynthese von Charabeständen bei geringem Kohlensäure- und Bicarbonatgehalt des Wassers.* 2 Gewässer mit üppigen Charabeständen, das eine (a) CO_2- u. bicarbonatarm mit nur geringen Tagesschwankungen im Geh. an diesen Stoffen, der (geringen) Alkalinität u. des p_H, das andere (b) CO_2- u. bicarbonatreich mit beträchtlichen Tagesschwankungen im Geh. an diesen Stoffen u. der (hohen) Alkalinität, dagegen nicht des p_H, zeigen grundsätzlich verschied. Assimilationsverlauf. Für (a) sind Carbonate, für (b) freie Kohlensäure u. in zweiter Linie Bicarbonate als CO_2-Quelle zu betrachten. Bei (a) ist durch eine günstige Relation freie Kohlensäure : Bicarbonate jederzeit aggressive Kohlensäure zur Lsg. der Carbonate vorhanden. Aggressive Kohlensäure hat demnach in CO_2- u. bicarbonatarmen Gewässern bes. physiol. Bedeutung. (Planta **43.** 446—60. 1954. Wien, TH, Inst. für Biochem. u. Mikrobiol.) J. RUNGE. **4460**

H. Gaffron, E. W. Fager und **J. L. Rosenberg,** *Zwischenprodukte bei der Photosynthese: Entstehung und Umwandlung von Phosphoglycerinsäure.* Übersicht. Es wird die Bindung des CO_2 bei der Photosynth. in den Chloroplasten besprochen, die zur Phosphoglycerinsäure führt. — 10 graph. Darstellungen. (Symposia Soc. exp. Biol. **1951.** 262—83. Chicago, Ill., Univ., Inst. of Radiobiol. and Biophys., Dep. of Biochem.) F. GÜNTHER. **4460**

Je. I. Ratner, *Über die Wege der Ausnutzung von durch den Boden adsorbiertem Kalium durch die Pflanzen.* Unter Anwendung eines podsolierten Bodens mit nur 8 mg K je 100 g Boden wurde im Vegetationsvers. durch Best. des von der Pflanze aus dem Boden aufgenommenen *K* sowie des Pflanzengewichtes nachgewiesen, daß der unmittelbare Kontakt zwischen Pflanzenwurzeln u. Boden von entscheidender Bedeutung für die K-Aufnahme durch die Pflanze ist. Wurde die Bodenlsg. mit CO_2 gesätt., so nahm das bodenlösl. K im Podsolboden u. im Tschernosem nur um 21 bzw. 36% zu, während der Ca-Geh. im Tschernosem vervierfacht wurde. Wurde der K-arme Podsolboden durch Behandeln mit schwacher KOH-Lsg. auf 19 mg K je 100 g Boden gebracht, so ergaben Vegetationsverss. mit Mais die gleiche entscheidende Bedeutung des Wurzel–Boden-Kontaktes für die K-Aufnahme durch die Pflanze. (Доклады

Академии Наук СССР [Ber. Akad. Wiss. UdSSR] [N. S.] **93.** 547—50. 21/11. **1953.** Timirjasew-Inst. für Pflanzenphysiol. der Akad. der Wiss. der UdSSR.) LEBTAG. **4470**

Hans Linser, *Über die Wirkung von Indol-3-essigsäure auf das Längenwachstum von Keimlingen verschiedener Brassica-Arten.* Im Anschluß an gleichartige Verss. mit Keimlingen wuchsstoffarmer Pflanzen wurden intakte u. decapitierte Keimlinge der wuchsstoffreichen Brassica-Arten auf ihr Verh. gegen *Indol-3-essigsäure* (I) geprüft. 20—26 mm lange Keimlinge wurden mit einem 10 mm langen Streifen einer Paste aus Lanolin u. verschied. Konzz. von I bestrichen u. bei 23° 24 Std. im Dunkeln gelassen. Während die intakten Keimlinge durch steigende Konzz. von I immer stärker im Längenwachstum gehemmt werden, erfahren die decapitierten Keimlinge eine mit wachsenden Konzz. von I zunehmende Förderung des Längenwachstums, die im allg. der bei Keimlingen wuchsstoffarmer Pflanzen beobachteten entspricht. Die beobachteten Unterschiede sind kleiner als die im Geh. beider Pflanzengruppen an extrahierbaren Wuchsstoffen. Trotzdem scheinen die großen Wuchsstoffmengen der Brassica-Arten in vivo hormonale Funktionen auszuüben: Siehe die „anomale" Verdickung der Sproßachse bei Kohlrabi. (Planta **43.** 440—45. **1954.** Linz/Donau, Biol. Labor. der Österreich. Stickstoffwerke A. G.) J. RUNGE. **4485**

E_5. Tierchemie. Tierphysiologie. Tierpathologie.

Marina de Nicola, *Die Carotinoide im Rückenschild des Stachelhäuters Ophidiaster ophidianus.* Mit Hilfe chromatograph. Adsorption an $CaCO_3$ u. Al_2O_3 wurde ein Acetonextrakt sämtlicher Pigmente aus dem Rückenschild von Ophidiaster ophidianus in 8 Fraktionen getrennt u. qualitativ wie quantitativ analysiert. Drei dieser Pigmente sind bisher nicht beschrieben. Nach der Beziehung $E^{1\%}_{1\,cm}$ (λ_{max}) ergab sich, ausgedrückt in % der Gesamtpigmentmenge: *Neo-β-carotin B* 6,0; *β-Carotin* 6,8; *γ-Carotin* 0,8; *2 D* (bisher unbekannt) 3,3; *Kryptoxanthin* 11,0; *2 F* (bisher unbekannt) 4,8; *2 G* (bisher unbekannt) 10,0; *Astaxanthin* 57,3. Für die bisher unbekannten Stoffe wurde $E^{1\%}_{1\,cm}$ (λ_{max}) mit 2500 angenommen. Der Weg einer Biosynth. von Astaxanthin aus β-Carotin über Kryptoxanthin u. die beiden bisher unbekannten Stoffe 2 F (Absorptionsmaximum 455 mμ) u. 2 G (460 mμ) wird diskutiert. Die einfachen Absorptionsspektren der beiden letzten Stoffe sprechen für Ketocarotinoide. (Biochem. J. **56.** 555—58. April **1954.** Neapel, Centro di Biologia del C. N. R., Zool. Stat.) BOSER. **4520**

Annerose Michel und **Fritz Anders,** *Über die Pigmente im Auge von Gammarus pulex L. (Crust., Amphip.).* Das Auge von *Gammarus pulex* enthält neben einem dunklen, violettgetönten Pigment von *Ommin*-Charakter u. einem weißen, ommatinähnlichen interstitiellen Pigment stets noch ein rotes *Carotinoid* (I), das in feinverteilten Fetttröpfchen gelöst ist u. bei den n. dunkeläugigen Tieren durch das dunkle Ommin völlig verdeckt wird. I wurde auch bei *G. locusta, Talitrus saltator* u. *Caprella linearis* gefunden. (Naturwissenschaften **41.** 72. **1954.** Mainz, Univ., Zool. Inst.) K. MAIER. **4520**

G. B. Arden, *Dichte des sichtbaren Pigments der Froschnetzhaut.* Vf. bestimmte durch spektrophotometr. Meth. (J. Physiol., im Druck) die D. des sichtbaren Purpurs in der Froschnetzhaut (N.). Nach Meth. von LYTHGOE wurde N. von den Augen von sich der Dunkelheit anpassenden Fröschen entfernt. Die Periode der Dunkelheitsanpassung hält für ca. 12 Std. an. N. wurde in Frosch-RINGER-LOCKE-Lsg. gewaschen, in 35%ig. Rohrzuckerlsg. geschüttelt u. zentrifugiert. Hierbei bleiben die Zäpfchen u. Stäbchen unbeschädigt in Suspension, während die anderen Zellen der N. niedergeschlagen werden. Die Absorption der Rohrzuckersuspension wurde bestimmt. (Nature [London] **173.** 360—61. 20/2. **1954.** London, Inst. of Ophthalmol., Med. Res. Council Group für Res. in the Physiol. of Vision.) BRATFISCH. **4520**

E. E. Muirhead und **F. Jones** (unter Mitarbeit von **B. Brooks**), *Austausch von Natrium und Kalium während der Dialyse von beidseitig nephrektomierten Hunden.* An nephrektomierten Hunden wurde in Dialyseverss. der Austausch von Na u. K untersucht. Es wurde eine Aufnahme von Na aus der Dialysier-Fl. u. eine Abgabe von K dahin festgestellt, während Messungen des extracellulären Flüssigkeits(ECF)-Vol. durch den Radiosulfattest einen Abfall des ECF Na u. einen Anstieg des ECF K zeigten. Dies spricht für eine Na-Aufnahme in die Zelle u. einen cellulären K-Verlust. Ein Abwandern von Na in die Zellen kann auch bei Fehlen einer positiven exogenen Na-Balanz statthaben. (Proc. Soc. exp. Biol. Med. **85.** 1—3. Jan. **1954.** Dallas, Tex., Univ. of Texas, Southwestern Med. School, Dep. of Pathol.)

WOLFGANG ALBRECHT. **4550**

H. A. Krebs, *Bindung von Kohlendioxyd in tierischem Gewebe.* Übersicht. Vf. bespricht Einbau von CO_2 in organ. Verbb. im tier. Stoffwechselgeschehen, dabei bes. Bldg. von Oxalacetat u. Purinderivaten. Es werden quantitative Verff. zitiert. —

43 Literaturangaben. (Symposia Soc. exp. Biol. **1951.** 1—8. Sheffield, Univ., Med. Res. Council, Dep. of Biochem.) F. GÜNTHER. 4550

John R. E. Hoover, George A. Braun und **Paul György,** *Neuraminsäure in Mucopolysacchariden der menschlichen Milch.* Vff. isolierten aus der nichtdialysierbaren Fraktion von menschlichem Milchrahm *Neuraminsäure* (I) in Form des Methoxyderivats.

Versuche: *Methoxy*-Deriv. der I, $C_{11}H_{21}O_9N$, $[\alpha]_D^{20}$ —49,5° (W.) (vgl. KLENK, $[\alpha]_D^{20}$ —55,1°). Aus 9 Litern menschlicher Rahmmilch wurden durch p_H-Einstellung auf 4,6, Filtrieren, Dialysieren, anschließende SEVAG-Extraktion u. Gefriertrocknung nach Meth. KLENK u. LAUENSTEIN (Hoppe-Seyler's Z. physiol. Chem. **291.** [1952.] **147**) aus 770 mg Ausgangsmaterial 74 mg I (weiße Kristalle) erhalten. (Arch. Biochem. Biophysics **47.** 216—17. Nov. 1953. Philadelphia, Pa., Univ., School of Med., Dep. of Pediatr.) BRATFISCH. 4555

Rudolf Naujoks und **Rudolf Vonderlinn,** *Biochemische Speicheluntersuchungen. 4. Mitt. Klinische Überprüfung der Möglichkeiten zur Entwicklung eines biochemischen Cariestestes auf der Grundlage des Sauerstoffverbrauchs des menschlichen Speichels.* (2. vgl. C. **1953.** 3105; vgl. auch KRÖNCKE, C. **1954.** 11 224.) Es wird die Möglichkeit zur Ausarbeitung eines individuellen Cariestestes diskutiert. Der O_2-Verbraucu des Speichels cariesanfälliger Personen (gemessen im WARBURG-App.) liegt deutlich unter dem der cariesresistenten. Es darf angenommen werden, daß bei Cariesanfälligen sowohl die Verminderung an anorgan. Phosphat als auch an organ. Phosphatacceptoren maßgeblich an der Verminderung der Oxydationsfähigkeit des Speichels beteiligt ist. Weiter liegt die Vermutung nahe, daß bei der Caries Störungen in der oxydativen Phosphorylierung vorliegen, wie durch die verminderte O_2-Aufnahme wahrscheinlich gemacht wird. (Zahnärztl. Rdsch. **62.** 438—41. 20/8. 1953. Hamburg, Univ., Klinik u. Poliklinik für Zahn-, Mund- u. Kieferkrankh.) FINDEISEN. 4555

Rudolf Abderhalden, *Neue Fortschritte in der Chemie der Hormone.* Kurzer Bericht über die Fortschritte 1953 in der Hormonchemie: Konstitutionsaufklärung der Hypophysenhinterlappenhormone *Oxytocin* u. *Vasopressin*; Isolierung u. Konstitutionsaufklärung von *Elektrocortin* (*Aldosteron, 4-Pregnentrion-*[*3.18.20*]*-diol-*[*11.21*]) aus Nebennieren; Darst. von krist. *Glukagon* aus Rohinsulin. (Ann. paediatrici [Basel] **58.** Suppl. 1. 178—85. 1954. Basel.) K. MAIER. 4558

Ichiro Tokuyama, Robert B. Leach, Sarah Sheinfeld und **William O. Maddock,** *Senkung der Gonadotropinausscheidung als Methode zur Prüfung der Östrogene beim Menschen.* Da die biol. Potenz der Östrogene stark schwankt, wird versucht, eine sichere Messung im Menschen selbst zu schaffen durch Messung der eindeutig verringerten *Gonadotropin*-Ausscheidung im Urin bei beiderseits eierstockoperierten Frauen nach verschieden starken *Östrogen*-Gaben. (J. clin. Endocrinol. Metabolism **14.** 509—18. Mai 1954. Detroit, Mich., USA, Wayne Univ. Coll. of Med., City of Detroit Receiv. Hosp. Endocr. Clinic.) WELTZIEN. 4559

Gerald T. Perkoff, Hilton A. Salhanick, Meyer X. Zarrow, Don H. Nelson und **Frank H. Tyler,** *Wirkung von Relaxin bei Anwendung auf den Menschen.* Erstmalige Verss. am Menschen mit *Relaxin*, einem wasserlösl., polypeptidähnlichen, tier. Schwangerschaftshormon, ergaben keinerlei Wrkg. auf Puls, Temp., Blutdruck, Blutbild oder Hormonspiegel, auch als Cortisonanalogon bei Rheumatikern; ebensowenig auch auf die Unterleibsorgane von Frauen. (J. clin. Endocrinol. Metabolism **14.** 531—39. Mai 1954. Salt Lake City, Ut., USA, Univ. Coll. of Med., Dep. of Med. and Biochem., Labor. of Hered. and Metabol. Disorders; Lafayette, Ind., Purdue Univ., Dep. of Biol. Sci.) WELTZIEN. 4559

E. Azerad, H. Lestradet, A. Reinberg und **J. Ghata,** *Klinische Untersuchung der tubulären Rückresorption von Kalium und Natrium durch die Niere unter der Wirkung von CATH und Cortison.* 1. Mitt. *Untersuchungen am Gesunden. ACTH* u. *Cortison* verursachen beim Gesunden, welcher konstante Diät erhält, eine Erhöhung der K-Ausscheidung im Harn. Diese Wrkg. wird als Hemmung der tubulären Rückresorption von K gedeutet. Die Einw. auf die Ausscheidung von Na ist schwankend. (Ann. d'Endocrinol. **15.** 145—48. 1954. Clichy, Seine, Hôpital Beaujon, Serv. de Nutrit.-Endocrinol., Coll. de Méd. des Hôpitaux de Paris.) WOLFGANG ALBRECHT. 4560

Hans Seliger, *Experimentelle und klinische Untersuchungen über die Behandlung der Lungentuberkulose mit Hypophysenvorderlappen-Nebennierenrindenhormon.* Übersicht über Literaturangaben u. Besprechung der Rolle der *Hormone* (I) bei der Beeinflussung von *Cholesterin-*, *Fett-* u. *Kohlenhydrat*-Stoffwechsel. Angabe der Erfahrungen an 50 eigenen Fällen. Vf. verabreichte die Hormonpräpp. *Pretiron, Antiron* u. *Doxycamon.* Bei verschied. Formen der Lungentuberkulose war der durchschnittliche Erfolg 82%, geheilt 42%, deutlich gebessert 40%, unbeeinflußt 18%. Vf. erwartet einen größeren Erfolg bei Kombination der **I** mit *PAS*, *Conteben* oder *Streptomycin*. (Z. Tuberkulose **104**. 322—29. 1954. Schmiedefeld am Rennsteig.) DOSSMANN. 4560

Ottó Clauder, *Die Hormone der Nebennierenrinde*. Überblick über den Stand der Forschung über die Hormone der Nebennierenrinde. — 22 Literaturangaben. (Magyar Kémikusok Lapja [Z. Ver. ung. Chemiker] **7**. 194—98. Juli 1952.) PLANK. 4561

Joseph Stolkowski und **Alain Reinberg,** *Die Ursachen der Kaliumverarmung der Zelle unter der Wirkung von Desoxycorticosteron*. Der *K*-Stoffwechsel unter *Desoxycorticosteron* (**I**) wurde am isolierten Herzen von *Helix aspersa* mit ^{42}K untersucht. **I** verlangsamt die Aufnahme u. die Abgabe von K durch die Zelle. Die Hemmung der Abgabe von K ist immer geringer als die der K-Aufnahme, was die K-Verarmung der unter **I**-Wrkg. stehenden Zellen erklärt. (Ann. d'Endocrinol. **15**. 141—44. 1954. Paris, École Normale Supérieure.) WOLFGANG ALBRECHT. 4561

V. H. Moon und **Geo. A. Tershakovec,** *Wirkungen von Cortison auf die Blutzellen nach Wärmestress*. An Kaninchen wurde die Wrkg. von *Cortison* (**I**) nach Wärme-„stress" (Eintauchen bestimmter Körperteile der Tiere in W. von 88—95° über 5 Sek.) auf die Blutzellen untersucht. **I** verhindert die Entw. einer Hämokonz. nach Wärmestress. Das weiße Blutbild wird durch **I** beim n. Kaninchen im Sinne einer schweren Lymphocytopenie verändert; die nach Wärmestress auftretende Leukocytose entwickelt sich nach **I**-Gabe verlangsamt u. nicht so ausgeprägt. (Proc. Soc. exp. Biol. Med. **85**. 7—11. Jan. 1954. Coral Gables, Fla., Univ. of Miami and the Pratt Veterans Hosp.) WOLFGANG ALBRECHT. 4561

Paul L. Munson, Frederick C. Goetz, John C. Laidlaw, J. Hartwell Harrison und **George W. Thorn,** *Wirkung von Nebennierenrindensteroiden auf die Androgenausscheidung bei Männern nach Exstirpation von Nebenniere und Hoden*. Um Einfl. auf die Metastasenbldg. bei Prostatakrebs zu gewinnen, wurde bei aus diesem Grunde operierten Männern (Hoden- u. Nebennierenentfernung) versucht, die Androgenausscheidung durch verschieden starke Gaben einiger *Nebennierenrindenhormone* zu regulieren. (J. clin. Endocrinol. Metabolism **14**. 495—508. Mai 1954. Boston, Mass., USA, Harvard Med. School, Dep. of Med. and Surg., Harvard School of Dent. Med., P. B. Briham Hosp. Med. and Surg. Clinic.) WELTZIEN. 4561

David Adlersberg, Henry Colcher und **Chun-i Wang,** *Orale Anwendung von Hydrocortison (Verbindung F) bei der Behandlung der Sprue*. *Hydrocortison* (**I**)-*acetat* (**II**) wurde a) an 5, der freie Alkohol von **I** (**III**) b) an 12 Fälle mit therapieresistenter Sprue verabreicht. a) Die Kranken hatten bis zu 3 Jahren auf eine Erhaltungstherapie mit oralem *Cortison* (**IV**) oder parenteralem *Corticotropin* (**V**) in W. oder als Gel angesprochen, bei b) hatten lange Kuren der üblichen Spruetherapie ohne jede Hormonverabreichung versagt. a) Die Umstellung von **IV** bzw. **V** auf **II** bedingte Wiederauftreten der Erscheinungen der Sprue, im Gegensatz dazu war mit oraler **III**-Verabreichung, 20 bis maximal 120 mg/Tag, bei a) u. b) prompte Kontrolle der Symptome, aber keine Heilung, zu erreichen. 1—3 Wochen nach Absetzen von **III** Rückfälle trotz laufender Leberextrakt-, Vitamin-B_{12}- u./oder Folsäureverabreichung. Mit geringer **III**-Dosis, 10—30 mg, gelang ohne Nebenwirkungen die Beherrschung der Sprue über lange Zeit. (A. M. A. Arch. intern. Med. **92**. 615—27. Nov. 1953. New York, N. Y., Nutrit. Clinic and Mount Sinai Hosp.) DOSSMANN. 4561

Hilmar Stark, *Cortison und Auge. Ein klinischer Erfahrungsbericht*. 1. Mitt. Bericht über Erfolge der *Cortison*-Therapie an der Hornhaut, soweit es sich nicht um floride Stadien von Entzündungen, Traumen, rein epitheliale Prozesse oder alte Narben handelt. (Klin. Monatsbl. Augenheilkunde augenärztl. Fortbild. **124**. 96—99. 1954. Hamburg, Allg. Krankenhaus Barmbek, Augenklinik.) ZEMKE. 4561

Hilmar Stark, *Cortison und Auge*. 2. Mitt. (1. vgl. vorst. Ref.) Angaben über günstige Beeinflussung infolge erhöhter Resorption bei Iridocyclitis u. nach Operationen. Gegenindikationen. (Klin. Monatsbl. Augenheilkunde augenärztl. Fortbild. **124**. 584—90. 1954. Hamburg, Allg. Krankenhaus Barmbek, Augenklinik.) ZEMKE. 4561

J. Dörner, *Vergleichende Untersuchungen über die Kreislaufwirkungen des Adrenalins und Arterenols im Tierexperiment*. Zwischen *Arterenol* (**I**) u. *Adrenalin* (**II**) bestehen keine prinzipiellen Wirkungsunterschiede hinsichtlich des Blutdruckes; Differenzen sind nur quantitativer Herkunft. Die pressor. Wrkg. beider Substanzen geht auf das gleiche Substrat aus, so daß nicht behauptet werden kann, daß nach **II**-Gaben ein Minutenvolumenhochdruck, nach **I** aber ein Druckanstieg infolge peripherer Gefäßconstrictionen vorläge. Die Bradycardie von **I** u. die Tachycardie von **II** ist der prinzipielle Unterschied der untersuchten Substanzen; durch ihn wird die gleichsinnige Gefäßwrkg. in differenter Weise abgewandelt (800 Messungen an 50 Hunden, intravenöse u. intraarterielle Infusion von **I** u. **II** in Dosen von 0,01—1,0 γ/kg, Thermostromuhr). — 152 Literaturzitate. (Arch. Kreislaufforsch. **21.** 88—115. Juli 1954. Beih. zu: Z. Kreislaufforsch. Gießen, Justus-Liebig-Hochsch.) JORDAN. **4561**

Mary L. Petermann, Jacob Robbins und **Mary G. Hamilton,** *Sedimentationsbestimmung des Thyroxin bindenden Proteins im Serum mit der Verteilungszelle.* Die exakte Sedimentations (S)-Best. erfolgte mit der Verteilungszelle in der SPINCO-Ultrazentrifuge. Die Gültigkeit dieser Meth. überprüften Vff. durch Unterss. an Rinderserumalbumin (4,17 S). S des *Thyroxin* (**I**) bindenden Proteins verfolgten Vff. durch Markierung mit Radiojod enthaltendem **I**. Es wurden 2 Gruppen von Seren untersucht: 1. Gruppe: 2 Normalseren, denen 0,05 γ/cm³ synthet. ^{131}*J-L*-**I** in vitro zugefügt wurde, 1 Serum eines euthyreoiden Patienten, dem 19 Std. vorher 120 γ ^{131}J-**I** intravenös verabreicht wurde. 2. Gruppe: Seren von Patienten, die ^{131}J enthaltendes **I** gebildet hatten mit $Na^{131}J$ nach Behandlung. Die S-Konstante betrug $S_{20,\omega}$ 3,3 S.

V e r s u c h e : Best. der Verteilung der Radioaktivität zwischen den verschied. Proteinfraktionen u. im Jodid durch Zonenelektrophorese u. Chromatographie (vgl. ROBBINS u. RALL, Proc. Soc. exp. Biol. Med. **81.** [1952.] 530). Vor dem Ultrazentrifugieren Verdünnung des Serums mit 7 Voll. 0,15 mol. NaCl-Lösung. Beschreibung über den Gebrauch der Verteilungszelle für die SVEDBERG-Ölturbinen-Ultrazentrifuge vgl. TISELIUS et al. (Nature [London] **140.** [1937.] 848), SVEDBERG, „The Ultrazentrifuge", Oxford [1940.] 301, u. GARD (Science **94.** [1941.] 493). (J. biol. Chemistry **208.** 369—75. Mai 1954. New York, N. Y., Sloan-Kettering-Inst. for Cancer Res.)
BRATFISCH. 4562

M. Ss. Mitzkewitsch, *Die Aufnahme von radioaktivem Jod (^{131}J) durch die fötale Schilddrüse bei verschiedenen funktionellen Zuständen des Zentralnervensystems.* Unter dem Einfl. narkot. Substanzen (100 mg *Urethan,* 15 mg *Luminal* oder 10 mg *Amytal-Na* pro 100 g Körpergewicht graviden Weibchen subcutan verabreicht) ist die Aufnahme von radioakt. J_2 (0,2—0,5 μC pro 100 g) durch die fötalen Schilddrüsen von Meerschweinchen, Kaninchen u. Ratten deutlich herabgesetzt, hingegen unter dem Einfl. von Erregungsmitteln des Zentralnervensyst. (1,5 mg *Coffein,* 0,5 mg *Pikrotoxin* oder 0,1 mg *Phenamin* pro 100 g) deutlich gesteigert. Die Veränderungen sind sehr früh feststellbar: bei Meerschweinchen schon am 21.—30. Tag, bei Kaninchen u. Ratten am 18. Tag der embryonalen Entwicklung. Auf die Aufnahme von ^{131}J durch die transplantierte Schilddrüse sind die genannten pharmakol. Agentien ohne Einfluß. Aus den Verss. wird auf den neurogenen Charakter der beobachteten Veränderungen geschlossen. Die fötale Schilddrüse ist vom Anbeginn ihrer hormonalen Funktion der zentralnervösen Kontrolle unterworfen. (Журнал Общей Биологии [J. allg. Biol.] **15.** 115—27. März/April 1954.) RENTZ. 4562

Richard H. Kirkland, *Abgeschwächte organische Bindung von radioaktivem Jod in der Schilddrüse bei damit behandeltem Hyperthyreodismus.* NaSCN zeigt bei 8 Wochen vorher mit ^{131}J vorbehandelten Hyperthyreodismus (BASEDOW) eine verstärkte J-Ausscheidung gegenüber nichtbehandelten Vergleichspersonen. ^{131}J scheint also die organ. Bindung von J in der Schilddrüse zu beeinflussen. (J. clin. Endocrinol. Metabolism **14.** 565—71. Mai 1954. Richmond, Va., USA, Medic. Coll., Dep. of Med.)
WELTZIEN. 4562

Jacob Robbins, *Thyroglobulin im Serum nach ^{131}J-Therapie.* 1. Mitt. *Aussalzung.* Klin. Bericht über Serum-^{131}J (S.^{131}J)-Unterss. an 13 Patienten mit verschied. Schilddrüsenerkrankungen, bei denen vorher einem Patienten markiertes *L-Thyroxin* (**I**) intravenös u. 12 Patienten oral Radiojod appliziert wurde. In 8 Fällen war größtenteils das S.^{131}J in **I** enthalten, erkennbar an der Löslichkeit in n-Butanol u. chromatograph. Verh. in verschied. Systemen. In 5 Fällen fand Vf. eine abnorme S.^{131}J-Fraktion, unlösl. in n-Butanol u. unbeweglich im chromatograph. System. Bei Aussalzungen der Serumproteine mit äquimol. KH_2PO_4 u. K_2HPO_4 (p_H 6,5) fand Vf. bei den ^{131}J-I-reichen Seren keine Radiojodkomponente, während bei den anderen Seren ein großer Teil der Radioaktivität zwischen 1,40 u. 1,75 mol. Phosphatpufferkonz. niedergeschlagen wurde. Bei Vgl. der anomalen S.^{131}J-Fraktion mit menschlichem Thyroglobulin zeigt sich eine Ähnlichkeit beider Substanzen hinsichtlich der Aussalzung mit Phosphatpuffer.

V e r s u c h e : Papierchromatograph. Analyse nach ROBBINS u. RALL (Proc. Soc. exp. Biol. Med. **81.** [1952.] 530). Systeme: n-Butanol–1.4-Dioxan (80 : 20) mit 2 n NH_4·OH–n-Butanol–n-Amylalkohol (70 : 30) mit 2 n NH_4OH–n-Butanol–Eisessig–W. (75 : 10 : 15). — Aussalzung mit Phosphatpuffer p_H 6,5 nach DERRIEN (Svensk kem. Tidskr. **59.** [1947.] 139; Biochim. biophysica Acta [Amsterdam] **8.** [1952.] 631). —

Gereinigtes Human-Thyroglobulin markiert mit ^{131}J aus 5 g n. Schilddrüsengewebe von einem 75jährigen Mann während der Laryngotomie bei Kehlkopfcarcinom. Vor der Operation wurden 2 mC Radiojod während 48 Std. verabreicht. Reinigung nach DERRIEN u. Mitarbeiter (Biochim. biophysica Acta [Amsterdam] **2.** [1948.] 454). (J. biol. Chemistry **208.** 377—86. Mai 1954. New York, N. Y., Cancer Res. Sloan-Kettering Inst., Mem. Center for Cancer and Allied Diseases.) BRATFISCH. 4562

Jacob Robbins, Mary L. Petermann und **J. E. Rall,** *Thyroglobulin im Serum nach* ^{131}*J-Therapie.* 2. Mitt. *Sedimentation in der Ultrazentrifuge.* (1. vgl. vorst. Ref.) Vff. untersuchten die Sedimentation von Serum-^{131}J in der Ultrazentrifuge von 5 Patienten, denen in 6 Dosen Radiojod für therapeut. Zwecke verabreicht worden war. 4 Seren enthielten eine anomale Serumjodkomponente (ASK). Im Vgl. zu den Serumproteinen sedimentierte ASK wesentlich schneller. Das Sedimentationsverh. von ASK ist vergleichbar mit denen von Human- u. Schweinethyroglobulin. (J. biol. Chemistry **208.** 387—93. Mai 1954. New York, N. Y., Cancer Res., Sloan-Kettering-Inst., Mem. Center for Cancer and Allied Diseases.) BRATFISCH. 4562

G. S. Kurland, A. S. Freedberg und **J. Fishman,** *Wirkung von Thyreotropin auf Schilddrüsenfunktionsänderungen nach Anwendung von* ^{131}*J bei Herzkranken.* Verss. mit therapeut. Dosen von ^{131}J bei schilddrüsennormalen Herzkranken bewiesen, daß die danach auftretenden Umsatzstörungen in der Schilddrüse funktionell u. nicht histolog. bedingt sind. Thyreotropin stimuliert diese Störungen. (J. clin. Endocrinol. Metabolism **14.** 572—78. Mai 1954. Boston, Mass., Harvard Univ., Med. School, Dep. of Med., Beth Isr. Hosp.) WELTZIEN. 4562

J. H. Wilkinson, Mary M. Sheahan und **N. F. Maclagan,** *Die biologische Wirkung thyroxinverwandter Substanzen.* 2. Mitt. *Weitere Derivate der 3.5-Dijod-4-oxybenzoesäure.* (1. vgl. SHEAHAN u. Mitarbeiter, C. **1952.** 241.) Eine Anzahl von *3.5-Dijod-4-alkoxybenzoesäuren* u. deren *Estern* wurden dargestellt u. auf ihre Antithyroxinwrkg. nach der Meth. von MACLAGAN u. SHEAHAN (J. Endocrinology **6.** [1950.] 426) an Mäusen geprüft. Die *Methyl-, Äthyl-, n-Propyl-* u. *Benzyläther* der *3.5-Dijod-4-oxybenzoesäure* (I) waren deutlich wirksamer als I selbst; am wirksamsten war jedoch unter den Äthern von I der Phenyläther (in einer Dosis von 100 mg/kg). Von den Estern der *Methoxy-* n. *Äthoxy-*I waren die Äthylester am wirksamsten; die Ester der *n-Propoxy-, Phenoxy-* u. *Benzyloxy-*I waren weniger wirksam als die entsprechenden freien Säuren. 4 untersuchte I-Ester mit verzweigter Kette erwiesen sich weniger wirksam als der am besten wirksame I-*n-Butylester. 3.5-Dijod-4-methoxybenzonitril* war in einer Dosis von 1000 mg/kg wirksam, in einer Dosis von 400 mg/kg unwirksam. *3.5-Dijod-4-n-propoxybenzonitril* u. *-amid* waren inaktiv.

Versuche: *3.5-Dijod-4-methoxybenzonitril,* $C_8H_5ONJ_2$, aus 3.5-Dijod-4-oxybenzonitril (II) in CH_3OH u. 10nNaOH + CH_3J (90 Min. Erhitzen), oder mit $(CH_3)_2 \cdot SO_4$ + 20%ig. NaOH (98% Ausbeute), Nadeln aus CH_3OH, F. 148°. — *3.5-Dijod-4-methoxybenzoesäure* (III), durch Verseifung des Nitrils mit NaOH, F. 261—262°; III-*Methylester,* aus I durch Schütteln mit $(CH_3)_2SO_4$ bei 70° in Ggw. von 20%ig. NaOH, aus CH_3OH, F. 94—95°. III-*Äthylester,* $C_{10}H_{10}O_3J_2$, aus III mit A. u. etwas H_2SO_4, Nadeln aus PAe., F. 95—96°. III-*n-Propylester,* $C_{11}H_{12}O_3J_2$, aus I-n-Propylester, Nadeln aus PAe., F. 58—59°. III-*n-Butylester,* $C_{12}H_{14}O_3J_2$, aus I-n-Butylester, Prismen aus PAe., F. 45°. — *3.5 Dijod-4-äthoxybenzoesäuremethylester,* $C_{10}H_{10}O_3J_2$, aus 3.5-Dijod-4-äthoxybenzoesäure, Nadeln ans PAe., F. 93°. *3.5-Dijod-4-äthoxybenzoesäureäthylester,* $C_{11}H_{12}O_3J_2$, Nadeln aus PAe., F. 71°. *3.5-Dijod-4-äthoxybenzoesäure-n-propylester,* $C_{12}H_{14}O_3J_2$, aus I-n-Propylester, Prismen aus PAe., F. 38°. — *3.5-Dijod-4-n-propoxybenzonitril,* $C_{10}H_9ONJ_2$, aus II in n-Propanol u. 10nNaOH u. n-Propylbromid (2 Std. Erhitzen), Prismen aus 95%ig. CH_3OH; *3.5-Dijod-4-n-propoxybenzamid,* $C_{10}H_{11}O_2NJ_2$, durch Wasserzugabe beim Umkristallisieren des Nitrils, Nadeln aus CH_3OH, F. 170—171°. *3.5-Dijod-4-n-propoxybenzoesäure,* $C_{10}H_{10}O_3J_2$, durch 2std. Erhitzen des Nitrils oder des Amids in A. mit 5nNaOH, Nadeln aus Bzl., F. 191°; *Methylester,* $C_{11}H_{12}O_3J_2$, Nadeln aus PAe., F. 55°; *Äthylester,* $C_{12}H_{14}O_3J_2$, Platten aus PAe., F. 44—45°. — *3.5-Dijod-4-benzyloxybenzoesäure* (IV)-*methylester,* $C_{15}H_{12}O_3J_2$, aus der Säure, Nadeln aus CH_3OH, F. 123°. IV-*Äthylester,* $C_{16}H_{14}O_3J_2$, aus I-Äthylester in A. u. 2nNaOH u. Benzylchlorid (15 Min. Erhitzen), Nadeln aus A., F. 72°. *3.5-Dioxy-4-benzyloxybenzoesäure-n-propylester,* $C_{17}H_{18}O_5$, entsteht bei der versuchten Dasrt. des IV-n-Propylesters analog vorigem Vers., aus PAe., F. 98 bis 100°. — *Acylderiv. des 3.5-Dijod-4-oxybenzoesäure-n-butylesters* aus dem Ester in Pyridin u. Säureanhydrid oder -chlorid (30 Min. Raumtemp. u. 10 Min. 60°): *Acetat,* $C_{13}H_{14}O_4J_2$, hexagonale Platten aus CH_3OH, F. 80°; *Propionat,* $C_{14}H_{16}O_4J_2$, Prismen aus PAe., F. 84—85°; *Benzoat,* $C_{18}H_{16}O_4J_2$, Kristallbüschel aus PAe., F. 74°; *Carbäthoxyderiv.,* $C_{14}H_{16}O_5J_2$, mit $ClCOOC_2H_5$, Platten aus CH_3OH, F. 79°. — *3.5-Dijod-*

4-acetoxybenzoesäuremethylester, $C_{10}H_8O_4J_2$, Platten aus CH_3OH, F. 121°. — *p-Oxybenzoesäure-2-äthylbutylester*, $C_{13}H_{18}O_3$, aus p-Oxybenzoesäure (V) u. 2-Äthylbutanol in Bzl. u. etwas H_2SO_4 (3 Std. Erhitzen), Dest., $Kp._{0,3}$ 141—142°. *Ester der 3.5-Dijod-4-oxybenzoesäure* aus den V-Estern u. J_2 + KJ in wss. A.: *Isobutylester*, $C_{11}H_{12}O_3J_2$, Nadeln aus A., F. 149°; *sek.-Butylester*, $C_{11}H_{12}O_3J_2$, Platten aus 90%ig. A., F. 111°; *Isoamylester*, $C_{12}H_{14}O_3J_2$, Nadeln aus wss. CH_3OH, F. 98—100°; *2-Äthylbutylester*, $C_{13}H_{16}O_3J_2$, Platten aus PAe., F. 69—70°. (Biochem. J. **49**. 710—17. Okt. 1951. London, Univ., Westminster Med. School, Dep. of Chem. Pathol.) K. F. MÜLLER. 4562

J. H. Wilkinson, Mary M. Sheahan und **N. F. Maclagan,** *Die biologische Wirkung thyroxinverwandter Substanzen.* 3. Mitt. *Substanzen, die sich vom 3.5-Dijod-4-oxybenzaldehyd ableiten, und verwandte Verbindungen.* (2. vgl. vorst. Ref.) 24 dem *3.5-Dijod-4-oxybenzaldehyd* (I) verwandte Verbb. wurden auf ihre Antithyroxinwrkg. geprüft. *3.5-Dijod-4-äthoxybenzaldehyd, 3.5-Dijodanisaldehyd* (II) u. deren *Dimethylacetale* zeigten nur schwache Wrkg.; die *Acetyl-* u. *Carbäthoxyderivv.* von I, u. *3.5-Dijod-4-äthoxybenzaldoxim* waren einigermaßen wirksam. Am wirksamsten von den I-Derivv. erwies sich *3.5-Dijodanisaldehydoxim*, dessen wirksame Dosis 50 mg/kg beträgt; seine Wrkg. wird nur von der des *3.5-Dijod-4'-oxybenzoesäure-n-butylesters* übertroffen. Einige geprüfte dem *5-Jodvanillin* verwandte Monojodverbb. waren ohne Wirkung.

V e r s u c h e: *3.5-Dijodanisaldehyd* (II)*-oxim*, $C_8H_7O_2NJ_2$, aus Bzl., F. 153°. II-*Diäthylacetal*, $C_{12}H_{16}O_3J_2$, rhomb. Prismen aus PAe., F. 76°. — *3.5-Dijod-2-methoxybenzaldehyd*, $C_8H_6O_2J_2$, aus 3.5-Dijodsalicylaldehyd in CH_3OH u. $(CH_3)_2SO_4$ in Ggw. von 40%ig. NaOH u. Hydrolyse des entstandenen Acetals durch 15 Min. Kochen mit 2nHCl, Nadeln aus PAe., F. 100°; *Dimethylacetal*, $C_{10}H_{12}O_3J_2$, gelbes Öl. — *3.5-Dijod-4-benzyloxyaldehyd*, $C_{14}H_{10}O_2J_2$, aus I in A. u. 2nNaOH u. Benzylchlorid (1 Std. Kochen), Nadeln aus 90%ig. A., F. 103°; *2.4-Dinitrophenylhydrazon*, $C_{20}H_{14}O_5N_4J_2$, orange Nadeln aus Dioxan, F. 263—265° (Zers.); *Dimethylacetal*, $C_{16}H_{16}O_3J_2$, Platten aus CH_3OH, F. 95°. — *3.5-Dibromanisaldehyddimethylacetal*, $C_{10}H_{12}O_3Br_2$, aus 3.5-Dibrom-4-oxybenzaldehyd in CH_3OH u. $(CH_3)_2SO_4$ u. 40%ig. NaOH, schwachgelbe Platten aus PAe., F. 62—63°; Hydrolyse mit 2nHCl gibt *3.5-Dibromanisaldehyd*, $C_8H_6O_2Br_2$, Nadeln aus A., F. 85°. — *3.5-Dijod-4-acyloxybenzaldehyde*, aus I in Pyridin u. dem Säureanhydrid oder -chlorid (30 Min. Raumtemp. u. 10 Min. 60°); 80—95% Ausbeuten: *Acetat*, $C_9H_6O_3J_2$, Nadeln aus 90%ig. A., F. 158° (*Dimethylacetal*, $C_{11}H_{12}O_4J_2$, Prismen aus CH_3OH, F. 102°); *Propionat*, $C_{10}H_8O_3J_2$, schwachgelbbraune Kristalle aus PAe., F. 127° (*Dimethylacetal*, $C_{12}H_{14}O_4J_2$, Prismen aus PAe.); *n-Butyrat*, $C_{11}H_{10}O_3J_2$, schwachbraungelbe Kristalle aus PAe., F. 81—82°; *Benzoat*, $C_{14}H_8O_3J_2$, braungelbe Nadeln aus A., F. 138—140°; *Phenylacetat*, $C_{15}H_{10}O_3J_2$, braungelbe Kristalle aus A., F. 133—134°; *p-Toluolsulfonat*, $C_{14}H_{10}O_4J_2S$, Prismen aus 70%ig. A., F. 133° (Dimethylacetal, $C_{16}H_{16}O_5J_2S$, Kristalle aus Bzl., F. 198—199°). — *3.5-Dijod-4-oxypropiophenon* (III), $C_9H_8O_2J_2$, aus 4-Oxypropiophenon in NH_4OH (D. 0,88) u. J_2/KJ in W., Nadeln aus A., F. 122°; 94%; *Acetylverb.*, $C_{11}H_{10}O_3J_2$, Nadeln aus A., F. 155°. *3.5-Dijod-4-methoxypropiophenon*, $C_{10}H_{10}O_2J_2$, aus III in CH_3OH u. CH_3SO_4H u. 10nNaOH, rhomb. Platten aus PAe., F. 83—84°. — *5-Jodveratrumaldehyd*, $C_9H_9O_3J$, aus Jodvanillin in CH_3SO_4H von 100° u. 20%ig. NaOH, Nadeln aus A., F. 69—70°; 92%; *Oxim*, $C_9H_{10}O_3NJ$, Prismen aus A., F. 110—111°. (Biochem. J. **49**. 714—18. Okt. 1951. London, Univ., Westminster Med. School, Dep. of Chem. Pathol.)

K. F. MÜLLER. 4562

Dietrich Henschler, *Hoher Acetylcholingehalt von Bienenfuttersäften.* Kurzer Bericht über *Acetylcholin* (I)-Bestimmung. Während der I-Geh. im Honig 0,06—5 mg/kg beträgt, wurde er in Futtersäften von Arbeitsbienen zu 1 mg/g, in Drohnenfutter zu 0,3 mg/g am Katzenblutdruck u. nach anderen Methoden mit übereinstimmendem Ergebnis nachgewiesen. Auch Nachw. der Proportionalität der I-Aufhebung durch *Atropin* u. I-Verstärkung durch *Eserin.* Durch Acetylierung Verdoppelung der cholinerg. Wrkg. eines Futtersaftes. Der cholinerg. Faktor wurde durch Nachw. des Cholinesters papierchromatograph. identifiziert. (Naturwissenschaften **41**. 142. März 1954. Würzburg, Univ., Pharmakol. Inst.) DOSSMANN. 4569

D. W. Woolley und **E. Shaw,** *Einige neurophysiologische Aspekte des Serotonins. Serotonin* (I; *Enteramin, 5-Oxytryptamin*) tritt im Gehirn u. in visceralen Ganglien auf u. bewirkt Kontraktion glatter Muskeln, damit Blutdruckerhöhung. Antagonisten sind *Mutterkornalkaloide, Lysergsäurediäthylamid, Medmain = 2-Äthyl-5-dimethylaminoindol, 1-Methylmedmain, Harmalaalkaloide, Yohimbin, 1-Hydrazinophthalazin.* Vff. vermuten Zusammenhänge zwischen Psychosen u. Kumulation infolge Mangel an *Aminooxydase* oder Defizit von I im Großhirn. (Brit. med. J. **1954**. II. 122—26. 17/7. New York, N. Y., Rockefeller Inst. for Med. Res.) ZEMKE. 4569

Joachim Brugsch, *Die Bedeutung der Porphyrien als Störungen der Hämsynthesen.* Es wird auf ein gemeinsames Vork. von Leberschäden u. erworbener cutaner Porphyrie hingewiesen. (Endokrinologie **31.** 261—65. Juli 1954. Berlin, Univ., 1. Med. Klin.) SCHELER. 4572

Arne Carlsten, Alf Holmgren, Klas Linroth, Torgny Sjöstrand und **Gunnar Ström,** *Beziehungen zwischen niedrigen Konzentrationen an Kohlenmonoxyd in den Alveolen und dem Kohlenmonoxyd–Hämoglobin-Gehalt im menschlichen Blut.* Bei 55 Menschen wurde die CO-Konz. in der Alveolarluft u. der *Kohlenmonoxyd–Hämoglobin* (**I**)-Geh. im Blut nach verschied. Methoden bestimmt. Der n. **I**-Geh. beträgt ca. 1%. Er ändert sich nach Inhalation geringer Mengen CO linear (bis zu ca. 6% **I** im Blut) mit der CO-Alveolarkonzentration. Der Proportionalitätsfaktor M der HALDANEschen Gleichung, der ein Maß für das Verhältnis der CO- zur O_2-Affinität des Hämoglobins darstellt, wurde für den Gesamtbereich mit 245 bestimmt. Wird dagegen M aus dem Anstieg des **I** nach Inhalation einer bestimmten Menge CO errechnet, liegt der Wert bei 228 ± 6. Er besitzt bei verschied. Versuchspersonen den gleichen Wert. (Acta physiol. scand. **31.** 62—74. 21/6. 1954. Stockholm, Karolinska Sjukhuset, Labor. Clin. Physiol.) SCHELER. 4572

V. Dietel und **R. Schmöger,** *Wird beim Ikterus neonatorum Frühgeborener Bilirubin mit dem Harn ausgeschieden?* Mittels der Bestimmungsmeth. von JENDRASSIK u. GROF wurden im Urin von Frühgeborenen mit Ikterus neonatorum 0,11—3,61 mg% *Bilirubin* (**I**) gefunden. *Periston N* oder *Subsidon* sind ohne Einfl. auf die **I**-Ausscheidung. (Arch. Kinderheilkunde **148.** 235—40. 1954. Leipzig, Univ., Kinderklin.) SCHELER. 4572

G. Weber, O. Braun-Falco und **G. Thaesler,** *Über das Verhalten proteingebundener Polysaccharide im Serum bei Dermatosen.* (Vorl. Mitt.) Die papierelektrophoret. Unters. der proteingebundenen Totalsaccharide sowie Best. des proteingebundenen Glucosamins u. der proteingebundenen Hexosen im Serum ergab, daß sich bei ausgedehnten spinocellulären Carcinomen eine deutliche Vermehrung der proteingebundenen Polysaccharide findet, während es im Fall subcutaner Erythematodes zu einer Verminderung kam. Der Grad der Vermehrung der proteingebundenen Polysaccharide steht in gewissem Zusammenhang mit der Ausdehnung u. Schwere der einzelnen Krankheitsprozesse. Die bei entzündlichen Dermatosen nachweisbare Globulinvermehrung braucht nicht konstant mit einer Zunahme der an diese Fraktion gebundenen Polysaccharide parallel zu gehen, wenn dies auch die Regel zu sein scheint. Auch bei Albuminverminderung kann es zu einem Ansteigen der an die Albuminfraktion fixierten Kohlenhydratkomponenten kommen. (Dermatol. Wschr. **129.** 561—66. 1954. Mainz, Univ., Hautklin.) NEHRING. 4574

H. F. Deutsch, *Fetuin, das Mucoprotein aus Fetal-Kalbsserum.* Vf. beschreibt die Reinigung von *Fetuin* (**I**) durch kombinierte Na-Trichloracetat (**II**)-, $(NH_4)_2SO_4$- u. A.-Fraktionierung. Gewisse elektrophoret. Eigg. von **I** sind vergleichbar mit denen des Ovomucoids (**III**) u. Serumglykoproteins (**IV**). **I** ist jedoch labiler als **III** u. **IV**. Vf. bestimmte die Löslichkeit von **I** als Funktion der **II**-Konz. bei p_H 3,5 u. der Proteinkonz. in 5%ig. **II**-Lösung. **I** ist in diesem Syst. relativ lösl., während die anderen Proteine unlösl. sind. In Veronalpuffer p_H 8,6, μ 0,1 zeigt **I** bei Elektrophorese eine einzige Spitze. In saurer Lsg. ca. p_H 3 liegt **I** in aggregierter Form vor. Hierdurch zeigen sich bei verschied. p_H unterschiedliche Werte bzgl. Diffusion, Sedimentation u. elektrophoret. Verhalten. Diffusionskonstante bei p_H 7 D_A 5,06, 4,97 u. $5{,}37 \cdot 10^{-7}$, bei p_H 3,6 $3{,}72 \cdot 10^{-7}$ sq.cm/Sekunde. Vf. schätzt für die monomere Einheit das Mol.-Gew. 45000. **I**-Präpp. enthalten 8% Glucosamin, 9,1% Mannose, N 13,39%. Ein P-Geh. von 19,5 mg% u. antitrypt. Eigg. sind wahrscheinlichen Verunreinigungen zuzuschreiben. **I** gibt positive Rk. mit DISCHEs Diphenylaminreagens, $E^{1\%}_{530\,m\mu} = 2{,}5$.

V e r s u c h e : Reinigung von *Fetuin* (**I**): Zugabe von 1 Vol. 10%ig. neutraler Na-Trichloracetatlsg. zu Fetalserum, p_H 3,5-Einstellung mit 10%ig. Trichloressigsäure. Nd. wird verworfen. Lsg. p_H 7,0—7,4, Dialyse über mehrere Tage, 40%ig. $(NH_4)_2SO_4$-Sättigung, p_H 7,0. — Lsg. wird verworfen. Nd. wird in W. suspendiert u. mehrere Tage dialysiert. Proteinkonz. 1,5% u. p_H 4,5, A.-Fraktionierung bei —6° zwischen 15—25%, μ = 0,02—0,03. Die A.-Konz. der vom Nd. getrennten Lsg. wird auf 50% gebracht. Lsg. steht über Nacht bei —10 bis —15°. Der Nd. ist **I**. Elektrophoret. Unterss. bei p_H 8,6 mit Na-Veronalpuffer, μ = 0,1, bei niederem p_H mit Acetat- u. Glycinpuffern μ = 0,1 mit 80% NaCl-Gehalt. Diffusionsunterss. bei 2° in Puffern mit μ = 0,2. Meth. nach KAHN u. POLSON (C. **1948.** I. 381, Sedimentationsunterss. mit der SPINCO-Ultrazentrifuge bei 59780 U/Minute. Verwendung von

K-Phosphatpuffer p_H 7,4, μ = 0,2. (J. biol. Chemistry **208.** 669–78. Juni 1954. Madison, Wis., Univ., Dep. of Physiol. Chem.) BRATFISCH. 4574

—, *Blutgerinnung.* Übersichtsarbeit; Schema der Blutgerinnung, behandelt die Auslösung der Gerinnung u. die Rolle der Blutplättchen u. des *Ca*, die *Thrombokinase* u. *Antithrombokinase*, das *Prothrombin* u. die Stätte seiner Bldg. sowie den *Faktor V Acceleratorglobulin*). — 174 Literaturangaben. (Z. ges. inn. Med. Grenzgebiete **7.** 529–36. 15/6. 577–84. 1/7. 1952.) WILLENBERG. 4574

Max Frimmer und **Karl Pfleger,** *Über die Beeinflussung der Thrombinaktivität durch Kalium–Natrium-Polyphosphat (Tammansches Salz). K–Na-Polyphosphat (Tammansches Salz)* wirkt blutgerinnungshemmend. Durch elektrophoret. Unterss. mit markiertem Polyphosphat wird eine spezif. Rk. mit einer der Eiweißkomponenten des untersuchten Gerinnungssyst. ausgeschlossen. (Naturwissenschaften **41.** 20–21. Jan. 1954. Mainz, Max-Planck-Inst. für Chemie.) H. MATTHIES. 4574

S. Witte und **P. Dirnberger,** *Die getrennte Bestimmung von Thrombininhibitor und Antithrombin. Experimentelle Grundlagen und klinische Anwendung.* Durch Best. der Aktivitätsabnahme von Standardthrombin in nativem u. defibriniertem Plasma nach verschied. Incubationszeiten ist eine method. Differenzierung von Thrombinhemmstoffen u. Antithrombin möglich. Als Thrombinhemmung werden *Heparin + Cofaktor* u. die thrombinentbindende Fähigkeit von *Fibrinogen* bestimmt, zur Charakterisierung des Antithrombins die langsamere *Metathrombin*-Bldg. in vitro. Die Verschiebung der Normalwerte bei verschied. Krankheitsbildern wird beschrieben. (Schweiz. med. Wschr. **84.** 800–04. 17/7. 1954. Erlangen, Univ., Med. Klin.) SCHELER. 4574

Frederick S. Bigelow, *Serotoninaktivität im Blut. Messungen in normalen Fällen und bei Patienten mit Thrombocytose, Hämorrhagie und anderen hämorrhagischen Zuständen. Serotonin* wird bei der Zerstörung der Blutplättchen gebildet. Entweder wird es aus diesen freigesetzt oder ein in den Plättchen sich befindender Faktor bewirkt die Bldg. des Serotonins. Vf. diskutiert Beziehungen zwischen Serotonin, Blutplättchen u. Prothrombin bei verschied. hämorrhag. Zuständen. — 43 Literaturstellen. (J. Lab. clin. Med. **43.** 759–73. Mai 1954. Boston, Mass., Harvard Med. School, Dep. of Med., u. Boston, City Hosp.) SCHÜTTE. 4574

Rothschild und **H. Barnes,** *Der osmotische Druck der Verdünnungsmittel für Rindersperma.* Das zur künstlichen Besamung von Rindern benutzte Bullensperma (bzw. Plasma) zeigt eine Gefrierpunktserniedrigung von –0,53° u. wird zur Benutzung mit einem Gemisch aus Eidotter u. Na-Phosphat bzw. Na-Citratpuffer verd. (zuweilen mit einem Zusatz baktericider Stoffe); es werden die Gefrierpunktserniedrigungen der Komponenten u. Gemische angegeben. (Nature [London] **173.** 636–37. 3/4. 1954. Cambridge, Univ., u. Millport, Marine Stat.) HENTSCHEL. 4582

Margaret I. Chalmers, D. P. Cuthbertson und **R. L. M. Synge,** *Ammoniakbildung im Rumen im Zusammenhang mit dem Proteinbedarf der Schafe.* 1. Mitt. *Duodenale Verabfolgung und Hitzeaufschluß als Faktoren, welche die Verdauung der Caseinzusatznahrung beeinflussen.* Stickstoffgleichgewichtsexperimente zeigten, daß Caseinzusatz zum Futter für Mutterschafe unwirksam war, obgleich die Tiere Protein brauchten. — In Bestätigung zu McDONALD wurde nur in geringem Maße eine Umwandlung von Casein in Ammoniak gefunden. — Durch Duodenumfistel verabreichtes Casein wurde besser ausgenutzt als durch Magenfistel verabfolgtes. — Durch eine Anfärbemeth. wurde festgestellt, daß Caseinstücke im Wiederkäuermagen unlösl. sind. — Stickstoffgleichgewichtsunterss. ergaben, daß aufgeschlossenes Casein zu einer besseren Ausnutzung führt; es entstand weniger Ammoniak im Magen. — Vff. sehen in der Ammoniakbldg. aus Proteinen ein Maß der Nützlichkeit für die Tiere. (J. agric. Sci. **44.** 254–62. Juni 1954. Bickshurn, Aberdeenshire, Rowett Res. Inst.) HEYNS. 4585

Margaret I. Chalmers und **R. L. M. Synge,** *Ammoniakbildung im Rumen im Zusammenhang mit dem Proteinbedarf der Schafe.* 2. Mitt. *Vergleich von Casein- und Heringsmehlzusatzfutter.* (1. vgl. vorst. Ref.) Vff. zeigen, daß Heringsmehlzusatz zu einer proteinarmen Grunddiät für Schafe wirkungsvoller als Caseinzusatz in bezug auf Stickstoffaufnahme u. Wachstum ist. Heringsmehlzusatz bewirkte eine geringere Ammoniakbldg. im Wiederkäuermagen als Caseinzusätze. Dies wird als Ursache für die Unterschiede der verschied. Proteinausnutzung angesehen. Das Fleisch von Schafen, die mit Heringsmehl gefüttert wurden, war nicht in der Farbe verdorben. Auch mit Formaldehyd konserviertes Heringsmehl erwies sich als unschädlich. (J. agric. Sci. **44.** 263–68. Juni 1954.) HEYNS. 4585

E. F. Annison, Margaret I. Chalmers, S. B. M. Marshall und **R. L. M. Synge,** *Ammoniakbildung im Rumen im Zusammenhang mit dem Proteinbedarf der Schafe.* 3. Mitt. *Ammoniakbildung bei Wiederkäuern mit verschiedenen Diäten.* (2. vgl. vorst. Ref.). Die Ammoniakkonz. im Wiederkäuermagen von Schafen, die als Grundnahrung Heu u. Mehl u. zusätzlich verschied. Proteine erhielten, wurde gemessen. — Die Ammoniakproduktion aus dem Mehl der Grundnahrung war groß, bei Maisprodd. jedoch gering; Heringsmehl ergab mittlere Beträge. Die Ammoniakproduktion aus proteinreichem Material nahm ab, wenn der Geh. der Nahrung an Stärke oder Getreidemehl in der gleichen Zeit anstieg. (J. agric. Sci. **44.** 270—73. Juni 1954.) HEYNS. 4585

G. Ja. Kiwman, *Einfluß der Antibiotica auf den Wuchs von Tieren.* Erhielten Ferkel neben Mais u. Sojakuchen unter Zusatz von Vitamin A, B, D u. der nötigen Salze 0,5% „*animal protein factor*", so zeigten sie in 6 Wochen eine um 40% höhere Gewichtszunahme als die Kontrollen. Ein Zusatz von 25 mg *Aureomycin* (I) je 1 kg Futter bewirkte bei Küken ein verstärktes Wachstum. Durch Zufütterung von 25 γ/kg *Vitamin* B_{12} (II) wurde bei Ferkeln in 6 Wochen eine um 10% höhere Gewichtszunahme als bei der Kontrolle erzielt. Durch Zufütterung von 100 mg/kg *Penicillin* (III) wurde bei Küken die gleiche Wachstumsbeschleunigung wie mit 25 mg/kg I erzielt. Die Wachstumsstimulierung durch III wurde an Ferkeln nicht bestätigt. Eine intramuskuläre Zufuhr von I u. III war ohne merklichen Einfl. auf das Wachstum von Küken. Die Zufütterung von *Chloromycetin* u. *Streptomycin* war bei Küken weniger wachstumsstimulierend als III. In Schweinefütterungsverss. wurde durch Zufütterung von 10—20 g (je 1 kg) „animal protein factor" bzw. 44—50 γ II u. 500—200 mg I die gleiche Wachstumsstimulierung beobachtet. Es wurde festgestellt, daß die Tiere bei Zufütterung eines Antibioticums die doppelte Menge W. aufnehmen. Die Wachstumsstimulierung beruht demnach sehr wahrscheinlich auf der erhöhten Resorption der Nährstoffe im Darm. (Природа [Natur) **42.** Nr. 11. 98—100. Nov. 1953. Staatl. Tarassewitsch-Kontrollinst.) LEBTAG. 4585

Richard Kuhn, *Vitamine der Milch.* Übersicht; behandelt das Vork. von *Carotin* u. *Lactoflavin* (I) in der Milch u. die Bedeutung des I für das gelbe Ferment. Als Wuchsstoff für Milchbakterien spielt außerdem der Bifidusfaktor eine bedeutende Rolle, auf dessen Beziehung zu den Blutgruppensubstanzen, zu den lebensnotwendigen Bestandteilen der Säuglingsnahrung u. zur Krebsentstehung hingewiesen wird. — 43 Literaturangaben. (Angew. Chem. **64.** 493—500. 21/9. 1952. Heidelberg, Max-Planck-Inst. für med. Forsch.) RÖSELER. 4587

Je. N. Sserdjuk, *Zur Frage der Einwirkung von Thiamin (Vitamin B_1) auf die motorische und interoceptive Magenfunktion.* Eine B_1-avitaminot. Diät führte in Verss. an Hunden mit Magenfistel, beginnend am 7. Tage, zu einer Abnahme der motor. Funktion des Magens bis zur Atonie (am 20. Tag) u. zu einer Zunahme des Brenztraubensäurespiegels im Blut von 2,6 auf 17,3 mg%. Wurde jetzt *Thiamin* (I) verabreicht (1 mg/kg intravenös), so ließen sich dadurch in 2—3 Tagen wieder n. Verhältnisse herstellen. Der interoceptive visceromotor. bedingte Reflex (Aufblasen eines Gummiballons im Magen; elektr. Reizung einer Hinterpfote) erfährt bereits am 4.—5. Tage der B_1-avitaminot. Diät eine Abnahme u. verschwindet am 10.—11. Tage völlig. Durch I kommt es zur Wiederherst. der interoceptiven Empfindlichkeit am 4.—5. Behandlungstag, wobei die Latenzzeit auch während der folgenden 8 Tage verlängert bleibt. (Вопросы Питания [Fragen d. Ernähr.] **12.** Nr. 2. 16—20. März/April 1953. Lwow. Med. Inst.; Lehrstuhl für Pharmakol.) RENTZ. 4587

H. S. R. Desikachar und **E. W. McHenry,** *Einige Wirkungen des Vitamin-B_6-Mangels auf den Fettstoffwechsel der Ratte.* Werden Ratten, denen reichlich Pyridoxin angeboten wird, mit einer fettfreien Kohlenhydrat- oder auch isocalor. Proteindiät gefüttert, so setzen sie reichlich Körperfett an, das durch niedrige JZ. gek. ist. Bei gleicher Diät, aber Pyridoxinentzug wird deutlich weniger Körperfett angesetzt, der absol. Geh. der Leber an Phospholipoiden u. ungesätt. Fettsäuren bleibt aber unbeeinflußt. Vff. erklären den Körperfettverlust durch erhöhte Verwertung, da verfütterte ^{14}C-Glucose von Pyridoxinmangeltieren in gleicher Weise zur Fettsynth. verwertet wird wie von Kontrolltieren. (Biochem. J. **56.** 544—47. April 1954. Toronto, Can., Univ., Dep. of Public Health Nutrit.) BOSER. 4587

Je. W. Gorjatschenkowa, B. Ja. Wolownik und **F. R. Saidelman,** *Der Einfluß eines Mangels an Vitamin B_6 auf die Bildung von Mercaptursäure und auf die Umsulfurierung im Rattenorganismus.* Zur Klärung der Frage, inwieweit eine Störung der Aktivität des Fermentsyst. der Umsulfurierung in der Leber bei B_6-Avitaminose sich auf die Tätigkeit des Gesamtorganismus bei der Bldg. von *Cystin* (I) aus *Methionin* (II) auswirkt, untersuchten Vff. unter Verwendung n. u. B_6-avitaminöser Ratten die Synth. der *Br-Phenylmercaptursäure* u. den Einbau des II-S in das I der Proteine der inneren Organe. Zur Anwendung gelangte II mit ^{35}S. Es ergab sich, daß trotz sehr geringer Aktivität des Fermentsyst. der Umsulfurierung in der Leber bei Mangel an Vitamin B_6

die Umwandlung von II in I im Gesamtorganismus bei 24std. Verss. ohne Störung verläuft. (Доклады Академии Наук СССР [Ber. Akad. Wiss. UdSSR] [N. S.] **93.** 111–14. 1/11. 1953. Inst. für Biol. u. Mediz. Chem. der Akad. der Med. Wiss. der UdSSR.) ULMANN. 4587

Clement J. Molony und **A. H. Parmelee,** *Krämpfe bei Säuglingen als Folge von Pyridoxin (Vitamin B_6)-Mangel.* Bericht von 6 Fällen, in denen unerklärbare Krämpfe bei Säuglingen auftraten. In allen Fällen konnte die Verfütterung einer künstlichen Milch, die kein *Pyridoxin* (I) enthielt, als Ursache festgestellt werden. Die Zugabe I-enthaltender Nahrung ließ alle Symptome verschwinden. (J. Amer. med. Assoc. **154.** 405–06. 30/1. 1954. Los Angeles, Calif., Childrens Hosp.) BERGER. 4587

David B. Coursin, *Krämpfe bei Kindern durch Nahrung mit Pyridoxindefizit.* Eingehender klin. Bericht mit Elektroencephalogrammen von Kindern, die künstlich ernährt worden waren. Die Nahrung enthielt kein *Pyridoxin* (I). Vf. hält I für den Stoffwechsel der Nervenzellen für notwendig u. fordert weitere Untersuchung. (J. Amer. med. Assoc. **154.** 406–08. 30/1. 1954. Lancaster, Okla., Saint Josephs Hosp.) BERGER. 4587

Prema Fatterpaker, Urmila Marfatia und **A. Sreenivasan,** *Die Nichtbeteiligung der Folsäure an der Biosynthese von Methylverbindungen aus Vorstufen.* Vff. untersuchten die Möglichkeit einer *Folsäure* (I)-Katalyse bei der Synth. von Methylverbb. aus Vorstufen an Mäusen. An in 4 Gruppen geteilten ausgewachsenen Mäusen mit I-Mangel wurde I (10 γ/Maus/Tag oral) u./oder Methanol (1 mg/Maus/Tag intraperitoneal) verabreicht. Nach 8 Tagen erfolgte Futterentzug, am nächsten Morgen intraperitoneale Injektion von 0,6 cm^3 Lsg., enthaltend 1 mg Methanol u. 2 mg DL-Serin (II) an die Gruppe 2 u. 4, Gruppe 1 u. 3 erhielten entsprechende Scheininjektion mit dest. Wasser. II wurde verabreicht, um die bekannte I-Wrkg. zur in vivo-Synth. von II aus Methanol auszuschalten. 5 Std. nach der Injektion wurden die Mäuse getötet zur schnellen Entnahme von Leber, Eingeweide u. Skelettmuskeln für Cholin (III)-, Methionin- u. Phosphokreatinbestimmung. Entgegen anderen Ergebnissen (VERLY u. Mitarbeiter, C. **1952.** 7209) erfolgte keine Verminderung der III-Synth. aus Formiat oder Methanol bei I-Mangel. Die unterschiedlichen Ergebnisse sind nach Ansicht der Vff. der bekannten Vitaminwrkg., die zur II-Best. führt, zuzuschreiben, u. somit wird das Ausmaß der folgenden III-Synth. begrenzt. (Nature [London] **173.** 359–60. 20/2. 1954. Bombay, Univ., Dep. of Chem., Technol. Foods Sect.) BRATFISCH. 4587

Charles A. Nichol, *Die Wirkung von Ascorbinsäure auf die enzymatische Bildung des Citrovorumfaktors.* Zellfreie Homogenate (vgl. NICHOL, Federation Proc. **11.** [1952.] 452) von Kükenleber können in Ggw. von *Ascorbinsäure* (I) unter anaeroben Bedingungen bis zu 25% (110 γ/g feuchtes Gewebe) zugesetzter Pteroylglutaminsäure in *Citrovorum factor* (II); ***Leucovorin; Folinsäure SF*** verwandeln. Glucoascorbat u. Isoascorbat verdoppeln die I-Wrkg., während Cystein u. Glutathion unwirksam sind. Unter aeroben Bedingungen wird gebildetes oder zugesetzter II schnell zerstört; die Zerstörung wird durch I stark verzögert. (J. biol. Chemistry **204.** 469–75. Sept. 1953. Cleveland, O., Western Reserve Univ., School. of Med., Dep. of Pharmacol.) H.-J. KOCH. 4587

R. L. Blakley, *Tetrahydropteroylglutaminsäure bei Synthese und Abbau des Serins.* Ein durch *Pteroylglutaminsäure* (I) ergänztes, lösl. Enzymsyst. aus Taubenleber katalysiert die gegenseitige Umwandlung von *Serin* (II) in *Glykokoll* (III). Aus $^{14}C_{(2)}$-III u. CH_2O wird $^{14}C_{(2)}$-II, aus III u. $^{14}CH_2O$ $^{14}C_{(3)}$-II synthetisiert, wobei CH_2O nicht durch Formiat ersetzbar ist. $^{14}C_{(2)}$-II wird zu ^{14}C-III u. CH_2O abgebaut, so daß auf diese Weise die Bldg. von $^{14}C_{(2)}$-II aus nichtmarkiertem L-II u. $^{14}C_{(2)}$-III katalysiert werden kann. Maximale Aktivität bzgl. dieser Rk. erfordert bei Verwendung dialysierter Enzympräpp. Zusatz von Hefeextrakt oder *Adenosintriphosphat* + *Diphosphopyridinnucleotid* (neben I). Außerdem wird die Rk. durch *Ascorbinsäure* u. anaerobe Bedingungen begünstigt. Vf. nimmt an, daß I, bevor es die II↔III-Umwandlung aktiviert, zunächst zu *Tetrahydro*-I (**Ia**) red. wird. 5.6.7.8-**Ia** aktiviert in Übereinstimmung hiermit, das Enzymsyst. stärker als I oder andere I-Derivate. *4-Amino*-I, das die Red. von I → **Ia** hemmt, hemmt die II–III-Umwandlung bei I- u. Hefeextraktzusatz, jedoch nicht bei Zugabe von **Ia**. *Leucovorin* (*5-Formyl*-**Ia**; IV) verhielt sich wie I. Die Befunde deuten darauf hin, daß eher **Ia** als IV oder $N_{(10)}$-*Formyl*-I die zentrale Rolle bei C_1-Übertragungen spielt u. sich reversibel mit CH_2O in Ggw. des Enzyms verbindet, wobei möglicherweise ein Imidazolinderiv. entsteht, in dem eine CH_2-Gruppe die $N_{(5)}$- u. $N_{(10)}$-Atome von **Ia** verbindet, u. das reversibel mit III u. W. unter II-Bldg. reagieren kann. (Nature [London] **173.** 729. 17/4. 1954. London, Nat. Inst. for Med. Res.) K. MAIER. 4587

G. E. Boxer, W. H. Ott und **C. E. Shonk,** *Der Einfluß von Vitamin B_{12} auf den Coenzym-A-Gehalt der Kükenleber.* Bei Unterss. über die Wrkg. von *Vitamin B_{12}* (**I**) auf den Stoffwechsel wurde beobachtet, daß die *Coenzym-A* (**II**)-Konz. der Leber von **I**-Mangelküken 5fach größer als die der n. Kontrollen war. Im Hinblick auf die mögliche Funktion von **I** bei der $-S-S- \rightarrow -SH$-Umwandlung könnte die Vermehrung der **II**-Konz. durch die oxydierte Form ($Co\ A-S-S-Co\ A$) bedingt sein. Die enzymat. Bestimmungsmethoden erlauben keine Unterscheidung der beiden **II**-Formen. Der erhöhte *Pantothensäure* (**III**)-Gesamtgeh. der Leber von **I**-Mangelküken beruht auf einer Funktion von **I** bei der **III**-Verwertung für die Bldg. von **II**. (Arch. Biochem. Biophysics **47.** 474–75. Dez. 1953. Rahway, N. J., Res. Labors. of Merck & Co., Inc., and Merck Inst. for Therapeut. Res.) K. MAIER. 4587

J. N. Williams jr., W. J. Monson, A. Sreenivasan, L. S. Dietrich, A. E. Harper und **C. A. Elvehjem,** *Wirkungen eines Vitamin-B_{12}-Mangels auf die Leberenzyme bei der Ratte.* (Vgl. auch C. **1954.** 2195.) Das von BEILER, MOSS u. MARTIN (C. **1952.** 882) beschriebene Oxydationsprod. von *Vitamin B_{12}* (**I**), das gegen *Lactobacillus leichmannii 4797* Anti-**I**-Eigg. zeigt, hat bei der Ratte keine Wrkg. auf Wachstum u. Leberenzyme. Ein **I**-Mangel erniedrigt in der Rattenleber die endogene Atmung u. die Aktivität von *Betain–Homocystein-transmethylase* u. *Xanthinoxydase*, die Aktivität der Leber-*Cholinoxydase* wird etwas erhöht. (J. biol. Chemistry **202.** 151–56. Mai 1953. Madison, Wis., Univ. of Wisconsin, Coll. of Agric., Dep. of Biochem.) H.-J. KOCH. 4587

Joseph V. Benbanasté, *Vitamin B_{12} in der Neurologie.* *Vitamin B_{12}* in der Dosierung von 300–600 γ täglich zeigt bei tab. Krisen, bei einzelnen neurit. Erkrankungen u. anderen neurolog. Affektionen gute Wirkung. Über die Resultate bei multipler Sklerose läßt sich kein sicheres Urteil bilden; offenbar werden hier nur die akuten Schübe beeinflußt. (Prensa méd. argent. **41.** 1666–68. 11/6. 1954. Istambul, Clin. Neurolog.) P. G. SCHEURLEN. 4587

Hans Seliger, *Die Bedeutung der ungesättigten Fettsäuren für die Behandlung von Leber- und Gallenerkrankungen.* Bericht über die Anwendung von *Vitamin F* bei verschied. Leberleiden u. Erkrankungen der Gallenwege. (Praxis [Bern] **43.** 527–28. 17/6. 1954. Schmiedefeld/Rennsteig.) P. G. SCHEURLEN. 4587

N. A. Sapolskaja, *Der Einfluß von Emulgatoren auf die einzelnen Funktionen des Verdauungsprozesses.* In Verss. an Hunden mit Magenfistel wurde festgestellt, daß bei Verfütterung von 41,0 g unemulgiertem *Fett* (= Margarinegrundlage; **I**), mit *Phosphatid* (**II**), festem *Emulgator* (**III**) oder *oxypolymerisiertem Öl* (**IV**) emulgierter *Margarine* oder 60%ig. fester *Fettemulsion* (**V**) mit den gleichen Emulgatoren nach 3 Std. im Magen 11,7 g **I**, 3,2–7,2 g **II** u. 0,8–3,4 g **V** zurückbleiben. Die beschleunigende Wrkg. der Emulgatoren nimmt in der Reihe **II–III–IV** zu. Die Wrkg. der Emulgatoren ist keine stabilisierende, da bei Verfütterung von **I** unter Zusatz von **II** oder **IV** (0,7% wie bei allen Verss.) die **I**-Entleerung aus dem Magen um 10 bzw. 20% beschleunigt wird. Auch ein Zusatz von 4 mg *Riboflavin* beschleunigt die Entleerung von **I** um 10%. (Маслобойно-Жировая Промышленность [Öl- u. Fett-Ind.] **18.** Nr. 5. 12–13. Mai 1953. Leningrad, Wiss. Forschungsinst. für Hyg. u. Sanitätswesen.) SCHMEISS. 4594

K. C. Chaudhuri, *Der Eiweißstoffwechsel bei Kindern.* 26 Literaturangaben. (Ann. paediatrici [Basel] **58.** Suppl. 1. 277–82. 1954. Calcutta, Univ., Fac. of Med.) K. MAIER. 4597

Jorge Awapara, *2-Aminoäthansulfinsäure: ein Zwischenprodukt der Oxydation von Cystein in vivo.* Aus der Leber von 300 g schweren Ratten, denen 400 mg *Cystein* eingespritzt worden war, wurde *2-Aminoäthansulfinsäure* (**I**) isoliert. **I** wurde durch papierchromatograph. Vgl. mit der auf folgendem Wege synthetisierten Verb. identifiziert.

V e r s u c h e: Darst. von *Benzoyltaurin* nach GOLDBERG u. Mitarbeiter (C. **1948.** I. 476) u. Behandlung mit Thionylchlorid. Entstehendes *2-Benzamidoäthansulfonylchlorid* (**II**) mit Bzn., PAe. gereinigt, F. 83–86°. Red. des **II** mit Na_2SO_3 ergab die nichtkrist. Verb. *2-Benzamidoäthansulfinsäure*, die mit 6 n HCl 18 Std. bei 110° in N_2-Atmosphäre hydrolysiert wurde. Abfiltrieren von der Benzoesäure. **I** wurde aus absol. A. ausgefroren. Enthält 23,8% S (theoret. 22,0%) u. 10,0% N (9,6%). **I**-HCl wurde papierchromatographiert u. vorher auf dem Papier mit NH_3 neutralisiert. **I** besitzt den gleichen R_F-Wert (0,64 in Phenol–W.) wie das von CHATAGNER u. BERGERET (C. **1951.** II. 1750) in der Rattenleber aufgefundene „Hypotaurin". (J. biol. Chemistry **203.** 183–88. Juli 1953. Houston, Tex., Univ., M. D. Anderson Hosp. for Cancer Res.) HEYNS. 4596

Jorge Awapara und **William J. Wingo,** *Über den Mechanismus der Taurinbildung aus Cystein in der Ratte.* (Vgl. auch vorst. Ref.) Nach Injektion von 100 mg *Cystein* (**I**) mit ca. 85 μC ^{35}S bei 300 g schweren Ratten wurden in Leberstücken, die in bestimmten Intervallen aus den lebenden Tieren präpariert worden waren, folgende Verbb. festgestellt, die ^{35}S enthielten: *2-Aminoäthansulfinsäure* (**II**), *Taurin* (**III**) u. SO_4^{2-}. **III** wurde erst 30 Min. nach der Einspritzung von **I** gebildet. Bei Einspritzung kleiner Mengen von **I** konnte Cysteinsäure, die ^{35}S enthielt, nicht beobachtet werden. Vff. diskutieren folgenden Mechanismus: $\mathbf{I} \rightarrow \text{Cysteinsulfinsäure} \begin{cases} \nearrow CO_2 + \mathbf{II} \rightarrow \mathbf{III} \\ \searrow \text{Alanin} + SO_2 \end{cases}$ (J. biol. Chemistry **203**. 189—94. Juli 1953. Houston, Tex., M. D. Anderson Hosp. of Cancer Res.) HEYNS. 4596

R. D. Harkness, A. M. Marko, Helen M. Muir und **A. Neuberger,** *Der Metabolismus des Kollagens und anderer Proteine der Rattenhaut.* Die Haut wachsender Ratten wird nach einem genau angegebenen Schema in mehrere Fraktionen mit verschied. Löslichkeitseigg. eingeteilt. Diese lassen sich in 3 Gruppen zusammenfassen (Zahlen in % N der Gesamthaut). 1. Nichtkollageneiweiß phosphatlösl., p_H 9 (**I**), 15%; 2. Proteine vom Kollagentyp (**II**), 55%; a) lösl. in Phosphat, p_H 9 (**III**), 2%; b) citratlösl., p_H 3,8 (**IV**), 10%; c) unlösl. Kollagen (**V**), 35—40%. 3. Unlösl. Nichtkollagenproteide, 25%. **I** zeigt ein sehr ähnliches Elektrophoresebild wie Serumeiweiß. Die nach chem. Methoden gewonnenen Werte für Oxyprolin u. Tyrosin von **III**, **IV** u. **V** sind ähnlich, doch können Vff. signifikante Unterschiede sichern. Die Aktivität/Zeit-Kurven nach Verfütterung von ^{14}C-Glycin u. Isolierung als DNP-Glycin sind für die einzelnen Fraktionen sehr charakteristisch. Bei **I** fallen sie nach hohen Ausgangswerten steil ab, **III** zeigt, von niedrigem Ausgangswert nach 1 Tag ein steiles Maximum, das schnell wieder abfällt, **IV** u. noch ausgesprochener **V** zeigen sehr flache Kurven, die für einen sehr langsamen Auf- u. auch Abbau sprechen. **III** wird als Vorstufe („Prokollagen") diskutiert. (Biochem. J. **56**. 558—69. April 1954. London, Nat. Inst. for Med. Res.) BOSER. 4596

Ss. Ja. Kaplanski, O. G. Samjatkina und **R. W. Chessin,** *Zur Frage des Einflusses eines Eiweißmangels auf die Umsatzgeschwindigkeit der Phosphorverbindungen im tierischen Organismus.* Durch frühere Unterss. (Український Біохімічний Журнал [Ukrain. Biochem. J.] **22**. [1950.] 400) haben Vff. gezeigt, daß die von GRODSENSKI u. KOROLEWA (vgl. C. **1950**. I. 744) festgestellte Beschleunigung des *P*-Umsatzes bei eiweißarmer Diät nur eine scheinbare ist. Um diese Frage endgültig zu klären, wurden im Rattenvers. ^{32}P-Einbau in die P-Verbb. der Leber u. Blutvol. bei eiweißarmer (a) u. n. Nahrung (b) bestimmt. Es zeigte sich, daß bei (a) das Blutvol. proportional der Körpergewichtsabnahme abnimmt. Die erhöhte ^{32}P-Konz. im Blut von (a) gegenüber (b) bei gleicher subcutaner ^{32}P-Zufuhr je 1 g Körpergewicht ist demnach keine Folge des verminderten Blutvolumens. Sie erklärt sich daraus, daß bei (a) ein stark verminderter Einbau von ^{32}P in die Knochen erfolgt. Der erhöhte ^{32}P-Einbau in die P-Verbb. von Leber u. anderen Organen ist kein Zeichen für den beschleunigten P-Umsatz in diesen Organen, sondern nur für die erhöhte ^{32}P-Konz. im Blut. Erhalten die a-Tiere eine eiweißreiche Kost, dann sinkt die ^{32}P-Konz. nach subcutaner Zufuhr rasch bis zur Norm. Der ^{32}P-Einbau in die P-Verbb. der Leber wird hierbei vermindert. (Биохимия [Biochemie] **18**. Nr. 5. 552—58. Sept./Okt. 1953.) LEBTAG. 4596

R. Baguena Candela, V. Tormo Alfonso und **J. Baguena Candela,** *Der Stoffwechsel des Herzens.* Übersichtsarbeit über die Physiologie u. Biochemie des Herzmuskelstoffwechsels. (Med. españ. **31** (**17**). 267—77. April 1954. Valencia, Fac. de Med., Câtedra de Patología.) P. G. SCHEURLEN. 4596

G. R. Webster, *Verteilung und Stoffwechsel von Phosphorverbindungen in normalem und demyelinisiertem Nervengewebe des Huhns.* Nach Anwendung demyelinisierender Anticholinesterase (*Tri-o-kresylphosphorsäure*) bis zur Lähmung änderte sich weder der Geh. der Nerven an *säurelösl. P*, *Phosphorlipoid*, *Rest-P-Fraktion* noch der *P*-Stoffwechsel. Verss. mit ^{32}P zeigten langsamen *P*-Stoffwechsel mit Ausnahme desjenigen der *säurelösl. Fraktion* der peripheren Nerven. (Biochem. J. **57**. 153—58. Mai 1954. London, Guy's Hosp. Med. School, Dep. of Chem. Pathol.) ZEMKE. 4598

H. McLennan und **E. J. Harris,** *Der Einfluß der Temperatur auf Gehalt und Austausch von Natrium und Kalium in Kaninchennerven.* Bei 0° sinkt der Geh. im Nerven an Basen infolge Abnahme der *K*-Konz., während die *Na*-Menge leicht zunimmt. Höhere Tempp. (18 u. 37°) ließen keine Unterschiede zwischen gelagerten u. frischen Nerven erkennen. *Na* ist voll austauschbar gegenüber dem einer umspülenden Salzlsg. mit ^{24}Na, während *K* nur zu 34% bei 18°, in höherem Maß mit verminderter Aufnahme u. erhöhter Abgabe bei 0°, gegen ^{42}K auswechselbar ist. (Biochem. J. **57**. 329—34. Juni 1954. London, Univ., Coll., Dep. of Biophys.) ZEMKE. 4598

Antoinette Pirie und **Ruth van Heyningen,** *Oxydation des Glutathions in Linsenextrakten bei Gegenwart von Äthylendiamintetraacetat.* Der *Glutathion* (**I**)-Geh. in wss. Extrakten von (Augen-) Linsen bleibt bei 4° bis zu 5 Tagen unverändert. Zusatz von *Äthylendiamintetraacetat* (**II**) zur Ausschaltung von Metallspuren (Chelatbldg). übt nicht, wie erwartet, eine die Haltbarkeit von **I** verlängernde Wrkg. aus, sondern beschleunigt die **I**-Oxydation, wobei der Protein–Sulfhydryl-Geh. unverändert bleibt. N_2-Atmosphäre hält die **I**-Oxydation hintan. Reine **I**-Lsgg. werden durch **II** stabilisiert. Durch entsprechend angelegte Verss. zeigt sich, daß **II** die Oxydation von gleichzeitig in Linsenextrakten anwesender *Ascorbinsäure* beschleunigt, welche in sek. Rk. auf Kosten von **I** wieder red. wird. (Nature [London] **173.** 873—74. 8/5. 1954. Oxford, Nuffield Labor. of Ophthalmol.) ZEMKE. 4598

L. I. Palladina und **A. M. Gudina,** *Die Natur der aktiv wirkenden Stoffe in den Extrakten aus konservierter Leichenhaut.* 3. Mitt. *Der Einfluß einiger Salze auf die aktivierende Rolle des Ammoniaks bei den Prozessen der Geweberegeneration.* (2. vgl. C. **1954.** 5795.) In den Extrakten der konservierten Leichenhaut ist neben Arginin $(NH_4)_2CO_3$ (**I**) wirksam. Wird **I** durch Dialyse daraus entfernt, dann verschwindet die stimulierende Wrkg. auf das Hefewachstum. Das Präp. LP, hergestellt aus 3,0 g **I**, 1,5 g $MgSO_4$, 1,6 g $CaCl_2$ u. 0,8 g NaH_2PO_4, fördert das Wachstum der Hefezellen stärker als **I** allein oder der Leichenhautextrakt. Das gleiche gilt für die Heilung experimenteller Wunden im Kaninchenversuch. Bei der Behandlung von Hautrissen beim Menschen zeigt das Präp. in fast allen Fällen eine positive Wirkung. (Український Біохімічний Журнал [Ukrain. Biochem. J.] **25.** 132—37. 1953. Inst. für Biochem. der Akad. der Wiss. der UkrSSR.) LEBTAG. 4599

E₆. Pharmakologie. Therapie. Toxikologie. Hygiene.

B. M. Issajew und **U. Ja. Marguliss,** *Tiefendosen für punktförmige Quellen von γ-Strahlen von radioaktivem Kobalt.* Für eine γ-Quelle von ^{60}Co im Abstand 165 mm von der Oberfläche der bestrahlten Substanz wird die räumliche Verteilung der Dosis in W. u. Luft gemessen. Eine Formel, welche die Umrechnung der Ergebnisse auch für andere Abstände gestattet, wird angegeben. Die Kurve, welche die Abnahme der Dosis in W. längs der Achse des Strahlenbündels darstellt, fällt wesentlich langsamer ab als die entsprechende Kurve für 200 kV-Röntgenstrahlen. In Gewebesubstanzen werden die Isodosen für $S = 20, 50, 100\ cm^2$ angegeben. (Вестник Рентгенологии и Радиологии [Ann. Roentgénol. Radiol.] **1954.** Nr. 1. 68—74. Jan./Febr. Inst. für Biophys. der Akad. der med. Wiss. der UdSSR.) LENZ. 4601

Ernst Spode, *Die Wirkung des sichtbaren Spektralbereiches der optischen Strahlung auf das periphere Blutbild.* Die Bestrahlung der Haut von Kaninchen mit Licht von 4000—8000 Å unter Ausschluß der Lichtperzeption durch die Augen hat eine Normalisierung des roten Blutbildes bei Anstieg der neutrophilen Granulocyten u. Abfall der Lymphocyten zur Folge. Die Gesamtleukocytenzahl verhält sich uneinheitlich. (Naturwissenschaften **41.** 21—22. Jan. 1954.) H. MATTHIES. 4601

Perroy und **Buchet,** *Strahlenschutzwirkung durch schwefelhaltige Aminosäuren.* (Experimentelle Untersuchung.) Kaninchen erhielten an der linken Flanke mehrere Röntgenbestrahlungen (150—500 r/Sitzung) von insgesamt 2000—2500 r (100 kV, 18 mA, FHA 30 cm, Filter: 2 mm Al). Ein Teil der Tiere bekam mit der Nahrung 30 g *Cystin* (**I**), ein anderer Teil 30 g *Methionin* (**II**), jeweils vor jeder Bestrahlung. Die mit **I** behandelten Tiere zeigten beginnende Epilation erst oberhalb 1500 r gegenüber totaler Epilation der nur bestrahlten bei 1200 r. Bei mit **II** gefütterten Tieren trat sogar eine Vermehrung des Haarwuchses auf. Ähnliche Befunde ergibt die Beobachtung des Gewichtes der Tiere u. der Überlebensquote, bes. hinsichtlich der ausgeprägten Strahlenschutzwrkg. von **II** gegenüber **I.** (Semaine méd. **29.** Nr. 38. 1935—39. 10/6. 1953. Suppl. zu: Semaine Hôpitaux Paris.) REUSSE. 4601

Ove Mattsson, *Eine einfache Methode zur Einstellung der genauen Konzentration von Bariumkontrastmitteln.* Vf. zeigt an Hand einiger Aufnahmen des Magen–Darm-Traktes, daß bei der Anwendung von *Ba*-Brei für die Kontrastaufnahmen das spezif. Gewicht der M. von wesentlicher Bedeutung für die Detailerkennbarkeit im Bild ist. Er beschreibt kurz ein einfaches Aräometer für den Dichtenbereich 1,00—1,60, dessen Skala willkürliche Gradierung 1—10 zeigt u. das die jeweilige Einstellung der den Aufnahmebedingungen angepaßten D. erlaubt. (Acta radiologica [Stockholm] **39.** 501—06. Juni 1953. Stockholm, Karolinska Sjukhuset, Roentgen-Dep.) REUSSE. 4601

Solomon R. Bersack und **Thomas E. Whitaker jr.,** *Der Einfluß von Diphenhydramin (Benadryl) auf die störenden Nebenerscheinungen bei der intravenösen Urographie.*

Vff. berichten über die störenden Nebenerscheinungen bei 200 Patienten, die für die intravenöse Urographie Injektionen mit *Jodopyracet* (**I**; *Diodrast*) erhielten. Bes. wurde der Einfl. von vorherigen intravenösen Injektionen mit *Benadryl* (**II**) auf das Befinden der Patienten untersucht. Das Antihistaminicum **II** (20 mg) erweist sich als nahezu unwirksam bei allerg. bedingten Störungen. Dagegen kann das Auftreten von Übelkeit herabgesetzt werden (von 17 auf 2%). Die chem. u. venospasm. wirkenden Eigg. von **I** können aber andererseits durch sehr langsame Injektion des Mittels kompensiert werden. Die Verabfolgung von **II** in der angegebenen Dosis vor **I** wird daher nicht empfohlen, die Anwendung einer höheren **II**-Dosis zur Diskussion gestellt. (A. M. A. Arch. intern. Med. **91**. 618—25. Mai 1953. Washington, Mount Alto Veterans Hosp., Dep. of Radiol.) Reusse. 4601

Kao Liang Chow und **Walter D. Obrist**, *EEG und Änderungen des Verhaltens nach Applikation von $Al(OH)_3$-Gel an die präoccipitale Hirnrinde von Affen.* Einige Monate nach der Operation zeigte das EEG abnorme Spitzen in Zusammenhang mit epilept. Anfällen (Jackson u. Grand Mal) der Tiere bei erhaltenem Sehvermögen. (A. M. A. Arch. Neurol. Psychiatry **72**. 80—87. Juli 1954. Orange Park, Fla., Yerkes Labor. of Primate Biol., Moosehaven Res. Labor.) Zemke. 4606

G. C. Crossmon und **W. C. Vandemark**, *Mikroskopische Beobachtungen über Wechselbeziehungen zwischen Toxizität und Kristallstruktur von Berylliumoxyd.* Je nach der Art der Herst. kann Berylliumoxyd (**I**) ähnlich wie Kieselsäure in verschied. stabilen Formen vorkommen, die sich hinsichtlich Brechungsindex, Doppelbrechung u. Toxizität unterscheiden. Die Proben mit geringem Brechungsindex u. geringer oder fehlender Doppelbrechung zeigen bei Heranziehung früherer Untersuchungsergebnisse die stärkste tox. Wirkung. (A. M. A. Arch. ind. Hyg. occupat. Med. **9**. 481—87. Juni 1954. Rochester, N. Y., Bausch & Lomb Optical Co., Chem. Res. Labor.) Zeller. 4606

W. Eger und **H. Ottensmeier**, *Über den Einfluß des Äthyl- und Methylalkohols auf den Blutzucker- und Glykogengehalt der Leber hungernder Ratten und Meerschweinchen.* Meerschweinchen u. Ratten wurden 3—4 Tage auf Hunger gesetzt u. erhielten an jedem dieser Tage 1 cm^3/100 g 50%ig. *A.* oder *Methylalkohol* (**I**); 8 Std. später wurden die Tiere getötet. Das *Restglykogen* der Leber erfährt durch A. bei Ratten eindeutige Abnahme bis unter den Schwellwert, bei Meerschweinchen keine Änderung; der Einfl. von **I** ist bei Ratten wechselnd, bei Meerschweinchen führt **I** zu regelmäßiger Abnahme. Auf den *Blutzucker* ist die Wrkg. von A. u. **I** bei beiden Tierarten unterschiedlich u. wird im einzelnen besprochen. Das Verh. des Blutzuckers u. Leberglykogens wird als Ausdruck einer tox. **I**-Wrkg. angesehen. Im Hinblick auf A. kann eine Abwehr-Rk. des Körpers bei erhöhtem Bedarf an Zucker zur Verbrennung des A. angenommen werden. Im histol. Schnitt sind hemmende Einflüsse von A. u. **I** auf das Enzymsyst. festzustellen. (Med. Mschr. **8**. 85—89. Febr. 1954. Göttingen, Univ., Pathol. Inst.) Dossmann. 4607

J. Delphaut, *Pharmakodynamische Untersuchungen über die Natriumsalze der Salicylsäure, der p-Aminosalicylsäure, der Gentisinsäure und der p-Aminobenzoesäure.* Die DL_{50} nach subcutaner Gabe beträgt bei weißen Mäusen für *p-Aminosalicylat* (**I**) 28—30 cg, *p-Aminobenzoat* (**II**) 30—32,5 cg, *Gentisat* (**III**) 39—42 cg u. *Salicylat* (**IV**) 7—8 cg jeweils je kg. Ähnlich verhält sich auch die Toxizität gegenüber Gambusia Hollbrocki. Am narkotisierten Hund wurde kaum eine Kreislaufwrkg. nach intravenös applizierten Dosen von 0,25—2,00 cg/kg beobachtet, Erhöhung der Atemfrequenz bewirkte **II** > **IV** > **III** > **I**. Am Herz in situ ist **IV** am giftigsten. Am Darm in situ u. in vitro zeigen sich keine spezif. Effekte. (C. R. Séances Soc. Biol. Filiales **146**. 466—68. März 1952.) Jung. 4607

Jean Delphaut, *Vergleichende pharmakodynamische Untersuchungen über die Natriumsalze der Sulfosalicyl-, Succinyldisalicyl- und Benzoyl-p-aminosalicylsäure.* (Vgl. auch vorst. Ref.) Vf. untersuchte vergleichend die Natriumsalze der *Sulfosalicyl-* (**I**), *Succinyldisalicyl-* (**II**) u. *Benzoyl-p-aminosalicylsäure* (**III**). In Toxizitätsverss. am Hund, der weißen Ratte u. Gambusia Hollbrocki ist **I** weniger tox. als Salicylat, **II** mit Ausnahme bei der weißen Ratte weniger tox. als Salicylsalicylat u. **III** toxischer als p-Aminosalicylat. **I** u. **II** scheinen bei intravenöser Injektion in 10%ig. Lsg. den Blutdruck nicht zu beeinflussen, **III** bewirkt Blutdrucksenkung. **I**, **II** u. **III** beschleunigen u. vermehren die Atmung, wobei **II** eine intensivere u. längere Wrkg. zu haben scheint. (C. R. Séances Soc. Biol. Filiales **147**. 1456—58. Aug./Sept. 1953. Strasbourg, Fac. de Méd. et de Pharm.) K. Böhm. 4607

Yasuo Yokoi, *Pharmakologische Untersuchungen einiger organischer Thiocyanate.* Vff. untersuchten die organ. *Thiocyanate* (**I**), *Äthyl-*, *Phenyl-*, *Benzyl-*, *Thymolthio-*

cyanat, Äthylthiocyanacetat u. *p-Thiocyanodimethylanilin* u. verglichen ihre pharmakol. Wrkg. u. Toxizität mit Cyaniden. Bei Mäusen, Kaninchen u. Tauben ähneln die tox. Wirkungen von I denen der Cyanide, bei intravenöser Injektion verhält sich Atmung u. Blutdruck ähnlich wie nach Cyanid. Bei Kaninchen bewirken I bei subcutaner Injektion eine Abnahme des O_2-Verbrauchs bei Anstieg des Atemvol. nach nahezu der gleichen mol. Dosis wie bei KCN (0,07 mMol). Natriumthiosulfat u. Nitrite konnten Mäuse u. Tauben gegen letale Dosen von I schützen. In vitro kann durch chem. Rkk. (SCHÖNBEINs Rk., Berliner Blau-Rk., $AgNO_3$-Rk.) nachgewiesen werden, daß mehr oder weniger aus allen untersuchten I HCN freigesetzt wird, solange sie mit Blut vermischt sind. (Jap. J. Pharmacol. **3.** 99—111. März **1954.** Tokio, Univ., Dep. of Pharmacol. and Nat. Hygien. Labor. [Orig. engl.]) K. BÖHM. 4607

W. D. M. Paton, *Typen pharmakologischer Wirkung an autonomen Ganglien.* Vf. unterscheidet Präpp., die 1. dem *Acetylcholin* (I) chem. ähnlich sind u. depolarisieren (*Tetramethylammonium*), mit I konkurrieren (*Hexamethonium, Tetraäthylammonium, Nicotin, Fluoressigsäure, Histamin, Antihistaminica, Sulfonamide, p-Aminobenzoesäure*), für depolarisierende Substanzen sensibilisieren (*Tensilon = m-Oxyphenyldimethyläthylammonium*), 2. als *Anticholinesterasen* wirken (*Eserin, Diisopropylfluorphosphat, Prostigmin*), 3. keine Beziehungen zu I haben (*Procain, Parpanit = 1-Phenylcyclopentan-1-carbonsäurediäthylaminoäthylester, Diparcol, Pethidin* [*Dolantin*], *Chinidin, Atropin, Adrenalin*), 4. mit anorgan. Ionen wirken (*K, Ba, NH_4, Ca, PO_4, Mg*) u. 5. nichtbas. sind (*Barbiturate, Allgemeinanästhetica, Digitalisglykoside*). (Arch. int. Pharmacodynam. Thérap. **97.** 267—81. **1954.** London, Univ. Coll., Hosp. Med. School.) ZEMKE. 4607

R. Wien, *Die Beziehungen der chemischen Struktur von Verbindungen zu ihrer Wirkung auf autonome Ganglien.* Nach Vf. hängt die Wrkg. ab: 1. bei monoquarternären Verbb. (*Acetylcholin, Tetramethylammonium, Cholinphenyläther*) von den Methylgruppen (Substitution durch Äthylgruppen hebt den Nicotineffekt auf u. führt zur Blockierung) u. 2. bei bis-quartären Substanzen (*Hexamethonium; Phenylalkan-p-ω-bis-*[*trialkylammonium*]*-salze; 1-Methylpiperidino-, 4-Methylmorpholino-* u. *1-Methylpyrrolidinosalze*) von der Länge, der räumlichen Konfiguration, den Radikalen am N u. der Symmetrie. Selektion bestimmter Ganglien war nicht feststellbar. (Arch. int. Pharmacodynam. Thérap. **97.** 395—406. **1954.** Dagenham, Essex, May & Baker Ltd.) ZEMKE. 4607

N. Ambache, *Reizstoffe autonomer Ganglien.* Vf. unterscheidet Substanzen, die wirken: 1. auf motor. Ganglien (*m-Bromphenyläther* des *Cholin, 1.1-Dimethyl-4-phenylpiperazin, Nicotin*), 2. auf Muskelfasern (*Compound 2268 F = γ-Dimethylamino-α.β-propylenacetalmethojodid, Acetyl-β-methylcholin, 5-Methylfurfuryl-(2)-dimethylaminmethojodid, Muscarin, Acetylcholin*), 3. auf Ganglien u. Muskelfasern (*$BaCl_2$, KCl*) u. 4. als *Anticholinesterasen* (*Eserin*). (Arch. int. Pharmacodynam. Thérap. **97.** 427—46. **1954.** London, Inst. of Ophthalmol., M. R. C. Ophthalmol. Res. Unit.) ZEMKE. 4607

E. Rothlin und **H. Konzett,** *Synaptotrope Substanzen und afferente autonome Nervenstrukturen.* Nach Vff. haben stimulierende u. blockierende Substanzen des efferenten sympath. Ganglion (Ggl. stellatum) u. des Nebennierenmarks (*Acetylcholin, Nicotin, Lobelin, KCl, Adenosintriphosphorsäure, Na-Citrat, Veratrumalkaloide, Histamin, Adrenalin, Noradrenalin, Isopropylnoradrenalin, Herzglykoside, $BaCl_2$* als Stimulantien, *Atropin, Tetraäthylammonium, Hexamethonium, Lokalanästhetica, Curare, Essigsäure, Antihistaminica, Barbiturate* als Blocker) gleichen Effekt auf afferente Ganglien (Carotissinus, BEZOLD-JARISCH-Reflex). (Arch. int. Pharmacodynam. Thérap. **97.** 468—72. **1954.** Basel, Sandoz Ltd., Pharmacol. Labor.) ZEMKE. 4607

Arthur W. Lindquist, A. R. Roth, Robert A. Hoffman und **Joseph S. Butts,** *Die Verteilung von radioaktivem DDT in Hausfliegen.* Radioakt. *DDT* verteilt sich nach Injektion in resistenten Fliegen zu 26—34% in den inneren Organen, der Rest in der Haut. Bei Behandlung der Fliegen mit DDT-Ndd. wird die gleiche Verteilung beobachtet, jedoch beträgt die aufgenommene DDT-Menge nur ca. 30% gegenüber der nach Injektion. Diese Menge wird nicht durch den Saugrüssel dem Körper zugeführt, da dessen Exstirpation die gefundenen Mengen nicht beeinflußt. Nach anderen Versuchsreihen fand sich 13% der aufgenommenen DDT-Menge in der Körperflüssigkeit. (J. econ. Entomol. **44.** 931—34. Dez. 1951. U. S. D. A., Agric. Res. Admin., Bur. of Entomol. and Plant Quarantine, u. Oregon State Coll., Dep. of Agric. Chem.) LÜPNITZ. 4607

Andrew J. Forgash, *Die Wirkung von Insekticiden und anderen toxischen Substanzen auf das reduzierte Glutathion von Periplaneta americana.* Der Geh. an *red. Glutathion* (I) in männlichen (a) u. weiblichen (b) Schaben wurde nach einer enzymat.

Meth. bestimmt. Er betrug bei a im Durchschnitt 0,927 mg/g Trockengewebe, bei b 0,543 mg/g. Insekticide wurden den Tieren in den Thoracalraum injiziert. *Chlordan, DDT, Parathion, Nicotin, Pyrethrin, Rotenon, Toxaphen, NaF* u. *Benzolhexachlorid* hatten keinen Einfl. auf den I-Gehalt. Injektion von As_2O_3-Lsg. (0,0093—0,0190 mg/g) verursachte einen Abfall des I-Geh. zu einem Minimum nach 7 Std.; nach weiteren 48 Std. war der I-Geh. wieder normal. Na_2HAsO_4- u. $CuCl_2$-Lsgg. wirkten ähnlich wie As_2O_3. $FeCl_3$ schien keine Wrkg. auf I auszuüben. — Injiziertes I schützt gegen die tox. Wrkg. von As_2O_3, bes. bei Injektion von I vor As_2O_3. (J. econ. Entomol. **44.** 870—78. Dez. 1951. New Brunswick, N. J., Rutgers Univ.) LÜPNITZ. 4607

A. D. Turowa und **N. W. Pokrowskaja,** *Zur Pharmakologie des Cineols (Eucalyptol).* Nach Einträufeln von *Cineol* (I; *Eucalyptol*) ins Auge u. nach subcutaner Injektion von I kommt es zu lokalen Reizwirkungen. Die geringste tox. Dosis von I für die weiße Maus beträgt 0,5 ml der 10%ig. Emulsion. Verabreichung dieser Dosis durch die Magensonde führt zu Erregungserscheinungen, Krämpfen u. Tod. Zu den gleichen Erscheinungen kommt es auch nach Inhalation von I in der Konz. 1:7000. Der Blutdruck am Kaninchen wird durch 0,5—1 ml der 5%ig. Emulsion vorübergehend gesenkt, die Herztätigkeit an der Katze durch 1 ml der 5%ig. Emulsion beschleunigt, durch 5 ml stillgelegt. Bes. auf Diphtheriebacillen u. in geringerem Grade auf Staphylokokken, Dysenterie- u. Typhusbakterien wirkt I bakteri cid, während es auf Pyocyaneus u. Proteus ohne Einfl. ist. Auf Grund ihrer Unterss. empfehlen Vff. I zu Inhalationen bei Diphtherie u. bei Anginen u. in Form von Salben u. Emulsionen zur Behandlung eitriger Wunden, von Karbunkeln, Osteomyelitiden u. Mastitiden. (Фармакология и Токсикология [Pharmakol. u. Toxikol.] **16.** Nr. 3. 28—29. Mai/Juni 1953. Allunions-Inst. für Arznei- u. Gewürzpflanzen, Pharmakol. Abt.) RENTZ. 4608

L. Ss. Ssaljamon, *Einige Materialien zur Sulfanilamidtherapie bei experimentellen tödlichen Verbrennungen.* Weißen Mäusen wurden durch Eintauchen der hinteren Körperhälfte in W. von 53—54° Verbrennungen beigebracht, die ohne Behandlung in 1—3 Tagen zum Tode führten. Gab man den Tieren 40—60 Min. vor dem Vers. 50—100 mg *Sulfidin* in Suspension per os, so kam es zu einer deutlichen Verlängerung der Lebensdauer. Therapeut. lassen sich gute Resultate erzielen, wenn man den Versuchstieren 1—2 Min. nach der Verbrennung je 0,4 ml 0,25%ig. *Norsulfazol. Na* u. *Sulfadimesin* subcutan injiziert u. die Injektionen 2 Tage lang alle 8 Std. wiederholt. Die Wrkg. ist nicht durch die antibakterielle Eig. der Sulfanilamide bedingt. (Фармакология и Токсикология [Pharmakol. u. Toxikol.] **16.** Nr. 4. 40—42. Juli/Aug. 1953. Med. Akad. der Kriegsmarine.) RENTZ. 4610

J. D. H. Bankier, R. S. Kennedy, A. W. Lees, H. M. Macleod und **N. W. Horne,** *Ein pharmakologischer Versuch mit p-Äthylsulfonylbenzaldehydthiosemicarbazon (Berculon B) am Menschen.* 40 Tuberkulosekranke erhielten 2mal täglich zwischen 1 u. 2 mg/kg *p-Äthylsulfonylbenzaldehydthiosemicarbazon* (I; *Berculon B*, IMPERIAL CHEMICAL LTD.) 81 Tage lang. Die Toxizität war ähnlich der des *p-Acetaminobenzaldehydthiosemicarbazons* (II). Gastrointestinale Störungen u. progressive Anämie wurden häufig beobachtet, ebenso wie Leberfunktionsstörungen, Unwohlsein, Depressionen, Mattigkeit, Exantheme u. Bindehautentzündungen. Die durchschnittlichen Blutkonzz. stiegen linear mit der Dosis an. Bei Blutspiegeln, die 0,25 mg/100 cm^3 nicht erreichten, wurde I von den meisten Patienten gut vertragen. Diese Konz. wird erreicht durch Applikation von 1 mg/kg, das sind 50—75 mg zweimal täglich. Durch diese Dosis wird ein höherer Blutspiegel erreicht als durch eine gleiche Dosis II. (Amer. Rev. Tubercul. **68.** 400—10. Sept. 1953. Edinburgh, Univ., Dep. of Tubercul.; Glasgow, Robroyston Hosp.; Dumfriesshire, Lochmaben Sanatorium; Glasgow, Ruchill Hosp., u. Edinburgh, Royal Victoria Hosp.) RUTKOWSKI. 4610

T. Zebrowski, J. Pieniążek und **A. Borowiecka,** *Die Behandlung der chronischen Experimentaltuberkulose der Meerschweinchen mit Isoniazid jeden Tag und jeden dritten Tag.* Bericht über Verss. an 4 Gruppen von Meerschweinchen mit chron. experimenteller Tuberkulose. Behandlung mit *Isoniazid* (I) über 91 Tage: 1) 10 Tiere erhielten 5 mg/kg pro Tag, b) 10 jeden 3. Tag, c) 10 weitere 10 mg/kg jeden 3. Tag, d) 6 Kontrollen. Die mittlere Überlebenszeit betrug a) 246, b) 315, c) 347, d) 104 Tage. Keine makroskop. Veränderungen an je 2 getöteten Tieren jeder Gruppe nach 2 Monaten I-Behandlung. Ferner Angabe von I-Resistenzbest. mit säurefesten Bacillen aus Organen gestorbener Tiere. (Beitr. Klin. Tuberkul. **111.** 335—39. 1954. Otwock, Polen, Staatl. Sanatoriumskombinat.) DOSSMANN. 4610

Charles O. Siebenmann (unter Mitarbeit von **William H. Linklater**), *Isoniazid in kombinierter Therapie bei experimenteller Mäusetuberkulose.* Chemotherapeut. Unterss.

an Mäusen, die mit *Mycobact. tuberculosis*, Stamm RAVENEL, infiziert waren, bestätigten die Überlegenheit von *Isoniazid* (**I**) über *Streptomycin* (**II**). Die Kombination von **I** mit **II** war wirksamer als **I** allein u. bewirkte bei sofortiger Behandlung das völlige Fehlen von sichtbaren tuberkulösen Veränderungen in den Lungen. Bei später beginnender Behandlung gelang es mit der Kombination von **I** u. **II** nicht, die Anwesenheit lebender Tuberkelbacillen zu unterdrücken, dagegen erreichte dies eine Kombination von **I** + **II** + *p-Oxybenzaldehydisonicotinoylhydrazon* (**III**). **III**, dessen Wirksamkeit niedriger als die von **I** ist, zeigte bei Mäusen eine geringere chron. Toxizität. (Amer. Rev. Tubercul. **68.** 411—18. Sept. 1953. Toronto, Ontario, Can., Univ., Connaught Med. Res. Labors.) RUTKOWSKI. 4610

Herbert Claus, *Ergebnisse einer ersten Nachuntersuchung mit INH behandelter Lungentuberkulosen.* Nachunterss. 6—9 Monate nach Abschluß einer *INH*-Kur mit 19—50 g bei 70 Patienten ergab: weitere Besserung — Verschlechterung — stationärer röntgenolog. Befund bei 21,4 — 20 — 58,6% der Fälle. Die Mindestdauer einer Kur sollte 3 Monate bei 37—30 g *INH* betragen. (Beitr. Klin. Tuberkul. **111.** 616—20. 1954. Mölln-Lbg., Heilstätte der L. V. A. Schleswig-Holstein.) DOSSMANN. 4610

Gertrud Meissner und **Gunnar Berg,** *Ein Jahr Therapie mit Isoniazid. Bakteriologische Resistenz- und Therapieresultate.* Übersicht über Beobachtungen bei *Isoniazid* (**I**)-Therapie an 1058 Patienten mit 1717 untersuchten Stämmen. Feststellung nur einer prim. **I**-Resistenz, sek. Resistenz nach 3 — 6 — ca. 10 Monaten entsprechend 65 — 78 — 91% bei Patienten mit positiven Sputumkulturen. **I**-Resistenz trat um so früher ein, je größer die Zahl der Keime u. der Cavernen war. Der Hauptterfolg der **I**-Therapie liegt fast immer im 1. Behandlungsquartal. (Beitr. Klin. Tuberkul. **111.** 340—52. 1954. Borstel über Oldesloe, Tuberkulose-Forschungsinst.) DOSSMANN. 4610

Joachim Scharnke, *INH-Therapie und vegetative Steuerung. Isoniazid* (**I**) wird neben seiner spezif. tuberkulostat. Wrkg. als Sympathicolyticum angesehen u. die Verschlechterung des Allgemeinzustandes nach 8wöchiger **I**-Therapie als Veränderung des vegetativen Gleichgewichtes im Sinne einer Sympathicusdämpfung u. eines noch verminderten Vagustonus betrachtet. Zusätzliche Medikation von *Prostigmin* (2 bis 4 mg täglich per os) zur Stabilisierung des herabgesetzten Tonus soll erfolgversprechend sein. (Tuberkulosearzt **7.** 350—54. Juni 1953. Herrschin/Ammersee, Tuberkulosekrankenhaus der Arbeitsgemeinschaft der Bayer. Landesversicherungsanstalten.) RUTKOWSKI. 4610

Harold N. Lubing, *Periphere Neuropathie bei tuberkulösen Patienten, die mit Isoniazid behandelt wurden.* Bei 6 Patienten mit Lungentuberkulose entwickelten sich während der *Isoniazid*-Therapie (100—150 mg 3mal täglich) Symptome einer peripheren Neuropathie, die ein zeitweiliges Absetzen des Medikamentes notwendig machten. Eine allg. Besserung dieses Zustandes trat nur langsam ein. Intensive Vitamintherapie, einschließlich Vitamin B_{12}, war wirkungslos. (Amer. Rev. Tubercul. **68.** 458—61. Sept. 1953. Madison, Wis., Veterans Administrat. Hosp.) RUTKOWSKI. 4610

Ernst-Heinrich Orlowski, *Klinische Untersuchungen über den Einfluß des Isoniazids auf den Kohlenhydratstoffwechsel des tuberkulösen Diabetikers.* Bericht über Erfahrungen an 12 tuberkulösen Zuckerkranken, bei denen vor, während u. nach *Isoniazid* (**I**)-Medikation laufend das klin. *Glucose* (**II**)-Äquivalent bestimmt wurde, das auf Kontrolle von *Kohlenhydrat*-Zufuhr, *Zucker*-Ausscheidung u. *Insulin* (**III**)-Verbrauch beruht. Besprechung des Resultates an den **II**-Toleranzkurven von 4 **I**-behandelten u. 3 unbehandelten Diabetikern. Keine Veränderung der **II**-Toleranz bei den **I**-behandelten Fällen, die allein auf **I** zurückzuführen wären; Schwankungen in beiden Gruppen, Änderung der **III**-Dosis war nicht erforderlich, keine vermehrten Unverträglichkeits- u. Blutungserscheinungen, keine Leberschäden durch **I**. In einer Dosierung von 4—5 mg/kg zeigte die **I**-Beeinflussung der Tuberkulose den gleichen Verlauf wie bei Stoffwechselgesunden. (Beitr. Klin. Tuberkul. **111.** 550—54. 1954. Borstel, Tuberkulose-Forschungsinst.) DOSSMANN. 4610

Paul Weicksel, *Veränderung der Capillarresistenz durch Isonicotinsäurehydrazid.* Bericht über Best. der Capillarresistenz (CR) bei 10 Gesunden u. 46 ausgesuchten Tuberkulosekranken bei *Isoniazid* (**I**)-Verabreichung 5 mg bzw. 10 mg/kg/Tag. Prakt. kein Unterschied in der Tendenz der Änderung der CR bei Gesunden u. Kranken, aber Abhängigkeit von der Höhe der **I**-Dosis; bei 10 mg/kg Absinken der CR um 40%, bei 5 mg/kg um 25—30%. Die durch **I** verursachten Capillarwandschäden sind reversibel, sie verschwinden durch Absetzen von **I**. Angabe der Meßmeth. u. Besprechung der Ausschaltung von Fehlerquellen. Das Problem wird diskutiert. (Beitr. Klin. Tuberkul. **111.** 523—32. 1954. Würzburg, Univ., Med. Klinik.) DOSSMANN. 4610

K. L. Radenbach, H. Rosenow und **J. Eisenblätter,** *Striae cutis atrophicae im Rahmen innersekretorischer Störungen bei der Tuberkulosebehandlung mit Isonicotin-*

säurehydrazid. Klinik und Pathogenese. Bei 1400 Tuberkulosepatienten unter *Isoniazid* (I)-Therapie traten unabhängig von der Dosierung in 72 meist jüngeren Fällen Striae, daneben auch Hauterscheinungen an den Nägeln, Akne, Ausfall der Haare u. a. auf bei nachweislichem Abfall der Tuberkulinempfindlichkeit der Haut, Blutsenkungsgeschwindigkeit u. Körpertemperatur. Da derartige Striae auch bei überphysiol. *Cortison* (II)- u. *ACTH*-Behandlung zu beobachten sind, wurde entsprechend bei Striae durch I eine Überfunktion des HVL–NNR-Syst. oder der NNR-Hormone allein vermutet u. die *17-Ketosteroid-* sowie die *11.17-Oxycorticosteroid*-Ausscheidung bestimmt. Die Unterss. bestätigten die Annahme u. ergaben unter I eine vorübergehende Überproduktion von Hormonen mit II-Wirkung. Die Zeichen innersekretor. Störungen durch I werden im einzelnen besprochen u. dem I eine indirekte auslösende Wrkg. der Erscheinungen zugeschrieben. Das Problem wird besprochen. — 111 Literaturangaben. (Med. Mschr. **8.** 13—19. Jan. 89—96. Febr. 1954. Frankfurt/M., Univ., II. Med. Klinik u. Königstein/Taunus, „Taunusheim".) DOSSMANN. 4610

E. Aubertin, *Zwischenfälle und Unfälle durch Isoniazid.* Zusammenstellung der bei der *Isoniazid*-Therapie der Lungentuberkulose bekanntgewordenen Nebenerscheinungen, wie nervöse u. psych. Störungen, Parästhesien u. Veränderungen des Blutstatus. — 27 Literaturangaben. (J. Méd. Bordeaux Sud-Ouest **130.** 1068—74. Sept. 1953.) RUTKOWSKI. 4610

Elmer L. Severinghaus, *Toxizität von Isoniazid für Affen. Isoniazid* ist für Affen weniger tox. als für Menschen. (Amer. Rev. Tubercul. **68.** 470. Sept. 1953. Nutley, N. J., Hoffman-La Roche, Inc.) RUTKOWSKI. 4610

G. Berg und **H.-D. Buchert,** *PAS-Resistenz in Beziehung zum Therapieresultat.* Bericht über Sensibilitätsunterss. an 622 Erregerstämmen von 128 Tuberkulosekranken unter *PAS* (I)-Therapie, 12 g/Tag meist über 90 bzw. 180 Tage. I-Verabreichung als *Aminox, Pasalon, Pamacyl* u. *Phenylthioharnstoff*-I. 34 Fälle erhielten gleichzeitig *Streptomycin*, 20—30 g. Keine prim. I-Resistenz. Nach der Behandlung zeigten 152 Stämme Wachstum bei 10 γ, 27 bei 50 γ. 54,7% der Kranken blieben I-sensibel. Vgl. der Ergebnisse mit entsprechenden Angaben aus der Literatur. (Beitr. Klin. Tuberkul. **111.** 385—90. 1954. Borstel über Oldesloe, Tuberkulose-Forschungsinst.) DOSSMANN. 4610

Walter Unverricht, *Die chemische und antibiotische Behandlung der Lungentuberkulose.* Besprechung der Tuberkulosemittel *Streptomycin* (*Scheromycin*), *PAS*, *Conteben, Neoteben, Rimifon, Ertuban, Flavoteben = p-Oxybenzalisonicotinoylhydrazon* u. Betonung, daß mit ihrer Medikation meist nur eine Unterstützung in der Abwehr des Körpers gegenüber dem Erreger zu erzielen ist. (Therap. d. Gegenwart **93.** 213—16. Juni 1954. Berlin.) DOSSMANN. 4611

W. Reinhard, *Die Streptomycinbehandlung der Knochen- und Gelenktuberkulose.* Bei einer Tagesdosis von 0,5 g *Streptomycin* in 2 Injektionen konnte bei 41% von 178 behandelten Kranken mit Knochen- u. Gelenktuberkulose eine günstige Wrkg. erzielt werden. (Tuberkulosearzt **7.** 354—57. Juni 1953. Marienheide, Landeskrankenhaus, Chirurg.-Orthopäd. Abt.) RUTKOWSKI. 4611

Henry W. Walters, *Aplastische Anämie nach dem Gebrauch von Streptomycin und p-Aminosalicylsäure.* Nach 3monatiger Behandlung mit 4 g *PAS* 3mal täglich u. 1 g *Streptomycin* 2mal wöchentlich trat bei einem tuberkulösen, psychot. Patienten eine aplast. Anämie auf, die zum Tode führte. (Amer. Rev. Tubercul. **68.** 455—57. Sept. 1953. St. Cloud, Minn., Veterans Adminstr. Hosp., Tuberculosis Serv.) RUTKOWSKI. 4611

A. A. Shicharew, *Die Anwendung von Penicillin in der Veterinärpraxis.* Auszugsweise Wiedergabe von 25 Arbeiten über die Verwendung von *Penicillin* bei eitrigkatarrhal. Endometritis, fibrinöser Mastitis (Kühe), infektiöser Balanitis, Erkrankungen post partum, eitrig-synovialen Gelenkentzündungen (Pferde), sept. Pleuropneumonie (Schafe, Ziegen), Rotlauf (Schweine), Nekrobacillose (Schafe), Augenkrankheiten, infektiöser Stomatitis (Kaninchen), Komplikationen nach Kastration (Eber), Ulcus sibiricum (Schwein) u. anderen Krankheiten. (Ветеринария [Tierheilkunde] **30.** Nr. 12. 39—44. Dez. 1953.) R. K. MÜLLER. 4611

D. D. Lebedew, S. W. Jermoljewa und **N. I. Nissewitsch,** *Die Wirksamkeit der inneren Anwendung von Penicillin mit Ekmolin bei Scharlach.* Krist. *Penicillin* (I) wird mit dest. W. verd. (100000 E. in 1 ml) u. zu der pro dosi erforderlichen Menge jedesmal 1 ml 0 5%ig. *Ekmolin* (II) hinzugegeben. Kinder bis zu 2 Jahren erhielten 6 Tage lang 50000 E. I, von 2—5 Jahren 75000 E. I u. über 5 Jahre 100000 E. I 3mal täglich 1—1½ Std. vor dem Essen zusammen mit II per os. Es wurden auf diese Weise 210 scharlachkranke Kinder behandelt u. die Ergebnisse mit jenen der Behandlung von 431 Kindern mit intramuskulären Injektionen von I allein verglichen (2 mal täglich 100000–200000 E. I). Der therapeut. Effekt von I + II war besser als jener von I allein. II steigert die antibakterielle Wirksamkeit von I, verlängert dessen Wirkungsdauer u. verhindert die Entw. I-resistenter Formen. (Советская Медицина [Sowjet-Med.] 18. Nr. 5. 10—12. Mai 1954. Moskau, 2. Med. Stalin-Inst. Klinik für Kinderinfektionen.) RENTZ. 4611

E. Percy, *Klinische Erfahrungen mit Oxyprocainpenicillin und Paratebin bei der Lepra.* (Vorl. Mitt.) Bericht über Erprobung von *Oxyprocainpenicillin* (I) mit Geh. an Diäthylaminoäthanolester der PAS u. *Paratebin* (II), einer Kombination von $4 \cdot 10^5$ E. I + 1,0 g *Dihydrostreptomycin* (III) pro Ampulle, bei Lepra. 12 Fälle erhielten $3 \cdot 10^5$ E. I/Tag, 13 eine Ampulle II/Tag. Behandlungszeit 3 Monate, Nachbeobachtung 6 Monate. I zeigt spezif. antilepröse Wrkg., die durch III nicht zu erhöhen ist. I u. II wurden gut vertragen. (Beitr. Klin. Tuberkul. 111. 377—84. 1954. Lambarene, Franz. Äquat.-Afrika, Hosp. Albert Schweitzer.) DOSSMANN. 4611

W. Rothe, *Das neue Antibioticum Xanthocillin. Xanthocillin*, aus dem Mycel eines speziellen Stammes von Penicillinum notatum, besitzt ein sehr breites antibakterielles Wirkungsspektr. (Staphylokokken, Streptokokken, Diphtheriebacillen, Gonokokken, Coli, Proteus, Pyocyaneus, Tetanus, Gas- u. Rauschbrandbacillen sowie Tbc-Bacillen). Angeblich kein Auftreten von Resistenzsteigerung bei den betreffenden Keimen, jedoch nur lokal anwendbar (schlechte Resorption, tox. Nebenwirkungen). In Form von Puder, Salben, Wundeinlagen u. Lsgg. empfohlen. (Dtsch. med. Wschr. 79. 1080—81. 2/7. 1954. Duderstadt.) ZELLER. 4611

J. Peschke und **H. Weber,** *Über die fermentativ-enzymatische Behandlung intrathorakaler Eiterungen und Hämatome.* Kurzer Literaturüberblick, Angabe eigener in vitro-Unterss. mit dem Pankreasfermentpräp. *Pyosolva* (I) u. *Streptokinase-Streptodornase* (II) zur Feststellung der Fermentwrkg. auf Empyemeiter u. Blutkoagula sowie Bericht über klin. Erfolge in 19 Fällen bei Kombination von I mit *Streptomycin, PAS, Conteben* u. *INH*. Die Vorzüge von I gegenüber II werden besprochen. (Beitr. Klin. Tuberkul. 111. 394—402. 1954. Nordseeheilstätte Utersum der L. V. A. Schleswig-Holstein.) DOSSMANN. 4614

Arthur G. Zupko und **Leon D. Prokop,** *Über die neueren anticholinergischen Wirkstoffe.* 2. Mitt. *Wirksamkeit als Antisialagoga.* (1. vgl. C. 1954. 9803.) Vff. bestimmen den Speichelfluß der Parotis bei 174 männlichen Personen vor u. 30—90 Minuten nach Applikation von *Antrenyl* (I; Dosis: 10 mg), *Pamin* (II, 5 mg), *Probanthin* (III, 30 mg), *Prantal* (IV, 200 mg), *Banthin* (V, 100 mg) u. *Darstin* (VI, 100 mg). Es wird festgestellt, daß V den Speichelfluß am stärksten (bis zu 91,8%) hemmt, es folgen in ihrer Wirksamkeitsstärke: I (76,9%), III (63,1%), VI (38,7%), II (24,2%) u. IV (12,9%). Vergleichbare Ergebnisse werden auch bei Verss. an anästhetisierten Hunden erhalten. Auch hier zeigt V die stärkste speichelflußhemmende Wrkg. bei kleinster Dosis (10 μ/kg), wobei eine große Verschiedenheit in der Wrkg. von gleichen Dosen der betreffenden Antisialagoga bei verschied. Individuen beobachtet wird. Ferner wird gefunden, daß eine Parallelität zwischen speichelflußhemmender Wrkg. u. Nebenwirkungen besteht, so daß V gleichzeitig die stärksten Nebenwirkungen aufweist. (J. Amer. pharmac. Assoc., sci. Edit. 43. 219—21. April 1954. St. Louis, Mo., St. Louis Coll. of Pharm. and. Allied Sci.; Dep. of Physiol. and Pharmacol.) FAHRNLAENDER. 4620

W. M. Wadman Taylor, *Vorläufiger Bericht über klinische Beobachtungen bei der Anwendung des Methylpentinols für Hunde.* Vf. führt an, daß *Methylpentinol* (I; *Oblivon*; SCHERING LTD.) in einer oralen Dosis von 250 mg pro 10 lbs. Körpergewicht in der Hundepraxis als Sedativum Verwendung findet. Ferner dient es in einigen Fällen zur Erleichterung des Schlafeintrittes u. als Zusatz zu Anästheticis. I zeigt keine analget. Wirkung. Die Toxizität von I ist gering u. somit eine Überdosierung nicht gefährlich, obgleich bei manchen Tieren eine Überempfindlichkeit gegen I beobachtet wird. I entfaltet bereits 20 Min. nach Applikation seine Wrkg. u. wird ziemlich schnell wieder ausgeschieden. (Veterin. Rec. 66. 359. 19/6. 1954. London.) FAHRNLAENDER. 4622

Michio Tanikawa, *Änderungen in der Herzfrequenz nach Procain.* Vf. untersuchte an Katzen die Wrkg. von *Procain* (I) auf die Herzfrequenz. Nach intravenösen Dosen von 5—10 mg/kg kommt es zu einer Frequenzsteigerung in mehr als der Hälfte der Fälle u. zu Abfall der Frequenz bei den anderen Fällen. Nach 15 mg/kg sinkt die Frequenz in fast allen Fällen ab, ebenso nach Vagotomie. I-Tachycardie kann nur bei n. innervierten Herzen beobachtet werden. I wirkt vagolyt., es blockt die efferenten Herzwirkungen der Vagusstimulation. Der vagolyt. Effekt von I kann an den Blutgefäßen nicht beobachtet werden. Die 4fache Wrkg. von I auf das Herz, Lähmung sensibler Nerven, Blockierung der Vagusendigungen, sympath. Wrkg. u. direkte Herzdepression, wird erörtert. (Jap. J. Pharmacol. **3.** 112—17. März 1954. Fukuoka, Kyushu Univ., Fac. of Med., Dep. of Pharmacol. [Orig.: engl.]) K. BÖHM. 4627

Michio Tanikawa, *Hemmende Wirkung von Procain auf die durch Barium, Calcium, Digitalis und Adrenalin erzeugte Reflexbradycardie.* Vf. untersuchte an Katzen die Wrkg. von intravenös gegebenem ***Procain*** **(I)** auf die durch ***$BaCl_2$*** **(II)**, ***$CaCl_2$*** **(III)**, ***g-Strophanthin*** **(IV)** u. ***Adrenalin*** **(V)** verursachte Bradycardie unter Beachtung des Einfl. der Sinusabtrennung, Unterbrechung der Carotissinusnerven u. der Vagotomie auf die Bradycardie. Die Bradycardie nach **II**, **III** u. **IV** wird vollkommen aufgehoben u. geht zuweilen nach 5—15 mg/kg **I** in Tachycardie über. Bei **V** findet sich nur leichte Verringerung der Bradycardie. Die Bradycardie hemmende Wrkg. von **I** wird durch Blockierung der sensor. u. Vagusendigungen u. durch die sympath. Wrkg. verursacht. Erneut wurde bestätigt, daß die Bradycardie nach **II**, **III**, **IV** u. **V** u. die Veratrinbradycardie durch den hemmenden Reflex vom Herzen verursacht wird. (Jap. J. Pharmacol. **3.** 118—28. März 1954. Fukuoka, Kyushu Univ., Fac. of Med., Dep. of Pharmacol. [Orig.: engl.]) K. BÖHM. 4627

L. Barraquer-Bordas, A. Millet und **M. Villar,** *Die Behandlung der Myasthenia gravis mit Pyridostigmin (Mestinon).* Vff. behandelten mit ordentlichem Erfolg zwei Fälle von Myasthenia gravis mit ***Pyridostigmin*** (Mestinon), welches eine protrahiertere Wrkg. besitzt als das Prostigmin. (Med. clín. [Barcelona] **22** (**12**). 410—12. Juni 1954. Barcelona, Clín. Univ. de Patol. Gen.) P. G. SCHEURLEN. 4628

Rammon Sales-Vazquez und **José-Maria Espadaler-Medina,** *Die Veränderung des Muskeltonus durch die Behandlung mit Kresoxypropandiol.* Mit diesem Präp. wurden 20 Patienten behandelt, die sich nach folgenden Krankheitsgruppen einteilten: A. Muskelhypertonus nach Schädigung der extrapyramidalen Bahnen (Hemi-, Diplegien usw.). B. Muskelhypertonus nach Schädigung des Corp. striatum (Parkinsonismus). C. Spast. Zustände nach Poliomyelitis. D. Änderung des Muskeltonus vom Typ der Torsionsdystonie. Das Präp. wurde in einer Höhe von maximal 50 mg/kg verabreicht. Es traten dabei bei 3 Fällen Unverträglichkeitserscheinungen von seiten des Verdauungstraktes auf, sowie des Labyrinths (bei Fällen der Gruppe B). 14 von 20 Fällen zeigten objektive Besserung, 6 davon eine leichte, 6 Fälle blieben unbeeinflußt. Auf die Krankheitsgruppen verteilten sie sich wie folgt: A. 5 gebessert, 1 ohne Erfolg. Eine Verminderung des Muskeltonus erlaubte eine bessere akt. Bewegung. Bei dem erfolglosen Fall bestand eine Besserung nur während der Darreichung des Präparates. B. Keine Besserung bei 4, geringe Besserung bei 1 Fall. C. Bei dieser Gruppe waren die besten Erfolge zu verzeichnen. Bei 4 von 7 Fällen konnte ein beträchtlicher Rückgang der Spasmen u. Kontrakturen beobachtet werden, während die 3 anderen Fälle deutlich beeinflußt wurden. D. Bei 2 Fällen kein Erfolg. (Ann. Méd. **54.** 692—728. 1953. Barcelona, Univ. de la Fac. méd., Clín. méd.) K. PFEIFER. 4628

Jean-Jacques Desmarez, *Beitrag zur Untersuchung der Wirkungen von d-Tubocurarin, Flaxedil und quartären Ammoniumderivaten des Stilbens auf verschiedene vegetative Lebensfunktionen.* ***D-Tubocurarin*** **(I)** u. ***Flaxedil*** **(II)** wirken hyperglykämisierend. Diese Eig. beruht bei **II** auf einer asphyx. Wrkg., bei **I** teils auf Asphyxie, teils auf einer Freisetzung von *Histamin* **(III)**. **I** u. **II** haben in vivo u. in vitro auf die spontane Aktivität des Uterus keine Wirkung. **II** ist auf den Blutdruck ohne Einfl., während **I** u. die Stilbenderivv. *R 55* **(IV)**, *R 56* **(V)** u. *R 68* **(VI)** blutdrucksenkend wirken, **I** anscheinend durch Freisetzung von **III**, **IV—VI** durch Ausschaltung orthosympath. Einflüsse. Die Diurese wird durch **II** nicht beeinflußt. Die Hemmung der spontanen oder provozierten Diurese nach **I**-, **IV**-, **V**- u. **VI**-Zufuhr ist von deren blutdrucksenkender Wirksamkeit abhängig. **I** wirkt in ziemlich nahe beieinander liegenden Dosen zuerst curarisierend, dann parasympath. u. schließlich orthosympath. gangliopleg., **II** zunächst curarisierend, dann parasympath. gangliopleg. u. bei höheren Dosen orthosympath. ganglioplegisch. **IV—VI** zeigen vor der curarisierenden eine gangliopleg. Wirkung. **IV—VI** + **I** wirken bei der neuromuskulären Hemmung synergistisch. **IV—VI** unterbrechen beim Hund die neuromuskuläre Leitung. Ihre Wrkg. wird durch geringe *Prostigmin*-Dosen antagonist. beeinflußt. Sie heben wie **I** u. **II** den Acetylcholinkrampf des Rectus abdominalis der Kröte auf. — 103 Literaturangaben. (Ann. Soc. roy. Sci. méd. natur. Bruxelles **7.** 5—64. 1954. Bruxelles, Univ., Labor. de Pharmacodynamie et de Thérapeut.) K. MAIER. 4628

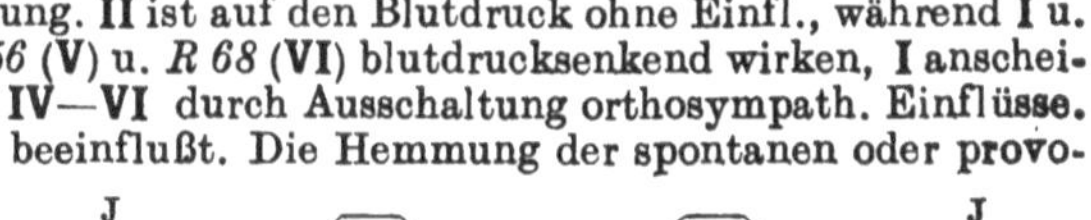

IV $X = C_2H_5$
VI $X = i-C_3H_7$

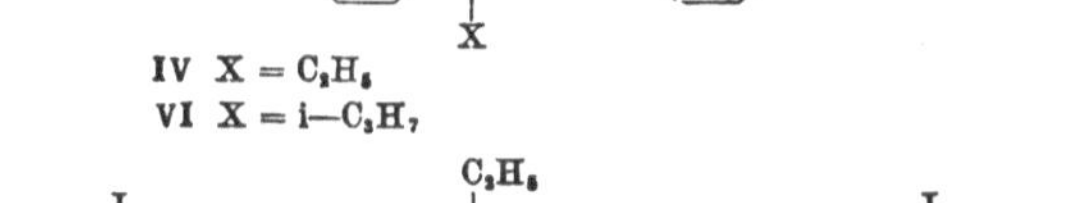

V

Ranald J. M. Steven und **Ralph M. Tovell**, *Hexamethoniumsalze, eine Hilfe für den orthopädischen Chirurgen.* Gerade bei orthopäd. Operationen ist die Möglichkeit, den Blutdruck zu senken u. damit das Operationsfeld frei von Blut zu halten, von besonderer Wichtigkeit. Bei 91 Patienten bewährte sich die Anwendung von *Hexamethonium* (I). Von anfänglichen einmaligen hohen Dosen gingen Vff. auf wiederholte, kleinere von ca. 3—5 mg I über, so daß die Patienten ca. 25 mg I erhielten. Der systol. Blutdruck soll bei ca. 80 mm Hg liegen. Kontraindikationen sind Arteriosklerose, Herzmuskelschäden, Nierenstörungen. Das Minutenvol. des Herzens wird nicht wesentlich beeinflußt. Wichtig erscheint das Bereitstellen von Transfusionsmaterial. (J. Amer. med. Assoc. **154.** 402—04. 30/1. 1954. Hartford, Conn., Hartford Hosp.) L. BERGER. 4630

J. Codina-Altés, C. Pijoan de Beristain und **R. Casares Potau**, *Das Chinidin in der Behandlung des Vorhofflimmerns.* (Med. clín. [Barcelona] 22 (12). 376—88. Juni 1954.) P. G. SCHEURLEN. 4630

G. Lyman Duff und **George F. Meissner**, *Wirkung von Cholin auf die Entwicklung und den Rückgang von Cholesterinarteriosklerose bei Kaninchen.* Es wird festgestellt, daß auch große Dosen *Cholin* (1 g/Tag) die Entw. der durch *Cholesterin* verursachten *Arteriosklerose* der Aorta nicht beeinflussen. Auch lang anhaltende Behandlung mit *Cholin* nach Aussetzen der Cholesteringaben bringt die Schäden nicht zum Rückgang. Der Lipoidgeh. des Blutes bleibt unverändert. (A. M. A. Arch. Pathol. **57.** 329—32. April 1954. Montreal.) U. BAUMANN. 4630

Leroy S. Wolfe und **Arthur J. Geiger**, *Durch Arzneimittel der Digitalisgruppe verursachte Urticaria.* Bericht eines Falles von Allergie gegen Arzneimittel aus der *Digitalis*-Gruppe. Das urticarielle Exanthem trat nicht nur nach rohen, sondern auch nach gereinigten *Digitalis*-Extrakten aller Art auf. Vff. führen die allerg. Erscheinungen auf eine spezif. Überempfindlichkeit gegenüber dem, allen *Digitalis*-Glykosiden gemeinsamen *Cyclopentenophenanthren*-Kern zurück. Antihistaminica waren wirkungslos. (New England J. Med. **248.** 148—49. 22/1. 1953. New Milford u. New Haven.) L. BERGER. 4630

F. Sommer, *Zur Wirkungsweise von Thiomerin.* Die tox. Wrkg. der Hg-Diuretica, die auf der Affinität zu freien SH-Gruppen beruht, wird aufgehoben durch Kombination mit *Thioglykolsäure*, wie sie im *Thiomerin* (I) = *Dinatriumsalz der N-[γ-Carboxymethylmercaptomercuri-β-methoxypropyl]-campheramidsäure* vorliegt. Nach Injektion von 1—2 cm^3 I hält die diuret. Wrkg. 2—3 Tage an, Anwendung über Monate ohne Nebenwirkungen. I ist nach Vf. älteren Mitteln mit der gleichen Hg-Menge + *Theophyllin* überlegen. (Therap. d. Gegenwart **93.** 224—25. Juni 1954. Hamburg, Krankenhaus Elim.) DOSSMANN. 4634

David S. Baldwin, Preston G. McLean, Herbert Chasis und **William Goldring**, *Die Wirkung von Stickstofflost auf den klinischen Verlauf der Glomerulonephritis.* Patienten, die in verschied. Stadien an Glomerulonephritis leiden, erhalten nach einiger Beobachtungszeit 0,1 mg *Stickstofflost* pro kg Körpergewicht intravenös verabreicht. Die Injektion erfolgte an 2 aufeinanderfolgenden Tagen. In keinem Fall treten Nierenstörungen auf. Meist kam es zu temporären Remissionen der Symptome. Laufend angestellte Unterss. des Knochenmarkes, Blutes u. Urins sowie der Clearancetest liefern jedoch keine Ergebnisse, die diese Therapie sinnvoll erscheinen lassen könnten. (A. M. A. Arch. intern. Med. **92.** 162—67. Aug. 1953. New York, N. Y., Univ., Coll. of Med.) WRBA. 4640

J. v. Boros und **R. Köhler**, *Über die Therapie des Ulcus duodeni mit Wismut.* Bericht über 133 Ulcusfälle, die mit *Bi*-Injektionen zu 96,8% beschwerdefrei oder wesentlich gebessert wurden. Besprechung des Krankheitsbildes u. Erwähnung der Therapie mit *Novoprotin, Histidin, Östrogenen* u. *Novocain.* (Therap. d. Gegenwart **93.** 216—19. Juni 1954. Saarbrücken, Univ., Med. Klinik am Bürgerhosp.) DOSSMANN. 4645

Efrain Peralta Diaz und **Luis Mazzotti**, *Das Atebrin in der Behandlung der Infektion mit Hymenolepis nana.* Nur in 5 von 18 Fällen von Befall mit Hymenolepis nana zeigte *Atebrin* eine Wirkung. (Rev. Inst. Salubridad Enfermedades trop. **13.** 121—25. Juni 1953. Mexico, Inst. de Salubridad y Enferm. Trop.) P. G. SCHEURLEN. 4649

Irmgard Metzger, *Umstimmungstherapie mit Cardiazol in der Dermatologie.* Bericht über Erfahrungen mit *Cardiazol* (I)-Therapie bei 147 Fällen verschied. Ekzeme. I greift am vegetativen Nervensyst. an. Mit 2 cm^3 I jeden 2. Tag, insgesamt 10 bis 15 Injektionen, gelingt Ausschaltung des Pruritus u. Normalisierung des Blutbildes. (Therap. d. Gegenwart **93.** 222—23. Juni 1954. Darmstadt, Städt. Krankenanstalten.) DOSSMANN. 4661

Kurt Offenhammer und **Elimar Schönhärl,** *Glutaminsäure bei der Behandlung von Sprachstörungen.* Bericht über 6 Patienten mit Sprachstörungen. In 5 Fällen konnte mit *Glutaminsäure* zunehmende Aktivität u. gesteigerter Sprechantrieb erzielt werden. (Therap. d. Gegenwart **93.** 225—28. Juni **1954.** Erlangen, Univ., Hals-, Nasen- u. Ohrenklinik.) DOSSMANN. 4670

Karlheinz Gutsche, *Zur Therapie mit Subtiltryptasin.* Der Wirkstoff von *Subtiltryptasin* (I) wird aus einem Bacillus der Subtilisgruppe gewonnen; vermutlich gehört er in die Reihe der Adrenalinkörper bzw. zur Vitamin-B_{12}-Gruppe. I scheint unspezif. Wrkg. auszuüben, es fördert die Durchblutung u. wirkt desensibilisierend. Indikationen unter anderem chron. Leber- u. Darmerkrankungen. Besprechung einiger Fälle; keine Nebenerscheinungen. (Therap. d. Gegenwart **93.** 219—22. Juni **1954.** München, Krankenhäuser Schlehdorf u. Kochel.) DOSSMANN. 4670

Giorgio Brunelli, *Phenylbutazon in der Behandlung der arthrotischen Erkrankungen und der Lumboischialgie bei Diskushernien.* Bericht über die teils günstige Anwendung des *Butazolidins* bei Arthrosen u. bei Ischialgien infolge von Diskushernien der Wirbelsäule. (Minerva med. [Torino] **45** I. 1819—23. 23/6. **1954.** Brescia, Spedali Civili.) P. G. SCHEURLEN. 4670

K. G. Towers, *Über die mit der Industrie im Zusammenhang stehende chronische Fluorvergiftung.* Vf. berichtet über die an Milchkühen, Schafen u. Pferden aufgetretene chron. Vergiftung mit F-Verbb. in Yorkshire, die auf in der Nähe von Stahl- u. Eisenhüttenwerken gelegenen Farmen beobachtet worden ist. Es wird die Verwendung von CaF_2 durch diese Werke u. F-Verbb. enthaltende Abgase für die Vergiftung der Tiere verantwortlich gemacht. Als Symptome werden Lahmheit der Extremitäten (bes. intensiv im Juni u. Juli) u. bei Milchkühen Nachlassen der Milchproduktion sowie Störung der Verdauungstätigkeit festgestellt. Schafe sind gegen die Fluorosis im Vgl. mit Kühen u. Pferden am wenigsten widerstandsfähig. Es wird darauf hingewiesen, daß bei den Wiederkäuern auch relativ unlösl. u. im allg. weniger tox. F-Verbb. resorbiert werden, so daß durch fortlaufende geringe F-Aufnahmen eine chron. Vergiftung hervorgerufen werden kann. (Veterin. Rec. **66.** 355—58. 19/6. **1954.**) FAHRNLAENDER. 4675

M. N. Ssadtschikowa, *Zur Klinik der Anfangsformen der chronischen Quecksilbervergiftung.* An Hand von Beobachtungen an Personen, die relativ geringen Hg-Konzz. in der Luft ausgesetzt waren, unterscheidet Vf. 2 Vergiftungsphasen. Die 1. Phase ist charakterisiert durch erhöhte Erregbarkeit der Großhirnrinde u. des vegetativen Nervensyst. (roter Dermographismus, erhöhte Pulsfrequenz, positive Histamin- u. Adrenalin-Rk.), die 2. Phase durch eine patholog. Labilität, Abnahme von Aufmerksamkeit u. Gedächtnis, Kopfschmerzen, Schlafstörungen, Erethismus u. Abnahme der Gefäßreflexe. Um das Auftreten der 2. Phase zu vermeiden, wird die rechtzeitige Behandlung der Gefährdeten mit kleinen Dosen von Br_2 u. Coffein in Kombination mit intravenösen Glucoseinjektionen + Vitamin B_1 u. C oder $CaCl_2$ empfohlen. (Гигиена и Санитария [Hyg. u. Sanitätswes.] **1954.** Nr. 1. 29—34. Jan. Inst. für Arbeitshygiene u. Berufskrankheiten der Akad. der med. Wiss. der UdSSR.) RENTZ. 4675

Robert Stelter, *Zur Therapie der akuten Kohlenoxydvergiftung mit Cytochrom c.* Bericht über gute Erfahrungen mit intravenöser Verabreichung von 10—30 mg *Cytochrom c* bei akuter *CO*-Vergiftung. Kurze Zeit nach der Injektion waren die Vergifteten wieder ansprechbar. Über die Wirkungsweise ist nichts Sicheres bekannt. Möglicherweise beruht der Erfolg auf einer Vermehrung von *Cytochromoxydase* in der Muskulatur u. den lebenswichtigen Organen. (Die Medizinische **1953.** 351—52. 14/3. Lübeck-Herrenwyk, Hochofenwerk Lübeck-A. G.) L. BERGER. 4675

George E. Morris, *Dermatitis durch wasserfreie Handreinigungsmittel.* 9 Fälle von vesiculärer Dermatitis der Hände durch Gebrauch von wasserfreien Handreinigungsmitteln, deren gute Reinigungskraft auf dem Vorhandensein von Lösungsmitteln beruht. Bis zu 50% aliphat. KW-stoffe aus der Naphthareihe wurden nachgewiesen. Diese stellen starke prim. Reizstoffe u. Ekzemerreger dar. Daher sollten sie für den angegebenen Zweck nicht verwendet werden. (A. M. A. Arch. ind. Hyg. occupat. Med. **9.** 507—08. Juni **1954.** Boston, Tufts Coll. Med. School.) ZELLER. 4675

H. A. Krone und **H. Nilles,** *Ein Vergiftungsfall durch Multanin bei der Kartoffelkäferbekämpfung. Multanin,* bestehend aus *DDT* u. *HCC,* führte bei einem 25jährigen Mann, der ein Feld zur Kartoffelkäferbekämpfung eingestäubt hatte, innerhalb weniger Std. zu fortschreitender Intoxikation (Ikterus, Leberschädigung, Bronchopneumonie, Kopfschmerzen, Cyanose, Extrasystolen, Störungen von Blase u. Darm). Wiederherst. nach Dauertropfinfusion. Abweichend von den bisherigen Beobachtungen kein Tremor u. keine motor. Unruhe. (Zbl. Arbeitsmed. Arbeitsschutz **4.** 71—73. Mai **1954.** Marburg, Univ., Med. Klinik.) ZELLER. 4675

Giorgio Baldi und **Ricciardo Ricciardi-Pollini**, *Berufskrankheiten durch Petroläther und Benzin.* (Rass. Med. ind. **23.** 77—94. März/April 1954. Milano, Univ., Clin. del Lavoro „L. Devuto".) P. G. SCHEURLEN. 4681

F. Pharmazie. Desinfektion.

Helge Larsen, *Aus den Fortschritten der biosynthetischen Industrie in den letzten Jahren.* Übersicht: Stoffwechsel der Mikroorganismen; ausbeutebestimmende Faktoren; Gärungsprodd.: Alkohole, organ. Säuren (Essig-, Citronen-, Glucon-, Itacon-, Fumar-, Milchsäure); Dextran; Antibiotica; Vitamine; Zukunftsaussichten. — 23 Literaturhinweise. (Tidsskr. Kjemi, Bergves. Metallurgi **13.** 171—78. Okt. 1953.) R. K. MÜLLER. 4750

P. Sorgdrager, *Arzneiformen für parenterale Verabreichung. Die Verwirklichung der Forderungen bei Herstellung im kleinen.* (Vgl. COHEN, C. **1954.** 5111; HUIZINGA, C. **1954.** 4896.) Übersicht über die Art u. Weise, in der die an Verpackung (Glas, Kautschuk), Herst. (Filtration, pyrogene Stoffe, Isotonie, Isohydrie, Sterilisation), Lösungsm. (W., Glycerin, A. usw.), heterogene Systeme u. Überwachung von Füllung u. Haltbarkeit zu stellenden Forderungen nach Möglichkeit erfüllt werden können. (Pharmac. Weekbl. **88.** 861—65. 19/12. 1953. Utrecht, Stads- en academisch Ziekenhuis, Apotheek.) WESLY. 4750

J. Polderman, *Arzneiformen für parenterale Verabreichung. Die Verwirklichung der Forderungen bei Herstellung im großen.* (Vgl. vorst. Ref.) Übersicht über die Art u. Weise, wie die allg. gültigen, die besonderen an industriell erzeugte Prodd. zu stellenden u. die vom Hersteller gestellten Forderungen erfüllt werden können. (Pharmac. Weekbl. **88.** 866—77. 19/12. 1953. Oss, N. V. Organon.) WESLY. 4750

L. Wieliczko, *Die Verflüssigung der Stärke im Endosperm beim Keimen der Samen einiger Heilpflanzen.* Es wurden die histo- u. cytolog. Prozesse während der Stärkeverflüssigung nach histochem. Verff. bei 4 Pflanzen untersucht: Sorghum saccharatum Pers., Fagopyrum esculentum Moench, Rheum rhaponticum L., Rumex patientia L. Am geeignetesten erwies sich das Verf. von HABERLANDT (1924), das ein wenig modifiziert wurde. — Es zeigte sich, daß die auflösenden Enzyme hauptsächlich von den Samenlappen u. erst an zweiter Stelle von der Aleuronschicht ausgeschieden werden. (Acta polon. pharmac. **10.** 105—17. 1953. Posen [Poznań], Med. Akad., Inst. für pharmaz. Botan.) v. WILPERT. 4782

Zofia Browińska-Szmalowa, *Alkaloide in humifizierten Pflanzen.* Es wurden mikrochem. Unterss. an frischen u. verrotteten Pflanzen durchgeführt, um nachzuweisen, ob bei der Humifizierung der Pflanzen die darin enthaltenen Alkaloide (I) in den Boden übergehen. Es zeigt sich, daß diese I das Keimen der Pflanzen ungünstig beeinflussen. Die Verss. mit *Atropa Belladonna L.*, *Datura Stramonium L.*, *Datura Stramonium var. inermis Jacq.*, *Aconitum Napellus L.*, *Aconitum Lycoctonum L.* ergeben, daß zu Beginn der Humifikation der Pflanzen (durch Feuchtigkeit u. Pilze) der I-Geh. dieser Pflanzen fällt; ferner daß völlig humifizierte Pflanzen auf Äckern u. in Komposten überhaupt I-frei sind. Als einzige Pflanze, die I enthielt, selbst wenn die Blätter schon zerfallen waren, erwies sich *Taxus baccata L.* — Bei der häufig angewandten Rk. auf I ($KJ + J_2$) wurde beobachtet, daß sich dabei *Hyoscyamin*-Kristalle schon in den Pflanzengeweben bilden. (Acta polon. pharmac. **10.** 119—30. 1953. Posen [Poznań], Med. Akad., Inst. für Botan. u. Heilpflanzenbau.) v. WILPERT. 4782

A. C. Bellaart, *Untersuchung von in den Niederlanden gezüchteten chinesischen Rhabarberwurzeln.* (Vgl. C. **1954.** **604.**) Aus chines. Rhabarberwurzel wird ein Glucosid isoliert, das durch Hydrolyse *Rhein* (I) liefert. Die Darst. mehrerer I-Verbb. nach teilweise bekannten Vorschriften wird beschrieben. Für die Herst. einiger I-Glucoside werden neue Verff. angegeben: *Rhein-bis-[tetraacetylglucosid]* (II), $C_{43}H_{44}O_{24}$, F. 247 bis 248°. Man versetzt 200 cm³ Pyridin mit 17,04 (g) I, 17 Ag_2O, rührt 3 Min., versetzt mit 35 geglühtem $MgSO_4$ u. 55 Acetobromglucose, schüttelt 1 Std., läßt 24 Std. stehen, gießt in 1,51 10%ig. Essigsäure von 0°, rührt 1 Std., saugt den Nd. ab, wäscht mit 10%ig. Essigsäure, W. u. Ä., trocknet 36 Std. über P_2O_5, behandelt mit 500 cm³ Chlf., filtriert, versetzt das Filtrat unter Rühren mit 500 cm³ 96%ig. A. u. saugt den gelben Nd. nach 24 Std. ab. Hellgelbe Nadeln (A.–Chlf.); Ausbeute 28 g. — *Na-Salz des Rhein-monoglucosids*, $C_{21}H_{17}O_{11}Na$: Man versetzt eine Suspension von 2,832 g II in 90 cm³ 96%ig. A. mit 90 cm³ 0,5nNaOH, erwärmt 20 Min. auf 63—67°, kühlt auf 15° ab, filtriert, versetzt mit 0,5nHCl, bis die Farbe von Rot nach Gelb umschlägt, dampft die Lsg. im Vakuum auf 10 cm³ ein, versetzt mit 1,5 cm³ 96%ig. A., saugt die entstandenen Kristalle nach 2 Tagen ab, löst in 8 cm³ dest. W., versetzt mit 12 cm³ 96%ig. A., saugt die Kristalle nach 2 Tagen ab, wäscht mit A. u. trocknet im Vakuum; Ausbeute 1,09 g.

Das Na der in A., Ae. u. Chlf. unlösl. Verb. ist an I gebunden. — Aus der heißen wss. Lsg. des Na-Salzes scheidet sich mit $AgNO_3$ beim Abkühlen das Ag-Salz in orangegelben Kristallen aus. — *Rheinmonoglucosid*, $C_{21}H_{18}O_{11} \cdot H_2O$: Man versetzt eine Lsg. von 1 g Na-Salz in 20 cm^3 W. mit 25 cm^3 0,1 nHCl, saugt den flockigen Nd. ab, krist. aus 70%ig., mit einigen Tropfen Essigsäure versetztem CH_3OH um u. trocknet bei 103—105°; Ausbeute 0,76 g. (Pharmac. Weekbl. **87.** 33—37. 19/1. 1952. Groningen, Rijksuniv., Labor. voor Pharmacognosie.) WESLY. 4782

Zofia Macher, *Haarförmige Bildungen bei Chenopodium ambrosioides L.* Die Härchen an Herba Chenopodii, ein wichtiges diagnost. Kennzeichen, treten in verschied. morpholog. Formen auf; es werden Verteidigungs- (keulen- oder schlangenförmig) u. Ausscheidungshärchen (drüsenförmig) unterschieden: ausgeschieden wird ein äther. Öl. (Acta polon. pharmac. **10.** 131—41. 1953. Posen [Poznań], Med. Akad., Inst. für pharmaz. Botan.) V. WILPERT. 4782

M. L. Berman und **H. W. Youngken jr.,** *Die Verwendung von bestimmten Roggenzubereitungen zur Wachstumsunterhaltung von Claviceps purpurea (Fries) Tulasne.* Zur Unters. der für den Mutterkornpilz *Claviceps purpurea* notwendigen Faktoren wurden verschied. Auszüge von zerkleinertem Roggen verschied. Standorte hergestellt. Die fl. filtrierten Anteile zeigten sich am günstigsten für das Wachstum, bes. wenn reife Inflorescenzen als Ausgangsmaterial dienten. Bei Abwesenheit von Chlorophyll war dagegen das Wachstum stark gehemmt. (J. Amer. pharmac. Assoc., sci. Edit. **43.** 200—04. April 1954. Seattle, Washington, Univ., Coll. of Pharm.) ULEX. 4782

A. G. Paul, W. J. Kelleher und **A. E. Schwarting,** *Die Züchtung von Claviceps purpurea.* 2. Mitt. *Vorläufige Stoffwechseluntersuchungen.* (1. vgl. TYLER u. SCHWARTING, C. **1953.** 8894; vgl. auch vorst. Ref.) Der Zusatz von verschied. Bausteinen der Lysergsäure zu submersen *Claviceps*-Kulturen beeinflußte die Produktion an Mutterkornalkaloiden nicht. Bei Abwesenheit anderer organ. Substanzen konnte der Verbrauch von Indol bzw. Tryptophan nachgewiesen werden. Anscheinend wird das Indol von *Claviceps* zu Tryptophan umgewandelt. (J. Amer. pharmac. Assoc., sci. Edit. **43.** 205—07. April 1954. Storrs, Conn., Univ. of Connecticut, Coll. of Pharm.) ULEX. 4782

V. E. Tyler jr. und **A. E. Schwarting,** *Die Züchtung von Claviceps purpurea.* 3. Mitt. *Tryptophanstoffwechsel.* (2. vgl. vorst. Ref.; vgl. auch C. **1954. 4641.**) *Claviceps purpurea* wurde in submerser Nährlsg. bekannter Zus. auf seine Fähigkeit, Tryptophan aufzubauen, untersucht. Auf *Indol*-Zusatz erfolgte in relativ kurzer Zeit *Tryptophan*-Produktion. *Serin* beschleunigte diese Rk., seine Ggw. ist aber nicht notwendig. Lysergsäure wurde nicht gebildet. (J. Amer. pharmac. Assoc., sci. Edit. **43.** 207—11. April 1954.) ULEX. 4782

A. D. Turowa und **G. W. Busaladse,** *Nierentee.* Der Extrakt des Nierenteestrauchs (*Orthosiphon stamineus Benth*), aus 1 g Blätter u. 200 g W. hergestellt, ist (bei Verabreichung 2mal täglich vor dem Essen) ein besseres harntreibendes Mittel als alle bekannten Coffeinpräparate. Auch bei Herzdekomposition 1. u. 2. Grades ist die Anwendung des Extraktes zusammen mit Herzglucosiden von guter Wirkung. Die Blätter enthalten das bittere Glucosid *Orthosiphonin*, Saponine, 0,3—0,7% äther. Öl u. viel K-Salze. (Советская Медицина [Sowjet-Med.] **17.** Nr. 12. 24. Dez. 1953. Allunions Wiss. Inst. für Heil- u. Riechpflanzen des Gesundheitsminister. der UdSSR.) LEBTAG. 4790

J. W. Fairbairn und **M. R. I. Saleh,** *Pflanzliche Abführmittel mit Anthracenderivaten.* 6. Mitt. *Die Instabilität von flüssigen Sennazubereitungen während der Lagerung.* (5. vgl. Pharmac. J. **167** ([4] **113**). [1951.] 272.) *Senna*-Fluidextrakte sind bei längerer Lagerung instabil. Die Ggw. von A. wirkt wertmindernd, ebenso Lagerung bei höherer Temperatur. Chlorkresol ist als Konservierungsmittel hier nicht geeignet. Licht u. Luftzutritt haben kaum Einfl. auf die Haltbarkeit. p_H-Werte unter 6 lassen den Wirkstoffgeh. des Fluidextraktes stark abfallen, am günstigsten ist ein p_H-Wert von 3—4, bei dem aber die Sennaglykoside leicht u. schnell ausfallen. Als Ausgangspunkt für Galenica wird die Lagerung als Trockenextrakt empfohlen. (J. Pharmacy Pharmacol. **5.** 317—26. Mai 1953. London, School of Pharm.) SCHMERSAHL. 4790

E. D. Carkhuff und **L. G. Gramling,** *Die Extraktion von Belladonnawurzel mit verschiedenen Furanen.* Die Ergebnisse der SOXHLET-Extraktion von Belladonnawurzel (I) mit Furan, 2-Methylfuran (II), Tetrahydrofuran (III) u. 2-Methyltetrahydrofuran (IV) werden mitgeteilt. Die Brauchbarkeit folgender Furane u. ihrer Azeotrope zur Extraktion der Alkaloide von I wird untersucht: **II, III, IV** sowie **II**-W., **IV**-W., **III**-Methanol, **III**-Äthanol u. **III**-W. (4,3%). Die SOXHLET-Extraktion mit dem zuletzt genannten wird eingehend beschrieben, desgleichen die anschließende Isolierung u.

Identifizierung von Saccharose, Äpfelsäure, *l*-Hyoscyamin-Sulfat, -Gold(III)-chlorid u. -Pikrat. (J. Amer. pharmac. Assoc., sci. Edit. **41.** 660—62. Dez. 1952. Gainesville, Fla., Univ. of Florida, Coll. of Pharm.) SPITALER. 4790

Hans Ulrich Debrunner, *Die Verwendung von Kunststoffen in der Medizin.* Nach Angaben über Anforderungen an medizin. angewandte Kunststoffe nennt Vf. als meist benutzte Kunststoffe in der Chirurgie: *Nylon* als Nahtmaterial. Es ist fest, sterilisierbar, wird nicht resorbiert. *Polymethylmethacrylat* (Plexiglas) für Gelenkplastiken, Knochendefekte, zur Kollapstherapie bei Lungen-Tbc., als Haftglas in der Augenheilkunde. *Polyäthylen* in der peripheren Chirurgie zur Einhüllung von Nervenstämmen zur Herst. von Kanülen. Für die orthopäd. Technik werden zur Herst. von Stützapparaten Celluloseacetat, Cellulose, Plexiglas, Polyäthylen u. Polyesterharze genannt. (Die Medizinische **1954.** 251—55. 20/2. Zürich, orthopäd. Klinik Batgrist.) BROSEMANN. 4796

—, *Spezialitäten. Breval* (RIEDEL-DE HAEN AG., Seelze): Dragees mit 0,15 (g) Amidopyrin, 0,05 Chininhydrochlorid. — *DHT Siegfried* (SIEGFRIED GMBH., Säckingen): Ampullen mit 0,256 (g) Dioxypropyltheophyllin (= 0,2 Theophyllin) u. 0,06 α-oxybenzylphosphinigsaurem Magnesium. Bei Herzinsuffizienz. — *Invocan forte* (KNOLL AG., Ludwigshafen): Ampullen mit 0,005 (g) Strychnin u. 0,05 Strychninoxyd als Lactate. Analepticum. — *Trafuril-Liniment* (CIBA AG., Wehr): Nicotinsäuretetrahydrofurfurylester 1 (%), Salicylester 2,5, Methylsalicylat, Campher, Menthol, Salicylsäure, Liniment. Hyperäm. Behandlung. — *Vasocor* (SIEGFRIED GMBH., Säckingen): Ampullen mit 0,0002 (g) g-Strophanthin, 0,256 Dioxypropyltheophyllin in 20%ig. Glucose. (Klin. Wschr. **30.** 367. 15/4. 1952.) HOTZEL. 4800

—, *Neue Arzneimittel. Chlorcyclizine* (ABBOTT LABORATORIES, North Chicago): 1-[p-Chlorbenzhydryl]-4-methylpiperazin. Antihistaminicum. Tabletten zu 25 u. 50 mg. — *Diurgin* (ASTRA, Södertälje, Schweden): Di-Na-Salz des N-Succinyl-N'-[γ-carboxymethylmercaptomercuri-β-methoxypropyl]-carbamids. Quecksilberdiureticum. — *Kemadrin* (BURROUGHS, WELLCOME & CO, England): 1-Cyclohexyl-1-phenyl-3-pyrrolidinopropanolhydrochlorid. Parkinsonismusmittel. Dosis 3mal, täglich 5 bis 20 mg. — *Mysoline* (IMPERIAL CHEMICAL LTD., England): 5-Phenyl-5-äthylhexahydropyrimidindion-(4.6). Antiepilepticum. — *Triäthylenmelamin* (LEDERLE LABORATORIES, USA): 2.4.6-Triäthyleniminotriazin. Cytostaticum. (Subsidia med. [Wien] **4.** 90—97. Juni 1952.) HOTZEL. 4800

A. M. G. Rutten, *Anticoagulantia.* Eine Übersicht: *Heparin,* Oxycumarinderivv. (*Dicumarol, Dicumaryl, Dicumarylessigsäure*), Derivv. von *2-Oxy-2.3-dihydropyran* u. *2-Oxy-2.3-dihydrofuran* nach CHNIELEWSKA. — 10 Literaturangaben. (Chem. pharmac. Techniek **9.** 189—90. 15/2. 1954.) FREYTAG. 4806

Carmela Capra, *Das Problem der desodorierenden Wirkung des Chlorophylls.* Zusammenfassende Übersicht. — 32 Literaturangaben. (Fitoterapia [N. S.] **25.** 451—54. Jan./März 1954.) P. LOCH. 4806

R. Dietzel, *Die Veränderungen der Alkaloide beim Aufbewahren und Sterilisieren ihrer wässerigen Lösungen.* Vf. weist auf die Bedeutung der UV-Spektrophotometrie im Zusammenhang mit Unterss. über Zerss. von Arzneimittellsgg. hin u. teilt Ergebnisse eigener Unterss. über Veränderungen von Morphin (**I**), Kodein (**II**), Atropin (**III**), Hyoscyamin (**IV**), Scopolamin (**V**), Yohimbin (**VI**), Hydrastin (**VII**), Hydrastinin (**VIII**), Brucin (**IV**), Chinin (**X**), Cocain (**XI**) u. Berberin (**XII**) beim Lagern u. Erhitzen (Sterilisieren) ihrer wss. Lsgg. mit. Nicht beständig bei Tempp. bis 100°, bes. bei O_2-Anwesenheit, sind **I** (Oxydation zu Pseudomorphin), **III, IV** u. **V** (Esterhydrolyse u. gegebenenfalls Veränderung der Tropasäure), **VI** (bei O_2-Ausschluß u. mäßiger Hitze nur geringfügige Veränderung) u. **VII** (O_2-Einfl. nur gering). Dagegen erleiden **II, VIII, IX** u. **XII** unter n. Sterilisationsbedingungen keine Veränderungen. **X** wird bes. durch Lichteinfl. verändert (Trübung u. Verfärbung der wss. Lsgg.). Zerss. von **XI** sind durch Hydrolyse bedingt, doch handelt es sich unter den Bedingungen der n. Hitzesterilisation um relativ geringfügige Zersetzungsgrade. (Pharmaz. Ztg. verein. Apotheker-Ztg. **90.** 658—60. 8/7. 1954. Würzburg, Univ., Inst. für Pharmazie u. Lebensmittelchemie.) REISS. 4806

M. Ardemagni, *Natürliche und synthetische Ergotaminpräparate.* Überblick über neuere Unterss. u. den heutigen Stand der Kenntnisse mit 39 Literaturhinweisen. (Boll. chim. farmac. **92.** 451—55. Dez. 1953.) R. K. MÜLLER. 4806

András Krámli, *Beiträge zum Problem des Vitamins D_3.* Zur Gewinnung von Ergosterin (**I**) wird neuerdings das bei der Penicillinerzeugung als Abfall gebildete Mycel verwendet. Zu diesem Zweck arbeitete Vf. ein neues, auch im Betrieb bewährtes

Verf. aus. Er beobachtete, daß Penicillium chrysogenum in den verschied. Entwicklungsstadien Sterine nur in geringem Maße enthält u. somit bei dem daraus hergestellten I die zur Aktivierung nötigen Strahlen nicht von Verunreinigungen absorbiert werden, was bei dem aus sterinreichen Hefen erzeugten I bekannt ist. — Schwieriger ist die Darst. von *Vitamin D_3*. Hierzu verwendete WINDAUS, hauptsächlich zwecks Strukturnachw., Cholesterin (II) bzw. II-Acetat. Zur Erzeugung ist Dehydrocholesterin als Ausgangsstoff brauchbar u. dessen betriebsmäßige Erzeugung ist aus 7-Oxycholesterin, 7-Bromcholesterin oder II selbst möglich. Aus letzterem kann auf mikrobiol. Wege das Ziel erreicht werden; der Pilz Proactinomyces roseus oxydiert II mit guter Ausbeute zu 7-Oxycholesterin. Vf. beobachtete, daß die Überführung von 7-Bromcholesterin in Dehydrocholesterin auch mit Fettsäuresalzen möglich ist, es bewährte sich Ca-Oleat, in Xylol gelöst. Das Verf. soll noch im Kleinbetrieb erprobt werden. (Magyar Kémikusok Lapja [Z. Ver. ung. Chemiker] **7.** 148—50. Mai 1952.) PLANK. 4808

Janina Majcherczyk, *Über die Haltbarkeit von Präparaten aus dem Hypophysenhinterlappen.* Bericht über die Prüfungsergebnisse von *Hypophysenpräpp.* (Hinterlappen) mit 6 Monaten bis zu 8 Jahren über n. Lagerungszeit. Von 12 Präpp. hatte nur eins 68% an Wirksamkeit eingebüßt, sie waren somit nicht wertlos geworden. (Acta polon. pharmac. **10.** 87—93. 1953. Warschau, Med. Akad., Inst. für exp. Pharmakol.) V. WILPERT. 4808

Gábor Fodor, *Die Chemie des Cortisons.* Die Notwendigkeit, statt der kostspieligen Darst. von Steroiden billigere Arzneien zu erzeugen, besteht weiter. Es sind noch prinzipielle Fragen zu erforschen, wie z. B. die Stereochemie u. die Biosynth. der Sterine. Vf. greift von den vielen offenstehenden Problemen die Frage des Cortisons auf u. bespricht die Arbeiten über Strukturbest., die Synthesen von SARETT, die des SINTEX-LABORATORIUMS u. die von SWEAT. Eine rationelle Synth. gibt es noch nicht, doch steht es außer Frage, daß die billige Darst. von *Cortison* aus pflanzlichen Steroiden möglich wird. (Magyar Kémikusok Lapja [Z. Ver. ung. Chemiker] **7.** 143—47. Mai 1952.) PLANK. 4808

Henning Vestergaard, *Autoklavbehandlung von Infusionsflaschen und Druckluftfiltration.* Beim Sterilisieren von Infusionsflaschen unter Druckluft kann der Autoklav auch durch einen mit Fußkraft betriebenen Kompressor ersetzt werden. Der Autoklav läßt sich zur Sterilfiltration verwenden, auch hier ist ein Ersatz durch die beim Lackieren angewandten Druckluftbehälter möglich. (Farmac. Tid. **63.** 673—77. 12/9. 1953. Hillerød, Frederiksborg apotek.) R. K. MÜLLER. 4832

—, *Neuere Erkenntnisse über Krankheitsbakterien und pyrogene Stoffe und die daraus zu ziehenden Folgerungen bei der Herstellung steriler Arzneizubereitungen.* Zusammenfassendes über Größe, Beständigkeit, Ernährung u. Stoffwechsel der Bakterien. — Zu den pyrogenen Keimen gehören u. a. Bacillus subtilis, Bacterium prodigiosum, Escherichia typhi, Proteus vulgaris, Pseudomonas aeruginosa. Ferner wirken Stoffwechselprodd. dieser u. anderer Mikroben pyrogen. Vorschläge zur Herst. steriler Arzneizubereitungen unter Vermeidung von Pyrogenen: asept. Arbeiten, UV-Bestrahlung, frisch dest. W., Membranfilter, Hitzesterilisation. (Pharmaz. Ztg. verein. Apotheker-Ztg. **89.** 467—68. 25/6. 1953.) ULEX. 4832

Hans Kaiser und **Hermann Frey,** *Erfahrungen bei der Herstellung von Paraffin. liquid.-Ampullen.* Paraffin. liquid. pro inject. „MERCK" ist am besten geeignet. Das Paraffin wird kalt filtriert u. kalt in Ampullen gefüllt. Filtrier- u. Abfüllgerät werden bei 150° entwässert u. im Exsiccator erkalten gelassen. Sterilisation der zugeschmolzenen Ampullen 1½ Std. bei 150°. (Arch. Pharmaz. Ber. dtsch. pharmaz. Ges. **287/59.** Nr. 2. Mitt. dtsch. pharmaz. Ges. **24.** 17. 1954. Stuttgart, Katharinenhospital-Apotheke.) ULEX. 4832

Fritz Neuwald, *Herstellung und Sterilisation von Procain–Adrenalin-Injektionslösungen.* Wegen der leichten hydrolyt. Spaltbarkeit des Procains im neutralen u. alkal. Medium muß bei der Sterilisation ein p_H von ca. 3—5 durch HCl-Zusatz eingestellt werden. 9 Herstellungsvorschriften (aus der Schwed. Ph. XI, der Dän. Ph. IX u. der B. P. 1953) zeigen Einzelheiten. (Arch. Pharmaz. Ber. dtsch. pharmaz. Ges. **287/59.** Nr. 2. Mitt. dtsch. pharmaz. Ges. **24.** 18—20. 1954. Hamburg, Labor. für Arzneimittelprüfung u. Arzneimittelforschung.) ULEX. 4832

Andre Morette, *Anorganische pharmazeutische Untersuchungen.* Kurze Darst. der Prüfung von Medizinglas, des As-Nachw., der Bedeutung von auf Komplexbldg. beruhenden Rkk. u. physikal. u. physikal.-chem. Methoden für pharmazeut.-analyt. Zwecke. (Pharmac. J. **172** ([4] **118**). 402—03. 15/5. 1954.) FRESENIUS. 4880

R. Opfer-Schaum, *Zur Prüfung einiger Grundstoffe für „Stada"-Präparate durch Schmelzpunktmikrobestimmung.* Vf. weist darauf hin, daß die von ihm entwickelte F.-Mikrobest. die Möglichkeit bietet, die zur Herst. von „Stada"-Präpp. vorgeschlagenen Arzneichemikalien, die im DAB noch keine Berücksichtigung gefunden haben, auf ihre Identität u. Reinheit zu prüfen. *Aether glycerinoguajacolicus* (*Sirotol*), F. 79 bis 84°, keine auffallenden Sublimationserscheinungen vor dem Schmelzen, Misch-F. mit Acetanilid (I) 69°; *Benzylium phenylglycolicum,* F. 93—94°, Sublimationsbeginn ~85° (feine Nädelchen); Misch-F. mit I 77°; *Acidum isoamylaethylbarbituricum,* F. 155—157° (ab 145° teilweises Schmelzen); Sublimationsbeginn ~130° (Tröpfchen, Nadeln), Misch-F. mit I 95°. (Pharmaz. Ztg. verein. Apotheker-Ztg. **89.** 779—80. 25/10. 1953. Rodheim-Bieber über Gießen.) H. P. FIEDLER. 4880

Charles F. Peterson und **Arthur J. Guida,** *Trägerstoffe für Suppositorien.* 1. Mitt. *Feststellung der Höhe der Theophyllinabgabe.* Beschreibung einer Meth. zur Prüfung von Suppositorien durch Herauslösen der Droge mit n. Salzlsg. bei 37°. Die Höhe der Freisetzung von *Theophyllin* (I) aus *Aminophyllin* (II) wurde für 25 Trägerstoffansätze untersucht. Modifikationen der wasserlösl. Grundstoffe mit bestimmten verteilenden Zusätzen erlaubten die schnellste Abgabe von I. Nach 1jähriger Lagerung ging die Abgabe von I bei Kakaobutter deutlich zurück. Vergleiche der Freisetzung von I, wenn es als II, *Glucophyllin* oder I-*Na-Acetat* in den Suppositorien vorlag, zeigten, daß jede Verb. einen spezif. Ansatz für die optimale Abgabe erfordert, ein Beweis, daß schon kleine Abweichungen in den Eigg. des Syst. Droge/Trägermasse die Höhe der Abgabe beeinflussen. Carbowax 4000 zeigt gegenüber den verschied. I-Verbb. die größte, Kakaobutter die geringste Toleranz. (J. Amer. pharmac. Assoc., sci. Edit. **42.** 537—40. Sept. 1953. Lawrence, Kans., Univ., School of Pharm.) SCHULENBURG. 4880

A. M. Corrente, *Eine Methode zur annähernden Bestimmung der Neutralisationskapazität von Antacida.* Zur Prüfung der verschied. Antacida in vitro wird folgende Konventionsmeth. vorgeschlagen: 100 cm³ des W. werden bei 37° gleichmäßig gerührt. Nach Zugabe des Testmaterials wird nach 10 Min. der p_H-Wert gemessen. Innerhalb von 15 Sek. werden 10 cm³ 0,1 n HCl zugesetzt u. nach 45 Sek. guten Mischens der p_H-Wert kontrolliert. Weitere 9 Min. rühren u. p_H messen. Dann wieder Zugabe von 10 cm³ 0,1 n HCl u. nach 45 Sek. p_H messen usw., bis der p_H-Wert keine Abweichung zwischen der Messung nach 45 Sek. u. nach 9 Min. zeigt. In ein Koordinatensyst. eingetragen, ergeben die verschied. Antacida charakterist. Kurven. (J. Amer. pharmac. Assoc., sci. Edit. **43.** 242—45. April 1954. Orange, N. J., Labors. of Organon, Inc.) ULEX. 4880

Stanisław Büchner, *Chemische Untersuchungsverfahren für pflanzliche Herzmittel.* Zusammenfassende Übersicht über die bei pflanzlichen Herzmitteln angewandten physikochem. u. chem. Bestimmungs- u. Untersuchungsverfahren. Angabe von Einzelheiten u. krit. Beurteilung. — 40 Literaturzitate. (Acta polon. pharmac. **10.** 95—104. 1953. Warschau, Med. Akad., Pharmakognost. Inst.) v. WILPERT. 4880

Cilag Akt.-Ges., Schaffhausen, Schweiz, *Herstellung von 2-Äthyl-2-(2'-butoxyäthyl)- oder 2.2-Bis-(2'-butoxyäthyl)-propandiol-(1.3)* aus einer Verb. der allg. nachst. Formel,

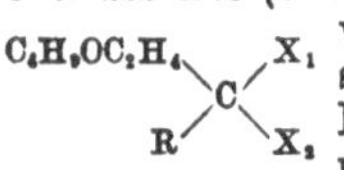

wobei X_1 u. X_2 durch Red. in Oxymethylgruppen überführbare Reste sind u. R = C_2H_5 oder $C_4H_9OC_2H_4$, durch Behandeln mit einem Reduktionsmittel (Li-Al-Hydrid) bei höherer Temperatur. Als X_1 u. X_2 kommen z. B. folgende Reste in Betracht: Carboxyl-, Carbalkoxy-, Carbothiolalkyl-, Formylgruppe. — Die Äthylverb. hat einen $Kp._{14}$ 167—168°; die Butoxyverb. von $Kp._{12,5}$ 207—210°. Zwischenprodd. für die *Herst. von Mitteln mit curareähnlicher Wirkung.* (**Schwz. PP. 294 225** u. **294 226** vom 23/8. 1950, ausg. 16/1. 1954. **Zusätze zu Schwz. P. 288 426; C. 1954. 2227.**) G. KÖNIG. 4807

Soc. An. des Laboratoires Robert et Carrière, Seine, Frankreich (Erfinder: **Édouard Flommel**), *Herstellung von metallorganischen Komplexverbindungen.* Man läßt ein Salz einer organ. Base (z. B. des Acetylcholins, Adrenalins, Morphins, Yohimbins, Emetins, Chinins oder Atropins) mit anorgan. Anion mit einem Metallsalz (z. B. Mn-, Fe-, Ni-, Zn-, Cd- oder Cu-Salz) mit gleichem anorgan. Anion reagieren. — Z. B. löst man 363 g wasserfreies Acetylcholinhydrochlorid (I) in 2 Liter absol. A. u. 189 g $MnCl_2$ in 2 Liter absol. A. u. tropft die $MnCl_2$-Lsg. in ½ Std. in die I-Lösung. In ½ Std. scheidet sich kristallines, blaßgrünes *Acetylcholinmanganochlorid* ($C_{14}H_{32}O_4N_2Cl_4Mn$), Mol.-Gew. 489, F. 157—159°, Ausbeute 91% der theoret., ab. Es besitzt eine neunmal länger andauernde *physiol.* Wrkg. als das Acetylcholin selbst. (**F. P. 997 981** vom 13/4. 1948, ausg. 14/1. 1952. Schwz. Prior. 6/5. 1947.) OPPERMANN. 4807

Badische Anilin- & Soda-Fabrik, Ludwigshafen/Rh., *p-Aminobenzolsulfonamide* der Formel I, worin ein X den Rest eines cycl. Acetals u. das andere X = H oder den

Rest eines cycl. Acetals bedeuten, entstehen durch Rk. eines Amino-1.3-dioxans oder Dioxolans mit einem Sulfonsäurehalogenid der Benzolreihe, das in p-Stellung zur Sulfonylgruppe eine in eine Aminogruppe überführbare Gruppe aufweist, u. anschließende Überführung dieser Gruppe in eine Aminogruppe. —

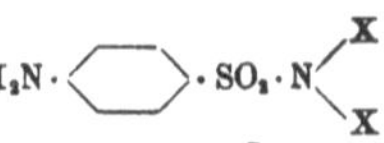

I

4-[4'-N-Acetylaminobenzol-(1')-sulfonylaminomethyl]-4-methyl-1.3-dioxan. Aus 4-ω-Aminomethyl-4-methyl-1.3-dioxan (II) u. N-Acetylsulfanilsäurechlorid, F. 152°. — II entsteht aus 4-ω-Chlormethyl-4-methyl-1.3-dioxan u. wss. NH_3 + $CuSO_4$ bei 125°; Kp. 195—200°. — Analog: *4-Aminobenzolsulfonsäureamid des Amino-4-methyl-1.3-dioxans*; F. 137°; das Ausgangsmaterial besteht aus 4-ω-Aminomethyl-1.3-dioxan + 5-Amino-4-methyl-1.3-dioxan. — *4-N-Acetylaminobenzol-1-sulfonsäureamid des 4-Aminomethyldiox lans*, F. 138°. Gibt bei Verseifung das *4-Aminobenzolsulfonsäureamid des 4-Aminomethyldioxolans*, F. 102°. — *4-Aminobenzolsulfonsäureamid des 2-Aminomethyl-4-methyl-1.3-dioxans*, F. 103°. — *4-Aminobenzolsulfonsäureimid des Bis-[4-methyldioxanyl]-amins*, F. 120°. — Die Verbb. sind *baktericid* u. *blutgerinnend*. (**E. P. 670 861** vom 8/6. 1950, ausg. 23/4. 1952.) LANGER. 4807

Soc. des Usines Chimiques Rhône-Poulenc, übert. von: **Robert Michel Jacob,** Villeneuve-le-Roi, **Gilbert Bo** und **Jacques Georges Robert,** Paris, Frankreich, *Sulfonamide* der allg. Formel I (R = Alkyl mit weniger als 5 C-Atomen, Aryl, Methyl-, Cl-, NH_2- oder Acetylaminoaryl, A u. A_1 = gleiches oder verschied. Alkyl mit höchstens 5 C-Atomen oder Aralkyl, R_1 u. R_2 = gleiches oder verschied. Methyl oder Äthyl, das mit dem benachbarten N Heterocyclen, wie einen Piperidin- oder Morpholinrest, bilden kann) erhält man durch Kondensation eines Sulfohalogenids RSO_2X (X = Halogen) mit einem sek. Amin $(R_2)_2 \cdot N \cdot A_1$—NH—A·N·$(R_1)_2$ oder eines Dialkylaminoalkyl- oder Aralkylhalogenids XA_1—$N(R_2)_2$ mit einem Na-Sulfonamid $RSO_2NHAN(R_1)_2$ oder eines RSO_2NH_2 mit X—A—$N(R_1)_2$. — Di-(3-diäthylamino-1-propyl)-amin wird in Ae. bei —10 bis —5° mit Äthansulfochlorid zu *Bis-(3-diäthylamino-1-propyl)-N.N-äthansulfonamidhydrochlorid* kondensiert, das mit NaOH die *freie Base*, $Kp._{0,5}$ 169°, liefert. *Dipikrat*, F. 148° (MAQUENNE-Block). — *Bis-(3-diäthylamino-1-propyl)-N.N-p-chlorbenzolsulfonamid*, $Kp._{0,6}$ 211—212°. — *Bis-(2-diäthylamino-1-äthyl)-N.N-äthansulfonamid*, $Kp._{0,9}$ 155°. — *Bis-(3-diäthylamino-1-propyl)-N.N-p-acetylaminobenzolsulfonamid*, F. 93° (Capillarmeth.). — *Bis-(3-diäthylamino-1-propyl)-N.N-n-propansulfonamid*, $Kp._{0,25}$ 162—163°. *Dipikrat*, F. 147,5°. — *Bis-(2-diäthylamino-1-äthyl)-N.N-methansulfonamid*, $Kp._{0,8}$ 147°. — *Bis-(3-dimethylamino-1-propyl)-N.N-äthansulfonamid*, $Kp._{0,6}$ 150°. *Dipikrat*, F. 169—170°. — *Bis-(3-dimethylamino-1-propyl)-N.N-benzolsulfonamid*, $Kp._{0,2}$ 161°. — *Bis-(3-diäthylamino-1-propyl)-N.N-isopropansulfonamid*, $Kp._{1,3}$ 174—175°. *Dipikrat*, F. 164°. — *Bis-(4-dimethylamino-1-butyl)-N.N-äthansulfonamid*, $Kp._{0,55}$ 177—180°. *Dipikrat*, F. 131—132°. — *Bis-(3-piperidino-1-propyl)-N.N-äthansulfonamid*, $Kp._{0,3}$ 198°. *Hydrochlorid*, F. 215—216°. — *Bis-(4-diäthylamino-1-butyl)-N.N-propansulfonamid*, $Kp._{0,45}$ 174—175°. — *Bis-(5-diäthylamino-1-pentyl)-N.N-äthansulfonamid*, $Kp._{0,3}$ 164 bis 165,5°. *Pikrat*, F. 91—92°. — p-Diäthylaminomethylbenzyl-N-äthansulfonamid → *p-Diäthylaminomethylbenzyl-N-(3-diäthylamino-1-propyl)-N äthansulfonamid*, Kp_{109} 211 bis 212°. — *Bis-(3-diäthylamino-1-propyl)-N.N-benzolsulfonamid*, $Kp._{0,7}$ 197—202°. — *Bis-(3-diäthylamino-1-propyl)-N.N-methansulfonamid*, $Kp._{0,7}$ 166—167°. *Dipikrat*, F. 110°. — *Bis-(3-diäthylamino-1-propyl)-N.N-n-butansulfonamid*, $Kp._{0,6}$ 176,5 bis 177°. — *(3-Diäthylamino-1-propyl)-N-(2'-diäthylamino-1'-äthyl)-N-äthansulfonamid*, $Kp._{0,8}$ 158—160°. *Dipikrat*, F. 115—116°. — *(3-Diäthylamino-1-propyl)-N-(3'-dimethylamino-1'-propyl)-N-äthansulfonamid*, $Kp._{0,7}$ 156—159°. *Dipikrat*, F. 194 bis 195°. — *Bis-(2-dimethylamino-1-äthyl)-N.N-äthansulfonamid*, $Kp._{1,3}$ 133—136°. — *Bis-(3-diäthylamino-2.2-dimethyl-1-propyl)-N.N-äthansulfonamid*, $Kp._{0,65}$ 181—183°. — *Bis-(3-diäthylamino-1-propyl)-N.N-p-toluolsulfonamid*, $Kp._1$ 226°. — Mittel gegen *traumat.* u. *hämorrhag. Schock*. (**A. P. 2 553 093** vom 1/11. 1948, ausg. 15/5. 1951. F. Prior. 4/11. 1947.) KRAUSS. 4807

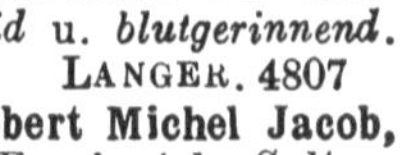

I

Clemens Lutter und **Ernst Cauer,** Deutschland, *Herstellung von Aralkylthiosemicarbaziden.* 1-Aralkylthiosemicarbazide (**I**) erhält man durch Red. von Thiosemicarbazonen. Durch Acylieren kann man die **I** in 1-Aralkyl-1-acylthiosemicarbazide umwandeln. — Z. B. löst man 50 g Benzaldehydthiosemicarbazon (**II**) in der Wärme in 700 cm³ A. u. 120 cm³ W. u. kocht die Lsg. 6 Std. mit 750 g 4%ig. Na-Amalgam. Das gebildete *1-Benzylthiosemicarbazid* (**III**) schm. bei 151—152°. 50 g **III** löst man unter Erwärmen in 150 cm³ Essigsäureanhydrid, erhitzt mit heißem W., bis das überschüssige Anhydrid verschwunden ist, u. macht das Reaktionsgemisch mit NH_4OH alkalisch. Man erhält *1-Benzyl-1-acetylthiosemicarbazid*, F. 188—189°, wovon man

11 g mit 19 g Bernsteinsäureanhydrid in 110 cm³ Chlf. kocht. Es entsteht $C_6H_5\cdot CH_2\cdot N(CO\cdot CH_2\cdot CH_2\cdot COOH)\cdot NH\cdot CS\cdot NH_2$, F. liegt zwischen 148 u. 155°. Wenn man statt **II** 60 g 4-Isopropylbenzaldehydthiosemicarbazon verwendet, bildet sich *1-(4'-Isopropylbenzyl)-thiosemicarbazid*, F. 130—131°. Auf analoge Weise kann man *1-(4'-Methylbenzyl)-thiosemicarbazid* u. *1-(3'.4'-Dimethylbenzyl)-thiosemicarbazid* darstellen, F. beider Verbb. undeutlich bei 120°. Bei Verwendung von 60 g 4-Chlorbenzaldehydthiosemicarbazon statt **II** entsteht *1-(4'-Chlorbenzyl)-thiosemicarbazid*, F. 161—162°; *Hydrochlorid*. Ferner werden folgende Thiosemicarbazide (**T**) angeführt: *1-(α-Phenylpropyl)*-**T**, F. 146°; *1-(α-Phenyläthyl)*-**T**, F. 156—157°; *1-(4'-Methoxybenzyl)*-**T**, F. 141 bis 142°; *1-(4'-Methoxybenzyl)-1-acetyl*-**T**, F. 199—200°; *1-(4'-Methoxybenzyl)-1-succinyl*-**T**, $p\text{-}CH_3O\cdot C_6H_4\cdot CH_2\cdot N(CO\cdot CH_2\cdot CH_2\cdot COOH)\cdot NH\cdot CS\cdot NH_2$, F. 191° (unter Schäumen); *1-(4'-Methoxybenzyl)-1-chinolinoyl*-**T**, $p\text{-}CH_3O\cdot C_6H_4\cdot CH_2\cdot N(CO[C_9H_5N]\cdot COOH)\cdot NH\cdot CS\cdot NH_2$; *1-(4'-Benzyloxybenzyl)*-**T**, F. 160—161°; *1-(3'.4'-Dimethoxybenzyl)*-**T**, F. 159°; *1-(4'-Dimethylaminobenzyl)*-**T**, F. 143—144°; *1-(4'-Acetylaminobenzyl)*-**T**, F. 215° (Zers.); *1-(3'-Carboxybenzyl)*-**T**, F. 185° (Zers.); *1-(4'-Carboxybenzyl)*-**T**, F. 220° (unter Schäumen); *1-(4'-Methylmercaptobenzyl)*-**T**, F. 145—146°; *1-(4'-Äthylsulfonbenzyl)*-**T**, $p\text{-}C_2H_5\cdot O_2S\cdot C_6H_4\cdot CH_2\cdot NH\cdot NH\cdot CS\cdot NH_2$, F. 152—153°; *1-(4'-Dimethylamidosulfonbenzyl)*-**T**, F. 285° (Zers.); *1-α-Carboxybenzyl)*-**T**, F. 254° unter Schäumen); *1-Benzyl*-**T**, F. 152°; *1-(3'.4'-Dichlorbenzyl)*-**T**, F. 136°; *1-(α.β-Diphenyläthyl)*-**T**, F. 159°. — Die Thiosemicarbazide finden als *baktericide Mittel* gegen pathogene Bakterien, bes. Tuberkelbacillen, Verwendung. (**F. P. 989 828** vom 28/6. 1949, ausg. 13/9. 1951. Schwz. Prior. 20/9. 1948.) OPPERMANN. 4807

Wellcome Foundation Ltd., London, England (Erfinder: **Donald Wallace Adamson**), *1-(2'-Thienyl)-3-tert.-aminopropan-1-ole* der nachst. Formel (R_1 = Alkyl, Cycloalkyl, Thienyl, Aryl, Aralkyl, die noch durch Alkyl- oder Alkoxyreste substituiert sein können; R_2, R_3 = H, Alkyl, Aryl; R_4 u. R_5 = gleiches oder verschied. Alkyl, Alkenyl, Cycloalkyl, Aryl oder Aralkyl oder $—NR_4R_5$ = Morpholino, Pyrrolidino, Piperidino) erhält man durch Kondensation des entsprechenden tert.-Aminoalkylthienylketons mit einer Organo-Mg- oder -Li-Verb. u. anschließende Hydrolyse.

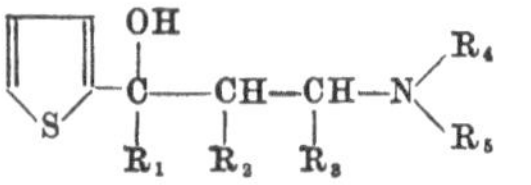

— β-N-Piperidinopropionsäureäthylester gibt mit Bromthiophen u. Mg in Ae. u. Hydrolyse mit Essigsäure *3-N-Piperidino-1.1-di-(2'-thienyl)-propan-1-ol*, F. 70—72°; *Hydrochlorid*, F. 198°, das mit 6nHCl beim Erhitzen *3-N-Piperidino-1.1-di-(2'-thienyl)-propen-(1)-hydrochlorid*, F. 171—173° (Zers.), liefert. — *3-N-Pyrrolidino-1.1-di-(2'-thienyl)-propan-1-ol*, F. 118—119°. *Hydrochlorid*, F. 196—197° (Zers.). — *3-Diäthylamino-1.1-di-(2'-thienyl)-propan-1-ol*, F. 65°. — *3-Dimethylamino-1.1-di-(2'-thienyl)-butan-1-ol*, F. 90—91°; *Hydrochlorid*, F. 198—199° (Zers.). → *3-Dimethylamino-1.1-di-(2'-thienyl)-buten-(1)-hydrochlorid*, F. 169—170°. — *Antispasmodica, Anästhetica* u. *Analgetica*. (**E. P. 657 301** vom 25/2. 1948, ausg. 19/9. 1951.) KRAUSS. 4807

Farbwerke Hoechst, vormals Meister Lucius & Brüning (Erfinder: **Gustav Ehrhart**), Frankfurt/M., *Basische Indole* der nachst. Formel (R = substituiertes oder unsubstituiertes Phenyl, X_1 u. X_2 = H, Alkyl, Y_1 = H, Alkyl, Aralkyl, Aryl, Y_2 = Alkyl, Aralkyl, Aryl, Z_1, Z_2 = zusammen zweiwertiger, gesätt., substituierter oder unsubstituierter KW-stoffrest) erhält man durch Überführen der entsprechenden 1.4-Aminoketone in die Arylhydrazone, die dann mit Säure oder W. u. NH_3-abspaltenden Mitteln behandelt werden.

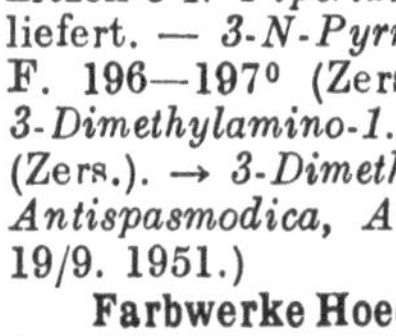

— 1-Piperidinopentanon-(4) (**I**) gibt mit Phenylhydrazin das Phenylhydrazon u. dieses in A. mit HCl nach dem Erhitzen auf dem Dampfbad *2-Methyl-3-(piperidinoäthyl)-indolhydrochlorid*, F. 232°, *freie Base*, F. 100—101°; Kp.₃ 195 bis 200°. — Pyrrolidinoisopropylchlorid + Acetessigester → Pyrrolidinoisopropylacetessigester, $Kp._7$ 145°, → 1-Pyrrolidino-2-methylpentanon-(4), $Kp._7$ 100—105°, → *2-Methyl-3-(pyrrolidinoisopropyl)-indol*, $Kp._7$ 210—220°. *Hydrochlorid*, F. 183—185°. **I** + Methylphenylhydrazin → *1.2-Dimethyl-3-(piperidinoäthyl)-indol*, $Kp._8$ 215—218°. *Hydrochlorid*, F. 270°. — Die Prodd. *erweitern* patholog. *verengte Nierengefäße*. (**D. B. P. 878 802** Kl. 12p vom 13/7. 1943, ausg. 5/6. 1953.) KRAUSS. 4807

Pharma VVB, Halle/Saale (Erfinder: **Heinz Ohle**, Berlin-Adlershof), *Herstellung von 2.4-substituierten Oxazolonen-(5)* der allg. Formel **I**, worin R_1 eine aliphat. Gruppe u. R_2 gleich H oder eine aliphat. Gruppe ist. R ist ein beliebiger organ. Rest. Man kondensiert aliphat. Aldehyde oder Ketone mit N-Acylderivv. des Glykokolls in Ggw. von Essigsäureanhydrid u. von Acetaten zweiwertiger Metalle, z. B. Pb-Acetat, als Katalysator. Die Kondensation wird in einem rotierenden Autoklaven unter Ver-

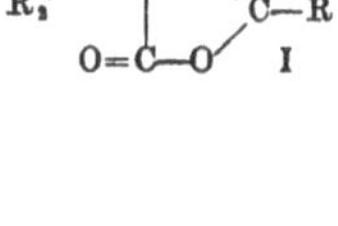

I

wendung von Porzellankugeln ausgeführt. Man arbeitet zweckmäßig mit einem beträchtlichen Überschuß der Oxoverbb. u. bei erhöhten Temperaturen. — 90 g Hippursäure, 450 cm³ Acetaldehyd, 153 cm³ Acetanhydrid u. 78 g wasserfreies Bleiacetat werden in einem verbleiten Drehautoklaven 8—9 Std. bei 50° u. 60—100 Umdrehungen in der Min. umgesetzt. Es entsteht dabei *4-Äthyliden-2-phenyloxazolon-(5)* in zwei isomeren Formen, FF. 96 u. 145°. — In gleicher Weise entsteht aus Hippursäure u. Aceton das *4-Isopropyliden-2-phenyloxazolon-(5)*, F. 99—100°. — Zwischenprodd. für *pharmazeut.* Präparate. (**D. P.** [DDR] **2464** Kl. 12p vom 15/12. 1951, ausg. 11/11. 1952 [Wirtschaftspatent].) M. F. MÜLLER. 4807

Sterling Drug, Inc., New York, übert. von: **Alexander R. Surrey**, Albany, N. Y., V. St. A., *In 2-Stellung substituierte 3-Ureido-4-thiazolidone und deren Dioxyde* der allg. Formel **I** (R = Aryl oder Alkyl; R_1 = H oder Alkyl, falls R = Alkyl; R_2 = H oder Alkyl; Z = S oder SO_2). Man setzt Semicarbazone der allg. Formel $RR_1C{=}N{-}NHCONH_2$ mit einer aliphat. 2-Mercaptocarbonsäure um u. oxydiert gegebenenfalls mit $KMnO_4$, H_2O_2 oder CrO_3 zum Dioxyd ($Z = SO_2$). — 4-Chlorbenzaldehydsemicarbazon + Thioglykolsäure + p-Toluolsulfonsäure in Bzl. → *2-(4'-Chlorphenyl)-3-ureido-4-thiazolidon* (**II**), F. 212—213,5°; **II**-*1-dioxyd*, F. 220—221°. — *2.2-Dimethyl-3-ureido-4-thiazolidon* (**III**), F. 187,6—189,2°; -**III**-*1-dioxyd*, F. 202—202,7°. — *2-n-Propyl-3-ureido-4-thiazolidon*, F. 159,1—160,3°. — *2-(4'-Oxy-3'-methoxyphenyl)-3-ureido-4-thiazolidon*, F. 188,8—190°. — *2-(4'-Methoxyphenyl)-3-ureido-4-thiazolidon*, F. 192—193°. — *2-(4'-Nitrophenyl)-3-ureido-4-thiazolidon*, F. 190—191,8°. — *2-Phenyl-3-ureido-4-thiazolidon*, F. 195,5—197,5°. — *Bakterizide*. (**A. P. 2 647 905** vom 5/9. 1951, ausg. 4/8. 1953.) SIEVERS. 4807

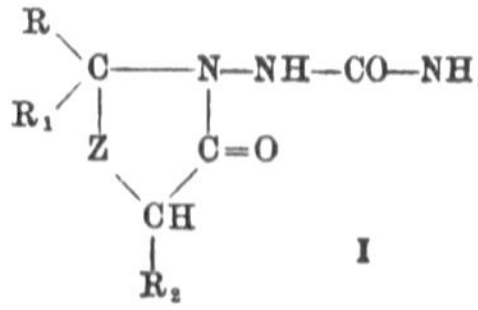

Rheinpreußen Akt.-Ges. für Bergbau und Chemie, Homberg/Ndrh., *Herstellung des Piperidinoäthylesters der 4-Amino-2-oxybenzoesäure* entweder durch Umesterung eines Esters der 4-Amino-2-oxybenzoesäure (**I**) u. eines niedrigmol. aliphat. Alkohols mit β-Piperidinoäthanol oder durch Rk. eines **I**-Salzes mit einem β-Piperidinoäthylhalogenid. *Monohydrat*, F. 73°; *wasserfreie Verb.*, F. 68°; *Monohydrochlorid*, F. 227° (Zers.). — *Therapeuticum*. (**Schwz. PP. 296 267** u. **296 271** vom 26/10. 1950, ausg. 1/4. 1954. D. Prior. 31/7. 1950. **Zusätze zu Schwz. P. 289 538; C. 1954. 5810.**) SCHINDLER. 4807

Sterling Drug, Inc., New York, übert. von: **Alexander R. Surrey**, Albany, N. Y., V. St. A., *7-Chlor-4-[5'-(N-äthyl-N-2''-oxyäthylamino)-2'-pentyl]-aminochinolin*, F. 89 bis 91°, *Diphosphat*, F. 162—164°. 1-Chlor-4-pentanon gibt mit N-Äthyl-N-2-oxyäthylamin in Xylol beim Erhitzen 1-(N-Äthyl-N-2'-oxyäthylamino)-4-pentanon, $Kp._{0,4}$ 85 bis 87°, n_D^{25} 1,4583; daraus entsteht durch Red. mit RANEY-Ni in 23%ig. NH_3-Methanol bei n. Temp. 5-(N-Äthyl-N-2'-oxyäthylamino)-2-pentylamin, $Kp._{0,6}$ 93°, n_D^{25} 1,4703, das dann mit 4.7-Dichlorchinolin in Phenol in Ggw. von KJ 18 Std. auf 125—130° erhitzt wird. — *Antimalariamittel*. (**A. P. 2 546 658** vom 23/7. 1949, ausg. 27/3. 1951.) KRAUSS. 4807

Smith, Kline & French Laboratories, übert. von: **Thomas Carl Aschner**, Philadelphia, Pa., V. St. A., *Tetrahydroisochinolone* der allg. Formel **I** (Y = H, niedriger Alkyl- oder Alkoxyrest; R = H, niedriger Alkylrest, Phenyl, Benzyl; R' = H oder niedriger Alkylrest) erhält man durch Rk. des Prod. aus $COCl_2$ u. einem β-Phenyläthylamin **II** mit einem FRIEDEL-CRAFTS-Katalysator in Ggw. eines inerten Lösungsm. bei 5—125°. — 1-Phenylhexanisocyanat-(2) (1 Mol) in Nitrobenzol ergibt nach 3std. Erwärmen auf 80° *3-Butyltetrahydroisochinolon-(1)* (**III**), F. 98—99,5°. — **III** + Pd-Kohle bei 200° → 3-Butyldihydroisochinolon-(1), F. 138—139°, welches mit $POCl_3$ in 3-Butyl-1-chlorisochinolin (**IV**) übergeführt wird. **IV** + Na + β-Dimethylaminoäthanol in Xylol → 1-(β-Dimethylaminoäthoxy)-3-butylisochinolin, $Kp._3$ 155 bis 157°. — *3-Methyltetrahydroisochinolon-(1)*, F. 130—132°. — *3-Benzyltetrahydroisochinolon-(1)*, F. 152—153°; [-tetrahydroisochinolon-(1) = *thi*]. — *3-Phenyl-thi*. — *7-Butyl-thi*, $Kp._{0,5}$ 180—183°; n_D^{24} 1,5545. — *3-Methyl-7-methoxy-thi*, F. 149—150°. — *4-Methyl-thi*. — *4-Äthyl-thi*. — *4-Isopropyl-thi*. — *7-Methoxy-3.4-dimethyl-thi*. — *7-Butyl-3.4-dimethyl-thi*. — *4.8-Dimethyl-3-butyl-thi*. — *Lokalanästhetica*. (**A. P. 2 647 902** vom 16/2. 1951, ausg. 4/8. 1953.) SIEVERS. 4807

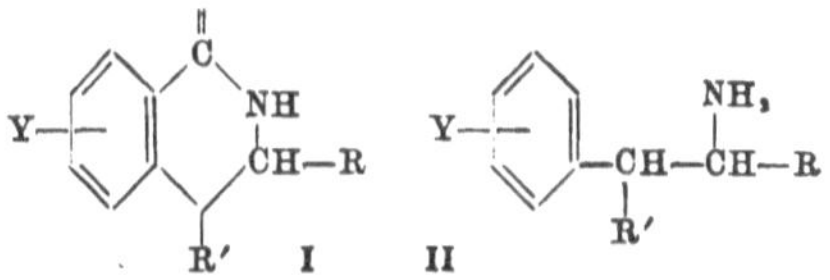

William Robert Boon, Herbert Clare Carrington, Charles Henry Vasey, Manchester, und **Imperial Chemical Industries Ltd.**, London, England, *Pyrimidinderivate* der allg. Formel **I** (R = monocycl.-carbocycl. Rest, Alkenyl mit höchstens 3 C-Atomen,

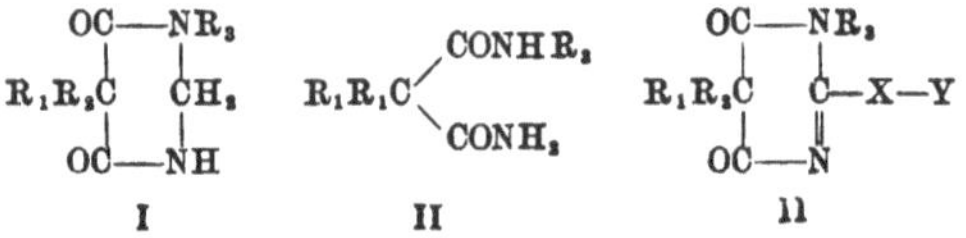

I II III

R_2 = Alkyl oder Alkenyl mit höchstens 3 C-Atomen, R_3 = H oder Alkyl mit höchstens 4 C-Atomen) erhält man durch Kondensation eines Malondiamidderiv. der Formel II mit Formamid oder durch Red. der erhaltenen Verb. III (X = O oder S, Y = H oder, falls X = S, Alkyl) entweder elektrolyt. oder mit H_2 in Ggw. eines Hydrierungskatalysators (RANEY-Ni). — α.α-Phenyläthylmalondiamid u. Formamid werden 2 Std. erhitzt, nach dem Abkühlen erhält man *5-Phenyl-5-äthylhexahydropyrimidin-4.6-dion*, F. 281—282°. Dieses Prod. kann auch erhalten werden durch Erhitzen von 5-Phenyl-5-äthyl-2-thiobarbitursäure in A. mit RANEY-Ni. — In einem weiteren Beispiel erfolgt die Red. elektrolytisch. — α.α-Phenylmethylmalondiamid, F. 150—151°, → *5-Phenyl-5-methylhexahydropyrimidin-4.6-dion*, F. 295,6°. — *5-Phenyl-5-n-propylhexahydropyrimidin-4.6-dion*, F. 308,9°. — *5-Phenyl-5-isopropylhexahydropyrimidin-4.6-dion*, F. 303°. — *5-Cyclohexyl-5-n-propylhexahydropyrimidin-4.6-dion*, F. 320°. — *5-Cyclohexyl-5-äthylhexahydropyrimidin-4.6-dion*, F. 301,2°. — Die als Ausgangsstoffe verwendeten 5.5-disubstituierten 2-Thiobarbitursäuren werden durch Kondensation der entsprechenden Malonsäureester mit Thioharnstoff erhalten. — *5-Phenyl-1.5-diäthylhexahydropyrimidin-4.6-dion*, F. 135,6°. — *5-Phenyl-1.5-dimethylhexahydropyrimidin-4.6-dion*, F. 174°. — *5-Phenyl-5-methyl-1-n-propyl-* (F. 150—151°); *5-Phenyl-5-äthyl-1-methyl-* (F. 185—186°), *5-Phenyl-5-äthyl-1-n-propyl-* (F. 124—125°), *5-Phenyl-5-n-propyl-1-methylhexahydropyrimidin-4.6-dion*, F. 166—167°. — *5.5-Diallylhexahydropyrimidin-4.6-dion*, F. 314,5°. — Verwendung als *krampflösende Mittel*, bes. als *Antiepileptica*. (**E. P. 666 027** vom 27/7. 1949, ausg. 6/2. 1952.) KRAUSS. 4807

G. D. Searle & Co., Skokie, Ill., V. St. A. (Erfinder: **John W. Cusie**), *8-Halogenxanthinsalze aliphatisch substituierter Aminoalkylphenothiazine.* Man erhält die *8-Halogenxanthinsalze* von bas. Phenothiazinen der allg. Formel I (X u. X' = H, Halogen, niederes Alkyl oder Alkoxyl; Alk = niederes Alkylen; B = Aminorest, u. zwar Di- niederer Alkyl-, Oxalkylamino- oder gesätt. heterocycl. Aminorest, in dem N das einzige Heteroelement ist) durch Umsetzung äquivalenter Mengen, vorzugsweise eines geringen Überschusses von I, u. einem 8-Halogenxanthin (II) mit H in 7-Stellung in geeigneten Lösungsmitteln, wie niederen Alkoholen u. Ketonen, deren Mischungen mit W., Ae. u. KW-stoffen oder durch Erhitzen der Lsg. der II-NH_4-Salze in einem niederen Alkohol oder Keton mit I. — *10-β-Dimethylaminopropylphenothiazin-8-chlortheophyllinat*, F. 152—153°. — *10-β-Pyrrolidinoäthylphenothiazin-8-chlortheophyllinat*, F. 166—167°. — *10-γ-Dipropylaminopropyl-3-methoxyphenothiazin-8-jodtheophyllinat.* — *10-(β-2.6-Lupetidyläthyl)-phenothiazin-8-chlorxanthinat*; Öl. — *10-β-Dimethylaminoäthylphenothiazin-8-chlortheophyllinat*, F. 168—169°. — *10-β-Dimethylaminoäthylphenothiazin-8-bromtheophyllinat*, F. 167—168°. — *10-[β-(β-Oxyäthylmethylamino)-äthyl]-phenothiazin-8-chlortheophyllinat*, F. 135—140°. — *Antemetica*. (**E. P. 677 798** vom 3/7. 1950, ausg. 20/8. 1952.) SIEVERS. 4807

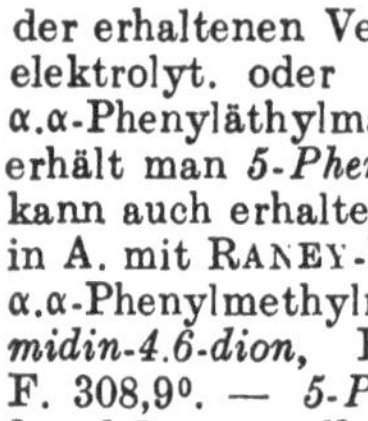

I

Boots Pure Drug Co. Ltd., Nottingham, England, *Heterocyclische Verbindungen* der allg. Formel I [R = Aryl, heterocycl. Rest; X = —O—, —S—, —CH_2—; Z = O, = NH; der Benzolring A u./oder der Ring B sollen unsubstituiert oder durch Substituenten besetzt sein, die mit Phosphoroxydhalogenid oder -oxyhalogenid unter den herrschenden Bedingungen nicht reagieren; für B gilt das gleiche, er soll jedoch in der Ausgangsverb. II wenigstens in o-Stellung zu X ein H tragen] erhält man durch Rk. von Verbb. II mit einem Phosphoroxyd, -halogenid oder -oxyhalogenid durch Erhitzen in einem inerten Lösungsmittel. — N-(2-Benzylphenyl)-benzamidin, F. 102 bis 103°, + $POCl_3$ in Nitrobenzol → *2-Phenyl-3.4;6.7-dibenz-1-azacyclohepta-1.3.6-trien*, F. 155,5—156°. — *5-Phenyl-2.3;6.7-dibenz-1-oxa-4-azacyclohepta-2.4.6-trien*, F. 92°; Pikrat, F. 149—150°. — *3'-Nitro-5-(p-nitrophenyl)-2.3;6.7-dibenz-1-oxa-4-azacyclohepta-2.4.6-trien*, F. 264°. — *5-Phenyl-2.3;6.7-dibenz-1-thia-4-azacyclohepta-2.4.6-trien*, F. 117—118°. — *2''-Nitro-5-p-nitrophenyl-2.3;6.7-dibenz-1-thia-4-azacyclohepta-2.4.6-trien*, F. 229,5°. — *5-p-Methylsulfonylphenyl-2.3;6.7-dibenz-1-thia-4-azacyclohepta-2.4.6-trien*, F. 191—191,5°. — *5-p-Nitrophenyl-2.3;6.7-dibenz-1-thia-4-azacyclohepta-2.4.6-trien*, F. 141—142°. — *2''.3'-Dinitro-5-phenyl-2.3;6.7-dibenz-1-thia-4-azacyclohepta-2.4.6-trien*, F. 202—203°. — Die Verbb. können quaternär gemacht werden. —

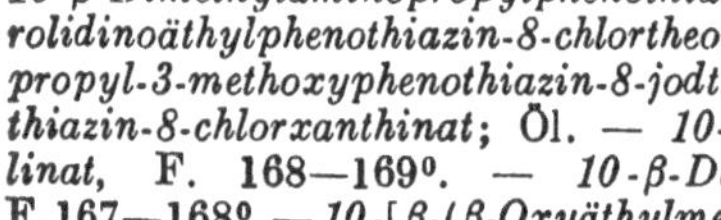

I II

Arzneimittel u. Zwischenprodd. für deren Herstellung. (**E. P. 696 473** vom 13/7. **1950**, ausg. 2/9. 1953.) SIEVERS. 4807

Soc. Générale d'Applications Thérapeutiques „Théraplix", Seine, Frankreich (Erfinder: **Maurice Moyeux**), *Herstellung von Nicotinsäureamiden.* Man erhält sie durch Einw. von Nicotinsäurechloridhydrochlorid (**I**) auf Aminoderivv. des Pyridins. Aus den hierbei gebildeten Nicotinsäureamiden erhält man durch Umsetzen ihrer Jodmethylate mit Ag-Camphersulfonat Amide der N-Methylcamphersulfonylnicotinsäure. Man löst z. B. 23 g α-Aminopyridin (**II**) in 210°·cm³ wasserfreiem Pyridin u. versetzt die Lsg. mit 41 g **I** unter Rühren. Man erhält 14 g *Nicotinsäure-α-pyridylamid*, F. 138 bis 139°. 15 g **II**-Hydrochlorid erhitzt man mit 15 g **II** 60 Std. auf 240—250°, nimmt das Reaktionsprod. mit W. auf u. versetzt mit NaOH. Die entstandenen 13 g *Di-α-pyridylamin* löst man sofort in 90 cm³ wasserfreiem Pyridin, gibt 14 g **I** hinzu u. erwärmt leicht. Man erhält 10 g *Nicotinsäuredi-α-pyridylamid* (**III**), F. 118—119°. Daraus über das Jodmethylat *N-Methylcamphersulfonylnicotinsäuredi-α-pyridylamid*, F. 170°. — Die Amide der Nicotinsäuren dienen als *Atmungsanaleptica.* (**F. P. 1 006 625** vom 24/2. 1947, ausg. 25/4. 1952.) OPPERMANN. 4807

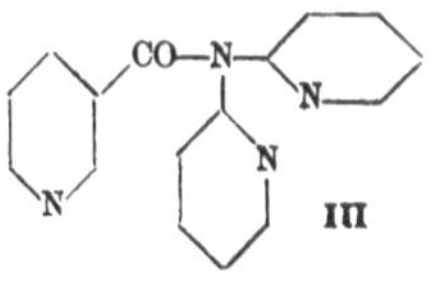

III

Usines Chimiques des Laboratoires Français (U. C. L. A. F.), Seine, Frankreich (Erfinder: **Léon Velluz, Gaston Amiard** und **Jaroslav Bartos**), *Isolierung des Aneurintriphosphorsäureesters* (**I**). Man gewinnt ihn aus dem durch Umsetzen von Aneurinsalzen (z. B. Aneurinhydrochlorid, Aneurinphosphat) mit H_3PO_4 anfallendem Rohprod. durch selektive Präcipitation unter Verwendung von Styphninsäure. — Z. B. erhitzt man 125 g H_3PO_4 bis zur Bldg. von Kristallen (ca. 340°), fügt nach dem Abkühlen auf 150° 100 g Aneurinhydrochlorid hinzu u. hält die Temp. 1 Std. auf **145** bis **150°**. Das Reaktionsprod. nimmt man mit 1250 cm³ W. auf, versetzt die filtrierte wss. Lsg. mit 900 cm³ 75 g Styphninsäure enthaltendem Aceton u. dann noch mit 2850 cm³ Aceton. Das über Nacht abgeschiedene Öl löst man in 375 cm³ W., entfärbt die Lsg. mittels Kohle u. versetzt die filtrierte Lsg. mit 2000 cm³ Aceton. Das nach zwei Tagen ausgeschiedene Öl unterwirft man noch einmal der gleichen Behandlung u. vermischt es dann mit einem aus gleichen Teilen bestehendem Gemisch von Aceton u. absol. Alkohol. Der auskristallisierende **I** ist ein weißes mikrokristallines

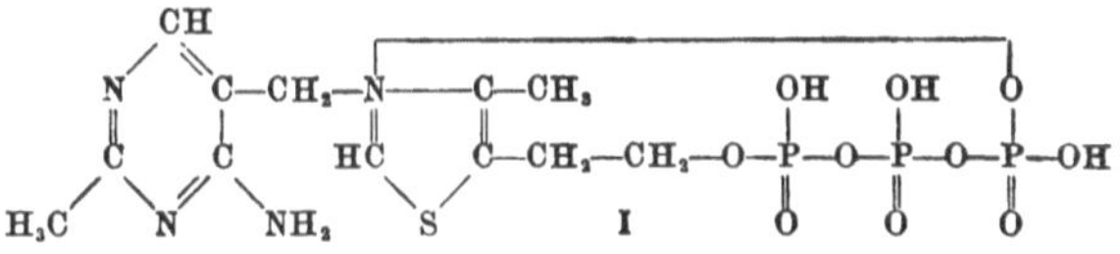

Prod. u. besitzt in erhöhtem Maße eine dem Aneurinpyrophosphorsäureester entsprechende *physiol.* Wrkg. Die Ausbeute beträgt ca. 30% (bezogen auf Aneurin). (**F. P. 1 006 637** vom 26/12. 1947, ausg. 25/4. 1952.) OPPERMANN. 4809

Farbenfabriken Bayer Akt.-Ges., Leverkusen (Erfinder: **Richard Kuhn** und **Theodor Wieland**, Heidelberg), *Rechtsdrehende Pantothensäure* (**I**) erhält man aus dl-**I**, **I**-Salzen oder **I**-Estern durch Überführen in die Chininsalze, deren fraktionierte Kristallisation u. Spaltung des opt.-akt. Chininsalzes. — 2 g einer wss. Lsg. von dl-**I** werden mit $Ba(OH)_2$ auf p_H 8,5 eingestellt u. mit einer wss. Lsg. von Chininsulfat versetzt, bis alles Ba gerade gefällt ist. Die wss. Lsg. wird im Vakuum eingedampft u. mit Aceton (**II**) extrahiert. Aus der **II**-Lsg. gewinnt man durch mehrfache fraktionierte Kristallisation das Chininsalz der +-**I** als leichter lösl. Komponente. Die freie +-**I** wird durch Spaltung des +-**I**-Chininsalzes mit $Ba(OH)_2$ u. anschließende Behandlung mit verd. H_2SO_4 erhalten, $[\alpha]_D^{22}$ +19,2°. (**D. B. P. 885 848** Kl. 12q vom 11/8. 1940, ausg. 10/8. 1953.) SIEVERS. 4809

E. Merck, Darmstadt (Erfinder: **Eric T. Stiller**, New York, N. Y., **John C. Keresztesy**, Westfield, N. J., und **Jacob Finkelstein**, New York, N. Y., V. St. A.), *Verbindung mit Pantothensäurewirkung.* $HO\cdot CH_2\cdot C(CH_3)_2\cdot CH(OH)\cdot CO\cdot NH\cdot CH_2\cdot CH_2\cdot CO_2H$. Man kondensiert l-α-Oxy-β.β-dimethyl-γ-butyrolacton mit β-Alaninmethylester, verseift mit $Ba(OH)_2$ u. arbeitet auf. Entsteht analog mit β-Alanin-Na. — *Methylesteracetat*, Kp.$_{10^{-5}}$ 95—110°. (**D. B. P. 873 089** Kl. 12q vom 13/2. **1941**, ausg. **9/4**. 1953. A. Prior. 7/3. 1940.) LANGER. 4809

Ciba Akt.-Ges., Basel, Schweiz, *Halogenierte 24.24-Diphenylcholadien- und -cholatrienverbindungen*, z. B. die 21-Brom-Verb. aus $\Delta^{20,22.23,24}$-3-Keto-12-acetoxy-24.24-diphenylcholadien durch Behandlung unter Belichtung mit einem Bromierungsmittel, welches den Rest —CO—N—Br enthält. Farblose Prismen, F. 194°. — Gemäß Schwz. P. 263 486 geht man aus vom $\Delta^{20,22.23,24}$-3-Acetoxy-5-chlor-24.24-diphenylcholadien u.

erhält dabei $\Delta^{20,22.23,24}$-*3-Acetoxy-5-chlor-21-brom-24.24-diphenylcholadien*, F. 198 bis 208° (Zers.). — Gemäß Schwz. P. 263 487 wird das $\Delta^{4,5\cdot20.22\cdot23,24}$-*3-Keto-21-brom-24.24-diphenylcholatrien* hergestellt aus $\Delta^{4,5\cdot20\;22\cdot23,24}$-3-Keto-24.24-diphenylcholatrien, ebenso wird gemäß Schwz. P. 263 488 das $\Delta^{20,22\cdot23,24}$-3.11-Diketo-24.24-diphenylcholadien übergeführt in das $\Delta^{20,22\cdot23,24}$-*3.11-Diketo-21-brom-24.24-diphenylcholadien*, F. 210° (Zers.). — Gemäß Schwz. P. 267 587 erhält man aus $\Delta^{20,22\cdot23,24}$-3α-Acetoxy-11-keto-12-brom-24.24-diphenylcholadien das $\Delta^{20,22\cdot23,24}$-*3α-Acetoxy-11-keto-12.21-dibrom-24.24-diphenylcholadien*. Als Bromierungsmittel wird N-Bromsuccinimid verwendet. — Zwischenprodd. zur Herst. von *Arzneimitteln*. (**Schwz. PP. 263 485, 263 486, 263 487, 263 488** vom 30/4. 1946, ausg. 16/11. 1949, **267 587** vom 15/11. 1946, ausg. 1/7. 1950. **Zusätze zu Schwz. P. 259437; C. 1949. E. 1359.**) M. F. MÜLLER. 4809

Upjohn Co., übert. von: **Albert P. Centolella**, Elkhart, Ind., **Robert H. Levin** und **A. Vern McIntosh jr.**, Kalamazoo, Mich., V. St. A., *Steroidaldehydcyanhydrine* der allg. Formel $P\cdot(CH_2)_n\cdot CH(OH)\cdot CN$ (P = Pregnan-, Pregnen-, Pregnadien- oder Pregnatrienrest mit Seitenkette in 20-Stellung; n = 0—2). Man setzt 0,5 (g) 3α-Acetoxycholan-24-al als Bisulfitverb. mit 0,5 KCN innerhalb von 5 Min. bei 90° zu *3α-Acetoxycholan-24-alcyanhydrin*, F. 154,5—156°, um. — *3α-Oxycholan-24-alcyanhydrin*, F. 146—149°. — Ferner die *Cyanhydrine des 3α.12-Diacetoxynorcholan-23-als*, F. 164 bis 165,5°; *3β-Acetoxy-5-cholen-24-als*, F. 154—157°; *3β-Formoxy-5-cholen-24-als*, F. 137 bis 143°; *3α-Acetoxy-11-cholen-24-als*, F. 162—163,5°; *3-Methoxy-bis-nor-5-cholen-22-als*, F. 200—205°; *3-Acetoxy-bis-nor-5-cholen-22-als*, F. 170—173°; *3β-Acetoxy-bis-nor-5.7.9-cholatrien-22-al-maleïn-säureanhydridaddukts*, F. 143—147°. — Zwischenprodd. für die Synth. von *Steroidhormonen*. (**A. P. 2 625 545** vom 18/7. 1949, ausg. 13/1. 1953.) SIEVERS. 4809

Schering Akt.-Ges., Berlin (Erfinder: **Hans Herloff Inhoffen**, Braunschweig), *17-Oxo- und 17-Oxyöstrane*. Im Ring A (in 2.2- oder 2.4-Stellung) dihalogenierte oder in 1.2- oder 4.5-Stellung ungesätt. u. in 2- oder 4-Stellung einen Basen- oder Säurerest tragende 3-Ketosteroide bzw. deren Enolderivv. werden nach D. R. P. 751 739; C. 1953. 4251 auf mindestens 180°, erforderlichenfalls in Ggw. von halogenwasserstoffabspaltenden Mitteln, oder auf mindestens 300° erhitzt u. eine etwa in 17-Stellung vorhandene Seitenkette durch eine Oxo- bzw. Oxygruppe ersetzt. — Androstenonylpyridinhydrobromid + Na-Acetat bei 320—325° → *Östron*. — I, $Kp._{0,05}$ 220°. —

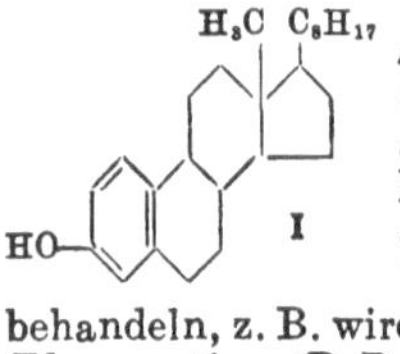

I

Weitere Ausgangsstoffe sind: Δ^4-(2-Pyridyl)-cholestenon-(3); Δ^4-(2-Pyridyl)-androstendion-(3.17); Δ^4-(2-Benzoyl)-cholestenon-(3); Δ^4-(2-Isovaleroyl)-androstenol-(17)-on-(3); $\Delta^{3.5}$-(2-Pyridyl)-3-acetoxycholestadien. Man kann die ein Halogen in 2-Stellung enthaltenden 3-Steroidketone mindestens mit einem einen salzbildenden Rest ersetzenden Mittel (K- oder Ag-Salze von höhermol. Carbonsäuren, Triphenylmethyl-K) umsetzen u. anschließend therm. behandeln, z. B. wird 2-Bromcholestanon-(3) mit K-Palmitat auf 330—340° erhitzt. — *Therapeutica*. (**D. B. PP. 900 342** Kl. 12o vom 14/1. 1937, ausg. 21/12. 1953. Anmeldung bekanntgemacht 30/4. 1953. **Zusatz zu D. R. P. 751 739; C. 1953. 4251**, u. **909 571** Kl. 12o vom 15/12. 1937, ausg. 22/4. 1954. Anmeldung bekanntgemacht 18/6. 1953.) KRAUSS. 4809

G. D. Searle & Co., übert. von: **Frank B. Colton**, Chicago, Ill., V. St. A., *Östradiene* der allg. Formel I (R = niederer Alkyl- oder Phenalkylrest) erhält man durch OPPENAUER-Oxydation der entsprechenden 17-Oxyverbb. in bekannter

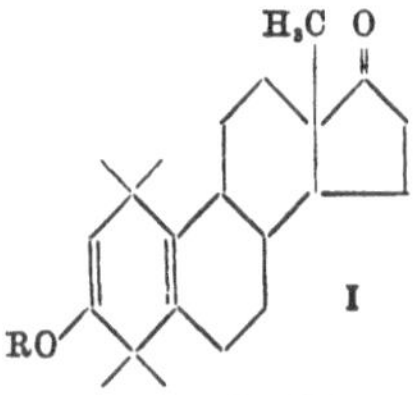

I

Weise. — Man setzt z. B. 17β-Östradiol-3-methyläther mit $Li/NH_{3fl.}$ zu 3-Methoxy-13-methyl-1.4.6.7.8.9.11.12.13.14.16.17-dodekahydro-15H-cyclopenta[a]-phenanthren-17β-ol, F. ca. 111 bis 114°, um u. oxydiert mit Al-Isopropylat in Cyclohexanon u. in Ggw. von Toluol zu *3-Methoxy-13-methyl-1.4.6.7.8.9.11.12-13.14.16.17-dodekahydro-15H-cyclopenta[a]-phenanthren-17-on*, F. 131—133°. Durch Umsetzung mit Acetylen erhält man die entsprechende *Äthinylverb.*, F. 174—176°, die durch katalyt. Red. mit Pd/Pb in das *3-Methoxy-13-methyl-17-vinyl-1.4.6.7.8.9.11.12.13.14.16.17-dodekahydro-15H-cyclopenta[a]-phenanthren-17-ol* sowie dessen weitere Derivv. übergeführt werden kann. — Zwischenprodd. für die Herst. von Arzneimitteln auf *Steroidhormon*-Basis. (**A. P. 2 655 518** vom 7/5. 1952, ausg. 13/10. 1953.) SIEVERS. 4809

Merck & Co., Inc., Rahway, übert. von: **Huang Minlon**, Metuchen, und **Max Tishler**, Westfield, N. J., V. St. A., *Hydrolyse von 21-Acyloxypregnenen*. Man behandelt z. B. Cortisonacetat in absol. Methanol 4 Min. unter N_2 mit 1 Äquivalent methanol. Na-Methylat, setzt 1 Äquivalent W. in Methanol zu u. neutralisiert nach 3 Min. unter

Eiskühlung mit 1 Äquivalent Essigsäure zum freien Cortison, F. 219—220°; Ausbeute: 93,7% der Theorie. — An Stelle von Na-Methylat ist auch methanol. KOH, an Stelle von N_2 auch H_2 geeignet. — *Hydrocortison*, F. 213—216°. — Die freien 21-Oxypregnene zeichnen sich gegenüber ihren Estern durch größere Wasserlöslichkeit aus. (**A. P. 2 634 277** vom 22/12. 1951, ausg. 7/4. 1953.) SIEVERS. 4809

Merck & Co., Inc., Rahway, übert. von: **Robert P. Graber**, Westfield, und **Norman L. Wendler**, Linden, N. J., V. St. A., *Δ^4-3.20-Diketo-11β.17α.21-trioxypregnen* (KENDALLS Verb. F) (I). Man setzt Δ^{17}-3.11-Diketo-20-cyan-21-oxypregnen (**II**) mit Ketonreagentien zum Schutze der 3ständigen Ketogruppe um, red. die 11ständige Ketogruppe mit Alkalimetallborhydrid zu einer 11 β-Oxygruppe, stellt die 3ständige Ketogruppe durch hydrolyt. Abspaltung des Ketoreagens wieder her, acyliert die 21ständige OH-Gruppe, behandelt mit OsO_4 u. spaltet den entstandenen Osmiatester in üblicher Weise unter Bldg. von **I.** — **II** + Orthoameisensäureäthylester → Δ^{17}-3.3-Diäthoxy-11-keto-20-cyan-21-oxypregnen (**III**), Infrarotbanden bei 2,85 mμ (—OH), 4,57 mμ (—C≡N), 5,83 mμ (=C=O), 6,08 mμ (=C=C=) u. 9,18 mμ (≡C—O—). UV-Absorptionsspektr., $\lambda_{max}^{CH_3OH}$ = 2230 Å ($E_{1\,cm}^{1\,\%}$ = 364). — **III** in Tetrahydrofuran + $LiBH_4$ → Δ^{17}-3.3-Diäthoxy-11 β.21-dioxy-20-cyanpregnen, gelb, amorph (**IV**). — **IV** + wss. HCl → Δ^{17}-3-Keto-11 β.21-dioxy-20-cyanpregnen (**V**), F. 217,5—221,5°; $[\alpha]_D^{25}$ = +24,4° (c = 1,03, Aceton); $\lambda_{max}^{CH_3OH}$ = 2230 Å ($E_{1\,cm}^{1\,\%}$ = 387). — **II** + Semicarbazid-Hydrochlorid → Δ^{17}-3-Semicarbazono-11-keto-20-cyan-21-oxypregnen, F. 244—245° (Zers.). — **V** + Acetanhydrid → Δ^{17}-3-Keto-11 β-oxy-20-cyan-21-acetoxypregnen (**VI**), F. 170—171,5°; $[\alpha]_D^{25}$ = +32,4°; $\lambda_{max}^{CH_3OH}$ = 2230 Å ($E_{1\,cm}^{1\,\%}$ = 354). — **VI** + OsO_4 in Bzl.-Pyridin → 3,20-Diketo-11 β.17α-dioxy-21-acetoxypregnan (**VII**), F. 217,6—219,8°; $[\alpha]_D^{15}$ = +86,6°. — **VII** in Eisessig + 1nHBr → 3.20-Diketo-4-brom-11 β.17α-dioxy-21-acetoxypregnan, F. 190,4—191,6° (Zers.); $[\alpha]_D^{25}$ = +99°, aus welchem in üblicher Weise mit Semicarbazid u. Brenztraubensäure Bromwasserstoff unter Bldg. von **I**, F. 218,5—220,5°; $\lambda_{max}^{CH_3OH}$ = 2420 Å ($E_{1\,cm}^{1\,\%}$ = 371) abgespalten wurde. — *Nebennierenrindenhormon.* (**A. PP. 2 656 367** vom 2/12. 1950, **2 656 368** vom 8/1. 1952 u. **2 656 369** vom 1/2. 1952, alle ausg. 20/10. 1953.) SIEVERS. 4809

Norman Evans & Rais Ltd., Manchester, England, *Gewinnung enzymhaltiger Lösungen* durch Fermentation geeigneter, gegebenenfalls Fe- u. Mn-Salze enthaltender Nähr-Fll., die aus verd. Malzextrakt, Hefeextrakt oder -autolysat bestehen mit Bacillus subtilis. Es können Alkaliphosphate u. verschied. Zucker, wie Rohr-, Invertzucker, Glucose, Melasse, Stärkesirup u. dgl., zugesetzt werden. Fermentation unter Belüftung bei 28—30°. Amylolyt., proteolyt. u. pektolyt. Enzyme können aus der durch Zentrifugieren geklärten Nähr-Fl. durch Ausfällen gewonnen werden. (**E. P. 701 119** vom 15/3. 1951, ausg. 16/12. 1953.) K. HEINZE. 4809

Merck & Co., Inc., Rahway, N. J., V. St. A., *Herstellung von Estern aliphatischer N-Acylaminocarbonsäuren* erfolgt durch Rk. von entsprechenden aliphat. Aminocarbonsäuren mit Dialkylsulfit (**I**) in Ggw. eines sauren Katalysators u. eines Alkohols, der die gleiche Alkylgruppe wie **I** enthält. Man erhitzt z. B. 14,5 (g) N-n-Butyrylglycin, 12 Dimethylsulfit, 11 CH_3OH u. 0,5 cm^3 einer 20% ig. HCl-Lsg. in CH_3OH 3 Std. unter Rückfluß, kühlt, neutralisiert mit festem Na_2CO_3 gegen Kongorot, filtriert u. dest. das Filtrat im Vakuum, wobei man 14,7 (92%) *N-n-Butyrylglycinmethylester*, $Kp._{0,9}$ 118°, erhält. — *N-n-Caproylglycinmethylester*, $Kp._{0,25}$ 127—130°. — *N-Isovalerylglycinmethylester*, $Kp._{0,65}$ 108—110°. — Ausgangsprodd. der *Penicillin*-Herstellung. (**E. P. 644 915** vom 12/6.1947, ausg. 18/10. 1950. A. Prior. 13/7. 1946.) MÜLLER-MEININGEN. 4811

Upjohn Co., übert. von: **Stanley T. Rolfson, James H. Hunter** und **Jack W. Hinman**, Kalamazoo, Mich., V. St. A., *Reinigung von β-Estern der Penicillosäure.* Man behandelt z. B. das Na-Salz des Penicillosäure-G-β-methylesters (**I**) in wss. Lsg. mit einer 10% ig. Pb-Acetatlsg., trennt das unlösl. I-Pb-Salz ab u. zerlegt es mit H_2S. — *Penicillosäure-G-β-methylester*, F. 94—100°. — Zwischenprod. für die *Pencillinsynthese.* (**A. P. 2 555 007** vom 2/11. 1945, ausg. 29/5. 1951.) SIEVERS. 4811

Food Research Laboratories, Inc., Long Island City, übert. von: **Walter A. Winsten**, Forest Hills, N. Y., V. St. A., *Streptomycinderivate* der Formeln **I** u. **II** erhält man durch Rk. der Formylgruppe des Streptomycins mit Nitroalkanen RCH_2NO_2 (R = Alkyl, Aryl) in Ggw. von Alkalialkoholaten; die entstandene Aci-Form (**I**) wird durch Zusatz von Säuren in das Nitroderiv. **II** übergeführt. Als Nitroalkane sind geeignet: Nitro-

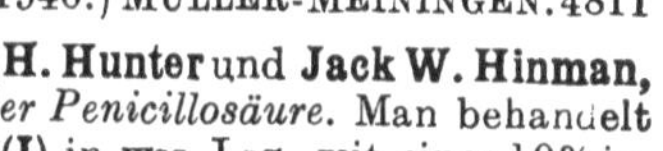

I II

methan, 1-Nitrohexan, 1-Nitroheptan, Nitromethyl-, Nitroäthyl-, Nitrobutylbenzol. Die Verbb. **II** können mit RANEY-Ni u. H_2 zu den prim. Aminen red., diese mit Aldehyden zu SCHIFFschen Basen umgesetzt u. diese red. werden. Sämtliche Prodd. sind *antibiot.* wirksam, bes. gegen *Micrococcus pyogenes* (*Gruppe H*). (**A. P. 2 626 256** vom 26/5. 1950, ausg. 20/1. 1953.) KRAUSS. 4811

Parke, Davis & Co., V. St. A., *Herstellung von Derivaten von Aminoalkoholen.* Man kondensiert ein Deriv. eines ω-Aminoacetophenons in Ggw. eines die Kondensation fördernden alkal. Katalysators mit Paraformaldehyd (**I**). Hierbei bildet sich eine Ketoverb., welche man durch Red. mit RANEY-Ni, Na oder Al-Isopropylat in das entsprechende Aminodiol umwandelt oder acyliert u. die entstandene Acylverb. reduziert. Z. B. läßt man ein Gemisch von 48 (g) ω-Benzoylaminoacetophenon, 7,2 **I** u. 0,2 K_2CO_3 in 300 cm³ Methanol 18 Min. stehen u. gießt dann das Reaktionsgemisch in 1 Liter Eiswasser. Das ausgeschiedene *α-Benzoylamino-β-oxypropiophenon* (**II**), F. 137—141°, löst man nach Waschen mit W. in 400 cm³ A. u. schüttelt es nach Zusatz von 5 g RANEY-Ni in Ggw. von H_2 bei ca. 3,5 at 3—4 Std. bei n. Temperatur. Dann filtriert man den Katalysator ab, erhitzt das Filtrat zum Sieden u. versetzt es mit einem gleichen Vol. warmem Wasser. Aus der über Nacht auf 0° abgekühlten Lsg. kristallisiert das *dl-trans-1-Phenyl-2-benzoylaminopropandiol-(1.3)*, F. 166—167°, aus. Das Filtrat der dl-trans-Form dampft man im Vakuum ein. Durch Umkristallisieren des erhaltenen Rückstandes mittels Methanol erhält man das *dl-cis-Isomere* des Diols. Ferner werden noch folgende Umsetzungen angegeben: **II** → *α-Amino-β-oxypropiophenon*; **II** → α-Benzoylamino-β-acetoxypropiophenon → *dl-trans-1-Phenyl-2-benzoylamino-3-acetoxypropanol-(1)* u. das *dl-cis Isomere*; ω-Acetylaminoacetophenon → α-Acetylamino-β-oxypropiophenon (**III**) → *dl-trans-1-Phenyl-2-acetylaminopropandiol-(1.3)*, F. 132—133°, u. das *dl-cis-Isomere*; **III** → α-Acetylamino-β-acetoxypropiophenon → *dl-trans-1-Phenyl-2-acetylamino-3-acetoxypropanol-(1)*, F. 167—168°; ω-Benzoylamino-2-methylacetophenon → α-Benzoylamino-β-oxy-2-methylpropiophenon (**IV**) → *dl-trans-1-(2'-Methylphenyl)-2-benzoylaminopropandiol-(1.3)* u. das *dl-cis-Isomere*; **IV** → α-Benzoylamino-β-benzoyloxy-2-methylpropiophenon → *1-(2'-Methylphenyl)-2-benzoylamino-3-benzoyloxypropanol-(1)*; ω-(p-Methylbenzoylamino)-3-methoxyacetophenon → α-(p-Methylbenzoylamino)-β-oxy-3-methoxypropiophenon → *1-(3'-Methoxyphenyl)-2-(p-methylbenzoylamino)-propandiol-(1.3)*, kann in ein dl-cis- u. ein dl-trans-Isomeres zerlegt werden; ω-Propionylamino-3.4-dimethylacetophenon → α-Propionylamino-β-oxy-3.4-dimethylpropiophenon (**V**) → *dl-trans-1-(3'.4'-Dimethylphenyl)-2-propionylaminopropandiol-(1.3)* u. das *dl-cis-Isomere*; **V** → α-Propionylamino-β-benzoyloxy-3.4-dimethylpropiophenon → *1-(3'.4'-Dimethylphenyl)-2-propionylamino-3-benzoyloxypropanol-(1)*; ω-Phenylacetylamino-4-chloracetophenon → α-Phenylacetylamino-β-oxy-4-chlorpropiophenon (**VI**) → *1-(p-Chlorphenyl)-2-phenylacetylaminopropandiol-(1.3)*; **VI** → *α-Phenylacetylamino-β-acetoxy-4-chlorpropiophenon.* Die Aminoalkoholderivv. dienen zur Synth. von organ. Verbb. mit *antibiot.* Eigenschaften. (**F. P. 1 040 566** vom 22/12. 1949, ausg. 16/10. 1953.) TH. OPPERMANN. 4811

Parke, Davis & Co., Detroit, Mich., V. St. A., *threo-1-p-Nitrophenyl-1-chlor-2-dichloracetamido-3-acyloxypropan* (**I**). — DL-**I.** Beim Kochen von DL-allo- oder DL-threo-1-p-Nitrophenyl-2-dichloracetamido-3-acetoxypropanol-(1) mit $SOCl_2$, F. 120°. Analog: D-**I**, F. 101—102°; $[\alpha]_D^{20}$ —8° (c = 6,4 in Essigester). — Zwischenprodd. für *Antibiotica.* (**Schwz. P. 292 410** vom 5/3. 1951, ausg. 2/11. 1953. F. Priorr. 21/7. u. 28/10. 1950.) G. LANGER. 4811

Parke, Davis & Co., Detroit, Mich., V. St. A., *allo-1-p-Nitrophenyl-2-dichloracetamido-3-chlorpropanol-(1)* (**I**), dient als Zwischenprod. für *Antibiotica.* — *α-Dichloracetamido-β-chlor-p-nitropropiophenon* (**II**). Beim Kochen von α-Dichloracetamido-β-oxy-p-nitropropiophenon mit $SOCl_2$. F. 137—140°. — DL-**I.** Man red. **II** mit Al-Isopropylat, F. 133—134°. — Analog: D-**I**, F. 101°; $[\alpha]_D^{25}$ + 12,5° (c = 4 in Methanol). — L-**I**, F. 114—116°; $[\alpha]_D^{25}$ —12,36° (c = 4 in Methanol). (**Schwz. P. 293 114** vom 21/2. 1951, ausg. 1/12. 1953. F. Prior. 25/2. 1950.) G. LANGER. 4811

Roche Products Ltd., Welwyn Garden City, Hertfordshire, England, *Optisch-aktive ᴅ-Phenylserinverbindungen.* — *DL-threo-β-Phenylserinäthylester* (**I**). Aus DL-threo-β-Phenylserin u. sd. alkoh. HCl, F. 82—84°; *Hydrochlorid*, F. 140—143°. — *DL-threo-N-Acetyl-β-phenylserinäthylester.* Aus **I** u. Acetanhydrid, F. 179—180°. Gibt mit NaOH *DL-threo-N-Acetyl-β-phenylserin* (**II**), F. 148—150°. — L-**II.** Aus **II** über das Chininsalz, F. 163—164°; $[\alpha]_D^{20}$ + 16,3° (c = 2 in Methanol); *Chininsalz*, F. 154—156°, $[\alpha]_D^{20}$ —107,5° (c = 2 in Methanol). — *L-threo-β-Phenylserin.* Aus L-**II** beim Erhitzen mit HCl, F. 195—198°, $[\alpha]_D^{18}$ —49° (c = 2 in HCl). — *L-threo-β-Phenylserinäthylester*, F. 62 bis 63°; $[\alpha]_D^{18}$ + 15,6° (c = 2,1 in Methylalkohol); *Hydrochlorid*, F. 88— 89°; $[\alpha]_D^{18}$ —30,2°

(c = 2,0 in W.). Zwischenprodd. für *Antibiotica.* (**E. P. 695 741** vom 13/4. 1951, ausg. 19/8. 1953. Schwz. Priorr. 14/4. 1950 u. 12/5. 1950.) G. LANGER. 4811

Parke, Davis & Co., Detroit, Mich., V. St. A., *L-(+)-threo-β-p-Nitrophenylserinäthylester* (I). — *L-(+)-threo-2-Methyl-4-carbäthoxy-5-phenyloxazolin* (II). Aus Acetimidäthyläther u. L-(+)-threo-β-Phenylserinäthylesterhydrochlorid in Benzol. $Kp._{0,15}$ 118°; $[\alpha]_D^{20}$ +214° (c = 2 in Methanol). — I: Beim Nitrieren von II mit HNO_3 (100%) in Chlf. bei —10° u. Verseifen mit HCl, F. 132—135°; $[\alpha]_D^{20}$ +13,3° (c = 0,8 in Methanol). — Zwischenprod. für *Chloramphenicol.* (**Schwz. P. 291 807** vom 23/1. 1951, ausg. 1/10. 1953.) G. LANGER. 4811

Théodore Posternak, Lausanne, Schweiz, *Herstellung von Aminopentaoxycyclohexan* aus dem Phenylhydrazon oder dem Oxim der Inosose (Pentaoxycyclohexanon, erhalten durch Oxydation von Inosit) durch katalyt. Hydrierung, z. B. in Ggw. von Platinoxyd. — Zwischenprod. für die Synth. von *antibiot.* Substanzen. (**Schwz. PP. 264 906** u. **264 907** vom 11/2. 1947, ausg. 1/2. 1950.) M. F. MÜLLER. 4811

Nuodex Products Co., Inc., Elizabeth, N. J., übert. von: **Milton Nowak,** Brooklyn, N. Y., V. St. A., *Wasserunlösliche und öllösliche quaternäre Ammoniumverbindungen* der allg. Formel I (X = öllösl. Säure, R_1, R_2, R_3 u. R_4 = Alkyl, Cycloalkyl, Aryl oder Heterocyclus, wobei zwei der R_1—R_4 mit dem N einen heterocycl. Ring bilden können) erhält man in bekannter Weise, z. B. durch Umsetzung von Dodecyldimethylbenzylammoniumchlorid in A. mit Na-Naphthenat bei ca. 100° zu *Dodecyldimethylbenzylammoniumnaphthenat,* lösl. in Bzl., Toluol, Mineralöl, Leinöl. — *9-Octadecenyldimethyläthylammoniumnaphthenat.* — *Cetyldimethylbenzylammoniumnaphthenat.* — *Laurylpyridiniumnaphthenat.* — *Laurylpyridiniumoleat.* — *9-Octadecenyldimethyläthylammoniumoleat.* — *Cetyldimethylbenzylammoniumoleat; -2-äthylhexoat; -tallat.* — *9-Octadecenyldimethyläthylammonium-2-äthylhexoat; -tallat; -alkylsulfonat.* — *Laurylpyridinium-2-äthylhexoat; -tallat.* — *Tetraäthylammoniumnaphthenat.* — *Dimethyläthylpropylammoniumnaphthenat.* — *Didodecyldimethylammoniumnaphthenat.* — *Dodecyldimethylbenzylammoniummonooctylphthalat.* — *Dodecyldimethyl-o-chlorbenzylammoniumlinoleat.* — *Diisobutylphenoxyäthoxyäthyldimethylbenzylammonium-2-äthoxyhexoat.* — *Laurylpyridinium-p-tert.-amylphenoxyacetat.* — *p-tert.-Octylphenoxyäthoxyäthyldimethylbenzylammoniumoleat.* — *N-(Laurinsäureester von Colaminoformylmethyl)-dimethylbenzylammoniumnaphthenat.* — *Dodecyldimethylbenzylammoniumlaurat.* — *Pesticide,* wie: *Bactericide, Fungicide, Insekticide.* (**A. P. 2 519 924** vom 7/11. 1946, ausg. 22/8. 1950.) KRAUSS. 4833

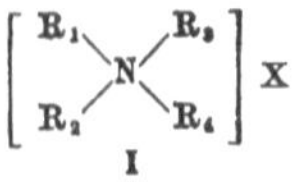

I

Eduard Mischol, Kreuzlingen, Schweiz, *Mittel zur Behandlung zahnärztlicher Instrumente,* bestehend aus einer Salbe (Vaselin), die desinfizierend, rostschützend u. schmierend wirkende Stoffe enthält, z. B. Trioxymethylen, Thymol, Campher u. ZnO. (**Schwz. P. 268 330** vom 12/7. 1948, ausg. 16/8. 1950.) OPPERMANN. 4833

Hans Guggisberg, Mutterkorn. Vom Gift zum Heilstoff. Basel, New York: Karger. 1954. (VI + 343 m. Abb.) fr. 46,15.

Georges Legrand, Manuel du préparateur en pharmacie, à l'usage des élèves-préparateurs, préparateurs et étudiants en pharmacie. Paris: Masson. 1954. (616 S. m. Abb.) fr. 2,500,—.

G. Analyse. Laboratorium.

Charles C. Templeton, *Ziehen von engen gleichmäßigen Glascapillaren durch elektrische Erhitzung.* Beschreibung der Ziehvorrichtung. (Rev. sci. Instruments **24.** 880—81. Sept. 1953. Houston, Tex., Shell Developm. Co.) GOTTFRIED. 5006

Edward G. Reilly, *Eine isolierte Verbindung für Metallröhren.* Beschreibung der Anordnung der aus Polytrifluoräthylen („Kel-F") bestehenden isolierenden u. druckbeständigen Verbindung. (Rev. sci. Instruments **24.** 879. Sept. 1953. Upton, N. Y., Brookhaven Nat. Labor.) GOTTFRIED. 5006

J. M. Los und **J. A. Morrison,** *Die Eichung eines Platinwiderstandsthermometers im Temperaturgebiet von 11—90° K.* Ausführliche Beschreibung eines Verf., das die Skalen mit einer Genauigkeit von 0,002° festzulegen gestattet. (Canad. J. Physics **29.** 142—50. März 1951. Ottawa, Can., Nat. Res. Labors., Div. of Chem.) R. STEIN. 5016

István Kerényi, *Sauge-Untersatz zum Sinterfilter.* Das Sauggefäß aus einer 35 bis 40 mm weiten Glasröhre mit seitlichem Sauganstz u. Hahn, sowie einer mit Hahn versehenen Abflußröhre ermöglicht, beim Auswaschen eines Nd. kleine Anteile des Waschwassers zu entnehmen u. so den Grad des Auswaschens zu kontrollieren. (Magyar Kémiai Folyóirat [Ung. Z. Chem.] **59.** 120. April 1953. Budapest, Landes-Hygien. Inst.) Plank. 5024

Morton Beroza, *Ein kleiner Umlaufverdampfer aus Glas für Laborgebrauch.* Ein Vakuumverdampfer, geeignet zum Eindampfen z. B. von Pflanzenextrakten mit nicht zu hoher Festkörperkonz., wird beschrieben. (Analyt. Chem. **26.** 1251—52. Juli 1954. Beltsville, Md., Dep. of Agricult., Bur. of Entomol. and Plant Quarant.) Moisar. 5038

Doris Kuhlmann-Wilsdorf, *Ein neues Verfahren zur Messung kleiner Längenänderungen.* Vf. beschreibt ein Differentialverf. zur Messung kleiner Längenänderungen, bei dem sich ein Rollenkörper zwischen 2 senkrecht verlaufenden Aufhängebändern (am besten Metallfolien) bewegt. Die Bänder sind mit einem Ende an den Punkten, zwischen denen die Längenänderungen gemessen werden soll, u. mit dem anderen an verschied. Radien (Differenz = ΔR) befestigt. Die Drehbewegung der Rolle bei einer Längenänderung wird mit Hilfe eines Lichtzeigers der Länge L verfolgt (Vergrößerung V = 2 L/ΔR). Es konnte eine Genauigkeit bis zu 1 μ erreicht werden, mit Präzisionsgeräten (Ni-Folie von 0,02 mm Dicke, Preßholzrolle) im besten Falle $\pm$30 Å. (Z. angew. Physik **6.** 171—74. April 1954. Johannesburg, Süd-Afrika, Univ. of the Witwatersrand, Dep. of Phys.) Pluskal. 5048

W. O. Milligan, Warren C. Simpson, Gordon L. Bushey, Henry H. Rachford jr. und **Arthur L. Draper,** *Präzisionsgerät für mehrfache Sorptions-Desorptions-Untersuchungen.* Es wird eine App. zur gleichzeitigen gravimetr. Best. von 15 Sorptions–Desorptions-Isothermen oder -Isobaren, im Meßgebiet —20° bis +60° u. bei 10^{-6} bis 400 mm Hg. beschrieben. Die Gewichtsänderungen werden mit Quarzfederwaagen verfolgt. Die App. ist bes. zur Unters. von hydrat. Oxyd-H_2O bestimmt. (Analytic. Chem. **23.** 739—41. Mai 1951. Houston, Tex., Rice Inst.) Eberhard Müller. 5048

E. Taszner und **A. Bromirska-Taszner,** *Apparatur zur Durchführung verschiedener organisch-präparativer Arbeiten.* Beschreibung einer App., die die Durchführung verschied. organisch-präparativer Arbeiten gestattet, ohne daß der Aufbau geändert werden müßte. Es sind chem. Rkk. ausführbar, die Rückfluß, Rühren, Einleiten von Fll. oder Gasen sowie Messung der Temp. im Reaktionsgefäß erfordern. Ferner können Destillationen unter n. u. red. Druck, auch fraktioniert u. im Dampfstrom, vorgenommen werden. In der App. ist die Entwässerung von fl. u. festen Verbb. nach der azeotropen Meth., Bromieren u. Jodieren in Ggw. von P, Entw. von Gasen, Extraktion fester Stoffe mit Fll., Extraktion von Fll. mit Fll., leichter oder schwerer als W., Trocknen von festen Substanzen im Vakuum sowie Kristallisation möglich. Schemat. Darst. der App. im Original. (Roczniki Chem. [Ann. Soc. chim. Polonorum] **24.** 221—28. 1950. Breslau [Wrocław], Univ. u. Polytechn., I. Zakł. Chem. ogóln.) Freytag. 5048

H. Malissa, A. Musil und **R. Kreibich,** *Beiträge zur Mikroanalyse gasförmiger Stoffe.* 2. Mitt. (1. vgl. C. **1954.** 4221.) Die l. c. beschriebene App. wird zur Best. von NH_3, H_2S, AsH_3, SbH_3 u. PH_3 benutzt u. die zur Best. dieser Gase empfohlenen Rkk. werden krit. untersucht. Aus der Zusammenstellung der erhaltenen Empfindlichkeitswerte u. dem Vgl. mit den von anderen Autoren gefundenen Werten geht hervor, daß durchschnittlich mit dieser Meth. eine erhebliche Empfindlichkeitssteigerung erreicht wird. Außerdem konnten einige Rkk., die bisher nicht auf Mikroverff. übertragen werden konnten, mit Hilfe dieses App. auch in der Mikroanalytik angewendet werden. (Mikrochem. verein. Mikrochim. Acta **38.** 385—402. 1951. Graz, TH, Inst. für Mikrochem. u. Geochem., u. Univ., Inst. für Anorgan. u. Analyt. Chem.) Fretzdorff. 5050

A. Musil, H. Malissa und **R. Kreibich,** *Beiträge zur Mikroanalyse gasförmiger Stoffe.* 3. Mitt. (2. vgl. vorst. Ref.) Beschreibung einer Methodik, die es gestattet, NH_3, As^{III} As^{V}, Sb nebeneinander nachzuweisen mit den prakt. Empfindlichkeiten: 6,0 bzw. 6,0 bzw. 5,5 u. 5,0. (Mikrochem. verein. Mikrochim. Acta **38.** 403—12. 1951.) Fretzdorff. 5050

D. I. Rjabtschikow und **M. M. Ssenjawin,** *Chromatographische Analyse.* Übersicht über die Entw. u. Bedeutung der chromatograph. Meth. in der analyt. Chemie. Die von Michail Ssemjonowitsch Zwet 1903 in der Warschauer naturwissenschaftlichen Gesellschaft veröffentlichte Arbeit: „Über eine Art von Adsorptionserscheinungen u. ihre Anwendung in der biochem. Analyse“ kann als Beginn der zur Zeit hochentwickelten chromatograph. Analyse gelten. (Журнал Аналитической Химии [J. analyt. Chem.] **8.** 195—210. Juli/Aug. 1953. Moskau, Vernadsky-Inst. für Geochem. u. analyt. Chem. der Akad. der Wiss. der UdSSR.) Steinberg. 5062

K. M. Olschanowa und **K. W. Tschmutow,** *Die chromatographische Methode in der qualitativen Analyse.* 1. Mitt. Vff. stellen Adsorptionsreihen für Kationen u. Anionen auf einigen Adsorbentien für jede einzelne Gruppe der Ionen auf. Die Adsorbentien sind: 1. käufliches Al_2O_3, Korngröße 0,25 mm. Zur Trennung der Anionen wird es mit HNO_3 u. dann bis zur neutralen Rk. des Filtrats ausgewaschen. 2. „*Permutit*", das aus Na-Aluminat u. Na-Silicat in Gelform hergestellt wurde. 3. *Askangel* (Bentonitton), zerkleinert u. 2—3 Std. bei 110—120° getrocknet. 4. *Suifunit* 55, 124 u. 127 — Tuff. 5. Bleicherde, hellgelb, 2—3 Std. bei 110—120° getrocknet, staubförmig. 6. *Kaolin, Talcum* u. *Kreide*, staubförmig. 7. *Anionite* (Kunstharze) NO, AlMg-1, TN. Die Adsorptionsreihen der Kationen werden in einer Tabelle angeführt; ebenso die Adsorptionsreihen der Anionen auf Al_2O_3 u. den genannten Kunstharzen. Die Anionite AlMg-1 u. TN ergaben schlechte Resultate. (Журнал Аналитической Химии [J. analyt. Chem.] **8.** 211—16. Juli/Aug. 1953. Moskau, Inst. für physik. Chem. der Akad. der Wiss. der UdSSR.) STEINBERG. 5062

G. S. Siddappa und **B. S. Bhatia,** *Eine einfache Vorrichtung, um Papierzylinder innerhalb von Glaszylindern für die Papierchromatographie lagerichtig zu halten.* Vff. empfehlen, den Papierzylinder an den gefalteten Rändern mit einem Faden zusammenzunähen, auf den Boden des Glaszylinders eine geeignet dimensionierte Petrischale zu stellen, auf den oberen Rand des Papierzylinders ein zum Kegel gefaltetes Rundfilter mit der Spitze nach unten zu setzen, so daß der Rand des Filterpapierkegels mit dem oberen Rand des Glaszylinders abschließt. (Current Sci. **22.** 239. Aug. 1953. Mysore, India, Central Food Techn. Res. Inst., Div. of Fruit Techn.) ENDRASS. 5062

Ch. Wunderly, *Ein abgeteilter Trog für die Papierchromatographie.* Zur Durchführung papierchromatograph. Unterss. unter gleichen Bedingungen verwendet Vf. einen 4teiligen Trog. Um einen ganzen Bogen eintauchen zu können, werden an den Stellen des Papiers, die auf die Trennwände des Troges zu liegen kämen, entsprechende Aussparungen eingeschnitten. Unterss. mit diesem Trog u. mit Lauf-Fll., denen 1 ml einer 10^{-5} mol. Chininsulfatlsg. in den Abteilen 1 u. 3 zugegeben wurde, zeigen, daß die Grenzlinien der durchfeuchteten Strecken auf dem Papier genau senkrecht auf der Horizontalebene des Troges stehen, wenn dieser genau horizontal gelagert ist. Enthält jedes Abteil gepufferte Entwicklergemische, die im p_H leicht voneinander abweichen, wird auf dem Papier eine entsprechende p_H-Abstufung beobachtet. An einem mit 0,1 mol. NaH_2PO_4/0,05 mol. Na_3BO_3-Lsgg. gepufferten m-Kresol-Phenol-Entwicklergemisch vom p_H 9,0 mit variierenden Ionenstärken (μ) wird deren Einfl. auf die Fleckenausbldg. u. Trennung bei Gemischen von *Arginin, Lysin* u. *Glutaminsäure* beobachtet. Durch planimetr. Auswertung der Flecken wurde eine Abnahme der Fleckengrößen mit wachsendem μ festgestellt, außerdem eine verbesserte Trennwrkg. bei bas. u. sauren Aminosäuren. (Nature [London] **173.** 267—68. 6/2. 1954. Zürich, Medical Univ. Clinic.) ENDRASS. 5062

J. O. Artman, *Ein Mikrowellen-Fabry-Pérot-Interferometer.* Das vom Vf. konstruierte Mikrowellenmeßgerät vom Typ eines FABRY-PÉROT-Interferrometers eignet sich nur für reflektierte Strahlung, u. zwar für den Wellenlängenbereich von 5 mm bis 4 cm. Der Q-Wert des Instruments beträgt 40, wobei der Q-Wert definiert ist als der Abstand zwischen Intensitätsminima dividiert durch die Halbwertsbreite eines Minimums bei Halbwertstiefe. Da der Abstand zwischen den Minima gleich $\lambda/2$, ist $Q = \lambda/\Delta\lambda$, wo $\Delta\lambda$ der Breite des Minimums entspricht. Das Auflösungsvermögen des Interferometers ist proportional dem Prod. von Q u. der Ordnung der Interferenz. (Rev. sci. Instruments **24.** 873—75. Sept. 1953. New York, N. Y., Columbia Univ.) GOTTFRIED. 5063

R. L. Chapman und **R. E. Torley,** *Bewegliches Ultrarotspektrometer für schnelle Analysen am Versuchsort.* Es wird eine Abwandlung des PERKIN-ELMER-12C-Spektrographen beschrieben, bei dem alle opt., elektr. u. Registrierteile zu einer einzigen, leicht transportablen Einheit zusammengebaut sind. Durch eine elektr. Schaltung wird die direkte Ablesung der Extinktion ermöglicht. (Analytic. Chem. **22.** 987—90. Aug. 1950. Stamford, Conn., Stamford Res. Labor., Amer. Cyanamid Comp.) A. REUTER. 5063

J. Monvoisin und **R. Mavrodineanu,** *Einfache Vorrichtung für die Flammenspektrographie.* Es wird ein Brenner beschrieben, der gestattet, durch Funkenanregung im unteren Teil des Brenners Metallteilchen mit dem Luftstrom in die Acetylen-Luft-Flamme zu bringen. Das Verf. wird auf die quantitative Flammenanalyse von Fe-Legierungen auf die Elemente Mn u. Cr angewendet. Die Linienarmut der erhaltenen Spektren gestattet die Verwendung eines Spektrographen kleiner Dispersion. (Spectrochim.

Acta [London] **4.** 396—99. 1951. Basse-Indre, Labor. Rech. Metallurg. des Ets J. J. Carnaud et Forges.) O. WERNER. 5063

James S. Fritz und **Myron O. Fulda,** *Titration schwacher Basen in Lösungsmittelgemischen mit Essigsäureanhydrid.* Nimmt man bei der elektrometr. Titration schwacher Basen in nicht wss. Lösungsmitteln dem Lösungsm., wie Nitromethan u. Eisessig, die letzten Spuren W. durch Zugabe von Acetanhydrid, so erhält man wesentlich schärfere Potentialkurven u. damit eine erhöhte Genauigkeit in der Endpunktbest. der Titration. Dieses Verf. wird auf die Titration von *tert. Aminen* u. N-haltigen Heterocyclen, wie *Pyridinen, Purinen, Pyridonen* u. *Thiazolen,* mit Erfolg angewandt, selbst *Triphenylcarbinol* konnte mittels dieser Meth. in Nitromethan–Acetanhydrid (4:1) mit 0,1 n $HClO_4$ in Eisessig/Acetanhydrid als schwache Base titriert werden. (Analytic. Chem. **25.** 1837—39. Dez. 1953. Ames, Io., Iowa State Coll.) FRETZDORFF. 5066

M. C. Greaves, *Polarographie.* Zusammenfassende Darst. bes. des apparativen u. schaltungstechn. Teiles der Polarographie. (Austral. J. Instrument Technol. **9.** 131—46. Nov. 1953.) H. BERG. 5066

Shintaro Nishioka und **Michio Miwa,** *Ein Gas-Kleincalorimeter.* Es wird ein für ca. 350 cm^3 Gas brauchbares (stat.) Wassercalorimeter mit heizbarem Wassermantel beschrieben mit einer durchschnittlichen Fehlerbreite von 0,5—1,1%. Im Vgl. mit einem JUNKERs-App. ergab sich für ein Gas von 6538,9 kcal/m^3 eine Abweichung von 1,2%. Dauer einer Messung ca. 10 Minuten. Für Betrieb u. Labor. gleich gut geeignet. Wenig Ausgleichsrechenarbeit. (J. chem. Soc. Japan, ind. Chem. Sect. [Kōgyō Kagaku Zassi] **54.** 609—11. Okt. 1951. Shizuoka Univ. [Orig.: japan.]) SCHULER. 5084

Janine Carbenay und **Arlette Vassy,** unter techn. Mitarbeit von **Bernard Leroy,** *Fortlaufende Bestimmung des atmosphärischen Ozons.* Vff. beschreiben einen App. zur kontinuierlichen quantitativen chem. Best. von atmosphär. O_3, bei dem es sich in der Hauptsache um die bereits von BOWEN u. REGENER (vgl. C. **1952.** 5143) angewandte Versuchsanordnung handelt, an der verschied. Änderungen vorgenommen worden sind. (Ann. Géophysique **9.** 300—08. 1953. Paris, Fac. des Sci., Phys. de l'Atmosphère.) GOTTFRIED. 5086

L. E. Owen, J. C. Delaney und **C. M. Neff,** *Die spektrochemische Prüfung von Schwebeteilchen der Luft auf Beryllium.* Beschreibung der Versuchsmeth. zur Best. kleiner Mengen *Be* in Luft. Es wird behandelt: Die Probenahme (Anreicherung des Be durch Filterung der Luft), Aufarbeitung des Filterinhaltes, Vorbereitung der Lsg. zur spektroskop. Prüfung. Aufgenommen wird das Spektr. im Bereich von 2480+ Å — 3700+ Å, mit einem 3 m Gitterspektrographen von BAIRD (Schlitz 50 μ). (Amer. ind. Hyg. Assoc. Quart. **12.** 112—14. Sept. 1951. Oak Ridge, Tenn., Spectrochem. Labor.) BRAUKMANN. 5088

K. Büchner, *Die Bestimmung des Kohlenoxyds in Gasen mit ammoniakalischen Kupfer(I)-chloridlösungen.* Die zur CO-Best. im Schrifttum beschriebenen Cu_2Cl_2-Lsgg. werden besprochen. Die von MOSER u. HANIKA (Z. analyt. Chem. **67.** [1925/26.] 448) angegebene Lsg. mit hoher Absorptionsfähigkeit von der Zus. 11—12 (Gewichtsteile) Cu_2Cl_2, 13—14 NH_3, 76—74 H_2O wird durch Zusatz von 10% NH_4Cl in ihrer Haltbarkeit verbessert. (Brennstoff-Chem. **34.** 186—87. 17/6. 1953. Oberhausen-Holten, Ruhrchemie AG.) LUCHSINGER. 5088

B. J. Purser, *Bestimmung von Acetylen in Luft.* Als Eichlsgg. zur colorimetr. C_2H_2-Best. mit dem Cu_2Cl_2-Reagens werden gekühlte Acetonlsgg. mit bekanntem C_2H_2-Geh. vorgeschlagen. (Analyst **78.** 732. Dez. 1953. Porton, Wilts., Min. of Supply, Chem. Defence Exp. Establ.) LUCHSINGER. 5088

a) Elemente und anorganische Verbindungen.

Wataru Funasaka, Makoto Kawane und **Tomoyasu Hashino,** *Schnellmethode zur Sulfatbestimmung mittels Austauschharzen.* Als Kationenaustauscher wird das (japan.) Prod. „Daiyaion K" benutzt, welches das Sulfat in H_2SO_4 umwandelt. Ein Einfl. des Kations wurde nicht beobachtet, so daß 3wertige Kationen, wie Al, nicht vorher entfernt werden müssen. Genauer Endpunkt durch Rücktitration mit n/100 NaOH. Zeit einer Best. 20 Minuten. (J. chem. Soc. Japan, ind. Chem. Sect. [Kōgyō Kagakū Zassi] **54.** 355—57. Juni 1951. Kyoto Univ. [Orig.: japan.]) SCHULER. G 253

H. Flaschka und **A. M. Amin,** *Eine schnelle volumetrische Methode zur Bestimmung von Mikromengen Natrium und Kalium.* In einem aliquoten Teil der zu untersuchenden Lsg. bestimmt man zunächst die Gesamtmenge des vorhandenen Alkalis, indem man Na u. K an einen Kationenaustauscher adsorbiert u. die durchfließende Lsg. mit

0,01 n HCl titriert. In einem weiteren aliquoten Teil der Lsg. wird K mit Na-Tetraphenylbor in Ggw. von NH_4Cl gefällt, der Nd. filtriert u. zu K-Metaborat verglüht. Letzteres wird in einer bekannten Menge 0,01 n HCl gelöst u. die Lsg. mit 0,01 n NaOH titriert. Aus den Resultaten der beiden Bestimmungen läßt sich der Geh. an Na u. K berechnen. Enthält die zu untersuchende Probe nur ca. 1 mg Alkali oder weniger, so führt man Na u. K in die Metaborate über, die man alkalimetr. bestimmt. Ist die Titration beendet, fällt man K in derselben Lsg. u. bestimmt es wie oben angegeben. (Chemist-Analyst **42.** 78—80. Dez. 1953. Graz, Univ., Inst. für Medizin. Chem. u. Pregl Labor.) FRETZDORFF. G 275

Zofia Błaszkowska, *Schnellbestimmung von Natrium und Kalium in ihren Salzgemischen. Eine turbidimetrische Methode.* Die neue Meth. beruht auf der Fällung von *Na_2SO_4* u. *K_2SO_4* unter definierten Bedingungen aus ihrem Gemisch durch *Methanol* u. Zugabe von *W.* bis zum Verschwinden der letzten Spuren Trübung u. völligen Klarwerden der Lösung. 0,05 g Trockensubstanz sind für eine, 0,15 g für 3—4 Bestimmungen ausreichend. Die Genauigkeit (für Sulfate) entspricht ca. 2—5% u. hängt von der Zus. des Salzgemisches ab. Die Meth. scheint auch auf andere Systeme anwendbar zu sein, so auf die Trennung der Bestandteile eines eutekt. Gemisches. Zur Ausführung gibt man in Reagensmeßgläser 3,00 cm^3 Methanol, dann 1,00 cm^3 der 3%ig. wss. Lsg. des Salzgemisches möglichst gleichmäßig zu. Die Salze fallen aus. Zum Ausgleich der Tempp. läßt man 15 Min. stehen. Aus einer Mikrobürette fügt man tropfenweise dest. W. unter kräftigem Schütteln zu. Das Klarwerden ist leicht als Endpunkt feststellbar. Mit Gemischen reiner Salze stellt man eine Eichkurve auf. (Roczniki Chem. [Ann. Soc. chim. Polonorum] **24.** 193—202. 1950. Warszawa, Inst. Chem.) FREYTAG. G 275

Elemér Schulek und **Endre Körös,** *Die alkalimetrische Bestimmung von Natrium und Kalium nebeneinander.* Die Alkalisalze werden mit HNO_3 mehrfach eingedampft, in wenig W. gelöst, darauf erneut in einer Pt-Schale mit reiner Borsäure eingedampft, der Rückstand bei 130—140° getrocknet u. dann geschmolzen. Die Lsg. der Schmelze titrieren Vff. mit 0,1 n $HClO_4$, dampfen die titrierte Lsg. zur Trockne u. lösen mit absol. A. die lösl. Na-Verbb. auf. Das verbliebene $KClO_4$ wird filtriert, getrocknet u. gewogen. Die alkoh. Lsg. wird nach Eindampfen mit Borsäure 10 Min. bei 800° geglüht u. die wss. Lsg. der Schmelze wieder mit $HClO_4$ titriert. $KClO_4$ kann man in heißem W. auflösen, mit Borsäure eindampfen, glühen u. wieder mit $HClO_4$ maßanalyt. bestimmen. Phosphat u. Sulfat werden vorher entfernt. (Magyar Kémiai Folyóirat [Ung. Z. Chem.] **59.** 104—06. April 1953. Budapest, Univ., Inst. für anorg. u. analyt. Chem.) PLANK. G 275

I. Ss. Musstafin und **L. M. Kulberg,** *Mehrkernige α-Polyoxychinone als Reagentien auf Beryllium.* Vff. vergleichen *Naphthazarin, Chinizarin, 5.8-Dichlorchinazarin, 1.4.5.8-Tetraoxyanthrachinon* (**I**) u. *9.10-Dioxynaphthacenchinon* bzgl. ihres Verh. als Reagens auf Be in Ggw. auch anderer Kationen. **I** wird auf Grund seiner spezif. Empfindlichkeit (0,005 γ Be noch nachweisbar) als neues Be-Reagens vorgeschlagen u. zugleich folgende neue Arbeitsvorschrift bei Ggw. von Al, Th, Zr, Ni, Co, Cu, Mn, UO_2, Sn u. u. von Alkali- u. Erdalkalimetallen angegeben: Zu 1—2 ml Analysenlsg. werden 0,1 g Zn-Pulver u. 1—2 Tropfen 0,1 n HCl hinzugefügt u. aufgekocht. Zur entfärbten Lsg. gibt man 0,1 g Weinsäure, erhitzt, gibt 0,1 g $CaCO_3$ zu, erhitzt erneut u. filtirert. Zum Filtrat werden 2—3 Tropfen der Reagenslsg. von **I** in Aceton (0,25 mg/ml) zugegeben. Bei Vorhandensein von Be entsteht eine Rosafärbung. Für Legierungen (z. B. Be-Bronze) wird eine einfache spanlose Meth. angeführt.

Versuche: *3.6-Dichlorphthalsäureanhydrid* (**II**) aus 30 g *Phthalsäureanhydrid* u. 0,2 g Jod in 162 g Oleum (8—20% SO_3) eingetragen u. 40 Std. Cl_2 bei 48—55° durchgeleitet. Das *Ca-Salz* der *3.6-Dichlorphthalsäure* wird unter Erwärmen in überschüssiger konz. HCl gelöst; feine Nadeln; 8—10% (Ausbeute). — *5.8-Dichlor-1.4-dioxyanthrachinon* (**III**), F. 265°, durch Eintragen von 5 g **II** in eine Schmelze von 15 g B_2O_3, anschließend 30 Min. auf 150—190° erhitzen, dann Zugabe von 2,5 g Hydrochinon (größere Menge erniedrigt Ausbeute) u. weitere $2^1/_2$ Std. auf 190° erhitzen bei guter Durchmischung. Das nach Erhitzen mit 130 g 94%ig. H_2SO_4 entstehende braune Rohprod. wird im SOXHLET mit Chlf. extrahiert; braune Nadeln; 51%. — *1.4.5.8-Tetraoxyanthrachinon* (**I**), F. 240—246°, durch 20std. Erhitzen eines Gemisches von 2 g **III** mit 8 g reinem $Ca(OH)_2$ u. 0,1 g Cu-Pulver (Naturkupfer C) zusammen mit 30 ml W. im Schüttelautoklaven bei 250°; dunkelbrauner, krist. Nd. aus Bzl.-Ligroin (1 : 1); 80%. (Украинский Химический Журнал [Ukrain. chem. J.] **19.** 421—28. 1953. Saratow, Univ., Lehrstuhl für analyt. Chemie.) WINTER. G 281

N. Lounamaa, *Spektrographische Analyse von reinem Wolframoxyd. 1. Mitt. Halbquantitatives Verfahren.* Es wird ein halbquantitatives u. ein quantitatives Verf. zur

Best. der in reinem WO_3 auftretenden Verunreinigungen (20 Elemente) beschrieben. Die Probe wird mit Kohlepulver gemischt in die Bohrung der Kohleelektrode gebracht. Das WO_3 wird im Lichtbogen dabei zu metall. W red., das wegen seines hohen Kp. nicht angeregt wird, so daß nur die leichter sd. Verunreinigungen im Spektr. erscheinen. Durch gleichzeitige Verwendung der Kathodenglimmschicht gelingt es, die Nachweisgrenze der Verunreinigungen bis auf 0,00001—0,0001% herabzusetzen. Das Mischungsverhältnis von WO_3 : C soll bei diesem Verf. ca. 4 : 1 bis 6 : 1 betragen, je nach der Feinheit des verwendeten Kohlepulvers. Es wird ausgegangen von synthet. Mischungen von bes. gereinigtem WO_3 (hierüber keine Angaben) mit den zu bestimmenden Elementen. Es wird in der Vorperiode (10 Sek.) mit 7 A, 240 V, in der Belichtungsperiode mit 10 A (30 Sek.) gearbeitet, Probe als Kathode geschaltet, Kohledurchmesser ca. 6 mm. Mit Hilfe von Zwischenabb. wird $^1/_5$ des Bogens vor der Kathode für die Belichtung ausgeblendet. Für die quantitativen Analysen werden besondere Mischungen von Bezugselementen ausgewählt, die der Flüchtigkeit jedes zu bestimmenden Elementes Rechnung tragen. Für die verschied. Elemente, deren Gehh. quantitativ mit einer Genauigkeit von 4—10% bestimmt wurden, werden die folgenden Angaben von Linienkombinationen u. Bezugselementkombinationen gemacht. Mn 2593,73/Be 3130,42 + $^1/_2$ Ga 2943,65 (0,03—10 p.p.m.), Mg 2779,85/Be 3130,42 + $^1/_2$ Ga 2943,65 (1—300 p.p.m.), Fe 2599,40/Cr 2843,25 + $^1/_2$ Be 3130,42 (3—300 p.p.m.), Ca 3179,33/Cr 2843,25 + Ga 2943,65 (1—100 p.p.m.), Al 3082,20/Cr 2843,25 + Ga 2943,65 (0,3—100 p.p.m.), Na 33,02,32/Li 3232,61 (1—300 p.p.m.). (Spectrochim. Acta [London] **4.** 400—12. 1951. Finland, Inst. of Technol., Dep. of Chem.)
O. Werner. G 337

Dénes Kőszegi und **Gyula Kis,** *Die Bestimmung des metallischen Eisens in „Ferrum hydrogenio reductum" mit der Kupfersulfatmethode.* Die Methoden von Winkler, Nikolics, Willmer-Merck wurden krit. überprüft u. festgestellt, daß diese keine verläßliche Beurteilung des wahren Fe-Geh. ermöglichen. Vff. benutzten zu ihrer Meth. die Eig. des Fe, aus $CuSO_4$-Lsg. Cu abzuscheiden, u. bestimmen den Überschuß des in bekannter Menge zum Fe gegebenen $CuSO_4$ jodometr.; der H_2SO_4-Geh. der $CuSO_4$-Lsg. soll 0,055% betragen, da diese Säurekonz. genügt, aber Fe in der Kälte nicht merklich löst. (Magyar Kémiai Folyóirat [Ung. Z. Chem.] **59.** 112—16. April 1953. Szeged, Medizin. Univ., Pharm. Chem. Inst.) Plank. G 354

Jorma Kinnunen, *Bestimmung von Kupfer in OFCH-Kupfer.* Es wird eine elektrolyt. Meth. mit besonderen Vorsichtsmaßregeln zur Best. von Cu in O-freiem Leitfähigkeits-Cu beschrieben, die den Cu-Geh. mit einer dem Präp. entsprechenden Genauigkeit zu bestimmen gestattet. (Chemist-Analyst **42.** 93—94. Dez. 1953. Pori, Finnland, Outokumpu Oy, Metalworks.) Fretzdorff. G 358

C. Goldberg und **P. Saffer,** *Schnelle chemische Einstufung von Messing.* 0,5 g Messing löst man in einem 100 ml-Meßkolben in 10 ml HNO_3 (1 : 1 verd.), erwärmt bis zur vollständigen Lsg. u. bis alle Stickoxyde vertrieben sind, füllt bis zur Marke auf u. mißt nach dem Abkühlen die Absorption bei 650 mμ. Aus einer Eichkurve der Absorption einer $Cu(NO_3)_2$-Lsg. wird der %-Geh. Cu der Probe abgelesen. (Chemist-Analyst **42.** 92. Dez. 1953. West Springfield, Mass., New England Smelting Works.)
Fretzdorff. G 358

b) Organische Verbindungen.

B. W. Ioffe und **S. I. Ssergejewa,** *Über die Anwendung des Lunge-Nitrometers zur Bestimmung von Nitrosaminen, Nitraminen und Alkylnitraten.* Es wird die Möglichkeit einer Red. der einfachsten Ester der HNO_3, der N-Nitroso- u. N-Nitrogruppen im Lunge-Nitrometer, sowie eine HNO_3-Best. in diesem in Ggw. einiger organ. Verbb. untersucht. Beim Vers., im Lungeschen Nitrometer aliphat. u. alycycl. Nitrosamine u. Nitramine zu bestimmen, stellten Vff. fest, daß *Dimethyl-*, *Diäthyl-*, *Di-n-propyl-* u. *Dicyclohexylnitrosamin*, ebenso auch *Dimethylnitramin* beim Schütteln mit konz. H_2SO_4 bei Zimmertemp. keine Gase abscheiden. Als typ. Repräsentanten der Nitrosamine u. Nitramine unterscheiden sie sich scharf von *Nitroharnstoff*, *Nitroguanidin* u. ihren aromat. Analoga. Die Möglichkeit einer Red. im Nitrometer ist somit nicht für die Gruppen $>N—NO_2$ u. $>N—NO$ im Gegensatz zu $\equiv C—NO_2$ u. $\equiv C—NO$ charakteristisch. Die Red. findet vielmehr auf Grund der an N gebundenen Gruppen $>C—O$ (Nitroharnstoff) u. $>C{=}NH$ (Nitroguanidin) sowie des Benzolringes (Tetryl- u. Diphenylnitrosamin) statt. *Methylnitrat* kann mit 2—3% Genauigkeit bestimmt werden. Für *Äthylnitrat* eignet sich die Meth. nicht. (Журнал Аналитической Химии [J. analyt. Chem.] **8.** 235—37. Juli/Aug. 1953. Leningrad, Univ. Steinberg. 5352

Roger Lévy, *Mikrobestimmung der Halogene in organischen Verbindungen.* Vf. gibt einen Überblick über die Mikromethoden zur Best. von *Cl*, *Br* u. *J* in organ. Verbb., in dem er auf die einzelnen Verff. der Veraschung eingeht u. die Bestimmungsmethoden der einzelnen Halogene nach der Veraschung bespricht. — 100 Literaturangaben. (Bull. Soc. chim. France, Mém. [5] **20.** C 77—C 91. Nov./Dez. 1953. Paris, Labor. Municipal, Sect. de microanalyse.) FRETZDORFF. 5352

H. G. Hers, H. Beaufays und **C. de Duve,** *Gleichzeitige Analyse der Hexosen, Triosen und von deren Phosphorsäureestern.* Es werden Methoden zur Reinigung von *Glucose-1-phosphat* (**I**), *Glucose-6-phosphat* (**II**), *Fructose-1-phosphat* (**III**), *Fructose-6-phosphat* (**IV**) u. *Fructosediphosphat* (**V**) beschrieben. **I**: Entfernung von Kationen an Amberlite IR 120 (Kationenaustauscher), anschließend Adsorption von **I** an Amberlite IR 4B (Anionenaustauscher) u. Eluierung des **I** mit 0,5n KOH; **II**: Darst. aus **I** mittels phosphohexoisomerasefreier, krist. Phosphoglucomutase in Tris-[oxymethyl]-aminomethan-Puffer (p_H 7,5) u. in Ggw. von $MgCl_2$ u. 8-Oxychinolin, Ansäuern mit HBr, Einstellung von p_H 8 mit $BaCO_3$ u. $Ba(OH)_2$, Entfernen des Nd. u. Fällen von *Ba*-**II** durch A., Entfernen von Ba-Spuren durch Amberlite IR 120; **V**: *Ca-Salz*-Lsg. durch Amberlite IR 120 von Ca befreien, an Dowex-2 (Anionaustauscher) adsorbieren, mit 0,2 mol. NH_4Cl-Lsg. fraktioniert eluieren, mit Baryt neutralisieren u. mit Aceton fällen, Ba wie bei **II** entfernen; **IV**: durch enzymat. Hydrolyse von **V** mittels gereinigter Leberhexosediphosphatase in Glykokollpuffer (p_H 9,7) in Ggw. von $MgCl_2$, Ansäuern mit $HClO_4$, p_H-Einstellung auf 7,5 mit KOH, Fällung von Phosphat mit Ba-Acetat u. von Ba-**IV** mit Aceton; **III**: chem. durch Phosphorylierung von 2.3—4.5-Diacetonfructose [mittels Diphenylphosphats, Entfernen der Phenylgruppen durch Hydrierung u. der Acetonreste durch Säurehydrolyse. Die Überprüfung der zur Best. der Ester von Glucose, Fructose u. Triosen verwendeten analyt. Methoden ergab verschied. Fehlerquellen, die durch Abänderung der Arbeitsweise ausgeschaltet wurden. Die Beiträge, die die geprüften Verbb. bei jeder Analysenart liefern, wurden ermittelt u. können dazu dienen, auf der Grundlage von n Gleichungen mit n Unbekannten die wahren Werte der einzelnen Komponenten zu errechnen. (Biochim. biophysica Acta [Amsterdam] **11.** 416—26. Juli 1953. Louvain, Univ., Labor. de Chim. Physiol.) K. MAIER. 5364

Issei Nakamori, *Grundlegende Studien über Glyceride.* 1. Mitt. *Quantitative Bestimmung von Glycerin in Gegenwart von Mono- und Diacetin. Glycerin* (**I**) läßt sich mit HJO_4 besser bestimmen als nach der CrO_3-Methode. In Ggw. von *Mono-* u. *Diacetin* läßt sich aus der Best. der gebildeten HCOOH das Glycerin für sich bestimmen auf Grund der beiden Gleichungen: $C_3H_5(OH)_3 + 2\,HJO_4 = HCOOH + 2\,HCHO + 2\,HJO_3 + H_2O$ u. $C_3H_5(OH)_2O \cdot COCH_3 + HJO_4 = HCHO + CHOCH_2 \cdot O \cdot COCH_3 + HJO_3 + H_2O$ (ausführliches Rechenbeispiel). (J. chem. Soc. Japan, ind. Chem. Sect. [Kōgyō Kagakū Zassi] **54.** 420—22. Juni 1951. Fukuoka, Kyushu Univ. [Orig.: japan.]) SCHULER. G 580

Seymour B. Koritz und **Philip P. Cohen,** *Colorimetrische Bestimmung von Carbamylaminosäuren und ähnlichen Verbindungen.* Eine Meth. zur colorimetr. Best. von Carbamylaminosäuren u. ähnlichen Verbb. durch Farbstoffbldg. mit 1%ig. wss. Diacetylmonoxim-Lsg. in 50%ig. H_2SO_4, Zusatz einer 1%ig. wss. Lsg. von Na-Diphenylamin-p-sulfonat zur Farbvertiefung, Oxydation mit 1%ig. K-Persulfat-Lsg. u. spektrophotometr. Best. bei 550 mμ wird beschrieben. Bestimmt werden *Carbamylglutaminsäure* (**I**), *Thiocarbamylglutaminsäure, Phenylcarbamylglutaminsäure, Carbamyl-α-methylglutaminsäure, Glutamin, Carbamylasparaginsäure, Carbamylglycin, Carbamylalanin, Carbamylleucin, Carbamylarginin, Arginin, Citrullin, Tryptophan, Hydantoin, Hydantoin-5-essigsäure, Hydantoin-5-propionsäure, Harnsäure, Uracil, Adenin, Adenosintriphosphat, Harnstoff, Phenylharnstoff, Methylharnstoff, Glykocyamin, Semicarbazid* u. *α-Ketoglutarsäuresemicarbazon.* Die Meth. versagt bei Histidin (**II**), Tyrosin, Glutaminsäure, Methionin, Ornithin (**III**), Prolin, Asparagin, N-Formylglutaminsäure, N-Formylglycin, N-Formylleucin, N-Formylasparaginsäure, N-Butyrylglutaminsäure, N-Valerylglutaminsäure, Carbamylprolin, Alanin, Cystin, Cystein, N-Acetylglutaminsäure, N-Propionylglutaminsäure, Glycylglycin, Glycylglutaminsäure, Thioharnstoff u. Urethan. Bei der Best. von **I** wirkt die Ggw. von **II** u. **III** farbvertiefend. S-haltige Verbb. wie Cystein, wirken als Inhibitoren, die Wrkg. kann durch Erhöhung der Konz. von $K_2S_2O_8$ aufgehoben werden. (J. biol. Chemistry **209.** 145—50. Juli 1954. Madison, Wis., Univ. Dep. of Physiol. Chem.) G. PAULIG. G 950

Takeo Takahashi, Koji Kimoto und **Taiji Yamada,** *Organische Analyse durch ein dielektrisches Verfahren.* Die DE. wurde für Mischungen zweier organ. Stoffe bestimmt, z. B. *p-* u. *m-Dinitrobenzol* (**I**), *o-* u. *p-Dichlorbenzol, Anilin + Nitrobenzol* (**II**), **I** + **II**, u. daraus eine einfache Meth. zur quantitativen Best. abgeleitet. Bei geeignet gewählten

Bedingungen läßt sich befriedigende Genauigkeit erzielen. Besondere Sorgfalt muß der Versilberung der Membran (vgl. LE FÈVRE) zugewandt werden, da sie eine Hauptquelle von Fehlern darstellen kann. Die DE. des Mischungspaares n-Butanol–n-Butyraldehyd geht durch ein Minimum. — 6 Diagramme. (J. chem. Soc. Japan, ind. Chem. Sect. [Kōgyō Kagaku Zassi] **54.** 427—28. Juni 1951. Tokyo, Univ. [Orig.: japan.].) SCHULER. G 1010

Eugene L. Colichman, *Polarographische Bestimmung quaternärer Phosphoniumsalze.* Quaternäre Phosphoniumsalze (untersucht wurden *Phenyltrimethylphosphoniumjodid* [F. 231°; *Pikrat,* F. 133°] u. *Tetra-o-tolylphosphoniumjodid*) lassen sich in 95%ig. A. in Ggw. von 0,05 oder 0,1 mol. Tetraäthylammoniumbromid als Leitsalz u. Methylcellulose oder Tetradecyltrimethylammoniumbromid als Maximumdämpfer polarograph. reduzieren. Die Rk. erfolgt in zwei aufeinanderfolgenden reversiblen Elektronenschritten. (Analytic Chem. **26.** 1204—05. Juli 1954. Portland, Ore., Univ., Dep. of Chem.) MOISAR. G 1380

N. Schönfeldt, *Quantitative Bestimmung von Äthylenoxydprodukten in wässerigen Lösungen oder Dispersionen.* In der HCl-sauren Lsg. oder Dispersion des Äthylenoxydkondensationsprod. wird dieses durch Fällung mit gemessenem K-Ferrocyanid (**I**) u. nach Abfiltrieren des Nd. durch Zurücktitrieren des **I**-Überschusses mit $ZnSO_4$ bestimmt. Zwischen 0,6 u. 3 g Nonylphenoladdukt, werden 0,7, 1,0 bzw. 1,5 Mol $K_4Fe\cdot(CN)_6 \pm 5\%$ für die Fällung von 1 Mol Nonylphenol, das mit 6,9 u. 12 Mol Äthylenoxyd kondensiert ist, benötigt. (Nature [London] **172.** 820. 31/10. 1953. Gothenburg, Aktiebolaget Berol-Produkter, Res. Dep.) GENEST. G 3030

T. C. Chu und **Edith Ju-Hwa Chu,** *Papierchromatographie der Methylester von Porphyrindicarbonsäuren.* Eine Meth. zur Trennung von *Deuteropophyrin-IX-* (**I**), F. 223°, *Mesoporphyrin-IX-* (**II**,) F. 206°, *Protoporphyrin-IX-* (**III**), F. 228°, *Hämatoporphyrin-IX-* (**IV**) F. 212°, *Hämatoporphyrin-IX-dimethyläther-* (**V**) u. *Monovinylmonooxyäthyldeuteroporphyrin-IX-dimethylester* (**VI**) (Nebenprod. bei der Darst. von Hämatoporphyrin) u. R_2 (Methylester eines Nebenprod. bei der Darst. von Deuteroporphyrin) durch zweidimensionale Papierchromatographie wird beschrieben. Als Lösungsmittel dienen A) Kerosen–Tetrahydropyran–Benzoesäuremethylester (5 : 1,4 : 0,35), B) W.–Acetonitril–n-Propylalkohol–Pyridin (3,8 : 1 : 2 : 0,5) u. C) W.–Acetonitril–Dioxan (2,3 : 2,8 : 0,8). Folgende R_F-Werte werden angegeben: **I** 0,59 (A), 0,45 (B), 0,46 (C); **II** 0,59, 0,23, 0,23; **III** 0,51, 0,23, 0,24; **IV** 0,03, 0,80, 0,71; **V** 0,59, 0,63, 0,46; **VI** 0,20, 0,74, 0,61; R_2 0,11, 0,77, 0,67. (J. biol. Chemistry **208.** 537—41. Juni 1954. Los Angeles, Calif., Immaculate Heart Coll., Dep. of Chem.) G. PAULIG. G 3550

Guillermo Arroyave und **Leonard R. Axelrod,** *Papierchromatographische Trennung und qualitativer Nachweis von Mischungen von $C_{19}O_3$-Steroiden.* Die papierchromatograph. Trennung von *Δ^5-Androsten-3β.16α.17β-triol, Ätiocholan-3α.11β.17β-triol, Δ^4-Androsten-6α-ol-3.17-dion, Δ^4-Androsten-11β.17β-diol-3-on, Δ^4-Androsten-6β-ol-3.17-dion, Δ^4-Androsten-11β-ol-3.17-dion, Ätiocholan-3α.11β-diol-17-on, Androstan-3α.11β-diol-17-on, Ätiocholan-3α-ol-11.17-dion, Androstan-3.6.17-trion, Δ^4-Androsten-3.11.17-trion* u. *Androstan-3.11.17-trion* wird beschrieben. Als Lösungsmittel dienen Methylenchlorid–Formamid, Cyclohexen–Formamid u. Methylcyclohexan–Propylenglykol. Farb-Rkk. mit m-Dinitrobenzol u. 2.4-Dinitrophenylhydrazin sowie UV-spektrophotometr. Best. in Methanol, konz. u. rauchender H_2SO_4 werden beschrieben. (J. biol. Chemistry **208.** 579—89. Juni 1954. Rochester, N. Y., Univ., School of Med. and Dent., Dep. of Biochem. and Radiation Biol.) G. PAULIG. G 3700

c) Bestandteile von Pflanzen und Tieren.

Jesse S. Ard, *Einbettungs- und Lösungsmedien für den infraroten Gebrauch.* Vf. empfiehlt als Einbettungsmittel für im Infrarotgebiet zu untersuchende Substanzen ein Gemisch von Paraffinöl u. fl. Hexachlorbutadien u. als Lösungsm. für den gleichen Zweck ein Gemisch von CS_2 u. Tetrachloräthylen. (Analytic. Chem. **25.** 1743—44. Nov. 1953. Philadelphia, Pa., Eastern Regional Res. Labor.) GOTTFRIED. 5661

Kurt Liebermeister, *Ein Verfahren zur Anwendung der Agarfixation in der Elektronenmikroskopie.* Nach der beschriebenen Meth. wurden von Erregern der Rinderlungenseuche, die sonst beim Auftrocknen deformieren, durch Kontaktübertragung u. -fixierung von Agarkulturen auf Kollodiumfilme gute licht- u. elektronenmkr. Bilder in 900—10000facher Vergrößerung erhalten. (Z. Naturforsch. **8b.** 755—57. Dez. 1953. Stuttgart, Württ. Med. Landesuntersuchungsamt.) BLUMRICH. 5661

M. K. Zacherl und **W. Stöckl,** *Zur Mikrobestimmung von Jod in biologischem Material.* Bestimmt man den J-Geh. in biol. Material nach LEIPERT (Mikrochimica Acta **3.** [1938.] 73), werden die erhaltenen Werte oft durch zu hohe Blindwerte verfälscht. Die hohen Blindwerte kann man vermeiden, wenn man als Absorptions-Fl. für das überdest. J eine Br/Eisessig-Lsg. verwendet. Das überschüssige Br wird mit Ameisensäure zerstört u. anschließend die Titration nach WINKLER zu Ende geführt. Mittels dieser Meth. läßt sich noch 1 γ J mit ausreichender Genauigkeit bestimmen, die noch erhöht werden kann nach dem Verf. der Potenzierung, bei dem die 36fache Menge J zur Titration gebracht wird. Da die Wasserdampfdest. nicht unter vermindertem Druck, sondern im CO_2- bzw. N_2-Strom durchgeführt wird, vereinfacht sich die Apparatur. (Mikrochem. verein. Mikrochim. Acta **38.** 278—87. 1951. Wien, Tierärztl. Hochsch., Med.-chem. Inst.) FRETZDORFF. 5664

Kenneth T. Williams und **Arthur Bevenue,** *Verwendung von Ionenaustauschharzen zur Entfernung reduzierenden Nichtzuckers bei der Analyse frischen Pflanzenmaterials auf Zucker.* Vergleichende Klärverss. mit Celit, Pb-Phosphat u. einem Ionenaustauschharz ergaben die Überlegenheit des letzteren. In so geklärten Pflanzenauszügen erfolgt die Best. der einzelnen Zuckerarten am besten papierchromatographisch. Hervorzuheben ist, daß in Feigen- u. Pfirsichblättern auch Ketoheptosen nachgewiesen wurden. (J. Assoc. off. agric. Chemists **34.** 817—21. 15/11. 1951. Albany, Calif.)

GRIMME. 5666

Gerhard Kloz, Berlin, *Reagenspapier mit nur teilweiser Indicatorimprägnierung,* dad. gek., daß es neben der für die Unters. bestimmten Indicatorimprägnierung eine Imprägnierung mit einem Hilfsindicator besitzt, der Änderungen des ursprünglichen p_H-Wertes zeigt. Zweckmäßig befindet sich der Hilfsindicator am Eintauchende u. besitzt substantiven Charakter, bes. Lackmus. Außerdem können noch mehrere, in verschied. p_H-Bereichen umschlagende Hilfsindicatoren aufgetragen sein. (**D. B. P. 913 848** Kl. 55f vom 23/9. 1950, ausg. 21/6. 1954. Anmeldung bekanntgemacht 29/10. 1953.)

G. VOGEL. 5069

Johannes Flügge, Einführung in die Messung der optischen Grundgrößen. Karlsruhe: Braun. 1954. (XI + 220 S. m. 147 Bildern) = Bücher der Meßtechnik. Abt. 3, A 1 = Wissenschaftliche Bücherei. DM 24,—.

John H. Harley and Stephen E. Wiberley, Instrumental analysis. New York: Wiley. 1954. (447 S. m. Abb., Diagr.) $ 6,50.

Robert Weihrich, Die chemische Analyse in der Stahlindustrie. Bearb. v. **August Winkel.** 4. umgearb. u. erw. Aufl. Stuttgart: Enke. 1954. (VIII + 223 S. m. Abb.) = Die chemische Analyse. Bd. 31. DM 32,—.

H. Angewandte Chemie.

I. Allgemeine chemische Technologie.

Erich Krell, *Glas als Austauschwerkstoff und Werkstoff der chemischen Industrie.* Zusammenfassender Bericht über die chem.-physikal. Eigg. des Glases, der Glasgewebe, des Schaumglases, des Quarzglases u. des Quarzgutes als Austauschwerkstoff in Labor., Halbtechnik u. Industrie. (Silikattechnik **5.** 2—7. Jan. 1954.) F. HEINRICH. 5804

H. A. Johnson, W. J. Clabaugh und **J. P. Hartnett,** *Wärmeübergang von Quecksilber bei turbulenter Strömung durch Rohre.* Die App., in der der Wärmeübergang bei konstanter turbulenter Strömung von reinem Hg bestimmt wurde (in einem inertem Gas oder in He), wird beschrieben. Temperaturverteilung wird im Schaubild wiedergegeben. Zusätze von Mg u. Ti zum Hg u. dadurch verursachtes Benetzen der Rohrwände mit Hg sowie die Verwendung von Ar an Stelle von He beeinflussen den Wärmeübergang ebenso wenig wie die Strömungsrichtung. Die Werte für Hg liegen, bezogen auf Nusselt- u. Peclet-Zahl, 4—10% niedriger als bei Pb–Bi-Legierung. (Trans. ASME **76.** 505—11. Mai **1954.** Berkeley, Calif., Univ. of California.) MIETHING. 5814

Gopal Tripathi and **George Granger Brown,** *Thermische Eigenschaften von Dichlorbenzol.* Das unter dem Handelsnamen *Dowtherm E* als Wärmetransportmittel in Temperaturbereichen von 300—500° (F. 148—260°) bekannte Dichlorbenzol wird hinsichtlich seines Temperaturverhaltens bis zur Zersetzungstemp. bei den in der Praxis auftretenden Drucken bis 750 lbs./sq.in. (50 at) untersucht. Enthalpie-Messungen (GIBBSsche Wärmefunktion) wurden in einem Durchflußcalorimeter bei konstantem Druck u. konstanter Temp. durchgeführt u. die Wrkg. des Druckes durch die JOULE-THOMSON-Expansion ermittelt. Tabellen über therm. Eigg. von Atmosphärendruck bis 1000 lbs./sq.in. (70 at) u. Tempp. bis 800° F (420°). (Ind. Engng. Chem. **46.** 1658—62. Aug. 1954. Ann Arbor, Mich., Univ. of Michigan.) K. O. MÜLLER. 5816

Bruno Waeser, *Über die Theorie der Kugelmühlen.* Theoret. Betrachtungen zum Mahlvorgang in Kugelmühlen, bes. hinsichtlich des Einfl. von Kugelgröße, Kugelfüllungsgrad, Umdrehungsgeschwindigkeit u. Mahlgutmenge auf den Zerkleinerungseffekt. Im allg. ist die Theorie noch nicht soweit fundiert, daß im Einzelfall auf empir.

Ermittlung von verfahrenstechn. Daten verzichtet werden kann. (Dtsch. Farben-Z. **7.** 469—72. Dez. 1953. Elmshorn bei Hamburg.) GERHARD GÜNTHER. 5820

R. V. Riley, *Zerkleinerung.* Literaturübersicht aus den Jahren 1951—1953. — 77 Zitate. (Chem. Process Engng. **35.** 81—84. März 1954.) GERHARD GÜNTHER. 5820

H. List, *Probleme der Misch- und Knettechnik.* Beschreibung einiger Misch- u. Knetmaschinen für trockene, halbplast. u. plast. Stoffe der BUSS-AG. sowie ihrer Wirkungsweise u. Hinweise für ihren prakt. Einsatz. (Chimia [Zürich] **8.** 129—32. 8/5. 1954. Basel-Pratteln.) GERHARD GÜNTHER. 5822

Walter Mayer und **K. Lauer,** *Elektronische Stabilisierung der Gleichspannung zur Trennung von Substanzgemischen im elektrischen Feld.* Für elektrophoret. Trennungen von Substanzgemischen (Eiweißhydrolysaten, Gerbstoffgemischen) wurde ein Stromversorgungsgerät entwickelt, welches elektron.-stabilisierte Gleichspannungen von 0—1500 V liefert. Arbeitsweise u. Bedienung dieses Gerätes werden beschrieben. (Chemie-Ing.-Techn. **26.** 81—83. Febr. 1954. Heidelberg, Univ., Chem. Inst.) GERHARD GÜNTHER. 5828

Martin Jarmuske, *Rauchgasentstaubung unter besonderer Berücksichtigung der „Feifelentstaubung“.* Bedeutung des Staubgeh. in Rauchgasen; Strömungsvorgänge in Fliehkraftentstaubern; Aufbau des „Wirbelsiebes Prof. Dr. FEIFEL“ u. seine Wirkungsweise an Hand von Betriebsergebnissen. (Bergbau u. Energiewirtsch. **4.** 32—37. Jan. 1951. Berlin.) GERHARD GÜNTHER. 5850

Thomas W. Pratt, *Flüssig-Flüssig-Extraktion.* Allg. theoret. Überblick über die Methodik. Gegenstromextraktion, Rückgewinnung der Lösungsmittel, Ausrüstung. (J. Amer. Oil Chemists' Soc. **30.** 497—505. Nov. 1953. Jersey City, N. J., M. W. Kellogg Comp.) HAASE. 5862

Edgar L. Compere und **Ada Ryland,** *Fraktionierte Lösungsmittelextraktion zwischen unmischbaren Lösungsmitteln. Graphische Berechnung.* Basierend auf der Meth. von VARTERESSIAN u. FENSKE wird für eine der von O'KEEFFE, DOLLIVER u. STILLER beschriebenen ähnliche, stufenweise arbeitende Gegenstromextraktion mit Kreislaufströmung eine graph. Meth. entwickelt, die es ermöglicht, die Arbeitsbedingungen sowie die dabei sich ergebenden Resultate zu ermitteln. Ein Vgl. der berechneten Werte mit den experimentell bestimmten Daten für eine fünfstufige Extraktion von Phenol u. Pikrinsäure mit Bzl. u. wss. 0,1 mol. NaCl-Lsg. ergab die Brauchbarkeit der graph. Methode. (Ind. Engng. Chem. **43.** 239—41. Jan. 1951. Baton Rouge, La., Louisiana State Univ.) OPPERMANN. 5862

Bruno Waeser, *Absorptionsvorgänge bei Gaswaschung und Destillationen.* Zusammenfassende Übersicht. (Kolloid-Z. **135.** 108—15. Febr. 1954. Elmshorn/Hamburg.) HENTSCHEL. 5864

G. D. Shilling, G. H. Beyer und **C.C. Watson,** *Wirkungsgrad von Glockenböden bei der Äthanol-Wasser-Fraktionierung.* Vff. ermitteln experimentell den Trenneffekt von Glockenböden bei der A.-W.-Fraktionierung unter Normaldruck u. vergleichen die Ergebnisse mit Ergebnissen älterer Arbeiten. Untersucht wurden A.-W.-Gemische von 1—70 Mol-% A. bei verschied. Rücklaufverhältnissen. Der Trenneffekt der einzelnen Böden ist unabhängig vom Rücklaufverhältnis. Er beträgt 30—45 % bei geringen A.-Konzz. u. steigt bis 85 % für Konzz. von 40—65 Mol-% Äthanol. Beschreibung der Versuchanordnung u. Meßergebnisse. (Chem. Engng. Progr. **49.** 128—34. März 1953. Madison, Wis., Univ. of Wisconsin.) MAX SCHMIDT. 5864

R. N. Shiras, D. N. Hanson und **C. H. Gibson,** *Berechnung des Mindestrückflusses von Destillationskolonnen.* Es werden drei Methoden zur Berechnung des Mindestrückflusses bei der Trennung von Vielstoffgemischen angegeben. Die erste Meth. gilt ohne Einschränkung für alle Trennvorgänge, bei denen sämtliche Komponenten sowohl im Kopf wie im Sumpf erscheinen. Die zweite Meth. gilt nur bei konstantem Trennfaktor u. konstantem mol. Rückfluß bei Trennvorgängen, bei denen einzelne Komponenten im Kopf oder Sumpf nicht erscheinen, also bei allen n. Fällen. Die dritte Meth. gilt ohne Einschränkungen, ist aber sehr umständlich. (Ind. Engng. Chem. **42.** 871—76. Mai 1950.) BLAUHUT. 5864

E. V. Truter, *Extraktive Kristallisation mit Harnstoff. Ein neuer Weg zur Reinigung „schwieriger“ Substanzen.* Vf. bespricht Struktur u. Eigg. der kristallinen Einschlußverbb. aus *Harnstoff* (I) bzw. *Thioharnstoff* (II) u. organ. Verbindungen. An Hand von Querschnittsmodellen von KW-stoffen u. Derivv. wird gezeigt, warum I nur mit geradkettigen KW-stoffen bzw. mit einfachen Derivv. derselben (Säuren) Einschlußverbb. bilden kann, II hingegen gerade mit diesen nicht, sondern nur mit Verbb. mit verzweigter Kette oder mit einem gesätt. Ringsystem. Das Fließschema einer kontinuierlichen

Anlage für extraktive Kristallisation wird besprochen. Abschließend werden Anwendungen aus den Industrien der fetten Öle u. der Treibstoffe mitgeteilt. (Chem. Process Engng. **35.** 75—80. März 1954.) GERHARD GÜNTHER. 5868

Leo Walter, *Der zweckentsprechende Betrieb von Trockenapparaturen in der chemischen Industrie.* Beschreibung verschied. Typen von Trockenapparaturen unter Hervorhebung ihrer Eignung für spezif. Verwendungen. (Chem. pharmac. Techniek **9.** 209—12. 15/3. 1954. Cheltenham.) GERHARD GÜNTHER. 5874

Richard H. Wilhelm, *Geschwindigkeit der Prozesse in chemischen Reaktoren.* Vf. zeigt am Beispiel von Diffusions- u. Mischvorgängen beim Strömen von Gasen oder Fll. durch ruhende Schichten u. Wirbelschichten Methoden u. Ziele der Forschung auf dem Gebiet der Verfahrenstechnik auf. (Chem. Engng. Progr. **49.** 150—54. März 1953. Princeton, N. J., Princeton Univ.) MAX SCHMIDT. 5896

P. V. Danckwerts, J. M. Jenkins und **G. Place,** *Die Verteilung der Verweilzeiten in einem technischen Wirbelschichtreaktor.* Es wird die Verteilung der Verweilzeiten eines Gases, das durch ein Reaktionsgefäß zur Regenerierung eines Katalysators für das Wirbelschichtverf. strömt, unter Benutzung von He als Indicator (massenspektrometr. Best.) untersucht. Nur ca. 5% des Gases hielt sich weniger als die Hälfte u. ca. 5% mehr als das Doppelte der mittleren Verweilzeit in dem Reaktor auf. Da das Rückhalteverhältnis geringer als 0,1 ist, scheint die Strömung durch die Wirbelstromschicht eher nach Art der Bewegung eines Gases in einem Kompressor als durch vollständige Vermischung zu erfolgen. (Chem. Engng. Sci. **3.** 26—35. Febr. 1954. Cambridge, England, Dep. Chem. Engng.) HENTSCHEL. 5904

G. C. Evans und **C. F. Gerald,** *Stoffübertragung von Benzoesäurekörnern auf Wasser in ruhenden Schichten und Wirbelschichten im Bereich niedriger Reynoldsscher Zahlen.* Vff. bestimmen die Koeffizienten der Stoffübertragung bei der Auflösung von Benzoesäurekörnern in W. für ruhende Schichten u. Wirbelschichten. Die Ergebnisse werden mit Resultaten anderer Arbeiten verglichen. Die Möglichkeit der Vorausberechnung der Stoffübertragung in Wirbelschichten allein aus den Eigg. des Festkörpers u. der Fl. wird diskutiert. Experimentelle u. rechner. Durchführung. (Chem. Engng. Progr. **49.** 135—40. März 1953. Seattle, Wash., Univ. of Washington.) MAX SCHMIDT. 5906

Anstalt Unda, Vaduz, Liechtenstein, *Mischen zäher Massen während ihrer Förderung durch eine Rohrleitung.* Die Förderung erfolgt in einer Rohrleitung, in deren Innern mindestens ein Rohr achsenparallel zur Leitung im Abstand von der Innenwand angeordnet ist u. in einem oder mehreren dieser Rohre sind Mittel zur Erhöhung der Durchströmgeschwindigkeit der eingeschalteten Rohre, z. B. eine angetriebene Schnecke oder Rührflügel, vorgesehen. — Zeichnungen. (**Schwz. P. 293 421** vom 25/10. 1949, ausg. 16/12. 1953.) MATTHAES. 5823

Auxiliaire des Chemins de Fer et de l'Industrie, Frankreich, *Ionenaustauscher,* bestehend aus mit Guanazolen von der Formel I kondensierten Aldehyden oder Ketonen, z. B. Crotonaldehyd oder Furfurol. In der Formel bedeuten X u. Y H oder beliebige Substituenten. (**F. P. 993 079** vom 27/11. 1944, ausg. 26/10. 1951.) DEMMLER. 5827

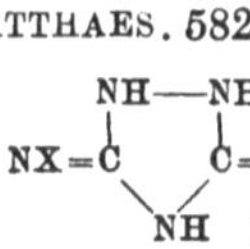

I

Auxiliaire des Chemins de Fer et de l'Industrie, Frankreich, *Anionenaustauschmaterial in Fadenform* wird erhalten durch Kondensation von Diamiden mit aus der Textilindustrie bekannten Superpolyamiden. (**F. P. 993 956** vom 27/11. 1944, ausg. 9/11. 1951.) DEMMLER. 5827

Charles Samuel Garland, London, England, *Filtermaterial aus hohlen Fasern* für Kantenfiltration, bes. für die Trennung von Fll. mit verschied. Oberflächentensionen, z. B. Öl u. W.; die Hohlräume der Fasern werden nur zu einem kleinen Teil, z. B. bis 10% mit wasserabstoßenden Mitteln, wie Lsgg. von Nitrocellulose oder synthet. Harzen vom Phenolformaldehydtyp, imprägniert. (**E. P. 682 400** vom 11/11. 1949, ausg. 12/11. 1952.) DEMMLER. 5831

Schenk Filterbau G. m. b. H. (Erfinder: **Hans-Joachim Herrmann**), Schwäbisch-Gmünd, *Verbundfilter,* bestehend aus einer Faserschicht u. einem auf diese aufgebrachten Membranfilter, dad. gek., daß die Faserschicht durch unlösl. Bindemittel, z. B. Celluloseester, Polymerisate, unlösl. Leimstoffe, verfestigt wird, wobei das Membranfilter durch Koagulation aus Celluloseesterlsgg. gewonnen u. durch Aufgießen, Aufsprühen oder Walzenauftrag auf die Faserschicht aufgebracht sein kann. (**D. B. P. 909 932** Kl. 12d vom 17/1. 1950, ausg. 26/4. 1954. Anmeldung bekanntgemacht 12/4. 1951.) DEMMLER. 5831

Anglo-Iranian Oil Co. Ltd., London, England, *Extraktionsverfahren.* Zur kontinuierlichen Gegenstromextraktion zweier Fll. mit verschied. D. verwendet man eine mehrstufige Mischkolonne. Die schwere Fl. wird am Kopf u. die leichte Fl. am Boden der Kolonne mittels Pumpen eingeführt. Die extrahierte leichte Fl., die noch durch Bestandteile der schweren Fl. verunreinigt ist, verläßt die Kolonne am Kopf u. gelangt in eine Zentrifuge, von der die leichte Fl. als Endprod. entfernt wird, während die abgetrennte schwere Fl. zum Kopf der Kolonne zurückgeht. Die sich am Boden der Kolonne ansammelnde Fl., die noch Bestandteile der leichten Fl. enthält, wird einer anderen Zentrifuge zugeführt, von der die schwere Fl. entfernt wird, während die abgetrennte leichte Fl. zum Boden der Kolonne zurückgeht. Die Extraktionskolonne ist in horizontal angeordnete Abteile unterteilt. Jedes Abteil entspricht einer Behandlungsstufe, für die jeweils eine Rotationspumpe vorgesehen ist, in der das innige Vermischen der beiden Phasen erfolgt. Das Verf. eignet sich z. B. für die Herst. von Weißöl durch Behandlung eines Mineralöles mit rauchender Schwefelsäure. (**E. P. 699 133** vom 24/9. 1951, ausg. 28/10. 1953. D. Prior. 26/9. 1950.) Schwechten. 5836

Comp. de Produits Chimiques et Électrométallurgiques Alais, Froges et Camargue und **Soc. An. des Pétroles Jupiter,** Frankreich, *Schaumverhütungsmittel,* z. B. bei der *Alkoholdest.,* bestehend aus ca. 5—20% Kolophonium, gelöst in bei der Decarburierung dieses Kolophoniums erhaltenen KW-stoffen; das Kolophonium kann ganz oder teilweise durch Einw. der Luft während mehrerer Tage oxydiert sein. (**F. P. 990 630** vom 21/3. 1944, ausg. 24/9. 1951.) Demmler. 5865

Auxiliaire des Chemins de Fer et de l'Industrie, Frankreich, *Chemische Fällungs- und Kristallisationsprozesse* werden durchgeführt, indem die Fll. durch eine Fällungs- oder Kristallisationskeime enthaltende M. geleitet u. dabei einer mechan. Vibration unterworfen werden. — Zeichnung. (**F. P. 994 856** vom 9/2. 1945, ausg. 23/11. 1951.) Demmler. 5869

Comp. de Produits Chimiques et Électrométallurgiques Alais, Froges et Camargue, Frankreich, *Aktivieren von Stoffen,* wie akt. Kohle, Ölentfärbungsmittel, mittels Säurebehandlung, indem man die Stoffe, z. B. nach dem Bayer-Verf. gewonnenes $Al(OH)_3$, auf z. B. 300° erhitzt u. heiß in kalte Säure gibt. (**F. P. 992 964** vom 12/10. 1944, ausg. 25/10. 1951.) Demmler. 5905

Ing and **Richard Ernst,** German-English, English-German technical dictionary. 2 vols. London: Allen & U. 1954. (637, 675 S.) 64 s.

—, Modern chemical processes; a series of articles describing chemical manufacturing plants; by the editors of Industrial and Engineering Chemistry in conjunction with the technical staffs of the cooperating organizations. V. 3. New York: Reinhold. 1954. (276 S. m. Abb., Diagr.) $ 5,00.

J. **Kuprianoff,** *Die feste Kohlensäure (Trockeneis). Herstellung und Verwendung.* 2., umgearb. u. erw. Auflage (Sammlung chemischer und chemisch-technischer Vorträge, herausgegeben von **R. Pummerer,** Heft 52.) Stuttgart: Ferdinand Enke Verlag. 1953. (125 S. m. 33 Abb. u. 22 Tab.) DM 18,—.

Zur Darst. des derzeitigen Standes der Technik auf dem Gebiet des Trockeneises hat Vf. gegenüber der 1. Auflage (1938) das Kapitel über die Gewinnung gasförmiger Kohlensäure erweitert, die Abschnitte über Herst., Speicherung und Versand von Trockeneis ergänzt und bes. das Kapitel über Verwendung der festen Kohlensäure gründlich überarbeitet und erweitert. Die Literatur ist bis 1953 berücksichtigt, ein Patentregister bildet den Abschluß. Bes. dem Fachmann der Kälteindustrie und auf dem Gebiete der Nahrungsmittel wird das Werk ein nützlicher Wegweiser sein. Barz. 5858

III. Elektrotechnik.

Olga Bürkli, Født Bleuler, Zürich, Schweiz, *Herstellung von porösen Kohleelektroden mit Sauerstoffdepolarisierung.* Man imprägniert akt. Kohle mit Schwermetallsalzen, die sich in der Wärme zersetzen u. oxydierend auf C einwirken. Die imprägnierte Kohle wird dann auf Zersetzungstemp. erhitzt, wodurch katalyt. wirksame Metalle u. Metallverbb. gebildet werden, z. B. imprägniert man akt. Kohle mit einer Lsg. von 10,0 (g) $AgNO_3$, 5,0 Fe-Nitrat, 1,0 $Cu(NO_3)_2$, 0,1 $(NH_4)_2VO_4$ u. 100 Wasser. Die Kohle wird nach der Imprägnierung auf ca. 300° erhitzt. Bes. werden die Kohlen vor dem Imprägnieren mit HCl, HNO_3 oder beiden, gegebenenfalls unter Zusatz von HF, behandelt. (**Dän. P. 75 211** vom 27/2. 1950, ausg. 29/12. 1952. Oe. Prior. 24/3. 1949.) Jürgen Schmidt. 5953

Siemens & Halske Akt.-Ges., Berlin und München (Erfinder: **Ortfried Mayer,** Erlangen, **Theodor Renner,** Nürnberg, und **Walter Schmidt,** Erlangen), *Kennzeichnung von durch Glas geführten metallischen Leitern.* Zur Kennzeichnung u. Unterscheidung von durch Glas geführten metall. Leitern gegen ähnlich gestaltete Durchführungen werden die betreffenden Leiter mit einer dünnen Schicht eines Kristallwasser abgebenden Stoffes vor der Durchschmelzung versehen, der so gewählt ist, daß die Anschmelzung des Leiters an das Glas bei schwach reduzierender Einschmelzflamme Hydroxydbildungen definierten Farbtones an dem innerhalb der Einschmelzzone liegenden Teil des Leiters ergibt. Wird z. B. als Material für die Zuleitung Cu gewählt

u. die zur Abgabe des Kristallwassers vorgesehene Bedeckungsschicht durch Borax mit einem Feuchtigkeitsgeh. von 0,25—3% gebildet, so ergibt sich nach dem Erhitzen ein gleichmäßig gelber Farbton der Einschmelzzone. (**D. B. P. 909 247** Kl. 32b vom 4/4. 1952, ausg. 15/4. 1954. Anmeldung bekanntgemacht 20/8. 1953.) HANS HOFFMANN. 5953

Soc. des Usines Chimiques Rhône-Poulenc, Paris, Frankreich, *Material für elektrische Isolierung,* das gegen Hitze u. Feuchtigkeit unempfindlich ist. Zu einer Lsg. von Äthylpolysilicat, die durch Hydrolyse von techn. Äthylsilicat mittels mit HCl versetztem W. hergestellt wurde, wird CH_3OH u. dann eine Lsg. aus Methyl- oder Methylphenylpolysiloxanharz in Bzl. in Äthylacetat unter Rühren gegeben. Mit dieser M. wird Asbest imprägniert u. bei 200—350° unter Druck gehärtet. (**E. P. 683 068** vom 6/9. 1949, ausg. 19/11. 1952. F. Prior. 19/10. 1948.) LAASS. 5957

Allgemeine Elektricitäts-Gesellschaft, Berlin (Erfinder: **Frank M. Clark,** Schenectady, N. Y., V. St. A.), *Isoliermaterial,* bes. für Kondensatoren, besteht prakt. aus halogenierten Polyphenylverbb., bes. Diphenylchlorid, u. nitrierten vielkernigen Aryl-KW-stoffen, bes. Nitrodiphenyl. — Beispiel: 75—25 (%) Pentachlordiphenyl, 25—75 o-Nitrodiphenyl. (**D. B. P. 909 712** Kl. 21c vom 7/3. 1941, ausg. 22/4. 1954. Anmeldung bekanntgemacht 6/8. 1953. A. Prior. 6/3. 1940.) KESSEL. 5957

Sprague Electric Co., North Adams, übert. von: **Preston Robinson,** Williamstown, Mass., V. St. A., *Trockenelement* mit negativer K- oder Na-Elektrode für sehr geringe Stromentnahme. Die eine Hälfte eines Metallstreifens wird mit Glas umhüllt, z. B. durch Tauchen in eine Glasschmelze, u. mit Hilfe der Elektrolyse in einer wss. K- oder $NaNO_3$-Lsg. bei 200—350° eine Schicht aus metall. K oder Na auf dieser niedergeschlagen, indem die Ionen durch das Glas hindurch u./oder aus dem Glas herauswandern. Auf die eine Seite der Umhüllung wird als positive Elektrode auf das zuvor erweichte Glas PbO_2 (**I**) aufgebracht, das bei der Stromabgabe mit NaCl-Lsg. angefeuchtet werden kann. Das freie Ende des Metallstreifens wird so gebogen, daß es beim Übereinanderschichten der Zellen auf dem **I** der Nachbarzelle aufliegt. An Stelle von **I** können verwendet werden: Bi_2O_5, Sb_2O_5, UO_3, U_3O_8, WO_3, PtO_3, JrO_2, OsO_4, PdO_2, RhO_3 oder RuO_4. (**A. P. 2 631 180** vom 31/7. 1951, ausg. 10/3. 1953.) LAASS. 5971

Sprague Electric Co., North Adams, übert. von: **Walter H. Taylor,** Williamstown, Mass., V. St. A., *Primär-Trockenelement,* dessen Elektrolyt durch Polyvinylalkohol so verdickt ist, daß er als Diaphragma zwischen den Elektroden wirkt. Der Aufbau des Elementes ist: Zn-wss. KOH—HgO(C). (**A. P. 2 647 938** vom 22/10. 1949, ausg. 4/8. 1953.) LAASS. 5971

Olin Industries, Inc., übert. von: **William B. Woodring,** Hamden, Conn., V. St. A., *Primär-Element mit plattenförmigen, bipolaren Elektroden.* Die Zellenteile werden in Rahmen aus einem Celluloseacetat-butyrat-Mischpolymeren eingebaut. Die Zn-Folie wird auf der einen Seite mit einem Lack aus Vinylchlorid-acetat-Mischpolymerisat, Dioctylphthalat, Acetylenruß u. Aceton u. nach dem Trocknen mit einem 2. Lack aus Polyvinylacetat, Acetylenruß, Trikresylphosphat u. Aceton überzogen. Die getrocknete Zn-Folie wird mit der lackierten Seite auf den mit einer Öffnung versehenen Boden des Rahmens gelegt, u. in einer Heißpresse werden beide flüssigkeitsdicht verbunden. (**A. P. 2 632 781** vom 17/9. 1948, ausg. 24/3. 1953.) LAASS. 5971

Olin Industries, Inc., übert. von: **Gunnar A. F. Winkler,** Milford, und **Otto K. Reinhardt,** West Haven, Conn., V. St. A., *Luftsauerstoffelement.* Aus akt. Kohle u. einem Bindemittel, z. B. Äthylcellulose gelöst in Äthylacetat, wird unter Zugabe einer geringen Menge Schmieröl kalt ein Becher geformt, der durchlässig für Luft, jedoch undurchlässig für den Elektrolyten ist. Der Becher wird mit einer Metallfolie ummantelt, welche Öffnungen aufweist, die bis zur Verwendung des Elementes mit Haftband verschlossen werden. Die negative Elektrode wird U-förmig aus einem Zn-Streifen gebogen, dessen Biegestelle in einem Kunststoffdeckel, der auf den Becher aufgekittet wird, eingearbeitet ist u. als Kontakt dient. (**A. PP. 2 641 623 u. 2 641 624** vom 16/6. 1949, ausg. 9/6. 1953.) LAASS. 5971

Siemens & Halske Akt.-Ges., Berlin und München (Erfinder: **Heinz Henker,** Heidenheim), *Kristalldioden und Kristallverstärker.* Zur Befestigung des Halbleiters (**I**) wird zwischen dem Unterlagemetall (**II**) u. **I** ein Edelmetalloxyd (z. B. Ag_2O) oder -oxydgemisch therm. zersetzt. Zuvor kann das **II** mit einer Edelmetallschicht (z. B. Rh) überzogen werden. (**D. B. P. 872 602** Kl. 21g vom 21/3. 1951, ausg. 2/4. 1953.) KESSEL. 5975

Siemens & Halske Akt.-Ges., Berlin und München (Erfinder: **Herbert Schnitger,** Darmstadt, und **Arthur Gaudlitz,** München), *Sekundäremissionselektrode* mit oxydiertem Ag-Untergrund. Die Abscheidung des Ag-Spiegels wird so geleitet, daß an den Teilen der Elektroden, die für die Sekundäremission akt. sein sollen, ein blanker, an den übrigen Teilen dagegen ein matter Ag-Nd. entsteht. Die Oxydation des Ag-Spiegels kann so weit getrieben werden, daß sich nur an seinen blanken Teilen eine zur Erzielung einer guten Aktivierung ausreichend starke Oxydschicht bildet. (**D. B. P. 902 275** Kl. 21g vom 26/7. 1940, ausg. 21/1. 1954. Anmeldung bekanntgemacht 19/2. 1953.) KESSEL. 5975

Siemens & Halske Akt.-Ges., Berlin und München (Erfinder: **Herbert Schnitger**, Bargteheide, und **Gottwalt Wetterer**, Berlin), *Sekundäremissionselektrode*. Die aus einer Erdalkaliverb., z. B. MgO oder BaO, bestehende, geringe Mengen eines freien Metalls, z. B. eines Erdalkalimetalls (I) oder eines Schwermetalls. enthaltende Emissionsschicht ruht auf einer Unterlage, aus der bei Betriebstemp. prakt. kein Metall in die Schicht einwandert. Zur Herst. wird auf einer Metallunterlage gleichzeitig oder in abwechselnden Lagen eine I-Verb. u. ein I aufgedampft, oder die Metallunterlage wird mit einer dünnen I-Schicht überzogen u. dann die Schicht bis auf einen kleinen I-Rest oxydiert. (**D. B. P. 903 013** Kl. 21g vom 30/8. 1940, ausg. 1/2. 1954. Anmeldung bekanntgemacht 5/3. 1953.) KESSEL. 5975

Siemens & Halske Akt.-Ges., Berlin und München (Erfinder: **Herbert Schnitger**, Bargteheide), *Sekundäremissionselektrode*. Die zu aktivierende Elektrode wird bei 400—600° wiederholt (prakt. 50—100mal) mit Mg bedampft, mit O_2 unter einem Druck von 10^{-2} Torr behandelt u. im Hochvakuum geglüht. (**D. B. P. 904 085** Kl. 21g vom 28/7. 1940, ausg. 15/2. 1954. Anmeldung bekanntgemacht 11/6. 1953.) KESSEL. 5975

Siemens & Halske Akt.-Ges., Berlin und München (Erfinder: **Gottwalt Wetterer**, Berlin), *Sekundäremissionselektrode*. Das zur Herst. der akt. Schichten zu zerstäubende Material wird innerhalb des von den Elektroden eingeschlossenen Raums untergebracht u. allein oder zusammen mit Teilen des Elektrodensyst. als Kathode der zerstäubenden Gasentladung geschaltet. Die Elektroden selbst bestehen dabei prakt. aus einem schwer zerstäubbaren Material, z. B. Al mit Oxydhaut oder Be. (**D. B. P. 909 005** Kl. 21g vom 31/10. 1940, ausg. 12/4. 1954. Anmeldung bekanntgemacht 25/6. 1953.) KESSEL. 5975

Siemens & Halske Akt.-Ges., Berlin und München (Erfinder: **Robert Lauter**, Erlangen), *Glühkathode*. Die akt. M. besteht aus einer Ba–Al-Legierung, die mit Th oder Zr gemischt u. auf einen Heizträger aufgepreßt oder in einen solchen eingeschoben ist. (**D. B. P. 903 012** Kl. 21g vom 10/9. 1943, ausg. 1/2. 1954. Anmeldung bekanntgemacht 19/2. 1953.) KESSEL. 5975

Siemens-Schuckertwerke Akt.-Ges., Berlin und Erlangen (Erfinder: **Ernst Siebert**, Berlin), *Se-Gleichrichter* mit Tl-haltiger Gegenelektrode werden zur Verringerung von Alterungserscheinungen nach einer Nacherwärmung zusätzlich 10—20 Sek. lang nachformiert. (**D. B. P. 898 627** Kl. 21g vom 10/6. 1944, ausg. 3/12. 1953. **Zusatz zu D. B. P. 883 476; C. 1954. 5147.**) KESSEL. 5977

Robert Bosch G. m. b. H. (Erfinder: **Wilhelm Ilge**), Stuttgart, *Elektrolytkondensator*. Der prakt. aus einem mehrwertigen Alkohol (z. B. Glycerin oder Glykol) bestehende Elektrolyt enthält Zusatzstoffe, die relativ beständige Reduktionsmittel, aber leichter oxydierbar sind als der mehrwertige Alkohol, z. B. 1% Gallussäure. (**D. B. P. 879 736** Kl. 21g vom 5/4. 1945, ausg. 15/6. 1953.) KESSEL. 5983

IV. Wasser. Abwasser.

Maxim Lieber und **W. Fred Welsch**, *Verunreinigung von Grundwasser durch Cadmium*. Über felsigem Untergrund liegende, von Nord nach Süd 130—500 m mächtige Sand- u. Kiesschichten liefern in Tief- u. Flachbrunnen Grundwasser, das durch Versickerung gebrauchten W. angereichert wird, wobei die Bodenstruktur die chem. Verunreinigungen nicht wesentlich vermindert. Erst nach Auftreten von Cr^{6+} im W. wurde seine Entfernung aus dem Abwasser u. eine gründliche Unters. auf Cd durch 22 im Grundwasserstrom angelegte Prüfbrunnen angeordnet, Cd wurde dabei mit Dithizon (Diphenylthiocarbazon) extrahiert. Entnahme in verschied. Tiefen zeigte die höchsten Konzz. bis 3,2 mg Cd/Liter bei ca. 11 m, die niedrigsten $< 0,01$ mg/Liter an den höchsten u. tiefsten Stellen an, die Lage der Brunnen, in denen kein Cd gefunden wurde, den Verlauf von der mutmaßlichen Verunreinigungsquelle. Cd hat ähnliche physiol. Wrkg. wie As u. Hg, es verursacht heftige Übelkeit. Da es in Trinkwasser noch nicht beobachtet wurde, müssen eine sichere Grenze des zulässigen Geh. u. Meth. für den Nachw. festgesetzt werden. Erst in Jahren werden Cr u. Cd aus dem

Grundwasser verschwinden. (J. Amer. Water Works Assoc. **46.** 541—47. Juni 1954. Hempstead u. Mineola, N. Y., Nassau County Dep. of Health and of Publ. Works.) MÜHLMEISTER. 6010

Charles A. Black, *Herstellung und Verwendung aktivierter Kieselsäure.* Neben H_2SO_4, $(NH_4)_2SO_4$ u. Alaun treten neuerdings CO_2 u. Cl_2 zur Bldg. des Silicagels aus Wasserglas. Theorie u. Vorschriften für seine Anwendung in der Wasserreinigung u. Vermeiden von Fehlern dabei werden besprochen. (Water Sewage Works **101.** Nr. 5. Part 2. R 129—32. Mai 1954. Gainesville, Fla., Black Labors., Inc.) MÜHLMEISTER. 6016

Hans Joachim Schmidt, *Wasserhärte und Fluoridierung.* Beim Kochen von Trinkwasser mit einem natürlichen *F*-Geh. tritt ein höherer Verlust an F ein (ca. 50%) als beim Kochen von künstlich fluoriertem W. (nur 10—15% Verlust). Dieser Verlust kann durch „Umhärtung des W." (*Hygro-Nährschutz*-Verf.) ausgeschaltet werden, wobei durch das erhöhte Angebot von leicht resorbierbarem Ca die eventuelle tox. Wrkg. von F vermindert wird. (Dtsch. Zahnärztebl. **9.** 899—905. 15/8. 1954. Stuttgart-Degerloch.) KLESSE. 6018

Ludwig Popp, *Bakteriologische Studien über die Chlorwirkung bei der Wasserentkeimung.* Es werden Kurven über die zeitliche Abhängigkeit der Chlorwrkg. auf Bakterien gebracht, ausgehend von Cl-Laugen verschied. Konz. u. Herkunft (Cl-W., Na-Hypochlorit, HClO). Es wird eine prim. Keimsturzzahl gefunden: nach den ersten Sek. eine rapide Keimzahlabnahme. An diese schließt sich ein langsam verlaufender Abtötungsprozeß an. Die Keimsturzzahl hängt von der frei verfügbaren Cl-Menge ab. Für die Praxis ergibt sich hieraus die Forderung, das in irgendeinem Mischapp. zubereitete Cl-W. möglichst rasch u. innig mit dem bakterienhaltigen W. in Berührung zu bringen. Die Erklärung des sek. Abtötungsprozesses ist wesentlich schwieriger. Beschreibung der Tolidinmethode. Angaben über die in Sonderfällen nötigen hohen Cl-Zusätze, Ausführungen über das „Chlorfestwerden" von Bakterien. (Gas- u. Wasserfach, Ausg. Wasser **95.** 100—06. 15/2. 1954.) DORSCH. 6024

Bert I. Thorngren, *Gegenwärtige Arbeitsweise der industriellen Wasseraufbereitung.* Überblick über die Aufbereitung von W. für die Erzeugung von Dampf u. für Kühlzwecke. (J. Amer. Oil Chemists' Soc. **30.** 563—67. Nov. 1953. Houston, Tex., Maintenance Engng. Corp.) HAASE. 6030

Ernst Natermann, *Die Aufdeckung der Schädlichkeit warmer Abwasser bei verunreinigten und schlammführenden Flüssen.* Die Berechnung des O_2-Haushaltes der Saale zwischen Bad Dürrenberg u. Halle, in dem der Verlauf des tatsächlichen O_2-Verbrauchs u. die O_2-Aufnahme des Flusses für einen O_2-Geh. von 5 mg/Liter bei Abflußmengen von 10, 20, 50 u. 100 m³/Sek. sowie der O_2-Verbrauch durch BSB_5-Abbau bei 10 m³/Sek. bei Wasserwärme 25° u. 100 m³ bei 15° ermittelt wurden, erwies sich durch Vgl. mit den Gütejahrbildern als richtig. Sie zeigte, daß der tatsächliche O_2-Verbrauch erheblich größer ist als nach der *BSB*-Führung zu erwarten, u. dieser Mehrverbrauch mit dem Steigen der Abflüsse u. Wärmevolumina zunimmt. Da er mit der Wärmezufuhr aus den Kühlwässern der Leunawerke parallel geht, ist diese als die Ursache anzusehen. Vorübergehende Stillegung der Werke ergab durch das plötzliche Gesundwerden des Flusses während dieser Zeit die Richtigkeit dieser Annahme. Herabsetzung der Kühlwassertemp. durch Kühlteiche, erhöhter Wasserkreislauf im Werk u. notfalls zusätzliche O_2-Aufnahme durch Wehrüberläufe werden als Möglichkeiten zur Beseitigung der Übelstände angegeben. (Gas- u. Wasserfach, Ausg. Wasser **95.** 369—75. 15/6. 1954. Hannover.) MÜHLMEISTER. 6038

Richard Pomeroy, *Beseitigung von Abwasser der Ölfelder in den Küstenlandschaften Californiens.* Bei 95000 t Ölförderung fallen täglich 115000 m³ Abwasser an, von denen 100000 in den Ozean fließen mit 5—15 g NaCl/Liter; bei einigen Quellen wird J gewonnen aus 80 mg/Liter. Die Abflut soll <10 mg schwimmendes u. <600 mg Gesamtöl/Liter enthalten. Trennung durch D. in Klärbecken, oder Flockung bei Wiederverwendung; dabei bewährte sich akt. SiO_2 zusammen mit Alaun u. erzielte 3 mg Öl/Liter. Der BSB von 100—600 mg/Liter beruht auf Anionen flüchtiger organ. Säuren, in Einzelfällen bis 4,5 g Essigsäure/Liter, er muß aus Rücksicht auf den O_2-Geh. für das Fischleben abgebaut werden. H_2S-Bldg. wird durch aerobe Verhältnisse vermieden, Kalkablagerungen in den Leitungen werden gelöst, wenn 1 Std./Woche Abwasser mit p_H 4 (durch Abfallsäuren) hindurchfließt. Kathod. Schutz mit Fe als Lösungselektrode verhinderte Korrosionen von Messingsieben. (Sewage ind. Wastes **26.** 59—70. Jan. 1954. Pasadena, Calif., Pomeroy & Ass.) MÜHLMEISTER. 6040

Georg Gad und **Margarete Manthey,** *Zur Bestimmung des Chlorions im Wasser mit Quecksilber(II)-nitrat.* Beim Titrieren des Cl-Ions mit $AgNO_3$ kann man den Endpunkt wegen der Trübung durch AgCl schwer feststellen. Mit $Hg(NO_3)_2$ bildet sich kaum dissoziiertes, gelöstes $HgCl_2$, u. erst ein Überschuß von $Hg(NO_3)_2$ gibt Hg-Ionen, die mit Diphenylcarbazid u. Diphenylcarbazon nachgewiesen werden. Genaue Analysenvorschrift. (Gas- u. Wasserfach, Ausg. Wasser **95.** 107—08. 15/2. 1954.) DORSCH. 6060

Harry Levine, J. J. Rowe und **F. S. Grimaldi,** *Die Molybdänblaureaktion und die Bestimmung von Phosphor in Wasser, das Arsen, Silicium und Germanium enthält.* Um Millionstelgramme P von mg-Mengen As_2O_5, GeO_2 u. SiO_2, die die Molybdänblau-Rk. stören, zu trennen, fällten Vff. das Phosphat mit $Al(OH)_3$ als Träger als $AlPO_4$. Der geringe Nd. wurde dann mit geringen Mengen HF, HBr, HCl u. H_2SO_4 behandelt, um etwa mitgefälltes As, Ge u. Si zu verflüchtigen. Dann konnte P in der üblichen Weise durch die Molybdänblau-Rk. bestimmt werden. Der so bestimmte P_2O_5-Geh. verschied. Seewasserproben aus dem Golf von Mexiko betrug $1{,}8—5{,}9 \cdot 10^{-6}$%. (Science [Washington] **119.** 327—28. 5/3. 1954. Washington, D. C., U. S. Geolog. Survey.) PLUSKAL. 6060

N. A. Alterman, *Zur Methodik der Bestimmung von Phenolen in gewerblichen Abwässern.* Das jodometr. Bestimmungsverf. für *Phenole* in Abwässern hat den Nachteil, daß infolge der erforderlichen Dest. die schweren Phenole dabei nicht mit dest. u. so von der Best. nicht mit erfaßt werden. Es wird daher empfohlen, die Best. nach dem Pikratverf. von KONNIKOW (Гигиена и Эпидемиология [Hyg. u. Epidemiol.] **1931.** 10) vorzunehmen. Da jedoch anwesende Chloride Fehlbeträge verursachen, wird empfohlen, diese mit $AgNO_3$ vorher auszufällen. (Гигиена и Санитария [Hyg. u. Sanitätswes.] **1951.** Nr. **11.** 18—21. Nov. Stalino, Med. Gorki-Inst., Lehrstuhl für Hyg.) v. WILPERT. 6068

L. J. Schmauch und **H. M. Grubb,** *Bestimmung von Phenolen in Abwässern durch Ultraviolettabsorption.* Eine spektrophotometr. Meth., die auf einer vom p_H-Wert abhängigen Verschiebung des UV-Spektr. der Phenole beruht, wurde für die Best. von Phenolen in aufgearbeiteten Abwässern entwickelt. Die Proben werden durch Extraktion mit CCl_4 vom Öl befreit u. dann bei p_H 5 mit Tributylphosphat extrahiert, das die Phenole quantitativ aufnimmt u. selbst für UV-Strahlung durchlässig ist. Die so vorbereiteten Proben werden bei p_H 5 u. p_H 12 bei 3010 Å verglichen, wobei eine Absorption von 0,015 cm einer Konz. von 0,00001% Phenol entspricht, die noch mit großer Genauigkeit erfaßt wird. Als erste Fehlerquelle für das Ergebnis wurden von Vff. die Löslichkeitsgleichgewichte zwischen W. u. CCl_4 u. W. u. Tributylphosphat gründlich für zahlreiche substituierte Phenole geprüft. Die dadurch verursachten Substanzverluste sind vernachlässigbar klein. Als zweite Fehlerquelle wurde die Absorption der verschied. Verbb. untersucht, die durch die doppelte Extraktion nicht vom Phenol getrennt werden. Hier spielen außer den Homologen u. substituierten Phenolen die Naphthole u. Dihydrophenole eine Rolle; Thiophenole, Carbonsäuren, Sulfonsäuren u. bas. N-Verbb. haben keinen wesentlichen Einfluß auf das Ergebnis. Die neue Meth. erfordert ca. 1½ Std., ist dafür aber genauer als eine colorimetr. Bestimmung. (Analytic. Chem. **26.** 308—11. Febr. 1954. Whiting, Ind., Standard Oil Co., Res. Dep.) PETSCH. 6068

Osmo Alfred Pietari Makkonen, Helsingfors, Finnland, *Wasserreinigung.* Das W. wird mit Chemikalien versetzt u. dann während der Bldg. des Reaktionsschlammes zu einem Reaktionsbehälter geleitet, der von einem Klärbehälter umgeben ist. Das W. tritt aus dem Reaktionsbehälter in den Klärbehälter über u. sinkt in diesem durch eine Filterschicht von oben nach unten herab, steigt dann nach oben u. wird schließlich durch ein Sandfilter fertig filtriert. Der ganze Vorgang wird vorzugsweise unter Druck durchgeführt. (**Dän. P. 75 205** vom 3/8. 1949, ausg. 22/12. 1952. Finn. Prior. 27/11. 1948.) JÜRGEN SCHMIDT. 6017

Henry Gault, Seine, Frankreich, *Körniger, schwarzer, wasserunlöslicher Kationenaustauscher* zum Enthärten von W. u. Reinigen industrieller Abwässer. Rückstände der Holzverzuckerung werden bei mäßig erhöhter Temp. (50—120°) mit Schwefel- oder Phosphorsäure behandelt. Mengenverhältnis u. Behandlungsdauer richten sich nach der beabsichtigten Verwendung. (**F. P. 981 476** vom 16/4. 1943, ausg. 28/5. 1951.) SCHREINER. 6021

VEB Farbenfabrik Wolfen, Wolfen, Kr. Bitterfeld (Erfinder: **Hans Wassenegger,** Dessau, **Robert Griessbach,** Wolfen, und **Walter Sütterlin,** Bitterfeld), *Kationenaustauscher,* bestehend aus den wasserunlösl. Kunstharzen in Form von Gelen, welche durch Kondensation aus Phenolen u. CH_2O in Ggw. von Sulfiten hergestellt werden. — 275 (Teile) Resorcin werden in 500 W. gelöst u. nacheinander mit 125 Na_2SO_3 u. 100 Volumenteilen Formalin (30%ig) versetzt. Das Gemisch wird 12 Std. auf dem Dampfbad erhitzt, u. nach dem Abkühlen werden 114 Volumenteile konz. HCl zugegeben u. 375 Teile Formalin eingerührt. Die M. erstarrt unter Erwärmung auf 85° zu einer durchsichtigen homogenen Gallerte. Diese wird zerstückelt, bei 75—80° getrocknet u. gehärtet. Das Prod. dient zum Entsalzen von *W*. oder als Na-Austauscher zur Wasserenthärtung. (**D. P.** [**DDR**] **1 855** Kl. 12g vom 6/12. 1936, ausg. 12/1. 1953. [Wirtschaftspatent]. **Zusatz zu D. R. P. 755 119; C. 1953. 7418.**) M. F. MÜLLER. 6021

Soc. An. Carbonisation et Charbons Actifs, Frankreich, *Ionenaustauschmasse.* Lignit, Steinkohle, Anthrazit oder andere C-haltige Stoffe werden mit Oleum oder Nordhäuser Vitriolöl mit 5—20% SO_3 behandelt. Die sich bildende koll. Suspension wird entweder durch langsames Verdünnen oder durch Hitze koaguliert. Das Prod. wird gewaschen, getrocknet u. zerkleinert. Die M., die in W. quillt, wird in 5—7 cm hoher Schicht zum *Enthärten von W.* verwendet. (**F. P. 1 003 740** vom 19/2. 1947, ausg. 21/3. 1952.) WITTHOLZ. 6021

Lorens Thielsen Andersen, Haderslev, Dänemark, *Entsäuerung von Wasser.* Man läßt das W. über eine offene Rieselanlage fließen u. filtriert anschließend durch ein Filter mit gekörntem $CaCO_3$; hierbei verwendet man mehrere Filter, wobei das letzte Filter die von dem ersten Filter mitgerissenen Teilchen auffangen soll. Als 1. Filter kann z. B. eine feine Aufschlämmung von $CaCO_3$ verwendet werden. (**Dän. P. 74 969** vom 14/4. 1948, ausg. 10/11. 1952.) JÜRGEN SCHMIDT. 6025

Produits Chimiques de Ribécourt, Frankreich, *Enthärten von Wasser,* bes. von Kesselspeisewasser u. W. für die Lebensmittelkonservierung, durch Behandeln mit Hydrazinsalzen, deren Anionen unlösl. Ca- u. Mg-Salze bilden. (**F. P. 993 063** vom 21/11. 1944, ausg. 26/10. 1951.) DEMMLER. 6031

Infilco, Inc., Chicago, Ill., V. St. A., übert. von: **Anton A. Kalinske,** *Abwasserbehandlung* durch Einführung von O_2 enthaltendem Gas u. $CaCO_3$ in das zu behandelnde Abwasser (I). Es wird in einer Belüftungskammer eine Suspension von $CaCO_3$ in dem I aufrechterhalten, indem kontinuierlich $CaCO_3$ u. O_2 zugeführt u. ein Teil der Suspension in einen Absetzbehälter abgezogen wird. Nach Abtrennung der geklärten Fl. wird ein Teil des abgesetzten Schlammes mit weiterem zugeführten Abwasser in die Belüftungskammer zurückgeführt. — Zeichnung. (**E. P. 684 607** vom 18/8. 1949, ausg. 24/12. 1952. A. Prior. 11/6. 1949.) REICHELT. 6043

V. Anorganische Industrie.

Hideo Nishimura, Isao Kushima, Jōichiro Moriyama, Kosai Yoshida und **Ryuzo Abe,** *Herstellung von Titantetrachlorid.* 1. Mitt. Bei verschied. Tempp. (500—1000°) wurden *Ti*-Oxyde, Ti-Schlacken u. Ti-Erze, zunächst von ca. 20% Ti-Geh., unter Zusatz von Holzkohlepulver u. Salzen, wie KCl, NaCl, NH_4Cl, chloriert u. die Tempp., bei denen Chlorierung einsetzt, sowie der Einfl. der übrigen Faktoren untersucht u. graph. dargestellt. — Apparatskizzen u. Diagramme. (Suiyokwai-Shi [Trans. Mining metallurg. Alumni Assoc.] **12.** 195—98. 1953. Kyoto, Univ. [Orig.: japan.; Auszug: engl.]) SCHÜLER. H 321

———————

Lonza Elektrizitätswerke und Chemische Fabriken Akt.-Ges. (Gampel), Basel, Schweiz, *Herstellung zweier verschiedener Gase, besonders Wasserstoff und Sauerstoff, durch elektrolytische Zersetzung unter Druck.* Zur Entstehung u. Aufrechterhaltung prakt. gleicher Drucke in den beiden Gasabscheidesystemen wird der Betriebsdruck mittels eines druckgeregelten Ablaßventils am Gasabscheider des einen Gasabscheidesyst. auf einem eingestellten Maximalwert gehalten, während der Gasauslaß am anderen Syst. mittels eines niveaugesteuerten Ventils derartig geregelt wird, daß sich die Flüssigkeitsniveaus in den beiden auf der Flüssigkeitsseite miteinander kommunizierenden Gasabscheidern auf eine prakt. gleichbleibende Höhendifferenz einstellen. — Abbildungen. (**Schwz. P. 290 288** vom 22/2. 1950, ausg. 1/8. 1953.) SCHREINER. H 239

Henkel & Cie. G. m. b. H., Düsseldorf (Erfinder: **Heinrich Schmidt,** Göttingen), *Gewinnung von Wasserstoffperoxyd* durch Dest. elektrolyt. gewonnener Lsgg. von akt. O_2 abspaltenden Verbb. im Kreisprozeß. Die Lsgg. werden vor der Dest. einer Kristallisation, z. B. durch Übersättigen u. Unterkühlen, unterworfen, bes. während des Aufenthalts des Elektrolyten in der Zelle. Die dem Elektrolyten durch die Kristallisation entzogenen, für die kontinuierliche Peroxyderzeugung nötigen Verbb. werden nach der Dest. des Elektrolyten im Destillationsrückstand ergänzt. Die Kristallisation wird durch Zugabe der im Kreisprozeß verbrauchten Ausgangsstoffe bewirkt. (**D. B. P. 887 642** Kl. 12i vom 27/9. 1935, ausg. 24/8. 1953. Anmeldung bekanntgemacht 30/10. 1952.) SCHREINER. H 241

Adolf Messer G. m. b. H. (Erfinder: **Peter Graßmann** und **Rolf Grotewold**), Frankfurt/M., *Gleichzeitige Gewinnung von reinem Sauerstoff und Stickstoff,* dad. gek., daß aus der Mitteldruckzerlegung neben der Roh-O_2-Fraktion zwei Wasch-N_2-Fraktionen mit verschied. O_2-Geh. entnommen werden, wobei die N_2-Fraktion mit dem kleineren O_2-Geh. als Wasch-Fl. für die Nachreinigungskolonne (I) u. diejenige mit dem höheren O_2-Geh. zusammen mit dem Ablauf der I zum Waschen im N_2-Teil der Hauptkolonne verwendet wird. Ausführliche Beschreibung des Verf. u. der Apparatur. — Zeichnungen. (**D. B. P. 910 417** Kl. 17g vom 11/9. 1943, ausg. 3/5. 1954. Anmeldung bekanntgemacht 10/9. 1953.) SCHINDLER. H 243

Dow Chemical Co., Midland, Mich. (Erfinder: **David J. Pye** und **William J. Joseph**, Concord, Calif.), V. St. A., *Gewinnung von Chlor aus Chlorwasserstoff*, bei der HCl mit einer körnigen Kontaktmasse aus Fe_2O_3, KCl u. einem Chlorid des Cu, Co oder Ni, das auf einem inerten, porösen Träger niedergeschlagen ist, umgesetzt wird, wobei der Fe_2O_3-Bestandteil in $FeCl_3$ übergeführt wird, u. anschließend die chlorierte Kontaktmasse mit Luft oder O_2 behandelt wird, wobei der $FeCl_3$-Bestandteil in Fe_2O_3 u. freies Cl_2 umgesetzt wird. Die Kontaktmasse bewegt sich unter dem Einfl. der Schwere zuerst durch eine Chlorierungszone im Gegenstrom zum HCl, tritt mit diesem in Berührung u. bewegt sich dann durch eine Oxydationszone im Gegenstrom zu einem O_2-haltigen Gas, worauf anschließend die oxydierte Kontaktmasse aus der Oxydationszone als Ausgangsmaterial der Chlorierungszone wieder zugeführt wird. — Vorrichtung. (**D. B. P. 888 386** Kl. 12i vom 13/9. 1951, ausg. 31/8. 1953. Anmeldung bekanntgemacht 18/12. 1952.) SCHREINER. H 247

Lech-Chemie Gersthofen, Gersthofen, *Gewinnung von Chlor und Wasserstoff* durch elektrolyt. Zers. von HCl. Die Elektrolyse wird mit einer 1—30 (bes. 1—15) % H_2SO_4 enthaltenden HCl durchgeführt, die z. B. hergestellt wird, indem in eine vorgelegte H_2SO_4-Lsg. HCl bis zur Sättigung eingeleitet wird. Der die Elektrolysezelle verlassende, an HCl u. gegebenenfalls an W. verarmte Elektrolyt wird nach Aufsättigung mit HCl, Wiederaufnahme des durch Kondensation aus den Elektrolysegasen rückgewonnenen W. u. der von den Gasen mitgerissenen HCl u. H_2SO_4, gegebenenfalls unter Zuführung von noch erforderlichen, im Verlauf der Elektrolyse verlorengegangenen Wassermengen, wieder zugeführt, vorzugsweise dem Anodenraum der Zelle. (**D. B. P. 886 740** Kl. 12i vom 4/2. 1943, ausg. 17/8. 1953. Anmeldung bekanntgemacht 26/6. 1952.) SCHREINER. H 247

Soc. An. Standard Française des Pétroles et **Soc. An. Manufactures de Produits Chimiques du Nord, Établissements Kuhlmann**, Frankreich, *Herstellung konzentrierter wässeriger Säuren*, bes. Salzsäure, durch Absorption der gasförmigen Säure in W. nach dem Gegenstromprinzip in Ggw. flüchtiger, mineral. oder organ. Stoffe, z. B. KW-stoffe, wie Bzl., die in der wss. Säure wenig lösl. sind u. durch deren Verdampfung große Wärmemengen gebunden werden. — Vorrichtung. (**F. P. 992 916** vom 29/9. 1944, ausg. 24/10. 1951.) WITTHOLZ. H 247

Shell Development Co., Emeryville, übert. von: **Ava I. Johnson**, Oakland, Calif., V. St. A., *Herstellung von reinem HCl.* Durch Einw. von Cl_2 auf H_2 bei einem Mol-Verhältnis von $Cl_2:H_2 > 1,5$ wird ein von H_2 freies Gemisch von HCl u. Cl_2 erhalten u. diesem Gemisch Propylen in einer dem stöchiometr. Äquivalent des Cl_2 wenigstens gleichen Menge zugesetzt, so daß unter Cl_2-substituierenden Reaktionsbedingungen ein Allylchlorid u. HCl enthaltendes Gemisch entsteht, aus dem durch fraktionierte Dest. reiner, von Cl_2 u. H_2 freier HCl gewonnen wird. — Zeichnung. (**A. P. 2 664 342** vom 20/11. 1950, ausg. 29/12. 1953.) K. DEMMLER. H 247

Edelbert E. Kesting, München, *Kontinuierliche Herstellung von ClO_2* durch Rk. einer Chloratlsg. u. einer Säure in einer Serie geschlossener Gefäße, die gegeneinander überhöht angeordnet u. durch Überläufe miteinander verbunden sind, wobei nur das am tiefsten stehende Gefäß erhitzt u. das in dieses eingeleitete inerte Gas im Gegenstrom zur Chloratlsg. von einer zur anderen Stufe bis zum höchststehenden Gefäß geführt wird. — Zeichnung. (**A. P. 2 664 341** vom 9/1. 1952, ausg. 29/12. 1953. D. Prior. 26/4. 1951.) K. DEMMLER. H 247

Soc. d'Électrochimie, d'Électrométallurgie et des Aciéries Électriques d'Ugine, Paris, Frankreich (Erfinder: **Francis H. Dole**, Kenmore, N. Y., V. St. A.), *Herstellung von unter 5% Cl_2 enthaltendem ClO_2* durch Einleiten von NO_2 in eine 5-n. salpetersaure Alkalichloratlsg. u. Abführen des gebildeten ClO_2, dad. gek., daß eine Chloratkonz. im Reaktionsgemisch von 0,1—0,7 Mol/Liter während der Rk. aufrechterhalten wird. Das einzuleitende NO_2 wird mit einem Inertgas (z. B. Luft) auf einen Partialdruck <300 Torr verdünnt. — Apparatur. (**D. B. P. 886 741** Kl. 12i vom 17/11. 1951, ausg. 17/8. 1953. Anmeldung bekanntgemacht 2/10. 1952. A. Prior. 25/11. 1950.) SCHREINER. H 247

Marie Pierre Paul Gloess, Frankreich, *Extraktion von Jod aus Meeresalgen* unter Erhaltung der anderen in den Algen enthaltenen Stoffe, vor allem des Algins, indem die vorher getrockneten Algen direkt mit das J in Freiheit setzenden Gasen oder Dämpfen, z. B. nitrosen Dämpfen, in Ggw. von Wasserdampf oder warmer Luft oder beiden behandelt werden. (**F. P. 978 021** vom 11/12. 1942, ausg. 9/4. 1951.) DEMMLER. H 249

Borax Consolidated Ltd., London (Erfinder: **George Noblet Tyson** und **Grover Gerald Collins,** Los Angeles, Calif., V. St. A.), *Herstellung peroxydhaltiger Borate,* deren wss. Lsg. einen p_H-Wert <9,0 u. gegenüber Alkalien eine starke Pufferwrkg. aufweist. Einem Na-Borat werden H_3BO_3 u. H_2O_2 in solchen Verhältnissen zugesetzt, daß das Endprod. akt. O_2 entsprechend einem Molverhältnis H_2O_2:Na = (0,5—4,0):1 enthält u. das Molverhältnis Na_2O:B_2O_3 <0,5:1 ist, worauf das Endprod. gegebenenfalls zur Trockne gebracht wird. In einer beliebigen Stufe des Verf. kann ein anionakt. oder nichtionogenakt. synthet. Netzmittel, z. B. ein langkettiger Alkohol-H_2SO_4-Ester, ein langkettiges Alkarylsulfonat, ein langkettiges Fettsäureamid oder ein Polyglykoläther, zugesetzt werden. Statt H_3BO_3 kann (zum Teil oder ganz) B_2O_3 verwendet werden. (**D. B. P. 901 287** Kl. 12i vom 25/4. 1950, ausg. **11/1. 1954.** Anmeldung bekanntgemacht 7/5. 1953. A. Prior. 29/4. 1949.) SCHREINER. H 258

Cowles Chemical Co., Cleveland, O., V. St. A., *Herstellung von Alkalisilicat.* Eine Wanne wird mit festem Alkalisilicat gefüllt, worauf dieses derart erhitzt wird, daß die am Boden u. an der Wand befindlichen Teile nicht schmelzen. Nunmehr bringt man in den geschmolzenen Teil ein stöchiometr. Gemisch aus Sand u. Alkaliverbb. u. hält die Temp. so hoch (2000—2700° F), daß sich das Gemisch zu Alkalisilicat umsetzt, das laufend abgezogen wird. — Vorr., Abbildungen. (**E. P. 702 481** vom 2/7. 1951, ausg. 20/1. 1954. A. Priorr. 3/7. 1950 u. 8/6. 1951.) ZÜRN. H 261

Brush Development Co., Cleveland, O., V. St. A., übert. von: **Hans Jaffe, Charles Kenneth Gravley, Edward M. Brazis** und **Bengt Kjellgren,** *Erleichterung der Kristallisation von Salzen.* Das symm. Wachstum von Salzkristallen, bes. von $NH_4H_2PO_4$, wird erleichtert u. die Bldg. gleichmäßiger Kristallformen gefördert durch Einbringen von Impfkörpern in die in Kristallisationsbehältern befindlichen Salzlsgg., wobei diese über die Impfkörper fließen u. freien Zutritt zu allen Seiten derselben haben. — Vorrichtung. (**E. P. 668 823** vom 13/2. 1948, ausg. 26/3. 1952. A. Prior. 13/2. 1947.) KARST. H 264

Imperial Chemical Industries Ltd., London, übert. von: **Solvay & Cie.,** Brüssel, Belgien, *Chloralkalielektrolyse.* In Elektrolysezellen mit beweglicher Hg-Kathode wird das Hg aus der hermet. verschlossenen Amalgamzersetzungszelle mittels einer H-Pumpe unter Druck in die Elektrolysezelle gefördert, wobei der in der Zersetzungszelle bei der Amalgamzers. gewonnene H_2 als Fördermittel dient. — Vorrichtung. (**E. P. 677 375** vom 27/6. 1950, ausg. 13/8. 1952.) KARST. H 272

Krebs & Co. Ltd., Zürich, Schweiz, und **Edouard Krebs,** Neuilly-sur-Seine, Frankreich, *Kontinuierliche Reinigung des in Chloralkali-Elektrolysezellen umlaufenden Quecksilbers.* Ein Teil (ca. 10—20%) des jeder einzelnen Chloralkali-Elektrolysezelle zugeführten Hg wird kontinuierlich einem Destillationsapp. zugeleitet, dort, bes. unter red. Druck von ca. 150 mm Hg, dest. u. das gereinigte Hg in das Verf. zurückgeführt. Man erreicht eine schnelle Befreiung des Hg von Fe-, Mg-, Ca-, Cu- u. Al-Amalgamen sowie von suspendierten Graphitteilchen. (**E. P. 665 225** vom 29/6. 1949, ausg. 16/1. 1952.) KARST. H 272

Badische Anilin- & Soda-Fabrik Akt.-Ges., Ludwigshafen/Rh., *Gewinnung eines farblosen Alkalichlorits.* Man absorbiert ClO_2 in einer wss. Suspension eines Erdalkalihydroxyds u. Kohle, trennt die restlichen festen Bestandteile ab u. setzt zu der erhaltenen Erdalkalichloritlsg. wasserfreies Alkalicarbonat. Das ausgefallene Erdalkalicarbonat wird abgetrennt u. die Alkalichloritlsg. eingedampft. (**E. P. 706 667** vom 24/4. 1952, ausg. 31/3. 1954. D. Prior. 28/4. 1951.) NEBELSIEK. H 272

Wintershall Akt.-Ges., Celle, und **Hellmuth Keitel,** Kassel (Erfinder: **Hellmuth Keitel,** Kassel, und **Wilhelm Appell,** Heringen/Werra), *Gewinnung von gut filtrierbarer Magnesia und Ammonium-Magnesium-Doppelsalz* durch Zusammenbringen von NH_3 u. NH_4-salzhaltiger Mg-Lsg., dad. gek., daß eine Mg-reiche Mutterlauge mit **10** bis **100** (g/Liter) NH_3, bes. 20, vorgelegt u. während der Fällung des $Mg(OH)_2$ gesteigert wird, bes. auf 40, oder auch nach beendetem Zulauf der Mutterlauge noch weitervermehrt wird. Diese Fällung wird bei 50—80° durchgeführt; nach Abtrennung des $Mg(OH)_2$ wird die Mutterlauge auf $<30^0$, bes. auf 15^0, heruntergekühlt. Dabei scheidet sich unter Rühren Ammonschönit aus. In diese Lauge wird erneut NH_3 eingeleitet u. dadurch $(NH_4)_2SO_4$ mit dem vorweg durch Abkühlen gewonnenen Ammonschönit zusammen oder nach gesonderter Abtrennung $(NH_4)_2SO_4$ allein erhalten. (**D. B. P. 913 535** Kl. **12m** vom 8/11. 1950, ausg. 14/6. 1954. **Zusatz zu D. B. P. 908 014; C. 1954. 6564.**) NEBELSIEK. H 282

VI. Silicatchemie. Baustoffe.

Marianus Czerny und **Ludwig Genzel,** *Energiefluß und Temperaturverlauf im Glasbad von Schmelzwannen als Folge von Wärmeleitung und Wärmestrahlung.* Im Anschluß an die rechner. Verfolgung des Übergangs einer räumlich diffusen Strahlung in das Glasbad versucht vorliegende Arbeit unter gewissen vereinfachenden Bedingungen den Energiestrom u. die Temperaturverteilung in der Glasmasse selbst rechner. zu erfassen. Die Zuverlässigkeit der Berechnung wird mit der direkter Messungen verglichen. — 10 Literaturhinweise. (Glastechn. Ber. **25.** 387—92. Dez. **1952.** Frankfurt/M., Univ., Physikal. Inst.) F. HEINRICH. 6172

O. A. Jessin und **P. W. Geld,** *Die Struktur von Gläsern und die Eigenschaften geschmolzener Silicate.* In einem Überblick über zahlreiche russ. Arbeiten zur Frage der Natur u. der Eigg. der Gläser wird als wesentliches Ergebnis u. Stand der heutigen Kenntnis ihre „Mikrouneinheitlichkeit", ihre Ionennatur u. der elektr. Charakter ihrer Leitfähigkeit herausgearbeitet. — Literaturhinweise ohne Zitate. (Стекло и Керамика [Glas u. Keram.] **11.** Nr. 3. 4—6. März **1954.**) R. K. MÜLLER. 6200

René Lecuir, *Charakteristische Eigenschaften der durch Sinterung erhaltenen keramischen Materialien.* Die Abweichungen der scheinbaren D. im Rohmuster verändern die mittlere Richtung des Musters u. ziehen lokale Schwundveränderungen nach sich, die der Ursprung der meisten Fabrikationsfehler sind. Die Erfahrung zeigt den lokalen u. öfters unvollständigen Charakter der Rkk. im keram. Material. (C. R. hebd. Séances Acad. Sci. **235.** 1650—52. 22/12. 1952.) PISTOR. 6206

—, *Formöl. Untersuchungen des Technischen Untersuchungsdienstes der Société Française de Céramique.* Angaben über Eigg. von Formölen, bes. Viscosität. (Ind. céram. **1954.** 95—96. April.) K. SEIDEL. 6206

Harry E. Davis, *Mahlen von Glasuren in der Kugelmühle. — Verschiedene Mahlmedien.* Vf. behandelt die nasse Feinmahlung von Glasurbruch (frit) in Kugelmühlen. Durch Auffindung dichterer Werkstoffe für die Mahlwerkzeuge sind hier günstige Effekte erzielt worden. Vf. bespricht Ergebnisse von Unterss. zur Feststellung des Einfl. von D. u. Form (Kugeln bzw. Zylinder) der Mahlkörper auf den Zustand des Endprod. des Mahlvorganges. (Amer. ceram. Soc. Bull. **32.** 209—11. Juni **1953.** Cambridge, O., Universal Potteries, Inc.) GERHARD GÜNTHER. 6212

P. P. Budnikow, *Einfluß der Mineralisatoren auf die mechanischen, thermischen und dielektrischen Eigenschaften des Porzellans.* Porzellanmasse (PM) wurde allein oder mit 1 u. 2% Zuschlag bei 1250, 1280, 1290 u. 1300⁰ gebrannt. Es zeigte sich, daß ohne Zugabe von Mineralisatoren die beste Brenntemp. bei 1290⁰ lag; sie wurde durch die Zusätze auf 1250⁰ gesenkt, ohne daß dabei das Intervall des Zusammenbackens eine Einengung erfuhr. Von den Zusätzen ergaben *$LiCO_3$* u. *Ascharit* keine Verbesserung der elektrotechn. Eigg. der PM, hingegen steigerte *Talk* die dielektr. Festigkeit. *Hochofenschlacke* steigerte die Mullitbldg. u. verbesserte die mechan. u. therm. Eigg. der PM. Beides gilt auch von *ZnO* u. *TiO_2*, die die dielektr. Festigkeit etwas ansteigen ließen, ohne die technolog. Eigg. der PM zu verschlechtern. (Стекло и Керамика [Glas u. Keram.] **11.** Nr. 1. 4—7. Jan. **1954.**) V. WILPERT. 6214

B. D. Mitchell und **R. C. MacKenzie,** *Entfernung von freiem Eisenoxyd aus Tonen.* Es wurde das $Na_2S_2O_4$Verf. zum Bleichen von Ton durch Entfernung des Eisenoxyds (mit nachfolgender Best. des Fe nach GALABUTSKAYA u. GOVOROVA, Mineral' Syr'e **9.** [1934.] 27) mit den anderen gebräuchlichen Verff. (bes. mit dem Säure-NH_4-Oxalatverf. u. mit dem Al-NH_4-Tartratverf.) verglichen u. die Vorteile einer allg. Anwendung dieses raschen u. strukturschonenden Mikroverf. angegeben. Einzelheiten der Methodik, sowie der Einfl. verschied. Faktoren (p_H, Temp., Zeitdauer u. Zahl der Extraktionen) auf die Wirksamkeit der Eisenoxydentfernung, auf Kationenaustausch u. Strukturerhaltung der Tone werden neben einigen Vorsichtsmaßregeln erörtert. Das Verf. erweist sich den anderen überlegen, obgleich eine vollständige Eisenoxydentfernung nicht möglich scheint. (Soil Sci. **77.** 173—84. März **1954.** Scotland, Macauley Inst. for Soil Res.) JANICKE. 6216

W. A. Bron, *Über die Sinterung der Tonerde durch Rekristallisation.* Techn. (99,4%) Al_2O_3 (I) wurde unter Zusatz von etwas Sulfitcelluloseschlempe zu Zylindern (20 × 15 mm) gepreßt (600 kg/cm²) u. allein sowie mit verschied. Zusätzen gebrannt. Es zeigte sich, daß eine Umkristallisation am wirksamsten bei Zusatz von 2—5% TiO_2 (D. 3,84 bei 1500°) zu dem bei 1400° gebrannten I erfolgt. Auch Zusatz von Ilmenit, $MgTi_2O_5$ u. Mg_2TiO_4 bewirken Rekristallisation. Die Sinterwrkg. von TiO_2 sinkt mit steigender Brenntemp. von I. Die Porosität kann am wirkungsvollsten bei $Al(OH)_3$ (gegebenenfalls bei 500° gebrannt), am schwächsten bei Korund niedriggehalten werden. Bei den meisten der anderen (14) angewandten Zusätze sowie in Abwesenheit solcher liegt die Sintertemp. erheblich höher. Korund erfordert sehr hohe Tempp. für die Umkristallisation. (Огнеупоры [Feuerfeste Mater.] **16.** 312—23. Juli 1951. Uraler Zweigstelle des Inst. für feuerfeste Materialien.) V. WILPERT. 6216

E. K. Keler und **S. I. Wesselowa,** *Thermische Charakteristik der feuerfesten Tone.* Nach dem Verf. der therm. Vollanalyse (Erhitzen im Kryptolofen bis maximal 1600°, automat. Registrierung der Schrumpfung, Differentialmeth. nach KURNAKOW) wurden keram. sowie chem.-mineralog. 23 Tone u. Kaoline Rußlands untersucht, die endo- u. exotherm. Temperaturpunkte notiert, sowie die Beziehungen zwischen chem.-mineralog. Zus. u. Verb. der Tone besprochen. — Bei der Mehrzahl der Tone wurde ein endothermer Effekt bei 610—660°, der 1. exotherme bei 920—940° (Ausnahmen 950—970°), ein 2. exothermer Effekt bei 1140—1180° (Kaoline 1220°) sowie bei 13 von den 23 Tonen noch ein 3. nachgewiesen. (Огнеупоры [Feuerfeste Mater.] **16.** 249—57. Juni **1951.** Leningrad, Inst. für feuerfeste Materialien.) V. WILPERT. 6218

I. Je. Dudawski und **Ss. D. Iosselson** (unter Mitarbeit von **Je. D. Minkowitsch**), *Feste Lösungen in Cristobalit und ihre Bedeutung für die Technologie des Dinas.* (Vgl. C. **1953.** **7161.**) Röntgenograph. u. dilatometr. Verss. dienten der Messung der therm. Umwandlungen der *SiO_2*-Modifikationen ineinander. Bei 1100—1250° bildet sich „akt." *Cristobalit* (I) mit verzerrtem Gitter; seine Bldg. wird durch Zusatz von FeO, Fe_2O_3 u. Al_2O_3 begünstigt, wobei ein Austausch nach $2Si^{4+} \rightarrow 2Fe^{3+}$ (oder $2Al^{3+}$) + Fe^{2+} in fester Lsg. erfolgt. Akt. I geht bei höherer Temp. (1320°) weitgehend in *Tridymit* (II) über. Wird der Prozeß jedoch dauernd bei höherer Temp. durchgeführt, so entsteht selbst bei 1400—1450° n. I (ohne Übergang in II). Auch eine Bldg. fester Lsgg. in II fand sich angedeutet, jedoch wurden die gegebenenfalls akt. Formen von II nicht näher untersucht. (Огнеупоры [Feuerfeste Mater.] **16.** 26—39. Jan. **1951.** Charkow, Inst. für feuerfeste Materialien.) V. WILPERT. 6218

D. Ss. Rutman, *Gewinnung tonerdereicher Materialien zur Ausfütterung von Senkkästen der Martin-Öfen.* Die Rohstoffe (3 Teile 97%ig. Tonerde, 1 Teil Ton) werden gemahlen (am besten mit Stahlkugeln; Naßmahlen bot keine Vorteile), geformt, getrocknet, mit 20% ungemahlener (0,5—1,5 mm Korngröße) Schamotte vermischt u., falls angängig, ohne vorheriges Calcinieren im Drehofen gebrannt. Das erhaltene Prod. ist hochwertig (D., Deformation, Feuerfestigkeit). (Огнеупоры [Feuerfeste Mater.] **16.** 51—57. Febr. 1951. Schtscherbinsk, Fabrik für feuerfeste Materialien.) V. WILPERT. 6218

Vittorio Cirilli und **Cesare Brisi,** *Zusammensetzung der Eisenphase im Portlandzementklinker.* Mit dem Ziel der Ermittlung der Zus. der Eisenphase im Portlandzementklinker untersuchten Vff. das Dreistoffsyst. $CaO–Al_2O_3–Fe_2O_3$, indem sie in Laboratoriumsverss. Portlandzementklinker (immer so berechnet, daß kein freies CaO vorhanden sein kann) mit einem Tonerdemodul von 0,64—1,7 bei unterschiedlichen Abkühlungsbedingungen erbrennen u. die Klinkerkomponenten mittels mkr. Prüfung identifizieren. Es zeigt sich, daß bei einem Al_2O_3/Fe_2O_3-Verhältnis bis 0,84 noch kein C_3A beobachtet wird, vielmehr die gesamte Tonerde in der Eisenphase $[2CaO \cdot (Al, Fe)_2O_3]$ gebunden ist. Bei Erhöhung des Tonerdemodul auf 1,0 werden geringe Mengen C_3A in der oftmals unregelmäßige Struktur aufweisenden Grundmasse beobachtet, wobei diese Anteile größer sind, wenn die Abkühlung extrem langsam erfolgt. Die Erscheinung des geringen C_3A-Anteils in dem Klinker konnte bis zu einem Tonerde/Eisenoxyd-Verhältnis von 1,2 aufrechterhalten werden, wenn in Anlehnung an die Praxis bis maximal 3,0% MgO den Rohmischungen zugesetzt wurden. Erst wenn der Tonerdemodul über 1,0 bzw. 1,2 steigt, werden proportional wachsende Mengen C_3A in der Grundmasse gefunden, bis das Al_2O_3/Fe_2O_3-Verhältnis sich dem Maximalwert von fast 2,0 nähert. — 6 Literaturangaben. (Ind. ital. Cemento **23.** 289—92. Dez. **1953.** Torino, Ist. di Chim. gen. e appl. e di Metallurgia del Politechnico.) ANIKA. 6222

Ju. Je. Kornilowitsch und **L. G. Gulinowa,** *Über die Anwendung von Calciumsaccharaten als Plastifikatoren für Zementlösungen und Betone.* Ein Zusatz von 0,1%

Melasse zeigt die gleiche plastifizierende Wrkg. auf Zement (I)-Brei u. -Lsg. sowie Beton wie Sulfitschlempe (II). Bei Zusatz von Zucker zu I verschied. Zus. entwickelt sich durch dessen Rk. mit CaO Wärme, die es möglich macht, den Prozeß calorimetr. zu verfolgen. Dagegen entwickelt sich nur die n. Benetzungswärme (wie mit W. allein) bei Zusatz von Ca-Saccharat (III)-Lsg., die z. B. durch Zugabe von CaO zu Melasse mit einem Geh. von 50% III erhalten wird. Ein Zusatz von 0,1—0,2% III (auf I bezogen) erhöht die Fließbarkeit des I stärker u. setzt die Festigkeit nach 28 Tagen u. nach 1 Jahr mehr herab als ein gleicher Zusatz von II. Auch ein Zusatz von 0,05% III ist schon wirksam. (Журнал Прикладной Химии [J. angew. Chem.] **26.** 876—79. Aug. 1953.) R. K. MÜLLER. 6222

Z. G. Ginsburg, *Anwendung plastifizierender Zusätze zu hydrotechnischem Beton.* Es wird der Zusatz eines Plastifikators zum hydrotechn. Beton empfohlen. Mit diesem Zusatz wird die Plastizität des Betons gesteigert, der Temperaturausgleich beschleunigt, erheblich (6—10%) an Zement gespart u. die mechan. Frost- u. Korrosionsfestigkeit gesteigert, während Wasserdurchlässigkeit u. Schrumpfung geringer werden. Der Beton verdichtet sich rascher, wodurch die Mischdauer abgekürzt wird. (Гидротехническое Строительство [Hydrotechn. Bau] **20.** Nr. 7. 15—18. Juli 1951.) v. WILPERT. 6224

B. B. Lal, *Zusammensetzung und Technik einiger glasierter Ziegel von historischen Monumenten.* Vf. berichtet über die Zus. u. die Herstellungstechnik einiger glasierter Ziegel von altind. Monumenten. (Sci. and Cult. **19.** 244—46. Nov. 1953. Dehradun, Dep. of Archaeol., Chem. Branch.) v. HARLEM. 6228

A. Ss. Fefer und **G. D. Ssokolow,** *Argillit, ein neuer Rohstoff für die Baustoffindustrie.* Argillite (I), die sich von gewöhnlichem Ton nur durch ihre Härte unterscheiden, haben bisher keinerlei Verwendung in der Baustoffindustrie gefunden. Wird durch Zermahlen die zementierende Bindung aufgehoben, so weisen die I, mit W. angeteigt, hohe Plastizität bzw. Suspensionsbldg. auf. Aus ihnen können Ziegel hergestellt werden, deren Festigkeit die gewöhnlicher Ziegelsteine bedeutend übersteigt. Wie die Unterss. zeigen, sind I auch zur Herst. von thermoisolierenden Baumaterialien verwendbar. In Abhängigkeit von der chem. u. mineralog. Zus. der I, die ebenso wie bei Tonen sehr verschieden ist, werden ihre Verwendungsgebiete als Rohstoff (in der Produktion keram. Röhren, Klinker u. Verkleidungsplatten) bestimmt. (Стекло и Керамика [Glas u. Keram.] **10.** Nr. 10. 21—23. Okt. 1953.) E. v. PEZOLD. 6228

L. Bullin und **K. Green,** *Rißbildung im Ziegelmauerwerk.* Es wird an Hand von Verss. dargetan, daß die Rissebldg. im Ziegelmauerwerk kaum durch Feuchtigkeitsaufnahme der Ziegel oder deren Raumänderungen, sondern vielmehr infolge von Raumänderungen des Mörtels erfolgen. (Trans. Brit. ceram. Soc. **53.** 39—66. Jan. 1954.) K. SEIDEL. 6228

Jürgen Techel und **Günter Freyer,** *Südafrikanische Asbeste.* Überblick über Arten, Vork. u. Förderung südafrikan. Asbeste. Eigg. u. röntgenograph. Untersuchungen. (Silikattechnik **5.** 22—28. Jan. **1954.** Coswig/Sa., VEB Bremsbelag- u. Preßwerk, u. Dresden, TH, Inst. für Röntgenkunde.) F. HEINRICH. 6234

Rolf Reiberger, *Prüfung silicattechnischer Rohstoffe, insbesondere der Emailrohmaterialien.* Überblick über Verff. zur Probenahme u. Analyse. (Glas-Email-Keramo-Techn. **4.** 206—11. Juni 1953. Wien-Floridsdorf, Österreich, Vereinigte Chem. Fabriken.) MARKHOFF. 6242

Alphons Schoblick, *Einige mikroskopische Beobachtungen an keramischen Präparaten.* In Fortsetzung der C. **1954.** 3308 referierten Arbeit werden an Hand von Mikrobildern erläutert: Entmischungen u. Schichtungen in Massen; Verkitten von Masserissen in Sprühware, Poren in Massen, Feuertonware, „Nadelstiche", grober Quarz in Fritte, Kristallansammlungen an der Glasuroberfläche, Glasurschichtung, Loslösen dunkelblauer Unterglasurfarbe, blaugraue Punkte an gelber Aufglasurfarbe, leichte S-Einw. im elektr. Ofen, Entmischungen auf der Glasuroberfläche, Glasurriß u. Abblättern sowie der Einfl. der Dünnschliffstärke auf die mkr. Untersuchung. (Sprechsaal Keram., Glas, Email **86.** 453—57. 20/9. 479—81. 5/10. 501—03. 20/10. 527—28. 5/11. 551—55. 20/11. 1953.) WINIKER. 6248

A. Dietzel und **O. Schmitt,** *Säure-Basen-Titrationskurven von Tonsuspensionen.* Tonmineralien verhalten sich wie Kolloidanionen, die in Ton durch Na^+, Ca^{2+} oder auch H^+ abgesätt. sind, u. welche durch n/10NaOH bzw. HCl unter Verwendung einer Glaselektrode elektrometr. titrierbar sind. Ein Inflexionspunkt in der Kurve zeigt einen kaolinit. Ton an, mehrere deuten auf Montmorillonit oder Illit hin. (Ber. dtsch. keram. Ges. e. V. **31.** 77—79. März 1954. Würzburg, Max-Planck-Inst. für Silikatforschung.) F. HEINRICH. 6248

Ss. Ss. Ogandshanowa, *Schnellbestimmung einer Zementmarke.* Mit Vierkantstäben 4 × 4 × 16 cm aus reinem Zementstein werden Biegeproben nach 1tägigem Erhärten unter Standard-Luft–Feuchtigkeits-Bedingungen u. nach 1½—2std. Dämpfen bei 100° Biege- u. Druckfestigkeitsprüfungen vorgenommen. Die Druckfestigkeit entspricht dann der im Mörtel nach GOST (Allunions-Standard) bestimmten Aktivität; die Biegefestigkeit ist 2,3—3,8mal größer als die Zugfestigkeit der Norm. In einer Tabelle werden die nach dem üblichen Verf. u. nach der Schnellmeth. erhaltenen Werte für 12 Portland- u. 14 Schlackenportlandzemente verglichen. (Цемент [Zement] **20.** Nr. 1. 8—10. Jan./Febr. 1954.) R. K. MÜLLER. 6252

Jørgen Koch, Dänemark, *Behandlung von optischen Elementen,* wie Linsen in photograph. Apparaten u. Periskopen von U-Booten, durch Bestrahlung mit atomaren Teilchen, wie den Ionen inerter Gase (Xe, Kr, Ar). Erreicht wird eine Verminderung der Reflexion sowie eine Erhöhung der Durchlässigkeit. (**F. P. 990 956** vom 19/7. 1949, ausg. 28/9. 1951. Dän. Prior. 20/7. 1948.) DEMMLER. 6201

Carborundum Co., übert. von: **Kenneth C. Nicholson,** Niagara Falls, N. Y., V. St. A., *Herstellung von feuerfesten Formlingen aus SiC* von hoher Festigkeit u. Oxydationsbeständigkeit. Ein Gemisch aus >50% SiC u. B_4C, in dem bes. das SiC feinkörnig u. das B_4C sehr feinteilig ist, wird geformt u. in einer nichtoxydierenden, N_2 enthaltenden Atmosphäre auf Tempp. zwischen 2100° u. der Dissoziationstemp. von SiC erhitzt, wodurch das SiC durch B_4C u. BN verbunden wird. (**A. P. 2 636 825** vom 30/12. 1948, ausg. 28/4. 1953.) ZÜRN. 6219

Siemens-Schuckertwerke Akt.-Ges., Berlin und Erlangen (Erfinder: **Gustav Voigt †,** Ahorn über Coburg), *Herstellung keramischer Körper.* Zur Herst. keram. Körper wird eine Gießform verwendet, die aus Gips u. Schamotte oder dgl. besteht. Die Form enthält bis zu 70% gemahlene Schamotte. (**D. B. P. 881 324** Kl. 80b vom 1/8. 1944, ausg. 29/6. 1953.) HANS HOFFMANN. 6221

C. U. R. A. Patents Ltd., Leatherhead, übert. von: **James Hunter McKee,** Ashtead, England, *Formkörper,* z. B. Kohleelektroden, Töpferwaren, Dachziegel, Ziegelsteine, Briketts u. dgl., werden aus C-haltigen Stoffen (Kohlenstaub, Flugasche) hergestellt, die mit prim. aliphat. Aminen (mit bis zu 12 C-Atomen), Di- bzw. Triaminen, Polyalkylenpolyaminen oder aromat. Aminen angerührt, geformt, bei 100° vorgetrocknet u. bei 1050° gebrannt werden. (**A. P. 2 652 318** vom 3/11. 1950, ausg. 15/9. 1953. E. Prior. 4/11. 1949.) SALZMANN. 6221

William Alfred Wallington, Lankshear, Belmont, England, *Bauelemente* für Zwischenwände oder Dachkonstruktionen, bestehend aus einer gebogenen oder gewellten, beiderseits mit einer Al-Legierung dünn belegten Korkplatte; als Bindemittel dient ein Harzkleber. (**E. P. 696 482** vom 14/4. 1950, ausg. 2/9. 1953.) SALZMANN. 6229

Gerrit Johannes Sluiter, Amsterdam, Holland, *Herstellen von Faserplatten.* 70 bis 80 (Teile) lockere Celluloseflocken (Papierzellstoff) werden in eine wss. Dispersion von 5—25 vegetabil. oder animal. Leim eingemischt, einige Std. gelagert, dann durch Schlagen homogenisiert u. mit 75—100 (Trockensubstanz) Kautschukmilch, bes. als Konzentrat, vermischt, gegebenenfalls mit noch weiteren Zusätzen, z. B. Kalk, Wasserglas, Gips, Zement oder Füllstoffen, auch Vulkanisiermitteln. Die Mischung wird durch Sprühen oder Gießen verformt, bes. zu Platten für *Wand- u. Bodenbelag,* getrocknet u. gegebenenfalls vulkanisiert. (**A. P. 2 575 895** vom 22/9. 1949, ausg. 20/11. 1951. Holl. Prior. 30/9. 1948.) OVERBECK. 6229

Titan Co., Inc., New York, N. Y., V. St. A., *Schleifmittel und abriebfestes Material.* Gemische aus TiO_2 u. ZrO_2 im Mol.-Verhältnis von 1:9—9:1 werden unter Zusatz von Kohlenstoff z. B. im Lichtbogen geschmolzen, wobei der O_2-Geh. unter 98(%), aber nicht unter 25 gehalten wird. Das Schmelzprod. zeigt nach dem Erstarren metall. Glanz u. ist hart, zäh u. abriebfest. Als Schleifmittel für opt. Glas ist es sogar der geschmolzenen Tonerde überlegen. (**E. P. 694 063** vom 23/2. 1951, ausg. 15/7. 1953. A. Prior. 30/3. 1950.) REINHART. 6239

Deutsche Gold- und Silberscheideanstalt vormals Roessler, Frankfurt/M. (Erfinder: **Walter Wagner,** Niederhofheim, Taunus), *Schleifkörper.* Ein Schlicker aus einem in W. feinverteilten Metalloxyd, bes. Al_2O_3, wird durch Zusatz von akt. Sauerstoff abgebenden Stoffen, z. B. H_2O_2, getrieben u. ohne Druck verformt. Der Formkörper wird getrocknet u. gesintert. Die Schleifwrkg. läßt sich durch Veränderung der Porigkeit u. Beeinflussung der Härte u. Festigkeit des Schleifmittels, wie Al_2O_3, variieren. Dem Al_2O_3 kann z. B. Cr_2O_3 zum Steigern der Härte oder MgO oder SiO_2 zum Regeln der Korngröße u. -ausbildung zugesetzt werden. (**D. B. P. 904 272** Kl. 80b vom 9/3. 1950, ausg. 18/2. 1954.) REINHART. 6239

VII. Agrikulturchemie. Schädlingsbekämpfung.

L. Moriceau, *Die Calciumaluminiumphosphate des Senegal und ihre erste industrielle Anwendung: Phosphal.* Phospal ist das Calcinierungsprod. eines Ca–Al-Phosphats. Es enthält höchstens 1% Fe, sein Fe-Geh. ist durch das Calcinieren in inertes Oxyd übergeführt. Der Geh. an Gesamt-P_2O_5 beträgt ca. 34%, an ammoncitratlösl. 26%. Vorurteile wegen des Al_2O_3-Geh. (Hinderung der P-Assimilierung) sind nicht berechtigt. (Ind. chimique **40.** 161—64. Juni 1953.) GRIMME. 6282

P. G. Arvan und **D. T. Mowry,** *Hochwertige, wasserlösliche Präparate von Pflanzennährstoffen.* Besprechung der Zus. u. Eigg. von 20 festen u. 6 fl. handelsüblichen NPK-Gartendüngern, teilweise mit Gehh. an Spurenelementen u. Wuchsstoffen. (Agric. Chemicals **9.** Nr. 3. 47—49. 137—39. März 1954. St. Louis, Mo., Monsanto Chemical Co.) RANG. 6290

K. H. Northcote, *Die Stellung und Funktion der Pedologie in der Bodenkunde.* Die Pedologie befaßt sich mit der Morphologie, Klassifikation u. Bildungsweise der Böden. Feldunterss. müssen mit Laboratoriumsunterss. koordiniert werden, um die qualitativen Hypothesen, die sich bei Feldunterss. ergeben, zu wissenschaftlichen Theorien auszubauen. Die Bodenkartierung muß auf der Pedologie aufbauen u. darf nicht nur für bestimmte prakt. Zwecke vorgenommen werden. Die Geochemie sollte stärker in den Dienst der Pedologie gestellt werden, da sie Hinweise geben kann, weshalb unter sonst gleichen Bedingungen verschied. Böden nebeneinander auftreten. (Commonwealth Bur. Soil Sci., Soils Fertilizers **17.** 305—10. Aug. 1954.) A. JACOB. 6300

G. F. Hauser, *Afghanischer Alkaliboden und seine Verbesserung.* An einem weitverbreiteten Typ von Alkaliboden im Weizengebiet von Kabul wurden period. Bodenunterss. in Verbindung mit Bewässerungsunterss. u. einem Feldvers. mit Weizen, Gerste u. Hafer vorgenommen. Der Wechsel zwischen Trockenheit im Sommer bzw. Herbst u. Ndd. im Winter verursachte typ. Schwankungen von p_H u. Salzgeh. in der Krume, an denen der Untergrund aber nicht teilnahm. Eine Behandlung mit 4500 kg Gips/ha verminderte den Geh. an austauschfähigem Na in der Krume u. erhöhte den Geh. an Ca. Die chem. Wrkg. des Gipses beschränkte sich auf die Krume u. reichte nicht tiefer als 50—60 cm. Die Durchlässigkeit des Bodens für W. wurde um 24,4% erhöht, woraus sich eine Verminderung der Salzkonz. ergab. Der Ertrag an Weizen stieg um 105%, an Hafer um 36% u. an Gerste um 7%. (Soil Sci. **76.** 367—75. Nov. 1953. Kabul, Afghanistan, Royal Dep. of Agricult.) A. JACOB. 6304

Roy Overstreet, J. C. Martin und **H. M. King,** *Gips, Schwefel und Schwefelsäure als Mittel zur Verbesserung eines Alkalibodens der Fresno-Serien.* Gips, Schwefelsäure (I) u. Schwefel (II) werden in auf S bezogenen Mengen von 10, 5,70 u. 1,86 tons/acre zu einem strengen Alkaliboden verabfolgt, wobei die besten Mehrerträge beim Anbau von Alfalfa mit I u. die schlechtesten mit reinem II erzielt wurden. (Hilgardia **21.** 113—27. Nov. 1951.) WALTER SCHULTZE. 6304

W. W. McCall und **J. F. Davis,** *Blattdüngung von Nutzpflanzen mit Pflanzennährstoffen.* Dreijährige Blattdüngungsverss. mit N, P, K, Mg, Zn, Mn u. Bor in Spray- oder Staubform zu Zwiebeln (Z.), Speise- u. Futterrüben, Kartoffeln (K.) u. Sellerie (S) ergaben: Blattdüngung mit N führt im allg. zu niedrigeren Erträgen als Bodendüngung. — Spritzen mit 85%ig. H_3PO_4-Lsg. wirkte bei Z. u. S. nicht ertragssteigernd. — Zn-Sprays in Form von $ZnSO_4$- bzw. NU–Z (TENNESSY CORP.) minderten den Ertrag von Z. u. K. deutlich. — Die günstige Pflanzen-Rk. auf $MnSO_4$- bzw. NU–M-Gaben war von der Anwendungsweise unabhängig außer bei Z., bei denen Sprays am wirksamsten waren. — Durch Spritzen mit $MgSO_4$–$MnSO_4$–Boraxlsg. wurden K.-Erträge um $\sim 1/_3$ erhöht. (Michigan State Coll., agric. Exp. Stat., quart. Bull. **35.** 373—83. Febr. 1953. Dep. of Soil Sci.) RANG. 6304

R. A. Olson, M. B. Rhodes und **A. F. Dreier,** *Der verfügbare Phosphorgehalt von Nebraska-Böden in Beziehung zur Klassifizierung der Böden, Zeit der Probenahme und Meßmethode.* Zahlreiche, zu 15 Serien gehörende Böden wurden auf Textur, p_H-Wert, nach 4 Methoden auf den Geh. an lösl. P u. auf die Düngewrkg. mit P geprüft. Es wird die Möglichkeit diskutiert, ausgehend von den Untersuchungsergebnissen die Düngevorschriften zu ermitteln. Die Bedeutung von Art u. Zeit der Probenahme, der Untersuchungsmethodik, sowie die jährliche Änderung des P-Geh. wird erörtert. (Agronomy J. **46.** 175—80. April 1954. Lincoln, Nebr., Agric. Exp. Stat., Dep. of Agronomy.) JANICKE. 6304

L. M. Thompson, C. A. Black und **J. A. Zoellner,** *Vorkommen und Mineralisierung von organischem Phosphor im Boden in Beziehung zu Stickstoff, Kohlenstoff und p_H-Wert.* Im Hinblick auf die Bedeutung von organ. P für die Pflanzenernährung untersuchten Vff. an 25 Bodenprobenpaaren (jungfräulich bzw. bebaut) die Umwandlung von organ. P, N u. C in anorgan. Verbb. durch 25tägiges Erhitzen auf 40° u. nachfolgende Best. von Gesamt-N, anorgan. N, sowie Gesamt-P u. organ. P nach bekannten Methoden. Mineralisierter C wurde aus dem entwickelten CO_2 bestimmt. Die Mengen u. der Umwandlungsgrad von organ. P, N u. C waren im jungfräulichen Boden größer. Die Mineralisierung von P nimmt (infolge Abnahme der Adsorption organ. P-Verbb. an Tonen) mit steigendem p_H zu, wodurch die Abnahme von organ. P im Boden durch Kalkgaben erklärt wird. Bei N u. C dagegen war keine deutliche p_H-Abhängigkeit nachzuweisen. Die Beziehungen zwischen Mineralisierung von P u. Geb. u. Mineralisierung von N u. C werden dargestellt. (Soil Sci. **77.** 185—96. März 1954. Ames, Io., Agric. Exp. Stat.) JANICKE. 6304

W. K. Robertson, P. M. Smith, A. J. Ohlrogge und **D. M. Kinch,** *Ausnutzung der Phosphordüngung durch Mais in Abhängigkeit von der Anwendungsart, von der Stickstoff- und Kalidüngung.* Düngungsverss. mit Radio-P wurden ausgeführt, um die Beeinflussung der P-Aufnahme durch N u. K sowie durch die Düngungsart u. -tiefe zu ermitteln. (Soil Sci. **77.** 219—26. März **1954.** Purdue Univ., Agric. Exp. Stat.) JANICKE. 6304

Arthur Marsden, *Ammoniakwasser als Düngemittel.* Zusammenfassender Bericht über die Anwendung von Ammoniakwasser (I) als Düngemittel. 10—12 Tage nach Düngung von Grünland in Hampshire mit rund 400 gal./acre **I** [entsprechend rund 3 cwt. $(NH_4)_2SO_4$; II] setzte verstärktes Wachstum mit höherem Proteingeh. ein. I wird weniger leicht ausgewaschen als **II**, u. die Wrkg. hält länger an. (Gas J. **277** (**106**). 91—94. 13/1. 1954. Gas Wld. **139.** 126—30. 9/1. 1954. South Western Gas Board.) RANG. 6304

Allan B. Prince, *Die Wirkungen der Stickstoffdüngung, Bestandsdichte und Maissorte auf die Proteinzusammensetzung beim Mais.* Es wurden jeweils die Gehh. an Rohprotein, Zein, Tryptophan, Leucin u. Isoleucin im Maiskorn bestimmt. Rohprotein Zein u. Leucin werden mit steigender N-Düngung erhöht, Leucin mit steigender Bestandsdichte vermindert. Der Tryptophangeh. änderte sich gleichsinnig, aber in geringerem Grade, Isoleucin in umgekehrter Weise. Die Unterschiede bei den verschied. Maissorten waren gering, wenn die Werte auf den Gesamtproteingeh. bezogen wurden. (Agronomy J. **46.** 185—86. April **1954.** Clemson, S. C., Agric. Exp. Stat., Dep. of Agronomy.) JANICKE. 6304

R. E. Wagner, *Der Einfluß von Leguminosen- und Kunstdüngerstickstoff auf Ertrag und botanische Zusammensetzung von Grünfutter.* Die Ausbeute an Trockensubstanz u. die botan. Zus. von Mischbeständen aus Dactylis glomerata bzw. Festuca arundinacea mit Trifolium repens var. Ladino wurden untersucht u. mit den Ergebnissen bei gedüngten u. ungedüngten Reinbeständen dieser Pflanzen sowie von Bromus inermis verglichen. Die Mischbestände ergaben höhere Ausbeuten, waren weniger unkrautverseucht u. zeigten eine gleichmäßigere Produktion während der Wachstumsperiode. (Agronomy J. **46.** 167—71. April **1954.** Beltsville, Md., U. S. Dep. of Agric., BPISAE, Div. Forage Crops and Diseases.) JANICKE. 6304

W. Lohwasser, *Kalkdüngungsversuche im Egggebirge und Hunsrück. Ertragskundliche Untersuchungen.* Von 12 untersuchten Beständen war der jährliche Höhenzuwachs um 19—77 % größer als auf den dazugehörigen Vergleichsflächen ohne Kalkung. Eine Düngung mit Nitrophoska allein rief innerhalb von 15 Jahren deutliche Wuchsstockungen hervor; zuwachssteigernd wirkte eine Düngung mit Ammonsulfat nach vorheriger Kalkung. Durch die Kalkung wurde der dicht u. plattig gelagerte Rohhumus in eine lockere M. umgewandelt. Bei Verabfolgung von stärkeren Gaben (über 60 dz/ha CaO) kam es in einem Zeitraum von 20 Jahren auch zu einem Einfl. auf den B-Horizont. Weiterhin werden die bodenverbessernden u. wirtschaftlichen Gesichtspunkte einer Kalkung von Nadelholzreinbeständen besprochen. (Forstarchiv **24.** 213—22. 15/10. 1953.) WALTER SCHULTZE. 6304

G. W. Schmitz und **P. F. Pratt,** *Austauschbares und nichtaustauschbares Kalium als Index für Ertragssteigerungen und Kaliaufnahme durch Mais im Treibhaus.* Durch Gefäßverss. wurde untersucht, wie weit der Geh. des Bodens an austauschbarem K u. das Freiwerden von K aus nichtaustauschbaren Formen dazu dienen können, um die durch K zu bewirkende Ertragssteigerung u. die K-Aufnahme durch Mais zu ermitteln. Den besten Hinweis ergab eine Kombination der Best. beider Formen, wobei das aus nichtaustauschbarer Form frei werdende K mit n-HNO_3 ermittelt wurde. (Soil Sci. **76.** 345—53. Nov. 1953. Ohio, Agric. Exp. Stat.) A. JACOB. 6304

E. T. York jr., Richard Bradfield und **Michael Peech,** *Calcium-Kalium-Wechselwirkungen in Böden und Pflanzen.* 1. Mitt. *Durch Kalk verursachte Festlegung von*

Kalium in Mardin-Schlufflehm. Nach Zusatz von $CaCO_3$ zu saurem Mardin-Schlufflehm wurden ziemlich große Mengen von K in nichtaustauschbaren Formen festgelegt. Diese Festlegung erfolgte in feuchtem Boden u. war unabhängig von der K-Festlegung, die beim Trocknen des Bodens eintrat. Der mit H gesätt. Schlufflehm legte Kali bei feuchter Lagerung nicht fest. Die Festlegung tritt aber mit der Zunahme des p_H ein. Die durch $CaCO_3$ verursachte K-Festlegung ist keine sofort erfolgende Rk., sondern nimmt im Laufe von 24 Wochen bei feuchter Lagerung zu. Es besteht kein Anzeichen dafür, daß sie mit einer vermehrten Mikrobentätigkeit in Verbindung steht. Zwischen dem K, das in den Austauschkomplex eintritt, u. dem von den feuchten Böden festgelegten K wurde keine direkte Beziehung gefunden. Während ein Zusatz von $CaCO_3$ bis zu 78% Basensättigung sowohl das wasserlösl. als auch das austauschbare K verminderte, verminderte die Anwesenheit von überschüssigem $CaCO_3$ das austauschbare K weiter, erhöhte dagegen die Konz. des K im wss. Auszug. $CaSO_4$ hatte keine Wrkg. auf die Menge des austauschbaren K, erhöhte aber die wasserlösl. Fraktion. Das in gekalktem Boden bei feuchter Lagerung festgelegte, durch Auslaugen mit neutralem NH_4-Acetat bestimmte K wurde bei nachfolgendem Auslaugen mit n-NH_4-Acetat von p_H 4,8 in Freiheit gesetzt. Es war auch kein Anzeichen für eine durch $CaCO_3$ verursachte Festlegung von K vorhanden, wenn der Boden direkt mit der Lsg. bei p_H 4,8 behandelt wurde. (Soil Sci. **76.** 379—87. Nov. 1953. Cornell Univ.) A. JACOB. 6304

F. M. Milam und **A. Mehlich,** *Wirkung des Ionenmilieus im Boden auf Wachstum und Mineralgehalt von Crotalaria striata.* Vff. prüften die Meth. von MEHLICH (Soil Sci. **62.** [1946.] 339; **66.** [1948.] 289) zur Berechnung des Kationengeh. der Pflanzen aus bekannten Pflanzen- u. bestimmbaren Bodeneigg. an Crotalaria striata, die auf 5 verschied. Bodenproben mit unterschiedlicher Kationen- u. Kolloidzus. u. verschied. Austauschkapazität gezogen wurde. Der Geh. an Ca, Mg u. K konnte prakt. berechnet werden. Die Bedeutung der Ca-Sättigung u. der Kationenverhältnisse im Boden für Wachstum u. Mineralgeh. der Pflanze wurde untersucht. (Soil Sci. **77.** 227—36. März 1954. Raleigh, N. C., North Carolina Agric. Exp. Stat., Agron. Dep.) JANICKE. 6304

C. H. M. van Bavel, *Chemische Zusammensetzung von Tabakblättern in Abhängigkeit von der Bodenfeuchtigkeit.* Die chem. Zus. der Tabakblätter wird durch die Bodenfeuchtigkeit (a) stark beeinflußt. Bei hoher (a) ist der Geh. an Nicotin (I), Gesamt-N, CaO u. MgO niedrig, der Geh. an Zuckern hoch mit dem Ergebnis besseren Brands, höherer Erträge u. Qualität. Der K_2O-Geh. ist bei hoher u. niedriger (a) hoch, bei mittlerer niedrig. Die Unterschiede im I-Geh. sind bei stärker gekalktem, die im K_2O-Geh. bei besser gedüngtem Boden ausgeprägter. — 16 Literaturangaben. (Agronomy J. **45.** 611—14. Dez. 1953. Raleigh, N. C., North Carolina State Coll., Agron. Dep.) RANG. 6304

J. F. Davis und **W. W. McCall,** *Auftreten von Magnesiummangel bei Sellerie auf den organischen Böden von Michigan.* Mg-Mangelerscheinungen bei Sellerie wurden durch wiederholtes Spritzen mit 10 lbs./acre $MgSO_4$ in 100 gallons W. in 10tägigen Abständen während des Wachstums verhütet. Bodenbehandlung mit $MgSO_4$ war unwirksam. (Michigan State Coll., agric. Exp. Stat., quart. Bull. **35.** 324—29. Febr. 1953. Dep. of Soil Sci.) RANG. 6304

Ellsworth Shaw, Ronald G. Menzel und **L. A. Dean,** *Aufnahme von Zink 65 aus Böden und aus Kunstdüngern durch Gewächshauspflanzen.* Vff. untersuchten die Aufnahme von ^{65}Zn durch Pflanzen aus verschied. Quellen. Die Ausnutzung des Zn aus verschied. Zn-Düngern ($ZnSO_4$, $ZnCO_3$, Zn als pflanzliches Material u. Boden-Zn aus früheren Düngungen) war nahezu gleich u. in jedem Falle sehr gering. Weiter wurden die Wrkg. der Zn-Düngung bei Citrus u. Mais, der Einfl. der Düngungsart u. die Verteilung des Zn in der Pflanze untersucht. (Soil Sci. **77.** 205—14. März 1954. Beltsville, Md., U. S. Dep. of Agric., Agric. Res. Serv., Soil and Water Conservat. Res. Branch.) JANICKE. 6304

Olof Svanberg, *Über sekundäre Grundstoffe und Mikroelemente in der Landwirtschaft.* In einem zusammenfassenden Vortrag wird die Bedeutung von S, Mg, Na, Mn, Cu, Zn, Mo, Co u. B für den Ackerbau u. die Ernährung der landwirtschaftlichen Haustiere erörtert. (Svensk kem. Tidskr. **63.** 1—12. 1951.) R. K. MÜLLER. 6304

A. F. Camp, *Spurenelemente und Ernteerträge.* Durch Zusatz von *Mg, Mn, Cu* u. *Zn* zu einem Grunddünger mit *N, P* u. *K* konnten die Pampelmusenernten seit 1929 allmählich auf das 5—10fache gesteigert werden. Nach Zufuhr der Spurenelemente war der Geh. an lösl. Substanzen u. Vitamin C erhöht. Die Pflanzen zeigten bessere Frostresistenz. (J. agric. Food Chem. **1.** 294—300. 13/5. 1953. Lake Alfred, Fla., Florida Agric. Exp. Stat., Citrus Exp. Stat.) E. SPEYER. 6304

Glen A. Hemstock und **Philip F. Low**, *Mechanismus der Manganfestlegung in der kolloidalen Bodenfraktion.* Zwischen dem Gesamtgeh. an Mn im Boden u. dem Auftreten von Mn-Mangel besteht keine Beziehung. Das Mn-Problem beruht auf einer Nichtaufnehmbarkeit des Mn, die teils durch Festlegung durch Ton u. organ. Substanz, hauptsächlich aber durch chem. Oxydation verursacht wird. Eine thermodynam. Unters. der Oxydation von Mn zeigte, daß bei den im Vers. herrschenden p_H-Werten eine Oxydation zu MnO_2 möglich ist. Dies wurde auch durch konduktometr. Titration von $MnCl_2$-Lsgg. mit NaOH in O_2- u. N_2-Atmosphären bestätigt. Eine Ausfällung von $Mn(OH)_2$ ist keine unerläßliche Vorbedingung für die Bldg. von MnO_2. Zur Erklärung der Festlegung von Mn in Abwesenheit von O_2 u. biol. Aktivität wird angenommen, daß Mn von der organ. Substanz des Bodens in Form eines Chelatkomplexes gebunden werden kann. (Soil Sci. **76.** 331—43. Nov. 1953. Lafayette, Ind., Purdue Univ., Agric. Exp. Stat.) A. JACOB. 6304

W. O. Robinson und **Glen Edgington**, *Der Molybdängehalt verschiedener Pflanzen als Maß für verfügbares Bodenmolybdän.* 25 Oberflächenböden der Piedmont-Regionen von Maryland u. Virginia sowie 49 auf ihnen gewachsene Pflanzen wurden in zahlreichen Proben auf ihren Gesamtgeh. an Mo durch Sodaaufschluß untersucht. Das Aufnahmevermögen durch verschied., auf demselben Boden gewachsene Pflanzen ist sehr unterschiedlich. Die fruchtbarsten Böden liefern am meisten nutzbares Mo. Böden u. Pflanzen werden nach ihrem Lieferungs- bzw. Aufnahmevermögen an Mo zusammengestellt. Die geringe Mo-Abgabe mancher Mo-reicher Böden an die Pflanze wird durch Bldg. von Eisenhydroxydabsorptionskomplexen erklärt. (Soil Sci. **77.** 237—51. März 1954. U. S. Dep. of Agric.) JANICKE. 6304

R. L. Wehunt und **E. R. Purvis**, *Mineralische Bestandteile von Apfellaub in Beziehung zum verfügbaren Nährstoffgehalt des Bodens.* Durch chem. Boden- u. Blattanalysen untersuchten Vff. den Zusammenhang zwischen Geh. im Boden u. pflanzlicher Aufnahme der Elemente N, P, K, Ca, Mg, sowie den Einfl. des p_H-Wertes bei verschied. New Jersey-Apfelsorten. Der Zusammenhang zwischen den verschied. Elementen im Boden u. in der Pflanze wird durch Verhältniskoeffizienten ausgedrückt. (Soil Sci. **77.** 215—18. März **1954.** New Jersey Agric. Exp. Stat., Dep. of Soils.) JANICKE. 6304

E. L. Denisen, R. H. Shaw und **B. F. Vance,** *Die Wirkung von Sommermulchen auf die Erträge von Monatserdbeeren, auf die Bodentemperatur und die Bodenfeuchtigkeit.* Mulch (I) aus Sägemehl bewirkte wesentlich höhere Erträge als I aus Stroh u. zerkleinerten Maiskolben; bei diesen wurden die Erträge der nichtgemulchten Parzellen nur wenig übertroffen. Dies wird damit erklärt, daß sich Sägemehl am langsamsten zers. u. daß bei der Zers. der anderen I-Arten Nährstoffe festgelegt werden. Der Geh. an Bodenfeuchtigkeit in 1 u. 3 in. Tiefe war bei der Parzelle ohne I deutlich niedriger als bei den mit I bedeckten Parzellen, die unter sich keine deutlichen Unterschiede aufwiesen. (Iowa State Coll. J. Sci. **28.** **167—75.** **15/11.** **1953.** Ames, Io., Agric. Exp. Stat.) A. JACOB. 6304

J. D. Stone und **L. M. Smith,** *Eine Bewertung von Chlorat- und Boratherbiciden.* Bei Haferkeimlingen erwiesen sich $NaClO_3$ (I), B_2O_3 sowie Gemische von I mit Na-Polyboraten als von prakt. gleicher Phytotoxizität. Bei Luzerne-, Süßklee-, Bohnen- u. Zinnienkeimlingen erwies sich I als am meisten toxisch. — 14 Literaturangaben. (Agric. Chemlicals **9.** Nr. **5.** **50—51.** **53.** **131.** **135.** Mai **1954.** Los Angeles, Pacific Coast Borax Consolidated.) RANG. 6312

Dayton L. Klingman, *Wirkung wechselnder Gaben von 2.4-D und 2.4.5-T zu verschiedenen Wachstumsstadien auf Winterweizen.* Im Verlauf von 3 Versuchsjahren wurde durch Anwendung von $^1/_8$—$^1/_2$ lb./acre *2.4-D-Ester* bzw. $^1/_2$—1 lb. *2.4-D-Amin* der durchschnittliche Ertrag von Winterweizen um bis zu 10% herabgesetzt; höhere Gaben bewirken entsprechend stärkere Schäden. Bei Anwendung von *2.4.5-T* entstehen gleichartige Schäden. Art u. Höhe der Wrkg. hängen ferner von der Jahreszeit u. dem Wachstumsstadium ab, zu welchem die Präpp. gegeben werden. Der Hundertsatz an Protein (I) steht bei den Pflanzen im umgekehrten Verhältnis zu ihrem Ertrag. Wenn dieser durch Anwendung von 2.4-D nicht verändert wird, bleibt auch der I-Geh. unverändert. — 29 Literaturangaben. (Agronomy J. **45.** **606—10.** Dez. **1953.** U. S. D. A., Div. of Weed Investigat. and Nebraska Agric. Exp. Stat.) RANG. 6312

Mark G. Wiltse und **Boyd R. Churchill,** *Chemische Bekämpfung von Bromus tectorum L. in Alfalfa-Feldern.* Vff. verwandten die Herbicide TCA u. IPC, um die günstigsten Anwendungsbedingungen festzustellen. TCA ergab mit 9 lbs./acre teilweise, mit 18 lbs./acre fast vollständige Vernichtung des Unkrauts bei Anwendung im Herbst. IPC ergab mit 2,5 lbs./acre im Herbst sowie mit 5 bzw. 10 lbs./acre im Frühjahr beste Ergebnisse. Alfalfa wurde durch 10 lbs./acre IPC bzw. 18 lbs./acre TCA, bes. bei Anwendung im Frühjahr, merklich geschädigt. (Agronomy J. **46.** 160. April 1954. East Lansing, Mich., Michigan Agric. Exp. Stat., Dep. of Farm Crops.) JANICKE. 6312

R. E. Cock, *Schädliche Unkräuter von Tasmanien.* Beschreibung von 3 schädlichen Unkräutern, Cryptostemma calendulaceum (a), Calystegia sepium (b) u. Gilia squarrosa (c), wovon (a) u. (b) durch *2.4-D,* (b) auch noch durch *MCPA* bekämpft werden können. (Tasmanian J. Agric. **24.** 132—34. 1/5. 1953.) WALTER SCHULTZE. 6312

A. Graniti, *In Sardinien 1952—53 ausgeführte Bekämpfungsversuche gegen Getreide-„Caries" („Tilletia" spp.) mit kupferfreien Stäuben.* Von den verwendeten Antikryptogamen zeigten die auf Basis von *HCH, Na-Pentadichlorphenolat* u. *Äthyl-* u. *Phenyl-Hg-Salzen* die beste Anticarieswrkg., die auf der Basis von *Schwefel* u. *chlorierten Naphthho-* u. *Benzochinonen* waren prakt. unwirksam, während *Ca-Cu-Oxychlorid* ungenügend wirkte. — 5 Literaturangaben. (Agric. ital. **53** ([N. S.] **8**). 360—64. Nov./Dez. 1953. Sassari, Univ., Ist. di Patol. vegetale.) GRIMME. 6312

G. C. Wade und **E. Gwenda Wingrave,** *Phytophthora infestans an Kartoffeln.* Abb. u. Beschreibung der Krankheit. Ratschläge zur Bekämpfung mit Bordeauxbrühe u. T. M. T. D. werden gegeben. (Tasmanian J. Agric. **24.** 147—50. 1/5. 1953.) WALTER SCHULTZE. 6312

G. Ss. Gambarjan, *Spritzen von Weinreben mit kolloidem Schwefel gegen Oidium.* Durch 4 maliges Spritzen (bei 3—4 wöchigen Intervallen) von oidiumkranken Reben mit 1%ig. koll. S, wobei die 1. Gabe 600, dann je 800 Liter/ha betrug, erhielt man vollständig gesunde Trauben. Bei unbehandelten waren die Trauben bis zu 88% oidiumkrank. Bei Reben, die von Oidium u. Mehltau befallen waren, bewährte sich das Spritzen mit einer Mischung aus 1%ig. koll. S u. 1%ig. Kupferkalkbrühe. (Виноделие и Виноградарство СССР [Weinbereit. Weinbau UdSSR] **14.** Nr. 5. 31—33. 1954. Inst. für Weinbau u. Weinbereitung des Minist. für Lebensmittelind. der ArmenSSR.) LINTER. 6312

D. H. Palmiter, *Rostkrankheiten von Äpfeln und ihre Bekämpfung im Hudsontal.* In einer sich über 10 Jahre erstreckenden Versuchsperiode wurden vergleichende Bekämpfungsverss. mit verschied. Fungiciden angestellt. Die Carbamatgruppe der Fungicide, bes. diejenige des *Ferbam*-Typus (Ferridimethyldithiocarbamat), zeigte eine bes. hohe Toxizität gegenüber dem Rostpilz. Eine Kombination von Ferbam mit Schwefel erwies sich bei der Bekämpfung von Rost u. Schorf (Venturia inaequalis, Cke.) als befriedigend. In Obstgärten, wo Rost- u. Schorfprobleme auftraten, bewirkte der Zusatz von Ferbam zu den für die Schorfbekämpfung benutzten organ. Fungiciden eine bessere Wrkg. gegen den Rostbefall. (New York State agric. Exp. Stat., Bull. **1952.** Nr. 756. 3—26. Nov.) WALTER SCHULTZE. 6312

S. F. Potts und **Philip Garman,** *Konzentrierte Sprays für Sprühgeräte zur Bekämpfung von Krankheiten an Nadel-, Laub- und Obstbäumen.* Zusammenfassende Darst. der Anwendung neuzeitlicher fungicider u. insekticider Spritzmittel, welche während der letzten Jahre entwickelt wurden, unter Angabe zahlreicher Dosierungen für die verschied. Arten von Bäumen. (Connecticut agric. Exp. Stat., New Haven, Circ. No. **177.** 5—19. Mai 1950.) WALTER SCHULTZE. 6312

P. I. Kljuschnik, *Bekämpfung der Fußkrankheit der Kiefernsämlinge in Baumschulen.* Die auf armem Sandboden durch Pilze u. Nematoden hervorgerufene Fußkrankheit der Kiefernsämlinge, die in der Baumschule 72,5% der unbehandelten Pflanzen befallen hatte, wurde durch Tiefpflügen + Mineraldüngung (15 kg N, 10 kg P, 20 kg K/ha) auf 18,6%, durch Torf (20 t/ha) auf 25,2%, durch die gleichen Mengen Torf + Mineraldünger auf 32,9%, durch Bepudern der Samen mit Granosan (2 g/kg Samen) auf 31,0%, durch Formalin (100 g/m²) auf 23,3% herabgedrückt. Stallmist, Mineraldünger auf lehmigem Boden, Granosan (2 g/m) u. Hexachloran (10 g/m²) im Boden wirkten negativ. Einbringen von 300 kg/ha p-Dichlorbenzol in den Boden mit 100 × 70 cm Abstand bewirkte 74—100%ig. Vernichtung der Nematoden. Stürzen der nematodenreichen Oberschicht durch 70 cm-Tiefpflügen setzte die Fußkrankheit auf 9,5% herab. (Лесное Хозяйство [Forst-Wirtsch.] **7.** Nr. 4. 32—34. April 1954.) LINTER. 6312

George N. Wolcott, *Termitenabstoßende Holzextraktstoffe.* Bericht über neuere Unterss. zur Bekämpfung holzzerstörender Insekten, bes. Termiten. Als Holzschutzmittel ist neben *Ryanex* (Extraktstoff von Ryania speciosa) *Tectochinon* (*β*-Methylanthrachinon, Extraktstoff von Tectona grandis L.) geeignet. (J. Agric. Univ. Puerto Rico **37.** 224—27. Juli 1953. Rio Piedras, P. R., Univ. of Puerto Rico, Agric. Exp. Stat.) RANG. 6312

R. L. Metcalf, *Untersuchung von Systeminsekticiden mit Radiotracers.* Nach Sprayanwendung von ^{32}P-markiertem *Systox* (I) u. *Isosystox* (II) wurde durch chromatograph.-radiograph. Analyse der damit behandelten Pflanzen festgestellt, daß I in die Pflanzengewebe verhältnismäßig langsam eindrang, in diesen jedoch innerhalb weniger Std. in ein viel giftigeres Prod. umgewandelt wurde. II drang in die Pflanze bedeutend schneller ein, ohne daß zunächst eine Umformung erfolgte. Nach 24 bis 48 Std. war jedoch das gesamte II in ein giftigeres Prod. umgewandelt. — 8 Literaturangaben. (Agric. Chemicals 9. Nr. 3. 33—35. 128—30. März 1954. Riverside, Calif., Univ. of California.) RANG. 6312

J. E. Casida und **T. C. Allen,** *Aufnahme und Transport von Insekticiden durch die Pflanze.* Kurze Betrachtung über den Mechanismus der Absorption u. Wirkungsweise von Insekticiden in der Pflanze. (Agric. Chemicals 7. Nr. 6. 41—43. 135. 137. Juni 1952. Madison, Wis., Univ.) GRÜTZ. 6312

Jack E. Fahey, T. A. Brendley und **H. W. Rusk,** *Untersuchung von DDT-Rückständen auf Mais.* Unterss. zeigten, daß maximale *DDT*-Rückstände mit kleinem Sprayvol. (2,5 gall./acre) erhalten werden können, daß aber die Verteilung des Rückstands auf der Pflanze besser ist bei einem Vol. von 20—40 gall. Spray/acre. Bei einem Vol. von 80 gall./acre läuft zuviel Insekticid ungenützt ab. Variieren des Spraydruckes hatte wenig Einfl. auf Rückstandsmenge u. -verteilung. Staubpräpp. hinterließen leichtere Rückstände als Sprays; ihre Menge stieg mit der Ggw. von Tau auf den Pflanzen. Menge u. Verweilzeit des Rückstands stieg in der Folge: Staub → Suspension → Emulsion. Quantitative Angaben über DDT-Rückstände verschied. Sprays zu verschied. Maisstadien sind angeführt. (Agric. Chemicals 9. Nr. 3. 50—51. 53. 135—37. März 1954. Vincennes, Ind., USDA, Agric. Res. Serv., Entomol. Branch.) RANG. 6312

Floyd F. Smith und **R. A. Fulton,** *Resistenz von Tetranychus bimaculatus Harvey gegen Aerosole.* Parathionresistente Stämme von T. bimaculatus waren etwas resistent auch gegen andere organ. Phosphate: *Diäthyl-p-nitrophenylphosphat*; *O.O-Dimethyl-O-p-nitrophenylthiophosphat*; *E 605*; *O-Äthyl-O.O-bis-(p-nitrophenyl)-thiophosphat*; *Hexaäthyltetraphosphat*; *Tetraäthylpyrophosphat*, *Tetraisopropylpyrophosphat*; *Tetraäthyldithiopyrophosphat* (I); ferner gegen *1.1-Bis-(p-chlorphenyl)-äthanol*; *2-(p-tert.-Butylphenoxy)-1-methyläthyl-2-chloräthylsulfit*; *p-Chlorphenyl-p-chlorbenzolsulfonat* (II). Am wirksamsten waren I u. II u. *Oktamethylpyrophosphoramid.* (J. econ. Entomol. 44. 229—33. April 1951. U. S. Dep. Agric., Agric. Res. Admin., Bur. of Entomol. and Plant Quarantine.) LIEBNER. 6312

R. N. Jefferson, *Oktamethylpyrophosphoramid und ein Trialkylthiophosphat zur Bekämpfung von Blattläusen auf Centaurea cyanus.* Sehr gute Ergebnisse zeigten Verss. zur Bekämpfung von Aphis helichrysi KALTENBACH auf C. cyanus mit *Oktamethylpyrophosphoramid* = *Pestox III* (2 lbs./100 gall.) u. *Systox* (Diäthoxythiophosphorsäureester des 2-Äthylmercaptoäthanols; 0,375 lbs./gall.) bei 2 Sprays bis zur Reife der Pflanze. (J. econ. Entomol. 44. 1021—22. Dez. 1951. Los Angeles, Calif., Univ. of California.) LÜPNITZ. 6312

A. W. Sagorowski, *Ein neues Insekticid zur Bekämpfung der Tabaklaus. Thiophos* (I = Diäthyl-p-nitrophenylthiophosphat) als 1%ig. Stäubemittel (20 kg/ha) oder als 0,06%ig. wss. Lsg. eines 30%ig. Konzentrats erwies sich als ein wirksames Mittel zur Bekämpfung der Tabaklaus. *Anabasinsulfat* erreicht in einer 30fachen Aufwandmenge nicht die Wirksamkeit von I. *Albichtol*-Paste (ohne nähere Angaben) mit 50% Albichtol u. 12% *DDT* ist nicht brauchbar. I ruft bei Tabak keine Verbrennung hervor u. beeinträchtigt die Qualität nicht. (Табак [Tabak] 13. Nr. 3. 50—52. Mai/Juni 1952. Frunse, Allunions Wiss. Forschungsinst. für Tabak u. Machorka, Zonale Vers.- u. Selektionsstat.) LÜBKE. 6312

Peter H. d Emden, *Die Zecken- und Läusebekämpfung.* Nach eingehender Beschreibung der Zecken- u. Läusevermehrung wird eine Meth. zur Bekämpfung der Schädlinge unter Verwendung von DDT angegeben. (Tasmanian J. Agric. 24. 137—40. 1/5. 1953.) WALTER SCHULTZE. 6312

G. Macdonald und **G. Davidson,** *Dosierung und Anwendungscyclus bei der Malariabekämpfung mit Insekticiden.* An Hand der Literatur (92 Angaben) werden die in verschied. Erdteilen üblichen Dosierungen u. Anwendungscyclen zur Vertilgung von Anophelesspecies durch *DDT* (I), *BHC* (II) bzw. *Dieldrin* (III) mitgeteilt u. mit prakt. Ergebnissen verglichen. — Vff. kommen zu den Folgerungen: I übt auf Moskitos die stärkste, III die geringste Reizwrkg. aus; II zeigt nur im festen Zustand stärkere, in Dampfform keine Reizwirkung. — Bei Anwendung auf absorbierenden Oberflächen, wie Lehmwänden, sind benetzbare Pulver insekticid am wirksamsten.

Die Absorption macht jedoch höhere Anfangsgaben u. häufigere Wiederholung erforderlich als auf nichtabsorbierenden Flächen. Kombinierte Anwendung von **I** u. **II** wirkte unter gewissen Umständen additiv (hohe Anfangstoxizität von **II**, mäßige, aber anhaltende Wrkg. von **I**). — Zur Malariabekämpfung genügt eine Mortalität von ~65% der in die behandelten Hütten eindringenden Moskitos, bei starkem Befall ein solcher von 85%. — Durchschnittliche Dosierung: 2,0 g/m² **I** (Wirkungsdauer ca. 6 Monate), 0,2 g/m² γ-**II** (2—4 Monate), 0,6 g/m² **III** (12—18 Monate). (Bull. Organisat. mond. Santé **9.** 785—812. 1953. London, School of Hyg. and Tropic. Med., Ross Inst. of Tropic. Hyg.) RANG. 6312

A. W. S. May, *Untersuchungen in Süd-Queensland über die Kartoffelknollenmotte (Gnorimoschema operculella Zell.).* Zwei- bis dreimalige Anwendung von 1 lb. *DDT*/acre in 14tägigen Abständen verhinderte den Befall des Krauts u. verringerte die Wahrscheinlichkeit des Knollenbefalls. DDT-Spray war als Spray wesentlich wirksamer als in Staubform. Durch gleichzeitiges Häufeln konnte die Wirksamkeit noch verbessert werden. (Queensland J. agric. Sci. **9.** 142—68. Juni 1952.) WALTER SCHULTZE. 6312

Robert H. Burrage und **George G. Gyrisco,** *Bekämpfung von Amphimallon majalis Raz. auf Weiden.* 2. Mitt. (1. vgl. C. **1953.** 7384.) Verss. zu verschied. Jahreszeiten ergaben, daß Bodenbehandlung im Herbst mit Emulsionssprays von *Aldrin* u. *Dieldrin* (1 lb./acre) oder *DDT* (10 lbs./acre) die wirksamste Meth. ist, um die Larven zu vernichten. Staubpräpp. sind weniger wirksam. (J. econ. Entomol. **46.** 142—46. Febr. 1953. Ithaca, N. Y., Cornell Univ.) GRIMME. 6312

E. L. Mayer, R. H. Nelson, C. F. Woodward und **J. J. Willaman,** *Einfluß des Verhältnisses von Nicotin zu Bis-(p-chlorphenyl)-sulfid und Bis-(p-chlorphenyl)-disulfid auf die synergistische Wirkung.* Kombinationen von *Nicotin* bzw. Nicotinsulfat u. *Bis-(p-chlorphenyl)-sulfid* (I) bzw. *-disulfid* (II) wirken synerget. bzgl. der tox. Wrkg. gegen Larven des Heerwurms Cirphis unipuncta HAW. (a) u. einige andere Schädlinge. I erhöhte die Nicotinwrkg. in Staubform stark. Das für (a) wirksamste Verhältnis Nicotin/I lag in Staubpräpp. im Bereich 1 : 10 bis 1 : 1; II war als Synergist in Stäuben etwas weniger wirksam. Von Einfl. sind Jahreszeit u. bei Laboratoriumsverss. die Art der gebotenen Futterpflanze. (J. econ. Entomol. **44.** 946—49. Dez. 1951. U. S. D. A., Agric. Res. Admin., Bur. of Entomol. and Plant Quarantine; Bur. of Agric. and Ind. Chem.) LÜPNITZ. 6312

George S. Langford, D. W. Squires und **B. H. Dozier,** *Die relative Wirksamkeit einiger Insekticide bei der Japankäferbekämpfung. Methoxychlor, Parathion, Lindan, DDT, TDE, Aldrin, Dieldrin, Chlordane, Toxaphen* u. *γ-BHC* erwiesen sich in Freiland- u. Laboratoriumsverss. als wirksam zur Vernichtung des Japankäfers u. zum Pflanzenschutz sowohl als Emulsionen als auch netzbare Pulver. Konzz. von 0,3 lb. techn. Parathion oder 0,1 lb. γ-BHC in 100 gall. W. genügten bei Freilandanwendung. (J. econ. Entomol. **44.** 197—201. April 1951. College Park, Md., Univ. of Maryland.) LIEBNER. 6312

F. M. Summers, *Prüfungen neuer Substanzen zur Bekämpfung von Anarsia lineatella Zell. auf Mandeln und Pfirsichen.* Zur Bekämpfung von Anarsia lineatella ZELL. erwies sich bes. günstig *Triäthanolamindinitro-o-sek.-butylphenolat*: *DN-289;* DOW CHEMICAL CO.) es wirkte auch auf die Milbe Bryobia praetiosa K. ein. *Parathion* erwies sich als wirksam gegen die Larven auf Mandel- u. Pfirsichbäumen; die Wrkg. war besser als die von Bleiarsenat. Ähnlich günstig war die Wrkg. von *DDT.* (J. econ. Entomol. **44.** 935—39. Dez. 1951. Davis, Calif., Univ. of California, Agric. Exp. Stat.) LÜPNITZ. 6312

M. Ss. Gerschun, *Chemische Maßnahmen der Bekämpfung des östlichen Pappelprachtkäfers.* Verss. erwiesen, daß der Pappelprachtkäfer vernichtet wird, wenn man vor dem Ausflug der Käfer u. Schmetterlinge die Kronen mit 5%ig. *DDT* oder 12%ig. *Hexachlorcyclohexan* bestäubt oder mit 3—5%ig. Suspensionen dieser Präpp. spritzt. Nach Berührung mit diesen Mitteln starben die Käfer in wenigen Minuten. Zur Vernichtung der Maden dieses Käfers bestreicht oder spritzt man die Stämme der Bäumchen mit denselben Präpp. gleicher Stärke zugleich mit der Behandlung der Kronen. Die gleiche Wrkg. haben die genannten Mittel auch auf den Glasflügler. (Лесное Хозяйство [Forst-Wirtsch.] **7.** Nr. **4.** 34—37. April **1954.**) LINTER. 6312

George John Bouyoucos, *Ein verbesserter Typ des Bodenhydrometers.* (Soil Sci. **76.** 377—78. Nov. 1953.) A. JACOB. 6324

Nedavia Bethlahmy, *Eine Methode zur Bestimmung des Wassergehaltes von Böden.* Mehrere Batterien von Faserglasapparaten zur Best. der Bodenfeuchtigkeit nach COLMAN werden in den Boden eingeführt. Nach Einstellung des Gleichgewichts zwischen W. im Boden u. W. im Faserglas wird der Wassergeh. durch Best. des elektr.

Widerstandes des Faserglases gemessen. Jedes Faserglasapp. muß für den betreffenden Boden geeicht werden. (Trans. Amer. geophysic. Union **33.** 699—706. Okt. 1952. Upper Darling, Pa., North Eastern Forest Exp. Stat.) A. JACOB. 6324

F. R. Bharucha und **K. C. Sheriar,** *Eine verbesserte Technik zur Abschätzung der Nitrifikationskapazität von Böden.* Bei der Beurteilung des Nitrifikationsvermögens eines Bodens soll die Best. des NH_3-, NO_2- u. NO_3-Geh. in kurzen Zwischenräumen vorgenommen werden, bis die Nitrite vollständig verschwunden sind. (Proc. Indian Acad. Sci., Sect. B **35.** 28—32. Jan. 1952. Bombay, Inst. of Sci., Dep. of Bot.) A. JACOB. 6324

A. Wahhab und **A. S. Bokhari,** *Vergleich biologischer Tests zur Bestimmung der Fruchtbarkeit von Punjab-Böden.* 5 typ. Böden von verschied. Fruchtbarkeit wurden nach den üblichen chem. Laboratoriumsmethoden u. durch Anwendung biol. Methoden (Gefäßvers. nach MITSCHERLICH, Keimpflanzenmeth. nach NEUBAUER, Aspergillusmeth., Cunninghamella-Plattenmeth., Azotobacter-Bodenplattenmeth. u. CO_2-Entwicklungsmeth.) untersucht. Zur Kontrolle wurden Feldverss. durchgeführt. Die Meth. von MITSCHERLICH u. die Aspergillusmeth. gaben ziemlich zuverlässige Auskunft über den Nährstoffgeh. der Böden. (Soil Sci. **76.** 323—30. Nov. 1953. Puno. Agric. Coll. Pyallpur.) A. JACOB. 6324

Claude Richard, *Anwendung der von Lanzing modifizierten Methode von Alessandrini zur Bestimmung sehr geringer DDT-Mengen.* Die Meth. von ALESSANDRINI (vgl. Bull. Organisat. mond. Santé **2.** [1950.] 669) wurde von LANZING durch Verwendung von KNO_3 anstatt HNO_3 zur Nitrierung der *DDT*-Probe bei Verlängerung der Reaktionsdauer von 2,5 auf 5 Min. modifiziert. Nach diesem Verf. können noch Mengen von 5 μg DDT nachgewiesen werden. (Bull. Organisat. mond. Santé **9.** 813—20. 1953. Viet-Nam, Inst. Pasteur de Saïgon.) RANG. 6328

Siegfried Wolf, *Polarographische Bestimmung von γ-HCH in Gegenwart von DDT.* Durch Wahl einer geeigneten Grundlsg. (30% A.-H_2O-Mischung, LiOH, p_H 11,5, gepuffert) wird die Löslichkeit von DDT so weit erniedrigt, daß dessen Stufe zu vernachlässigen ist u. die γ-HCH-Welle allein ausgemessen werden kann. (Naturwissenschaften **41.** 63—64. 1954. Karl-Marx-Stadt, Gütekontroll-Labor. des Fettchemie- u. Fewa-Werkes VEB.) H. BERG. 6328

Phillips Petroleum Co., übert. von: **Sam P. Robinson,** Bartlesville, Okla., V. St. A., *Herstellung von Ammoniumsulfat.* Wss. $(NH_4)_2SO_4$-Lsgg. werden nach Zusatz von ca. 0,1—5% eines wasserlösl. Salzes des Al, Cr, Fe oder Mn, z. B. Al-Sulfat, unter Durchleitung von heißen Gasen so weit eingedampft, daß sich kleine Kristallkerne von ca. 1—50 μ u. ein Kristallbrei mit einem Geh. von ca. 30—85% an festen Kristallen bilden. Ein Teil des Kristallbreis wird darauf eingedickt u. die abgetrennte Lsg. in den Eindampfer zurückgeführt. Die M. wird dann mit rückgeführtem festem $(NH_4)_2SO_4$ in solchen Mengen vermischt, daß der Wassergeh. der M. ca. 1—10 (%), bes. ca. 2—3, beträgt, worauf das Gemisch in Trockentrommeln mit heißen Gasen getrocknet u. zu harten Granalien zementiert wird. Das aus der granulierten M. abgesiebte Feinmaterial u. die nach Zerkleinerung des abgetrennten Überkorns erhaltenen feinen Anteile werden in den Prozeß zurückgeführt. Der Zusatz der wasserlösl. Salze der dreiwertigen Metalle zu der wss. $(NH_4)_2SO_4$-Lsg. erfolgt zwecks Verhinderung des Kristallwachstums. Das granulierte Prod. ist lagerbeständig, backt nicht zusammen u. eignet sich wegen seines höheren Schüttgewichtes bes. als *Düngemittel.* — Vorrichtung. (**A. P. 2 631 084** vom 29/12. 1948, ausg. 10/3. 1953.) KARST. 6285

Achille de Stordeur, Frankreich, *Volldünger,* der frei von den Elementen Na u. Cl ist u. die lebenswichtigen Stoffe von Keimen enthält. — Z. B. wird das Mehl von Weintraubenkernen einem Gemisch von Superphosphat, K-Nitrat, Ammoniumsulfat u. -phosphat, K-Sulfat u. -Phosphat zugefügt. (**F. P. 988 110** vom 9/6. 1949, ausg. 23/8. 1951.) DEMMLER. 6291

Pierre Frédéric Guiochon, Frankreich, *Champignonzucht* unter Benutzung von Meeresalgen, bes. von Tang, allein oder in Mischung mit Stroh, Spreu oder Leguminosen, Torf usw., wobei die Algen vor ihrer Verwendung gekocht werden, bes. mit Wasserdampf von 100—150°. (**F. P. 993 061** vom 20/11. 1944, ausg. 26/10. 1951.) DEMMLER. 6295

Francis Allan, Forgandenny, Perthshire, Schottland, *Herstellung von Kompost.* Stallmist oder andere natürliche Düngestoffe werden in Mischvorrichtungen unter Zusatz von Stroh, feinverteiltem W., mineral. Düngemitteln u. guter Belüftung zu einem homogenen Kompost verarbeitet, der sich leicht zu Beeten für die Champignonzucht packen läßt. — Vorrichtung. (**E. P. 704 403** vom 5/7. 1951, ausg. 24/2. 1954.) KARST. 6295

William Georg Alfred Christensen, Glostrup, Dänemark, *Pflanzennahrungs- und Düngemittel.* Das Mittel enthält Gärungsabfälle der Herst. von Antibioticis durch Gärverf., gemischt mit Torfmull oder Torfmoos, u. wird erneut vergoren. (**Finn. P. 26 878** vom 22/8. 1951, Auszug veröff. 31/3. 1954. Dän. Prior. 25/8. 1950.) JÜRGEN SCHMIDT. 6297

United States Rubber Co., New York, N. Y., V. St. A., *Unkrautbekämpfungsmittel,* bestehend aus einem wasserunlösl. Salz, z. B. des Ca, Cd, Cu, Fe oder Zn, der N-(1-Naphthyl)-phthalaminsäure (**I**), einem oberflächenakt. Dispergiermittel, z. B. einem Kondensationsprod. des Äthylenoxyds mit einem alkylierten Phenol, u. einem üblichen Trägerstoff. Das Salz wird durch Behandlung eines wasserlösl. Salzes der **I** mit einem wasserlösl. Salz des mehrwertigen Metalls in wss. Lsg. erhalten, oder durch Erhitzen eines entsprechenden Carbonats, Oxyds oder Hydroxyds mit **I.** (**E. P. 705 824** vom 14/10. 1952, ausg. 17/3. 1954. A. Prior. 16/1. 1952.) NEBELSIEK. 6313

N. V. de Bataafsche Petroleum Mij., Den Haag, Holland, *Fließfähige, stabile, konzentrierte fungicidwirksame Dispersionen.* Man dispergiert die Fungicide (Cu-8-Oxychinolate, Tetramethylthiuramdisulfid) in einem KW-stofföl mit einer Viscosität zwischen 0,8 u. 3,000 cP/20°, dessen Kp. >100° ist, das nicht pflanzenschädigend wirkt u. in welchem diese unlösl. oder nur schwach lösl. sind (Spindelöl, hochraffinierte Schmierölfraktionen) in Ggw. eines Dispergierungsmittels (Mineralölsulfonate, Alkylschwefelsäureester, Kondensationsprodd. aus Äthylenoxyd u. Alkylphenolen), unter Zusatz einer geringen Menge W., zweckmäßig in einer Kugelmühle, wobei noch Alkalisalze mehrbas. Carbonsäuren (Na-Citrat) zugesetzt werden können. (**E. P. 679 399** vom 26/4. 1950, ausg. 17/9. 1952. Holl. Prior. 21/7. 1949.) KRAUSS. 6313

Aktiebolaget Wilh. Becker, Schweden, *Herstellung eines Schädlingsbekämpfungsmittels für Pflanzen* („bouillie bordelaise") aus Cu-Salzlsgg. u. Kalksuspensionen, indem auf dem Kalk ein seine Löslichkeit verzögernder Nd. erzeugt wird, z. B. mittels einer Lsg. von Gummi arabicum; der so behandelte Kalk wird mit dem Cu-Salz, bes. $CuSO_4$, gemischt. (**F. P. 972 266** vom 25/9. 1948, ausg. 29/1. 1951. Schwed. Prior. 26/9. 1947.) DEMMLER. 6313

Carbide & Carbon Chemicals Corp., New York, N. Y., V. St. A., *Ester* erhält man durch Rk. von Polyoxyalkylenglykolen, wie Oxyäthylenoxy-1.2-propylendiol, mit Fettsäuren, deren Anhydriden oder Chloriden. Sie dienen bes. als *Insektenvertreibungsmittel* u. als Emulgatoren für solche. — Tabellen u. Kurven. (**E. P. 634 183** vom 31/1. 1947, ausg. 15/3. 1950. A. Prior. 26/2. 1946.) MÜLLER-MEININGEN. 6313

Imperial Chemical Industries Ltd., London (Erfinder: **Jean Kerr Hay,** Hunts Cross, und **Kenneth Clive Webster,** Rainhill), England, *γ-reiches Hexachlorcyclohexanisomerengemisch.* Rohhexachlorcyclohexan wird mit fl. Benzolhomologen zweckmäßig von höchstens 9 C-Atomen als Lösungsm. extrahiert, so daß das γ-Isomere gelöst u. das α-Isomere ungelöst bleibt. Die Extraktion erfolgt zweckmäßig mit einem Toluol-Xylol-Gemisch in der Kälte. Das γ-Isomere wird aus dem Extrakt durch Entfernung des Lösungsm. oder durch Ausfällen, z. B. mit PAe., gewonnen. (**D. B. P. 894 992** Kl. 12o vom 25/2. 1949, ausg. 29/10. 1953. Anmeldung bekanntgemacht 31/5. 1951. E. Prior. 18/5. 1944.) KRAUSS. 6313

Wessex Aircraft Engineering Co. Ltd., Salisbury, Wiltshire, England (Erfinder: **Edward Hanley Wheel Wright, John Merritt Dinsdale, Phyllis May Holmes** und **Pamela Ruth Martin**), *Insekticide oder pesticide Räuchermittel.* Man vermischt ca. 61 (Teile) DDT, $C_6H_6Cl_6$ oder Hexachloräthan, ca. 21 $KClO_3$, 9 Hexamin u. 4—9 koll. Kaolin, Kieselgur oder Talkum. Thioharnstoff u. Harnstoff können der M. noch zugefügt werden. Das Gemisch wird in Schichten in Behälter mit einem Auslaß gefüllt u. liefert bei der Verbrennung ein Räuchermittel, das bes. zur Bekämpfung der *Roten Spinne* u. andere Insekten geeignet ist. (**E. P. 651 684** vom 15/11. 1948, ausg. 4/4. 1951.) KARST. 6313

Imperial Chemical Industries Ltd., London, übert. von: **John Gillies,** Ardrossan, Ayrshire, und **John Rowe,** Irvine, Ayrshire, England, *Räuchermittel.* Therm. verdampfbare *Pesticide,* z. B. 40—55 (%) *γ-$C_6H_6Cl_6$, DDT* oder *Pentachlorphenol,* werden mit ca. 25—30 NH_4NO_3, 11—13 Holzkohle, 2—3 KNO_3, KCl, NaCl, 5 $(NH_4)_2Cr_2O_7$ u. 10 Chinaton innig vermischt, die M. zu Kügelchen verarbeitet u. getrocknet. Sie wird mittels eines Streichholzes oder dgl. angezündet u. liefert einen insekticiden oder insektenabwehrenden Rauch. (**E. P. 645 440** vom 3/3. 1948, ausg. 1/11. 1950.) KARST. 6313

Badische Anilin- & Soda-Fabrik Akt.-Ges. (Erfinder: **Hans Krzikalla** und **Karl Merkel**), Ludwigshafen/Rh., *2-Methyl-5-äthylpyridin.* Man erhitzt Vinyläther, z. B. Methylvinyläther, mit NH_3 in Ggw. von Katalysatoren, wobei als solche Elemente der 3. Gruppe des Period. Syst. oder deren Oxyde bzw. Salze verwendet werden, z. B. Al_2O_3 oder ein zu 90 (%) aus B-Phosphat u. zu 10 aus Kohle bestehender Katalysator. — *Insektenbekämpfungsmittel.* (D. B. P. 918 030 Kl. 12p vom 13/10. 1951, ausg. 16/9. 1954. Anmeldung bekanntgemacht 12/11. 1953.) BRÖSAMLE. 6313

„Shell" Refining & Marketing Co. Ltd., London, England, *Insekticides Mittel*, bes. *gegen rote Spinnenmilben*, bestehend aus wenigstens 10 Gew.-% eines Diphenylsulfons (I), dessen aromat. Kern wenigstens 1 Halogen oder 1 NO_2-Gruppe trägt, in Suspension mit einem KW-stofföl, welches für das I kein Lösungsm. darstellt, unter Zumischung eines Emulgiermittels, z. B. eines Kondensationsprod. des Äthylenoxyds mit Alkylphenolen. — Beispiele für I: 4-Chlordiphenylsulfon, 4-Chlor-4'-nitrodiphenylsulfon. (E. P. 705 520 vom 20/8. 1951, ausg. 17/3. 1954.) NEBELSIEK. 6313

B. F. Goodrich Co., New York, N. Y., V. St. A., *Schädlingsbekämpfungsmittel*, bestehend aus einem Sulfinamid (I) der Formel $R—S—N(R_1)(R_1)$ als Wirkstoff, worin R—S— den Rest darstellt, der bei Abspaltung des H-Atoms aus der —SH-Gruppe einer Sulfhydrilverb. u. $—N(R_1)(R_1)$ den Rest darstellt, der bei Abspaltung des H-Atoms aus einem prim. oder sek. Amin entsteht, in Verbindung mit einem üblichen Trägerstoff. Diese I werden durch Oxydation von Sulfhydrilverbb., wie Mercaptoalkylthiazole, Mercaptoarylenthiazole, Mercaptoarylthiazole, Mercaptothiazoline, Mercaptooxazole, Mercaptothiazine, Dithiocarbaminsäuren, Dithiocarbonsäuren, Xanthogensäuren u. Trithiocarbonsäuren u. ihren entsprechenden Metallsalzen u. Bisulfiden in Ggw. von prim. oder sek. Aminen erhalten. — Beispiele: Sulfinamide von Diäthyldithiocarbaminsäure u. Diäthylamin oder von 2-Mercaptobenzothiazol u. Dibutylamin. (E. P. 642 534 vom 22/8. 1946, ausg. 6/9. 1950. A. Prior. 1/10. 1945.) NEBELSIEK. 6313

N. V. de Bataafsche Petroleum Mij., Den Haag, Holland, *Nitrohalogenolefine* erhält man durch Rk. von Halogenolefinen, $(R_1, R_2)C(Halogen)—C(=CH_2)—CH(R_3, R_4)$ $(R_1—R_4 = H, Alkyl)$, mit wss. HNO_2 oder nitrosen Gasen (N_2O_3 oder Mischungen aus $NO + NO_2$) bei 0—100°, zweckmäßig in Ggw. eines inerten, organ. Lösungsmittels. — Aus Methallylchlorid u. $NaNO_2$ in Ggw. von wss. H_2SO_4 bei 40° → *2-Chlormethyl-3-nitropropen-(1)* (= Nitromethallylchlorid), Kp.$_4$ 62°; n_D^{20} 1,4742; D.^{20} 1,234. Weitere Ausgangsstoffe sind: Methallylbromid; 3-Chlor-2-methylbuten-(1); 3-Chlor-2.3-dimethylbuten-(1); 3-Chlor-2-methylpenten-(1). — *Schädlingsbekämpfungsmittel.* (E. P. 637 252 vom 30/6. 1947, ausg. 17/5. 1950. Holl. Prior. 5/7. 1946.) KRAUSS. 6313

Pest Control Ltd., Bourn, Cambridgeshire, England, *Schädlingsbekämpfungsmittel.* Das Mittel enthält als Wirkstoff *Di-(monoisopropylamino)-fluorphosphinoxyd* neben indifferenten Verdünnungsmitteln oder Trägerstoffen. Es wird bes. als Verstäubungsmittel zur Behandlung von Pflanzenteilen verwendet u. bleibt lange wirksam. (Dän. P. 75 227 vom 13/12. 1950, ausg. 29/12. 1952. E. Prior. 23/12. 1949.) JÜRGEN SCHMIDT. 6313

N. V. de Bataafsche Petroleum Mij., Den Haag, Holland, *Schädlingsbekämpfungsmittel* erhält man durch Einführung einer NO_2-Gruppe in Halogenalkene. — Aus Methallylchlorid + $NaNO_2$ in Ggw. von verd. H_2SO_4 → *Chlor-(1)-methyl-(2)-nitro-(3)-propen-(1)*, Kp.$_4$ 62°. — *Chlormethyl-(2)-nitro-(3)-propen-(1)*. — *Chlor-(2)-nitromethyl-(3)-buten-(3)*. — *Chlormethyl-(2)-nitro-(1)-buten-(2)*. Die Verbb. können mit inerten Verdünnungsmitteln oder Trägern oder mit insekticid-, fungicid- oder bakericidwirksamen Mitteln, wie HCN, CS_2, Epoxyäthan, Ameisensäureestern; 1.1-Di-(p-chlorphenyl)-2.2.2-trichloräthan gemischt werden. — *Kornkäfer* (Calandra granaria)-*Test.* (E. P. 635 085 vom 30/5. 1947, ausg. 5/4. 1950. Holl. Prior. 24/6. 1946.) KRAUSS. 6313

Gennard Matrone and others, Effects of phosphate fertilization on the nutritive value of soybean forage for sheep and rabbits. Washington: Govt. Pr. Off.; Supt. of Doc. 1954. (95 S.) $ —,35.

Sterling R. Olsen and others, Estimation of available phosphorus in soils by extraction with sodium bicarbonate. Washington: D. C. 1954. (19 S., Diagr.) $ —,15.

VIII. Metallurgie. Metallographie. Metallverarbeitung.

E. Wagner, K.-D. Mau, H. Schlichtenmayer, H. Staud, G. Weber, *Untersuchung von Formsanden.* Untersucht wird der Einfl. eines Vermiculitezusatzes bei einem bestimmten Wassergeh. auf die Gasdurchlässigkeit, Druck- u. Scherfestigkeit eines synthet. Formsandes mit verschied. Bentonitgehalten. Hierbei zeigte sich, daß die Gasdurchlässigkeit von Vermiculite gleichmäßig in allen Sandproben sank, während die Druck- u. Scherfestigkeit durch den Zusatz anstiegen. Die höheren Bentonitgehh. wirkten in gleicher Richtung. Bei der Ermittlung der Eigg. der gleichen Sandmischungen in Abhängigkeit vom Feuchtigkeitsgeh. an luftgetrockneten Proben ergab sich, daß das Sinken des Feuchtigkeitsgeh. von der Luftfeuchtigkeit des Raumes, in dem die Probekörper aufgestellt sind, abhängig ist. Druck- u. Scherfestigkeit steigen zunächst bei abnehmendem Wassergeh. an, worauf sich die Druckfestigkeit senkt, während bei höheren Bentonitgehh. die Scherfestigkeit mit sinkendem Wassergeh. noch weiter ansteigt. Es werden zwei Mischungen eines synthet. Sandes mit einem bestimmten Binder, jedoch mit verschied. Wasserzusatz, verglichen. (Giesserei **41.** 111—13. 4/3. 1954. Duisburg, Staatl. Ingenieurschule.) HOCHSTEIN. 6382

D. Lane, *An Kernsandbindemittel gestellte Anforderungen.* Übersicht über die Eigg. von Kernsandbindemitteln, bes. für Ölsandkerne u. ihre Anwendung. (Foundry Trade J. **93.** 21—22. 3/7. 1952.) WESLY. 6382

—, *Nomenklatur für Gußsysteme.* Unter Erläuterung mit 22 Abbildungen wird eine schwed. Nomenklatur für Gußsysteme bei Stahl-, Fe- u. Metallguß entwickelt u. eine Liste mit 66 Ausdrücken im Vgl. mit französ., deutschen u. engl. Bezeichnungen zur Diskussion gestellt. Für einige Ausdrücke wird eine Begründung gegeben (Gjuteriet **42.** 139—44. Sept. 1952.) R. K. MÜLLER. 6382

George F. Crocker, *Trennung schwerer Medien bei „Algoma Ore Properties“.* Übersicht über die angewandten Fe-Erzaufbereitungsverfahren. (Trans. Canad. Inst. Mining Metallurgy Mining Soc. Nova Scotia **53.** 143—51. 1950. Helen Mine, Ontario, Can., Algoma Ore Properties Ltd.) WESLY. 6390

Fritz Lieneweg, *Neue Temperaturmeßverfahren für die Eisenhüttenindustrie.* 1. Mitt. ***Temperaturmessungen mit Thermoelementen.*** Beschreibung eines Tauchthermoelements für Stahlschmelzen (Abb.) u. dessen Anwendung, bes. für SIEMENS-MARTIN-Öfen u. im THOMAS-Konverter bzw. an BESSEMER-Konvertern. — Schrifttum. (Arch. techn. Messen **1953.** 231—32. Okt.) P. ECKERT. 6390

André Guédras, Überblick über Zus. u. Wirkungsweise des Kokses bei der Herst. von Gußeisen, sowie über die Zusätze, die die Gewinnung einer schwefelarmen Schmelze ermöglichen. (Métallurgie Construct. mécan. **84.** 221—23. April 1952.) HAUG. 6402

Jörgen Drachmann, *Die Beziehung zwischen Analyse und gewissen mechanischen* ***Eigenschaften bei gewöhnlichem Gußeisen. Ein Beispiel für statistische Forschung.*** In statist. Diagrammen werden Unterss. über die Abhängigkeit der Bearbeitbarkeit, der BRINELL-Härte u. der Härtetiefe vom Geh. an *C*, *Si*, *Mn* u. *S* ausgewertet, wobei die beiden ersten Eigg. sich parallel mit dem Sättigungsgrad ändern, die Härtetiefe aber ein deutliches Minimum bei 2,70% Si zeigt. Das Mn–S-Verhältnis muß gesondert von C u. Si behandelt werden, sein verhältnismäßig großer Einfl. auf die Bearbeitbarkeit ist statist. in der Weise zu erfassen, daß man den Mn-Überschuß über die Gleichung $Mn + 5 = MnS$ mit $Mn_Ü = Mn - 1{,}7\ S$ zugrunde legt. (Gjuteriet **42.** 108—14. Juli 1952. Oxelösund, AB Centrifugalrör.) R. K. MÜLLER. 6402

Lars Barrling, *Herstellung von Gußeisen mit kugeligem Graphit – zähes Gußeisen.* Auf Grund von Unterss. über die Beziehungen zwischen Mikrogefüge u. Festigkeitseigg. bei Gußeisen wurde ein Verf. zur Herst. von zähem Gußeisen entwickelt, bei dem dem Fe bei 1400—1450° 1,5% Ni–Mg-Legierung mit 15% Mg, dann 75%ig. Ferrosilicium zugesetzt werden, wobei ein Si-Geh. von 0,5—1% erreicht wird. Das Prod. eignet sich bes. für solche Verwendungszwecke, bei denen es auf Verschleißfestigkeit u. Dämpfungsvermögen ankommt. (Gjuteriet **42.** 55—62. April 1952. Katrineholm, SKF.) R. K. MÜLLER. 6402

Ss. M. Baranow, *Über einen Zusammenhang zwischen dem Schmelzvorgang von Stahl und seinen Eigenschaften.* Es wird nachgewiesen, daß die wichtigsten Ursachen für die Veränderungen der Stahleigg. diejenigen Oberflächenerscheinungen sind, welche die Kristallisationsvorgänge behindern. Durch den Einfl. von oberflächenakt. Silicaten können Unterschiede in den Eigg. von sauer oder bas. erschmolzenen Stählen erklärt werden. Es wird eine neue Behandlung mit einer Beeinflussung der Stahleigg. durch *Al* u. einige andere Elemente während der Erschmelzung vorgeschlagen. Durch Regulierung des Sättigungsgrades des geschmolzenen Stahles mit *Si*-reichen Silicaten können auch in weiten Grenzen die Eigg. des Stahles verändert werden. (Литейное Производство [Gießereiwesen] **1953.** Nr. 7. 23—26. Juli.) HOCHSTEIN. 6408

R. H. Esling, *Magnetische Eigenschaften von rostfreiem Stahl, Typ „416“, bei 450° F.* Magnet. Eigg. eines rostfreien Stahls vom Typ 416 (Zus. nicht angegeben) bei 80 u. 450° F, wobei in beiden Fällen eine beträchtliche Hysterese beobachtet wird. (Iron Age **169.** Nr. 12. 106—08. 20/3. 1952. Detroit, Bendix Aviation Corp., Res. Labor.) v. HARLEM. 6408

D. A. Draigor, *Die Natur der Gefügeänderungen der Oberflächenschichten von gehärtetem Stahl bei mechanischer Bearbeitung.* Beim schnellen Abdrehen eines Stahls bildet

sich eine Oberflächenschicht von erhöhter Härte, die durch n. Ätzmittel schlecht sichtbar gemacht werden kann. Die Unters. der Art der Gefügeumwandlung in den äußeren Schichten ergab, daß hier eine Härtung besonderer Art unter Tempp. vorliegt, die höher sind als die krit. Tempp., u. unter hohen Drucken infolge der Wrkg. der Schneidkräfte stattgefunden hat. Hierdurch wird neben der erhöhten dynam. Stahlfestigkeit auch seine erhöhte Verschleißfestigkeit erklärt. (Доповіді Академії Наук Української PCP [Ber. Akad. Wiss. UkrSSR] **1953.** Nr. 1. 63—67.)
HOCHSTEIN. 6408

Georges Vidal und **Pierre Lescop,** *Schallgeschwindigkeit und Dichte der Zerfallsstufen beim Anlassen von martensitischem Stahl.* An zwei durch Abschrecken auf tiefe Tempp. fast vollkommen martensit. gemachten Stählen, einem mit 0,9 (%) u. einem mit 1,2 C u. 1 Cr, wurden bei Raumtemp. Schallgeschwindigkeit u. Kontraktion nach Anlassen bei verschied. Tempp. von 20—500° gemessen. Trägt man zu gleichen Anlaßtempp. gehörende Werte der Schallgeschwindigkeit u. der Kontraktion in einem Diagramm gegeneinander auf, so ergeben sich charakterist. treppenförmige Kurven. Das bedeutet: Schallgeschwindigkeit u. Kontraktion ändern sich nicht gleichartig mit der Anlaßtemperatur. Vff. nehmen an, daß im Bereich der Anlaßtempp. von 160—ca. 250°, in dem die Schallgeschwindigkeit mit steigender Anlaßtemp. zunimmt, während die Kontraktion prakt. konstant bleibt, Zementit u. hexagonales Eisencarbid koexistent sind. — Diese Hypothese deckt sich mit Ergebnissen von AUSTIN u. SCHWARTZ sowie von JACK. (C. R. hebd. Séances Acad. Sci. **235.** 1221—23. 17/11. 1952.)
KRISEMENT. 6408

Hermann Weil, *Einfluß der Wärmebehandlung auf die Eigenschaften von gezogenem Stahldraht.* Der Verlauf der Gefügeveränderung von zwei Stahldrahtproben mit 0,48 u. 0,74% C wurde während des Patentierens beobachtet. Die Best. der erforderlichen Austenitisierungstemp. wurde durch Anlaßunterss. ermittelt. Für beide Proben wurden die isothermen Umwandlungsschaubilder aufgenommen, wobei der Einfl. der Austenitisierungstemp. auf die Lage der Umwandlungskurve u. auf die Entw. des Gefüges untersucht wurde. Es wurden ferner die Bedingungen untersucht, unter denen ein rein sorbit. Gefüge erhalten werden kann. Der Einfl. der durch verschied. Ofentempp. erzeugten Gefügeausbildung auf die Stahldrahtfestigkeit wurde ermittelt u. ein Einfl. größerer Ferritanteile im Gefüge auf das Ziehverh. u. auf die Festigkeitseigg. beobachtet. (Wire and Wire Products **28.** 788—90. 819—27. Aug. 1953.) HOCHSTEIN. 6408

H. M. Meingast, *Über die isotherme Umwandlung des Austenits in der Perlitstufe aus dem Kohlungsprozeß heraus und über die Warmbadhärtung legierter Einsatzstähle. Ein Beitrag zur Technologie der Einsatzhärtung.* Aufgekohlte Bauteile sind hinsichtlich ihres C-Geh. heterogen, so daß die für homogene Stähle gültigen Gesetze der Wärmebehandlung nicht anwendbar sind. Beim Erwärmen auf Härtetemp. u. beim Abkühlen ist die ganze Skala der Martensitbereiche aller C-Gehh. maßgebend. Isotherme Umwandlungsvorgänge aufgekohlter Stähle werden durch Umwandlungsdiagramme vieler Werkstoffe einheitlicher Zus., aber verschied. C-Geh. ausgedrückt. Zur Ermittlung des Umwandlungsverh. einer bestimmten Schmelze sind Austenitisierungstemp. (die der Aufkohlungstemp. gleich sein muß) u. Austenitisierungs- (Aufkohlungs)-zeit von Bedeutung. Zur Rekristallisation von grobkörnig gewordenen Bauteilen genügt meist eine 50%ig. Umwandlung des Austenits zu einem Zerfallsgefüge. Mit der Senkung der Umwandlungstemp. werden härtere Zerfallsprodd. erzielt. Wenn es also auf nachträgliche Zerspanung ankommt, darf man nicht allein das Gebiet der isotherm. Umwandlung, bei der die Umwandlung in techn. vertretbarer Zeit ausführbar ist, heranziehen, sondern man muß ein Kompromiß zwischen der Härte des Zerfallsprod. u. der Umwandlungstemp. oder der damit zusammenhängenden Umwandlungszeit schließen. Es ist denkbar, daß eine isotherm. Umwandlung in techn. vertretbarer Zeit ein nicht bearbeitbares Zerfallsprod. liefert oder, umgekehrt, daß ein bearbeitbares Zerfallsprod. nur in techn. nicht vertretbarer Zeit erzielbar ist. Die Härtung legierter Einsatzstähle in einem Warmbad von 180—220° ist keine Warmbadhärtung, weil der größte Teil des Stahls bei der Entnahme schon martensit. u. damit durch Abschreckung gehärtet ist. (Durferrit-Hausmitt. **1952.** Nr. 25. 5—43. Dez. Toronto.) WESLY. 6408

Reinhold Hünlich, *Einflüsse des Werkstoffs und der Profilgröße auf die Tragfähigkeit von Streckenbögen.* Zug- u. Biegeverss. mit Profilen aus weichen, naturharten u. vergüteten Baustählen ergaben bei nur geringer Abhängigkeit von der Profilhöhe eine merkliche Zunahme des Verhältnisses von Biege- u. Zugstreckgrenze mit steigender Streckgrenze des Werkstoffes. Infolgedessen übertrifft im biegebeanspruchten Streckenbogen der hochwertige Werkstoff die aus der Streckgrenze berechnete Tragfähigkeit. Auch die unter Verformung aufgenommene Höchstlast nimmt bei den hochwertigen

Stählen zu. — In einem Nachtrag vergleicht Vf. die eigenen Untersuchungsergebnisse mit Verss. anderer Autoren. (Glückauf **88.** 1259—63. 20/12. 1952; **89.** 793—94. 1/8.1953. Duisburg-Huckingen.) HABBEL. 6408

August Dreßler, *Entstehung von Ausbröckelungen und Werkstoffüberschiebungen auf den Fahrflächen von Eisenbahnschienen.* Die Unters. der in der Regel paarweise auf beiden gegenüberliegenden Schienen, annähernd im gleichen Gleisquerschnitt auftretenden Ausbröckelungen ergab: Durch Betriebseinfll. werden die Schienen örtlich außerordentlich hoch erhitzt; durch die verhinderte Verformung bei der Erwärmung u. nachfolgenden Abkühlung entstehen Zugspannungen, die zu Rissen u. dann zu den Ausbröckelungen führen. Die Versprödung des Werkstoffes als Folge der örtlichen Erwärmung der Schiene (Alterung durch Stauchen bei Anlaßtemp.) kann sogar zu Schienenbrüchen führen, die durch die verringerte Kerbzähigkeit des Schienenwerkstoffes bei Tieftempp. im Winter noch begünstigt werden. (Stahl u. Eisen **73.** 1239—40. 10/9. 1953.) HOCHSTEIN. 6408

N. Ss. Kreschtschanowski und **R. P. Saletajewa,** *Der Einfluß von Magnesium auf die Oberflächenspannung, Unterkühlung und Kristallisation eines austenitischen Stahles.* Der Einfl. eines Mg-Zusatzes zu austenit. *Cr–Ni-Stahl Ch15 N30* äußert sich nicht nur in der Adsorption von Mg-Dämpfen an den Korngrenzen der wachsenden Kristalle, sondern auch in einer Veränderung der mol. Bindungen an den Phasengrenzen sowie in einer Verringerung des H-Geh. u. der nichtmetall. Einschlüsse, bes. der Silicat- u. Sulfideinschlüsse, des Stahles. Durch Zusatz von 0,2—0,3% Mg zum Stahl wird eine wesentliche Erhöhung der Oberflächenspannung beobachtet. Ein durch die Mg-Dämpfe bedingter hoher Druck bewirkt eine erhöhte Mg-Löslichkeit im Stahl u. bes. eine Veränderung der chem. Zus. der Korngrenzen der wachsenden Kristalle. Bei Einführung von 0,2% Mg in den geschmolzenen Stahl verschwindet die Unterkühlungsfähigkeit der Schmelze vollständig. (Литейное Производство [Giessereiwesen] **1953.** Nr. 3. 20—21. März.) HOCHSTEIN. 6410

Max Kroneis, Reinhold Gattringer, Kurt Ebner und **Helmut Krainer,** *Isotherme Zeit-Temperatur-Umwandlungsschaubilder gebräuchlicher Werkzeugstähle.* Die an legierten Werkzeugstählen aufgenommenen, sowie durch Härtbarkeitsprüfungen ergänzten Umwandlungsschaubilder gründen sich auf Härte- u. Gefügeunterss. von kleinen Proben, die in Warmbädern von 150—800° abgekühlt u. darin verschieden lange gehalten wurden. Die verzugsarmen Stähle weisen rasche Umwandlungen in der Perlitstufe u. deutliche Überschneidung mit der langsamer ablaufenden Zwischenstufenumwandlung auf. Bei den Stählen mit hoher Schlagzähigkeit sind Perlit- u. Zwischenstufe deutlich ausgeprägt, aber nicht durch ein umwandlungsträges Gebiet getrennt. Bei vorwiegend mit Ni, Cr u. Mo legierten Stählen ist eine stark verzögerte Perlitstufe u. eine deutlich davon abgesetzte u. vorgeschobene Zwischenstufe kennzeichnend. Bei den Warmarbeitsstählen ist die Perlit- u. Zwischenstufe durch ein mehr oder weniger breites Gebiet fast völliger Umwandlungsträgheit getrennt. Ledeburit-C-reiche Cr-Stähle zeigen verhältnismäßig große Umwandlungsfreudigkeit in der Perlitstufe. Diskussion. — Berichtigung. (Arch. Eisenhüttenwes. **24.** 333—51. Juli/Aug.; **447.** Sept./Okt. 1953. Kapfenberg, Edelstahlwerke Gebr. Böhler & Co., A.G.) HOCHSTEIN. 6410

John L. Everhart, *Neuer für Strahl- und Raketenantriebe verwendbarer Titan-Bor-Stahl.* Überblick an Hand der Literatur. Der Stahl enthält außer Ti u. B 3% Cr u. 1% Mo u. ist bzgl. seiner Dauer- u. Bruchfestigkeit bei 1200°F allen anderen niedriglegierten sowie auch einigen hochlegierten Stählen überlegen. Bei Tempp. von mehr als 1200°F erfolgt in Ggw. von Luft Verzunderung, wenn der Stahl nicht durch einen keram. Überzug vor Oxydation geschützt wird. Unterss. auf Schweißbarkeit ergaben, daß die Festigkeit des geschweißten Materials geringer als die des ungeschweißten ist. Der Stahl kann bei der Herst. von Strahl- u. Raketenantrieben verwendet werden, an Stellen, wo die Möglichkeit einer Oxydation kaum besteht. (Materials and Methods **36.** Nr. 3. 96—98. Sept. 1952.) OPPERMANN. 6410

D. A. Dodson, *Chemische Behandlung von geschmolzenen Nichteisenmetallen.* Die Behandlung geschmolzener Metalle mit Chemikalien ist notwendig, um Unreinheiten zu beseitigen, die Gießarbeit zu verbessern, die Legierungszus. zu kontrollieren u. die physikal. Eigg. zu verbessern. Vf. entwickelt die Grundzüge für die Reinigung von hochzink- bzw. nickelhaltigen Legierungen, reinem Cu, Bronzen u. Messinge. (Canad. Metals **15.** Nr. 6. 32—34. 64. Mai 1952. Foundry Services [Canada] Ltd.) HEINRICHS. 6420

Robert F. Griffith, *Vorkommen, Vorräte und Verwendung von Beryllium.* Überblick. (Metal Progr. **65.** Nr. 4. 81—85. April 1954. Washington, D.C., U. S. Bureau of Mines.) HOCHSTEIN. 6442

Norman Clarke Jones, *Das Metalloid Germanium.* Vf. erwähnt kurz die Fundstellen (auch in Asche von Northumberlandkohle) u. schildert die Aufarbeitung nach dem Verf. von PATRODE u. WORK: Überführung in Tetrachlorid, adiabat. Fraktionierung, Rektifikation, Hydrieren zum Dioxyd, Red. mit H_2; u. nach dem Verf. von SEBBA u. PUGH: Aufschluß mit Sodalsg., Ansäuern mit H_2SO_4, Oxydation des Arsens mit HNO_3, zweistufige Neutralisation u. Fällung mit NH_3, Red. wie oben. Aus Kohlenaschen erfolgt die Gewinnung durch reduzierenden Aufschluß mit Kohle, CuO, Kalk u. Soda, Chlorieren, Abdestillieren als Tetrachlorid, adiabat. Fraktionierung usw. wie oben. Kurze Angaben über chem. u. physikal. Eigg. des Ge u. seine Verwendung. (Ind. Chemist **30.** 229—30. Mai 1954.) H. ECKHARD. 6448

—, *Zurichten von Gold und Silber und Wiederverwendbarmachung von Gold- und Silberabfällen im Kleinbetrieb.* Billiges Verf. zur Herst. von blasenfreiem, weichem Ag u. Au aus Ag- bzw. Au-Abfällen im Zimmer-Koksschmelzofen. (Dtsch. Goldschmiede-Ztg. **50.** 31—34. Febr. 1952.) BLUTH. 6460

Carlo Ghiglieno, *Über den Einfluß von Zusätzen von Kupfer und Starrschmiere auf die Maßänderungen während der Sinterung von Teilen aus reinem Eisen.* Unters. der bei der therm. Behandlung von Sintereisen auftretenden Maßänderungen in Abhängigkeit von den Bestandteilen der Mischung — es wird ein Eisen mit 99 (%) Fe u. 1 C, ferner eine Lsg. mit 85 Fe, 15 Cu bei steter Ggw. von ca. 1 C als Schmiermittel verwendet — vom Preßdruck, der Sinterungszeit u. der Sinterungstemperatur. Dabei werden die mechan. Eigg. der Sinterteile geprüft. (Metallurgia ital. **45.** 128—32. April 1953.) RUMPF. 6474

E. De Beauchamp, *Physikalische und mechanische Eigenschaften von gesintertem Kupfer.* Gesintertes reines Cu hat noch keine weitere Verbreitung in der Industrie gefunden. Vf. gibt Prüfberichte über physikal., bes. mechan. u. elektr. Eigg. von in Laboratoriumsverss. hergestellten gesinterten Kupferpulvern u. kommt zu dem Ergebnis, daß prakt. kein Unterschied zwischen solchen u. durch Schmelzen erlangtem Cu festzustellen ist. (Cuivre, Laitons, Alliages **1952.** Nr. 8. 17—22. Juli/Aug.) H.-J. HEINRICHS. 6474

F. Benesovsky, *Gesinterte Nickel-Kupfer-Legierungen (Monel).* Aus feinen Ausgangspulvermischungen können Ni-Cu-Legierungen hoher D. von Art des *Monel* gesintert werden. Ein Zusatz von *Ferromangan* führt bei techn. Sinterbedingungen zu Werkstoffen, die in ihrer Festigkeit dem erschmolzenen nur wenig nachstehen. Es ist anzunehmen, daß nach dem Doppelpreßverf. hergestellte Sinterkörper oder verformte einmal- bzw. doppeltgesinterte Werkstoffe in ihren Eigg. auch hinsichtlich der Korrosionsbeständigkeit weitgehend der geschmolzenen *Monel*-Legierung entsprechen. — Schrifttumsangaben. (Metall **7.** 894—95. Nov. 1953. Reutte/Tirol.) APEL. 6474

C. Ballhausen, *Anwendung und Wirtschaftlichkeit von Hartmetall.* Überblick. Durch Bearbeitungsmethoden unter Anwendung von Funkenerosion u. hochfrequenten Schwingungen sollen Schwierigkeiten in der Anfertigung u. Nacharbeit von Werkzeugen komplizierter Formen überwunden werden. — Schrifttumsangaben. (Industrie-Anz. **75.** 1403—06. 29/12. 1953. Krefeld.) APEL. 6476

F. Vollmert, *Bleibronze-Verbundguß für höchste Beanspruchung.* Zur Herst. eines guten Verbundgusses muß die Stahlstützschale sauber u. zunderfrei vorgewärmt werden, u. die Zeit, während der der *Stahl* mit der fl. Bleibronze in Berührung bleibt, muß den jeweiligen Erfordernissen angepaßt werden können. Die in gewissen Grenzen regelbare Erstarrungsgeschwindigkeit muß so geleitet werden, daß ein Ansammeln von Pb in der Nähe der Bindungsfläche sicher verhütet wird. Es wird das Herstellungsverf. für hochbeanspruchte Lager erörtert u. als Wege zur metallurg. Beeinflussung der Bleibronze die Senkung der Keimzahl der Schmelze zwecks Erzielung einer starken Unterkühlung mit plötzlicher Kristallisation auch bei langsamer Abkühlung oder die Erhöhung der Keimzahl, durch die die Kristallisation an vielen Punkten gleichzeitig beginnen kann, angegeben. (Giesserei **41.** 232—34. 29/4. 1954. Berlin.) HOCHSTEIN. 6478

E. A. Hohmann, *Materialprüfverfahren in der Metallgießerei.* Überblick. (Giessereipraxis **70.** 439—41. 10/12. 1952.) PAHL. 6480

Erich Theis und **Klaus Barteld,** *Untersuchungen an Prüfkörpern mit bekannten Fehlern zur Kennzeichnung der Arbeitsbedingungen bei der Überschallprüfung.* (Arch. Eisenhüttenwes. **25.** 159—64. März/April 1954. Witten.) HOCHSTEIN. 6480

Hans Bühler und **Ernst Hermann Schulz,** *Über Dauerversuche an Stahlträgern größerer Abmessungen.* Unterss. an genieteten u. geschweißten Trägern mit Abmessungen bis zu 400 mm Stegblechhöhe u. 10000 mm Stützweite auf Wechselfestigkeit. Die Biegeschwingungen wurden durch einen Schwinger erzeugt. Die Verss. bestätigten die früher auf einer Pulsatormaschine gefundenen Ergebnisse. Die Schwingungsfestigkeiten lagen etwas niedriger, was auf die Verwendung der Wechselbiegebeanspruchung u. die größeren Abmessungen der Träger zurückgeführt wird. (Stahlbau **21.** 30—34. Febr. 1952. Saarbrücken u. Dortmund.) DEUTSCH. 6480

J. Dauvergne, M. Pélabon und **J. Ivernel,** *Der auf die Herstellung nahtloser Rohre abgestellte Warmverdrehungsversuch.* Der Warmverdrehungsvers. hat den Zweck, die Eignung der *Stähle* für das Aufweiten auf dem Schräg-Walzwerk zu prüfen. Die durchweg ausreichende Torsionsfähigkeit weicher Stähle ist von ihren desoxydierenden Zusätzen (*Si, Al, Ti*) abhängig. Die Torsionseigg. der legierten Stähle stehen in unmittelbarer Beziehung zu der Zus. u. dem Feingefüge. Der Torsionsvers. zeigt klar die γ-δ-Umwandlungen, die bei besonderen Stählen auftritt; das γ-δ-Gefüge besitzt nur sehr geringe Torsionsfähigkeit u. kann die Ursache für schwere Walzfehler sein. — Diskussion. (Rev. Métallurgie **51.** 254—64. April 1954.) HOCHSTEIN. 6480

E. V. Crane, *Das Kaltfließpressen von Stahl und die Verwendung von mit Flüssigkeitsdruck betriebenen Pressen.* Unter anderem werden kennzeichnende Hinweise für die amerikan. Arbeitsweisen bei einzelnen Erzeugnissen gegeben. Die Stahleigg. vor u. nach dem Fließpressen werden mitgeteilt. (Sheet Metal Ind. **30.** 464—75. 483. Juni 1953. Canton, O., E. W. Bliss Co.) HOCHSTEIN. 6490

Kurt Lücke, *Die Temperaturabhängigkeit der Entkohlung von Stahl durch Wasserstoff.* Gemessen wurde die Entkohlungsgeschwindigkeit von Drähten aus *Carbonyleisen*, das etwas C gelöst enthielt, beim Glühen in feuchtem H_2 durch Verfolgung des elektr. Widerstandes. Weiterhin wurde eine genaue Berechnung der Entkohlung unter der Annahme, daß die Umsetzung zwischen C u. H_2 nur an der Drahtoberfläche u. die Nachlieferung von C aus dem Drahtinnern nur durch Diffusion stattfindet, durchgeführt. Ein Vgl. dieser Rechnungen mit den im Schrifttum vorliegenden Versuchsergebnissen u. mit eigenen Messungen bestätigt die gemachten Annahmen. Die größte Entkohlungsgeschwindigkeit ergibt sich theoret. u. im Vers. bei ca. 800°. (Arch. Eisenhüttenwes. **25.** 181—85. März/April 1954. Göttingen, Univ.) HOCHSTEIN. 6492

T. E. Cound, *Die Wärmebehandlung von Hochtemperaturmaterialien.* Vf. bespricht die Wärmebehandlung von Legierungen, die für die Herst. der Rotorschaufeln von Düsenmotoren verwendet werden. Geeignet hierfür sind Legierungen auf *Fe-Co-Ni*-Basis mit Zuschlägen verschied. seltenerer Legierungsmetalle. Der Einfl. verschiedenartiger Wärmebehandlung auf die Kriecheigg. dieser Legierungen wird ausführlich behandelt. (Engng. Inspect. **17.** 101—10. 1953.) GERHARD GÜNTHER. 6492

Roger S. Babcock, *Brennschneiden und Flämmen unter Pulverzusatz.* Überblick unter Beschreibung der App. u. der Anwendung, bes. zum Schneiden von rostfreiem Stahl mit Fe-Pulver u. von NE-Metallen mit Fe-Pulver u. Al-Pulverzusatz. (Métallurgie Construct. mécan. **84.** 231. 233. 235. 237. 239. April 1952. New York, N. Y., Union Carbide International Co.) HAUG. 6502

E. Hörmann, *Induktives Schweißen, insbesondere von Rohrlängsnähten, und seine Anwendung.* Die Nähte der auf induktivem Wege geschweißten Rohre stehen der Festigkeit des Werkstoffes außerhalb der Schweißnaht nicht nach. (Z. Ver. dtsch. Ing. **96.** 65—72. 21/1. 1954. Mühlheim/Ruhr.) HOCHSTEIN. 6506

F. Wuttke, *Reparaturschweißung an Großstücken mit Hilfe der Gasschweißung.* (Schweisstechnik **3.** 338—41. Nov. 1953. Görlitz-Weinhübel.) HOCHSTEIN. 6506

P. Drumare, *Reparaturen durch aluminotherme Schweißung.* Die aluminotherme Schweißung läßt sich mit Vorteil bei Reparaturen an großen u. größten Stücken anwenden. Sie tritt nicht in Wettbewerb mit anderen Schweißverbindungen, sondern kommt wegen der Schwierigkeit der Ausführung u. der hohen Kosten nur da in Frage, wo andere Verff. versagen. Beispiele u. Zahlenangaben. (Soudure Techn. connexes **6.** 129—37. Mai/Juni 1952.) DEUTSCH. 6506

W. Wenzel, *Die Kupfer-Stahl-Verbindung bei Lokomotivfeuerbüchsen (Lötschweißverfahren.)* An kupferne Feuerbuchsen wird ein Stahlvorschuh angebracht, der mittels eines Lötschweißverf. mit der Feuerbuchse verbunden wird. Es werden die zweckmäßigsten Arbeitsbedingungen angegeben. (Schweisstechnik **4.** 6—14. Jan. 1954. Wittenberge.) HOCHSTEIN. 6506

Alfred Römer, *Zur Zusammensetzung von Aluminium-Schweißflußmitteln.* Von den bekannten Schweißflußmitteln werden die bin. u. tern. Systeme: LiCl–NaCl, LiCl–KCl, KCl–NaCl, KCl–$CaCl_2$, $NaCl$–$CaCl_2$ u. KCl–$NaCl$–$CaCl_2$ besprochen u. erörtert, in welchem Umfange diese Schweißflußmittel den erforderlichen Bedingungen, wie gute Ausbreitung in fl. Zustande auf der zu schweißenden Oberfläche, einwandfreie

Oxydlösung u. F., der 80—100° tiefer als der der zu schweißenden Legierung liegt, entsprechen. (Schweisstechnik **4.** 116—20. April 1954. Apolda.) HOCHSTEIN. 6506

C. R. Bates, *Elektronenkontrolle des Schweißvorgangs.* Kurze Beschreibung einer App. in Form eines Unterbrechers, welcher beim Elektroschweißen den Stromdurchgang zum Transformator regelt u. unregelmäßiges Schweißen verhindert. (Machinery Lloyd (europ. Edit.) **25.** Nr. 21a. 79—80. 17/10. 1953. Birmingham, Bates & Bates Ltd.) STEINER. 6506

J. G. Baker, *Eine Übersicht über die chemischen Grundlagen einiger Entfettungsverfahren für die Metalloberflächenbehandlung.* Behandelt wird die Entfettung in organ. Lösungsmitteln u. in alkal. Lösungen. (Sheet Metal Ind. **27.** 737—42. Aug. 1950.) MARKHOFF. 6512

G. W. Akimow, *Die Zerstörung von Metallen durch Korrosion.* Überblick über am häufigsten vorkommende Korrosionsvorgänge. (Природа [Natur] **42.** Nr. 9. 3—12. Sept. 1953.) HOCHSTEIN. 6538

Willi Machu, *Beitrag zur Theorie der chemischen Polarisation bei der Auflösung und Abscheidung von Metallen nebst Beitrag zur Theorie der Überspannung.* Das Auftreten von Deckschichten ist ein wesentlicher Faktor bei der chem. Polarisation, der Auflösung oder Abscheidung von Metallen, der Überspannung, Inhibitorwrkg. u. Passivität. Die Deckschichten bewirken eine Hemmung der Gleichgewichtseinstellung. Sie sind prakt. auf allen Metallen u. selbst in solchen Lsgg. vorhanden, die an sich befähigt wären, die Deckschichtsubstanz aufzulösen. Sie entstehen durch eine geringere Geschwindigkeit des Diffusionsvorgangs der für die Metallauflösung erforderlichen Ionen. Derartige Deckschichten unterscheiden sich wesentlich von den bekannten makromol. Deckschichten, wie Oxyd- oder Zunderschichten, durch ihre verschied. Löslichkeit. Sie bilden sich selbst nach ihrer Entfernung immer wieder u. können im Gegensatz zu den irreversiblen makromol. Deckschichten als reversible mikromol. Bedeckungen angesehen werden. (Werkstoffe u. Korrosion **5.** 87—92. März 1954. Giza, Ägypten, Cairo-Univ., Fac. of Engng., Min. Dep.) MARKHOFF. 6538

Erich Fitzer, Hans Hohn und **Johann Sekal,** *Über das Korrosionsverhalten von Eisen in hochkonzentrierter Salpetersäure.* 10 Eisenwerkstoffe, darunter Reinst-Fe mit 0,003 (%) C u. Spuren Si, wurden geprüft. Durch HNO_3 mit mehr als 70 (Gew.-%) HNO_3 wird Ferrit passiviert u. ist beständig. Bei Fe-Carbid kommt es nicht zur Passivierung, u. je konzentrierter die Säure ist, um so schneller wird es unter Bldg. von $Fe(NO_3)_3$, Kohlenoxyden u. KW-stoffen zersetzt. Bei Einw. von hochkonz. Säure wird selbst bei Eisen mit 0,003 C interkristalline Korrosion beobachtet. Der Zerfall von Eisen mit 0,1 C kann durch Kaltverformung verzögert werden, offenbar infolge ferrit. Verschmierung der carbidhaltigen Korngrenzen. Der Rückstand konnte als nahezu 100%ig. Fe identifiziert werden. Es ist wahrscheinlich, daß metalloid. freies Fe ohne C, wie es durch amalgam-metallurg. Verff. gewonnen werden kann, gegen hochkonz. Säure beständig ist. — Schrifttumsstellenangabe. (Werkstoffe u. Korrosion **4.** 290—98. Aug./Sept. 1953. Wien, TH, Inst. für anorgan.-chem. Technol.) VIER. 6538

Karla Krafack und **Erich Franke,** *Über das Korrosionsverhalten von eisenhaltigen Kupfer–Nickel-Legierungen 90/10.* Korrosionsverss. mit Seewasser von großer Fließgeschwindigkeit ergeben, daß Cu–Ni-Legierungen mit 90 (%) Cu u. 10 Ni u. 0,7 oder 2 Fe beständiger sind als die Admiralitätslegierung. Bei Cu–Ni-Legierungen 70/30 ist bei steigendem Fe-Geh. ein Rückgang der Narben u. Angriffstiefe zu beobachten. Der Korrosionswiderstand wird bei Legierungen mit 1,5 Fe durch Wärmebehandlung nicht beeinflußt. Bei Legierungen mit 2 Fe u. mehr wird der Korrosionswiderstand durch eine Abschreck-Ablaßbehandlung erhöht. Bei Korrosionsverss. mit Kondensatorrohren aus Cu–Ni-Legierungen 90/10 mit 2 Fe u. den Legierungen 70/30 mit 0,52 Fe ergab sich bes. hohe Korrosionsbeständigkeit. Gegen H_2S, NH_4OH u. HCl, die bei der Petroleumraffination auftreten, sind die 70/30-Cu–Ni-Legierungen beständiger als die 90/10-Legierungen. (Werkstoffe u. Korrosion **4.** 310—15. Aug./Sept. 1953.) VIER. 6538

A. Politycki, *Über den Ätzabbau des Reinstaluminiums in Halogenwasserstoffsäuren.* Reinst-Al (99,99%) wurde in reinsten Halogenwasserstoffsäuren geätzt. H_2F_2 bildet regellose Unebenheiten geringer Tiefe. Beim Ätzen mit HCl bildet sich ein tiefzerklüftetes Relief, das von Würfelflächen begrenzt ist. In HBr entsteht ein Würfelrelief mit abgerundeten Ecken u. Kanten. Beim Behandeln mit HJ ist Loch- u. Randfraß zu beobachten; das submikroskop. Bild zeigt öfter Kubo-Oktaeder, die Gleichgewichtsform von Al. Wie durch elektrolyt. Ätzen festgestellt wurde, sind diese Unterschiede nicht durch die Auflösungsgeschwindigkeit bedingt; vielmehr ist allein das im Elektrolyten vorhandene Anion bestimmend, wie das Metall in Lsg. geht. In wasserfreien Schmelzen ergaben sich dieselben Abbauformen. Hieraus muß geschlossen werden, daß das Anion unmittelbar am Abbauvorgang mitwirkt, ohne daß Oxyd als Primärprod. auftritt. (Metall **8.** 173—76. März 1954. Karlsruhe, Siemens & Halske AG.) VIER. 6538

S. C. Britton, *Korrosionsprüfung.* Die für die prakt. Korrosionsprüfung wesentlichen Faktoren werden herausgestellt u. die zur Prüfung angewandten Verff. (Bestriebs-, Prüffeld-, Labor- u. Abnahmeprüfverff.) beschrieben. Die Ergebnisse der Labormethoden werden mit denen der natürlichen Korrosion (korrodierende Fll., Atmosphärilien) verglichen. — 46 Literaturhinweise. (Research **5.** 377—84. Aug. 1952. Tin Research Inst., Greenford.) ——————— KATZ. 6540

Centre National de la Recherche Scientifique (Erfinder: **Charles Guillaud** und **André Pierrot**), Frankreich, *Verbesserung der Festigkeitseigenschaften von durch Sintern oder Agglomerieren pulverförmiger Substanzen erzeugten porigen Dauermagneten.* Die Magnete werden vor oder nach der Orientierung mittels einer Fl., die später durch Verdampfung des Lösungsm., Polymerisation, Oxydation, Abkühlung u. dgl. zu einem festen Bindemittel gemacht wird, imprägniert. Die Imprägnierung kann im Vakuum, bei n. Druck sowie unter Druck erfolgen. Die Imprägnierungsmasse kann aus einer organ. Substanz, wie einer thermoplast. Substanz (*Polystyrol, Polyvinylcarbazol, Celluloseacetat, Cellulosenitrat, Äthylcellulose* u. dgl.) oder einer thermohärtbaren Substanz (*Bakelit, Formaldehydharz, Melaminharz, Siliconharz*) oder einer mineral. Substanz, wie einem Silicat, oder einem Metall oder fl. Legierung (*Sn, Pb, Bi*) bestehen. — Abbildung. (**F. P. 1 056 511** vom 14/5. 1952, ausg. 1/3. 1954.) HOCHSTEIN. 6475

Gebr. Böhler & Co. Akt.-Ges., Österreich, *Verformung von schwer zu verdichtenden Metallegierungen mit hohem Schmelzpunkt, besonders von Eisen und Stahl, zu Stangen.* Als Schmiermittel bei der Verdichtung wird mindestens eine feingemahlene feste Substanz mit einer Ummantelung verwendet, die mit einem fl. Mittel benetzt ist, deren Kp. gleich oder höher als die Verarbeitungstemp. des Werkstoffes ist u. deren F. unterhalb der Erwärmungstemp. der Matrize liegt. Zweckmäßig wird als festes Schmiermittel, deren Anteil in der Gesamtmasse zwischen 20 u. 90% liegt, *Graphit, MoS* oder *Glimmer* verwendet, während als fl. Schmiermittel anorgan. Substanzen mit einem F. von unter 600° u. einem Siedepunkt über 1050° verwendet werden. Als Schmiermittel dienen z. B. Gemische aus 45 (%) *Graphit* u. 55 *$NaCN$* oder 55 *Graphit* u. 45 *$NaOH$* oder 75 *MoS* u. 25 *KOH* oder 50 gepulvertem *Glimmer* u. 50 *KOH*. (**F. P. 1 053 187** vom 29/3. 1952, ausg. 1/4. 1954. Oe. Prior. 30/3. 1951.) HOCHSTEIN. 6491

Paul E. Brunberg, V. St. A., *Verarbeitung von Metallen, insbesondere von austenitischen nichtrostenden Chrom-Nickel-Stählen und Manganhartstählen.* Auf die Oberfläche des zu bearbeitenden Stückes wird eine Schicht von festem CO_2 niedergeschlagen, indem auf die Werkstückoberfläche ein CO_2-Strom gerichtet wird, der sich bei der Entspannung aus dem komprimierten Zustand dort niederschlägt. Das Verf. wird beim Bohren, Ausstanzen, Sägen, Fräsen u. Ziehen angewendet, wobei auf die Berührungsflächen von Werkzeug u. Metall die feste CO_2-Schicht niedergeschlagen wird. (**F. P. 1 043 121** vom 19/6. 1951, ausg. 6/11. 1953. A. Prior. 21/6. 1950.) HOCHSTEIN. 6491

Henri Py, Frankreich, *Schärfen von Feilen.* Die Feilen werden zunächst in schwacher *$NaOH$*-Lsg. behandelt, dann gebürstet, 12 Std. in eine *HNO_3*-Lsg. von 10—12° Bé gelegt, gespült, gebürstet u. mit einer Mischung von 50 (%) *W.*, 25 *HNO_3* u. 25 einer 1%ig. *Fluorescein*-Lsg. behandelt. Schließlich werden die Feilen gespült, gebürstet, getrocknet u. eingefettet. (**F. P. 1 041 812** vom 18/5. 1951, ausg. 27/10. 1953.) MARKHOFF. 6513

Mecano Spezialartikel für Kraftfahrzeuge Hans Sickinger, Lemgo/Lippe, und **Max Gaul,** Eppstein, Taunus, *Herstellung von Wellrohr.* Die Wandstärke des fertiggewalzten oder hydraul. getriebenen Wellrohres, bes. aus *Tombak,* wird an den Bogenflächen durch chem. oder elektrochem. Mittel verringert. Die Federwrkg. der einzelnen Wellen des Rohres, das bes. zur Herst. von thermostat. Elementen in Wärmereglern dient, wird verbessert. — Abbildungen. (**D. B. P. 886 836** Kl. 48d vom 23/10. 1951, ausg. 17/8. 1953.) MARKHOFF. 6513

Alfred E. Herzer, Zürich, Schweiz, *Verminderung der Rauhigkeit und Körnerstruktur von galvanischen Metallniederschlägen.* Der Aufbau des galvan. Nd. erfolgt derart, daß einer Aufbauphase durch Ändern der Stromrichtung im galvan. Bad eine Abbauphase folgt, wobei die Stromrichtungsänderung period. wiederholt wird. Die Dauer der einzelnen Phasen wird so bemessen, daß im Endeffekt eine Zunahme der Schichtdicke erfolgt. — Abbildung. (**Schwz. P. 294 350** vom 2/10. 1951, ausg. 16/1. 1954.) MARKHOFF. 6517

René Audubert, Frankreich, *Erzeugung gleichmäßiger Metallniederschläge auf elektrolytischem Wege.* Den üblichen Elektrolyten werden Stoffe zugesetzt, die durch den Strom von der höherwertigen Form in die niederwertige, reduzierend wirkende Form umgewandelt werden u. dann auf die Metallionen des abzuscheidenden Metalls reduzierend wirken. So fügt man z. B. 3-wertige Ionen des *Co* oder *Ce* zu. Außerdem ist ein weiterer Zusatz von puffernd wirkenden Verbb., wie Na_2SO_4, K_2SO_4 von Vorteil. — Diagramme. (**F. P. 1 019 466** vom 3/6. 1950, ausg. 22/1. 1953.) MARKHOFF. 6517

Gebr. Schmidt Metallwarenfabrik (Erfinder: **Karl Otto Schmidt**), Idar-Oberstein, *Schutz gegen Riefenbildung auf einer polierten und lackierten Metalloberfläche geringer Oberflächenhärte durch eine auf der Oberfläche mit geringem Flächendruck gleitende metallische Gegenfläche.* Die Gegenfläche erhält einen vorzugsweise galvan. aufgebrachten Überzug aus Weichblei. (**D. B. P. 907 846** Kl. 48a vom 3/4. 1951, ausg. 29/3. 1954. Anmeldung bekanntgemacht 15/11. 1951.) MARKHOFF. 6517

Arthur Leslie Peach, Sydney, Australien, *Erzeugen korrosionsbeständiger Metallüberzüge auf Eisenoberflächen.* Die Gegenstände werden nach gründlicher elektrolyt. Reinigung zunächst elektrolyt. mit einer Schicht aus *Pb* oder einer Legierung aus Pb u. *Sn* oder Pb u. *Sb* überzogen, dann *vernickelt* u. *verchromt.* Das Verf. eignet sich auch zum Überziehen von Zn u. Zn-Legierungen. (**E. P. 700 535** vom 14/8. 1951, ausg. 2/12. 1953. Aust. Prior. 21/8. 1950.) MARKHOFF. 6519

Soc. Continentale Parker, Frankreich, *Erzeugen von festhaftenden Überzügen auf Metalloberflächen zur Erleichterung der Kaltverformung.* Die Gegenstände werden in Ggw. von Luft u. Wasserdampf mit Säuren wie *HCl*, H_2S, H_2SO_3 oder den entsprechenden sauren Salzen behandelt, z. B. werden die Gegenstände in die Lsgg. getaucht u. dann an der Luft mit Wasserdampf behandelt. Es bildet sich eine Oxyd- oder eine Sulfidschicht. (**F. P. 1 053 034** vom 25/3. 1952, ausg. 29/1. 1954.) MARKHOFF. 6529

Richard Marriott, Metalwork for students. New York: St. Martin's Press. 1954. (230 S. m. Abb., Diagr.) $ 2,50.

P. Morisset and others, Chromium plating. London: R. Draper. 1954. (584 S. m. Abb.) 78 s.

—, Traitements thermiques et traitements chimiques des aciers. 1e éd. Bruxelles: Institut belge de normalisation. 1950.

IX. Organische Industrie.

G. Carrière, *Cyclooctatetraen.* Geschichte, Synth., physikal. u. chem. Eigg. werden kurz besprochen. — 8 Literaturhinweise. (Chem. pharmac. Techniek **9.** 129—31. 1/1. 1954.) FREYTAG. H 1810

Standard Oil Development Co., Del., übert. von: **Henry J. Hibshman**, Plainfield, N. J., V. St. A., *Trennen der n-Paraffine* (**I**) *von Isoparaffinen* (**II**) erfolgt im Adsorptionsverf., wobei **I** durch Adsorption an Kohle gebunden werden, während **II** in fl. Zustand am Kopf der Adsorptionskolonne abgehen. Das Adsorptionsmittel mit aufgenommenen **I** wird mit fl. **II** aus einem 2. Adsorptionsaggregat behandelt. Hierbei werden **I** des 1. Adsorptionsaggregats ausgetrieben, zum Teil wird **II** mitgerissen. Man trennt durch Dest., wobei als Bodenprod. **II** anfallen, die abgeleitet oder zum Abtreiben der **I** des 1. Aggregats verwendet werden können. Die Adsorptionsmasse des 1. Adsorptionsaggregats mit **II** des 2. Adsorptionsaggregats wird in das 2. Aggregat zurückgeführt, wo eine Trennung eines KW-stoffstromes, dessen Siedebereich verschieden vom KW-stoffstrom des 1. Aggregats ist u. aus **I** u. **II** besteht, erfolgt. Die Adsorptionsmasse, beladen mit **I** des 2. Stromes, wird von **II** des 1. Aggregats ausgetrieben. Diese Adsorptionsmasse mit **I** des 1. Aggregats gelangt, gegebenenfalls mit frischer Adsorptionsmasse verstärkt, in das 1. Aggregat. An Stelle von **I** u. **II** enthaltenden Mischungen kann man auch z. B. Olefine oder aromat. KW-stoffe von Paraffin-KW-stoffen trennen, oder Diolefine oder O-haltige Verbb. von KW-stoffen oder O-haltige Verbb. von einander. — Zeichnung. (**A. P. 2 620 363** vom 29/9. 1950, ausg. 2/12. 1952.) G. KÖNIG. H 500

M. W. Kellogg Co., Jersey City, übert. von: **Herbert J. Passino**, Englewood, und **Louis C. Rubin**, West Caldwell, N. J., V. St. A., *Nitrosieren von Kohlenwasserstoffen.* NH_3 wird bei 800—1000° u. 10—15 at in Ggw. eines Katalysators u. von O_2 oder mit O_2 angereicherter Luft in nitrose Gase übergeführt. Diese werden unmittelbar auf gasförmige KW-stoffe bei einer wenig unter Spaltungstemp. liegenden Temp. zur Einw. gebracht, wobei Nitrosoverbb. der KW-stoffe entstehen. Die Nitrosoverbb. werden mit oxydierend wirkenden Gasen zu Nitroverbb. oxydiert. — Zeichnung. (**A. P. 2 597 027** vom 27/3. 1947, ausg. 20/5. 1952.) G. KÖNIG. H 500

Purdue Research Foundation, übert. von: **Gustave B. Bachman**, West Lafayette, Ind., und **James V. Hewett**, Columbia, S. C., V. St. A., *Nitrieren von Kohlenwasser-*

stoffen erfolgt bei der Einw. von 1 (Mol) HNO_3 auf 7—35 KW-stoffe in Ggw. von 0,0018—0,26 Cl_2, Br_2, J_2 oder einer Verb., die unter den Reaktionsbedingungen die oben aufgeführten Halogene abspaltet, z. B. HCl, HBr, HJ, Alkyl- oder Acylhalogenverbindungen. Vorteilhaft ist die gleichzeitige Ggw. von nicht >3 O_2 auf 1 HNO_3. Reaktionszeit: 1—15 Sekunden. Neben den Nitroverbb. entstehen Olefine, CO_2, CO u. Carbonylverbb., z. B. Aldehyde. (**A. P. 2 597 698** vom 18/8. 1950, ausg. 20/5. 1952.) G. KÖNIG. H 500

Gesellschaft für Linde's Eismaschinen Akt.-Ges. (Erfinder: **Rudolf Becker**), München, *Gewinnung eines tiefsiedenden Gases aus Gasgemischen*, bes. von CH_4 aus Koksofengas, durch Tiefkühlung in Kältespeichern, durch die das Rohgas unter Druck eintritt u. dabei abgekühlt wird, u. das Restgas unter n. oder Zerlegungsdruck austritt u. dabei angewärmt wird, nach D. R. P. 762 787, dad. gek., daß das reine Prod., z. B. CH_4, ebenfalls durch den Kältespeicher fortgeleitet u. hierbei angewärmt wird. Vereinfachung durch Anwendung von nur 2 Kältespeichern oder -systemen statt deren 3. — Arbeitsschema, Abbildung. (**D. B. P. 908 862** Kl. 17g vom 9/12. 1943, ausg. 12/4. 1954. Anmeldung bekanntgemacht 30/7. 1953. **Zusatz zu D. R. P. 762 787; C. 1954. 1159.**) SCHINDLER. H 510

Soc. An. d'Innovations Chimiques „Sinnova" ou „Sadic", Meaux-Beauval, Frankreich, *Halogenierte aliphatische Kohlenwasserstoffe* mit 3 oder mehr C-Atomen, erhält man bei der Rk. von Chlorsulfonsäurealkylestern der allg. Formel Cl—SO_2—O·R, wobei R = Alkyl von 3 oder mehr C-Atomen, mit einer wss. Halogenwasserstoffsäure von festliegendem Kp., beim Kp. der Reaktionslösung. HF ist als Reaktionsteilnehmer ausgenommen. Aus den entsprechenden Monochlorhydrinen erhält man z. B. $Cl(CH_2)_3Br$; $Cl(CH_2)_4Br$; $Cl(CH_2)_5Br$; $Cl(CH_2)_6Br$; $Cl(CH_2)_7Br$; $Cl(CH_2)_8Br$; $Cl\cdot(CH_2)_9Br$; $Cl(CH_2)_{10}Br$. (**E. P. 672 904** vom 25/3. 1949, ausg. 28/5. 1952. F. Prior. 7/4. 1948.) G. KÖNIG. H 510

Commercial Solvents Corp., übert. von: **Fred W. Schmitz** und **Richard S. Egly**, Terre Haute, Ind., V. St. A., *Nitroparaffine* werden von färbenden Verunreinigungen durch Waschen mit einer wss. Lsg. von Alkalibicarbonaten (**I**), -bisulfiten (**II**), -bichromaten (**III**), H_2O_2 (**IV**) oder Mischungen dieser Stoffe befreit, wobei es zweckmäßig ist, 2 Waschungen mit voneinander verschied. Stoffen durchzuführen, jedoch darf z. B. auf eine Behandlung mit **III** oder **IV** keine Waschung mit **II** folgen, vielmehr verwendet man in diesem Falle **I**. 1. Waschung mit **I** erfordert eine Waschung mit **II**. Dieses wirkt bei der Reinigung von 1-Nitropropan bereits ohne Nachwaschung. Man kann rohe Nitroparaffinmischungen fraktionieren u. die erhaltenen Fraktionen für sich reinigen. (**A. P. 2 597 753** vom 20/4. 1950, ausg. 20/5. 1952.) G. KÖNIG. H 510

Commercial Solvents Corp., übert. von: **Robert A. Shurter**, Terre Haute, Ind., V. St. A., *Nitroparaffine* gewinnt man aus einem bei der Nitrierung von Kerosin entstehendem Reaktionsgemisch durch Behandeln mit (0,5—2 Vol.-%) Nitromethan (**I**), bes. 1 (Mol) **I** auf 1 Nitrokerosin u. Abtrennung der Produkte. Unverändertes **I** wird durch Abtreiben unter red. Druck beseitigt. (**A. P. 2 597 755** vom 26/1. 1950, ausg. 20/5. 1952.) G. KÖNIG. H 510

I. G. Farbenindustrie Akt.-Ges., Frankfurt/M. (Erfinder: **Johannes Boesler, Ernst Eberhardt**, Ludwigshafen/Rh., **Wilhelm Sandhaas**, Mannheim, und **Robert Stadler**, Heidelberg), *Kontinuierliche Herstellung von Vinylchlorid* aus Acetylen u. HCl in der Gasphase mit Aktivkohle als Katalysator, dad. gek., daß man den Ausgangsstoffen ständig oder zeitweilig wiederholt Hg-Dampf zuführt oder Hg-Tropfen in gewissen Zeitabständen auf die Aktivkohle bringt. Ausbeute 95%, der Katalysator ist nach 60 Tagen noch unverändert wirksam. (**D. R. P. 763 141** Kl. 12o vom 11/5. 1937, ausg. 12/4. 1954.) KRAUSS. H 520

Badische Anilin- & Soda-Fabrik Akt.-Ges., Ludwigshafen/Rh. (Erfinder: **Eugen Dorrer**, St. Gratien, Frankreich), *Vinylchlorid.* Man setzt Acetylen in einer konz., wss., HCl-sauren Lsg. um, die Hg- u./oder Cu-Verbb. u. außerdem noch mindestens eine Schwermetallverb. der 2.—5. oder 7. Gruppe des Period. Syst. enthält, die unter den Reaktionsbedingungen lösl. Chloride bildet. Man leitet z. B. in eine Lsg. aus 2160 (g) konz. HCl, 600 $ZnCl_2$, 120 CuCl u. 120 HgCl pro Std. bei 98—100° 38 Liter Acetylen u. 38—40 Liter HCl ein. Ausbeute quantitativ. (**D. B. P. 910 410** Kl. 12o vom 20/7. 1939, ausg. 3/5. 1954. Anmeldung bekanntgemacht 27/3. 1952.) KRAUSS. H 520

Wacker-Chemie G. m. b. H., München (Erfinder: **Walter Fritz** und **Josef Rambausek**, Burghausen), *Fortlaufende Herstellung von chlorsubstituierten Olefinen* erfolgt aus höherchlorierten gesätt. KW-stoffen durch Rk. mit erwärmten, alkal. reagierenden wss. Fll. (Kalkmilch) in einer auf einer Blase angeordneten Kolonne, wobei die sich bildenden chlorsubstituierten Olefine mit Wasserdampf am Kopf der Kolonne u. der Ablauf am Boden der Blase abgeführt werden. Die Einleitungsstellen für die Reaktionsteilnehmer befinden sich in der Mitte der Kolonne, unterhalb dieser abwechselnd flach gewölbte Tellerböden u. mit der Kolonnenwand verbundene Ringtassen, deren Ränder sich überdecken. Der Boden der Blase ist nach oben gewölbt, an seiner tiefsten Stelle ein Abfluß, oberhalb der höchsten Stelle des Bodens eine Ringdüse für den Eintritt von Wasserdampf u. über dieser sind abwechselnd in der Mitte flache Teller u. mit der Wand verbundene flache Ringe. — Vorr., Zeichnung. (**D. B. P. 901 774** Kl. 12o vom 3/11. 1940, ausg. 14/1. 1954. Anmeldung bekanntgemacht 31/10. 1951.) KRAUSS. H 520

Standard Oil Development Co., Del., übert. von: **Cecil H. Hale,** Baton Rouge, La., V. St. A., *Oxosynthese.* Das Aldehydprod. wird bei höherem Druck u. 300—550° F, vorteilhaft mit einem Abtreibgas (H_2) behandelt, wobei fast sämtliches Co $(CO)_4$ zers. wird, während das $Fe(CO)_5$ unzers. bleibt. Anschließend behandelt man die Reaktionslsg. mit einer wss. Lsg. von Na(OH) oder Na_2CO_3 unter Rückfluß, wobei Fe u. Co-Hydroxyde ausgefällt werden. Man trennt vom Nd. durch Schichtung, wäscht u. kann die Reaktionsprodd. zu *Alkoholen* hydrieren. — Zeichnung. (**A. P. 2 604 491** vom 1/4. 1949, ausg. 22/7. 1952.) G. KÖNIG. H 550

E. I. du Pont de Nemours & Co., Wilmington, übert. von: **Thomas A. Ford,** Mill Creek Hundred, Del., V. St. A., *Alkohole* erhält man durch katalyt. Red. von unsubstituierten aliphat. Mono- oder Dicarbonsäuren bei 90—300° u. mindestens 200 at in Ggw. eines Ru enthaltenden Katalysators. Inerte Verdünnungsmittel können angewendet werden. O_2 ist auszuschließen. (**A. P. 2 607 807** vom 24/2. 1950, ausg. 19/8. 1952.) G. KÖNIG. H 550

Ruhrchemie Akt.-Ges., Oberhausen (Erfinder: **Karl Büchner,** Duisburg), *Herstellung von acetalfreien Fraktionen aus Produkten der CO-Hydrierung,* die neben KW-stoffen *überwiegend O-haltige Verbb., u. a. auch Acetale oder Aldehyde u. Alkohole,* aufweisen, dad. gek., daß bei Anwesenheit von Säuren oder von Verbb., die durch Oxydation oder Esterspaltung in Säuren übergeführt werden können, die CO-Hydrierungsprodd. in Ggw. von W. dest. werden. (**D. B. P. 910 539** Kl. 12o vom 28/4. 1951, ausg. 3/5. 1954. Anmeldung bekanntgemacht 17/9. 1953.) G. KÖNIG. H 550

Ruhrchemie Akt.-Ges. (Erfinder: **Karl Büchner,** Duisburg, und **Heinrich Schwarz**), Oberhausen, *Gewinnung wasserunlöslicher Alkohole* aus Primärprodd. der katalyt. CO-Hydrierung durch Extraktion mit verd. wss. Lsgg. niederer Alkohole, dad. gek., daß aus der nach der Extraktion durch Schichtentrennung erhaltenen wss. Alkohollsg. der zur Extraktion benutzte niedere A. teilweise abdest. wird, worauf der Destillationsrückstand mit W. verd. wird u. nach nochmaliger Schichtentrennung die wasserlösl. Alkohole durch Dest. zurückgewonnen werden. (**D. B. P. 909 691** Kl. 12o vom 4/5. 1949, ausg. 22/4. 1954. Anmeldung bekanntgemacht 23/8. 1951.) G. KÖNIG. H 550

Standard Oil Development Co., Elizabeth, N. J., V. St. A., *Alkohole* erhält man aus einem Gemisch von Olefinen mit 2—5 C-Atomen, CO u. H_2 sowie einem Geh. von 5—30 Gew.-% W., bezogen auf das Olefin, in Ggw. eines Co enthaltenden Katalysators bei 2500—3500 lbs./sq. in. u. 250—450° F. Vorteilhaft wird bei der Anwendung von niedrigmol. Olefinen ein Lösungsm. (Alkohole der Rk. oder inerte Stoffe, wie KW-stoffe) zugesetzt. — Zeichnung. (**E. P. 668 963** vom 10/3. 1950, ausg. 26/3. 1952. A. Prior. 30/6. 1949.) G. KÖNIG. H 550

Standard Oil Development Co., Del., übert. von: **James E. Moise, Joseph S. Anderson** und **Frank B. Johnson,** Baton Rouge, La., V. St. A., *Alkohole mit 4—15 C-Atomen,* erhalten nach der Oxosynth. mit anschließender katalyt. Hydrierung, gewinnt man in reiner Form durch Dest. unter Zugabe einer inerten Fl. (Alkohole, KW-stoffe), deren Kp. 20—100° F höher liegt als der zu destillierende A., jedoch noch unterhalb der krit. Zersetzungstemp. der vorhandenen Verunreinigungen, wie Ester, Acetale, Äther. Die inerte Fl. darf mit dem zu gewinnenden A. kein Azeotrop bilden. Der A. geht als Kopfdest. über. — Zeichnungen. (**A. P. 2 614 071** vom 29/12. 1949, ausg. 14/10. 1952.) G. KÖNIG. H 550

Standard Oil Development Co., Del., übert. von: **Joseph K. Mertzweiler,** Baton Rouge, La., V. St. A., *Alkohole mit 4—15 C-Atomen,* gewonnen durch Oxosynth. mit anschließender katalyt. Hydrierung, erhält man in reiner Form beim Abdestillieren von 90—95% des zu isolierenden A. aus der Mischung bei einer Destillationstemp., die unterhalb der Zersetzungstemp. der hochsd. Verunreinigungen liegt. Aus dem Bodenprod. gewinnt man die restlichen Anteile des A. mittels Wasserdampf als azeotrop. Gemisch, das in die Hydrierstufe zurückgelangt. — Zeichnungen. (**A. P. 2 614 128** vom 31/12. 1949, ausg. 14/10. 1952.) G. KÖNIG. H 550

Standard Oil Development Co., Del., übert. von: **John D. Brooks,** Roselle, und **Henry O. Mottern,** Bloomfield, N. J., V. St. A., *Isopropanol* (**I**) gewinnt man aus einem wss. Azeotrop von 91,3 (Vol.-%) I u. 8,7 W. durch Dest. der azeotrop. Mischung, wobei die Dämpfe im Gegenstrom zu einer H_2SO_4 von 30—65 Gew.-% geleitet werden. Als Kopfdestillat entweicht ein an I stärker konz. wss. Azeotrop. als das Ausgangsazeotrop. — Skizze. (**A. P. 2 604 440** vom 1/12. 1949, ausg. 22/7. 1952.) G. KÖNIG. H 560

General Aniline & Film Corp., New York, N. Y., übert. von: **John W. Copenhaver**, Easton, Pa., V. St. A., *Primäre Alkohole* erhält man bei der katalyt. Red. von Alkylidenäthern der allg. Formel R—CH(OR')—[CH_2—CH(OR'')]$_n$—CH_2—CH(OR''')·(OR'''') (I) mittels H_2 in Ggw. von W. bei Tempp. bis 200° u. Drucken vorteilhaft zwischen 1000 u. 2000 lbs./sq. in. Sauer wirkende Stoffe können gegebenenfalls angewendet werden. In I bedeuten R'—R'''' gleiche oder verschied. KW-stoffradikale, wie Alkyle, Aryle oder Aralkyle u. n = 0—10. —1.1.3-Trimethoxyhexan wird in Ggw. von RANEY-Ni mit H_2 bei 160° u. 1450 lbs/sq. in. H_2-Druck zu *n-Hexanol*, Kp. 158°, n_D^{25} 1,4159, umgesetzt. (**A. P. 2 604 493** vom 5/11. 1948, ausg. 22/7. 1952.) G. KÖNIG. H 560

Rohm & Haas Co., Philadelphia, übert. von: **Charles H. McKeever**, Glenside, Pa., V. St. A., *9- und 10-Oxymethyl-1-octadecanol* (I) erhält man bei der Einw. von CO u. H_2 bei 140—250° u. 60—1000 oder mehr at in Ggw. eines, in organ. Lösungsm. lösl. Co-Salzes (Co-Oleat) oder eines akt., frisch red. Co-Metalls als Katalysator, auf ein niedrigmol. (1—4 C-Atome enthaltendes) Alkyloleat mit anschließender Red. der erhaltenen Aldehydverb. mittels H_2 in Ggw. eines Kupferchromitkatalysators bei höheren Tempp. u. Drucken zu den I-Glykolen. (**A. P. 2 599 468** vom 17/11. 1949, ausg. 3/6. 1952.) G. KÖNIG. H 570

Celanese Corp. of America, Del., übert. von: **Gershon J. Shugar**, Jersey City, und **Walter D. Paist**, Orange, N. J., V. St. A., *Mono- und Diäther des 1.4-Butandiols* erhält man bei der Rk. von Tetramethylenoxyd mit einer organ. Verb., die eine freie OH-Gruppe enthält, bei höherer Temp. (>250°) u. höheren Drucken, gegebenenfalls in Ggw. von Katalysatoren (wasserfreies $ZnCl_2$, $FeCl_3$, $AlCl_3$, $BiCl_3$). — Es werden hergestellt: *1.4-Butandiolmonoäthyläther*, Kp. 160—162°, u. *-diäthyläther*, Kp. 181—183°; *-monobutyläther*, Kp. 203—205°, n_D^{24} 1,4280, u. *-dibutyläther*, Kp. 233—235°. Der Monobutyläther ist ein Lösungsm. für Polyvinylchlorid, der Monoäthyläther für Nitrocellulose u. Cumaron-Indenharze. (**A. P. 2 605 292** vom 9/5. 1947, ausg. 29/7. 1952.) G. KÖNIG. H 570

Pure Oil Co., übert. von: **Albert W. Goldsbarry**, Northbrook, und **Max M. Tomaszewski**, Chicago, Ill., V. St. A., *Destillationsapparat*. Um Gemische von S- u. KW-stoffdämpfen zwecks Umwandlung in S-Verbb. herzustellen, hält man im Boden einer Retorte (I) ein Bett von geschmolzenem S. Die I ist in mehrere Verdampfungszonen (II) unterteilt, die an ihren Böden miteinander kommunizieren. Man hält die Oberfläche des geschmolzenen S genügend hoch, um die II gegeneinander abzuschließen. Desgleichen hält man von einer II zur anderen einen Druckgradienten aufrecht. Man führt KW-stoffe in die Zone mit dem höchsten Druck u. läßt die unverdampften KW-stoffe allmählich aus dieser Zone nacheinder bis in die Zone des niedrigsten Druckes strömen. Man heizt genügend hoch, um in jeder Zone die gewünschten KW-stoffe u. S zu verdampfen in Übereinstimmung mit den Destillationseigg. der KW-stoffe. — Zeichnung. (**A. P. 2 578 469** vom 7/4. 1948, ausg. 11/12. 1951.) UNGER. H 600

N. V. de Bataafsche Petroleum Mij., Den Haag, Holland, *Oxosynthese*. Die im Reaktionsprod. vorhandenen lösl. Metallverbb., Metallcarbonyle oder Metallhydrocarbonyle, werden mit einem Gasgemisch, bestehend aus H_2 u. 0,1—50% CO, bei 10—80 at u. 100—250° zersetzt. Eine Red. der O-haltigen organ. Verbb. erfolgt nicht. (**E. P. 667 824** vom 14/3. 1950, ausg. 5/3. 1952. Holl. Prior. 1/4. 1949.) G. KÖNIG. H 650

Imperial Chemical Industries Ltd., London, übert. von: **Arthur William Charles Taylor** und **Norvik Ackroyd**, Norton-on-Tees, England, *Aldehyde* gewinnt man aus Reaktionsmischungen, z. B. der Oxosynth., die noch Metalle oder Metallverbb. enthalten, durch eine sogenannte Blitzdest., z. B. durch Dest. der Ausgangsmischung in dünner Schicht (Film) oder im Vakuum. — Skizze. (**A. P. 2 609 337** vom 9/9. 1948, ausg. 2/9. 1952. E. Prior. 12/9. 1947.) G. KÖNIG. H 660

General Mills, Inc., Del., übert. von: **Owen A. Moe** und **Donald T. Warner**, Minneapolis, Minn., V. St. A., *Aldehydverbindungen* der allg. Formel (NO_2)(COOR)CH—CH·R_1—CHR_2—CHO (I), erhält man bei Rk. von Nitroessigsäureestern der allg. Formel O_2N—CH_2—COOR mit einem Aldehyd der allg. Formel R_1—CH = CR_2—CHO in Ggw. von katalyt. Mengen einer bas. wirkenden Verb. in verd. Medium bei mäßigen Temperaturen. — Aus Nitroessigsäureäthylester u. Acrolein erhält man *γ-Nitro-γ-carbäthoxybutyraldehyd*, Kp.$_{0,8}$ 111—115°, Hydrazon, F. 110—111° ($C_{13}H_{15}O_8N_5$). Mit Crotonaldehyd erhält man *γ-Carbäthoxy-γ-nitro-β-methylbutyraldehyd*, Kp.$_{0,4}$ 90 bis 96°,. F. des 2.4-Dinitrophenylhydrazons, 88—90°. Die Aldehyde sind Zwischenprodd. für die Herst. von Aminosäuren, wie dl-Tryptophan, dl-Ornithin, dl-Glutaminsäure, dl-Lysin u. dl-Prolin. (**A. P. 2 599 653** vom 20/6. 1951, ausg. 10/6. 1952.) G. KÖNIG. H 660

„Shell" Refining & Marketing Co. Ltd., London, **Raymond Spencer Airs, Richard Jones** und **Phillip James Garner,** Cheshire, England, *Aldehyde* mit 3—20 C-Atomen erhält man bei der therm. Zers. (250—475°) von Alkandiolmonoestern, bes. der Ameisensäure, in Ggw. von natürlichem oder synthet. hergestelltem Al_2O_3. Der Katalysator kann aktiviert u. auf Träger niedergeschlagen sein. Die Rk. wird in der Gasphase durchgeführt. Inerte Gase können, sofern sie nicht während der Rk. gebildet werden, zugeleitet werden. Man kann auch von Mischungen der Mono- u. Diester ausgehen. Es werden hergestellt: *Octanal*, $Kp._{24}$ 74°, n_D^{20} 1,4183; *Undecylaldehyd*, $Kp._{17}$ 111—123°, u. *Propionaldehyd.* (**E. P. 655 968** vom 10/12. 1948, ausg. 8/8. 1951.) G. KÖNIG. H 670

American Cyanamid Co., New York, N. Y., übert. von: **Erwin Kuh,** New Brunswick, und **Hugh W. Stewart,** Plainfield, N. J., V. St. A., *Nitromalonaldehyd* (I) erhält man durch Erhitzen (40—65°) von β-Brom-α-chlor-β-formylacrylsäure in wss. alkoh. Lsg. in Ggw. eines Alkali- oder Erdalkalinitrits. Man erhält das Salz von **I** u. hieraus mit einer Säure den freien **I. I** ergibt mit Diaminen oder Amidinen nitrierte heterocycl. Verbb., z. B. mit Guanidin erhält man *2-Amino-5-nitropyrimidin.* (**A. P. 2 606 931** vom 27/5. 1950, ausg. 12/8. 1952.) G. KÖNIG. H 680

Bozel-Maletra Soc. Industrielle de Produits Chimiques, Paris, übert. von: **René Léon Lehmann,** Paris, und **Josef Lintner,** La Garenne Colombes, Frankreich, *Glyoxal oder Polyglyoxal* erhält man bei der Oxydation von Acet- oder Paraldehyd mittels wss., HNO_2 enthaltender HNO_3 oberhalb der Zersetzungstemp. von HNO_2. Es genügt, wenn man zu Beginn der Rk. HNO_2, z. B. als KNO_2, zusetzt. Die flüchtigen Reaktionsteilnehmer werden mit kalter wss. HNO_3 gewaschen u. anschließend in den Kreislauf geleitet. Man kann auch andere Oxydationsmittel, wie selenige Säure, Vanadinsäure, Mn-Salze, anwenden. (**A. P. 2 599 335** vom 2/11. 1948, ausg. 3/6. 1952. F. Prior. 24/4. 1948.) G. KÖNIG. H 680

Distillers Co. Ltd., Edinburgh, übert. von: **Derrick John Fenne,** London, und **Martin Mugdan,** Richmond, England, *Polyacetale* der Formel $C_2H_5O[—CH(CH_3)—O]_n—C_2H_5$, wobei n > 1, bes. 2 u. 3, erhält man aus dem Acetal u. monomerem Acetaldehyd bei + 20 bis —50° in Ggw. geringer Mengen eines sauer wirkenden Stoffes (H_2SO_4). — Äquimol. Mengen frisch dest. Acetaldehyd u. Acetal ergeben, mit H_2SO_4 bei —45° behandelt, das Diacetal, Kp. 156,5—158,5° u. Triacetal (n = 3), $Kp._5$ 84—89°, n_D^{20} 1,4087. — Zwischenprodd. usw. (**A. P. 2 607 804** vom 27/9. 1949, ausg. 19/8. 1952. E. Prior. 30/10. 1948.) G. KÖNIG. H 680

Shell Development Co., San Francisco, übert. von: **George W. Hearne** und **Carl G. Schwarzer,** El Cerito, Calif., V. St. A., *Dioxyaldehyde* (I) *und vicinale Diketone* (II). **I** entstehen bei der Behandlung von Dihalogenaldehyden (**III**) mit alkal. Stoffen bis 200°. **III** ergeben in saurer Lsg. bei erhöhter Temp. (bis 50°) **I. II** erhält man aus Dihalogenketonen mittels alkal. Stoffen u. Umwandeln der gebildeten Dioxyketone in saurer Lsg. bei höherer Temperatur. — 2-Methyl-2.3-dichlorpropionaldehyd, mit wss. $NaHCO_3$-Lsg. behandelt → *2-Methyl-2.3-dioxypropionaldehyd* u. daraus in saurer Lsg. Diacetyl. Es werden ferner hergestellt: *2-Methyl-2.3-dioxybutyraldehyd*; *Pentan-2.3-dion*; *3-Cyclohexyl-2-methyl-2.3-dioxypropionaldehyd*; *4-Cyclohexylbutan-2.3-dion*; *2-Äthyl-3-phenyl-2.3-dioxypropionaldehyd*; *1-Phenylpentan-2.3-dion*; *2-Äthyl-2.3-dioxypropionaldehyd*; *2-Propyl-2.3-dioxypropionaldehyd*; *Hexan-2.3-dion*; *2-Isobutyl-2.3-dioxypropionaldehyd*; *5-Methylhexan-2.3-dion*; *2-Cyclohexyl-2.3-dioxypropionaldehyd*; *1-Cyclohexylpropan-1.2-dion*; *2-Phenyl-2.3-dioxypropionaldehyd* u. *1-Phenylpropan-1.2-dion.* (**A. P. 2 600 766** vom 14/1. 1949, ausg. 17/6. 1952.) G. KÖNIG. H 690

Union Oil Co. of California, Los Angeles, übert. von: **Orin D. Cunningham,** Long Beach, Calif., V. St. A., *Trennung von Produkten der Oxydation von Paraffinkohlenwasserstoffen* mit 6—40 C-Atomen in Oxycarbonsäuren, naphthalösl. Carbonsäuren u. Neutralprodd. erfolgt durch ein Extraktionsverf., bei dem die Oxycarbonsäuren durch Behandlung mit wss Boraxlsg. entfernt werden. — Zeichnung. (**A. P. 2 610 197** vom 5/7. 1947, ausg. 9/9. 1952.) MÜLLER-MEININGEN. H 800

General Aniline & Film Corp., New York, N. Y., übert. von: **Charles F. Jelinek,** Easton, Pa., V. St. A., *Herstellung von Carbonsäureamiden.* Acetale der allg. Formel

$$R—CH\begin{matrix}\diagup OR' \\ \diagdown OR'\end{matrix}$$

, in der R' einen Alkylrest u. R einen durch eine oder mehrere Alkoxygruppen substituierten Alkylrest bedeuten, in dem nur 1 Alkoxygruppe an ein nicht endständiges C-Atom der Kette gebunden ist, werden bei 125—230° mit S u. einer bas. N-Verb. (I) umgesetzt. Als I sind geeignet: NH_3, prim. u. sek. niedre Alkylamine, Alkylarylamine, Morpholin u. Piperidin. An Stelle von S u. I kann eine wss. NH_4-Polysulfidlsg. verwendet werden. — Zur Herst. von *Butyramid* erhitzt man 1.1.3-Trimethoxybutan mit S u. wss. NH_3 auf 160°. (**A. P. 2 572 810** vom 18/3. 1948, ausg. 23/10. 1951.) SCHWECHTEN. H 810

B. F. Goodrich Co., New York, N. Y., übert. von: **Jacob Eden Jansen,** Akron, O., V. St. A., *Amide von β-Oxycarbonsäuren.* Man erhitzt am Rückfluß ein prim. oder sek., aliphat. oder aromat. Amin (I) in mol. Überschuß mit einer linearen Polyestersäure oder einem Alkylester einer linearen Polyestersäure, die sich von einem gesätt. aliphat. β-Lacton ableiten u. eine Anzahl Lactongruppen der Zus. —[—C(R.R)—C·(R.R)—CO—O—]$_n$— enthalten (R = H oder Alkylrest, n = 2 bis ca. 50). Als I eignen sich Methyl-, Propyl-, Hexylamin, Anilin, Dimethyl-, Diphenyl- u. Phenyläthylamin. Als Lactone sind verwendbar: β-Propio-, β-Butyro-, β-Äthyl-, β-butyro-u. β-Trimethyl-β-propiolacton. — 72 (Teile) β-Propiolacton (II) werden in Ggw. von 0,1 Gew.-% konz. H_2SO_4 zu einer festen M. mit einem Mol.-Gew. von ca. 860 polymerisiert. Hierauf gibt man zu dem Polymeren unter Rühren 146 Diäthylamin u. erhitzt 8 Std. am Rückfluß. Bei der Dest. des Prod. unter vermindertem Druck erhält man N.N-Diäthylhydracrylamid, Kp.$_{0,07}$ 53°. — Aus II u. Methylamin N-Methylhydracrylamid, Kp.$_{0,1}$ 113—114°, n_D^{25} 1,4720. (**A. P. 2 623 070** vom 12/10. 1950, ausg. 23/12. 1952.) SCHWECHTEN. H 850

Inventa Akt.-Ges. für Forschung und Patentverwertung, Luzern, übert. von: **Kurt Kahr,** Ems, Schweiz, *Abtrennung von Lactamen.* Man läßt z. B. pro Std. 18,6 (Teile eines nach BECKMANN umgelagerten u. mit 40 NH_3 (14,5%ig.) neutralisierten Reaktionsgemisches aus Cyclohexanonoxim in einen von außen gekühlten nur 5 Teile fassenden Rührkessel mit Überlauf u. aus diesem bei 75° u. p_H 6 in ein Abscheidegefäß fließen. Aus diesem werden je Std. 15,8 rohes Lactam u. $(NH_4)_2SO_4$-Lsg. abgezogen, mit organ. Lösungsm. extrahiert u. im Vakuum dest., wobei reines Caprolactam in 92,5%ig. Ausbeute erhalten wird. (**A. P. 2 605 261** vom 18/1. 1950, ausg. 29/7. 1952. Holl. Prior. 29/1. 1949.) SIEVERS. H 950

Binyamin Refael Dishon und **Frieda Goldschmidt,** Rehovoth, Palästina, *Organische P-Verbindungen* der allg. Formel (I) $[NP(OR)_2]_x \cdot [NPO]_y$, erhält man bei der Rk. von Polyphosphonitrilchloriden mit Alkoholen bei ca. 85° in wasserfreiem Medium u. in Ggw. von Pyridin. In I ist $x > y$ u. OR = Radikal eines niedrigsd. Alkohols. I sind Plastifikatoren für Kautschuk u. plast. Massen. Gelöst in Schmiermitteln, sind es Antikorrosionsmittel. (**A. P. 2 586 312** vom 4/2. 1948, ausg. 19/2. 1952.) G. KÖNIG. H 980

Standard Oil Development Co., Del., übert. von: **Homer F. Johnson jr.,** Cranford, und **Harold W. Scheeline,** East Orange, N. J., V. St. A., *Bromieren von Xylol* (I) *oder Mischungen der isomeren Xylole* erfolgt beim Überleiten einer vorgewärmten Mischung der dampfförmigen KW-stoffe mit Br_2 u. Luft über einen Katalysator, bestehend aus einem Cu-Salz ($CuBr_2$) u. einer oder mehreren Verbb. (Oxyde) des Fe, Co, Ni, Ce, Th, V, Mg, Mo oder der Seltenen Erden, bei 300—600° F. Das Verhältnis I:Br soll zwischen 10—25 u. das Verhältnis Luft:Br zwischen 1,8—2,5 der theoret. Menge liegen. — Zeichnung. (**A. P. 2 608 590** vom 2/12. 1948, ausg. 26/8. 1952.) G. KÖNIG. H 1010

Hercules Powder Co., übert. von: **Godfrey Paul Armstrong,** Kingswood, **Thomas Bewley,** Epsom, und **Karl Heinrich Walter Turck,** Banstead, England, *Isopropylbenzolhydroperoxyd.* Die Oxydation von Isopropylbenzol erfolgt in fl. homogener Phase bei 105—135°, in Abwesenheit von Katalysatoren, mit überschüssigem 50—90%ig. O_2, wobei zur Vermeidung einer Explosion des Dampfgemisches Wasserdampf eingeführt wird (vgl. Tabellen). — Zwischenprodukt. (**A. P. 2 619 510** vom 21/7. 1951, ausg. 25/11. 1952. E. Prior. 6/5. 1948.) KRAUSS. H 1050

Mathieson Chemical Corp., Va., übert. von: **Gustav J. Henrich,** Niagara Falls, N. Y., V. St. A., *Herstellung einer Lösung von Na-Chlorphenolaten.* Man hydrolysiert Polychlorbenzole mit einer einen niederen A., wie Methanol oder A., enthaltenden wss. NaOH-Lsg. bei erhöhtem Druck u. erhöhter Temperatur. Das anfallende Reaktionsgemisch wird einer Destillationskolonne zugeführt, in deren unteres Ende Wasserdampf eingeleitet wird. Der A. wird als Kopfprod. entfernt; am unteren Drittel der Kolonne wird ein aus W. u. nicht umgesetzten Chlorbenzolen, Chloranisolen u. anderen mit Wasserdampf flüchtigen Nebenprodd. bestehendes fl. Gemisch abgezogen, das in eine wss. u. eine organ. Phase getrennt wird. Die wss. Phase wird an einer Stelle in die Kolonne **zurückgeführt, die unterhalb derjenigen liegt, an der das fl. Gemisch abgezogen wird.**

Im Falle der Hydrolyse von 1.2.4.5-Tetrachlorbenzol kann man vom Sumpf der Kolonne eine aus Na-2.4.5-Trichlorphenolat, überschüssigem NaOH u. NaCl bestehende Lsg. abziehen, die unmittelbar zur Rk. mit Chloressigsäure zwecks Herst. von Na-2.4.5-Trichlorphenoxyacetat verwendet werden kann. (**A. P. 2 615 923** vom 2/5. 1950, ausg. 28/10. 1952.) SCHWECHTEN. H 1060

Union Carbide & Carbon Corp., N. Y., übert. von: **Vittorio Molinari**, Plainfield, und **Herbert G. Affholter**, Bound Brook, N. J., V. St. A., *Herstellung von Phenolen.* Man setzt ein Gemisch aus 1 (Mol) Bzl. u. 1 Oleum bei ca. 60—80° in Ggw. von 5—10% Na-Benzolsulfonat um. Dieses dient zur Verhinderung der Bldg. von Nebenprodd. bei der Sulfonierung. Durch das nur teilweise zu Benzolmonosulfonsäure umgesetzte Reaktionsgemisch werden in einem 2. Gefäß bei 150—170° Benzoldämpfe durchgeleitet, um das entstehende W. azeotrop abzudest. u. so die Säure zu konzentrieren. Nach beendeter Rk. wird die M. mit festem Na-Sulfit bei ca. 105° neutralisiert. Das entweichende SO_2 geht zur Säurerückgewinnung. Man kühlt nun das Reaktionsgemisch auf 30—50° ab, wobei Na-Benzolsulfonat in schuppigen Kristallen ausfällt. Das abgetrennte Salz wird in eine konz. Na-Phenolatlsg. eingetragen u. das Gemisch in einem Schmelzgefäß auf ca. 300° erhitzt. Das Phenolat wird hierbei entwässert u. schm. mit dem in ihm gelösten Sulfonat. Durch Einleiten von trockenem Dampf wird die M. bei 325° in freies Phenol u. Na-Sulfit hydrolysiert. Letzteres geht in das Verf. zurück. Das bei der Hydrolyse entstehende Phenol–Dampf-Gemisch wird kondensiert u. die hierbei entstehende Phenolschicht von der W.–Phenol-Schicht getrennt. Zur Gewinnung von Na-Phenolatlsg., die für die Hydrolysestufe benötigt wird, behandelt man die W.–Phenol-Schicht mit Na-Sulfit u. Kalk. Man trennt von entstehendem Ca-Sulfit ab u. leitet die Na-Phenolatlsg. zur Konzentration. (**A. P. 2 578 823** vom 8/9. 1948, ausg. 18/12. 1951.) SCHWECHTEN. H 1060

Lummus Co., New York, übert. von: **Marcel J. P. Bogart**, Mamaroneck, und **Austin S. Brunjes**, Plandome, N. Y., V. St. A., *Gewinnung von Phenolen aus verdünnten wässerigen Lösungen durch extraktive Destillation.* Eine höchstens 9% Phenol enthaltende NaCl-Lsg., wie sie bei der Herst. von Phenol aus Monochlorbenzol anfällt, wird am oberen Ende einer indirekt beheizten Rektifikationszone einer Kolonne eingeführt u. dort unter Druck fraktioniert destilliert. Als Bodenprod. erhält man eine noch Spuren von Phenol aufweisende Salzlösung. Als Kopfprod. geht ein von NaCl freies dampfförmiges Phenol–W.-Gemisch über, das wesentlich mehr Phenol enthält als den bin. azeotropen Anteilen von Phenol–W. entspricht. Am oberen Ende der Rektifikationszone wird die Konz. der NaCl-Lsg. auf mindestens 15% gehalten. Man kühlt das Phenol–W.-Destillat auf unter 100° F u. erhält hierbei eine an Phenol reiche untere Schicht u. eine an W. reiche obere Schicht. Letztere geht als Rückfluß zum oberen Teil der Rektifikationszone zurück, während man die an Phenol reiche untere Schicht azeotrop dest., um sie zu entwässern. (**A. P. 2 573 244** vom 6/4. 1949, ausg. 30/10. 1951.) SCHWECHTEN. H 1060

Texas Co., New York, übert. von: **Howard V. Hess**, Beacon, und **George B. Arnold**, Glenham, N. Y., V. St. A., *Abtrennen von niedrigmolekularen Phenolen aus Gemischen mit höheren Phenolen und nichtphenolischen Stoffen.* Man verd. ein solches Gemisch, das als niedrigmol. Phenole Phenol, Kresole, Äthylphenole u. Xylenole enthält, mit einem Paraffin- oder Naphthen-KW-stoff mit 3—10 C-Atomen, bes. mit einer Pentanfraktion oder mit Cyclohexan, u. behandelt die Mischung mit einem wss. Schlamm oder einer gesätt. Lsg. von Hexamethylentetramin (I) bei Tempp. $<$ 180° (50—120°). Hierbei bildet sich eine Komplexverb. aus I u. den niedrigmol. Phenolen. Man erhält eine Ölphase u. eine wss., die Komplexverb. u. I enthaltende Phase, die getrennt werden. Hierauf wird die Komplexverb. durch einen aliphat. oder cycl. Äther, der ein hohes Lösevermögen für die Phenole u. ein geringes Lösevermögen für I hat, u. W. bei Tempp. $<$ 180° (50—125°) zersetzt. Als Äther eignen sich bes. Ae. u. Tetrahydrofuran. Man kann auch das bei der Behandlung mit der I-Lsg. anfallende Gemisch ohne vorhergehende Abtrennung der Ölphase der Zers. unterwerfen. Hierbei erhält man 3 Phasen, u. zwar eine obere Phase mit dem Paraffin- oder Naphthen-KW-stoff, eine mittlere, an der Komplexverb. reiche Phase u. eine Bodenphase, die eine wss. Lsg. aus I u. gelöster Komplexverb. darstellt. Die mittlere u. untere Phase werden von der Ölphase abgetrennt, mit Pentan gewaschen u. mit Ae. behandelt. Man trennt die äther. Lsg. ab u. erhält nach Verdampfen des Ae. ein Teersäurekonzentrat. Die I enthaltende wss. Lsg. geht in das Verf. zurück. — An Stelle der Lsg. oder Aufschlämmung des I kann man auch mit festem I arbeiten. Man erhält dann 2 Phasen, von denen die obere von der Lsg. des Teeröls, das von den niedrigmol. Phenolen befreit ist, in dem Paraffin- oder Naphthen-KW-stoff gebildet wird, während die untere Phase die Komplexverb. aus I u. den niedrigmol.

Phenolen enthält. — Auch kann man Phenol u. alkylierte Phenole, die bis zu 15 C-Atomen in einer oder mehreren Seitenketten besitzen, aus Teerölen abtrennen, wenn man als komplexbildende Verb. ein Alkylendiamin oder ein Polyalkylenpolyamin verwendet. Geeignete Diamine sind Äthylen- u. Hexylendiamin, Tetraäthylenpentamin u. Diäthylentriamin. Man erhält hierbei 2 Phasen, von denen die untere das Diamin u. die Komplexverb. enthält. Die Zers. der Komplexverb. erfolgt durch ein wasserunlösl. Lösungsm. wie Ae. oder Benzol. (**A. PP. 2 618 664, 2 618 665** vom 29/7. 1950 u. **2 618 666** vom 17/1. 1951, alle ausg. 18/11. 1952.) SCHWECHTEN. H 1060

Universal Oil Products Co., Chicago, übert. von: **William K. T. Gleim**, Orland Park, Ill., V. St. A., *Aryloxy-3-halogenalkane* erhält man bei der Anlagerung von HCl oder HBr an organ. Verbb. der allg. Formel $R_1O-CH_2-C(R_2)=CH_2$ (I) in Ggw. eines Antioxydationsmittels, wie Hydrochinon, Phenolmethyläther, bes. in essigsaurer Lsg., bei -50 bis $+50^0$. In I bedeuten R_1 = Phenyl-, Alkylphenyl-, Oxyphenyl-, Oxyalkylphenyl- oder Allyloxyphenylgruppe u. R_2 = H oder Alkylgruppe. — Di-β-methallyläther des Hydrochinons wird in Eisessig gelöst u. in Ggw. von Hydrochinon mit HCl bei 20^0 behandelt. Man erhält *1.4-Di-(3'-chlor-2'-methyl)-propoxybenzol*, F. 78—79°. — Aus dem Methallyläther des p-Oxyanisols erhält man *1-Methoxy-4-(3'-chlor-2'-methyl)-propoxybenzol*, F. 43—44°. (**A. P. 2 598 049** vom 30/12. 1949, ausg. 27/5. 1952.) G. KÖNIG. H 1060

Rohm & Haas Co., übert. von: **Sidney Melamed**, Philadelphia, und **Willard J. Croxall**, Bryn Athyn, Pa., V. St. A., *Quaternäre Oxybutinylammoniumverbindungen* der Formel I (R = Alkyl mit 8—16 C-Atomen, X u. Y = H, Methyl, R_1 u. R_2 = Methyl oder Äthyl, Z = salzbildendes Anion) erhält man durch Erhitzen

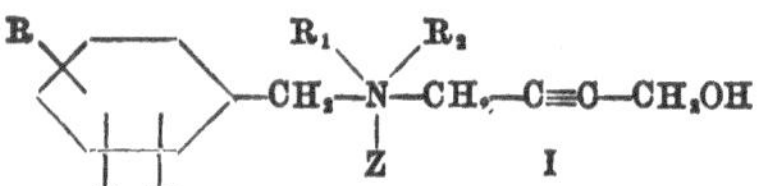

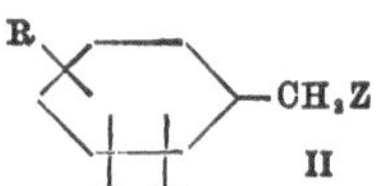

von 4-Dialkylamino-2-butin-1-ol mit einem Alkylbenzylhalogenid der Formel II in einem Lösungsm. auf 50—125°. — 4-Dimethylamino-2-butin-1-ol gibt mit Octylbenzylchlorid in trockenem Bzl. unter rückfließendem Erhitzen *Octylbenzyldimethyl-4-oxy-2-butinylammoniumchlorid.* Der Phenolkoeff. gegen *Staphylococcus aureus* u. *Salmonella typhosa* beträgt ca. 75. Eine 0,005%ig. Lsg. verhindert 100%ig die Keimung von *Sporen* von *Sclerotinia fructicola* u. *Macrosporium sarcinaeforme.* — *Nonylmethylbenzyldiäthyl-4-oxy-2-butinylammoniumbromid*, Phenolkoeff. 275. — *Dodecylmethylbenzyldimethyl-4-oxy-2-butinylammoniumchlorid*, Phenolkoeff. 310. — *Pentadecylbenzyldimethyl-4-oxy-2-butinylammoniumchlorid*, $C_{15}H_{31}C_6H_4CH_2(CH_3)_2(HOCH_2C{\equiv}CCH_2)NCl$, Phenolkoeff. 530. — *Hexadecylbenzyldimethyl-4-oxy-2-butinylammoniumchlorid.* — *Bakterizide, Fungicide* u. *oberflächenakt. Mittel.* (**A. P. 2 582 748** vom 4/1. 1951, ausg. 15/1. 1952.) KRAUSS. H 1310

Phillips Petroleum Co., Del., übert. von: **James H. Boyd**, New York, N. Y., V. St. A., *Extraktive azeotrope Destillation* zur Trennung einer Mischung von Cyclopentan (I) u. Neohexan (II) in Ggw. von Methylformiat (III), wobei sich mit II ein Azeotrop bildet, u. in Ggw. von Furfurol (IV), um die Flüchtigkeit von I herabzusetzen. Man erhält ein Gemisch von III u. II, das prakt. frei von I (Kopfprod. der Dest.) ist. Man trennt die Mischung von III u. II, wobei man II durch Behandlung der Mischung mit IV gewinnt. IV u. I gewinnt man als Rückstand der Destillate, die man dest., wobei man I als Kopfprod. u. IV als Bodenprod. erhält. — Zeichnung. (**A. P. 2 609 333** vom 30/7. 1948, ausg. 2/9. 1952.) UNGER. H 1810

Midland Tar Distillers Ltd., übert. von: **Roland Scott** und **Eric H. Joscelyne**, Oldbury, England, *Kristallisieren chemischer Verbindungen*, bes. von rohem Naphthalin (I), erfolgt durch Behandeln mit einer Fl., in welcher der zu kristallisierende Stoff wenig, die Verunreinigungen hingegen gut lösl. sind, u. nachfolgendes Waschen mit der gleichen Fl. im Gegenstrom. — Z. B. wird geschmolzenes rohes I in kaltes Methanol eingebracht u. bei 20—40° der Kristallisation überlassen, wobei die Kristalle über 2 mm Durchmesser wachsen sollen. — Zeichnung. (**A. P. 2 598 449** vom 2/8. 1948, ausg. 27/5. 1952. E. Prior. 13/8. 1947.) G. KÖNIG. H 2700

American Cyanamid Co., New York, N. Y. (Erfinder: **Gerard Nichols Vriens**, Somerville, und **Eugene Clifton Medcalf**, Bound Brook, N. J.), V. St. A., *Gewinnung von β-Naphthol aus Gemischen*, die ein β-Dialkylmethylnaphthalin (I) enthalten. Solche Gemische entstehen bei der Herst. von β-Naphthol (II) durch Oxydation u. Spaltung von I (Peroxydverf.). Man behandelt sie mit einem Zweiphasenlösungsm. (III), dessen eine Phase ein polares Lösungsm. für II, z. B. 75%ig. CH_3OH, u. dessen andere Phase ein gesätt. KW-stoff ist, trennt die Phasen nach Erzielung eines Gleichgewichtes u.

isoliert **II**. Die Gemische werden mit Vorteil in die gegeneinanderströmenden Phasen von **III** eingeleitet. (**D. B. P. 913 054** Kl. 12 q vom 24/10. 1952, ausg. 8/6. 1954. Anmeldung bekanntgemacht 15/10. 1953. A. Prior. 15/1. 1952.) FABEL. H 2700

Dow Chemical Co., übert. von: **Raymond H. Rigterink**, Midland, und **Gerald H. Coleman**, Freeland, Mich., V. St. A., *Chlor-2-methylbenzofurane* (**I**). 2-Allylchlorphenylacetate (**II**) (n = 1—4) werden mit Br_2 in 2-(2'.3'-Dibrompropyl)-chlorphenylacetate übergeführt u. diese mit Na- oder K-Äthylat umgesetzt. — Aus 2-Allyl-4-chlorphenylacetat, $Kp._{10}$ 130—136°, n_D^{25} 1,5224, + Br_2 in CCl_4 bei 0° → 2-(2'.3'-Dibrompropyl)-4-chlorphenylacetat, E. 54,5°; daraus mit NaOH in A. unter Erhitzen *5-Chlor-2-methylbenzofuran*, C_9H_7OCl, $Kp._{25}$ 128 bis 133°; n_D^{25} 1,5733; $D._4^{25}$ 1,2122. — 2-Allyl-4.6-dichlorphenylacetat → 2-(2'.3'-Dibrompropyl)-4.6-dichlorphenylacetat, F. 106—108,5°, → *5.7-Dichlor-2-methylbenzofuran*, $C_9H_6OCl_2$, $Kp._{10}$ 132—140°; E. 66,2°. — 2-Allyl-3.4.6-trichlorphenylacetat, $Kp._{10}$ 154—163°, → 2-(2'.3'-Dibrompropyl)-3.4.6-trichlorphenylacetat, F. 96—99°, → *4.5.7-Trichlor-2-methylbenzofuran*, $C_9H_5OCl_3$, F. 80—82,5°. — 2-Allyl-6-chlorphenylacetat → *7-Chlor-2-methylbenzofuran*. — 2-Allyl-3-chlorphenylacetat → *4-Chlor-2-methylbenzofuran*. — 2-Allyl-3.6-dichlorphenylacetat → *4.7-Dichlor-2-methylbenzofuran*. — 2-Allyl-4.5.6-trichlorphenylacetat → *5.6.7-Trichlor-2-methylbenzofuran*. — Zwischenprodd., *Modifizierungsmittel* für *plast*. Massen u. *Parasiticide* (Fliegentest). (**A. P. 2 559 532** vom 28/2. 1949, ausg. 3/7. 1951.) KRAUSS. H 3061

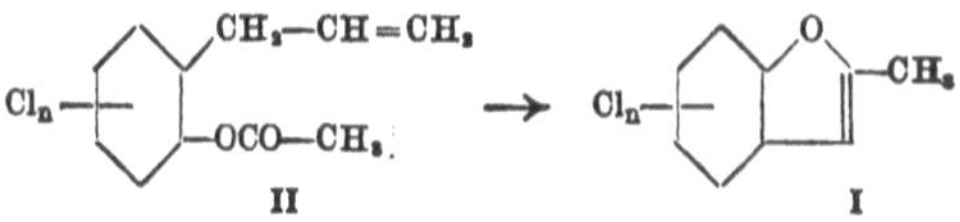

II I

G. D. Searle & Co., Chicago, übert. von: **John W. Cusic**, Skokie, und **Richard A. Robinson**, Morton Grove, Ill., V. St. A., *Herstellung von Derivaten der Xanthen-carbonsäure-(9)* (**I**). Das Na-Salz der **I** wird mit N-β-Chloräthylpyrrolidinhydrochlorid zum *N-β-Oxyäthylpyrrolidin-I-ester* umgesetzt (*Hydrochlorid*, F. 128—129°), aus dem mit CH_3Br der **I**-*Ester des N-β-Oxyäthyl-N-methylpyrrolidiniumbromids* entsteht, F. 164 bis 166°. Analog: **I**-*Ester*: *des N-β-Oxyäthyl-N-äthylpyrrolidiniumbromids*, F. 179 bis 180°; *des N-β-Oxyäthylpiperidins*, *des N-β-Oxyäthyl-N-methylpiperidiniumbromids*, F. 161—162°; *des N-β-Oxyäthyl-N-methylmorpholiniumbromids*, F. 168—169°. — *Methochlorid* von *β-Diäthylaminoäthyl-I-ester*, F. 162°; *Methochlorid* von *β-Dimethylaminoäthyl-I-ester*, F. 130°. *Methojodid* von *β-Diäthylaminoäthyl-I-ester*, F. 178—179°. Die Methohalogenide lassen sich mit Ag_2SO_4, Pb-Acetat, Ag-Tartrat, Ag-Citrat, $AgNO_3$ u. ähnlichen Salzen zu anderen quaternären Verbb. umsetzen. — Oberflächenakt. Stoffe, Dispergiermittel, Parasiticide. Einige der Verbb. wirken sympatholyt. u. spasmolytisch. (**A. PP. 2 659 725** vom 21/6. 1950 u. **2 659 732** vom 10/5. 1952, beide ausg. 17/11. 1953.) FABEL. H 3211

Farbenfabriken Bayer Akt.-Ges., Leverkusen (Erfinder: **Rolf Pütter**, Düsseldorf, und **Fritz Suckfüll**, Leverkusen), *Herstellung heterocyclischer Äthersulfone*. Man setzt Chinone, die in o-Stellung zu einem O-Atom zur Addition befähigt sind, mit solchen organ. Sulfinsäuren um, die am organ. Rest einen anion. ablösbaren Rest tragen, u. beläßt die entstandenen Dioxyarylsulfone in schwach saurem bis alkal. Medium bei gegebenenfalls erhöhter Temp., bis unter Kondensation Ringschluß erfolgt ist. —

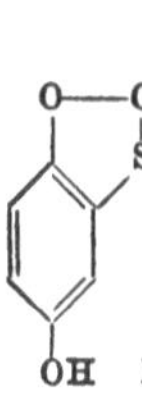

I

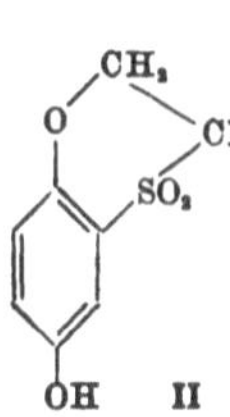

II

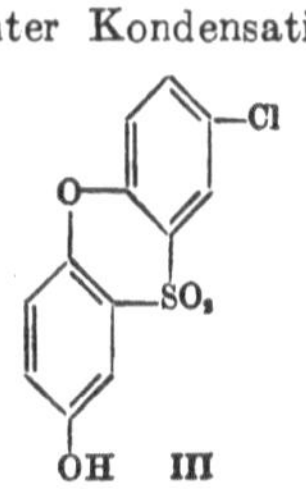

III

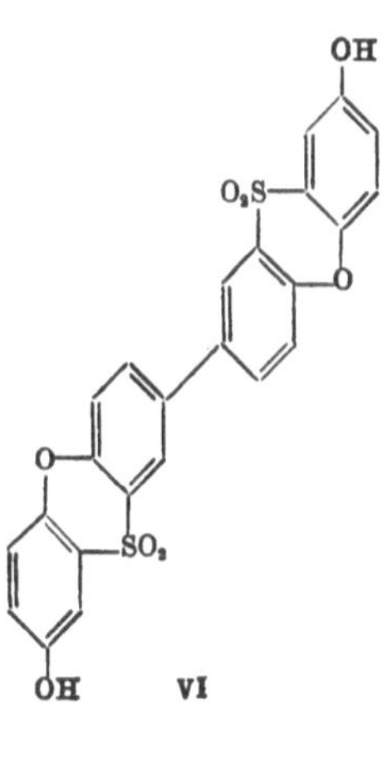

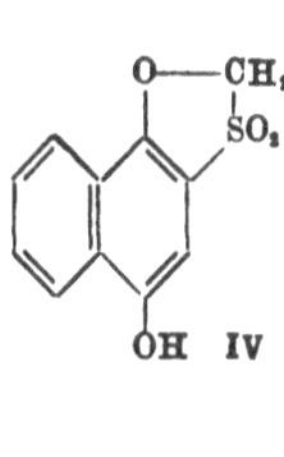

IV

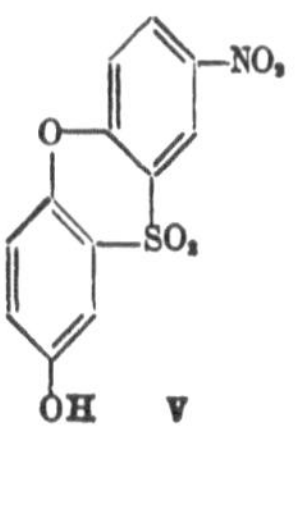

V

VI

Z. B. entsteht aus Chlormethansulfinsäure u. Benzochinon **I**, F. 145°. — Analog werden **II**, F. 174°; **III**, F. 250°; **IV**, F. 268°; **V**, F. 298°, u. **VI**, F. 448°, hergestellt. — Zwischenprodukte. (**D. B. P. 913 177** Kl. 12q vom 17/7. 1952, ausg. 10/6. 1954. Anmeldung bekanntgemacht 5/11. 1953.) FABEL. H 3262

Consolidated Mining & Smelting Co. of Canada Ltd., Montreal, Canada, *Melamin.* Man erhitzt Guanidinsulfamat in Ggw. von NH_3 auf mindestens 260° in einer Reaktionszone, die unter erhöhtem NH_3-Druck gehalten wird, z. B. auf 330° bei 2000 lbs./sq.in. (**E. P. 713 223** vom 6/5. 1952, ausg. 4/8. 1954. Can. Prior. 14/5. 1951.) BRÖSAMLE. H 3313

Deutsche Gold- & Silberscheideanstalt vormals Roessler (Erfinder: **Hans Huemer**), Frankfurt/M., *Reaktionsprodukte aus Cyanurchlorid und NH_3.* Die Ausgangsstoffe werden in der Gasphase bei n. Druck u. > 250° kontinuierlich miteinander zur Rk. gebracht u. die Reaktionsprodd., gegebenenfalls unter Zuhilfenahme von Trägergas, aus der Gasphase laufend rasch abgeführt. — Beispiele: Herst. von *Melamin, Monochlordiamino-* u. *Dichlormonoaminotriazin.* (**D. B. P. 918 031** Kl. 12p vom 31/8. 1952, ausg. 16/9. 1954. Anmeldung bekanntgemacht 18/2. 1954.) BRÖSAMLE. H 3313

American Cyanamid Co., New York, N. Y., V. St. A., *Melamin.* Man läßt Harnstoff eine Füllkörper (RASCHIG-Ringe oder dgl.) enthaltende Kolonne bei 270—500° passieren. — Zeichnung. (**Schwz. P. 279 520** vom 5/11. 1948, ausg. 17/3. 1952. A. Prior. 6/11. 1947. **Zusatz zu Schwz. P. 266 367; C. 1954. 5924.**) BRÖSAMLE. H 3313

X. Färberei. Organische Farbstoffe.

—, *Neue Farbstoffe und Hilfsmittel.* Prodd. der BADISCHEN ANILIN- & SODA-FABRIK AG., Ludwigshafen/Rh.: *Neopalatinfarbstoffe.* Es handelt sich hierbei um Metallkomplexfarbstoffe von bes. hohen Echtheiten. Musterkarte. — *Helizarinfarbstoffe* eignen sich zum Druck u. zeichnen sich durch außerordentliche Leuchtkraft aus. Musterkarte. — *Indanthrenfarbstoffe Colloisol* lassen sich in W. in koll. Form verteilen u. sind bes. für das Pigmentklotzverf. geeignet. — Prodd. der FARBENFABRIKEN BAYER, Leverkusen: *Acraminrotviolett FR* konz. extra. Konz. Form des Acramrotviolett FR. — Das *Acramin-K-Verf.* für die Stückfärbung. Die Fixierung der Pigmente erfolgt mit Hilfe eines fertig eingestellten Binders, des *Acramin KL.* Als Vernetzer hierzu dient *Acrafix K.* — *Supranolechtgelb 6 G* besitzt gute Wasser-, Schweiß- u. Seewasser-, Licht-, Wasch- u. Walkechtheit. Sehr gut sind die Dekatur-, Carbonisier- u. Bügelechtheiten. Für Kammzug, Strick- u. Wirkgarn. — *Indanthrenbrillantrosa BL* Suprafix Teig eignet sich seiner hohen Echtheitseigg. wegen für das Gesamtgebiet des echten Textildruckes. (Textil-Rdsch. [St. Gallen] **9.** 378. Juli 1954.) P. ECKERT. 7018

Leonard E. Ravich, *Färbung und Photochemie.* Inhaltlich ident. mit der C. **1952.** 449 referierten Arbeit. (Tinctoria [Milano] **48.** 163—67. Juni 1951.) R. K. MÜLLER. 7020

H. R. Hirsbunner, *Die Wollfärbung mit Irgalanfarbstoffen.* Inhaltlich ident. mit der C. **1953.** 8461 referierten Arbeit. (Fibre e Colori **4.** 15—23. Jan. 1954.) R. K. MÜLLER. 7020

E. Waters, *Färbung von Wolle und Halbwolle.* Zum Färben mit echten schwachsauren Farbstoffen im Garn u. Stück wurde die „Carbolan Salt A"-Technik entwickelt. Vf. bespricht im einzelnen das Färben von Wollmischgeweben, Ardil-, Nylon- u. Cellulose-Halbwolle-Geweben. (Färgeriteknik **30.** 58—66. März 1954. Imp. Chem. Ind. Ltd.) R. K. MÜLLER. 7020

A. Bräutigam und **H. Thumm,** *Färben von Mischgeweben aus Wolle und Cellulosefasern mit Anthrasol-Farbstoffen.* Nach kurzer Aufzählung der Schwierigkeiten, die beim Färben von Mischgespinsten aus Wolle u. Cellulosefasern mit den lösl. Estern der Küpensäuren auftreten können, wird eine Meth. beschrieben, die gute Ton-in-Ton-Färbungen auf Mischgeweben im Kontinueverf. ergibt. Vff. stellen fest, daß Gleichmäßigkeit der Deckung beider Fasern u. die Klarheit des Warenbildes günstig beeinflußt werden durch eine Klotztemp. von 65° u. eine Tauchzeit von 7—10 Sek. bei Anwendung des Klotzdämpfverfahrens. Die erforderliche maschinelle Einrichtung u. die Vorgänge selbst werden beschrieben unter Angabe von Rezepten. Eine Farbmustertafel u. eine Echtheitstabelle veranschaulichen die Güte der Meth., die relativ schnell u. ohne Nachnuancieren der einzelnen Faserkomponenten arbeitet. (Melliand Textilber. **35.** 516—18. Mai 1954. Farbwerke Hoechst A.G.) E. WAGNER. 7020

J. Wegmann, *Über das Farbstoffproblem im Zusammenhang mit den neuen vollsynthetischen Fasern.* Nach allg. Betrachtungen über das Färben der synthet. Fasern behandelt Vf. das Färben der Polyvinylchlorid- u. der Polyacrylnitrilfasern. An Hand von Färbe- u. Druckmustern werden prakt. Arbeitsanweisungen gegeben. (Textil-Rdsch. [St. Gallen] **9.** 341—48. Juli 1954. Basel, Ciba A. G., Färbereilabor.) P. Eckert. 7020

G. Siegrist, *Über das Färben von Orlon und Terylen.* Polyacrylnitril- u. Polyesterfasern lassen sich heute in dunklen Farbtönen mit guter Echtheit anfärben. Die angegebenen Hinweise betreffen das Färben von Orlon 42 (Stapelfaser) u. 81 (endlose Faser) u. Terylen bzw. Dacron (Endlos- u. Stapelfaser); die dafür in Frage kommenden Farbstoffe (Dispersionsfarbstoffe für Orlon 42 u. Polyesterfaser, Säurefarbstoffe für Orlon 42 nach der Cu-Meth.) u. die erzielbaren Echtheiten. (S V F Fachorgan Textilveredlung **9.** 162—67. April 1954.) Schoenmann. 7020

Karl Craemer, *Vom Wesen und Sinn des Pigmentdruckes.* Allg. Ausführungen. (Melliand Textilber. **35.** 523—27. Mai 1954.) E. Wagner. 7022

H. U. Schmidlin, *Die Entwicklung der Stückfärberei mit Pigmenten.* Nach kurzen Ausführungen über das Wesen u. die Technik des Pigmentdruckes u. der Pigmentfärbung weist Vf. darauf hin, daß die Lichtechtheit der im allg. nur hellen bis mittleren Nuancen gut ist, ebenso, sofern man typ. Waschartikel ausschließt, die Waschechtheit u. die Benzinbeständigkeit bei der Trockenreinigung. Bes. geeignet ist die Pigmentfärbung für die schwer färbbare Glas- u. Orlonfaser. Das Abziehen von Fehlfärbungen bereitet zur Zeit noch Schwierigkeiten, es gibt aber Pigmentverff., die ein Überfärben bzw. -drucken ermöglichen. (S V F Fachorgan Textilveredlung **9.** 156—61. April 1954.) Schoenmann. 7022

W. Wüterich, *Das Reibechtheitsproblem bei Naphtholfärbung.* Inhaltlich ident. mit der C. **1953.** 1247 referierten Arbeit. (Färgeriteknik **30.** 151—52. Juni. 166—70. Juli 1954.) R. K. Müller. 7028

Hermann Egli, *Chromatographische Methode zur Untersuchung der färberischen Eigenschaften saurer Wollfarbstoffe.* Inhaltlich ident. mit der in C. **1954.** 1121 referierten Arbeit. (Vgl. auch C. **1954.** 7748.) (Tinctoria [Milano] **51.** 14—15. Jan. 1954.) R. K. Müller. 7030

Badische Anilin- & Soda-Fabrik, Ludwigshafen/Rh. (Erfinder: **Georg Böhner,** Edingen, Neckar), *Herstellung von Küpenfarbstoffzubereitungen.* Man fällt aus konz. Küpen von Küpenfarbstoffen der Anthrachinonreihe durch Ansäuern die freien Leukoverbb., sogenannte Küpensäuren, aus, trennt diese durch Filtration ab, behandelt in Ggw. von nichtflockend wirkenden Verteilungsmitteln in zähplast. Zustand in einem Kneter u. erzeugt dann daraus durch Zugabe bzw. Entzug von W. pasten- bzw. pulverförmige Zubereitungen. (**D. B. P. 833 991** Kl. 8m vom 20/9. 1950, ausg. 7/9. 1953.) v. Schiller. 7021

George Donald Sutton, Marple, England, *Färben von Celluloseacetat mit Küpenfarbstoffen.* Man behandelt das Material bei p_H 9—11 in einem Färbebad, das einen Küpenfarbstoff in der Leukoform in wss. Lsg., ein schwaches Alkali, ein Reduktionsmittel u. 30—80% eines organ. Quellungsmittels für Celluloseacetat, z. B. einen Alkohol, ein Keton oder einen Ester enthält, 5—10 Min. bei 20—40°. (**A. P. 2 622 958** vom 20/3. 1947, ausg. 23/12. 1952. E. Prior. 8/10. 1946.) v. Schiller. 7021

Naphtol-Chemie Offenbach (Erfinder: **Ernst Fischer**), Offenbach/M., *Herstellung weichmacherfester Färbungen und Drucke auf Textilien* aus tier. u. pflanzlichen Fasern, einschließlich regenerierter Cellulose, wie auch auf Papier u. Papiergewebe, die mit Überzügen bzw. Imprägnierungen von weichmacherhaltigen Polymerisationsprodd. aus Vinylverbb. versehen werden. Man verwendet solche wasserunlösl. Azofarbstoffe, die durch Kuppeln von Diazoverbb. aus Aminen der allg. Formel **I**, worin die $-CONH \cdot R_1$-Gruppe in m- oder p-Stellung zur NH_2-Gruppe steht, $R_1 = H$, einen Alkyl-, Aralkyl-, Arylrest oder einen hydroaromat. Rest bedeutet u. der Benzolrest a noch durch Alkyl-, Alkoxygruppen oder durch Halogenatome substituiert sein kann, mit den Arylamiden der 2-Oxynaphthalin-3-, der 2-Oxyanthracen-3-, der 2-Oxycarbazol-3-, der 3-Oxydiphenylenoxyd-2-, der Oxydiphenylensulfid-2- oder der 7.8-Benzocarbazol-3'-oxy-2'-carbonsäure entstehen, wobei man die Komponenten so wählt, daß sie keine wasserlöslichmachenden Gruppen, z. B. Sulfonsäure- oder Carbonsäuregruppen, enthalten. (**D. B. P. 889 739** Kl. 8m vom 15/2. 1951, ausg. 14/9. 1953.) v. Schiller. 7021

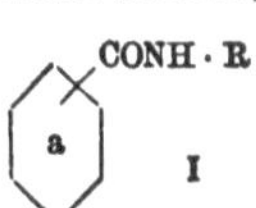

I

Badische Anilin- & Soda-Fabrik Akt.-Ges., Ludwigshafen/Rh. (Erfinder: **Oscar Leupin,** Mannheim), *Erzeugung von Pigmentdrucken und -färbungen* mit Hilfe von Pigmenten u. in W. lösl. oder quellbaren Verdickungsmitteln (**I**). Man verwendet als **I** Kondensationsprodd. aus Methylolverbb. des Acetylendiharnstoffs, die mehr als 2 Methylolgruppen enthalten, u. höher- oder hochmol. Oxy-, Amino- oder Carbonamidgruppen enthaltenden, nichtaromat. Stoffen oder ungesätt. niedrigmol. Alkoholen,

Aminen oder Carbonamiden u. setzt die bedruckten oder gefärbten Materialien einige Zeit höheren Tempp. aus. — Z. B. löst man 200 (Teile) Stärke in 800 Methylpyrrolidon, fügt eine Lsg. von 200 Tetramethylolacetylendiharnstoff in 200 N-Methylpyrrolidon u. 20 Eisessig hinzu u. kocht 1 Std. unter Rückfluß. 850 der Lsg. des Kondensationsprod. werden mit 50 eines durch Chlorieren von Phthalocyanin nach D. R. P. 717 164; C. **1942.** I. 3283 erhaltenen grünen Farbstoffpulvers u. 5 NH_4NO_3 vermischt, die Paste mit W. auf 1000 aufgefüllt u. wie üblich zum Drucken von Geweben verwendet. Nach dem Trocknen wird 10 Min. auf 140° erhitzt. Die Drucke sind beständig gegen Kochwäsche. (**D. B. P. 899 491** Kl. 8n vom 7/3. 1944, ausg. 14/12. 1953.)
v. SCHILLER. 7023

Farbenfabriken Bayer Akt.-Ges., Leverkusen (Erfinder: **Hanns Gerber,** Düsseldorf, und **Walter Brehme,** Leverkusen), *Färben oder Bedrucken von Acrylnitrilpolymerisaten,* die einen Acrylnitrilgeh. von mindestens 90 % aufweisen, mit Küpenfarbstoffen, dad. gek., daß man das Färben bzw. Bedrucken in Ggw. von aliphat. Aminen durchführt, z. B. von N-Methylpropylendiamin, Triäthanolamin, Ätheraminen, cycloaliphat. Aminen oder Pyrrolidin. (**D. B. P. 912 450** Kl. 8m vom 18/12. 1951, ausg. 31/5. 1954. Anmeldung bekanntgemacht 29/1. 1953.)
H. v. SCHILLER. 7023

Ciba Akt.-Ges. (Erfinder: **Rudolf Rüegg,** Basel, und **Heinrich Zollinger,** Binningen), Schweiz, *Monoazofarbstoffe* der allg. Formel A_1 (R = aromat. Rest der Benzolreihe, frei von in o-Stellung zur Azogruppe gebundenen Oxygruppen u. wasserlösl. machenden Gruppen; Z = Benzolrest, der durch mindestens einen Alkylrest mit 3—8 C-Atomen substituiert ist; ein X = H, das andere X = Sulfonsäuregruppe) erhält man aus Diazoverbb. aromat., von wasserlösl. machenden u. von in o-Stellung zur Aminogruppe freien Aminen der Benzolreihe durch Kupplung mit Azoverbb. der allg. Formel A_2 in bekannter Weise. — Die erhaltenen Prodd. geben echte Färbungen auf tier. Stoffen, z. B. Leder, Seide, Wolle (**B**), auf Kunstfasern, z. B. animalisierter Kunstseide, Superpolyamiden u. -urethanen. — Anilin → 1-(4'-tert.-Butylbenzoylamino)-8-oxynaphthalin-3.6-disulfonsäure (**II**); **B** leuchtendrot. — 2-Amino-4.2'-dichlor-1.1'-diphenyläther oder 2-Amino-4.4'-dichlor-1.1'-diphenyläther → **II**; **B** blaustichigrot. — 4-Acetylaminoazobenzol → **II**; **B** rubinrot. — 2-Methyl-1-aminobenzol → **II**; **B** leuchtendrot. — **II**-Dinatriumsalz (**III**) → 2-Amino-4'-tert.-amyl-1.1'-diphenyläther (**IV**); **B** reinblau. — 1-(4'-tert.-Butylbenzoylamino)-8-oxynaphthalin-4.6-disulfonsäuredinatriumsalz (**V**) → **IV**; **B** reinrot. — **III** → 2-Äthyl-1-aminobenzol (**VI**); **B** reinblaurot. — **V**-Dinatriumsalz → **VI**; gelbstichiger Farbstoff. — 1-(4'-Isopropylbenzoylamino)-8-oxynaphthalin-3.6-disulfonsäure → 4-Amino-1.1'-diphenyläther; **B** reinblaurot. — 1-(4'-n-Propylbenzoylamino)-8-oxynaphthalin-3.6-disulfonsäure → 4.4'-Dichlor-2-amino-1.1'-diphenyläther; gelbstichiger Farbstoff. — 1-(4'-Cyclohexylbenzoylamino)-8-oxynaphthalin-3.6-disulfonsäuredinatriumsalz → **VI**; **B** reinblaurot. — **III** → 4-Chlor-2.5-dimethoxy-1-aminobenzol; **B** rein violett. — **III** → 2-Amino-1-methoxy-4-tert.-amylbenzol; **B** blaurot. (**D. B. P. 879 272** Kl. 22a vom 3/11. 1951, ausg. 11/6. 1953. Schwz. Priorr. 9/11. 1950 u. 16/10. 1951.)
SIEVERS. 7053

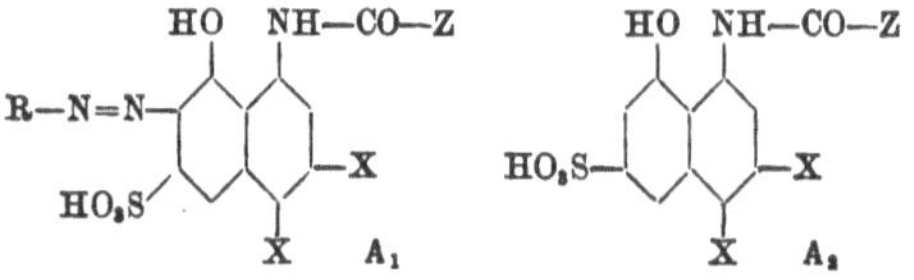

Ciba Akt.-Ges., Basel, Schweiz, *Herstellung metallhaltiger Azofarbstoffe.* Zu F. P. 954 282; C. **1950.** II. 707 sind die Cu-Verbb. folgender Azofarbstoffe unter Angabe der Farbtöne auf Baumwolle nachzutragen: *1-Oxynaphthalin-3.8-disulfonsäure* ← *4.4'-Diamino-3.3'-dimethoxydiphenyl* (**I**) → *1-Amino-8-oxynaphthalin-3.6-disulfonsäure* (**II**), reinblau; *1.8-Dioxynaphthalin-3.6-disulfonsäure* ← **I** → **II**, grünlichblau; *2-Oxynaphthalin-4-sulfonsäure* ← **I** → **II**, reinblau; **II** ← **I** → *2-Phenylamino-5-oxynaphthalin-7-sulfonsäure* (**III**), grünstichigblau; **II** ← **I** → *1-Phenyl-3-methyl-5-pyrazolon-4'-sulfonsäure,* rotstichigblau; [*1-Amino-8-(p-toluolsulfonyloxy)-naphthalin-3.6-disulfonsäure* → *1-Amino-2-methoxy-5-methylbenzol*] → **III**, Abspaltung des Toluolsulfonsäurerestes, blau; 1 Mol **I** ⇄ 2 Mol **II**, grünstichigblau; **II** → **I** → *2-β-Oxyäthylamino-5-oxynaphthalin-7-sulfonsäure* (**IV**), grünstichigblau; 1 Mol **I** → **IV**, grünstichigblau. (**Schwz. PP. 267 041, 267 042, 267 043, 267 044** u. **267 045** vom 17/10. 1946, ausg. 1/8. 1950, **267 046, 267 047, 267 048** u. **267 049** vom 17/10. 1946, ausg. 1/7. 1950. **Zusätze zu Schwz. P. 261 365; C. 1950. I. 1152.**)
HEYNE. 7053

Ciba Ltd., Basel, Schweiz, *Azofarbstoffe der Stilbenreihe* der allg. Formel **I** (R_1 u. R_2 = aromat. Rest der Benzol- oder Naphthalinreihe; Z = Azoxy- oder Azobindung; Y = NO_2 oder eine Gruppe, die durch Rk. einer NO_2-

Gruppe mit einem aromat. Amin oder einem Aminoazofarbstoff erhältlich ist). Man setzt 1 Mol 4.4'-Dinitrostilben-2.2'-disulfonsäure (II) mit 1 bis > 2 Mol eines Aminomonoazofarbstoffs der allg. Formel $HO_3S—R_1—N{=}N—R_2{<}^{NH_2}_{NH_2}$ (R_1 u. R_2 = wie vorst.). um. — Monoazofarbstoff (M) aus 1-Aminonaphthalin-5-sulfonsäure → 1.3-Aminobenzol (III) + II; Chromleder (L), rotbraun. — M aus 1-Amino-4-nitronaphthalin-5-sulfonsäure (IV) → III + II-Dinatriumsalz; L, gelbbraun. — M aus IV → 1.5-Diaminonaphthalin in Essigsäure + II; L braungelb. (**E. P. 669 706** vom 3/2. 1950, ausg. 9/4. 1952. Schwz. Priorr. 4/2. u. 13/12. 1949.) SIEVERS. 7053

Ciba Akt.-Ges., Basel, Schweiz, *Azofarbstoffe.* 4-Amino-4'-oxy-1.1'-azobenzol-3'-carbonsäure (I) wird in alkal. Lsg. mit derjenigen 2-[4'-(5''-Oxynaphthyl-[2'']-aminophenyl)]-6-methylbenzthiazol-x.7''-disulfonsäure oder mit derjenigen 2-[4'-(8''-Oxynaphthyl-[2'']-aminophenyl)]-6-methylbenzthiazol-x.6''-disulfonsäure (II) gekuppelt, in der sich die $X—SO_3H$-Gruppe in derselben Stellung befindet wie in der durch Sulfonieren von 2-(4'-Aminophenyl)-6-methylbenzthiazol entstandenen Sulfosäure. Dunkle wasserlösl. Pulver, die Baumwolle im Zweibadnachkupferungsverf. grünstichigblau bzw. schwarzbraun färben. — Bei Verwendung von 4-Amino-4'-oxy-1.1'-azobenzol-3.3'-dicarbonsäure an Stelle von I zur Kupplung mit II entsteht ein Farbstoff, der Baumwolle im Ein- oder Zweibadnachkupferungsverf. dunkelbraun färbt. (**Schwz. PP. 289 274, 289 275 u. 289 276** vom 25/8. 1949, ausg. 16/6. 1953. **Zusätze zu Schwz. P. 285 138; C. 1954. 1362.**) KALIX. 7053

Ciba Akt.-Ges., Basel, Schweiz, *Substantive Azofarbstoffe.* 1 Mol von I wird gegekuppelt mit 1 Mol 2-(4'-Methoxy)-phenylamino-5-oxynaphthalin-7-sulfonsäure oder mit 5.5'-Dioxy-2.2'-dinaphthylamin-7.7'-disulfonsäure (II). Dunkle, wasserlösl. Pulver, die natürliche u. regenerierte Cellulose rötlichblau bis violett färben. Durch Nachkupfern werden die Töne stärker blau u. zugleich wasch- u. lichtecht. — Ähnliche Farbstoffe

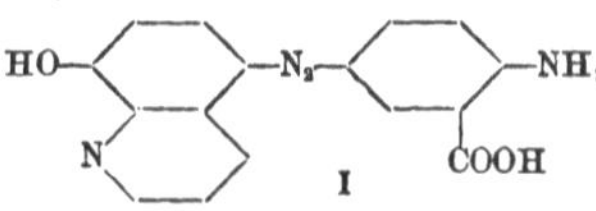

I

erhält man, wenn I zuerst mit II u. das Reaktionsprod. mit 2-Methyl-4-amino-5-methoxy-4'-oxy-1.1'-azobenzol-3'-carbonsäure (III) oder zuerst mit 2-Amino-5-oxynaphthalin-7-sulfonsäure, dann mit III gekuppelt wird. (**Schwz. PP. 292 652, 292 653, 292 654 u. 292 655** vom 28/6. 1950, ausg. 16/11. 1953. **Zusätze zu Schwz. P. 287 869; C. 1954. 6349.**) KALIX. 7053

Ciba Akt.-Ges., Basel (Erfinder: **Willy Widmer**, Bottmingen, und **Emil Mannhart**, Basel), Schweiz, *o-Oxyazofarbstoffe.* Amine der allg. Formel I werden mit Azokomponenten der allg. Formel II gekuppelt. Hierbei bedeuten Z ein H-Atom oder einen nicht salzbildenden Substituenten, X einen Aryl-, Aralkyl-, Cycloalkyl- oder Alkylrest u. Y ein H-Atom oder einen Alkylrest. Für I wird vor-

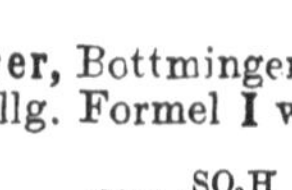

I

II

zugsweise 4-Chlor-2-amino-1-oxybenzol-6-sulfonsäure verwendet. In den Endprodd. soll nur eine SO_3H-, jedoch keine COOH-Gruppe vorhanden sein, sie können auch metallisiert werden, sie färben tier. Fasern u. Leder. — Beispiel: 18,9 (Teile) 2-Amino-1-oxybenzol-4-sulfonsäure werden mit 29,4 2-Oxynaphthalin-6-sulfonsäurediäthylamid gekuppelt. Violettschwarzes, in W. bordeauxrot lösl. Pulver, das Wolle aus saurem Bade rot, beim Nachchromieren blaustichigbordeauxrot licht- u. walkecht färbt. (**D. B. P. 846 143** Kl. 22a vom 22/2. 1949, ausg. 11/8. 1952. Schwz. Priorr. 15/7. 1946 u. 7/5. 1947.) KALIX. 7053

Ciba Akt.-Ges., Basel (Erfinder: **Willy Widmer**, Bottmingen, und **Rudolf Rüegg**, Basel), Schweiz, *Monoazofarbstoffe.* Oxynaphthalindisulfosäuren (I) ohne weitere Substituenten werden mit diazotierten Aminen der allg. Formel $H_2N—R_1—O—C_6H_4—R_2$ gekuppelt. Hierbei bedeuten R_1 einen Benzolrest, in dem NH_2 sich in o- oder p-Stellung zu O befindet, u. R_2 eine Alkylgruppe mit 4—9 C-Atomen. In R_1 können weitere, nicht salzbildende Substituenten vorhanden sein; die I müssen in o-Stellung zu OH kuppeln u. dürfen bei der Kupplung keine SO_3H-Gruppe abspalten. Geeignet sind z. B. folgende Disulfonsäuren (II): 1-Oxynaphthalin-3.6-II (III), -3.8-II, -4.8-II, 2-Oxynaphthalin-3.6-II u. -6.8-II. Die Reaktiosprodd. färben Fasern jeder Art. — Beispiel: 14,5 (Teile) 4'-tert.-Amyl-4-chlor-2-aminodiphenyläther werden bei 0° alkal. mit 18 III-Di-Na-Salz gekuppelt. In W. orange lösl. Pulver, das Wolle aus essigsaurem Bade lachsrot färbt. (**D. B. P. 842 979** Kl. 22a vom 24/1. 1950, ausg. 3/7. 1952. Schwz. Priorr. 30/4. 1947 u. 26/2. 1948.) KALIX. 7053

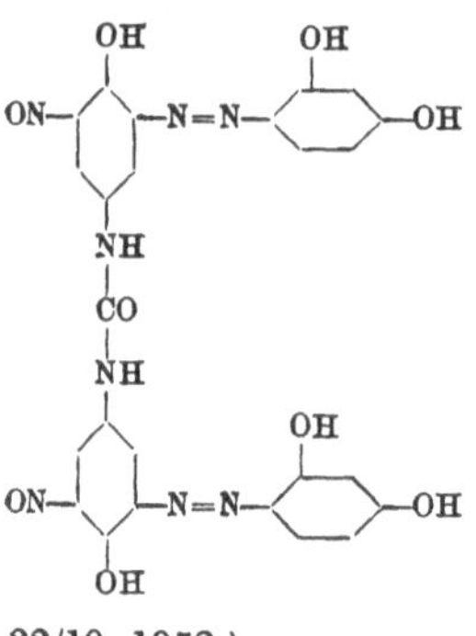

Pharma Chemical Corp., New York, N. Y., V. St. A., *Metallhaltige wasserunlösliche Azofarbstoffe.* Man kuppelt eine Verb. der Zus. **I** mit 2 Mol eines diazotierten aromat. Amins oder 1 Mol eines tetrazotierten aromat. Diamins, welche keine wasserlöslichmachenden Substituenten enthalten, in Ggw. eines wasserlösl. Chrom-, Nickel- oder Kupfersalzes. — Man vermischt z. B. die durch Kondensation von diazotiertem o-Aminodiphenyläther (**II**) u. Prolin (**III**) erhaltene Diazoiminoverb. mit **I**, versetzt in Ggw. von „Cellosolve" mit NaOH (32° Bé), dickt mit Stärke–Traganth-Paste an u. gibt 24%ig. neutrale Na_2CrO_4-Lsg. hinzu. Baumwolle (**A**) braun. — **II** läßt sich z. B. durch 4-Chlor-2-aminoanisol, p-Phenetidin, Dianisidin oder Kresidin, **III** durch Äthylendiaminodiessigsäure oder Piperidin-α-carbonsäure ersetzen. Die erhaltenen Farbstoffe liefern, als Druckpasten angewandt, auf **A** braune Färbungen. (**E. P. 681 385** vom 24/12. 1949, ausg. 22/10. 1952.) SIEVERS. 7055

American Cyanamid Co., New York, N. Y., übert. von: **Isaiah Von,** Somerville, N. J., V. St. A., *Reduktion von Chinonverbindungen.* Die Red. von Chinonen, z. B. Anthrachinon, bes. aber Küpenfarbstoffen, wie Acylaminoanthrachinone, Anthrimide (**I**) u. **I**-Carbazole, Azine, Flavanthrone, Pyranthrone, Anthanthrone, Dibenzpyrenchinone, Anthrachinonacridone, Benz- u. Dibenzanthrone sowie indigoide u. thioindigoide Farbstoffe, kann einfach u. leicht unter sehr milden Bedingungen mit H_2S in Ggw. von Metallen, wie Cu, Ni oder Ag bewirkt werden. Die erhaltene Leukoverb. kann unmittelbar im Reaktionsgemisch lediglich nach Entfernen des überschüssigen H_2S in Äther oder Ester, z. B. Schwefelsäureester umgewandelt werden. — Ein Gemisch von 10 (Gewichtsteilen) Dimethoxydibenzanthron u. 30 Cu-Pulver behandelt man in 150 Äthylendichlorid bei n. Temp. mit H_2S, entfernt das überschüssige H_2S mit N_2 aus dem Reaktionsgemisch u. verestert die erhaltene Leukoverb. durch kurze Erwärmung des Reaktionsgemisches mit 7 Triäthylamin (**II**) u. 30 des Additionsprod. aus **II** u. SO_3 bei 50°. (**A. P. 2 660 580** vom 3/1. 1951, ausg. 24/11. 1953.) ROICK. 7059

Cassella Farbwerke Mainkur (Erfinder: **Emil Schwamberger**), Frankfurt/M., *Schwefelhaltige Küpenfarbstoffe.* Wird in dem Verf. nach D. B. P. 848 229, nach welchem braun bis gelbstichig olivgrün färbende Küpenfarbstoffe durch Behandeln der nach D. R. P. 470 501 erhältlichen roten bis violetten Küpenfarbstoffe bei erhöhter Temp. mit $AlCl_3$ u. Halogeniden der S u./oder der schwefligen Säure erhalten werden, das $AlCl_3$ durch Halogenide anderer 3wertiger Metalle, bes. $FeCl_3$, ganz oder teilweise ersetzt, so gelangt man zu Farbstoffen der gleichen Reihe. (**D. B. P. 859 186** Kl. 22b vom 9/1. 1951, ausg. 11/12. 1952. **Zusatz zu D. B. P. 848 229; C. 1954. 5181.**) ROICK. 7069

Ciba Akt.-Ges. (Erfinder: **Alfred Hagenböcker**), Basel, Schweiz, *Herstellung von o-Oxyarylcarbonsäure-β-naphthylamiden,* dad. gek., daß man o-Oxyarylcarbonsäuren oder ihre funktionellen Derivv. gegebenenfalls in Form ihrer Salze mit 2-Aminonaphthalin-1-sulfonsäure, z. B. in Ggw. von PCl_3, in An- oder Abwesenheit säurebindender Mittel bei 80—190°, bes. nicht über 130°, umsetzt, wobei man in indifferenten organ. Lösungsmitteln, z. B. Benzolhomologen oder deren Halogenderivv., arbeitet. — Beispiele zur Herst. von *2-(2'.3'-Oxynaphthoylamino)-naphthalin.* — *Farbstoffzwischenprodukt.* (**D. B. P. 900 933** Kl. 12o vom 5/6. 1951, ausg. 4/1. 1954. Schwz. Prior. 8/6. 1950.) MÜLLER-MEININGEN. 7069

Farbenfabriken Bayer Akt.-Ges. (Erfinder: **Fritz Nadler†**, Köln. **Hans Hoyer,** Frankfurt/M., und **Otto Bayer**), Leverkusen, *Phthalocyaninabkömmlinge.* Man setzt metallfreie oder metallhaltige Phthalocyanine (**I**) oder deren Sulfonsäuren mit $ClSO_3H$ in Ggw. üblicher Hilfsstoffe, wie PCl_5 oder chlorsulfonsaures Na, bei ca. 150° um. — Ausgangsstoffe für **I**-Farbstoffe. (**D. B. P. 891 121** Kl. 22e vom 9/6. 1937, ausg. 24/9. 1953.) SIEVERS. 7073

XIa. Farben. Anstriche. Lacke. Naturharze.

J. Rinse, *Aluminiumalkoxyde.* Überblick über Herst., Eigg. u. lacktechn. Bedeutung der Aluminiumalkoxyde. (Paint Technol. **18.** 6—7. Sept. 1954. Bernardsville, N. J., Chem. Res. Assoc.) WINIKER. 7096

R. J. Davis, *Polyvinylacetat als Bindemittel für Anstrichfarben.* Überblick über Bedeutung, Darst., Eigg. u. Verwendung von Polyvinylacetatemulsionen u. der damit hergestellten „Latex"-Farben. Als besondere Vorzüge gegenüber anderen Emulsionsfarben werden u. a. die Durchlässigkeit der hervorragend auf Mauerwerk, Verputz, Holz usw. haftenden Anstrichfilme für Wasserdampf, wodurch blasenfreie Innen- u. Außenanstriche erhalten werden, die kurze Trockenzeit u. die Beständigkeit gegen Fette, Öle u. Alkalien erwähnt. Bzgl. des Aufbaus solcher Anstrichfarben werden Hinweise gegeben. (Amer. Paint J. **38.** Nr. 36. 78—82. 24/5. 1954.) SANDER. 7106

F. L. Browne, *Klare Außenanstriche für (Holz-) Häuser.* Überblick über die Technik klarer Außenanstriche u. Lackierungen bei Holzhäusern. Vorzüge u. Mängel der gebräuchlichen Öl-, Firnis- u. Lackanstriche werden ausführlich behandelt u. Hinweise für die Wahl des geeigneten Anstrichmittels gegeben. Durch Zusätze fungicider u. hydrophober Stoffe läßt sich die konservierende Wrkg. noch erhöhen. Leichte Pigmentierung der Anstriche gibt bereits stark ausgebleichten u. verwitterten Holzteilen die natürliche Farbe wieder. Vor Auftrag eines deckenden Farbanstrichs müssen Lack- u. Firnisschichten entfernt u. die Oberfläche mit Sandpapier abgeschliffen werden; jedoch sollen solche Anstriche erst nach Ablauf eines Jahres nach der letzten Lackierung, bei nicht trocknenden, stark wachshaltigen Firnissen erst nach mehrjähriger Frist aufgetragen werden. — 6 Literaturhinweise. (Amer. Paint J. **38.** Nr. 36. 88—100. 24/5. 1954.) SANDER. 7106

L. H. Ford, *Ein Überblick über Aerosolfarben und -lacke.* Überblick über Entw., Herst. u. Anwendungen. 1 Rahmenrezept für einen Aerosol-Nitrocellulose-Lack. — 16 Literaturhinweise. (Paint Technol. **18.** 13—16. Sept. 1954.) WINIKER. 7106

S. C. Frye, *Schutzanstriche in Stahlwerken und Kokereien.* Sorgfältigste Vorreinigung, z. B. mit Sandstrahlgebläse, ist Hauptbedingung für Außen- u. Innenanstrichgüte. Hochöfen, Winderhitzer u. andere erhalten bei Betriebsstillstand einen Grundanstrich aus $PbCrO_4$, Fe_2O_3, Füllmittel u. Leinöl u. einen Deckanstrich mit schwarzer Alkydharzfarbe. Die Stahlkonstruktionen in Kokereien werden mit Asphaltemulsion oder Naturbitumenharz gestrichen. Kamine mit hoher Außentemp. werden mit Al-pigmentierten Siliconanstrichen oder mit Pb-B-Silicat-Harzanstrichen, Kamine mit niedriger Außentemp. mit Öl-Harz-Anstrichen versehen. Wellblech u. Zinkblech für Dächer u. Seitenwände werden durch Asphalt-, Asbest- oder Al-Anstriche geschützt. Behälter, Türme u. anderes werden mit einem Grundanstrich u. einem Asphaltdeckanstrich versehen. Innenanstriche für Stahlkonstruktionen werden mit Asphalt- u. Al-Farben vorgenommen, Behälter für ätzende Fll. mit Kunstharz- oder Kautschuklsgg., Teer u. Asphalt gestrichen. Für farbige Anstriche werden Pb_3O_4, bas. $PbCrO_4$ u. $ZnCrO_4$, mit Fe_2O_3 verschnitten, als Grundanstrich verwendet, wobei Leinöl u. Kunstharz als Bindemittel dienen, während die Deckanstriche mit schwarz gefärbten Kunstharzen oder Al-Farben erfolgen. (Iron Steel Ind. **30.** Nr. 9. 83—89. Sept. 1953. Bethlehem, Pa., Bethlehem Steel Co.) STEINER. 7106

—, *Überziehen von verzinktem Eisen mit einem Vinylharz.* Verss. in der Salzsprühkammer zeigten, daß die Korrosionsbeständigkeit von verzinktem Fe durch Vinylharzüberzüge um ein Mehrfaches gesteigert werden konnte. (Rubber Age [New York] **72.** 777. März 1953.) MARKHOFF. 7106

Interchemical Corp. (Erfinder: **Albert Edward Gessler** und **Werner Frederick Goepfert**). New York, N. Y., V. St. A., *Herstellung eines Pigments,* das etwa der Zus. von $K_2CuFe(CN)_6$ entspricht u. eine Teilchengröße von 0,3—0,5 μ hat. Zu einer wss. Lsg. von $CuSO_4 \cdot 5H_2O$ wird eine auf 75° erwärmte wss. Lsg. von $K_4Fe(CN)_6 \cdot 3H_2O$ im Überschuß unter schnellem Rühren langsam zugesetzt u. gekocht. Das Pigment hat in Leinölanstrichen ein starkes Reflexionsvermögen. (**E. P. 700 476** vom 18/6. 1951, ausg. 2/12. 1953.) GRÄGER. 7093

Soc. Solumeta, Paris, Frankreich, *Herstellung von Bleimennige* mit hohem Pb_3O_4-Geh. durch gleichzeitiges horizontales Einleiten von Pb-Dampf u. vertikale Zuführung von Luft oder O_2-haltiger Luft in die Reaktionszone, in der die Temp. zwischen 480 u. 510° gehalten werden muß. Temperaturregelung geschieht durch Kühlmittel oder Gasstromgeschwindigkeit. — Vorrichtung. (**E. P. 701 187** vom 3/1. 1952, ausg. 16/12. 1953. F. Prior. 8/1. 1951.) GRÄGER. 7093

National Lead Co., New York (Erfinder: **Adrian Richard Pitrot,** Hempstead, N.Y., und **Francis J. Williams,** Houston, Tex.), V. St. A., *Bleisulfat-Bleisilicat-Pigment,* gek. durch einen Geh. an PbO, SO_3 u. SiO_2 in gebundener Form, wobei die Anteile von PbO, SO_3 u. SiO_2 in solchen Gewichtsmengen vorhanden sind, wie sie durch einen in der Zone eines Dreieckdiagramms liegenden Punkt einer PbO-SO_3-SiO_2-Zus. dargestellt werden können, wobei diese Zus. als durch gerade Linien begrenzt u. Punkte verbindend definiert wird, die folgenden Zuss. entsprechen: 33 (%) PbO:1 SO_3:66 SiO_2; 31 PbO:6 SO_3:63 SiO_2; 72 PbO:13 SO_3:15 SiO_2; 77 PbO:3 SO_3:20 SiO_2. Bevorzugtes

Beispiel: 47,8 (%) PbO, 4,3 SO_3, 47,9 SiO_2. Zur Herst. eines solchen Pigmentes wird ein inniges Gemisch aus (einem gewählten Punkt des gek. Diagrammbereiches entsprechenden Mengen) PbO, das wenigstens teilweise zu $PbSO_4$ umgewandelt ist, u. SiO_2 1—3 Std. auf 400—700° erhitzt. — Diagramm mit dem geeigneten u. dem darin bevorzugten Bereich. (**D. B. P. 887 090** Kl. 22f vom 31/3. 1951, ausg. 20/8. 1953. Anmeldung bekanntgemacht 27/11. 1952. A. Prior. 27/3. 1946.) SCHREINER. 7093

Duisburger Kupferhütte, Duisburg, *Glimmerartige Eisenoxydfarbe.* Zur besseren Haltbarkeit u. Dispergierbarkeit in den Bindemitteln, wie Leinölstandöl, wird dem glimmerartigen Eisenoxyd (I), das noch rotes u. schwarzes Fe_2O_3 enthalten kann, Pb-Cyanamid zu >10, bes. 30—100%, bezogen auf I, zugesetzt. Zusätze von anderen Pigmenten, wie Cr_2O_3, Ruß oder Graphit, dienen zur Erzielung gewünschter Farbtöne. (**E. P. 700 431** vom 17/1. 1952, ausg. 2/12. 1953. D. Prior. 24/1. 1951.) GRÄGER. 7093

Farbenfabriken Bayer (Erfinder: **Josef König**), Krefeld, *Herstellung schwarzer Eisenoxydpigmente* durch Fällen von Ferrosalzlsgg. mit festen Alkalien oder Erdalkalien, teilweises Oxydieren mit Luft u. Dehydratisieren der Oxydhydrate, dad. gek., daß das Fällen u. das Oxydieren ganz oder teilweise in der Kälte ausgeführt u. das Reaktionsgemisch dann erst erhitzt wird. Verschied. Ausführungsformen: a) Zunächst wird in der Kälte nur ein Teil des Fe gefällt, der Nd. oxydiert, sodann der andere Teil des Fe gefällt, u. schließlich wird (gegebenenfalls unter weiterem Oxydieren) erhitzt; b) zunächst wird in der Kälte nur ein Teil des Fe gefällt, der Nd. oxydiert, sodann wird erhitzt, der andere Teil des Fe gefällt u. schließlich (gegebenenfalls unter weiterem Oxydieren) weiter erhitzt; c) das gesamte Fe wird in der Kälte gefällt, der Nd. zu Fe_3O_4 oxydiert u. erst danach erhitzt. (**D. B. P. 891 310** Kl. 22f vom 11/8. 1938, ausg. 28/9. 1953. Anmeldung bekanntgemacht 6/11. 1952.) SCHREINER. 7093

Monsanto Chemical Co., St. Louis, Mo., übert. von: **Louis E. Klein,** St. Louis, Mo., und **August R. Hempel,** Dayton, O., V. St. A., *Trockenmittel für trocknende Öle,* Lacke, Firnisse, Farben, styrolisierte Alkyd- oder ähnliche Harze, bestehend aus einem Salz eines mehrwertigen Metalls (Pb, Co, Mn, Zn, auch Al, Ca, Ce, Cr, Cu, Fe, Ni u. V) u. einem Monoalkyl(1—4 C)-ester der Di- oder Triisobutenylbernsteinsäure, das dem zu trocknenden Überzugsmittel bis zu 2% zugesetzt wird. (**A. P. 2 658 003** vom 23/6. 1951, ausg. 3/11. 1953.) GRÄGER. 7097

Lewis Berger & Sons Ltd., London, England, *Mischpolymerisate für Lacke.* Ein Gemisch aus einem geblasenen, nichtkonjugierten trocknenden oder halbtrocknenden Öl u. einer aromat. Vinylverb. wird in Ggw. eines Metallsikkativs u. 0,5—2% eines metallfreien Peroxyds bei 106—260° polymerisiert. — 800 (g) geblasenes Leinöl, 800 Styrol, 30 H_2O_2 als 30%ig. wss. Lsg. u. 0,5 Pb oder 0,05 Co werden in einem Lösungsm. auf 143° erhitzt. Das Prod. trocknet zu einem Film auf, der von Lösungsmitteln nicht angegriffen wird. (**E. P. 708 658** vom 13/8. 1951, ausg. 5/5. 1954. A. Prior. 18/8. 1950.) MÖLLERING. 7097

Wacker-Chemie G. m. b. H., München (Erfinder: **Eligius Nickl,** Burghausen/Obb., und **Hans Anselm,** Gräfelfing), *Lösungs- und Weichmachungsmittel für Lacke* u. plast. Massen. Als solche werden die Ester der nach D. R. P. 752 482 (C. **1953.** 6569) erhaltenen Oxylactone u. Alkohole verwendet, z. B. die Ester der Ameisen-, Essig-, Propion- oder Capronsäure. (**D. B. P. 908 398** Kl. 22h vom 16/4. 1944, ausg. 5/4. 1954. Anmeldung bekanntgemacht 13/8. 1953.) GRÄGER. 7101

Deutsche Gold- & Silberscheideanstalt vormals Roessler, Frankfurt/M., *Filme und Überzüge aus Polyvinylacetat.* Als Weichmacher werden Ester des 1.4-Butylenglykols mit Vorlauffettsäuren (C_4—C_6) verwendet. (**E. P. 699 113** vom 9/2. 1951, ausg. 28/10. 1953. D. Prior. 31/3. 1950.) SALZMANN. 7107

Monsanto Chemical Co., St. Louis, Mo., übert. von: **Paul E. Marling,** Dayton, O., V. St. A., *Lack- und Firnisgrundlage,* bestehend aus 1—10 (Teilen) lösl. Mischpolymerisat [erhalten aus 25—75% Styrol (I) u. 75—25% natürlichem trocknenden Öl (II)], 1—10 II u. 1—10 Kondensat aus Phenol u. I-Oxyd (Gewichtsverhältnis 100:50 bis 200 Teile). — Nach A. P. 2 598 645 ersetzt man in dem lösl. Mischpolymerisat den Anteil II durch ein mit II modifiziertes Alkydharz der SZ. 0—20. (**A. PP. 2 598 644** u. **2 598 645** vom 29/9. 1948, ausg. 27/5. 1952.) MÖLLERING. 7107

Wingfoot Corp., Akron, O., V. St. A., *Überzugsmittel,* bestehend aus einer Dispersion eines Mischpolymeren aus 80—92 (%) (85) einer aromat. Vinylverb. (Styrol) u. 20—8 (15) einer konjugierten Dienverb. (1.3-Butadien), modifiziert mit einem Mercaptan mit 6—12 C (Isohexyl-, Octadecyl-, Dodecyl- oder tert.-Dodecylmercaptan) in einem Suspensionsmittel, wie Bzl., Toluol, Xylol, Amylacetat, Butyl- oder Äthylacetat, Methyläthyl-, Methyl-n-amyl- oder Methylisobutylketon, Dipenten oder Terpentin. (**E. P. 637 733** vom 8/3. 1947, ausg. 24/5. 1950. A. Prior. 21/9. 1946.) GRÄGER. 7107

Plastonol Ltd. (Erfinder: **Charles William Henry King**), Belvedere, Kent, England, *Lack- und Anstrichmittel.* Tallöl wird in Ggw. von dehydratisiertem Ricinusöl u. eines Katalysators (Erdalkalioxyd oder -salz) mit Pentaerythrit bei 250—280° unter Ausschluß von Luft (durch N_2 oder CO_2) verestert. Das zu veresternde Gemisch kann noch Lackharze (modifiziertes Phenolharz, Kopalglycerinester) u. Lacköle (Leinölstandöl, Tungöl, Oiticicaöl) enthalten. Die durch diese Zusätze gegebenenfalls erhöhte SZ. wird durch vermehrten Pentaerythritzusatz ausgeglichen. (**E. P. 647 032** vom 6/9. 1948 u. 13/5. 1949, ausg. 6/12. 1950.) GRÄGER. 7107

Monsanto Chemical Co., St. Louis, Mo., übert. von: **Paul E. Marling**, Dayton, O., V. St. A., *Überzugsmittel*, bestehend aus 25—90 (%) eines Mischpolymeren aus einem ölmodifizierten Alkydharz (aus einem trocknenden Öl oder dessen Fettsäuren, einem aliphat. mehrwertigen Alkohol u. einer Polycarbonsäure) mit SZ. 0—20 u. einem Monomer, wie Styrol, α-Methylstyrol, Vinyldiphenyl oder Isopropenyldiphenyl, das in Ggw. von 0,01—5 eines Peroxyds als Katalysator erhalten wird, u. 10—75 eines Vinylesters von Tallöl, der durch Behandeln von gereinigtem Tallöl bei 194—196° mit einem Acetylenstrom in Ggw. geringer Mengen Zn-Acetat gewonnen wird. (**A. P. 2 617 776** vom 25/10. 1948, ausg. 11/11. 1952.) GRÄGER. 7107

British Thomson-Houston Co. Ltd., London, England, *Überzugsmittel*, bestehend aus einer Lsg. von Äthylcellulose u. einem ölmodifizierten Alkydharz, das aus einem trocknenden oder nichttrocknenden Öl oder deren Fettsäuren (Lein-, Raps-, Holz-, Cocosnuß-, Ricinus-, Palm- oder Fischöl), einem mehrwertigen Alkohol (Glykol, Glycerin, Pentaerythrit, Sorbit, Mannit) u. Tetrachlorphthalsäure oder deren Anhydrid hergestellt ist, in einem geeigneten Lösungsm., wie A.-Toluol, Xylol-Butanol, Dipenten-Butanol oder Naphtha-A.-Butanol. (**E. P. 635 286** vom 29/4. 1947, ausg. 5/4. 1950. A. Prior. 30/4. 1946.) GRÄGER. 7107

Monsanto Chemical Co., St. Louis, Mo., übert. von: **Morris L. Nielsen**, Dayton, O., V. St. A., *Feuerschutzanstrichmittel*, bestehend aus einer wss. Dispersion eines wasserunlösl. Reaktionsprod., das durch Behandeln von $POCl_3$ mit wasserfreiem NH_3 bei 20—100° erhalten wird u. in dem N u. P im Mengenverhältnis von 1,75:1 bis 1,85:1 gebunden sind, u. 5—50% eines Amin- oder Amid-Aldehyd-Harzes, bes. eines Harnstoff-CH_2O-Kondensationsprod., gegebenenfalls mit einem Zusatz von Pigmenten, Netz- u. Emulgiermitteln. (**A. P. 2 642 405** vom 30/12. 1948, ausg. 16/6. 1953.) GRÄGER. 7107

Westinghouse Electric Corp., East Pittsburgh, übert. von: **James G. Ford**, Sharon, Pa., V. St. A., *Schutzüberzüge für Metalle.* Metalloberflächen (von Fe, Zn oder Cd) werden bes. nach dem Phosphatieren mit einer ersten 1 mm starken Schicht eines Kunstharzes (I) mit 25—150 (%) an Chromaten u. Phosphaten, bes. mit einem Zusatz von Fe_2O_3, u. darauf mit einer 2. Schicht (1 mm) von I mit 15—40 von feinstverteiltem Glimmer mit einer Teilchengröße von 40 μ, bes. 0,5 μ, u. dann mit einer 3. Schicht von I mit mindestens 50 von UV-Strahlen abhaltenden Füllmitteln (TiO_2, bes. Pb-Carbonat, ZnO, ZnS, Fe_2O_3, $ZnCrO_4$, $PbCrO_4$, Al-Pulver oder -Plättchen) überzogen. I besteht aus einem Gemisch eines ölmodifizierten Phenolharzes mit einem fettsäuremodifizierten Alkydharz. (**A. P. 2 636 257** vom 23/9. 1950, ausg. 28/4. 1953.) GRÄGER. 7107

XIb. Plaste (Kunstharze. Plastische Massen).

Phillips Petroleum Co., Del., übert. von: **Grant C. Bailey** und **James A. Reid**, Bartlesville, Okla., V. St. A., *Polymerisation besonders gasförmiger Olefine* erfolgt bei 0—150° u. gegebenenfalls unter Druck in Ggw. eines 0,1—5 (Gew.-%) NiO enthaltenden Kieselsäuregels, welches durch 1—10 Al_2O_3 aktiviert ist. Hoher Druck verursacht höheres Mol.-Gew. des Reaktionsproduktes. Vorteilhaft wird unter Ausschluß von H_2 oder anderen reduzierenden Stoffen gearbeitet. Alkali- oder Erdalkalimetalle beschleunigen die Umsetzung. Der Polymerisationskatalysator wird durch S-, organ. O-haltige Verbb., CO oder einige Halogenverbb. vergiftet. — Skizze. (**A. P. 2 606 940** vom 15/6. 1945, ausg. 12/8. 1952.) G. KÖNIG. 7173

Diamond Alkali Co., Cleveland, O., V. St. A., *Katalysator für Polymerisationen von Vinylverbindungen.* Bei der Emulsionspolymerisation vermögen Chlorationen in Ggw. von Sulfit- oder Bisulfitionen bei p_H 2—6,5 freie Radikale zu bilden. Das Verhältnis Chlorat- zu Sulfitionen soll zwischen 1:3 u. 1:6 liegen. — Geeignet ist z. B. ein Gemisch aus 1,5 (Teilen) $KClO_3$ u. 9,3 Na_2SO_3. Von dem Gemisch werden z. B. 0,54 Mol-%, bezogen auf den Monomerengeh., verwendet. (**E. P. 706 138** vom 3/10. 1951, ausg. 24/3. 1954. A. Prior. 10/11. 1950.) MÖLLERING. 7173

Wacker-Chemie G. m. b. H., München (Erfinder: **Josef Heckmaier** und **Herbert Reinecke**, Burghausen), *Suspensionspolymerisation von Vinylchlorid allein oder mit anderen polymerisierbaren Verbindungen* mit wasserunlösl. Katalysatoren, wie Lauryl-Benzoyl- oder 2.4-Dichlorbenzoylperoxyd, dad. gek., daß die Polymerisation in wss. Methanol u. in Ggw. von teilacetyliertem Polyvinylalkohol als Dispergiermittel erfolgt. — Leichtplastifizierbare Produkte. (**D. B. P. 912 022** Kl. 39c vom 30/3. 1952, ausg. 24/5. 1954. Anmeldung bekanntgemacht 10/9. 1953.) SCHINDLER. 7173

N. V. de Bataafsche Petroleum Mij., Den Haag, Holland, *Niedrigmolekulare Mischpolymerisate als Weichmachungsmittel für z. B. Polyvinylchloride oder als Schmiermittelzusatz* erhält man durch kontinuierliche Emulsions- oder Massepolymerisation aus olefin. ungesätt. monomeren Verbb. dadurch, daß in der Reaktionszone nicht mehr als 20% monomere Anteile vorhanden u. das Mol.-Gew. <3000 gehalten wird. — Äquimol. Mengen Allylchlorid u. -acetat werden in der gleichen Menge W. mit einem Geb. von 2% $K_2S_2O_8$, 1,2 $Na_2SO_3 \cdot 7H_2O$ u. 4 Na-Mersolat bei 50° polymerisiert. Mit 10% Ausbeute erhält man ein öliges Mischpolymerisat mit durchschnittlichem Mol.-Gew. 605. (**E. P. 703 253** vom 26/7. 1950, ausg. 3/2. 1954. Holl. Prior. 26/7. 1949.) MÖLLERING. 7173

N. V. de Bataafsche Petroleum Mij., Den Haag, Holland, *Als Weichmachungsmittel für Kunstharze geeignete Polymerisate.* Ein oder mehrere Ester mit 7—14 C-Atomen aus α.β-ungesätt. Alkoholen u. gesätt. Fettsäuren werden unter üblichen Bedingungen u. unter Zusatz eines Polymerisationsunterbrechers zu Prodd. mit Mol.-Gew. <1000 polymerisiert. — In 100 (Teilen) Methyläthylketon gelöste 100 Allylbutyrat werden mit 1 Dibutylperoxyd versetzt u. auf 200° erhitzt. Aus dem Prod. dest. man bei 1 mm Hg u. 200° die nichtumgesetzten Anteile ab. Mit 25% Ausbeute erhält man ein fl. Prod. mit Mol.-Gew. ca. 600. Aus 100 (Teilen) Polyvinylchlorid u. 60 Prod. lassen sich reißfeste u. kältebeständige Filme formen. (**E. P. 703 289** vom 27/8. 1951, ausg. 3/2. 1954. Holl. Prior. 29/8. 1950.) MÖLLERING. 7173

Otto von Schickh, Ludwigshafen/Rh., und **Waldtraut Froese**, Weinheim, *Plastische Masse aus Polyvinylchlorid.* Als Weichmachungsmittel werden neutrale Ester aus 6-Chlorhexanol-(1) u. Carbonsäuren, bes. Dicarbonsäuren, wie Malein-, Glutar-, Methyladipin- oder Sebacinsäure verwendet. — Herst. von Filmen, Fäden, Lacken, Kabelmassen, Wachstuch, Kunstleder, Bodenbelag; Verwendung als Überzug auf Holz, Metall, Gewebe u. Papier. (**A. P. 2 648 652** vom 29/3. 1951, ausg. 11/8. 1953. D. Prior. 4/5. 1950.) SALZMANN. 7173

Walter Siedel, Bad Soden, und **Mohamed Assal**, Kairo, Ägypten, *Monovinyl- und Divinylacetale*, $H_2C{=}CH{-}O{-}CH(R){-}O{-}R'$ u. $H_2C{=}CH{-}O{-}CH(R){-}O{-}CH{=}CH_2$, erhält man durch Halogenwasserstoffabspaltung aus unsymm. β-Halogenäthylacetalen bzw. Di-(β-halogenäthyl)-acetalen, $XCH_2CH_2OCH(R)OR'$ bzw. $XCH_2CH_2 \cdot OCH(R)OCH_2CH_2X$ (X = Halogen, R = H, Alkyl, Aryl, R' = Alkyl, Aryl), bes. mit Alkalien in Lösungsmitteln. — Methyl-(β-chloräthyl)-formal in Isoamylalkohol + KOH → *Methylvinylformal*, $Kp._{730}$ 62°; Ausbeute 45%. — Propyl-(β-chloräthyl)-formal → *Propylvinylformal*, $Kp._{730}$ 110—111°. — Di-(β-chloräthyl)-formal → *Divinylformal*, $Kp._{730}$ 85—88°. Die gleichen Prodd. erhält man aus den Br-Derivaten. Zwischenprodd. zur *Herst. von Vinylpolymerisaten.* (**D. B. P. 895 452** Kl. 12o vom 29/11. 1944, ausg. 2/11. 1953. Anmeldung bekanntgemacht 5/2. 1953.) KRAUSS. 7173

Distillers Co. Ltd., Edinburgh (Erfinder: **Donald Faulkner**). England, *Stabilisierung von Polyvinylidenchloriden oder diese enthaltenden Harzen gegen Lichtzersetzung.* Man setzt den Prodd. 0,05—10% Fluorenonazine der Formel I zu, wobei R ein (substituierter) KW-stoffrest u. R' H oder ein KW-stoffrest ist. Geeignet sind *Fluorenonazine* mit dem *Butyralrest*, F. 43—44°, orange, *Salicylalrest*, F. 132 bis 133°, gelb, *α-Chlorbenzalrest*, F. 150—151°, gelbrot, *p-Nitrobenzalrest*, F. 184—185°, orange, *1-Naphthalrest*, F. 139—140°, orange, u. *2-Oxy-1-naphthalrest*, F. 200—201°, ziegelrot. *Acetophenonfluorenonazin*, F. 122—123°, in orangefarbenen Plättchen wird durch Rk. von Acetophenon mit Fluorenonhydrazon in Butanollsg. erhalten, analog *Cyclohexanonfluorenonazin* als gelbe Prismen, F. 80—81°. (**E. P. 701 996** vom 15/5. 1951, ausg. 6/1. 1954.) MÖLLERING. 7173

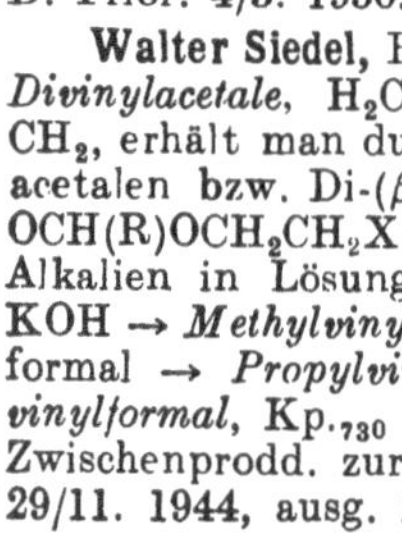

I

United States Rubber Co., New York, N. Y., übert. von: **Pliny O. Tawney**, Passaic, N. J., V. St. A., ***Lösliche ungesättigte und härtbare Mischpolymerisate für Überzüge, geschichtete Stoffe und Preßzwecke***, die keiner Gelbldg. unterliegen, erhält man aus

Fumarsäurediallylester (I) u. Vinylidenchlorid durch Einpolymerisieren von 0,2 bis 15 Moläquivalenten 2-Alkenylchlorid, bes. (Meth-) Allylchlorid (II). — 19,4 (Teile) Vinylidenchlorid, 39,2 I u. 44,4 II werden in Ggw. von 2 Benzoylperoxyd (III) 40 Std. auf 60° erwärmt. Der beim Eingießen des Prod. in n-Hexan erhaltene Nd. wird getrocknet. Von dem Prod. werden 10 (Teile) in 4,5 n-Butylacrylat bei Ggw. von 0,09 III in eine Form gebracht u. in 3 Std. bei 90° zu einem transparenten harten Körper ausgehärtet. (**A. P. 2 597 202** vom 4/9. 1948, ausg. 20/5. 1952.) MÖLLERING. 7173

Rohm & Haas Co., übert. von: **Charles H. McBurney**, Philadelphia, Pa., V. St. A., *Herstellung von Ionenaustauschharzen*, die Kationen adsorbieren können u. enolisierbare Gruppen der Formel $—CO—CH_2—CO—R$ enthalten. In Abwesenheit von W. u. in Ggw. eines alkal. Katalysators, wie Na-Alkylat, $NaNH_2$ oder NaOH, wird ein Mischpolymerisat aus 0,5—10 (%) Divinylbenzol u. 99,5—90 Acrylsäurealkylester umgesetzt mit einem Keton der Formel $CH_3—CO—R$; R ist jeweils die gleiche Alkylgruppe. Die Rk. erfolgt unterhalb 10°, bes. bei —5 bis +5°. (**A. P. 2 613 200** vom 26/8. 1950, ausg. 7/10. 1952.) OVERBECK. 7173

E. I. du Pont de Nemours & Co., Wilmington, Del., V. St. A., *Gegen Licht beständige Polyacrylsäureester*, bestehend aus von Halogenen freien Estern der (α-alkylierten) Acrylsäure in monomerer oder durch Licht polymerisierter Form mit einem Geh. von Glycidäther, der zusammen mit dem Monomeren u. in Ggw. eines Acyloins der Formel R·CO·C(R')(R'')·OH oder dessen Äther R·CO·C(R')(R'')·OR''' als Katalysator erhalten ist (R, R' u. R''' = einwertige KW-stoffreste, R'' = H oder R). — Z. B. werden 100 (Teile) sirupartiges Vorpolymerisat aus Methylmethacrylat, 0,04 Benzoin u. 2 Allylglycidäther gemischt, auf einer konz. $MgCl_2$-Lauge als dünner Film ausgebreitet u. durch Belichtung mit zwei 15 Watt-Leuchtstofflampen (Emissionsmaximum bei 3600 Å) 3—5 Std. polymerisiert. Nach Spülen u. Trocknen (30 Min. bei 100°) erhält man einen über 500 Std. gegen Bogenlichtbestrahlung beständigen Film. (**E. P. 708 643** vom 24/5. 1951, ausg. 5/5. 1954. A. Prior. 30/6. 1950.) MÖLLERING. 7173

Shell Development Co., San Francisco, übert. von: **Edward C. Shokal**, Oakland, und **Carl W. Schroeder**, Berkeley, Calif., V. St. A., *Herstellung von Mischpolymerisaten*. Ein Gemisch aus Methacrylnitril (I) u. 3—75, bes. 5—45% Phthalsäurediallylester (II), gegebenenfalls auch einem Phthalsäurediester eines β.γ-ungesätt. Alkohols mit 3 bis 11 C-Atomen, wird in Ggw. eines Katalysators, wie Benzoylperoxyd (III), zu Harzen von erhöhtem F. u. erhöhter Festigkeit polymerisiert. — Ein Monomerengemisch aus 95 (Teilen) I u. 5 II wird mit 2 III in 144 Std. bei 65° zu einem harten, nichtschm. Harz, das in W., Chlf. u. Toluol unlösl. ist, polymerisiert. (**A. P. 2 596 945** vom 24/3. 1947, ausg. 13/5. 1952.) MÖLLERING. 7173

Monsanto Chemical Co., St. Louis, Mo., V. St. A., übert. von: **Gerald R. Barrett**, *Kontinuierliches Polymerisationsverfahren*. Eine monomere ungesätt. u. polymerisierbare Verb. oder Gemische solcher Verbb. werden in einem organ. Lösungsm., das kein Lösungs- oder Quellungsmittel für das gebildete Polymerisat ist, gelöst, unter Zusatz eines Katalysators fortlaufend zu einem in dem gleichen Lösungsm. verteilten Polymerisatschlamm (aus einer früheren Rk.) zugesetzt, worauf nach Verlassen der Reaktionszone fortlaufend ein Teil der Polymerisatdispersion abgezogen u. aufgearbeitet wird. Geeignet ist z. B. ein Gemisch aus einer fl. Vinylverb., z. B. Styrol, dem Anhydrid der Maleinsäure (I), Alkylester der I mit einem Geh. von mindestens 50% I-Anhydrid, Acrylsäure, -nitril oder -amid. Bzl. ist als Lösungsm. geeignet. (**E. P. 708 546** vom 22/6. 1951, ausg. 3/5. 1954. A. Prior. 28/6. 1950.) MÖLLERING. 7173

Phrix-Werke Akt.-Ges., Hamburg (Erfinder: **Helmut Bock**, Hirschberg), *Herstellung von Polykondensationsprodukten*, dad. gek., daß man aliphat., gesätt., einmal oder mehrmals Ester-, Äther-, Formal-, Acetal-, Ketal-, Harnstoff- oder Carbonsäureamidgruppen im Mol. enthaltende niedermol. Verbb. mit 2, bes. endständigen Carboxyl-, Ester- oder Säurehalogenidgruppen mit etwa äquimol. Mengen Hydrazin, das an jedem N-Atom noch ein reaktionsfähiges H-Atom besitzt, bei 150—300°, gegebenenfalls in Ggw. von Verdünnungsmitteln, der Polykondensation unterwirft. Entsprechend den Ausgangsstoffen entstehen *Polyharnstoff-* oder *Polyesterpolyhydrazide*. (**D. B. P. 908 071** Kl. 39c vom 22/4. 1941, ausg. 1/4. 1954. Anmeldung bekanntgemacht 6/8. 1953.) SCHINDLER. 7181

British United Shoe Machinery Co. Ltd., Leicester, England, *Poröse, leichte und bruchfeste Formkörper*, z. B. Schuhleisten, erhält man durch Aufschäumen von körnigen Kunstharzen, z. B. Mischungen von Phenolharz oder Polyvinylchlorid u. Butadien–Acrylnitril-Mischpolymerisaten, oder von zwei Butadien–Styrol-Mischpolymerisaten mit verschied. Styrolgeh. u. einem Treibmittel in einer offenen Form. Die zweite Komponente wirkt in der Regel als Weichmacher; sie kann auch aus Kautschuk, Polyisopren oder Polyisobutylen bestehen. Ferner können Cumaron-Inden-Harze von verschied. F., Füllstoffe, Stearinsäure, S u. Härtemittel der M. zugesetzt werden. Zwecks Erhöhung der Festigkeit werden Filme aus dem gleichen Material eingelegt. — Zeichnung. (**E. P. 695 625** vom 5/11. 1949, ausg. 12/8. 1953.) SALZMANN. 7205

Richardson Co., Lockland, O., V. St. A., *Säurebeständige Formkörper*. Die Kondensation von Furfurylalkohol oder Phenol mit CH_2O oder Furfuraldehyd in alkal. oder saurem Medium wird nach einem bestimmten Zeitpunkt durch Erwärmen, Auswaschen oder Neutralisieren (mit alkohol. Lsg. von Oxal-, Citronen- oder Weinsäure) des Beschleunigers unterbrochen. Das neutrale Harz wird mit Füllstoffen u. 5—25% Baumwolle sowie 35—65% Asphalt oder Bitumen vermischt u. zu Akkumulatorenkästen verpreßt. (**E. P. 695 210** vom 22/9. 1950, ausg. 5/8. 1953. A. Prior. 24/9. 1949.) SALZMANN. 7205

Plywood Research Foundation, übert. von: **John G. Meiler, Earl G. Hallonquist** und **August H. Rauch**, Tacoma, Wash., V. St. A., *Herstellen von Preßplatten*, bes. für Wand- u. Bodenbelag u. als Zwischenschicht für Sperrholz. Wasserlösl. Phenol-CH_2O-Harz, eine wss. Dispersion von Kunstkautschuk oder Vinylharz u. Vulkanisiermittel werden gemischt u. mit Füllstoffen, bes. Holzmehl, versetzt. Die M. wird bei 100—300° u. einem Druck von 3,5—35 kg/cm² 2—30 Min. verpreßt. (**A. P. 2 635 976** vom 15/1. 1948, ausg. 21/4. 1953.) OVERBECK. 7205

Fibreglass Ltd., Liverpool, England (Erfinder: **Ronald James Ashall**), *Elastisches Verbundmaterial*. Ein mit Stärke u. Phenolharz verklebtes Glasfaservlies wird beiderseits mit Polyvinylchlorid imprägniert u. dann mit Bitumen (F. 82°) überzogen. Wasserfeste Landestreifen für Flugzeuge. (**E. P. 700 194** vom 21/3. 1951, ausg. 25/11. 1953.) SALZMANN. 7205

James B. McCorkle, Evanston, Ill., V. St. A., *Hartplatten*. Aus Celluloseabfällen, gemahlenen Batteurabfällen, Baumwollschalen u. dgl. hergestellte Vliese werden mit einer wss. Proteinemulsion (Casein, Sojabohnen-, Erdnußeiweiß, Gliadin u. dgl.), die pine oil, Emulgiermittel, Pigmente, Trockenstoffe u. Alkydharz enthalten, überstrichen u. mit 77 at bei 232—260° verpreßt. Die hierbei entstehende atmende Grundierung kann mit einem Lack überzogen werden, der sich durch hohen Glanz auszeichnet. (**A. P. 2 654 296** vom 18/3. 1948, ausg. 6/10. 1953.) SALZMANN. 7205

Marco Chemicals, Inc., N. J., übert. von: **Irving E. Muskat**, Plainfield, N. J., V. St. A., *Mit Fasereinlagen versehene Kunstharzflächen*. Gewebebahnen werden durch die Lsg. eines mit O_2 härtbaren Kunstharzvorkondensats geführt, beidseitig mit einer auflaufenden Cellophanfolie bedeckt u. zwischen Distanzwalzen durchgeführt, die Luftblasen entfernen u. den Harzauftrag begrenzen. Anschließend wird durch Heizung, z. B. Infrarotstrahlung, getrocknet u. gehärtet u. danach die Cellophanschutzschichten wieder abgezogen. Geeignet ist z. B. ein aus (Di-) Äthylenglykol u. Maleinsäureanhydrid sowie gegebenenfalls Phthalsäureanhydrid in üblicher Weise erhaltenes Vorkondensat. — Vorrichtung. (**A. P. 2 596 162** vom 1/3. 1945, ausg. 13/5. 1952.) MÖLLERING. 7205

Farbenfabriken Bayer Akt.-Ges., Leverkusen (Erfinder: **August Höchtlen**, Bergisch Neukirchen, **Otto Bayer, Siegfried Petersen** und **Wilhelm Bunge**, Leverkusen), *Herstellung geformter Massen* durch Einw. von Diisocyanaten auf Verbb. mit mehr als 2 austauschbaren H-Atomen (I), dad. gek., 1. daß man Mischungen der genannten Komponenten, gegebenenfalls unter Zusatz von Weichmachungsmitteln u./oder Füllstoffen, in denen Natur u. Menge sämtlicher Komponenten so gewählt sind, daß die Mischungen in der Wärme verformbare Massen darstellen, unter Verformung solchen Tempp. aussetzt, bei denen die Reaktionskomponenten sich umsetzen. — 2. daß an Stelle von Diisocyanaten solche Verbb. verwendet werden, welche bei höheren Tempp. wie Diisocyanate reagieren. — Als I sind bes. höhermol. harzähnliche u. gegebenenfalls auch thermoplast. Prodd. verwendbar, wie Celluloseester oder -äther mit reaktionsfähigen OH-Gruppen, Zuckerarten, aroyliertes Casein, Mischpolymerisate aus Acrylsäureamid, Natronzellstoff, Stärkederivv. u. Aminolignin, ferner Polyester mehrwertiger Alkohole mit mehrwertigen Säuren, bei deren Herst. zweckmäßig die ersteren im Überschuß angewendet wurden, Harze aus CH_2O u. Oxalkylanilinen oder Oxalkylphenoläthern, Prodd. aus $POCl_3$ mit Oxäthylanilin oder solche von Dichlorhydrin mit Alkalisulfiden u. schließlich N-acylierte Aminotrimethylolmethane. — Z. B. werden 150 (Teile) eines Kondensationsprod. aus 3 (Mol) Adipinsäure u. 4 Trimethylolpropan, 140 3.3'-Dimethoxydiphenyl-4,4'-diisocyanat, 150 Holzmehl, 2 MgO u. 1 Zn-Stearat bei 50—60° auf einer Walze gemischt u. darauf bei 130—170° u. einem Druck von ca. 200—300 at in einer Presse verformt; Preßkörper von hohen mechan. Festigkeiten. (**D. B. P. 910 221** Kl. 39b vom 4/5. 1940, ausg. 29/4. 1954. Anmeldung bekanntgemacht 17/9. 1953.) HERBST. 7205

H. Römmler G. m. b. H., Mannheim (Erfinder: **Albert Kuntze**, Spremberg), *Preßmasse* aus mit Kunstharz getränkten, faserstoffumhüllten Metalldrähten, dad. gek., daß die umhüllten Metalldrähte eine Länge von ca. 2—3 cm besitzen. Hierfür können Drähte aus Fe, Al, Zn, Cu oder Messing genommen werden, die mit einem möglichst saugfähigen Faden, wie aus Baumwolle, Zellwolle oder Asbestgespinst, oder mit einem Papierband umwickelt sind. Die Massen lassen sich sowohl zu plattenförmigen als auch zu formgepreßten Werkstücken leicht verarbeiten. (**D. B. P. 910 220** Kl. 39b vom 21/3. 1940, ausg. 29/4. 1954. Anmeldung bekanntgemacht 17/9. 1953.) HERBST. 7205

Internationale Galalithgesellschaft Akt.-Ges. (Erfinder: **Werner Koall**), Hamburg, *Kunstharzpreßmasse*, bestehend aus Kunstharz, bis zu 50% Furnierschnitzel u. bis zu 35% Holzmehl, wie es für Typ 31 verarbeitet wird. Als Furnierschnitzel bzw. gleichartige Abfälle sind Holzabfälle von 0,1—1 mm Dicke zu verstehen, bei denen durch die Schnittart die Faser in der Längsrichtung der Abfälle liegt. Die Massen sind gut tablettierbar u. hinreichend fließfähig. Ferner können ihnen noch Farben u. sonstige Zusätze beigemengt werden. (**D. B. P. 909 633** Kl. 39b vom 25/9. 1943, ausg. 22/4. 1954. Anmeldung bekanntgemacht 9/7. 1953.) HERBST. 7205

XII. Kautschuk. Guttapercha. Balata.

W. G. Vennells, *Die Neoprene-Latices.* Überblick über Eigg., Verarbeitung u. Anwendungen. (Rubber Age Synthetics **34.** 243—44. Aug. 291—92. Sept. 341—42. Okt. 388—90. Nov. 433—35. Dez. 1953.) WINIKER. 7224

J. Schmidt-Jørgensen, *Latex und daraus hergestellte Fabrikate.* Überblick über die verschied. Naturlatextypen, die Zusatzstoffe, die Eigg. u. Prüfverff. u. die Bedeutung für pharmazeut. verwendete Produkte. (Farmac. Tid. **63.** 657—64. 5/9. 1953.) R. K. MÜLLER. 7230

Harold S. Sell, *Mischungen von Styrol–Butadien-Harzen mit Kautschuken. Weiche Mischungen.* (Vortrag.) Überblick über Herst., Verarbeitung u. Anwendungen derartiger Mischungen. (Rubber Plastics Age **35.** 193. April 1954. Akron, O., Goodyear Tire & Rubber Co.) WINIKER. 7230

John E. Hansen und **William E. Palm**, *Eigenschaften von Lactoprene BN–12.5, einem Copolymeren aus Butylacrylat und Acrylnitril, und seiner Vulkanisate. Lactoprene BN-12,5* (**I**, Copolymerisat aus 87,5% Butylacrylat u. 12,5% Acrylnitril) ist hinsichtlich einiger Eigg. seiner Vulkanisate dem *Lactoprene EV* überlegen. So ist das Quellvol. in W. beträchtlich geringer u. die Versprödungstempp. liegen tiefer. Ferner weisen die **I**-Vulkanisate gute Beständigkeit gegen trockene Hitze, ausreichende Ölbeständigkeit u. niedriger bleibende Verformung auf. (Rubber Age [New York] **75.** 677—87. Aug. 1954. Philadelphia, Pa., Eastern Regional Res. Labor.) WINIKER. 7230

R. W. Moncrieff, *Lösungsmittelbeständiger Gummi.* Zur Herst. von gegen polare Lösungsmittel beständigen Vulkanisaten eignen sich Mischungen auf Basis Naturkautschuk oder GR-S sowie Nitrilkautschuk mit Füllstoffen, wie $CaCO_3$, Ca-Silicat oder Kieselgur unter Verwendung von tert.-Butylperbenzoat oder 2.2-Bis-(tert.-butylperoxy)-butan als Vulkanisationsmittel. Ruß, organ. Pigmente sowie organ. Farb- u. Füllstoffe dürfen nicht verwandt werden. (Rubber Plastics Age **35.** **111.** März 1954.) WINIKER. 7230

A. D. Kirshenbaum, **A. G. Streng** und **W. B. Dunlap jr.**, *Die Durchlässigkeit verschiedener Elastomerer für mit ^{14}C markiertes CO_2.* Vff. messen die CO_2-Durchlässigkeit von ca. 2 mm dicken Membranen aus Naturkautschuk (**I**), Butylkautschuk (**II**), GR-S (**III**), X-632 (Polymeres vom GR-S-Typ mit wenig Styrol; **IV**), Hycar OR-15 (61% Butadien, 39% Acrylnitril; **V**) u. Neopren (**VI**). Die Membrane wird durch ein planes oder kugeliges Drahtnetz (für Unters. an gedehnten Proben) zwischen den beiden Teilen des Meßgefäßes (Einfüllraum u. Meßraum) fixiert u. das durchdiffundierte ^{14}C-gek. CO_2 mit einem GEIGER-Zähler gemessen. Verf. ist gegenüber der üblichen Druckmessung zeitsparend. Gleichzeitig mit der Durchlässigkeit können die relative Löslichkeit u. die Verdampfungsgeschwindigkeit des Gases in den Elastomeren ermittelt werden. Vff. finden für **II** die geringste, für **IV** die größte CO_2-Durchlässigkeit bei 27°. Der Temperaturkoeff. (zwischen 27 u. 75°) ist für **V** am kleinsten, für **VI** am größten; **I** zeigt oberhalb 60° die absol. größte Durchlässigkeit. Der Einfl. der Druckdifferenz ist für **II** am geringsten, für **IV** am größten; Dehnung hat auf die

CO_2-Durchlässigkeit von **II** den geringsten Effekt. **II** zeigt die höchste CO_2-Löslichkeit u. die kleinste CO_2-Verdampfungsgeschwindigkeit. (Rubber Age [New York] **74.** 903—08. März 1954. Philadelphia, Temple Univ., Res. Inst.; Conshohocken, Pa., Lee Rubber and Tire Corp.) CANTOW. 7230

James A. Hurry und **Richard P. Wooley,** *Ein neues Dehnungsmeßgerät mit großem Meßbereich.* Vff. beschreiben ein Dehnungsmeßgerät, das auch bei lang andauernder kurzperiod. Dehnung zuverlässig anzeigt. App. besteht aus einem nach besonderem Verf. hergestellten dünnen Gummischlauch, der zickzackförmig zusammengelegt ist u. ein sehr konstantes Lumen von $^1/_{10}$—$^2/_{10}$ mm aufweist. Er wird mit Hg gefüllt, mit amalgamierten Cu-Zuleitungen an den Enden versehen u. auf die zu untersuchende Probe aufgekittet. Die Änderung des elektr. Widerstandes der App. ist ein Maß für die Dehnung. Vff. geben eine Fehlerdiskussion des App. u. beschreiben dessen Eichung. (Rubber Age [New York] **73.** 799—800. Sept. 1953. Denever, Col., Techn. Div., Gates Rubber Co.) CANTOW. 7248

United States Rubber Co., New York, N. Y., V. St. A., *Aufrahmen von Kautschukmilch* durch Zusatz von CH_2O, einem Kondensationsprod. von CH_2O u. Alkalilaurylsulfonat u. einem hydrophilen koll. Aufrahmungsmittel. (**E. P. 660 743** vom 30/8. 1949, ausg. 14/11. 1951. A. Priorr. 11/9. u. 29/12. 1948.) OVERBECK. 7223

United States Rubber Co., New York, N. Y., V. St. A., *Stabilisieren von Kautschukmilch* durch Zusatz von Di- oder Trimethylamin, Di- oder Triäthylamin oder Morpholin u. anschließend von CH_2O. (**E. P. 661 637** vom 30/8. 1949, ausg. 21/11. 1951. A. Prior. 11/9. 1948.) OVERBECK. 7223

United States Rubber Co., New York, N. Y., V. St. A., *Stabilisieren von Kautschukmilchrahm* durch Zusatz von Pflanzenschleim, bes. 0,01—0,1 (%) NH_4-Alginat, u. 0,03—0,5 $NH_4HB_4O_7 \cdot 3H_2O$, gegebenenfalls auch 0,1—1 NH_4OH. (**E. P. 675 715** vom 22/1. 1951, ausg. 16/7. 1952. A. Prior. 19/4. 1950.) OVERBECK. 7223

United States Rubber Co., New York, N. Y., V. St. A., übert. von: **Thomas Adam Clayton,** London, England, *Gewinnung von Rohkautschuk* geringerer Qualität aus dem Serum von Aufrahmungsverfahren. Der Kautschuk wird aus dem Serum mit Säure ausgeflockt; die Flocken werden abgetrennt u. mit einer Fl. gemischt, die aufgerahmten Kautschuk, z. B. Plantagenwaschwasser oder Tankrückstände, in solcher Menge enthält, daß sie $\geqq ^1/_4$ des Trockengewichts der Flocken an Kautschuk enthält. Dann wird mit Säure koaguliert u. zu einem üblichen Fell verarbeitet. (**E. P. 674 296** vom 11/7. 1950, ausg. 18/6. 1952.) OVERBECK. 7223

United States Rubber Co., New York, N. Y., übert. von: **Hendrik Romeyn jr.,** Montclair, N. J., und **Charles D. McCleary,** Naugatuck, Conn., V. St. A., *Herstellung von kautschukähnlichen Mischpolymerisaten.* Ein Gemisch aus Butadien u. Acrylnitril wird zunächst in Abwesenheit von Vernetzungsmitteln polymerisiert, bis 10—35% des ursprüglichen Monomerengeh. polymerisiert sind, worauf man 0,7—1,5% Divinylbenzol zusetzt u. weiterpolymerisiert, bis $>$60 u. $<$80% der ursprünglichen Monomerenmischung umgesetzt sind. (**A. P. 2 597 951** vom 28/10. 1950, ausg. 27/5. 1952.) MÖLLERING. 7225

United States Rubber Co., New York, N. Y., V. St. A., *Aufrahmen von Dispersionen von Butadienpolymerisaten oder -mischpolymerisaten.* Ein Teil der Dispersion wird mit einem anderen Teil vermischt, dessen Teilchen vergröbert wurden, oder mit einer anderen Dispersion von anderer Teilchengröße, worauf mittels eines hydrophilen koll. Mittels aufgerahmt wird. Der Größenunterschied soll $\geqq$1 μ u. die Teilchengröße des einen Teils $\geqq$0,1—0,3 μ u. die des anderen $\geqq$3 μ sein. (**E. P. 636 019** vom 30/1. 1948, ausg. 19/4. 1950. A. Priorr. 3/2. 1945 u. 11/1. 1946.) OVERBECK. 7225

Hercules Powder Co., übert. von: **Joseph N. Borglin,** Wilmington, und **Philip A. Ray,** Denver, Colo., V. St. A., *Kautschukartiger Kunststoff* von hoher Festigkeit u. Dehnung. Styrol wird gegebenenfalls mit Butadien oder anderen Olefinverbb. in Form einer wss. Emulsion mit Seife oder Fettsäure u. Na-Di- bzw. Tetrahydroabietinsäure als Emulgator in Ggw. eines organ. Peroxyds polymerisiert; der Emulgator kann wieder herausgewaschen werden. (**A. P. 2 596 886** vom 17/6. 1944, ausg. 13/5. 1952.) SALZMANN. 7225

Standard Oil Development Co., Elizabeth, N. J., übert. von: **Henry G. Schutze,** Baytown, Tex., V. St. A., *Herstellung von vulkanisierbaren Polymerisaten* erfolgt durch Tieftemperaturpolymerisation von Gemischen aus tert.-Monoolefinen, z. B. Isobutylen (**I**), mit Diolefinen C_4—C_7, z. B. Isopren (**II**), indem man z. B. zu einer Lsg. von 20—30 (Gew.-%) **I** u. 0,3—0,9 **II** in 70—80 CH_3Cl (**III**) bei —50 bis —175° F eine Lsg. von 0,1—2% Al-Metall enthaltendem $AlCl_3$ in **III** gibt. (**A. P. 2 581 147** vom 23/3. 1950, ausg. 1/1. 1952.) MÜLLER-MEININGEN. 7225

United States Rubber Co., New York, N. Y., V. St. A., *Wässerige Dispersionen von Butylkautschuk und Naturkautschuk.* Butylkautschuk wird in Rohkautschuk eingemischt, worauf Weichmacher, S, ZnO u. eine Fettsäure mit 10—20 C-Atomen, z. B. Ölsäure, zugesetzt werden. Dann werden konz. wss. NH_4OH u. W. bis zur Phasenumkehr zugegeben u. ferner wss. KOH-Lsg. u. W. bis zu einer Konz. von 70%. Nach Zusatz eines Beschleunigers wird die Dispersion vulkanisiert. Verwendung bes. für Klebschichten. (**E. P. 685 177** vom 29/12. 1950, ausg. 31/12. 1952. A. Prior. 23/2. 1950.) OVERBECK. 7225

United States Rubber Co., New York, N. Y., V. St. A., *Herstellen von wässerigen Butylkautschukdispersionen.* 100 (Teile) Butylkautschuk werden mit 10—100 Naturkautschuk gemischt, worauf die Mischung mittels 3—15% einer Seife aus einer flüchtigen Base u. einer Fettsäure mit 10—20 C-Atomen in W. dispergiert wird. (**E. P. 679 336** vom 29/12. 1950, ausg. 17/9. 1952. A. Prior. 23/2. 1950.) OVERBECK. 7225

United States Rubber Co., New York, N. Y., V. St. A., *Herstellen von wässerigen Butylkautschukdispersionen.* 100 (Teile) Butylkautschuk werden mit 25—100 eines nichtkoll. Füllstoffs, z. B. Kaolin oder Schlämmkreide, vermischt, worauf die Mischung mittels 3—15% der NH_4-Seife einer Fettsäure mit 10—20 C-Atomen in W. dispergiert wird. (**E. P. 680 273** vom 29/12. 1950, ausg. 1/10. 1952. A. Prior. 23/2. 1950.) OVERBECK. 7225

Shell Development Co., San Francisco, übert. von: **Frank M. McMillan** und **De Loss E. Winkler**, Berkeley, Calif., V. St. A., *Erweicher für Kautschuk*, bestehend aus 15 bis 60 (%) Naphthensäuren, $\geq$15 aromat. Petroleumrückstand (**I**) u. 0—50 neutralem Petrolöl. **I** hat eine Viscosität von $\geq$10 cs. bei 100°, erweicht unterhalb 95°, $D.^{20}_{4}$ 0,9—1,05; er kann ein Asphalt, ein Propan-Phenol-Extrakt oder Edeleanuextrakt sein. Zusatzmenge 2—20%. (**A. P. 2 582 264** vom 25/6. 1949, ausg. 15/1. 1952.) OVERBECK. 7227

Imperial Chemical Industries Ltd., London, **James Haworth** und **Arthur Lambert**, Blackley, England, *1.1-Bis-(2'-oxy-3'.5'-dialkylphenyl)-nonane.* Man erhitzt einen Nonaldehyd mit einem 2.4-Dialkylphenol, dessen Alkylgruppen nicht mehr als 2 C-Atome besitzen, in Ggw. eines sauren Kondensationsmittels. — 30 (Teile) 2.4-Dimethylphenol werden 8 Std. mit 19 3.5.5-Trimethylhexanal-1 (**I**) u. 2,5 HCl (35%ig.) erhitzt. Man entfernt die Verunreinigungen durch Wasserdampfdest., krist. aus Bzl. u. erhält 2.2.4-Trimethyl-6.6-bis-(2'-oxy-3'.5'-dimethylphenyl)-hexan, farblose Kristalle, F. 169—170°. — Aus **I** u. 2-Methyl-4-äthylphenol → 2.2.4-Trimethyl-6.6-bis-(2'-oxy-3'-methyl-5'-äthylphenyl)-hexan, F. 113—114° (Essigsäure). *Antioxydationsmittel* für natürlichen u. synthet. *Kautschuk.* (**E. P. 651 369** vom 22/9. 1948, ausg. 14/3. 1951.) SCHWECHTEN. 7227

United States Rubber Co., New York, N. Y., V. St. A., *Vulkanisationsbeschleuniger*, bestehend aus einem N-β-Cyanäthylthiocarbaminsulfenamid der Formel **I**, worin R = acycl., alicycl., Aryl- oder Aralkyl-KW-stoff oder β-Cyanäthyl, R' u. R'' = H, acycl., alicycl. oder Aralkyl-KW-stoff. Genannt sind: N-β-Cyanäthyl-N-(**II**)-thiocarbaminsulfenamid; **II** kann sein: -methyl-, -äthyl-, -n-propyl-, -isopropyl-, -n-butyl-, -n-amyl-, -cyclohexyl-,

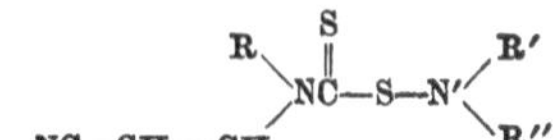

I

-allyl- u. -methallyl. Ferner N.N-Di-β-cyanäthylthiocarbaminsulfenamid u. N.N-Di-β-cyanäthyl-N'-(**III**)-thiocarbaminsulfenamid; **III** kann sein: -äthyl-, -propyl-, -isopropyl-, -cyclohexyl-, -benzyl- u. -allyl-. Ferner N-β-Cyanäthyl-N-methyl-N'-äthylthiocarbaminsulfenamid, N-β-Cyanäthyl-N.N'-diäthylthiocarbaminsulfenamid, N-n-Butyl-N-β-cyanäthyl-N'-cyclohexylthiocarbaminsulfenamid, N-n-Amyl-N-β-cyanäthyl-N'-methallylthiocarbaminsulfenamid, N-β-Cyanäthyl-N.N'-di-n-butylthiocarbaminsulfenamid, N-Äthyl-N-β-cyanäthyl-N'-cyclohexylthiocarbaminsulfenamid; N-β-Cyanäthyl-(**IV**)-thiocarbaminsulfenamid, **IV** kann sein: -N-äthyl-N'-n-butyl-, -N.N'.N'-triäthyl-, -N-phenyl- u. -N-p-tolyl-. Ferner N-n-Butyl-N-β-cyanäthyl-N'.N'-diäthylthiocarbaminsulfenamid u. N-Benzyl-N-β-cyanäthylthiocarbaminsulfenamid. (**E. P. 646 741** vom 24/3. 1948, ausg. 29/11. 1950. A. Prior. 28/5. 1947.) OVERBECK. 7229

Sherwin-Williams Co., Cleveland, übert. von: **Charles R. Martens**, Parma Heights, O., V. St. A., *Trennflüssigkeit* für die Vulkanisation mehrerer übereinanderliegender Kautschukplatten, bestehend aus einer wss. Lsg. gleicher Teile Polyäthylenglykol (Mol.-Gew. 400—10000) u. Polyvinylalkohol in Mengen von 4—10%, mit der die Kautschukoberflächen eingestrichen werden. Gegebenenfalls können Netzmittel zugesetzt sein. (**A. P. 2 622 044** vom 2/8. 1949, ausg. 16/12. 1952.) OVERBECK. 7229

United States Rubber Co., New York, N. Y., V. St. A., *Bobine für Textilmaschinen*, bestehend aus bes. 20—60 (%) eines kautschukartigen Mischpolymerisates aus Butadien u. Styrol oder Acrylsäurenitril u. bes. 80—40 eines harten unelast. harzartigen thermoplast. Mischpolymerisats aus bes. 60—97 Styrol u. 40—3 Butadien u./oder Acrylsäurenitril sowie gegebenenfalls sonstigen Zusätzen. (**E. P. 648 436** vom 22/9. 1948, ausg. 3/1. 1951. A. Prior. 10/12. 1947.) OVERBECK. 7231

Laurent Emile Bastin, Roubaix, Frankreich, *Schichtstoff* für Schuhwaren, bes. Oberstoff für Pantoffeln, bestehend aus Lagen von Gewebe oder Filz, zwischen die eine Schicht Schaumgummi (mit offenen Zellen) gebracht u. vulkanisiert wird. (**Schwz. P. 293 414** vom 26/10. 1951, ausg. 16/12. 1953.) SALZMANN. 7231

XIII. Ätherische Öle. Parfümerie. Kosmetik.

A. A. Bag, W. G. Tscherkajew und **T. A. Dilman,** *Die Gewinnung von synthetischem Citronellal aus einheimischen Rohstoffen.* Vff. entwickelten eine Meth. zur Hydrierung von Citral (**I**) zu *Citronellal* (**II**) unter Anwendung von Ni als Katalysator, wobei die Hydrierung in einem Lösungsm. bei 150—200 at u. 20—100° durchgeführt wird u. zu einer Ausbeute von 89—95% an **II** ohne Bldg. von Nebenprodd. (außer Citronellol) führt. Diese Meth. wurde mit Erfolg auf einheim., **I**-enthaltende Rohstoffe angewandt, z. B. auf oxydiertes Corianderöl mit 55% **I** oder auf Fraktionen daraus mit 70—75% **I**. (Маслобойно-Жировая Промышленность [Öl- u. Fett-Ind.] **18.** Nr. 9. 20—22. Sept. 1953.) RICHTER. 7262

Karl Rothemann, *Über die Parfümierung kosmetischer Präparate.* Allg. Ausführungen. (Seifen-Öle-Fette-Wachse **78.** 535—37. 22/10. 1952.) WINIKER. 7284

—, *Das Haifischleberöl in der therapeutischen Kosmetologie.* Das Haifischleberöl ist bes. wegen seines hohen Geh. an Vitamin A u. Squalen zur Herst. kosmet. Präpp. geeignet. Es wird auf das Haifischleberöl *Cosbiol* hingewiesen, das an Stelle von Squalen Squalan enthält u. geruchlos ist. Die Eigg. des Cosbiol werden ausführlich beschrieben. (France-Pharmacie **5.** 243. Juni 1952.) H. P. FIEDLER. 7284

Fritz Neuwald, *Moderne Hautpflegemittel.* Hinweise auf Präpp., die zur Hautreinigung (Seifen, Reinigungscremes oder -emulsionen, Mandelkleien, Gesichtswässer u. -bäder) bzw. zur Hautpflege (Hautöle, Cremes, Emulsionen, Gelees) eingesetzt werden können unter gleichzeitiger Angabe der zweckmäßigerweise zu verwendenden Rohstoffe u. einiger Rahmenrezepte. (Österr. Apotheker-Ztg. **8.** 373—77. 29/5. 1954.) H. P. FIEDLER. 7284

M. Wichtl, *Kosmetische Lichtschutzmittel.* Besprechung der chem. Vorgänge, die wahrscheinlich für die Erythem- bzw. Pigmentbldg. in der menschlichen Haut verantwortlich zu machen sind. Hinweise auf die zur Zeit gebräuchlichsten Lichtschutzstoffe u. deren Verarbeitung zu verschied. Lichtschutzpräpp. (Rezepte). (Österr. Apotheker-Ztg. **8.** 399—402. 12/6. 1954.) H. P. FIEDLER. 7284

Werner Lessenich, *Versuche für die Verpackung in Aerosoldosen.* Vor der Schaffung von kosmet. Aerosolen ist zu prüfen, ob Wirk- u. verflüssigter Treibstoff eine homogene Mischung bilden, gegenseitig u. gegenüber dem Behälterwerkstoff beständig sind u. bei welcher Zus. u. Druck die gewünschte Zerstäubung, Versprühung oder Verschäumung bewirkt wird. App. u. Meth. für diese Prüfung u. Gesichtspunkte für die Auswahl der Treibstoffe werden besprochen. (Seifen-Öle-Fette-Wachse **80.** 347—48. 23/6. 1954. Frankfurt/M.) MÜHLMEISTER. 7284

K. Stoeckhert, *Verpackung kosmetischer Güter in Kunststoffen.* Gesichtspunkte für die Auswahl von Phenolharzen, Aminoplasten, Polystyrol, Acrylharzen, Polyäthylen, Celluloseacetat u. -acetobutyrat, Zellglas u. a. nach Eigg. u. chem. Beständigkeit für Behälter u. Verpackungsfolien, Schaumkunststoffe u. anderes. (Seifen-Öle-Fette-Wachse **80.** 339—40. 23/6. 1954. Stockholm.) MÜHLMEISTER. 7284

Karl Bergwein, *Praktische Beobachtungen über die gegenseitige Beeinflussung von Riechstoffen und riechstoffhaltigem Füllgut gegenüber verschiedenen Packwerkstoffen.* In 2 Tabellen werden Empfindlichkeit von Riechstoffen gegen Einw. von Alkali, Säuren, Cu, Fe, Al u. anderen Metallen, Licht u. Luft sowie gegen Acetylcellulose, Superpolymide, Polyvinyl u. Polyäthylen aufgeführt u. Hinweise für zweckmäßige Verpackung in Glas, Metall u. Kunststoffen u. ihre Prüfung gegeben. (Seifen-Öle-Fette-Wachse **80.** 344—46. 23/6. 1954.) MÜHLMEISTER. 7284

K. A. Bogdanow, *Die quantitative Bestimmung von tertiärem Butyldimethylacetophenon und von Moschusketon* (*1.3-Dimethyl-2-acetyl-4.6-dinitro-5-tert.-butylbenzol*). Man löst ca. 1 g unter schwachem Erwärmen in 10—15 cm³ einer 10%ig. Lsg. von Anisaldehyd in A., setzt 3—4 Tropfen 40—42%ig. wss. NaOH zu, kocht 1—2 Min., saugt den nach Abkühlen krist. Nd. ab, wäscht mit 50%ig. A. neutral u. trocknet bei 60 bis 70°. (Маслобойно-Жировая Промышленность [Öl- u. Fett-Ind.] **18.** Nr. 8. 18—19. Aug. 1953. Kaluga, Kombinat für synthet. Riechstoffe.) SCHMEISS. 7290

A. Willsmer, *Dilatometrie in der kosmetischen Industrie.* Beschreibung eines Dilatometers 6—8 cm^3 Inhalt mit Skala in 1 mm^3-Teilung zur Best. der Wärmeausdehnung u. -zusammenziehung von Fetten u. Fettgemischen. Anwendung u. Auswertung der dabei gewonnenen Werte bei der Rezeptur fetthaltiger Kosmetica. Diese Prüfung beugt Schwierigkeiten durch Schwitzen, Bluten, Austrocknen, Schrumpfen, Hautbldg. u. Auskristallisieren der Präpp. vor. (Perfum. essent. Oil Rec. **44.** 247—49. Juli 1953.) MÜHLMEISTER. 7294

XIV. Zucker. Kohlenhydrate. Stärke.

W. A. Sambrowski, *Die Verwendung von Baumwollgewebe an Stelle von Filterpressenleinwand.* Beobachtungen über techn. Daten der Gewebe, Filtrationsdauer, Qualität der Filtrate, Verh. der Tücher im Gebrauch u. Haltbarkeit ergaben die volle Brauchbarkeit von Baumwollgewebe für die Filtration der Säfte aus der 1. u. 2. Saturation. (Сахарная Промышленность [Zucker-Ind.] **26.** Nr. 10. 23—28. Okt. 1952.) SCHMEISS. 7412

F. N. Dobronrawow, P. W. Ssokolow und **B. U. Petrik,** *Die Bedeutung der Kontrollfiltration des Saftes nach den Filterpressen der 1. Saturation.* Infolge Verunreinigung durch Filterpressenschlamm erhöhter SiO_2-, CaO- u. MgO-Geh. des Saftes aus der 1. Saturation kann zu störenden Salzabscheidungen beim Eindicken nach der 2. Saturation führen. Vff. empfehlen die Anbringung eines mechan. Filters hinter den Filterpressen zur Kontrollfiltration des Saftes aus der 1. Saturation. (Сахарная Промышленность [Zucker-Ind.] **26.** Nr. 10. 29—33. Okt. 1952.) SCHMEISS. 7412

K. Ss. Shukow, *Erfahrungen bei der Filtration von Saft und Sirup.* Vf. beschreibt Verbesserungen bei der Filtration des Saturationssaftes durch Rückführung des sandigen Schlammes nicht in den unteren, sondern mittleren Teil des Saturators. Außerdem wird eine Verbesserung der Filtration der Dicksäfte beschrieben, wobei der Pressenschlamm auf die ersten Filterpressen zurückgeführt wird. (Сахарная Промышленность [Zucker-Ind.] **26.** Nr. 12. 35—36. Dez. 1952. Malaja-Wiskowka, Zuckerfabrik.) ECKE. 7412

S. D. Odinzowa, *Über die Erhöhung der Qualität des Zuckers.* Vf. untersucht die Zersetzungsgeschwindigkeit von Invertzucker (I) bei 100° in Abhängigkeit von Zeit, p_H, Ggw. verschied. Aminosäuren, NH_3, SO_2 u. der I-Ausgangskonzentration. Um die Zers. des I zu verhindern, darf das p_H der Säfte im Verdampfer höchstens etwas über 7 liegen. In Ggw. von I ist eine kräftige Sulfitierung vor dem Eindampfen zur Herabsetzung des p_H u. Red. dunkler Stoffe notwendig. Zur Reinigung der Säfte benutzte Ionenaustauscher dürfen nicht mit NH_3 regeneriert werden. Wird hierbei NH_3 angewandt, so ist der Saft fast zu neutralisieren. (Сахарная Промышленность [Zucker-Ind.] **26.** Nr. 8. 18—21. Aug. 1952. Moskau, Technol. Inst. für Ernährungsind.) SCHMEISS. 7414

J. A. Bonnet und **A. Riera,** *Phosphoraufnahme durch Zuckerrohr aus markiertem, einem phosphorfestlegenden Latosol zugesetzten Superphosphat.* Als Boden diente Catalina-Ton, p_H 5,2, mit ca. 15% Fe_2O_3, 9% Al_2O_3, 3% SiO_2 u. 60% kaolinit. Ton mit einer Festlegungskapazität für P von 40—69%. Zuckerrohr wurde im Gewächshaus in 4 mit diesem Boden gefüllte Lysimeter gepflanzt, mit N u. K gedüngt u. nach Bedarf bewässert. Mit ^{32}P markiertes Superphosphat wurde 6 Wochen nach dem Pflanzen um die Rohrstengel herum 3 in. tief eingebracht. In den Zuckerrohrblättern schwankte der aus dem markierten Superphosphat stammende P-Anteil am Gesamt-P während der Zeit von 1,2—4,5 Monaten nach Anwendung des ^{32}P von 79,5—92,4%. Der mittlere Geh. an Gesamt-P in den Blättern lag bei 0,16—0,20%. Es zeigte sich also, daß das Zuckerrohr auf diesem Boden in der Lage war, P aus dem Dünger aufzunehmen. (Soil Sci. **76.** 355—59. Nov. 1953. Puerto Rico, Univ.) A. JACOB. 7440

P. Landrau jr., M. A. Lugo-Lopez, G. Samuels und **S. Silva,** *Vorteile des Liegenlassens von Zuckerrohr-„trash" auf einem Lateritboden gegenüber den üblichen „trash"-Verteilungsmethoden.* 4 verschied. Methoden der Rückgabe von Abfällen (*trash*) an den Boden wurden geprüft. Zuckerertrag u. verschied. Bodeneigg. (Geh. an organ. Stoffen u. an N, p_H-Wert, C/N-Verhältnis, Infiltrations- u. Permeabilitätswerte für W. u. andere Bodenfeuchtigkeitsdaten, Bodendichte, Porengröße u. Luftkapazität) zeigten keine wesentliche Beeinflussung, so daß die einfachste Art der Abfallverwendung (einfaches Liegenlassen auf dem Feld) empfohlen wird. Auch Unkräuter werden dadurch eingedämmt. (J. Agric. Univ. Puerto Rico **38.** 1—8. Jan. 1954. Rio Piedras, Univ. of Puerto Rico, Agric. Exp. Stat.) JANICKE. 7440

H. S. R. Desikachar, D. S. Bhatia und **Y. K. Raghunatha Rao,** *Darstellung von Glucose und süßen Sirupen aus Tapiokastärke.* Bei der Hydrolyse von Tapiokastärke entstand bei einer HCl-Konz. von 0,2—0,25% ein gering konvertierter Sirup, wie er in der Obstkonservenindustrie verwendet wird u. bei einer Konz. von 0,3—0,35% ein hochkonvertierter Sirup für den Tafelgebrauch. Je konzentrierter eine Stärkesuspension zur Gewinnung von hoch konvertiertem Sirup war, um so kleiner wurde das Verhältnis Glucose: Maltose, dieses war bei einer 33%ig. Suspension 1 : 1 u. bei einer 16,5%ig. 1,9 : 1. Ein Prod., das mit 0,3—0,35% Geh. an HCl u. bei einem Druck von 40—45 lb hergestellt wurde, enthielt 70% Glucose u. 28% Maltose u. konnte auf krist. Glucose weiterverarbeitet werden. (Bull. centr. Food technol. Res. Inst., Mysore **2.** 180—81. April 1953. Mysore, Central Food Technolog. Res. Inst.) RUTKOWSKI. 7446

W. I. Kudrjawzew, *Ein automatisches Saccharimeter.* Beschreibung eines photoelektr. Saccharimeters, mit dessen Hilfe der Winkel der Polarisationsdrehung bis 0,01° genau gemessen werden kann. (Сахарная Промышленность [Zucker-Ind.] **27.** Nr. 11. 14—16. 1953. Zentr. Wiss. Forschungsinst. der Zuckerind.) KAMSKI. 7470

Jan Browkin, *Apparate für die stetige und selbsttätige Überwachung der Dichte eines Saftes.* Beschreibung von Apparaten zur selbsttätigen bzw. registrierenden Angabe der D. durchfließender Zuckerlsgg. in BRIX-Graden. (Gaz. Cukrownicza **55.** 68—70. März 1953.) v. WILPERT. 7474

P. M. Ssilin und **S. A. Ssilina,** *Die Viscosität der Melasse.* Die Beziehungen zwischen der Viscosität η, der absol. Temp. T u. den BRIX-Graden b lassen sich auf Grund der Näherungsgleichungen $\log \eta = \log A + B/T = \log A + B \cdot b/(100 - b)$ als nahezu gerade Linien graph. darstellen. Die Linien für reine Zuckersirupe (I) u. abgeschleuderte Melassen aus der Fabrikation (II) laufen parallel. Vff. geben ein kombiniertes nomograph. Verf. (η-Temp. u. η-Konz.) an, nach dem durch Inbeziehungsetzen dieser Größen für II u. I die Reinheit der II bestimmt werden kann. Es wird die Normierung der Kristallisation nach den μ-Werten der Melasse aufgezeigt. (Сахарная Промышленность [Zucker-Ind.] **27.** Nr. 7. 21—27. Juli 1953. Moskau, Technolog. Inst. für Ernährungsind.) SCHMEISS. 7476

Je. A. Worobjewa und **N. T. Pojedinok,** *Die Bestimmung des Zuckergehaltes von Zuckerrüben bei Vorliegen angefaulter Rüben.* Man trennt in einer Probe durch Ausschneiden die faulen u. die gesunden Anteile, ermittelt ihr Gewichtsverhältnis, zerkleinert den gesunden Anteil, bestimmt dann wie üblich den Zuckergeh. u. rechnet auf die Gesamtmenge um. Hierdurch wird der Einfl. der opt. akt. Stoffe der faulen M. auf die Polarimeterangabe ausgeschaltet. (Сахарная Промышленность [Zucker-Ind.] **27.** Nr. 7. 18—20. Juli 1953.) SCHMEISS. 7488

XV. Gärungsindustrie.

B. Drews und **H. Specht,** *Zur Ermittlung der amylolytischen Kraft von Verzuckerungsstoffen, insbesondere von Pilzdiastasepräparaten.* 2. Mitt. (1. vgl. C. **1953.** 8474.) Es wurden 15 verschied. amyloyt. Schimmelpilze nach einem besonderen Verf. hergeführt u. die amylolyt. Kraft der Weizenkleie—W.-Hordenkultur sowohl durch Best. des Dextrinierungs- u. Glucosidasewertes als auch nach der biol. Meth. durch Ermittlung der A.-Ausbeuten aus bestimmten Mengen mit den Pilzkleien verzuckerter u. nachfolgend vergorener Trockenkartoffeln ermittelt. Die Inversionsausbeute u. die mit 10% Grün- u. Darrmalz erzielten A.-Ausbeuten wurden von den mit 8% Pilzkleie als Verzuckerungsmittel erhaltenen A.-Ausbeuten des gleichen Rohstoffes abgezogen. Die so ermittelten Pilzkleien mit ausgezeichneter bis guter amylolyt. Aktivität zeigen, daß niedrige Dextrinierungswerte durch hohe Glucosidasewerte ausgeglichen werden können. Übersteigt der Dextrinierungswert einer Pilzkleie 300 u. zugleich der Glucosidasewert 50, so kann im Gärvers. mit A.-Höchstausbeuten gerechnet werden, für die Praxis ist ein Dextrinierwert von mindestens 200 im Interesse einer schnellen Verflüssigung der Maische erforderlich. Für die Herst. von Pilzkleien ist die Best. beider Werte ausreichend, für die Beurteilung von Handelsprodd. muß die biol. Meth. mit herangezogen werden. Die an Trockenkartoffeln ermittelten Werte der amylolyt. Aktivität sind nicht auf andere Rohstoffe übertragbar. (Branntweinwirtschaft **74.** 93—97. 25/3. 1952.) HAEVECKER. 7536

Ferdinand Engel, *Über die Vergärungsarten des Traubenmostes.* Angaben über die traditionelle Art der Gärung, die gezügelte Gärung (unter CO_2-Druck) u. die gekühlte Gärung. (Schweiz. Weinztg. **61.** 897—99. 30/12. 1953. Wien, Hochschule für Bodenkultur.) KIELHÖFER. 7552

Ferdinand Engel, *Die Mikroorganismen im Weinkeller.* Allg. Angaben. (Schweiz. Weinztg. **61.** 703—05. 21/10. 1953. Wien, Hochschule für Bodenkultur.) KIELHÖFER. 7554

N. F. Ssajenko, *Schnellreife des Xeresweines.* Genaue Beschreibung der Behälteranordnung u. der Meth. des Verschneidens der älteren mit jüngeren Weinanteilen bei

Kellerbehandlung in größeren Reservoiren. Vorteilhaft ist 50tägige Warmhaltung bei 42°. (Виноделие и Виноградарство СССР [Weinbereit. Weinbau UdSSR] **13.** Nr. 7. 9–12. Juli 1953. Moskau, Filiale des Inst. Magaratsch.) SCHMEISS. 7554

I. N. Okolelow und **M. R. Kotljarenko,** *Die Ausnutzung der Kälte bei der Weinbereitung.* Durch 6–8tägiges Lagern bei –9 bis –10° von Kolloiden u. Weinstein befreiter Wein gibt keine Trübungen mehr. Der Anteil an Trockensubstanz verringert sich um 0,1–0,14%, D. um 0,0001–0,0002, die titrierbare Säure um 0,1–0,2°/₀₀, die Gerb- u. Farbstoffe um 10–30%. – Eine Fabrikationseinrichtung wird beschrieben. (Виноделие и Виноградарство СССР [Weinbereit. Weinbau UdSSR] **11.** Nr. 12. 5–8. Dez. 1951. Kombinat „Massandra".) SCHMEISS. 7554

K. W. Megrelidse, *Eine neue Technologie der Weingewinnung aus der Sorte Chindogny.* Vf. diskutiert Einzelheiten der Vergärung, durch welche Qualitätsverschlechterungen infolge des hohen Pektin- u. Gerbstoffgeh. dieser Traubensorte vermieden werden. (Виноделие и Виноградарство СССР [Weinbereit. Weinbau UdSSR] **11.** Nr. 12. 10–11. Dez. 1951.) SCHMEISS. 7554

H. D. Sen und **R. H. Sankhala,** *Citronensäuregewinnung durch Aspergillus fumaricus.* Vff. untersuchten die Bedingungen zur Gewinnung von Citronensäure mittels Aspergillus fumaricus. Saccharose erwies sich als das am besten hierfür geeignete Kohlenhydrat. Ihr Konzentrationsoptimum liegt bei 15 ± 0,5% (Gewicht/Vol.). In Ggw. von Zn u. Fe als Sulfate wurde die für Wachstum u. Gärung günstigste Konz. von NH_4NO_3 von 2,0 ± 0,1 g/Liter als N-Quelle gefunden. Mg (optimale Konz. 18,0 ± 0,5 mg/Liter) u. K_2 (0,4 ± 0,025 g/Liter) zeigten sich als wesentlich für das Wachstum von A. fumaricus. Unter obengenannten optimalen Bedingungen bei 29 bis 32° beträgt die Ausbeute an Citronensäure nach zehntägiger Fermentation 52,4%. – 13 Literaturangaben. (Int. Sugar J. **55.** 273. Okt. 1953. Nr. 658. Benares, Hindu Univ.) KIRMSE. 7578

E. Schild, *Welche Veränderungen bringt das Inkrafttreten der europäischen Analysenvorschriften im Brauereilaboratorium mit sich?* Behandelt werden die Auswirkungen der neuen Analysenvorschriften der EUROPEAN BREWERY CONVENTION auf Probenahme u. Sortierung sowie Best. von Tausendkorngewicht, Wassergeh., N-Geh., Keimenergie u. -fähigkeit. Extraktgeh., lösl. N u. KOLBACH-Zahl, Farbe, diastat. Kraft, Blattkeimlänge, Mehligkeit u. Glasigkeit. – 22 Literaturhinweise. (Brauwelt, Ausg. B **94.** 3–5. 1/4.; 25–27. 8/1.; 59–61. 15/1.; 95–97. 22/1. **1954.** Weihenstephan, TH München, Inst. für chem.-techn. Analyse.) WINIKER. 7598

Max Lindemann, *Nochmals zur Vorhersage des Malzextraktes aus der Gerstenanalyse* An Hand der Literatur u. auf Grund eigener Erfahrungen behandelt Vf. die Schwierigkeiten einer mechan. Festlegung des Gerstenextraktes aus Eiweißgeh. u. Tausendkorngewicht. – 6 Literaturhinweise. (Brauwelt, Ausg. B **94.** 361–62. 26/3. 1954.) WINIKER. 7598

Arno Stöckli, *Die Papierchromatographie und ihre Bedeutung für die brauereibiologische Forschung. – I. Methodik.* Nach einem Überblick über die Methodik der Papierchromatographie wird vom Vf. ein von ihm entwickeltes mehrdimensionales Verf. zur Unters. der Aminosäuren- u. Zuckergehh. von Würzen u. Bieren sowie zum Studium biol. Fragen im Zusammenhang mit diesen Stoffen beschrieben. Bei dem Verf. wird das Stoffgemisch zunächst eindimensional vorgetrennt. Hierzu werden auf einem Filterpapierbogen das zu trennende Gemisch mindestens dreimal in Abständen von ca. 4 cm sowie beiderseits davon einzelne Testsubstanzen aufgetragen. Durch Entwickeln zweier Parallelchromatogrammstreifen u. der Randstreifen mit den Testsubstanzen kann der genaue Standort der einzelnen Komponenten ermittelt werden. Die noch ungenügend voneinander getrennten Substanzen werden nun gruppenweise auf neue Blätter übertragen u. mit andern, für die Trennung der verschied. Komponentengruppen bes. geeigneten Lösungsmitteln weiter getrennt. Dabei kann sowohl nach dem absteigenden wie nach dem aufsteigenden Verf. gearbeitet werden. (Schweiz. Brauerei-Rdsch. **65.** 139–44. Sept. 1954. Zürich, Versuchsstation Schweiz. Brauereien.) WINIKER. 7600

Gesellschaft für Linde's Eismaschinen Akt.-Ges. (Erfinder: **Richard Weber**), Wiesbaden, *Auswaschen von Verunreinigungen aus Gasen,* bes. *Gärungskohlensäure,* wie organ. S-Verbb., Mercaptane, Disulfide, Thioäther, CS_2, H_2S, höhere KW-stoffe, Verbb. vom Typ des Skatols u. Cadaverins, gek. durch die Verwendung eines Waschmittelgemisches, bestehend aus einem Stoff mit einer oder mehreren bes. reaktionsfreudigen Gruppen, z. B. einem Aldehyd, wie CH_2O, Acrolein usw., oder Verbb. mit Doppelbindung vom Typ des Styrols als der einen u. konz. Säure als der anderen

Gemischkomponente; z. B. CH_2O u. konz. H_2SO_4. (**D. B. P. 890 633** Kl. 6b vom 12/5. 1951, ausg. 21/9. 1953.) KETTNER. 7501

Joseph E. Seagram & Sons, Inc., Shively, übert. von: **Earl D. Unger, Le Roy A. Smith** und **Herman F. Willkie**, Louisville, Ky., V. St. A., *Reinigen von hochprozentigem Alkohol.* Hochprozentiger A. von ca. 188° proof oder höher wird ohne Zufuhr von W. in einer Fraktionierkolonne rektifiziert, in welche der Zufluß etwa im unteren Teil der Kolonne eingeführt u. der gereinigte A. in der Nähe des Kopfes der Kolonne abgezogen wird. Der gereinigte A. kann direkt zum Mischen mit Whisky verwendet werden. (**A. P. 2 618 590** vom 22/1. 1948, ausg. 18/11. 1952.) KETTNER. 7537

Vereinigte Mautner Markhof'sche Preßhefe Fabriken (Erfinder: **Hans Huber** und **Albert Lobinger**), Wien, Österreich, *Durchführung Säure liefernder Gärprozesse.* Die durch Gärung gebildeten Säuren werden während der Gärung mittels anionenaustauschender Stoffe abgefangen u. aus diesen Stoffen gewonnen. Die Gärlsg. oder Maische wird während des Gärprozesses ganz oder zu einem Teil (allenfalls unter Zurückhaltung der Gärungserreger) aus dem Gärbehälter abgezogen, durch eine Batterie (nach Art einer Diffusionsbatterie) von Anionenaustauschern geführt u. im Kreislauf in den Gärbehälter zurückgegeben. (**Oe. P. 170 626** vom 27/4. 1950, ausg. 10/3. 1952.) SCHREINER. 7579

XVI. Nahrungs-, Genuß- und Futtermittel.

Otto Högl, *Vergleichende Betrachtung der Schädlichkeit von Lebensmittelkomponenten.* Zur objektiven Beurteilung der Schädlichkeit einzelner natürlicher oder künstlicher Lebensmittelkomponenten empfiehlt Vf. die Ermittlung der „*Sicherheitsspanne*" („safety margin"), die als das Verhältnis der gerade noch unschädlichen zu der normalerweise mit der Nahrung aufgenommenen Menge definiert wird, wobei beide Werte auf gleichen Zeitraum bezogen sein müssen. Der Vorschlag wird an einigen Beispielen erläutert. (Mitt. Gebiete Lebensmittelunters. Hyg. [Bern] **44.** 484–94. 1953. Bern, Eidgen. Gesundheitsamt.) KRUSEN. 7630

P. Balavoine, *Geschmacksempfindlichkeit gegen sulfitierte Trockenfrüchte.* Vf. weist darauf hin, daß freies SO_2 noch in Mengen von 1—1,5 mg in 100 g bzw. 100 ml geschmacklich erkannt werden konnte. Die tox. Konz. wird mit 2—10 mg/100 g angegeben. Gebundenes SO_2 wird in der Größenordnung von 5 mg/100 g geschmacklich erfaßt. Im Hinblick auf die nicht vollständige Verflüchtigung des vorhandenen SO_2 beim Kochprozeß wird die gesetzliche Höchstgrenze von 200 mg SO_2/100 g kritisiert. (Mitt. Gebiete Lebensmittelunters. Hyg. [Bern] **44.** 466—68. 1953. Genf.) KRUSEN. 7688

Einar A. Ekelund, *Neue Methode zur Sterilisierung von Konserven in umlaufender, trockener Warmluft bei Atmosphärendruck und hohen Temperaturen.* Bei einer Umlaufgeschwindigkeit von 8—10 m/Sek. wird mit trockener Warmluft eine gute Wärmeübertragung erzielt. Die Erhitzungsdauer (auf 145°) ist kleiner als beim üblichen Autoklavenverf., die Sterilisierungszeit beträgt ~ 15 Min., der Geh. an Vitamin B_1 ist bei sterilisierten Erbsen im Vgl. mit dem üblichen Verf. um ~ 40% höher. (Tidsskr. Hermetikind. **40.** 328—29. Juli 1954. Stockholm, Livsmedellabor. AB.) R. K. MÜLLER. 7690

R. C. Kersey, F. C. Visor und **C. L. Wrenshall,** *In Nahrungsmitteln bei Lagerung und Aufbereitung verbleibender Antibioticumspiegel.* Innerhalb der Grenzen ihrer Eigg. wird mit *Antibiotica*zusätzen eine schnellere Sterilisierung von Konserven erreicht als nur mit Hitzebehandlung. Die Lagerzeit von frischen Gemüsen, Salaten u. frischem Fleisch kann durch *Oxytetracyclin* sichtlich verlängert werden. (Antibiotics Annu. **1953/1954.** 438—48. Dez. 1953. Brooklyn, N. Y., Chas. Pfizer & Co., Inc.) DOSSMANN. 7690

Andrew C. Rice und **C. S. Pederson,** *Faktoren, die das Wachstum von Bacillus coagulans in eingedostem Tomatensaft beeinflussen.* 1. Mitt. *Inokulationsausmaß und Sauerstoffkonzentration.* Der minimale p_H-Wert, bei dem noch ein Wachstum von B. coagulans stattfindet, verschiebt sich mit zunehmender Sporenkonz. in Richtung zunehmender Acidität. Es ist jedoch nicht möglich, einen absol. minimalen p_H-Wert anzugeben, da die Werte zwischen verschied. Stämmen von B. coagulans schwanken. Auch unter stark vermindertem O_2-Druck (0,1 mm Hg) findet noch Wachstum von B. coagulans statt. Es konnte gezeigt werden, daß B. coagulans unter aeroben Bedingungen eine heterofermentative *Milchsäure* (I)-Gärung unter Bldg. von Essigsäure u. unter anaeroben Bedingungen eine homofermentative I-Gärung verursacht. (Food Res. **19.** 115—23. Jan./Febr. **1954.** Geneva, N. Y., Cornell Univ., New York State Agric. Exp. Stat.) KRUSEN. 7706

Andrew C. Rice und **C. S. Pederson,** *Faktoren, die das Wachstum von Bacillus coagulans in eingedostem Tomatensaft beeinflussen.* 2. Mitt. *Säurekonstituenten von Tomatensäften und spezifische organische Säuren.* (1. vgl. vorst. Ref.) Von den untersuchten sauren Konstituenten (p_H-Wert, gesamte u. titrierbare Acidität, Pufferkapazität u. einzelne organ. Säuren) war der p_H-Wert von wesentlichstem Einfl. auf das Wachstum von B. coagulans. Bei gleichem p_H-Wert war die hemmende Wrkg. etwas größer, wenn gesamte u. titrierbare Acidität oder die *Citronensäure* (**I**)-Konz. erhöht wurden. Vergleichende Unterss. der inhibitor. Wirkungen von organ. Säuren ergaben, daß *Oxal-*, *Ameisen-* u. *Milchsäure* ca. 4mal wirksamer sind als **I**, *Äpfel-*, *Propion-*, *Essig-* u. *Pyrrolidoncarbonsäure.* (Food Res. **19.** 124—33. Jan./Febr. 1954.) KRUSEN. 7706

Bruno Hassel, *Technik der Schlachttierblutverwertung.* Allg. Ausführungen. (Seifen-Öle-Fette-Wachse **77.** 542—44. 7/11. 567—68. 21/11. 1951.) WINIKER. 7750

—, *Bestimmung des Fettgehaltes bei Sprotten 1953.* Die in Tabellen nach den verschied. Fanggebieten zusammengestellten Fettgehh. zeigen starke Schwankungen zwischen 2,8 u. 24,3%, liegen aber größtenteils unter 10%. (Tidsskr. Hermetikind. **40.** 330—32. 335—38. 341—42. Juli 1954.) R. K. MÜLLER. 7752

George H. Watrous jr., F. J. Doan und **D. V. Josephson,** *Die Bedeutung von psychrophilen Bakterien in Milch.* Vff. konnten zeigen, daß psychrophile Bakterien durch Laboratoriumspasteurisation von 30 Min. bei 62,8° abgetötet werden. Das Vorhandensein von psychrophilen Organismen in pasteurisierter Milch ist demnach auf eine nach der Pasteurisation erfolgte Infektion zurückzuführen. (Proc. **44**th annu. Convent. Milk Ind. Foundat., Lab. Sect. 49—55. Okt. 1951. Pennsylvania State Coll., Dep. of Dairy Husbandry.) KRUSEN. 7756

Matti Antila, Kerttu Vuola und **Paavo Roine,** *Stabilität von Vitamin A und Carotin in Butter verschiedener Zubereitungsart.* Butter wurde auf 6 verschied. Arten hergestellt: 1. aus pasteurisiertem Rahm, der auf einen Säuregrad von 36 SH° eingestellt wurde; 2. desgleichen unter Zusatz von gewöhnlichem Buttersalz; 3. wie 1. unter Zusatz von Salzgemisch AIV (90% NaCl, 5% Na_2HPO_4, 5% $NaHCO_3$; 4. aus pasteurisiertem Süßrahm; 5. wie unter 4. unter Zusatz von gewöhnlichem Buttersalz; 6. aus 70% gewöhnlichem Rahm u. 30% Rahm von der Zubereitung von Emmenthaler Käse, zusammen pasteurisiert, auf 30 SH° angesäuert u. mit gewöhnlichem Salz gesalzen. Nach 6 Monate langer Lagerung bei 10° wurden Vitamin A u. Carotin spektrophotometr. bestimmt. Nur im Fall 2 wurden ein Verlust an Vitaminaktivität von 6% gefunden sowie eine wesentliche Erhöhung der Peroxydzahl, im Falle 6 dagegen eine erhöhte Säurezahl. (Acta Agric. scand. **2.** 210—14. 1952. Helsinki, Univ., Dep. of Nutrit. Chem.) DU MONT. 7758

Ernst Abramson, *Ein Vergleich verschiedener Methoden für die Bestimmung des Wassergehaltes in Honig.* Vergleichende Bestimmungen des Wassergeh. von Honig ergaben, daß mit der „dead-stop"-Meth. nach K. FISCHER immer höhere Werte erhalten werden als die, welche sich bei Vakuumtrocknung oder aus dem Brechungsindex ergeben. Refraktionsmessung liefert die niedrigsten Werte u. besitzt die geringste Fehlerbreite; bei der Trocknung ist sie am höchsten. Eine auf Grund der ermittelten Werte errechnete Tabelle, die zu den Brechungsindices entsprechende Wassergehh. angibt, wird mitgeteilt. (Mitt. Gebiete Lebensmittelunters. Hyg. [Bern] **44.** 468—71. 1953. Schweden, Staatl. Inst. für Volksgesundheit.) KRUSEN. 7812

Andrew C. Rice und **C. S. Pederson,** *Chromatographische Analyse der organischen Säuren in eingedostem Tomatensaft und Identifikation von Pyrrolidoncarbonsäure.* In 2 Jahre gelagerten eingedosten Tomatensäften fanden Vff. im Mittel 0,336 (0,245 bis 0,397) % *Citronensäure,* 0,023 (0,012—0,041) % *Äpfelsäure,* 0,159 (0,093—0,225) % *Pyrrolidoncarbonsäure* (**I**) sowie Spuren von *Milch-* u. *Essigsäure.* **I**, die in frischem Tomatensaft nicht vorkommt, wird vermutlich durch Erhitzung während des Herstellungsprozesses u. durch die lange Lagerung gebildet, wobei aber die bekannte **I**-Bldg. aus Glutamin u. Glutaminsäure außer Betracht bleibt, da diese in frischem Tomatensaft nicht nachweisbar sind. (Food Res. **19.** 106—44. Jan./Febr. 1954. Geneva, N. Y., Cornell Univ., New York State Agric. Exp. Stat.) KRUSEN. 7818

M. Staub und **H. Furrer,** *Die Prüfung von Nicotinfiltern.* (Vgl. C. **19˜4.** 1850.) Zur Prüfung der Wirksamkeit von Filterpatronen werden je 10 Zigaretten im Rauchapp. auf 20 mm Länge ohne u. mit Zwischenschaltung der Patronen abgeraucht u. die Differenzen der in den Absorptions-Fll. gefundenen Nicotin- u. Teermengen ermittelt. Bei Filterzigaretten sind die bei n. Zigaretten ermittelten Werte mit denen, die bei Zigaretten nach Entfernen der Filter u. Anbringen eines gleich großen tabakhaltigen Zigarettenstückes gefunden werden, zu vergleichen. (Mitt. Gebiete Lebensmittelunters. Hyg. [Bern] **44**. 472—75. 1953. Zürich, Kantonales Labor.) KRUSEN. 7836

Ernest O. Herreid, *Der modifizierte Babcock-Test.* Vf. berichtet zusammenfassend über bisher vorgeschlagene Verbesserungen u. Modifikationen des BABCOCK-Milchfetttests. — 29 Literaturangaben. (Proc. 44th annu. Convent. Milk Ind. Foundat., Lab. Sect. 15—26. Okt. 1951.) KRUSEN. 7856

A. R. Drury, *Ein Nachweistest für Penicillin in Milch.* Je 10 ml einer Suspension von Bacillus subtilis-Sporen (250000 ml) in Molkenagar in PETRI-Schalen werden mit Papierscheiben von 0,6 cm Durchmesser, die mit Milch getränkt wurden ($\sim$0,017 ml), belegt u. 4 Std. bei 37° inkubiert. Die Hemmungszonen werden mit durch Standardlsgg. von *Penicillin* erzeugten verglichen. Kontrolltests werden mit Milch unter Zusatz von Penicillinase angesetzt. (Proc. 44th annu. Convent. Milk Ind. Foundat., Lab. Sect. 62—66. Okt. 1951.) KRUSEN. 7856

Oscar S. Sager, Fred M. Grant und **Thomas M. Hammond,** *Untersuchung über den Schain-Butterfett-Test.* Die schon früher festgestellte Tatsache, daß die nach dem SCHAIN-Test ermittelten Butterfettwerte bei Vgl. mit der Meth. nach GOTTLIEB-RÖSE u. mit dem BABCOCK-Test bei Milch mit niedrigem Fettgeh. zu niedrig u. solchen mit hohem Fettgeh. zu hoch liegen, wurde von Vff. genauer untersucht. Es wurde festgestellt, daß das im Reagens nach SCHAIN enthaltene anion. Detergens infolge seiner starken wasserbindenden u. emulsionsbildenden Eigg. bei niedrigen Milchfettgehh. einen Teil des Fettes in der wss. Schicht zurückhält, während bei hohem Fettgeh. durch die Öllöslichkeit des nichtion. Detergens zu hohe Werte vorgetäuscht werden. Vff. konnten dann zeigen, daß bei Anwendung von nur einem nichtion. Detergens (z. B. *Triton X 45* oder *Triton X 100*) u. NaCl Ergebnisse mit nur geringen gleichbleibenden Abweichungen gegenüber dem BABCOCK- oder GOTTLIEB-RÖSE-Test erhalten werden. — 5 ml Reagens (5 ml *Triton X 45* u. 6 g NaCl zu 100 ml mit W. auffüllen) werden zu 17,5 ml Milch in einer BABCOCK-Testflasche gegeben, 2 Pb-Kügelchen zugesetzt, geschüttelt, 1 Min. in ein Wasserbad von 60° verbracht u. 4 Min. bei stehengelassen. Dann füllt man auf, hält erneut 5 Min. bei 60°, zentrifugiert 2 Min. u. liest ab, nachdem die Flaschen 30 Min. bei 60° temperiert wurden. (Proc. 44th annu. Convent. Milk Ind. Foundat., Lab. Sect. 27—43. Okt. 1951. U. S. Dep. of Agric., Agric. Res. Admin., Bureau of Dairy Ind., Div. of Dairy Prod., Res. Labor.) KRUSEN. 7856

Otto Christoph, Eitorf, *Hefeextrakt für Speisezwecke* durch plasmolyt. oder autolyt. Verflüssigung von Hefe u. Abtrennung der koll. u. festen Bestandteile des Arbeitsgutes, bei welchem ein aus lebensfähiger Hefe bestehender Teil des Rohstoffes unter Zusatz von Hefenährmitteln der vegetativen Vermehrung unterworfen wird, wobei ein diesem zugefügter anderer proteinhaltiger Rohstoffteil durch die Hefe enzymat. aufgeschlossen wird, dad. gek., daß als enzymat. aufzuschließender Rohstoffteil durch Wärmebehandlung abgetötete Hefe dient. (**D. R. P. 751 319** Kl. 6a vom 14/4. 1942, ausg. 29/3. 1954.) KETTNER. 7647

Crest Foods Co., übert. von: **Everette C. Scott,** Ashton, Ill., V. St. A., *Casein-Lactalbumin-Produkt.* Magermilch wird durch Zusatz von verd. Alkalilsg. auf einen Säuregrad von 0,04—0,14% eingestellt, auf 180—212° F. erhitzt u. mit so viel Säure versetzt (Säuregrad 0,2—0,3%), daß Casein u. Lactalbumin gemeinsam ausfällen. Das von der klaren Molke abgetrennt Prod. wird mit kaltem W. ausgewaschen u. gegebenenfalls getrocknet. (**A. P. 2 623 038** vom 24/7. 1947, ausg. 23/12. 1952.) KRANZ. 7647

Abraham Goldrei, England, *Konservierungsmittel für Eier,* bestehend aus einem Gemisch von gepulverter Borsäure oder Borax, z. B. ca. 80%, u. Lycopodiumpulver, z. B. ca. 20%. (**F. P. 991 545** vom 2/8. 1949, ausg. 8/10. 1951.) DEMMLER. 7755

Nederlandsche Organisatie voor Toegepast-Natuurwetenschappelijk Onderzoek ten Behoeve van de Voeding, Holland, *Stabilisationsmittel für Milchpulver,* bestehend aus Estern der Gallussäure u. Alkoholen mit 6 oder mehr C-Atomen. Die Ester können in Mengen <0,1%, bes. 0,001—0,005%, der Milch vor oder während der Verdampfung des W. u. auch dem Milchpulver selbst zugesetzt werden. (**F. P. 990 974** vom 19/7. 1949, ausg. 28/9. 1951. Holl. Prior. 4/8. 1948.) DEMMLER. 7757

Italcolloid Società per Azioni, Mailand, Italien, *Herstellung von Schmelzkäse.* Man verwendet als Schmelzmittel ein Salz der Triphosphorsäure $H_3P_3O_{10}$, z. B. $Na_3P_3O_{10}$. (**Schwz. P. 287 544** vom 6/1. 1951, ausg. 1/4. 1953. It. Prior. 18/1. 1950.) MAASS. 7761

C. Chadfield, Food composition tables—minerals and vitamins for international use. London: U. N. F. A. O. 1954. (122 S.) 5 s.

—, British Standards Institution; Methods for the chemical analysis of ice cream. London: British Standards Institution. 1954. (20 S. m. Abb.) 3 s.

XVII. Fette. Seifen. Wasch- u. Reinigungsmittel. Wachse. Bohnermassen usw.

André Faure, *Neue Fortschritte der Technologie der Fette tierischen und pflanzlichen Ursprungs.* Zur Trennung der Fettsäuren werden heute hauptsächlich 3 Methoden verwendet: Mittels Temp. u. Vakuum, mittels Lsg. u. Kristallisation bei niedrigen Temperaturen. Es werden die chem. u. physikal. Eigg. einiger Fettsäuremischungen aufgezeigt, die nach den neuen Verff. hergestellt werden können. Besprechung der Anwendungsmöglichkeiten der Technik der Fettstoffe, z. B. metall. Seifen. Derivv. mit tensio-akt. Moll. u. deren Verwendung auf Grund ihrer Eigg. bei der Flotation der Erze u. als Gleitmittel. (Oléagineux **9.** 77—83. Febr. 1954.) BENISCHKE. 7872

Josef Hetterich, *Rationelle Verwertung von Tierkörpern und tierischen Abfällen.* Ergänzende Ausführungen zu dem Aufsatz von HASSEL (C. **1950.** I. 1295 u. 2048). (Seifen-Öle-Fette-Wachse **77.** 3—4. 3/1. 1951.) WINIKER. 7872

F. B. White, *Desodorierung.* Zusammenfassender Überblick; Theorie; übliche Systeme; techn. Einzelheiten. (J. Amer. Oil Chemists' Soc. **30.** 515—26. Nov. 1953. New York City, Foster Wheeler Corp., Process Plants Dep.) HAASE. 7874

N. T. Joyner, *Das Plastizieren von eßbaren Fetten.* Überblick: Plast. Eigg. von Fetten; Glyceridverteilung; Kristallgröße; Technik. (J. Amer. Oil Chemists' Soc. **30.** 526—35. Nov. 1953. Louisville, Ky., Votator Div., Girdler Co.) HAASE. 7876

J. P. Hughes, *Hydrierung fetter Öle.* Zusammenfassender Überblick: Katalysatoren, Wasserstoff, Ausrüstung, Methoden, Verlauf u. Kontrolle. (J. Amer. Oil Chemists' Soc. **30.** 506—15. Nov. 1953. Sherman, Tex., Mrs. Tucker's, Div. of Anderson, Clayton and Co.). HAASE. 7880

E. Angelescu und **F. Eşanu,** *Die Löslichkeit pflanzlicher Öle in Furfurol. Die oberen kritischen Lösungstemperaturen der Systeme Öl–Furfurol.* In einer Unters. der gegenseitigen Löslichkeit von Furfurol u. einigen pflanzlichen Ölen wird die obere krit. Lösungstemp. T_{0k} u. die krit. Konz. C_k des Öls bei dieser Temp. ermittelt. Die Werte von T_{0k} u. C_k sind: Rapsöl 78,0° (29%); Kürbisöl 59,0 (31%); Sonnenblumenöl 52,6° (25%); Tabaksamenöl 51,3° (26%); Sojaöl 51,3° (26%); Mohnöl 50,0° (27%); Nußöl 50,5° (31%) Hanföl 45,1° (23%); Leinöl 32,6° (23%). Es zeigt sich, daß T_{0k} mit steigender JZ. abnimmt. Vor allem scheint ein T_{0k}-erniedrigender Einfl. der Glyceride der Polyäthylensäuren (Linol-, Linolensäure) erkennbar, während bei dem an Ölsäureglycerid reichen Olivenöl T_{0k} hoch ist (69,1°, 33,4%). Man kann daher aus der T_{0k} der pflanzlichen Öle mit Furfurol auf den Sättigungsgrad der darin enthaltenen Glyceride schließen. (Bul. ştiinţific, Ser. Mat., Fizică Chim. **2.** 387—97. April 1950.) R. K. MÜLLER. 7894

W. P. Rshechin, *Zur Frage der Natur der spezifischen Färbung roher Baumwollsamenöle.* Die intensive braune Farbe von rohem Baumwollsamenöl (**I**) wird nicht durch das *Gossypol* (**II**) verursacht, sondern durch seine Umwandlungs- u. Umsetzungsprodd. mit anderen Bestandteilen des Baumwollsamens. Die größte Farbwrkg. haben die Umwandlungsprodd., welche keine freien Säuren u. Aldehydgruppen enthalten, die Kondensationsprodd. u. die Umsetzungsprodd. mit Phosphatiden. Die Farbänderung von **II** (Verstärkung oder Abschwächung) beim Erhitzen von **I** in Öl oder bei Zufuhr von Luft beruht auf der Änderung funktioneller Gruppen im Mol. oder auf der Bldg. neuer Prodd., wobei O_2 der Luft beim Erhitzen sehr stark aktivierend wirkt. (Маслобойно-Жировая Промышленность [Öl- u. Fett-Ind.] **19.** Nr. 2. 8—12. 1954.) R. RICHTER. 7894

L. R. Dugan jr. und **Lotte Marx,** *Photoaktivierung und Farbbildung in mit Antioxydantien behandeltem Schmalz.* Die Bldg. von blaugefärbtem Schmalz oder von blauschwarzem Schlamm in Lagertanks wird durch die Rk. von Propylgallat mit Eisenbeimengungen hervorgerufen. Die Löslichkeit des Antioxygengemisches im Schmalz hat keinen Einfl. auf die Farbstoffbildung. Nach Vff. entwickelt sich bei der Einw. von Licht auf mit Antioxydantien behandeltem Schmalz ebenfalls eine Blaufärbung. Sie bildet sich in Ggw. von Propylgallat u. Citronensäure nur bei Vorhandensein von Lecithin u. Eisen, unabhängig vom Oxydationsgrad. (J. Amer. Oil Chemists' Soc. **30.** 452—54. Nov. 1953. Chicago, Ill., Univ. of Chicago, Amer. Meat Inst. Found.) HAASE. 7896

Helmut Stüpel, *Die Sulfonierung von Alkylbenzol.* Die techn. Meth. zur halbkontinuierlichen u. vollkontinuierlichen Sulfonierung von Alkylbenzol zu Alkylbenzol-

sulfosäure, die mit NaOH zum Alkylbenzolsulfonat neutralisiert wird, werden an Hand schemat. Zeichnungen beschrieben. Reaktionsbedingungen, apparative Ausrüstung, Rohstoffeinsätze usw. sind in Tabellen zusammengefaßt. (Soap, Perfum. Cosmet. **25.** 1278—82. Dez. 1952. Hochdorf/Schweiz, Seifenfabrik Hochdorf.)
G. RICHTER. 7912

H. Evert Jonsson, *Kationenaktiv — anionenaktiv — nichtionogen. Einige textilchemische Betrachtungen.* Die genannten Begriffe werden erklärt u. an Beispielen von Farbstoffen, Textilhilfsmitteln usw. belegt. (Färgeriteknik **30.** 98—100. April 1954.)
R. K. MÜLLER. 7912

A. N. Saha, *Die Eigenschaften von oberflächenaktiven Stoffen und Seifen in Lösung.* Überblick. — 21 Zitate. (Indian Soap J. **19.** 259—65. April 1954. Calcutta, Univ., Dep. of Applied Chem.)
SCHLÖSSER. 7912

W. Haward Hunt, M. H. Neustadt, Joe R. Hart und **Lawrence Zeleny,** *Eine dielektrische Schnellmethode zur Bestimmung des Ölgehaltes von Leinsaat.* (Vgl. C. **1953.** 4787.) Eingehende Beschreibung der Arbeitsweise bei der dielektr. Best. des Ölgeh. von Leinsaat mit o-Dichlorbenzol als Extraktionsmittel. Meßergebnisse von 74 Proben mit einem Ölgeh. zwischen 37,04 u. 44,14% werden graph. dargestellt. Mittlerer Fehler 0,346% vom Ölgehalt. — Abbildungen der analyt. Geräte. (J. Amer. Oil Chemists' Soc. **30.** 463—65. Nov. 1953. Washington, D. C., U. S. Dep. of Agric., Prod. and Marketing Admin., Grain Branch.)
HAASE. 7932

O. B. Krajanski und **F. I. Palijenko,** *Bestimmung der Chloride in Speisefetten auf Grund der elektrischen Leitfähigkeit ihrer wässerigen Auszüge.* Durch experimentelle Daten wird nachgewiesen, daß es möglich ist, die Best. von Chloriden in Speisefetten durch Messung der elektr. Leitfähigkeit ihrer wss. Auszüge vorzunehmen. Es wird eine Brücke mit opt. Indicator als Nullanzeiger sowie eine empir. entwickelte Formel für die Berechnung des NaCl-Geh. besprochen. (Маслобойно-Жировая Промышленность [Öl- u. Fett-Ind.] **19.** Nr. 2. 28—30. 1954. Krasnodar, Inst. für Lebensmittelind.)
R. RICHTER. 7934

Jay C. Harris, *Bewertung von Geschirreinigungsmitteln.* 2. Mitt. Das Fehlen einer Standardmeth. der Beurteilung von Geschirreinigungsmitteln ergibt sich vor allem daraus, daß noch keine Vereinbarung über die Art der Zus. des Testschmutzes getroffen wurde: Von 17 ausgewählten einschlägigen Arbeiten von 15 verschied. Schmutzmedia verwendet (5 Beurteilungsmethoden, 8 verschied. Arten, den Schmutz zu applizieren, 7 verschied. Waschmaschinen, 6 Testoberflächen). In den bisher benutzten Schmutzstoffen befanden sich (stark wechselnd u. in verschied. Anteilen) Fettsubstanzen, Eiweißstoffe, stärkehaltige Stoffe, Verdünnungsmittel, Konservierungsmittel u. Spürstoffe. Als letztere dienen Ruß, Tusche, $FeCl_3$ (nach dem Waschen in Ammonsulfid tauchen), Bakterienaufschwemmungen (nach dem Waschtest Prüfung durch Abstrich u. Kultur), unter UV-Licht fluorescierende Stoffe sowie Suspensionen von Bakterien, die durch Wachsen auf radioakt. P_{32} enthaltendem Nährboden selbst radioakt. wurden. (Soap Sanit. Chemicals **29.** Nr. 1. 42—43. 77. Jan. 1953. Monsanto Chemical Co., Zentralforschungsabt.)
SEIFERT. 7942

Vereinigte Oelfabriken Hubbe & Farenholtz (Erfinder: **Hans Wittka**), Hamburg, *Elaidinierung von ungesättigten, wasserfreien Fettsäuren* erfolgt durch Erhitzen mit festen wasserfreien Alkali- u. Erdalkalimetabisulfiten, gegebenenfalls unter Druck. — Rübölfettsäure wird mit $Na_2S_2O_5$ 20 Std. auf 225° erhitzt, wobei der F. auf 32° bzw. mit $K_2S_2O_5$ nach 15 Std. auf 36° steigt. — Olivenölfettsäure + CaS_2O_5; der F. steigt auf 25° bzw. nach Wiederholung auf 34° u. die JZ. von 1,2 auf 70. Verwendung an Stelle von Hartfettsäuren u. zur Herst. von *Seifen.* (**D. B. P. 894 559** Kl. 12o vom 7/11. **1944**, ausg. 26/10. 1953. Anmeldung bekanntgemacht 19/2. 1953.)
KRAUSS. 7911

Taito Herman Rikhard Pälikkö, Helsinki, Finnland, *Flüssiges Reinigungsmittel,* bestehend aus einer koll. Lsg. von 30—60 (%) Kaliseife aus Tallöl, 5—30 organ. Lösungsm., das mindestens 50 aromat. KW-stoffe enthält, W. u. gegebenenfalls bas., oberflächenakt. u. W. enthärtenden Stoffen. (**E. P. 699 189** vom 10/11. 1950, ausg. 4/11. 1953. **Belg. P. 499 328** vom 13/11. 1950, ausg. 1/3. 1951. Beide Schwed. Prior. 12/11. 1949.)
LÜTTGEN. 7911

Universal Oil Products Co., übert. von: **George L. Hervert** und **Bernard S. Friedman,** Chicago, Ill., V. St. A., *Herstellung von oberflächenktiven Stoffen.* Ein Gemisch von alkylierten Bzl.-KW-stoffen u. alkylierten polycycl. KW-stoffen wird sulfoniert, wobei im wesentlichen nur die polycycl. KW-stoffe sulfoniert werden. Nach Abtrennen dieser Prodd. werden die nicht umgesetzten KW-stoffe, z. B. Alkylbenzol-KW-stoffe, weitersulfoniert. Zur Anwendung kommen diese Prodd. in Form ihrer Alkalisalze. (**Can. P. 487 848** vom 23/11. 1945, ausg. 4/11. 1952. A. Prior. 1/12. 1944.) WITTHOLZ. 7913

Monsanto Chemical Co., St. Louis, Mo., übert. von: **John Mann Butler**, Dayton, O., V. St. A., *Tridecenylalkohol* (I, = Triisobutenylcarbinol), Kp.$_{12}$ 110—130°, n_D^{25} 1,4492, erhält man durch Kondensation von Triisobutylen [Mischung aus 2,2,4,6,6-Pentamethylhepten-(3), $(CH_3)_3CCH{=}C(CH_3)CH_2C(CH_3)_3$, u. asymm. Dineopentyläthylen, $(CH_3)_3CCH_2C({=}CH_2)CH_2C(CH_3)_3$], Kp. 173—175°, mit HCHO oder diesen abgebenden Stoffen bei 260—350°, bes. 300—310°, unter Druck, z. B. 150 lbs./sq.in. — I, $(CH_3)_3CCH{=}C(CH_2CH_2OH)CH_2C(CH_3)_3$, gibt mit Alkylenoxyden bei 125° in Ggw. eines bas. Katalysators (KOH) die entsprechenden *Polyalkylenglykoläther*, die ebenso wie der durch Sulfonieren erhaltene *Schwefelsäureester* als *oberflächenakt. Stoffe* dienen. I läßt sich auch mit Essig-, Propion-, Butter-, Malein-, Bernstein- oder Phthalsäure verestern. (**A. P. 2 624 766** vom 15/10. 1949, ausg. 6/1. 1953.) KRAUSS. 7913

Monsanto Chemical Co., St. Louis, Mo., V. St. A., *Emulgier- und Dispergiermittel*, bestehend aus einem Gemisch eines Aminsalzes einer alkylierten aromat. Sulfonsäure u. einem Alkylenoxydkondensationsprod. einer langkettigen aliphat. Verb., z. B. dem Butylaminsalz oder dem Isopropylaminsalz bzw. dem Cyclohexylaminsalz der Dodecylbenzolsulfonsäure u. Äthylenoxydkondensationsprod. von Tallöl, von Mercaptan, von tert. Dodecylmercaptan. Zum Emulgieren beliebiger Stoffe u. Schädlingsbekämpfungsmitteln. (**E. P. 705 117** vom 2/1. 1952, ausg. 10/3. 1954. A. Prior. 5/1. 1951.) K. HEINZE. 7913

General Aniline & Film Corp., New York, N. Y., übert. von: **Paul Nawiasky** und **Gerhard Ewald Sprenger**, Summit, N. J., V. St. A., *Aliphatische Sulfontricarbonsäuren, deren Salze und Ester* erhält man durch Behandeln von gesätt., aliphat. Tricarbonsäuren mit einem stärkeren Sulfonierungsmittel als konz. H_2SO_4 oder durch Rk. von halogensubstituierten gesätt. oder ungesätt. aliphat. Tricarbonsäuren mit Alkalisulfit. — Citronensäure wird mit Amylalkohol in Ggw. von HCl zu *Triisoamylcitrat*, Kp.$_2$ 207°, verestert. Durch Behandeln mit Acetylchlorid bei 250° erhält man Triisoamylaconitat, Kp.$_2$ 204°, das mit Na-Bisulfit bei 110° in A. u. W. *Triisoamyl-Na-sulfotricarballylat* liefert. — Tri-(2-äthylbutyl)-citrat, Kp.$_4$ 180° → Tri-(äthylbutyl)-aconitat, Kp.$_2$ 220—230° → *Tri-(äthylbutyl)-ammoniumsulfotricarballylat*. — *Trioctylammoniumsulfotricarballylat*. — *Mono-Na-Salz der Sulfotricarballylsäure*. — *Tricyclohexylammoniumsulfotricarballylat*. — *Tributoxydiäthylenglykolsulfotricarballylat*. — *Sulfoäthantricarbonsäure*; *-2-äthylbutanolester*. — Verwendung als *Reinigungs-, Netz-, Wasch-* u. *Emulgiermittel* mit oberflächen- u. capillarakt. Eigenschaften. (**E. P. 654 654** vom 8/7. 1947, ausg. 27/6. 1951. A. Prior. 4/1. 1939.) KRAUSS. 7917

Fillol, Damond, de Frayssinet & Cie., Frankreich, *Reinigungsmittel für Metalle*, bes. für *Al*, bestehend aus $NaHCO_3$ u. gefälltem $CaCO_3$, z. B. im Verhältnis 0,4:1; diesem Mittel kann noch 30% Mg-Silicat zugesetzt werden. (**F. P. 991 397** vom 26/7. 1949, ausg. 4/10. 1951.) DEMMLER. 7917

XVIII a. Holz. Cellulose. Zellstoff. Papier. Papierdruck. Celluloid. Linoleum.

Saara Asunmaa und **Paul W. Lange**, *Die Verteilung der Cellulose und der Hemicellulose in der Zellwand der Fichte, Birke und Baumwolle.* Die Massenverteilung in verschied. Faserarten aus Fichten- u. Birkenholzcellulose sowie aus Baumwolle wurde mit Hilfe mikrospektrograph. Methoden bestimmt. Zu diesem Zweck wurden die Fasern zunächst mit p-Phenylazobenzoylchlorid verestert. Die Holocellulose aus Fichten- u. Birkenholz ist am dichtesten um das Lumen herum gepackt, wobei die Packung in den äußeren Schichten etwa halb so dicht wie die um das Lumen ist. Hemicellulose macht etwa die Hälfte des Kohlenhydratmaterials aus, welches sich in den äußersten Bereichen der Zellwände des Fichten- u. Birkenholzes befindet. Um das Lumen herum beträgt das aus Hemicellulose bestehende Kohlenhydratmaterial 10—25%. In der Baumwolle ist die Cellulose über die Zellwand annähernd gleichmäßig verteilt. Ein kleiner Teil des zugänglichen Materials ist hauptsächlich in den äußeren Bereichen der Faserwand abgelagert. (Svensk. Papperstidn. **57**. 501—16. 31/7. 1954. Stockholm, Sweden, Paper Technol. Dep. Physical, Chem. Sect., Swedish Forest Products Res. Labor.) P. ECKERT. 7952

Saara Asunmaa und **Paul W. Lange**, *Bericht über die Änderungen der Zellwandausmaße von Kohlenhydratfasern nach Veresterung mit p-Phenylazobenzoylchlorid und nachfolgender Quellung in Pyridin.* Bei quantitativen, mikrospektrograph. Unterss. müssen die relativen Dimensionsveränderungen des Objektes, welche z. B. auf Quellung beruhen können, berücksichtigt werden. Die Querschnittveränderungen

von in Pyridin gequollenen Fasern wurden mit Hilfe von photomikrograph. Messungen des Umfangs von Lumen u. Faser untersucht. Die Messungen zeigen, daß die relativen Substanzkonzz. in der Zellwand der veresterten, gequollenen Faser innerhalb einer Genauigkeit von ungefähr 10% mit denjenigen in der unbehandelten Faser übereinstimmen. (Svensk. Papperstidn. **57.** 498—500. 31/7. 1954. Stockholm, Sweden, Swedish Forest Prod. Res. Labor., Paper Technol. Dep., Physical Chem. Sect.)
P. ECKERT. 7952

N. H. Kloot, *Die Wirkung des Feuchtigkeitsgehaltes auf die Druckfestigkeit von Holz.* An mehreren Holzarten wird die Druckfestigkeit nach zwei Methoden (Zähigkeitswert u. IZOD-Wert) in Abhängigkeit vom Feuchtigkeitsgeh. gemessen. Im allg. wird bei 12% Feuchtigkeit ein Minimum gefunden u. dieser Geh. zur Benutzung bei Unterss. vorgeschlagen. Eine allg. gültige empir. Formel für die Verhältnisse zwischen Druckfestigkeit u. Feuchtigkeit aufzustellen gelang nicht. (Austral. J. appl. Sci. **5.** 183—86. Juni 1954. Melbourne, Div. Forest Prod., C. S. I. R. O.) WERGIN. 7952

Harold R. Murdock, *Wasser und Abwasser in der Holzzellstoffindustrie.* Überblick über Entw. der Fertigungsverff. u. Abwasserprobleme. Während bisher die Sulfatzellstoffindustrie aus der wirtschaftlicher gewordenen Regenerierung der Schwarzlauge u. der Möglichkeit, ihr Abwasser mit Belebtschlamm zu reinigen, Nutzen zog, gegenüber der Sulfitzellstoffindustrie mit der durch Vergärung des Zuckers nur wenig gemilderten Sorge durch die Ablaugen, hat letztere jetzt Aussicht, durch Wiederverwendung von $MgH(SO_3)_2$-Kocherlauge, Verwertung des Lignins bei Kochung mit NH_4HSO_3 zur Bodenverbesserung u. als chem. Rohstoff den Abwasseranfall zu verringern u. wirtschaftlicher zu arbeiten. (Sewage ind. Wastes **26.** 71—82. Jan. 1954. Tucson, Ariz., Infilco, Inc.) MÜHLMEISTER. 7956

Johannes Dullin, *Ansprüche an Sulfatzellstoff für hochwertige Elektropapiere.* Um weniger Schwierigkeiten bei Herst. der Papiere zu haben, müssen schon an den Zellstoff Mindestforderungen für Festigkeiten u. elektr. Werte gestellt werden. Wichtig ist die Verringerung des Aschegeh., was sich durch Waschen mit HCl oder durch Elektrodialyse erreichen läßt. Einen günstigen Einfl. auf die elektr. Eigg. hat auch ein Nachwaschen des Zellstoffs mit dest. Wasser. (Papier u. Druck **3.** Zellstoff u. Papier. 139—42. Juni 1954.) H. BECKER. 7960

Y. Ogiwara, *Über die Zellstofferzeugung nach dem Ammoniummonosulfit-Verfahren.* 1. Mitt. *Über den Aufschluß von Abies Sachaliensis nach dem Ammoniummonosulfit-Verfahren.* Auf Grund der Tatsache, daß NH_3 als Kation beim Bisulfitaufschluß die Durchtränkung der Späne u. die Auslösung des Lignins fördert, wurde versucht, ob es möglich ist, den Angriff auf die Cellulose u. die Hemicellulose durch Anwendung des Sulfitaufschlusses in höheren p_H-Bereichen, d. h. durch Anwendung des Monosulfitverf. mit NH_4 als Kation, zurückzudrängen u. Zellstoff für die Papierherst. in hoher Ausbeute u. guten Qualitäten zu erzeugen. *Abies Sachaliensis* wurde nach dem NH_4HSO_3-Verf. aufgeschlossen u. folgendes gefunden: Die prakt. Aufschlußtemp. liegt zwischen 160 u. 180°. Relativ gute Ergebnisse ergaben Tempp. von 165—170°. Obwohl die Kochungen im neutralen Medium durchgeführt wurden, erfolgte ein merklicher Abbau der Cellulose u. der Hemicellulosen, so daß die Zellstoffausbeute nicht so hoch wie erwartet ausfiel. Sie liegt bei 52—53%, ROE-Zahl 10, Holocelluloseausbeute 92—93%. Der Abbau ist wahrscheinlich durch die im Vgl. zum Bisulfitaufschluß hohe Aufschlußtemp. bedingt. Für einen vollständigen Aufschluß ist bei einer Aufschlußtemp. von 165° über 5% SO_2 erforderlich u. mehr als 2,6% bei 170°, jedoch kann man durch Verlängerung der Zeit mit 2—3% SO_2 auskommen. Wird mit weniger als 5% SO_2 gearbeitet, reagiert die Aufschluß-Fl. nach der Kochung sauer, wobei ein verstärkter Abbau eintritt, der jedoch sicherlich vermieden werden kann, wenn man durch Zusatz von Alkali dafür sorgt, daß die Lauge bis zum Schluß neutral reagiert. Ein Teil des verbrauchten NH_3 liegt in der Ablauge organ. gebunden vor u. kann durch Alkali nicht wieder in Freiheit gesetzt werden. Die mechan. Festigkeiten der aus diesen hergestellten Papiere entsprechen denjenigen von Kraftpapieren. (Tappi **7.** Nr. 5. 394. 1953; referiert nach Papier **8.** L31. April 1954.) P. ECKERT. 7962

Y. Ogiwara, *Über die Zellstofferzeugung nach dem Ammoniummonosulfit-Verfahren.* 2. Mitt. *Über den Aufschluß von Buche nach dem Ammoniummonosulfit-Verfahren.* (1. vgl. vorst. Ref.) Untersucht wurde der Aufschluß von Buche nach dem Monosulfitverf., wobei NH_4 u. zum Vgl. auch Na als Kation verwandt wurden. Hierbei wurden folgende Ergebnisse erzielt: Buche läßt sich nach dem NH_4-Monosulfitverf. leichter aufschließen als *Abies Sachaliensis.* Wenn die Aufschlußzeit auf 5 Std. begrenzt ist, beträgt die maximale Kochtemp. 160°. Die optimale Zellstoffausbeute liegt bei 55%. Stoffe mit höherer Ausbeute sind nicht vollständig aufgeschlossen. Der Zellstoff enthält 23,4% Pentosan, bei einer ROE-Zahl von 8,4; die Ausbeute an Holocellulose beträgt 92,6%. Die Stoffe sind leicht bleichbar u. besitzen gute mechan. Festigkeiten; sie sind für die Papierherst. geeignet. Zum vollständigen Aufschluß sind bei der erwähnten Aufschlußtemp. mehr als 4,5% SO_2 erforderlich. Bei einer Kochtemp. von 165° u. 4,5% SO_2 fällt der End-p_H-Wert auf 4,5 ab u. bei den isolierten Zellstoffen zeigen sich schon die Erscheinungen von Schwarzkochungen; die Ausbeute beträgt dann nur 43,5%. Ähnlich liegen die Verhältnisse bei 170 u. 180°, hier sind die Ausbeuten noch tiefer. Der p_H-Abfall ist bei dem Aufschluß von Buche noch ausgeprägter als bei *Abies Sachalinsis.* Die Aufschlußgeschwindigkeit nimmt bei der Anwendung von NH_3 gegenüber Na als Kation zu, die gleichen p_H-Bedingungen vorausgesetzt. Obgleich die erzeugten Zellstoffe nach dem NH_3- u. dem Na-Monosulfitverf. bei gleichen Ausbeuten fast die gleichen Qualitäten besitzen, ist der erstere etwas überlegen in bezug auf ROE-Zahl, Ligningeh., Holocelluloseausbeute u. mechan. Eigg., aber etwas schlechter in der Farbe, so daß gesagt werden kann, daß der NH_4-Monosulfitzellstoff besser für die Erzeugung gebleichter Zellstoffe geeignet erscheint als der Na-Monosulfitzellstoff. (Tappi **7.** Nr. 5. 395. 1953; referiert nach Papier **8.** L31. April 1954.) P. ECKERT. 7962

C. J. Malm, K. T. Barkey, D. C. May und **P. I. Abell,** *Reaktionsfähigkeit von Salze enthaltender Cellulose bei der Acetylierung.* In zur Acetylierung verwendeten Cellulosen (**I**) sind gewöhnlich Sulfate u. Carbonate von Na, Ca u. Mg vorhanden. Der Einfl. dieser kleinen Salzgehh. auf die Reaktionsfähigkeit der **I** wurde festgestellt durch Probeacetylierungen. Zellstoffe, denen $NaHCO_3$, Na_2SO_4, $Ca(HCO_3)_2$, $CaSO_4$, $Mg(HCO_3)_2$ oder $MgSO_4$ zugesetzt waren (in Mengen zwischen 0,19 u. 0,74 g auf 100 g Zellstoff), wurden verschieden lange aktiviert durch Vorbehandlung mit Eisessig (0, 5, 60 u. 120 Min.), dann mit Katalysator (H_2SO_4) versehen u. in einem Calorimeter adiabat. acetyliert. Die Zeit–Temperatur-Kurven u. die Reaktionszeiten bis zur klaren Lsg. sind in 6 mal 4 Kurven niedergelegt. Ergebnis: Der Unterschied in der Reaktionsfähigkeit der salzhaltigen gegenüber salzfreier **I** war um so größer, je kleiner die Löslichkeit des entsprechenden Salzes in Eisessig war. Wenn die Aktivierungszeit sehr das gewünschte niedrige Maß überschreitet, verschwinden die Unterschiede ganz. (Ind. Engng. Chem. **46.** 557–61. März 1954. Rochester, N. Y., Eastman Kodak Co., Cellulose Acetate Develop. Div.) MÖHRING. 7970

Konrad Agahd, *Die Kollerung.* Übersicht über die histor. Entw. im Bau von Kollergängen u. den Einfl. verschied. Komponenten in Art u. Arbeitsweise der Maschine auf die Mahlung. (Wbl. Papierfabrikat. **81.** 883–90. Mitte Dez. 1953.) H. BOEHE. 7976

W. I. Tschernjajew, *Die Herstellung von Kolophoniumleim unter Verwendung von Alkali.* Grundlage des auf kaltem Wege gewonnenen Leimes ist eine Weißlauge der Zus.: 2,17 g/Liter NaOH, 0,9 g/Liter Na_2CO_3 u. 0,93 g/Liter Na_2S, in der das Kolophonium zu einer Konz. von 30–35 g/Liter gelöst wird. (Бумажная Промышленность [Papier-Ind.] **29.** Nr. 1. 21. Jan./Febr. 1954.) ULMANN. 7978

A. E. Siegrist, *Die Anwendung optischer Aufhellmittel in der Papierindustrie.* Die opt. Wirkungsweise von Weißpigmenten, Blaumitteln u. der opt. Aufhellmittel wird vergleichend besprochen. Die Entdeckung u. weitere Entw. der opt. Aufhellmittel sowie deren chem. Konst. wird umfassend dargelegt. Nach einigen theoret. Ausführungen über die Natur der Fluorescenz wird auf die prakt. Anwendung zur Erzielung hochweißer Papiere in der Papierindustrie eingegangen. (Papier **8.** 109–20. April 1954. Basel, Ciba AG., Wissenschaftl. Labor.) P. ECKERT. 7978

Ss. Ss. Wojutzki, N. A. Wolokitina und **A. D. Saiontschkowski,** *Der Einfluß einer Oberflächenhydrophobierung der Fasern auf die Eigenschaften von Papier und Karton.* Verglichen wird ein in üblicher Weise aus Baumwollfasern hergestellter Karton mit 2 anderen Mustern, bei denen die hydrophilen OH-Gruppen der Cellulose durch Behandlung mit 10–20% einer wss. Emulsion von Octadecyloxymethylpyridinacetat blockiert worden waren. Letztere wurden 3 Min. bei 120° unter Druck getrocknet. Der hydrophobierte Karton besaß eine geringere D. u. zeigte eine geringere Festigkeit als n. Karton. Auf die Abnahme der H-Bindungen beim Hydrophobieren wiesen auch Einweich- u. Quellungsverss. in W., A. u. Bzl. hin. Die Reißfestigkeit in wasserfeuchtem Zustande war beim Karton, bei dem eine 10%ig. Emulsion des Hydrophobierungsmittels zur Anwendung gelangt war, am größten. Nach Einweichen in A. oder Bzl. zeigte die n. Pappe die besten Festigkeitswerte. Durch die von Vff. angewandten Hydrophobierungsbedingungen wurden noch nicht sämtliche H-Bindungen zum Verschwinden gebracht. (Бумажная Промышленность [Papier-Ind.] **28.** Nr. 12. 6–9. Dez. 1953. Zentr. Wiss. Forschungsinst. für Lederersatzstoffe.) ULMANN. 7984

P. W. Prober, *Die Herstellung von metallisiertem Papier.* Übersicht über 5 verschied. Verff. zur Herst. von metallisierten Papieren. Danach kann die Metall (I)-Schicht auf das Papier in Form von pulverförmigem I im Gemisch mit einem wss. Klebstoff oder im Gemisch mit einem Celluloselack aufgebracht oder I in trockenem Zustande auf eine das Papier bedeckende lithograph. Farbe aufgetragen werden. Weiterhin läßt sich eine dünne I-Folie durch einen wss. Leim auf das Papier aufkleben u. schließlich kann I durch Vakuumverdampfung auf dem Papier niedergeschlagen werden. (Бумажная Промышленность [Papier-Ind.] **29.** Nr. 1. 22—25. Jan./Febr. 1954. Moskau, Tapetenfabrik.) ULMANN. 7986

Leslie E. Briggs, *Das Seidenrasterdruckverfahren, seine Stellung unter den graphischen Künsten.* (Nat. Lithographer **61.** Nr. 4. 52—53. April 1954.) DU MONT. 7988

L. Gordon, R. L. Eichenlaub und **C. P. Donofrio,** *Polarographische Bestimmung von reduzierbarem Schwefel im Papier.* H_2S-Gas, das auf die in der TAPPI-Meth. T 406 m-36 beschriebenen Weise aus bekannten S-Verbb. u. aus Papiermustern hergestellt wurde, wurde in der elektrolyt. Zelle des Polarographen eingeleitet; 0,1nNaOH diente als Hilfselektrolyt in der Zelle. Die Sulfidionenkonz. wurde aus den Polarogrammen gemessen, die von den sich ergebenden Lsgg. erhalten wurden. Die aus bekannten S-Verbb. hergestellten Lsgg. wurden als Vergleichsstandard benutzt. Die polarograph. Messungen wurden mit der „Fleckenprüfung" nach der TAPPI-Meth. T 406 m-46 an den gleichen Papiermustern verglichen. (Tappi **36.** Nr. 5. 204. 1953; referiert nach Papier **8.** L37. April 1954.) P. ECKERT. 8010

Timber Engineering Co., übert. von: **Eduard Farber** und **Matthew Sciascia,** Washington, D. C., V. St. A., *Behandlung von Holz.* Die Hölzer, bes. grünes Bauholz, Eisenbahnschwellen u. dgl., werden bei n. Druck mit Steinkohlen-, Holz-, Torf- oder Petroleumteeren oder Kreosot oder Gemischen beider (40:60) vom Kp. 200—400° bei ca. 116—160° imprägniert, die ca. 5—20% eines Gemisches aus mit W. mischbaren, mehrwertigen Alkoholen mit 2—6 OH-Gruppen, z. B. Äthylen-, Hexylen-, Propylenglykol, Glycerin, Sorbit, Mannit, Pentaerythrit u. dgl., u. 10—40% Borsäure, Alkaliborate oder -metaborate, Polyborate, $NaBO_3 \cdot 4H_2O$ oder $KBO_3 \cdot 4H_2O$ enthalten. Völlige Imprägnierung der Hölzer. (**A. P. 2 655 454** vom 12/2. 1952, ausg. 13/10. 1953.) KARST. 7953

United States Rubber Co., New York, N. Y., übert. von: **George M. Williams,** New Haven, Ind., V. St. A., *Oberflächenschutz von Holz.* Man bringt Phenole, Kresole, Xylenole oder dgl. mit Erdnußschalenöl u. Formaldehyd in Ggw. von H_2SO_4 oder HCl als Katalysator zur Reaktion. Etwa 30—70 (%) des hergestellten Harzes werden mit ca. 70—30 eines Butadien-Acrylonitril-Mischpolymers, 5—10 eines Härtemittels, bes. Hexamethylentetramin, u. 30—55 eines Füllmittels, bes. Kieselgur, Holzmehl, Sand, Kohle, Ton oder Asbest, innig vermischt. Das Gemisch wird in Mühlen zu einer homogenen M. verarbeitet, die bei ca. 120—150° unter Druck in dünner Schicht auf das zu schützende Holz aufgetragen wird. Das Verf. ist bes. zum Schutz des Holzes von Schiffs- u. Flugzeugträgerdecks, von Docks, Eisenbahnschwellen u. dgl. gegen mechan. Beanspruchung u. zerstörende Einw. von W., Salzwasser, Chemikalien, Feuer u. dgl. geeignet. (**A. P. 2 658 015** vom 15/8. 1951, ausg. 3/11. 1953.) KARST. 7953

Nils Viktor Mannbro, Söderhamn, Schweden, *Herstellung von neutraler Sulfitlösung für die Zellstoffgewinnung.* Die wirksamen Bestandteile der Lsg. sollen Na_2SO_3 sein, neben weiteren Na-Verbb., z. B. Na_2CO_3 oder $NaHCO_3$; jedoch soll kein $NaHSO_3$ vorhanden sein. Die Alkalität wird durch Zusatz von NaOH geregelt. Zur Herst. löst man die erforderlichen Chemikalien in Ablaugen der Zellstoffgewinnung mit Ca- oder Na-Bilsulfit. (**Finn. P. 26 842** vom 13/3. 1952, Auszug veröff. 27/2. 1954. Schwed. Prior. 13/3. 1951.) JÜRGEN SCHMIDT. 7963

Deutsche Bergin-Akt.-Ges., Mannheim, *Herstellung von kristallinem Traubenzucker.* Das auf Traubenzucker zu verarbeitende Material, bes. *Holz,* wird zunächst von Hemicellulosen befreit, z. B. durch Vorbehandlung mit verd. warmer Mineralsäure. Anschließend hydrolysiert man mit hochkonz. HCl bis zu 10—20, bes. 15%, Zucker im Hydrolyseprod., worauf man bei 110—120° mit einer Säurekonz. von 0,5 bis 2,5% nachhydrolysiert. Schließlich werden Säurebestandteile mit Kunstharzaustauschern entfernt u. die Lsg. wird nach Eindicken auf Sirupkonsistenz kristallisiert. (**Finn. P. 26 924** vom 9/7. 1951, Auszug veröff. 31/3. 1954.) JÜRGEN SCHMIDT. 7969

N. V. Philips' Gloeilampenfabrieken, Eindhoven, Holland, *Oberflächlich verseifte Filme aus Cellulosefettsäureestern.* 110—140 μ starke Celluloseacetatfilme mit 1,5 bis 3 Mol Fettsäure je Glucoserest werden 70 Sek. mit 1,15 n. alkoh.-wss. KOH von 27,5° oberflächlich verseift u. zwecks Beendigung dieses Prozesses mit Butanol, in dem eine mehrbas. Säure (H_3PO_4) gelöst sein kann, oder mit einer wss. Lsg. von KFl, LiCl, NaCl, NH_4Cl, $MgCl_2$, $ZnCl_2$, $(CH_3)_4NCl$, den entsprechenden Sulfaten, Alkaliacetat, -formiat, -sulfit oder -thiosulfat, Butanol u. Bzl. (bzw. Tetrahydronaphthalin oder Ae.) nachbehandelt. Um außerdem den Weichmacher herauszulösen, verwendet man Na-Salze der Ricinusöl- oder Octylbenzolsulfonsäure, Na-Oleat, Dodecylaminhydrochlorid oder gegebenenfalls mit Laurinalkohol veresterte Polyäther von Methylen- oder Äthylenoxyd. (**E. P. 696 103** vom 1/6. 1951, ausg. 26/8. 1953. Holl. Prior. 6/6. 1950.) SALZMANN. 7971

International Standard Electric Corp., New York, N. Y., V. St. A. (Erfinder: **Archibald Alan New,** London, England), *Veresterung von Papier* mit einer Carbonsäure, die 2—5 C-Atome enthält, zwecks Bldg. eines Celluloseesters, dad. gek., daß das Verf. bei solcher Temp. u. während so kurzer Zeit durchgeführt wird, daß nur die Oberflächenschichten der Fasern verestert werden. Zweckmäßig beträgt die Temp. >60, bes. 100—120°, u. die Dauer 5—60 Minuten. — Beispiel: Streifen (0,13 mm dick) eines Holzpapieres werden bei 100—120° in einem Bad aus 30 (%) Essigsäure, 7,5 Essigsäureanhydrid, 60 Toluol u. 2,5 $ZnCl_2$ gekocht. Nach 20 Min. betrug der Acetylgeh. 8,6%. (**D.B.P. 909653** Kl. 55f vom 24/4. 1938, ausg. 22/4. 1954. Anmeldung bekanntgemacht 30/7. 1953. E. Prior. 23/4. 1937.) G. VOGEL. 7985

Badische Anilin- & Soda-Fabrik (Erfinder: **Hubert Wilfinger**), Ludwigshafen/Rh., *Veredelung von Papier* gemäß Patent 758 570, gek. durch eine der Behandlung mit Alkyleniminen, ihren Polymerisations- oder Umsetzungsprodd. voraufgehende oder nachfolgende Behandlung mit Emulsionen von Kunststoffen, die Polymerisate von Verbb. mit mindestens 1 Doppelbindung enthalten. — Beispiel: 100 (Teilen) Sulfitzellstoff werden im Holländer 1 wasserlösl. polymeres Äthylenimin, in W. gelöst, u. dann 100 einer 50%ig. Emulsion des Mischpolymerisates von Acrylsäuremethylester u. Vinylisobutyläther zugesetzt. Nach 1 Std. wird das Papier (ca. 100 g/m^2) hergestellt u. kalandriert. Das Prod. ist weich, wachstuchähnlich, hoch dehnbar, einreißfest u. wenig luftdurchlässig. (**D. B. P. 910 502** Kl. 55f vom 17/12. 1940, ausg. 3/5. 1954. Anmeldung bekanntgemacht 27/8. 1953. **Zusatz zu D. R. P. 758 570; C. 1953. 6170.**) G. VOGEL. 7987

Westermann & Co. Klischeeanstalt G. m. b. H. (Erfinder: **Fritz Heinrich Hertel**), Hamm, *Herstellung von Reliefklischees.* Von einem Klischee, z. B. aus Cu oder Zn, wird ein Kreidereliefabzug genommen, dieser in bekannter Weise unter Zusatz von Härtemitteln tief geätzt u. spiegelbildartig auf die Rückseite des Klischees geklebt. Unter Zwischenlegen einer Pb-Folie zwischen Preßstempel u. Oberfläche des Klischees wird dieses bis in die Tiefen des Kreidereliefs durchgedrückt. Die Pb-Folie wird mit Hilfe einer Fräsvorr. egalisiert, das Kreiderelief abgelöst, schließlich die Rückseite des Klischees egalisiert u. die Folie entfernt. (**D. B. P. 898 912** Kl. 15k vom 29/7. 1951, ausg. 7/12. 1953.) LAASS. 7989

XVIII b. Textilfasern.

—, *Übersicht über die in Italien hergestellten Hilfsmittel für die Textilindustrie.* Tabellar. Übersicht über die Eigg. der von verschied. italien. Firmen in Handel gebrachten Textilhilfsmittel. (Tinctoria [Milano] **50.** 391—92. Okt. 1953.) R. K. MÜLLER. 8028

Leonard Shapiro, *Emulsionspolymere in der Textilindustrie.* Es wird ein ausführführlicher Überblick über die Grundlagen der Emulsionspolymerisation u. die Beeinflussung von Teilchengröße, Mol.-Gew., Stabilität usw. gegeben. Diese Darstellungen werden an Hand von Formelbildern, Abbildungen u. Tabellen näher erläutert. Zum Schluß werden noch kurz die Möglichkeiten der Anwendung von Emulsionspolymeren beim Schlichten, Ausrüsten usw. aufgezeigt. (Amer. Dyestuff Reporter **43.** P132—40. 1/3. 1954.) H. G. FRÖHLICH. 8030

Hugh H. Mosher, *Verwendung von Kunstharzen und Kunststoffen in der Textilausrüstung.* Inhaltlich ident. mit der C. **1954.** 6861 referierten Arbeit. (Tinctoria [Milano] **50.** 382—84. Okt. 430—34. Nov. 1953.) R. K. MÜLLER. 8032

—, *Über die Brennbarkeit von Textilien.* Es wurde eine Prüfmeth. u. eine Vorschrift ausgearbeitet, die die einzelnen Gewebearten in sogenannte Brennbarkeitsklassen einordnet (Commercial Standard 191—53, Flammability of Clothing Textiles). Für leichte Gewebe hat die CIBA eine regenwasserechte u. trockenreinigungsbeständige Flammfestimprägnierung geschaffen (Pyrovatex), die nach angegebener Vorschrift sogar ein kochendes Seifen verträgt. (SVF Fachorgan Textilveredlung **9.** 171—73. April 1954.) SCHOENMANN. 8036

T. F. Cooke, *Resistenz von mit Kunstharzen behandelten Cellulosefasergeweben gegen mikrobiologische Schädigung.* Im Rahmen einer zusammenfassenden Diskussion der, physikal. u. chem. Struktur der Baumwolle (**I**), der Typen von Mikroorganismen welche **I** angreifen, der verwendeten fungiciden u. bakterıciden Mittel, der chem. Rk. mit **I** zur Erhöhung der Resistenz gegen mikrobiol. Schädigung wird die Wrkg. folgender in der Textilindustrie verwendeter Kunstharze auf die Eigg. von Geweben aus **I** u. ihre Resistenz gegen mikrobiol. Angriff behandelt. Melamin- u. Harnstoff-CH_2O-Harze wurden mit einem sauren Katalysator auf **I** geklotzt. Nach dem Trocknen bei 107° wurde 1½ Min. bei 177° kondensiert. Die Menge, bezogen auf das Gewebe, lag zwischen 5 u. 25%. Eingrabungsverss. wurden 2 u. 6 Wochen bei 30° ausgeführt. Zum Vgl. wurde unbehandelte **I** mit 1% Cu-8-Oxyisochinolin (**II**) u. **I** mit 15,8% Acetylgruppen untersucht. **I** mit 20 u. 25% Kunstharz hatte nach 6 Wochen langer Eingrabungsdauer an Festigkeit gewonnen. Der erzielte Effekt ist ebenso groß wie bei acetylierter **I** u. viel besser als bei mit **II** ausgerüsteter **I**. Um auch das Wachstum von auf **I** wachsenden, aber **I** nicht angreifenden Organismen (z. B. Aspergillus niger) zu verhindern, wurden kombinierte Ausrüstungen aus Kunstharz u. **II** oder Dioxydichlordiphenylmethan (**III**) als fungicides Mittel durchgeführt. 12% Melaminharz u. 0,5% **II** verleiht Verrottungsfestigkeit u. Schutz gegen das Wachstum von Aspergillus niger (synergist. Effekt). Verschied. Verss. betreffen Ausrüstungen mit wasserabweisenden Mitteln, wie *Permel*, Flammfestmitteln, wie *Pyroset DO* (N-haltiges, harzbildendes Phosphat) allein u. in Kombination mit **II** u. **III**. Die Melaminharze waren den Harnstoffharzen leicht überlegen. Zur Deutung der Versuchsergebnisse wird angenommen, daß Trimethylolmelamin u. Dimethylolharnstoff („monomeres Kunstharz") mit Hydroxylen in **I** chem. reagiert u. durch Vernetzungs-Rkk. Äthergruppen einbaut, so daß die Moll. in **I** den Mikroorganismen nicht mehr als Nahrung dienen können. (Textile Res. J. **24.** 197—209. März 1954. Bound Brook, N. J., American Cyanamid Co.) ZAHN. 8044

Juan B. Puig, *Hypothese und Beitrag zur Kenntnis der Herkunft der Naturfarbe der Wolle.* (Ion [Madrid] **14.** 269—78. Mai 1954.) PISTOR. 8060

H. Hopff, *Die Entwicklung der Kunststoffe und der synthetischen Fasern.* Histor. u. schemat. Übersicht der auf der Basis von Cellulose, Phenol u. Aminoplasten hergestellten Kunststoffe; Polymerisationskunststoffe (Vinylverbb.); Typen der faserbildenden Polyamide u. Erörterung der textilfärber. Probleme bzgl. des Färbens von synthet. Protein- u. Polyamidfasern u. von Mischpolymerisaten aus Vinylchlorid u. Acrylnitril. (SVF Fachorgan Textilveredlung **9.** 146—55. April 1954.) SCHOENMANN. 8070

H. Hopff, *Von der Naturfaser zur vollsynthetischen Faser.* Kurzer Überblick über die Entw. der Chemiefaser unter besonderer Berücksichtigung der vollsynthet. Faser. In diesem Zusammenhang werden die Polymerisations- u. die Polykondensationsprodd. behandelt u. ihre Überführung in die Faserform wird beschrieben. (Vjschr. naturforsch. Ges. Zürich **99.** 89—96. 30/6. 1954.) P. ECKERT. 8080

A. Sippel, *Herstellung, Eigenschaften und Verwendung vollsynthetischer Fasern.* Vf. bespricht die Chemie der vollsynthet. Fasern, die Herstellungsmeth., die physikal.-mechan. Eigg. u. ihr chem. Verh. bzgl. der Verwendung. Festigkeit, Chemikalien- u. Lichtbeständigkeit zeichnen sie bes. aus, auch die Möglichkeit einer nachträglichen Vergütung auf Grund der thermoplast. Eigg. ähnlich dem Tempern von Metallen. Der makromol. Aufbau, der zweifellos mit den textilmechan. Erfordernissen in Zusammenhang steht, muß im Vgl. mit den natürlichen Fasern u. deren Abkömmlingen als günstiger erkannt werden. Gewissen Nachteilen der synthet. Faser kann durch Mischmaßnahmen abgeholfen werden. (Melliand Textilber. **35.** 481—82. Mai 1954.) E. WAGNER. 8080

Ephraim Catsiff, Turner Alfrey jr. und **M. T. O'Shaughnessy,** *Verallgemeinerte Kriechkurven für Nylon.* Das Kriechen, d. h. Veränderung der Dehnung in Abhängigkeit von der Zeit (untersucht bis 10^5 Min.), wurde bei einer handelsüblichen Probe von Nylon 66 (**I**) bei konstanter Spannung zwischen 0,1 u. 3,0 g/den bei 36° u. verschied. Feuchten zwischen 0 u. 100% erfaßt u. verallgemeinerte Kriechkurven wurden aufgestellt, welche das Verh. von **I** beim ersten Kriechen bei allen Belastungen für jede untersuchte Feuchtigkeitsbedingung wiedergeben. Die Bedeutung für die Begriffe des viscoelast. Verh. von Fasern wird diskutiert. (Textile Res. J. **23.** 808—20. Nov. 1953. New York, N. Y., Polytechn. Inst. of Brooklyn, Dep. of Chem.) ZAHN. 8080

George M. Bryant, *Über das zeitabhängige Kraft–Temperatur-Verhalten von Nylonfäden bei fixierten Dehnungen.* (Vgl. C. **1954.** 9887.) Einzelne ungereckte Nylonfäden wurden in W. bei verschied. Dehnungen gespannt gehalten u. die Einw. der Temp.

auf die Kraft wurde gemessen. Das Maximum der Kraft–Zeit-Kurve liegt bei 47°, dem Übergangspunkt zweiter Ordnung. Gerecktes Nylon u. Perlonfäden zeigen dieses Verh. nicht. (J. Polymer Sci. **13.** 182—84. Febr. 1954. Princeton, N. J., Textile Res. Inst., u. Univ., Frick Chem. Labor.) ZAHN. 8080

Herbert Liedtke, *Ermittlung der „wahren" Festigkeit von Chemiefasern.* Vf. weist darauf hin, daß für die Ermittlung der wahren Festigkeit von Fasern der Durchmesser derselben im Augenblick des Bruches berücksichtigt werden müsse. Es wird zu diesem Zweck folgende Formel: $S_0 \cdot D_{Br} = S_{Br}$ abgeleitet, deren Anwendung an Hand von Beispielen näher erläutert wird. (Textil-Prax. **9.** 172—73. Febr. 1954.) H. G. FRÖHLICH. 8112

E. G. Brown und **T. J. Hayes,** *Die Bestimmung von Eisen in mattiertem Reyon.* Vf. verwendet zur Best. von Fe in mattiertem Viscosereyon 1.10-Phenanthrolin in Ggw. von vierwertigem Ti u. NH_4-Nitrat. Das Verf. ist zur Best. von Eisenmengen im Bereich von 0—0,25 mg geeignet. — 13 Literaturzitate. (Analytica chim. Acta [Amsterdam] **7.** 324—29. Okt. 1952. Liverpool, England, British Enka Ltd.) P. ECKERT. 8112

Marjorie Lundegard und **Elizabeth D. Roseberry,** *Qualitative Analyse der synthetischen Fasern.* In tabellar. Übersicht werden die Rkk. der synthet. Fasern (Nylon, Dacron, Orlon, Acrilan, X 51, Dynel, Saran, Polyäthylen) gegen die verschied. organ. u. anorgan. Lösungsmittel bei Raum-, Wasserdampftemp. u. Erhitzen über direkter Flamme aufgeführt, ebenso die mkr. Analyse (Längs- u. Querschnitt), der Farbtest mit Texchrome, das Verh. beim Abbrennen, die Cl-Best. der Faser u. die Trennung u. Identifikation der Fasermischung. (Amer. Dyestuff Reporter **43.** 93—97. 15/2. 1954.) SCHOENMANN. 8116

Chemische Fabrik Grünau Akt.-Ges., Illertissen, *Aktives Chlor enthaltendes oberflächenaktives Mittel,* bes. milder Wrkg., das auch bei empfindlichen Faserstoffen angewendet werden kann, bestehend aus *Chloramiden von Alkylarylsulfonsäuren,* deren Alkylgruppe 8—20 C-Atome in Form von geraden oder verzweigten KW-stoffketten enthalten (Dodecylbenzolsulfonchloramid, Decylnaphthalinsulfonchloramid). (**D. B. P. 894 747** Kl. 30i vom 9/9. 1951, ausg. 26/10. 1953. Anmeldung bekanntgemacht 26/2. 1953.) STEIL. 8027

DEHYDAG Deutsche Hydrierwerke G. m. b. H., Düsseldorf, *Optisches Bleichmittel,* bestehend aus wasserlösl. Diacylimidgruppen enthaltenden Stilbenabkömmlingen, z. B. 4.4'-Bis-[2.4-diphenylamino-1.3.5-triazinyl-(6)-amino]-stilben-2.2'-(disulfondimethansulfonimid), welche im Licht blau oder blauviolett fluorescieren. (**D. B. P. 911 011** Kl. 8i vom 22/7. 1944, ausg. 10/5. 1954. Anmeldung bekanntgemacht 2/4. 1953.) SALZMANN. 8027

Farbwerke Hoechst Akt.-Ges., vormals Meister Lucius & Brüning (Erfinder: **Karl Frank, Werner Linke, Hans Huber** und **Joseph Hörmann**), Frankfurt/M., *Glykolester, die eine Carbonsäureamidgruppe enthalten.* Man setzt Kondensationsprodd. aus Carbonsäuren mit einem höhermol. aliphat. Rest u. Aminocarbonsäuren in Form der freien Säuren bei Abwesenheit von W. mit Alkylenoxyden, Glykol oder Polyglykoläthern um. — Beispiel: Das Kondensationsprod. aus 215 (Teilen) techn. Cocosölfettsäure u. 75 Glykokoll wird in Ggw. von Na-Methylat als Katalysator bei 120—170° unter Druck mit 4 Mol Äthylenoxyd behandelt. — *Textilhilfsmittel.* (**D. B. P. 884 046** Kl. 12q vom 15/9. 1950, ausg. 23/7. 1953. Anmeldung bekanntgemacht 29/5. 1952.) SIEVERS. 8029

American Cyanamid Co., New York, N. Y. (Erfinder: **Sien Moo Tsang,** Bound Brook, N. J.), V. St. A., *Herstellung von 2.7-Diaminodibenzothiophendioxyd-3.6-disulfonsäure* der Formel **I.** Man sulfoniert Benzidin oder 2.7-Diaminodibenzothiophendioxyd u. erhitzt das Reaktionsprod. in Ggw. von 10—100%ig. H_2SO_4 oder schwachem Oleum auf 80—140°, bes. mit 85—100%ig. H_2SO_4 2—5 Std. auf 100—125°. Zum Sulfonierungsgemisch kann man mehr Trialkylamin, z. B. $(C_2H_5)_3N$, zusetzen, als zur Bldg. eines Monoaminsalzes (**II**) erforderlich ist, u. dann das entstandene **II** vor der H_2SO_4-Behandlung abtrennen. — Zwischenprod. für die Herst. von *Farbstoffen* u. *opt. Bleichmitteln.* (**A. P. 2 620 343** vom 13/9. 1950, ausg. 2/12. 1952. **D. B. P. 899 200** Kl. 12q vom 14/9. 1951, ausg. 10/12. 1953. **Belg. P. 505 792** vom 13/9. 1951, ausg. 30/1. 1953. Beide A. Prior. 13/9. 1950.) FABEL. 8033

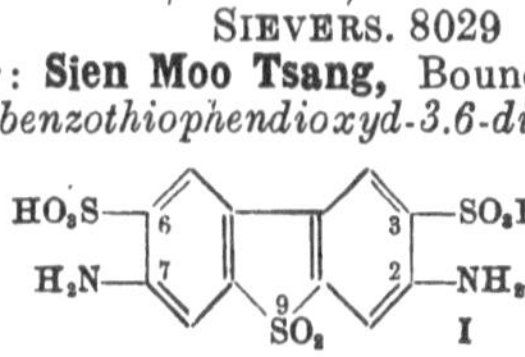

I

Soc. Agricola Industriale Lombarda, Italien, *Undurchlässigmachen von Geweben aus Natur- oder Kunstfasern gegen Flüssigkeiten und Gase, bes. Giftgase* (*Yperit, Chlor*). Man imprägniert die vorher entfetteten u. hydrophil gemachten Gewebe auf einer oder beiden Seiten mit einer 50%ig. wss. Polyacryl- oder -methacrylharzemulsion, der man 20—40% einer Paraffinemulsion u. 1—5% Plastifizierungsmittel (z. B. Trikresylphosphat, „Palatinol", „Cematol") zugesetzt hat. Dann trocknet man sie u. kalandert sie bei 90—130° u. einem Druck von 50—60000 kg. (**F. P. 1 019 597** vom 26/12. 1947, ausg. 23/1. 1953.) OPPERMANN. 8037

Glenn L. Martin Co., Middle River, übert. von: **George E. Walter**, Baltimore, **Irwin Hornstein**, East Riverdale, und **Clarence A. Sheld**, Baltimore, Md., V. St. A., *Flammfeste Materialausrüstung, z. B. von Textilien.* Man imprägniert das Gut mit einer Lsg. von Triallylphosphat, teilweise bromiertem Triallylphosphat u. einem Peroxydkatalysator, z. B. Benzoylperoxyd, worauf man auf dem Gut durch Erwärmen polymerisiert. (**A. P. 2 660 542** vom 26/11. 1948, ausg. 24/11. 1953.) MÖLLERING. 8037

Veenendaalsche Stoomspinnerij & Weverij N. V., Veenendaal, Holland, *Verkleben von Gewebestreifen.* Beide Gewebestreifen werden streifenförmig mit Klebstoff überzogen u. so verklebt, daß die klebenden Streifen einander kreuzen. Das Material bleibt dann trotz einem guten Verkleben luftdurchlässig. (**Dän. P. 75 206** vom 15/5. 1950, ausg. 29/12. 1952.) JÜRGEN SCHMIDT. 8039

Dunlop Rubber Co. Ltd., London (Erfinder: **Evelyn William Madge** und **Kenneth George Burridge**, Sutton Coldfield), England, *Herstellung plüschartiger Stoffe* durch Bindung von Fasern an eine Unterlage vermittels eines Bindemittels (**I**). Man überzieht die Unterlage mit einem **I** aus einem Polymeren oder Mischpolymeren des Vinylchlorids u. einem Weichmacher, das durch Erwärmen in einen porösen, gelartigen Zustand übergeht, streut die Fasern auf u. erhitzt. **I** kann vor dem Aufbringen in Schaumform gebracht werden, oder es kann ihm ein Treibmittel, das sich beim Erwärmen unter Gasentw. zers., z. B. Dinitropentamethylentetramin, zugesetzt werden. Die Fasern können durch ein elektrostat. Feld senkrecht zu der Unterlage ausgerichtet werden. (**D. B. P. 888 836** Kl. 81 vom 21/6. 1951, ausg. 3/9. 1953. **E.** Prior. 20/6. 1950.) v. SCHILLER. 8039

Gruppo Finanziario Tessile Reparto, Italien, *Klebemittel zum Aufbringen von Textilfasern auf starre oder flexible Materialien,* bestehend aus in Terpentin gelöstem Harz auf der Basis Glycerin–Phthalsäure; der Lsg. kann noch ein Pigment u. ein Siccativ zugegeben werden. (**F. P. 989 882** vom 29/6. 1949, ausg. 14/9. 1951. It. Prior. 26/6. 1947.) DEMMLER. 8041

Textile Oils Ltd., Cecil Walter André Mundy, Rotherhithe, und **Ronald Herbert Henry Morley,** Altrincham, England, *Schmälzmittel für Wolle,* bestehend aus einem Gemisch von Mineralöl u. einem Teilester (mit bis zu 2 freien OH-Gruppen), der aus einem Glykol (Glycerin, Pentaerythrit) bzw. einem gesätt. oder ungesätt. Polyoxy-KW-stoff bzw. einem Glykoläther besteht, der sowohl mit einer Wollfettsäure (mit weniger als 10 C-Atomen) als auch mit einer unverzweigten gesätt. oder ungesätt. (Oxy-) Fettsäure oder cycl. Naphthensäure verestert sein kann. Kunstseide kann ebenfalls mit diesen leicht auswaschbaren Gemischen aviviert werden. (**E. P. 674 829** vom 3/4. 1947, ausg. 2/7. 1952.) SALZMANN. 8061

Monsanto Chemical Co., St. Louis, Mo., übert. von: **Oscar P. Cohen,** Watertown, Mass., V. St. A., *Behandlung gezwirnter Eiweißgarne,* bes. *Wolle,* mit wss. Dispersionen, die 2—16 (%) thermoplast. Harzteilchen (**I**) u. 1—4 eines aliphat. Mercaptoalkohols (**II**) (2—6 C) enthalten. Wenn der Zwirn 1—6 **II** durch Rk. gebunden hat, entfernt man so viel der Dispersion, daß 1—10 **I** im Zwirn verbleiben, u. fixiert durch Trocknung. Als **I** eignen sich Polyvinyl- oder -vinylidenharze, die im trockenen Zustand nicht klebrig sind. — Geeignet ist z. B. eine wss. Dispersion mit 5 (%) Polyvinylbutyral u. 1,5 Mercaptoäthanol. Die Imprägnierung erfolgt bei 37—66°. (**A. P. 2 642 332** vom 1/10. 1948, ausg. 16/6. 1953.) MÖLLERING. 8061

Phrix-Werke Akt.-Ges., Hamburg (Erfinder: **Josef König** und **Werner Matthaes,** Krefeld), *Künstliche hohle Cellulosefäden* aus einer Spinnlsg., die neben wasserunlösl., unverseifbaren u. 0,5% öl- oder wachsartigen Stoffen sowie wasserlösl. Emulgatoren noch Stoffe enthält, welche unter der Einw. des Fällbades noch Gase entwickeln, z. B. Alkalicarbonate oder -bicarbonate. (**D. B. P. 908 660** Kl. 29b vom 28/2. 1950, ausg. 8/4. 1954. Anmeldung bekanntgemacht 20/8. 1953. **Zusatz zu D. B. P. 896 843; C. 1954. 9192.**) SALZMANN. 8075

Algemeene Kunstzijde Unie N. V., Arnhem, Holland, *Behandlung von Gebilden aus regenerierter Cellulose.* Man behandelt z. B. Fäden, Gewebe, Strickwaren u. dgl. in Ggw. einer organ. Säure, z. B. Oxalsäure (**I**), mit einer wss. Lsg. eines aliphat. Dialdehyds mit 3—4 C-Atomen zwischen den die endständigen Aldehydgruppen tragenden C-Atomen, z. B. mit α-Oxyadipinaldehyd (**II**). Eine geeignete Behandlungslsg., we 8% **II** u. 0,6% **I** enthält, gewinnt man durch Vermischen von 147 g einer 55%ig. diss. Lsg. von **II** mit 300 cm^3 Dioxan, Verdünnen mit W. auf 1000 cm^3 u. Zusatz von

6 g I. Das zu behandelnde Material wird in die 50—60° warme Lsg. getaucht, bei ca. 50° getrocknet u. danach 3—4 Min. auf 110—120° erhitzt. Durch diese Behandlung soll die Schrumpfneigung erheblich unterbunden werden ohne Verschlechterung der sonstigen physikal. Eigenschaften. (**Oe. P. 177 758** vom 4/4. 1952, ausg. 10/3. 1954. A. Prior. 24/7. 1951.) HEYNE. 8075

Metallgesellschaft Akt.-Ges. (Erfinder: **Wolfhart Siecke**), Frankfurt/M., *Aufarbeitung des in den Viscosefällbädern anfallenden Glaubersalzes*, dad. gek., daß man zweistufig arbeitet u. das Na_2SO_4 vor der Red. bei Tempp. von 32° u. darüber schm. u. in feinverteilter Form auf das feinkörnige Reduktionsmittel (Feinkohle) aufbringt, worauf die Red. in einer gesonderten Stufe erfolgt. (**D. B. P. 909 622** Kl. 29b vom 4/11. 1943, ausg. 22/4. 1954. Anmeldung bekanntgemacht 6/8. 1953.) SALZMANN. 8075

Courtaulds Ltd., London, England, *Celluloseacetatfäden* durch Ausstoßen einer wss. essigsauren Lsg. von Celluloseacetat in ein sowohl CH_3COOK als auch CH_3COOH enthaltendes wss. Bad u. Regenerierung des Fällbades (Rückgewinnung von CH_3COOH, Rückführung einer CH_3COOK-Lsg. zum Bad), dad. gek., daß die abgezogene Bad-Fl. in eine Kammer geleitet wird, die mindestens auf die Schmelztemp. der Salzkomponente erhitzt wird (297°), wobei die Fl. in eine hauptsächlich aus geschmolzenem CH_3COOK bestehende fl. Phase u. eine aus einem Gemisch von CH_3COOH u. W. bestehende Dampfphase übergeführt wird. — Zeichnung. (**Schwz. P. 293 662** vom 17/1. 1951, ausg. 16/12. 1953. E. Prior. 19/1. 1950.) SALZMANN. 8077

Courtaulds Ltd. (Erfinder: **Robert Louis Wormell** und **Emlyn Williams**), London, England, *Künstliche Gebilde aus tierischen oder pflanzlichen Proteinen.* Die gewaschenen Fäden werden in ein Cyansäureanionen bildende Verbb. enthaltendes Bad gebracht, wobei die Anionen bildenden Verbb. auf dem Formling das Äquivalent der sauren Rückstände des Proteins nicht wesentlich übertreffen, u. das behandelte Gebilde dann bei erhöhter Temp., bes. bei 50—90°, getrocknet. (**D. B. P. 906 847** Kl. 29b vom 12/12. 1951, ausg. 18/3. 1954. Anmeldung bekanntgemacht 23/7. 1953. E. Prior. 13/12. 1950. **Zusatz zu D. B. P. 842 827; C. 1953. 471.**) SALZMANN. 8079

Karl Heinrich Aust, Premnitz, *Herstellung von aus dem gefärbten Schmelzfluß gegesponnenen Fäden, Fasern, Folien, Bändchen und dergleichen aus synthetischen linearen Hochpolymeren.* Die Schmelze des Hochpolymeren wird durch ein aus Sieben u. Filtersand bestehendes Spinnfilter gepreßt, wobei der Sand mit dem Farbstoff gemischt oder der Farbstoff auf dem Sand aufgebracht ist, u. dann durch die Spinndüse versponnen. — Man mischt 25 cm^3 Quarzsand, der durch ein 400 Maschen-Sieb zurückgehalten wird, mit 25—75 g Farbstoff (TiO_2, Permanentrot R extra) u. bringt auf die Siebpackung des Filtergefäßes. (**D. P. [DDR] 1949** Kl. 29b vom 22/1. 1952, ausg. 8/10. 1952 [Wirtschaftspatent].) PANKOW. 8081

Celanese Corp. of America, Del., V. St. A., übert. von: **James Wotherspoon Fisher** und **Edward William Wheatley**, Spondon, England, *Kunstharze* erhält man durch Erhitzen eines Gemisches aus CH_2O, einer mit CH_2O Harze bildenden Verb. u. einem Dihydrazid einer Dicarbonsäure, z. B. der Adipin-, Pimelin-, Kork-, Azelain-, Sebacinsäure. — 300 (Teile) Adipinsäuredihydrazid u. 16 Harnstoff in 1000 W. werden sd. mit 680 CH_2O-Lsg. (35,4%ig) umgesetzt. Die Lsg. geliert beim Abkühlen. Das Gel wird zerkleinert u. bei 100—110° getrocknet. Das erhaltene Harz zers. sich bei 280° u. ist in heißem W. u. CH_3OH unlösl.; es eignet sich zur *Herst. von Filmen u. Fäden*, die leicht anfärbbar sind. (**A. P. 2 597 467** vom 3/7. 1948, ausg. 20/5. 1952. E. Prior. 22/7. 1947.) MÖLLERING. 8081

Monsanto Chemical Co., St. Louis, Mo., V. St. A., *Spinnlösung aus Polyacrylnitril* (I). Ein Mischpolymerisat aus 86—99 (%) I u. 1—14 eines Vinylesters seiner Monocarbonsäure mit 1—6 C-Atomen, vorzugsweise Vinylacetat, wird in 1—30 W. u. 70—99 Nitromethan gelöst u. trocken (Luft, N_2, O_2, CO_2, CH_4) oder naß (W., A., Glycerin, Salzlsgg.) versponnen. Die Spinnlsg. kann kleine Mengen thermoplast. lösl. härtbare Harze, Proteine oder Cellulosederivv. enthalten. (**E. P. 692 782** vom 3/1. 1950, ausg. 17/6. 1953. A. Prior. 6/1. 1949.) SALZMANN. 8081

Chemstrand Corp., Philadelphia, Pa., V. St. A., *Polymerengemisch für Spinnzwecke.* Eine wss. Emulsion von polymerem Acrylnitril (I) (oder mindestens 90% I im Mischpolymerisat), hergestellt in Ggw. von Alkalipersulfat, wird mit einer mindestens 15%ig. wss. stabilen Emulsion eines polymeren tert. Amins mit doppelter Bindung (II), z. B. 2- bzw. 4-Vinylpyridin, 5-Äthyl-2-pyridin oder Vinylchinolin ($p_H > 7$), hergestellt mittels eines Emulgiermittels (Alkalioleat bzw. -stearat), gefällt u. filtriert. (**E. P. 692 455** vom 27/4. 1951, ausg. 3/6. 1953. A. Prior. 26/5. 1950.) SALZMANN. 8081

J. J. Branigan, Textiles. 2nd rev. edn. London: Longmans. 1954. (64 S. m. Abb., Mappen.) 3 s. 6 d.
Robert Wighton Moncrieff, Artificial fibres. 2nd ed. New York: Wiley. 1954. (467 S. m. Abb. ,Diagr.) $ 6,00.

XIX. Brennstoffe. Erdöl. Mineralöle.

Robert Migdalewicz, *Die Ruhrkohle.* Geologie des Ruhrgebietes. Vorräte u. Förderung der verschied. Kohlenarten. Handelsübliche Sorten. Eigenschaften. Verbrauch der verschied. Wirtschaftszweige in Österreich. (Montan-Rdsch. **2.** 9—11. Jan. 1954. Wien.) F. SCHUSTER. 8126

—, *Untersuchungen über die Struktur der Steinkohle.* 10. Mitt. *Untersuchungen vom organisch-chemischen Standpunkt aus.* 11. Mitt. *Verfahren der statistischen Aussagen, abgeleitet aus analytischen Daten der Steinkohle.* Krit. Übersicht über die Forschungsergebnisse. (J. Fuel Soc. Japan. [Nenryo Kyokwai Shi] Sect. 2. **32.** 179—94. März 1953. [Orig.: japan.]) SCHULER. 8126

Maximilian Lang, *Dampfüberhitzung und CO_2-Gehalt bei Übergang von Kohle auf Heizöl.* Wird ein für Kohlefeuerung erstellter n. Kessel mit Heizöl betrieben, so läßt sich feuerungstechn. ein höherer CO_2-Geh. einstellen, der aber wegen geringerer Strömungsgeschwindigkeiten zu niedrigeren Überhitzungstempp. führt, wodurch die erzeugte Arbeit sinkt. Es kann daher zweckmäßig sein, die Dampftemp. dadurch zu erhöhen, daß man den CO_2-Geh. im Abgas durch Verbrennung mit feuerungstechn. an sich nicht notwendigen, größeren Luftüberschüssen herabsetzt. (Brennstoff. Wärme. Kraft **6.** 51—53. Febr. 1954. Hamburg-Harburg.) F. SCHUSTER. 8128

D. W. Gillings, *Gewinnung und Verwertung des Methans aus Kohlenzechen.* Inhaltlicht ident. mit der in C. **1952.** 6633 referierten Arbeit. (Proc. chem. Engng. Group Soc. chem. Ind. **34.** 7—14. 1952.) P. ECKERT. 8130

R. Cheradame, *Über die Verwendung von französisch-saarländischen langflammigen Kohlen zur Erzeugung von metallurgischem Koks. Anwendungsmöglichkeiten der entsprechenden Methoden in Lateinamerika.* Besprochen werden: a) die in Thionville durchgeführten Verss., bei denen ohne besondere Techniken das Verhältnis der lothring. Kohlen in der Mischung erhöht wird; b) die Verss. in Carling mit Mischungen, die vorwiegend lothring. Kohle enthalten; bei diesem Verf. wird Koksstaub zugesetzt u. eingestampft; c) die Verss. in Marienau mit einem großen Verhältnis an lothring. Kohle; bei diesem Verf. wird Halbkoks in Staubform hinzugefügt, u. die Beschickung des Ofens erfolgt im Trocknen; d) die Verss. in Thionville nach dem Verf. von BÜRSTLEIN gehen aus von einer selektiven Zerkleinerung der verschied. lothring. Kohlenfraktionen, aus denen die Beschickung besteht. (Combustibles [Zaragoza] **13.** 3—11. Jan./Febr. 1953.) PISTOR. 8144

Friedrich Totzek, *Restlose Vergasung von Kohlenstaub.* Bebilderter Bericht über die in Typpi Oy (Finnland) 1952 erbaute *Koppers*-Anlage zur restlosen Vergasung von Kohlenstaub. Tabellar. Wiedergabe von Betriebsergebnissen. (Coke and Gas **16.** 89—96. März 1954.) K. O. MÜLLER. 8148

F. Guyomard, *Experimentaluntersuchung über die Spaltung von Kohlenwasserstoffen in Gegenwart von Wasserdampf oder Kohlendioxyd.* Während Gleichgewichte physikochem. leicht berechnet werden können, ist über die Zus. von Reaktionsgasen bis zur Gleichgewichtseinstellung, also über die Geschwindigkeiten, im allg. wenig bekannt. Mit einem Reaktionsrohr, das mit mehreren wassergekühlten Ableitungen versehen war (Vermeidung von Nach-Rkk. bei der Probenahme), wurden folgende Mischungen auf die zeitliche Veränderung untersucht: C_3H_8 +1,5 H_2O 950°, C_3H_8 +2,5 H_2O 950°, C_3H_8 +4 H_2O 850°, C_3H_8 +3 CO_2 1100°, C_3H_8 +2 CO_2 1000°, C_7H_{13} +5,5 H_2O 900° (Gasöl), C_7H_{13} +7 H_2O 950° (Gasöl), C_7H_{13} +13 H_2O 950° (Gasöl). Die Umsetzungen führten zu Zwischengasen, die techn. für Versorgungszwecke brauchbar sein können. (J. Usines Gaz **78.** 210—17. Juni 1954.) F. SCHUSTER. 8156

Georges Houdaille, *Versuch zur Vorfilterung von Stadtgas mit Hilfe von halbausgebrauchter Aktivkohle für die Entbenzolung.* Durch Vorfilterung konnte die Lebensdauer der Aktivkohle für die Entbenzolung verlängert u. das mit ihr gewonnene Bzl. verbessert werden. Auch steigt die tatsächliche Ausbeute an Benzol. (Chim. et Ind. **71.** 713—22. April 1954.) F. SCHUSTER. 8170

Th. Reis, *Möglichkeiten der Verwendung von Naturgas.* Technik der Fernleitung u. Speicherung des Naturgases. Verwendung als Brennstoff u. für chem. Zwecke. Abscheidung von H_2S aus unreinen Naturgasen unter S-Gewinnung. Übersicht amerikan. Firmen, die aus Naturgas chem. Prodd. herstellen. (Techn. Appl. Pétrole **9.** 3214—15. 3218—19. 3222—23. Mai 1954.) F. SCHUSTER. 8186

T. Rice, J. K. Carpenter und **C. D. Ackerman,** *Halbtechnische, in der Flüssigphase arbeitende katalytische Spaltanlage.* Beschreibung der Arbeitsweise einer ca. 0,24 m^3 Rohöl täglich durchsetzenden Versuchsanlage an Hand von Bildern u. Diagrammen. Es ist nur ein einfacher Durchsatz vorgesehen, um die Vergiftung von Katalysatoren, die Bewertung von Versuchskatalysatoren u. durchzusetzenden Rohölen zu prüfen. Mit Hilfe von Wechselbeziehungen können Ergebnisse über Rückpumpen in der Flüssigphase von mit Katalysatoren versetzten Ausgangsmaterialien vorausgesagt werden. (Ind. Engng. Chem. **46.** 1558—61. Aug. 1954. Pittsburgh, Pa., Gulf Res. & Devel. Co.) K. O. MÜLLER. 8196

G. Avico und **N. Tcherkezoff,** *Phosphor als Dop für Schmiermittel.* An Hand bes. der Patentliteratur (130 Hinweise) haben Vff. die organ. Phosphorverbb., die eine Rolle als Dop oder Additiv bei Schmiermitteln spielen, nach ihrem chem. Aufbau klassiert. Besonderer Wert ist auf die Verbb. gelegt, die als Hochdruckzusatzmittel Bedeutung erlangt haben. (Rev. Inst. franc. Pétrole Ann. Combustibles liquides **9.** 51—66. Febr. 1954.) K. O. MÜLLER. 8220

Maurice du Parquet, *Über die Apparate zur Veranschaulichung der Fettschmierung.* Es werden die verschied. App. kurz beschrieben u. die Möglichkeiten zu ihrer Anwendung aufgezeigt. — 12 Schrifttumsangaben. (Techn. Appl. Pétrole **8.** 2894—96, 2898, 2900—02. Nov. 1953.) ROSENDAHL. 8222

H. Walther, *Dielektrische Messungen an bituminösen Stoffen.* Vf. untersuchte die DKK. von Bitumen, Teeren u. Gemischen derselben mit dem Ziel einer analyt. Verwendung u. möglicher Folgerungen auf den strukturellen Aufbau. Nach Klärung der Begriffe wurde Methodik u. verwendete App. (Dielkometer) beschrieben. Während bei 25° die DK. der Erdölbitumen nur um 2,5 schwankt, streuen bei Steinkohlenteeren u. -pechen die Werte nach Herkunft, Herst. u. Konsistenz erheblich stärker (3,25—3,55), wobei die DK mit steigendem Ölgeh. zunimmt. DK-Messungen an Mischungen bituminöser Stoffe erwiesen die Brauchbarkeit für die Stabilitätsprüfung der letzteren. Die Ermittlung sogenannter Dispersionskurven beim Aufschmelzen bituminöser Stoffe ist geeignet zur Charakterisierung von Stoffgruppen. Kennzeichnend ist dabei die Breite der sogenannten Dispersion, das heißt des Temperaturintervalls, innerhalb dessen die DK. von ihrem stat. Wert bei niedrigen Frequenzen zum opt. Wert bei hohen Frequenzen absinkt, u. die Differenz dieser beiden Werte, die sogenannte Dispersion. Durch Messung der DK. von Benzolextrakten von Bitumen–Teer-Gemischen bei 5° (Bereich geringster Streuung) ist die Best. des Bitumengeh. bis 10% mit ±2—5%, bei 10—30% mit ±0,25% Genauigkeit möglich. Bei Pechgemischen, wie sie bes. bei den Steinkohlenteer-Sonderpechen vorliegen, lassen sich weitgehende Zusammenhänge zwischen den Dispersionskurven u. dem plast. Verh. der Peche erkennen. Zum Schluß wird auszugsweise über eine C. **1950.** II. 2388 ausführlich wiedergegebene mathemat. statist. Auswertung der Dispersionskurven berichtet. (Bitumen, Teere, Asphalte, Peche verwandte Stoffe **1.** 210—13. 240—44, 271—73, 295—96. 1950.) F. HEINRICH. 8224

F. F. Zitscher, *Merkmale der Verwendung von Asphalt im Wasserbau.* Nach Hinweis auf die im Vgl. zum Straßenbau etwas andersartigen Vorteile des Asphalts im Wasserbau werden die techn. Anwendungen im Erdwasserbau an Beispielen geschildert. — 9 Literaturhinweise. (Erdöl u. Kohle **7.** 215—18. April 1954. Husum.) F. HEINRICH. 8228

L. Taubert, *Vergleichende Gegenüberstellung verschiedener Methoden zur Bestimmung geringer Phenolmengen im Hinblick auf die Kontrolle der Abwasserbeseitigung.* (J. Usines Gaz **78.** 134—41. 15/4. 1954.) F. SCHUSTER. 8242

K. W. Schneider und **R. Oberkobusch,** *Die Analyse von Phenolgemischen unter Anwendung der Rektifikation und Chromatographie.* Zur Analyse eines in einer techn. Anlage gewonnenen Xylenolgemisches wurden die Rektifikation u. die Chromatographie benutzt. Durch Vermessung der Gleichgewichte folgender 2-Stoffsysteme: Phenol (**I**)/o-Kresol (**V**), **I**/m-Kresol (**VI**); 1.4.5-Xylenol (**II**)/1.3.5-Xylenol (**III**); 1.3.5-Xylenol/1.2.4-Xylenol (**IV**) u. Berechnung der Aktivitätskoeffizienten konnte gezeigt werden, daß sich die Oxybenzole bei der Dest. ideal verhalten. Für die Berechnung der Aktivitätskoeffizienten wurden die Dampfdruckkurven von **II**, **III** u. **IV** neu bestimmt. Neben theoret. Unterss. über die Wanderung von Reinstoffen in Adsorbersäulen wurden Adsorptionsverss. mit definierten Zweistoffgemischen angestellt, bei denen der große Vorteil der Chromatographie gegenüber der Rektifikation bei der Trennung von Stoffen mit nahe beieinander liegenden Siedepunkten aufgezeigt werden konnte. Es wurde an Al_2O_3 nach BROCKMANN chromatographiert, dessen Aktivität durch kurzes Aufschlämmen mit W. u. 3 Std. Trocknen bei 110° abgeschwächt worden war. Die Sichtbarmachung der Zonen erfolgte durch vorherige Imprägnierung des Adsorptionsmittels mit schwefelsaurer, alkoh. Chininsulfatlsg. (Einzelheiten im Original). Eluiert wurde mit PAe. (30—50°); PAe./Ae.-Gemisch (98:2 bis 50:50 Vol.-%); Benzin/Bzl. (1:1). Die beste Trennung wurde durch möglichst vollständige Elution erzielt. Die bei der Unters. anfallenden Zweistoffgemischproben wurden im wesentlichen unter Benutzung von Schmelzpunktsdiagrammen analysiert. Es wurde folgende Reihenfolge der untersuchten Oxybenzole an der Adsorbersäule von oben nach unten festgestellt: p-Kresol, **VI**, **V** p-Äthylphenol, m-Äthylphenol, **III**, 1.3.4-Xylenol, **II**, 1.2.3-Xylenol 1.3.2-Xylenol. 2.3.5-Trimethylphenol wird schwächer adsorbiert als symm. Methyläthylphenol; 2.4.5-Trimethylphenol schwächer als 5-Oxyhydrinden. Bei Verwendung von Aktivkohle als Adsorptionsmittel ist die Trennwrkg. geringer. Die Rangordnung der Adsorption ist oft umgekehrt wie die an Al_2O_3. Z. B. wird **V** an Aktivkohle stärker als p-Kresol adsorbiert. (Brennstoff-Chem. **32.** 110—17. 18/4. 1951. Hannover, Inst. für Erdölforschung.) WALTER. 8246

A. Bryson und **W. F. Pickering,** *Die Bestimmung der Kohlenfeuchtigkeit mit dem Karl-Fischer-Reagens.* Die Meth. besteht in einer Titration mit dem KARL-FISCHER-Reagens, das eine Mischung aus J_2, SO_2 u. Pyridin (C_5H_5N) darstellt, wobei die pulverisierte Kohlenprobe ca. 15 Min. in Methanol suspendiert wird. Das Methanol extrahiert die Feuchtigkeit aus der Kohle u. reagiert mit dem KARL-FISCHER-Reagens unter Abspaltung von 2 J-Ionen, welche bei der potentiometr. Titration den Endpunkt durch Beginn eines elektr. Stromflusses durch Galvanometer anzeigen. Es werden Pt-Elektroden mit einer EMK. von 50—200 mV verwandt. (J. Inst. Fuel **25.** 28—30. Jan. 1952.) H. SCHÖBERL. 8246

A. Seuthe, *Chlorbestimmung in festen Brennstoffen durch Verbrennung im Sauerstoffstrom.* Das Verf. zur S-Best. in festen Brennstoffen durch Verbrennung im O_2-Strom ist auch für die Cl-Best. geeignet. Das an Alkali gebundene Cl wird durch die Verbrennung frei gemacht u. in einer H_2O_2-Lsg. zu HCl umgewandelt. Es hat sich gezeigt, daß bes. für höhere Cl-Gehh. Absorptionsgefäße mit feinerer Gasverteilung zu verwenden sind. Statt der bisherigen Titrationsmeth. nach VOLHARD ist die einfachere Meth. nach VIEBÖCK angebracht, die die Best. von Cl u. Br auf acidimetr. Wege unter Verwendung von Quecksilberoxycyanid ermöglicht. Es werden der Arbeitsvorgang beschrieben u. Angaben der NaCl-Gehh. verschied. Flözproben des östlichen Ruhrgebietes gemacht. (Brennstoff-Chem. **34.** 241—42. 19/8. 1953.) H. SCHÖBERL. 8246

A. B. Densham, D. J. Langston und **G. Gough,** *Die Analyse von Pyridinbasen aus Steinkohlenteer durch Infrarot-Absorptionsspektroskopie.* An Hand der Infrarotspektren von *Pyridin* (**I**), *α-Picolin* (**II**), *β-Picolin* (**III**), *γ-Picolin* (**IV**), *2.6-Lutidin* (**V**), *Pyrrol* (**VI**) werden Basenfraktionen aus Steinkohlenteer quantitativ analysiert. Die zur Analyse notwendigen Schlüsselbanden werden angegeben. Die untersuchte **I**-Fraktion enthielt 1% **II**, die **II**-Fraktion 2,6% **I** u. 0,2% **VI**, eine höhersd. Fraktion bestand aus einer Mischung von **II**, **III**, **IV** u. **V**. Daten der Beleganalysen im Original. (J. chem. Soc. [London] **1952.** 2433—35. Juni. Fulham, S. W. 6, North Thames Gas Board, Fulham Labor.) W. LÜTTKE. 8248

F. W. Fritchard und **W.-H. Walton,** *Gasanalyse für die Zeche. Neue Arbeiten in der Forschungszentrale des N. C. B.* Zur Verfeinerung des CH_4- u. CO-Nachw. in Grubenluft wurde ein Entnahmegerät aus Duraluminium konstruiert, welches bei 35 cm^3 Inhalt über 500 cm^3 Gas unter einem Druck von 10 „phz" aufnehmen kann, welches sich durch eine aufgesetzte Vorr. auf beliebigen Druck entspannen läßt. Man kann jetzt mit einem Infrarotanalysator gegenüber früher Bestimmungen von CH_4 u. CO bei bis zu 10facher Verd. mit einer Genauigkeit von $\pm 10^{-6}$ ausführen. — Der Verbrennungsanalysator M. S. A., Typ 8, wurde modifiziert, um die Temp. der Pt-Fäden regulieren zu können, womit sich der ungünstige Einfl. des CO_2 auf die CH_4-Best. ausschalten läßt. (Rev. Ind. minérale **33.** 963—66. Dez. 1952.) FRÜHWALD. 8250

—, *Automatische Untersuchungseinrichtung für Öloxydation.* An Hand von Abbildungen wird die neue App. eingehend beschrieben. Die Meth. beruht darauf, daß O_2 bei erhöhter Temp. durch ein Öl perlt. Die verbrauchte Menge O_2 wird gemessen. Ausführliche Angaben über die Durchführung der Versuche. Analysenbeispiele oder dgl. werden nicht gegeben. (Petroleum Processing **8.** 1524—27. Okt. 1953.) ROSENDAHL. 8252

Charles Wankat und **J. G. Gatsis,** *Die Bestimmung des Gesamtstickstoffs in Petroleumdestillaten durch katalytische Hydrierung.* Es wird eine Meth. zur Best. von 1—100 p. p. m. N in Petroleumdestillaten beschrieben. N wird in Ggw. eines Ni-Kieselgurkatalysators durch H_2 in einem rotierenden 3,6 Liter-Hochdruckautoklaven mit Glaseinsatz bei einem Druck von 750 lbs./sq. in. in 4 Std. bei 450° zu NH_3 hydriert, NH_3 an saurem Al_2O_3 im Gemisch mit dem Katalysator adsorbiert u. nach KJELDAHL bestimmt. Je Ansatz wurden 100 g Al_2O_3 in Plätzchen, 50 g UOP Ni-Kieselgurplätzchen (UOP-Universal Oil Products) u. 1 ml tert. Butylchlorid verwendet. Letzteres spaltet unter den Bedingungen der Rk. HCl ab, der die Adsorption des NH_3 am Al_2O_3 erleichtert. Die Menge der Analysensubstanz hängt vom Geh. an N u. S ab. Sie muß u. a. so bemessen sein, daß der Katalysator, der durch S vergiftet wird, im Überschuß vorhanden bleibt. Folgende Richtwerte wurden ermittelt. a) S-haltige Destillate: Gesamt-S in %, Substanzmenge in ml: 0,01—0,1% ca. 1000 ml; 0,1—0,5% ca. 500 ml; 0,5 bis 2% ca. 250 ml; >2,0% ca. 200 ml. b) Gesamt-N in p. p. m., Substanzmenge in ml: 0—20 ca. 1000 ml; 20—50 ca. 500 ml; >50 ca. 250 ml. Nach Beendigung der Hydrierung, Abkühlung auf Zimmertemp. u. Entspannung wird filtriert, der Autoklav mit je 50 ml dest. W. 2 mal gespült u. Spülwasser u. fester Rückstand quantitativ in einen 800 ml-KJELDAHL-Kolben übergeführt. Das Vol. wird auf 400 ml aufgefüllt, im Eisbad gekühlt, 80 ml gekühlte 50%ig. NaOH-Lsg. zugegeben u. in eine Vorlage mit 25 ml gesätt. H_3BO_3-Lsg. dest., bis das Vol. in dieser ca. 250 ml erreicht. Eine gelegentlich in der Vorlage auftretende KW-stoffschicht wird vorsichtig dekantiert u. NH_3 mit 0,1 n H_2SO_4 gegen Methylpurpur (0,1%ig. wss. Lsg.) bis zum gerade sichtbaren Umschlag von grün über grau nach purpurrosa titriert. Der NH_3-Blindwert des Al_2O_3-Katalysatorgemisches wird vorher analog bestimmt. Bei mehr als 2 p. p. m. N, bezogen auf Gesamtmenge Adsorbens im Ansatz, wird Erhitzen des Al_2O_3 (16 Std.) auf 1200° F (= ~649° C) empfohlen. Für sehr genaue Bestimmungen wird auch der bas. N in den hydrierten KW-stoffen durch Titration mit $HClO_4$ in nichtwss. Medium ermittelt. Er liegt meist unter 1% des Gesamt-N. Im allg. überstiegen die Drucke 200 at bei 450° nicht bis auf eine Analyse von Cyclohexan, bei der die Temp. entsprechend erniedrigt werden mußte. Bei der Bereitung synthet. Testgemische wurden Pyridin, 2-Methylpyrrol u. N-Äthylcarbazol als N-Verbb. verwendet. Der Einfl. organ. S-Verbb. wurde an KW-stoffgemischen mit Thiophen u. tert.-Hexylmercaptan untersucht. Die Hydrierung olefin. Doppelbindungen beeinflußt die Ergebnisse nicht. Zahlreiche Belegversuche. (Analytic. Chem. **25.** 1631—33. Nov. 1953. Riverside, Ill., Universal Oil Products Co.) H. HOFMANN. 8252

J. Revenda und **V. Szybinski,** *Beitrag zur analytischen Beurteilung von Säureharzen aus Mineralölen.* Nach eingehender Schilderung des Standes der Technik u. Anführung der den bekannten Methoden anhaftenden Mängel wird eine analyt. Einzelmeth. beschrieben, die für alle Säureharze von Mineralölen benutzbar ist u. die helfen soll, das Problem der Verwertung von Säureharzen u. Abfall-Laugen zu lösen. Beschreibung des Analysenganges. In der ersten Stufe wird die mit W. verd. Probe mit einem Gemisch Phenol–Bzl. angeschüttelt u. dann der mineral. Anteil, die Sulfosäuren u. die H_2SO_4 bestimmt. Analysen verschied. Raffinationsabfälle u. daraus hergestellter Prodd. sind tabellar. gebracht. — Literaturhinweise. (Chem. Techn. **6.** 284—87. Mai 1954.) K. O. MÜLLER. 8252

John H. Jordan, *Kupferbestimmung durch Flammenphotometrie.* Zur Cu-Best. in Bzn. wird das Cu mit verd. HCl extrahiert u. im Quarz-Spektrophotometer mit H_2-Flamme bestimmt. Das Untersuchungsverf. u. die Aufstellung von Eichkurven werden beschrieben. Die Arbeitszeit beträgt 15 Minuten. Tetraäthylblei, Farbstoffe u. Antioxydantien stören nicht, Fe stört weniger als bei den colorimetr. Verfahren. (Petroleum Refiner **33.** Nr. 3. 158. März 1954.) SYDOW. 8254

A. T. Watson, *Bestimmung des Gesamtaromatengehaltes in schweren Erdöldestillaten durch Anwendung einer modifizierten Silicageladsorptionsmethode.* Vf. modifiziert die von LIPKIN u. Mitarbeiter (C. **1949.** I. 1317) angegebene Meth. so, daß die Ausgangsprobe von 100 auf 5 cm³ red., die Nichtaromaten mit 200 cm³ n-Heptan eluiert (statt mit 2000 cm³ n-Petan) u. auf eine ständige Kontrolle des n_D während der Desorption verzichtet wird. — 5 g der zu untersuchenden Probe werden nach Verdünnung mit 15 cm³ n-Heptan durch eine mit 200 cm³ (mit 20 cm³ C_7H_{16} befeuchtetem) Silicagel (Korngröße 28—200 Maschen) beschickte Adsorptionskolonne filtriert u. alle Paraffine, Olefine u. Naphthene als „Nichtaromaten" mit 200 cm³ C_7H_{16} eluiert u. in einem sogenannten „Antikriechbecher" aufgefangen. Letzterer wird anschließend zur Verdampfung des C_7H_{16} 4 Std. in einen auf 125° F (51,7° C) u. 10 mm gehaltenen Vakuumofen gesetzt u. getrocknet. Nach Abkühlung u. Rückwägung läßt sich daraus der Geh. an Nichtaromaten u. daraus wieder der Aromatengeh. der Ausgangsprobe errechnen. Die vom Silicagel noch adsorbierten Aromaten plus Nicht-KW-stoffe (der Geh. an letzteren beträgt im allg. maximal ca. 1%) können, nachdem in der Kolonne das C_7H_{16} durch 50 cm³ Bzl. verdrängt wurde, mit 200 cm³ absol. A. eluiert u. wie vorst. behandelt u. gesondert bestimmt werden. Genauigkeit: ±1%. Die Meth. wird zweckmäßig bei Lösungsmittelextraktionen von Schmierölen u. schweren Rückstandsölen angewandt. (Analytic. Chem. **24.** 507—09. März 1952. Baytown, Tex., Humble Oil and Refining Co.) KLASSKE. 8256

—, *Die Bestimmung des Erweichungspunktes mit und ohne Rührwerk.* In der neuen Ausgabe der Prüfmethoden der A. S. T. M. wird in der „Tentative method E 28 bis 42 T" für die Best. des Erweichungspunktes nach dem „Ring- u. Kugelverf." ein mechan. Rührer verlangt, der früher nicht vorgesehen war, zur Sicherung einer stetigen u. gleichmäßigen Erwärmung des Bades. In der vorliegenden Arbeit wird nun über Verss. von KROM berichtet, die ausgeführt wurden 1. um die Notwendigkeit eines Rührwerkes zu klären u. 2. den Einfl. verschied. Bad-Fll., W. u. Glycerin, auf die Tempp. der Erweichungspunkte zu prüfen. KROM, der seine Verss. an Asphaltbitumenproben (mit Erweichungspunkten von 33—69° — Wasserbad) aus Mexiko, Venezuela, Mittelost u. Ägypten u. an härteren, behandelten (geblasenen u. a.) Proben aus Venezuela (mit Erweichungspunkten von 85—167° — Glycerinbad) zum Vgl. ausführte, kommt zu dem Ergebnis, daß Erweichungspunkte im Wasserbad gemessen, genauer sind als im Glycerinbad (nur mittlere Abweichungen von 0,26° u. eine Reproduzierbarkeit um ca. 1° im Wasserbad gegenüber 0,64° u. 3°). Dagegen weisen Bestimmungen mit (150—200 Umdrehungen/Min.) oder ohne Rührer nur geringe mittlere Unterschiede (1,6°, tiefer mit Rührer) auf; diese werden nicht für wesentlich gehalten. (Olii minerali, Grassi Saponi, Colori Vernici **28.** 39—41. März/April 1951.) WINGCHEN. 8262

H. A. W. Nijveld und **J. G. Hirs,** *Gummi-Bitumen-Mischungen zur Röhrenisolierung.* Bericht über die von der holländ. „Centrale Corrosie Commissie" (Mitt. Nr. 45. [1948.] Okt.) aufgestellten Forderungen an die Eigg. vom Bitumen zur Röhrenisolierung (u. a. Erweichungspunkt R. u. K. 90—125°, Druckprobe: Stempel von 1 cm^2 unter 2,5 kg 24 Std., weniger als 17 mm eindrückend) u. über den Einfl. von Altgummizusätzen (Autoreifenmehl, 98% feiner als 1 mm, 46% feiner als 0,42 mm Korndurchmesser) auf die Eigenschaften. Einen Maßstab für die Eignung eines Altgummimehls als Zusatz gibt die Penetrationserhöhung einer 3 Std. auf 170° erhitzten Kautschukbitumenmischung 1:9. (Bitumen, Teere, Asphalte, Peche verwandte Stoffe **5.** 31—33. Febr. 1954. Delft [Holland], Rubber Stichting.) F. HEINRICH. 8262

E. C. Knowles, F. C. McCoy, H. E. Schweyer und **C. E. Wilkinson,** *Ölausschwitzung von Asphalten.* Es wurde eine Testmeth. ausgearbeitet, die es gestattet, in einem weiten Bereich von Asphalten, deren Ölausscheidung in Abhängigkeit von Temp., Zeit, physikal. Eigg., Herst. u. Art des zu ihrer Gewinnung verwendeten Rohöls quantitativ zu bestimmen. Dazu wurde eine Vorr. konstruiert, in welcher Zigarettenpapierstapel dem Untersuchungsmaterial unter Gasdruck bei geregelter Temp. 48 Std. lang ausgesetzt werden. (Ind. Engng. Chem. **42.** 2340—43. Nov. 1950.) FRÜHWALD. 8264

C. U. R. A. Patents Ltd., London, England (Erfinder: **Ian Gordon Cumming Dryden**), *Kohleextrakte.* Bituminöse Kohle bzw. Glanzkohle wird mit einem fl. aliphat. oder araliphat. Amin, das wenigstens eine prim. NH_2-Gruppe enthält u. eine Viscosität von höchstens 30 Centipoisen bei der Behandlungstemp. aufweist, wie n-Propylamin, Isopropylamin, n-Dodecylamin, Monoäthanolamin, Äthylendiamin, Hexamethylendiamin, Polyalkylenpolyamin, Benzylamin oder β-Phenyläthylamin, unter n-Druck u. einer Temp. bei oder unterhalb des F. des Amins extrahiert, wobei sich eine Lsg. bildet, die von dem unlösl. Material abgetrennt wird. Diese kann in W. dispergiert werden u. ist als solche u. auch in Form der wss. Dispersion für die Herst. von *Schutzanstrichen* auf Metall, Keramik oder Glas verwendbar. Die Überzüge sind hart, wasserabstoßend u. in organ. Fl. u. W. schwerlöslich. Auch kann der Extrakt aus der Extraktlsg. durch Eindampfen oder Ausfällen mit Säuren oder einer organ. Fl., wie Bzn., $CHCl_3$ oder CCl_4, isoliert werden. (**E. P. 649 279** vom 12/2. 1948, ausg. 24/1. 1951.) HERBST. 8139

Dominique Jean Baptiste Grasso, Belgien, *Herstellung von Wasserstoff* aus C-haltigem Material, das nicht der teuere Koks zu sein braucht, u. Wasserdampf, indem der *Wassergasprozeß* nicht unter Atmosphärendruck, sondern bei höherem Druck (z. B. 5, 10 oder 30 at) durchgeführt wird. (**F. P. 992 828** vom 1/6. 1949, ausg. 23/10. 1951.) DEMMLER. 8153

Soc. Civile d'Étude des Brevets Hycar, Paris, Frankreich (Erfinder: **Ch. Pierre**), *Brechen von wässerigen Erdölemulsionen* durch Zusatz eines Netzmittels im Überschuß. Als Netzmittel kommen bes. Salze, Seifen u. Ester in Betracht, z. B. Diglyceride, wie Distearin, Diolein, Dipalmitin, Diarachidin, Dimyristin, ferner Dicetylphosphat, Dilaurylphosphat, Monooleylphthalat u. Monocetylphthalat, sowie die entsprechenden Ester der Citronen- u. Oxalsäure. (**F. P. 1 000 571** vom 5/3. 1946, ausg. 13/2. 1952.) M. F. MÜLLER. 8191

Anorgana, Gendorf, Deutschland (Erfinder: **Theodor Klönne** und **Harry Meyer**), *Trennung von Mineralöl-Wasseremulsionen.* Man behandelt sie mit wss. Lsgg. von Phosphaten aliphat. Amine mit mehr als 6 C-Atomen. — Z. B. versetzt man 100 (Gewichtsteile) Schweröl mit 10 einer 1%ig. wss. Lsg. von Stearylamin oder einem entsprechenden Gemisch von Cocosnußfettsäureamiden, die man mit 5—30 Mol Äthylenoxyd behandelt u. mit H_3PO_4 zu prim. Phosphaten umgesetzt hat. (**F. P. 1 034 712** vom 27/12. 1950, ausg. 30/7. 1953. D. Prior. 27/12. 1949.) OPPERMANN. 8191

Sun Oil Co., Philadelphia, übert. von: **Patrick F. Dougherty**, Chester Heights, und **Lloyd G. Magill**, Parkland, Pa., V. St. A., *Reinigung von Raffinationsanlagen*. Zur Beseitigung von Kesselstein oder Ablagerungen aus einem Fraktionierturm, der mit senkrecht eingebauten Glockentellern versehen ist, um darauf Fl. zurückzuhalten, leitet man eine wss. Reinigungslsg. (Beizmittel, Salzsäure, Alkalilauge) in den Kopf des Turmes u. gleichzeitig ein inertes Gas in dessen Boden, das man durch die Glocken aufsteigen läßt; dabei findet eine Durchrührung der Reinigungslsg. u. der Ablagerungen statt, wobei die Mischung über die Ränder der Glockenteller spült u. nach unten fließt. Man zieht sie vom Boden des Turmes ab. — Zeichnung. (**A. P. 2 662 042** vom 1/2. 1950, ausg. 8/12. 1953.) UNGER. 8193

Socony-Vacuum Oil Co., Inc., New York, N. Y., übert. von: **Vladimir A. Kalichevsky** und **Hansford Lee Sandlin**, Beaumont, Tex., V. St. A., *Entschwefeln von Phenolen*. Alkylphenole u. Mercaptane enthaltende KW-stoff-Fraktionen, die bei der Spaltung von Erdölen anfallen, werden mit wss. Ätzalkali behandelt. Die Phenolate u. Mercaptide enthaltende Ätzalkalilsg. wird mit 0,05—1,0% eines Hypochlorits, wie Ca-Hypochlorit, versetzt, worauf bei ca. 130—160°F Luft, zweckmäßig bei erhöhtem Druck, durch die Lsg. geblasen wird. Hierbei findet Oxydation der Mercaptane zu Polysulfiden statt, die in der Lsg. unlösl. sind u. abgetrennt werden. Die alkal. Lsg. wird in üblicher Weise durch Zugabe von H_2SO_4 oder Einleiten von CO_2 auf freie Phenole verarbeitet. Die Oxydation der Mercaptane wird durch die Ggw. von katalyt. Mengen Hypochlorit wesentlich beschleunigt. (**A. P. 2 617 833** vom 3/10. 1950, ausg. 11/11. 1952.) SCHWECHTEN. 8195

Aktiebolaget Separator Nobel, übert. von: **Ben Braae**, Stockholm, Schweden, *Extraktion wasserstoffreicher Verbindungen aus Mineralölen und fetten Ölen* mittels eines perfluorierten KW-stoffs mit mindestens 3 C-Atomen (Perfluormethylcyclohexan, Perfluorpentan u. a.). Es bildet sich eine Raffinatphase, die hauptsächlich die H_2-armen Verbb., u. eine Extraktphase, die die H_2-reichen Verbb. enthält. Man arbeitet bei Tempp., in denen Öl u. Lösungsm. nur teilweise mischbar sind, in Ggw. eines 2. Lösungsm. (aromat. KW-stoffe, chlorierte KW-stoffe, Äther, Ester, Aldehyde), welches bei Extraktionstemp. mit dem Öl mischbar, jedoch mit dem 1. Lösungsm. nur teilweise mischbar ist u. trennt die beiden Phasen. (**A. P. 2 649 467** vom 30/3. 1950, ausg. 18/8. 1953. Schwed. Prior. 5/4. 1949.) UNGER. 8195

Texas Co., New York, übert. von: **William E. Skelton**, und **Howard V. Hess**, Beacon, **George B. Arnold**, Glenham, und **Boyd L. Mahan**, Beacon, N. Y., V. St. A., *Entparaffinieren von Ölen* mit Harnstoff (**I**) in fester Form bei 75—125°F in Ggw. einer kleinen Menge eines polaren Lösungsmittels. Es bildet sich ein Gemisch, bestehend aus dem krist. Komplex (**II**) aus Paraffin u. **I**. Man filtriert **II** von dem entparaffinierten Öl u. dem polaren Lösungsm. ab u. gewinnt das Lösungsm. von dem Öl zurück. Den abgetrennten **II** zers. man in Bzl. bei 150—200°F, wobei sich eine Lsg. von Paraffin in Bzl. u. festem **I** bildet, den man abfiltriert. Man erhält einen paraffinfreien Kuchen von **I**, der etwas Bzl. zurückhält. Man mischt den Kuchen mit dem polaren Lösungsm. u. bringt die Mischung mit frischem Behandlungsgut zusammen. — Zeichnung. (**A. P. 2 661 317** vom 17/3. 1949, ausg. 1/12. 1953.) UNGER. 8195

Phillips Petroleum Co., Del., übert. von: **Lloyd C. Morris** und **Fredrick M. Smith**, Bartlesville, Okla., V. St. A., *Olefinfreie Kohlenwasserstoffmischungen*, bestehend vorwiegend aus Naphthenen u. aromat. KW-stoffen (**I**), erhält man aus *olefinhaltigen Spaltprodd. von Erdölfraktionen* des Siedebereiches 250—500° durch Zumischen eines niedrigsd. **I** im mol. Überschuß, z. B. alkyliertem Bzl.; man treibt anschließend nicht umgesetzten **I** ab u. fraktioniert den verbleibenden Teil in schwersd. Bestandteile u. in eine Mischung von KW-stoffen, die als Lösungsm. verwendet werden. — Zeichnung. (**A. P. 2 604 494** vom 29/12. 1945, ausg. 22/7. 1952.) G. KÖNIG. 8197

Pure Oil Co., Chicago, Ill., übert. von: **Christopher A. Murray**, Nederland, Tex., V. St. A., *Entfernen kohlenstoffhaltiger Ansätze aus chemischen Apparaturen*. Man behandelt die verunreinigten Oberflächen mit einer mindestens 85%ig. Abfallschwefelsäure, die bei der Alkylierung von Isoparaffinen anfällt, bei Tempp. über 150°F u. wäscht mit Wasser. Man kann auch auf diese Weise Ansätze entfernen, die neben kleinen Mengen organ. Stoffe Metalloxyde, -sulfide oder -salze enthalten. (**A. P. 2 643 205** vom 27/12. 1949, ausg. 23/6. 1953.) SCHWECHTEN. 8197

I. G. Farbenindustrie Akt.-Ges., Frankfurt/M. (Erfinder: **Hans Häuber** und **Fritz Winkler**, Ludwigshafen/Rh.), *Thermische Behandlung von Kohle von Kohlenwasserstoffen, besonders Spaltung und/oder Polymerisation der letzteren* erfolgt bei hohen Tempp., wobei die Kohleabscheidung verhindert wird, indem die Oberflächen der zur Rk. verwendeten Gefäße aus einem hochlegierten Chromstahl mit einem Si-Geh. >1 (%), bes. bis 3, z.B. 30—31 Cr, ca. 67—68 Fe, 1,39 Si bestehen. — Aus Propan entsteht bei 840° eine Mischung aus 10 höhermol. Olefine, 28 C_2H_4, 15 H_2, 6 CH_4-Homologen, 41 CH_4 u. ein an Bzl. reiches Prod., Kp. bis 200°. (**D. R. P. 756 064** Kl. 12o vom 9/11. 1935, ausg. 9/11. 1953.) KRAUSS. 8197

Badische Anilin- & Soda-Fabrik Akt.-Ges., Ludwigshafen/Rh. (Erfinder: **Mathias Pier**, Heidelberg, **Gerhard Free** und **Wilhelm von Füner**, Ludwigshafen/Rh.), *Herstellung niedrigsiedender Kohlenwasserstoffe aus höhersiedenden Kohlenwasserstoffen durch katalytische Spaltung.* in Ggw. von H_2 bei 350—500° u. 2—100 at. Die Betriebsdauer des Katalysators wird verlängert u. die Klopffestigkeit u. Ausbeute der Benzine erhöht, wenn zur Herst. des Katalysators akt. Tonerde (**I**) oder Al-Hydroyd (**II**) mit einem Metall oder einer Verb. eines Metalls der Fe-Gruppe versehen u. vorher oder nachher mit F_2 oder einer flüchtigen F-Verb. behandelt wird. **II** kann am besten aus Aluminatlsg. durch Zusatz von Säure bis $p_H < 7$ gefällt u. nach Vortrocknung mit einer Säure zu einem Teig peptisiert, oder aus Al-Sulfat- oder -Sulfitlsg. bei Tempp. oberhalb 50°, bes. 75—100°, bei p_H 7—10, bevorzugt in Ggw. von Chloriden oder Nitraten des Zn, Mg, Cd, Be, Ca, Sr u. Ba hergestellt u. mit wss. NH_3 bei 60—100° nachbehandelt werden. **I** u. **II** werden naß oder trocken mit Fe, Co, Ni oder deren Salzen (als Lsg.) gemischt oder getränkt bis zu einem Geh. von 40%, bes. 2—20%, Metall, bezogen auf **I** oder **II**, gewaschen, getrocknet u. gegebenenfalls auf 400—800° erhitzt; dann wird bei n. oder erhöhter Temp. mit F_2, H_2F_2 oder NH_3F behandelt, statt dessen können **I** oder **II** zunächst naß oder trocken mit F_2 usw. behandelt u. dann mit dem Metall gemischt oder getränkt werden. Der fertige Katalysator kann (bes. zur Reformierung neben der Spaltung) als Träger für Metalle, Oxyde oder Sulfide der 5. u. 6. Gruppe (bes. Mo, Cr, W, V sowie Pt, Pd, Ru) dienen. (**D. B. P. 886 897** Kl. 12o vom 24/8. 1951, ausg. 17/8. 1953.) W. HEROLD. 8197

Universal Oil Products Co., Chicago, übert. von: **Joseph A. Chenicek**, Bensenville, Ill., V. St. A., *Stabilisieren organischer Verbindungen.* Bekannte Antioxydationsmittel (**I**) werden zur Erhöhung ihrer Wirksamkeit zusammen mit quartären NH_4-Alkoxyden (**II**), quartären NH_4-Phenoxyden (**III**) oder quartären NH_4-Benzyloxyden (**IV**) verwendet. Die **I** werden den zu stabilisierenden Verbb. in Mengen von 0,001—0,1% u. die quartären Verbb. in Mengen von 0,0001—0,1% zugesetzt. Als **I** kommen in Betracht p-Aminophenole u. p-Phenylendiamine, wie N-n-Butyl-p-aminophenol u. N.N'-Di-sek.-butyl-p-phenylendiamin, u. ferner Alkylphenole, wie 2.4-Dimethyl-6-butylphenol. Als **II** eignen sich Benzyltrimethylammoniummethoxyd u. Tetramethylammoniumbutoxyd; als **III** u. **IV** sind verwendbar Benzyltrimethylammoniumphenoxyd u. Benzyltripropylammoniumbenzyloxyd. Die Mittel eignen sich zum *Stabilisieren von Treibstoffen, Mineral-, Schmier- u. Dieselölen, Butadien*, u. bes. von *eßbaren Fetten* u. von *Spalt-* u. *Polymerbenzinen.* (**A. P. 2 633 415** vom 21/2. 1949, ausg. 31/3. 1953.) SCHWECHTEN. 8205

Ruhrchemie Akt.-Ges., Oberhausen (Erfinder: **August Hagemann**, Duisburg), *Herstellung klopffester Benzine*, die durch CO-Hydrierung unter Führung der Synthesegase im Kreislauf erhalten wurden, durch Behandlung der Benzine in der Dampfphase bei 200—350° mit Bleicherde. (**D. R. P. 766110** Kl. 23b vom 20/8. 1940, ausg. 10/5. 1954.) UNGER. 8207

Nuodex Products Co., Inc., Elizabeth, N. J., übert. von: **Arthur Minich**, Mountainside, und **Milton Nowak**, Union, N. J., V. St. A., *Gelierungsmittel für KW-stoffe*, bestehend aus Al-Mischseifen von Tallöl- u. Cocosnußfettsäuren, die in der Wärme in Bzn. oder Kerosin gelöst werden u. beim Erkalten gelieren. (**A. P. 2 618 596** vom 7/6. 1950, ausg. 18/11. 1952.) DERSIN. 8211

Ruhrchemie Akt.-Ges. (Erfinder: **Otto Roelen**), Oberhausen, *Abführung der bei der Kohlenoxydhydrierung entstehenden Wärmemengen* durch indirekten Wärmeaustausch mit umlaufenden, syntheseeigenen Fraktionen vom Siedebereich 200—320°, die die Wärme z. B. an Dampfkessel übertragen, dad. gek., daß man die als Kühl-Fl. verwendeten KW-stoffe fortlaufend oder absatzweise durch frisch erzeugte synthet. Öle ersetzt u. die abgestoßenen Kühlmittelmengen in den Synthesekreislauf zurückführt. Dadurch wird eine Verharzung des Kühlmittels vermieden u. eine gasdichte Trennung von Synthese- u. Kühlmittelraum ist nicht erforderlich. — Ein bei 230° betriebener Syntheseofen braucht eine Kühlmittelfüllung von 4,1 t Dieselöl u. erzeugt täglich 2 t fl. Prodd. mit 30% *Dieselöl*, von dem 10% = 60 kg täglich als Kühlmittel durch den Ofen geführt wird, so daß der gesamte, im Ofen umlaufende Kühlmittelvorrat nach 70 Tagen erneuert ist. (**D. B. P. 885 699** Kl. 12o vom 9/1. 1940, ausg. 6/8. 1953.) W. HEROLD. 8213

Gulf Oil Corp., Pittsburgh, Pa., übert. von: **Herschel G. Smith**, Wallingford, **Troy L. Cantrell**, Lansdowne, Pa., und **John G. Peters**, Audubon, N. J., V. St. A.,

Verhinderung der Schlammabscheidung in Heizölen. Man setzt diesen 0,001—5% eines Reaktionsprod. folgender Herst. zu: 1 (Mol) Erdalkali- oder Mg-Hydroxyd wird mit 2—4 CH_2O auf 160—200° F erhitzt u. bei gleicher Temp. mit 0,5—1 Anilin u. 2—4 eines Monoalkylphenols mit 4—12 C-Atomen in der Alkylkette, z. B. p-Tetramethylbutylphenol (I), kondensiert. Analoge Verwendung des durch Kondensation von 1 NH_4OH, 1—5 CH_2O u. 1—4 I bei 200° F erhaltenen Produkts. (**A. PP. 2 656 259** u. **2 656 260** vom 28/8. 1950, ausg. 20/10. 1953.) DERSIN. 8217

Ruhrchemie Akt.-Ges., Oberhausen (Erfinder: **Karl Clar** und **Paul Kühnel**, Oberhausen, und **Klaus Geiser**, Duisburg), *Verbesserung der Eigenschaften von Schmierölen*, die durch Kondensation von ungesätt. KW-stoffen mit Metallhalogeniden ($AlCl_3$ oder $AlCl_3$-Doppelverb.) erhalten wurden. Sie werden nach beendeter Kondensation, Abtrennung des Katalysators u. Entfernung entstandener Spaltprodd. mit kleinen Mengen des Kondensationsmittels oberhalb 140° nachbehandelt. (**D. R. P. 757 619** Kl. 23b vom 10/8. 1937, ausg. 29/4. 1954.) UNGER. 8221

L. Sonneborn Sons, Inc., übert. von: **Jacob Faust**, Belleville, N. J., V. St. A., *Herstellung eines Mineralöl–Seifen-Schmierfettes.* Ein Gemisch von Mineralschmieröl u. einer Fettsäure, z. B. Talg- oder hydrierter Fischölfettsäure, wird mit einer Emulsion von Petroleum–Mahoganisulfonat u. W., in der Erdalkalihydroxyd oder LiOH suspendiert ist, bis zur Beendigung der Verseifung verkocht. (**A. P. 2 695 659** vom 6/1. 1951, ausg. 17/11. 1953.) DERSIN. 8223

XXI. Leder. Gerbstoffe.

W. O. Nutt, *Die moderne Praxis der Lederzurichtung.* 3. Mitt. *Über den Aufbau der Ausrüstungen.* (2. vgl. C. **1952**. 6794.) In einer allg. verständlichen Darst. werden die wichtigsten Lederzurichtmethoden (z. B. Glanzlackzurichte) beschrieben. In diesem Zusammenhang wird die Verwendung von Kunstharzen u. Kunstharzemulsionen (hauptsächlich Acrylsäurederivv.) besprochen sowie auf die Rolle u. Funktionen des Binders näher eingegangen. (Leather Trades' Rev. **103**. 133—35. 9/1.; 297—300. 6/2. 1952.) H. G. FRÖHLICH. 8338

M. M. Sklowski, *Die Herstellung von Chromschweinsleder.* Vgl. der einzelnen Fabrikationsprozesse verschied. Betriebe unter bes. Berücksichtigung der Entfettung (auch der Borsten), die bereits beim Weichen anzufangen hat, u. der Trocknung. (Легкая Промышленность [Leicht-Ind.] **14**. Nr. 5. 23—25. Mai 1954.) v. SCHROEDER. 8340

Harold B. Whiting, *Das Ankleben und Trocknen von Leder.* Es wird das *Pastingverf.* zum Trocknen von Leder beschrieben. (Leather Manufacturer **71**. Nr. 7. 7—8. 10—18. Juli 1954. Philadelphia, Pa., Röhm & Haas Comp.) H. G. FRÖHLICH. 8340

W. I. Alexejenko, B. Ja. Kipniss, A. I. Badanina und **G. I. Kolossowa**, *Die Herstellung von Kunstleder nach Methoden der Gummiindustrie.* Bei der bisher gebräuchlichen Meth. der Kunstlederherst. werden die Füllmassen (zerkleinerte Lederabfälle u.a. mit Lsgg. von Kautschuk in Bzn. gemischt. Um die Verwendung von Bzn. zu ersparen, haben Vff. eine größere Reihe von Verss. angestellt u. empfehlen folgendes Verf.: Die feuchten (mit 32—38% W.) Fasern werden mit Lacköl, Polydienen u. Ölsäure durchgearbeitet u. dann mit Kautschuk, Kolophonium, Ruß, Captax, ZnO, S u. Thiuram auf Walzen bearbeitet, wobei die M. eine Temp. haben muß, bei welcher sie noch nicht erkaltet ist. Der Kraftverbrauch ist etwas höher, da die M. zäher als bei Verwendung von Bzn. ist. Das so hergestellte Kunstleder hat die gleichen Eigg. wie das mit Bzn. hergestellte. (Легкая Промышленность [Leicht-Ind.] **14**. Nr. 4. 12—15. April 1954.) v. SCHROEDER. 8352

Je. Ss. Owetschkiss und **R. K. Epstein**, *Eine Methode zur laboratoriumsmäßigen Bewertung von Bodenleder für Nagel- oder Nähzwecke.* Vff. geben ein Verf. zur Best. der Biegsamkeit von Bodenleder an. Die Muster werden in einen Rahmen gespannt, der in die Maschine zur Best. der Reißfestigkeit eingesetzt wird. Durch Druck werden die Enden der Muster einander genähert u. der dazu erforderliche Druck im Maximum dient als Maß der Biegsamkeit der Leder. (Легкая Промышленность [Leicht-Ind.] **14**. Nr. 4. 19—21. April 1954.) v. SCHROEDER. 8368

René Oehler, Rockville, und **Joseph R. Kanagy**, Silver Spring, Md., V. St. A., *Imprägnieren von Leder mit Kautschuk.* Von der Narbenseite des Leders wird eine dünne Schicht von ~1 mm abgespalten, worauf das Leder bei 50—80° in eine Lsg. von Kautschuk getaucht wird, die eine Konz. von ≧ 30% u. eine Viscosität von 6 bis 160 Sek. im GARDNER-Blasen-Viscosimeter hat. (**A. P. 2 647 840** vom 3/11. 1950, ausg. 4/8. 1953.) OVERBECK. **8341**

René Oehler, Rockville, Md., V. St. A., *Imprägnieren von Leder mit Kautschuk.* Das Leder wird ~3 Std. lang in eine Lsg. von Kautschuk getaucht, der mechan. oder chem. so weit abgebaut ist, daß er als 30%ig. Toluollsg. eine Viscosität (I) von $\leq$80 Sek. im GARDNER-Blasen-Viscosimeter (II) hat, so daß die Imprägnierlsg. bei einer Konz. von $\geq$30% eine I von 6—160 Sek. im II hat. Die Imprägnierung kann auch bei 50—80° erfolgen. (**A. P. 2 647 844** vom 3/11. 1950, ausg. 4/8. 1953.) OVERBECK. 8341

Andrews-Alderfer Co., Akron, O., übert. von: **Robert D. Thompson, Sterling W. Alderfer** und **Alfred Bosshard,** Akron, O., V. St. A., *Kunstleder.* Es besteht aus einer Schicht aus vulkanisiertem Schaumgummi (I) einer Gewebeauflage (II) auf diesem u., einer Schicht aus einem synthet. Harz (III). Bei der Herst. wird II auf die 1. Schicht aufgebracht, bevor diese vulkanisiert ist. I dringt dabei in die Zwischenräume von II ein u. verbindet sich beim Vulkanisieren fest mit dieser. III wird anschließend entweder auf I in plast. Zustand aufgebracht u. gehärtet oder als Folie aufgeklebt. — Zeichnung. (**A. P. 2 629 678** vom 11/11. 1950, ausg. 24/2. 1953.) v. SCHILLER. 8353

Rudolf Kupfer, Versuche zur Imprägnierung von Leder mit Polyvinylalkohol. St. Gallen: EMPA. 1951. (25 S.) fr. 4,—.

XXII. Leim. Klebstoffe usw.

Monsanto Chemical Co., St. Louis, Mo., übert. von: **Karl B. Daniloff,** Seattle, Wash., V. St. A., *Stabilisieren von Caseinleim.* Man setzt zu 10—30 (%)ig., mit Borax hergestellten Caseinlsgg. 1—5 Na-Salz des Monochlorphenylphenols in ca. 0,25—1 Na-Salz von Pentachlorphenol. (**A. P. 2 662 026** vom 16/4. 1949, ausg. 8/12. 1953.) LÜTTGEN. 8385

Josef Andreas Linder, Dornbirn, Vorarlberg, *Herstellung eines Wasch-, Schaum- und Klebemittels* aus den Abfallprodd. der Maisverarbeitung auf Glucose. Die verhornten Teile des Maiskornes werden bes. mit Warmwasser zum Schwellen gebracht u danach in einer für die Herst. von Kleberleim an sich bekannten Weise mit NaOH oder KOH behandelt. Nach 2—3 Std. ist eine völlige Auflösung der Hartteile eingetreten, worauf man noch 1—2 Tage reifen läßt, um ein vollständig homogenes Prod. zu erhalten. (**Oe. P. 175 959** vom 14/2. 1951, ausg. 10/9. 1953.) M. F. MÜLLER. 8385

United States of America, übert. von: **Jett C. Arthur jr.,** Metairie, und **Joseph T. Hogan,** New Orleans, La., V. St. A., *Klebstoff,* bes. zur Herst. von Sperrholz, bestehend aus einer wss. Dispersion von extrahiertem Baumwollsamenmehl (I) (N-Geh. >70%) in wss. NaOH (p_H 11,5—12,5), 10—20 (%) Wasserglas, 10—20 $Ca(OH)_2$ u. 1—2 Trichloressigsäure, berechnet auf I. (**A. P. 2 662 023** vom 18/5. 1951, ausg. 8/12. 1953.) LÜTTGEN. 8385

Elektrochemische Fabrik Kempen-Rhein Dr. Brandenburg & Weyland G. m. b. H. (Erfinder: **Fritz Hess**), Kempen/Ndrh., *Aufschluß von Lederabfällen,* bes. Chromlederabfällen. Die Abfälle werden unter milden alkal. Bedingungen auf *Leim* verkocht, so daß ca. 60—80% der Gesamtmenge verleimt werden. Der Rückstand wird durch schärfere alkal. Verkochung in niedrigmol. Eiweißprodd. übergeführt, die durch Kondensation mit Fettsäuren u. Sulfonsäuren auf *capillarakt.* Substanzen verarbeitet werden können u. sich zur Herst. von Schaumlöschmitteln u. Flotationsmitteln eignen. (**D. B. P. 867 048** Kl. 53i vom 18/12. 1951, ausg. 16/2. 1953.) KRANZ. 8385

American Cyanamid Co., New York, N. Y., übert. von: **Donald G. Patterson,** Darien, Conn., V. St. A., *Widerstandsfähige, beständige Bindemittel* aus Harnstoff–CH_2O-Harz, die nicht vorzeitig gelieren. Das Harz wird mit einer Furan-Verb., wie Furfurylalkohol oder Furfurol, vorsichtig bis auf ca. 90° in Ggw. von 5—15% eines Alkohols, wie Methanol oder A., erhitzt. (**A. P. 2 634 255** vom 23/9. 1949, ausg. 7/4. 1953.) GRÄGER. 8389

Th. Goldschmidt Akt.-Ges., Essen, *Verleimungsfilme aus Harnstoff* (I) *und* CH_2O. Ein in Ggw. geringer Mengen H_3PO_4 durch Erhitzen erhaltenes Vorkondensat aus CH_2O u. I wird, gegebenenfalls nach Zusatz von Härtungsmitteln, auf Papier oder dgl. als Unterlage aufgebracht u. dann durch stufenweises Erwärmen zu einem Film optimaler Klebeigg. vergütet. (**E. P. 702 975** vom 19/11. 1951, ausg. 27/1. 1954. D. Prior. 8/12. 1950.) MÖLLERING. 8389

Union Carbide & Carbon Corp., New York, N. Y., übert. von: **Kenneth Vernon McCullough,** Plainfield, und **Lewis Donald Maines,** Bloomfield, N. J., V. St. A., bzw. **Bakelite Corp.,** New York, N. Y., V. St. A., *Wärmehärtbares Holzporenfüllmittel,* bestehend aus einem durch Hitze härtbaren Harz (Phenol-, Harnstoff- oder Melamin-CH_2O-Harz), einem Pigment (Ruß, Fe_2O_3, Pb_3O_4, ZnO, TiO_2, Cr_2O_3, SiO_2, Gips, Ton, Asbest), einem fetten trocknenden, halb- oder nichttrocknenden Öl (Tung-, Lein-, Oiticica-, Fisch-,

Raps-, Ricinus- oder Olivenöl) in einer Menge, die den Absorptionswert des Pigments nicht übersteigt, u. einem flüchtigen Harzlösungsm., das mit W. mischbar ist (Glykole u. deren Äther), bes. mit einem Zusatz eines Katalysators (HCl, H_2SO_4). Geeignet ist ein Gemisch von 70—90 (Teilen) Harz mit 30—10 Öl. Mit dem Mittel wird Sperrholz unter Hitze u. Druck verleimt. (**A. P. 2 630 395** vom 6/6. 1947, ausg. 3/3. 1953. **E. P. 666 217** vom 27/5. 1948, ausg. 6/2. 1952, A. Prior. 6/6. 1947.) GRÄGER. 8389

XXIV. Photographie.

Gevaert Photoproducten, N. V., Belgien, *Sensibilisieren und Übersensibilisieren von photographischen Halogensilberemulsionen.* Man setzt den Emulsionen Farbstoffe von der allg. Formel $R-\overset{\cdots\cdots D\cdots\cdots}{N-(CH=CH)_n-C}=N-R'$ zu. Hierbei bedeutet D die zur Bldg. eines Cyaninringes nötigen Atome, n 0 oder 1, R Alkyl, substituiertes Alkyl, Aryl, Alkenyl, Alkylen u. R' eine Acyl- oder eine substituierte oder nicht substituierte Amidgruppe. — Man schm. z. B. 1 Std. bei ca. 180° ein Gemisch von 3,3 g N-Methyl-2-iminodihydrobenzothiazol u. 0,6 g Harnstoff u. extrahiert das gebildete Prod. mit kochendem Wasser. Den Farbstoff krist. man aus A. um. (**F. P. 979 853** vom 1/2. 1949, ausg. 4/5. 1951.) OPPERMANN. 8605

Eastman Kodak Co., übert. von: **Harry I. Davis**, Rochester, N. Y., V. St. A., *Kennzeichnung des Filmrohstoffs.* Der Filmmasse werden 0,0001 —0,002 % ihres Gewichts an *7-Diäthylamino-4-methylcumarin* zugesetzt. Dann fluoresciert sie bei UV-Bestrahlung purpurfarbig. Das Verf. dient zur Unterscheidung von Filmen aus verschied. Celluloseestern. (**A. P. 2 649 375** vom 26/10. 1950, ausg. 18/8. 1953.) KALIX. 8611

Kodak Ltd., London, übert. von: **Kodak-Pathé**, Paris, Frankreich, *Schutzschichten für photographische Bilder.* Eine 0,05—0,20 mm dicke Celluloseesterfolie, bes. eine solche aus Celluloseacetat, wird oberflächlich bis zu einer Tiefe von 0,005—0,03 mm verseift, angefeuchtet u. mit der hydrolysierten Seite auf eine ebenfalls angefeuchtete Gelatineschicht gepreßt, die ein photograph. Bild enthält, u. beides in zusammengepreßtem Zustande getrocknet. (**E. P. 644 814** vom 31/12. 1947, ausg. 18/10. 1950. F. Prior. 25/9. 1944.) A. KALIX. 8613

E. I. du Pont de Nemours & Co., Wilmington, Del., übert. von: **Jacob Quentin Umberger**, Holmdel, N. J., V. St. A., *Abziehschicht.* Als Zwischenlage zwischen lichtempfindlicher Schicht (I) u. Film (II) eine solche aus einem Acetat einer Polyoxyverb. verwendet, die eine größere Anzahl $-CH_2OH$-Gruppen enthält, bes. aus dem *o-Sulfobenzaldehydacetal von Polyvinylalkohol.* Die Löslichkeit einer solchen Schicht kann derart variiert werden, daß **I** u. **II** zu einem beliebigen Zeitpunkt während oder nach der Naßbehandlung voneinander getrennt werden können. Die Löslichkeit wird erniedrigt durch Behandlung der Schicht, bzw. des ganzen Films mit der Lsg. eines kationakt. Netzmittels (**III**), das eine KW-stoffkette von 8—20 C-Atomen besitzt; die Löslichkeit in kaltem W. wird wiederhergestellt durch Einw. eines anionakt. Netzmittels (**IV**) bei einem p_H-Werte von 6. — Beispiele für **III**: Trimethyldodecylammoniumbromid, Dimethylbenzylammoniumchlorid, Cetylpyridiniumbromid u. Gemische von verschied. **III**; Beispiele für **IV**: Na-, K-, NH_4-, Triäthylamin-, Triäthanolamin-, Cyclohexylamin- u. Piperidinsalze von Dodecyl-, Octadecyl- u. Oleylsulfat. Die Zwischenschicht ist bes. geeignet für **II** mit mehreren **I**, die getrennt u. nacheinander abgezogen werden sollen. (**A. P. 2 615 807** vom 11/2. 1949, ausg. 28/10. 1952.) KALIX. 8613

General Aniline & Film Corp., New York, N. Y., übert. von: **August H. Brunner jr.** und **Robert H. Zappert**, Binghamton, N. Y., V. St. A., *Regenerierung erschöpfter Silberbleichbäder.* Sobald in einem der üblichen Alkaliferricyanid–Alkalibromid-Bleichbäder colorimetr. oder potentiometr. festgestellt ist, das sich darin Ferrocyanid (I) in einer die Rk. verzögernden Menge gebildet hat, wird ein N-Mono- oder N-Dibromiertes, prim. Alkylamin, aliphat. oder aromat. Carbonsäureamid oder -imid, aromat. Sulfonamid oder Melamin in festem Zustande in solcher Menge zugegeben, daß einem Mol **I** 1 Mol Br-Verb., dividiert durch die doppelte Anzahl der darin vorhandenen Br-Atome entspricht. Bes. geeignet sind: N-Mono- u. N-Dibrombutyl-bis-heptylamin, N-Hexabromtriäthylentetramin, N-Bromacetamid, N-Bromharnstoff, N-Bromphthalimid, N.N'-Dibrom-N.N'-diphenylharnstoff, N-Bromphenylacetamid, N-Brom-p-toluolsulfonamid (**II**), N-Tribrom- u. N-Hexabrommelamin. — Beispiel: Zu 1 Liter Lsg. aus 100 g K-Ferricyanid, 15 g KBr, 25 g $NaHSO_4$ u. 40 g NaH_2PO_4 gibt man nach dem Ausbleichen von ca. 15 m 15 mm-Umkehrfilm 8,7 g **II**-Na u. so viel H_2SO_4, daß der ursprüngliche p_H-Wert wieder hergestellt wird. (**A. P. 2 611 700** vom 30/12. 1949, ausg. 23/9. 1952.) KALIX. 8619

Farbenfabriken Bayer, Deutschland, *Herstellung von positiven Bildern durch Diffusion.* Man taucht eine belichtete, negative Halogensilberemulsionsschicht, die eine stabilisierende Substanz u. eine organ. Entwicklersubstanz enthält, u. eine Schicht, die Na-Thiosulfat u. koll. Ag enthält, jede für sich in einen Entwickler, der ein Rhodanid (z. B. KCNS) oder Guanidin u. seine Derivv. u./oder Guanazol (3.5-Diimino-1.2.4-triazolidin) u. seine Derivv. enthält. Dann bringt man beide Schichten ca. 1 Min. in Kontakt u. trennt sie danach wieder voneinander. Man erhält in der koll. Ag enthaltenden Schicht ein positives Bild. (**F. P. 1 039 436** vom 6/7. 1951, ausg. 7/10. 1953. D. Priorr. 6/7. 1950 u. 7/5. 1951.) OPPERMANN. 8619

Eastman Kodak Co., übert. von: **George R. Clark** und **Lloyd F. Miller**, Rochester, N. Y., V. St. A., *Barytpapier für Photozwecke.* Die für die Barytage verwendete Gelatinelsg. erhält statt der üblichen Härtemittel (Formaldehyd, Chromalaun usw.) einen Zusatz von 1—6, bes. 2% Glyoxal, berechnet auf das Gewicht der trockenen Gelatine. (**A. P. 2 642 362** vom 18/3. 1949, ausg. 18/6. 1953.) KALIX. 8625

Kodak-Pathé, Seine, Frankreich, *Photographische Entwickler*, bes. zur Herst. von Farbbildern. Sie enthalten für die menschliche Haut unschädliche Entwicklersubstanzen [z. B. 4-Amino-N-äthyl-N-(N'-methyl-β-methylsulfonamidoäthyl)-anilin (**I**), -3-methylanilin, -m-phenetidin, 4-Amino-N.N-diäthyl-3-(N'-methyl-β-methylsulfonamidoäthyl)-anilin]. Ein solcher Entwickler hat z. B. die Zus.: Lsg. A: 1 (g) **I**, 0,5 Na_2SO_3, 20 Na_2CO_3, 1 KBr, gelöst in W. zu 1 Liter; Lsg. B: 2 g o-Chlorphenylphenol (Kuppler) u. 10 cm^3 10%ig. NaOH-Lösung. Beim Gebrauch gießt man Lsg. B in Lsg. A. (**F. P. 972 126** vom 23/6. 1948, ausg. 25/1. 1951.) T. OPPERMANN. 8631

Michel Berger, Jacques Deleuze, Daniel Monick und **Pierre Vimont**, Seine, Frankreich, *Additive Farbenphotographie.* Zur Aufnahme auf Linsenrasterfilm oder -platte wird vor dem Objekt ein kreisförmiges Filter angebracht, das 3 einfarbige (rot, grün u. blau) Querstreifen enthält, die durch schwarze Querstreifen getrennt u. eingerahmt sind. Nach der Belichtung findet eine Umkehrentw. statt, wobei zur Erzielung einer vollkommenen Diffusionsfreiheit den Bädern, bes. dem 1. Negativentwickler, ein Mittel, wie Genol, zugesetzt wird, das eine Verdünnung der lichtempfindlichen Schicht bewirken soll. Aufnahme- u. Wiedergabevorr. werden beschrieben. (**F. P. 1 020 602** vom 21/6. 1950, ausg. 9/2. 1953.) G. GROH. 8631

Chimicolor, Soc. Civile d'Études, Paris (Erfinder: **Albert François Thieuzard**), Paris, Frankreich, *Dreifarbenfilme.* Nachdem das rote u. blaue Teilbild auf beide Seiten eines Zweischichten-Halogensilberfilmes kopiert u. eingefärbt worden sind, wird die das

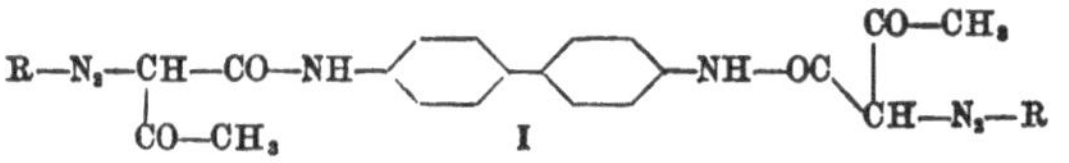

Rotbild tragende Schicht mit Bichromat wieder sensibilisiert, das Gelbbild daraufkopiert u. mit einem Farbstoff der Formel **I** abgefärbt, in der jedes R einen sulfonierten Bzl.- oder Naphthalinkern darstellt u. die Gesamtzahl der vorhandenen SO_3H-Gruppen mindestens 5 beträgt. (**D. B. P. 849 512** Kl. 57b vom 5/9. 1950, ausg. 15/9. 1952. F. Priorr. 12/5. 1944 u. 30/1. 1946.) KALIX. 8631

Eastman Kodak Co., übert. von: **Arnold Weissberger** und **Charles O. Edens jr.**, Rochester, N. Y., V. St. A., *Herstellung von Farbkupplern.* In bifunktionalen Zwischenprodd. (**I**) der allg. Formel $NH_2(CH_2)_n \cdot C_6H_4 NH_2$, in denen n = 1—10, bes. 1—5 ist, wird zuerst die Alkylaminogruppe acyliert u. dann die aromat. NH_2-Gruppe mit einem anderen Acylierungsmittel. Beispiele für **I**: m- u. p-Amino-β-phenyläthylamin, p-Amino-δ-phenylbutylamin. Die erste Acylierung muß mit einem Carbon- oder Sulfonsäureester ausgeführt werden, da nur ein solcher selektiv auf die Alkylaminogruppe einwirkt; zur 2. Acylierung werden Säureester oder Chloride benutzt, die eine solche Gruppe enthalten, die mit Reaktionsprodd. der üblichen Farbentwickler unter Farbstoffbldg. reagiert. — Beispiel: m-Amino-β-phenäthylamin wird zuerst 5 Std. unter Rückflußkühlung mit der äquimol. Menge Phenylmethansulfonat erhitzt u. das Reaktionsprod. (F. 85—86°) mit der äquimol. Menge Äthylbenzoylacetat in Xylol auf 150°. Es entsteht: *Benzoylacet-3-(β-methansulfonamidoäthyl)-anilid*, verwendbar als Farbkuppler für Gelb. In analoger Weise können folgende Anilide (**II**), Naphthamide (**III**) u. Pyrazolone (**IV**) gewonnen werden: *Benzoylacet-4-[β-(methansulfonamido)-äthyl]*-**II**, *4-[β-(Benzoylacetamido)-äthyl]-2'.4'-diamylphenoxyacet*-**II**, *Benzoylacet-4-[β-{2'-(2''.4''-diamylphenoxy)-5-(3'.5'-dichlorsulfonylbenzamido)-benzamido}-äthyl]*-**II**; *1-Phenyl-3-[β-(4'-acetamidophenyl)-äthylcarbamyl]*-**IV**-*(5)*; *1-Phenyl-3-[β-(4'-{2''-[2.4-diamylphenoxy]-5''-[3.5-dichlorbenzolsulfonylbenzamido]-benzamido}-phenyl)-äthylcarbamyl]*-**IV**-*(5)*; *1-Oxy-N-[β-(4'-acetamidophenyl)-äthyl]*-**III**-*(2)* u. *1-Oxy-N-[β-(4'-{2''.4''-diamylphenoxyacetamido}-phenyl)-äthyl]*-**III**. Strukturformeln aller Verbb. im Original. (**A. P. 2 589 004** vom 4/11. 1948, ausg. 11/3. 1952.) KALIX. 8631

Patentrückzitate.

Nachfolgend stehen diejenigen Patente, die nicht im Textilteil referiert sind, da ihr Inhalt bereits in einem Patent eines anderen Landes wiedergegeben wurde.

Die 1. Spalte enthält die Patentnummer.
Die 2. Spalte enthält das Land, in welchem das identische Patent herausgegeben ist.
Die 3. Spalte gibt die Nummer des identischen Patentes an.
Die 4. Spalte enthält die Zentralblattstelle, an der das identische Patent referiert ist und
die 5. Spalte gibt, soweit es die römischen Ziffern betrifft, die Untergruppen der Abteilung H. Angewandte Chemie bzw. F. Pharmazie oder G. Analyse an, z. B. heißt X, daß es sich um ein Patent handelt, das die Färberei betrifft. Bezüglich der römischen Kapitelnummern vgl. die Kapitelübersicht im Autoren- und Patentregister 1953.

Wichtig für den Benutzer!

Die in der Zusammenstellung der Patentrückzitate **1953**, Seite 9705—9726 u. **1954**, Seite 5909—5926 veröffentlichten Patente werden wie die nachfolgenden Patentrückzitate im Register der Patentnummern **1954** erfaßt.

Deutsche Patente [München] (D.B.P.).

813183	Schwz.	277133	C. 54.	627	III
832166	Eng.	677291	C. 54.	7025	III
833088	Amer.	2531535	C. 51. II.	585	III
840697	Amer.	2574759	C. 52.	8048	IX
843407	Schwz.	260298	C. 49. E.	1868	F
	Oest.	163613	C. 49. E.	1868	F
408	Schwz.	263974	C. 50. II.	2715	F
	Oest.	163435	C. 49. E.	1090	F
414	Eng.	670746	C. 54.	2714	X
846693	Eng.	651770	C. 53.	9317	IX
847936	Frz.	993783	C. 54.	1090	III
848818	Frz.	943728	C. 50. I.	758	F
849483	Eng.	674203	C. 53.	6400	XXI
851258	Amer.	2610169	C. 53.	6778	XIb
719	Amer.	2482546	C. 49.	1860	XXIV
853417	Schwz.	263579	C. 49. E.	1891	VI
854030	Oest.	163657	C. 49. E.	1644	XIV
578	Frz.	962226	C. 50. II.	2621	XIb
855116	Schwz.	284212	C. 54.	839	F
856666	Belg.	502232	C. 53.	3938	III
691	Eng.	665412	C. 53.	9239	F
857357	Eng.	655210	C. 52.	6128	IX
858547	Eng.	671919	C. 54.	6583	VIII
859001	Eng.	672014	C. 53.	2980	V
021	Oest.	172337	C. 54.	3108	IX
309	Frz.	974364	C. 54.	2272	IX
860268	Schwz.	262558	C. 49.	1974	XIb
861024	Eng.	682914	C. 53.	9008	XIb
613	Eng.	682541	C. 54.	3348	XIb
862038	Schwz.	282853	C. 53.	4099	III
517	Amer.	2542827	C. 52.	3093	XIb
960	Frz.	993791	C. 53.	4613	XIb
863411	Oest.	171730	C. 53.	1891	XIb
864425	Amer.	2585681	C. 53.	3800	X
454	Frz.	966981	C. 51. I.	664	XIb
866549	Amer.	2492498	C. 49. E.	1465	XIb
868490	Eng.	672874	C. 53.	5383	F
869955	Amer.	2611780	C. 53.	5577	IX
958	Amer.	2595767	C. 53.	5575	IX
870105	Amer.	2571884	C. 53.	6375	XIb
256	Frz.	966214	C. 51. I.	1073	IX
412	Amer.	2610198	C. 53.	4941	IX
555	Amer.	2557931	C. 53.	6374	XIb
712	Amer.	2605299	C. 53.	4923	III
871302	Amer.	2611775	C. 53.	7935	IX
872054	Eng.	678957	C. 54.	1151	XVIIIa
788	Schwz.	225155	C. 44. I.	1052	XVIII
947	Oest.	172935	C. 53.	5708	F
874310	Amer.	2589446	C. 54.	666	XIb
755	Amer.	2486961	C. 49. E.	1987	XVIIIb
875518	Frz.	945792	C. 49. E.	1579	IX
877364	Eng.	684459	C. 53.	5888	F
878275	Schwz.	255481	C. 49. E.	1979	XII
486	Schwz.	288720	C. 54.	2468	V
879456	Amer.	2606180	C. 53.	9242	F
880135	Eng.	679605	C. 53.	9311	IX
880214	Amer.	2602775	C. 53.	4440	VIII
445	Eng.	682210	C. 53.	5728	VII
459	Amer.	2492543	C. 49. E.	1099	III
881640	Amer.	2608464	C 53.	6552	V
662	Eng.	652748	C. 53.	4087	F
883151	Amer.	2491285	C. 49. E.	1530	F
599	Eng.	675798	C. 53.	9314	IX
884500	Schwz.	283657	C. 53.	8706	VII
885395	Amer.	2606875	C. 53.	4925	V
434	Eng.	694568	C. 54.	8183	III
696	Eng.	615566	C. 49. E.	1411	IX
704	Amer.	2619505	C. 53.	6939	F
843	D.[DDR]	1836	C. 54.	5124	F
992	Amer.	2610117	C. 53.	9607	VII
886591	Eng.	645768	C. 53.	8247	XVIIIb
931	Eng.	679096	C. 53.	9265	III
888619	Eng.	668466	C. 53.	3961	XIb
697	Oest.	174062	C. 53.	9633	IX
770	Schwz.	284070	C. 53.	4294	XIb
850	Eng.	681527	C. 53.	7926	IX
889150	Eng.	683460	C. 53.	7926	IX
890181	Eng.	658525	C. 53.	3966	XIV
504	Frz.	951224	C. 49. E.	1126	IX
700	Amer.	2613171	C. 53.	3928	F
891261	Eng.	642159	C. 54.	8170	F
892243	Frz.	991394	C. 53.	6372	XIb
264	Schwz.	282743	C. 53.	4114	VIII
444	Amer.	2567925	C. 53.	3643	XIa
827	Eng.	670394	C. 53.	5116	XII
898	D.[DDR]	504	C. 53.	3151	IX
966	Eng.	655068	C. 53.	8263	XIX
893195	Eng.	688976	C. 54.	168	V
198	Amer.	2600198	C. 53.	7935	IX
646	Amer.	2586590	C. 54.	4760	XIX
791	Amer.	2615895	C. 53.	6102	F
894554	Amer.	2491834	C. 49. E.	935	IX
895	Eng.	674909	C. 53.	4737	F
895594	Frz.	979722			
		u. 724	C. 53.	7662	IX
896943	Frz.	950583	C. 49. E.	1337	IX
984	Eng.	684766	C. 53.	5549	F
897405	Schwz.	281898	C. 53.	6314	F
	Amer.	2543972	C. 52.	262	F
698	Eng.	668419	C. 53.	8202	IX
742	Amer.	2479882	C. 49. E.	1373	III
898437	Eng.	669896	C. 53.	3020	XVIIIb
679	Amer.	2532622	C. 53.	7436	XVIIIa
899394	Amer.	2537982	C. 53.	3156	XIa
699	Amer.	2615026	C. 54.	6350	X
862	Schwd	133990	C. 53.	3138	VI
900095	Amer.	2594946	C. 53.	5575	IX
272	Amer.	2581454	C. 53.	8725	XIb
736	Eng.	674143	C. 54.	7099	XIX
901053	Eng.	681617	C. 53.	9314	IX
685	Amer.	2476644	C. 49. E.	1373	III
902170	Eng.	680968	C. 53.	6102	F

902664	Amer.	2559669	C. 54.	1831	X
849	Amer.	2601223			
		u. 224	C. 54.	6588	IX
935	Schwz.	282753	C. 53.	9700	XXIV
903089	Eng.	694036	C. 54.	6311	V
090	Eng.	694035	C. 54.	6311	V
319	Can.	485677	C. 53.	5443	XX
623	Eng.	675415	C. 53.	4414	F
904036	Eng.	664370	C. 52.	7715	III
220	Eng.	697536	C. 54.	7948	III
293	Amer.	2576083	C. 52.	5904	VII
417	Schwd.	127520	C. 51.	I. 2801	VIII
535	Eng.	685620	C. 54.	1589	IX
875	Eng.	656030	C. 52.	1227	VI
885	Schwd.	134537	C. 53.	7692	XVIIIb
905194	Frz.	970311	C. 52.	2071	VIII
414	Eng.	673477	C. 53.	1701	III
489	Eng.	695483	C. 54.	7469	F
527	Schwd.	131029	C. 52.	4553	XVIIIb
543	Eng.	654275	C. 53.	751	I
588	Schwd.	134796	C. 53.	7381	VI
613	Frz.	55351	C. 54.	3559	VIII
880	Schwz.	290897	C. 54.	7104	XXI
906144	Frz.	988323	C. 52.	5827	XII
330	Eng.	688178	C. 53.	7660	IX
455	Eng.	681387	C. 53.	7927	IX
652	Amer.	2588367	C. 53.	5759	XVIIIa
752	Schwz.	278946	C. 53.	1430	XXII
848	Amer.	2557993	C. 52.	6789	XVIIIb
998	Amer.	2500600	C. 52.	5658	XIb
999	Frz.	979605	C. 52.	2433	XIb
907163	It.	373752	C. 40.	II. 1904	XVIIIb
164	Schwz.	292383	C. 54.	6836	X
209	Amer.	2588970	C. 53.	7447	XIX
339	Oest.	175962	C. 54.	3849	XXI
417	Eng.	690527	C. 54.	641	VIII
450	Schwd.	132889	C. 53.	3016	XVII
531	Schwz.	289001	C. 54.	8655	VII
771	Amer.	2619412	C. 54.	397	V
	Amer.	2657116	C. 54.	7260	V
826	Schwz.	256444	C. 49.	E. 1889	VI
908177	Eng.	654513	C. 52.	6463	XVIIIb
195	Amer.	2576911	C. 53.	9333	XIb
652	Amer.	2498712	C. 50.	II. 2740	XIa
908731	Norw.	78016	C. 52.	2752	IX
793	Oest.	173264	C. 53.	4476	XXII
908857	Oest.	174608	C. 54.	148	F
905	Oest.	167115	C. 51.	I. 1402	XVIIIb
970	Eng.	521446	C. 41.	I. 476	XVIII
909103	Schwz.	290306	C. 54.	8432	VII
491	Eng.	615305	C. 49.	E. 1827	XVIIIb
566	Frz.	990008			
	Oest.	169324	C. 52.	7260	X
977	Schwz.	284397	C. 54.	915	XVIIIa
985	Schwz.	276854	C. 53.	2808	F
910055	Amer.	2582299	C. 53.	2993	IX
309	Oest.	172617	C. 53.	2350	VIII
536	Frz.	953583	C. 50.	II. 1040	V
577	Frz.	959421	C. 50.	II. 2632	XVIIIb
725	Norw.	79365	C. 53.	4136	XVIIIa
918	Amer.	2570543	C. 53.	4750	III
911135	Schwz.	276268	C. 52.	1703	F
262	Amer.	2577039	C. 53.	900	F
435	Oest.	172358	C. 53.	6371	XIb
651	Schwd.	134967	C. 54.	457	XVIIIb
895	Amer.	2639967	C. 54.	4704	XXI
912152	Frz.	991414	C. 53.	3803	XIb
218	Oest.	173699	C. 53.	8934	F
247	It.	385297	C. 42.	II. 594	X
388	Eng.	640105	C. 53.	7695	XVIIIb
568	Amer.	2472799	C. 49.	E. 1579	IX
699	Oest.	167439	C. 51.	II. 1355	VIII
743	Amer.	2530416	C. 51.	II. 866	F
751	Amer.	2514353	C. 51.	I. 1811	XIb
754	Amer.	2515206	C. 51.	I. 1548	XVIIIb
928	Eng.	658449	C. 52.	5974	IX
913170	Eng.	669312			
		u. 313	C. 53.	1737	XVII
	Amer.	2597834	C. 53.	5432	XVII
356	D.[DDR]	818	C. 53.	6593	XVIIIa
538	Amer.	2507517	C. 51.	I. 266	XIb
890	Eng.	634153	C. 53.	6332	V
911	Amer.	2581650	C. 53.	4750	IV
914251	Amer.	2662081	C. 54.	6290	F
430	Schwd.	134063	C. 53.	7695	XVIIIb
951	Eng.	680234	C. 54.	7265	VI
915339	Amer.	2615891	C. 53.	7356	F
340	Amer.	2630434	C. 54.	2230	F
916769	Eng.	525265	C. 41.	II. 136	XVIII
917248	Eng.	688087	C. 54.	417	IX
489	Amer.	2579341	C. 53.	2522	IX

Deutsche Reichs-Patente (D.R.P.).

747589	Frz.	893490	C. 48.	I. 633	X
756542	It.	380677	C. 42.	II. 2760	XIX
760892	Frz.	898562	C. 46.	I. 1301	VIII
762320	Frz.	812598	C. 37.	II. 3812	IX

Deutsche Patente [DDR].

1840	DBP.	862503	C. 53.	4779	XIb
862	DBP.	831904	C. 52.	4242	XVIIIa
2155	DBP.	829357	C. 52.	6773	XIb
181	Eng.	484661	C. 39.	I. 3963	X
293	DBP.	845554	C. 53.	1270	XVIIIb
313	DBP.	883037	C. 54.	3605	XVIIIb
321	Frz.	814354	C. 37.	II. 3695	XVIII
470	Eng.	506902	C. 40.	I. 1280	XII
536	It.	378902	C. 42.	I. 2612	XVIII
537	Frz.	827798	C. 38.	II. 2208	XVIII
546	Schwz.	230084	C. 45.	II. 1836	XI
2563	Belg.	429727	C. 39.	I. 4258	XI
564	Amer.	2181663	C. 40.	I. 2586	XVIII
566	Belg.	450988	C. 45.	I. 956	XI
670	Amer.	2241322	C. 44.	I. 495	XI
705	Belg.	452278	C. 45.	I. 1308	XI
706	Belg.	451305	C. 45.	I. 1440	XVIII
717	Belg.	439730	C. 42.	I. 2953	XVIII
838	Amer.	2411495	C. 47.	619	F
913	Frz.	883121	C. 44.	II. 497	XVIII
928	DBP.	864251	C. 53.	4942	IX
984	Frz.	895725	C. 46.	I. 1476	X

Amerikanische Patente.

2277152	Holl.	53151	C. 43.	I. 911	XVIII
2363951	DBP.	900019	C. 54.	4737	XIb
2384115	Frz.	951644	C. 49.	E. 1456	XIb
2398462	DRP.	763967	C. 53.	4798	XIX
2473563	Frz.	928264	C. 47.	E. 586	III
2477328	Eng.	648281	C. 53.	5586	XIb
2484593	Schwd.	134646	C. 53.	6549	III
2491566	DBP.	845085	C. 53.	7183	X
2501798	Schwz.	255236	C. 49.	E. 1376	III
2544087	Oest.	164537	C. 49.	E. 1946	X

2551519	Eng.	670438	C. 53.	6989	XIV
627	Schwd.	134196	C. 53.	2980	V
2553037	Schwz.	281595	C. 53.	5224	F
2556729	Amer.	2556726	C. 54.	1834	XIa
		2556728	C. 54.	1834	XIa
2557285	Schwz.	258759			
		bis 765	C. 49. E.	944	X
2559596	Frz.	946882	C. 49. E.	1432	X
2565898	Frz.	953594	C. 50. II.	585	X
2568285	DBP.	859867	C. 53.	9051	XX
2570084	Oest.	162943	C. 49. E.	1773	X
2571988	Eng.	670066	C. 54.	3770	III
2572579	DBP.	837534	C. 52.	6575	F
809	DBP.	819992	C. 53.	6144	IX
2574994	Eng.	655325	C. 54.	6638	XIX
2577538	Schwd.	129534	C. 52.	262	F
2578653	DBP.	874834	C. 53.	7191	XII
2583519	Oest.	163618	C. 49. E.	1943	X
2588393	DBP.	888614	C. 54.	4004	III
765	Schwz.	262572	C. 49. E.	1519	XXIV
2590636	DBP	820896	C. 53.	4738	F
2592196	Eng.	615205	C. 49. E.	1951	X
2594272	DBP.	814002	C. 53.	3149	IX
825	Frz.	974266	C. 53.	4294	XIb
2595723	Schwz.	279107	C. 53.	1690	F
2597676	DBP.	870305	C. 54.	1123	X
856	DBP.	854883	C. 54.	1162	XXIV
915	DBP.	848910	C. 53.	4152	XXIV
2598316	Eng.	665005	C. 53.	453	XIb
372	DBP.	815541	C. 52.	6463	XVIIIb
424	Eng.	642331	C. 53.	7668	XIa
425	Eng.	684705	C. 53.	7945	XIa
663	Eng.	655615	C. 53.	5747	XIb
2599424	Oest.	164026	C. 49. E.	1453	XIb
	Frz.	961897	C. 51.	I. 1233	XIb
650	DBP.	864397	C. 54.	1311	F
2603562	Oest.	163606	C. 49. E.	784	VIII
2606162	Frz.	978775	C. 53.	3646	XIb
864	Eng.	634398	C. 53.	7923	IX
919	DBP.	817303	C. 54.	4074	XXI
2607806	Schwd.	131799	C. 52.	5974	IX
2608549	Eng.	682059	C. 54.	4957	XIa
552	Eng.	682914	C. 53.	9008	XIb
2609396	DBP.	841914	C. 53.	5081	F
2610159	Oest.	173858	C. 53.	5947	XIb
194	DBP.	841614	C. 53.	775	X
986	Eng.	670048	C. 54.	4004	III
2611716	DBP.	813229	C. 52.	795	XXIV
755	Can.	487832	C. 53.	6369	XIb
781	DBP.	862607	C. 53.	6976	IX
945	DBP.	848923	C. 53.	4431	VI
2614138	Schwz.	290432	C. 54.	4230	III
2615061	DBP.	867879	C. 54.	164	III
816	Eng.	649600	C. 53.	6751	VI
2616858	Eng.	643282	C. 54.	3824	XIV
889	Eng.	684675	C. 53.	4573	F
2617807	DBP.	808230	C. 52.	1101	XVII
2618571	DBP.	833535	C. 52.	5654	XIa
2619483	Eng.	637133	C. 53.	7436	XVIIIa
488	Eng.	684372	C. 53.	4912	F
2620282	Eng.	669896	C. 53.	3020	XVIIIb
516	DBP.	838826	C. 53.	458	XII
2621144	DBP.	895822	C. 54.	1548	F
201	DBP.	857363	C. 53.	3122	F
206	Schwz.	262273	C. 50.	I. 1639	F
209	DBP.	823446	C. 52.	4498	F
2622038	Eng.	637417	C. 53.	8243	XVIIIa
083	Eng.	653476	C. 52.	263	F
090	Norw.	78577	C. 53.	285	IX
2623034	Eng.	655377	C. 53.	2219	XVIIIb
050	DBP.	847749	C. 53.	2522	IX
062	DBP.	849105	C. 54.	415	IX
836	Eng.	644470	C. 53.	6128	VIII
2623880	DBP.	842345	C. 54.	8168	F
2624691	Eng.	640002	C. 53.	8418	F
722	Frz.	1010202	C. 53.	9010	XIb
730	DBP.	889448	C. 54.	5352	F
2626038	Eng.	671756	C. 54.	2464	III
267	DBP.	849841	C. 53.	5576	IX
269	DBP.	854950	C. 53.	7935	IX
271	Frz.	947513	C. 50.	I. 2161	IX
429	DBP.	902266	C. 54.	5827	III
2627531	Eng.	653235	C. 53.	6746	III
2628022	DBP.	839594	C. 52.	5665	XVI
186	Eng.	683254	C. 53.	4414	F
237	Oest.	174910	C. 53.	9567	F
243	DBP.	870104	C. 53.	7926	IX
244	Eng.	688177	C. 53.	9583	I
245	Eng.	688178	C. 53.	7660	IX
940	Eng.	670310	C. 54.	6149	XIX
2629727	DBP.	888695	C. 53.	8997	IX
2630373	Eng.	678914	C. 53.	7924	IX
392	Eng.	679781	C. 53.	9345	XVI
445	DBP.	865443	C. 53.	5412	IX
459	DBP.	857353	C. 53.	7930	IX
2631142	Eng.	685210	C. 53.	6159	XII
984	DBP.	892245	C. 54.	211	XII
999	Frz.	1001106	C. 53.	9333	XIb
2632000	Frz.	1001106	C. 53.	9333	XIb
013	Eng.	670617	C. 53.	7927	IX
758	Schwz.	284420	C. 53.	9010	XIb
774	Finn.	26171	C. 54.	1349	IX
2633456	Frz.	986283	C. 53.	4296	XII
463	DBP.	863971	C. 53.	6771	X
2634262	DBP.	849150	C. 54.	1122	X
271	Oest.	170894	C. 52.	7060	F
2635323	Eng.	651480	C. 53.	8487	XVIIIb
684	DBP.	867988	C. 53.	6334	V
2636030	Schwz.	286855	C. 54.	1123	X
034	Eng.	678522	C. 54.	6109	X
895	Eng.	684638	C. 53.	7935	IX
916	DBP.	893670	C. 54.	2687	III
2637545	Frz.	980832	C. 53.	6550	IV
698	Eng.	683465	C. 54.	4761	XIX
712	Eng.	697604	C. 54.	5862	XIa
715	Eng.	666299	C. 54.	1836	XIa
716	Eng.	666300	C. 54.	1836	XIa
735	Frz.	965686	C. 51.	I. 1044	F
2638467	DBP.	831101	C. 53.	2357	IX
468	DBP.	877350	C. 54.	6349	X
2639270	Eng.	679144	C. 54.	7298	XIa
271	Eng.	679143	C. 54.	7298	XIa
272	Eng.	671092	C. 53.	6149	XIa
281	Eng.	686001	C. 53.	9672	XVIIIa
975	Frz.	984798	C. 53.	1703	V
983	Eng.	679917	C. 53.	6558	VII
2640056	Eng.	670857	C. 53.	4139	XVIIIb
064	Eng.	683460	C. 53.	7926	IX
067	Eng.	692660	C. 53.	7660	IX
075	DBP.	868903	C. 53.	8459	IX
758	DBP.	900335	C. 54.	7954	V
840	Eng.	696027	C. 54.	5878	XVII
846	DBP.	859157	C. 53.	3314	IX
2641114	DBP.	889505	C. 54.	8022	XIX
587	Eng.	689713	C. 54.	1364	XIa
612	DBP.	839938	C. 53.	7870	F
2642185	Schwz.	288712	C. 53.	8228	XIV
374	Eng.	672874	C. 53.	5383	F
399	DBP.	898844	C. 54.	4751	XVIIIa
2643202	Eng.	686492	C. 54.	4505	XII
242	Frz.	991331	C. 53.	3647	XIb
276	DBP.	869981	C. 53.	9265	III
2644009	Frz.	996427	C. 54.	9148	IX
803	Frz.	1010202	C. 53.	9010	XIb
818	Eng.	672975	C. 53.	4137	XVIIIa
824	DBP.	859189	C. 54.	1362	X

2644840	Eng.	665997	C. 53.	5933	IX
850	DBP.	862674	C. 53.	4615	XII
2645555	Schwd.	133902	C. 53.	3335	XVIIIb
576	Eng.	640490	C. 53.	7436	XVIIIa
624	Eng.	691628	C. 53.	7189	XIb
631	Frz.	980983	C. 53.	6369	XIb
634	DBP.	848229	C. 54.	5181	XIa
637	DBP.	856739	C. 53.	6734	F
644	Oest.	171154	C. 52.	7892	IX
654	DBP.	873085	C. 54.	417	IX
656	Eng.	685621	C. 53.	9024	XVII
661	Schwz.	283051	C. 54.	7744	IX
664	Frz.	991334	C. 53.	4443	IX
676	Eng.	677291	C. 54.	7025	III
2646441	Eng.	683182	C. 54.	2273	IX
454	DBP.	863375	C. 53.	3779	III
2647107	Eng.	674060	C. 54.	7064	XIb
865	Eng.	655699	C. 53.	2189	VIII
882	DBP.	813461	C. 52.	6615	XIb
887	DBP.	827551	C. 52.	6944	XII
904	DBP.	834102	C. 52.	5619	F
912	Schwd.	129533	C. 52.	767	IX
2648611	Frz.	974901	C. 53.	7695	XVIIIb
660	Frz.	1015062	C. 53.	9325	X
681	DBP.	870115	C. 53.	4758	VII
682	Schwz.	283657	C. 53.	8706	VII
2649355	Schwd.	134293	C. 53.	3507	XXI
385	Eng.	669896	C. 53.	3020	XVIIIb
390	Eng.	670438	C. 53.	6989	XIV
468	Eng.	659002	C. 53.	8715	IX
2650160	DBP.	872952	C. 54.	1112	VIII
161	Schwz.	276474	C. 53.	2024	VIII
224	DBP.	844151	C. 53.	578	F
237	Eng.	670929	C. 53.	9313	IX
245	Eng.	669760	C. 53.	8989	IX
246	Eng.	692145	C. 54.	1587	IX
249	Eng.	687902	C. 54.	8444	IX
389	DBP.	838823	C. 52.	7749	XII
896	DBP.	897316	C. 54.	1548	F
911	Eng.	685016	C. 53.	8219	XIb
927	DBP.	855109	C. 53.	9305	IX
936	DBP.	815644	C. 54.	9138	IX
2651105	Oest.	166431	C. 50. II.	2484	VIII
587	Eng.	665199	C. 53.	5601	XVIIIb
604	DBP.	871753	C. 53.	8989	IX
618	Schwz.	290898	C. 54.	6364	XII
635	DBP.	834103	C. 53.	1561	IX
2652349	Oest.	173429	C. 53.	7208	XVIIIb
2653164	DBP.	818937	C. 52.	5943	F
891	Eng.	680337	C. 53.	6582	XII
2653919	DBP.	862513	C. 53.	4290	XIb
939	Oest.	174608	C. 54.	148	F
958	DBP.	852733	C. 53.	7200	XVII
969	Oest.	164026	C. 49. E.	1453	XIb
2654690	Eng.	681269	C. 53.	5710	F
711	Eng.	679296	C. 54.	6144	XIX
712	Eng.	679296	C. 54.	6144	XIX
736	Eng.	675793	C. 54.	671	XIV
737	DBP.	830048	C. 52.	7256	IX
771	Schwd.	126819	C. 51. II.	119	IX
793	DBP.	853205	C. 53.	3649	XII
794	Schwz.	286986	C. 54.	8183	III
2655479	Eng.	690101	C. 54.	6148	XIX
538	DBP.	871891	C. 54.	9094	F
539	DBP.	871891	C. 54.	9094	F
540	DBP.	871891	C. 54.	9094	F
541	DBP.	801210	C. 51. II.	1062	IX
549	Eng.	688082	C. 54.	4529	XIX
2656277	DBP.	847185	C. 53.	259	F
297	Eng.	685381	C. 53.	5968	XXII
318	Eng.	675403	C. 54.	4761	XIX
324	Eng.	635213	C. 54.	7999	XII
349	Can.	463007	C. 50. II.	2347	F
2657162	Eng.	691252	C. 54.	439	XII
171	Eng.	684459	C. 53.	5888	F
174	Schwz.	276707	C. 52.	4235	XV
2658032	DBP.	860300	C. 53.	5572	VIII
866	DBP.	830859	C. 52.	6124	VIII
879	Frz.	991394	C. 53.	6372	XIb
914	DBP.	860796	C. 54.	9390	IX
2659656	Can.	467616	C. 51. I.	1056	V
722	DBP.	809461	C. 52.	572	F
738	DBP.	834248	C. 52.	5653	X
757	Oest.	172926	C. 53.	5707	F
2660549	Oest.	172041	C. 53.	7869	F
582	Schwz.	276328	C. 52.	4027	F
589	Eng.	690207	C. 54.	449	XVII
590	DBP.	878690	C. 53.	9347	XVIII
2661261	Eng.	684742	C. 53.	7975	XVIIIa
278	Norw.	78019	C. 52.	5000	VIII
281	Schwd.	133484	C. 53.	5250	VIII
291	Frz.	1008836	C. 54.	6650	XXIV
305	DBP.	849986	C. 53.	6795	XVIIIb
2662079	Eng.	655435	C. 52.	4533	IX
2663640	DBP.	838688	C. 52.	5519	XXIV
731	DBP.	836347	C. 52.	6131	IX
747	DBP.	875565	C. 53.	7192	XII
2664407	Eng.	675585	C. 54.	1612	XIII
425	DBP.	910648	C. 54.	6543	F
2668178	DBP.	830546	C. 52.	4658	F

Belgische Patente.

493244	DBP.	818120	C. 52.	6447	XIb
316	Eng.	677556	C. 54.	4521	XVIIIb
385	Amer.	2499058	C. 50. II.	2834	F
397	DBP.	838065	C. 52.	6776	XII
429	DBP.	824942	C. 53.	6310	F
470	Amer.	2491473	C. 49. E.	1312	F
638	DBP.	812963	C. 52. I.	1250	XIb
661	DBP.	824555	C. 53.	4088	F
708	Amer.	2590077	C. 53.	6384	XVI
882	Amer.	2607735	C. 53.	4631	XIX
883	Eng.	667010	C. 53.	8150	F
884	Eng.	677291	C. 54.	7025	III
494048	Schwz.	284334	C. 53.	9023	XVII
049	Schwz.	283535	C. 53.	4583	III
051	Amer.	2594712	C. 53.	4260	III
102	DBP.	814149	C. 52.	262	F
	Schwd.	134714	C. 54.	4440	F
	Schwz.	281598	C. 54.	3547	F
141	Schwz.	281108	C. 53.	3015	XVII
494142	Schwz.	281109	C. 53.	3015	XVII
813	Eng.	678957	C. 54.	1151	XVIIIa
818	Amer.	2522858	C. 51. I.	3090	F
923	Amer.	2567010	C. 53.	3495	XVIIIa
495019	Norw.	79642	C. 53.	5383	F
190	Amer.	2613205	C. 54.	6403	XIX
313	Frz.	1015995	C. 54.	5879	XVII
927	Oest.	173523	C. 53.	3657	XVII
496052	DBP.	867879	C. 54.	164	III
125	Eng.	677585	C. 53.	7192	XII
200	Eng.	681548	C. 53.	9244	F
405	Amer.	2559669	C. 54.	1831	X
560	DBP.	861603	C. 53.	4129	XII
576	Frz.	1011601	C. 54.	4716	IX
	Amer.	2526676	C. 52.	4687	IX
593	Amer.	2538355	C. 52.	5497	XII
907	Eng.	671751			
		u. 756	C. 54.	2464	III
497055	Amer.	2534237	C. 52.	4343	F

497224	Finn.	26140	C. 54.	1596	IX
478	DBP.	802846	C. 51. II.	2668	XIb
548	DBP.	865742	C. 53.	3630	VII
690	DBP.	825993	C. 52.	7892	X
	Oest.	172334	C. 54.	3573	X
707	Amer.	2610929	C. 53.	6162	XIV
813	Amer.	2606180	C. 53.	9242	F
498005	Eng.	689705	C. 54.	415	IX
098	Schwz.	288587	C. 54.	6290	F
174	Schwd.	134063	C. 53.	7695	XVIIIb
286	DBP.	854883	C. 54.	1163	XXIV
287	DBP.	854883	C. 54.	1163	XXIV
586	DBP.	857419	C. 54.	164	III
626	Schwz.	289600	C. 54.	4701	VII
749	Schwz.	281107	C. 53.	3172	XVIIIb
752	Eng.	681722	C. 53.	9666	XVI
828	Eng.	655757	C. 53.	4132	XVI
911	DBP.	831692	C. 52.	6900	F
499006	Amer.	2600198	C. 53.	7935	IX
019	DBP.	834105	C. 53.	2005	F
156	DBP.	888440	C. 54.	2535	XIX
406	Eng.	685401	C. 54.	8184	III
604	Schwd.	129818	C. 52.	2769	XVI
657	Eng.	679538	C. 53.	4621	XVII
662	Eng.	680346	C. 53.	8744	XVII
730	DBP.	804604	C. 51. II.	3100	XIb
775	Eng.	692589	C. 54.	6323	VII
787	DBP.	848816	C. 53.	1856	F
500096	Schwz.	288276	C. 53.	7352	F
231	DBP.	870104	C. 53.	7926	IX
249	DBP.	905854	C. 54.	7774	XVIIIa
356	DBP.	848501	C. 53.	3797	IX
503	DBP.	854950	C. 53.	7935	IX
628	DBP.	869981	C. 53.	9265	III
683	DBP.	856684	C. 54.	7564	XIX
719	DBP.	852121	C. 53.	8664	F
937	Schwz.	283657	C. 53.	8706	VII
998	DBP.	873438	C. 53.	7355	F
501007	DBP.	863258	C. 53.	5957	XVIIIa
068	Amer.	2605299	C. 53.	4923	III
401	Schwz.	294140	C. 54.	8183	III
505	Schwz.	292812	C. 54.	7770	XVII
783	Amer.	2548447	C. 53.	4475	XXII
970	Frz.	1035745	C. 54.	8473	XVII
502089	DBP.	881391	C. 53.	8954	III
141	Amer.	2599353	C. 53.	7991	XIX
185	DBP.	908176	C. 54.	8249	XVII
319	Amer.	2577231	C 53.	1215	F
	Amer.	2595334	C. 53.	1854	F
	Amer.	2554816	C. 54.	1309	F
325	Amer.	2610219	C. 54.	3539	III
480	DBP.	902266	C. 54.	5827	III
807	DBP.	870263	C. 53.	5278	XVIIIb
970	DBP.	855938	C. 53.	8233	XVI
985	Frz.	1035745	C. 54.	8473	XVII
503008	DBP.	889446	C. 53.	8934	F
	DBP.	899196	C. 54.	2008	F
013	DBP.	824940	C. 52.	2719	F
014	Oest.	172658	C. 53.	7604	F
503100	DBP.	878657	C. 54.	6381	XVIIIa
204	DBP.	881654	C. 54.	417	IX
454	Eng.	682931	C. 53.	5549	F
508	Schwz.	284078	C. 53.	6980	X
601	DBP.	885310	C. 54.	2923	XIb
824	Eng.	676574	C. 53.	5121	XVII
863	Schwz.	291328	C. 54.	8183	III
911	DBP.	885542	C. 54.	4946	IX
934	DBP.	880093	C. 54.	452	XVIIIa
504122	Frz.	1041837	C. 54.	8934	XVIIIa
180	DBP.	860209	C. 53.	8994	IX
196	Frz.	1039028	C. 54.	9204	XIX
313	Eng.	679096	C. 53.	9265	III
423	Oest.	175782	C. 54.	1381	XVIIIa
446	Oest.	174374	C. 54.	1073	F
447	DBP.	855852	C. 53.	5080	F
478	DBP.	862604	C. 53.	8996	IX
482	DBP.	894960	C. 54.	5219	XXIV
594	Eng.	690119	C. 54.	3286	F
826	DBP.	870115	C. 53.	4758	VII
846	DBP.	871891	C. 54.	9094	F
505255	Eng.	687346 u. 347	C. 54.	4305	XIX
320	DBP.	859107	C. 53.	6788	XVI
787	DBP.	879696	C. 53.	7145	F
506070	DBP.	883619	C. 54.	6079	III
080	DBP.	877669	C. 53.	7421	XII
138	Amer.	2649492	C. 54.	6798	III
184	Oest.	174605	C. 54.	4263	IX
677	DBP.	865860	C. 54.	8270	XXIV
809	DBP.	899038	C. 54.	2498	IX
810	DBP.	895902	C. 54.	3336	IX
814	DBP.	896490	C. 54.	3336	IX
507018	DBP.	865100	C. 53.	3656	XVII
377	Eng.	679624	C. 53.	6983	XIb
520	Amer.	2582261	C. 53.	6384	XVI
612	Schwz.	289042	C. 54.	5879	XVII
682	Oest.	174899	C. 53.	9239	F
695	DBP.	899213	C. 54.	8645	IV
855	DBP.	898902	C. 54.	3109	IX
951	DBP.	882138	C. 54.	609	F
508005	Amer.	2543544	C. 52.	5302	F
016	DBP.	872154	C. 54.	4768	XXIV
027	DBP.	857957	C. 53.	2190	IX
	DBP.	899191	C. 54.	7289	IX
087	DBP.	901695	C. 54.	4765	XXI
094	Oest.	173458	C. 54.	1357	IX
198	DBP.	892439	C. 54.	452	XVIIIa
258	DBP.	857495	C. 53.	4445	IX
280	DBP.	905545	C. 54.	5184	XIb
281	DBP.	905546	C. 54.	5184	XIb
289	DBP.	881658	C. 54.	5853	IX
343	Amer.	2615890	C. 53.	7356	F
461	DBP.	905547	C. 54.	5184	XIb
664	DBP.	876202	C. 54.	5220	XXIV
705	DBP.	857792	C. 53.	3000	X
819	Oest.	173242	C. 53.	9636	IX
832	Eng.	695593	C. 54.	7313	XVII

Canadische Patente.

472787	Oest.	162595	C. 49. E.	1776	X
864	Schwd.	126527	C. 49. E.	1104	V
957	Amer.	2459435	C. 49. E.	1338	X
999	Schwz.	257312	C. 49. E.	1764	IX
473429	Oest.	163813	C. 49. E.	918	V
474414	Amer.	2489728	C. 49. E.	1692	XXIV
437	Amer.	2463601	C. 49. E.	1671	XIX
787	Schwz.	260869	C. 49. E.	1969	XIb
475108	Amer.	2474024	C. 49. E.	1944	X
161	Amer.	2464236	C. 49. E.	1600	IX
475206	Amer.	2476920	C. 49. E.	1839	XIX
207	Amer.	2488736	C. 49. E.	1636	XII
485	Amer.	2483209	C. 49. E.	1970	XIb
627	Amer.	2463810	C. 49. E.	1949	X
628	Amer.	2475521	C. 49. E.	1950	X
632	Amer.	2468605	C. 49. E.	1441	X
633	Amer.	2492802	C. 49. E.	1949	X
676	Amer.	2489232	C. 49. E.	1527	F
725	Amer.	2488904	C. 49. E.	1767	IX
757	Amer.	2466896	C. 49. E.	1476	XVI

475878	Amer.	2465892	C. 49. E. 1748	IX
935	Amer.	2465772	C. 49. E. 791	IX
952	Amer.	2492552	C. 49. E. 1643	XIV
476045	Amer.	2479152	C. 49. E. 1765	IX
055	Amer.	2468207	C. 49. E. 1643	XIV
226	Amer.	2468600	C. 49. E. 1434	X
435	Amer.	2475966	C. 49. E. 789	IX
440	Amer.	2479782	C. 49. E. 1150	XVIIIb
863	Schwz.	254149	C. 49. E. 1606	X
477079	Amer.	2461139	C. 49. E. 1644	XIV
284	Amer.	2481267	C. 49. E. 1707	F
481	Amer.	2490834	C. 49. E. 1867	F
482	Amer.	2490835	C. 49. E. 1867	F
555	Amer.	2465520	C. 49. E. 1482	XVIIIb
792	Amer.	2479942	C. 49. E. 1409	IX
817	Oest.	162228	C. 49. E. 1602	X
846	Amer.	2482546	C. 49. E. 1860	XXIV
478015	Amer.	2467453	C. 49. E. 955	XIV
296	Amer.	2487881	C. 49. E. 1159	XXIV
324	Amer.	2488472	C. 49. E. 1754	IX
511	Amer.	2479367	C. 49. E. 1958	XIb
544	Frz.	950544	C. 49. E. 1797	XIb
556	Frz.	950070	C. 49. E. 1455	XIb
558	Amer.	2489894	C. 49. E. 1365	F
590	Oest.	163624	C. 49. E. 1657	XVIIIb
634	Schwz.	261355	C. 49. E. 1718	V
783	Amer.	2468500	C. 49. E. 1352	XIX
939	Amer.	2470216	C. 49. E. 1503	XIX
479296	Eng.	615793	C. 49. E. 1682	XX
303	Amer.	2471851	C. 49. E. 1683	XX
305	Schwd.	126926	C. 49. E. 1512	XX
308	Amer.	2481795	C. 49. E. 1683	XX
351	Amer.	2474893	C. 49. E. 754	F
366	Amer.	2472501	C. 49. E. 1670	XIX
511	Amer.	2474845	C. 49. E. 1669	XIX
650	Amer.	2468600	C. 49. E. 1434	X
655	Amer.	2463629	C 49. E. 789	IX
928	Amer.	2462052	C. 49. E. 1683	XX
929	Amer.	2462052	C. 49. E. 1683	XX
974	Amer.	2476264	C. 49. E. 1618	XIb
480086	Amer.	2462210	C. 49. E. 1634	XIb
205	Amer.	2468330	C. 49. E. 1450	XIb
281	Amer.	2593893	C. 53. 3458	III
534	Schwz.	260861	C. 49. E. 1438	X
632	Amer.	2458562	C. 49. E. 1641	XII
637	Amer.	2489373	C. 49. E. 1634	XIb
723	Amer.	2478853	C. 49. E. 1575	IX
915	Amer.	2472232	C. 49. E. 1637	XII
481140	Amer.	2550113	C. 53. 3295	I
320	Frz.	953601	C. 49. E. 1907	VIII
652	Oest.	164006	C. 49. E. 1337	X
800	Norw.	79293	C. 53. 3296	III
863	Amer.	2471119	C. 49. E. 1157	XIX
978	Schwd.	131563	C. 52. 5138	F
482008	Schwd.	126230	C. 49. E. 916	III
039	Frz.	992540	C. 54. 7032	VI
049	Amer.	2475358	C. 49. E. 1845	XIX
157	Amer.	2459742	C. 49. E. 1814	XII
342	Frz.	950421	C. 49. E. 1452	XIb
540	Eng.	671334	C. 53. 2855	XVII
655	Eng.	656475	C. 53. 3310	VIII
962	Amer.	2522576	C. 53. 7173	VIII
483161	Amer.	2486090	C. 49. E. 1917	IX
230	Frz.	943929	C. 49. E. 789	IX
231	Eng.	614761	C. 49. E. 1511	XX
595	Amer.	2483416	C. 49. E. 1729	VII
605	Amer.	2586026	C. 54. 6794	I
709	Frz.	947486	C. 49. E. 1916	IX
712	Amer.	2490365	C. 49. E. 914	I
809	Amer.	2483998	C. 49. E. 1356	F
879	Amer.	2490705	C. 49. E. 1725	VII
880	Amer.	2490706	C. 49. E. 1386	VII
484055	Amer.	2491043	C. 49. E. 1681	XIX

484100	Frz.	941911	C. 49. E. 1824	XVIIIb
196	Frz.	947281	C. 49. E. 1813	XII
	Oest.	168613	C. 51. II. 3103	XII
655	Amer.	2461163	C. 49. E. 809	XIV
657	Eng.	615335	C. 49. E. 1464	XIb
737	Oest.	163448	C. 49. E. 1659	XVIIIb
832	Amer.	2490001	C. 49. E. 1980	XII
864	Oest.	162592	C. 49. E. 1604	X
867	Schwd.	123873	C. 49. E. 1606	X
868	Amer.	2481524	C. 49. E. 1870	F
485050	Amer.	2468599	C. 49. E. 1440	X
098	Amer.	2487832	C. 49. E. 1582	IX
234	Schwz.	256697	C. 49. E. 753	F
275	Amer.	2485691	C. 49. E. 1133	XIb
326	Amer.	2492128	C. 49. E. 1645	XV
425	Amer.	2490749	C. 49. E. 1690	XXIV
465	Frz.	942950	C. 49. E. 1628	XIb
621	Amer.	2484061	C. 49. E. 787	IX
639	Amer.	2464831	C. 49. E. 1779	X
792	Amer.	2492467	C. 49. E. 1698	F
486090	Amer.	2536815	C. 53. 3305	VII
196	Amer.	2491102	C. 49. E. 1131	XIa
305	Amer.	2440669	C. 49. I. 1176	XI
311	Amer.	2521544	C. 51. II. 718	F
312	Amer.	2478871	C. 50. I. 2303	XVIIIb
333	Eng.	614538	C. 50. I. 122	IX
340	Amer.	2518695	C. 51. I. 2834	XXIV
356	Amer.	2435500	C. 49. I. 337	VII
357	Amer.	2435501	C. 49. I. 337	VII
359	Amer.	2408326	C. 47. 294	XVIII
361	Schwd.	131801	C. 52. 7435	XVIIIa
364	Amer.	2526757	C. 51. II. 2112	IX
382	DBP.	820735	C. 52. 2223	F
383	Amer.	2560522	C. 53. 2488	F
404	Amer.	2417637	C. 47. 959	XIX
416	Amer.	2377076	C. 45. II. 880	VI
427	Amer.	2541655	C. 52. 4059	IX
456	DBP.	814447	C. 52. 928	IX
569	Amer.	2482389	C. 49. E. 1460	XIb
675	Amer.	2479525	C. 50. II. 229	IX
678	Amer.	2443184	C. 49. II. 364	XI
700	DBP.	821823	C. 52. 2281	XVIIIb
720	Amer.	2460603	C. 50. I. 342	IX
756	Amer.	2515279	C. 53. 6360	IX
772	Amer.	2542147	C. 53. 474	XIX
782	Amer.	2576825	C. 52. 5940	F
789	Amer.	2613171	C. 53. 3928	F
888	Amer.	2472672	C. 49. E. 1792	XIb
487038	Amer.	2484633	C. 49. E. 1745	IX
039	Amer.	2481591	C. 49. E. 934	VIII
084	Amer.	2491832	C. 49. E. 1326	I
153	Amer.	2534282	C. 53. 7899	VI
193	Amer.	2567358	C. 53. 7611	F
386	Amer.	2479990	C. 49. E. 1420	IX
496	Amer.	2482088	C. 49. E. 1931	IX
642	Frz.	962964	C. 49. E. 767	V
666	Amer.	2490389	C. 49. E. 1405	IX
813	Amer.	2491489	C. 49. E. 753	F
840	Amer.	2492580	C. 49. E. 1645	XV
882	Amer.	2600218	C. 53. 7906	VII
984	Amer.	2589810	C. 53. 7005	XIX
488007	Schwz.	278279	C. 53. 6329	IV
034	Frz.	948529	C. 49. E. 2006	XIX
035	Frz.	948259	C. 49. E. 1349	XIX
069	DBP.	856890	C. 53. 6314	F
134	Amer.	2477426	C. 49. E. 1315	F
378	Amer.	2484057	C. 49. E. 1760	IX
522	Amer.	2467159	C. 49. E. 1378	V
703	Amer.	2498387	C. 50. II. 1863	VI
705	DBP.	812433	C. 52. 590	VII
724	DBP.	862152	C. 53. 4766	IX
725	Amer.	2474838	C. 49. E. 792	IX
726	Frz.	950209	C. 49. E. 791	IX

488767	Norw.	79174	C. 53.	1103	XVIIIa
833	Amer.	2500107	C. 51. I.	1634	F
847	Amer.	2485679	C. 49. E.	1519	XXIV
858	DBP.	844688	C. 53.	2019	VII
875	Amer.	2538729	C. 52.	916	VII
944	DBP.	810109	C. 52.	955	XXIV
961	Frz.	942266	C. 50. I.	372	XXIV
489038	Amer.	2567719	C. 53.	4774	XIa
078	Amer.	2615016	C. 53.	5385	F
195	Amer.	2585827	C. 53.	2846	XIb
205	Amer.	2480940	C. 49. E.	936	IX
274	Amer.	2613179	C. 53.	8198	VIII
372	Amer.	2499653	C. 50. II.	2136	XVIIIb
373	Amer.	2515700	C. 51. I.	2932	F
375	Amer.	2485633	C. 50. II.	123	XVII
376	Amer.	2485632	C. 50. I.	2429	XVII
378	Amer.	2578649	C. 53.	4960	XVII
379	Amer.	2485638	C. 50. II.	243	XVII
380	Amer.	2485639	C. 50. II.	120	XVI
381	Amer.	2485640	C. 50. II.	243	XVII
418	Frz.	954346	C. 50. II.	372	XXIV
853	Amer.	2475485	C. 49. E.	1995	XIX
490422	Amer.	2534058	C. 52.	4229	XIb
915	Amer.	2329663	C. 45. II.	190	XI
916	Amer.	2329664	C. 45. II.	190	XI
919	Eng.	648281	C. 53.	5586	XIb
951	DBP.	858245	C. 53.	9634	IX
954	Frz.	950904	C. 50. II.	1182	XIb
955	Frz.	964569	C. 50. II.	2853	IX
490959	Amer.	2578668	C. 53.	8248	XVIIIb
980	Amer.	2604429	C. 53.	8671	F
491126	Frz.	951644	C. 49. E.	1456	XIb
135	Amer.	2416433	C. 47.	1039	XI
164	Amer.	2494827	C. 50. II.	1299	XVII
308	Amer.	2565264	C. 53.	4112	VIII
320	Eng.	675433	C. 53.	9651	XIb
324	Amer.	2511310	C. 51. I.	2974	XIb
325	Amer.	2576720	C. 53.	1568	XIb
326	Amer.	2599119	C. 54.	3580	XIa
335	DBP.	872176	C. 53.	6994	XVI
352	DBP.	824041	C. 52.	4845	IX
362	Amer.	2557135	C. 53.	5272	XVII
371	Frz.	962226	C. 50. II.	2621	XIb
426	Amer.	2589687 u. 688	C. 54.	1609	XIb
488	Amer.	2378366	C. 45. II.	910	XI
550	Frz.	994433	C. 53.	7977	XVIIIa
579	Amer.	2528469	C. 51. II.	1973	XIb
610	Amer.	2529585	C. 51. II.	2390	XIa
772	Amer.	2597988	C. 53.	2533	XII
495166	Oest.	164003	C. 49. E.	1758	IX
247	Amer.	2492667 u. 673	C. 49. E.	1647	XV
248	Amer.	2492667 u. 673	C. 49. E.	1647	XV
269	Amer.	2483859	C. 49. E.	1677	XIX
281	Amer.	2461080	C. 49. E.	959	XVII

Dänische Patente.

72254	Schwd.	125964	C. 49. E.	1089	F
317	Schwd.	123914	C. 49. E.	1744	IX
73071	Schwd.	126458	C. 49. E.	1537	I
520	Oest.	162933	C. 49. E.	462	VII
544	Schwd.	126926	C. 49. E.	1512	XX
578	Amer.	2463462	C. 50. I.	754	F
611	Schwd.	134116	C. 53.	3299	V
896	Norw.	79554	C. 53.	4928	VI
946	Schwd.	126470	C. 49. E.	905	F
956	Schwd.	125217	C. 49. E.	1876	F
997	Schwd.	134022	C. 53.	4086	F
74087	Eng.	675422	C. 53.	4913	F
133	Finn.	25959	C. 53.	3461	V
137	Schwd.	135443	C. 53.	7372	III
233	Schwd.	126855	C. 49. E.	1557	VIII
264	Schwd.	136600	C. 54.	2028	V
278	Amer.	2506345	C. 51. I.	92	F
342	Schwd.	136132	C. 53.	9603	VI
361	Schwd.	135550	C. 53.	9278	VI
366	Amer.	2538942	C. 51. II.	3353	F
384	Finn.	25547	C. 53.	8665	F
392	Schwd.	132827	C. 53.	9694	XIX
428	Schwd.	138463	C. 54.	6330	VIII
459	Schwd.	135150	C. 54.	449	XVII
554	Schwd.	137542	C. 54.	8498	XXIV
633	Finn.	26082	C. 53.	8442	VI
669	Norw.	79067	C. 53.	8166	I
671	Finn.	25960	C. 53.	3461	V
710	Norw.	79678	C. 53.	6547	I
758	Schwd.	127431	C. 51. I.	1686	XVIIIb
818	Schwd.	134438	C. 53.	7164	VI
872	DBP.	802880	C. 51. II.	1784	F
908	Finn.	25173	C. 52.	2223	F
917	DBP.	832897	C. 52.	5478	VII
931	Schwd.	128496	C. 51. I.	3115	IX
946	DBP.	876443	C. 53.	6100	F
947	Finn.	24397	C. 51. I.	2800	VIII
954	Schwd.	133649	C. 53.	4105	VII
973	Schwd.	132141	C. 53.	4469	XVIIIb
976	Norw.	80167	C. 53.	9315	IX
74978	Finn.	25094	C. 52.	771	IX
983	Finn.	26271	C. 54.	7485	III
75045	Schwd.	130524	C. 52.	1211	F
054	DBP.	835036	C. 52.	5622	F
062	Schwd.	132830	C. 53.	6951	III
072	Norw.	77946	C. 53.	8963	VI
080	Schwd.	134078	C. 53.	3330	XVII
110	Schwd.	130234	C. 51. II.	3383	XIb
127	Schwd.	134136	C. 53.	2816	I
136	Norw.	80001	C. 53.	9009	XIb
166	Schwd.	131511	C. 52.	5139	F
207	Schwd.	128371	C. 51. I.	2931	F
215	Schwd.	132018	C. 53.	2341	VI
218	Norw.	80149	C. 53.	8470	XIb
240	Norw.	79416	C. 53.	3966	XIV
244	Schwd.	130650	C. 52.	735	F
245	Oest.	170875	C. 52.	6736	F
250	Finn.	24134	C. 51. I.	911	III
253	Norw.	79955	C. 53.	7453	XXII
256	Schwd.	133807	C. 53.	2689	XIII
323	Schwd.	133649	C. 53.	4105	VII
332	Finn.	24786	C. 51. II.	1173	F
335	Norw.	77946	C. 53.	8963	VI
345	Eng.	684460	C. 53.	4574	F
357	Norw.	79575	C. 53.	7165	VI
364	Norw.	78065	C. 52.	3106	XVIIIb
681	Norw.	76483	C. 51. II.	1357	VIII
688	Schwz.	269087	C. 52.	5301	F
689	Schwd.	123422	C. 48. E.	95	F
699	Schwd.	127753	C. 51. I.	282	XIX
717	Schwd.	137957	C. 54.	5829	IV
719	Finn.	24931	C. 52.	449	IX
768	Norw.	78203	C. 53.	613	XIa
779	Schwd.	134277	C. 53.	3652	XIV
789	Norw.	79702	C. 53.	5440	XIX
816	Finn.	955983	C. 50. II.	942	IX
828	DBP.	857419	C. 54.	164	III
829	Schwd.	122963	C. 48. E.	639	III
833	DBP.	862477	C. 53.	4621	XVII
835	DBP.	849904	C. 53.	2831	VIII

75842	Schwd.	131501	C. 52. 6771	XIb
853	Eng.	663290	C. 52. 8028	III
854	Norw.	76952	C. 51. II. 1365	XIa
857	DBP.	826795	C. 52. 4527	VIII
883	Norw.	79477	C. 53. 4296	XII
892	Norw.	80035	C. 53. 9672	VIIIa
953	Norw.	78842	C. 54. 2478	VII
76005	Schwd.	128988	C. 51. II. 1365	XIa
028	Schwd.	125964	C. 49. E. 1090	F
029	Schwd.	134199	C. 53. 2806	F
030	Oest.	171418	C. 52. 7093	IX
033	Belg.	498220	C. 53. 8171	III
038	Amer.	2507068	C. 51. I. 647	VIII
76056	Finn.	24930	C. 51. II. 2662	IX
058	Schwd.	130524	C. 52. 1211	F
065	Norw.	78917	C. 53. 9035	XIX
067	Schwd.	132489	C. 53. 1751	XXI
068	DBP.	881987	C. 53. 6315	F
080	Frz.	983482	C. 52. 4078	XVIIIa
091	DBP.	856744	C. 53. 5244	VII
096	Norw.	79856	C. 54. 6840	XIa
115	Schwd.	131493	C. 52. 5663	XIV
128	Norw.	78917	C. 53. 9035	XIX
148	Norw.	77067	C. 51. II. 1948	V
175	Norw.	78513	C. 52. 8019	F
176	Schwd.	134109	C. 54. 6105	X

Englische Patente.

574270	Can.	480360	C. 53. 9658	XII
630735	Schwz.	254747	C. 49. E. 1107	VI
631664	Amer.	2432618	C. 48. II. 1006	VIII
634079	DBP.	839642	C. 53. 7937	IX
128	Amer.	2486541	C. 49. E. 757	F
137	DBP.	858398	C. 53. 1880	IX
429	DBP.	833238	C. 52. 6935	X
541	DBP.	867879	C. 54. 164	III
909	Schwz.	256847	C. 49. E. 1356	F
635074	Schwz.	255978	C. 49. E. 950	XIb
529	Schwz.	263796	C. 49. E. 1365	F
964	DBP.	842950	C. 53. 3311	VIII
636027	DBP.	842950	C. 53. 3311	VIII
399	Oest.	162596	C. 49. E. 942	X
479	Schwz.	260069	C. 49. E. 1657	XVIIIb
642	Schwz.	260482	C. 49. E. 1089	F
	Frz.	953749	C. 50. II. 465	F
914	Amer.	2587002	C. 53. 3957	X
637130	DBP.	818644	C. 53. 7611	F
446	Amer.	2501995	C. 50. II. 2841	III
796	Amer.	2519833	C. 51. I. 2980	XVI
892	DBP.	820895	C. 53. 6309	F
923	Amer.	2487051	C. 49. E. 1702	F
924	Amer.	2487051	C. 49. E. 1702	F
925	Amer.	2487051	C. 49. E. 1702	F
638520	Amer.	2483530	C. 49. E. 1874	F
534	DBP.	841458	C. 53. 7871	F
695	DBP.	815487	C. 53. 6308	F
934	Amer.	2581597	C. 52. 7729	VIII
639217	Amer.	2490834 u. 835	C. 49. E. 1867	F
264	Amer.	2490834 u. 835	C. 49. E. 1867	F
714	Oest.	169337	C. 52. 4501	X
	Schwz.	255961	C. 49. E. 1938	X
844	Amer.	2484242	C. 49. E. 1907	VIII
640192	DBP.	857964	C. 53. 9626	IX
641260	Amer.	2492661	C. 49. E. 1930	IX
	Amer.	2492662	C. 49. E. 1762	IX
443	Frz.	951602	C. 50. II. 1875	IX
617	Frz.	949343	C. 50. II. 795	F
643	Amer.	2566223	C. 53. 3152	IX
642409	Frz.	946578	C. 49. E. 1429	IX
425	Schwz.	254808	C. 49. E. 1773	X
752	Amer.	2474216	C. 49. E. 1121	IX
754	DBP.	859867	C. 53. 9051	XX
930	Amer.	2476264	C. 49. E. 1618	XIb
961	Amer.	2477435	C. 49. E. 1929	IX
643300	Schwz.	255252	C. 49. E. 1528	F
514	Amer.	2479296	C. 49. E. 1531	F
645129	Amer.	2477383	C. 49. E. 814	XVII
680	Amer.	2484330	C. 49. E. 1744	IX
958	Schwz.	276777	C. 53. 924	VIII
646187	Amer.	2480666	C. 49. E. 2011	XIX
753	Schwz.	257380	C. 49. E. 1945	X
888	Amer.	2464785	C. 49. E. 1943	X
962	Schwz.	260081	C. 49. E. 1310	F
647063	DBP.	890798	C. 53. 9321	IX
275	Schwz.	256345	C. 49. E. 1695	F
467	Amer.	2470216	C. 49. E. 1503	XIX
648247	Schwz.	255090	C. 49. E. 1527	F
715	Oest.	165298	C. 50. II. 1178	X
649148	Amer.	2479644	C. 49. E. 1986	XVIIIb
305	DBP.	831842	C. 52. 6284	IX
444	DBP.	865900	C. 53. 3475	IX
644	Amer.	2486181	C. 49. E. 1364	F
654	Can.	479129	C. 53. 1257	XII
674	Oest.	164537	C. 49. E. 1946	X
680	DBP.	824051	C. 53. 7654	IX
945	Schwd.	136014	C. 53. 7936	IX
650127	DBP.	845190	C. 53. 448	X
131	Can.	485443	C. 53. 3977	XVIIIb
237	Frz.	974403	C. 54. 1800	III
289	DBP.	842941	C. 53. 7605	F
571	Frz.	961883	C. 51. I. 1223	IX
745	Schwz.	257968	C. 49. E. 1890	VI
906	Frz.	990879	C. 53. 4434	VII
940	Amer.	2470081	C. 49. E. 1986	XVIIIb
983	Schwd.	125182	C. 50. I. 1885	F
651065	DBP.	853320	C. 54. 1122	X
866	Can.	464443	C. 51. I. 419	XXI
917	DBP.	852723	C. 53. 7943	X
993	DBP.	842380	C. 53. 4605	X
652098	Amer.	2532335	C. 52. 1235	VIII
448	DBP.	836828	C. 53. 4772	X
453	DBP.	844773	C. 53. 4606	X
754	DBP.	850047	C. 53. 3824	XIX
811	Amer.	2601408	C. 53. 4791	XVIIIa
653525	DBP.	842381	C. 53. 2681	X
654346	Amer.	2556526	C. 53. 7411	X
491	DBP.	852724	C. 53. 7943	X
655647	Schwz.	262553	C. 50. II. 91	V
	Schwz.	268072	C. 53. 912	V
656560	Amer.	2543974	C. 54. 6394	XIX
590	Can.	465322	C. 50. II. 2224	XVIIIb
	Amer.	2567796	C. 53. 7001	XVIIIb
850	Amer.	2509927	C. 50. II. 2748	XVI
657262	Amer.	2589980	C. 53. 3317	X
658511	Amer.	2595556 u. 557	C. 53. 6396	XIX
575	Amer.	2482546	C. 49. E. 1860	XXIV
722	DBP.	825577	C. 53. 1248	X
042	Schwz.	283535	C. 53. 4583	III
130	DBP.	863972	C. 53. 6979	X
659467	DBP.	818824	C. 52. 3087	X
565	Oest.	170024	C. 52. 3229	V
953	Frz.	987882	C. 53. 6344	VII
660021	Frz.	996427	C. 54. 9148	IX
056	DBP.	812809	C. 52. 3250	X
377	Frz.	978847	C. 53. 5423	XIb
404	Amer.	2573229	C. 53. 4113	VIII
661523	Amer.	2581186	C. 53. 4305	XVIIIa
662076	Amer.	2486358	C. 49. E. 1414	IX
085	DBP.	848649	C. 53. 1083	IX

663089	Frz.	972945	C. 54.	1117	IX
302	DBP.	838141	C. 54.	4489	IX
842	Amer.	2584317	C. 54.	5219	XXIV
980	Amer.	2547566	C. 52.	2770	XVI
664357	DBP.	818355	C. 52.	953	XIX
455	Schwz.	281595	C. 53.	5224	F
959	DBP.	841456	C. 53.	2191	IX
665195	Schwz.	283427	C. 53.	3959	XIa
809	DBP.	841456	C. 53.	2191	IX
666051	Schwz.	281897	C. 53.	4251	F
312	Amer.	2474715	C. 49. E.	792	IX
371	DBP.	835140	C. 53.	3003	XIb
417	Oest.	166451			
		u. 452	C. 51. I.	526	X
420	DBP.	850748	C. 53.	8671	F
667039	DBP.	876443	C. 53.	6100	F
	Schwz.	286678	C. 53.	6100	F
094	DBP.	824942	C. 53.	6310	F
113	Amer.	2499058	C. 50. II.	2834	F
131	Frz.	994192	C. 53.	7663	IX
291	DBP.	827557	C. 52.	7270	XII
668059	Belg.	495728	C. 53.	8173	III
192	Frz.	993791	C. 53.	4613	XIb
234	Amer.	2507551	C. 51. I.	652	IX
669256	Amer.	2616940	C. 53.	7626	III
791	DBP.	867301	C. 53.	4294	XIb
939	Norw.	79741	C. 53.	5734	VIII
670245	Schwz.	282640	C. 53.	4439	VIII
336	Frz.	978270	C. 52.	3733	IX
493	Amer.	2491523	C. 49. E.	1533	F
570	Amer.	2421714	C. 49. E.	1522	F
971	Frz.	979778	C. 53.	8236	XVII
671004	DBP.	831547	C. 54.	6367	XIII
038	Amer.	2632720	C. 54.	6555	I
140	Amer.	2507519	C. 51. I.	531	XIb
457	DBP.	866786	C. 53.	3981	XIX
459	Frz.	964693	C. 51. I.	1104	XIX
513	Amer.	2538263	C. 53.	4439	VIII
556	DBP.	819713	C. 52.	2450	XIX
722	DBP.	865210	C. 53.	3805	XIb
809	Amer.	2616953	C. 54.	2465	III
879	Amer.	2544296	C. 54.	7567	XIX
672088	DBP.	818694	C. 52.	6141	XIb
290	Amer.	2498712	C. 50. II.	2740	XIa
354	DBP.	839935	C. 53.	6564	VIII
419	Amer.	2634233	C. 54.	6141	XIX
630	DBP.	829887	C. 52.	7095	IX
720	DBP.	814002	C. 53.	3149	IX
736	DBP.	831731	C. 52.	6604	IX
	Frz.	996309	C. 52.	3760	IX
757	DBP.	843695	C. 54.	7977	IX
851	DBP.	860796	C. 54.	9390	IX
673396	DBP.	809812	C. 52.	4217	IX
593	Belg.	497253	C. 53.	8688	III
601	Amer.	2607717	C. 53.	3929	F
782	Schwz.	285142	C. 53.	8177	V
791	DBP.	822864	C. 52.	5012	X
941	DBP.	824488	C. 52.	5814	IX
674291	DBP.	829035	C. 52.	5653	X
603	Oest.	173777	C. 53.	7667	XIa
607	Schwz.	277483	C. 53.	6094	F
708	Schwz.	280185	C. 53.	6146	X
754	Frz.	991376	C. 53.	9044	XIX
807	Oest.	170035	C. 52.	6736	F
	DBP.	825265	C. 52.	7384	F
870	Amer.	2469371	C. 49. E.	1123	IX
675050	Amer.	2605273	C. 53.	4294	XIb
149	Amer.	2587908	C. 53.	3958	X
180	Amer.	2512996	C. 52.	5341	XIb
414	Amer.	2613171	C. 53.	3928	F
527	Finn.	25963	C. 54.	3562	IX
595	Frz.	1008108	C. 54.	2724	XII
611	DBP.	848652	C. 54.	2673	F

675651	Amer.	2486541	C. 49. E.	757	F
674	Amer.	2511433	C. 54.	3143	XIX
796	DBP.	862751	C. 53.	8718	IX
817	Amer.	2594480	C. 53.	4593	VII
831	DBP.	867241	C. 54.	8419	V
858	Frz.	1020338	C. 54.	5217	XXIV
676006	Schwz.	271374	C. 51. II.	166	XIX
273	Amer.	2568500	C. 53.	2355	IX
287	Amer.	2606875	C. 53.	4925	V
381	DBP.	836097	C. 52.	6295	XIb
641	Frz.	991503	C. 53.	776	XIa
642	Frz.	991490	C. 53.	3001	XIa
690	DBP.	862007	C. 53.	8206	IX
806	DBP.	843401	C. 53.	610	X
962	Frz.	1010543	C. 53.	9294	VIII
677172	Amer.	2557528	C. 52.	4992	V
204	DBP.	853188	C. 53.	9645	X
218	DBP.	877451	C. 54.	9392	IX
264	DBP.	850382	C. 53.	4316	XXIV
342	DBP.	869071	C. 53.	4944	IX
386	Schwz.	266095	C. 54.	6103	IX
416	Amer.	2621220	C. 54.	2246	III
480	Amer.	2547013	C. 52.	6446	XIb
848	Can.	483238	C. 53.	5265	XIb
971	DBP.	847744	C. 53.	8142	F
678120	DBP.	859000	C. 53.	3782	V
143	Amer.	2616799	C. 54.	2465	III
216	Frz.	991414	C. 53.	3803	XIb
291	Oest.	169561	C. 53.	9676	XVIIIb
492	DBP.	849880	C. 53.	4284	X
596	Belg.	502430	C. 54.	8184	III
910	Amer.	2656384	C. 54.	4037	IX
990	DBP.	832886	C. 54.	6359	XIb
679119	Amer.	2491473	C. 49. E.	1312	F
140	Amer.	2491473	C. 49. E.	1312	F
273	Amer.	2599184	C. 53.	8697	VI
536	Amer.	2538072	C. 52.	770	IX
637	DBP.	825412	C. 53.	4771	IX
738	DBP.	890562	C. 54.	2878	F
743	Oest.	171176	C. 52.	7703	F
765	Amer.	2568426	C. 53.	3320	XIb
980	Frz.	1008344	C. 53.	5898	V
680068	Amer.	2569288	C. 52.	6097	F
099	Amer.	2583589	C. 53.	9265	III
239	DBP.	863258	C. 53.	5957	XVIIIa
491	DBP.	868967	C. 53.	5949	XII
509	DBP.	858403	C. 53.	7930	IX
593	DBP.	854883	C. 54.	1163	XXIV
603	Amer.	2605299	C. 53.	4923	III
		u. 300	C. 53.	4923	III
629	DBP.	834245	C. 53.	8237	XVII
637	DBP.	831841	C. 53.	3313	IX
767	DBP.	850052	C. 53.	5441	XIX
780	DBP.	850208	C. 54.	426	X
793	Amer.	2594709	C. 53.	4260	III
937	DBP.	860300	C. 53.	5572	VIII
982	Amer.	2570543	C. 53.	4750	III
681061	DBP.	832181	C. 52.	5653	X
216	DBP.	840843	C. 53.	9243	F
217	DBP.	820435	C. 53.	5418	IX
536	DBP.	845797	C. 53.	6564	VIII
737	DBP.	866791	C. 53.	6599	XIX
905	DBP.	861905	C. 53.	3123	F
999	DBP.	893670	C. 54.	2687	III
682024	DBP.	849287	C. 54.	1601	X
164	Amer.	2594711	C. 53.	4260	III
165	Amer.	2594710	C. 53.	4260	III
169	DBP.	862370	C. 53.	5945	XIb
173	Frz.	976801	C. 53.	5573	VIII
207	DBP.	831993	C. 53.	3313	IX
424	DBP.	857810	C. 53.	9627	IX
695	DBP.	852304	C. 53.	3964	XII
724	DBP.	857363	C. 53.	3122	F

682736	DBP.	848501	C. 53.	3797	IX
748	DBP.	863375	C. 53.	3779	III
773	Can.	485961	C. 53.	6158	XII
829	DBP.	825115	C. 53.	7452	XXII
835	Amer.	2557931	C. 53.	6374	XIb
683006	DBP.	849241	C. 53.	2992	IX
128	DBP.	859857	C. 53.	6999	XVIIIa
325	Amer.	2602793	C. 53.	5548	F
759	DBP.	887064	C. 54.	4230	III
817	Belg.	499802	C. 54.	626	III
884	Amer.	2586767	C. 53.	4788	XVII
929	DBP.	864397	C. 54.	1311	F
684016	Schwz.	282094	C. 53.	4774	XIa
139	DBP.	835172	C. 52.	7417	X
168	DBP.	863980	C. 53.	3180	XIX
293	Amer.	2610198	C. 53.	4941	IX
294	Amer.	2610199	C. 53.	4941	IX
310	Amer.	2589445	C. 53.	7928	IX
367	DBP.	840242	C. 53	3124	F
379	DBP.	852391	C. 53.	3476	IX
455	DBP.	873478	C. 54.	186	VIII
527	DBP.	859041	C. 54.	427	X
544	DBP.	841914	C. 53.	5081	F
759	DBP.	864555	C. 53.	4088	F
839	DBP.	867994	C. 53.	5910	VII
842	Amer.	2563795	C. 54.	5661	XVIIIb
856	DBP.	875535	C. 53.	7192	XII
941	Amer.	2571884	C. 53.	6375	XIb
685099	DBP.	902266	C. 54.	5827	III
104	DBP.	881711	C. 54.	5180	X
294	Frz.	1000835	C. 54.	9125	VII
341	Amer.	2636058	C. 54.	7257	III
344	DBP.	842643	C. 54.	4439	F
504	DBP.	869798	C. 53.	9565	F
505	DBP.	870553	C. 53.	9565	F
533	Amer.	2589446 u. 447	C. 54.	666	XIb
538	Amer.	2611776	C. 53.	4740	F
539	Amer.	2611778	C. 53.	3457	I
540	Amer.	2611779	C. 53.	3637	IX
541	Amer.	2611780	C. 53.	5577	IX
786	Finn.	25839	C. 53.	2856	XVIIIa
850	Amer.	2594493	C. 53.	7981	XVIIIb
686061	DBP.	832149	C. 52.	6932	IX
310	Frz.	981370	C. 53.	4126	XIb
424	Oest.	170261	C. 52.	4687	IX
500	DBP.	831250	C. 52.	6606	IX
575	DBP.	888614	C. 54.	4004	III
579	DBP.	852451	C. 53.	4948	XIb
605	DBP.	854649	C. 53.	4263	V
625	Frz.	1028199	C. 54.	7995	XIb
678	DBP.	836796	C. 53.	3956	IX
733	DBP.	872912	C. 54.	4310	XXIV
875	DBP.	852290	C. 53.	3324	XII
687114	DBP.	851186	C. 53.	2356	IX
	Amer.	2587209 u. 210	C. 53.	2356	IX
284	DBP.	836652	C. 53.	8152	F
296	DBP.	856742	C. 53.	4931	VII
336	Amer.	2543267	C. 53.	3283	F
387	DBP.	861301	C. 53.	9326	X
429	DBP.	871151	C. 53.	8668	F
494	DBP.	865140	C. 54.	8899	IX
495	Schwz.	284421	C. 54.	436	XIb
529	DBP.	863948	C. 54.	3315	VII
542	Amer.	2600307	C. 53.	9633	IX
569	Schwz.	279737	C. 53.	7891	III
734	DBP.	852450	C. 53.	3322	XIb
807	Amer.	2585681	C. 53.	3800	X
965	Belg.	497677	C. 53.	8435	III
688023	DBP.	860067	C. 54.	2232	F
033	DBP.	875509	C. 53.	9312	IX
108	DBP.	860066	C. 54.	2232	F
688109	Amer.	2546762	C. 52.	1571	IX
132	DBP.	876443	C. 53.	6100	F
331	DBP.	842206	C. 52.	7224	F
403	Amer.	2582327	C. 53.	453	XIb
513	Amer.	2558701	C. 52.	5179	XIb
525	DBP.	878489	C. 54.	6312	V
760	DBP.	865742	C. 53.	3630	VII
761	Amer.	2589537	C. 53.	8218	XIb
787	DBP.	865742	C. 53.	3630	VII
790	DBP.	825112	C. 53.	4449	X
802	Oest.	172928	C. 54.	1546	F
689032	DBP.	859194	C. 53.	5887	F
067	DBP.	852903	C. 53.	3486	XII
200	DBP.	872861	C. 54.	6618	XVIIIa
279	DBP.	859189	C. 54.	1362	X
327	Oest.	170291	C. 53.	3005	XIb
400	Amer.	2559750	C. 53.	1423	XVIIIb
434	DBP.	858770	C. 53.	3495	XVIIIa
439	DBP.	839803	C. 52.	7224	F
	DBP.	865600	C. 53.	6975	F
614	Amer.	2603586	C. 53.	3609	F
677	DBP.	886147	C. 54.	4244	VII
833	Oest.	170040	C. 52.	4540	XIb
921	Amer.	2594905	C. 53.	3458	III
690093	DBP.	850549	C. 54.	4994	XXIV
094	DBP.	810109	C. 52.	956	XXIV
128	DBP.	849105	C. 54.	415	IX
226	DBP.	845519	C. 54.	1357	IX
237	DBP.	878788	C. 54.	4522	XVIIIb
274	Schwz.	282219	C. 53.	5384	F
327	Amer.	2482762	C. 49. E.	2011	XIX
470	Amer.	2598898	C. 53.	4752	V
544	Amer.	2581651	C. 53.	9269	III
576	DBP.	857501	C. 53.	4249	F
594	DBP.	836347	C. 52.	6131	IX
600	DBP.	863971	C. 53.	6771	X
688	Amer.	2607771	C. 53.	4624	XVIIIa
691073	DBP.	858125	C. 53.	7989	XIX
159	DBP.	860219	C. 53.	4571	F
165	Schwz.	284576	C. 54.	6306	III
358	Amer.	2574516 u. 517	C. 53.	4116	IX
461	Dän.	73886	C. 53.	5082	F
497	DBP.	855862	C. 53.	3797	IX
550	Amer.	2581454	C. 53.	8725	XIb
635	DBP.	848358	C. 54.	2915	IX
641	DBP.	873542	C. 54.	195	IX
808	DBP.	825684	C. 52.	5009	IX
692150	DBP.	877668	C. 53.	7191	XII
162	DBP.	884365	C. 54.	8857	F
250	DBP.	865160	C. 53.	6327	III
252	DBP.	864874	C. 53.	5401	VII
348	DBP.	831395	C. 53.	2858	XVIIIb
356	Oest.	170902	C. 53.	779	XIb
372	DBP.	870302	C. 54.	1361	X
383	DBP.	843724	C. 54.	4044	X
414	Amer.	2498617	C. 50. II.	1175	IX
418	Amer.	2553996	C. 52.	2266	XI b
444	DBP.	889072	C. 54.	4506	XII
454	DBP.	868903	C. 53.	8459	IX
546	Schwz.	281998	C. 53.	8705	VII
547	Schwz.	281998	C. 53.	8705	VII
596	Amer.	2611775	C. 53.	7935	IX
669	DBP.	876243	C. 53.	6358	IX
852	DBP.	863417	C. 53.	8215	XIa
882	DBP.	825837	C. 52.	5977	IX
888	Amer.	2536048	C. 52.	3092	XIb
903	DBP.	865443	C. 53.	5412	IX
693070	Schwz.	290432	C. 54.	4230	III
075	Schwz.	284078	C. 53.	6980	X
112	DBP.	872427	C. 54.	1396	XXIV
262	DBP.	864992	C. 54.	9392	IX
292	Schwz.	290065	C. 54.	4254	VIII

693311	DBP.	862948	C. 53.	4781	XII
484	DBP.	817210	C. 52.	1101	XVIIIa
611	DBP.	836353	C. 54.	1593	IX
699	DBP.	870249	C. 53.	5598	XVIIIa
762	DBP.	863940	C. 53.	5105	IX
802	DBP.	899055	C. 54.	8874	III
965	Amer.	2606847	C. 53.	3163	XIV
694020	Amer.	2581651	C. 53.	9269	III
070	DBP.	879832	C. 54.	656	X
072	DBP.	848983	C. 54.	656	X
074	Oest.	173204	C. 53.	4476	XXIV
101	Amer.	2591570	C. 53.	5963	XIX
174	Amer.	2613155	C. 53.	6603	XXII
227	DBP.	876143	C. 53.	7608	F
417	DBP.	871147	C. 53.	8458	IX
440	Oest.	171154	C. 52.	7892	IX
474	Amer.	2581360	C. 53.	778	XIb
532	DBP.	901496	C. 54.	5220	XXIV
563	DBP.	845226	C. 53.	5965	XIX
586	Schwz.	290897	C. 54.	7104	XXI
605	DBP.	881654	C. 54.	417	IX
665	DBP.	859889	C. 53.	3818	XVIIIa
702	DBP.	902934	C. 54.	6409	XXIV
827	DBP.	850226	C. 53.	7418	XIb
943	Amer.	2609325	C. 53.	4251	F
965	Amer.	2579692	C. 53.	3340	XIX
695033	Amer.	2542973	C. 52.	790	XVIIIb
070	DBP.	898650	C. 54.	3809	XIb
084	DBP.	898902	C. 54.	3109	IX
113	DBP.	825402	C. 52.	6605	IX
168	DBP.	896937	C. 54.	5662	XVIIIb
178	DBP.	840418	C. 53.	1068	III
202	DBP.	830025	C. 53.	4147	XIX
273	Schwd.	130367	C. 52.	734	F
276	Frz.	1007494	C. 53.	8226	XII
348	DBP.	863445	C. 53.	4132	XVI
378	DBP.	882993	C. 54.	6341	IX
399	DBP.	853446	C. 53.	2685	XIb
449	Frz.	1010202	C. 53.	9010	XIb
475	DBP.	887497	C. 54.	4270	XIa
505	Oest.	172349	C. 53.	2989	VIII
517	DBP.	876463	C. 54.	2042	VIII
558	Amer.	2613182	C. 53.	7991	XIX
590	DBP.	859166	C. 53.	5883	F
592	Amer.	2588852	C. 53.	9313	IX
598	Oest.	176365	C. 54.	2926	XIb
704	Amer.	2576855	C. 53.	5080	F
716	Amer.	2614991	C. 53.	7991	XIX
731	Amer.	2607665	C. 53.	4146	XIX
810	Oest.	173557	C. 53.	7188	XIb
854	DBP.	899215	C. 54.	8645	IV
916	Schwz.	286680	C. 53.	6094	F
696038	Amer.	2573652	C. 53.	2217	XVIIIb
		2619490	C. 53.	6595	XVIIIb
118	Amer.	2597087	C. 53.	6387.	XVIIIa
158	DBP.	842067	C. 53.	9641	IX
254	DBP.	889448	C. 54.	5352	F
296	Schwz.	281107	C. 53.	3172	XVIIIb
321	Can.	486628	C. 54.	3343	XIa
357	Schwz.	285357	C. 54.	1076	F
364	Frz.	991987	C. 53.	5748	XIb
572	Amer.	2452895	C. 49.	I. 1039	IX
573	Schwz.	271943	C. 52.	2088	XIb
679	DBP.	869102	C. 53.	8213	X
736	Amer.	2582261	C. 53.	6384	XVI
898	DBP.	885539	C. 53.	8483	XVIIIa
949	Schwd.	132889	C. 53.	3016	XVII
965	DBP.	868572	C. 54.	174	VI
697060	Amer.	2626888	C. 54.	2010	F
198	DBP.	883619	C. 54.	6079	III
225	Norw.	79171	C. 53.	5409	VIII
289	DBP.	827554	C. 52.	6448	XIb
301	DBP.	872330	C. 53.	6162	XIV
697430	DBP.	858401	C. 53.	1690	F
472	DBP.	850900	C. 53.	5571	VIII
488	DBP.	863970	C. 53.	6771	X
506	Amer.	2601223			
		u. 224	C. 54.	6588	IX
671	DBP.	830876	C. 52.	4216	VIII
684	DBP.	888694	C. 53.	8997	IX
698	DBP.	901178	C. 54.	7929	F
709	DBP.	860388	C. 54.	200	X
726	Schwz.	278298	C. 54.	2070	XII
779	Schwz.	278298	C. 54.	2070	XII
805	Amer.	2615857	C. 53.	7891	III
812	Amer.	2613156			
		u. 191	C. 53.	8216	XIa
848	Frz.	1018472	C. 54.	4276	XIb
980	Amer.	2570216	C. 53.	5929	IX
698003	DBP.	858408	C. 53.	5883	F
040	DBP.	852338	C. 54.	4311	XXIV
093	Amer.	2649464	C. 54.	3548	VII
137	DBP.	872790	C. 53.	8205	IX
154	DBP.	867090	C. 53.	6765	IX
179	Amer.	2607759	C. 54.	663	XIb
193	DBP.	874371	C. 53.	6985	XIb
248	Schwz.	279301	C. 52.	7410	VIII
249	Schwz.	276854	C. 53.	2808	F
264	Schwz.	280074	C. 53.	5547	F
303	Frz.	1037319	C. 54.	7971	VIII
353	Finn.	25992	C. 53.	3640	X
382	DBP.	876877	C. 54.	4495	XIa
405	Amer.	2594712	C. 53.	4260	III
455	DBP.	868353	C. 53.	3962	XIb
493	Schwz.	283055	C. 53.	4946	XIa
561	DBP.	898900	C. 54.	7930	F
590	DBP.	902729	C. 54.	7094	XIX
756	DBP.	878947	C. 54.	2477	VII
863	Schwz.	290136	C. 54.	7006	F
699026	DBP.	892439	C. 54.	452	XVIIIa
118	Amer.	2614080	C. 53.	7707	XIX
122	DBP.	871156	C. 53.	9320	IX
201	DBP.	884363	C. 53.	9240	F
209	Oest.	174626	C. 54.	182	VIII
210	DBP.	857188	C. 53.	4469	XVIIIb
271	Amer.	2653180	C. 54.	7257	III
308	DBP.	811648	C. 52.	1080	VIII
358	Amer.	2651605	C. 54.	7979	IX
369	DBP.	897316	C. 54.	1548	F
378	DBP.	875367	C. 54.	175	VII
382	DBP.	900934	C. 54.	9098	F
555	Amer.	2605209	C. 53.	2967	F
645	Schwz.	290379	C. 54.	4478	VIII
755	DBP.	841866	C. 53.	3827	XXI
818	Oest.	174060	C. 53.	8666	F
820	DBP.	901777	C. 54.	5580	F
829	DBP.	888106	C. 54.	2231	F
852	Schwz.	282219	C. 53.	5384	F
864	DBP.	863180	C. 53.	3163	XIV
879	Schwz.	282219	C. 53.	5384	F
981	Amer.	2607810	C. 53.	7372	III
700021	DBP.	859199	C. 53.	4455	XIII
094	DBP.	857498	C. 53.	5416	IX
097	Oest.	170868	C. 52.	6735	F
109	DBP.	855406	C. 53.	1903	XVIIIa
132	DBP.	846845	C. 53.	272	V
172	DBP.	848687	C. 53.	630	XVIIIb
179	Amer.	2616814	C. 53.	7186	XIa
304	Amer.	2649492	C. 54.	6798	III
338	Oest.	172047	C. 53.	2515	VIII
350	Schwz.	280199	C. 53.	1549	VII
470	Amer.	2616877	C. 54.	435	XIb
552	Amer.	2599553	C. 53.	5432	XVII
566	DBP.	859157	C. 53.	3314	IX
583	DBP.	862750	C. 53.	5935	X
608	DBP.	831772	C. 52.	6942	XIb

700610	DBP.	838652	C. 53.	459	XII
611	DBP.	831604	C. 52.	7105	XIb
617	Amer.	2650212	C. 54.	8268	XXII
699	Amer.	2599353	C. 53.	7991	XIX
708	DBP.	888293	C. 54.	2066	XIb
710	Oest.	173444	C. 53.	7875	F
715	Amer.	2644784	C. 54.	2450	F
720	Oest.	174607	C. 53.	9640	IX
721	Amer.	2628232	C. 54.	3371	XVIIIa
722	DBP.	893341	C. 54.	4213	F
772	Schwd.	135975	C. 53.	9334	XIb
836	DBP.	898064	C. 54.	2313	XIX
856	DBP.	806454	C. 52.	446	IX
867	DBP.	829498	C. 52.	6141	XIb
934	Schwz.	291328	C. 54.	8183	III
701160	Amer.	2600113	C. 53.	3502	XIX
162	DBP.	817456	C. 52.	2922	IX
245	Amer.	2577484	C. 52.	7397	V
357	Schwz.	294902	C. 54.	6545	F
548	DBP.	899038	C. 54.	2498	XI
641	Amer.	2594713	C. 53.	4260	III
642	DBP.	878229	C. 54.	7024	III
643	Amer.	2610219	C. 54.	3539	III
644	Amer.	2594714	C. 53.	4260	III
678	Amer.	2610219	C. 54.	3539	III
741	Frz.	986718	C. 53.	7663	IX
789	DBP.	837537	C. 52.	6930	IX
805	DBP.	908176	C. 54.	8249	XVII
912	DBP.	887661	C. 54.	1108	VIII
986	DBP.	855451	C. 53.	8495	XIX
997	Oest.	173443	C. 53.	7874	F
998	DBP.	902259	C. 54.	3570	IX
702015	Amer.	2601569	C. 53.	4250	F
016	DBP.	858848	C. 53.	8416	F
029	Amer.	2616880	C. 53.	9008	XIb
056	DBP.	894100	C. 54.	4729	X
057	Amer.	2547127	C. 52.	1718	V
059	DBP.	887399	C. 54.	2899	VI
093	DBP.	845508	C. 53.	5546	F
104	Oest.	175257	C. 54.	841	F
142	Norw.	79673	C. 54.	433	XIb
143	Norw.	79674	C. 54.	433	XIb
163	Amer.	2618656	C. 54.	1164	XXIV
269	DBP.	874914	C. 53.	5080	F
342	Amer.	2576083	C. 52.	5964	VII
349	Amer.	2602728	C. 54.	2051	IX
496	DBP.	903033	C. 54.	3812	XIb
623	Oest.	174606	C. 54.	1118	IX
633	Amer.	2581360	C. 53.	778	XIb
697	Schwd.	137707	C. 54.	2912	VIII
783	Amer.	2621110	C. 54.	2249	V
908	DBP.	904588	C. 54.	7997	XII
946	DBP.	843636	C. 53.	126	VIII
703016	DBP.	870115	C. 53.	4757	VII
065	Schwz.	291184	C. 54.	4920	V
083	Amer.	2603624	C. 53.	4947	XIa
091	Schwz.	294513	C. 54.	7706	F
096	Amer.	2613203	C. 53.	9006	XIb
180	Amer.	2609390	C. 53.	8997	IX
181	Amer.	2599807	C. 53.	2520	IX
271	DBP.	873142	C. 53. II.	6778	XIb
276	DBP.	895649	C. 54.	1841	XIb
407	Amer.	2582265	C. 54.	1610	XIb
408	Amer.	2582266	C. 53.	2530	XIb
429	Frz.	1035346	C. 54.	7045	VIII
441	Oest.	173525	C. 53.	4262	V
451	Amer.	2643263	C. 54.	2244	I
460	DBP.	868595	C. 54.	3536	I
504	Schwz.	275685	C. 52.	5153	V
734	Oest.	175889	C. 54.	6830	IX
862	DBP.	873744	C. 53.	9337	XII
893	Frz.	951134	C. 50. II.	1027	F
907	DBP.	861258	C. 53.	4598	VIII
704013	DBP.	871935	C. 54.	428	X
026	Oest.	174933	C. 54.	644	VIII
115	DBP.	817154	C. 52.	6594	VII
159	DBP.	861702	C. 53.	6969	VIII
209	Amer.	2595459	C. 53.	2852	XVI
460	Amer.	2557993	C. 52.	6789	XVIIIb
461	DBP.	869981	C. 53.	9265	III
869	Amer.	2605507	C. 54.	2724	XII
978	DBP.	880589	C. 53.	8933	F
705078	DBP.	877766	C. 53.	6735	F
082	DBP.	855452	C. 53.	9036	XIX
095	Oest.	174339	C. 54.	173	VI
108	Oest.	174477	C. 54.	210	XIb
135	Oest.	174910	C. 53.	9567	F
266	DBP.	875384	C. 54.	7097	XIX
335	Schwz.	292381	C. 54.	6836	X
346	Amer.	2646386	C. 54.	6290	F
369	DBP.	875296	C. 54.	1618	XVI
406	DBP.	870263	C. 53.	5278	XVIIIb
422	DBP.	850810	C. 53.	934	XIb
501	Amer.	2650945	C. 54.	6798	III
554	Amer.	2650945	C. 54.	6798	III
658	Amer.	2594257	C. 53.	4135	XVII
692	DBP.	840546	C. 52.	7224	F
742	DBP.	833032	C. 52.	5150	I
791	DBP.	869203	C. 53.	5930	IX
878	Oest.	175260	C. 54.	841	F
914	DBP.	888120	C. 54.	3770	III
922	Amer.	2557299	C. 53.	467	XVIIIa
936	DBP.	865139	C. 53.	5581	X
942	DBP.	850668	C. 53.	935	XIb
974	DBP.	875727	C. 54.	662	XI
706104	DBP.	850524	C. 53.	935	XIb
440	Amer.	2613220	C. 53.	9310	IX
556	Amer.	2571639	C. 53.	2521	IX
650	Amer.	2614122	C. 53.	8995	IX
665	Amer.	2592149	C. 54.	379	F
681	Frz.	983726	C. 52.	5812	VIII
697	Amer.	2589686	C. 54.	6288	F
717	DBP.	851550	C. 53.	1409	XIb
721	Oest.	172358	C. 53.	6371	XIb
738	Amer.	2584334	C. 53.	3457	I
757	Oest.	175258	C. 53.	7354	F
772	DBP.	864722	C. 54.	6404	XIX
822	Amer.	2571616	C. 52.	5796	III
879	DBP.	876202	C. 54.	5220	XXIV
707105	DBP.	869486	C. 53.	6305	F
124	Amer.	2612533	C. 54.	857	III
173	DBP.	843854	C. 54.	3565	IX
193	DBP.	870857	C. 53.	4571	F
337	DBP.	845200	C. 53.	101	F
374	Frz.	990080	C. 53.	2340	V
376	DBP.	851717	C. 53.	4316	XXIV
378	DBP.	852338	C. 54.	4311	XXIV
576	DBP.	844780	C. 53.	2526	X
601	Amer.	2615026	C. 54.	6350	X
705	Schwz.	294339	C. 54.	8228	X
909	Oest.	174369	C. 53.	9585	I
927	DBP.	863802	C. 53.	4939	IX
994	Oest.	173690	C. 53.	7433	XVII
708000	Frz.	1035745	C. 54.	8473	XVII
013	DBP.	845196	C. 53.	5545	F
282	Schwz.	290590	C. 54.	2526	XVIIIa
304	DBP.	889299	C. 54.	2674	F
330	Amer.	2635127	C. 54.	8417	III
446	DBP.	852338	C. 54.	4311	XXIV
593	DBP.	874910	C. 53.	8459	IX
770	DBP.	864882	C. 54.	641	VIII
801	Frz.	974689	C. 53.	6571	IX
845	Amer.	2615812	C. 53.	5431	XVI
858	DBP.	878659	C. 54.	453	XVIIIa
859	DBP.	858552	C. 53.	2003	F
937	DBP.	860308	C. 53.	6135	VIII

708968	DBP.	860213	C. 53.	8993	IX
709054	DBP.	890857	C. 54.	1311	F
157	Amer.	2607793	C. 54.	650	IX
244	Amer.	2626216	C. 54.	3599	XVI
283	Amer.	2585903	C. 53.	2488	F
288	DBP.	895902	C. 54.	3336	IX
341	DBP.	863263	C. 54.	665	XIb
375	Amer.	2596826	C. 54.	2050	IX
515	Oest.	174886	C. 54.	1148	XVII
558	DBP.	890030	C. 54.	6370	XV
574	DBP.	904289	C. 54.	3990	F
580	Amer.	2596804	C. 54.	2050	IX
588	Amer.	2606206	C. 53.	5413	IX
614	DBP.	893342	C. 54.	4732	X
691	Amer.	2634283	C. 54.	3333	IX
710	DBP.	899710	C. 54.	4497	XIb
906	DBP.	879696	C. 53.	7145	F
925	Frz.	1032284	C. 54.	7509	VIII
710142	DBP.	855253	C. 54.	1351	IX
192	DBP.	837535	C. 52.	7258	IX
201	Amer.	2620342	C. 54.	3572	IX
249	Amer.	2634282	C. 54.	4504	XIb
332	Frz.	1011652	C. 54.	5165	VIII
357	DBP.	855766	C. 53.	7631	VI
548	DBP.	831051	C. 52.	7252	VIII
692	Schwz.	288104	C. 54.	4699	VII
755	D.[DDR]	1403	C. 54.	1134	XIb
758	Schwz.	279300	C. 52.	7886	VIII
711387	Amer.	2615890			
		u. 891	C. 53.	7356	F
712787	Oest.	174913	C. 53.	9241	F
713144	Amer.	2649474	C. 54.	3332	IX
539	DBP.	871891	C. 54.	9094	F
812	Schwd.	137686	C. 54.	2052	IX
853	Amer.	2662081	C. 54.	6290	F

Finnische Patente.

25810	Schwd.	126816	C. 49. E.	1823	XVIIIb
908	Norw.	79249	C. 53.	7923	IX
26175	Norw.	79997	C. 53.	8168	II
208	Dän.	73994	C. 53.	5724	VI
240	Norw.	80200	C. 53.	7002	XVIIIb
267	Schwd.	135423	C. 53.	7604	F
268	Schwd.	135422	C. 53.	7604	F
288	Schwd.	134517	C. 54.	4977	XVIIIa
289	Schwd.	134517	C. 54.	4977	XVIIIa
305	Norw.	79768	C. 53.	6146	X
316	Schwd.	135476	C. 53.	9672	XVIIIa
26345	Schwd.	135150	C. 54.	449	XVII
511	DBP.	870263	C. 53.	5278	XVIIIb
513	DBP.	849698	C. 53.	9638	IX
541	Schwd.	133210	C. 53.	3156	XIa
587	Schwz.	281400	C. 53.	5279	XVIIIb
590	DBP.	836652	C. 53.	8152	F
634	Oest.	172926	C. 53.	5707	F
708	Schwd.	135150	C. 54.	449	XVII
740	Schwd.	137846	C. 54.	2734	XVIIIa
764	DBP.	870556	C. 53.	9565	F

Französische Patente.

55165	Schwd.	126679	C. 49. E.	1767	IX
56700	Can.	465499	C. 50. II.	2253	X
708	DBP.	849711	C. 53.	1554	VIII
860	Schwz.	276145	C. 52.	3409	X
57489	Eng.	663824	C. 52.	6608	X
492	Schwz.	259031	C. 49. E.	1607	X
612	Oest.	168378	C. 52.	165	XXII
620	Amer.	2448565	C. 48. E.	505	XIb
623	Amer.	2443888	C. 48. II.	1244	XVII
657	Schwz.	259717	C. 49. E.	1777	X
732	Schwz.	272993	C. 51. II.	3377	VIII
779	Amer.	2426912	C. 49. I.	135	XI
827	Amer.	2482172	C. 50. II.	1631	X
918	Amer.	2512600			
		u. 601	C. 51. I.	1823	XVIIIb
58197	Eng.	650180	C. 53.	3472	VIII
245	DBP.	842380	C. 53.	4605	X
258	Can.	464724	C. 51. I.	145	XVIIIb
259	Amer.	2512624	C. 51. I,	1823	XVIIIb
260	Amer.	2512626	C. 51. I.	1824	XVIIIb
416	Oest.	168247	C. 52.	4526	VIII
463	Can.	465654	C. 51. I.	2225	XIb
620	Amer.	2559221	C. 52.	7116	XVIIIa
722	Schwz.	262542	C. 49. E	1993.	XVIIIb
855	DBP.	837959	C. 53.	1119	XXIV
948	Schwd.	132171	C. 53.	3646	XIb
59050	Schwz.	276044	C. 52.	1712	I
172	Amer.	2572879	C. 52.	5825	XIb
235	Schwz.	276614	C. 53.	1092	XIb
913102	DBP.	842950	C. 53.	3311	VIII
957201	Eng.	663811	C. 52.	5954	III
959192	DBP.	856911	C. 53.	2818	III
504	Finn.	24552	C. 51. II.	297	VIII
553	DBP.	823630	C. 52.	5471	III
960326	Dän.	73673	C. 53.	9591	III
843	Amer.	2545866	C. 52.	7568	VIII
961089	Norw.	79293	C. 53.	3296	III
966896	DBP.	833520	C. 52.	5150	III
968531	Schwz.	255959	C. 49. E.	1098	I
970011	Eng.	641206	C. 53.	8956	III
244	Dän.	73820	C. 53.	6110	III
336	Amer.	2527513			
		u. 514	C. 51. II.	119	III
550	Amer.	2561244	C. 53.	4279	IX
971309	Amer.	2485945	C. 49. E.	1839	XIX
604	Amer.	2464831	C. 49. E.	1779	X
793	Amer.	2482088	C. 49. E.	1931	IX
972494	Amer.	2464869	C. 49. E.	1914	IX
597	Oest.	162583	C. 49. E.	1586	IX
973669	Eng.	655433	C. 54.	6152	XIX
859	Amer.	2504468	C. 54.	4994	XXIV
860	Amer.	2536986	C. 53.	3344	XXIV
974292	DBP.	896939	C. 54.	3339	X
319	Amer.	2473304	C. 49. E.	784	VIII
773	Eng.	615349	C. 49. E.	785	VIII
888	Schwd.	126384	C. 49. E.	1313	F
976432	Amer.	2482063	C. 49. E.	1580	IX
977401	Amer.	2491509	C. 49. E.	1768	IX
409	Amer.	2472626	C. 49. E.	1689	XXIV
410	Amer.	2472626			
		u. 627	C. 49. E.	1689	XXIV
978244	Amer.	2469755	C. 49. E.	1838	XIX
980700	Amer.	2558730	C. 53.	8252	XVIIIb
	Amer.	2558735	C. 53.	8252	XVIIIb
982271	Amer.	2472631	C. 49. E.	1158	XXIV
384	DBP.	807891	C. 51. II.	3684	XXIV
983756	Schwz.	256967	C. 49. E.	1473	XIII
984698	DBP.	837545	C. 54.	3554	VIII
985981	Amer.	2483972	C. 49. E.	1846	XIX
986117	Amer.	2485564	C. 49. E.	1761	IX
121	Schwd.	135365	C. 53.	7705	XIX
408	Amer.	2472946	C. 49. E.	1913	IX

989240	Amer.	2467053	C. 49. E. 1953	XII
585	Eng.	664715	C. 53. 2381	XIX
957	Norw.	79202	C. 53. 760	VII
990043	Oest.	164174	C. 49. E. 1514	XXI
432	Amer.	2560498	C. 53. 7421	XII
/991019	Schwz.	282640	C. 53. 4439	VIII
992418	Amer.	2482276	C. 49. E. 1463	XIb
993606	Amer.	2483963	C. 49. E. 1918	IX
995167	Norw.	79741	C. 53. 5734	VIII
996349	Schwz.	277133	C. 54. 627	III
997882	Amer.	2529061	C. 51. II. 2814	XV
998241	DBP.	872933	C. 54. 200	X
276	DBP.	872933	C. 54. 200	X
404	Schwz.	260584	C. 49. E. 1513	XXI
653	Oest.	169807	C. 52. 5140	F
833	DBP.	835140	C. 53. 3003	XIb
866	Norw.	79345	C. 53. 6769	IX
868	Oest.	173237	C. 53. 4794	XVIIIb
954	DBP.	825548	C. 52. 8019	F
955	DBP	825413	C. 52. 7383	F
985	Amer.	2500487	C. 51. I. 3593	XXIV
999024	Amer.	2592746	C. 53. 2376	XVIIIb
058	DBP.	839354	C. 53. 1215	F
079	Finn.	25961	C. 53. 3797	IX
280	Schwz.	255481	C. 49. E. 1979	XII
595	DBP.	831841	C. 53. 3313	IX
638	Oest.	168645	C. 52. 1377	F
669	Amer.	2557782	C. 52. 7423	XIb
717	DBP.	812072	C. 52. 3569	IX
749	Eng.	648186	C. 53. 9593	III
759	Oest.	173652	C. 53. 7369	I
984	Amer.	2442677	C. 49. I. 97	F
1000237	Eng.	653221	C. 54. 2277	X
309	Schwz.	2834437	C. 53. 6977	X
391	Schwd.	129743	C. 52. 3872	F
411	DBP.	802819	C. 51. II. 1508	IX
683	Amer.	2490749	C. 49. E. 1690	XXIV
687	DBP.	812550	C. 52. 572	F
688	Schwd.	130421	C. 52. 1738	IX
1001730	Amer.	2490745	C. 49. E. 1858	XXIV
947	DBP.	854093	C. 53. 5424	XIb
975	DBP.	833646	C. 54. 6603	XIb
1002708	Amer.	2490097	C. 49. E. 1991	XVIIIb
787	DBP.	875389	C. 53. 7697	XVIIIb
866	Eng.	675231	C. 53. 8190	VIII
1003429	DBP.	849651	C. 53. 4316	XXIV
654	Eng.	646069	C. 53. 6128	VIII
890	Amer.	2480654	C. 49. E. 1875	F
891	Amer.	2597829	C. 53. 3449	F
1004590	Schwz.	283427	C. 53. 3959	XIa
1005495	Schwd.	135949	C. 54. 411	VIII
559	Eng.	676823	C. 53. 4439	VIII
766	DBP.	820300	C. 52. 6300	XIII
1006340	Schwd.	133871	C. 53. 2997	IX
1007436	DBP.	850207	C. 54. 3110	X
1008791	Eng.	654319	C. 52. 4345	F
806	DBP.	820006	C. 53. 5739	IX
924	Schwd.	137585	C. 54. 2447	F
925	DBP.	832753	C. 53. 1113	XIX
983	DBP.	852542	C. 53. 3982	XIX
1009013	Eng.	679028	C. 53. 637	IX
019	Amer.	2514387	C. 52. 613	XIb
485	DBP.	830957	C. 54. 1352	IX
994	DBP.	860445	C. 53. 5253	VIII
1010008	Amer.	2586026	C. 54. 6794	I
976	Schwz.	281452	C. 53. 6763	VIII
1011020	Eng.	679855	C. 53. 4951	XIb
021	DBP.	809076	C. 51. II. 3093	IX
673	DBP.	866785	C. 53. 5282	XIX
1012051	Schwd.	135220	C. 54. 648	IX
086	DBP.	830551	C. 52. 4208	VI
715	Amer.	2567676	C. 52. 4058	IX
730	Schwz.	279700	C. 53. 466	XVIIIa
1012737	DBP.	818354	C. 52. 5941	F
744	Schwz.	275160	C. 52. 6286	IX
748	Eng.	679673	C. 53. 8415	F
753	Schwd.	128716	C. 51. II. 105	F
756	Dän.	73816	C. 53. 4911	F
773	Amer.	2590079	C. 53. 5224	F
1013085	DBP.	825254	C. 52. 6761	IX
218	DBP.	859159	C. 53. 9306	IX
429	DBP.	850811	C. 54. 1629	XVIIIb
480	Schwd.	127119	C. 51. I. 760	F
485	Eng.	682942	C. 53. 9570	F
492	Schwz.	257245	C. 49. E. 591	F
493	Oest.	167093	C. 51. I. 1042	F
503	Eng.	684675	C. 53. 4573	F
513	Amer.	2543747	C. 52. 2084	X
537	Schwz.	279778	C. 53. 3015	XVII
593	Schwd.	134292	C. 53. 3815	XVII
632	DBP.	825686	C. 52. 4978	F
645	Eng.	646638	C. 53. 6970	VIII
685	Schwz.	288585	C. 54. 2010	F
1014006	Amer.	2507516	C. 51. I. 266	XIb
332	Amer.	2532941	C. 51. II. 2531	XIb
357	DBP.	843257	C. 53. 419	F
757	Can.	470487	C. 51. II. 2525	IX
769	Norw.	79091	C. 53. 626	XVII
851	DBP.	831545	C. 52. 7093	IX
883	DBP,	852992	C. 53. 2674	IX
916	DBP.	818350	C. 52. 416	F
917	DBP.	810628	C. 52. 1052	F
1015127	Dän.	72859	C. 52. 5784	F
132	Eng.	661970	C. 53. 2968	F
138	Amer.	2598652	C. 53. 5082	F
139	Schwd.	127427	C. 51. I. 1499	F
140	Schwd.	127427	C 51. I. 1499	F
377	Eng.	672905	C. 54. 6108	X
379	Eng.	672907	C. 54. 6109	X
415	Eng.	672901	C. 54 5631	X
589	Eng.	663805	C. 53. 2807	F
600	DBP.	842044	C. 52. 7915	XVIIIa
975	Oest.	168252	C. 51. II. 3087	VII
1016146	Amer.	2512390	C. 51. I. 653	IX
147	Amer.	2605273	C. 53. 4294	XIb
302	DBP.	843457	C. 53. 6392	XIX
438	DBP.	849993	C. 53. 2999	X
685	Eng.	671773	C. 53. 7928	IX
782	Eng.	671774	C. 53. 6397	XIX
1017244	DBP.	810628	C. 52. 1052	F
555	Eng.	667876	C. 53. 5577	IX
590	DBP.	831993	C. 53. 3313	IX
746	Amer.	2481698	C. 49. E. 350	XXIV
755	Eng.	663369		
		u. 418	C. 53. 6143	IX
759	Schwd.	127566	C. 51. I. 1666	F
	Schwd.	129371	C. 51. II. 2223	F
764	Eng.	683399	C. 53. 9651	XIb
983	DBP.	843275	C. 54. 4953	X
1018015	Schwz.	276720	C. 52. 7894	X
373	DBP.	865804	C. 53. 6773	XIa
374	DBP.	867301	C. 53. 4294	XIb
410	Schwz.	272833	C. 52. 7098	X
435	Eng.	667659	C. 53. 9622	VIII
493	DBP.	849736	C. 53. 1564	X
535	Belg.	495728	C. 53. 8173	III
562	Amer.	2565111	C. 52. 6751	VI
626	DBP.	817387	C. 52. 1567	VIII
877	Amer.	2533557	C. 53. 9352	XVIIIa
930	DBP.	858689	C. 53. 3799	X
935	DBP.	817818	C. 52. 3078	VIII
948	Eng.	688206	C. 54. 2896	V
1019112	DBP.	856744	C. 53. 5244	VII
170	Eng.	675407	C. 53. 8452	VIII
171	Schwz.	282076	C. 53. 5234	I
179	Schwz.	274524	C. 52. 6442	X

1019502	Schwz.	274317	C. 52.	1400	VIII
611	Eng.	669567	C. 53.	5709	F
635	Eng.	680471	C. 53.	4575	F
717	Finn.	25433	C. 53.	8975	VIII
742	Eng.	672101	C. 53.	4473	XIX
743	DBP.	836221	C. 52.	5490	X
751	DBP.	852304	C. 53.	3964	XII
922	DBP.	820435	C. 53.	5418	IX
925	DBP.	827364	C. 53.	751	I
963	DBP.	831395	C. 53.	2858	XVIIIb
968	DBP.	821951	C. 52.	5799	V
975	Eng.	685210	C. 53.	6159	XII
976	DBP.	831432	C. 52.	7262	X
1020283	Amer.	2607759	C. 54.	663	XIb
327	Can.	476677	C. 53.	5114	XIb
708	DBP.	837537	C. 52.	6930	IX
842	Schwz.	279166	C. 53.	948	XVIIIb
843	Schwz.	276692	C. 52.	5674	XVIIIb
972	DBP.	807289	C. 51. II.	2806	X
1021011	DBP.	829035	C. 52.	5653	X
238	DBP.	857810	C. 53.	9627	IX
398	Amer.	2559667	C. 54.	1831	X
455	Amer.	2601254	C. 54.	4062	XVIIIb
520	DBP.	849287	C. 54.	1601	X
588	Eng.	691124	C. 54.	1581	VIII
635	DBP.	863975	C. 54.	2503	X
750	DBP.	817455	C. 52.	1559	VII
788	Eng.	672163	C. 53.	2980	V
810	Oest.	168063	C. 51. II.	865	F
971	DBP.	873026	C. 53.	8713	VIII
1022112	Schwz.	281448	C. 53.	3474	VIII
153	DBP.	844032	C. 54.	889	X
168	DBP.	824816	C. 53.	1405	X
209	DBP.	861561	C. 53.	7448	XIX
302	DBP.	814231	C. 52.	2419	VIII
388	DBP.	873556	C. 53.	7709	XXIII
494	Eng.	683511	C. 53.	5739	IX
516	DBP.	843452	C. 54.	1830	X
757	Eng.	672224	C. 53.	6149	XIa
940	DBP.	851235	C. 53.	4750	III
950	Eng.	685326	C. 54.	2041	VIII
969	Schwz.	289915	C. 54.	2035	VII
1023010	DBP.	886001	C. 54.	184	VIII
013	DBP.	852450	C. 53.	3322	XIb
052	DBP.	826871	C. 53.	5719	I
103	Eng.	675251	C. 53.	6578	XIb
112	DBP.	819032	C. 52.	7731	VIII
337	DBP.	853552	C. 53.	6164	XVI
412	Oest.	173402	C. 53.	9372	XXIV
414	Schwz.	287223	C. 54.	4497	XIb
431	Schwz.	279892	C. 53.	7942	X
454	Oest.	173777	C. 53.	7667	XIa
498	Eng.	664120	C. 52.	3885	V
737	Amer.	2644746	C. 54.	5620	VIII
771	Eng.	673327	C. 53.	1709	VII
801	Norw.	79291	C. 53.	3793	VIII
823	Amer.	2606813	C. 53.	3940	V
875	Schwz.	287223	C. 54.	4497	XIb
946	DBP.	816020	C. 52.	5167	VIII
960	Schwz.	277659	C. 52.	7895	X
970	DBP.	851854	C. 53.	3484	XIb
1024015	Eng.	679078	C. 53.	8713	VIII
021	DBP.	853188	C. 53.	9645	X
073	DBP.	842101	C. 53.	449	X
117	DBP.	823912	C. 53.	2199	X
161	DBP.	829798	C. 52.	5015	XIb
217	Eng.	678011	C. 53.	4455	XII
267	Eng.	664003	C. 52.	5797	III
279	DBP.	880540	C. 53.	8234	XVI
479	DBP.	845038	C. 53.	6333	V
517	Eng.	685083	C. 53.	9294	VIII
683	DBP.	849485	C. 53.	6153	XIb
732	Eng.	688147	C. 54.	1588	IX
1024891	Can.	483238	C. 53.	5265	XIb
978	Eng.	682343	C. 53.	5226	F
1025042	Can.	479596	C. 53.	9621	VIII
050	DBP.	834400	C. 52.	5489	X
248	Oest.	173473	C. 54.	1109	VIII
520	DBP.	878450	C. 53.	9285	VII
521	Eng.	687144	C. 53.	8447	VII
591	DBP.	866849	C. 53.	6374	XIb
626	DBP.	850138	C. 53.	3154	X
680	DBP.	854090	C. 53.	2845	XIb
778	Schwz.	277978	C. 52.	6113	V
798	Amer.	2537516	C. 52.	278	V
889	Finn.	25926	C. 53.	4303	XVIIIa
930	Schwd.	135787	C. 53.	7155	I
1026226	Amer.	2598018	C. 53.	6988	XII
265	Eng.	685730	C. 54.	874	VIII
292	Eng.	678998	C. 53.	7895	V
350	Eng.	672275	C. 53.	6352	VIII
402	DBP.	850382	C. 53.	4316	XXIV
462	DBP.	817458	C. 52.	1554	V
464	Eng.	691543	C. 54.	2717	XIa
653	DBP.	827102	C. 52.	6766	X
759	DBP.	818633	C. 52.	1911	X
950	Eng.	659380	C. 53.	8251	XVIII b
1027168	Eng.	669611	C. 53.	4425	III
236	Amer.	2537655	C. 52.	278	V
248	DBP.	860072	C. 53.	5099	VII
292	DBP.	833490	C. 53.	9641	IX
303	DBP.	849996	C. 53.	1563	X
388	Amer.	2592355	C. 54.	2529	XVIII b
407	Oest.	173710	C. 53.	8189	VII
424	Amer.	2594913	C. 54.	9162	XI b
461	DBP.	822864	C. 52.	5012	X
584	DBP.	830859	C. 52.	6124	VIII
652	Eng.	681873	C. 54.	202	X
669	DBP.	831540	C. 52.	6288	X
695	DBP.	863180	C. 53.	3163	XIV
783	Eng.	668817	C. 52.	6747	V
792	Eng.	675350	C. 53.	3793	VIII
889	Oest.	175326	C. 54.	7572	XXII
894	Eng.	685590	C. 54.	5845	VIII
982	Eng.	685838	C. 53.	9008	XIb
1028085	Oest.	168592	C. 51. II.	3219	I
116	DBP.	872621	C. 53.	6401	XXII
	Eng.	683927	C. 53.	6401	XXII
126	Amer.	2585672	C. 54.	4755	XVIIIb
177	Amer.	2608720	C. 54.	3817	XIb
195	Finn.	26065	C. 53.	6998	XVIIIa
204	Schwd.	134154	C. 53.	2848	XII
205	Amer.	2581454	C. 53.	8725	XIb
243	DBP.	839794	C. 52.	5978	IX
310	DBP.	862948	C. 53.	4781	XII
312	DBP.	833355	C. 52.	5477	VII
380	DBP.	845374	C. 53.	3799	X
403	DBP.	833488	C. 52.	4516	V
404	Eng.	678522	C. 54.	6109	X
405	Eng.	678523	C. 54.	6109	X
436	DBP.	827798	C. 52.	7397	V
462	Oest.	170865	C. 52.	6792	XIX
482	DBP.	835001	C. 53.	1549	VII
515	DBP.	834361	C. 52.	6750	VI
646	Eng.	681129	C. 54.	184	VIII
658	Eng.	686810	C. 54.	1819	VIII
712	DBP.	850041	C. 54.	427	X
728	DBP.	878707	C. 53.	9014	XII
814	Amer.	2619445	C. 54.	9409	XIII
826	Schwd.	134063	C. 53.	7695	XVIIIb
885	Schwd.	135788	C. 53.	7155	I
928	Schwz.	294344	C. 54.	8454	XIb
1029008	Amer.	2594145	C. 54.	1841	XIb
024	Amer.	2568659	C. 53.	2368	XII
065	Oest.	172338	C. 53.	2515	VIII
073	DBP.	804604	C. 51.	3100	XIb

1029 344	DBP.	849880	C. 53.	4284	X
371	DBP.	862476	C. 53.	5968	XXII
393	DBP.	817456	C. 52.	2922	IX
509	DBP.	855143	C. 54.	425	X
548	DBP.	892228	C. 54.	8656	VII
558	Eng.	679143	C. 54.	7298	XIa
646	DBP.	870302	C. 54.	1361	X
649	DBP.	832181	C. 52.	5653	X
663	Schwz.	282079	C. 53.	6110	III
687	Amer.	2584340	C. 53.	9654	XIb
688	Amer.	2584341	C. 53.	9654	XIb
689	Amer.	2584342	C. 53.	9654	XIb
816	DBP.	852296	C. 53.	3324	XII
976	DBP.	851960	C. 53.	1081	VIII
985	DBP.	830946	C. 52.	5154	V
1030 317	Norw.	78779	C. 53.	2359	X
318	DBP.	845264	C. 53.	3321	XIb
327	DBP.	862366	C. 53.	4304	XVIIIa
368	Eng.	675786	C. 53.	8714	VIII
409	DBP.	843252	C. 53.	2339	V
410	DBP.	843547	C. 53.	272	V
414	Eng.	672014	C. 53.	2980	V
463	DBP.	847293	C. 53.	588	I
613	Amer.	2535420	C. 52.	5165	VIII
723	Amer.	2585755	C. 53.	3630	VII
903	Belg.	500564	C. 53.	6162	XIV
994	DBP.	867448	C. 53.	6779	XIb
1031 137	Amer.	2591782	C. 53.	1868	V
206	DBP.	883647	C. 54.	2283	XIb
264	Oest.	171681	C. 53.	3937	III
468	DBP.	825552	C. 52.	6312	XIX
518	DBP.	853379	C. 53.	2852	XVI
720	DBP.	825112	C. 53.	4449	X
945	Eng.	675740	C. 53.	7387	VII
955	DBP.	841866	C. 53.	3827	XXI
	DBP.	871413 bis 416	C. 53.	6802	XXI
1032 120	DBP.	823323	C. 52.	5001	VIII
178	DBP.	857490	C. 53.	4804	XXIV
278	Belg.	501244	C. 54.	1801	III
315	DBP.	848252	C. 53.	938	XII
596	Eng.	688574	C. 54.	2486	VIII
663	Oest.	176017	C. 54.	3820	XII
672	DBP.	839717	C. 52.	7747	XII
754	Finn.	25992	C. 53.	3640	X
779	DBP.	849856	C. 53.	1555	VIII
832	DBP.	864097	C. 53.	5408	VIII
922	DBP.	848890	C. 53.	1878	VIII
927	Amer.	2625535	C. 54.	4279	XII
1033 134	DBP.	873835	C. 53.	6551	V
343	DBP.	856893	C. 53.	2670	VIII
530	DBP.	840542	C. 52.	6290	XIa
554	DBP.	841315	C. 52.	7238	V
557	Amer.	2640088	C. 54.	7069	XII
563	Norw.	80046	C. 53.	6977	X
582	Amer.	2594375	C. 54.	7996	XIb
614	Eng.	686495	C. 53.	8960	V
719	DBP.	843726	C. 54.	428	X
734	DBP.	870547	C. 53.	6574	X
808	Eng.	680409	C. 53.	8218	XIb
1034 173	Eng.	678462	C. 53.	8249	XVIIIb
176	Amer.	2616799	C. 54.	2465	III
237	DBP.	829060	C. 53.	3806	XIb
	DBP.	833854	C. 52.	6940	XIb
248	DBP.	836384	C. 52.	5490	X
321	Eng.	692962	C. 54.	5859	X
497	Oest.	169833	C. 53.	4113	VIII
538	DBP.	843724	C. 54.	4044	X
670	DBP.	838744	C. 52.	8031	V
763	Schwz.	283401	C. 53.	7942	X
769	Amer.	2615858	C. 54.	4737	XIb
770	Amer.	2615858	C. 54.	4737	XIb
976	DBP.	855291	C. 53.	1406	XIa

1035052	Schwz.	282802	C. 53.	5123	XVIIIa
135	Eng.	682705	C. 54.	2263	VIII
680	Amer.	2581908	C. 54.	6353	XIa
693	DBP.	859189	C. 54.	1362	X
730	DBP.	861301	C. 53.	9326	X
1036109	DBP.	875945	C. 53.	5423	XIb
110	Oest.	172349	C. 53.	2989	VIII
134	Amer.	2608545	C. 53.	5091	I
182	Oest.	172656	C. 53.	7375	V
207	Eng.	690877	C. 54.	7525	XIb
464	DBP.	874854	C. 53.	8453	VIII
510	DBP.	884186	C. 54.	656	X
574	Oest.	170036	C. 52.	5007	IX
617	DBP.	874371	C. 53.	6985	XIb
683	Amer.	2649391	C. 54.	7999	XII
723	Amer.	2548186	C. 52.	3093	XIb
771	Amer.	2590937	C. 54.	1837	XIa
800	DBP.	843660	C. 53.	306	XVIIIa
927	Eng.	678807	C. 53.	8451	VIII
1037027	Amer.	2548891	C. 52.	3259	XIII
049	DBP.	848622	C. 53.	4267	VI
124	DBP.	838375	C. 53.	924	VIII
125	DBP.	843725	C. 54.	1602	X
136	DBP.	849225	C. 53.	4929	VI
300	DBP.	843636	C. 53.	126	VIII
419	Schwz.	284078	C. 53.	6980	X
533	DBP.	835592	C. 52.	6915	V
793	Amer.	2579939	C. 54.	9404	XIb
991	DBP.	844779	C. 53.	2526	X
1038116	Oest.	169587	C. 53.	6603	XXII
126	DBP.	865139	C. 53.	5581	X
257	DBP.	844728	C. 53.	4590	VI
259	Oest.	174339	C. 54.	173	VI
268	DBP.	849791	C. 53.	1879	VIII
280	DBP.	863971	C. 53.	6771	X
281	DBP.	844780	C. 53.	2526	X
561	Amer.	2560053	C. 53.	779	XIb
569	DBP.	833855	C. 52.	7105	XIb
586	Schwd.	135924	C. 53.	7184	X
646	Amer.	2599353	C. 53.	7991	XIX
	Amer.	2559154	C. 52.	6204	XIb
665	Amer.	2559155	C. 52.	4067	XIb
683	Amer.	2609287	C. 53.	7906	VII
829	DBP.	884953	C. 54.	1110	VIII
830	DBP.	884953	C. 54.	1110	VIII
841	Schwd.	135486	C. 54.	437	XIb
894	DBP.	868034	C. 54.	202	X
904	Eng.	691795	C. 54.	395	III
959	DBP.	877648	C. 54.	4954	X
1039011	DBP.	869102	C. 53.	8213	X
016	DBP.	861702	C. 53.	6969	VIII
116	DBP.	867547	C. 53.	6767	IX
153	Schwz.	286855	C. 54.	1123	X
204	Oest.	176107	C. 54.	1618	XVI
232	DBP.	861168	C. 53.	4434	VII
422	DBP.	867897	C. 53.	4740	F
434	DBP.	852731	C. 53.	2539	XVII
438	Finn.	26048	C. 53.	5433	XVIIIa
598	Amer.	2579980	C. 53.	4947	XIa
604	DBP.	902968	C. 54.	7060	X
615	DBP.	863566	C. 53.	8706	VII
661	Schwz.	283061	C. 54.	3371	XVIIIa
696	DBP.	863974	C. 53.	6772	X
718	DBP.	809951	C. 51.	3648	VI
738	DBP.	873830	C. 53.	8241	XVIIIa
774	Amer.	2587591	C. 53.	8222	XIb
834	DBP.	869104	C. 53.	5110	X
888	DBP.	858436	C. 53.	2525	X
975	DBP.	877086	C. 54.	430	XIa
1040094	DBP.	876446	C. 53.	8141	F
145	DBP.	870249	C. 53.	5598	XVIIIa
236	DBP.	889750	C. 54.	4954	X
284	Amer.	2602775	C. 53.	4440	VIII

1040 371	Eng.	692968	C. 53.	7607	F
476	DBP.	884185	C. 54.	655	X
563	DBP.	828549	C. 54.	1594	IX
582	Eng.	682625			
		u. 626	C. 53.	6790	XVII
658	DBP.	852885	C. 53.	3824	XIX
699	DBP.	863615	C. 54.	462	XX
765	Amer.	2555014	C. 53.	3309	VIII
777	DBP.	870263	C. 53.	5278	XVIIIb
815	DBP.	882738	C. 54.	5180	X
854	DBP.	865137	C. 53.	6362	X
878	DBP.	841145	C. 52.	8018	F
1041 128	DBP.	836788	C. 52.	6621	XVI
220	DBP.	848149	C. 53.	5260	X
221	DBP.	851848	C. 53.	2684	XIb
284	DBP.	880524	C. 53.	8448	VII
352	DBP.	850809	C. 53.	4777	XIb
365	DBP.	850668	C. 53.	935	XIb
485	Oest.	171416	C. 52.	8047	IX
540	DBP.	862817	C. 53.	7185	X
637	DBP.	863970	C. 53.	6771	X
720	DBP.	854851	C. 53.	1569	XIb
746	DBP.	855451	C. 53.	8495	XIX
755	Amer.	2637717	C. 54.	8019	XVIIIb
785	Amer.	2622072	C. 54.	4049	XIb
848	DBP.	860049	C. 53.	2541	XVIIIa
926	DBP.	862604	C. 53.	8996	IX
991	Amer.	2598229	C. 54.	1843	XII
992	Amer.	2598209	C. 54.	1612	XII
1042 027	DBP.	852587	C. 53.	8721	X
084	Amer.	2567238	C. 52.	6152	XVIIIa
115	DBP.	851492	C. 53.	4263	V
183	DBP.	859200	C. 53.	4455	XIII
255	Amer.	2577732	C. 53.	9677	XVIIIb
275	Amer.	2616874	C. 53.	8220	XIb
507	Amer.	2581360	C. 53.	778	XIb
553	Amer.	2546618	C. 52.	4864	XVIIIa
594	DBP.	859155	C. 53.	2647	F
598	Eng.	675581	C. 53.	6578	XIb
600	Oest.	174893	C. 54.	3775	V
611	Schwz.	283375	C. 54.	4523	XVIIIb
620	Schwz.	277668	C. 52.	6310	XVIIIb
625	Amer.	2538008	C. 52.	319	XXIV
638	Oest.	170266	C. 53.	282	VIII
664	Amer.	2611774	C. 53.	3637	IX
665	Amer.	2599917	C. 53.	5442	XIX
676	Amer.	2584343	C. 53.	9654	XIb
677	Amer.	2584344	C. 53.	9654	XIb
706	DBP.	856034	C. 53.	9036	XIX
768	DBP.	873478	C. 54.	186	VIII
777	Amer.	2548447	C. 53.	4475	XXII
786	DBP.	837239	C. 52.	8070	XIX
865	DBP.	852906	C. 53.	4947	XIa
	DBP.	874836	C. 54.	7990	XIa
948	DBP.	842067	C. 53.	9641	IX
982	Oest	176022	C. 54.	3811	XIb
1043 023	DBP.	885310	C. 54.	2923	XIb
034	Amer.	2591586	C. 53.	7214	XIX
100	Amer.	2570257	C. 52.	5192	XVIIIb
143	DBP.	892378	C. 54.	3119	XII
192	DBP.	849399	C. 53.	2524	X
220	DBP.	853935	C. 53.	1582	XVIIIb
430	Oest.	176362	C. 54.	2512	XIb
431	DBP.	849997	C. 53.	3000	X
499	DBP.	825938	C. 52.	3402	VIII
591	DBP.	878851	C. 53.	7418	XIb
608	DBP.	894100	C. 54.	4729	X
787	DBP.	852984	C. 53.	1563	X
892	DBP.	878542	C. 53.	7971	XVII
905	Amer.	2614913	C. 53.	8713	VIII
909	DBP.	850034	C. 53.	4284	X
1044 028	Eng.	688177	C. 53.	9583	I
029	Eng.	688178	C. 53.	7660	IX

1044 059	Oest.	171734	C. 53.	944	XVII
068	Amer.	2588970	C. 53.	7447	XIX
207	DBP.	860388	C. 54.	200	X
235	DBP.	862750	C. 53.	5935	X
406	Amer.	2603621	C. 54.	4062	XVIIIb
418	Eng.	692764	C. 54.	2522	XVII
433	Oest.	174442	C. 54.	1159	XIX
492	DBP.	863052	C. 53.	4939	IX
628	DBP.	906515	C. 54.	7555	XVIIIb
674	DBP.	844910	C. 53.	1382	I
721	Schwd.	135154	C. 54.	456	XVIIIb
802	DBP.	847500	C. 53.	1091	XIb
870	DBP.	865160	C. 53.	6327	III
961	Eng.	686968	C. 53.	8177	V
969	DBP.	855846	C. 53.	2985	VII
1045 002	DBP.	851166	C. 54.	2067	XIb
003	DBP.	855710	C. 53.	1724	X
197	Oest.	172639	C. 53.	3945	VII
251	DBP.	857188	C. 53.	4469	XVIIIb
301	DBP.	875665	C. 53.	7639	VII
598	DBP.	835178	C. 53.	1375	F
697	Amer.	2603620	C. 54.	4061	XVIIIb
732	Eng.	686031	C. 54.	1566	III
785	DBP.	871935	C. 54.	428	X
984	DBP.	896108	C. 54.	4504	XIb
1046 099	DBP.	889670	C. 54.	4305	XIX
190	DBP.	854339	C. 53.	3479	X
281	DBP.	869697	C. 53.	5946	XIb
428	Oest.	174475	C. 53.	8722	XIa
467	DBP.	882739			
		u. 740	C. 54.	3113	XIa
583	Oest.	176365	C. 54.	2926	XIb
601	Finn.	26280	C. 54.	899	XII
657	Eng.	696984	C. 54.	6835	X
662	DBP.	869862	C. 54.	915	XVIIIa
1047 026	DBP.	865182	C. 53.	4794	XVIIIb
308	DBP.	875980	C. 53.	7670	XIb
434	DBP.	878555	C. 54.	667	XIb
694	DBP.	892245	C. 54.	211	XII
706	Amer.	2625531	C. 54.	4279	XII
790	Amer.	2535852	C. 52.	4399	XXII
832	DBP.	851439	C. 53.	2189	VIII
869	Amer.	2582265	C. 54.	1610	XIb
870	Amer.	2582266	C. 53.	2530	XIb
876	DBP.	870305	C. 54.	1123	X
881	Eng.	685026	C. 53.	6379	XII
909	Amer.	2628178	C. 54.	9156	XIb
	Amer.	2628210	C. 54.	9156	XIb
917	DBP.	894099	C. 54.	2714	X
979	DBP.	881723	C. 53.	8418	F
1048 067	Oest.	173264	C. 53.	4476	XXII
090	Oest.	172358	C. 53.	6371	XIb
099	Oest.	172951	C. 53.	4778	XIb
139	Amer.	2645674	C. 54.	6642	XXII
262	Eng.	683655	C. 53.	8466	XIb
456	Amer.	2582079	C. 52.	7567	VIII
610	Eng.	694408	C. 54.	3115	XIb
966	Schwz.	294345	C. 54.	8231	XIb
1049 101	Amer.	2579985	C. 53.	5423	XIb
304	Amer.	2625532	C. 54.	4279	XII
371	DBP.	878560	C. 54.	662	XIb
404	Amer.	2602728	C. 54.	2051	IX
443	DBP.	851550	C. 53.	1409	XIb
769	DBP.	844636	C. 53.	1269	XVIIIb
1050 402	DBP.	886147	C. 54.	4244	VII
755	DBP.	898148	C. 54.	5631	X
923	Oest.	176280	C. 54.	1632	XIX
1051 520	Schwz.	292381	C. 54.	6836	X
873	DBP.	864882	C. 54.	641	VIII
1052 195	DBP.	872860	C. 54.	452	XVIIIa
201	DBP.	863969	C. 53.	9646	XIa
425	Oest.	176310	C. 54.	1339	VIII
1053 217	DBP.	863973	C. 53.	7943	X

1053342	DBP.	865319	C. 54.	1340	VIII
472	DBP.	870308	C. 54.	890	X
561	DBP.	906214	C. 54.	7296	X
845	Amer.	2553330	C. 53.	4112	VIII
1054356	Amer.	2599340	C. 53.	5406	VIII
575	Oest.	173718	C. 54.	182	VIII
1055199	DBP.	889340	C. 54.	6595	X
·242	DBP.	878501	C. 54.	1109	VIII
1056324	Amer.	2603578	C. 53.	5916	VIII
369	DBP.	868287	C. 53.	6977	X
1057593	DBP.	833018	C. 54.	5856	X
624	DBP.	803326	C. 54.	7059	X
923	Eng.	691506	C. 54.	6111	X
976	DBP.	883177	C. 54.	6350	X
1059610	DBP.	894687	C. 54.	2920	X
754	Amer.	2537880	C. 52.	168	XXIV
1061636	DBP.	832592	C. 52.	4849	X
1062292	DBP.	883020	C. 54.	1122	X
890	DBP.	888121	C. 54.	4455	III
1063267	DBP.	895439	C. 54.	4268	X

Norwegische Patente.

78124	Schwd.	124203	C. 49. E.	1500	XIX
309	Schwd.	126257	C. 49. E.	1800	XIb
505	Can.	470083	C. 51. II.	1659	VIII
855	Schwd.	126466	C. 49. E.	1672	XIX
912	Schwd.	124670	C. 49. E.	1572	IX
977	Schwd.	126887	C. 49. E.	1758	IX
79068	Schwd.	124022	C. 49. E.	1581	IX
304	Schwd.	134226	C. 53.	3625	VI
352	Schwd.	123926	C. 49. E.	1542	III
79355	Schwd.	133898	C. 54.	3770	III
391	Schwd.	125001	C. 49. E.	781	VIII
615	Dän.	73844	C. 53.	4909	F
807	Schwd.	125961	C. 49. E.	1089	F
930	Schwd.	126919	C. 49. E.	961	XVIIIa
946	Schwd.	125964	C. 49. E.	1090	F
80183	Schwd.	130365	C. 51. II.	3210	F
240	Dän.	73381	C. 53.	4738	F
282	Schwd.	133151	C. 53.	8183	VI

Österreichische Patente.

164430	Eng.	632166	C. 53.	8955	III
169796	Amer.	2459941	C. 49. E.	1948	X
825	Schwz.	257067	C. 49. E.	1617	XIa
170622	DBP.	877749	C. 54.	3089	V
878	DBP.	850041	C. 54.	427	X
171151	DBP.	849402	C. 53.	4140	XVIIIb
400	DBP.	872933	C. 54.	200	X
173428	DBP.	894099	C. 54.	2714	X
521	DBP.	882738	C. 54.	5180	X
174623	Norw.	79899	C. 53.	5569	VIII
663	DBP.	859858	C. 53.	5720	III
894	Eng.	677690	C. 53.	6552	V
175067	DBP.	809440	C. 51. II.	3377	VIII
230	DBP.	877764	C. 53.	7441	XVIIIb
253	Amer.	2482511	C. 49. E.	1312	F
273	Schwd.	131009	C. 52.	5481	VIII
274	Schwz.	267448	C. 51. I.	246	VIII
435	Eng.	674498	C. 53.	6136	VIII
666	Schwd.	134022	C. 53.	4086	F
701	Schwz.	278298	C. 54.	2070	XII
757	Schwz.	282098	C. 53.	3473	VIII
898	DBP.	845342	C. 53.	5546	F
958	DBP.	897158	C. 54.	6129	XVII
176066	Eng.	660305	C. 53.	4270	VII
068	DBP.	870115	C. 53.	4758	VII
352	DBP.	851688	C. 53.	3170	XVIIIa
353	Finn.	26048	C. 53.	5433	XVIIIa
439	Amer.	2563897	C. 53.	3483	XIb
671	D.[DDB]	818	C. 53.	6593	XVIIIa
176808	DBP.	864396	C. 53.	3653	XIV
833	Schwz.	281422	C. 53.	5234	I
856	DBP.	875665	C. 53.	7639	VII
177052	Schwz.	271388	C. 51. I.	2836	XXIV
144	DBP.	870251	C. 53.	5123	XVIIIa
145	DBP.	857490	C. 53.	4804	XXIV
258	Amer.	2639276	C. 54.	9596	XIa
	DBP.	901708	C. 54.	9155	XIa
260	Schwz.	270265	C. 51. I.	3576	XIb
414	Schwz.	280072	C. 53.	5547	F
471	Schwd.	126394	C. 49. E.	1376	III
651	Eng.	673416	C. 53.	5905	VI
706	DBP.	871719	C. 53.	5272	XVI
715	DBP.	847724	C. 53.	4754	VI
753	Schwz.	281108	C. 53.	3015	XVII
756	Eng.	657753	C. 52.	5336	X
963	Norw.	78398	C. 53.	1234	VII
178163	Norw.	79642	C. 53.	5383	F
401	Schwd.	134463	C. 53.	6327	III
428	Schwd.	133953	C. 53.	2806	F
430	Amer.	2598653	C. 53.	4739	F
459	Schwd.	130554	C. 52.	1579	XIb
462	Eng.	674203	C. 53.	6400	XXI
735	Schwz.	280486	C. 53.	2698	XVIIIb
901	DBP.	875526	C. 53.	7925	IX
179093	DBP.	878560	C. 54.	662	XIb
133	Schwz.	271574	C. 53.	2346	VII
135	DBP.	865742	C. 53.	3630	VII

Schwedische Patente.

133474	Frz.	990008	C. 52.	7260	X
868	Oest.	170267	C. 52.	4534	IX
870	Schwz.	273814	C. 53.	2002	F
872	Eng.	652274	C. 54.	6546	F
134112	Oest.	175250	C. 54.	7009	F
383	Norw.	79889	C. 53.	4597	VIII
565	Norw.	79741	C. 53.	5734	VIII
618	Norw.	79250	C. 54.	5668	XIX
692	Dän.	73096	C. 53.	7709	XXIII
766	Norw.	80000	C. 53.	9655	XIb
806	Amer.	2578652	C. 53.	2196	IX
808	DBP.	849698	C. 53.	9638	IX
828	Eng.	655912			
		u. 913	C. 53.	9355	XVIIIb
931	DBP.	837848	C. 53.	5547	F
134966	Amer.	2582411	C. 54.	6356	X b
981	Amer.	2542827	C. 52.	3093	XIb
135153	DBP.	845227	C. 53.	9047	XIX
167	DBP.	821121	C. 52.	3256	XIb
197	Oest.	171169	C. 53.	791	XVIIIa
295	Norw.	79768	C. 53.	6146	X
304	DBP.	818864	C. 53.	455	XIb
333	Frz.	994272			
		bis 274	C. 53.	3182	XXII
363	Frz.	952628	C. 50. II.	97	VII
463	Norw.	79771	C. 54.	420	IX
557	Norw.	79890	C. 53.	5734	VIII
590	Schwz.	284078	C. 53.	6980	X
597	Amer.	2566283	C. 52.	3242	VIII
947	Oest.	171406	C. 53.	5580	IX

136013	DBP.	848652	C. 54. 2673	F
015	Oest.	169569	C. 53. 8932	F
395	DRP.	752917	C. 53. 6168	XVII
500	DBP.	869798	C. 53. 9565	F
610	Oest.	165286	C. 50. II. 2246	VIII
137204	DBP.	870274	C. 54. 609	F
205	DBP.	870274	C. 54. 609	F
371	Schwz.	281107	C. 53. 3172	XVIIIb
372	Schwz.	281107	C. 53. 3172	XVIIIb
374	DBP.	870263	C. 53. 5278	XVIIIb
381	Amer.	2364922	C. 46. I. 537	VIII
497	Norw.	80045	C. 53. 8248	XVIIIb
571	Finn.	25954	C. 53. 3461	V
137609	Norw.	80060	C. 53. 7895	V
683	DBP.	870104	C. 53. 7926	IX
691	DBP.	870117	C. 53. 7611	F
708	Schwz.	280185	C. 53. 6146	X
138058	Dän.	73517	C. 53. 4963	XVIIIa
186	Finn.	26438	C. 54. 2295	XVI
269	Finn.	26033	C. 53, 8447	VII
270	DBP.	881654	C. 54. 417	IX
296	DBP.	863985	C. 53. 3282	F
352	Norw.	80168	C. 53. 6552	V
358	Oest.	174911	C. 54. 7242	F
460	DBP.	836652	C. 53. 8152	F
656	Norw.	79493	C. 53. 3959	XIa

Schweizer Patente.

231256	Eng.	577673	C. 48. I. 280	X
604	DRP.	721746	C. 42. II. 2057	F
997	Oest.	164041	C. 49. E. 1472	XII
232044	Frz.	885851	C. 44. I. 1332	X
045	Frz.	885851	C. 44. I. 1332	X
046	Frz.	885851	C. 44. I. 1332	X
047	Frz.	885851	C. 44. I. 1332	X
048	Frz.	885851	C. 44. I. 1332	X
122	DRP.	744305	C. 45. I. 102	X
370	Frz.	891270	C. 46. I. 2316	X
371	Frz.	875179	C. 43. I. 896	X
372	DRP.	742811	C. 44. II. 168	X
373	Frz.	52812	C. 46. I. 675	X
374	Frz.	888260	C. 44. II. 272	X
375	Frz.	886294	C. 44. I. 600	X
520	Frz.	951405	C. 49. E. 801	XIb
521	Frz.	951405	C. 49. E. 801	XIb
606	Frz.	877339	C. 43. I. 1523	X
696	Schwd.	123726	C. 49. E. 1900	VIII
888	DRP.	742764	C. 44. I. 1236	X
233085	Amer.	2464322	C. 49. E. 1129	X
086	Amer.	2464322	C. 49. E. 1129	X
087	Amer.	2464322	C. 49. E. 1129	X
088	Amer.	2464322	C. 49. E. 1129	X
089	Amer.	2464322	C. 49. E. 1129	X
090	Amer.	2464322	C. 49. E. 1129	X
091	Amer.	2464322	C. 49. E. 1129	X
092	Amer.	2464322	C. 49. E. 1129	X
093	Amer.	2464322	C. 49. E. 1129	X
094	Amer.	2464322	C. 49. E. 1129	X
095	Amer.	2464322	C. 49. E. 1129	X
096	Amer.	2464322	C. 49. E. 1129	X
097	Amer.	2464322	C. 49. E. 1129	X
348	Frz.	882406	C. 44. I. 1332	X
355	Frz.	887492	C 45. I. 349	X
571	DRP.	742939	C. 44. I. 1331	X
572	Frz.	891279	C. 46. I. 1780	X
573	DRP.	743674	C. 44. I. 1436	X
574	DRP.	743028	C. 44. II. 168	X
575	Amer.	2356749	C. 45. II. 907	X
850	Frz.	892409	C. 47. 1329	X
234099	Oest.	162044	C. 49. E. 917	IV
109	Amer.	2157667	C. 39. II. 3886	X
110	Frz.	892831	C. 47. 1900	X
111	DRP.	743592	C. 44. I. 1135	X
112	Frz.	875092	C. 43. I. 1331	X
258	Oest.	164551	C. 49. E. 1361	F
512	Frz.	877281	C. 43. I. 1522	X
522	Frz.	875179	C. 43. I. 896	X
523	Frz.	875179	C. 43. I. 896	X
524	Frz.	875179	C. 43. I. 896	X
525	Frz.	875179	C. 43. I. 896	X
526	Frz.	875179	C. 43. I. 896	X
527	Frz.	875179	C. 43. I. 896	X
528	Frz.	875179	C. 43. I. 896	X
529	Frz.	875179	C. 43. I. 896	X
530	DRP.	742811	C. 44. II. 168	X
234723	Frz.	873142	C. 43. I. 454	X
786	DBP.	849879	C. 53. 4284	X
952	Frz.	884297	C. 44. I. 1136	X
953	Frz.	884297	C. 44. I. 1136	X
954	Frz.	884297	C. 44. I. 1136	X
955	Frz.	884297	C. 44. I. 1136	X
956	Frz.	884297	C. 44. I. 1136	X
957	Frz.	884297	C. 44. I. 1136	X
958	Frz.	884297	C. 44. I. 1136	X
959	Frz.	884297	C. 44. I. 1136	X
962	Frz.	884297	C. 44. I. 1136	X
963	Frz.	886294	C. 44. I. 600	X
964	Frz.	886294	C. 44. I. 600	X
965	Frz.	886294	C. 44. I. 600	X
966	Frz.	886294	C. 44. I. 600	X
235027	Frz.	889228	C. 45. I. 494	X
207	Schwd.	111138	C. 45. II. 577	X
285	Frz.	874950	C. 43. I. 895	X
456	DRP.	742764	C. 44. I. 1236	X
457	DRP.	742764	C. 44. I. 1236	X
458	DRP.	742764	C. 44. I. 1236	X
459	DRP.	742764	C. 44. I. 1236	X
460	DRP.	742764	C. 44. I. 1236	X
461	DRP.	742764	C. 44. I. 1236	X
467	It.	394898	C. 43. II. 1756	X
468	It.	394898	C. 43. II. 1756	X
469	It.	394898	C. 43. II. 1756	X
470	It.	394898	C. 43. II. 1756	X
471	It.	394898	C. 43. II. 1756	X
472	It.	394898	C. 43. II. 1756	X
473	It.	394898	C. 43. II. 1756	X
474	It.	394898	C. 43. II. 1756	X
742	Frz.	863531	C. 41. II. 1683	X
765	DRP.	752693	C. 53. 4139	XVIIIb
236389	DRP.	740489	C. 44. I. 489	X
527	DRP.	742939	C. 44. I. 1331	X
583	Frz.	900757	C. 46. I. 1099	X
585	Frz.	901069	C. 46. I. 1628	X
587	Frz.	897202	C. 46. I. 1319	X
589	Frz.	897797	C. 46. I. 1780	X
590	DRP.	761553	C. 54. 427	X
691	Frz.	877339	C. 43. I. 1523	X
692	Frz.	877339	C. 43. I. 1523	X
698	Frz.	875092	C. 43. I. 1331	X
699	Frz.	875092	C. 43. I. 1331	X
700	Frz.	875092	C. 43. I. 1331	X
701	Frz.	875092	C. 43. I. 1331	X
765	Frz.	891353	C. 46. I. 1782	X
941	Frz.	886294	C. 44. I. 600	X
996	Frz.	930339	C. 49. II. 1341	X
997	Amer.	2475228	C. 49. E. 1434	X
237188	Frz.	897367	C. 46. I. 674	X
452	Schwd.	110449	C. 45. II. 415	VIII
555	Amer.	2157667	C. 39. II. 3886	X
556	Amer.	2157667	C. 39. II. 3886	X
557	Amer.	2157667	C. 39. II. 3886	X
726	Frz.	893490	C. 48. I. 633	X

237727	Frz.	893490	C. 48. I. 633	X
728	Frz.	893490	C. 48. I. 633	X
238444	Frz.	900757	C. 46. I. 1099	X
447	Frz.	900757	C. 46. I. 1099	X
449	Frz.	900757	C. 46. I. 1099	X
450	Frz.	900757	C. 46. I. 1099	X
451	Frz.	901005	C. 46. I. 802	X
453	Frz.	901005	C. 46. I. 802	X
623	Amer.	2475228	C. 49. E. 1434	X
624	Amer.	2475228	C. 49. E. 1434	X
625	Amer.	2475228	C. 49. E. 1434	X
626	Amer.	2475228	C. 49. E. 1434	X
791	Frz.	930339	C. 49. II. 1341	X
239006	Frz.	902443	C. 46. I. 1783	X
008	DBP.	859344	C. 53. 2361	X
009	DBP.	869103	C. 53. 5936	X
212	Amer.	2370537	C. 45. II. 1413	X
334	Amer.	2459467	C. 49. E. 1438	X
336	Amer.	2459467	C. 49. E. 1438	X
337	Amer.	2459467	C. 49. E. 1438	X
340	Amer.	2459467	C. 49. E. 1438	X
341	Amer.	2459467	C. 49. E. 1438	X
758	Amer.	2459435	C. 49. E. 1338	X
240113	Frz.	901069	C. 46. I. 1628	X
114	Frz.	901069	C. 46. I. 1628	X
228	Oest.	163175	C. 49. E. 1629	XIb
718	Frz.	901005	C. 46. I. 802	X
942	Frz.	899740	C. 46. I. 268	X
991	Frz.	977687	C. 53. 7663	IX
241140	DBP.	860215	C. 53. 6100	F
146	Frz.	902443	C. 46. I. 1783	X
147	Frz.	902443	C. 46. I. 1783	X
148	Frz.	902443	C. 46. I. 1783	X
207	Amer.	2466245	C. 49. E. 1603	X
394	Frz.	912483	C. 46. I. 122	X
597	Schwd.	127865	C. 51. I. 2351	VII
824	Frz.	901005	C. 46. I. 802	X
904	Frz.	940594	C. 48. E. 497	X
242159	DBP.	859343	C. 53. 6978	X
209	Schwd.	126251	C. 49. E. 1640	XII
497	Frz.	901005	C. 46. I. 802	X
498	Frz.	901005	C. 46. I. 802	X
499	Frz.	901005	C. 46. I. 802	X
842	Frz.	910040	C. 46. I. 2151	X
843	Amer.	2468172	C. 49. E. 1603	X
844	Amer.	2480006	C. 50. II. 343	X
998	Frz.	940595	C. 48. E. 665	X
999	Frz.	940595	C. 48. E. 665	X
243962	Amer.	2466245	C. 49. E. 1603	X
963	Amer.	2466245	C. 49. E. 1603	X
964	Amer.	2466245	C. 49. E. 1603	X
965	Amer.	2466245	C. 49. E. 1603	X
244401	Frz.	982463	C. 53. 4290	XIb
516	Frz.	940594	C. 48. E. 497	X
517	Frz.	940594	C. 48. E. 497	X
518	Frz.	940594	C. 48. E. 497	X
519	Frz.	940594	C. 48. E. 497	X
520	Frz.	940594	C. 48. E. 497	X
521	Frz.	940594	C. 48. E. 497	X
522	Frz.	940594	C. 48. E. 497	X
523	Frz.	940594	C. 48. E. 497	X
598	Schwd.	125960	C. 49. E. 1719	V
603	Frz.	930343	C. 49. II. 806	X
245067	DBP.	842234	C. 53. 2033	X
073	Frz.	942083	C. 50. I. 648	XIX
280	DBP.	858118	C. 53. 7665	X
576	DBP.	859343	C. 53. 6978	X
992	DBP.	865340	C. 53. 6397	XIX
246985	DBP.	842099	C. 53. 1725	X
247499	Frz.	984918	C. 53. 4129	XII
603	Amer.	2459941	C. 49. E. 1948	X
604	Amer.	2459941	C. 49. E. 1948	X
609	Amer.	2459941	C. 49. E. 1948	X
247610	Amer.	2459941	C. 49. E. 1948	X
611	Amer.	2459941	C. 49. E. 1948	X
612	Amer.	2459941	C. 49. E. 1948	X
718	Belg.	451789	C. 45. II. 452	XIX
248699	Oest.	162595	C. 49. E. 1776	X
700	Oest.	162595	C. 49. E. 1776	X
701	Oest.	162595	C. 49. E. 1776	X
702	Oest.	162595	C. 49. E. 1776	X
703	Oest.	162595	C. 49. E. 1776	X
704	Oest.	162595	C. 49. E. 1776	X
705	Oest.	162595	C. 49. E. 1776	X
249377	DBP.	846593	C. 53. 4773	X
778	Frz.	930343	C. 49. II. 806	X
779	Frz.	930343	C. 49. II. 806	X
780	Frz.	930343	C. 49. II. 806	X
781	Frz.	930343	C. 49. II. 806	X
782	Frz.	930343	C. 49. II. 806	X
783	Frz.	930343	C. 49. II. 806	X
784	Frz.	930343	C. 49. II. 806	X
964	Schwd.	126604	C. 49. E. 915	III
250662	Frz.	894410	C. 46. I. 1320	X
812	Frz.	901005	C. 46. I. 802	X
813	Frz.	901005	C. 46. I. 802	X
814	Frz.	901005	C. 46. I. 802	X
903	Amer.	2467262	C. 49. E. 1608	X
251389	Frz.	913537	C. 46. I. 1317	X
391	Frz.	944706	C. 50. I. 2037	X
392	Frz.	929974	C. 49. II. 1452	X
399	Frz.	949383	C. 50. II. 110	X
582	Oest.	163618	C. 49. E. 1943	X
583	Oest.	163618	C. 49. E. 1943	X
584	Oest.	163618	C. 49. E. 1943	X
645	Frz.	908768	C. 46. I. 1631	X
799	Frz.	930343	C. 49. II. 806	X
800	Frz.	888744	C. 44. II. 900	X
801	Frz.	888744	C. 44. II. 900	X
802	Frz.	888744	C. 44. II. 900	X
803	Frz.	888744	C. 44. II. 900	X
804	Frz.	888744	C. 44. II. 900	X
252068	Amer.	2479782	C. 49. E. 1150	XVIIIb
069	Amer.	2479782	C. 49. E. 1150	XVIIIb
070	Amer.	2479782	C. 49. E. 1150	XVIIIb
071	Amer.	2479782	C. 49. E. 1150	XVIIIb
136	Amer.	2473885	C. 49. E. 1602	X
	Amer.	2474736	C. 49. E. 1602	X
273	Frz.	897447	C. 46. I. 1100	X
274	Frz.	897447	C. 46. I. 1100	X
275	Amer.	2408961	C. 47. 526	X
276	Frz.	897447	C. 46. I. 1100	X
277	Frz.	897447	C. 46. I. 1100	X
278	Frz.	897447	C. 46. I. 1100	X
279	Frz.	897447	C. 46. I. 1100	X
280	Frz.	897447	C. 46. I. 1100	X
281	Frz.	897447	C. 46. I. 1100	X
282	Frz.	897447	C. 46. I. 1100	X
283	Frz.	897447	C. 46. I. 1100	X
357	Frz.	930341	C. 49. II. 702	X
949	Amer.	2472109	C. 49. E. 1942	X
950	Amer.	2472109	C. 49. E. 1942	X
951	Amer.	2472109	C. 49. E. 1942	X
952	Frz.	913910	C. 46. I. 1781	X
953	Frz.	913910	C. 46. I. 1781	X
253013	Amer.	2447981	C. 49. I. 1048	X
257	Oest.	162593	C. 51. I. 396	X
398	Frz.	941336	C. 50. I. 622	X
399	Frz.	941336	C. 50. I. 622	X
400	Frz.	941336	C. 50. I. 622	X
401	Frz.	941336	C. 50. I. 622	X
402	Frz.	941336	C. 50. I. 622	X
403	Frz.	941336	C. 50. I. 622	X
404	Frz.	941336	C. 50. I. 622	X
405	Frz.	941336	C. 50. I. 622	X
406	Frz.	941336	C. 50. I. 622	X

253480	Frz.	908775	C. 46. I. 1955	X
648	Oest.	163618	C. 49. E. 1943	X
713	Frz.	949417	C. 50. II. 112	X
714	Frz.	954988	C. 49. E. 1434	X
954	Frz.	957499	C. 51. I. 2654	X
254148	DBP.	842520	C. 53. 3154	X
153	DBP.	842520	C. 53. 3154	X
239	Frz.	942747	C. 50. I. 796	X
256524	Schwd.	124244	C. 50. I. 1177	XIX
769	Frz.	894410	C. 46. I. 1320	X
770	Frz.	894410	C. 46. I. 1320	X
257021	Frz.	910544	C. 46. I. 1480	X
022	Frz.	910544	C. 46. I. 1480	X
023	Frz.	910544	C. 46. I. 1480	X
024	Oest.	165042	C. 50. II. 1177	X
025	Amer.	2494969	C. 51. I. 656	X
027	Amer.	2494969	C. 51. I. 656	X
028	Amer.	2494969	C. 51. I. 656	X
030	Amer.	2494969	C. 51. I. 656	X
110	Schwd.	107229	C. 44. I. 390	X
111	Frz.	901032	C. 46. I. 1478	X
112	Frz.	957470	C. 51. I. 1077	X
114	Frz.	966528	C. 51. I. 1530	X
284	Frz.	929974	C. 49. II. 1452	X
285	Frz.	929974	C. 49. II. 1452	X
286	Frz.	929974	C. 49. II. 1452	X
287	Frz.	929974	C. 49. II. 1452	X
288	Frz.	929974	C. 49. II. 1452	X
289	Frz.	929974	C. 49. II. 1452	X
290	Frz.	908768	C. 46. I. 1631	X
291	Frz.	908768	C. 46. I. 1631	X
292	Frz.	908768	C. 46. I. 1631	X
404	Amer.	2460932	C. 49. E. 1941	X
405	Amer.	2481744	C. 49. E. 144	X
719	Frz.	944765	C. 50. I. 1666	X
720	Frz.	952841	C. 50. II. 1285	X
722	Amer.	2539192	C. 52. 604	X
723	Frz.	944404	C. 49. E. 318	X
259729	Amer.	2459941	C. 49. E. 1948	X
822	Oest.	163181	C. 50. II. 1178	X
260576	Oest.	162943	C. 49. E. 1773	X
580	Oest.	172938	C. 53. 7971	XVII
857	Eng.	615210	C. 49. E. 1944	X
860	Eng.	615606	C. 49. E. 1941	X
870	DBP.	860024	C. 53. 4924	IV
261634	Frz.	947383	C. 49. E. 1509	XIX
263039	Norw.	79955	C. 53. 7453	XXII
277	Frz.	947426	C. 49. E. 940	IX
283	Frz.	955442	C. 50. II. 702	IX
483	Oest.	164057	C. 49. E. 1869	F
484	Oest.	164057	C. 49. E. 1869	F
568	Oest.	167856	C. 51. II. 127	VII
644	Frz.	946046	C. 49. E. 1156	XIX
875	Amer.	2472347	C. 49. E. 926	VII
976	Eng.	666206	C. 53. 4788	XVII
264296	Frz.	945164	C. 50. I. 1758	F
515	Amer.	2497636	C. 50. II. 2727	VII
754	Dän.	73813	C. 53. 4911	F
828	Oest.	162604	C. 49. E. 906	F
829	Oest.	162604	C. 49. E. 906	F
904	Frz.	947323	C. 49. E. 1914	IX
265191	Schwd.	128824	C. 51. II. 769	XIX
194	Frz.	950331	C. 49. E. 1123	IX
343	Frz.	966113	C. 51. I. 1497	F
404	Frz.	913537	C. 46. I. 1317	X
405	Frz.	913537	C. 46. I. 1317	X
406	Frz.	913537	C. 46. I. 1317	X
411	Oest.	162618	C. 51. I. 526	X
412	Oest.	162618	C. 51. I. 526	X
413	Oest.	162618	C. 51. I. 526	X
513	Frz.	966125	C. 51. II. 3504	V
730	Frz.	947941	C. 49. E. 794	X
731	Frz.	957707	C. 50. II. 2374	X

265732	Frz.	957707	C. 50. II. 2374	X
733	Frz.	957707	C. 50. II. 2374	X
734	Frz.	957707	C. 50. II. 2374	X
735	Frz.	957707	C. 50. II. 2374	X
736	Frz.	957707	C. 50. II. 2374	X
816	Amer.	2567796	C. 53. 7001	XVIIIb
828	Oest.	162223	C. 49. E. 766	III
833	Can.	468852	C. 51. I. 1364	V
839	Amer.	2478859	C. 49. E. 1653	XVIIIb
842	DBP.	820006	C. 53. 5739	IX
266021	Eng.	615606	C. 49. E. 1941	X
022	Frz.	949531	C. 50. II. 231	X
023	Frz.	949531	C. 50. II. 231	X
024	Frz.	949531	C. 50. II. 231	X
025	Frz.	949531	C. 50. II. 231	X
026	Frz.	949531	C. 50. II. 231	X
099	Frz.	964873	C. 51. I. 2503	IX
102	Frz.	955895	C. 50. II. 1513	X
274	Schw.	133649	C. 53. 4105	VII
277	Eng.	588771	C. 48. II. 540	X
278	Eng.	588771	C. 48. II. 540	X
361	Amer.	2606843	C. 53. 3940	V
364	Frz.	965686	C. 51. I. 1044	F
368	Frz.	949597	C. 50. II. 228	IX
484	Schwd.	134463	C. 53. 6327	III
562	Frz.	957707	C. 50. II. 2374	X
628	Oest.	163443	C. 49. E. 1817	XVI
895	DBP.	859867	C. 53. 9051	XX
994	DBP.	862445	C. 53. 4574	F
995	DBP.	812667	C. 53. 6308	F
267040	Frz.	954282	C. 50. II. 707	X
116	Frz.	968400	C. 51. I. 3424	X
260	Frz.	953594	C. 50. II. 585	X
261	Frz.	953594	C. 50. II. 585	X
262	Frz.	953594	C. 50. II. 585	X
305	Oest.	162603	C. 49. E. 1606	X
306	Oest.	162603	C. 49. E. 1606	X
307	Oest.	162603	C. 49. E. 1606	X
308	Oest.	162603	C. 49. E. 1606	X
309	Oest.	162603	C. 49. E. 1606	X
318	Schwz.	262280	C. 50. I. 347	X
387	Norw.	76782	C. 51. II. 732	V
390	Frz.	947595	C. 49. E. 1610	X
392	Frz.	963957	C. 51. I. 1382	X
393	Frz.	966612	C. 51. I. 1529	X
397	Amer.	2472901	C. 49. E. 800	XIb
684	Frz.	946003	C. 49. E. 1807	XIb
691	Oest.	164798	C. 49. E. 2014	XXII
852	Oest.	162906	C. 49. E. 1699	F
951	DBP.	837848	C. 53. 5547	F
955	Oest.	163197	C. 49. E. 1353	F
957	Frz.	963530	C. 51. I. 1382	X
268073	Frz.	895545	C. 46. I. 1606	VII
164	Amer.	2599331	C. 53. 4134	XVII
168	Frz.	945308	C. 49. E. 1977	XII
383	Schwd.	133776	C. 53. 7208	XVIIIb
384	Schwd.	133776	C. 53. 7208	XVIIIb
385	Schwd.	133776	C. 53. 7208	XVIIIb
541	Oest.	164566	C. 49. E. 1563	VIII
690	Schwd.	126070	C. 49. E. 1090	F
746	Oest.	162906	C. 49. E. 1699	F
747	Oest.	162906	C. 49. E. 1699	F
748	Oest.	162906	C. 49. E. 1699	F
269502	Frz.	952658	C. 49. E. 787	IX
511	DBP.	842108	C. 53. 5966	XIX
615	DBP.	867879	C. 54. 164	III
270158	Amer.	2567796	C. 53. 7001	XVIIIb
159	Amer.	2567796	C. 53. 7001	XVIIIb
251	Frz.	946882	C. 49. E. 1432	X
273394	DBP.	836642	C. 52. 6308	XVIIIb
401	DBP.	854521	C. 53. 5385	F
276043	Frz.	969481	C. 51. I. 2360	IX
278114	Oest.	167997	C. 53. 6548	III

278127	Schwd.	129107	C. 51. II. 2509	III
577	Schwd.	133159	C. 53. 4428	V
279294	DBP.	840290	C. 53. 4774	XIa
296	DBP.	825115	C. 53. 7452	XXII
459	Oest.	169510	C. 53. 9267	III
280519	Amer.	2482546	C. 49. E. 1860	XXIV
281135	DBP.	812334	C. 53. 4775	XIa
339	Eng.	679917	C. 53. 6558	VII
450	Finn.	25790	C. 53. 5409	VIII
654	Oest.	163629	C. 49. E. 101	F
282078	Oest.	171403	C. 53. 5721	V
105	DBP.	857055	C. 53. 5759	XVIIIa
373	Eng.	655003	C. 52. 2754	IX
388	DBP.	861301	C. 53. 9326	X
406	DBP.	852337	C. 54. 6157	XXIV
627	DBP.	830823	C. 54. 7521	X
628	DBP.	830823	C. 54. 7521	X
629	DBP.	830823	C. 54. 7521	X
630	DBP.	830823	C. 54. 7521	X
631	DBP.	830823	C. 54. 7521	X
632	DBP.	830823	C. 54. 7521	X
283027	DBP.	834236	C. 52. 5336	X
747	DBP.	831547	C. 54. 6367	XIII
898	DBP.	851523	C. 53. 6329	III
918	Oest.	173452	C. 53. 8153	F
994	Frz.	987380		
		u. 650	C. 52. 6795	XXI
284407	Frz.	997029	C. 52. 4844	IX
417	Eng.	672905	C. 54. 6108	X
419	Eng.	649409	C. 53. 6149	XIa
440	DBP.	858355	C. 53. 7012	XXIV
522	Schwd.	132448	C. 53. 4762	VIII
596	DBP.	810047	C. 52. 5796	III
616	Eng.	669070	C. 53. 5548	F
620	Oest.	163629	C. 49. E. 101	F
734	Frz.	987882	C. 53. 6344	VII
285011	DBP.	849151	C. 54. 658	X
012	DBP.	849151	C. 54. 658	X
020	DBP.	825264	C. 52. 5620	F
025	DBP.	825264	C. 52. 5620	F
126	DBP.	860214	C. 53. 6583	XIII
145	Frz.	988014	C. 53. 7675	XIb
458	Amer.	2599867	C. 53. 4140	XVIIIb
483	DBP.	856744	C. 53. 5244	VII
486	Eng.	682406	C. 54. 225	XVIIIa
621	Amer.	2525150	C. 51. II. 2357	F
855	Oest.	171407	C. 53. 764	VIII
942	Amer.	2479296	C. 49. E. 1531	F
286037	Eng.	658424	C. 52. 5195	XIX
102	Amer.	2525912	C. 51. II. 1661	IX
103	Amer.	2469371	C. 49. E. 1123	IX
105	Frz.	965161	C. 51. I. 1376	IX
107	Oest.	168052	C. 51. II. 900	IX
515	DBP.	859857	C. 53. 6999	XVIIIa
851	Frz.	990870	C. 53. 6949	I
852	DBP.	860046	C. 54. 1564	I
287019	DBP.	848219	C. 53. 5235	III
225	DBP.	840395	C. 53. 4951	XIb
294	Frz.	993218	C. 53. 5103	VIII
390	DBP.	382294	C. 52. 7862	F
	DBP.	389641	C. 53. 2328	F
391	Amer.	2602793	C. 53. 5548	F
467	Frz.	959023	C. 50. II. 1750	XIb
468	Frz.	959023	C. 50. II. 1750	XIb
487	Oest.	170253	C. 52. 6437	IX
554	Amer.	2538072	C. 52. 770	IX
555	Eng.	672302	C. 53. 4140	XVIIIb
556	DBP.	860049	C. 53. 2541	XVIIIa
558	DBP.	896489	C. 54. 8670	IX
559	DBP.	827802	C. 52. 5487	IX
565	Eng.	688690	C. 54. 392	I
566	Eng.	685049	C. 53. 5956	XVII
567	Frz.	979821	C. 52. 2589	XIb
287568	Frz.	976338	C. 53. 3964	XII
569	Schwd.	133061	C. 53. 3483	XIb
572	DBP.	825094	C. 52. 4521	VII
574	DBP.	850540	C. 53. 1715	VIII
575	DBP.	849634	C. 53. 2833	VIII
713	Eng.	685531	C. 53. 4414	F
871	DBP.	871935	C. 54. 428	X
288175	DBP.	862368	C. 53. 4451	XIb
381	DBP.	894099	C. 54. 2714	X
382	DBP.	894237	C. 54. 2920	X
384	DBP.	887636	C. 54. 7748	X
390	Frz.	995215	C. 53. 4952	XIb
425	Eng.	675434	C. 53. 8995	IX
428	DBP.	859189	C. 54. 1362	X
431	Eng.	688755	C. 54. 661	XIa
433	DBP.	854848	C. 53. 4779	XIb
752	Eng.	680180	C. 53. 7011	XXIV
289005	DBP.	807687	C. 51. II. 3229	VII
070	DBP.	889592	C. 54. 4949	IX
075	DBP.	852300	C. 53. 2843	XIa
106	DBP.	861258	C. 53. 4598	VIII
200	DBP.	878694	C. 53. 6315	F
246	DBP.	886280	C. 53. 8228	XIV
305	DBP.	870115	C. 53. 4758	VII
375	DBP.	860796	C. 54. 9390	IX
495	DBP.	880007	C. 53. 9266	III
537	Eng.	687661	C. 53. 7607	F
673	Eng.	682527	C. 53. 6989	XIV
684	Amer.	2647114	C. 54. 4754	XVIIIb
690	Frz.	1015980	C. 54. 1160	XXII
698	Frz.	991394	C. 53. 6372	XIb
702	DBP.	862368	C. 53. 4451	XIb
839	DBP.	867897	C. 53. 4740	F
841	DBP.	842643	C. 54. 4439	F
900	DBP.	848923	C. 53. 4431	VI
907	Oest.	168063	C. 51. II. 865	F
997	Eng.	677585	C. 53. 7192	XII
290051	Norw.	79741	C. 53. 5734	VIII
224	DBP.	887691	C. 54. 1862	XVIIIb
291	DBP.	864397	C. 54. 1311	F
303	Oest.	172358	C. 53. 6371	XIb
592	Oest.	172951	C. 53. 4778	XIb
595	DBP.	849787	C. 54. 4256	VIII
607	DBP.	905854	C. 54. 7774	XVIIIa
669	DBP.	851962	C. 53. 5922	VIII
744	DBP.	858408	C. 53. 5883	F
783	DBP.	863971	C. 53. 6771	X
817	DBP.	880108	C. 54. 7495	VI
884	Eng.	688983	C. 54. 167	V
888	Amer.	2530389	C. 51. II. 2358	F
901	DBP.	888617	C. 53. 9652	XIb
904	Eng.	691911	C. 54. 3134	XVIIIa
913	DBP.	848830	C. 53. 5434	XVIIIa
291046	DBP.	842527	C. 53. 102	F
047	DBP.	838142	C. 52. 7539	F
048	DBP.	870556	C. 53. 9565	F
101	Amer.	2505470	C. 51. I. 1257	XXIII
102	Amer.	2505470	C. 51. I. 1257	XXIII
185	Oest.	170880	C. 53. 7159	V
197	DBP.	882738	C. 54. 5180	X
211	Eng.	677585	C. 53. 7192	XII
214	DBP.	848890	C. 53. 1878	VIII
226	Amer.	2487569	C. 50. II. 728	XXIV
350	DBP.	829338	C. 52. 6588	III
373	DBP.	901178	C. 54. 7929	F
374	DBP.	852123	C. 53. 1856	F
379	DBP.	901178	C. 54. 7929	F
417	DBP.	831432	C. 52. 7262	X
418	DBP.	831432	C. 52. 7262	X
419	DBP.	831432	C. 52. 7262	X
420	DBP.	831432	C. 52. 7262	X
421	DBP.	831432	C. 52. 7262	X
422	DBP.	831432	C. 52. 7262	X

291423	DBP.	831432	C. 52.	7262	X
452	Finn.	26082	C. 53.	8442	VI
466	DBP.	865043	C. 53.	6596	XVIIIb
481	DBP.	818344	C. 52.	4080	XVIIIb
498	DBP.	857490	C. 53.	4804	XXIV
503	DBP.	875508	C. 54.	190	IX
511	DBP.	862476	C. 53.	5968	XXII
514	Frz.	983571	C. 54.	2506	XIa
524	Eng.	674498	C. 53.	6136	VIII
535	DBP.	825349	C. 52.	6320	XXIV
627	DBP.	869981	C. 53.	9265	III
671	DBP.	806036	C. 51. II.	2497	F
673	DBP.	848954	C. 54.	4439	F
674	DBP.	831549	C. 52.	4661	F
751	DBP.	865742	C. 53.	3630	VII
752	DBP.	876335	C. 53.	7907	VII
782	Oest.	173237	C. 53.	4794	XVIIIb
795	DBP.	857785	C. 53.	9569	F
804	DBP.	834105	C. 53.	2005	F
806	DBP.	832000	C. 52.	4846	IX
819	Eng.	692450	C. 54.	3849	XXI
821	Amer.	2553718	C. 52.	2951	XXII
829	DBP.	863449	C. 53.	4304	XVIIIa
830	Schwd.	134691	C. 53.	6793	XVIIIa
860	DBP.	825585	C. 52.	5325	VIII
873	DBP.	851688	C. 53.	3170	XVIIIa
906	Amer.	2636058	C. 54.	7257	III
907	Oest.	171681	C. 53.	3937	III
933	DBP.	881987	C. 53.	6315	F
983	DBP.	837700	C. 53.	2030	IX
984	DBP.	837700	C. 53.	2030	IX
988	DBP.	828103	C. 52.	4660	F
995	Eng.	683433	C. 53.	8189	VII
011	Frz.	986900	C. 52.	4873	XIX
012	DBP.	835870	C. 53.	1388	VI
070	Eng.	676956	C. 53.	9315	IX
072	DBP.	865303	C. 54.	7287	IX
076	Oest.	172653	C. 53.	9624	IX
077	DBP.	865443	C. 53.	5412	IX
078	DBP.	820311	C. 52.	3904	IX
082	Amer.	2503641	C. 51. I.	1378	IX
092	DBP.	845394	C. 52.	8055	XIb
104	DBP.	832396	C. 52.	5360	XXIV
144	Oest.	174620	C. 53.	8976	VIII
146	Eng.	685590	C. 54.	5845	VIII
292247	Eng.	670860	C. 53.	1691	F
249	DBP.	835925	C. 52.	5622	F
250	DBP.	860219	C. 53.	4571	F
289	DBP.	818348	C. 52.	416	F
300	DBP.	849880	C. 53.	4284	X
301	DBP.	849880	C. 53.	4284	X
307	DBP.	871935	C. 54.	428	X
308	DBP.	871935	C. 54.	428	X
309	DBP.	823912	C. 53.	2198	X
417	DBP.	861603	C. 53.	4129	XII
423	Frz.	1008216	C. 53.	8980	VIII
493	D.[DDR.]	818	C. 53.	6593	XVIIIa
589	Oest.	172651	C. 53.	8207	IX
590	Amer.	2530416	C. 51. II.	866	F
593	DBP.	840992	C. 53.	418	F
594	DBP.	880589	C. 53.	8933	F
687	DBP.	859189	C. 54.	1362	X
688	DBP.	859189	C. 54.	1362	X
784	Schwd.	133523	C. 53.	4961	XVII
788	Can.	472475	C. 52.	122	V
789	Norw.	79805	C. 53.	5094	V
790	Norw.	79804	C. 53.	5094	V
794	DBP.	839354	C. 53.	1215	F
803	Amer.	2559669	C. 54.	1831	X
805	DBP.	835172	C. 52.	7417	X
807	Norw.	77692	C. 52.	2613	XXIII
811	DBP.	888440	C. 54.	2535	XIX
817	Frz.	1007420	C. 53.	9650	XIb
292942	DBP.	835178	C. 53.	1375	F
293003	DBP.	827102	C. 52.	6766	X
004	DBP.	827102	C. 52.	6766	X
014	Amer.	2576279	C. 53.	1854	F
101	DBP.	877446	C. 54.	5377	V
106	DBP.	883747	C. 54.	5396	IX
107	Eng.	682047	C. 53.	9314	IX
111	Eng.	670857	C. 53.	4139	XVIIIb
119	Eng.	690225	C. 53.	8480	XVII
121	Amer.	2603694	C. 53.	4947	XIa
123	Frz.	1033745	C. 54.	6118	XII
124	DBP.	820900	C. 52.	6119	VII
128	DBP.	802973	C. 51. I.	3553	VI
	DBP.	810338	C. 51. II.	3648	VI
130	Eng.	681661	C. 53.	9672	XVIIIa
246	Amer.	2594710	C. 53.	4260	III
295	Amer.	2506345	C. 51. I.	92	F
298	DBP.	889446	C. 53.	8934	F
299	DBP.	835928	C. 52.	5460	F
300	Oest.	171711	C. 53.	740	F
363	Frz.	989062	C. 52.	3579	XIb
367	DBP.	870556	C. 53.	9565	F
424	DBP.	873835	C. 53.	6551	V
437	Schwd.	135365	C. 53.	7705	XIX
439	Eng.	699456	C. 54.	8703	XVIIIa
443	Frz.	960044	C. 51. I.	131	XIb
444	DBP.	863948	C. 54.	3315	VII
446	Schwd.	133926	C. 54.	4532	XX
564	DBP.	856739	C. 53.	6734	F
569	DBP.	870117	C. 53.	7610	F
626	Oest.	163629	C. 49. E.	101	F
627	Oest.	163629	C. 49. E.	101	F
628	Oest.	163629	C. 49. E.	101	F
629	DBP.	830511	C. 53.	2328	F
	DBP.	839641	C. 53.	2328	F
630	DBP.	830511	C. 53.	2328	F
	DBP.	839641	C. 53.	2328	F
661	DBP.	865258	C. 53.	5124	XVIIIa
680	Oest.	173427	C. 53.	7980	XVIIIb
689	Eng.	644910	C. 53.	7624	I
707	DBP.	840641	C. 52.	7241	VI
926	Amer.	2578847	C. 53.	260	F
294012	DBP.	817458	C. 52.	1554	V
014	DBP.	832149	C. 52.	6932	IX
015	DBP.	836347	C. 52.	6131	IX
018	DBP.	851189	C. 53.	5578	IX
026	Frz.	996447	C. 52.	4541	XIb
027	Amer.	2607759	C. 54.	663	XIb
029	DBP.	860300	C. 53.	5572	VIII
031	DBP.	825027	C. 52.	6281	IX
086	DBP.	851960	C. 53.	1081	VIII
171	Amer.	2609325	C. 53.	4251	F
174	DBP.	842206	C. 52.	7224	F
176	DBP.	837242	C. 52.	5940	F
221	Eng.	653732	C. 52.	620	XVIIIb
303	Eng.	681722	C. 53.	9666	XVI
326	Oest.	173949	C. 54.	218	XVI
333	DBP.	841914	C. 53.	5081	F
335	Eng.	679713	C. 53.	9316	IX
341	Schwd.	135366	C. 53.	8262	XIX
352	DBP.	843636	C. 53.	126	VIII
353	Can.	477111	C. 53.	627	XVIIIa
407	Oest.	172338	C. 53.	2515	VIII
471	Amer.	2594711	C. 53.	4260	III
472	DBP.	883619	C. 54.	6079	III
502	Eng.	656268	C. 53.	6936	F
505	DBP.	858293	C. 53.	1855	F
508	Oest.	173445	C. 53.	7876	F
596	DBP.	881942	C. 53.	7002	XVIIIb
655	Eng.	669896	C. 53.	3020	XVIIIb
658	DBP.	865139	C. 53.	5581	X
682	DBP.	852985	C. 53.	2015	V
686	DBP.	859152	C. 54.	418	IX

294689	DBP.	886455	C. 54.	4717	IX
690	DBP.	868903	C. 53.	8459	IX
694	DBP.	842067	C. 53.	9641	IX
695	DBP.	902259	C. 54.	3570	IX
890	Eng.	655649	C. 52.	2720	F
893	DBP.	862008	C. 54.	5355	F
894	DBP.	870094	C. 53.	4571	F
895	Oest.	174902	C. 53.	9320	IX
896	Amer.	2570392	C. 53.	1058	F
957	Amer.	2547782	C. 52.	4979	F
295041	Eng.	676090	C. 53.	9718	V
	Oest.	171160	C. 52.	8030	V
045	DBP.	885539	C. 53.	8483	XVIIIa
053	DBP.	844451	C. 53.	133	X
064	DBP.	863406	C. 53.	4450	XIb
066	DBP.	874664	C. 53.	6984	XIb
070	DBP.	891746	C. 54.	207	XIb
082	DBP.	830867	C. 52.	126	
241	Frz.	956475	C. 50. II.	559	F
244	DBP.	884363	C. 53.	9240	F
254	DBP.	843406	C. 53.	1056	IX
	DBP.	905852	C. 54.	8222	IX
309	DBP.	869872	C. 53.	5946	XIb
310	DBP.	869872	C. 53.	5946	XIb
383	DBP.	837533	C. 52.	6576	F
394	Amer.	2573652	C. 53.	2217	XVIIIb
400	DBP.	905303	C. 54.	9439	XXIII
408	Finn.	1007006	C. 54.	1624	XVIIIa
410	DBP.	810108	C. 52.	1161	XXIV
533	DBP.	858591	C. 53.	8670	F
582	DBP.	896489	C. 54.	8670	IX
583	DBP.	896489	C. 54.	8670	IX
647	DBP.	852697	C. 53.	2657	I
650	Eng.	647167	C. 54.	2721	XIb
653	DBP.	847000	C. 53.	929	IX
655	Norw.	79248	C. 53.	791	XVIIIa
659	Frz.	968209	C. 51. I.	1939	IX
663	Oest.	174602	C. 54.	1116	IX
664	Oest.	169912	C. 52.	5008	IX
679	DBP.	869104	C. 53.	5110	X
680	Frz.	960045	C. 50. II.	2256	XIa
683	DRP.	747422	C. 53.	6397	XIX
684	Amer.	2607751	C. 54.	3585	XIb
685	DBP.	897016	C. 54.	4047	XIb
686	Eng.	679624	C. 53.	6983	XIb
688	Schwd.	127648	C. 52. I.	1645	III
689	DBP.	861182	C. 53.	4113	VIII
793	DBP.	878229	C. 54.	7024	III
831	Eng.	670792	C. 53.	5708	F
	Amer.	2561688			
		u. 689	C. 54.	2009	F
833	Oest.	170868	C. 52.	6735	F
834	Eng.	674800	C. 53.	7354	F
840	DBP.	862477	C. 53.	4621	XVII
894	DBP.	842101	C. 53.	449	X
895	DBP.	881260	C. 54.	2064	XIb
915	DBP.	815192	C. 52.	5322	VII
990	Amer.	2657118	C. 54.	8647	V
296004	Finn.	26280	C. 54.	899	XII
009	DBP.	850976	C. 53.	2189	VIII
129	Amer.	2605300	C. 53.	4923	III
178	DBP.	864440	C. 53.	5590	XVI
179	Oest.	174909	C. 53.	9241	F
296182	DBP.	842069	C. 52.	6902	F
273	DBP.	880589	C. 53.	8933	F
335	Norw.	80168	C. 53.	6552	V
336	Amer.	2565986	C. 53.	2213	XVII
337	DBP.	818349			
		u. 492	C. 52.	734	F
338	Amer.	2542223	C. 52.	572	F
343	DBP.	844784	C. 53.	2384	XXI
344	Eng.	689724	C. 54.	3849	XXI
346	DBP.	845264	C. 53.	3321	XIb
347	DBP.	875568	C. 53.	8498	XXII
401	Frz.	1027468	C. 54.	7284	VIII
484	DBP.	880589	C. 53.	8933	F
485	DBP.	860062	C. 53.	2806	F
486	Oest.	172926	C. 53.	5707	F
519	DBP.	818344	C. 52.	4080	XVIIIb
544	Amer.	2559667			
		bis 669			
		u. 675	C. 54.	1831	X
545	Amer.	2559667			
		bis 669			
		u. 675	C. 54.	1831	X
566	Oest.	171176	C. 52.	7703	F
570	DBP.	889446	C. 53.	8934	F
571	DBP.	889446	C. 53.	8934	F
572	DBP.	889446	C. 53.	8934	F
647	Frz.	1000331	C. 54.	2229	F
657	Amer.	2609388	C. 53.	6584	XIII
659	DBP.	873542	C. 54.	195	IX
666	Finn.	25961	C. 53.	3797	IX
669	Frz.	956209	C. 50. II.	1057	X
670	DBP.	830690	C. 52.	7416	X
674	Amer.	2541137	C. 53.	7421	XII
676	Eng.	691572	C. 54.	6585	VIII
677	DBP.	856543	C. 53.	5924	VIII
834	Amer.	2570391	C. 53.	2648	F
839	DBP.	848497	C. 53.	2005	F
884	DBP.	870263	C. 53.	5278	XVIII
885	DBP.	870263	C. 53.	5278	XVIIIb
886	DBP.	870263	C. 53.	5278	XVIIIb
887	DBP.	870263	C. 53.	5278	XVIIIb
888	DBP.	870 63	C. 53.	5278	XVIIIb
889	DBP.	870263	C. 53.	5278	XVIIIb
297005	DBP.	852689	C. 53.	2500	I
007	DBP.	900335	C. 54.	7954	V
022	DBP.	844780	C. 53.	2526	X
025	Schwd.	133347	C. 53.	5273	XVII
101	Oest.	172349	C. 53.	2989	VIII
185	Frz.	1010932	C. 54.	2230	F
187	Eng.	693125	C. 54.	6290	F
192	DBP.	859622	C. 53.	1855	F
196	DBP.	840242	C. 53.	3124	F
395	DRP.	745269	C. 44. II.	476	VIII
397	Frz.	896823	C. 46. I.	1599	V
398	Oest.	172333	C. 53.	5899	V
402	DBP.	842198	C. 53.	129	IX
404	DBP.	877607	C. 54.	647	IX
421	DBP.	871098	C. 53.	8199	VIII
485	Oest.	173717	C. 53.	9622	VIII
486	Eng.	675933	C. 54.	2910	VIII
615	Oest.	172048	C. 53.	7871	F
954	Eng.	677291	C. 54.	7250	III

Herausgeber u. verantwortlich für den Inhalt: Prof. Dr. Maximilian Pflücke, Berlin NW 7, Schiffbauerdamm 19, Fernsprecher: 42 55 71. Redaktion: Chefredakteure Dr. Eugen Klever und Prof. Dr. Maximilian Pflücke. Verlag: Akademie-Verlag GmbH, Berlin W 8, Mohrenstraße 39 (Fernsprecher 20 03 86, Postscheckkonto Berlin 350 21), u. Verlag Chemie GmbH, Weinheim/Bergstraße (Postscheckkonto Frankfurt/M. 145314 u. Berlin [West] 7430, Fernsprecher: Weinheim 2017). Bestell- u. Verlags-Nr. dieses Heftes: 1007/125/50. Das Chemische Zentralblatt erscheint wöchentlich. Satz u. Druck: VEB Leipziger Druckhaus, Leipzig, III/18/203. XII. 54.
Veröffentlicht unter der Lizenznummer 1212 des Amtes für Literatur und Verlagswesen der Deutschen Demokratischen Republik.
Printed in Germany DDR.

DIE PHARMAZIE

Zeitschrift für wissenschaftliche und praktische, berufliche und wirtschaftliche Fragen der Pharmazie und Pharmakologie sowie angrenzende Probleme in der Lebensmittelchemie und Ernährungsphysiologie einschließlich Arzneipflanzenumschau.
Amtliche Bekanntmachungen.
Organ der Deutschen Arzneibuchkommission.

Herausgegeben vom

Ministerium für Gesundheitswesen, Berlin

Vierteljährlich (3 Hefte) 9,— DM, zuzüglich —,33 DM Zustellgebühr; für Studierende 5,40 DM, zuzüglich —,33 DM Zustellgebühr; Einzelheft 3,— DM, zuzüglich Porto.

Bestellungen an den Buchhandel erbeten

VEB VERLAG VOLK UND GESUNDHEIT

BERLIN C2, NEUE GRÜNSTRASSE 18

Aufruf

zu einer Sammlung von Unterlagen für eine Biographie von

Fritz Haber

Auf Bitten der Familie und früherer Kollegen von Professor Dr. Fritz Haber hat sich sein langjähriger Mitarbeiter am ehemaligen Kaiser-Wilhelm-Institut für Physikalische Chemie und Elektrochemie, Herr Dr. Johannes Jaenicke, Vorstand der Laboratorien der Metallgesellschaft AG, Frankfurt (Main), Reuterweg 14, bereit erklärt, dem Gedanken einer Biographie des Verewigten näherzutreten. Wie die Vorarbeiten gezeigt haben, fließen die Quellen für ein solches Lebensbild nach den Veränderungen und Verwüstungen in Deutschland nur noch spärlich, weil offenbar viel urkundliches Material untergegangen oder durch Verlagerung, Besitzwechsel und aus anderen Gründen schwer zugänglich geworden ist. Die nachgenannten Gesellschaften, denen Fritz Haber besonders nahegestanden hat, betrachten es als ihre Ehrenpflicht, den Plan Dr. Jaenickes zu fördern. Alle Empfänger oder Eigentümer von Briefen Habers oder auf ihn bezüglichen Dokumenten werden gebeten, Herrn Dr. Jaenicke Nachricht oder Hinweise auf Fundstellen zu geben, damit für die Abschriftnahme oder photographische Reproduktion Vorsorge getroffen werden kann. Mit besonderem Dank würde auch begrüßt werden, wenn Freunde und Bekannte Fritz Habers zu Papier bringen wollten, was ihnen aus dem Umgang mit ihm im Gedächtnis geblieben ist, wobei auch Anekdotisches nicht ausgeschlossen sein soll. Jeder Beitrag wird gern und dankbar entgegengenommen werden. Material oder Hinweise können auch der Geschäftsstelle der Deutschen Bunsen-Gesellschaft, Stuttgart-W., Zeppelinstraße 158, der Geschäftsstelle der Gesellschaft Deutscher Chemiker, Grünberg (Hessen), Marktplatz 5, und der Chemischen Gesellschaft in der Deutschen Demokratischen Republik, zu Händen von Professor Dr. E. Thilo, Berlin NW 7, Unter den Linden 68—70, zugesandt werden, die für die Weiterleitung an Herrn Dr. Jaenicke sorgen werden.

Es ist beabsichtigt, mit freundlicher Zustimmung und Unterstützung Herrn Professor Dr. von Laues in der früheren Wirkungsstätte Habers, dem jetzigen Fritz-Haber-Institut in Dahlem, zu gegebener Zeit ein Archiv einzurichten, in dem alles, auch das durch diesen Aufruf zur Kenntnis kommende lebensgeschichtlich Wichtige — je nach Bestimmung des Verfügungsberechtigten im Original oder in Kopie — gesammelt und aufbewahrt werden soll.

Die Max-Planck-Gesellschaft zur Förderung der Wissenschaften

Der Präsident

Prof. Dr. phil., Dr. rer. nat. E. h., Dr. phil. nat. h. c., Dr.-Ing. E. h. Otto Hahn

Chemische Gesellschaft in der Deutschen Demokratischen Republik

Der 1. Vorsitzende

Prof. Dr. phil. Erich Thilo

Deutsche Bunsen-Gesellschaft für Physikalische Chemie e. V.

Der 1. Vorsitzende

Dr. phil., Dr.-Ing. E. h., Dr. rer. nat. h. c. Ernst Kuss

Gesellschaft Deutscher Chemiker

Der Präsident

Prof. Dr. phil., Dr. rer. nat. h. c. Ulrich Haberland

Gesellschaft Deutscher Naturforscher u. Ärzte e. V.

Der 1. Vorsitzende

Prof. Dr. med. Franz Büchner

Verband Deutscher Physikalischer Gesellschaften e. V.

Der Vorsitzende

Dr. phil. Karl Wolf

FSC
www.fsc.org
MIX
Papier | Fördert gute Waldnutzung
FSC® C083411

Kolibri 360 GmbH
Ferdinand-Jühlke-Straße 7
99095 Erfurt, Deutschland
produktsicherheit@kolibri360.de